U0197040

国家科学技术学术著作出版基金资助出版

中国自然地理系列专著

中国海洋地理

主　编　王　颖

副主编　刘瑞玉　苏纪兰

科学出版社

北　京

内 容 简 介

海洋地理学是地理学与海洋学之间交叉结合的新学科，具有自然、社会与技术科学交叉渗透的特点。它研究的客体是海洋，包括海岸与海底，既研究其间气、水、生物与岩石圈层系统作用、变化规律与发展趋势，亦重视海洋环境资源开发利用的合理途径，海洋经济发展、海疆权益、立法、管理及新技术的发展应用。

本书是《中国自然地理系列专著》中的一部，在1996年出版的《中国海洋地理》基础上，总结了20世纪90年代以来联合国海洋法实施、我国多次海洋调查及沿海经济发展的新成果，由中国科学院、国家海洋局、教育部及总参等单位相关科研人员完成。共计四篇十九章。特点是，较1996年版《中国海洋地理》内容更系统、全面。书中充实了新资料，增加了海洋生物、中国海洋一体化管理、海洋与国防安全三章，增强了海平面变化、环境效应与灾害章节。可供规划、教育与研究人员参考。

审图号：GS（2012）723号

图书在版编目（CIP）数据

中国海洋地理/王颖主编 . —北京：科学出版社，2013.1

（中国自然地理系列专著）

ISBN 978-7-03-035640-6

Ⅰ. ①中⋯　Ⅱ. ①王⋯　Ⅲ. ①海洋地理学-中国　Ⅳ. ①P72

中国版本图书馆 CIP 数据核字(2012)第 228523 号

责任编辑：吴三保　朱海燕　王　运/责任校对：林青梅
责任印制：吴兆东 / 封面设计：黄华斌

科学出版社 出版

北京东黄城根北街 16 号
邮政编码：100717
http://www.sciencep.com

涿州市殷润文化传播有限公司印刷

科学出版社发行　各地新华书店经销

*

2013 年 1 月第 一 版　　开本：787×1092　1/16
2024 年 4 月第五次印刷　　印张：58 1/2
字数：1 380 000

定价：498.00 元

（如有印装质量问题，我社负责调换）

王颖主编

中国海洋地理

任美锷九七

2006年11月

总　序

自然地理环境是由地貌、气候、水文、土壤和生存于其中的植物、动物等要素组成的复杂系统。在这个系统中，各组成要素相互影响、彼此制约，不断变化、发展，整个自然地理环境也在不断地变化和发展。

从 20 世纪 50 年代起，为了了解我国各地自然环境和自然资源的基本情况，中国科学院相继组织了一系列大规模的区域综合科学考察研究，中央和地方各有关部门也开展了许多相关的调查工作，为国家和地区有计划地建设，提供了可靠的科学依据。同时也为全面系统阐明我国自然地理环境的形成、分异和演化规律积累了丰富的资料。为了从理论上进一步总结，1972 年中国科学院决定成立以竺可桢副院长为主任的《中国自然地理》编辑委员会，并组织有关单位和专家协作，组成各分册的编写组。自 1979 年至 1988 年先后编撰出版了《总论》、《地貌》、《气候》、《地表水》、《地下水》、《土壤地理》、《植物地理》（上、下册）、《动物地理》、《古地理》（上、下册）、《历史自然地理》和《海洋地理》共 13 个分册，在教学、科研和实践应用上发挥了重要作用。

近 30 年来，我国科学家对地表自然过程与格局的研究不断深化，气候、水文和生态系统定位观测研究取得了大量新数据和新资料，遥感与地理信息系统等新技术和新方法日益广泛地引入自然地理环境的研究中。区域自然地理环境的特征、类型、分布、过程及其动态变化研究方面取得了重大进展。部门自然地理学在地貌过程、气候变化、水量平衡、土壤系统分类、生物地理、古地理环境演变、历史时期气候变迁以及海洋地理等领域也取得许多进展。

20 世纪 80 年代以来，全球环境变化和地球系统的研究蓬勃发展，我国在大气、海洋和陆地系统的研究方面也取得长足的进展，大大促进了我国部门自然地理学的深化和综合自然地理学的集成研究。我国对青藏高原、黄土高原、干旱区等区域在全球变化的区域响应方面的研究取得了突出的成就。第四纪以来的环境变化研究获得很大的发展，加深了对我国自然环境演化过程的认识。

90 年代以来，可持续发展的理念被各国政府和社会公众所广泛接受。我国提出以人为本，全面、协调、可持续的科学发展观，重视区域之间的统筹，强调人与自然的和谐发展。无论是东、中、西三个地带的发展战略，城市化和工业化的规划,主体功能区的划分,还是各个区域的环境整治与自然保护区的建设,与大自然密切相关的工程建设规划和评估等,都更加重视对自然地理环境的认识,更加强调深入了解在全球变化背景下地表自然过程、格局的变动和发展趋势。

根据学科发展和社会需求,《中国自然地理系列专著》应运而生了。这一系列专著共包括 10 本专著:《中国自然地理总论》、《中国地貌》、《中国气候》、《中国水文地理》、《中国土壤地理》、《中国植物区系与植被地理》、《中国动物地理》、《中国古地理——中国自然环境的形成》、《中国历史自然地理》和《中国海洋地理》。各专著编写组成员既有学识渊博、经验丰富的老科学家,又有精力充沛,掌握新理论、技术与方法的中青年科学家,体现了老中青的结合,形成合理的梯队结构,保证了在继承基础上的创新,以不负时代赋予我们的任务。

《中国自然地理系列专著》将进一步揭示中国地表自然地理环境各要素的形成演化、基本特征、类型划分、分布格局和动态变化,阐明各要素之间的相互联系,探讨它们在全球变化背景下的变动和发展趋势,并结合新时期我国区域发展的特点,讨论有关环境整治、生态建设、资源管理以及自然保护等重大问题,为我国不同区域环境与发展的协调、人与自然的和谐发展提供科学依据。

中国科学院、国家自然科学基金委员会、中国地理学会以及各卷主编单位对该系列专著的编撰给予了大力支持。我们希望《中国自然地理系列专著》的出版有助于广大读者全面了解和认识中国的自然地理环境,并祈望得到读者和学术界的批评指正。

2009 年 7 月

前　言

中国位于亚洲东部，濒临太平洋西岸，国土陆域面积 $9.6 \times 10^6 \mathrm{km}^2$，海域面积 $3 \times 10^6 \mathrm{km}^2$。21 世纪，因人口增加与气候变化，全球面临着资源、环境的严重挑战，同时，也赋予了研究海洋、开发海洋资源、和谐利用海洋环境的重要机遇。21 世纪是海洋世纪与高新技术世纪，已成为共识。

中国海域辽阔，大体上从 $3°58'\mathrm{N}$ 向北至 $41°\mathrm{N}$，东西间自 $106°\mathrm{E}$ 向东至 $125°\mathrm{E}$，具有深海大洋、大陆架浅海，季风波浪与潮流动力，及以河海交互作用为特色的、多种类型的海岸与岛屿。海域蕴藏着丰富的资源：风、浪、潮，海水温、盐、密以及阳光等可再生能源，蕴藏于中、新生代沉积盆地与大陆架沙体中的石油、天然气与天然气水合物能源；鱼、虾、贝、蟹、藻类食物资源；金属与稀有元素矿产及化学资源；海岸、港湾、滩涂、岛礁等空间资源；以及景观、运动与休憩的旅游资源。海岸海洋为中华民族的世代繁衍提供了优越的生存条件。

地球表面积约 $5.1 \times 10^8 \mathrm{km}^2$，其中海洋占 $3.6 \times 10^8 \mathrm{km}^2$。1994 年 11 月 16 日正式实施的《联合国海洋法公约》，划分出几个法律地位不同的政治地理区域：领海 ［12n mile（海里）］，毗连区 ［24n mile（海里）］，专属经济区 ［200n mile（海里）］，大陆架（沿海国领土的自然延伸），公海及国际海底。原属于公海的 $1.3 \times 10^8 \mathrm{km}^2$ 海域划归沿海国管辖，其余 $2.3 \times 10^8 \mathrm{km}^2$ 的海域为国际社会共有的公海及国际海底。管辖范围不同，所占有的海洋资源与沿海国权益均发生重大改变。全球兴起"海洋国土"新概念，我国是签约《联合国海洋法公约》的 152 个沿海国之一，于 1996 年 5 月 15 日经第八届全国人民代表大会常务委员会决议，批准实施《联合国海洋法公约》，对海洋权益的关注，推动了对"海洋地理学"的研究，1994 年 UNESCO 政府间海事委员会（IOC）与国际海洋学研究委员会（SCOR），1996 年国际地理学联合会海洋地理专业委员会，先后召开国际学术会议，明确规定涉及海洋管辖权益的范围（海岸带、大陆架、大陆坡及大陆隆，涵盖整个海陆过渡带）为海岸海洋（coastal ocean），其余为深海海洋（deep ocean）。

中国地理学会第四届理事会于 1984 年提出要发展"海洋地理学"，1987 年由吴传钧院士倡议，黄秉维院士大力支持，中国地理学会第五届第二次理事会决定成立"海洋地理专业委员会"，挂靠在南京大学大地海洋科学系，同时，成立"沿海开放城市研究会"，挂靠在广州地理研究所。该决议推动了海洋地理学的发展，1988 年正式成立中国地理学会海洋地理专业委员会，成员包括沿海 12 所大学，10 个研究单位及海洋产业部门，至今已经历了第五届。

"海洋地理学"（marine geography）是地理学与海洋学之间交叉结合的新学科，具有自然科学、社会科学与技术科学相互交叉渗透的特点。海洋地理学研究的客体是海洋，包括海岸与海底，既研究地球表层气、水、生物与岩石圈层在此范围内相互作用的特点、变化规律与发展趋势，亦重视研究对海洋环境资源开发利用的相宜途径，以及海洋经济发展、疆域政治、立法、管理以及海洋新技术的发展应用。它是一内涵广阔、多学科结合的新领域，相当于陆地地理学范畴，但对象为海洋，目前处于科学发展与应用的始新阶段。

我国第一本《中国自然地理·海洋地理》专著，是中国科学院竺可桢副院长任主任、《中国自然地理》编辑委员会组织编写的《中国自然地理》系列专著的组成部分之一，在郭敬辉与瞿宁淑两位研究员组织支持下，由南京大学、国家海洋局、中国科学院海洋研究所的相关中青年专家撰写完成，1979年10月由科学出版社正式出版。

1990年，由中国地理学会海洋地理专业委员会组织44位年富力强，富有实践经验的海洋学家与地理学家，再次撰写了《中国海洋地理》。内容包括总论、海洋环境与资源、海洋经济与区域海洋地理三篇24章，以及附录共79.3万字，于1994年完稿，1996年由科学出版社出版。1998年获教育部科技进步奖一等奖，近年仍被广泛应用。

鉴于近30年的发展变化，尤其是联合国海洋的法的实施，中国沿海经济的飞速发展，以及我国多次开展海洋调查，新资料丰富，知识在更新，认识在提高。所以，当中国地理学会这次组织编写新版《中国自然地理系列专著》时，《中国海洋地理》作为其中的一部，组织了中国科学院海洋研究所、中国科学院地理科学与资源研究所、国家海洋局第二研究所、中国海洋大学、厦门大学、南京大学及总参的有关专家和研究生共同撰写。本书含：第一章绪论，第一篇海洋环境与资源（第二至第七章），第二篇区域海洋地理（第八至第十二章），第三篇海洋经济与管理（第十三至第十五章），第四篇海平面变化与环境效应、海洋灾害与海洋安全（第十六至第十九章），计四篇19章140万字。本书特点是普遍充实了新资料，增加了海洋生物、中国海洋一体化管理、海洋与国防安全三章，精炼了海洋经济部分，增强了海平面变化、环境效应与灾害章节。

本书于2009年二季度完成初稿，三季度分稿修订，四季度总稿审编后交由科学出版社正式出版。本书由王颖任主编、刘瑞玉、苏纪兰任副主编，朱大奎统校全稿，傅光翮秘书负责文字与章节编辑。撰写人员名单如下：

王颖撰写第一、二章；李克让、刘秦玉、闫俊岳、孙即霖、张苏平撰写第三章；苏纪兰、许建平、孙湘平、章家琳、应仁芳、潘玉球撰写第四章；戴民汉、翟惟东、许艳苹、李骞、韩爱琴、郑楠、周宽波、孟菲菲、林华、郭香会、王旭晨撰写第五章；刘瑞玉、宁修仁、郝锵、蔡昱明、邹景忠、陈清潮、夏邦美、徐凤山、唐质灿、刘静撰写第六章；殷勇、蒋少涌、许建平、郑爱榕、邓景耀、刘锡兴撰写第七章；何华春、王芳撰写第八章；何华春、于堃撰写第九章；刘绍文、于堃撰写第十章；殷勇撰写第十一章；刘绍文、孙祝友、傅命佐、郑彦鹏撰写第十二章；朱大奎、傅光翮、张振克、于文金、殷勇撰写第十三章；朱大奎撰写第十四、十五章；王颖、任美锷撰写第十六章；刘绍文、孙湘平、许建平、王颖、周名江、于仁成撰写第十七章；王新红撰写第十八章；潘剑翔、钱曙华、徐建撰写第十九章。

2012年7月在本书定稿终审之时，惊悉刘瑞玉院士病逝，不胜悲痛。他临终前两个月一丝不苟地修订海洋生物章节文稿。宁修仁教授由刘院士邀请组稿，英年早逝。以致刘、宁两位未及见到本书出版，海洋生物章节部分的刘、宁文稿成为绝笔，其精神感人，特此补充铭记。

在此，愿对参写人员，《中国自然地理系列专著》主编孙鸿烈院士、郑度院士、刘昌明院士，及科学出版社编辑出版同志，表示衷心感谢。并在此向一贯大力支持海洋地理学的先辈导师黄秉维院士、郭敬辉教授、任美锷院士、吴传钧院士，表达我们深切的怀念。

本书出版获得国家科学技术学术著作出版基金资助，同时得到江苏高校优势学科建设工程和江苏省"海洋地质"重点学科项目资助，在此一并感谢。

王　颖

2009 年 12 月初稿

2012 年 8 月定稿

目　录

第一篇　海洋环境与资源

第一章 绪 论[*]

第一节 海洋地理学的发展、现状及研究内容

一、海洋地理学的研究任务与发展现状

海洋地理学是地球科学的新分支，具有海洋学与地理学交叉学科的特点。而学科术语中地理学（geography）与海洋学（oceanography）是平行的地学两大学科。海洋学含四个分支学科：物理海洋学、化学海洋学、生物海洋学与海洋地质学，尚未明确地划分出海洋地理学。海洋地理学研究的客体是海洋，包括海岸与海底，范围涉及大气、水、生物与岩石圈；研究内容包括海洋地理环境、资源及其开发利用与保护，海洋经济、疆域（海岸、岛屿、领海、大陆架、专属经济区、公海等）政治、立法与管理、海洋新技术应用及海洋地理公众教育等。概言之，海洋地理学是从宏观圈层相互作用之地域特点着眼，从立法、政策、区域经济、管理着手，进行海洋地理资源开发、环境利用与保护。21世纪面临着人口、资源与环境的巨大挑战，可持续性地开发利用海洋已是当务之急。《联合国21世纪议程》指出："海洋是生命支持系统的基本组成部分，也是一种有助于实现可持续发展的宝贵财富"。1982年通过的《联合国海洋法公约》，于1994年正式生效，使人们的海洋观念发生了深刻的变化，原属于公海的大约1.3×10^8 km^{2}海域将划归沿海国管辖，其面积约与地球整个陆地面积（1.49×10^8 km^2）略小或相当（王颖，1994）。公约对沿海国主权的12n mile（海里）领海、24n mile毗连区及所管辖的200n mile专属经济区以及大陆架是沿海国领土自然延伸的原则等，使管辖范围、所占有的海洋资源与沿海国权益的规定均发生重大变化，推动了沿海国对"海洋国土"的关注。按这一规定，估计可能划归我国管辖的海域面积约3×10^6 km^2，相当于我国陆地总面积的1/3。管辖范围的划分带来权益之争。例如，200n mile专属经济区确定后，在开阔海域中丧失一个具备人类生存条件的岛屿，就会失去43×10^4 km^{2}的管辖海域。21世纪为"海洋世纪"或"太平洋世纪"已为国际共识。因此，海洋地理学是适应时代发展而兴起、具有重要意义的新学科。

中国地理学会第四届理事会于1984年提出要发展海洋地理学，1986年国际地理学联合会（International Geographical Union）正式成立海洋地理研究组（Study Group on Marine Geography），中国是发起国之一。研究组的核心课题集中于"人类活动与海洋管理的相互关系"。它引起各方面的广泛关注，通过研讨产生了三方面的课题：

---

[*] 本章作者：王颖

1. 海洋法所涉及的地理课题

（1）海洋的法律与政治地理。
（2）海洋边界的确定。
（3）海洋资料基础与技术管理。

2. 海洋的利用与管理

（1）以发展中国家为重点的国际组织与发展。
（2）与海岸相接的海滨水域和海滨以外海域的管理问题。
（3）海洋利用的管理，如航运、渔业、油气开发等，以及由此而产生的区域课题。

3. 海洋地理学的国际合作

1987年4月，由吴传钧院士发起，中国地理学会五届二次理事会决定成立"海洋地理专业委员会"，挂靠在南京大学大地海洋科学系。同时，还成立了"沿海开放城市研究会"，挂靠在广州地理研究所。该举动标志着中国地理学会重视与支持海洋领域的科学发展。经过充分酝酿与协商，中国地理学会海洋地理专业委员会于1988年4月正式成立。委员会成员包括沿海12所大学及10个研究单位。后来又扩展到海洋产业部门。至今已经历了5届20年。

1988年8月，在澳大利亚悉尼举行的第26届世界地理学大会期间，国际地理学联合会投票批准成立"国际海洋地理专业委员会"（Commission on Marine Geography）。当时共有3个研究组升格为专业委员会，而国际地理学联合会下属的42个专业委员会中有20个专业委员会被取消。新升格的都是地理科学中新生长点，交叉、综合、横向联合的新分支学科。这种重视海洋领域的研究，同样也反映在1986年澳大利亚召开的国际沉积学家大会（IAS）上，其主题报告中："Something's Old, Something's New, Something's Blue"，重点强调对海洋领域的研究。国际海洋地理专业委员会有成员国40多个，首届主席是意大利热那亚大学地理学教授Adalberto Vallega（后任IGU副主席、主席），由意、法、英、中、美、澳、德、印、坦（桑尼亚）、科（特迪瓦）、智（利）等11国组成常务委员会，中国海洋地理专业委员会副主任委员杨作升教授为首届常务理事。1992年第27届世界地理大会后，由英国威尔士大学的Hance Smith教授任第二届海洋地理专业委员会主席，兼任《海洋政策》（Marine Policy）杂志副主编。中国海洋地理专业委员会主任委员王颖教授任常务理事，并兼任《海洋政策》编委至今。该专业委员会主要对全球性问题进行协调、讨论以及从事专题研究，以推动海洋地理学的发展。每年发布一次新闻通讯，两年举行一次学术会议，四年举行一次大会，出版有关著作与刊物。至2008年国际海洋地理专业委员会已经历5届。

国际海洋地理专业委员会具有较强的社会科学背景，着重于海洋法与疆界划分问题，主要涉及政治地理领域。90年代以来，则明显地转向海洋管理，增强了自然科学（海洋环境与海洋资源）与技术科学（遥感与地理信息系统应用）的内容与研究力量，加强对区域海洋研究的关注。这一转变，反映了对海洋特性认识的深化。海洋是大气、海水、生物与岩石圈相互联系共同作用的场所，既是生命的摇篮、风雨的源地，也是人类发展所依赖的食物、土地、矿产、动能以至气、水资源的所在。海洋环境的发展变化与人类社会经济活动息息相关，必须采用多学科交叉、渗透的观点与方法研究海洋的区域特性与变化规律，才能达到综合开发与合理利用的目的。1992 年 6 月在意大利热那亚结合"纪念哥伦布发现美洲 500 周年"、"纪念联合国人文环境大会 20 周年"及"纪念联合国海洋法 10 周年"召开了"海洋地理学国际学术讨论会"，约 1000 名学者出席了盛会。会议以"全球变化中的海洋管理"为主题，是海洋地理学成熟的标志。反映了海洋地理学广泛的领域、重要的意义与发展的进程。为组织这次盛会，联合国教科文组织、世界银行及意大利政府共同为外国代表提供了资助。与热那亚"海洋地理学国际学术讨论会"召开的同时，举办了"人与海洋"大型博览会，反映出人类开发海洋的发展进程、海洋物产与海洋高科技。日本派出一艘舰船参展，内容涉及一年四季日本海洋出产与文化风情、鉴真和尚东渡与日本海外交往、填海造陆及海底工程等。美国专题展出切萨皮克湾海洋环境与开发、湿地生态环境以及航天、航海高科技项目。英国、北欧诸国与意大利东道国则是展出从海洋渔业、航行、地理大发现到海洋高科技应用发展的各个阶段的实例。中国展出从郑和下西洋到现代集装箱运输、海洋石油平台的大幅图片。洋洋大观的展览会表达出人类开发利用海洋的进步过程，是海洋地理学的首次盛会，展示了海洋地理学广阔的发展前景。

　　1994 年 UNESCO 政府间海事委员会（IOC）在比利时列日大学（Liege）召开"第一次国际海岸海洋科技会议（1st COASTS of IOC）"，正式提出："海岸海洋"的范围包括海岸带、大陆架、大陆坡与大陆隆，含整个海陆过渡带，这是国际科技界对联合国海洋法实施的重要响应。会议正式出版的"The Sea"第 10 卷为"Global Coastal Ocean"（Wang et al，1988），成为国际海洋学界推动"海岸海洋"新概念的里程碑。1996 年国际地理学联合会（IGU）发表《海洋地理宪章》（王颖，1999），正式将全球海洋区分为 Coastal Ocean（海岸海洋）与 Deep Ocean（深海海洋）两部分（图 1.1）。将人类活动影响巨大的海陆交互作用带正式列出为一海洋地理单元，既反映了它的自然环境特性与大陆、大洋均有区别，也反映人类对海洋认识的深入与科学进步。海岸海洋与海洋法实施密切相关，海洋地理研究采用"海岸海洋"这一科学概念。

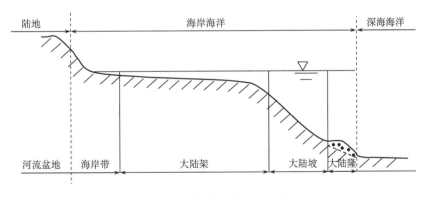

图 1.1　海岸海洋与深海海洋图示

二、海洋地理学的研究内容与学科发展趋势

全球变化的发展趋势,无论是气候变暖海平面上升、海气灾害频繁,或者是海洋法公约实施促使全球对海洋疆域与权益的关注与纷争,形成"海岸海洋"这一反映海陆交互带的科学理念,均成为 21 世纪海洋地理学研究的中心课题,研究内容可概括为 7 方面重点。

(一)海洋环境资源——认知,人地和谐相关,热点关注内容

"海洋"的内涵包括自然属性与社会属性两方面。自然属性是指海岸海洋(Coastal Ocean)与深海海洋(Deep Ocean)。海岸海洋包含陆地延伸至海洋部分的整个海陆交互作用带(海岸带、大陆架、大陆坡与坡麓的大陆隆)。深海海洋是为海水覆盖由洋壳所组成的海底。社会属性的海洋,包括国家管辖海域——内海、领海、毗连区、专属经济区与公海。"环境"的内涵是指在上述范围内的大气圈、水圈、岩石圈与生物圈圈层间交接与相互作用所形成的三度空间状态、特点与变化,以及人类活动所造成之影响,亦构成现代"环境"之内涵。

海洋资源包括:淡水资源与海水资源,海岸、海底与岛屿空间资源,海洋生物资源,海洋动能资源,矿产资源及旅游资源等。

实质上,海洋是环境也是资源,21 世纪人口增长,经济迅速发展,在陆地资源日益枯竭的状况下,人们把关注转向海洋资源开发与环境利用,关键问题是不能在开发海洋资源的同时,而破坏了海洋生态环境,必须重视与妥善解决经济开发与保护生态环境这一对矛盾,尤其海洋是淡水与新鲜空气之源,是食物与新能源的宝库,对生命延续与人类生存环境的持续性发展至关重要,是生命之源泉,这是海洋地理学关注海洋的圈层系统与人类生存相关的独特之优势。同样的,21 世纪海洋地理学研究内容应体现全球变化总趋势的时代特点。依据上述,拟定以下课题:

1. 海洋自然环境地带性特征与变化趋势

(1)海洋的区域与地带性属性。

(2)全球变化过程中,海气相互作用特征与地带性效应。

(3)海水的物理、化学特性与区域效应。

(4)海水循环、运动规律、地带性特点,对圈层系统相互影响,以及在海岸海洋的效应。

(5)海洋生物种群与区系多样性,海洋生物生产力,海岸海洋及深海生态环境与保护。

2. 海洋资源现状、合理开发与养护

(1)海洋淡水源泉保护与合理开发的途径。

(2)海水化学资源(盐、溴、钾、镁、铀等)与有效利用;海水灌溉与冷却水循环

利用。

（3）海洋动能资源（风能、浪能、潮能、温差与盐度差能、海流能……）合理配置利用与环境效应。

（4）海洋生物资源、分布特征与循环利用，涉及鱼、虾、贝、蟹、海藻、海洋食物、药品、化工资源以及生物对海水元素富集所形成之特种资源。

（5）海洋矿产资源分布、蕴藏量及合理开发利用，如海滨砂矿、海底石油与天然气资源、天然气水合物及洋底多金属矿瘤、结核。

（6）海洋空间资源（海岸、岛、礁、滩，海湾，港口，航道，人工岛，倾废场及核废物埋藏地选择等）。

（7）海岸、海岛与海洋旅游资源，及其安全、健康的开发利用。

3. 区域海洋地理环境资源综合评述

各大洋、海区及国家海域的环境、资源以及历史沿革与开发程度不同，根据不同的需求与研究目的而加以综合评述。

（二）海洋经济研究

海洋经济与海洋资源环境的开发利用密切相关，伴随着科技进步与人类生活水平的提高，发展前景与经济价值巨大。

1. 从传统的捕鱼、制盐及海上航运逐渐发展为产业群

例如，制盐－盐化工－制药与保健产品；捕鱼与养殖相结合发展食品、医药与肥料制造业；航运发展促进舰艇制造与维修等，既具有循环利用资源的特点，又扩展了经贸市场。

2. 新兴的海洋产业

（1）海洋石油、天然气开发与发展化工产品，是解决全球能源危机的重要出路。

（2）海洋能源。海岸带风能、潮能、波浪能，海洋岛屿海域的温、盐差能，太阳能等可再生能源的开发利用，以及相关工业的经济发展。

（3）海洋药业与轻化工产业。

（4）海底矿产开采，多金属结核与天然气水合物开采，将成为21世纪新兴产业经济。

（5）海洋旅游经济。海岸带与近海体育活动、观光与游憩、远洋与极地探险、科考，已成为各国兴起的新热点。海洋旅游经济收入跃居前列。

（三）海洋灾害成因、预警、救助、防治对策与海洋生态环境保护

全球气候变暖，海平面上升，风暴潮频繁，人口急剧增加对环境的压力，废弃物向海排放加重海洋污染等等，导致盐水沿河口入侵，海岸侵蚀加剧，沼泽栖息地与土地丧

失，赤潮频繁损害海域环境，促使生物死亡，经济损失巨大，进而影响到人类赖以生存的淡水、空气、食物的质量，损害人居空间环境等。因此，需重视对自然变化与人为影响引起的海洋灾害发生发展机制的研究，建设防治与预警系统，规范与减少因人类生产生活活动所造成的致灾效应，研究、引导与建设人海和谐相处的健康发展途径。

（四）海洋文化、宗教、民族、生产生活习俗研究，与海洋公众教育

海洋与人类生存关系密切，大洋与区域分割，长期生产、生活历史之发展，使海洋文化具有太平洋、大西洋、印度洋以及岛屿等不同文化的特点、生活习俗与宗教信仰等，值得研究。同时，随着生产、经济活动之发展，保护海洋环境至关重要。关键在于提高公众海洋意识与加强海洋管理，因地制宜地制定海洋政策法规，实施有效地管理，发扬优良传统，减少或避免危害。

（五）海洋管理、海洋政策与相关法规

1. 海洋管理

长期发展历史形成的海洋利用管理的概念是：领海外的自由捕鱼与航行权、开发资源与分区管理。海洋资源分散的特点加强了开发过程中新技术的应用，由于出现了较多的区间问题，促使多学科交叉概念的新发展，联合国的全球政策制约了现存的国家地区管理方法，因此开始"海洋一体化管理"的新时期。

（1）海洋管理的理论。据社会科学与自然科学的当代进步，并参照传统的社会与区间概念，环境与人相关联的全球变化机制，全球变化的海洋管理理论是主导的。其应用管理强调人与海洋的相互作用为第一位。相互作用的基础是人类对海洋的技术管理与一般管理。由于区域文化与环境特点的不同，形成了不同的管理系统。要从全球观点来建立海洋管理的理论，按新的海岸带的概念与应用管理方法，来建立地区间的管理体系（Hance，1992）。

（2）海洋管理的实践。海洋管理的历史与理论皆推进了"一体化的海洋管理"，地中海1975行动证实了这种一体化海洋管理是可行的。北海诸国，加、美新大陆国家都通过一系列实践而努力推动一体化的海洋管理。这是海洋管理发展的趋势（Gerard，1992）。

2. 海洋政策与法规

（1）目标与行动。20世纪90年代有三大因素导致一体化的海洋政策：①1992年联合国环境与发展大会形成新的政治形势，政府的焦点着眼于全球尺度的环境问题，而海洋是此课题的关键。在环境与发展中，海洋/海岸为主体（因海洋面积大于陆地，海岸是划分海疆的基本依据。故此二者在环境管理与责任承担中很重要）将是关键的关键。②海洋法的加强，促使沿岸各国有限量地、有保护与保守地利用海洋资源与环境。③海岸与海洋活动的强度日益增加，包括海洋交通、海洋油气资源开发、渔业、旅游、海洋文化等，均具有巨大的发展潜力。为此，一要加强国际研究机构间的网络组织，致力于一体化的海洋政策，海洋事业已进入国家政策的范畴。因此，在讨论与海洋关联的政策

时，应导向一体化的海洋国策；政策的对象与国家权益推动国家的海洋政策在国家的发展计划中实现一体化；各级政府、政党、公众或个人都可为一体化的海洋发展计划所吸引，例如 200n mile 专属经济区计划，引起了各方面广泛的关注。二是基于上述基础，形成新的海洋管理体系，加强研究机构的能力以影响国家的海洋政策。总之，海洋政策已由以国家为主体的海洋政策，进入有中、长期目标的一体化的（国际）海洋政策。在双边与海区之间要发展更为密切的合作关系，加强已有研究机构的合作网是不困难的，关键是提供进行多功能管理的工具，加强为开发海洋而进行的长期、综合的高科技力量的应用，提高政策制定的水平与规划管理的技能，为决策者提供一个坚实的信息与资料基础。

（2）海洋管理中国家管辖区的作用。传统的海洋法划定的沿岸国家向海延伸的管辖范围是很窄的。第三次联合国海洋法大会后，发生了"革命性"的变化，形成两个全新的国家管辖海域（专属经济区与群岛国家水域），大陆架与海峡通道内容亦有了重要的改变。200n mile 专属经济区是一多功能的法定区，海岸国可以根据本国人口需要、也可据其他国家以及世界共同体的需要去开发与管理这一水域的资源。大陆架是毗邻国土向海的自然延伸至大陆边缘的外沿，在窄狭大陆架区，则自领海基线至 200n mile 的距离范围。大陆架限于毗邻国家，而对其他国家开发需要有限制，这与专属经济区不同。群岛水域、领海、海峡可供国际航行，但是领海管辖权属海岸国家。

（3）疆界与海洋管理。疆界的概念：①人为划定的界限。内界为领海基线，它划出海滨的外界；外界所划定的区间为国家管辖界限，同时，港口的界限亦考虑为疆界。②划分出海洋单位与以陆地为主的单位，大单位如大堡礁（Great Barrier Reef），小的如一个河口或红树林滩。这些单位实际上是一个带，此带可能与人为活动有关，亦可能为自然过程所形成。疆界的划定需依据 1982 年海洋法，疆界确定后，即进行海洋管理——建立组织，对人类在一定海洋空间活动以指导。出现划界的纷争时，需通过协商加以解决。

（4）海洋渔业政策。世界渔捞生产已接近其资源最高限额，应加强渔业管理，包括政策、计划、资料收集、研究、法规实施及区间合作。建立于 1945 年的联合国粮食与农业组织（FAO）下的渔业部门与项目，一直在进行这方面的管理工作，卓有成效。例如欧洲共同体在其海域范围内，各国可享受同等的活动权力，建立了捕鱼、保护渔业资源、生产、价格体系与贸易制度等，为海洋渔业政策与管理提供了实践的范例。

（5）保护海洋环境。这是海洋开发政策的关键组成部分。

（6）海港与航海管理政策。

3. 国家、地区或自然体的海洋管理实例

（1）东南亚诸国由于开发食物与能源资源、海上交通以及历史传统等方面因素，在向海洋发展时，各自划定的领海界限重复交叉，引起纷争。尤其是第三次海洋法会议以来，对专属经济区的划定也产生多边矛盾（Phiphat，1992），需要妥善地通过协商来解决，还需处理好历史传统与当前划界原则之间的关系。

（2）管理的矛盾可以北海的教训为例。北海渔业的矛盾始于 11 世纪，通过多边会议、协议以及非政府的科学机构（ICFS）向诸国提供建议等，而逐步解决。当代北海

开发由于工业排污倾废形成新的矛盾。通过建立新的会议机构、利用与该区有关的其他机构，如欧洲共同体，以及少量的海事法庭仲裁，而逐渐解决，趋向于建立法律机构作为解决矛盾的关键措施（Patricia，1992）。

（3）人类对海洋多项开发的关注产生两类矛盾：①对特定海域过分利用者与未利用者之间的矛盾。②政府内与海洋法、政策有牵连的各机构间的矛盾。这些都需要应用"反、正"反应的方式和比较研究的办法来解决矛盾（Biliana，1992）。

（4）厄瓜多尔的海岸管理体现出针对海岸经济的特点，以养虾与捕鱼的食物生产、出口与外汇收入为目的。管理工作着眼于虾养殖、河口捕鱼、海岸土地利用、环境卫生和为生活服务，发展机制使海岸管理的法规能执行，研究机构主持管理以加强技术和运行能力等。组织资源开发，当地居民由美国罗德岛大学与相关研究所支持建立特殊管理区，以实现海岸带的持续发展。该项目获得厄瓜多尔政府的支持（Luis，1992）。

（5）中国海岸管理自20世纪80年代以来经历四个阶段：海岸带资源环境综合调查、开发规划、健全管理组织系统与海岸管理立法。海岸经济发展迅速成为中国的黄金地带，虽人口密度大，但资源潜力巨大，目前正进行新一轮海洋资源环境调查。但应认识到需要海岸海洋一体化、系统的、现代化的海洋管理。海洋管理应涉及海岸带上界陆域部分，以促进陆、海和谐相关，经济与生态环境和谐地持续发展（Wang，1992）。

（6）南太平洋中的岛国，由于第三次海洋法会议确立的新海洋法，形成了小岛与巨大海洋区的特殊组合。如法属玻利尼西尼，陆地面积为$3265km^2$，但所属的海域达$5.03 \times 10^6 km^2$；斐济岛陆地面积为$1.8272 \times 10^4 km^2$，而海域面积为$1.29 \times 10^6 km^2$；关岛陆地面积为$541km^2$，但海域面积达$21.8 \times 10^4 km^2$。专属经济区管理任务重大。同时，近岸带亦需成为综合的区域规划体系的组成部分，因此这些面积很小的岛国面临着艰巨的任务（Hanns，1992）。我国需关注边远海岛的划界意义。

（7）都市海滨区尤其是老海港城区面临着更新发展的新问题。如热那亚、利物浦、伦敦、上海等大的港口城市。应考虑海滨带发展的起源与特点，建立特定的组织机构。制定长期城市发展规划，需注意到将老城区海滨与相邻区结合在一起，考虑结合的发展规划以取代单一的"更新"计划（Pinder and Hoyle，1992）。加拿大新斯科舍省会哈利法克斯市的老海港区海滨改造，发展了旅游，形成新的商业区，提供了大量就业机会，是一好的例证。

（8）河口区既接受陆地径流汇入，也受海洋影响而发生特定的梯度与暂时性变化，它具有自然过程的特点，也是人类利用改造与影响环境的产物。因此，挑战来自流域开发工程、海平面上升、管理机制以及持续发展的周边土地利用趋势等。河口区管理的挑战，反映出海洋地理科学内容中，人与海洋交叉及多学科综合之特性。类似的自然体管理问题，尚有潟湖，受生物过程、社会与经济情况影响的生态过程的影响；封闭与半封闭水体等（Norbert，1992；Zabi，1992）。我国对大河的流域开发应关注河口效应。

（9）北冰洋与南大洋资源环境的管理，先进技术的应用，北冰洋开发与争夺，使政策与管理问题迫在眉睫，需要解决；南大洋获得较多的关注：捕猎鲸鱼、海豹、磷虾、海底资源、全球环境影响以及南极条约等。环境演化观测及极地探险等均在继续进行（Walker，1992；Carlos and Beltramino，1992）。

（六）海洋科学信息综合与技术应用

（1）全球气温持续的微量上升达数世纪，使气候、海平面、植被、陆海生物等都发生不同的变化，它必然会改变陆地与海洋生活条件。为了解全球变化及所引起海洋过程的变化，作为管理与决策的基础，需要对海、气界面进行分析，研究海洋特性由于失去平衡所引起的变化，提供新的科学情报，为海洋渔业、航运与海洋工程服务。

（2）海洋管理中遥感的应用，为取得对海洋过程系统的概貌测量，发展了一系列多学科的科学方法，空中台站与轨道飞行器获得海面的总体现象，探测资料的数字化处理程序获得了直观的资料，以了解海面与海底、大陆过渡带前沿与大气之间物理、生物与化学等相互作用。空间遥感利用光学、紫外线、红外线及微波感应器连续观察与监测海洋的动力过程，有助于维护、开发利用海洋环境资源的管理。

（3）地理信息系统是一体化的海洋管理工作中的关键技术。海洋管理信息系统涉及海洋环境各要素的资料收集与处理，空间资源利用、生物资源、非生物资源、倾废与再生资源等信息搜集、处理、储存；渔业、航海、港口等技术的管理；地方、国家、海区、全球海洋资源环境的长期、短期、变化趋势等分析；以及进行海洋管理的决策与实施，进而发展"数字海洋"系统。

（七）海洋国际合作

海洋国际合作是了解海洋环境特性、海洋资源开发所产生的效益与弊病以及全球海洋发展变化的至关重要的一环。诸如：海洋循环对地区海域与全球的影响，需要在台站互补、信息交流及新技术应用等方面加强国际合作；风与地球自转科氏力决定了洋流形式，而洋流的影响是世界性的，厄尔尼诺（El Niño）现象的发生是与气流、海流、气候、生物相关的最好例证；对太平洋两侧海岸与海洋管理带来一系列关联问题，需加以处理；南大洋缺少陆地阻隔而形成极地环流系统，是最强有力的海流等等。为此，开展了广泛的国际合作，应用最先进的技术进行观测研究。海平面变化的研究也需要广泛的国际合作。大洋是互相沟通而互为影响的，海洋地理学的研究也需要多学科交叉渗透，海洋管理的跨地区性，均需加强国际合作。

以上概述了海洋地理学的主要科学内容与任务。海洋是地球表面的组成部分，而海洋科学又是与地理学相当的大科学体系。海洋是海洋地理学研究的主要客体，海洋具有多功能性，同一空间存在多种资源，适宜多种产业发展。因此，开发同一海域资源产业层次结构繁多，互相影响制约，协调管理困难。海洋是流动贯通的，鱼类洄游、污染散播及灾害波及等，易引起国际间矛盾纠纷，国际合作协调比陆上资源开发与管理更为迫切。海洋与岛屿划界任务重大而艰巨，争夺资源与战略地位之岛屿涉及国家、民族长期利益。海洋环境的利用与保护、海洋资源开发具有极大潜力，是人类生存发展的重要依赖，但海洋开发难度大，技术性强、花费大，必须有雄厚的产业群支持（船只、机械、电子通讯、遥测遥控、航海、工程等），才能做到有效开发，同时，海洋开发必带来重大效益与形成新的科技与产业群。当今，仍处于海洋大规模开发的前奏，因此，海洋研究的国际合作，实践应用的研究项目，人海和谐相关的指导思想与一体化的海洋管理至关重要。21世纪为海洋开发与海洋经济迅速发展的时代，必须唤起与加强人们的海洋意识，以赢得更大效益，加速开发海洋的步伐。

第二节　中国海及相邻海域的地理特征

中国是一个陆地幅员广大、海域辽阔的大国，既有 $9.6 \times 10^6 \, \text{km}^2$ 的陆地面积，亦有 $3 \times 10^6 \, \text{km}^2$ 的管辖海域。从北到南有渤海、黄海、东海、南海以及台湾以东太平洋海域。渤海是我国内海。台湾以东海域是指琉球群岛以南，巴士海峡以东的海区。上述各自然海域在本书中简称为中国海。

中国海介于亚洲之间，除台湾以东濒临太平洋外，其余均为由一系列 NE—SW 向岛屿所环绕的边缘海（Marginal Sea），边缘海的北面和西面是中国大陆，西南面与中南半岛和马来半岛相邻，东面与朝鲜半岛、日本九州岛、琉球群岛与菲律宾群岛为邻，南抵大巽他群岛。这一系列边缘海自东北向西南环绕亚洲大陆，均具菱形轮廓，反映出太平洋板块向亚洲板块俯冲，形成一系列岛弧海沟构造体系，其构造带以 NE—SW 向为主体，并受 S—N 向构造带的辐合影响。黄、渤、东海反映出明显的 NE—SW 向的隆起与沉降带相间的构造格局。南海则以 NE—SW 向张裂形成的中央海盆与两侧以拉张沉降的大陆架所形成的阶梯状大陆坡遥相对应。大陆坡成为耸立海底的高原，顶部发育珊瑚礁岛群。中国海从约 41°N 至 3°58′N，跨越温带、亚热带至热带，水文、气象条件变化复杂。

一、各海区基本特征

根据海域地形结构和水文特征，将中国海划分为五大海区，即渤海、黄海、东海、南海以及台湾以东太平洋海区，其中前四个海区的总面积约为 $4.73 \times 10^6 \, \text{km}^2$。它们之间，渤海与黄海的分界线是辽东半岛南段老铁山角经庙岛群岛至山东半岛北端蓬莱角；黄海与东海之间以长江口北角至济州岛西南角的连线来分界；而东海与南海之间分界线自福建东山岛西南端经台湾浅滩南侧至台湾南端的鹅銮鼻。台湾以东太平洋海域的北界大致相当于日本琉球群岛南部的先岛群岛，南部则以巴士海峡与菲律宾的巴坦群岛相隔，自台湾海岸基线向东延伸 200n mile 的太平洋水域（王颖等，1979）。

1. 渤海

渤海是为陆地所环绕的近封闭浅海，通过渤海海峡与庙岛群岛间水道与黄海相通，面积约为 $7.7 \times 10^4 \, \text{km}^2$，平均深度为 18m。渤海周围有三大海湾，即辽东湾、渤海湾和莱州湾。渤海是大陆架上的浅海，海底地势自三个海湾向中央盆地和渤海海峡微微倾斜，坡度平缓，平均坡度为 0°0′28″，与黄河、海河、辽河等汇入的大量泥沙的堆积有关。渤海海峡贯通东西，渤海海水主要通过庙岛群岛的岛间诸水道流入黄海，而北部的老铁山水道则是黄海海水进入渤海的主要通道。

2. 黄海

黄海为一半封闭的浅海，西面和北面与我国大陆相接，东邻朝鲜半岛；西北经渤海海峡与渤海相通；南面与东海相连，以长江口北侧的启东角与济州岛南端间的连线分界；东南面至济州岛西侧，经朝鲜海峡与日本海沟通。黄海的面积约为 $38 \times 10^4 km^2$，系大陆架浅海，深度较小，平均为44m。海底地势自西、北、东三面向中央及东南方向倾斜，平均坡度为 $0°1'21''$。山东半岛深入黄海之中，其顶端成山角与朝鲜半岛长山串之间最为狭窄，自然地将黄海分为南、北两部分，北部平均水深38m，南部为46m。黄海南侧中部的黄海海槽深度增大，最深处在济州岛北面，深140m。黄海的海湾，西部有海州湾、胶州湾，东部有西朝鲜湾、江华湾等。

3. 东海

东海为开阔的浅海，西侧濒临我国大陆，北部与黄海相连，东北面从济州岛向东，经五岛列岛南端至长崎半岛南端的连线为界，并经对马海峡与日本海相通；东面与太平洋之间隔以九州岛、琉球群岛和我国的台湾岛；南面通过台湾海峡与南海相通，其南界是自福建东山岛西南端至台湾岛南端的鹅銮鼻间的连线与南海分区。东海的面积约为 $77.4 \times 10^4 km^2$。东海海底地形比较复杂，大致从我国台湾岛东北角到日本九州岛西北面的五岛列岛呈一向东突出的弧形连线，此线以西为大陆架，占东海面积的2/3，平均坡度为 $0°8'$，平均深度为72m；线以东为大陆坡和海槽，水深由西北向东南逐渐加大，介于 $600 \sim 2500m$ 之间，冲绳海槽最大深度可达2719m，为东海最深处（王颖等，1979）。东海周边陆地多海湾，其中以杭州湾最大。

4. 南海

南海北界为我国大陆，东面和南面分别隔以菲律宾群岛和大巽他群岛与太平洋、印度洋为邻，西临中南半岛和马来半岛，为一较完整的深海盆。东北有台湾海峡与东海相接；东有巴士海峡、巴林塘海峡、巴拉巴克海峡与太平洋及苏禄海相通；南有卡里马塔海峡连接爪哇海；西南有马六甲海峡沟通印度洋。南海的面积约为 $350 \times 10^4 km^2$，平均深度为1212m。南海海底地势周围高中间低，自海盆边缘向中心呈阶梯状下降。海底地貌类型复杂，周围的大陆架以西北、西南部最宽，而东、西两侧甚窄；大陆架以下为阶梯状大陆坡；在东部、东南部大陆坡麓附近分布有水深约为3000m和5000m的海槽和海沟；在西北部，除大陆坡上有一些海底峡谷外，在坡麓附近还发育一深达5559m的狭窄洼地，此为南海最深处；大陆坡下则为水深大于3500m左右的中央海盆，海盆西南部多海底山，而东北部较平坦。南海西部有北部湾和泰国湾两个大型海湾。

5. 台湾以东太平洋海域

本海区与上述各个海区迥然不同，它直临太平洋，海底地势自台湾沿岸向太平洋海盆急剧倾斜。北段坡度较缓，大陆架宽约 $7 \sim 17km$，水深介于 $600 \sim 1000m$；中段大陆架甚窄，约 $2 \sim 4km$，坡度很陡，水深超过3000m；南段海底为东西并列的两条南北向的水下岛链，两列岛链之间为一海槽，深达5000m以上。

综上所述，中国海海底的地势大体是由西北向东南倾斜，海底地形的起伏及复杂程度亦有自西北向东南渐趋加大之势。大体以我国海南岛至我国台湾至日本列岛的连线为界：连线的西北侧为大陆架浅海，大陆架广阔，渤海、黄海海底全部是大陆架，东海的2/3，南海的 1/2 为浅海大陆架，宽度在 100n mile 以上，坡度基本上不超过 0°2′，具有宽度大、坡度缓、深度小以及沉溺地形明显等特点。连线东南地形复杂，有大陆坡、海槽和深海盆，大陆坡、海槽或深海盆区在东海和南海中所占面积的比例分别为 1/3 和 1/2。其基本特点是深度大、坡度陡、地形复杂。其水下地形有海底山和峡谷、水下高原和深海平原、海底山脉和海沟、坡度甚小的缓坡和高差千米的陡坎等，与大陆架平缓而单调的地形形成鲜明的对比。而台湾以东海区，则绝大部分为大陆坡和深海盆地所占据。

二、海岸、海岛、海峡的基本轮廓特征

1. 海岸的基本特征

中国海岸线曲折漫长，北起中朝交界的鸭绿江口，南至中越交界的北仑河口，总轮廓呈现向东南凸出的弧形，大陆岸线全长约 18 000km，包括 6000 个岛屿的岸线长度约为 32 000km。按成因与形态，原则可将我国海岸分为四大类型及若干亚类（表 1.1）。

表 1.1　中国海岸分类

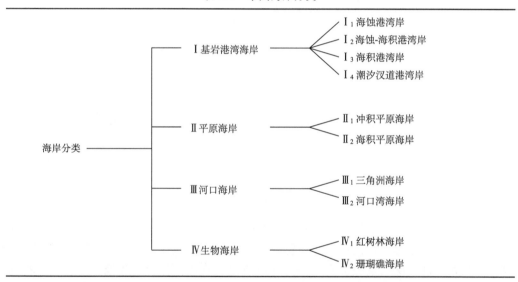

（1）基岩港湾海岸发育于基岩山地与海洋交接处，具有突出的岬角和凹入的海湾，海岸线曲折，水下岸坡很陡，波能量高，海岸沉积为粗砂和砾石。海岸地貌的发育取决于当地海岸朝向、波浪作用的性质与强度、水下岸坡坡度、岩性及物源等因素（Wang，1980；Wang and Aubrey，1987）。此类海岸主要分布于辽东半岛与山东半岛以及杭州湾以南的浙江、福建和广东沿岸。

（2）平原海岸长约 3000km，岸坡平缓，坡度小于 1/1000，多处为 1/4000，海岸沉积物由细粒泥沙组成——细砂、粉砂与淤泥，潮流作用主导，在平原外缘发育宽坦的潮滩与水下岸坡。平原海岸主要分布于杭州湾以北的渤海湾西部、松辽平原外缘和江苏黄海沿岸。杭州湾以南有闽、粤冲积平原海岸分布。平原海岸由松散泥沙组成，冲淤变化快，海岸淤进或蚀退，取决于该处海岸带泥沙供给的数量与波浪作用强度间的动力均

衡（Wang and Zhu，1994）。

（3）河口海岸主要分布于大河入海处，河流与海洋相互作用，受海岸轮廓、海岸坡度等不同因素影响，而发育为三角洲，或三角港（河口湾）。如黄河三角洲海岸、长江三角洲海岸及杭州湾喇叭形河口湾。

（4）生物海岸主要分布于华南沿海及南海海域的珊瑚礁海岸和红树林海岸。在台湾、北部湾、海南岛及近岸的小岛有岸礁、堡礁型珊瑚礁海岸断续分布。南海诸岛中除西沙群岛的高尖石是由凝灰熔岩构成外，其余基本上由珊瑚环礁组成（黄金森，1982；曾昭璇等，1989）。珊瑚礁基底岩层深度为1100～1300m，是花岗岩或变质岩陆块及上覆的古近纪-新近纪褶褶隆脊，伴随基底构造下沉，珊瑚礁渐次向上积长形成厚约1000m的礁体（王颖等，1979）。红树林海岸是热带亚热带的一种生物海岸。在我国，红树林自然生长于25°N以南，在河口、港湾及潟湖地区有断续分布。红树科植物可生长在沙滩或玄武岩岸裂隙中，其繁殖后，可网罗淤泥，形成泥沼海岸。红树林具消浪作用，并为海洋生物提供繁衍场所，形成红树林群落生物链。在我国，茂密宽大的红树林带海岸主要分布于广西山口与海南东寨港。在湛江及深圳亦有红树林海岸滩涂。均已辟为国家自然保护区。人工引种红树曾达浙江省乐清，但长势多为低矮灌木植株。

中国海岸带大体上可以杭州湾为界，杭州湾以北的海岸，因构造差异，而具有稳定隆起的基岩港湾海岸与断续沉降的平原海岸相间分布；在杭州湾以南的海岸，基本是因海水浸淹隆起的山地所构成的基岩港湾海岸，岸线由NNE、NE到EW向展布，呈圆弧状，仅在海湾内有局部的平原，沙滩或泥涂。构造因素对我国海岸轮廓的控制作用显著，NE向隆起与沉降，NNE和NNW断裂交切组成的X型深大断裂构造，影响着我国海岸分布格局。沿海的基岩岛屿，如舟山群岛，总体排列呈NNE方向展布，一些单个岛屿的长轴方向却为NWW方向。

2. 海岛的基本特征

据20世纪90年代普查，我国海域岛屿近万个，面积大于200km²的海岛共8个（台湾岛、海南岛、崇明岛、舟山岛、东海岛、平潭岛、长兴岛、东山岛）；面积大于500m²的岛屿约6500个；其余为面积小，甚至是隐伏于海面下，偶尔出露的礁、滩与暗沙。岛屿岸线长达14 000km，岛屿总面积约$7.54×10^4 km^2$，占国土面积的0.8%（杨文鹤，2000）。其中有人居住的海岛400多个，人口约3500万。海岛分布南北跨越约38个纬度，东西跨越17个经度。东海的海岛4200个（占全国海岛总数的65.6%），主要分布于海岸带及大陆架上，如崇明岛、舟山群岛、台湾岛、澎湖列岛，而钓鱼岛、赤尾屿、彭佳屿、黄尾屿位于大陆架边缘；南海岛屿约1600个（占全国岛屿总数的24.8%），海南岛、万山群岛、涠洲岛及东沙群岛分布在海岸带及大陆架上，西沙群岛、中沙群岛、南沙群岛主要位于大陆坡海域以及南部的巽他大陆架上；黄海岛屿约433个（主要岛屿为北黄海长山列岛及南黄海辐射沙脊群）及渤海岛屿约272个（主要为长兴岛、庙岛群岛），均分布于内陆架及海岸带；台湾以东太平洋海域海岛约22个。

根据成因分类，中国海岛分为大陆岛和海洋岛。大陆岛（占95%）又可分为基岩与冲积岛；海洋岛（约占5%）又可分为珊瑚礁岛和火山岛。基岩岛原为山地丘陵，由于海平面上升而被浸淹为岛屿。基岩岛屿分布于基岩港湾海岸的海域，以及辽东半岛和山东半岛附近海域中。以台湾岛最大，面积 35 780km²，海南岛次之，面积 33 920km²（曾昭璇等，1989）。杭州湾外的舟山群岛是我国最大的群岛，大小岛屿 670 多个。

冲积岛是由大陆河流带来的泥沙冲积而成，主要分布于淤积剧烈的大河口近岸海域。我国的许多河口有冲积岛（朱大奎，1983），其中以长江河口段和江苏沿海的沙岛最多，如崇明岛、东沙岛。冲积岛的地势比较低，平坦宽广，地形起伏不大。

珊瑚礁岛是由珊瑚虫的骨骼所构成，主要分布于南海。我国的南海诸岛包括东沙群岛、西沙群岛、中沙群岛、南沙群岛基本上均为珊瑚礁岛。这些岛屿的特点是地势低，一般海拔 4~5m，面积小，常以 m² 计算。一般来说，南海诸岛的珊瑚礁是在以沉降海山为基底的背景上发育的。

火山岛在我国分布亦多。澎湖列岛由 97 个岛屿组成，全部为火山喷发熔岩所组成的岛屿。位于台湾东北，东海大陆架前缘的钓鱼列岛也属火山岛。北部湾的涠洲岛（火山口）、斜阳岛亦为火山岛。台湾以东太平洋海域的绿岛、兰屿与龟山岛均是火山岛。

中国大多数海岛（多指基岩岛与火山岛）的轮廓均受构造控制，海岛的排列方向及其单个海岛的长轴方向均与构造线方向有很好的相关性。火山岛与珊瑚岛在平面形态上大都以圆锥形、环形为主；冲积岛在平面上展布大都以扇形、指状、长条状或椭圆形见多，与海域的水流动态相一致。

1994 年实施的《联合国海洋法公约》（The United Nations Convention on Law of the Sea），明确了沿海国在内海外具有 12n mile 领海、24n mile 毗连区，大陆架是沿海国陆地领土自然延伸与 200n mile 专属经济区具有管辖权。兴起了全球对海洋国土，尤其是"小岛大海洋"的关注与纷争，外海岛屿具有划界基点的重要价值。全球化经济的发展推动了对海上交通贸易的新关注，我国的海港建设也从海岸带发展到外海岛屿，以满足水深少淤的要求；外海岛屿还具有远洋"中途岛"（避风补给、救助与游憩）、渔业基地、炸不沉的海洋气象观测台站以及国防前哨等特点。

纵观我国海岛的作用，意义重大：

我国有人居住的海岛 400 多个，人口约达 3500 万。

有 40 个岛屿选定为东海和南海北部的领海基线点，黄海辐射沙脊群中的外磕脚（33°00′54″N，121°38′24″E），在特大潮时出露，被选定为领海基线点后，使平原海岸的领海基线外推了 10km 余。

利用外海岛屿毗邻深水与天然码头可建为供 10×10^4~20×10^4t 级远洋巨轮碇泊的海港，是石油、天然气与矿石运输大型运输基地的首选。如杭州湾北部距岸 27km 的大小洋山岛（东海），建成上海远洋港口；距岸 18km 的曹妃甸沙岛（渤海），已建为首钢钢铁基地与原油煤炭能源 30 万 t 级深水港区；长三角北翼距岸 16km 的西太阳沙（黄海），施建为长三角北翼 10 万 t 级深水大港。海岛对发展外向型临海工业——外贸基地意义重大。

南海的西沙、南沙群岛及黄岩岛均位于南海大陆坡深海域，历史传统归我国管辖，是我国南海渔民的捕鱼基地。冬季趁东北季风出海，来年春夏之交趁西南风返回大陆或海南岛，世世代代渔民作业，已铸就铁的历史传统。

海防前哨：目前，南海西沙永兴岛及南沙永暑礁等 6 岛屿由我国海军驻守，太平岛亦有驻军。二次世界大战后《波茨坦公告》重申了中国对西沙群岛与南沙群岛的主权，其毗邻海域的海水、生物与油气矿藏均为我国所拥有，是不容置疑的。1992 年 2 月，我国重新颁布《领海法》，又一次正式宣布对南沙群岛的主权。但是，越南、菲律宾、马来西亚等国先后在南中国海开采油气，并霸占岛屿，对我国海上贸易、交通以及发展海岛海洋旅游与体育活动也形成威胁。严峻的现实要求我们重视对外海岛屿的研究，从自然、经济、历史与国防多方面考虑，进行综合研究、开发与保卫。

3. 海峡的轮廓特征

相邻海区间宽度狭窄的水道称为海峡。中国海域主要海峡为：渤海海峡、台湾海峡和琼州海峡。周边及公海海峡，有巴士海峡、巴林塘海峡，为我国海域边界的海峡。公海海峡，有朝鲜海峡、大隅海峡、吐噶喇海峡、马六甲海峡、巽他海峡、卡里马塔海峡等。

台湾海峡位于东海大陆架南部，与南海大陆架相连，西临闽、粤，东为台湾。海峡北窄南宽，似喇叭形，最窄处自平潭岛至台湾岛约 130km，最宽处自南澳至台湾岛南端约 420km（张君之，1989）。南北长约 380km，东西平均宽约 190km，大部分海区水深小于 60m，平均水深 80m，海峡东南部水深在 140～150m（福建海洋研究所，1988）。以陡坡伸入南海盆地。海峡西侧闽粤沿海多岛屿与港湾，东侧为台湾西海岸，海岸线平直。

渤海海峡位于渤海东部，辽东半岛老铁山角与山东半岛蓬莱角之间，宽约 113km。南部水深较浅，一般小于 30m，北部则大于 30m，最大水深为 86m（秦蕴珊等，1985）。平面形态似哑铃，中间窄，两边宽，庙岛群岛罗列其中，使海峡分割为若干水道，以北部的老铁山水道为主，其垂直剖面呈 U 型，局部呈 V 型，呈 NW-SE 向延伸，是沟通渤、黄海的主要通道，平均宽约 9km。

琼州海峡，呈近东西向地横穿于雷州半岛与海南岛之间，构成连通南海北部与北部湾的狭窄通道，长约 80km，最宽处 40km，最窄处仅约 20km，海峡的水域面积2 400km²。海峡平均水深 44m，最深处可达 120m（张虎男、陈伟光，1987）。海峡底部地形复杂，但大体上保持着南北两岸向海峡中部变陡、加深之势。琼州海峡束水流急，强潮最大流速可达 5～6kn，潮流侵蚀在海峡底部塑造了冲刷槽，并携带泥沙在海峡两端出口处堆积水下沙脊。其中涨潮流在西端口外堆积成指状规模较大的指状沙脊，东端落潮流堆积为规模较小的新月形沙脊。

三、入海河流水文泥沙特征与河海相互作用效应

（一）入海河流的自然态势

河流是陆源物质（包括固体与溶解质）向海洋输送的主要动力，对海岸水体及沉积有巨大影响。据不完全统计，每年由河流输送入海的物质达 200×10^8 t（Milliman and Syvitiski，1992），源自亚洲大陆的泥沙约 46×10^8 t，输入太平洋的约为 33×10^8 t（Wang et al，1988）。源于构造抬升造成的巨大地貌差异与湿润的季风气候——海陆相关作用，形成高侵蚀率，尤其是大河流经大面积的未固结的黄土高原地区，以及长久历

· 15 ·

史的人类活动影响，这些因素结合，使亚洲河流具有最高的陆源物质输送量。全球有 8 条大河发源于世界屋脊青藏高原，其中 5 条河流汇入亚洲-太平洋边缘海，泥沙输送量大（Wang et al，1988；程天文、赵楚年，1984；Latrubesse et al，2005）（表 1.2）（王颖等，2007）。

表 1.2 发源于青藏高原河流的入海泥沙量*

河流	黄河	长江	雅鲁藏布江-布拉马普特拉河	恒河	怒江-萨尔温江	伊洛瓦底江	湄公河	印度河
入海泥沙量/(10^6t/a)	1115	461	540	520	100	260	160	59

*未经人工建筑影响前的自然径流量与输沙量

在我国境内入海的河流众多，其流域面积占总流域面积的 44.9%，入海径流量占全国河川径流量的 69.8%（中国科学院《中国自然地理》编辑委员会，1981）（表 1.3）。

表 1.3 中国主要河流自然径流量与输沙量参考值*

（程天文、赵楚年，1984；Wang et al.，1988）

海区	河流	流域面积 /km²	/%	平均径流量 /10^8m³	/%	平均输沙量 /10^4t	/%	产沙量 /[t/(km²·a)]
渤海	辽河	164 104	12.3	87	10.9	1 849	1.5	113
	滦河	44 945	3.4	49	6.1	2 267	1.9	505
	黄河	752 443	56.3	431	53.7	111 490	92.2	1 482
	上述三河总量	961 492	72.0	567	70.7	115 607	95.6	1 202
	所有入渤海河流总量	1 335 910	100.0	802	100.0	120 881	100.0	905
黄海	鸭绿江	63 788	19.1	251	44.8	195	13.3	31
	所有入黄海河流总量	334 132	100.0	561	100.0	1 467	100.0	44
东海	长江	1 807 199	88.4	9 323	79.7	46 144	73.1	255
	钱塘江	41 461	2.0	342	2.9	437	0.7	105
	闽江	60 992	3.0	616	5.3	768	1.2	126
	上述三河总量	1 909 652	93.4	10 281	87.9	47 349	75.0	248
	所有入东海河流总量	2 044 093	100.0	11 699	100.0	63 060	100.0	308
南海	韩江	30 112	5.1	259	5.4	719	7.5	239
	珠江	452 616	77.3	3 550	73.6	8 053	84.2	178
	上述二河总量	482 728	82.4	3 809	79.0	8 772	91.7	182
	所有入南海河流总量	585 637	100.0	4 822	100.0	9 592	100.0	164
直接入太平洋	我国境内入海	11 760	100.0	268		6 375		
总计	全部河流	4 311 532		18 152		201 374		467

*未经人工建筑影响前的自然径流量与输沙量

河流向海输送了巨量淡水与泥沙，直接影响到海水环境、海域动力条件与海洋生物特性，对海岸及大陆架地质地貌有重要影响（Wang et al.，1988）。中国大陆架在晚更新世时，曾是沿岸平原，河流是形成沿岸平原与输送陆源泥沙入海的主要动力（Wang et al，1988）。在未兴建规模化的水利工程前，每年由中国河流（大河及上千条中小型河流）输入海中的泥沙约 20.1×10^8 t，其中大约 12.1×10^8 t/a 堆积在渤海，14.67×10^6 t/a 堆积于黄海，6.3×10^8 t/a 堆积在东海，1.6×10^8 t/a 堆积在南海及台湾以东太平洋海域。沿海大陆架沉积物主要来源于河流悬浮物（悬移质）。每年约相当于 1km³ 的泥沙是由中国河流输送到边缘海大陆架的。据钻孔测年资料估计，长江三角洲沉积速率为 3.1mm/a，东海沉积速率为 0.18mm/a，黄海沉积速率为 0.158mm/a，最高的沉积速率在渤海，约为 8mm/a（Wang et al，1988）。按此堆积速率，如不考虑海盆的下沉，平均水深为 18m 的渤海可能会在 2250 年的时间内被填满。但是，由于人为的改变自然过程，入海径流量减少，河口断流及黄河中游黄土高原水土保持效益日增，上述情况难以出现。但是，在中、新生代地貌发育的长期历史过程中，河流冲刷、搬运西部山地与黄土高原的物质，堆积形成了东部平原与中国海大陆架。

主要河流入海径流量和输沙量的季节分配基本一致，夏季大，春秋次之，冬季最小。但各季节水量和沙量分配的比例不均匀。入东海和黄海的河流季节变化大，径流量和输沙量主要集中于夏季，夏季汛期（6～9 月）所占比例大。如黄河汛期径流量、输沙量分别占全年的 62% 和 85% 左右。而枯水期时则相对较小，黄河有时甚至出现断流。入海河流每年向各海域输送了大量淡水，对近岸海水水体的温度、盐度、密度、透明度以及营养盐等海洋水要素的分布产生重要影响。据卫星照片分析，长江入海悬浮泥沙，除直接沉积塑造拦门沙和水下三角洲外，洪水期悬浮泥沙可向北扩散至离岸 80～90km，枯水期可向南扩散 55～60km（程天文、赵楚年，1985）。而黄河入海泥沙被山东半岛北部沿岸流携带，可绕过成山头角向西南方向输送，影响崂山湾以东的近海。

不同类型的河口动力形式各异，汇入海区的海洋动力与河海交互作用效果不同，导致入海泥沙的输移与沉积模式相差较大。

（1）强潮-径流动力型沉积。以鸭绿江为代表，山溪性河流的沙砾质，因河口潮差可达 6.9m，潮流速度 1.25～1.5m/s，入海泥沙为潮流所携带形成一系列沿潮流方向延展、彼此平行的沙脊和谷槽（王颖等，2007；Wang et al，1986）（图 1.2），黄海西朝鲜湾大陆架沙脊群属此类型（图 1.3）。

（2）弱潮-径流动力型沉积。以黄河口为代表，河口潮差 0.5～0.8m，粉砂质泥沙被径流携带于河口西侧堆积成指状沙嘴，突出的沙嘴保护了其下风侧海岸，使悬移质堆积发育为烂泥湾（图 1.4），并于口外浅海发育水下三角洲。

（3）波浪动力为主导的海岸带。以滦河口为代表（王颖等，2007），入海泥沙被海区盛行的 ENE 风浪与 ESE 风浪垂直向岸堆积并沿岸携运，发育了水下沙坝及沿岸沙坝，形成双重岸线，沙坝内侧潟湖的沿岸带多发育潮滩，潟湖外侧岸多有越流扇沙体，沙坝沉积带以外海底出露低海面之残留砂（图 1.5）。

（4）径流与沿岸流结合的沉积模式。以长江口为代表（王颖等，2007），河口区发育浅滩、沙洲，使河口分流与沙岛并陆；悬移质泥沙入海被沿岸流携运可达福建省北部，形成粉砂淤泥质内陆架沉积，并使浙江海岸港湾内堆积发育淤泥质潮滩（图 1.6，图 1.7）。

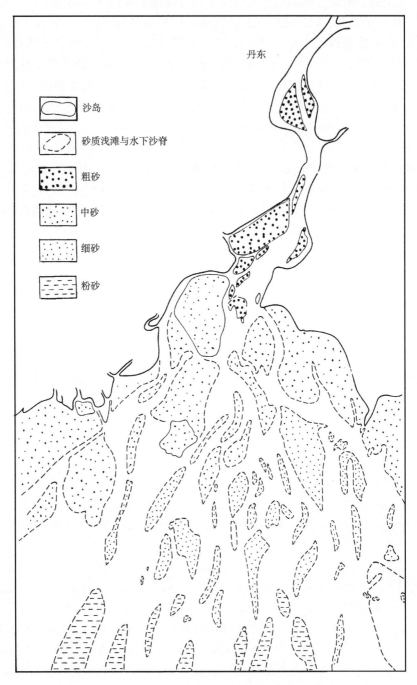

丹东

沙岛

砂质浅滩与水下沙脊

粗砂

中砂

细砂

粉砂

图 1.2　强潮-径流动力型的鸭绿江河口沙脊群

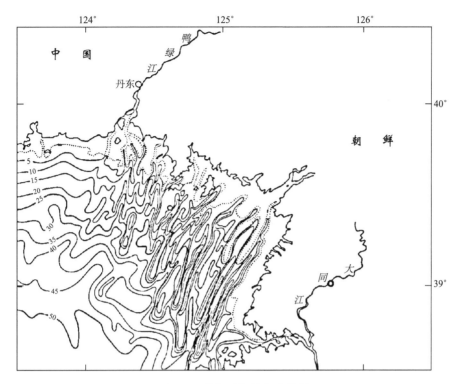

图 1.3　黄海西朝鲜湾沙脊群

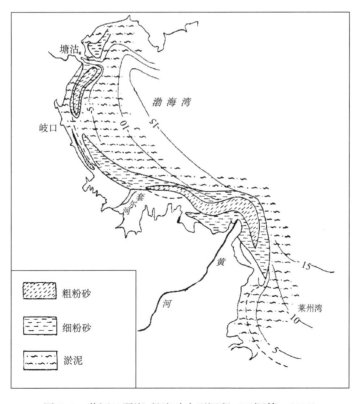

图 1.4　黄河口弱潮-径流动力型沉积（王颖等，2007）

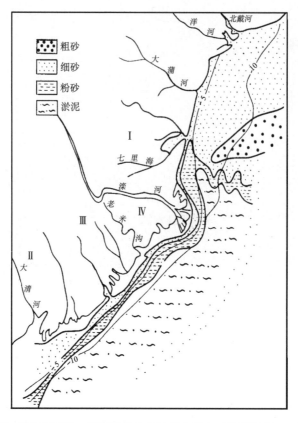

图 1.5　滦河口及邻近海域，季风波浪为主导的海陆交互作用沉积（王颖等，2007）

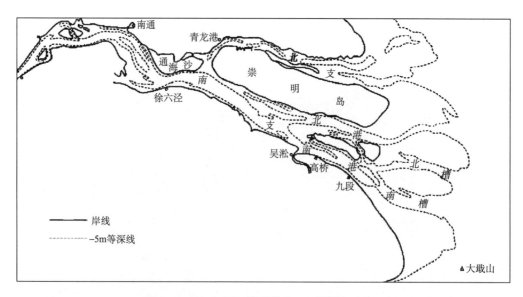

图 1.6　长江口河口浅滩分布（王颖等，2007）

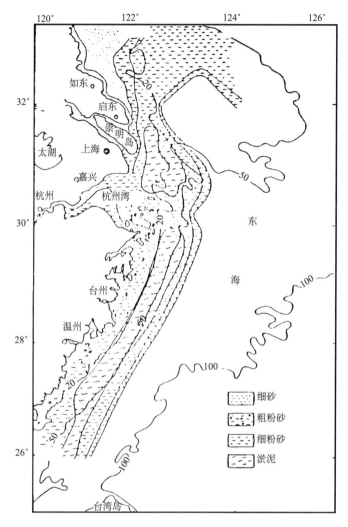

图 1.7　长江口径流与沿岸流结合的沉积模式（王颖等，2007）

　　（5）尾闾分流、充填港湾与沿岸流搬运模式。以珠江为代表（王颖等，2007）。珠江河口湾内水流分支与多处会潮点结合，发育了浅滩、沙嘴、沙洲及潮流三角洲等，发育为充填（河口湾）式三角洲；流出河口湾外的悬移质，被盛行的沿岸流携运，沿岸流向西南，在内陆架水深 20～30m 范围堆积发育了砂质粉砂和黏土质淤泥堆积带（图 1.8）。

　　上述 5 种沉积模式是因各河流特性、河口及浅海环境不同的结果。但是，亦有共同特征：下游与尾闾河道易于分流迁移，为沿海平原与大陆架提供泥沙物源；径流与潮流在河口区双向作用，形成粗细粒径交叠的沉积韵律层及口门淤泥质浅滩；口外海滨沉积均与沿岸流动力纵向输移泥沙作用有关；现代河流泥沙影响主要限于水深 20m 的内陆架区，外陆架普遍出露低海面残留砂；当代人类活动与水利工程改变着上述河流的自然发展规律，继而影响着河口海岸地区，并逐渐向陆地方向波及。

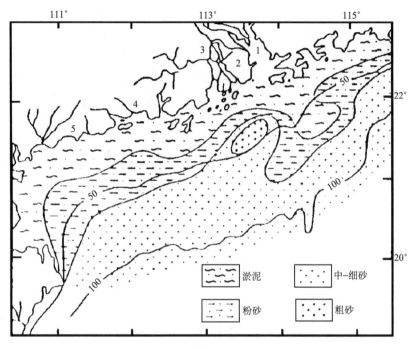

图 1.8　尾闾分流充填港湾与沿岸流搬运模式（王颖等，2007）

1. 珠江；2. 中山；3. 高要；4. 阳江；5. 电白

（二）受人类活动影响的入海河流现状

　　上一节概述了中国入海河流的水文、泥沙特性以及入海径流在海洋动力相互作用下，所形成的河口与毗邻大陆架的沉积地貌，大体上反映了入海河流的自然态势。然而，自 20 世纪中期后，为减轻旱涝灾害与南水北调解决华北用水等，先后兴建了一系列大坝、水库与分洪引水工程，在一定程度上缓解了水灾危害之急。如荆江分洪工程及后续的移民、保留库容等措施。但是，随着人类活动对河流的积极干预日益加剧，加之，全球气候变化效应，在很大程度上影响着河流自然特性的改变；入海河流的径流量与输沙量均明显地减少，积累的影响必招致河口海岸侵蚀、风暴潮活动频繁与海水入侵加剧，河口、海岸环境与生态系会发生显著变化。

　　表 1.4 列出了我国主要入海河流的水、沙量现况。长江年平均径流量明显下降，2006 年较 2000 年减少约 24％；输沙量 8480×10^4 t，不足 1×10^8 t，仅为 2000 年输沙量的 1/4。水沙之亏损已改变了河口三角洲水沙动力平衡状况，水下三角洲已由增长缓慢、停滞而被侵蚀退缩，这也是近年来风暴潮对城市危害加剧之缘由。历史上曾有塔里木河因沿流域引用水量过大，招致下游河道干枯之实例，内陆沙漠河水断流似在"情理之中"！而沿海河流尾闾干涸值得重视。如滦河于 1979 年建潘家口大黑汀水库，1983 年"引滦济津"及 1984 年引滦河水入唐山后，滦河径流减少为 18.4×10^8 m³，入海径流比工程前减少 61％，其中 1980～1984 年径流量仅为 3.55×10^8 m³，减少量达 92％，滦

表 1.4 2000 年以来中国主要入海河流下游站的年平均径流量与输沙量（中华人民共和国水利部中国河流泥沙公报,2000～2006 年）

流域名称	代表水文站	年径流量/10⁸ m³ 多年平均	2000	2001	2002	2003	2004	2005	2006	5 年输沙量/10⁴ t 1950～2000 年平均	2000	2001	2002	2003	2004	2005	2006	备注
长江	大通	9051（1950~2000）	9266	8250	9926	9248	7884	9015	6886	50100	33900	27600	27500	20600	14700	21600	8480	
黄河	利津	331.2（1952~2000） 313.2（1952~2005）	48.6	46.53	41.90	192.6	198.8	206.8	191.7	83920（1952~2000） 77800*（1952~2005）	2220	1970	5430	36900	25800	19100	14900	*多年平均值黄河 1919～1960 河河输沙量 16×10⁸ t
淮河	蚌埠	264.1（1950~2000）			226.2	641.9	214.2	443.0	234.2	987（1950~2000）			493	797	407	785	223	
海河	石闸里＋响水堡＋张家坟＋下会	15.62						4.849	1.63	1870*（1950~2000）						6.16	32.5	多年平均
	海河闸	8.123（1960~2005）						2.670		8.33（1960~2005）						0	0	海河闸站
珠江	高要（西江）	2212（1957~2000）			2499	1822	1780	1847	2007	7160（1957~2000）			5210	1560	2560	2930	3320	西江高要站记录西江 1957～2000 年,北、东江为 1954~2000 年
	石角（北江）	419.5（1954~2000）			492.7	359.1	244.3	417.4	506.1	536.6（1954~2000）			473	202	86.9	432	790	
	博罗（东江）	234.6（1954~2000）			139.6	188.8	110.7	237.4	376.0	256.9（1954~2000）			55.5	115	44.0	270	405	
	三站之和	2849						2502	2889	7590						3630	1530	
松花江	佳木斯	653.4（1955~2005）						596.5	425.5	1270*（1955~2005）						2430	1590	
辽河	铁岭＋新民	32.8						33.8	11.50	1690*						261	62.0	*多年平均
钱塘江	兰溪＋诸暨＋花山	200.2						201.2	177.7	270*						171	144	
闽江	竹岐＋永泰	573.9						683.7	715.5	656*						737	717	

河尾闾几乎干涸（钱春林，1994）；滦河三角洲由原来向海淤积（最大达 81.8m/a），转变为被海浪侵蚀后退，初始几年后退约为 3.2m/a，后增大为 10m/a，滦河口后退曾达 300m/a，岸外沙坝长度均减少约 20～400m/a（钱春林，1994）。滦河事例尚未引起广泛关注，而"水量丰富"的长江似无断流之虞，但是，2007 年重庆河段水位低枯，形成对当地民生的威胁，发人深省！何况海洋还可干涸为沙漠，地质历史中不乏先例！黄河是中国第二大河，曾在 1960 年出现下游断流 41 天，当年中上游降水量 290mm，花园口汛期径流量为 $297 \times 10^8 m^3$，当年引水量为 $125 \times 10^8 m^3$；嗣后，至 1972 年出现 15 天断流后，经常断流，甚至 1981 年中上游降水量为 385mm，花园口年径流量达 $500 \times 10^8 m^3$，下游断流达 37 天，当时引水量为 $230 \times 10^8 \sim 250 \times 10^8 m^3$；至 1987 年，年引水量达 $274 \times 10^8 m^3$，黄河尾闾段断水频繁，1997 年断流达 226 天，断距达 706km（王颖、张永战，1998），波及下游河段水断沙绝，后虽经人工调水入海，但杯水车薪，难改根本局势！在这种情况下，黄河入海口沙嘴不仅停止淤长，而且在强劲的 NE 向浪流作用下，沙嘴逐渐偏移向西南，今后，沙嘴会受侵蚀，干涸的河口会逐渐蚀退，盐水入侵加剧。实际上，人们应根据河流的自然特性，从善利导，适宜地利用。黄河的特性是：水少沙多，水沙异源且时空分布不均匀；下游河道迁徙频繁，经行水多年、沙积地高，行水困难而于汛期时循地势低洼处改道。统计分析获知，河流自然改道大致循顺时针方向，自 N 向 NE、向 E、向 SE、再折向 N，改道周期约为 6～10 年。现因油田与城市发展，人工改变阻止其向 N 与向 NE 流，故河口沙嘴南偏。据 1956～1979 年统计，黄河水资源总量平均为 $744 \times 10^8 m^3$，平均径流量 $580 \times 10^8 m^3$。枯水年与丰水年径流之比可达 1：10.3。黄河平均含沙量最高达 $37.6kg/m^3$，三门峡站年最大输沙量 $39.1 \times 10^8 t$，最小仅 $4.88 \times 10^8 t$。20 世纪 70 年代后，黄河频频断流，黄河由泛滥之忧转为断流之困，自然原因在于 20 世纪以来，全球气候变暖，黄河上中游气温逐渐升高，积雪减薄，降水减少，干旱现象有所增加；但是断流主要在于人工引水过多，达到 $250 \times 10^8 \sim 300 \times 10^8 m^3$，超过了黄河天然径流量的一半，超越了黄河的"自然调节能力"，招致断流，人为影响是断流的主因。20 世纪 60 年代时，引水量 $125 \times 10^8 m^3$，即使是干旱年份，汛期中上游降水量小于 260mm，径流量低于 $330 \times 10^8 m^3$，但因年径流量净余值高于 $150 \times 10^8 m^3$，黄河下游不会断流；当引水量为 $175 \times 10^8 m^3$，即使汛期降水量为 210mm 之低值，或汛期径流量仅为 $280 \times 10^8 m^3$，但净余值高于 $100 \times 10^8 m^3$，仍有一定径流入海，黄河下游很少出现断流，几率约为 1/10。所以 $200 \times 10^8 m^3$ 的人工引水量，或 $100 \times 10^8 m^3$ 的净余流量，是黄河下游是否断流的"临界值"，260mm 汛期降水量与 $300 \times 10^8 m^3$ 的汛期流量可能是相关数值的低限（王颖、张永战，1998）。以上是据黄河断流发生史实，对比相关因素数值的结果。当前黄河的年径流量均低于多年平均流量，引水量已超过 $300 \times 10^8 m^3$ 的警戒线，加之，黄河的入海口人为的迫向南部偏移，如不及早全盘考虑，一旦遭遇异常的洪水事件，则三角洲地区城乡产业与人身安全均会受到危害。历史的实例说明，人类活动必须适应自然环境的发展规律，必须将人类活动纳入自然环境（水、土、气、生）所能容纳的承载量内，全流域一体的、河海相关的考虑开发利用与涵养保护水环境与水资源，以维护河海的动态平衡。提高全民节水意识，提倡水资源的循环利用，加强管理，以防止灾害性的破坏影响。对大型水利工程，尤其是改变河流自然特性的工程措施，必须有地质地理环境的系统调查、深入分析和评价后，才可确定是否施行，否则，自然界的反馈效应是严峻而不可抗逆的。

第三节 世界大洋简介[*]

海洋是一个综合自然体系。它是由海岸与海底构成的基岩海盆、其内的海水、水体中的生物以及海盆上空的大气所组成，是一个地球表层圈层体系交界作用，不断地发展变化的动态体系。通常人们称呼海洋的主体深水域为"洋"，称呼周缘海陆交界地带相对较浅的水域为"海"。

全球海洋是连通的，占据了地球表面的 71%，面积大约为 $3.61 \times 10^8 km^2$，总容积约为 $13.8 \times 10^8 km^3$，是地球表面最大的水体储存区。

根据地理位置与传统理念，全球海洋被划为四大洋：位于亚洲、大洋洲、南极洲和南北美洲之间的最大的海洋为太平洋；位于欧洲、非洲、南极洲与南、北美洲之间的海洋为大西洋；位于非洲东侧、亚洲-大洋洲西侧与南极洲之间的海洋为印度洋，三大洋在南部与南极洲之间是连通的，亦被称为南大洋；以北极为中心，位于亚洲、欧洲与北美洲北部的极地海洋是为北冰洋。

中国海为太平洋边缘海，通过海峡通道与印度洋、南大洋相连通。因此，在研究关注中国海洋地理的同时，需对全球大洋有所了解。为了认清中国海在世界海洋中的地理位置、特点，以及与周边之联系，特增设本节内容，将世界大洋地理作概要地介绍。

一、太 平 洋

1. 概况

太平洋（Pacific Ocean）位于亚洲、大洋洲、南极洲和南、北美洲之间，是四大洋中最大、最深、岛屿和珊瑚礁最多的海洋。其范围：太平洋西南以塔斯马尼亚岛东南角至南极大陆的经线与印度洋分界，东南以通过南美洲最南端的合恩角的经线与大西洋分界，北经白令海峡与北冰洋连接，东经巴拿马运河和麦哲伦海峡、德雷克海峡沟通大西洋，西经马六甲海峡和巽他海峡连通印度洋，总轮廓近似圆形。太平洋南北向长约15 900km，东西最大宽度约 19 900km，面积 17 968 $\times 10^4 km^2$。约占世界海洋总面积的49.8%，地球总面积的 35%。太平洋平均深度为 4028m，最大深度为 11 034m，位于西侧的马里亚纳海沟，是目前已知世界海洋最深点。

太平洋以南、北回归线为界，划分出南、中、北太平洋；或以赤道为界分南、北太平洋；以东经 160°为界，区分出东、西太平洋。北太平洋位居北回归线以北海域，地处北亚热带和北温带，主要属海有东海、黄海、日本海、鄂霍次克海和白令海。中太平洋位于南、北回归线之间，地处热带，主要属海有南海、爪哇海、珊瑚海、苏禄海、苏拉威西海、班达海等。南太平洋为南回归线以南海域，地处南亚热带和南温带，主要属海有塔斯曼海、别林斯高晋海、罗斯海和阿蒙森海。太平洋地区有 30 多个独立国家，

---

* 本节据 http://www.21page.net/world geography/4ocean.asp，2006

以及十几个分属美、英、法等国的殖民地。中国海位居亚洲东侧与太平洋西侧之间，属于岛弧环绕的太平洋边缘海。

2. 海洋地理环境

1）岛屿众多

岛屿众多为一重要特点，太平洋约有 10 000 个岛屿，总面积 $440 \times 10^4 \, km^2$，占世界岛屿总面积的 45%。大陆岛主要分布在西部亚洲大陆外缘，如日本列岛、加里曼丹岛、新几内亚岛等；海洋岛屿（火山岛、珊瑚岛）分布于大洋中部。海底超过 2000m 水深的深海洋盆约占总面积的 87%，200～2000m 水深间的大陆边缘海域约占 7.4%，200m 水深以内的大陆架约占 5.6%。北半部有巨大海盆，西侧环绕的岛弧链及外侧的深海沟，是太平洋板块向亚洲板块推压俯冲所形成。北部和西部边缘海有宽阔的大陆架，大洋中部张裂带水深多超过 5000m。夏威夷群岛和莱恩群岛将中部深水区分隔成东北太平洋海盆、西南太平洋海盆、西北太平洋海盆和中太平洋海盆。海底有大量的火山锥，水深多超过 5000m。

火山与地震带环太平洋分布为"太平洋火圈"，是另一特点。全球约 85% 的活火山和约 80% 的地震集中在太平洋地区。太平洋东岸的美洲科迪勒拉山系和太平洋西缘的花彩状群岛是世界上火山活动最剧烈的地带，活火山多达 370 多座，地震频繁。太平洋中部夏威夷群岛是著名的火山岛链，地震与火山喷发不断。

2）太平洋气候

地处热带和副热带气候优势地带，由于海水表层洋流及邻近大陆上空的大气环流影响而产生气候分布与地区差异，气温随纬度增高而递减。南、北太平洋最冷月平均气温从回归线向极地为 20～16℃，中太平洋常年保持在 25℃ 左右。太平洋年平均降水量一般为 1000～2000mm，多雨区可达 3000～5000mm，而降水最少的地区不足 100mm。40°N 以北与 40°S 以南洋区常有海雾。水面气温平均为 19.1℃，赤道附近最高达 29℃。在靠近极圈的海面有结冰现象。太平洋上的吼啸狂风和汹涌波涛很著名，"太平之洋"实为早期航海人对海况的祈望。在寒、暖流交接的过渡地带和西风带内，多狂风和波涛，太平洋北部以冬季为多，南部以夏季为多，尤以 40°S 附近大片连通的开阔海域，汹涌波涛最为剧烈，是为"40°怒吼区"。中部较平静，终年利于航行。

3）潮汐与洋流

多为不规则半日潮，潮差一般为 2～5m。太平洋洋流大致以 5°～10°N 为界，分成南北两大环流：北部环流顺时针方向运行，由北赤道暖流、日本暖流、北太平洋暖流、加利福尼亚寒流组成；南部环流反时针方向运行，由南赤道暖流、东澳大利亚暖流、西风漂流、秘鲁寒流组成。两大环流之间为赤道逆流，由西向东运行，流速每小时 2kn。

3. 海洋资源

太平洋生长的动、植物，无论是浮游植物或海底植物以及鱼类和其他动物都比其他大洋丰富。太平洋浅海渔场面积约占世界各大洋浅海渔场总面积的 1/2，海洋渔获量超过世界渔获量的 1/2，秘鲁沿岸、日本列岛周边、中国舟山群岛、美国及加拿大西北沿海都是世界著名渔场。盛产鲱、鳕、鲑、鲭、鳟、鲣、沙丁、金枪、比目等鱼类。海兽（海豹、海象、海熊、海獭、鲸等）与海蟹捕猎也居重要地位。矿物资源在海岸带有砂、锡、铝、钛、金红石、磁铁矿及铂、金砂矿及煤层；大陆架有丰富的石油、天然气藏。大陆坡有天然气水合物能源。大洋底重金属铁锰结核富聚，其所含锰、镍、钴、铜 4 种矿物的金属储量比陆地上多几十倍至千倍。

4. 交通运输

航运：太平洋在国际交通上具有重要意义。有许多条联系亚洲、大洋洲、北美洲和南美洲的重要海、空航线经过太平洋。东部的巴拿马运河和西南部的马六甲海峡，分别是通往大西洋和印度洋的捷径和世界主要航道。海运航线主要有东亚—北美西海岸航线，东亚—加勒比海、北美东海岸航线，东亚—南美西海岸航线，东亚沿海航线，东亚—澳大利亚、新西兰航线，澳大利亚、新西兰—北美东、西海岸航线等。太平洋沿岸有众多的港口。纵贯太平洋的 180°经线为"国际日期变更线"，船只由西向东越过此线，日期减去一天；反之，日期便加上一天。

海底电缆：太平洋第一条海底电缆是 1902 年由英国铺设的，1905 年美国在太平洋也铺设了海底电缆。目前加拿大至澳大利亚，美国至菲律宾、日本及印度尼西亚，香港至菲律宾与越南，南美洲沿海各国之间都有海底电缆。现已在太平洋上空开始利用人造通讯卫星进行联系。

二、大　西　洋

1. 概况

大西洋（Atlantic Ocean）位于欧、非与南、北美洲和南极洲之间。面积 9336.3×10^4 km²，约占海洋面积的 25.9%，约为太平洋面积的 1/2，是世界第二大洋。平均深度为 3627m。最深处达 9212m，在波多黎各岛北方的波多黎各海沟中。

大西洋南接南极洲；北以挪威最北端—冰岛—格陵兰岛南端—戴维斯海峡南边—拉布拉多半岛的伯韦尔港与北冰洋分界；西南以通过南美洲南端合恩角的经线同太平洋分界；东南以通过南非厄加勒斯角的经线同印度洋分界。大西洋的轮廓略呈 S 形。根据大西洋的风向、洋流、气温等情况，通常将 5°N 作为南、北大西洋的分界。大西洋在北半球的陆界比在南半球的陆界长得多，而且海岸曲折，有许多属海和海湾，如加勒比海、墨西哥湾、地中海、黑海、北海、波罗的海、比斯开湾、几内亚湾、哈得孙湾、巴芬湾、圣劳伦斯湾、威德尔海、马尾藻海等。

大西洋中重要的岛屿有大不列颠岛、爱尔兰岛、冰岛、纽芬兰岛、古巴岛、伊斯帕尼奥拉岛及加勒比海和地中海中的许多群岛，格陵兰岛南部有一小部分位于大西洋。

2. 海洋地理环境

1）海底地形

大西洋海底地形特点之一是大陆架面积宽大，主要分布在欧洲和北美洲沿岸。超过2000m的深水域占80.2%，200～2000m之间的水域占11.1%，大陆架占8.7%，比太平洋、印度洋都大。其次是洋底中部有一条从冰岛到布韦岛，南北延伸约15 000km的中大西洋海岭，在赤道地区被狭窄分水鞍所切断，一般距水面3000m左右，有些部分突出水面，形成一系列岛屿，如冰岛、百慕大群岛等。整条海岭大致与两侧海岸平行地蜿蜒成S形，把大西洋分隔成与海岭平行伸展的东西两个深水海盆。东海盆比西海盆浅，一般深度不超过6000m；西海盆较深，深海沟大都在该海盆内。在南半球，中大西洋海岭主体向东、向西延伸出许多横的山脊支脉，如伸向非洲西南海岸的沃尔维斯海岭（鲸鱼海岭），伸向南美洲东海岸的里奥格兰德海丘。在中大西洋海岭的南端布韦岛以南为一片水深约5000m的地区，称大西洋-印度洋海盆。南桑威奇海沟深达8428m，为南大西洋的最深点。中大西洋海岭的北端则相反，海底逐渐向上隆起，在格陵兰岛、冰岛、法罗群岛和设得兰群岛之间，海深不到600m。大西洋东部地区，特别在北半球的热带和亚热带，有许多水下浅滩。

2）大西洋的气候

大西洋的气候南北差别较大，东西两侧差异较小。受洋流调剂，气温年较差不大，赤道地区不到1℃，亚热带海区为5℃，北纬和南纬60°海区为10℃，仅大洋西北部和极南部超过25℃。大西洋北部盛行东北信风，南部盛行东南信风。温带海区地处60°寒暖流交接的过渡地带和西风带，风力最大，在南北纬40°～60°之间多暴风浪，属"西风怒吼带"；在北半球的热带海区5～10月常有飓风。大西洋地区的降水量，高纬区为500～1000mm，中纬区大部分为1000～1500mm，亚热带和热带海区从东往西为100～1000mm以上，赤道地区超过2000mm。大西洋水面气温在赤道附近平均约为25～27℃，在30°S与30°N之间东部比西部冷，在30°N以北则相反。大西洋北部多冰山，其范围在南、北两半球夏季浮冰可分别达40°S和40°N左右。

3）大西洋的洋流

南北各成一个环流系统：北部环流为顺时针方向运行，由北赤道暖流、安的列斯暖流、墨西哥湾暖流、加那利寒流组成。其中墨西哥湾暖流延长为北大西洋暖流，流入北冰洋。南部环流为反时针方向运行，由南赤道暖流、巴西暖流、西风漂流和本格拉寒流组成。在两大环流之间有赤道逆流，赤道逆流由西向东至几内亚湾，称为几内亚暖流。

3. 海洋资源

大西洋海洋渔业资源丰富，西北部和东北部的纽芬兰和北海地区为主要渔场，盛产鲱、鳕、沙丁、鲭、毛鳞等鱼，其他尚有牡蛎、贻贝、螯虾、蟹类以及各种藻类等。海洋渔获量约占世界的1/3～2/5左右。南极大陆附近产鲸、海豹和磷虾，海兽捕获量也很大。

加勒比海、墨西哥湾、北海、几内亚湾和地中海均蕴藏有丰富的海底石油和天然气；大西洋中脊大裂谷有热液上涌成矿带，富含重金属，为新型的矿藏资源。

4. 航运

大西洋航运发达，东、西分别经苏伊士运河及巴拿马运河沟通印度洋和太平洋。海轮全年均可通航，世界海港约有 75% 分布在大西洋区。主要有欧洲和北美的北大西洋航线；欧洲、亚洲、大洋洲之间的远东航线；欧洲与墨西哥湾和加勒比海之间的中大西洋航线；欧洲与南美大西洋沿岸之间的南大西洋航线；从西欧沿非洲大西洋岸到开普敦的航线。大西洋海底电缆总长超过 20×10^4 km。从爱尔兰的瓦伦西亚岛和从法国的布列塔尼半岛西北端开始通到加拿大纽芬兰岛的东南端，或一直通到加拿大新斯科舍半岛北端的线路是大西洋海底电缆的主要干线。

三、印　度　洋

1. 概况

印度洋（Indian Ocean）位于亚洲、大洋洲、非洲和南极洲之间，大部分在南半球。其范围周界：印度洋西南以通过南非厄加勒斯角的经线同大西洋分界，东南以通过塔斯马尼亚岛东南角至南极大陆的经线为界与太平洋相连。印度洋的轮廓是北部为陆地封闭，南部向南极洲敞开。印度洋总面积 7491.7×10^4 km^2，约占世界海洋总面积的 20.7%，是世界第三大洋。印度洋平均深度为 3897m，最大深度为爪哇海沟，达7450m。因西非大陆环绕而海湾众多，其海湾和主要属海为：红海、阿拉伯海、亚丁湾、波斯湾、阿曼湾、孟加拉湾、安达曼海、阿拉弗拉海、帝汶海、卡奔塔利亚湾、大澳大利亚湾。

2. 海洋地理环境

1）岛屿

印度洋有很多岛屿，其中大部分是大陆岛：马达加斯加岛，非洲东岸边缘的众多小岛，以及索科特拉岛、斯里兰卡岛、安达曼群岛、尼科巴群岛、明打威群岛等；其次为火山岛：留尼汪岛、科摩罗群岛、阿姆斯特丹岛、克罗泽群岛、凯尔盖朗群岛等；在中印度洋海岭北部分布有拉克沙群岛、马尔代夫群岛、查戈斯群岛，以及爪哇西南的圣诞岛、科科斯群岛等大洋珊瑚岛。众多的珊瑚岛是印度洋热带海域风光绮丽的特色。

2）海底地形

海底有一条从印度半岛西岸到澳大利亚大陆以南、自北而南向东伸延的高地，一般在水下约 3000～4000m 之间，北段为卡尔斯伯格海岭、中段为中印度洋海岭、南段为西南印度洋海岭，西折以后的部分称大西洋-印度洋海岭。这一带高地把印度洋分成东、西两部分。东部为东经 90°海岭，海岭南北纵贯，中印度洋海盆和沃顿海盆分列东西，海水较深，其中有些深陷的海沟，以爪哇海沟最深；西部海底地形十分复杂，有许多隆起与海岭交错分布，分隔出一系列海盆：在卡尔斯伯格海岭与亚洲海岸之间有阿拉伯海盆，卡尔斯伯格海岭与非洲海岸之间有索马里海盆。西南印度洋海岭西部有马达加斯加海盆、纳塔尔海盆和厄加勒斯海盆。东部有克罗泽海盆。印度洋南部的凯尔盖朗海岭的东、西两侧为南印度洋海盆和大西洋-印度洋海盆。这些海盆的深度均超过5000m。印度洋北部巨大的海底扇是源自喜马拉雅山抬升区的河流搬运大量物质，穿越大陆架至大陆坡区的堆积体，是潜在的油气藏带。巨大海底扇是印度洋独具的特点。

3）气候

印度洋大部分位于热带，夏季气温普遍较高，冬季一般仅在50°S以南海域气温才降至零下。印度洋北部是地球上季风最强烈的地区之一，在南半球西风带中的40°～60°S之间以及阿拉伯海的西部常有暴风，在印度洋热带海区有飓风。阿拉伯海和孟加拉湾的东部沿岸地区、印度洋赤道附近降水丰富，年平均降水量2000～3000mm之间；阿拉伯海西部沿岸降水量最少，仅100mm左右；印度洋南部大部分地区，年平均降水量1000mm左右。印度洋西部40°～50°S之间多海雾。印度洋水面气温平均在20～26℃之间，赤道以北5月份水面气温最高可达29℃以上。

4）洋流

印度洋南部的洋流比较稳定，为一反时针方向的大环流，由南赤道暖流、莫桑比克暖流、厄加勒斯暖流、西风漂流、西澳大利亚寒流组成。北部海流因季风影响形成季风暖流，冬夏流向相反：冬季反时针方向，夏季顺时针方向。夏季浮冰最北可达55°S；冰山一般可向北漂移到40°S，在印度洋西部，有时可漂到35°S。

3. 海洋资源

（1）海洋上层浮游生物很丰富，盛产飞鱼、金鲭、金枪鱼、马鲛鱼等，鲸、海豹、企鹅也很多。棘皮动物中多海胆、海参、蛇尾、海百合等。海生哺乳动物中儒艮是印度洋特产。波斯湾和斯里兰卡岛盛产珍珠。此外，植物有各种藻类及海岸红树林。

（2）矿物。石油极为丰富，波斯湾、红海、阿拉伯海、孟加拉湾、苏门答腊岛与澳大利亚西部沿海都蕴藏有海底石油。波斯湾是世界海底石油最大的产区。

4. 航运

印度洋是贯通亚洲、非洲、大洋洲的交通要道。东西分别经马六甲海峡和苏伊士运河通太平洋及大西洋。往西南绕过非洲南端可达大西洋。航线主要有亚、欧航线和南亚、东南亚、东非，以及与大洋洲之间的航线。印度洋的海底电缆网多分布在北部，重要的线路有亚丁—孟买—马德拉斯—新加坡线；亚丁—科伦坡线；东非沿岸线。塞舌尔群岛的马埃岛、毛里求斯岛和科科斯群岛是主要海底电缆枢纽站。沿岸港口终年不冻，四季通航。海运量约占世界海运量的10％以上，以石油运输为主。

四、北 冰 洋

1. 概况

大体上，以北极为中心，北冰洋（Arctic Ocean）介于亚洲、欧洲和北美洲之间，为三大洲陆地所环抱，近于半封闭。北冰洋通过挪威海、格陵兰海和巴芬湾同大西洋连接，在亚洲与北美洲之间有白令海峡通太平洋，在欧洲与北美洲之间以冰岛-法罗海槛和威维亚·汤姆逊海岭与大西洋分界，以丹麦海峡及北美洲东北部的史密斯海峡与大西洋相通。北冰洋总面积 $1310 \times 10^4 km^2$，相当于太平洋面积的 1/14，占世界海洋总面积 3.6%，是地球上四大洋中最小最浅的洋。北冰洋平均深度约 1200m，最深点在南森海盆达 5449m。

根据自然地理特点，北冰洋分为北极海区和北欧海区两部分。北冰洋主体部分、喀拉海、拉普捷夫海、东西伯利亚海、楚科奇海、波弗特海及加拿大北极群岛各海峡属北极海区；格陵兰海、挪威海、巴伦支海和白海属北欧海区。

北极圈以北的地区称北极地方或北极地区，包括北冰洋沿岸亚、欧、北美三洲大陆北部及北冰洋中许多岛屿。1985 年北磁极的位置在 $102°54'W$，$78°12'N$。北冰洋周围的国家和地区有俄罗斯、挪威、冰岛、格陵兰（丹）、加拿大和美国。北极地区有几十个不同的民族，以因纽特人分布最广。

2. 海洋地理环境

1）海底地形

北冰洋大陆沿岸与岛屿的海岸线曲折，亚洲和北美洲大陆向海域延伸形成宽阔的大陆架。洋底大陆架最宽达 1200km 以上。中央横亘罗蒙诺索夫海岭，从亚洲新西伯利亚群岛横穿北极直抵北美洲格陵兰岛北岸，峰顶水深约 1000～2000m，个别峰顶距水面仅 900 多米。海岭上有剧烈的火山和地震活动。其中门捷列夫海岭把北极海区分成加拿大海盆、马卡罗夫海盆和南森海盆。海盆深度均在 4000～5000m 之间。在北冰洋中部还有许多海丘和洼地。格陵兰岛和斯瓦尔巴群岛之间有一带东西向海底高地，是北极海区与北欧海区的分界。北欧海区东北部为大陆架，西南部为深水区，以格陵兰海最深，达 5527 多米。

2）气候

北冰洋气候寒冷，洋面大部分常年冰冻。北极海区最冷月平均气温可达 $-20～-40℃$，暖季也多在 8℃ 以下；年平均降水量仅 75～200mm，格陵兰海可达 500mm；寒季常有猛烈的暴风。北欧海区受北大西洋暖流影响，水温、气温较高，降水较多，冰情较轻；暖季多海雾，有些月份每天有雾，甚至连续几昼夜。北极海区，从水面到水深 100～225m 的水温约为 $-1～-1.7℃$，在滨海地带水温全年变动很大，为 $-1.5～8℃$；而北欧海区，水面温度全年在 2～12℃ 之间。此外，在北冰洋水深 100～250m 到 600～900m 处，有来自北大西洋暖流的中间温水层，水温为 0～1℃。

3）洋流

北冰洋洋流系统由北大西洋暖流的分支挪威暖流、斯匹次卑尔根暖流、北角暖流和东格陵兰寒流等组成。北冰洋洋流进入大西洋，在地转偏向力的作用下，水流偏向右方，沿格陵兰岛南下的称东格陵兰寒流，沿拉布拉多半岛南下的称拉布拉多寒流。

4）冰盖与冰川

北冰洋海域最大特点是有常年不化的冰盖，冰盖面积占总面积的2/3左右。其余海面上分布有自东向西漂流的冰山和浮冰；仅巴伦支海地区受北角暖流影响常年不封冻。北冰洋大部分岛屿上遍布冰川和冰盖，北冰洋沿岸地区则多为永冻土带，永冻层厚达数百米。

5）极光

极光在北极点附近，每年近6个月是无昼的黑夜（10月至次年3月），这时高空有光彩夺目的极光出现，一般呈带状、弧状、幕状或放射状，70°N附近常见。其余半年是无夜的白昼。

3. 海洋资源

（1）大陆架有丰富的石油和天然气，沿岸地区及沿海岛屿有煤、铁、磷酸盐、泥炭和有色金属。如伯朝拉河流域、斯瓦尔巴群岛与格陵兰岛上的煤田，科拉半岛上的磷酸盐，阿拉斯加的石油和金矿等。

（2）海洋生物丰富，以靠近陆地为最多，越深入北冰洋则越少。邻近大西洋边缘地区有范围辽阔的渔区，遍布繁茂的藻类（绿藻、褐藻和红藻）。海洋里有白熊、海象、海豹、鲸、鲱、鳕等。苔原中多皮毛贵重的雪兔、北极狐。此外还有驯鹿、极犬等。

4. 交通运输

北冰洋系亚、欧、北美三大洲的顶点，有联系三大洲最短的大弧航线，地理位置很重要。目前北冰洋沿岸有固定的航空线和航海线，主要有从摩尔曼斯克到符拉迪沃斯托克（海参崴）的北冰洋航海线和从摩尔曼斯克直达斯瓦尔巴群岛、雷克雅未克和伦敦的航线。

参 考 文 献

程天文，赵楚年. 1984. 我国沿岸入海河川径流量与输沙量的估算. 地理学报，39（4）：418～427

程天文，赵楚年. 1985. 我国主要河流入海径流量、输沙量及对沿岸的影响. 海洋学报，7（4）：460～471

福建海洋研究所. 1988. 台湾海峡中、北部海洋综合调查研究报告. 北京：科学出版社

黄金森. 1982. 中国珊瑚礁的岩溶特征. 热带海洋，1（1）：12～20

钱春林. 1994. 引滦工程对滦河三角洲的影响. 地理学报，49（3）：158～166

秦蕴珊等. 1985. 渤海地质. 北京：科学出版社

王颖，傅光翮，张永战. 2007. 河海交互作用沉积与平原地貌发育. 第四纪研究，27（5）：674～689

王颖，张永战. 1998. 人类活动与黄河断流及海岸环境影响. 南京大学学报，34（3）：257～271

王颖. 1994. 海洋地理学的当代发展. 地理学报, 49（增刊）: 669～676

王颖等. 1979. 中国海海底地质地貌. 见:《中国自然地理》编辑委员会. 中国自然地理·海洋地理. 北京: 科学出版社: 5～52

王颖译, 任美锷、吴传钧校. 1999. 海洋地理国际宪章. 地理学报, 54（3）: 284～285

杨文鹤. 2000. 中国海岛. 北京: 海洋出版社

曾昭璇等. 1989. 海南岛自然地理. 北京: 科学出版社

张虎男, 陈伟光. 1987. 琼州海峡成因初探. 海洋学报, 9（5）: 594～602

张君之. 1989. 台湾海峡及其附近地形和沉积特征的初步研究. 海洋科学集刊

中国科学院《中国自然地理》编辑委员会. 1981. 中国自然地理·地表水. 北京: 科学出版社

中华人民共和国水利部. 2000～2006. 中国河流泥沙公报. 2000, 2001, 2002, 2003, 2004, 2005, 2006 年

朱大奎. 1983. 江苏海岛的初步研究. 海洋通报, 4（3）: 34～36

Biliana C S. 1992. Multiple use conflicts and their resolution: toward a comparative research agenda. Ocean Management in Global Changes, 280～307

Carlos J, Beltramino M. 1992. Management of the Southern Ocean resources and environment. Ocean Management in Global Changes, 576～594

Gerard P. 1992. Ocean management in practice. Ocean Management in Global Changes, 39～56

Hance D S. 1992. Theory of ocean management. Ocean Management in Global Changes, 19～38

Hanns B. 1992. Small island states and huge maritime zones: management tasks in the South Pacific. Ocean Management in Global Changes, 470～480

Latrubesse E M. Stevaux J C. Sinha R. 2005. Tropic rivers. Geomorphology, 70: 187～206

Luis A M. 1992. Coastal management in Eaidor. Ocean Management in Global Changes, 440～459

Milliman J D, Syvitiski J P M. 1992. Geomorphic/tectonic control of sediment discharge to the ocean: the importance of small mountainous rivers. Journal of Geology, 100: 525～554

Norbert P P. 1992. Estuaries: challenges for coastal management. Ocean Management in Global Changes, 502～520

Patricia B. 1992. Comparative evaluation in managing conflicts, lessons from the North Sea experience. Ocean Management in Global Changes, 308～324

Phiphat T. 1992. A review of disputed maritime areas in Southeast Asia. Ocean Management in Global Changes, 255～279

Pinder D A, Hoyle B S. 1992. Urban waterfront management: historical patterns and prospects. Ocean Management in Global Changes, 482～501

Walker H J. 1992. The Arctic Ocean. Ocean Management in Global Changes, 550～525

Wang Y, Aubrey D G. 1987. The characteristics of the China coastline. Continental Shelf Research, 7（4）: 329～349

Wang Y, Ren M, Syvitiski J. 1988. Sediment transport and terrigenous fluxes. The Sea, 10: 418～427

Wang Y, Ren M, Zhu D K. 1986. Sediment supply to the continental shelf by the major rivers of China. Journal of the Geological Society, London, 143: 935～944

Wang Y, Zhu D K. 1994. Tidal flat in China. Oceanography of China Seas, Vol. 2. Kluwer Academic Publishers, 445～456

Wang Y. 1980. The coast of China. Geosciences Canada, 7（3）: 109～113

Wang Y. 1992. Coastal management in China. Ocean Management in Global Changes, 460～469

Zabi S G F. 1992. Comlaxity of coastal lagoons management: an overview. Ocean Management in Global Changes, 521～538

第一篇　海洋环境与资源

第二章　中国海海底地质与地貌*

中国海介于亚洲大陆与太平洋之间。欧亚板块与太平洋板块的相互作用，形成了一系列 NE—SW 向的隆起与沉降构造带，控制了中国海底地貌的基本格局。长江、黄河、珠江等大河向海输送了巨量的淡水和泥沙，塑造了具有特色的中国海岸，并且形成了辽阔的有隆脊围绕的堆积型大陆架，成为中国海最重要的油气蕴藏区。地壳运动与海面变化的综合效应，形成了阶梯状大陆坡和深海平原。从而形成了具有特色的中国海海底地貌——具有单一大陆架的黄、渤海，主要是大陆架但有部分陆坡和海槽的东海，以及海底地貌类型丰富的南海及台湾以东太平洋海域（王颖，1996；Wang and Aubrey，1987）（图 2.1，图 2.2）。

第一节　渤 海 海 底

渤海位于 37°07′～41°N，117°35′～121°10′E 之间，为辽东半岛与山东半岛所环抱，以位居两半岛之间、并有庙岛列岛横亘的渤海海峡与黄海相通，是深入我国陆地的内海。渤海南北长约 470km，东西向最宽 295km，面积为 $7.7\times10^4km^2$，平均深度 18m，渤海中部水深不及 30m，最深处位于老铁山水道的西侧，水深超过 70m。渤海周缘由 5 部分组成：辽东湾、渤海湾、莱州湾、中央盆地和渤海海峡，包括 268 个大于 $500m^2$ 的岛屿，海岸线总长度约 5800km。注入渤海的具有常年径流的河流 40 多条，年径流量 $720\times10^8m^3$，年入海沙量原为 13×10^8t（主要是黄河供沙）。现因沿河引水，库坝蓄拦，黄河入海径流及泥沙剧减，2006 年入海径流量为 $191.7\times10^8m^3$，输沙量仅为 1.49×10^8t（中华人民共和国水利部，2006）。渤海海底平缓，平均坡度 0°0′28″。海底表层为现代河流物质所覆盖，仅渤海海峡由于海流冲刷，有前寒武纪变质岩及中生代花岗岩出露。

一、海 底 地 质

渤海是一个中、新生代沉降盆地，中、新生代的隆起与拗陷都明显地受到基底构造和古地貌的控制。渤海的雏形始现于中更新世，形成于晚更新世，至全新世气候变暖海平面上升，形成了今日之渤海。

渤海的基底是前寒武纪变质岩，古生代时渤海的构造发展与华北拗陷相似，沉积了以下古生界为主的海相碳酸盐层，中石炭统沉积了厚约 474m 的海陆交互相砂页岩，二叠系沉积很薄，为 80～500m 的陆相砂页岩。中生界，侏罗系为厚约 41.5～818.7m 的

---

* 本章作者：王颖。于堃参与黄海，王芳参与渤海部分撰写，据《中国海洋地理》（1996 版）补充修改

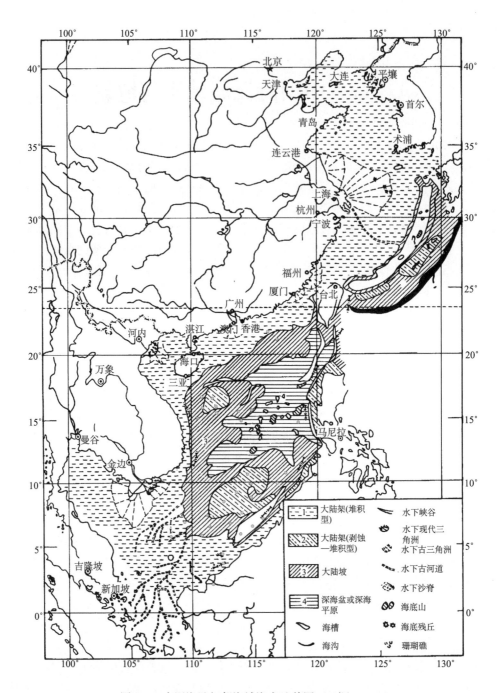

图 2.1　中国海及相邻海域海底地貌图（王颖，1996）

陆相凝灰质砂岩及轻度变质的石英砾岩，砂岩中夹有数层薄煤层；白垩系为厚达 200m
的杂色凝灰质砂岩、凝灰岩、夹有泥岩和油页岩的砂砾岩，以及玄武岩、石膏等夹层
（秦蕴珊等，1985）。由此可见，在中生代时渤海周围部分地区为上升隆起区，渤海开始
相对下沉。

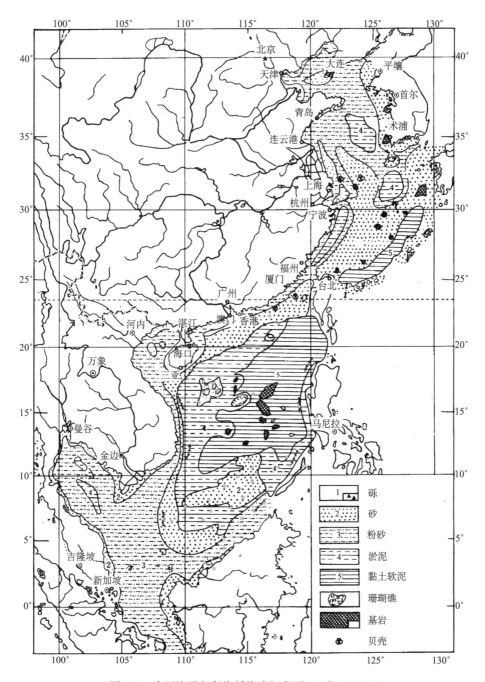

图 2.2　中国海及相邻海域海底沉积图（王颖，1996）

  新生代，古近纪时，渤海地区断陷作用形成分割性凹陷。在凹陷内，沉积了厚约2000～4000m 的灰绿、灰白色砂岩、砂砾岩与灰绿、深灰、紫红、紫褐色泥岩以及鲕状灰岩、生物灰岩与油页岩（王颖，1996）。砂岩、泥岩分选层次皆好，具微层理，主要是湖相沉积。沉积相表明古近纪早期，渤海可能由于断裂性凹陷而形成的低地与湖泊。古近纪中期，由于构造活动强烈，经历了数次玄武岩的喷发，所以沉积层很不稳定，主要岩性为泥岩互层，并夹有数层玄武岩与凝灰岩。古近纪沉积与其下部基底为不整合接触，与上部的新近纪沉积亦非连续接触。

新近纪时，渤海全区急剧地拗陷式下沉，与周围地区明显地区分开。沉积中心由渤海边缘向渤海湾与中央部分转移，新近系厚约2000～5000m，主要是灰绿和棕红杂色的泥岩与砂岩或粉砂岩，其粗细韵律交替明显，具有良好微层理，为湖相沉积。上部有透镜体分布的棕黄或灰黄色砂岩，并具有一定分选性及不同磨圆度的砂、泥岩的河流相沉积。还夹有含海相介形虫的海相沉积。在上新世地层中，曾发生数次玄武岩喷发。因此，在古近纪和新近纪，本区为遍布着河流和湖泊的下沉拗陷环境，沉积了厚层的河流相堆积物，其中夹有海相与火山堆积物。

第四纪的沉积厚度约为300～500m，局部厚达800～1000m。渤海西部和东部第四系等厚度线总体分别呈NW和NE向带状分布。其中更新世地层厚约219～415m。从第四系厚度分布与盆地的构造关系看，通常在凸起和断阶带上第四系较薄，如在沙垒田、渤东和庙西等凸起地形上，第四系厚200～400m；相反，在凹陷内第四系增厚，如埕北、沙南、渤东、渤东北和庙西等凹陷内第四系厚约600m，而秦南、渤中和黄河口凹陷第四系厚达800～1000m。这3个凹陷正是渤海海域第四系厚度最大的地区，分别厚3200m，4200～4800m和3000m。由此可见，第四系的厚度分布明显反映了其沉积期间构造活动的某种继承性（徐杰等，2001；2004）。

从中新世开始，周围山区缓慢抬升，渤海湾盆地整体相对缓慢下沉，河流把周围地区大量的碎屑物质搬进盆地。在渤海地区，沉积物主要来源于歧口（古永定河水系）、乐亭（古滦河水系）、古莱州湾及渤海东部凸起等方向，汇入渤中-黄河口地区。到上新世，整个盆地的沉降活动显著减弱，渤海地区也显示出地势平缓、水流缓慢的古地理面貌。物源供给区主要在北边的乐亭和渤海东部凸起，其次是南边的垦利和埕子口一带（翟光明，1990）。第四纪期间，渤海地区曾发生过多次海进海退，相应地层也以海陆交互相为其特征。显然，每当海侵时就形成古渤海，在地层中保存了丰富的微体动物群和软体动物群化石；而当发生海退时，古渤海则消失转为潟湖，地层中留下了指示淡水环境的微体动物和软体动物化石。随着时间推移和古渤海的持续下沉，使渤海地区的第四系沉积出现海、陆相地层相互交替和相互叠置的现象（段永侯，2000）。在第四纪地层中，也发现有数层火山岩，穿插于第四纪早期的陆相地层中，说明渤海在第四纪期间曾经历过多次玄武岩喷发。第四系皆未成岩，与古近系和新近系逐渐过渡，两者沉积稳定，巨厚的沉积层遍及整个渤海区。第四纪地层被现代海相沉积覆盖。上述情况，反映出自新近纪以来的下沉运动，经过第四纪而持续至今。

渤海所在的渤海湾盆地是中国大陆东部规模最大的一个新生代裂陷盆地，总体呈中部膨大且稍歪斜的N字形，沿NE向展布（侯贵廷等，2001）。NE向构造是渤海最显著的构造特征。根据反射地震揭示的新生代沉积与构造特征，以及重力异常、磁异常反映的基底特征，将渤海划分为渤海拗陷、渤中隆起、渤东拗陷、郯庐断裂带四个构造单元。渤海的断裂有NNE向、NEE向和NW向三组。NNE向断裂以郯庐断裂带、沧州断裂带为代表，在辽东湾及渤海东部广泛发育，大致从辽河口开始，沿辽东半岛西岸经庙岛群岛西侧到莱州湾，与郯庐大断裂相接。主要活动期是中生代，具有先扭张后拉张的性质。NEE向断裂以北塘-乐亭断裂带、济河-广饶断裂带为代表，在渤海的南部与中部及乐亭以南的海域都有广泛的发育。北西向断层分布在渤海中部，属山东半岛北海岸断裂与唐山 NW 向断裂的延伸，具有张性的特征。此外，在渤海西部受鲁西旋转构造的影响，鲁西旋转构造与渤海 NEE 向构造斜接或重接，出现了向北凸出的弧形断裂。

总之，渤海主要是由 NNE 与 NEE 向两组断裂所控制。先是 NNE 向断裂的左旋扭张，引起 NEE 向断裂的拉张，形成渤海断陷盆地的雏形。郯庐断裂是切穿地壳深入到上地幔的巨型断裂带，由于它的左旋扭张，促进渤海中部上地幔上升，地壳减薄至 29km，造成中部 NEE 向的正断层，加速了渤海断陷盆地内部的分化。第四纪海侵的频繁与不断扩大，使渤海最终由湖泊转变为内陆海（秦蕴珊等，1985）。

二、海底地貌

在地貌上，渤海是一个大陆架浅海盆地（图 2.3），地貌类型单一，可分为 5 区，现将各区的地貌做一综合分析。

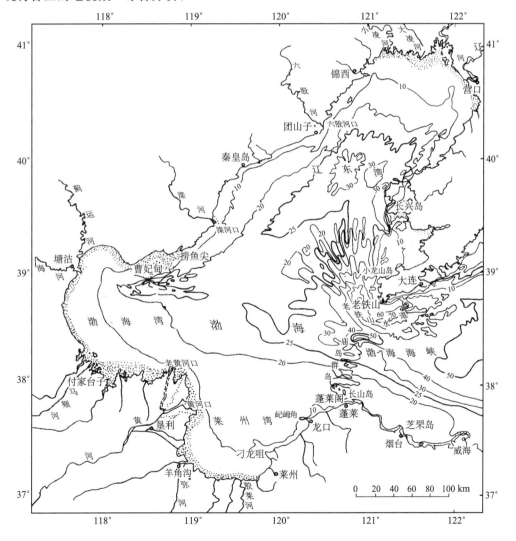

图 2.3　渤海海底地形图（秦蕴珊等，1985）

1. 渤海海峡

位于辽东老铁山—山东蓬莱之间，宽57n mile，庙岛群岛罗列其中，使海峡分割为若干水道，以北部的老铁山水道为主。由于老铁山岬和蓬莱角的对峙及科氏力的影响，使得进退潮流在北部老铁山水道和南部登州水道的冲蚀能力加强，因此沿秦皇岛-圆岛断裂和胶北断裂冲刷出较大型的谷槽。老铁山水道冲刷槽可分成"U"型的北支和"V"型的南支两种谷槽。在冲刷槽北端分布着指状排列的水下沙脊——辽东浅滩，包括6条大型沙体和一些小型沙体，整个沙体平面分布似由海峡口向NNW—NNE方向呈指状展开，单个沙体宽约2～4km，长约10～36km，沟脊高差10～24m，脊间宽约10km左右（夏东兴等，1983）。

南部的庙岛海峡水深18～23m，平面轮廓为规模较小的长圆形，底质为较粗大的砾石，砾石表面附有瓣鳃类底栖生物，表明砾石已停积海底，且活动性不大（王颖，1996）。

蓬莱角和南长山岛间的登州水道海底冲刷槽，水深较浅，槽底起伏较大，有两个深凹出现在南长山岛岛礁横隔冲刷槽的沙坝两侧坡下（耿秀山，1983）。

在南、北水道之间，还有几条水道，水深都超过20m。水道底部有基岩出露，也有砾石堆积，砾石中央有砂礓结核（王颖，1996）。

2. 辽东湾

位于滦河口至老铁山西角以北海域，向北东延伸，是渤海中最大的海湾。海湾长轴方向为NE—SW，向西南方开口与渤海中部开阔海域相连，东西两侧为辽、冀陆域，海湾呈倒"U"型。辽东湾海底地形平缓，向海湾中央微微倾斜。东侧由金州湾、复州湾、太平湾等数个小海湾组成，岸线曲折。辽东湾内水深大多小于30m。仅在海湾中部的辽中洼地水深超过30m，最大水深33.6m，出现在湾中偏西南侧。海底起伏小，平均坡度小于0.2‰（秦蕴珊等，1985；黄庆福等，1999）。

辽东湾湾顶与辽河下游平原相连，水下地形平缓，沉积了由辽河等带入海中的泥沙，湾顶为淤泥，外侧为细粉砂。东西两岸分别与千山山地及燕山山地相邻，水下地形坡度较大，近岸坡度可达5‰，在水深8m以下，坡度减为1‰。辽东湾东岸以岛屿多为特点，西岸以沙堤多为特征。在沙质海滩外围，常分布有与岸线平行的水下沙堤，向海坡较缓，向陆坡较陡。河口处大都有水下三角洲，由砂砾及粉砂黏土混杂而成，有明显的堆积平台与较陡的前坡。有的河口三角洲则被改造成为水下沙脊，如六股河口外的水下沙堤。沙堤长约7～13km，宽约2～5km，相对高差9～15m（王颖等，1988；Wang and Zhu，1992；秦蕴珊等，1985）（图2.4）。

海湾中部为辽中洼地占据，该洼地位于辽东浅滩北部，平坦开阔，水下为一个30m等深线圈闭，面积约1790km²（李凡等，1984），沉积物主要为粉砂，两侧较粗，杂以砾石、贝壳等，分选较差。辽中洼地曾经一度为河口或滨海环境，后来为薄层现代沉积物所覆盖。

辽东湾近岸海底有二级水下阶地，分布在-2m与-8m处。在基岩海岸则为二级水下侵蚀阶地，岩滩宽500m，坡度为5‰，表面参差起伏，礁石丛生；在河口与沙质海岸外围，则为二级水下堆积阶地（王颖等，1996）。

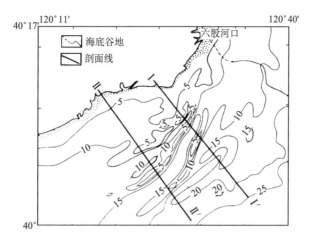

图 2.4　六股河口外海底沙堤地形图（王颖等，1988）

辽东湾内有数条水下河谷，其中以大凌河-辽河口外的水下河谷最为明显，系由大凌河口外水下谷地向东南延伸至辽河口三角洲外缘，与辽河水下谷地，两者并行。据调查，大约在 40°30′N，以 10m 等深线计，两条河谷的宽度各达 2～3km。大凌河水下谷地长 112km，辽河水下谷地长约 105km（李凡等，1984）。目前，该水下河谷系仍为辽河入海径流及潮流的通道，未被沉积物所充填，保持了明显的谷地形态（王颖等，1988）。

六股河水下河谷出现于该河口三角洲外，长约 27km，向东南方向汇入辽中洼地，谷形平缓。滦河水下河谷则出现于滦河口三角洲外，长约 112km（王颖等，1988）。

3. 渤海湾

渤海湾是一个向西凹入的弧形浅水海湾，大体上位于现代滦河口与老黄河口之间。构造上与沿岸地区同为一拗陷区，构造线为东西向，湾内凹陷与凸起呈雁行排列，目前仍处于下沉堆积过程中。水下地形平缓单调，其中，东北部沿渤海潮流通道向辽东湾方向，为水深达 37m 的深槽（图 2.5），除南部老黄河口外水下堆积体较高外，海底地形平缓，呈现自海域西南部向东北倾斜，海湾水深一般小于 20m（王颖等，1996）。最浅水深 6.1m，位于老黄河口附近；海湾近岸水深 5～6m，最大水深 32.4m，出现于东北部曹妃甸岸外。

渤海湾以堆积地貌为主，由于蓟运河、海河、黄河等大量泥沙输入，形成了宽广平坦的海底，坡度为 0.16‰，表层沉积物为泥质粉砂、粉砂质黏土及黏土质软泥。海底大致自南向北，自岸向海倾斜。

渤海湾北部 20m 的深水区紧贴岸边，有一条呈 NW—SE 走向的水下谷地，上段与蓟运河口相接，下段转为 EW 向，与老铁山冲刷槽相连。这是一条沿断裂构造发育的河谷，沉溺于海底，后受冲刷改造，成为潮流进入渤海湾的主要通道。海河口外也有一近 EW 向的海底谷地，也汇集到该水下谷地中。在水下谷地以北的现代潮流主通道沿南堡外围呈 NE 方向北上，形成 -25m 以深的潮流深槽。深槽向陆侧，在曹妃甸一带，分布有沙岛及水下沙脊（图 2.5），呈 NE 走向，高出海底 11～18m，沙脊由磨圆良好的中细砂及大量贝壳碎屑组成，有较多的近江牡蛎、刀蛏、镜蛤等河口浅滩生物遗骸。

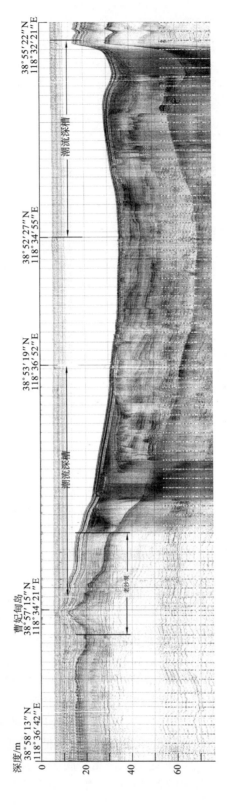

图 2.5 曹妃甸与相邻深槽地层剖面(王颖等,2007)

据其物质组成，其泥沙系来自滦河及邻近海底，是老滦河水下三角洲受波浪、潮流的冲刷改造而成（Wang and Ke，1989）。

4. 莱州湾

莱州湾，位于老黄河口与屺姆角连线以南海域。海湾开阔，水深大都在 10m 内，最深 18m。水下地形简单，坡度平缓，约 0.16‰，由南向中央盆地倾斜。受郯庐断裂带的影响，断裂西侧为一个凹陷区，东侧为上升区，即鲁北沿岸山地。莱州湾现代沉积区，即断裂之西的凹陷区，有较厚的现代沉积物。东部沿岸的泥沙，在常向风、波浪、潮流的综合作用下，在蓬莱以西形成大片沙质浅滩与沿岸沙嘴。同时，在岛屿与海岸之间，形成水下连岛沙坝。另外，在浅平的细砂质滩底上，激浪作用活跃，在浅滩上部形成一列列与岸平行的水下沙堤。

介于渤海湾与莱州湾之间的黄河三角洲，是一个巨大的扇形三角洲。黄河曾是一条含沙量极大的河流，据陕县（三门峡）站记录，1919～1960 年间，黄河年平均输沙量为 16×10^8 t（中华人民共和国水利部，2006）。黄河三角洲利津站多年平均径流量为 $331.2\times10^8\sim493\times10^8$ m^3/a，输沙量为 $8.392\times10^8\sim13.4\times10^8$ t（中华人民共和国水利部，2006；王颖、张永战，1998）。黄河巨量泥沙入海导致河口迅速淤积。黄河口外为弱潮区，入海径流夹沙以河口沙嘴形式沿河道两侧向海突进，曾于 20 世纪 60 年代测得沙嘴年淤进达 10～12km。沙嘴两侧下风方为隐蔽的浅水湾，沉积为浮泥，形成良好的避风港。由于黄河河道淤积迅速，因而每 6～8 年，黄河改道向低洼处行水入海，并在新河口形成新的突出沙嘴，而老河口则因泥沙补给断绝而造成沙嘴蚀退，如此发展，形成淤进的扇形的大三角洲，导致海岸线迅速外推，三角洲顶点不断下移。1855 年以前，三角洲顶点在孟津；1855～1954 年，顶点下移至宁海，面积为 5400km²，平均造陆为 23km²/a，岸线推进为 0.15km/a；1954～1972 年间，三角洲顶点下移至渔洼，面积为 2200km²，平均造陆 23.5km²/a，岸线增长为 0.42km/a（庞家珍等，1979）。巨量入海泥沙不仅营造了广阔的三角洲平原，而且在渤海湾南部与莱州湾北部平坦海底上，建造了一个巨大的圆弧形水下三角洲，其范围北起大口河，南至小清河。水下三角洲为强烈堆积区，宽度为 2～8km。现行河口区附近有大量物源补给，水下三角洲以淤积为主，发育迅速，废弃河口则相反。现行河口两侧各有一块烂泥湾存在，分布水深 1～10m 不等，南侧范围大，有数十平方千米，底质是松软的稀泥，一般厚 1～5m。水下三角洲前缘可延伸到水下－15m 左右。

原黄河入海的泥沙，约 64% 堆积在三角洲及潮滩上，其余 36% 的泥沙大部分呈悬浮状态，分三个方向扩散。黄河口外主要余流方向是 NE—E，黄河大部分泥沙随流东去，向南转入莱州湾沉积；另一部分泥沙随河口射流直接冲入渤海深水区；较少部分泥沙则随较弱余流向西北方向运移，成为渤海湾的重要泥沙来源。20 世纪 80 年代以来，由于全球气候变暖及地区差异，黄河上游降水减少，而沿河拦截引水，以及中游水土保持效益日趋显著，所以入海径流量与泥沙量迅速减少，甚至在 90 年代连续 9 年断流。虽经人工调水入海，但近年水沙仍具有明显下降之趋势（图 2.6，图 2.7）。目前的入海河道是 1976 年人工改道自清水沟入海，由于三角洲海岸油气开采，东营市的发展，阻止黄河向北迁移，改变了原来黄河大体上每 6～10 年，具有自 N—NE—E—ES—S—N 的改道轮换。结果，黄河沙嘴逐渐向 ES、向 S 偏移，导致老河口以北的黄河泥沙补给断绝，粉砂物质减少；因向渤海湾的泥沙补给减少，逐渐招致淤泥潮滩蚀退；老河口两侧烂泥湾沉积质因沙嘴受蚀而粗化；而沙嘴向南部偏移处，黄河汇入的粗粉砂质多在河口近岸区沉积，沉积层粗化现象显著。今后，黄河水下三角洲及海岸带，沉积粒径、蚀、积段落分布位置，蚀积带宽度，蚀、积速率均会发生变化。黄河口与三角洲地区将成为人类活动导致环境演变的实例。综合上述，黄河巨量的入海泥沙曾对渤海海底地貌的塑造有重要的影响，黄河入海泥沙减少与人为控制泥沙入海途径，对莱州湾及渤海均会产生重大影响。

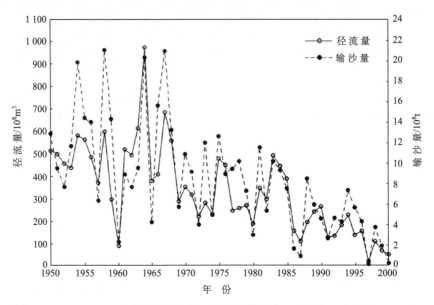

图 2.6　1950～2000 年黄河口径流量、输沙量的变化（吕丹梅、李元洁，2004）

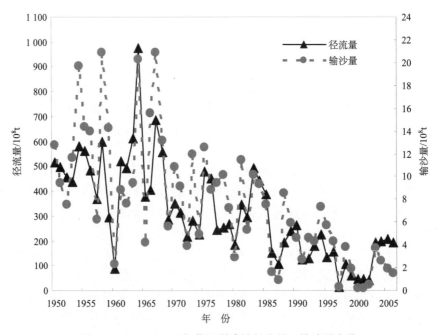

图 2.7　1950～2005 年黄河利津站径流量、输沙量变化

5. 渤海中央盆地

位于渤海三个海湾与渤海海峡之间，水深16～30m，是一个北窄南宽、近似三角形的盆地，盆地中部低洼，东北部稍高。从地貌上讲，渤海中央是一个浅海堆积盆地，中央盆地虽然处于渤海环境的宁静区，但是它介于海峡与渤海湾之间，潮流的分选搬运作用使得入海物质沉淀后不断粗化，较细物质被潮流冲刷带走，而留下细砂。这也是渤海中央盆地中心分布着细砂，而周围却分布着粉砂的主要原因。下伏古地貌面的起伏影响着现代海相沉积的厚薄（赵全基，1988）。

因此，渤海为胶辽两半岛环抱的大陆架浅海，深度小，海底地形平坦，在平缓的海底上由于水动力的作用却塑造了特色各异的地貌类型：巨大的黄河水下三角洲，渤海海峡老铁山水道西北侧的潮流冲刷槽与巨大的"潮流三角洲"；南堡-曹妃甸岸外渤海潮流主通道深槽；大凌河-辽河古河道等水下河谷，以及渤海中央的浅海堆积盆地等。海底地貌反映了渤海海底发育的历史及现代动力过程。

三、海底沉积

汇入海洋中的陆源碎屑和化学物质，受海水动力作用，并在海洋不同部分的物理、化学和生物条件的环境中，被搬运、扩散、分解，以至沉积下来，构成其特有的沉积相与沉积结构，后期的扰动、分选、再堆积，亦会在沉积层中有所反映。因此，海洋沉积类型与分布，是漫长沉积作用历史的记录（黄庆福等，2001）。渤海为一封闭的内海，海域沉积以现代沉积为主，其中河流作用对渤海海底沉积起着举足轻重的作用。

1. 沉积类型分布特点

（1）砾石（粒径 $d>1$mm）。主要分布于老铁山水道、庙岛海峡及辽东湾两岸水下岸坡区，此外，在曹妃甸南部的水下浅滩上也散见有砾石分布。辽东湾西岸的砾石，主要由燧石、花岗岩及石英岩脉等组成。渤海海峡南部砾石主要为石英岩，其次为硅质灰岩及钙质礓结核等。在北隍城岛附近的海底沉积物中，常见有 $CaCO_3$ 含量大于30％的钙质礓结核，它们是岛屿上的第四纪黄土或黄土状沉积物受到侵蚀，被地表径流搬运至海底沉积的（秦蕴珊等，1985）。在辽东湾中部，亦见有磨圆较好的砾石，其表面有黑褐色铁质污染，并有苔藓虫等附着生物生长，砾石已遭风化，核心呈同心圆，是早期河流输入的古河口堆积物。

（2）砂（$d=1.0～0.1$mm）。粗砂和中砂在海底分布面积很小，仅局限于滦河口、六股河口及老铁山水道附近的局部海区。细砂分布则较广，主要分布在辽东浅滩至渤海海峡北部的海底。此外，在滦河口、六股河口等近岸浅海区，亦有局部斑状分布。

（3）粗粉砂（$d=0.1～0.5$mm）。集中分布于渤海中部细砂沉积的外缘，向北沿辽东湾长轴方向延伸，在辽东湾内形成南北走向的粗粉砂沉积带。此外，在曹妃甸南部细砂沉积的外围，也有不宽的粗粉砂沉积带。

（4）细粉砂质软泥（$d=0.05～0.01$mm）。大多分布于莱州湾的东部，在辽东湾顶部、滦河口外浅海等地亦有零星分布。该类沉积物由于氧化作用表层出现黄褐色。软泥中常有底栖生物活动的痕迹。

（5）粉砂质黏土软泥（$d<0.01$mm，含量50%～70%）。主要分布于渤海西部的粉砂与黏土质软泥之间，呈带状伸向辽东湾。此外，在辽东湾顶部、金州湾中部皆有分布。

（6）黏土质软泥（$d<0.01$mm，含量>70%）。该类沉积物覆盖了渤海湾的中部和南部、黄河口、渤海中央海区的西部等地。软泥常因生物活动影响产生有机质斑块或条纹。参见图2.8。

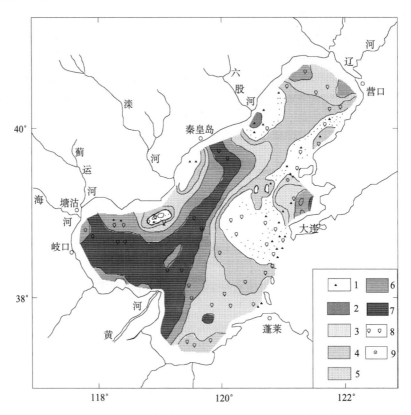

图2.8 渤海沉积物类型分布（江文胜等，2002）

1. 砾石；2. 中砂；3. 细砂；4. 粗粉砂；5. 细粉砂质软泥；6. 粉砂质黏土软泥；
7. 黏土质软泥；8. 贝壳；9. 铁锰结核

从以上分析可知，渤海三大海湾和中央海区沉积类型分布各不相同，渤海湾内以细软的黏土质软泥和粉砂质黏土软泥为主，辽东湾内以粗粉砂和细砂为主，莱州湾内则以粉砂质沉积占优势，渤海中央海区则以细砂分布为特色。海底沉积类型的分布与毗邻陆地河流固体径流的性质、海岸类型以及海域波浪、潮流动力等密切相关，河流输沙的粗细与潮流再搬运影响着海底沉积的粗细分布。就整个渤海沉积的分布来讲，并不存在着由岸向海中央发生由粗到细过渡的正常机械分异作用。相反，由于海平面的变化及现代海底地形及海水动力条件等的影响，存在着沉积类型在空间上的不规则斑块状镶嵌分布。

从成因上，可将渤海海底沉积归为两大类：一类为残留或蚀余沉积，主要分布在辽东浅滩至渤海海峡北部老铁山水道附近，在滦河口、六股河口及辽东湾中部也有局部出露；一类为现代沉积，除上述残留沉积区外，均为现代沉积物所占据，主要是沿岸河流输入物或海岸冲蚀物。

2. 物源及其沉积速度

本区沉积物主要来源于毗邻陆地上的河流输入物，即主要是黄河、海河、辽河、滦河、大凌河等带来的巨量泥沙。黄河泥沙入海后，受海流和潮流影响，大部分向 NW 和 NNE 方向扩散，对于渤海湾中部和南部、渤海中央海区的西部沉积的影响较大，对于莱州湾亦有一定影响。近代，因人为限制黄河的入海通道局限于三角洲南部，因而，黄河的泥沙对莱州湾影响增强。同时，因年径流量与输沙量明显减少，黄河的悬移质泥向渤海北部、中部的扩散亦减少。渤海海底沉积正处于自然沉积过程受人为影响的改造阶段。辽河、大凌河的输入物主要堆积在河口和湾顶区；而莱州湾内沿岸小河流，如胶河、弥河等的输入物则只影响其河口附近。

据文献记载（秦蕴珊等，1985），渤海中部、南部及靠近黄河口区的海底，全新世以来沉积速率大于 50cm/ka，最大为 109cm/ka。向北在渤海湾口中部，沉积速率减至 20～30cm/ka，滦河口西南部，则为 10～20cm/ka，局部凹地大于 20cm/ka。渤海中央海区的西部及辽东浅滩与滦河口水下岸坡之间的凹地，沉积速率大于 50cm/ka，最大可达 125cm/ka。辽东湾中部沉积速率约为 16cm/ka，辽东浅滩及上述之外其他残留沉积区，其沉积速率很小或近于零。渤海湾现代沉积速率，具有沿岸高、浅海低的特点。黄河现代河口三角洲为现代高速沉积区，且其沉积速率变化大，沿岸地带的沉积速率高于浅海海域。辽东湾口浅海沉积作用比较活跃，有较高的沉积速率。辽东湾内的现代沉积速率，湾口最高，近湾顶次之，湾的东西两侧最低（黄庆福等，1999，2001）。据 ^{210}Pb 定年结果，渤海的西南部区域的沉积速率介于 10～100mm/a，渤海东北部区域的沉积速率 2～5mm/a（罗玉玺、梁瑞才，2006）。由此分析，现代沉积速率随物质供应和沉积环境的不同，差异较大。

但是，正如前述，渤海沉积物源与沉积环境均经历着变化。近代沉积速率如何？有待后人研究揭晓。

3. 动力作用

对渤海海底沉积物分布的控制因素与动力，主要是泥沙来源与潮流、入海河流的淡水漂流及沿岸流的动力作用。渤海表层流的总趋势是从渤海海峡老铁山水道进入，主要从海峡南部登州水道流出，它们在渤海流动的总趋势可分三种情况：①每年 1，2，5，7，10，12 月份的海流分两支：一支沿渤海西岸北上，经辽东湾南下形成环流；另一支南下经黄河口流出海峡。②3，4，6 月份海流入渤海沿西岸北上，经辽东湾南下形成环流，在黄河口附近形成 NW 向和 E 向两支流。③8，9，11 月份海流入渤海后北上经辽东湾，逆时针南下经黄河口从海峡南部流出（耿秀山，1983）。

渤海的下层流主要是受径流影响形成冲淡水"射流"。这种影响在现代黄河口可达 $119°37'$E 左右。历史上，注入本区的黄河泥沙，含量多，年均输沙量 $9.47×10^8$t，泥沙颗粒细小，$d<0.06$mm 的占输沙总量的 94.2%。这些泥沙入海后由于水体理化性质的变化，大部分相继沉淀。但有相当数量的微粒随水体从河口向外呈扇形扩散，一方面

以底流喷射作用扩散，另一方面则是以悬浮形式向外扩散。主要是向 NW 和 NNE 方向扩散至渤海中部，有的越过渤海海峡运移到黄海。

当然，在海区局部海域流、浪、潮的作用不同。浪主要在岩岸、岬角及浅水区强烈；流在不同地区也是不同的。例如，在龙口近岸，流的方向是沿海岸自 NE 向 SW 流动，与渤海流的总趋势并不一致。

总之，水动力的影响主要表现为以下几点：

(1) 河流与沿岸泥沙的继承性沉积，如黄河水下三角洲沉积体。

(2) 河口沉积的特殊分布：径流作用为主，向海输入的泥沙由粗到细沉积（黄河口），以及波浪推复入海泥沙形成海岸沙坝，坝后为潮流沉积的粉砂与淤泥，即沿河口沙坝两侧的双向变细沉积（滦河口）。

(3) 造成渤海中部沉积物的混合。

(4) 造成辽东浅滩物质粗化——主潮流的分选再搬运作用。

(5) 运移部分悬移物质到黄海沉积。

第二节　黄海和东海海底

黄海和东海在地质构造、地貌与沉积均相联系，故一并阐述。

一、地质构造基础

黄、东海在地质构造上位于新生代环太平洋构造带的西部边缘岛弧内侧，海域内主体构造走向为 NNE。古生代以来的历次地壳运动深刻地影响着黄、东海地区的构造性质，奠定了黄、东海的构造格局，表现为几条大致平行排列的隆起带和拗陷带。地理区域是以山东半岛的最东端——成山角与朝鲜半岛的长山角间的连线为界线将黄海分为北黄海与南黄海。北黄海是半岛包围的半封闭海域，是发育在胶辽隆起背景上的中生代断陷盆地。南黄海盆地则为基底结构相对复杂的中生代断陷盆地，并与陆地上的苏北盆地连为一体。北黄海以 NE 向构造为特征，南黄海主要构造走向为 NEE 或 E—W 向，与 NNE 向的总体构造线明显斜交。

1. 胶辽隆起

大体上是从我国的庐江—郯城—苏北燕尾港至朝鲜的海州一线以北的黄海海区，在构造上属于中朝准地台的胶辽隆起。其基底由前寒武系的结晶片岩、片麻岩、大理岩、石英岩等变质岩系组成。古生代地层的发育和我国华北地区相类似（王颖等，1979；王颖，1996）。中生代燕山运动时基底遭到断裂的破坏，有侏罗、白垩系陆相碎屑岩和火山岩系的堆积，并有酸性火成岩侵入和中基性火山岩喷发。侏罗纪以来局部地区形成一些构造盆地，它们顺 NNE 向作雁行状排列。北黄海是隆起带上的一个小构造盆地，长轴方向为 NE 向，基底由中生代以前的变质岩系组成。基底之上的地层属中、新生代，古近系与新近系（特别是古近系）可能缺失。根据物探资料，结合现代沿岸岛屿众多，基岩港湾曲折，有的地方甚至有基岩裸露海底等地貌现象，说明本区在古近纪与新近纪时期，基本上仍处于一个隆起的背景，构造上长期保持稳定。而现代的北黄海则很可能是古近纪与新近纪以后，海水沿构造薄弱处侵入形成的。

2. 南黄海-苏北拗陷带

本带的东南部大体沿浙江的江山、绍兴经长江口九段沙至朝鲜的沃川一线，与浙闽隆起为界，基底由前寒武系的变质岩组成。从寒武系直至中、下三叠统是以海相碳酸盐岩为主的建造，地层走向总体呈 NEE 至近 EW 向，与基底基本一致。中生代形成一些小型的地堑盆地，上三叠统至上白垩统，在江苏地区为一套碎屑岩夹中酸性火山岩，总厚度为 5000m 左右。新生代地层的最大厚度大于 4000m。古近系为一套湖相的砂泥建造，新近系含有海相化石。上新世至第四纪地层几乎近水平产状。

该沉降带在南黄海分为三个次一级构造带（喻普之，1989），即南部拗陷、中部隆起和北部拗陷。南部拗陷是古生代地向斜的延续，在古生代基底上经历了海西—印支地壳运动，中新生代时，又被燕山等期地壳运动改造，发生许多断裂，是一个继承性盆地。基底是古生代浅变质沉积岩系。古近系覆盖在三叠系青龙灰岩和古生界地层上，始新统为一套暗色砂泥岩夹灰质砂岩、黑色页岩和灰岩，渐新统是泥岩、砂岩夹煤层，为一套温暖、潮湿的湖泊相沉积。古近纪的沉积是以断陷式沉积为特征，沉积物南厚北薄；新近纪则以披盖式沉积为特点。新生代沉积厚达 4000～6000m，主要是一套湖相与河相的泥沙沉积。而北部在燕山运动时，NNE 向断裂使隆起瓦解，形成断陷盆地。基底是古老的变质岩，缺失古生代地层，白垩系不整合覆盖其上，为一套暗色与红色碎屑岩、泥岩、火山岩，其上是古近系，有红色与杂色砂岩、泥岩夹石膏沉积。始新世末地壳隆起，缺失渐新统下部的地层。上新世沉积环境逐渐与南部拗陷趋于一致。

由此可见，该区在新生代时经历了大规模的断陷，并积聚巨厚的古近纪与新近纪地层的沉积，为勘探海上油气田提供了有利的物质基础。

3. 浙闽隆起带

主体在我国的浙、闽东部的陆地上，向东北延伸入黄海与东海海底，经苏岩、济州岛与朝鲜半岛南部的岭南地块连接，长达 2100km，宽 200～300km。这条构造带是中生代的火山岩隆起带，磁场上以剧烈变化的正负交变线性异常为特征，以 NNE 向为主，杂有 NEE 的磁异常。隆起带的基底由两套岩系组成，一是具有 NEE 构造线的变质岩，另一是中生代的火山岩与碎屑岩系（王颖等，1979；王颖，1996）。在海域中，基底岩系之上覆盖厚约 800～1200m 的新生代地层。燕山运动时，隆起带上产生一系列 NNE 向断裂和呈雁行排列的 NNE 向断陷盆地，如英阳盆地、永安盆地、济州岛西南海中盆地。新近纪以来，隆起带遭分裂，海平面上升，海水漫越破裂的隆起带进入黄海。在构造上，它是东海与黄海的地质界线。

4. 东海大陆架拗陷带

此带几乎包括了整个东海大陆架，向北延至对马海峡，往南达台湾海峡中部的北港隆起，总体呈 NNE 走向，延伸达 1500km，东西宽 250km（秦蕴珊等，1987）。大陆架水深在南部为 0～130m，北部为 0～170m。地磁场以平缓的负磁场为主，布格异常为

10~20mGal（毫伽）（喻普之，1989），是由诏安-济州岛断裂带和大陆架东缘断裂所控制发育的一个中新生代断陷-拗陷盆地。

拗陷带基底岩系性质尚不很清楚。大体是中生代和古生代复杂变质的沉积岩和火山岩。基底之上是巨厚的古近系、新近系和第四系，总厚度在 4000m 以上，最厚可达 9000m 左右。

根据基底起伏、磁性基底埋藏深度与构造特征，在东海大陆架拗陷带内可分为 4 个次一级拗陷：北部拗陷、中部拗陷、南部拗陷与台西拗陷。呈 NE 向雁行排列，沉积厚度东厚西薄。

北部拗陷，位于济州岛南，基底埋深约 3000~4000m，新近系、第四系厚度为 1500m 左右。中部拗陷，位于长江口以东，新生界厚度约 9000m，中新世沉积为一套厚约 5000~6000m 的湖泊沼泽相沉积。古近系以充填式沉积在拗陷的局部地区，上新统为水平的海相沉积。南部拗陷，位于钓鱼岛西侧，基底埋深约 7000~9000m，拗陷的主要发育期为中新世，此后为断块运动，形成古近纪—中新世的潜山构造，古近系褶皱变形，以充填式沉积体分布在拗陷内的局部地区。台西拗陷，位于台湾海峡的北部，基底埋深 9000m 以上，由白垩纪碎屑岩与火山岩构成，新近系与第四系厚 5000m，中新统不整合覆盖在白垩纪变质砂岩、页岩、凝灰质砂岩之上，中新统为主要的含油层（秦蕴珊等，1987）。

根据地震资料，东海海域构造运动总共有 9 次，影响较大的有 6 次，而对大陆架盆地生成演化具重大影响的有 3 次，即基隆、玉泉和龙井运动（金翔龙，1987）。基隆运动是发生在早、晚白垩纪间的一次运动，揭开了东海大陆架盆地的序幕，一系列断陷盆地开始形成，处于断陷的起始状态。玉泉运动是发生在始新世与渐新世间的一次运动，具挤压性质，表现为地层抬升、剥蚀及岩浆活动。宽缓的褶皱发生在中部和东部闽江、基隆、西湖凹陷，而西部则为单向倾斜以至披露，说明构造运动重心东移。此次运动造成的不整合面提供了拗陷阶段发育的基础。龙井运动发生在中新世早期开始至中新世，主要表现为强烈的挤压褶皱，众多的局部构造经过这次运动得以加强和定型。此次运动在大陆架盆地其挤压作用集中在西湖、基隆凹陷 NNE 向的狭长地带，向西影响逐渐减弱。龙井运动后，大陆架盆地结束了拗陷发展阶段，进入区域沉降阶段。

5. 东海大陆架边缘隆褶带

沿着东海大陆架的外缘分布，为一条带状隆起褶皱带，构造走向 NNE，基本上构成了东海大陆架的边缘。水深约 130~170m。地磁场为低的正异常，大陆架边缘重力场为 40mGal（喻普之，1989）。隆起带的盖层主要由已褶皱的、巨厚的新近系和第四系组成，其间夹有一些海底火山喷发物。该隆起带向西南经钓鱼岛等与台湾褶皱的山脉相连，是为南段。向东北方向经鸟岛、五岛列岛可至日本九州的北部，是为北段。五岛列岛主要由中新世绿色凝灰岩组成，并有花岗岩侵入。在中段，中新世地层减薄，尖灭或缺失。

6. 冲绳海槽张裂带

该带地处地形急剧变陡的大陆坡和海槽区，在构造上为走向 NNE 的张裂构造带。冲绳海槽被吐噶喇断裂带和宫古断裂带分为三段（秦蕴珊等，1987）。北段水深较浅为 600~

800m，构造走向 NNE，布格异常在 80mGal 以下，地壳厚 28km 以上；中段水深 1000～l200m，构造走向 NE，布格异常为 80～150mGal，地壳厚 20～25km；南段水深超过2000m，构造走向 NEE，大部分水深超过 2000m，布格异常高达 200mGal，地壳厚 17～20km。冲绳海槽内地壳热流值很高，平均为 3.62HFU（1HFU＝41.87mW/m²），最大热流值可达 10.4HFU。它的热流值不仅超过了大洋洋脊处的热流值，而且也超过了西太平洋边缘海和新生海洋——红海的热流值，显示了冲绳海槽的新生特征。冲绳海槽至今仍为一具张性裂开的活动带，与那国岛、西表岛上分布的同一中新世含煤地层已在东、西方向上拉开（喻普之，1989）。

据金翔龙（1987）研究，冲绳海槽内发育着三套不同环境下的岩层：A，B，C 层。A 层代表更新—全新统，为水平层，北薄南厚；B 层代表上新统，充填式沉积，北厚南薄；C 层为声波基底，由中新统和古近系组成。

控制冲绳海槽的构造运动主要有两次，即龙井运动和冲绳海槽运动（许薇龄，1988）。龙井运动揭开了冲绳海槽的序幕，处于断陷的起始、发展阶段，而冲绳海槽运动则是奠基运动，具有拉张性质，海槽区出现拗陷，形成一系列拗陷盆地，局部地区则由拗陷向扩张阶段发展。冲绳海槽的形成经历了深部物质的拱顶期、地壳的裂陷期和岩浆溢出推挤两侧离体、扩张期。

关于海槽成因颇多争议，大多数国内外学者认为是弧后扩张形成（Herman et al，1976；Lee et al，1980；王舒畋，1986）。亦有研究者认为（黄福林，1989），海槽是在陆壳上发生、发展而成，是张应力控制下的断陷带，属裂谷型边缘盆地，没有明显的大规模的扩张，新生洋壳尚未形成。还有从力学角度对冲绳海槽的成因作了探讨（刘波，1987），认为新华夏区域应力场控制下的幔隆纵张作用可能是形成该边缘深海盆地的机制。

7. 琉球岛弧-海沟系

属太平洋西部的岛弧-海沟构造带，顺琉球群岛分布。琉球岛弧是双列岛弧，内弧在东海（位于琉球群岛与冲绳海槽之间），内弧是火山弧，由上新世—第四纪火山岩组成，即吐噶喇火山链。该链北宽南窄，呈楔状插入冲绳海槽与琉球岛弧之间，为 NNE 向断裂所控制。外弧即琉球群岛，由古生代、中生代变质岩和褶皱的古近纪和新近纪地层组成，有现代火山活动。琉球岛弧之东便是琉球海沟，水深达 7800m，海底有 200～300m 厚的海相沉积，沉积层水平，层状完好，未经扰动。根据地震波探测，琉球海沟及其以东地区地壳厚度只有 7～9km，为大洋型地壳。

二、海 底 地 貌

黄、东海区域海底地貌以宽阔的大陆架为特点。根据黄、东海大陆架地形变化规律、地貌特征与地质基础，充分说明它是中国大陆向海的自然延伸部分。自海岸带低潮线开始，以平缓的坡度（约 1′10″～1′20″）向海倾斜，直到水深为 140～180m 处坡度发生突然转折，下降至坡度增至数十倍（平均为 1°10′）的大陆坡而进入冲绳海槽。

黄海是一个浅海，全部在大陆架上，海底地势呈反 S 状，两端开放，西北狭窄，与渤海相通，南面宽大，与东海相连。平均坡度 $1'21''$，平均深度为 44m，最大水深为 140m（王颖等，1979；王颖，1996）。

东海开阔，略呈扇形。西部为宽阔的大陆架，占东海总面积的 2/3 多，东部为向岛弧海沟系过渡的大陆斜坡带，占东海总面积的 1/3。大陆架以 50～60m 水深线分为东西两部分，西部岛屿林立，水下地形复杂，东部总的趋势是开阔平缓。大陆坡呈弧带状，地形陡，一般为 3°。陆坡主体地形为冲绳海槽，海槽以东为露出海面的琉球群岛和日本九州岛，以及各岛屿在水下的岛架。琉球群岛之外坡度急剧加大，海底过渡到琉球海沟。

根据海底地貌的特征，将本区分为黄海北部区、黄海南部区与东海大陆架、台湾海峡、东海大陆坡与冲绳海槽、琉球群岛周围海底 5 个部分，分别加以叙述。

1. 黄海北部区

一般以成山角至朝鲜半岛长山角连线以北为北黄海区，但在海州湾以北其海底地貌无显著差别，故这里所指黄海北部是指海州湾以北黄海部分。

北黄海沿岸岛屿、礁石众多，海底地势开阔，沿北、东、西周边向中部缓斜，自南部汇入南黄海。总面积约 71 000km²。深水轴线偏近朝鲜半岛，水深大多在 60～80m，平均水深 38m，东部的坡度陡，一般为 0.7‰，西部较缓为 0.4‰。两侧不对称的斜坡交汇处，为一条轴向近南北的水下洼地。该处是自东海进入黄海的暖流通道。水下洼地偏于东侧。

在黄海北端的西朝鲜湾，在鸭绿江口与大同江口之间分布着一条条近似平行排列的水下沙脊，规模较大，呈 NE 向，与潮流方向一致。沙脊顶高 7～30m，脊间距 1.48～7.41km。该水下沙脊的形成缘于河流输沙，在黄海北端，由于潮差大（超过 3m）、潮流急（1～2kn①，两脊之间为 2kn），致使海底沙滩在潮流的冲刷改造下逐渐形成与潮流平行的"潮流脊"。

辽东半岛东侧，河流较少，砂质来源不多，潮流作用弱，海侵之后，沿岸的山丘成为海中的岛屿和礁石，如长山列岛。岛礁南侧坡度较大，水深亦较大。

黄海经渤海海峡与渤海相连，海峡底部由于受潮流冲刷，形成许多较深水道和深槽。如老铁山水道、威海遥远嘴附近的深槽（61m）、成山角附近的深槽（80m）。

在 38°N 以南的黄海两侧，多分布着宽广的水下阶地，西侧阶地比较完整，东侧阶地则受到强烈的切割，水下地形非常复杂，与强劲的潮流作用有关。潮波从南向北传播，受到地球偏转力影响，使朝鲜半岛西岸潮差增大，甚至达 8.2m。潮流亦非常强大，最大流速达 9.5kn，一些水下谷地被冲刷，深度超过 50m。山东半岛南北两岸都有水下阶地分布，北岸－20m 阶地甚为宽广，南岸－20～－25m 和－25～－30m 的阶地局部保存完好。

北黄海东侧水下阶地分布的深度与西侧并不一致，朝鲜半岛沿岸有两级水下阶地，水深约为 15m 和 40m，反映出构造运动的差异。

① 潮流流速节（kn），1kn＝1.852km/h

黄河历史时期在江苏入海，而目前通过渤海海峡进入黄海，泥沙覆盖了黄海北部大部分海底，形成浅海堆积平原。在海区东侧，有古海滨沙带出露海底。

2. 黄海南部区与东海大陆架

黄、东海大陆架东南前缘为弧形突出，东临冲绳海槽。此大陆架以宽度大、坡度小，并受大河深刻影响为特点。

南黄海海底浅平，北窄南阔，平均水深46m，面积约309 000km²。黄海南部的东侧与东海相通，海底地势由东西两侧向中部平缓倾斜，进入海底最深处的黄海海槽。海槽北浅南深，向北伸入北黄海，南面分别绕经小黑山岛两侧后又汇聚一起，向南面再分成东支和南支，分别与济州岛南北两侧的深水槽相通后，东支通济州岛，南支入东海。南黄海西侧地势坦缓，平均坡度约15″，水深20～50m，有一些水下三角洲分布。黄海南部有一系列小岩礁，如苏岩礁、鸭礁、虎皮礁等，它们与济州岛连成一条NE方向分布的岛礁线，成为黄海与东海的天然分界线。

东海北以长江口北角与济州岛连线与黄海分界，南面以福建东山岛与台湾岛南端之鹅銮鼻间连线与南海分界，西面依大陆，其余三面均有岛礁环绕。东海南北长约1300km，最宽处750km（长江口外），最窄处125km（台湾海峡），总面积770 000km²。

东海海底，大体上在西部与西北部沿陆地海岸分布的为大陆架浅海。海底地势向东与东南方倾斜，水深逐渐加大。东海的平均水深370m，最大深度为2719m。东海大陆架北宽南窄，海底向东南方缓缓倾斜，平均坡度1′17″，平均水深72m，一般水深介于60～140m，大陆架外缘坡折分布于140～180m水深处，过渡至大陆坡而下达至冲绳海槽区（图2.9）。大体上，以50m水深线为界，可将东海大陆架划分为两部分：受现代海洋动力与陆源泥沙交互作用影响的内陆架，以及保留着较多低海面遗迹与残留砂的外陆架。

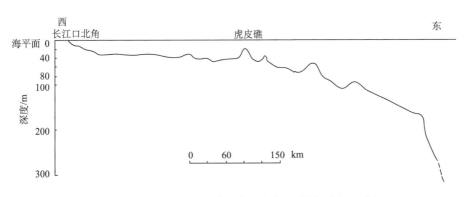

图2.9 东海大陆架（长江口北角以东）海底地形剖面图（王颖，1996）

1）海岸与内陆架地貌

黄海西海岸与长江三角洲的东海海岸，为海积平原海岸，多发育宽广的潮滩。潮滩以粉砂及淤泥质粉砂沉积为主。黄海东部与东海浙闽沿岸为基岩港湾式海岸，多岛礁。

受长江与古黄河影响，港湾内发育为淤泥质潮滩，湾顶多为海积平原。

（1）黄海内陆架，大体在水深 30m 以西，分布着一个巨大的辐射状沙脊群（图2.10）。其海域面积为 22 470km²，南北范围介于 32°00′N 至 33°48′N，长达 199.6km，大体上从射阳河口向南至长江口北部的嵩枝港；东西范围介于 120°40′～122°10′E，宽度 140km，大致以弶港岸陆为结点，沙脊群呈扇形向海展布。沙脊群出露海面的沙洲

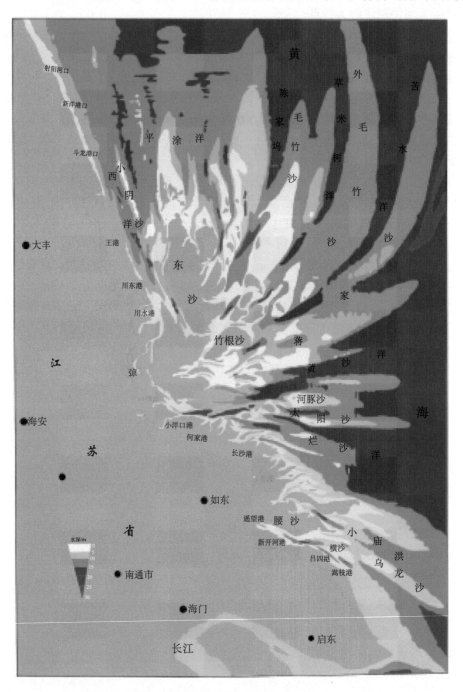

图 2.10　黄海大陆架辐射沙脊群水深地形图（王颖，2002）

面积 3782km²，水下自 0～5m 水深范围的面积为 2611km²，5～10m 处面积为 4004km²，10～15m 水深的沙脊群面积 6825km²，15m 以深的沙脊群面积为 5045km²（王颖，2002）。沙脊群泥沙主要为 3 万年前低海面时，长江在弶港一带入海时的沉积，冰后期海面上升过程中由于弶港一带巨大潮差（9.28m）及强劲的潮流辐聚与辐散作用所形成。

辐射沙脊群中主干沙脊约 21 列：小阴沙、孤儿沙、亮月沙、东沙、太平沙、大北槽东沙、毛竹沙、外毛竹沙、元宝沙、苦水洋沙、蒋家沙、黄沙洋口沙、河豚沙、太阳沙、大洪梗子、火星沙、冷家沙、腰沙、乌龙沙、横沙等。分隔沙脊的潮流通道主要有：西洋（西洋东通道及西洋西通道）、小夹槽、小北槽、大北槽、陈家坞槽、草米树洋、苦水洋、黄沙洋、烂沙洋、网仓洪、小庙洪 11 条。这些大型的潮流通道，水深均大于 10m，深度向海递增。

沙脊群总体分布形态反映辐射状潮流场的水流分布形式，也反映出原始地貌的承袭特点。沙脊群主干沙脊的形态是具有对称坦峰的带状体，沿潮流通道一侧，受往复潮流的作用，坡度加陡。分析沙脊群的组合地貌特征与发展过程表明，辐射状的沙脊群是由三部分组成的复合地貌体：

• 潮流冲蚀型：北部的沙脊与西洋潮流通道，与岸平行呈南北方向分布，脊槽的基底为海侵前的冲积平原。

• 潮流蚀-积型：分布于东北部，以大北槽东沙、毛竹沙、外毛竹沙、蒋家沙以及沙脊间的陈家坞槽、草米树洋及苦水洋为代表。多为大型沙脊与潮流深槽，沙脊与潮流通道延伸方向与辐射状潮流近似，尤其是沙脊尾端略呈逆时针方向偏移（反映现代旋转潮波之影响）。沉积层结构表明，大沙脊体是多层叠置，晚更新世已存在。

• 继承型：辐射沙脊中部的枢纽部分与南部，以黄沙洋与烂沙洋及毗邻的沙脊体为代表，具有继承古河道与古河口堆积的特点，为现代潮流作用主通道，主干沙脊经受冲蚀与退缩变化（王颖，2002）。

浅海底堆积平原，在黄海分布于山东半岛与朝鲜半岛之间海底的南侧，大体位于 34°～37°30′N，123°～124°E 之间，水深为 70～80m，面积约 12 000km²（刘敏厚等，1987）。海底平原的地势朝东部的黄海槽缓倾，坡度约 0.01％，是南黄海地势最平坦的地区。南黄海中部海底平原上零星分布有海丘，相对高度 20～50m，最高的日向礁（30°57′N，124°35′E）相对高度 73m，顶部水深 7m。海丘较多地集中于平原南部（34°N，124°E 周围）。平原的西部有明显陡坡。

另外，在济州海峡处可见有冲刷槽与掘蚀洼地；在一些有岛屿屏蔽的海区，可形成滨岸浅滩；在废黄河口还分布有水下三角洲。

（2）东海现代海岸带与内陆架地貌，主要包括现代长江水下三角洲、现代水下堆积岸坡和海底沙波地貌。① 现代长江水下三角洲，叠置于晚更新世地层之上，自长江口呈扇形向东南展布，前端在 31°N，122°50′E 附近。在纵剖面上，水下三角洲坡度平缓：在 5～10m 水深处，坡度为 1：5400；水深大于 10m 的斜坡坡度为 1：2500。水下三角洲沉积物具有水平方向上的相变，粗粒沉积物分布在河口区，向海逐渐变细，依次为细砂—粉砂质细砂—砂质粉砂—泥质粉砂—粉砂质泥。② 现代水下堆积岸坡，分别在浙江、福建滨岸浅海，水深在 50～60m 以内，平行于海岸，呈带状伸展。堆积岸坡自海岸向外海呈缓倾状，近岸带地形坡度为 $50''\sim60''$，向外逐渐增加到 $2'$ 左右。沉积物随水深增大有逐渐变细的趋势。③ 海底沙波地貌，是现代波浪、潮流水动力作用于海底表层砂与粉砂质沉积所形成的，多在风暴期间形成，分布于长江三角洲和大陆架北部边缘地区。

2) 保留较多古海面遗迹与残留砂的外陆架

大体上，分布于 50m 以深的外陆架，其残留地貌主要包括复式的古三角洲、古海滨与古河谷。

（1）复式的古三角洲。从海州湾向南到杭州湾以北，有一个规模巨大的三角洲体，平面上呈扇形展开。组成物质主要为石英、长石质的粉砂、淤泥粉砂，含有贝壳碎屑，具有河流沉积的交错层理，说明它是古代大河形成的三角洲平原，后来为海水淹没，隐伏于海面之下。古三角洲的东端约在 $125°15'E$，即苏岩礁与虎皮礁一线。沿着三角洲的前缘斜坡，发育了一系列水下沟谷。大三角洲南部叠置着现代长江三角洲。

更新世时，长江曾有相当长的时间分别在江苏李堡、弶港及吕四一带入海，在河口堆积成三角洲，并不断向海推展，逐渐发展成为巨大的三角洲平原。古长江三角洲平面上由西北向东南呈扇形展开，南界达 $30°N$ 附近，外缘以水深 60m 为界，总面积大于 $10\,000km^2$。其表层沉积为细砂与粉砂，含浅海有孔虫残骸，系全新世海相沉积；其下至 2.4m 深处，为陆相棕黄色中砂层，为晚更新世末期低海面时的陆地沉积；再向下，为残留的滨海相细砂。

位于苏北沿海，叠置在三角洲北部的是古黄河三角洲，中部为古长江-古黄河沉积组成的辐射沙脊群，前缘约与 $20\sim25m$ 等深线相当，组成物质以细砂和粉砂为主，局部有淤泥沉积。形成于晚更新世末期，并受历史时期江河从苏北入海的影响。

目前，水下三角洲的物质，受到潮流的作用，游移不定，形成一系列的暗沙，散布在苏北沿岸。

上述四个三角洲重叠组成了复式古三角洲体，除三角洲体的南部遭受后来水流破坏外，其他大部分多保存完好，构成了本区引人注目的海底地貌。

此外，在南黄海水深 80m 附近，在 $1.5\sim2.0m$ 厚的海底沉积之下，地震剖面显示具有大型交错层理及分流汊道沉积，为埋藏的古三角洲层，其前积层厚 $15\sim20m$；东海外陆架近边缘转折处，亦显示埋藏的三角洲沉积层（曾呈奎等，2003）。

（2）古海滨。东海大陆架的东侧，深度在 $50\sim60m$ 的内、外陆架交界处，地势坦荡，起伏和缓，为宽广的砂质沉积带。它从台湾海峡向北延伸到朝鲜海峡，向南伸展到南海大陆架。砂带沉积物为细砂与中细砂，有的地方还有粗砂和砾石。自西向东，物质由细变粗。细砂为石英、长石质，砂粒浑圆。砂质沉积中含有丰富的软体动物残体、有孔虫、少量珊瑚及其他钙质有机质。这种细砂是滨海和浅海上的沉积。据研究，该大陆架砂带既有冰期低海面时的沉积，亦有冰期后的沉积，并以海进的海滨沉积为主。

在杭州湾口外，舟山群岛东侧，位于 $27°\sim31°N$，$123°\sim124°E$，水深 $60\sim80m$ 海区，分布着梳状沙脊群体。沙脊走向 NW—SE，成"雁行"排列。沙脊高约 12m，长约 $55\sim75km$。根据黄、东海大陆架古地理环境演变的研究，水深 $50\sim60m$ 海区，为距今 12\,000 年的古海岸线所在。潮流沙脊的发育，同当时的古河口海湾是相适应的。因此，这里的沙脊群是形成于距今 12 000 年前的潮流沙脊，被淹没于现代大陆架浅海之下，属于残留古潮流沙脊地貌类型（朱永其等，1984）。

除上述内陆架外缘古海岸线（－50～－60m）外，在大陆架外缘还有古海岸线遗迹，分布在－150～－160m 与－100～－110m 水深处。前者形成于 18 000～15 000aBP 间，海底测量发现，在水深 100～160m 海区，出现若干平坦岸坡，其上发育着类似海岸沙坝沉积；在该水深范围内曾发现有河口相、河口三角洲相、滨海相及潟湖相沉积等，特别是发现了在现代海滨环境才出现的有孔虫组合和贝壳种类。而－100～－110m 古海岸线是主要形成在末次冰期中的另一条古海岸线。根据本海区沉积物微体古生物的研究，发现大量属于滨岸类型的生物化石。孢粉分析主要有滨岸盐生草本植物蒿属、禾本科及藜科的花粉。亦出现少量属于淡水湖泊环境的多种盘星藻类化石。种种迹象表明，大陆架外缘曾经历多次海水进退活动。

（3）古河谷。在南黄海西部有埋藏古河道（秦蕴珊等，1986）。其中最明显的一条古河道横贯本区，向东延伸到黄海中部平原，中段为 NW—SE 向，西段转为 SW 方向延伸，与连云港相对应，中段正好与海底条形浅谷相吻合，其余地段被沉积所掩埋。在该区常见有埋藏古河道的断面。

近年来，在东海大陆架调查中，在古长江三角洲上多处发现埋藏古河道的形态，有两条古河谷比较清楚。其中有一条是从长江口水下三角洲向外延伸，在马鞍列岛与嵊泗列岛之间，为一深谷，到浪岗山列岛一带逐渐向东南扩展，谷形宽浅，至水深 100m 附近（29°N，125°E 附近）稍转向东，至大陆架前缘以急坡峡谷形式进入冲绳海槽，该水下谷地是因海面上升而淹没的长江古河道。另一条古河谷大约位于 31°15′N，124°E，沿海底地形低洼处向东南至 30°30′N，127°45′E 处，此处分布有分选极好的厚砂层，并夹有薄层的粉砂与黏土，局部有植物碎屑富集层和牡蛎层，有些还夹有小砾石，富含片状矿物，具有河流相特征，推测为陆地古河道遗迹。

3. 台湾海峡

台湾海峡介于福建省与台湾省之间，位于东海大陆架南部，与南海大陆架相连。它的北界是福建省平潭岛与台湾省富贵角的连线；南界为台湾省南端的鹅銮鼻至福建省东山岛南端的连线。台湾海峡大致呈 NE—SW 走向，南北长约 370km。海峡北窄南宽，北口宽约 200km，南口宽约 410km，最窄处在台湾新竹西北的白沙岬与海坛岛之间，仅为 130km，海峡面积约 83 000km²[①]。

台湾海峡在地质历史时期，曾经历过多次海陆变迁。在古生代和中生代，该海峡是华夏古陆的一部分。古近纪和新近纪的一次大规模海侵，使整个海峡两岸均成海域；中新世喜马拉雅运动，台湾和澎湖列岛耸起成为陆地，形成海峡的基本轮廓；第四纪冰期后，大约在 6000aBP 时，海平面上升过程中，使台湾海峡成型。台湾海峡海底崎岖不平，北部水深 60～80m，南部水深 40～50m，平均水深约 60m。在海峡南部近陆坡地带，多为水下峡谷分割而基岩出露。峡谷剖面成 V 型与 U 型：前者为介于马祖与长屿山之间，深约 80m，是西部闽江向海底的延伸；澎湖峡谷呈 U 型，沿 NW—SE 向断裂

---

① 据青平，2007，台湾海峡自然环境特征与军事地理研究，南京大学海岸海洋科学硕士学位论文

发育而成，深度为 70m（上段），100m（中段）及 150m（下段），可能是九龙江向海之延伸。海峡中部有一 NE—SW 向隆起带，由中西部浅滩、澎湖列岛及台湾浅滩构成，人称为"东山陆桥"（赵昭昞，1982）。东西两侧各有水深为 20m 及 50m 的两级阶地。东侧阶地以 50m 等深线为界，距岸约 10～20km；西侧阶地延伸宽度大，约 40～50km。隆起带与阶地是连接大陆与台湾之间的浅水地带。

台湾浅滩位于海峡南口，与西南阶地相连，浅滩由 900 余个水下丘、滩组成，东西长约 140km，南北宽约 75km，水深 10～20m，最浅处为 -8.6m。台湾浅滩有多条 NE—SW 向潮流沙体，平面呈新月形或 S 形，沙体最长达 5km，沟脊间高差 6～20m，具有沿落潮流方向延伸形态，沙脊或沙丘多沿基岩丘发育，时有基岩出露。浅滩上流急、水文状况复杂。台湾浅滩以南水深从 -40m 很快下降至 -150m 的大陆架边缘，然后陡降至 -250～-400m 的大陆坡，与南中国海相连接。台湾浅滩北侧属东海大陆架区，虽有一些起伏，但在 25°～28°N 之间，却为平坦的海底，水深在 70～90m（林观得，1982）。台中西浅滩与东部阶地相连，东西长约 100km，南北宽 15～18km，水最浅处为 9.6m。两浅滩之间为澎湖列岛礁区。

澎湖列岛由 64 个小岛组成，岛屿主要是由 1700×10^4 aBP 至 800×10^4 aBP [①] 的玄武岩喷发组成的火山岛，局部岛屿具沉积岩与红土夹层。其中以花屿形成于 6500×10^4～6000×10^4 aBP 时，由安山岩及碎屑岩组成。列岛北侧岛礁分布集中，其间水道狭窄，南部列岛分散，水道宽（图 2.11）。澎湖水道介于澎湖与台湾岛之间，为构造断裂峡谷，南北长约 65km，宽约 46km，水深从北部（-70m）向南加深至 -160m，继而南延 ＞-1000m，是连通南海的深水通道。另外，尚有八罩水道，东西向延伸，宽达 10km，水深超过 70m，分澎湖列岛为南北两群。

台湾海峡海底底质，主要为细砂，东部近岸处有粗砂和软泥，台湾岛南北近岸有部分岩底。澎湖列岛附近主要为沙底，除砾石和基岩外，主要为粉砂质黏土软泥。

4. 东海大陆坡与冲绳海槽

东海大陆坡位于东海大陆架东南侧外缘，分布于大陆架明显转折点之下，是冲绳海槽的西侧槽坡。转折处水深在 28°N 以北为 150～160m，以南至 124°E 以东为 160～192m，124°E 以西为 109～140m（孙家淞，1982）。陆坡水深介于 140m（或 180m）～1000m 之间，东北段稍浅，西南段则陡深。陆坡平均坡度 1°5′。南北宽约 40～60km，中部宽度窄，最窄处约 20km，平均宽度为 39km（图 2.12a～e）（王颖，1996）。

大陆坡形态受构造控制，斜坡的整体形态成带状分布，依 NNE 向构造线延伸。坡面在 -170～-175m，-200～-210m，-230m，-250～-255m 等深度呈阶梯状递降，在 -400～-500m，-800m 及 -1000m 深度处亦有阶梯状出现。南部斜坡面上发育有数十米深的边缘沟谷，平行于坡面伸展数百千米以上，沟谷宽数百米至数千米。在北部海区，则有 NNE 向的海山发育，长约 190km，宽 20km 左右，最大相对高度为 150m，海山

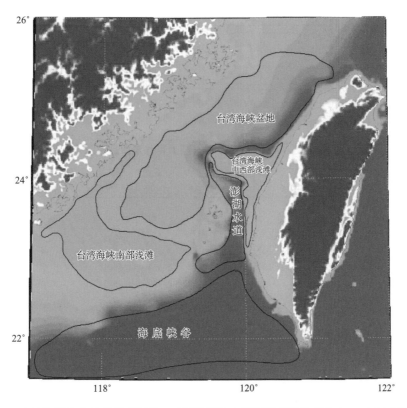

图 2.11　台湾海峡海底地貌单元划分（地形数据为中国海洋科学数据中心 2006 年 7 月发布）

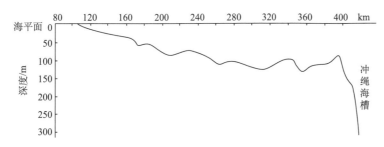

图 2.12a　飞云江口南至钓鱼岛东海海底地形剖面图（王颖，1996）

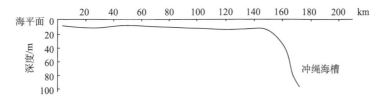

图 2.12b　东海 30°N，126°E 至 29°N，128°E 海底地形剖面图（王颖，1996）

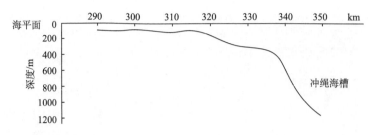

图 2.12c　东海 30°N，124°E 至 28°N，127°E 海底地形剖面图（王颖，1996）

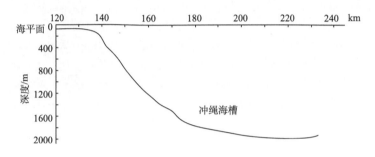

图 2.12d　东海 27°N，123°E 至 23°N，124°E 海底地形剖面图（王颖，1996）

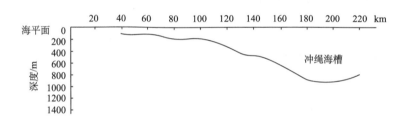

图 2.12e　东海 31°N，127°E 至 30°N，130°E 海底地形剖面图（王颖，1996）

顶面较平坦。在陆坡上尚发育有海底峡谷。有的横切陆坡，有的顺着裂谷伸向海槽。五岛列岛海底峡谷，钓鱼岛附近的海底峡谷，均延伸至外陆架上。水下峡谷的形成可能与海面变化、构造断裂及浊流侵蚀等作用有关（秦蕴珊等，1987；孙家淞，1982）。

冲绳海槽是东海大陆架与琉球群岛岛缘陆架的天然分界。冲绳海槽是一个 NE—SW 向的弧形海槽。南北长约 1000km，东西平均宽 150km。北浅南深，北部水深一般在 600～800m，南部水深为 2500m 左右，最大水深出现在台湾东北，超过 2719m。海槽两侧陡峭，沿坡发育了一系列水下峡谷、海山和断陷洼地。冲绳海槽中部海底（28°N 以南）有沿着槽底盆地轴向延伸的槽底地堑，其南北长约 550km，东西平均宽近 20km，下陷幅度超过 100m，可能是断裂作用成因（高金满，1987）。此外，沿着海槽轴向部分，常有裂沟发育，裂沟深 30～60m，宽 0.5～0.6km，剖面呈"V"字形。大约在 28°～29°N 之间，水深大于 1000m 的槽底中部，发育了一条长约 110km，平均宽度 18km 的海底山脊，由众多的海底山、丘组成，山脊形状不规则。海底山和海丘的顶峰水深一般小于 1000m，最浅处 530m。大部分海山是沿 NE—SW 向张裂构造喷发的火山峰，尚有近代活动的火山。

5. 琉球群岛周围海底

冲绳海槽之东为露出海面的琉球群岛和日本九州岛，以及各岛屿在水下的岛架。岛架宽度不大，在九州岛处约有 30～50n mile，在琉球岛附近为 2～20n mile。岛架地形复杂，沙滩、岩滩密布，岛架分布不连续，为水下峡谷隔开，并有三个深度超过 1000m 的海峡，使得冲绳海槽与太平洋相通，其中以石垣岛西北的海峡最深，水深超过 2000m。琉球西侧的岛架斜坡则是冲绳海槽的东部岸坡。冲绳岛以南的岛坡段，陡直狭窄，而北段比较宽缓。北段岸坡海底地貌的突出特点是海底火山发育，海底遍布火山锥，露出海面的成为火山岛，其中，吐噶喇群岛是著名的第四纪火山岛。

琉球群岛的东侧外坡，急剧加深，坡度达 10°左右，在 1800～1400m 深处，分布着一列由火山物质组成的阶地。阶地以下，坡度更大，可达 13°左右，降入 6000m 水深的琉球海沟中。

三、海底沉积

（一）黄海海底沉积

黄海在大陆沿岸有鸭绿江、淮河、灌河、射阳河，在朝鲜半岛有汉江、大同江、清川江等河流入海。陆源物质供给非常丰富，整个海域以现代沉积为主，局部地区有受到改造的残留沉积。

1. 表层沉积物的粒级分布特点

砾石，分布在辽东半岛的东侧沿岸及渤海海峡老铁山水道，成分是从半岛风化、剥蚀形成的石英岩、千枚岩等变质岩矿石，一般直径为数厘米，多呈扁平形态。

细砂及中细砂，分布于黄海东部（37°N 以北，123°E 以东）、渤海海峡老铁山水道附近和海州湾地区。以细砂为主，在北黄海东部的细砂中局部夹有中细砂。分选好，含贝壳碎片。

粉砂质细砂和细砂质粉砂，分布于细砂区外侧，呈条带或环状。除成山头以东的粉砂质细砂中含有大量贝壳外，其余地区含少量贝壳碎片。

泥质粉砂和粉砂质泥，分布在北黄海中部、南黄海中部、山东半岛南北两侧及老黄河口外，沉积物为褐色或青灰色。表层多有黄褐色半流动状浮泥层。富含有机质。含泥质在 20%～70% 之间，在堆积区的中心部位粒度最细（刘振夏，1982）。

泥-粉砂-泥，一般分布于粗细物质的交界处。为泥、粉砂和砂三种组分的混合物，各组分比例有所不同，但均超过 20%。

综上所述，黄海沉积物分布有三个粗沉积区和三个细沉积区以及其间的过渡沉积区。三个细砂级，粗颗粒沉积区为：黄海东部细砂沉积区、渤海海峡细砂沉积区和海州湾细砂沉积区。三个泥质粉砂与粉砂质泥，细颗粒沉积区为：北黄海中部海底平原沉积区、南黄海中部海底平原沉积区和苏北废黄河水下三角洲沉积区。

2. 沉积物分布及其沉积动力作用①

1）现代沉积区

现代沉积系指在现代海洋动力作用下，被搬运沉积的物质，其岩性及生物组合等特征均与现代动力条件相适应，处于动力均衡。黄海以现代沉积为主，主要分布在北黄海东部、中部、南黄海中部、废黄河水下三角洲及沿岸地区。

现代沉积区主要位于中新生代地壳继承性断拗下沉区（构成了南、北黄海的两个沉积中心）和沉积物大量供给区（鸭绿江口外的西朝鲜湾和老黄河口水下三角洲）。

南、北黄海中心沉积区，呈还原环境（Eh 值为 $0\sim100\mathrm{mV}$，$Fe^{3+}/Fe^{2+}<1$）；重矿物值低，但自生黄铁矿相对含量却很高，片状矿物也很丰富；沉积物中微体生物介壳保存完好，其组合与现代生态环境相一致（申顺喜等，1984）。

海洋动力是影响现代沉积分布的主导因素。黄海水动力状况基本上受黄海暖流、沿岸流、大陆径流及黄海冷水团的共同制约。

高温高盐的黄海暖流在朝鲜半岛南端的西侧自南向北沿低洼的黄海槽进入黄海，在地转偏向力的作用下，从成山头外侧进入北黄海后，转向西，由渤海海峡北侧进入渤海。在渤海内经水体交换后，转变为低温、低盐（夏季高温低盐）的黄海沿岸流，从渤海海峡南侧流出，由成山头转向南至西南。本区海流作用微弱，除成山头及渤海海峡地区因地形缩窄流速加大外，其余地区流速都很小。较弱的动力条件加之丰富的物质供给，创造了良好的沉积环境。此外，潮流作用在北黄海东部异常活跃，潮差很大，局部可达 8m 以上，潮流流速达 $2.5\sim3\mathrm{kn}$，强大的潮流塑造了潮流沙脊群。潮流在成山头和海峡地区也很强盛，它控制了该区的沉积物分布。南、北黄海之中部分别是南北黄海冷水团控制的范围，影响着那里的沉积作用。

2）残留沉积区

对于残留沉积的概念与标志，国外学者做了大量工作（Emery，1968；1971；Mcmanus，1975；Carter，1975；Swift et al，1971），我国科学工作者从 20 世纪 70 年代开始也进行了这方面的探讨工作（喻普之，1989；朱而勤等，1989；沈华悌，1985；刘振夏，1982；王振宇，1982；吴世迎，1981）。在研究过程中产生了一些新的概念：变余沉积、准残留沉积、假均衡沉积物等等。综合各家研究，对残留沉积有以下几点认识：

（1）首先是沉积物组成和结构与现代沉积环境不符，其沉积物可以是外来的，也可以是原地的，用现代环境无法解释。

（2）残留沉积物颗粒较粗，原因在于该处沉积物是冰期低海面时的遗留。当时，物源来自陆地上的物理风化作用产物，从而供应了粗粒物质。

（3）大多数残留沉积物都经过后期改造作用，主要为两个方面的作用过程：一方面原残留沉积物被波浪簸扬，细颗粒漂移，或冲刷侵蚀，是无现代沉积物介入的蚀余堆

---

① 主要阐述在海域长期自然作用下的沉积分布特性，由于全球海平面上升，20 世纪后期以来人为活动的影响，沉积物分布与沉积速率变异大

积；另一方面则是有现代物质成分加入，造成新老物质的混合。

（4）残留沉积物堆积的时代应该是较老的。

（5）残留沉积物可以是一直未暴露、被覆盖的，也可以是经海洋动力侵蚀后，出露于地表的老的沉积物。这种动力可以是现代的，也可以是古代的。

黄海有三处残留沉积，简称为海州湾区、成山头区和渤海海峡。海州湾残留沉积区主要位于老黄河三角洲上；成山头东侧海域的残留沉积区位于胶东半岛海底斜坡外侧的浅海堆积平原；渤海海峡残留沉积区，是潮流高速通过的水道，粗粒沉积位于海底冲刷槽内。

残留沉积区的物质组成以黄灰、褐灰色细砂为主，局部夹砾石、中粗砂和泥，因堆积海底已久，砂粒以被海水及日后沉降物质浸染变色为特征。沉积区富含钙质胶结物，其外形呈树枝状、球砾状、板状、蜂巢状、不规则状等，贝壳壳体及碎屑很丰富。成山头区和海州湾区至今仍保存有近岸浅水生态环境的长牡蛎 *Ostreagigas*、蓝蛤 *Aloites* sp.、钝角口螺 *Ceratostoma fournieri*（Cresse）等软体动物壳体（刘敏厚等，1987）。沉积物中有孔虫与介形虫生物壳体保存状况较差，壳体残破，表面纹饰严重磨损。所含微体古生物化石个体数量或种属数量，均明显地高于现代沉积物。另外，在较老的微体生物组合中，也程度不同地混入了现代种属的新鲜壳体，反映了现代改造作用的客观存在。

黄海残留沉积区的海区及其周围的地质构造，基本上处于中朝隆起的中新生代相对上升区，现代水动力作用活跃而碎屑物质来源不足，因而表现出强弱不等的侵蚀，致使该区域残留沉积未被现代沉积物所覆盖，保留下了较老的沉积物的一系列特征。

3. 沉积物来源及沉积速率

黄海沉积物，无论是现代沉积物或是残留沉积物，均以陆源物质为主，主要来自河流输沙、海岸侵蚀和风的搬运，而自生及外海搬运而来的物质含量甚少。

黄海周边入海河流很多，从历史角度来看，最重要的当数黄河、长江，其次则有鸭绿江、大洋河、碧流河、五龙河、新沂河、新淮河、大同江、汉江、清川江等。以黄河为首的大陆径流输送的物质，对黄海沉积塑造过程起了极其重要的作用。这可从黄河的巨量输沙到现代河口三角洲的大面积造陆（黄河三角洲最大淤进速度 10km/a（李从先等，1988））得到证明。海区现存的残留沉积，大多也是"古黄河水系"在低海面时携带入海未掩埋掉的较老沉积物（刘振夏，1982）。第四纪末期古长江曾长期在苏北入海，形成了巨大的古长江水下三角洲，成为今日黄海海底沙脊群的沉积骨架。而古黄河水下三角洲则为后期苏北岸外辐射沙脊的发育提供了物质补充（周长振等，1981）。

其他一些河流都在近岸河口附近提供物质补给，形成各个具体的小范围海岸地段或海域的沉积物源特色。

海岸侵蚀和风的搬运也不容忽视。海岸侵蚀主要影响着近岸堆积。当然也有一部分细粒物质被搬运到远海区，参加了海域的沉积过程。风的搬运波及范围很广。据航空观测，冬春季节，西北风吹扬的风沙，波及高度可达 4000m 以上，而黄海又是风沙出现频率最高的海区，致使黄海沉积区备受影响。据估计，每年从中国西北由风搬运到海的尘埃物质可能达到千万吨级（刘敏厚等，1987）。可见，风的搬运作用也是不可忽视的。

从重矿组合、化学成分、孢粉组合等几个方面亦可以说明黄海物质主要来自陆源，尤其是河流输沙占多。黄海沉积物除陆源碎屑物质外，尚有少量化学、生物沉积以及外海随暖流携带北上的物质（牛作民，1985）（图 2.13）。

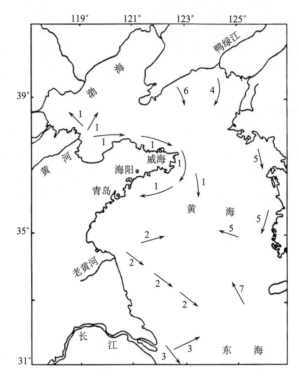

图 2.13　黄渤海沉积物源与输运（曾呈奎等，2003）
1. 现代黄河物质；2. 苏北老黄河物质；3. 长江物质 4. 鸭绿江物质；
5. 东岸物质；6. 西岸物质；7. 外海物质

根据粗略统计，黄海平均沉积速率为 16.20cm/ka。其中，胶州湾沉积速率最大，为 38.43cm/ka，南黄海沉积区为 15.13cm/ka，北黄海沉积区为 19.79cm/ka，海州湾残留沉积区为 17.71cm/ka，成山头东部残留沉积区为 12.17cm/ka（刘敏厚等，1987）。

（二）东海海底沉积

东海沿岸有长江等河流物质输入，对大陆架的沉积塑造作用很大，形成了世界上最宽广的大陆架之一。现代大陆架沉积以细粒为主，而外陆架有粗粒的残留沉积，外陆架外侧又为现代细粒沉积。

1. 东海表层沉积物的粒度分布特征

东海表层沉积物主要由三个粒径的物质组成：一为黏土粒级（>8Φ）；二为粉砂粒级（4~8Φ）；三为砂粒级（<4Φ）。

黏土粒级　　主要集中分布于内陆架和冲绳海槽，一般呈带状平行于岸线分布。济州岛以南以及冲绳海槽区的黏土高含量均在其中部，向周围减少，冲绳海槽最高含量可达64.1％（郑铁民，1989）。在广阔的外陆架海域及长江口大沙滩附近含量均很低，一般小于10％，在大陆架的东南部几乎没有泥粒沉积。

　　粉砂粒级　　其分布与泥粒的分布趋势大体一致，但在河口区的含量较高。主要是河流携带入海的物质。

　　砂粒级　　在外陆架及冲绳海槽两侧有大面积分布，在长江口外古扬子江大沙滩和外陆架东南部，一般含量均大于80％。砂质沉积主要为细砂和中砂，粗砂含量较少。

　　上述三种粒径的物质在各海区不同沉积环境的影响下，按不同比例混合沉积，形成特色各异的沉积物。

2. 沉积物分布及其沉积动力作用

　　东海沉积物大体上可以分成三个带：一是近岸浅水区（约相当20～50m水深处）的细粒沉积物带，以泥和粉砂粒级沉积为主，亦称内陆架沉积带；二是粗粒沉积物带，以砂粒沉积为主，也称外陆架沉积带；三是以泥和粉砂粒级沉积为主的深水细粒的沉积物带，也称冲绳海槽沉积。

1）内陆架沉积带

　　此带以褐色粉砂质泥、泥质粉砂以及软泥等构成，有时可见细砂、粉砂团块及少量贝壳和贝壳碎屑。黏土和粉砂级含量一般为30％～50％。该带是以泥和粉砂为特征的一套细粒沉积。它从长江口外沿着海岸向西南方向延伸，在台湾海峡附近变窄，紧贴海岸并通过台湾海峡和南海细粒沉积物带相连。该带的中央沉积物较细，向岸向海均变粗。济州岛以南的内陆架沉积呈斑块状，仅在西北部有一条带伸向黄海，并和南黄海的细粒沉积物带沟通。

　　影响东海大陆架沉积的主要动力作用为潮流及沿岸流。太平洋潮波为典型的长波，通过台湾与琉球群岛之间的水道传入我国东海。此潮波在东海的东部潮差较小，而到西部则较大。如在闽、浙海岸最大可达8m。沿岸潮流也较强，流速可达100～150cm/s。在潮流作用下东海大陆架上形成了纵向分布的沙脊和横向的潮流沙席（王颖等，1979；王颖，1996）。

　　东海沿岸流来自江苏、浙江、福建，源于长江和钱塘江等河流的沿岸水体。该水体盐度特别低，水温年变幅大，水色混浊，与黑潮形成明显的边界。东海沿岸流的存在，对东海内陆架区沉积物分布，特别是顺岸泥质条带的形成，具有十分重要的作用。

2）外陆架沉积带

　　外陆架沉积带主要由细砂、中砂组成，亦有少量砾石，是大陆架上占据面积最大的一组沉积物。其中以中细砂分布面积最大，细中砂和细砂出现面积较小，主要集中于长江口外古扬子江大沙滩和30°N线附近以及外陆架的东南部。而砾石是外陆架沉积物中一种特殊沉积，主要在长江口外古扬子江大沙滩和外陆架坡折处附近偶有发现。外陆架沉积物中，局部海区可见有极为纯净的砂质沉积，含泥量甚少，甚至无泥粒沉积，与现代海滨一带所见的相似。在外陆架沉积物中，特别是水深大于 100m 的沉积物中，经常含有大量的贝壳及其碎屑。

关于东海外陆架粗粒沉积物的成因研究及形成年代的分析，颇为广大的海洋地质工作者所关注，并做了大量工作（范时清等，1959；秦蕴珊，1963；Emery，1968，1971；杨光复，1984；沈华悌，1985；牛作民，1985；刘锡清，1987；喻普之，1989；朱而勤等，1989）。概括前人研究成果，主要有以下几点认识：

（1）对粗粒沉积物成因大都倾向于与末次冰期以来的海平面变动有关，认为在晚更新世冰期时，海面曾在－100～－140m 之间长期停留，形成浅水滨海环境，使得大量粗粒物质沉积于该处；全新世海侵则对沉积物进行了改造，悬浮质细粒被簸扬带走，余留砂粒级沉积。

（2）残留沉积物的年代。一般将残留沉积物分成上、下两层。上层残留沉积年代小于 15 000 年，沉积物有局部差异，年龄是东部早西部晚，上层为海进残留沉积层。下层为海退成因的残留沉积，年代一般大于 15 000 年，年代变化是西部早东部晚。上述两个不同时期的沉积物构成了东海大陆架的基本沉积模式。

（3）在残留砂中，由于现代沉积环境的影响，特别是在海流与风暴作用影响下，局部残留沉积的表层得到改造，带入外来新的物质。亦有的研究者认为（朱而勤等，1989），表层沉积物与现代水动力条件处于平衡状态，大陆架中部与外陆架的广阔沙带应属原地现代沉积，而不是晚更新世的残留沉积。

（4）随着时间的推移，外陆架沙带终究会被从内陆架扩散来的细粒物质所覆盖。

3）冲绳海槽沉积

冲绳海槽沉积分布于大陆架外侧。沉积物主要是由砾石、砂、粉砂和泥 4 个粒级的颗粒组成，一般均沿着槽底或平行于槽底的地形分布。砾石绝大部分是火山浮岩，分布于海槽底部和东侧；海槽的砂粒级主要由细砂、极细砂组成，主要分布于海槽的边坡，以西侧的面积最大。粉砂则广布于整个海槽，在沉积物中含量一般小于 50％，含量最高处可达 56.6％（郑铁民，1989）。而泥则主要是在槽底，成带状沿着海槽轴线分布。因此，海槽两侧沉积物较粗，在横向上形成了粗—细—粗的格局。根据海槽区沉积物的来源及物质组成，海槽沉积物包括陆源组分与海源组分两种物质组成。而海源组分又可分成三类：一类是生物沉积，即各种生物的有机和无机残骸，遍布于整个海槽；二类是自生矿物，主要是海绿石，其次还有少量自生黄铁矿和铁锰结核，多见于槽底的泥质沉积物中；三类是火山碎屑、主要是浮岩、火山凝灰物质或和其他沉积物混合沉积（眭良仁，1981）。此外，值得指出的是浊流沉积。该区浊流沉积组成成分混杂，有陆源碎屑、生物碎屑，以及火山碎屑（业治铮等，1983）。浊积层沉积薄、粒度细、纹层密，分布局限，一般分布于 29°N 以南、水深大于 1000m 的海槽中心部位。

总之，海底沉积的分布趋势是：砂质沉积或粗粒沉积主要分布于海槽边坡，而粉砂和泥质沉积物主要分布于槽底及海槽北侧。而沉积层的物质成分是：海槽东坡主要是生物和火山物质的沉积区，而西坡是生物和自生矿物沉积区。

不同海域的不同沉积物组成及分布，反映了物质来源的搬运方式及沉积机理的差异。沉积动力对沉积的影响可概括如下：

（1）河流搬运与沉积。据前述，晚更新世最低海面时的东海岸线，曾长期位于现今水深 140～160m 一带，当时陆地径流的河口位于现今的大陆架边缘，其中以沿长江古河道的泥沙搬运最为明显。巨量的陆源物质直接倾入海槽，对海槽沉积物的组成及分布起决定性作用，奠定了海槽中陆源碎屑的基础。

（2）洋流的搬运与沉积。黑潮是该区最主要的水动力，其主干大致沿海槽两侧槽坡由西南向北东流动，流速大，表层最大流速达 3kn，可带动细粉砂。黑潮流速自西南向北东运移过程中逐渐降低，由于粒度分异，形成了沉积物南粗北细的格局。南部粉砂含量可达 50%～60%，中、北部降至 45% 左右（潘志良，1986）。同时，黑潮从热带太平洋带来高温、高盐的海水，有利于浮游生物的繁生，有利于生物沉积作用的进行。

（3）浊流搬运与沉积。浊流沉积的形成与附近的地形条件密切相关。浊流具有爆发式的高动力的搬运与侵蚀能力，形成了海槽富有特色的浊流沉积类型。

（4）火山对海槽沉积的影响。火山喷发提供了大量的火山物质，形成海槽的特色沉积——火山沉积，它是区别于内外陆架沉积的一大特征。

此外，波浪作用亦对局部区域沉积有一定的影响。低海面时，波浪直接对海槽两侧近岸物质进行侵蚀和搬运。沿大陆架边缘大片分选磨圆良好的细砂及大量破碎的软体动物介壳，便是波浪作用的最好证据。

3. 物质来源及其沉积速率

东海沉积物，主要是以陆源物质为主，此外尚有海成物质、生物沉积以及近期火山喷发物。

内陆架沉积的主要物质来源是长江所提供的，其次是沿岸诸小河流和黄海物质的再搬运与沉积，浙闽一带沿岸物质影响甚微。海区悬浮体含量的多少和该区沉积量有着密切的关系，从悬浮体含量变化趋势可以直观地看出，现代沉积的主要物质来源是大陆沿岸入海河流提供的。长江口一带悬浮体高值区明显地向海方向伸展，一直到达 123°E 附近，嗣后迅速减弱。利用卫星照片对长江等入海物质形成的浑水带的观察表明，冬、春季在南下的东南沿岸流的影响下，浑水带可以向南扩展到闽江口附近，和内陆架沉积物的分布一致。长江及沿岸河流所携带的物质在进入河口区后，大量较粗物质即在河口区就近沉积下来，使河口不断向海延伸。在较粗物质沉积之后，细粒物质则随波逐流进入较深海区。

外陆架沉积则主要是出露的晚更新世末期的沉积物，当然亦有一部分现代海成物质的混入，以陆源为主。

海槽区物源主要是陆源、海成物质及火山沉积。陆源物质主要是由于低海面时期长江等诸河流及沿岸物质的影响所至。海成物质则主要以生物沉积为主，另外有一部分自生矿物。而火山沉积则主要是由于近期火山喷发形成的。此外，海槽区还有另外一个物质来源，即外陆架沉积的再搬运，可能是由于地震、火山和大的风暴所触发，使外陆架物质重新悬浮，并以固体流的形式（如浊流）向海槽搬运。

东海大陆架沉积速率自岸向海逐渐减小，长江三角洲沉积速率为 3.1m/ka，外陆架现代沉积速率几乎为零。冲绳海槽沉积速率总体是比较低的，据表层沉积物^{226}Ra 测试的结果表明[1]，各海区的沉积速率不一样，南部为 1.2cm/ka，北部为 5.5cm/ka，整个海槽平均仅为 3.5cm/ka。总的沉积趋势是北部大于南部，西坡大于东坡，槽底最低。

第三节　台湾以东太平洋海域

台湾以东太平洋海区是指琉球群岛以南、巴士海峡以东的太平洋水域。该海区的北界大致相当于日本琉球群岛的先岛列岛，南侧则以巴士海峡与菲律宾的巴坦群岛相隔。

该海域的构造与海底地貌的主要特点为：地形起伏变异大，地貌类型齐全，具有独特的断层海岸，多姿的海蚀港湾海岸、珊瑚礁海岸与火山岛海岸；东岸陡窄的岛屿与陆架，岛坡直插深海平原，后者与大洋盆地毗邻；地质构造复杂，是西太平洋活动大陆边缘的重要组成部分，是数个构造带交汇处，为亚洲大陆与太平洋的复杂接触带。海底沉积以半深海、深海沉积为主，亦有部分浅海沉积，以细颗粒沉积为主，在岛屿附近有一些砾、砂沉积。

一、海底地质构造

西太平洋边缘地区分布的一系列岛弧-海沟系，是大陆、大洋相交带独特的构造带。台湾岛弧也隶属该构造带。构造部位北接琉球，南连菲律宾沟-弧-盆系，是琉球岛弧构造带与吕宋岛弧构造带的交汇枢纽，是西太平洋活动大陆边缘的中枢。

1. 琉球岛弧构造带

该构造带呈弧形向东南突出，即"正向岛弧构造带"。琉球岛弧是双列岛弧：内弧在东海（位于琉球群岛与冲绳海槽之间），是火山弧，由上新世—第四纪火山岩组成，即吐噶喇火山链。该链北宽南窄，呈楔状插入冲绳海槽与琉球岛弧之间，为 NNE 向断裂所控制。外弧即琉球群岛，由古生代、中生代变质岩和褶皱的古近纪和新近纪地层组成，有花岗岩、辉长岩和现代火山活动。

琉球岛弧构造带在地面上表现为纵横交叉的山脉，为褶皱及断层复杂化，并被沉积物所充填。它和所有岛弧一样，地表被强烈切割，外接深海沟与深水盆地、活火山，地震活动频繁。该岛弧在深部结构有很厚的地壳，地壳变化不如其他岛弧那么强烈。

琉球北部和中部的等重力异常线为东北走向，最高重力异常值可达 300mGal＋，位于琉球海沟一带。整个琉球岛弧为重力低异常带。重力异常值沿着琉球海沟以很陡的梯度向南增高，构成一个线性梯度带，平均重力梯度为 2.05mGal/km（秦蕴珊等，1987）。琉球南部大部分地区磁异常值为 0～100Gal，并有一条近东西向的宽带。在琉球南部，正磁异常的面积比负异常的要大[2]。

---

①　杨永亮，1985，冲绳海槽沉积物铀、钍、镭的地球化学及年代学研究
②　地质部海洋地质调查局科技情报资料室，1980，东海地质译文汇编（二），海洋地质调查

2. 台湾构造带

台湾岛平面形态上呈现向西突出的弧形轮廓，是向亚洲大陆凸出的"反向弧构造带"。又可划分为4个互相平行的次一级构造带，即台湾西部新近纪冒地槽①；台湾山脉双变质带，包括台湾山脉东西侧褶皱带、台东纵谷断裂带，台东纵谷是指花莲-台东岩石圈的断裂带（叶尚夫，1983），该断裂带全长约150km，主要由混杂岩、古生代块状大理岩和三叠纪花岗岩以及蛇绿混杂岩等组成台湾中央山脉，以及东海岸山脉晚喜山褶皱带。

台湾岛在纵向上属于西北太平洋沟-弧-盆系的枢纽部位，在横向上属于东海大陆架边陲，是我国大陆的海岸山脉。台湾岛呈近南北向的纺锤形，东、西、北的海域内散布着第四纪的小型火山岛屿，东侧如绿岛、兰屿，西侧以澎湖列岛为著。台湾岛的区域构造线呈NNE向延伸，南北两端伸入海域，并分别被北西向的左旋巴士断裂与右旋菲律宾海盆断裂所错断。

3. 菲律宾吕宋岛弧构造带

该构造带北起巴坦群岛、巴布延群岛至吕宋岛。吕宋岛构造复杂，其北半部构造线向西突出（凸向南海），南半部向东北方突出（凸向太平洋）。从西向东包括三个次一级大致平行的构造带：西海岸科迪勒拉中央山脉变质岩带；卡加延（嘉牙鄢）河谷古近纪和新近纪沉降拗陷；以及东部马德里火山岩带（王颖等，1979；王颖，1996）。

以上诸构造带在台湾以东的太平洋海区交汇，各带均成线性延伸，多为拗陷-隆起-拗陷相间之结构，可互相对比。

二、海岸与海底地貌

1. 海岸地貌②，雄伟壮观，为揭示台湾沿岸发生发展的地质佐证

（1）东北部基岩港湾海岸，西起淡水河，东至三貂角，全长85km。该处地层走向与海岸直交，海蚀作用形成坚岩岬角与沙滩海湾，由于海岸抬升而使海底沉积岩层出露，被蚀成密布的烛台石、蕈状岩（以细颈的女王头最著名），已经隆起的珊瑚礁，海岸地貌以野柳地质公园为代表。

（2）东部的断层悬崖海岸，从三貂角至恒春的九棚，全长380km。陡峭的山崖直临太平洋，以苏澳至花莲的清水断崖海岸为代表，高达300～1200m的悬崖直逼水深1000～3000m的太平洋岸底。苏花公路建于此段，由于地震、滑坡与泥石流活动，2011年曾发生多处崖崩与路断灾害。

（3）南部珊瑚礁海岸，环绕恒春半岛南部分布，有隆起的珊瑚礁阶地（高山海面40～60m）、现代礁平台以及海滨沙滩及沙丘等，以垦丁公园与鹅銮鼻海岸为代表。

---

① 地质部海洋地质调查局科技情报资料室，1980，东海地质译文汇编（五），海洋地质调查
② 据刘绍文，2011，台湾海岸与海底地貌，中国区域海洋待刊稿

2. 海底地貌

台湾以东的海底地貌特征是：狭窄的岛缘陆架，或出露剥蚀的基岩，或堆积着陆源的砾砂或中细砂；大陆架外侧是陡窄的大陆坡，直插入海沟或洋底。据地貌特征，可分三段。

1）北段

从三貂角至苏澳南面的乌石鼻。这一段海深 600~1000m，海底坡度较缓，大陆架较南段稍宽，大体上从北到南，宽度约 5.4~8.6~4.3n mile，中部稍较两侧为宽，坡度为 20‰~12.5‰~25‰。海底地貌类型单一，以大陆坡为主（图 2.14）（王颖等，1979；王颖，1996）。

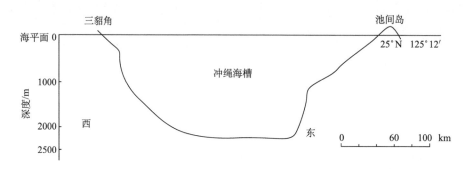

图 2.14　中国三貂角—日本宫古列岛池间岛之间的海底地形剖面图（王颖，1996）

2）中段

从乌石鼻至三仙台，海岸是断崖峭壁，崖下即临深海，大陆架狭窄，宽度约为 1~2n mile，大陆坡坡度则更为窄陡。花莲岸外以东 19n mile 处，水深达 3700m，其东南 16n mile 处，已临 4420m 深的洋底（图 2.15）。

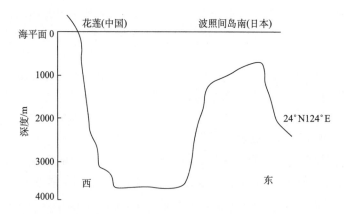

图 2.15　中国台湾省花莲至日本波照间岛南（24°N，124°E）海底地形剖面图（王颖，1996）

中段海深一般超过3000m，海底坡度约为125‰～150‰。海底北部与先岛群岛相接，其岛缘大陆架与大陆坡均十分陡峭，约为10°。海底南部横亘着东西向的琉球海沟。在两者之间为宽广阶地，阶地以南为13°的陡坡，并急剧下降至超过6000m深度的琉球海底，海底纵向坡度约6‰（图2.16）。海沟南坡较缓，坡度约为25‰。琉球海沟的南面便是宽广平坦的菲律宾海盆（图2.17）（王颖等，1979；王颖，1996）

图2.16　23°N，121°15′E至23°N，125′E海底地形剖面图（王颖，1996）

图2.17　黑岛以南（沿124°E）海底地形剖面图（王颖，1996）

3）南段

即台湾东南海域，有两列受南北向隆褶带控制的水下岛链。西部的水下岛链是由我国台湾山脉向海延伸部分，向南可达吕宋岛以西的南北向海岭；东部的水下岛链是由我国的火烧岛、兰屿等向南延伸到吕宋东部的马德里山，该岛链东坡最陡，急转直下菲律宾海盆（图2.18）（王颖等，1979；王颖，1996）。菲律宾海盆平坦开阔，地貌类型单一。在东西岛链之间，为一深度超过4000m的南北向深海槽。谷坡陡峭，谷底深度大于5000m。

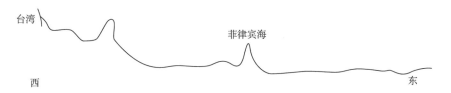

图2.18　22°N，120°52′E至22°N，125°E海底地形剖面图（王颖，1996）

三、海底沉积

台湾东部岛缘陆架沉积大都为细到中砂，向海扩展到约200m水深处。大陆架上亦见有钙质介壳和介壳碎屑沉积。在台湾南面的窄小的陆架，介壳物质特别富集，约占表层沉积的 40%～70%，主要分布在 60～100m 水深的地方（Carter，1975）。陆架沉积物中重矿含量高，重矿物品位高达 20%。

在邻近岛屿处有砾、砂沉积，沉积物较粗，为基岩被波浪侵蚀而成，在近岸海底处亦可见到有砾石分布。

岛缘陆架外侧通过窄陡的大陆坡进入大洋盆地，该带沉积在北部近冲绳海槽处为灰色深海软泥沉积；中部从乌石鼻至三仙台，表层沉积为深海钙质软泥，或火山灰黏土，近岛屿处亦有砂、砾沉积，在琉球海沟底部覆盖着薄层的浑浊流沉积；南部则直临菲律宾海盆，普遍沉积了薄层的深海软泥，软泥之下，即为大洋型玄武岩。

第四节 南海海底[①]

南海海域辽阔，是西北太平洋最大的边缘海之一。南海海底是长轴为 NE—SW 方向的菱形盆地，盆地处于西沙群岛、中沙群岛与南沙群岛之间，是一个深度在 4000m 以上的深海平原。盆地的西北边缘，地形平坦，从两广沿海向东南倾斜，在台湾与海南岛连线内侧，水深在 200m 以内。其中北部湾是一个半封闭的浅海盆地，大部分水深在 20～50m，最大水深在 80m，湾内海底平坦，自西北向东南倾斜。从东沙群岛向南水深加大，为 1000～2000m，东沙群岛与中沙、西沙群岛间水深为 1000～3500m。盆地的东侧，即南海的东部边缘地区，分布着巴拉望海槽、马尼拉海沟与西吕宋海槽，深度大、坡度陡，水深超过 4000m。南海的西南部，大致从湄公河口到马来西亚（沙捞越）一线以西，海底地形平坦，为深度在 200m 以内的大陆架浅海。

一、海底地质构造

在大地构造上，南海位于欧亚板块、印度-澳大利亚板块与太平洋-菲律宾板块交汇地带。南海的基底构造十分复杂，经历了前新生代块体拼合、大陆增生和新生代块体碎裂、张裂、滑移、碰撞、重新组合，形成于前寒武纪、加里东、海西、印支、燕山等构造期的褶皱基底以及玄武岩基底上。板块运动以及深部地幔物质流动的联合作用共同导致南海的张裂或扩张，形成具有洋壳结构的菱形边缘海（Ren et al.，2002；李思田，2004）。太平洋板块俯冲对地幔深部的扰动，引起的张裂作用主要形成南海 NE 向构造带，是以张性断裂为主；印度板块与欧亚板块碰撞楔入，产生印支地块的挤出和旋转，导致南海的 NW 向构造的发育，是以走滑断裂、张性断裂为主；澳大利亚板块向北的会聚以及最后与岛弧带的碰撞形成南海南部弧形构造带，主要是压性断裂；5～3Ma 前菲律宾板块与吕宋-台湾岛弧的碰撞导致了南海东部 SN 向构造带形成，断裂以压性、剪性为主（李思田，2004）。南海的构造层主要为喜马拉雅期，可划分为上、下两个构造亚层。下亚构造层包括上白垩统至下渐新统，上亚构造层包括中渐新统至第四系，两者为角度不整合接触（中国科学院南海海洋研究所，1988）。

南海的菱形海盆轮廓形式受基底构造所控制（何善谋，1987；谢继哲，1982；何廉

---

① 本节作者：王颖。黎刚参加部分撰写，并根据《中国海洋地理》（1996 版）补充修改

声，1982），其特点如下：

（1）南海周缘皆为岩石圈和地壳断裂所围限，南海内部的断裂构造几乎皆为锯齿状断裂。断裂主要为 NE 向的规模较大的岩石圈断裂和地壳断裂，构成南海的基本构架，并与近 SN 向断裂联合控制南海海盆的轮廓。南海 NE 向断裂主要包括陆坡北缘岩石圈断裂带、东沙岩石圈断裂带、西沙东海槽东缘和西缘岩石圈断裂带、中央海盆西缘岩石圈断裂带、中央海盆南缘岩石圈断裂带、南沙群岛 NE 向基底断裂带等。而 SN 向断裂则主要包括越东滨外岩石圈断裂带（位于越南东部滨海处）、中央海盆 SN 向岩石圈断裂带（主要分布于中央海盆的中部）（中国科学院南海海洋研究所，1988）。NE 向断裂多次强烈活动，其时代始于新近纪，早中新世以后，活动更加强烈，具有多继承性和多旋回特点。它对南海的形成，尤其对北部和南部大陆坡的形成具有明显的控制作用。由于断裂作用，南海可划分为三个主要的 NE 向构造带。

南海中央盆地构造居于 NE 向拉开断裂之间，是由于地壳的均衡补偿作用而出现的地幔物质上隆地带，海盆平均热流值为 93mW/m²，东部次海盆的平均热流值为 94mW/m²，西南次海盆平均热流值为 90mW/m²，海盆总体上热流值随年龄增加而降低（施小斌等，2003）。海盆基底岩层属大洋型地壳的玄武岩物质，为厚约 2000～4000m 的纵波速度为 6.6km/s 的第三层；上覆 1000～2000m 厚的纵波速度为 4.3～4.5km/s 或 3.7～3.9km/s 的第二层，可能属于火山喷发物、块状珊瑚和固结的沉积岩。顶部为厚约 1000m 纵波速度为 2.1km/s 的松散沉积层，第三层下即为莫霍面。海盆地壳厚度北部一般为 5～7.8km，南部地壳平均厚 6.5km，海盆西北部较薄为 4.4km，东南部较厚为 8.5km（中国科学院南海海洋研究所，1988）。

中央海盆南北两侧是沉降的块断构造带，为减薄型大陆地壳。其中北侧陆壳厚度一般为 20～27km（夏戡原等，1997），构造上属于非火山型拉张陆缘，拉张裂开过程中火山活动比较微弱（Yan et al.，2003）。西北侧是西沙-中沙块断构造带，走向北东，断裂延伸到东沙、台湾浅滩与澎湖列岛一带。西沙台阶面水深 900～1100m，其上发育 30 余座珊瑚礁岛、暗礁及火山岛。西沙断块在前中新世为隆起，自新近纪以来断块有不同幅度的沉降，晚更新世以来又隆起回升。中央盆地的东南侧是南沙断块构造带，南沙台阶面水深 1800～2000m，与中央海盆高差达 1500m，基底上覆上新统一第四系的海相沉积物，反映出自新近纪以来为断陷下沉，晚近时期隆起为海底高原。

（2）在上述 NE 向构造带的大陆侧，为一系列新生代沉降盆地。大体上以红河为界，以东为我国两广沿海沉降盆地。该处在陆地所发育的一系列 NNE 向的深大断裂都直接入海，在海区，这些断裂的方向大都偏转为 NE 至 NEE 方向。由于断裂的存在，构成了数列相同走向隆起的构造脊，控制着盆地的分布和地层的发育。EW 向的构造在海区也有重要影响。上述许多陆地上 NNE 向断裂到了海区发生偏转的现象，可能与 EW 向的构造干扰有关。在红河大断裂以西，是一系列 NW 向构造的沉降盆地与隆起，如湄公-南沙西南盆地、泰国湾盆地以及其间的隆起地带。

南海西部板块构造隶属于东南亚印支构造体系：45Ma 或更早印度板块与欧亚板块碰撞导致印支地块沿古缝合线挤出和旋转，形成了 NW 走向拉张盆地，包括北部莺歌海盆地、南部泰国湾盆地和马来盆地（李思田，2004；刘昭蜀等，2002）；新生代期间受印度-澳大利亚板块对欧亚大陆的俯冲作用和南海海盆扩展的共同影响，南海西部形成 SN 走向转换剪切边缘，发育了越东断裂带，呈阶梯状正断层，自西向东断落（中国科学院南海海洋研究所，1988）。

（3）南海东部，从我国的台湾岛到菲律宾群岛以及巴拉望岛附近海底，伴生着一系列的海槽与海沟，如吕宋海槽、马尼拉海沟、巴拉望海槽等等。在海槽中，新生代沉积在晚更新世至全新世时褶皱隆起，形成数列近于平行的南北向构造脊，它们向北延伸到台湾岛台湾山脉的南端。这种岛弧、海沟相伴生分布格局不是偶然的，它与南海中央海盆有大洋型基底的现象一致，反映了南海东部密切受太平洋底部的构造活动影响，而南海其他部分则与亚洲大陆关系密切，受大陆构造活动影响较大（郭令智等，1983）。

南海海盆与邻区断裂构造之间的关系有两个极为明显的特点：第一，南海中央海盆的主体构造线方向与其东侧的菲律宾岛弧-海沟系的主体构造线方向近于直交而不是平行，与华南大陆的主体构造线方向斜交而不协调；第二，海盆东缘贝尼奥夫带东倾的马尼拉海沟与贝尼奥夫带西倾的菲律宾海沟反向，同时，马尼拉海沟位于岛弧靠大陆一侧而非靠大洋一侧，马尼拉海沟和北吕宋弧的凸出方向也一反环太平洋岛弧-海沟系的常态，岛弧-海沟系向大陆一侧凸出而非向大洋一侧凸出（刘昭蜀等，1982）。因而，有的学者认为，马尼拉海沟是一条被动消亡带，不是由南海新生的洋壳向东主动俯冲形成的，而是因吕宋陆壳岛弧受另一侧菲律宾海盆的海底扩张推动，并使它向西仰冲到南海洋壳之上，使南海基底发生被动俯冲而形成的（李卢玲，1985；李家彪等，2004）。

二、海底地貌

南海海底地貌类型齐全，既有宽广的大陆架，又有陡峭的大陆坡和辽阔的深海盆地。南海海底地貌的总特征是：海底地势西北高，东南低，自海盆边缘向中心部分呈阶梯状下降，在菱形盆地的四周边缘分布着大陆架，大陆架外侧分布着阶梯下降的大陆坡，大陆坡终止处，是南海海盆的中央部分，该处是一片坦荡的深海平原。海底隆起与洼陷相间，海槽与海沟发育，岛屿及珊瑚礁滩广布。

1. 大陆架

南海大陆架主要分布于海区的北、西、南三面，是亚洲大陆向海缓缓延伸的地带。大陆架地形平缓，外缘水深在珠江口以东一般小于 200m，珠江口以西，大陆架外围水深随大陆架宽度的增加而加深，一般在 200m 以上，最深可达 379m（冯文科等，1982a）。大陆架宽度大体上是西北部与西南部大，西部宽度相对减小，东部狭窄，是岛缘大陆架。它可以分为几个部分。

1）南海北-西北部大陆架

南海北部、西北部大陆架在地质构造、沉积物源和地貌特征上与我国华南大陆关系密切，大陆架等深线呈 NE—SW 向平行于海岸，受构造控制影响明显。我国华南沿海大陆架宽度见表2.1。

表 2.1 南海西北部大陆架宽度

地 名	宽度/n mile	坡度/‰
台湾南部（高雄）	7.5	14.3
汕头（南澳岛）	106	0.77
珠江口	137	0.54
广东电白	148	0.53
海南岛南部	50	2

据表 2.1，本区大陆架宽度明显为东窄西宽。造成这种现象的原因是受基底构造控制。同时，因西部具有陆源泥沙的长期补给。

该区大陆架主要地貌类型包括水下三角洲、水下阶地、珊瑚礁与基岩海底平台、溺谷以及一些微地貌（沙波、沙垄等）。

沿岸大河流的河口均有水下三角洲发育，如南流江、鉴江、漠阳江、韩江、珠江等具有明显的水下三角洲堆积体。受科氏力及西南向沿岸流的影响，沙体沉积形态呈现偏西展布的特点（冯文科等，1982b）。

大陆架海底上发育有 4 级水下阶地，水深分别为 15～25m，40～60m，80～100m，110～130m。其中以 80～100m 这一级水下阶地分布范围最广，南北宽 55～80km、东西长 300km，阶地面坡度很小，平均为 0.3‰～0.4‰，比附近大陆架的平均坡度还要小（冯文科等，1982a）。

测深与浅地层剖面测量资料表明，大河的河口外常有沉溺的古河谷存在，如珠江口外则有埋藏的古溺谷，水深小于 40m 处，古河谷往往为现代水下三角洲沉积物所覆盖，大于 40m 处，古河谷才出露海底，其形态随水深增加而渐具明显。韩江口外分布有 4 条主要的古河道，分别源于黄岗河口、韩江口、榕江口及练江口（吴庐山、鲍才旺，2000）。

在海南岛沿岸、北部湾沿岸、涠洲岛等基岩岸海域，水深在 15～20m 处有珊瑚礁与基岩质海底平台。在大陆架区海峡区还发育着一些水下浅滩（琼州海峡浅滩）、潮流脊及水下沙波等。

2）南海南部大陆架

南海南部大陆架是指海盆西南端沙捞越、纳土纳群岛和昆仑群岛所环绕的水深小于 150m 的大片宽坦浅海区，大陆架宽度一般超过 300km，在卢帕河口以外，宽度可达 405km，是巽他大陆架的一部分，大致相当于北巽他大陆架。巽他大陆架是世界上最大的大陆架之一，宽达 300km，其范围大约从湄公河三角洲与文莱的连线以南直至包括爪哇海在内的广阔浅水海域。大致以邦加岛和勿里洞岛连线的隆起地带为界，可分为南、北巽他大陆架（谢以萱，1981）。南海南部大陆架的总体形态是几个水下古三角洲的复合汇聚：大陆架西北部为湄公河古三角洲所在；东南部为加里曼丹河系古三角洲；中间地带为古巽他河系三角洲的残留。南部大陆架海底平均坡度为 0.4‰～0.5‰，其上分布着水深为 20～40m、50～70m 和 100～120m 的三级水下阶地（冯文科等，1982a）。海底地形图表明，在湄公河出口处，有一条海底河谷，向海延伸 300km 余，海底河谷收敛于巽他洼地，然后聚集到南海海盆。沉溺于大陆架上的河谷尚具有树枝状水系形态，向北汇入大陆坡及深海盆地，最大切割深度达120m（刘昭蜀等，2002）。南沙群岛的南屏礁、南康暗沙、立地暗沙、八仙暗沙和曾母暗沙等，是位于水深8～9m与20～30m之间的珊瑚礁，它们位于该大陆架的北部，该处大陆架宽约150n mile。

3）南海西部大陆架

南海西部大陆架实际上是中南半岛东海岸的大陆架。大致自北部湾出口处向南，直到湄公河口三角洲以北，大陆架紧依越南东海岸呈条带状分布，宽度平均40～50km，坡度3.0‰～4.0‰，大陆架外缘水深为150～200m。

4）南海东部岛缘陆架

这是指依南海东部吕宋岛、民都洛岛和巴拉望岛的岛架，呈SN向及NE—SW向的狭窄带状分布。陆架上有许多冲刷切割现象，分布着一些沟谷。本区岛缘陆架外缘水深在150～200m之间，以急剧变化的地形坡度向吕宋海槽和巴拉望海槽过渡。其中吕宋岛的岛架地形坡度较陡，坡度变化在11‰～33‰之间，岛架外缘坡折线水深大约为100m；巴拉望岛西北部岛架，地形非常平坦，平均坡度在0.6‰～1.2‰，岛架外缘坡折线水深只有20～50m。

2. 南海大陆坡

南海大陆坡分布于大陆架外缘，是大陆架的自然延伸。大陆坡（包括岛缘陆坡）面积约120×10⁴km²，占海区总面积的49%，是南海区域分布最广的大地貌单元。水深介于150～3600m之间（王颖，1996）。在海盆东北坡及北坡，终止深度为3200～3500m，而在海盆的其他边坡，陆坡终止深度达3800～4000m。阶梯状下降是本区大陆坡的主要特点之一。据研究（谢以萱，1983；1986），南海大陆坡上发育有5级断陷台阶：①水深300～400m级，如东沙群岛附近东沙台阶及中沙上部台阶；②水深1000～1500m级，分布在珠江口外和西沙群岛海区，如西沙台阶；③水深1500～2000m级，主要分布在南部陆坡，如南沙台阶；④水深2200～2400m级，发育于西部陆坡及中沙下部台阶；⑤水深2500～2800m级，分布在陆坡外缘的深水台阶。本区陆坡由于受到NE、NNE、EW和NW等方向断裂构造控制，使区内发育有深海海槽、海底高原、陆坡台地、海底陡坡和海底峡谷等各种构造地貌类型。

南海大陆坡可划分为：①中央海盆的北坡；②海南岛南部大陆坡；③中央海盆南-东南坡；④中央海盆东坡。

1）中央海盆的北坡

位于我国台湾与珠江口之间。陆坡特点是以东沙群岛为中心呈现为阶梯状的凸形坡，而向中央海盆倾斜。

台湾南端一带的大陆坡，坡度陡，为26.5‰，台湾浅滩以南，大陆坡是上部陡（介于-150m与-2 560m之间，坡度为28.4‰），而下部缓（在-1828m到-3600m，坡度为4.3‰）（图2.19，图2.20）（王颖，1996）。

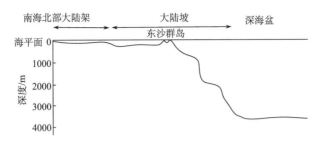

图 2.19 广东沿海（22°15′N，116°E）至南海东北部（19°10′N，119°10′E）
海底地形剖面图（王颖，1996）

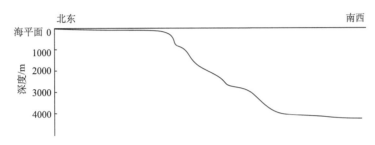

图 2.20 珠江口外（22°20′N，114°03′E 至 18°30′N，115°15′E）
海底地形剖面图（王颖，1996）

东沙群岛一带是凸形缓坡，大陆坡上部，约相当于 700m 水深以内，坡度平缓（3.4‰），而在 700m 水深之外，坡度急剧加大，以 27.7‰的坡度倾入深海平原。在这一带的大陆坡上有一些岩礁与珊瑚岛，突立于海面上；大陆坡的下部还有一些小的水道切割着斜坡。在珠江口外的大陆坡上，有一条 NW、SE 向的深沟，最大深度可达3300m，将北坡与海南岛南部大陆坡区分开。

本区陆坡上发育有海底高原，如东沙海底高原。它紧靠北部大陆架外缘，呈正三角形向深海凸出，面积约 $1.2 \times 10^4 km^2$（冯文科，1982a）。台阶状地形明显，水深一般在300～400m 之间。

另外，陆坡上还发育有海山、海丘。本区陆坡海山、海丘主要分布在 18°30′～20°30′N，115°～119°E 之间，除红棉海山、群峰海山外，尚有十余座海丘（曾成开、王小波，1987）。

2）海南岛南部大陆坡

范围介于珠江口外深沟与越南南部之间，其内侧水深为 150～1000m，以 27.5‰的坡度与海南岛大陆架外缘相接。1000m 水深以下，为一宽度约 267n mile 的海底高原；其外侧以 28.4‰～111.2‰的陡壁直接降到 3600m 的深海平原。这种陡坡—海底高原—陡坡与深海平原相接的形式，使得这一带的大陆坡具有明显的阶梯状特征（图 2.21，图 2.22）（王颖，1996）。

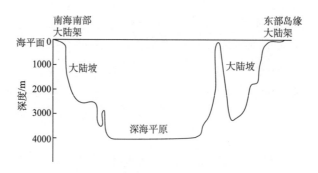

图 2.21　海南岛南部（18°11′N，109°48′E）至南海东南部（12°32′N，118°40′E）
深海盆地海底地形剖面图（王颖，1996）

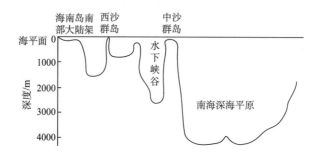

图 2.22　12°N，109°15′E 至 12°N，120°E 海底地形剖面图（王颖，1996）

本区大陆坡上亦发育有海底高原：西沙高原与中沙高原。西沙高原是一个被近 EW 向的西沙断裂和 NE 向的中沙西断裂所控制的地块，水深介于 1000～1500m 之间。中沙高原是一个水深较浅的断块隆起区，高原面平坦，水深仅在 200m 左右（冯文科等，1982a）。

海底高原的基底岩层与其内侧大陆架一致，在高原东部的一系列岭脊上，发育有众多的珊瑚岛与浅滩。前者主要是环礁，也是沿着海底高原上的 NE 向构造脊而发育的。

珊瑚群岛内的各环礁之间水深不大，介于数十米到 200m，但中沙群岛与西沙群岛之间的海底高原下，却有近 1100m 的深水道。在西沙群岛的西北部和北部，有一条近东西向的海槽，亦称西沙海槽。海槽长 420km，宽 8～10km，比周围海底深 500～800m，其水深西部为 1500m，东部为 3400m，由西向东，槽底变平，宽度缩窄，槽壁变陡（冯文科等，1982b）。该海槽分割了阶梯状的大陆坡，成为几个块段，各块段内亦有小的水道切过大陆坡面，注入深海平原。

陆坡上还发育有海山群，包括中沙北陆坡海山群与中沙南陆坡海山群。前者位于 16°30′～17°37′N，114°30′～115°15′E 之间，有相对高度超过 1000m 的海山 2 座，400～1000m 的海山 6 座。位于中沙群岛以南，13°20′～15°N，111°59′～113°15′E 之间，由 10 余座山体组成，其中相对高度超过 1000m 的海山有 6 座。本区地形切割破碎，山峰之间有深谷，如在 14°N，113°E 附近可见一条 NE—SW 走向的长条形海底谷，将大陆坡海山群分为内外两列（曾成开、王小波，1987）。

因此，海南岛南部大陆坡呈阶梯状，其海底高原的基底岩层、上覆构造均与相邻大陆架一致。但此处深度大，有巨大的 NE 向断裂分割，而海底高原的海岭上有千余米厚的珊瑚礁，表明这个呈断块下沉的海底高原是沉没、断折的古大陆架。断裂主要是 NE 向的，与下沉相伴发生，时代始于新近纪，但经过多次活动。第四纪时新构造活动剧烈，有些珊瑚礁抬升至海面上，并有近 EW 向的断裂发生，使海底高原及其构造脊均被分割错动。这种由块断下沉的古大陆架所构成的阶梯状大陆坡，在南海大陆坡成因中具有重要的作用。

3）中央海盆南-东南坡

它与海南岛南部大陆架隔着深海平原遥相对峙，也是阶梯状的大陆坡。在 1800m 深处为一个呈 NE—SW 方向的海底高原——南沙海底高原，边缘受到 NE 和 NW 向两组海底断裂的控制（冯文科等，1982a）。平均水深为 1800m，高出深海平原 2400m+。在高原的内外两侧皆为陡坡，并以海槽与大陆架相接。海底高原的西南和南部与巽他大陆架相接。海底高原的东南坡以较大的坡度下降到巴拉望海槽。巴拉望海槽位于巴拉望岛西南、北婆罗洲大陆架与南沙海底高原之间，呈 NE—SW 向展布，海槽长 500km+，宽 70km+，水深 1000m+，槽底水深值稳定在 2800～2900m 之间，最深 3475m，是南海规模最大的海槽。

海底高原边缘水深介于 1500～2000m，一般水深为 1800m+。高原面上，沟谷纵横，海山、海丘众多，地形崎岖不平。南沙群岛就是由高原面上发育的 200 多个珊瑚礁岛、暗沙和浅滩组成。这些群岛、暗沙的排列基本与 NE 向的构造线一致。

4）中央海盆东坡

东部菲律宾群岛岛坡的面积为 $8.76 \times 10^4 km^2$，是西太平洋边缘弧的一部分。大陆坡特点如下。

（1）陆坡范围狭窄而坡度陡峭。大部分大陆坡的宽度很少超过 38n mile。其中较缓的坡度，如巴拉望岛屿外缘的陆坡坡度为 17.7‰，而其他地方如西吕宋海槽与马尼拉海沟处坡度陡，达 170.8‰～119.3‰。

（2）陆坡呈阶梯状下降，坡麓分布有海槽或深海沟。例如，北吕宋海槽、西吕宋海槽、马尼拉海沟等。

（3）陆坡受水下峡谷切割，一些大的水下峡谷皆穿越大陆坡而形成海峡通道，坡麓峡谷出口处往往有海底扇堆积体分布。

总之，南海大陆坡是块断下沉的古大陆架所组成的阶梯状大陆坡，这是南海大陆坡的主要特点。南海东部岛缘陆坡呈阶梯下降，但坡麓分布有海槽与海沟，这是南海大陆坡的第二个特点。大陆坡上的地貌类型明显受基底构造控制。

3. 南海深海平原

位于南海中央偏东，总面积约 $40 \times 10^4 km^2$（冯文科等，1982a）。周围为大陆坡或岛坡所包围，在台湾岛与菲律宾之间的巴士海峡有水深 2000m 的通道与菲律宾海相连。南海深海平原呈 NE—SW 向延伸，纵长 1500km，最宽为 820km。平原地势自 NW 向 SE 倾斜，北部水深为 3400m，南部水深为 4200m 左右，其中不少地方深度超过 4400m

（王颖等，1979）。深海平原的平均坡度为 $1‰\sim1.3‰$，在海盆的中央偏北部分，海底特别平坦，其坡度仅 $0.3‰\sim0.4‰$（冯文科等，1982b）。

在海盆中部分布由孤立的海底山组成的高达 $3400\sim3900m$ 的海底山群。深海平原有 27 座相对高度超过 1000m 的海山及 20 多座高度 $400\sim1000m$ 的海丘（曾成开、王小波，1987）。

深海平原的东北端与西南端是两个充填着沉积物的深水谷地。谷地出口与前述各水下峡谷的末端一样，堆积着海底扇。有的已隆起成为 NE 向的小型山脊。

从地貌结构看，南海深海平原是亚洲大陆边缘经拉开分裂引起深部玄武岩流补偿性上升而出现的部分，在平原的中部与东部沿着 NE 向大裂隙尚有一系列火山岩流的喷发活动。

三、海 底 沉 积

1. 沉积物分布及其特征

南海海底沉积物比较复杂，分别按大陆架、大陆坡和深海盆地三个部分概述。

1) 大陆架沉积

南海大陆架表层底质，在我国沿海呈现为与海岸平行的 NE—SW 向带状分布。在两广沿海的韩江口与珠江口外，受河流冲积物补给。水深 30m 等深线以内的近岸带、粒度自岸向海由粗到细（黄金森，1987）。在沿岸 $20\sim30m$ 以内的等深线内，分布着主要为河流带来的粉砂质黏土沉积。在现代河流泥沙扩散带以外，在河口附近相当于 50m 水深以外的地区，分布着砂质沉积。砂质沉积（包括粉砂）在南海大陆架上分布较广，在汕头沿海大致从 30m 等深线向外即为砂质沉积带，珠江口外是在 50m 等深线处交错分布着细砂与粉砂。砂的成分主要是石英长石，含较多的自生海绿石（占重矿总量的 $20\%\sim25\%$ 以上）和较多的碳酸钙，细砂中含有钛、磁铁矿等重矿物，矿物成分向外海减少，而贝壳与有孔虫成分却逐渐递增。砂带的外界与大陆架外缘水深相当，但颗粒组成变细。珠江口外水深 50m 以外的海底均见有磨圆度较好的砂砾物质，表明它们是在高能环境中长期沉积的产物（冯文科等，1988）。粤东 80m 水深的海底，见有潮间带相生物贝壳和海滩岩（赵希涛等，1982）。种种特征表明，沙带是更新世末期低海面或全新世初海面开始上升时的古海滨沉积。

琼州海峡内，由于峡窄流急，涨潮流流速最大可达 $5\sim6kn$，冲刷力强，海峡内局部水深达 100m，峡底很难停留细颗粒泥沙。海南岛最大的河流南渡江，年输沙量 52×10^4t，在琼州海峡南岸海口市郊入海，带来了大量泥沙，于河口堆积了大片砂质浅滩。浅滩泥沙受往复潮流作用，被带到河口东西两侧堆积。因此，琼州海峡内为碎石、砂砾与中、粗砂等粗粒堆积带，局部地区出露基岩。

琼州海峡西侧，形成数条指状的水下沙脊，自海峡西口向西和西北方向延伸倾伏，是涨潮流三角洲，堆积物主要是砂，通道内为砾砂，颗粒较海峡内沉积为细。海峡东口有半月形的砂砾质落潮流三角洲。

北部湾沉积以粉砂为主。在北部，沿岸表层沉积是细砂，向海依次递变为粉砂和淤泥，再向外又逐渐变粗，大约在水深5m处，即出现粗砂沉积。成分主要是石英砂夹贝壳碎屑，砂粒初经磨圆，表面已染黄，沉积物略具臭味，表明很少受到现代水流的扰动。粗砂或砾砂环绕着北部湾岸陆成带状分布，其外界水深为10～25m，是古海滨堆积。粗砂带以外海底沉积是粉砂，在一些沉溺的谷地中有粉砂质黏土沉积。北部湾西部与西南部皆为粉砂底质。北部湾中的各个岩石岛屿，如海南岛西侧的肥猪龙岛和白龙尾岛的周围，底质是砂与细砂。北部湾东部海南岛近岸一带有珊瑚礁分布，其上往往被砂砾所覆盖，并生长有海藻和其他管状生物（朱成文，1981）。北部湾东南侧水深较大，分布着粉砂质黏土，并呈现为NE—SW向的带状分布。

自泰国湾至南海西南大陆架，沿岸底质为砂，大陆架轴心部分为黏土质软泥，其他绝大部分底质为粉砂。但在大陆架外侧，向南海深水区方向，沉积了粗砂，是更新世末及全新世初海侵时早期海面较低的古海滨沉积。

南海东部侵蚀-堆积型岛缘陆架，底质分布不甚规则，或为基岩裸露，或沉积着自陆地侵蚀下来的碎屑物质，成分主要是砂。

总之，南海大陆架表层沉积以陆源物质为主，大陆架内侧沉积受现代河流泥沙影响较大，而外部的砂质沉积属陆源的残留堆积物，由于冰后期以来长期停积于海底，沉积物已经染色，并产生了海绿石、黄铁矿与碳酸钙等物质。

2）大陆坡沉积

大陆坡沉积主要有两种底质。一种为有孔虫-粉砂-黏土，分布在南海陆坡水深1000m以浅区域，少数在靠近珊瑚岛处有些粗化、为黏土质中细砂沉积（黄金森等，1987）。这种底质类型位于陆架外缘至陆坡上部，环东沙群岛、西沙群岛外侧呈条带状展布。粒度大于0.063mm的底质样品中，生物碎屑含量约在50%以上，含量多的可大于80%。以有孔虫壳为主，贝、螺壳次之。粉砂含量为1.2%～38.7%，多数为30%左右；黏土含量为0～62%，通常为30%左右。另一种底质为含有孔虫-放射虫的粉砂质黏土，位于陆坡下部，大约在水深1000～3700m的陆坡区，环绕深海盆分布。底质中粒度大于0.063mm的部分几乎全由有孔虫壳与放射虫骨骼所组成，以放射虫骨骼为主。粉砂含量30%左右，黏土含量大于50%。

大陆坡区亦有粗颗粒的黏土质砂、细砂和砂砾等沉积物，呈条带状分布，并与岸线垂直，其形成与大陆坡的海槽、海沟和海谷的发育密切相关（冯文科等，1988）。

在大陆坡上还分布有许多珊瑚礁岛，其组成物质一般为海滩岩、风成砂岩、珊瑚贝壳砂层等等。另外，在环礁潟湖中，随水深加大粒度变细，中心部位往往沉积了钙质粉砂和灰泥，沉积物多为生物成因。

3）深海盆沉积

主要为深海黏土类沉积物。沉积物结构均匀、常见有大小不一的浮石，生物痕迹不明显。粒度组分中黏土级占优势，含量超过60%。沉积物中碳酸盐含量平均值为5.63%，在大陆坡的坡麓处较高，可达10%或略多，深海平原区一般小于5%。沉积物中细组分物质以黏土矿物为主，伊利石占优势，平均约占小于2μm粒级的60%，高岭石为10%，绿泥石为11%（李粹中，1987）。粗组分物质包括：生物成因颗粒，主要是放射虫、硅藻和少量钙质胶结壳的底栖有孔虫遗壳；岩源成因颗粒，有海洋自生矿物（如 Fe、Mn 微粒）、火山碎屑矿物、陆源碎屑矿物等等。此外，深海平原中的一些海山和海丘周围，由于火山活动或底流的磨蚀作用，沉积物颗粒较粗。

总之，南海海底沉积物大致沿岸呈 NE—SW 向带状分布，由岸向海大致有粗—细—粗—细的变化趋势。在外陆架，由于更新世冰期低海面或冰期以后海面微微上升时形成的古海滨，使外陆架沉积物变粗，出现异常情况。

2. 沉积物与水动力的关系

南海海底沉积物在基底地形的控制下，受水动力作用影响很大，它不仅可以改造残留沉积物，而且对现代沉积物的配置有很大的控制作用。

1）河流作用对沿岸沉积的影响

以珠江为例说明河流作用的影响。珠江多年平均径流量 $3550 \times 10^8 \mathrm{m}^3$，多年平均输沙量为 $8053 \times 10^4 \mathrm{t}$。珠江口的淡水入海后与海水混合，形成一低盐的冲淡水团，分布在雷州半岛与汕头附近，水深约为 40m 以内的浅水区。每年 5～8 月西南季风期间，珠江冲淡水随季风沿岸向东北漂移，5～6 月末珠江径流量最大期间，这支漂流可伸展到东经 118°，8 月为此漂流的鼎盛时期。夏季时，珠江口出现一个低盐水舌，其轴线伸向东南；但粤西沿岸冲淡水是沿岸向西移，一直到达海南岛东北角。每年 10 月至来年 5 月，南海为东北季风，广东沿岸冲淡水团随季风向西南移动，盐度较夏季为大，其影响范围很宽，珠江冲淡水影响到达处，海底沉积了黄褐色粉砂质黏土。

2）海流作用对现代和残留沉积物的改造

南海北部，常年有西南向的沿岸流，影响水深达 50m；在大陆架区 50～200m 等深线内，常年有一支 NE 向的暖流；还有巴士海峡黑潮水的分支，经台湾浅滩和澎湖列岛之间也是向 NE 流。因此，细粒物质往往为沿岸流带走。古海滨残留沉积物亦受到海流的冲刷作用，使之面积扩大，并阻止滨海细颗粒泥沙落淤覆盖。因而砂体分布广泛，从东到西，海流逐渐减弱而砂体分布逐渐变窄。此外，海流的作用，对锰结核的形成和富集是有影响的。如北部海盆的锰结核富集于东沙群岛的南部和东部，而该处是巴士海峡黑潮的两个分支流经之地。

3. 沉积物源与沉积速率

南海海底沉积物可分为陆源碎屑沉积、生物沉积、火山灰沉积以及一些自生矿物等等。陆源碎屑沉积主要是由河流输沙提供，其次为海岸侵蚀所提供。生物沉积主要分布于大陆坡与深海平原，局部地区的大陆架之生物沉积作用也较活跃。南海及相邻地域，晚第四纪以来火山活动频繁，沉积物中有火山灰夹层，深海平原中火山灰夹层达 13 层（冯文科等，1988）。南海被两条火山地震带所围限，东带是琉球—台湾—菲律宾火山地震带，南带是巽他火山地震带。这两条火山带，第四纪以来一直在活动，对南海沉积作用有很大影响。南海火山灰沉积大都源于该两带的火山喷发。

南海海底的沉积速率：南海北部陆坡区，全新世为 3.3cm/ka；北部陆坡坡前盆地边缘区：南缘全新世沉积速率为 6.3cm/ka，北缘沉积速率为 6.1cm/ka；南海深海沉积速率：南部为 3.1cm/ka，北部为 11.8cm/ka（李粹中，1987）。南北部深海平原沉积速率不一致。南海深海平原沉积速率相对其他深海平原，其沉积速率较大。

第五节　中国近海海底地质地貌特征

综上所述，中国海海底地质地貌与沉积的特征可归纳如下。

一、海底地质

中国海系沿西太平洋并由一系列边缘海组成，它们的内侧是亚洲大陆，外侧是太平洋西部的岛弧-海沟系。岛弧-海沟系将边缘海与太平洋隔开，在边缘海中围堵了从亚洲大陆侵蚀搬运来的大量陆源物质；岛弧-海沟系又是太平洋西部剧烈的构造活动带，现代火山与地震非常活跃，是新生代环太平洋构造带的一部分。台湾岛以北的岛弧呈外凸状（朝太平洋方向突出），台湾岛及菲律宾北部则作内凸状（朝亚洲大陆突出），是为"反弧"，菲律宾以南又为外凸弧。

在构造上，整个边缘海及其邻区都是由几条相间排列的隆褶带和拗陷带构成的，走向为 NNE—NE。最东侧为 NNE 向的现代岛弧-海沟系和新生代的东海大陆架边缘隆褶带，向西逐次为新生代的东海大陆架拗陷带、中生代浙闽隆起带，向北为中新生代黄海南部拗陷与前古生代胶辽隆起。这种 NNE—NE 向的构造体系可能是太平洋板块和亚洲板块多次相互作用的结果。

在南海，居主导地位的 NE 向断裂可能与南海的构造成因有关。大体上，南海可划分为三个 NE 向的构造带。南海海盆中央表现为拉开断裂的古陆块之间的地幔物质上隆带，其两侧是沉降的块断构造带：西北侧是西沙-中沙块断构造带；东南侧是南沙块断构造带。在三个 NE 向构造带的西北侧与西南侧为新生代的沉降盆地，东侧为复杂的岛弧-海沟系。

南海的西半部及渤海、黄海、东海与亚洲大陆构造关系密切，而南海东半部及台湾以东海域，受太平洋构造活动影响较大。

二、海底地貌

中国海海底地貌大致可概括地分为大陆架、大陆坡与深海盆地。

（1）中国海大陆架是世界上最宽的大陆架之一。黄海和渤海全部位于大陆架上；东海大陆架宽度从北向南为 350～130n mile，其外缘转折点水深约为 120～160m；南海两广沿岸大陆架宽度为 100～140n mile，转折点水深约为 150～200m；台湾以东海域大陆架狭窄仅数海里，其外缘转折点水深在 150m 左右。

中国海大陆架的基底，主要是中生代白垩纪末期的剥蚀面，基底岩层与相邻大陆一致。在这个基础上，由新生代沉积构成了堆积型大陆架。

中国海大陆架有两种成因类型，一种是堆积的，另一种是侵蚀-堆积的，以堆积型为主。大体上呈 NE 向的构造脊，把从中国大陆侵蚀搬运下来的泥沙，拦截堆积在脊后侧的沉降盆地中，泥沙填充了沉降盆地而成为大陆架浅海。当内侧的盆地被泥沙填满后，盆地外缘的构造脊失去了堤坝作用，泥沙则越过构造脊向前堆积，因此大陆架范围不断向海发展。中国沿海大陆架主要是由长江、黄河、珠江等大河入海泥沙堆积而成。目前，黄海、东海盆地尚在沉降中，冲绳海槽尚在填充中，两广沿海盆地亦处在沉降充填中。侵蚀-堆积型大陆架，主要发育于山地与基岩岛屿的海岸带外围。因此，由构造脊围封的、被大河泥沙填充堆平的大陆架，是中国近海大陆架的主要特点。

（2）中国海大陆坡，在东海、台湾以东太平洋海域与南海东部，具有陡窄的阶梯与海槽，或与海沟相伴分布的特点。它们是西太平洋新生代的构造活动带，火山、地震活动频繁。南海西部大陆坡的特征，是由巨大的海底高原组成的宽广阶梯状的大陆坡，高原的岭脊上分布着许多珊瑚礁岛。这种大陆坡是由新近纪以来沉降、断折的古大陆架形成的。

（3）深海盆分布于南海与台湾以东太平洋海域，基底具有非典型的大洋玄武岩。关于南海海盆的成因争议颇多，但总的看来，南海的张开是在拉张应力场作用下形成的，这是目前中外学者较为一致的看法。其成因机制等仍需进一步研究。

三、海底沉积特征

（1）大陆架沉积主要是长江、黄河、珠江等大河由中国大陆冲刷搬运入海的泥沙，颗粒组成与矿物成分各具有相邻陆地的区域特征；其次为沿岸、岛屿冲刷与生物的堆积。第四纪冰期、间冰期气候和海平面的变化，对大陆架沉积的特征和分布有深刻的影响。

渤海、黄海大陆架沉积以粉砂为主，但边缘受河流影响，沉积有变异。西部由于黄河的作用，有细颗粒的淤泥沉积；而黄海东部既受黄河与长江大河泥沙扩散的影响，有淤泥质沉积，同时，由于朝鲜半岛山地河流来沙及海岸潮流冲刷改造，因而有粗颗粒的砂质沉积，局部地区有砾石。

东海和南海大陆架沉积有一致性，近岸部分为现代沉积，从岸向海颗粒由粗变细，在东海是粉砂-淤泥，在南海是细砂-粉砂-粉砂质黏土。大致在水深 50m 以外，海底广泛出露着砂质沉积，即古海滨砂带的残留。

南海、东海大陆架砂带宽度除受底部地形控制而有不同外，在东海，由于内侧有长江古河道汇集水沙，外侧有黑潮扰动，阻碍着大陆架被细颗粒沉积物覆盖，沙带出露宽。在长江口外水深 30m 处底质即为暗色细砂，向外延伸可达水深 400m 处的冲绳海槽西侧边沿。南海限于沿岸来沙量，沙带较窄。

海峡与岛屿周围多为沿岸与海底冲刷产物，海底沉积一般为砂、砾或基岩出露。

（2）大陆坡沉积比较复杂，有以下几个特点：

海底高原沉积变化大，其上发育大量珊瑚礁，在礁体周围有珊瑚砂与粉砂沉积，颗粒较粗；在高原面与深水道中沉积着青灰色淤泥、球房虫淤泥与红黏土。

狭窄的阶梯与陡坡上，或者基岩裸露，或为灰白色的有孔虫砂，以及细砂与砂泥沉积。沿着大陆坡上的岛屿或海岭周围，也有珊瑚礁发育。中国海大陆坡上，普遍有珊瑚礁或珊瑚碎屑沉积，这是海区自然条件特点的一个显著反映。

沿大陆坡的水下峡谷，浑浊流冲刷搬运了泥沙，至大陆坡坡麓或海槽底部沉积，其颗粒大小混杂，有灰、暗色的细砂与淤泥。海槽中心部分，主要是淤泥沉积，此外尚有浮石、火山碎屑、火山灰以及珊瑚礁碎屑等生物沉积。

（3）深海盆沉积物主要是球房虫与火山灰所形成的黏土质软泥。南海火山灰在深海平原达13层，反映火山活动频繁。在大陆架与大陆坡上则层数相对为少，这与海底火山喷发物质扩散范围的局限性有关。南海深海平原有锰结核沉积，在海底活火山或裂隙喷发处有玄武岩流及浮石等物质。

中国海大陆架形成以来，曾几经海陆变化，有构造运动因素，也有因第四纪气候变迁、海面升降对海陆变化所造成的显著影响。现代中国大陆架浅海沉积主要是全新世形成的。

参 考 文 献

段永侯. 2000. 渤海海岸带变迁及其环境地质效应. 水文地质工程地质，03：3～7

范时清. 1959. 中国东海和黄海南部底质的初步研究. 海洋与湖沼，2（2）：82～85

冯文科等. 1982a. 南海地形地貌特征. 海洋地质研究，2（4）：80～93

冯文科等. 1982b. 南海北部海底地貌的初步研究. 海洋学报，4（4）：462～472

冯文科. 1988. 南海北部晚第四纪地质环境. 广州：广东科技出版社

高金满. 1987. 冲绳海槽地形地貌特征. 海洋地质与第四纪地质，7（1）：51～62

耿秀山. 1983. 渤海海底地貌类型及其区域组合特征. 海洋与湖沼，14（2）：128～137

郭令智等. 1983. 西太平洋中、新生代活动大陆边缘和岛弧构造的形成与演化. 地质学报，57（1）：11～21

何廉声. 1982. 南海新生代岩石团板块的演化和沉积分布的某些特征. 海洋地质研究，2（1）：16～23

何善谋. 1987. 南海断裂与断块构造. 热带海洋，6（2）：28～36

侯贵廷，钱祥麟，蔡东升. 2001. 渤海湾盆地中、新生代构造演化研究. 北京大学学报（自然科学版），06：107～113

黄福林. 1989. 冲绳海槽的形成与演化探讨. 海洋地质与第四纪地质，9（1）：43～52

黄金森等. 1987. 南海不同环境沉积物的粒度特征. 南海海洋科学集刊，第8集，61～70

黄庆福等. 1999. 辽东湾区工程地质与地震基础资料研究及汇编. 中国海洋石油渤海公司；中国科学院海洋研究所

黄庆福等. 2001. 渤海湾区工程地质与地震基础资料研究与汇编. 中国海洋石油渤海公司；中国科学院海洋研究所

江文胜，苏健，杨华等. 2002. 渤海悬浮物浓度分布和水动力特征的关系. 海洋学报（中文版），24（SI）：213～218

金翔龙. 1987. 冲绳海槽的构造特征与演化. 中国科学B辑，（2）：196～203

李从先等. 1988. 我国南北方三角洲体系沉积特征的对比. 沉积学报，6（1）：58～69

李粹中. 1987. 南海中部沉积物类型和沉积作用特征. 东海海洋，5（1）：10～18

李凡等. 1984. 辽东湾海底残留地貌和残留沉积. 海洋科学集刊，第23集

李家彪，金翔龙，阮爱国等. 2004. 马尼拉海沟增生楔中段的挤入构造. 科学通报，49（10）：1000～1008

李卢玲. 1985. 南海的形成与邻区构造关系. 海洋地质与第四纪地质，5（1）：71～82

李思田. 2004. 南海北部大陆边缘盆地油气成藏动力学研究. 北京：科学出版社

林观得. 1982. 台湾海峡海底地貌探讨. 台湾海峡，1（2）：58～63

刘波. 1987. 中国近海基本构造特征与力学成因. 海洋学报，9（3）：344～352

刘敏厚等. 1987. 黄海晚第四纪沉积. 北京：海洋出版社

刘锡清. 1987. 中国陆架残留沉积. 海洋地质与第四纪地质，7（1）：1～14

刘昭蜀，赵焕庭，范时清等. 2002. 南海地质. 北京：科学出版社

刘昭蜀等. 1982. 南海断裂构造与南海海盆的形成. 海洋地质，1（1）：1～14

刘振夏. 1982. 黄海表层沉积物的分布规律. 海洋通报，1（1）：43～51

吕丹梅，李元洁. 2004. 黄河口及渤海中南部沉积特征变化及其环境动力分析. 中国海洋大学学报，34（1）：133～138

罗玉玺，梁瑞才. 2006. 渤海沉积作用与物理环境. 海洋技术，25（2）：19～20，98

牛作民. 1985. 东海沉积环境分区及其基本特征. 海洋地质与第四纪地质，5（2）：27～36

潘志良. 1986. 冲绳海槽沉积物及其沉积作用的研究. 海洋地质与第四纪地质，6（1）：17～30

庞家珍等. 1979. 黄河河口变迁 I：近代历史变迁. 海洋与湖沼，10（2）：136～141

秦蕴珊. 1963. 中国陆棚海的地形及沉积类型的初步研究. 海洋与湖沼，5（1）：71～85

秦蕴珊等. 1985. 渤海地质. 北京：科学出版社

秦蕴珊等. 1986. 南黄海西部埋藏古河系. 科学通报，36（24）：1887～1990

秦蕴珊等. 1987. 东海地质. 北京：科学出版社

申顺喜. 1984. 黄海沉积物中的矿物组合及其分布规律. 海洋与湖沼，15（3）：240～250

沈华悌. 1985. 东海陆架残留沉积时代和成因模式. 海洋学报，7（1）：67～77

施小斌，丘学林，夏戡原等. 2003. 南海热流特征及其构造意义. 热带海洋学报，22（2）：63～71

眭良仁. 1981. 冲绳海槽的几个沉积特征. 海洋地质研究. 1（1）：69～76

孙家淞. 1982. 东海海底地貌特征和区划的探讨. 海洋通报，1（4）：34～42

王舒畋. 1986. 冲绳海槽盆地的地质构造与盆地演化历史. 海洋地质与第四纪地质，6（2）：17～30

王颖. 1996. 中国海洋地理. 北京：科学出版社

王颖. 2002. 黄海陆架辐射沙脊群. 北京：中国环境科学出版社

王颖等. 1979. 中国海海底地质地貌. 见：中国自然地理·海洋地理. 北京：科学出版社

王颖等. 1988. 秦皇岛海岸研究. 南京：南京大学出版社

王颖，张永战. 1998. 人类活动与黄河断流及海岸环境影响. 南京大学学报（自然科学版），34（3）：257～271

王颖，傅光翙，张永战. 2007. 河海交互作用与平原地貌发育. 第四纪研究，27（5）：674～689

王振宇. 1982. 南黄海西部残留砂特征及成因的研究. 海洋地质研究，2（3）：63～70

吴庐山，鲍才旺. 2000. 南海东北部海底潜在地质灾害类型及其特征. 南海地质研究，12：87～101

吴世迎. 1981. 黄海沉积特征的综合研究. 海洋学报，3（3）：460～471

夏东兴等. 1983. 我国邻近海域的水下沙脊. 黄渤海海洋，1（1）：45～46

夏戡原. 1997. 南海的地壳类型及其分区. 见：龚再升，李思田，夏戡原主编. 南海北部大陆边缘盆地分析与油气聚集. 北京：科学出版社

谢继哲. 1982. 对南海成因问题的探讨. 海洋地质研究，2（3）：1～10

谢以萱. 1981. 南海的海底地形轮廓. 南海海洋科学集刊，第2集，1～12

谢以萱. 1983. 南海东北部海底地貌. 热带海洋，2（3），82～90

谢以萱. 1986. 南海陆缘扩张地貌. 热带海洋，5（1）：28～36

徐杰，高战武，孙建宝. 2001. 1969 年渤海 7.4 级地震区地质构造和发震构造的初步研究. 中国地震，17（2）：121～133

徐杰，冉勇康，单新建等. 2004. 渤海海域第四系发育概况. 地震地质，26（1）：24～32

许薇龄. 1988. 东海构造运动及演化. 海洋地质与第四纪地质，8（1）：9～22

杨光复. 1984. 东海大陆架现代沉积作用的初步探讨. 海洋科学集刊，第21集

业治铮，张明书，潘志良. 1983. 冲绳海槽晚更新世-全新世沉积物初步研究. 海洋地质与第四纪地质，3（2）：1～26

叶尚夫. 1983. 我国台湾及其相邻海域构造特征. 热带海洋，2（4）：260～268

喻普之. 1989. 渤海、黄海和东海的构造性质与演化. 海洋科学，2（2）：9～16

曾成开，王小波. 1987. 南海海盆中的海山海丘及其成因. 东海海洋，5（1～2）：1～9

曾呈奎等. 2003. 中国海洋志. 郑州：大象出版社

翟光明. 1990. 沿海大陆架及毗邻海域油气区（上册）. 北京：石油工业出版社

赵全基. 1988. 渤海表层沉积作用. 黄渤海海洋. 6（1）：40～50

赵希涛等. 1982. 南海北部沉溺古海滩岩的发现及其意义. 科学通报，27（8）：488～491

赵昭昞. 1982. 台湾海峡演变的初步研究. 台湾海峡，1（1）：20～24

郑铁民. 1989. 冲绳海槽表层沉积物沉积特征的初步研究. 海洋与湖沼，20（2）：113～121

中国科学院南海海洋研究所. 1988. 南海地质构造与陆缘扩张. 北京：科学出版社

中华人民共和国水利部. 2006. 中国河流泥沙公报（2000～2005 年）. 北京：中国水利水电出版社

周长振等. 1981. 试论苏北岸外浅滩的成因. 海洋地质研究，1（1）：1～12

朱成文. 1981. 南海西北部近海海底沉积物特征. 海洋地质研究，1（2）：50～60

朱而勤，高文兵，王琦等. 1989. 东海陆架的动力沉积作用. 青岛海洋大学学报，19（1）：38～49

朱永其，曾成开，冯韵. 1984. 东海陆架地貌特征. 东海海洋，2（2）：1～13

Carter L. 1975. Sedimentation on the continental terrace around New Zealand. Marine Geology, 19 (4): 209～238

Emery K O. 1971. Past-Heislocane Levels of the East Sea. Yale University Press, 381～390

Emery K O. 1968. Relict sediments on continental shelves of world. Bulletin of the American Association of Petteum Geologists, 52 (3): 445～464

Herman B M et al. 1976. Extensional tectonics in the okinawa trough. A. A. P. G. Menoir, 36: 196～208

Lee C S et al. 1980. Okinawa trough: origin of a back-arc basin. Marine Geology, 35 (1～3): 219～241

Mcmanus D A. 1975. Modern versus relict sediments on the continental shelf. Geological Society of America Bulletin, 86 (8): 1154～1160

Ren J Tamaki, K Li S, Junxia Z. 2002. Late Mesozoic and Cenozoic rifting and its dynamic setting in eastern China and adjacent areas. Tectonophysics, 344: 175～205

Swift D J et al. 1971. Relict sediments on continental shelves, a reconsideration. Journal of Geology, 79 (4): 217～238

Wang Y Aubrey D. 1987. The characteristics of the China coastline. Continental Shelf Research, 1 (4): 329～349

Wang Y, Ke X K. 1989. Cheniers on the east coast plain of China. Marine Geology, 90: 321～335

Wang Y, Zhu D K. 1992. Sand-dune coast—an effect of land-sea interaction under new glacial Arctic climate. The Journal of Chinese Geography, 3 (1): 460～469

Yan P, Deng H, Liu H, Zhang Z, Jiang Y. 2003. The temporal and spatial distribution of volcanism in the South China Sea region. Journal of Asian Earth Sciences, 27: 647～659

第三章 海 洋 气 候[*]

海洋气候学是研究海洋上气候要素分布特征和变化规律的科学。可为航海、渔捞、海洋油气开发、海上打捞救助、海港和海洋工程、科学实验研究等海上作业、海上军事活动和气候预测服务。它是一门实用性和理论性很强的学科。

海洋气候学从一开始形成就以其具有实用性而得到发展。在海上从事的生产、航行、科学实验、军事活动等,总是直接或间接地受海上风、浪、风暴潮、雾、云、降水、温度、海冰等天气气候要素和各种气候灾害的影响。其中,有的是有利条件,有的则为不利因素,甚至危及安全。因此,掌握海上天气气候变化规律,趋其利而避其害,是保证海上活动安全的必要条件。在科学技术高度发达的今天,天气气候对海上活动的影响仍不能忽视。当然,如果人们能充分利用有利的天气气候条件,则可获得最大收益。

海洋以其巨大的面积和质量及海水特有的物理、化学和力学特性等影响着大气的热量、水分、动量和微量气体等的收支与平衡,通过海洋-大气-陆地的相互作用,一方面,在海洋上形成了特有的海洋气候,另一方面,对邻近地区,乃至全球范围的天气气候产生重要影响,有时甚至起着决定性的作用(李克让等,1983,1992)。近年来,海气、海-陆相互作用及其对天气气候变化的影响研究已成为海洋气候学和地球科学中十分活跃的研究领域,并取得了重要进展。

海洋气候知识的积累和成功应用可以追溯到远古时期。我国航海家在运用海洋气象知识从事航海活动方面有着辉煌的成就(闫俊岳等,1993)。但其后相当长的时期内,中国近海海洋气候的研究发展缓慢。20世纪初期,竺可桢相继发表《中国之雨量及风暴说》(1916)、《东南季风和中国之雨量》(1934),论述了海洋气候对中国大陆的影响,把沿海的天气现象和海洋环境要素的变化联系起来。1935年,吕炯去浙江定海选址,建成定海海洋气象研究所,开展为渔业服务的气象业务工作;同年,他又随调查团对黄海、渤海进行海洋气象观测,开展海洋气象调查,获得了大量的珍贵数据。与此同时,吕炯又在《气象学报》、《地理学报》等杂志上连续发表了《海水之运行》(1935a)、《从海洋与国防谈到筹设海洋观象台》 (1935b)、 《中国沿海岛屿上雨量稀少之原因》(1936a)、《气象与航海》(1936b)、《渤海之水文》(1936c)、《渤海盐分之分布与海水之运行》(1936d)、《渤海之气温与水温及其与海水垂直运行之关系》(1937)、《波浪操纵说》(1942)等一系列论文,从大气运动和海洋巨大面积、质量和热容量以及海水的流动性等方面指出了海洋与大气相互依存的关系、海洋气候的基本特征,并强调了海洋气象观测、研究的方向与重要性,从而成为我国海洋气候学的开拓者和奠基人。20世纪50年代以后,吕炯(1950,1951,1954)和吕炯等(1963)又发表了一系列大尺度海

---

[*] 本章作者:李克让、刘秦玉、闫俊岳、孙即霖、张苏平

洋-大气关系的论文，研究了海温、海流、海冰等要素和海洋环流对我国气候、旱涝和大气环流的影响，从而开创了大尺度海洋-大气关系的研究。近代气候学发展的客观事实证明，吕炯科学思想的先进性和正确性，他的研究比国际著名海-气相互作用的遥相关理论早了近 20 年。

最近 30 余年来，我国科学家对中国近海气候开展了较系统、较大规模的研究，取得了长足的进步。20 世纪 60 年代中期开始，中国科学院地理研究所汇集了中国近海 10 年以上约 110 万组船舶气象实测资料和 5 年以上高空气象台站资料，历经 10 年编制出版了《中国海及邻海气候图集》（1～3 集）和《中国海及邻海气候》，此后，李克让（1984a，b，1993）又编辑出版了《中国近海及西北太平洋气候图集》（上、下集）和《中国近海及西北太平洋气候》专著。20 世纪 80 年代初，中国气象局国家气象中心资料室（1995）根据 1931～1979 年期间的船舶观测资料编制了《中国内海及毗邻海域气候图集》，闫俊岳等（1993）撰写了《中国近海气候》专著。

近年来，我国科学家系统地开展了海洋-大气相互作用、海洋-陆地相互作用，特别是南海、黑潮及其邻近海域和热带太平洋、印度洋海域海洋-大气相互作用的气候学、动力学和数值模拟研究，获得不少重要成果（中国科学院地理研究所海洋气候组，1973；中国科学院地理研究所长期预报组，1977；巢纪平，1993；黄荣辉等，1994；闫俊岳等，1997；2003；2005；2007；闫俊岳，1999；李崇银等，2000；Liu et al.，2001；俞永强等，2005；刘屹岷等，2005；Liu et al.，2005，Liu et al.，2006），许多成果被成功地用于旱涝气候预测。

太阳辐射和热量收支是推动海上大气运动、产生海洋天气气候的主要能源。海上大气环流一方面支配着不同时间、不同地点的热量、动量、水分和气体的输送与平衡，同时又直接或间接地影响着各海区的天气气候。海洋地理环境，包括地理纬度、海陆分布、海岸和地形、植被、海面状况等，均可对海上辐射、热量、水分和大气运动产生错综复杂的影响。

本章内容共包括 8 节。前 4 节重点分析研究影响和制约中国近海气候的主要因子，其中包括海面辐射、热量和水分收支；地理环境对气候的影响；大气环流以及主要灾害性天气系统。后 4 节分别分析研究中国近海海面风、海雾和能见度、云和降水以及气温等气候要素的时空特征和变化规律。

第一节　海面辐射、热量及水分收支

海上天气气候变化多端主要归因于大气运动的结果，而大气运动的能量，最终来自太阳的辐射能量。进入地球大气的太阳辐射只能有很少一部分被大气吸收，大部分通过作为能量转换器的海洋表面进行再分配，间接地供给大气，从而推动大气运动，形成各种天气，产生各海区的气候和气候变化。

海洋和大气之间的热量交换主要依赖于辐射、感热和潜热三个基本过程。辐射热量交换指海面吸收的太阳辐射和海面有效辐射之差（即海面净辐射）；感热交换是海面以湍流输送方式从大气得到（或向大气输送）可感热量；潜热交换是海水蒸发消耗的热量（闫俊岳等，1993；李克让，1993）。

一、海面吸收短波太阳辐射

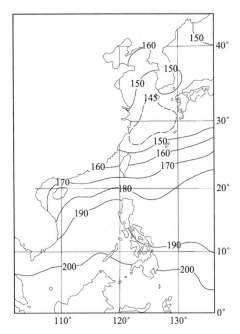

图 3.1　中国近海海面年平均吸收的
太阳辐射（W/m²）（闫俊岳，1999）

太阳辐射是海水和空气增温的主要能源，是大气运动和许多物理过程的根本动力，因而是海洋气候形成的基本因素之一。海面吸收的太阳短波辐射取决于到达海面的太阳总辐射和海面的反射率。中国近海海面反射率夏季平均为 0.06，其他季节介于 0.06～0.12 之间，冬季 40°N 附近为 0.11，但总的来看，反射辐射依然只占太阳总辐射的很少部分，所以海面吸收的太阳辐射和总辐射分布形势差别较小，其值略小于总辐射值（闫俊岳，1999）。

海面吸收的太阳短波辐射年平均值介于 140～210W/m² 之间变化（图 3.1），最高值在赤道地区，其值高于 200W/m²；最低值在东海中部多云海区，其值低于 145W/m²；黄、渤海高于东海，其值由东南向西北（随云量减少而）递增，黄海为 150～160W/m²，渤海为 160～165W/m²。东海南部至南海北部升高较快，由 150W/m² 升高到 180W/m²，南海中部各区之间差异很小，大致在 190～200W/m²。

二、海面净辐射

海面净辐射值大小及时空分布，取决于海面吸收太阳短波辐射和放出的长波有效辐射，凡能影响这两个分量的因子都影响净辐射，其中，以太阳高度角、云量和空气中的水汽含量影响较大。年平均净辐射在中国邻海均为正值，其分布形势与太阳总辐射相似，高值带在赤道附近，低值区在东海东北部以及日本近海（图 3.2）。8°N 以南，净辐射值介于 160～170W/m²，纬向差异不大；8°～18°N 之间其值变化很小，南海东部略高于同纬度其他海区。从 20°N 开始向东北方向减少较快，东海大部为 80～100W/m²，日本九州附近出现最小值 80～85W/m²。黄、渤海比东海略高，其值在 85～100W/m² 之间，这是黄、渤海

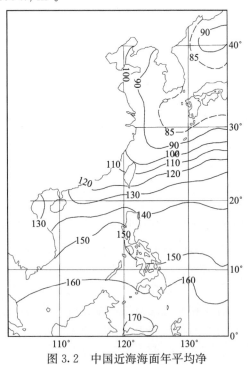

图 3.2　中国近海海面年平均净
辐射（W/m²）（闫俊岳，1999）

海面太阳能吸收比东海大的缘故（见本节一）。由于黄、渤海西侧太阳总辐射高于东侧，因此净辐射呈西侧高于东侧的形势（图3.2）。

海面净辐射具有明显的季节变化：

1月，海面净辐射南北差异较大。赤道附近为中国邻海之冠，8°N以南达150～170W/m²，由此向北降低很快。东海东北部、渤海、黄海东部及日本海出现负值，表明这些海区海面通过辐射过程向大气散失热量，但散失热量很小，大都在10W/m²以下，局部海区达20W/m²。东海西南部、黄海、渤海西部海区净辐射通量在0～25W/m²之间，台湾海峡升高到25～50W/m²。南海北部净辐射向南递增，等值线几乎与纬线平行；南海中部8°～18°N，净辐射剧增到100～150W/m²，与同纬度相比，菲律宾群岛西面稍高。

7月，由于全区温度升高及海-气温差减小，海面有效辐射减弱且南北差异不大，因此，辐射平衡的分布主要决定于太阳总辐射。22°～30°N之间出现高值带，其值大于200W/m²，由此向南北两侧减小，黄海北部及渤海约为150W/m²，南海吕宋岛西岸、泰国湾、加里曼丹岛沿海出现小于150W/m²的低值区。

从5个代表海区净辐射年变化曲线图（图3.3）可以看出，净辐射年变化自北向南减小。黄海、渤海、东海和南海北部呈单峰型变化，峰值在黄、渤海出现的时间为5月，向南推迟到7月。南海中部和南部净辐射年变化呈双峰型，南海中部峰值出现在4～5月和9月，向南时间逐渐提前，赤道附近为2月和8～9月。黄海大部、渤海东部及东海东北部由于冬季海面长波有效辐射很强，因此净辐射在一些月份出现负值。

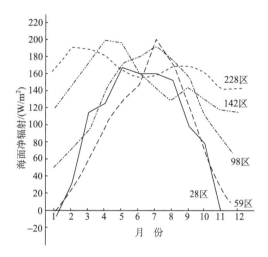

图3.3　净辐射在5个代表海区的年变化
（闫俊岳，1999）

28区：黄海西北部；59区：黑潮区；98区：南海北部；
142区：南海中部；228区：南海南部

三、潜热通量

潜热通量是指海面单位面积通过蒸发向大气供应的热量，单位为W/m²，它的大小由风速、海面大气温度和湿度的铅垂梯度决定。在海洋上，蒸发潜热是海面损失热量的主要部分。中国邻海由于受冷、暖洋流和季风等因素影响，潜热通量年平均值变化较大（图3.4），最大值在黑潮主干区，中心区达200W/m²以上。15°～20°N之间的西北太平洋出现次大中心，其值为150～160W/m²。由黑潮主干区向西北方减小很快，渤海及黄海西部降至最低。南海大部水域为125～150W/m²，中部及北部湾南部较高，两侧近岸略低。8°N以南的赤道水域，低于100W/m²。

1月的潜热通量分布和其年平均值分布相似，但区域之间差异显著。台湾岛至日本

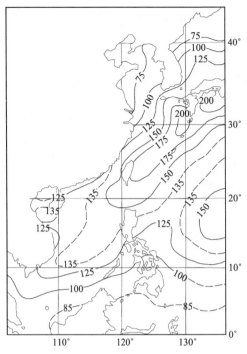

图 3.4　中国近海海面年平均蒸发潜热输送
（W/m²）（闫俊岳，1999）

九州之间的黑潮水域，潜热通量超过
250W/m²，日本南面和西南面最高达 300～
325W/m²，东海北部至黄海南部出现强烈
的梯度。黄海西部及渤海仅有 75 W/m²。
南海北部及中部由于风速较大，潜热通量
达到 175～190W/m²。

7 月，由于西南季风风力增大，潜热
通量在 10°～20°N 之间区域为一高值带，
由此向南北两侧通量逐渐降低。黄海沿岸
由于多雾，海面上空湿度较大，其值降至
25W/m² 以下，有时甚至为零。

潜热通量年变化和风速的年变化趋势
基本一致。渤海、黄海、东海及南海北部
呈单峰型变化，峰值出现在 11～12 月，谷
值多在 6～7 月出现。北部湾和南海中部呈
双峰型变化，南海中部 11～12 月最高，7
月次之，最低值在 4～5 月。北部湾比较特
殊，10 月和 7 月较高，3～4 月因雾和小雨
影响，潜热通量降至最低。

四、感热通量

感热通量是海洋单位面积通过湍流向大
气（或者大气向海洋）传输的可感热量，单
位为 W/m²，其大小与海-气温差、近海面
风速密切相关。一般说来，感热通量比潜热
通量小得多，而且在有的月份、局部海区气
温高于海面，感热通量会出现负值，即大气
向海洋输送可感热。就年平均而言，在黑潮
主干区及日本周围海域，感热通量最大，其
值超过 30W/m²，局部地区可高达 40W/m²。
在黄海感热通量自东向西降低，等值线几乎
与海岸线平行；南海的感热通量值较小，
20°N 以南其值均小于 5W/m²（图 3.5）。

1 月的感热通量除了在南沙群岛附近局
部海域出现负值外，其他海域均为正值。黑
潮主干区及日本周围高达 100W/m²，超过
了海面吸收的太阳短波辐射；在黄海感热通
量减小至 50W/m²，黄海沿岸为 40W/m²；

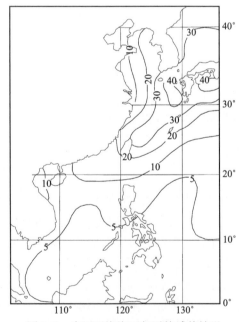

图 3.5　中国近海海面年平均感热输送
（W/m²）（闫俊岳，1999）

南海大部在 25W/m² 以下，赤道海域降至 5W/m² 以下，局部地区还出现负值。

7月，感热通量的零值线出现在 20°~21°N 附近，其北为负值，渤海及黄海中部达 $-10W/m²$；其南为正值，但大部海区只有 0~5W/m²，苏禄海及泰国湾略高于 5W/m²。

感热通量的年变化趋势可分两种类型：约在 20°N 以北的海域，呈单峰型变化，冬季大，5~8月（部分海区 4~9月）出现负值；20°N 以南的南海大部海域，全年几乎都为正值，且年变化很小。

五、海面热量净收支

海面热量净收支是由海面获得太阳短波辐射量扣除洋面由于长波有效辐射、感热传输、潜热输送所损耗的热量后剩余的（净得）热量。热量净收支年平均分布南、北部海区具有不同的特点（图3.6）：大致 18°N 以北（包括南海北部和北部湾）是以黑潮主干区为中心，最大值为 $-100~-150W/m²$ 的负值区，由此绝对值向两侧减小，在渤海及黄海西部转为正值，零值线位于 122°E 经线上。18°N 以南均为正值，且向南逐渐增大，在赤道附近达到最大 50~75W/m²。就年平均而言，以黑潮主干区为中心的东海及南海北部是热量亏损区，赤道及热带区域海面是热量盈余区。亏损区的失热量主要通过黑潮和台湾暖流的洋流输送得以补充。

海面热量净收支分布各月之间差异较大。1月，净收支零线位于 8°N 附近，8°N 纬度以南的赤道海域为正值，即海洋从大气获得热量，以北的海域为负值，海洋失热南海中部和北部变化于 $-50~-150W/m²$ 之间，至黑潮水域急剧增加到 $-300W/m²$。东海西侧及黄、渤海失热量大大降低，近岸约 $-100W/m²$。7月，除了吕宋岛西面由于云雨多，海面热量净收支出现负值外，其他海区均为正值。南海数值较小，只有 0~70W/m²，东海得热较多，净收支为 100~150W/m²。中国近海的海面净得热量以黄海为最大，而且西侧大于东侧，达 150~180W/m²。

热量净收支的年变化可分成四种类型：①赤道海域，各月均为正值，并呈微弱的双峰型变化，2~4月最高，9月次高，12月及7月最低。②18°N 以南至 8°N 附近热带海域，各月分布趋势呈双峰型变化，4月（或者5月）及9月出现高值，7月、12月出现低值，3~9月为正值，10月至翌年1月为负值，但年平均为正值，海面净得热。③南海北部及东海、黄海东部都呈单峰型变化，冬季月份为负，夏季月份为正，年平均为负值，海面失去热量。黑

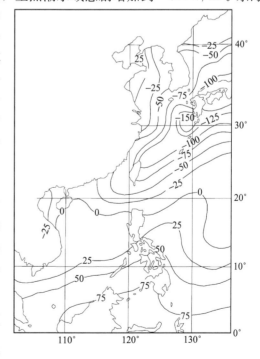

图3.6 中国近海海面年平均热量净收支（W/m²）（闫俊岳，1999）

潮主干区 5～8 月为正值，峰值出现在 7 月；南海北部正值延长至 4～9 月，峰值在 6 月或 5～7 月。④渤海及黄海西侧为单峰型变化，峰值出现在 5 月，由于正值出现的时间长，数值也较大，因而年平均为正值，海面得热大于失热。

六、海面蒸发量

中国近海的年蒸发量一般为 230～240cm，局部海域达 250～260cm，比大西洋湾流区小。蒸发量最大值出现在黑潮主干区，黑潮及其邻近海区冬季强烈的海-气温差和大风是造成其蒸发量偏大的重要原因。南海大部（赤道区域除外）蒸发量仅次于黑潮及其邻近海区，为 170～200cm。黄海西部和渤海全年蒸发量小于 100cm。近赤道海区因空气湿度大，风速小，蒸发量也只有 100～125cm（图 3.7）。

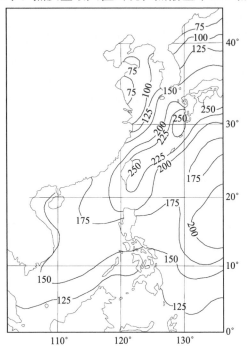

图 3.7　中国近海海面年蒸发量（cm/m²）
（闫俊岳，1999）

蒸发量的季节分布特点如下：冬季（以 1 月代表）各海区的蒸发量由 5cm 变化到 34cm，黑潮主干区最大，达到 30～34cm；南海大部海域为 15～20cm；渤海和黄海西部最小，其值仅有 5～8cm。夏季（以 7 月代表），东海以北由于风速减弱和气温升高，蒸发量比春季减少；南海由于西南季风增强，蒸发量比春季增大，最大值出现在南海中部 10°～18°N 之间的海区，达 15～17cm。台湾海峡及黑潮主干区均在 10cm 以下，黄、渤海都小于 5cm。

蒸发量的年变化特点是：赤道水域，蒸发年较差很小，年变化最大的海区是黑潮主干区。1 月黑潮主干区蒸发量达 30cm 以上，6～7 月仅 10cm，年较差达 20cm 左右，年变化呈单峰型；赤道和热带海域蒸发量都呈双峰型变化，冬、夏两季高，过渡季节低，年较差约为 5cm。黄海西部及渤海 9～10 月空气湿度较小，蒸发量达年最大值，次大值出现在 1 月，3～7 月蒸发量为全区最小，这时正值黄海雾季，空气湿度大，抑制了海面向上的水汽输送。

第二节　地理环境对气候的影响

地理环境主要指地理纬度、海陆分布、洋流、地形等不同下垫面状况。就不同地理环境差异的规模及其对气候形成的作用大小而言，除了地理纬度以外，海洋这一特殊的下垫面，包括中国近海的洋流和西太平洋暖池，以及海陆之间的差异和青藏高原特殊地形等对气候的影响是最基本的。

一、海陆分布和地形对气候的影响

中国近海海域位于世界第一大陆亚欧大陆的东南隅，面向世界第一大洋太平洋，毗邻印度洋，由于海陆冬夏和昼夜的热力差异，可以形成以年为周期的冬、夏季风，以及以日为周期的海、陆风。

冬季，大陆为冷源，在冷源附近形成冷高压，海上为热源，在热带附近形成热低压，风从高压吹向低压。因此，冬季低层大气盛行由大陆吹向海洋的寒冷而干燥的偏北季风，渤海、黄海北、中部盛行西北风，黄海南部和东海北部盛行北风或东北风，由此向南逐渐转为东北风。夏季则相反，大陆为热源，海洋为冷源，在大陆热源附近形成热低压，在海上冷源附近形成冷高压，从而导致从海洋吹向大陆的温暖而湿润的偏南夏季风。南海和菲律宾以东洋面盛吹西南风，东海、黄海、渤海盛行南至东南风。由海陆热力差异形成的季风环流对于中国近海的热量、水分、温度、降水、风等气候要素都有着深刻的影响。

海陆风的形成原因与季风类似，陆地白天受热，使陆面空气增暖上升，海上较陆地为冷，空气下沉，因此在海岸附近，日间等压面向陆地方向倾斜，形成垂直环流圈，地面风自海面吹向陆地（上层相反，自陆地吹向海洋），这种地面上的风称之为海风。夜间则相反，出现反向的垂直环流圈，下层风自陆地吹向海洋，称之为陆风。这种由于昼夜海、陆热力差异产生的气压梯度较小，只有当大范围水平气压梯度比较弱时才能显现出来。海风和陆风的转换时间及其空间特征随地区和天气条件而异。海风通常比陆风强。北部沿海地区陆风风速一般仅 1m/s 左右，海风稍大，在 2m/s 以上，在有利条件下，热带沿海地区，陆风风速在 3m/s 以下，但海风较大，约 5～10m/s，阵风可达 13m/s，最大高度 1000～1500m，有时甚至可达 2000m。温带沿海地区较低，日本测得高度为 500～600m。海风深入陆地的范围也因地而异，一般为 20～50km，有时可达 100km。但陆风波及海洋的范围只有几千米。海陆风对滨海地区的气候有一定影响，特别是海风，常伴有海雾和低云，在冷洋流和上升流区，海雾和低云常被海风吹向内陆。被海风携带的海上空气进入陆地遇到山脉时会强迫上升变成云。海风还可降低沿岸地区的气温，使这些地区的夏季高温得到调节。

由于海陆表面摩擦阻力的差异，空气在海面上运行时，一般消耗于摩擦的能量远比陆面上小，因此平均海上风速总比陆上大。比如，在我国东部沿海，大风情况下的海上风速要比陆上约大 3～6m/s，甚至更多，出现大风的机会也多。海峡的"狭管效应"使风速增强，如冬季台湾海峡、吕宋海峡以及南海中南部风大、浪高、流急，就是一例。

地形对气候的影响是多方面的，也是错综复杂的。地形岛屿对云和降水的影响也很突出，特别是在迎风面海区，云多、雨大，而背风面则云少、雨稀。在亚非大陆，特别是中国，高原和山脉占很大优势，地表形态复杂多样，地势起伏很大，在中国大陆中部，有着世界上最大、最高的山脉，且从中央向四周辐射。作为世界群山之巅的青藏高原，可使西风带通过绕流、爬越和阻挡等机械作用，而使其范围向南扩展，其南界可达 15°～20°N，高原东侧气流的汇合使得在日本南部上空形成了世界上最强的西风急流。青藏高原的热力和动力作用实质上是加强了亚非大陆的背景作用，使中国东部及近海地区的季风更为明显，增强了冬、夏季风的交替，扩大了冬、夏季风活动的范围，使气候变化更复杂（叶笃正等，1979）。

近年来，有关青藏高原的热力和动力作用及其对东亚季风，乃至全球气候的影响研究取得了重要进展（秦大河，2005）。大量的模式数值模拟试验证明，在冬季大气环流中，海陆产生的冷热源分布，决定了东亚大气环流，如西伯利亚高压、东亚大槽以及30°N附近的西风急流的存在，而青藏高原大地形的存在则严重地影响着它们的位置和强度。只有在有高原地形的模式数值模拟中，才能使夏季环流形势、雨区、西南季风的突然建立和西风急流的北撤得到再现。夏季高原的感热和潜热加热是亚非和太平洋地区最大的，其作用叠加在大范围海陆分布造成的热力差异上，使高原成为北半球大气运动的重要外源强迫，它的异常变化不仅影响本地环流，而且可影响亚洲乃至北半球大气环流。研究表明（吴国雄等，1998），青藏高原的热力和机械强迫作用使亚洲季风首先在孟加拉湾出现，这里的季风环流又提供了有利的背景条件，使南海季风接着爆发。

南海周边的岛屿和陆地上的高山对局地气候有重要影响。由于台湾岛和吕宋岛上高于500m的高山对冬季风的影响，10m/s以上的强风区位于台湾海峡、吕宋海峡（Liu et al.，2004）；中南半岛东部沿岸南北走向500m以上的长山山脉对冬季东北风有阻挡作用，位于11°N越南南部沿岸处出现另一个东北风的强风区（Liu et al.，2004）。该山脉南端对夏季风的阻挡作用，形成夏季离岸的风速急流（Xie et al.，2003）。该影响不仅表现在海面风上，还引起一连串的海洋-大气相互作用，形成了南海独特的海洋环流与气候变化（详见第十一章，第一节）。

二、洋流和西太平洋暖池对气候的影响

近年来的大量研究表明，黑潮及其延伸体海域和西太平洋暖池是太平洋西部海域海-气相互作用的两个关键区，是影响和制约中国东部及中国近海海区气候的重要源地。

如上所述，海洋对气候形成和变化的影响，主要通过海洋和大气的热量交换。暖洋流经过的海区，由于水温、气温高，气候温暖，雨量充沛；冷洋流经过的海区，则水温、气温低，气候寒冷，雨量稀少、干燥且多平流雾。海区表层水温和气温等值线纬向和经向分布的不均匀性主要是冷暖洋流作用的结果。此外，凡冷暖洋流交界处的冷洋流一侧多平流雾，如海雾发生最多处就位于黑潮暖流与亲潮冷流交界处以北的北海道，这里夏季7，8月雾日高达23天，有"雾窟"之称。

地处西风带的东亚大陆，位于太平洋的上游，黑潮及其延伸体海域的热状况能否对东亚大陆地区，特别是对我国的天气和气候产生影响，这是我国气象和海洋工作者十分关心的问题。早在20世纪50年代初，吕炯（1951，1954）就揭示了两者之间一些重要的天气事实，即当黑潮和亲潮海流同时加强时，则南北海温水平梯度加大。这时北太平洋大气环流表现出副热带高压和鄂霍次克海高压同时加强，形成对峙，有利于长江流域梅雨锋的维持。相反，如这两支海流较弱，南北温差变小或西部海区变为一致的冷水或一致的暖水时，均不利于梅雨锋在长江停滞。此后，他们

（中国科学院地理研究所海洋气候组，1973）又研究了海洋锋、大气锋相互作用及其对气候的影响。

　　海洋经向热输送对全球能量平衡以及气候变化有重要作用，且主要集中在几支强而窄的西边界流中。黑潮是太平洋西部边界的一支强洋流，也是世界大洋极向热量输送调控气候的主要通道之一。在北太平洋中部热含量的改变中，海洋平流的贡献占 30%，其中黑潮的贡献占海洋平流贡献的 50%（Vivier et al.，1999）。黑潮路径的摆动及中国近海海水的冷暖将影响中国近海和中国的气候。东海环流的变异还会影响台风北上的时间差异，黑潮流经东海重返太平洋之前，在日本九州岛南部海面分出一个小分支北上，形成对马海流。对马海流在流经济州岛西南海域时又一分为二：一支折向东北，穿过朝鲜海峡奔向日本海；而另一支折向西北，沿黄海东侧北上，再转入北黄海，进而穿过渤海海峡向渤海流去，人们把这股海流称为黄海暖流。在冬季，渤海、黄海一带水温显著降低时，这股黄海暖流仍然显出其高温的特性，给其途经的海区带来了温暖。地处渤海湾内的秦皇岛沿岸，因受黑潮暖流的影响，通常能使海水温度保持在冰点以上，不致结冻。由于黑潮暖流的北上，整个黄海有一个明显的高温"水舌"存在，它自济州岛南方海域向北挺进，然后转向渤海海峡，一直扩展到整个渤海。

　　台湾以东黑潮流量的低频变化直接影响黑潮及其延伸体海域的海-气热交换，从而影响天气和气候。黑潮附近的海表温度已成为我国气候预测中的重要统计指标。研究指出（赵永平等，1995，1996），黑潮海域海洋异常加热对后期下游大气环流的影响是通过改变低纬度与高纬度大气之间温度差和位势高度差来实现的。在冬季，黑潮海域异常加热与大气环流相互作用是一个正反馈过程。通过对历史资料进行奇异值分解、合成分析及相关分析揭示，当冬季台湾以东黑潮流量增强（减弱）时，则西北太平洋海区异常失热（得热），北太平洋（北纬 20°N 以北）上空 500hPa 位势高度负异常（正异常），而冬季台湾以东黑潮的暖平流作用可能是维持该正反馈过程的一个必要条件。通过超前和滞后相关及合成分析、海洋和大气耦合数值模式的模拟证实，从 10 月开始，台湾以东黑潮流量异常形成的暖平流作用会对冬季西北太平洋海区海洋-大气相互作用有贡献（温娜、刘秦玉，2006；Liu et al.，2006）。从近 40 年的资料分析发现（俞永强等，2005），副热带高压的变化与前一年冬季黑潮流量有相当一致的正相关关系，即冬季黑潮流量强时，其后一年副热带高压终年偏强，反之，冬季黑潮流量弱时，其后一年副热带高压偏弱。与此相关，黑潮流量大时，后一年东亚冬季风减弱，反之，东亚冬季风增强。黑潮正是通过它的流量变化影响和制约中国近海和中国东部气候。

　　热带印度洋和西太平洋（包括南海）虽然只占地球表面面积的一部分，但这里有全球海表温度最高的海域，称之为暖池（warm pool）。该区常年海表温度大于 28℃，温跃层的厚度可达 150～200m，表层海水热含量也很大。这个海域是海-气能量交换总量最大的区域，是驱动大气环流的最大热源之一。它的变化直接影响着邻近海区的海气系统以及中国近海、东亚，乃至全球的气候。研究指出（俞永强等，2005），暖池区海温的最大变化发生在位于暖池下面的温跃层，温跃层以上水体的热量变化可以反映暖池变化的特征。暖池范围的季节变化主要表现在南北方向上（特别是北半球）的扩张与收缩。暖池区的年际变化主要表现为东西方向的变化。暖池的纬向位移和上层海洋热含量的年际变化与厄尔尼诺-南方涛动（ENSO）循环相联系，并影响着太平洋海区，乃至东亚和全球气候。研究指出（黄荣辉等，1994），若热带西太平洋海温偏高，则菲律宾附近的对流活动加强，西太平洋副热带高压偏北，我国江淮流域、朝鲜半岛南部和日本的夏季降水便减少，而我国华北和江南降水则偏多。反之，若热带西太平洋海温偏低，则菲律宾附近的对流活动减弱，西太平洋副热带高压偏南，我国江淮流域夏季降水偏多，华北和江南地区降水偏少。

南海夏季风是亚洲地区夏季风爆发最早的地区之一，南海是我国夏季降水的水汽和各种能量的重要源地之一。该海区的海表温度变化及其与季风环流的相互作用，对中国近海和我国东部地区的气候（旱涝）有重要影响。研究表明（俞永强等，2005），当春季南海地区海温偏高时，该海区对流活动发展，副热带高压位置偏东，有利于夏季偏早风爆发。相反，当春季南海地区海温偏低时，对流活动受到抑制，副热带高压位置偏西，南海夏季风爆发偏晚。南海及邻近海域的热状况不仅影响南海夏季风爆发的时间早晚，而且影响季风强度及相关的气候变化。

近年来，通过对高分辨率卫星遥感监测资料的分析以及南海上层海洋环流理论框架的建立（刘秦玉等，2000；Liu et al.，2001），定量描述了南海西边界流对热量的输送作用，发现冬季位于南海南部的冷舌是冬季东北季风对海洋影响的结果，它的存在使得冬季南海成为印度洋-太平洋暖池的一个"豁口"，南海冷舌的海面温度季节变化比同纬度带更显著。11～2月，西边界流及冷舌都很强，冷舌发育完全，此后随着东北季风的撤退，冷舌逐渐消失。在冬季冷舌形成过程中，地转冷平流和海表失热这两个因素有利于冷舌的形成和发展，且平流冷却作用大于海洋失热作用。冬季冷舌区与冷舌东侧同纬度海区的海表温度差异主要是地转冷平流的作用（Liu et al.，2004）。

第三节　大　气　环　流

大气环流是指大范围大气运动的基本状态。通常包括大气低层和高层的气压场、风场以及大尺度天气系统，包括永久和半永久大气活动中心等。大气中的热量、水分、动量等物理量的输送、平衡和气候的基本特征都与大气环流有密切关系，因而是气候形成的又一基本因子。中国近海海区气候受东亚大气环流的影响，而作为全球大气环流的组成部分的东亚大气环流，既具有全球大气环流变化的共同规律，同时由于所处的地理位置特殊，又具有其自身变化的特点。比如东亚冬季高空西风急流受青藏高原地形影响，在高原的南北两侧被分成两支。本节重点介绍对流层的气压场和流场，而将主要（灾害性）天气系统放在下一节介绍。

北半球大气环流的主要特点是，在中高纬度对流层中高层盛行着以极地为中心的沿着纬圈方向的西风带，在西风带上面还有大尺度的平均槽脊（叶笃正等，1958）。与西风带槽脊相应的海平面气压，沿着纬圈方向的非均匀性特别显著，冬季的主要表现为三个强大的天气系统：阿留申低压、冰岛低压和蒙古高压。而夏季，海平面气压系统与冬季的系统位相完全相反，高压成了低压，低压变为高压。这种变化在中国近海特别明显，因此形成了冬、夏完全相反的季风风系。

一、海平面平均气压场和流场

冬季（以 1 月为代表），东亚大陆上高压十分强大，中心位于蒙古北部，称之为蒙古高压，与其相对应，在日本以东洋面阿留申群岛附近为阿留申低压所控制，这时太平洋副热带高压已退居大洋中东部，赤道附近是一条低压带。

冬季控制整个中国近海的大气环流属冬季风系，盛行西北（或北）季风和东北季风（图 3.8）。自大陆沿岸至 155°E 附近，气流作顺时针转向，大致以 25°N 为界，其北盛行西北（或北）季风，其南盛行东北季风，即在日本海及日本列岛以东的洋面、我国渤海及北黄海海域盛行西北（或北）风，而南黄海、东海及其以东的洋面盛行东北风。这支东北季风气流与大洋东北信风汇合，自南海北部长驱南下，一直伸至赤道洋面，并以西北气流越过赤道转入南半球，马六甲海峡、菲律宾附近海域和安达曼海均受东北季风影响。

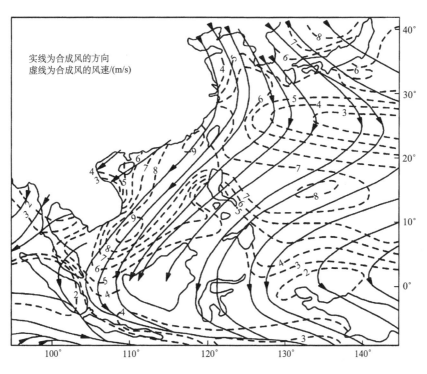

图 3.8　1 月中国近海海面合成风图（NOAA，1986）

夏季（以 7 月为代表），气压场和流场形势与冬季完全相反。大陆高压已为低压取代，中心在印度附近，海上阿留申低压消失，太平洋副热带高压西伸北上，强度增大。季风槽位于南海北部。自海南岛向东南穿过菲律宾至雅浦岛，季风槽两侧风向有较大转变，这里是热带低压或台风的源地。与冬季相比，海上风系几乎发生了根本的变化（图3.9），自大陆沿岸至 150°E 的广大洋面上都盛行西南季风或东南季风。冬季和夏季风向截然相反，显示出明显的季风特征。冬季气流沿着大陆作逆时针方向偏转，南半球的东南信风越过赤道转成西南风。这种西南季风经安达曼海附近海域，越过马来半岛和中印半岛，一直到达南海南部海面。华南沿海、台湾附近海面、东海、黄海和渤海均吹东南或偏东风，30°N 以北的日本海海域，以及日本列岛以东的洋面，也由冬季西北季风，转成西南和东南季风。冬季的偏北季风已被偏南季风所取代。

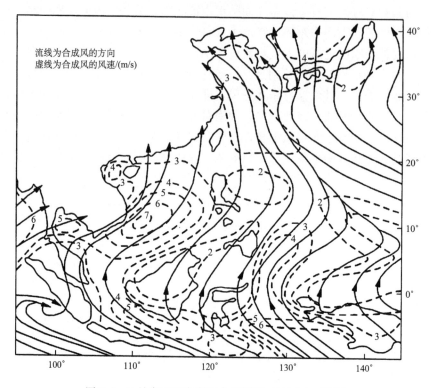

图 3.9　7 月中国近海海面合成风图（NOAA，1986）

综上所述，控制和影响中国海及相邻地区低空流场的海平面气压系统，主要是四个大气活动中心，即较高纬度的蒙古高压、阿留申低压，较低纬度的太平洋副热带高压和印度低压。它们的强度、范围和位置的变化决定了本地区冬季和夏季基本气流的变化，特别是季风气流的变化，从而形成了中国近海独特的天气气候特征。

二、对流层各层平均高度场和流场

通常以 850hPa（平均高度为 1.5km）代表对流层低层，以 500hPa（平均为 5.5km）代表对流层中层，以 200hPa（平均为 11～12km）代表对流层上层，分别介绍冬季（以 1 月为代表）和夏季（以 7 月为代表）对流层低、中、高各层的大气环流型，即各层的平均高度场和流场（李克让，1993）。

冬季中国近海北部为强烈的副热带西风带，由低层至高层等压面的等高线越来越密集，也即水平气压梯度和风速越来越大，直至对流层顶层达到最强。东亚海岸为深厚的大槽所在地，槽线由鄂霍次克海向低纬的西南方向倾斜，乌拉尔东侧则为高压脊。在大槽的前方，地面为深厚的阿留申低压，槽后地面为强大的蒙古高压。西风带的南缘，水平气压梯度显著变弱，由菲律宾东向西，一直到阿拉伯半岛为太平洋高压带，并分裂为几个中心，其中在对流层中层以上、中南半岛上空为南海高压。

冬季的对流层低层，在台湾上空有一闭合的变性冷高压反气旋环流，因此南海和菲律宾上空盛行东北季风气流，其范围向南可延伸到马来半岛南部和加里曼丹北部海域。高压脊线大致位于20°N，脊线以北基本为偏西气流，但在西风带槽线以西为西北气流，槽线以东为西南气流，脊线以南为东北信风气流。对流层中层，中南半岛为太平洋高压分裂出的反气旋环流，南海低空东北季风上空为高压脊南缘的偏东气流。脊线以北则为西风气流，这支气流在青藏高原以东发生分支，即有两支急流存在，它们在日本南部汇合，这种现象在对流层中上层更为清楚。由于高压脊线随高度向南倾斜，因此对流层中、高层的副热带西风气流和脊线南缘的东风气流随之向南推移。

夏季等压面高度场的形势有显著改变，东亚海岸西风带平均大槽所在地为浅脊，陆上高压脊所在的位置变为弱低压槽。这时大陆地面为低压控制，中心在印度和巴基斯坦附近，西太平洋副热带高压发展强盛，但脊线随高度向西和向北倾斜。在对流层低层脊线位于24°N附近，对流层中层位于28°N，这时，整个印度和中印半岛为一强低压区。到了对流层上层，高度场有很大改变，印度附近的低压区消失，青藏高原和东海有两个高压中心，并与伊朗高压连成一个强大的高压带。

季风槽在对流层低层自中南半岛北端，经海南岛南部，穿过菲律宾向东南延伸，季风槽南侧的南海西南部为偏西气流，一般认为它是夏季北移扩展的赤道西风，北侧为南或东南气流。太平洋高压脊向东北方向延伸，可以到达中国近海大约24°N附近，脊线以北为西南气流，脊线以南直至赤道为广阔的东南气流。对流层中层，太平洋高压环流脊线位于28°N附近，在其北侧为西风气流，南侧为宽广的偏东气流。对流层高层，太平洋高压中心移至大陆，脊线以南，在菲律宾两侧变为一致的偏东气流。

综上所述，中国近海的气压和高度的空间分布型由冬到夏有向北移动的趋势。冬季和夏季都有四组基本气流，但冬季其结构简单，夏季其结构相对复杂些。冬季的气流主要有：①低空为西北和东北季风气流；②季风气流上空为强大的副热带西风气流；③低纬地区低空为东北信风气流，高空为热带东风气流；④近赤道地区低空为偏西风。夏季的气流主要有：①地面的西南季风和东南季风气流；②中纬度地区高空的副热带西风气流；③热带地区对流层低空的赤道西风气流；④低纬地区低空为东北信风气流，高层为热带东风气流。

第四节　主要灾害性天气系统

影响中国近海的主要灾害性天气系统有来自高纬地区的冷性反气旋（和寒潮），来自中、高纬地区的温带气旋以及来自热带地区的热带气旋，它们是在中国近海产生大风、大浪、风暴潮、暴雨、低温、海冰等灾害性天气和气候的主要原因。

一、冷性反气旋和寒潮

由欧亚大陆移入中国近海的反气旋属于冷性反气旋，又称之为冷高压。强大的冷高压侵入中国近海时，常带来大量冷空气，使所经之地气温急剧下降。中央气象台的寒潮标准规定，以过程降温与温度负距平相结合来划定冷空气活动强度。过程降温是指冷空气影响过程的始末，日平均气温的最高值与最低值之差。而温度负距平是指冷空气影响过程中最低日平均气温与该日所在旬的多年旬平均气温之差。单站寒潮的标准为：过程降温≥10℃，且温度距平≤-5℃。全国性寒潮的标准为：达单站寒潮标准的南方站点数和北方站点数分别占当年总南方站点数和总北方站点数的1/3和1/4；或者达单站寒潮标准的站数占全国总站数的30％以上，并且过程降温≥7℃，温度距平≤-3℃的站数占全国总站数的60％以上。区域性寒潮的标准为：除全国性寒潮外，达单站寒潮标准的站数占全国总站数的15％以上，并且过程降温≥7℃，温度距平≤-3℃的站数占全国总站数的30％以上。

就中国近海来说，大约每3～5天就有一次冷空气活动，可是冷空气的强度在不同季节相差很大。一般夏季很弱，冬季很强。一般情况下，影响中国近海的冷空气绝大部分与影响我国的全国性或区域性冷空气活动相联系。根据1951～2004年的统计，近53年以来，全国和区域性寒潮共发生371次，平均每年7次，其中全国性寒潮为104次，平均每年发生2次左右。11月寒潮发生最频繁，共发生63次，占总数17.3％；其次是4月和12月，各占总数的14％；9月最少，53年内共出现8次，仅占总数2％（王遵娅、丁一汇，2006）

从各月分布来看，以32°N纬线为分界线，北部海区以11月～1月最多，南部海区多集中在12月和3，4月。

入侵中国近海的寒潮源地有三个，分别来自新地岛以西、新地岛以东的北冰洋（属寒冷的冰洋气团）以及冰岛以南的大西洋。冷空气进入中国后沿西路、中路、东路和海路影响中国近海。冬季冷性高压出海的位置在渤海和黄海北部，春、秋则南移至黄海南部。

通常冷高压出海后移速减慢并以入海时最慢，此后稍有增大。以春季为例，冷高压在内蒙古时移速为每天1050km，在黄河下游为每天800km，在黄、渤海为每天500km，移至日本海则又加快至每天850km。

冷高压的前沿有一条强烈的冷锋，冷锋过后，黄海及渤海多为西北大风，东海为北到东北大风，风力一般在8级左右，黄海有时可达10级。冷锋过后常伴有阵性降水，降水频率和时间多受海陆分布的影响。如山东半岛北部海面降水持续时间长，每次冷空气南下，间断性降雪常延续到冷平流完全停止时，而在半岛以南海面降雪总时数只及半岛以北海面的1/3弱。春季冷高压常与温带气旋结伴而行，冷空气范围较小，强度较弱，历经时间短，变化快，周期性明显，冷锋前的南风和冷锋后的北风都很大，伴有急剧的天气变化，特别是北部海区。

对寒潮发生的多年频率的统计表明，对单站而言，全国大部分区域的寒潮频次都减少了，其中尤以东北地区最为明显，线性减少趋势大都在每年0.05次以上，局部地区达到每年0.08次。并且，东北地区寒潮的减少趋势达到了95％的信度水平。在其余地区，寒潮频次的变化趋势大都为每年0.02次左右。就各个季节而言，冬季几乎在全国都为减少趋势，且东北大部和西北局部地区通过了信度检验。春季和秋季，寒潮在中国北方也都为减少趋势，但在南方出现了增加趋势，通过信度检验的区域也有所减少。冬季虽然不是单站寒潮最为频发的季节，但寒潮频次的减少在冬季最明显。

在年代际尺度上，寒潮的变化也很显著（王遵娅、丁一汇，2006），20 世纪 50～60 年代寒潮偏多，70 年代为一过渡时期，80～90 年代寒潮偏少。总寒潮次数在 50 年代最多，而 80 年代最少。M-K 检验表明，中国寒潮频次的减少自 20 世纪 60 年代末开始，并在 20 世纪 70 年代末出现突变性减少。进入 20 世纪 90 年代，减少趋于平缓。从长期变化来看，总寒潮次数，近 53 年都出现了明显地减少趋势，其线性减少趋势分别为每年 0.063 次，通过了 95％ 的信度检验。寒潮在春季、秋季和冬季出现的次数都呈减少趋势，分别为每年减少 0.009 次、0.026 次和 0.034 次，秋季和冬季都通过了 95％ 的信度检验。

寒潮对中国近海海区影响减小的趋势比陆地上更明显。对影响华南地区寒潮的研究表明，沿 110°E 经线上 10～4 月各月发生的频率中以 1 月份最大，这一集中于 1 月的频发趋势越向南表现越明显，1 月寒潮发生的频率从北部的 30％ 上升到南部的 60％，在 24°N 以南的华南南部，3 月份寒潮已基本绝迹。沿华南 25°N 纬线上 10～4 月寒潮过程频率表明，1 月份寒潮过程频率从东部的 30％ 向西逐渐增大到 50％。冬季 12 月～2 月西部地区发生寒潮的频率比东部地区大。

对影响渤海附近潍坊地区（北部沿海）寒潮的研究也表明，渤海附近寒潮发生频数的变化也具有年代际尺度的特征，从 20 世纪 60 年代至 90 年代，寒潮频数是减少的。

二、温 带 气 旋

中国近海温带气旋是指在中国大陆生成后进入中国东部海域以及在中国近海（130°E 以西）生成的锋面气旋。规定地面天气图上至少有一条闭合等压线、生命史超过 24h 以上的低压，算作一个气旋过程。温带气旋以春季最多，常产生灾害性天气。

（一）中国近海气旋的基本气候特征

按气旋中心入海位置的不同，可将中国近海气旋划分为东海气旋、黄海气旋和渤海低压。东海气旋是指在东海海域内发生和发展的气旋。这类气旋四季都可出现，但以春季 4、5 月最多，1～3 月次之，夏、秋两季最少。东海气旋生成后的两天，中心常向 ENE 方向移动，移速在 40km/h 以上，中心强度平均每小时加深 6～10hPa，到了日本南部黑潮区上空，气旋加深更快，移动方向转为 NE 向。东海气旋生成初期，大风范围较小，在气旋加深过程中，常在舟山群岛海面造成局部强风，在冷锋附近常有降水，由它产生的天气依气旋的生成情况有所不同。

黄海气旋指在 30°N 以北进入黄海的气旋以及少数在黄海形成的气旋。这类气旋以春季和初夏较多，秋、冬季节较少。气旋除造成沿海地区大范围的降水、平流雾，使江、浙和上海沿海的能见度变差外，入海后经常加深，在黄海南部造成大风，在气旋西部为 NW 风, 东部为偏南大风。当气旋强烈发展时, 风力可超过 8 级, 且常常在偏南大风过后, 西北风随之来临, 因而使海上产生大的风浪和涌浪。

渤海低压为进入渤海的气旋, 以春、夏季节较多, 秋、冬季节较少。出现后多向 NNE 或 WNW 方向移动。当它移近渤海时, 常使海上产生偏东大风, 风力可达 7 级。随着暖区的到达而出现南向大风。当它移到东北境内时, 渤海和黄海北部的偏南大风加大, 在其移动过程中常伴有大雨和暴雨, 在其暖区内和冷锋后的风沙常使海上能见度降低。

依据秦曾灏等(2002)对 1949~1988 年间出现的中国近海气旋进行统计和分析, 可以得到以下有关中国近海气旋的基本气候特征。

中国近海气旋主要来源于: ①长江中、下游和淮河流域, 约占 44.14%; ② 东海南部和台湾东北部, 约占 30.17%; ③黄河下游和海河流域(含渤海、南黄海), 约占 22.19%。依次把发生在该三源地的气旋通称为江淮气旋、东海气旋和黄河气旋, 少数 (2%) 其他类气旋包括蒙古气旋、东北气旋以及在中国海区外围发生的气旋, 南海并无气旋的发生。各类气旋在源地生成后, 绝大多数向东或东北方向移动, 平均移速约为 40km/h。

中国近海气旋大多强度较弱, 强气旋极少, 约 15% 可得到爆发性发展, 多为东海气旋和江淮气旋。在 5~6 月近海气旋发生与发展于 25°~35°N, 128°E 以西海域的黄海气旋和东海气旋大多来自穿越 31°~34°N 海岸段东移入海的江淮气旋和黄河气旋, 平均每年约可发生 10 个, 多发生在 32°N 以南和 124°~128°E 之间的海域。绝大多数黄海气旋和东海气旋中为强度较弱的气旋波, 强气旋比较罕见。气旋移动方向以 ENE—NE 居多, 气旋波移速平均为 75km/h, 气旋移速为 50km/h。冷季月份中国近海和西北太平洋爆发性气旋(定义见下小节(二))主要发生在日本以东及以南的海域上, 高频中心位于 32°~38°N, 142°~150°E 的海区。东海气旋和江淮气旋东移发展演变构成了西太平洋爆发性气旋的一个重要组成部分。中国近海和西北太平洋爆发性气旋以 3 月出现最多, 平均每年可发生 7 个以上, 其次为 12 月和 1 月, 以中等强度和弱爆发性气旋居多, 两者合占总频数的 88%, 达到强爆发性气旋强度的极少, 气旋移动方向为 NE。

中国近海气旋活动频繁, 四季皆有, 平均每年有 63.9 个, 最多 80 个, 最少 44 个; 一年之中多发于 2~7 月, 约占全年总频数的 64.3%, 尤以 6 月出现最多, 约占 22.1%, 秋季(8~10 月)最少, 约占 15.9%。东海气旋多发于冬、春与初夏(1~6 月), 约占 77.2%, 3 月最多, 约占 17%, 盛夏(7~8 月)罕见。江淮气旋多发于 2~7 月, 约占 68.7%, 尤以 4~6 月最多, 约占 40.9%, 盛夏(8 月)少见。黄河气旋多发于夏季(6~8 月), 约占 30.8%。

各类气旋在源地生成后, 约有 95% 向东或东北方向移动。东海气旋主要向东北方向移动(57.8%), 其次为向东移动(35.6%); 江淮气旋和黄河气旋均以向东移动为主(50.9% 和 58.6%), 其次为向东北移动(44.8% 和 32.7%)。中国近海气旋平均移速为 40.1km/h。因高空引导气流随季节而变化, 使各季气旋移速不一, 以冬季最快(49.1km/h), 春、秋季次之(39~42km/h), 夏季最慢(32.2km/h)。气旋向东北移动速度比向东移动速度大。一般来说, 在沿海地区, 江淮气旋比另两类气旋移动得快些。气旋的移速还与气旋本身的强度有关，一般来说，在气旋的发展旺盛期，移动最快，气旋发展初期与后期，移动较慢，两者移速可相差 10km/h 左右。各类气旋在我国近海逗留的时间长短不一，通常约为一天。

（二）爆发性气旋发生和发展的气候特征

爆发性气旋主要是北半球中、高纬度地区的冷季（10 月至次年 4 月）天气系统。爆发性气旋被定义为中心加深率超过 1B（Bergeron）的气旋（$1B =（24hPa/24h）\times（sinB/sin60°）$，B 为气旋中心纬度）。根据 40 年（1949～1988 年）的资料统计表明（秦曾灏等，2002），在中国近海出现的各类气旋中约有 15％可以东移发展成爆发性气旋。其中，以东海气旋和江淮气旋最多，分别占 47％和 33％。爆发性气旋在 27°～54°N，122°～180°E 的地区内均可发生，但主要集中在日本以东的 32°～38°N，142°～150°E 的洋面以及日本四国以南的 33°N，135°E 附近洋面上；日本海内也有相当数量的爆发性气旋发生。在 45°N 以北和 165°E 以东以及 130°E 以西极少出现爆发性气旋。

初次获得爆发性发展的气旋前 24h 的位置集中分布在黄海南部、东海东部和长崎以东海域。这些海域正是黄海暖流和黑潮流经区，气旋路经该海域深厚的暖水时，得到海洋对大气更多的感热和水汽输送，使气旋迅速加深。爆发性气旋发生的频数具有一定的年际变化规律，各年发生频数均在 10 次以上，1986 年和 1983 年是发生最多的两个年份，分别达到 27 次和 25 次。

"连续爆发"是按照一个气旋过程中，以 12h 为间隔连续 24h 达到爆发性气旋标准来计算的。统计表明，冷季各月均有连续爆发现象，发生连续爆发最多的月份是 12 月，其次为 1 月，均在 36 次左右，均占各该月总数的一半以上，10 月和 4 月最少，均在 10 次左右。中等强度的爆发性气旋和弱爆发性气旋发生的频数相当。西北太平洋爆发性气旋具有连续爆发的特性，发生连续爆发较多的月份是 12 月、1 月和 3 月，平均每月有半数以上可连续爆发。中等强度的爆发性气旋具有更大连续爆发的可能性，而弱爆发性气旋中仅有 1/4 可连续爆发。

另外，在中国沿海与近海地区还出现一种突发性气旋，其加深率达到或超过 6hPa/6h 或 12hPa/12h，破坏力很强（秦曾灏等，2002）。

三、热带气旋

热带气旋（以下简称为 TC）是发生在热带海洋上强烈的暖心气旋性涡旋。国际规定按其强度大小确定等级：热带气旋中心附近的平均最大风力小于 8 级，称为热低压；8～9 级，称为热带风暴；10～11 级，称为强热带风暴；12 级或以上称为台风。按照这个标准，1949～2000 年的 52 年中，发生在西北太平洋上的热带气旋共 1784 个，平均每年 34.3 个，其中强度达到热带风暴以上的 1423 个，平均每年 27.4 个；台风 879 个，平均每年 16.0 个（表 3.1）。

表 3.1 　西北太平洋各级热带气旋出现数目（1949～2000 年）（杨亚新，2005）

项目 \ 级别	热带低压	热带风暴	强热带风暴	台风	合计
总数/个	361	189	355	879	1784
每年平均/个	6.9	3.6	6.8	16.9	34.2
占热带气旋频率/%	20.2	10.6	19.9	49.3	100

（一）热带气旋发生的条件及源地

根据最近的研究认为：热带气旋的产生必须具备下述四个条件：①一个广阔的表层水温大于 26～27℃的洋面，洋面上始终保持高温、高湿的状态，形成中低空层结不稳定。②远离赤道两侧距离超过约 4～5 个纬距，这里的科里奥利参数大于一定数值，以保持初生的气旋性环流不致减弱。目前发现台风生成的最低纬度约 4°。③基本气流的垂直切变要小，这样才能保证凝结潜热不被高气流吹走，有利于台风暖心结构的形成。④低空有稳定的辐合流场或高空有较强的辐散流场，例如热带辐合带、东风波、高空反气旋前部，大约有 85%的西太平洋台风发生在热带辐合带中。

西北太平洋 5°～25°N 的海域是世界大洋中最能满足上述条件的区域，这里的暖水池提供了足以形成台风的能量，因而成为热带气旋发生次数最多、强度最强的海区。每年发生的热带气旋占全球总数的 36%。

太平洋台风的源地相对地集中在三个海域：关岛的西南方、南海中部和东部、马绍尔群岛附近。热带气旋达到热带风暴强度的位置，一般在热带气旋源地的西面，相对地集中在三个海域：菲律宾以东约 1000km、关岛的西南方和南海的中部。

（二）热带气旋发生频率和强度

对 1949～1988 年西北太平洋不同等级的热带气旋逐月生成频率进行统计（图 3.10）表明，就热带气旋的总数而论，1～4 月发生个数很少，5～6 月增多，7～10 月是高频期，其中 8 月达最大值，11～12 月发生数逐渐降低。7～10 月年平均生成热带气旋 24.6 个，占年总数的 69%，其中 8 月年平均为 8.1 个，占全年总数的 23%。台风以 7～10 月发生较多，占全年总数的 69%。热带风暴 8～9 月发生较多，占全年总数的 38%。强热带风暴 7～9 月发生较多，占全年总数的 58%。热带低压 7～10 月发生较多，8 月发生 86 个，占全年的 28%。

如果将发生在南海区的热带气旋单独进行统计，那么 1949～1988 年间发生在南海的热带风暴、强热带风暴及台风年平均均为 9.5 个，7～11 月平均每月生成 1～2 个，其中 9 月发生较多，为 1.9 个，占全年总数的 20%。这说明南海热带风暴和台风发生时段较长，最频期比西北太平洋滞后 1 个月。

除热带气旋近中心最大风速外，衡量热带气旋强度的另一个指标是其中心最低气压。热带气旋中心最低气压大多出现在 961～1000hPa 之间，其中以 981～990hPa 出现

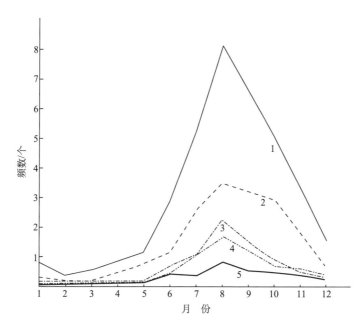

图 3.10　不同等级的热带气旋各月出现的平均图 (1949～1988 年)
1. 热带气旋总数；2. 热带低压数；3. 热带风暴数；4. 强热带风暴数；5. 台风数

频率最高，约占总数的 19%。最低气压低于 900hPa 的强台风，约占总数的 4%。台风强度的极值多在 9～10 月份。1949～1980 年期间热带气旋中心最低气压极值为 870hPa，发生在 1979 年 10 月 7919 号台风过程中。

（三）热带气旋的移动路径

通常将热带气旋的路径分为三类（图 3.11）：一是西行类，即由菲律宾东部海域进入南海并侵袭我国南部沿海或中南半岛；二是登陆类或称西北行类，即台风生成后大致向西北方向移动登陆我国沿海；三是转向类，包括登陆转向类和海上转向类，除了登陆转向类外，还有从菲律宾东部海域及西北太平洋转向北或东北的热带气旋，对我国影响较小。

1～4 月，热带气旋发生较少，最多路径集中在 7°～15°N 之间，大部分路径为转向类，南海很少有热带气旋活动。

5～6 月，热带气旋活动区域大幅度北移，吕宋岛东北面、琉球群岛附近为高频区，热带气旋路径多转向类，西行类也占有一定比例。我国广东、台湾等省已受到台风影响。

7 月，热带气旋活动区域北移至 10°～35°N 海域，吕宋海峡及以东洋面、南海北部、日本南部出现高频率区，除了转向及西行路径外，登陆类台风频率上升，特别是出现了沿东海北部、黄海北上的路径。我国沿海远离受到热带气旋袭击。

8～9 月是台风发生最多的月份，三类路径都出现较高的频率，尤以南海北部、东海琉球群岛附近、日本等地的频率最高。热带气旋活动区域多在 10°～40°N 之间。我国沿海受其影响最大，从南到北各省都有可能受到台风袭击。

10 月，热带气旋活动区南移，以转向类及西行类路径为主，南海中部、西太平洋

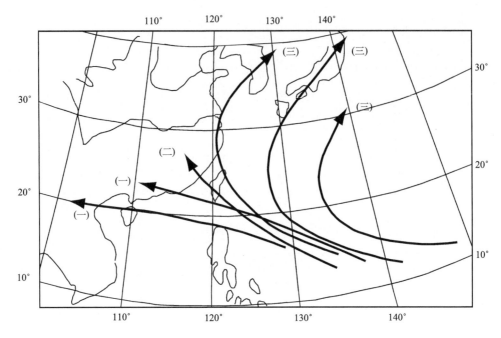

图 3.11　热带气旋的移动路径

（一）为西行类；（二）为登陆类；（三）为转向类

135°～150°E 海域上出现较高的频率。我国南海及东海沿海仍可受到台风影响。

11～12 月，菲律宾中部及东部洋面上出现频率较高，热带气旋路径以转向类为主，部分西行至中南半岛。热带气旋在南海活动范围局限于 5°～15°N 之间，在西北太平洋上活动范围在 5°～35°N 之间。

（四）影响各海区的热带气旋

1. 南海

据统计（表 3.2），在 1949～1988 年的 40 年间，南海出现热带风暴 63 个，平均每年 1.6 个，强热带风暴 125 个，平均每年 3.1 个，台风 222 个，平均每年 5.6 个，三者合计 410 个，平均每年 10.25 个。

表 3.2　出现在中国近海各海区热带气旋的统计（个）

级别 海区	热带风暴	强热带风暴	台风			合计	年平均
			32.7～45m/s	50～70m/s	75～85m/s		
渤海		6				6	0.13
黄海	15	20	13			48	1.20
东海	13	44	73	64	4	198	4.95
南海	63	125	164	54	4	410	10.25
合计	91	195	250	118	8	662	16.53
百分比/%	14	29	38	18	1	100	

全年各月都受热带气旋影响的南海，6~11月为盛期，占全年总数的88%，其中8~9月最多，约占全年总数的42%。两次80m/s的最强风速都出现在吕宋海峡，时间为1954年8月28日和1957年6月24日。南海内部最大风速为65~70m/s。

南海台风的源地可分为两类：一类源于菲律宾以东太平洋上，西行或西北行进入南海的8°~22°N海域。第二类是南海生成的台风。与从西北太平洋移来的台风比较，南海当地生成的台风水平范围小，垂直高度低，强度也稍弱。但有两种情况值得注意，一是小而强的台风，范围小，发展快，移动也快，具有较大的破坏力；另一类是"空心"台风，外围风力比中心风力大，台风发展移动较慢，但受冷空气影响后外围风力陡增，往往难以预报。

2. 东海

东海出现的热带气旋数量稍次于南海。在1949~1988年的40年间，出现热带风暴13个，年平均为0.3个，强热带风暴44个，年平均1.1个，台风141个，年平均3.5个，三者合计198个，年平均4.95个。

东海受热带气旋影响的时间为4~12月，7~9月占总数的82%，而7~8月占总数的66%。东海台风绝大多数从西太平洋或南海移来，较强的台风多转向NE。热带风暴及强热带风暴多向西北移行登陆，登陆后的热带低压经常减弱消失。相当数量的路径在一定海区打转、回旋。进入东海近中心风速在50m/s以上的强台风占较大的比例，最强风速为85m/s，出现在东海南部宫古岛附近，时间为1959年9月15日。

3. 黄海

黄海热带气旋均由东海移来，1884~1985年，出现在黄海的热带气旋（包括热带低压、热带风暴、台风、变性的温带气旋）共144个，平均每年1.4个，除少数年份未出现外，年频数变化在1~3个之间，最多的年份5个。热带气旋到达黄海的时间主要在7~9月，其中7月中旬至9月中旬出现频数占总数的86%。

在黄海出现的热带气旋按其路径特点可分为四种类型，一是登陆出海型，由福建、浙江、上海等地登陆后转向东北进入黄海，入海地点在上海至连云港之间；二是北上型，热带气旋中心由东海移向西北正面袭击山东半岛或辽东半岛；三是转向型，由东海进入黄海后在黄海南部转向东北；四为西行型，少数台风由东海北部西行入黄海，极少数可越过朝鲜半岛西行入黄海。移入黄海的热带气旋的平均风速，南部为27~30m/s，中部为24~26m/s。中心最大风速极值为25~40m/s，36°N以北为25~30m/s，以南为35~40m/s。

4. 渤海

热带气旋中心进入渤海的数量较少，1949~1988年的40年间仅有强热带风暴6个，未有台风进入渤海。如果计入热带气旋虽未进入渤海，但渤海受其边缘影响的个例就多了。1884~1986年进入35°N以北、125°E以西的热带气旋共93次，平均每年不到1次，但有的年份多达4次（1926年）。

历史上影响渤海的热带气旋主要集中在7~8月，以7月最多，占总数的45%。影响渤海的热带气旋路径一般是由东海进入黄海登陆山东半岛。

5. 135°E 以西迅速加强的台风

135°E 以西迅速加强的西北太平洋热带气旋（24 小时中心最大风速增大 20m/s 以上），几乎全部经过我国邻近海域，其中 71% 在我国登陆，对我国渔业生产和沿海经济建设造成较大的破坏。这类热带气旋的迅速加强阶段多出现在吕宋岛以东及东北海域，初始风速 10~20m/s 居多，迅速加强后均达到台风强度。热带气旋迅速加强现象的发生，除了较高的水温场外，还与低层副热带高压加强、西南季风潮爆发、适度冷空气侵入、高层外流通道影响等外界条件有关。

1) 发生频数及季节变化

1949~1994 年间迅速加强的西北太平洋热带气旋共 380 个，平均每年 8.5 个。按照迅速加强时段所在的位置划分，在 135°E 以东发生迅速加强的，绝大多数（82%）不经过我国近海（渤、黄、东、南海），只有极个别在我国登陆。

1949~1994 年间，135°E 以西共发生热带气旋迅速加强过程 160 多次，平均每年 3~4 次，多的年份达 6~7 次；一年之中 1~4 月发生极少，5 月开始增多，7~10 月为多发期，发生热带气旋迅速加强的次数占总数的 70%；尤其是 7 月，平均每年发生 0.78 个，较之 8、9、10 三个月之和（0.6 个左右）都多。与西北太平洋热带气旋（≥8级）发生时间及西北太平洋热带气旋迅速加强发生的时间相比，最高频数月份有所提前，这与前期副热带高压位置偏西、偏南造成台风多西行影响我国近海的观测事实相吻合。

2) 发生的地理位置

135°E 以西热带气旋的迅速加强发生在一个相对集中的海域（图 3.12）。在 1973~1992 年间，高频数区位于吕宋岛东面及东北面海域，以 18°~22°N、123°~133°E 区出现频数最高，2.5°×2.5° 经纬度网格内频数达 6~8 个。该区域正好也是西北太平洋热带气旋（≥8级）发生的最高频数区。迅速加强发生地随时间呈有规律的变化（图 3.13），每次加强过程的中间位置，大约分布在南北宽 10° 的范围内。4~8 月，发生位置逐渐向北移动，8 月位置最北，在 15°~27°N，9 月上旬开始向南移动，12 月达最南位置，在 7°~16°N。

迅速加强的热带气旋达到热带风暴的纬度一般比非迅速加强热带气旋达到热带风暴的纬度低。统计显示，6 月上旬平均纬度位于 15°N，8 月下旬平均纬度达最北，位于 20°N，10 月中旬平均纬度又回到 15°N。在 109 次迅速加强热带气旋之中，处于平均纬度以南的占 79%，平均纬度以北的占 21%。平均纬度线北面迅速加强的个数占线北面总个数的 8%，平均纬度线以南迅速加强的个数占线南面总个数的 31%，平均纬度线以南发生迅速加强的概率比以北高 3 倍。平均纬度线可以作为判别热带风暴以后是否会迅速加强的气候指标之一。

135°E 以西西北太平洋平均每年有 3~4 个热带气旋发生迅速加强，发生时间集中在 7~10 月，发生地区多在吕宋岛东面及东北面，而各月位置随副高南北移动有所变

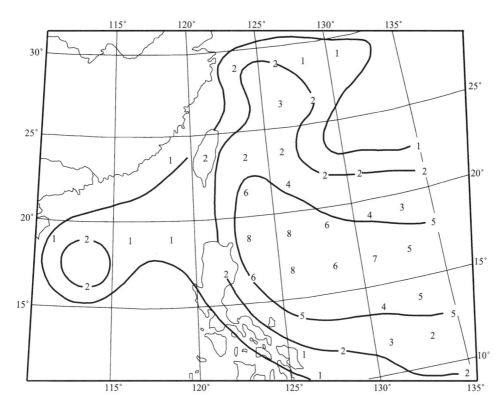

图 3.12　135°E 以西 2.5°×2.5°经纬度网格热带气旋迅速加强频数（个）分布（闫俊岳，1997）

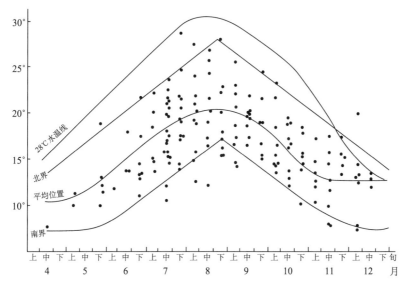

图 3.13　135°E 以西热带气旋迅速加强位置随时间的变化（闫俊岳，1997）

化。热带气旋迅速加强前，初始风速以 10～20m/s 居多，迅速加强后均达到台风强度。迅速加强热带气旋达到热带风暴的纬度一般比非迅速加强热带气旋达到热带风暴的纬度偏低，说明在其前期就发展较快。

海表温度大于 28℃是热带气旋迅速加强的必要条件。黑潮暖水面对部分热带气旋迅速加强有促进作用，但因其流幅狭窄，盛夏黑潮海域与周围温差较小，对大多数热带气旋发展影响不大。

如上所述，热带气旋迅速加强现象的发生，除了较高的水温场外，还与低层副热带高压加强、西南季风潮爆发、适度冷空气侵入、高层外流通道加强等外界条件有关。上述因素促进了台风低层进入台风眼区深对流的急剧发展。深对流发展愈高，眼区增暖位置就愈高，热带气旋低层气压下降就愈快。

数字化卫星云图分析进一步表明，热带气旋迅速加强前内核区深对流一般急剧增大，外区深对流保持稳定或缓慢地增大；非迅速加强的热带气旋，内核区和外区深对流稳定或有所下降，内外区深对流发展程度可作为诊断热带气旋能否迅速加强的重要指标。

对西北太平洋近 106 年（1899～2004 年）热带气旋系列资料分析表明，西北太平洋台风频数既有明显的短周期年际变化，又有明显的长周期年代际变化，是一种短周期与长周期相互作用的多时间尺度的变化，年际变化与 ENSO 有明显关系；在年代际尺度上，106 年的台风活动可以分为几个明显的活跃期和不活跃期，这种年代际的变化可能与海气耦合的经向模态调制有关系（黄勇等，2008）。

（五）登陆我国的热带气旋

据统计，39 年（1949～1987 年）登陆我国的热带气旋共 287 个，平均每年 7.4 个，占整个西北太平洋热带气旋的 1/4。登陆时达到台风强度的 3.4 个，热带风暴和强热带风暴的 3.6 个，热带低压的 2.6 个。1949～1987 年间，登陆热带气旋最多的是 1952 年，达 16 个，最少的是 1982 年，仅 4 个。就历年登陆热带气旋的频数分析，20 世纪 50 年代和 60 年代初偏多，60 年代中期以后偏少，它大约具有 3.5 年和 4.9 年的显著周期。1949～2006 年平均每年登陆的热带气旋 9 个，其中台风 3 个。热带气旋登陆中国的时间是 5～12 月，其中以 8 月最多，7～9 月占登陆总数的 77.7%。登陆时达台风强度的峰值在 9 月，达热带风暴和强热带风暴的峰值在 7 月，热带低压的峰值在 8 月。

我国从南到北沿海省份都曾受到热带气旋侵袭。这些热带气旋多数是第一次登陆，也有的是登陆后又移入海面后再次登陆。首次登陆的地点集中在广东、海南和台湾（占总数的 87.5%），福建省第二次登陆数大于第一次登陆数，到达广西的热带气旋全是第二次登陆。

热带气旋在移行过程中，伴随着狂风、暴雨、巨浪和风暴潮，所经之地除了缓解伏旱旱情的作用外，造成的损失极为惨重。全球海洋热带气旋每年至少击沉船舶千余艘，死亡数万人。近年来，随着气象预报水平的提高，人员伤亡有所减少，但经济损失却随着经济发展而不断提高。

1970～2001 年 32 年间，在西北太平洋（不包括南海）生成的热带气旋（包括热带风暴、强热带风暴和台风）共 863 个，年均 27 个。其中登陆热带气旋 256 个（341 次），年均 8 个（11 次），登陆热带气旋占生成总数的 30%（再次登陆热带气旋占

40%）。每年在我国登陆的 TC 数与在西太平洋上 TC 的生成总数成正相关，它们随时间变化的趋势基本相同，都有 4～6 年的周期。其中，1998 年达到了近 30 年来（甚至是自 1949 年以来）的最低值，西太平洋 TC 的生成数仅为 14 个。对于登陆 TC 而言，最多的年份有 12 个，最少只有 4 个。7～9 月是登陆 TC 最活跃的季节，其间登陆数占总登陆数的 75%（李英等，2004）。

32 年间，TC 登陆次数（包括多次登陆）为 341 次，年均约为 11 次。从此期间 TC 平均登陆次数在我国沿海地区的分布图看到（图略），我国沿海从广西向北至辽宁均有 TC 登陆。其中，广东是登陆次数最多的地区，约占总次数的 35.2%，超过 1/3。其次是海南、台湾和福建，各占 17.9%，15.8% 和 14.4%。此后登陆次数从多至少顺序依次为浙江、广西、山东、辽宁、江苏、上海和天津（李英等，2004）。

最近的研究表明，登陆我国热带气旋和台风具有年际、年代际的长期变化趋势。根据 1971～2000 年资料统计分析，7～10 月在西北太平洋和南海生成的台风和热带风暴个数约占全年生成总数的 71%。5～12 月台风或热带风暴均可能在我国登陆，但登陆时间主要集中在 7～9 月，登陆数约占全年登陆总数的 78%。1971～2000 年间，西北太平洋和南海平均每年生成台风和热带风暴 27 个，在我国登陆的台风和热带风暴有 7 个，其中登陆时中心附近最大风力 ≥12 级（风速 ≥32.7m/s）的台风，每年有 3 个。在近 35 年间（1971～2005 年），生成台风和热带风暴呈减少的趋势（王凌等，2006），大致为每 10 年减少 1.5 个。生成最多的年份发生在 1974 年、1994 年，生成 37 个；最少年份为 1998 年，只有 14 个。登陆我国台风和热带风暴的个数也呈略减少的趋势，其中登陆个数最多的年份出现在 1971 年，达 12 个；最少年份为 1982 年、1997 年和 1998 年，登陆个数均只有 4 个。但登陆时中心附近最大风力 ≥12 级的台风略呈增加的趋势，登陆最多年份达 6 个（2001 年和 2005 年），最少年份（1998 年）没有登陆。

如将台风登陆地点分为北部（山东、辽宁、天津、江苏和上海）、中部（福建、台湾和浙江）和南部（广东、广西和海南）（曹楚、彭加毅、余锦华，2002），发现不同区域登陆台风频数的年际变化存在着一定的差异，北部、中部和南部区域在 1949～1967 年，登陆台风频数均有增加趋势，这种增加趋势在北部区域尤为明显；而在全球显著增暖的 1968～2002 年，除中部地区有较弱的增加趋势外，北部和南部有微弱的减少趋势。表明 1949～1967 年间登陆我国北部的山东、辽宁、天津、江苏和上海的台风次数显著上升；1968～2002 年间登陆福建、台湾和浙江登陆台风数有较弱的增加趋势，登陆山东、辽宁、天津、江苏和上海的台风频数以及登陆广东、广西和海南的台风频数均有微弱的减少趋势。

第五节　海　面　风

风是空气的水平运动，以风向、风速表示。风是海洋上最重要的气象条件，也是最早被人类认识和利用的海洋大气现象之一。风吹过海洋产生波浪，加快海水混合，促进海水蒸发，并携带水汽进入大气，成为地球上海-陆-气相互作用以及水循环的重要纽带。

我国近海属于东亚季风区，东亚季风系统无论风场的垂直结构、年循环或是水汽输送和降水特征都明显不同于南亚和北澳季风系统，它是亚澳季风系统中一个相对独立的季风系统（黄荣辉等，2008）。同时由于我国近海南北狭长，跨越热带、亚热带、温带等不同气候带，地理条件多种多样，季风发展、移动过程中风向、风速的变化具有明显的地区特点。本节将阐述我国近海风系、季风的爆发、推进以及各海区风向、风速的统计特征。

一、主 要 风 系

中国近海属于东亚大陆边缘海，是世界最大的大陆和最大的海洋之间的交汇区，由海陆热力差异引起的气温梯度和气压梯度比其他任何海区都显著，因此本海区最突出的风系为冬季风和夏季风风系。

冬季最强的偏北风由西伯利亚侵入我国，然后南下黄、渤海，经东海和西太平洋转向为东北风，并经南海在苏门答腊岛至加里曼丹岛间（105°E）附近越过赤道，转向为南半球热带西北季风。夏季来自南半球马斯克林高压北侧的气流在索马里处越过赤道，在北半球地转偏向力的作用下依次穿越阿拉伯海，印度半岛和孟加拉湾至我国南海，构成了南亚季风和东亚热带季风。另外，南半球澳大利亚高压北侧的气流也在105°E处穿越赤道，与西太平洋副热带高压西侧东南气流一起影响我国近海的天气气候。东亚季风与印度季风相比，气流来源要复杂得多，风向呈现出多样性。

冬季风在本海区是由北向南逐步推移的，它开始于8月底和9月初，正是大陆高压首次加强的时候。这时对流层底层的冷空气突然爆发，9月底冬季风即可到达南海北部19°N附近。10月初则遍及15°N以北海区，10月下旬可扩展到10°N，而11月稳定在5°N，12月冬季风遍及整个中国近海，甚至跨越赤道侵入南半球。因此，就中国近海而论，8月还盛行夏季风，9月冬季风就出现在台湾海峡。冬季风的持续时间因海区而异：大约从9月至翌年3月于北纬25°以北海区，偏北风即占主导地位；台湾附近为9月至翌年5月；南海10°～17°N为10月～4月；10°N以南为11月至3月或4月；马六甲海峡、苏禄海南部及苏拉威西海为12月～3月。

夏季风开始于4月中旬以后，这时蒙古高压变弱并收缩，印度及我国大陆热低压明显发展，冬季风衰减，夏季风开始出现。4月主要出现在马六甲海峡附近海域，5月偏南风向北推进至15°N左右地带，6月偏南风遍及整个中国近海及日本海。7月份为夏季风的最盛时期。夏季风持续时期也因海区而异：南海南部海区为5～10月，南海北部和台湾海峡为6～8月，苏禄海南部及苏拉威西海为5月中至9月，黄海北部和渤海为7月至8月。

东亚季风系统不仅是大气环流系统的一个重要成员，而且它的变化与亚太地区的海-陆-气耦合系统的变化密切相关，因此，有人把这个耦合系统称之为东亚季风气候系统（黄荣辉等，2008）。

二、南海西南季风爆发及推进

每年5月中旬前后，南海海面持续近两个月的东南风突然转向为西南风，稳定、晴朗、少云的天气转为湿热、多云、多雨天气。由于这个过程转变迅速，常被称为西南季风"爆发"。西南季风爆发是一个季节转折，也是一次强烈的天气过程。伴随着风向的突然变化，风速、云量、降水、湿度、太阳辐射、海洋温度、盐度和海流等大气、海洋水文要素都发生迅速的变化，并通过一系列反馈机制影响南海及东亚天气气候。南海季风爆发后，其前沿和季风雨带向北推进，相应地季风雨带从低纬到达高纬，东亚夏季风占领整个近海。最近发现，南海、西太平洋的夏季风甚至可影响到北美地区的旱涝，因此，认识南海西南季风爆发过程意义重大。

南海季风爆发的多年平均时间为5月第4候。其间，高层南亚高压迅速从菲律宾以东移至中南半岛北部，低层印缅槽加强，赤道印度洋西风加强并向东、向北迅速扩展和传播，相伴随的是中、低纬相互作用和西太平洋副热带高压东撤，赤道强西风向东北方向扩展进入南海。南海季风爆发的一般过程是：80°～90°E越赤道气流首先加强，印缅低压加深，孟加拉湾南北向气压梯度增大，它为南海季风爆发准备了基本环流条件。有些年份大陆上冷空气南下也起了重要的作用。副热带高压东撤，孟加拉湾低压槽前的西南风登上中南半岛，南海出现强西南风，造成南海季风爆发。赤道西风气流经过孟加拉湾南部到南海，实现南海季风全面爆发，这是一个连续的过程（闫俊岳，1997）。

西南季风爆发前后，风向、风速、云量、降水、湿度、水汽通量乃至海面状态等发生突然变化：季风爆发前风向偏东，风速一般稳定于3～4m/s，季风爆发后风向转为西南，风速增大，不断出现大风过程。季风爆发后的平均风速是增大的，但不同天气时段也有差异。季风爆发后（季风中断除外）风向主要为SW，但在台风、雷雨大风过程中经常发生剧烈变化。西南季风爆发前总云量多为3～5成，季风爆发之后增加到8～10成。爆发前低云量仅为1～2成，爆发之后增加至3～6成，降水时达7～10成。海面辐射通量也有明显变化，其中太阳短波辐射、海面净辐射变化尤为显著；太阳短波辐射、海面净辐射约为季风爆发前的2/3，强对流降水、连续性降水时段更少。季风爆发时在射出长波辐射（OLR）场、垂直速度及湿度场上均有明显的反映。大气结构的突然变化，不仅反映了低层环流的变化，而且是整层大气环流调整的结果。

南海夏季风爆发后，其前沿和季风雨带相应地从低纬地区移至高纬地区，在此过程中，和季风前沿一样，季风雨带也经历了静止阶段和突然北跳。主雨带的第一个静止期一般持续到6月上旬，其后迅速移至长江流域。第二个静止阶段从华中梅雨开始，其时间跨度平均近1个月（6月10日～7月10日）。梅雨带位于30°N附近的华东地区，呈ENE—WSW走向，朝着朝鲜和日本方向倾斜。准静止锋（中国的梅雨锋、日本的Baiu锋、朝鲜的Changma锋）经常从其低压中心向W－SW方向伸出，而低压中心本身则向E或ENE方向运动，最强降水大部分与沿锋面东移的中尺度至天气尺度的扰动有关。7月第2候至第3候，副热带高压脊线伸入长江中游，强对流区推进到黄河流域，长江中、下游梅雨结束，这些地区进入酷暑季节，黄海、日本和韩国处于梅雨的全盛期。7月下旬以后，日本梅雨期结束，西太平洋热带高压伸展到日本，日本进入酷热季节。8月第3、第4候是热带西北太平洋夏季风达到最北时期。8月第5、第6候北方地区夏季风开始撤退，但在印度季风区和热带西北太平洋季风区对流活动仍很活跃。

三、风向和风速

从根据 COADS 船舶观测资料统计绘制的 1 月与 7 月合成风图（参见图 3.8 和图 3.9）可以看出，近海海面风场的变化：1 月，从北到南气流呈顺时针方向改变，黄渤海吹西北风或北风，东海南部转为东北风，南海则为一致的东北气流。合成风速在东海为 5～7m/s，在台湾海峡及南海中部达 8～9m/s，位于 5°N 附近的赤道缓冲带内较小，只有 3～4m/s。由冬季风向夏季风过渡长达两个月之久。4 月，热带辐合带移至赤道附近，中国近海的风向纬向分量增强，渤海、北部湾及泰国湾出现了东南风，5 月越过赤道向北的气流到达南海北部，黄海转为东南风；东海西部仍保持一定频率的东北风，但在台湾岛的东面，已盛行副热带高压南侧的东南向气流。

夏季风持续时间比冬季风短约 3 个月，且不如冬季风稳定。7 月，越赤道气流在赤道缓冲带转向为西南风，与西南季风气流汇合，向北达到 18°N 左右。在 18°N 纬线以北海区，盛行东南信风气流。南海中部合成风速最强为 6～7m/s，在 18°N 辐合带附近，合成风速仅 2～3m/s。9 月下旬，冬季风爆发，风向首先在台湾海峡发生明显改变，此后北风向南推进，9 月中旬到达 15°N 附近，10 月达南海南部，但 7°N 以南地区西南风仍占优势。

就平均风速而言，中国近海各月变化于 3～12m/s，最大值出现在 11～12 月份台湾海峡和吕宋海峡西部，最低值出现在 4～5 月的赤道附近。黄、渤海年平均风速小于南海，近海沿岸风速小于开阔洋面。1 月，济州岛附近、日本九州岛以西向南经台湾海峡至中南半岛以东为大于 8m/s 的风速高值区，高值中心分别在台湾海峡、吕宋海峡及越南东南面。它们的形成都与周围的地形有关。黄海中部、北部湾风力稍弱，风速为 7～8m/s。南海南部，大陆沿岸风速为 5～7m/s，台湾岛西南部、吕宋岛西面背风区，风速小于 5m/s。台湾海峡及吕宋海峡风速为 6～7m/s，南海大部区域为 4～5m/s。

7 月，由于西南季风增强，越南东南方出现全区风速最大值（7m/s），自此向东北穿过吕宋海峡至台湾以东洋面、东海及黄海中部，平均风速为 6～7m/s。越南东北方、黄海东部由于陆地影响，风速小于 5m/s。9 月开始，夏季风向冬季风转换，南海风力降低，而台湾海峡风速首先增强，11～12 月达到最强（12m/s）。

平均风速的年变化大约以 20°N 为界，以北风速年变化呈单峰型，以南呈双峰型。该线正好与热带季风和亚热带季风的分界线对应。20°N 以北，渤海及黄海北部，平均风速高值出现在 1 月或 12 月，低值出现在 7 月，年平均风速为 5～6m/s。从黄海东南部至东海及南海北部（台湾海峡除外），平均风速最大值提前到 11 月，最小值也因 7～8 月台风及对流性天气过程增多而提前至 5～6 月。台湾海峡 5～6 月仍盛行东北风，7～8 月风向不稳定，风力较弱，最小值在 7 月。该区年平均风速为 6～7m/s。

20°N 以南，平均风速呈双峰型变化，12～1 月及 7～8 月分别出现高值及次高值，4～5 月及 10 月分别出现低值和次低值。各海区年平均风速也有差异：在 8°～20°N 海区年平均风速达 6～7m/s，这里正好是热带季风区；8°N 以南为赤道季风区，年平均风速降至 4～5m/s 以下。

四、大风日数和大风极值

中国近海是同纬度海面较强风区之一。由于季风的充分发展,特别是冬季大陆高压强大,使得风力比同纬度洋面大,冬季风强于夏季风。中国近海的大风发生在冷空气活动、温带气旋、热带气旋等天气过程中。大风区多与地形有关,当气流通过宽窄不一的海峡地带时,因狭管效应使风速增强,如冬季台湾海峡及南海中南部风大、浪高、流急就是例证(李克让,1993)。

根据 10 个海拔高度较低、代表性较好的岛屿站、沿岸站和海洋站阵风大于、等于 8 级的大风日数统计结果得知:渤海中部全年大风日数 80 天,台湾海峡区及黄海北部为 120～130 天,11 月至次年 1 月最多,平均每月 15～16 天。黄海中部年平均 110～120 天,11 月～1 月每月平均 14～15 天。黄海南部、东海西部全年约 140 天,12 月至次年 4 月较多,每月平均 13～15 天。台湾海峡大风日数全年约 170 天,10 月至次年 3 月平均每月 14～15 天。南海北部年平均约 45 天,11～12 月平均每月 6 天,南海南部全年仅有 4 天。

中国近海的大风主要表现为黄、渤海的偏北大风和西南大风,东海的偏北大风和偏东大风,台湾海峡的东北大风,南海北部的偏北大风和西南大风,南海中部和南部的西南大风。夏、秋季节,热带气旋是东海、南海最重要的大风系统。台风的大风极值在南海为 55～70m/s,东海为 65～85m/s,黄、渤海为 30～40m/s。沿岸站、岛屿站的观测资料表明,香港瞬时风速达 72.1m/s,汕尾极大风速为 60.4m/s。琼海、厦门和湛江曾因风速太大损坏了测风仪,计算的极大风速达到 60～65m/s。2006 年 8 月 10 日,超强台风"桑美"在浙江省苍南县登陆时中心附近最大风力 17 级(相当风速 60m/s,920hPa),是 60 年来(1949～2008)登陆我国大陆最强的台风,浙江苍南霞关(海拔67m)和福建福鼎市合掌岩测站(海拔717m)分别测到 68.0m/s 和 75.8m/s 的陆地器测台风极大风速值。东海宫古岛上观测的台风最大风速为 60.8m/s,极大风速达85.3m/s。

第六节　海雾和能见度

海雾是指在海洋影响下在海上、岸滨和岛屿上空低层大气中,由于水汽凝结而产生的大量水滴或冰晶使得水平能见度小于 1km 的(危险)天气现象(王彬华,1983)。根据海雾的性质、出现海区和季节,可以分为 4 类 9 种形式(表 3.3)。不同条件产生不同形式的雾,但是即使属于同一形式的雾,产生原因往往也不限于一种。就中国近海而言,海雾主要是平流冷却雾,海岸地区可以出现辐射雾;东海由于其雾季正是梅雨季节,海上的雾常常会在锋面附近出现。

表 3.3　海雾的分类（王彬华，1983）

海雾类型		主要成因
平流雾	平流冷却雾	暖空气平流到冷海面上成雾
	平流蒸发雾	冷空气平流到暖海面上成雾
混合雾	冷季混合雾	冷空气与海面暖湿空气混合成雾
	暖季混合雾	暖空气与海面冷湿空气混合成雾
辐射雾	浮膜辐射雾	海上浮膜表面的辐射冷却而成雾
	盐层辐射雾	湍流顶部盐层的辐射冷却而成雾
	冰面辐射雾	冰面的辐射冷却而成雾
地形雾	岛屿雾	岛屿迎风面空气绝热冷却成雾
	岸滨雾	海岸附近形成的雾

一、中国近海海雾的月际变化和地理分布

根据《中国内海及毗邻海域海洋气候图集》（中国气象局国家气象中心资料室，1995）提供的洋面气象观测资料统计结果和《中国海洋地理》（王颖，1996）中的有关章节，归结如下中国近海海雾的气候变化特征。

中国近海的雾季出现在 1～7 月份，除了局部海区（山东成山头外海）外，其他海域雾季于 8 月结束。

1 月，雾区很小，雾区（雾频率≥0.5％的区域）主要在北部湾、琼州海峡两岸和粤东至台湾海峡西岸，雾区宽度离岸 100～200km。

2 月，北部湾雾区扩展到湾内整个海面，西北部频率达 5％，琼州海峡和雷州半岛沿海雾频率在 10％以上。中国沿海雾区出现在南海北部、台湾海峡西部、东海到黄海。南部雾区宽度较窄，离岸 100～200km，东海北部到南黄海雾区向外扩展到距岸400～500km。

3 月，北部湾雾频率达到最高，南海北部至福建沿海雾频率增加。福建沿海出现多雾中心，频率达 10％以上。另一个多雾中心在舟山群岛附近，雾频率超过 10％。整个台湾海峡雾频率达到 0.5％以上。东海雾区宽度距海岸 600～700km。黄海雾区进一步扩大，东缘已经接近朝鲜半岛西海岸，北部进入北黄海。东海北部至黄海南部的开阔洋面上出现一雾频率大于 2％的多雾区。

4 月，北部湾和南海北部雾频率下降，雾区缩小。东海北部雾区向东扩展，宽度达到距岸 700～800km。福建沿海雾频率为一年最高，中心可达 20％以上。舟山群岛附近雾频率也可达 20％以上。由于暖湿气流的北推，黄海南部的多雾区向北扩大至黄海中部，雾频率增加至 5％以上。黄海雾区已经覆盖整个海域，与朝鲜半岛西岸的雾区连成一片。山东半岛南部沿海、朝鲜半岛西海岸附近雾频率明显增加。同时，渤海湾东部开始出现雾。

5 月，北部湾、南海北部已经没有雾区，海雾主要出现在东海和黄海。30°N 以南雾

频率下降至 3% 以下，福建沿海的多雾区消失。舟山群岛附近海雾频率依然高达 20% 以上，济州岛以西海雾频率也达 15% 以上。山东半岛南部沿海和朝鲜半岛西岸的多雾区范围向外海扩大，南黄海开阔海面雾频率在 3%～5% 左右，北黄海雾频率为 1%～3%。

6 月，台湾海峡及其以南基本没有雾区。东海水域由于水温升高，雾频率降低，黄海成为多雾中心，整个黄海雾频率达到 3%～5%，青岛外海雾频率为 12%，成山头外海雾频率为 10%。

7 月，雾区基本只出现于黄海。黄海北部多雾区从朝鲜半岛北部沿海向西南扩展与山东半岛东北端的成山头外海连成一片。成山头外海雾频率升至 11%，青岛外海雾区依然维持，黄海中部开阔海区雾频率维持在 3%～5%。朝鲜半岛西岸海雾达到全年最盛期。渤海雾区出现在渤海湾东部。

8 月，由于海温升高，平均风向由偏南转为偏东，黄海雾频率急剧下降，雾区缩小到仅局限于山东半岛东部海域和朝鲜西南局部海域，雾频率降至 0.5%～1%。9 月以后，中国近海基本不再出现海雾。

南海的海雾只限于中国沿岸附近，雾区比较集中于琼州海峡和雷州半岛沿岸，2～3 月雾频率最大。东海海雾始于 3 月，终于 6 月。本区有两个多雾区，分别位于台湾海峡西岸沿海和舟山群岛附近海域。前一个多雾区以 3～4 月最明显，后一个以 4～5 月最盛。东海雾区，西部多于东部，东海黑潮以东海雾显著减少。黄海整个海域都有雾，其在中国沿岸部分，雾多集中在山东半岛东北端的成山头一带，另一中心在山东半岛南部的青岛-潮连岛附近海区。海雾的集中出现在 4～7 月，雾区从南海、东海到黄海自南向北增大，时间连续推迟。从黄海北部进入渤海，海雾显著减少。渤海西岸从莱州湾以北到秦皇岛的广大海区基本上没有海雾。

二、中国近海沿岸雾的气候特征

依据中国气象局 30 年（1971～2000 年）整编资料，将其中 52 个代表性较好的滨海气象站、海洋站、海拔较低的岛屿站海雾资料进行统计分析，少数资料序列为 30 年（1961～1990 年），得到了在中国近海沿岸出现海雾的气候平均的"年雾日数"（图 3.14）和逐月的"月雾日数"（图 3.15）。

中国沿海自南向北有 5 个相对多雾区：雷州半岛和琼州海峡、福建沿海、舟山群岛、青岛-潮连岛附近海域、成山头附近海域（图 3.15）。这几个多雾区自南向北范围增大，年雾日数增加。雷州半岛和琼州海峡雾日为 20～30 天左右，雷州半岛到珠江口为一少雾区，年均雾日数不足 20 天。从粤东北部沿海向北，雾日数增加，福建沿海为 20～30 天，厦门附近为 39.5 天，而且多雾区面积较华南沿海明显扩大。舟山群岛的多雾区与福建沿海的多雾区连成一片，但前者的多雾中心在大陈岛附近海域，可达 50 多天。舟山群岛向北的江苏沿海雾日减少，连云港全年雾日只有 16 天。沿山东半岛，雾日逐渐增多，青岛-潮连岛附近 50 多天，黄海北部的成山头为 83 天，两个多雾中心之间为一相对少雾区，乳山口只有 24.3 天。另外，位于北部湾的防城港和白龙尾附近也有年平均雾日数 20 天左右的相对多雾区，但范围较小。至于渤海湾的雾，雾区小，雾日少，年雾日数不足 20 天。因此，中国近海沿岸最主要的多雾区在东海和黄海。

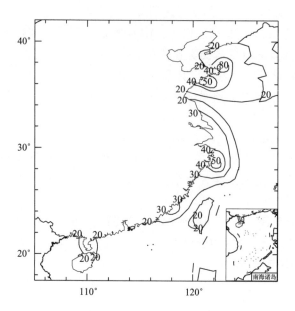

图 3.14　我国近海沿岸年雾日数（天）（张苏平、鲍献文，2008）

中国近海沿岸海雾有明显的季节性（王彬华，1983），雾季开始时间、雾日最多月出现的时间由南向北逐渐推迟（图 3.15，见下页）。一般说来，雾季开始后，海雾日数逐渐增多，雾季结束比较迅速，但黄海西北部雾季开始却比较突然，结束也更加迅速。为了比较客观地确定雾季起止时间，将"月雾日相对频数"（月雾日数/年雾日数）大于10%作为雾季的统一标准，得出的雾季起止日期与不同作者对不同海区确定的多雾月份基本一致（张苏平等，2008）。海口雾季在 12 月至翌年 3 月，1 月雾日最多；北部湾、雷州半岛雾季在 1～4 月，2～3 月雾日最多；广东沿海雾季在 1～4 月，3～4 月最多；福建沿海雾季主要出现于 2～5 月，3～4 月最多；台湾海峡东岸的台南雾日数虽不多，但雾季时间较长，从 11 月至翌年 4 月，1 月最多；而台湾北部新竹的雾季时间与海峡西岸比较一致，主要在 1～4 月，3 月最多；澎湖列岛全年雾日仅 3 天左右，主要出现在 3～5 月；舟山群岛雾季与江苏沿海雾季都在 3～6 月，4～5 月最多，但前者雾日数比后者要多得多；青岛-潮连岛附近海域雾季是 4～7 月，6～7 月最多；黄海北部雾季 4～8 月，7 月最多；渤海雾季 4～7 月，7 月最多。雾季结束时间也是自南向北延迟：北部湾-雷州半岛-粤东沿海为 4 月底，福建沿海为 5 月底，舟山群岛为 6 月底，青岛-潮连岛附近为 7 月底，只有成山头外海延至 8 月。

三、海雾形成条件

中国近海海雾多属平流冷却雾，它是在适宜的海面条件、适宜的流场和稳定的大气边界层层结条件下产生的。适宜的海面条件主要包括一定的海表面水温（T_w）梯度，适宜的海温和气温差（T_w-T_a）和一定的 T_w 上限。前两个条件保证暖湿空气的形成及其在冷水面上的降温，后一个条件为海面上低空空气要达到一定的饱和度，如果海面水温太高，

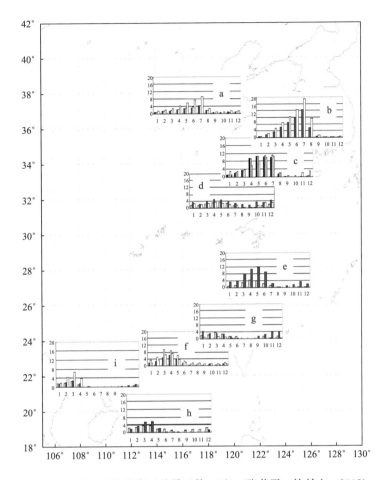

图 3.15　我国近海沿岸逐月雾日数（天）（张苏平、鲍献文，2008）

a. 渤海（烟台、蓬莱、长岛）；b. 黄海北部（石岛、成山头）；c. 黄海西北部（千里岩、潮连岛、青岛、小麦岛）；d. 江苏沿海（连云港、西连岛、燕尾港）；e. 浙江沿海（定海、石浦、嵊泗、坎门）；f. 台湾海峡东岸和澎湖列岛（新竹、台南、马公）；g. 福建沿海（霞浦、平潭、厦门、东山）；h. 粤东沿海（汕头、遮浪屿）；i. 广西沿海（东兴、北海、涠洲岛、防城港）

其上气温必随之升高，饱和水汽压也要升高，使空气难以达到饱和而凝结成雾。如我国榆林港南部海面，终年为从吕宋海峡流来的暖流，水温较高，因此在榆林港及其以南海域极少有雾出现，台湾以东洋面也是如此。中国各海区成雾的海气温较差不尽一致，如濒临渤海的烟台 6～7 月份海气温差分别为 $-3.3℃$ 和 $-2.4℃$，T_{aw} 分别为 $18.5℃$ 和 $22.4℃$（徐旭然，1997），位于黄海之滨的青岛则为 $-3.5℃ \leqslant (T_w - T_a) \leqslant -0.3℃$（王厚广、曲维政，1997），浙江舟山海域雾季为 $-2.6℃ \leqslant (T_w - T_a) \leqslant -0.6℃$（徐燕峰等，2002）。成雾的水温上界在不同海区和不同季节也不一致。王彬华（1983）给出了平流冷却雾成雾的海温和气温较差范围为 $-3℃ \leqslant (T_w - T_a) \leqslant -0.5℃$，水温上界 $T_w \leqslant 25℃$。

适宜的风可以将暖湿空气向冷水面输送。海雾出现时的具体风向，因不同海区和地形而有差异。春、夏季节，黄海与东海的盛行风向基本上都是偏南风，海雾也多出现在这个季节里，东海在以春、夏之交海雾最频繁，黄海海雾盛期则推迟到盛夏。琼州海峡南岸的海口及其北部雷州半岛东岸的湛江，海雾季节在冬季或初春季节，那时盛行偏东风和东风。香港、汕头雾季盛期推迟到3～4月，依然盛行东风。渤海的烟台在雾季主要为偏东风（东北、东、东南）。8月当黄海水温最高时，北方大陆已经开始降温，盛行风向由偏南转为偏东，向海区的暖湿气流输送明显减弱甚至停止，海雾会骤然减少。生成海雾时风速一般不能太弱，也不能太强，太弱不能有效输送暖湿空气到冷水面，太强则易形成强湍流，使海雾抬升为低云或消散。适宜的风速不同地区也有差异，如广西沿海静风条件下，出雾频率最大，当风速大于4m/s时，基本不会有雾（孔宁谦，1997），而黄海的潮连岛5月份出海雾时，风速在2～10m/s的情况占93%（张红岩等，2005）。

稳定的大气层结是海雾发展和维持的重要条件，这一点已经被观测和数值模拟证实（Gao et al.，2007；傅刚等，2004）。但逆温层的高度变化较大。如山东半岛北部，逆温层的顶高约在500m以下，逆温层大多从海面开始（徐旭然，1997）；舟山地区逆温层多数出现在500～1000m之间（王厚广、曲维政，1997）。青岛气象台L波段探空雷达逐日资料统计表明，雾季发展时期，大气逆温层出现于距离地面60～90m以上的高度上，稳定层结的厚度为300～400m，在稳定层之下存在一定强度的湍流混合。雾季最盛期，逆温层强度减弱或趋于消失，取而代之的是弱稳定层结或湿绝热中性层结（Zhang et al.，2009）。这种层结在水汽量供应充足的条件下，有利于海面的水凝物通过湍流向上扩展，形成一定厚度的雾。

上述条件常常在一定的大气环流背景下形成，即在不同海区和不同季节，海雾常常和一定的天气形势相联系。海雾出现时的天气型对海雾预报有很大实用价值。如黄海、东海多出现在入海变性高压或副热带高压的西部，低压或气旋前部。南海北部则发生在冷锋或静止风前，入海变性高压脊的西南部或者西南低槽的东部。大洋海区的海雾经常出现在副热带高压的西北部、鄂霍次克海高压的内部、梅雨锋上或者东进低压的前部。

当大气环流条件、水汽输送条件、海表面水温条件等发生异常变化时，会导致海雾出现频率的异常。比如，黄海4月冬季环流异常强时，南方的水汽不易被输送到黄海，会导致4月雾日数异常偏少（周发琇等，2004）；而夏季风强时，强劲的夏季风将大量暖湿空气输送到黄海，会导致7月雾日数异常偏多（王鑫等，2006）。

四、能 见 度

在一般情况下海洋上能见度是相当好的。只有当有雾、降水、降雪、浮尘、霾、低云、海浪飞沫等影响时，能见度才变坏。大雾可使能见度低于1km，轻雾使能见度降至1～10km之间，大雨可使能见度小于4km，中雨能见度为4～10km，大雪时能见度低于0.5km。低云云高在200m以下时能见度较差。在热带海洋上，常遇到雷雨，有时在大雨中，能见度降至几十米或几百米，站在船头上难以辨认船尾的景物。

中国近海低能见度（<4km）高频区分布在南海北部、东海西部、黄海和渤海东南部。时间主要在1～8月，与海雾的出现时间大体一致。

（一）低能见度

1月，南海大部能见度较好，低能见度频率约1%。广西及华南沿海频率为3%，台湾海峡北部达5%～6%。东海大致以125°E为界，东部低能见度频率不足3%，西部升至4%～5%。黄海东岸低能见度频率为6%～9%，西岸频率为1%～3%。

2月，北部湾西北部低能见度频率达到10%以上，华南沿海、台湾海峡及舟山群岛海域低能见度频率为5%以上，黄海低能见度频率不足5%。

3月，北部湾低能见度频率有所下降，而东海低能见度频率明显上升，达到10%以上，该能见度高频区从舟山群岛向东北延伸至济州岛以西海域。黄海频率上升至7%左右。

4月，低能见度高频率（大于15%）中心出现在东海北部及黄海东南部，长江口外至济州岛区频率达20%。这一带能见度较差与海雾雾日增多及春季锋区降水频繁有关（李克让等，1996）。南海北部低能见度频率为5%～10%。黄海低能见度频率自南向北减少为5%～10%。

5～6月，北部湾、南海北部低能见度频率下降至3%以下，东海北部至黄海南部的低能见度高频区向北扩大至朝鲜半岛西部海区，20%以上的高频区从济州岛以西海区向东北扩展至朝鲜半岛南部，这与海雾增多和朝鲜梅雨季（Changma）开始有关。黄海西部、北部低能见度频率增加至10%～15%，渤海低能见度频率不足5%。

7月，低能见度高频率（大于20%）区位于黄海东部至朝鲜半岛西部沿海，西朝鲜湾最大频率超过25%，成山头外海频率为15%～20%，山东半岛南部外海频率为10%～15%。渤海低能见度频率在5%～10%。东海南部由于在副热带高压控制下云雨很少，低能见度频率很低（1%～2%）。南海低能见度集中在吕宋岛西部沿海，频率为3%。

8月，由于海雾迅速减少，黄海低能见度频率大大降低，除朝鲜半岛沿海外，一般都在10%以下。9～12月，为全年能见度最好月份，低能见度频率除局部海区达5%外，大部分海域在3%以下。

（二）良好能见度

再来看一下良好能见度（≥10km）的分布。

1～2月，北部湾北部至广东沿海良好能见度频率较低，一般为80%～85%。闽浙近海及台湾东部海域能见度良好频率为80%左右。黄、渤海除了朝鲜半岛南部外海能见度稍差外，其余大部海区良好能见度频率在90%以上。南海南部、中部良好能见度频率在95%以上。

3～4月，北部湾、广东沿海、闽浙沿海良好能见度频率仍然较低，而南海中部、南部广大海区能见度良好。黄、渤海良好能见度频率有所下降，为75%～80%。

5～6月，南海能见度良好能见度频率均达到95%以上。从台湾岛向北频率明显下降，至济州岛以西的黄海东南部，下降至65%。黄海中部、北部良好能见度频率为75%～80%，渤海湾西部能见度好于东部。

7月，30°N以南的东海区域受西太平洋副热带高压控制，能见度很好。黄海自西南向东北良好能见度频率明显下降，山东半岛东北端的成山头外海至西朝鲜湾良好能见度频率下降至70%以下，朝鲜西部沿岸不足65%。

8月，除了朝鲜半岛西部沿海不足85%以外，渤海、黄海、东海良好能见度频率均在90%以上，南海只有吕宋岛西部海面稍低。

9～10月，台湾岛和吕宋岛附近海区良好能见度频率略低，中国近海全海区能见度良好，达90%～95%。11～12月全海区良好能见度有下降趋势，台湾东部沿海和长江口附近海域分别下降至80%和80%～85%。黄、渤海良好能见度频率维持在90%～95%。

综上所述，黄、渤海冬季除了朝鲜半岛近海沿岸区能见度稍差外，其他地区能见度良好。4～5月朝鲜半岛西部海区及黄海东南部能见度较差，6～7月黄海近海沿岸雾区能见度最差。8月以后整个海区能见度好转。东海近海沿岸区能见度差于远海，黑潮区及其以东洋面能见度最好。1～2月台湾岛东北和闽浙近海能见度较差，3～6月由于雾和降水频繁，东海能见度进一步降低。7月开始，东海受副热带高压控制，能见度转好。各海区中，南海能见度最好，低能见度主要出现于冬季北部海区沿岸水域，中部和南部全年能见度良好，开阔海面上晴朗少云时，能见度可达50～60km。

第七节　云 和 降 水

云的形成和演变直观地反映了当时大气的运动、大气稳定度及空气中的水分状况。云的性质、厚度和高度的变化，是辐射收支的调节器。由于云和天气气候之间的紧密关系，许多数值模式都力图对云进行适当地参数化，以提高其模拟实际天气气候及其变化的能力。

影响云量时空分布的主要因子是天气系统、海陆分布等。不同的天气系统影响下形成不同的云系。例如锋面云系、台风云系、回流云系等，不同的云降水亦有较大差异。中国近海南北狭长，云和降水时空分布上千差万别。

一、总云量和低云量

冬季，渤海和北黄海受大陆干冷气团影响最强，平均总云量仅3～4成，南黄海西部沿岸4～5成，东半部增加到6成。东海近海沿岸的云量仅5～6成，台湾岛东面至日本列岛之间的黑潮流域云量显著增加，1月平均总云量达7～8成，局部为8～8.5成。南海中部和南部云量多于中部，少云中心在吕宋岛西部洋面，云量为3～4成，这是由岛屿的背风效应及副热带高压影响共同造成的。南海西北部尤其是北部湾云量较多，西部近海沿岸达6～7成。

春季，黄、渤海云量比冬季增多，平均为4～5成，黄海南部5成左右，黑潮流域及黄海北部为7～7.5成。南海吕宋岛西面少云区范围扩大，4成以下的少云区范围扩展到南海中部。

夏季，入夏后由于西南季风和副热带高压加强北伸，各月云量变化较大。6月副热带高压脊线移至20°N附近，在其控制下，15°～25°N大片海域云量为5～6成，东海及黄海南部至日本南面维持一条多云带，云量为7~7.5成。黄海云量有明显增加，平均为6~7成。渤海和黄海北部也达到5成左右。南海吕宋岛西面出现大于6成的云区。7月副热带高压脊线北跳至25°N。海区受其影响15°~35°N之间云量为5~6成，25°N附近降至5成以下。吕宋岛西面因处在西南季风迎风面，云量达7成以上。8月副热带高压脊线位于30°N，东海西部及近海沿岸云量仅5成。由于西南季风的增强，南海中部及东部海域云量可达7~8成。

秋季，北部大陆沿岸云量减少很快，渤海云量降为4~5成。随着极锋的逐渐南移，东海云量增多，南海因受到副热带高压影响云量减少。

低云量是指云高在2500m以下的低（中）云量。低云对海上活动影响很大，低云造成恶劣的水平能见度和垂直方向能见度，严重影响飞机的起落和飞行，强烈发展的积云造成湍流，甚至危及人机的安全。

冬季，低云量和总云量的分布形势大体一致，只是数值略少。低云量较少的区域分布在我国大陆沿岸和吕宋岛西面海区。比如，渤海西部低云量小于1成，中部为2.5成。黄海西部沿岸为1~2成，至黄海中部增加至3~4成。吕宋岛西部海区低云量也只有2.5~3成。低云量的高值区有三处：一是济州岛至台湾东北部的东海洋面，低云量达6~7成，局部海区为7~7.5成；二是南海东北部，低云量大于6成；三是北部湾西部沿岸，低云量达7成。

春季，黄、渤、东海特别是沿岸低云量增多，但基本形势与1月相似。南海北部沿岸低云量增多明显，广东沿海低云量达到6成。同时，由于副热带高压加强，南海中部低云量更少，南海东部大片海域仅2~3成，西部稍高于3成。夏季，副热带高压北伸至22°~30°N之间，低云量小于4成，其中24°~28°N之间海域低云量小于3.5成，黄、渤海和南海云量较多，赤道附近低云量又减少。因此，中国近海低云量形成低、高相间的分布形势。秋季，渤、黄海低云量迅速减少，渤海仅有1~2成，黄海达3~4成。东海又成为低云量最多区，台湾东北部达5.2~5.7成。南海东部云量减少，平均为4~5成，吕宋岛西面出现低云量的低值中心。

二、云状及云系

由于地理位置、天气系统、海面条件等方面的差异，海洋上空的云在外形、结构、高度、演变过程上与大陆上有所差别，且各海区之间也不尽相同。

1月，黄、渤、东海以锋面云系为主，层积云、高层云频率均达20%~30%。积云频率很小，仅1%左右，东海南部增加到30%。在冷空气过程开始之前，海上往往有层云出现，频率为10%~20%，高层云频率也达10%左右。南海积云出现频率较高，达50%~60%，其次是层积云，频率为20%~30%，南部海区高积云、高层云也达20%左右。

4月，黄海气旋活动频繁，层积云减少，高积云和层云增多。东海云状接近于冬季，南海层积云和高积云减少，积云增加达60%~70%。

7月，黄、渤海由于雾日增多，层云频率增加到20%~30%，层积云和高层云仍占较大比例（20%~30%），随着对流活动的增加，积云频率增加到10%~20%。东海积云频率增加显著，达 40％～60％。南海除了保持较高的积云频率外，积雨云明显增加到 15％～20％。

10 月，黄、渤海云状与冬季相似，但积云频率高于冬季。东海积云频率仍达 30％～50％，层积云也达 30％～50％，其次是高层云和高积云。南海高积云、高层云频率比夏季增加，尤其是南部达 25％～30％。

海洋上常见的高云以密卷云和伪卷云居多，特别是热带海洋上早晨和傍晚常被观测到，它们大多数是积雨云云砧脱离母体以后演变而来。在晴朗的天气，常见下层有积云发展，高空有密卷云存在。

不同天气系统控制下，近海云系具有不同的特点：

(1) 冷流低云。冬季当一次低槽移动过后，处在槽后的西北气流中的渤海海峡及山东半岛沿岸可以观测到北方海上涌来的低云，有时有阵雪，人们常称这种低云为冷流低云。它外观颜色灰黑，云体臃肿，块体清楚，边缘模糊，见不到对流性低云清晰的轮廓，更难见到云顶上隆起现象。它常出现于发生气旋性弯曲的西北风或东北风环流场里，低空有辐合上升运动，利于形成不稳定性低云。冬季海水温暖，冷空气从大陆移到海面上，低层增温增湿，出现层结不稳定，水汽向上输送，形成不稳定的层积云或积状云，但冷平流区空气下沉，不利于云发展，故云层一般发展不高（几百米至上千米），厚度不大，云量日变化不明显，当较强的冷空气入海后，海面上空一般会有 3～4 天的冷流低云，分布范围从渤海可达东海，冷空气很强时，可造成阵雪天气。

(2) 冷锋云系和暖锋云系。海上和陆上锋面云系没有明显的区别。冷锋云系是冷空气侵入暖空气下部，随着冷空气前行暖空气抬升起来形成的云系。暖锋云系是由于暖湿空气沿着较冷空气的界面平滑上升而形成的云系，云系前面是毛卷云、钩卷云，偶尔也有卷积云，然后是卷层云、高层云和雨层云，下面也时有碎雨云。锋面云系多出现在东海以北海区。

(3) 平流低云。主要出现在 3～8 月的黄、渤海区，产生于海上暖高压的后部，或者入海冷高压的后部，海区盛行偏南气流，由于水汽充沛，一旦发生扰动上升，或者暖空气流到冷海面上，便形成低云或雾。这类云一般为层云、碎层云或层积云，云底的高度较低。层云有时与海雾交替出现，扰动气流强时，海雾可抬高为层云和层积云，扰动气流弱时，云降低为雾，平流低云的云底高度一般从数十米到几百米，云层厚度 200～300m。有些情况下，大陆入海的变性冷高压入海后增暖增湿，空气再回流到大陆近海沿岸上升冷却，也可形成低云，称回流低云。

(4) 温带气旋云系。我国近海的气旋多属锋面气旋，它的发展一般经历初生、发展、成熟、衰亡等阶段，不同的发展阶段中，气团、锋、垂直气流的性质也在变化，云系和降水特征也不相同。气旋在初生阶段由于比较弱，云和降水的区域不大，暖锋地区会形成雨层云和连续性降水，云层最厚在气旋波顶附近。当气旋发展到成熟阶段，总具有暖锋和冷锋，卫星云图上出现明显的锋面云带凸起部分，有一条向四周辐射的卷云线。

当风向转成西南后，表明暖锋已过海区，天空以层云、层积云、高积云为主，有时有雾或毛毛雨。当风向转成西北时，表示冷锋过境。根据冷锋性质的不同，天气不尽相同，第一类冷锋后面云区比较宽广，第二类冷锋前后则会再现对流性云及阵性降水。锋后天气逐渐转晴。锋面气旋发展到锢囚阶段，辐合作用使上升气流加强，云层增厚而降水加剧。到达衰亡阶段，云和降水天气减弱。

（5）梅雨云系。初夏，随着副热带高压的北移，高压西侧的西南或东南气流加强，此时在西风带中鄂霍次克海和乌拉尔山各有一个阻塞高压脊，两高压之间为准静止的低压槽。在这种环流形势下，冷空气与北上的暖湿气流交汇形成梅雨锋。锋北部主要为层状云，锋区层状云和对流云并存，锋南部多对流云。层状云的上层结构具有不均匀性，其降水分布也不均匀，连续性降水带中带有阵性特征。

梅雨带大约从 5 月在华南至台湾海峡一线开始，然后逐渐北移，6 月到达长江流域至日本南部一线，7 月中旬到达华北—朝鲜—北海道一线。梅雨到来之前 2～3 天，天空开始出现毛卷云或密卷云，而后加厚至卷层云，卷层云布满全天后逐渐转为中云阶段，出现堡状高积云，1～3 天内即有连续性降水。

（6）热带气旋云系。热带气旋云系的一般模型为：中间是云淡风轻的台风眼，以下沉气流为主，只有少数积云出现；环绕眼区的是气流辐合上升区，形成大量直立高耸的积雨云塔，半径可达 100km。这里的积雨云和雨层云带，成为台风主要降水区。此区往外是高层云造成的较弱降水区，再往外是外层大风区，云层复杂，低层为零星的积云，高层为卷层云和毛卷云，有时毛卷云可以拖得很长。我国近海台风到来之前云系的变化顺序是卷云、卷层云、高层云、高积云，当浓积云过后，便是积雨墙和狂风暴雨。

（7）热带海洋对流云系。热带海洋上不论什么天气系统影响，天空均以积云为主，只是发展程度不同而已，有时是晴天积云，有时是浓积云或积雨云塔，热带辐合带中还出现大量热带云团。这些统称为热带海洋对流云系。

三、降水量地理分布和时间变化

中国近海降水量为北半球同纬度较多的地区之一。由于近海海域南北狭长，各地距离海岸远近不同，空气中水汽含量有异，使得海区之间降水量差异悬殊，季节分配不均。同时由于东亚季风的年际变异较大，中国近海降水量年际变化也非常显著。

近海降水量分布的基本形势是：南多北少，近海沿岸多于远海。渤海年降水量为 500～600mm，南黄海降水量多于北黄海，黄海东部多于西部，西部为 800～900mm，东部为 1000mm 左右。渤海、黄海降水量均集中在夏季 7～8 月。东海西部年降水量为 900～1300mm，东部琉球群岛由于黑潮暖流影响超过 2000mm。南海年降水量为 1500～3000mm，北部为 1500～2000mm，集中于 4～9 月；越南近海为 1800～2000mm，9～12 月雨量较多；菲律宾沿海处于西南季风的迎风面，年降水量为 2000～3000mm，冬季及夏季月份雨量偏多。南海南部年降水量达 2200～2800mm，12～1 月雨量较多；其他月份也有 100～200mm 的降水量。

渤海和黄海北部为夏雨型，降水量集中在夏季 7～8 月，两个月雨量占年降水量的 50%。南海热带海域也属夏雨型，降水集中在夏季 5～9 月，雨量占年降水量的 60%～75%，故称为湿季，12～4 月雨量占年降水量的 5%～10%，称为干季。东海和南海北部降水主要受极锋影响，由于极锋一年两次通过海区，故出现两个雨季，即春雨期（5～6 月）和秋雨期（9 月）。夏季的热带气旋也可以带来丰富的降水，但大部分时间在副热带高压控制下，雨量相对较少。冬季受黑潮暖流影响，可以出现阴雨蒙蒙天气，降水量不大。6°N 以南赤道海域，各月降水量都很大，但冬季相对更多，称为冬雨型。

降水量的年际变化用降水相对变率表示。相对变率是历年降水量距平的绝对值平均与年降水量之比值。中国近海降水的相对变率为 12%～27%，变率较大的海区为渤海海峡、黄海北部、台湾海峡、南海中北部。

四、雷暴和龙卷风

（一）雷　暴

雷暴是积雨云强烈发展所产生的大气放电现象。雷暴过境时往往乌云密布，或出现强烈降水，或发生雷雨大风，对飞行、航海、通讯等海上活动影响较大，特别是在海洋上空飞行，遇有雷暴发生时，强烈的上升气流和湍流会使飞机颠簸，大量的过冷却水滴会使飞机积冰，雷暴电场还会使飞机遭受雷击，因此雷暴属于危险天气现象。

洋面上雷暴的形成一般与天气扰动有关，除了天气系统影响外，对于岛屿和沿岸上空还有强热力对流、地形抬升等原因形成雷暴。全球约有 18% 的雷暴发生在海上，特别是热带海洋上。中国近海雷暴的分布特点是：

（1）南部海区的雷暴多于北部海区，南部海区不仅频率高，而且持续时间长。赤道水域几乎全年都有雷暴发生，北方海区雷暴主要发生在 4～9 月。

（2）自冬至夏，雷暴发生地随着暖空气的北上而向北推进。雷暴 0.5% 频率等值线12～3 月在 10°N 以南，4 月到达南海北部，6 月到达 30°N，7～8 月到达黄海西部和渤海，9 月南退至 35°N，10 月退至东海南部和南海北部。

（3）沿岸和岛屿附近，频率高于开阔海面。加里曼丹岛、吕宋岛、中南半岛、雷州半岛附近为多雷暴区，开阔海面上热力对流弱于陆上，雷暴频率略低。

各海区雷暴日数大致如下：加里曼丹岛、马来半岛、北部湾、吕宋岛是多雷暴中心，年雷暴日数达 80～100 天或 100 天以上。年雷暴日数较多的上川岛、涠洲岛，比邻近的海口、湛江等地（100 天左右）少约 1/3。南海中部的西沙、南沙等岛屿，因远离海岸，岛屿面积较小，不会有很强的热力影响，对流发展弱于南海周围陆地或大的岛屿，年雷暴日仅 30 天左右。东南沿海及台湾海峡以北的岛上，雷暴日数比热带显著减少，一般为 20～30 天，沿岸略多，达 30～50 天；山东半岛及辽东半岛附近仅 15～20天，岸上 20～25 天。

南部和北部海区雷暴日较多的月份有所差别，赤道附近雷暴初日在 1 月，终日在12 月，愈向北初日愈推后，终日提前。赤道附近雷暴较多的月份是 4～5 月和 10 月，10°N 附近为 4～10 月，20°N 附近及华南沿海为 4～9 月，东海沿岸为 4～9 月，黄、渤海为 5～8 月。

（二）龙　卷　风

龙卷风是一种小范围的强烈旋风，从积雨云或表积云呈漏斗状中下垂，触及或者不触及地面。未触及地面的龙卷风也称"漏斗云",一旦触及地面,即出现猛烈的旋风,风速可超过 40~50m/s。龙卷风持续时间较短,一般仅几分钟到十几分钟,最长数小时。龙卷风直径一般为 100~300m。

中国近海龙卷风多发区有三个海域,一是南海中南部,二是北部湾,三是黄渤海。南海中南部发生次数较多,但强度较弱,持续时间较短,有时还发生在浓积云下。南沙永署礁 1987~1989 年发生的 22 个龙卷风中,有 14 个从积雨云云底伸出,占总数 64%,另外 8 个从浓积云云底伸出,占总数的 36%。11~5 月,龙卷风主要出现在南海南部海区,马六甲海峡、泰国湾、昆仑岛南部洋面、吕宋岛西面也曾观测到龙卷风。6~8 月,南起赤道北到渤海均可能发生龙卷风,吕宋岛西面及越南近海出现较多。黄渤海区龙卷风多发生在 9~10 月,由于秋季水温较高,在适当的天气形势下,对流强烈发展,龙卷风生成后持续时间较长。

第八节 气 温

中国近海的气温和海水表层温度分布受太阳辐射、海陆位置和地形、洋流等因素的影响。气温和表层水温在长周期变化中几乎是同步的,其原因之一就是海水和大气之间时刻进行着热量交换。海水热容量大,海洋巨大的热惯性,使之具有"记忆"能力和"滞后"效应。海温高值和低值出现的时间比陆上推迟,在沿岸有些海区,日气温最高值并不是出现在午后,而是推迟到下午或傍晚,这是水温影响气温的结果。在不同海区和不同时段上,气温和表层水温值不完全一致,从而出现了海-气温差。黑潮流域冬季表层水温可高于气温 4~6℃,但通过不停的热量交换,海洋-大气之间温度差距渐渐缩小。

中国近海气温分布的特点是:北部海域冬冷夏暖,四季分明;南部海域终年炎热,长夏无冬;冬季北部海域受大陆和洋流的影响,气温东高西低,出现很强的水平温度梯度;夏季,陆地和洋流的影响减弱,等温线近于纬向分布。

一、平 均 气 温

自高纬向低纬,年平均气温从 6℃升至 28℃左右,水平温度梯度平均为 0.5℃/纬距,但在冷、暖洋流和海、陆位置、沿岸地形的影响下,平均气温分布亦不均匀。比如东海、台湾海峡附近及南海北部沿岸海区,黑潮或台湾暖流与沿岸冷流的交界处的梯度高达 2.5℃/纬距。日本以东亲潮冷流和黑潮暖流交界处的经向梯度最高达 2.9℃/纬距,这说明冷暖洋流对平均气温的影响是很大的。

冬季(以 1 月代表)渤海北部平均气温为 -3.9℃,南海南部为 26.9℃,南北相差30.8℃。春季(以 4 月代表),南北气温差异大大减小,渤海北部到东海北部,平均气温仅相差 4℃,南海中部到南部,平均气温相差不到 1℃。在黄、渤海沿岸,陆上平均气温已高于海上平均气温。夏季(以 7 月代表),南北和东西方向上气温差异最小,平均气温从渤海北部的 24℃到赤道上的 28℃,南北相差仅 4℃。29℃的高温区不在赤道上,而是在北部湾和海南岛附近,这里的最高平均气温为 29~30℃。秋季降温时间从北开始，向南逐渐推迟，降温最大的月份，渤海和黄海为 10～11 月，其他海区为 11～12 月。

气温随纬度的变化以冬季最大，夏季最小，且随纬度的增高而增大。纬圈年平均气温的最高值，即"热赤道"，位于北半球 4°N 附近。不同季节的具体位置也有差异，13°N以北的秋季气温大于春季气温，即春冷和秋暖，这是海洋气候的典型特征。

二、气温的年变化、年较差和大陆度

气温年变化的振幅随地理纬度的增高而增大，这是因为地理纬度决定日射的长短。但在低纬海区由于太阳高度高，太阳辐射强而且终年变化很小，气温年变化也较小，最高值多出现在 8 月，最低值出现在 2 月，呈单峰型。而在北回归线以南，太阳两次经过天顶，愈接近回归线，两者在天顶中间的时间愈接近，最后合而为一，所以在北回归线以北，有一个最大和一个最小值，以南一般为两高两低。由于赤道附近气温年振幅很小，年变化的规律性经常被雨季和其他因素扰乱。分析表明，中国近海各纬度上月平均最高气温出现的月份随纬度的增高而推迟，即最高气温于 6°～15°N 出现在 5 月，16°～19°N 出现于 6 月，20°～25°N 出现在 7 月，26°N 以北均出现在 8 月。

气温年较差等值线呈东北至西南向，反映了纬度和海陆分布的共同作用。气温年较差从赤道上的 2℃ 左右上升到渤海西北岸的 29℃。在 15°N 以南，年较差均在 4℃ 以下，其中南海西北部近海沿岸在 3～4℃ 之间。

15°N 至南海北部，年较差由 4℃ 迅速上升至 12℃，等值线偏离纬向，特别是在北部湾沿岸，等值线转为经向分布，反映了沿岸冷流及大陆对冬季气温影响很强。在台湾海峡及东海沿岸，气温年较差为 12～21℃，等值线非常密集。黄、渤海区，除了渤海北部近海沿岸区外，等值线分布比东海稀疏，黄海气温年较差在 21～26℃ 之间，西部沿岸比中部和东部高 1～2℃。渤海中部、渤海海峡区均在 26℃ 左右，只是在西北部近海沿岸，受陆地影响强烈，年较差值急剧升高，最北端升至 29℃，但与同纬度陆上相比低 3～4℃。

大陆度的计算表明，本海区大陆度的数值范围为 1%～55%。我国大陆上的大陆度大致为 32%～83%，陆上最低值并不在沿岸，而在川滇高原和川北一带。比如昆明的大陆度只有 32%，甚至比渤、黄海和日本海的数值都低，说明内陆高原也可以出现海洋性气候特征，其海洋性甚至比近海强。但总的来说海洋上的大陆度数值比陆上小得多。近海地区大陆度线基本上与岸线平行，50% 的线几乎与大陆岸线重合。最小值出现在大洋低纬海区。相比之下，北部海区的大陆度大于南部。这可能是由于强大的冬、夏季风造成气温的巨大年较差所致。

三、近百年来近海气温的变化

近百年来中国大陆气温变化大体上由两部分组成：一部分是世纪尺度的波动，20世纪20～40年代是一个暖期；另一部分为较短尺度的变化，从 20 世纪 80 年代末进入一个新的暖期。在北半球一些地区（如美国）的温度变化也同中国类似。根据（1905～

2001）年的全国平均温度距平曲线，中国年平均气温呈现明显的上升趋势，历经 97 年上升了 0.79℃，线性增暖率为 0.81℃/100a，这一增温幅度略高于同期全球平均的增温幅度。近百年中 30～40 年代和 80 年代中期以后是两段温度明显偏高的时期（秦大河，2005）。中国近海的温度变化与中国大陆气温变化具有大致相同趋势。

根据沿岸站或岛屿站建站以来至 2002 年的气温资料和 1900～1999 年的表层海水温度资料，统计得到各海区近百年的气温和表层海水温度变化规律（曲线图）：黄海近百年的温度表现为两个暖期和两个冷期，两个暖期之中，20 世纪 80 年代以后的暖期为百年来最暖，且气温和海温变化同步。气温次暖期为 30～40 年代，较海面温度超前。两个冷期中第一冷期为 20 年代之前，第二冷期为 60 年代中期至 70 年代。80 年代到 90 年代气温变化最大，升高 0.6～0.9℃（表 3.4）。

表 3.4　中国近海沿岸站 10a 平均气温和海区 10a 平均海温（℃）（秦大河，2005）

地点	1890～1899	1900～1909	1910～1919	1920～1929	1930～1939	1940～1949	1950～1959	1960～1969	1970～1979	1980～1989	1990～1999
成山头				11.1	11.2	11.1	11.1	11.1	11.1	11.2	11.8
青岛		12.1	11.5	12.0	12.3	12.5		12.2	12.3	12.4	13.1
上海	15.1	15.2	15.2	15.3	15.7	16.0	15.6	15.8	15.7	15.9	16.8
鹿儿岛	17.2	16.5	16.6	16.6	16.8	16.6	17.2	17.3	17.5	17.9	18.5
那霸	22.0	22.0	22.3	21.8	22.0	21.9	22.4	22.2	22.3	22.6	23.2
香港	22.0	22.1	22.3	22.2	22.4	22.5	22.6	23.1	22.8	22.9	23.3
黄海		12.8	12.9	12.9	12.9	13.3	13.4	13.1	13.0	13.0	13.7
东海		20.9	20.8	20.8	21.0	21.6	21.6	21.4	21.5	21.9	22.6
南海		26.3	26.2	26.2	26.3	26.4	26.4	26.5	26.4	26.6	26.9

东海的气温变化曲线表明，为三个暖期（1896～1916 年、1952～1962 年和 1985 年以后）和两个冷期（1924～1936 年、1963～1976 年）。其中 1985 年以后的暖期为百年最暖，1924～1936 年为百年最冷。20 世纪 80 年代到 90 年代、40 年代到 50 年代气温增加明显，为 0.5～0.6℃。

南海气温 40 年代前为冷期，50 年代缓慢上升，60 年代出现第一个暖期，70 年代至 80 年代初又出现低温，但较前一冷期要暖得多，无论气温或是海温，90 年代末升温最迅速。50 年代到 60 年代和 80 年代到 90 年代增温分别为 0.5℃和 0.4℃。

参　考　文　献

曹楚，彭加毅，余锦华. 2002. 全球气候变暖背景下登陆我国台风特征的分析. 南京气象学院学报，29（4）：455～461

巢纪平. 1993. 厄尔尼诺与南方涛动动力学. 北京：气象出版社

傅刚，王菁茜，张美根等. 2004. 一次黄海海雾事件的观测与数值模拟研究——以 2004 年 4 月 11 日为例. 中国海洋大学学报，34（5）：720～726

黄荣辉，顾雷，陈际龙等. 2008. 东亚季风系统的时空变化及其对我国气候异常影响的最近研究进展. 大气科学，32（4）：691～719

黄荣辉，孙风英. 1994. 热带西太平洋暖池的热状态及其上空的对流活动对东亚夏季气候异常的影响，大气科学，18：107～106

黄勇，李崇银，王颖等. 2008. 近百年西北太平洋热带气旋频数变化特征与 ENSO 的关系. 海洋预报，25（1）80～87

孔宁谦. 1997. 广西沿海雾的特征分析. 广西气象，18（2）：41～45

李英，陈联寿，张胜军. 2004. 登陆我国热带气旋的统计特征. 热带气象学报，20（1）：14～23

李克让，陈永申，沙万英. 1983. 海洋气候学研究进展. 海洋通报，2（6）：77～86

李克让，林贤超. 1992. 海洋对年际气候变化的影响. 见：李克让主编，中国气候变化及其影响. 北京：海洋出版社

李克让，闫俊岳，林贤超. 1996. 海洋气候. 见：王颖主编. 中国海洋地理. 北京：科学出版社

李克让. 1993. 中国近海及西北太平洋气候. 北京：海洋出版社

李克让. 1984. 中国近海及西北太平洋气候图集（上、下集）. 北京：海洋出版社

刘秦玉，杨海军，刘征宇. 2000. 南海 Sverdrup 环流的季节变化特征，自然科学进展，10（11）：1035～1039

刘屹岷，钱正安等. 2005. 海-陆热力差异对我国气候变化的影响. 北京：气象出版社

吕炯，张丕远，陈恩久. 1963. 北太平洋海水环流与梅雨盈亏. 地理集刊，6：1～32

吕炯. 1935a. 海水之运行. 地理学报，2（1）：105～126

吕炯. 1935b. 从海洋与国防谈到筹设海洋观象台. 地理学报，2（8）：65～69

吕炯. 1936a. 中国沿海岛屿上雨量稀少之原因. 气象杂志，12（1）：13～19

吕炯. 1936b. 气象与航海. 气象杂志，12（2）：69～82

吕炯. 1936c. 渤海盐分之分布与海水之运行. 地理学报，3（2）：225～246

吕炯. 1936d. 渤海之水文. 地理学报，3（3）：479～494

吕炯. 1937. 渤海之气温与水温及其与海水垂直运行之关系. 地理学报，4：813～822

吕炯. 1942. 波浪操纵说. 气象学报，16（1-2）：1～14

吕炯. 1950. 海水温度与水旱问题. 气象学报，21（1-4）：1～16

吕炯. 1951. 西太平洋及其在东亚气候上的问题. 地理学报，18：69～88

吕炯. 1954. 海冰与气候. 地理学报，20：83～94

秦大河. 2005. 中国气候与环境演变. 北京：科学出版社

秦曾灏，李永平，黄立文. 2002. 中国近海和西太平洋温带气旋的气候学研究. 海洋学报，24（增刊1）：105～111

王彬华. 1983. 海雾. 北京：海洋出版社

王厚广，曲维政. 1997. 青岛地区的海雾预报. 海洋预报，14（3）：52～57

王凌，罗勇，徐良炎等，2006，近 35 年登陆我国台风的年际变化特征及灾害特点. 科技导报，24（11）：23～25

王鑫，黄菲，周发琇. 2006. 黄海沿海夏季海雾形成的气候特征. 海洋学报，28（1）：26～34

王颖. 1996. 中国海洋地理. 北京：科学出版社

王遵娅，丁一汇. 2006. 近 53 年中国寒潮的变化特征及其可能原因. 大气科学，30（6）：1068～1076

温娜，刘秦玉. 2006. 台湾以东黑潮流量变异与冬季西北太平洋海洋-大气相互作用. 海洋与湖沼，37（3）：264～270

吴国雄，张永生. 1998. 青藏高原的热力和机械强迫作用以及亚洲季风的爆发 Ⅰ 爆发地点. 大气科学，22（6）：825～838

徐旭然. 1997. 胶东半岛北部沿海海雾特征及成因分析. 海洋预报，14（2）：58～63

徐燕峰，陈淑琴，戴群英等. 2002. 舟山海域春季海雾发生规律和成因分析. 海洋预报，19（3）：59～64

闫俊岳. 1997. 南海西南季风爆发的气候特征. 气象学报，55（2）：176～188

闫俊岳. 1999. 中国近海海-气热量、水汽通量计算和分析. 应用气象学报，10（1）：9～19

闫俊岳，陈乾金，张秀芝等. 1993. 中国近海气候. 北京：科学出版社

闫俊岳，刘久萌，蒋国荣等. 2007. 南海海-气通量交换研究进展. 地球科学进展，22（22）：685～697

闫俊岳，唐志毅，姚华栋等. 2003. 2002 年南海季风建立及其雨带变化的天气学研究. 气象学报，61（5）：569～579

闫俊岳，唐志毅，姚华栋等. 2005. 2002 年南海西南季风爆发前后海-气界面的通量交换变化. 地球物理学报，48（5）：1000～1010

闫俊岳，张秀芝，李江龙. 1997. 135°E 以西西北太平洋热带气旋迅速加强的气候特征. 热带气象学报，13（4）：297～305

杨亚新. 2005. 西北太平洋热带气旋发生的时空变化特征. 海洋预报，22（1）：86～91

叶笃正，朱抱真. 1958. 大气环流的若干基本问题. 北京：科学出版社

叶笃正等. 1979. 青藏高原气象学. 北京：科学出版社

俞永强，陈文等. 2005. 海-气相互作用对我国气候变化的影响. 北京：气象出版社

张红岩，周发琇，张晓慧. 2005. 黄海春季海雾的年际变化研究. 海洋与湖沼，36（1）：36～42

张苏平，鲍献文. 2008. 近十年中国海雾研究进展. 中国海洋大学学报，38（3）：359～366

张苏平，杨育强，王新功等. 2008. 低层大气季节变化及其与黄海雾季的关系. 中国海洋大学学报，38（5）：685～698

赵永平，MaBean G A. 1995. 黑潮海域海洋异常加热与北半球大气环流的相互作用. 海洋与湖沼，36（4），383～388

赵永平，McBean G A. 1996. 黑潮海域海洋异常加热对后期北半球大气环流影响的分析. 海洋与湖沼，27（3）：246～250

中国科学院地理研究所长期预报组. 1977. 热带海洋对副高长期变化的影响. 科学通报，7：313～317

中国科学院地理研究所海洋气候组. 1973. 西太平洋黑潮、流水和中国东部地区降水的关系. 气象科技资料，（3）：52～57

中国气象局国家气象中心资料室. 1995. 中国内海及毗邻海域海洋气候图集. 北京：气象出版社

周发琇，王鑫，鲍献文. 2004. 黄海春季海雾形成的气候特征. 海洋学报，26（3）：28～37

竺可桢. 1916. 中国之雨量及风暴说. 科学，2：(2)

竺可桢. 1934. 东南季风与中国之雨量. 地理学报，创刊号：1～28

Gao S H，Lin H，Shen B，Fu G. 2007. A heavy sea fog event over the Yellow Sea in March 2005：analysis and numerical modeling. Advances in Atmospheric Sciences，24（1）：65～81

Liu Qinyu，Xia Jiang，Xie Shang-Ping，et al. 2004. A gap in the Indo-Pacific warm pool over the South China Sea in boreal winter：seasonal development and interannual variability. J. Geophysical Research，109：C07012，doi：10. 1029/2003JC002179

Liu Qinyu，Wen Na，Yu Yongqing. 2006. The role of the Kuroshio in the winter North Pacific Ocean-Atmosphere interaction：comparison of a coupled model and observations. Advances in Atmospheric Sciences，23（2）：181～189

Liu Xinyu，Xie Shangping，Li Lijuan，et al. 2005. Ocean thermal advective effect on the annual range of sea surface temperature. Geophysical Research Letters，32：L24604

Liu Zhengyu，Yang Haijan，Liu Qinyu. 2001. Regional dynamics of seasonal variability in the South China Sea. J. Physical Oceanography. 31：272～284

NOAA . 1986. Atlas of tropical sea surface temperature and surface wind. NOAA Atlas，（8）

Vivier F，Kelly K A，Thompson L. 1999. The contributions of wind forcing waves and surface heating to sea surface height observations in the Pacific Ocean. J. Geophys. Res，104：20767～20788

Xie Shang-Ping，Xie Qiang，Wang Dongxiao，et al. 2003. Summer upwelling in the South China Sea and its role in regional climate variations. J. Geophys. Res. -Oceans，108：3261，doi：10. 1029/2003JC001867

Zhang Su-Ping，Xie Shang-Ping，Liu Qin-Yu，et al. 2009. Seasonal variations of Yellow Sea fog：Observations and Mechanisms. J Climate，22（24）：6758～6772

第四章　海 洋 水 文 *

中国海海洋水文要素的结构和环流特征，主要受太阳辐射和海面风等气象因子，沿岸江河注入的淡水和流经中国海的黑潮暖流及西北太平洋中、深层水所控制。

中国海太阳辐射总量在夏季最大，冬季最小，而秋季在多数海域大于春季。冬季太阳辐射总量从南向北递减，而夏季辐射总量的地区差异较小。南海的辐射总量与其他海区相比，终年较高，对天气气候有一定影响。

中国海的风向，以一年为周期的季节变化极为显著。冬季，亚洲大陆为强劲的冷性高气压所盘踞，盛行偏北向的冬季风。夏季，亚洲大陆为热性低气压所控制，同时，太平洋副热带高压西伸北上，高低压之间的偏南气流就构成中国海盛行的偏南向的夏季风。春季和秋季，各为一个过渡性季节，风向多变，盛行风向不明显。季风特征以南海最为显著，东海的季风转换也比较典型，黄海与渤海，因地理位置和海区面积较小等缘故，季风特征不如南海和东海的显著。

根据上述气象因子的变化特点，我们在记述中国海的水文特征和环流时，都按冬（12月～翌年2月）、春（3～5月）、夏（6～8月）和秋（9～11月）四个季节来描述。并以2月、5月、8月和11月分别作为冬、春、夏、秋四季的代表月。南海尽管地处亚热带和热带，为记述上统一起见，也以同样的方式处理。

注入中国海的河流众多，从北到南排列主要有：鸭绿江、辽河、滦河、海河、黄河、长江、钱塘江、瓯江、闽江、浊水溪、九龙江、韩江、珠江、南渡江和北仑河等，它们分别注入黄海、渤海、东海和南海北部。其中，长江、黄河、珠江是注入中国近海的三大河流，对邻近海区的水文环境可产生重大影响。另外，在中南半岛入海的红河、湄公河、湄南河等河流，对南海的局部海域也产生重要影响。

中国海的东侧，还存在一支终年流向稳定、流速强、流量大，并具有高温、高盐、透明度大、水色深蓝等特点的黑潮。黑潮及其入侵大陆架的水体，是中国海诸多水文现象和环流的直接参与者，其分布与变异直接影响中国海的海况与气候。

此外，南海、东海、黄海和渤海的海区轮廓和海底地形，也会影响各海区的水文特征及局部环流的格局。

第一节　海 浪

海浪是指发生在海洋表面的一种海水波动现象。其波动周期为 0.5～25s，波长为几十厘米到几百米，波高为几厘米到20m。海浪一般也统称为波浪，可分为风浪、涌浪和混合浪。风浪是指直接由海面的风驱动而生成、成长的海面波动；涌浪是风停后尚存

＊ 本章作者：苏纪兰、许建平、孙湘平、章家琳、应仁芳、潘玉球

的海浪或风浪传出风区的海浪；混合浪是涌浪传播进入有风浪的海域与该海域的风浪叠加而成的海面起伏现象。风浪与涌浪的区别在于：前者的波面不规则，背风面比迎风面陡，波峰尖而矮，周期短，风大时常有破碎，并出现浪花；后者的波面比较平滑，波峰较长，周期、波长都比较长，在海面上传播比较规则。

海浪是一种随机现象，一般以其特定的统计特征量来表示其特征，如波向、周期、波高、波形等。波向是指海浪传来的方向（来向），与风向的含义相同，一般风浪的波向与风向大体一致。周期是相邻两个波峰或波谷通过一个固定点所需要的时间。波高指相邻波峰与波谷的垂直距离，波高的一半即为振幅。周期和波高均随风速大小、风区（风吹的行程）大小和风时（风吹的持续时间）长短而定。波高有有效波高、1/10 大波波高和历年最大波高之分：将某一时段连续测得的所有波高记录按（从）大（到）小排列，取记录总个数中最大的 1/3 海浪波高的平均值，即为 1/3 大波［平均］波高，又叫做有效波高，以 $H_{1/3}$ 表示；1/10 大波波高指最大的 1/10 海浪波高的平均值，以 $H_{1/10}$ 表示；历年最大波高指海浪观测的实测最大值。我国以 $H_{1/10}$ 的大小对海浪进行分级，分别称：无浪、微浪、小浪、轻浪、中浪、大浪、巨浪、狂浪、狂涛和怒涛（表 4.1）。

表 4.1　海浪分级

波级	波高/m	名称	波级	波高/m	名称
0	$H_{1/10}=0$	无浪	5	$3.0 \leqslant H_{1/10} < 5.0$	大浪
1	$0 < H_{1/10} < 0.1$	微浪	6	$5.0 \leqslant H_{1/10} < 7.5$	巨浪
2	$0.1 \leqslant H_{1/10} < 0.5$	小浪	7	$7.5 \leqslant H_{1/10} < 11.5$	狂浪
3	$0.5 \leqslant H_{1/10} < 1.5$	轻浪	8	$11.5 \leqslant H_{1/10} < 18.0$	狂涛
4	$1.5 \leqslant H_{1/10} < 3.0$	中浪	9	$18.0 \leqslant H_{1/10}$	怒涛

值得指出的是，在海洋观测实践和文献报道中，一般采用 $H_{1/3}$ 作为衡量海浪大小的标准。对于深水浪来讲，两者间换算关系大致为 $H_{1/3}/H_{1/10}=0.786$。由于中国海海浪资料大部分来自船舶观测，而海上船舶观测记录一般对应于有效波高，因此举凡波高、波向、（波）周期等特征值均按有效波（即 $H_{1/3}$ 大波）来统计。本节以下的讨论均指有效波高而言。

一、海浪分布概况

海面风场的特征和中国海的地理位置，决定了中国海海浪分布基本特征：冬季盛行偏北向的风浪，夏季盛行偏南向的风浪。渤海、北部湾风浪波高较小，台湾海峡的海浪较大；黄、东、南海都可以生成涌浪。太平洋的海浪可以通过琉球岛链传入东海、黄海，也可通过吕宋海峡传入南海，分别使济州岛东南海域、台湾岛东北海域和东沙岛东南海域较容易形成大浪区。气旋活动时，有较强的巨浪、大涌浪出现，这种突发性的灾害性海浪，常在东海、南海和黄海频繁出现，北部湾、渤海也有少量出现。

海浪预报工作者共识：每月出现 $H_{1/10}=3m$ 以上大浪的频率不低于 20％ 的为大浪频繁出现月，小于 10％ 的称大浪较少出现月。渤海有长达 9 个月的大浪较少出现月，且无频繁出现月。黄海有6个大浪较少出现月和2个频繁出现月。东海只有2个大浪较少出现月，而大浪频繁出现月增加到5个月。台湾海峡虽有4个月大浪较少活动，但大浪频繁出现则达半年之久。南海北部大浪频繁出现有7个月，超过其他海区，而大浪较少活动仅为2个月；南海中部、南部海区的大浪频繁出现月、较少出现月分别为6个月及3个月（巴文伦等，1990）。

对波高（$H_{1/10}$）大于5m的巨浪，中国海各海区平均每年出现的天数大致为：渤海26天，黄海95天，东海123天，台湾海峡160天，南海169天（国家海洋局，1991）。显然，台湾海峡和南海是巨浪多发海区。

本节记述的中国海波候特征（即风浪、涌浪的盛行波向、波高、周期等的多年平均状况及其变化），系根据《国家自然地图集》（廖克，1999）、《渤海黄海东海水文图集》（陈达熙，1992）、《南海水文图集》（侯文峰，2006）以及国家海洋信息中心提供的统计结果[①]，进行综合编写的。正文中不再一一说明。必须指出，以下正文中提到的最大波高、最大周期，均指海浪资料统计年限内的最大值，并不是指历史上的极大值。

1. 盛行风浪的波向分布

四季代表月风浪的波向分布如图4.1所示，从中可看出各季风浪波向的变异情况。

冬季（2月）：渤海最多波向为NW、N，频率为29%、19%；次多波向为NE、SW，频率为16%、15%。黄海北部、中部最多波向为N，频率为34%～37%；次多波向为NW、W、SW，频率分别为24%、24%、15%。黄海南部最多波向为N，频率为36%；次多波向为NW，频率为18%。东海北部、中部最多波向为N，频率为38%～46%；次多波向为NW、NE，频率为18%～26%、24%。东海南部和台湾海峡，最多波向为NE，频率为52%～63%；次多波向为N，频率为25%～35%。南海北部，最多波向NE，频率为58%；次多波向为N、E，频率为16%、20%。北部湾最多波向为NE，频率为39%～41%；次多波向为E、SE，频率为22%、18%。南海中部最多波向为NE，频率为52%～60%；次多波向为N，频率为21%。南海南部最多波向为NE，频率为46%～60%；次多波向为N，频率为17%～21%。

春季（5月）：渤海最多波向为S，频率为20%～26%；次多波向为SW，频率为20%。黄海北部、中部最多波向为S、SW，频率为23%～29%、24%；次多波向为SE，频率为18%。黄海南部最多波向为S，频率为21%～23%；次多波向为SE，频率为17%～23%。东海北部、中部最多波向为NE、N，频率为16%～26%、26%；次多波向为E、S，频率皆为16%。东海南部和台湾海峡，最多波向为NE、N，频率为36%～47%、24%；次多波向为E、S，频率为20%、16%。南海北部，最多波向为E、NE，频率分别为24%、30%；次多波向为S，频率为20%。北部湾最多波向为S、SE，频率为27%、30%；次多波向为NE，频率为10%。南海中部最多波向为S、NE，频率为32%、17%；次多波向为E，频率为15%。南海南部最多波向为S、E，频率为20%、17%；次多波向为SW，频率为20%。

夏季（8月）：渤海最多波向为SE、S，频率为19%、16%；次多波向为N、NE，

---

① 渤、黄、东海海浪资料年限为1968～1982年，南海海浪资料年限为1950～1995年

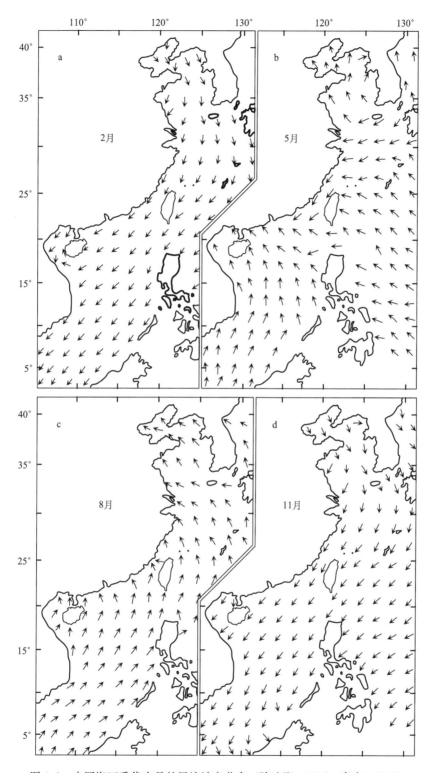

图 4.1　中国海四季代表月的风浪波向分布（陈达熙，1992；廖克，1999）

频率为 16％、17％。黄海北部、中部最多波向为 SE、S，频率为 20％、21％～29％；次多波向为 SE、E，频率为 21％、18％～20％。黄海南部，最多波向为 S、SE，频率为 25％～30％、22％；次多波向为 N，频率为 17％。东海北部、中部最多波向为 S、E，频率为 35％、22％；次多波向 SE，频率为 17％。东海南部、台湾海峡，最多波向为 E、SE、SW，频率为 19％、21％、21％；次多波向为 S，频率为 20％。南海北部最多波向为 SW，频率为 26％；次多波向为 S，频率为 24％。北部湾最多波向为 S，频率为 26％；次多波向为 SW，频率为 23％。南海中部最多波向为 SW，频率为 28％～31％；次多波向为 S，频率为 24％～27％。南海南部最多波向为 SW，频率为 43％～52％；次多波向为 S，频率为 15％～18％。

秋季（11 月）：渤海最多波向为 NW，频率为 23％；次多波向为 N、SW，频率为 19％、21％。黄海北部、中部最多波向为 N，频率为 23％～46％；次多波向为 NW，频率为 16％～18％。黄海南部最多波向为 N、NW，频率为 27％～30％、31％；次多波向为 NE，频率为 15％。东海北部、中部最多波向为 N，频率为 37％～46％；次多波向为 NW、NE，频率为 20％、22％～32％。东海南部、台湾海峡，最多波向为 NE，频率为 67％；次多波向为 N，频率为 25％。南海北部最多波向 NE，频率为 53％～65％；次多波向为 E、N，频率为 23％、19％。北部湾最多波向为 NE，频率为 31％～42％；次多波向为 E、N，频率为 16％、23％。南海中部、南部最多波向为 NE，频率为 52％～63％；次多波向为 N、E，频率为 17％、16％。

概括地讲，渤海，从 10 月至翌年 3 月，以偏北向浪为主；4 月至 9 月，以偏南向浪为主。黄海，从 9 月至来年 3 月，以偏北向浪为主；5 月至 8 月，以东南向浪为主；4 月为波向转换月。东海，从 9 月至次年 3 月，以偏北向浪为主；5 月到 8 月，以偏东南向浪为主；4 月，偏北向和偏南向浪各占 45％左右。台湾海峡，9 月到翌年 5 月，以东北向浪为主，冬季型风浪特征长达 9 个月之久；6 月到 8 月，以西南向和南向浪为主，夏季型海浪仅 3 个月。南海北部，9 月至来年 4 月，以偏东北向浪为主，波向稳定；6 月至 8 月，以偏西南向浪为主。南海中部和南部，10 月至次年 4 月，以偏东北向浪为主；5 月至 9 月，以西南向浪为主。冬季，从渤海，经黄海、东海、台湾海峡、南海北、中部至南海南部，风浪波向似乎呈顺时针旋转趋势；夏季，由南往北，波向呈逆时针旋转趋势。

2. 风浪波高（$H_{1/3}$）的分布

图 4.2 为风浪波高（$H_{1/3}$，m）和周期（s）的分布。从中可知各季的波高变异。

冬季（2 月）：渤海大部分海域，风浪波高（指月平均波高，下同）小于 1.0m，渤海中央及渤海海峡附近，风浪较大，波高为 1.5m。渤海最大波高为 6.0m。黄海近岸的波高为 1.0m，海区中央的为 1.5m，济州岛附近海域，风浪较大，波高达 1.8m 左右。黄海最大波高为 7.0m。东海的风浪波高是由西向东递增的：西侧一般为 1.0m，东侧琉球群岛一带，波高为 1.5m；台湾海峡是东海的风浪高值区，波高达 2m。东海最大波高为 7.5m。南海的风浪波高分布是，东北大、西南小，高值中心出现在吕宋海峡和台湾海峡南口附近。南海北部，波高为 1.8～2.0m；北部湾的为 1.1～1.2m；南海中部的为 1.7～1.9m；南海南部的为 1.5～1.8m。南海的最大波高，南海北部的为 8.0m，北部湾的为 4.5m，南海中部的为 7.5m，南海南部的为 6.5m。

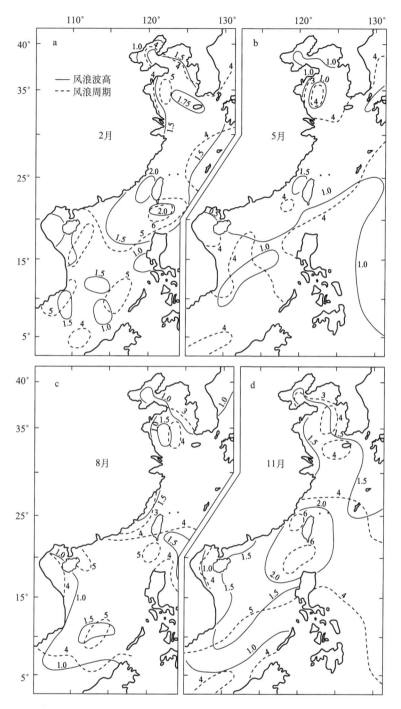

图 4.2　中国海四季代表月的风浪波高（m）和周期（s）的分布

（陈达熙，1992；侯文峰，2006；廖克，1999）

春季（5月）：春季是全年风浪最小的季节。渤海的风浪波高为 1.0m，最大波高为
5.0m。黄海北部，波高为 0.5～1.0m；黄海中部，波高为 1.0m；黄海南部，波高为
1.0～1.5m。黄海的最大波高为 7.5m。东海北部，波高为 1.0～1.3m；东海中部、南

部和台湾海峡，波高皆为1.5m。东海的最大波高为6.5m。南海北部，波高为1.2~1.3m；北部湾的波高为0.7~0.8m；南海中部，波高为1.0~1.1m；南海南部，波高为1.0m。南海最大波高：南海北部的为4.5m，北部湾的为2.5m，南海中部的为5.0m，南海南部的为4.5m。

夏季（8月）：渤海的风浪波高为1.0m，最大波高为5.0m。黄海北部，波高为0.5~1.0m；黄海中部，波高为1.0m；黄海南部，波高为1.0~1.2m。黄海的最大波高为8.0m。东海北部，波高为1.5~2.0m；东海中部，波高为1.5m；东海南部和台湾海峡，波高为1.5~2.0m。东海的最大波高为12.5m。南海北部，风浪波高为1.4~1.5m；北部湾的为0.7~0.8m；南海中部的为1.4~1.7m；南海南部的为1.7m。南海的最大波高：南海北部的为5.0m；北部湾的为4.0m；南海中部的为6.0m；南海南部的为5.5m。

秋季（11月）：秋季是全年风浪比较大的季节，波高的分布趋势基本上又与冬季的相近。渤海的波高为1.5m，渤海的最大波高为5.5m。黄海北部的波高也为1.5m，黄海中部波高为1.0~1.5m，黄海南部波高为1.5m。黄海的最大波高为8.0m。东海北部和中部的波高为2.0m，东海南部波高为2.0~2.5m，台湾海峡的波高为3.0m。东海最大波高为9.0m。南海北部的波高为2.2~2.5m，北部湾的为1.2~1.3m，南海中部的为2.4~2.7m，南海南部的为2.0~2.4m。南海的最大波高：南海北部的为9.5m；北部湾的为5.0m；南海中部的为9.0m；南海南部的为8.0m。

3. 风浪周期的分布

从图4.2可知各季的风浪周期的差异。

冬季（2月）：渤海的风浪周期（指月平均周期，下同）在3.5~3.8s之间，渤海风浪的最大周期为11.0s。黄海北部，风浪周期为3.0~5.3s；黄海中部，风浪周期为3.0~4.0s；黄海南部，风浪周期为5.0~7.0s。黄海的风浪最大周期为14.0s。东海北部，风浪周期为5.0~6.0s；东海中部，风浪周期为5.0~7.0s；东海南部，风浪周期为6.0~7.0s；台湾海峡，风浪周期为7.0s。东海的风浪最大周期为14.0s。南海北部，风浪周期为6.4s；北部湾，风浪周期为5.1~5.7s；南海中部，风浪周期为6.2~6.6s；南海南部，风浪周期为6.2~6.4s。南海的风浪最大周期：南海北部的为15.0~18.0s；北部湾的为11.0~14.0s；南海中部的为17.0~19.0s；南海南部的为15.0s。

春季（5月）：渤海的风浪周期为2.7s，渤海的风浪最大周期为10.0s。黄海北部，风浪周期为3.0~3.1s；黄海中部，风浪周期为3.2~3.7s；黄海南部，风浪周期为4.0~5.0s。黄海的风浪最大周期为14.0s。东海北部，风浪周期为4.7~6.0s；东海中部和南部，风浪周期为6.0s；台湾海峡，风浪周期为5.0s。东海的风浪最大周期为14.0s。南海北部，风浪周期为5.7s；北部湾，风浪周期为5.2~6.0s；南海中部，风浪周期为5.5~5.8s；南海南部，风浪周期为5.4~5.5s。南海的风浪最大周期：南海北部的为15.0~20.0s，北部湾的为18.0s，南海中部的为15.0~16.0s，南海南部的为14.0~17.0s。

夏季（8月）：渤海的风浪周期为2.5~3.3s。黄海北部，风浪周期为3.4~4.0s；黄海中部，风浪周期为3.2~3.7s；黄海南部风浪周期为4.0~5.0s。黄海的风浪最大周期为14.0s。东海北部，风浪周期为5.1~6.0s；东海中部，风浪周期为6.0s；东海南部，风浪周期为 6.0～7.0s；台湾海峡，风浪周期为 6.0s。东海的风浪最大周期为14.0s。南海北部，风浪周期为 5.9～6.1s；北部湾，风浪周期为 5.1～5.3s；南海中部，风浪周期为 5.9～6.5s；南海南部，风浪周期为 6.2～6.3s。南海的风浪最大周期：南海北部的为 17.0～19.0s；北部湾的为 10.0～14.0s；南海中部的为 17.0～19.0s；南海南部的为 14.0～15.0s。

秋季（11月）：渤海的风浪周期为 3.1～3.3s，风浪最大周期为 10.0s。黄海北部，风浪周期为 2.7～3.1s；黄海中部，风浪周期为 4.0～4.2s；黄海南部，风浪周期为5.0～6.0s。黄海的风浪最大周期为 14.0s。东海北部，风浪周期为 6.0～6.6s；东海中部和南部，风浪周期为 6.0～7.0s；台湾海峡，风浪周期为 7.0s。东海的风浪最大周期为 14.0s。南海北部，风浪周期为 6.6～6.8s；北部湾，风浪周期为 4.3～6.1s；南海中部，风浪周期为 7.0～7.5s；南海南部，风浪周期为 6.9～7.2s。南海的风浪最大周期：南海北部的为 15.0～17.0s；北部湾的为 10.0～14.0s；南海中部的为 16.0～17.0s；南海南部的为 17.0～18.0s。

4. 盛行涌浪波向分布

从图 4.3 看出，中国海四季代表月的涌浪波向的分布特点。

冬季（2月）：渤海最多涌浪波向为 N，频率为 28%～35%；次多涌浪波向为 S、SE，频率分别为 20%、17%。黄海北部，最多涌浪波向为 N，频率为 35%～37%；次多涌浪波向为 NE、SW，频率分别为 13%、20%。黄海中部，最多涌浪波向为 N、NE，频率分别为 33%、17%；次多涌浪波向为 NE、N，频率分别为 17%、15%。黄海南部，最多涌浪波向为 N，频率为 25%～38%；次多涌浪波向为 NE、NW，频率分别为 19%、23%。东海北部、中部，最多涌浪波向皆为 N、频率为 25%～52%；次多涌浪波向为 NW、NE，频率 25%、24%。东海南部和台湾海峡，最多涌浪波向为 NE，频率达 44%～63%；次多涌浪波向为 N，频率为 23%～32%。南海北部，最多涌浪波向为 NE，频率为 45%～51%；次多涌浪波向为 E，频率为 17%～35%。北部湾，最多涌浪波向为 NE，频率为 28%～33%；次多涌浪波向为 S、N，频率分别为 21%、25%。南海中部和南部，最多涌浪波向皆为 NE，频率为 53%～61%；次多涌浪波向为N、E，频率分别为 33%、20%。

春季（5月）：渤海最多涌浪波向为 S、SW，频率皆为 23%；次多涌浪波向为 SW、W，频率为 16%、20%。黄海北部，最多涌浪波向为 S、E、S，频率为 28%、32%；次多涌浪波向为 S、N，频率为 21%、29%。黄海中部，最多涌浪波向为 S、SW，频率为 29%、16%；次多涌浪波向为 N、SE，频率 为 16%、14%。黄海南部，最多涌浪波向为 SE，频率为 24%；次多涌浪波向为 S、N、SE，频率都为 20%。东海北部，最多涌浪波向为 E，频率为 24%～31%；次多涌浪波向为 N、NE，频率 22%、20%。东海中部，最多涌浪波向为 NE、N，频率为 22%、19%；次多涌浪波向为 E、NE，频率19%、18%。东海南部，最多涌浪波向为 NE、E，频率为 33%、22%；次多涌浪波向为 N，频率为 15%。台湾海峡，最多涌浪波向为 NE，频率 46%；次多涌浪波向为S，频率 13%。南海北部，最多涌浪波向为 E、NE，频率 28%、30%；次多涌浪波向为 NE、N，频率均为 18%。北部湾，最多涌浪波向为 S、SE，频率为 34%、37%；

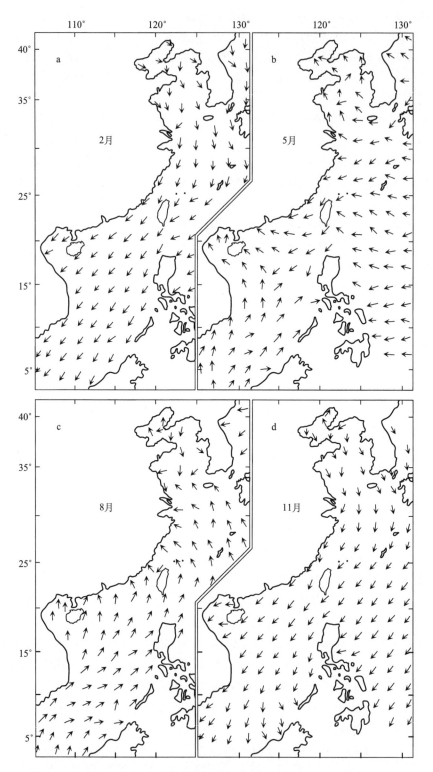

图 4.3　中国海四季代表月涌浪波向的分布（陈达熙，1992；廖克，1999）

次多涌浪波向为 SE、E，频率为 28%、20%。南海中部，最多涌浪波向为 SW、NE，频率为 21%、26%；次多涌浪波向为 NE、SW，频率为 15%、14%。南海南部，最多涌浪波向为 S、SW，频率为 22%、17%；次多涌浪波向为 NE，频率为 14%～19%。

夏季（8月）：渤海最多涌浪波向为 S、NE，频率为 15%、20%；次多涌浪波向为 NE、S，频率为 15%、17%。黄海北部，最多涌浪波向为 SE、S，频率为 23%、44%；次多涌浪波向为 S、N，频率为 22%、17%。黄海中部，最多涌浪波向为 S，频率为 34%～51%；次多涌浪波向为 SE、N，频率分别为 24%、17%。黄海南部，最多涌浪波向为 SE、S，频率分别为 28%～30%、34%；次多涌浪波向为 N，频率为 21%。东海北部，最多涌浪波向 SE、S，频率为 21%～25%、24%；次多涌浪波向为 SW、SE，频率为 14%、21%。东海中部，最多涌浪波向为 S、SE，频率为 22%、19%；次多涌浪波向为 SE、E，频率皆为 19%。东海南部，最多涌浪波向为 SW、E，频率为 19%～31%、23%；次多涌浪波向为 NE、S，频率为 18%、23%。台湾海峡，最多涌浪波向为 SW，频率为 31%；次多涌浪波向为 NE，频率为 21%。南海北部，最多涌浪波向为 S，频率为 26%～28%；次多涌浪波向为 SW，频率为 17%～20%。北部湾，最多涌浪波向为 S，频率为 26%～58%；次多涌浪波向为 SW、SE，频率为 15%、19%。南海中部，最多涌浪波向为 SW，频率为 44%～51%；次多涌浪波向为 W、S，频率为 21%、20%。南海南部，最多涌浪波向为 S、SW，频率为 32%、51%；次多涌浪波向为 SW、W，频率为 29%、21%。

秋季（11月）：渤海最多涌浪波向为 W、N，频率为 22%、18%；次多涌浪波向为 N、NE，频率为 20%、17%。黄海北部，最多涌浪波向为 NW、N，频率分别为 27%、28%；次多涌浪波向为 N、W，频率为 19%、14%。黄海中部，最多涌浪波向为 N，频率为 30%～33%；次多涌浪波向为 NW，频率为 17%～21%。黄海南部，最多涌浪波向为 N、NW，频率为 32%、35%；次多涌浪波向为 NE、N，频率为 19%、31%。东海北部，最多涌浪波向为 N、NE，频率为 36%、26%；次多涌浪波向为 NW、E，频率为 19%、23%。东海中部，最多涌浪波向为 NE、N，频率为 38%、35%；次多涌浪波向为 N、NE，频率为 30%、31%。东海南部，最多涌浪波向为 NE、N，频率分别为 55%、37%；次多涌浪波向为 N、NE，频率分别为 26%、32%。台湾海峡，最多涌浪波向为 NW，频率为 75%；次多涌浪波向为 N，频率为 19%。南海北部，最多涌浪波向为 NE，频率为 48%～56%；次多涌浪波向为 E，频率为 15%～32%。北部湾，最多涌浪波向为 E、NE，频率分别为 33%、36%；次多涌浪波向为 NE、E，频率分别为 13%、34%。南海中部，最多涌浪波向为 NE，频率为 53%～59%；次多涌浪波向为 N，频率为 23%～29%。南海南部，最多涌浪波向为 NE、N，频率分别为 63%、36%；次多涌浪波向为 E、NE，频率分别为 15%、34%。

5. 涌浪波高（$H_{1/3}$）的分布

图 4.4 表明中国海四季代表月涌浪波高（$H_{1/3}$）的变异。

冬季（2月）：渤海辽东湾、渤海湾、莱州湾三大海湾的涌浪波高（指月平均值，下同）在 1.0m 以下，渤海中央海域的为 1.0～1.5m。渤海最大涌浪波高为 5.0m。黄海涌浪波高在 1.0～2.0m 之间。其中北黄海的为 1.0～1.5m，黄海中部、南部的为 1.5～2.0m。

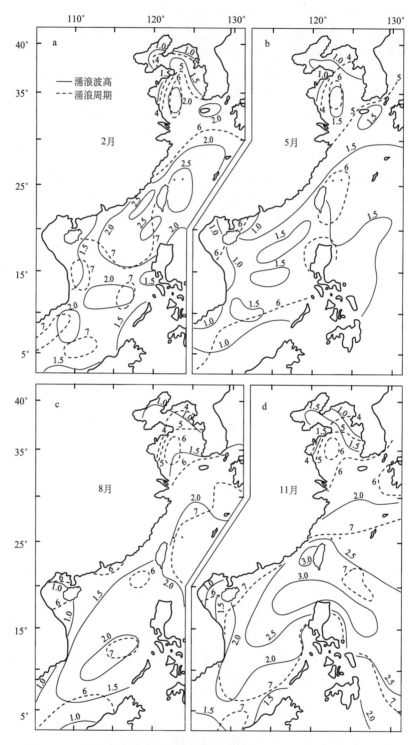

图 4.4　中国海四季代表月的涌浪波高（$H_{1/3}$，m）和周期（s）的分布

（陈达熙，1992；侯文峰，2006；廖克，1999）

黄海最大涌浪波高为 6.0m。东海的涌浪比黄海的大，其分布形势是由北往南递增。其中，东海北部的为 2m 左右，其余的涌浪波高为 2.5m。东海最大涌浪波高达 8.0m。南海的涌浪分布是由东北向西南递减。大涌浪区出现在吕宋海峡、台湾海峡和南海东北部，涌浪波高为 2.5m。南海中部、南部的中央深水区，涌浪波高为 2.0m 左右。南海四周近岸海域，涌浪波高在 1.5m 左右。北部湾的涌浪波高为 1.0～1.5m。南海最大涌浪波高为 8.0m。

春季（5 月）：是全年中涌浪最小的季节。渤海的涌浪波高一般在 1.0m 以下，渤海海峡附近的达 1.0m。黄海涌浪波高为 1.0～1.5m。其中，北黄海近岸的低于 1.0m，黄海中部的为 1.0m，黄海南部中央海域，涌浪波高达 1.5m。黄海最大涌浪波高可达 5.0m。东海涌浪波高为 1.5m 左右，西面近岸侧小于 1.5m，东面大于 1.5m。东海最大涌浪波高为 7.0m 左右。南海，除北部湾涌浪较小、涌浪波高低于 1.0m 外，其余广阔的南海，涌浪波高为 1.5m 左右，局部的可达 2.0m。南海最大涌浪波高为 4.0m。

夏季（8 月）：涌浪比春季的有所增大。在渤海，除辽东湾、渤海湾、莱州湾的涌浪波高小于 1.0m 外，渤海中央的涌浪波高为 1.0m。渤海最大涌浪波高为 4.5～5.0m。黄海的涌浪波高在 1.0～1.5m 之间。其中，黄海北部和中部的为 1.0 左右，黄海南部的为 1.5m。黄海最大涌浪波高为 7.5m。东海涌浪波高较大，近岸的在 1.0m 左右，海区中央的在 2.0m 上下。东海最大涌浪波高可达 12.5m，系由台风造成的。南海的北部湾和南海南部，涌浪较小，涌浪波高在 1.0m 上下；南海的海盆区域，涌浪波高均在 1.5m 以上，其中南沙群岛一带，涌浪波高达 2.0m。南海最大涌浪波高出现在吕宋海峡附近，达 8.0m 左右。

秋季（11 月）：秋季是全年涌浪最大的季节（图 4.4）。在渤海，涌浪波高在 1.0～1.5m 之间。其中，辽东湾、渤海湾皆为 1.0m，渤海中央涌浪波高为 1.5m。渤海最大涌浪波高为 5.5m。黄海涌浪波高在 1.0～2.0m 之间。其中，西朝鲜湾、江华湾一带涌浪较小，波高为 1.0m 左右；黄海中央涌浪较大，一般为 1.5m；济州岛附近，涌浪波高达 2.0m 左右。黄海最大涌浪波高达 7.0m。东海涌浪波高在 1.5～2.5m 之间。其中，东海北部、中部，涌浪波高为 1.5～2.0m；台湾海峡与台湾以东海域，涌浪波高达 2.5m。东海最大涌浪波高达 10.5m。在南海，除北部湾、南海南部局部海域波高在 1.0m 左右外，南海的涌浪波高较大。吕宋海峡、南海东北部海域，涌浪波高达 3.0m 或 3.0m 以上。其余南海的涌浪波高均在 2.0～2.5m 之间。南海最大涌浪波高为 7.5m 左右。

综上所述，吕宋海峡、台湾海峡和南海东北部海域，是中国海的大涌浪区域，除春季外，那里的涌浪波高平均值均在 2.0m 或 2.0m 以上。

6. 涌浪周期的分布

各海区四季代表月的涌浪周期的分布如图 4.4 所示。

冬季（2 月）：渤海中央海域的涌浪周期为 4.0s（指月平均值，下同），其余海域的涌浪周期为 3.5s 左右。渤海最大的涌浪周期为 11.0s。黄海北部和中部，涌浪周期为 3.0～5.5s；黄海南部的为 5.0～6.0s。黄海最大的涌浪周期为 14.0s。东海北部的涌浪周期为 4.0～6.0s；东海中部的为 5.0～6.0s；东海南部的为 6.0～7.0s；台湾海峡的为

7.0s。东海最大的涌浪周期为14.0s。南海北部的涌浪周期为5.0～7.0s；北部湾的为5.0～6.0s；南海中部和南部的涌浪周期皆为6.0～7.0s。南海最大的涌浪周期为23.0s。

春季（5月）：渤海的涌浪周期在2.0～3.0s之间。渤海最大的涌浪周期为10.0s。黄海北部的涌浪周期为2.5～3.5s；黄海中部的为2.5～5.0s；黄海南部的为3.5～5.0。黄海最大的涌浪周期为14.0s。东海北部的涌浪周期是5.0～6.0s；东海中部和南部的均为6.0s；台湾海峡的为5.0～5.5s。东海最大的涌浪周期为14.0s。南海北部的涌浪周期5.0～6.5s；北部湾的为5.0～7.5s；南海中部的为3.5～6.0s；南海南部的为4.0～5.5s。南海最大的涌浪周期为22.0s。

夏季（8月）：渤海的涌浪周期为2.5～3.5s。渤海最大的涌浪周期为13.0s。黄海北部的涌浪周期为3.0～4.0s；黄海中部和南部的均为3.5～6.0s。黄海最大的涌浪周期为14.0s。东海北部的涌浪周期为5.0～6.0s；东海中部的为6.0s；东海南部的为6.0～7.0s；台湾海峡的为6.0s。东海最大的涌浪周期为14.0s。南海北部的涌浪周期为5.0～7.5s；北部湾的为5.0～6.0s；南海中部和南部的皆为5.0～7.0s。南海最大的涌浪周期为26.0s。

秋季（11月）：渤海的涌浪周期在2.0～3.5s之间。渤海最大的涌浪周期为10.0s。黄海北部的涌浪周期为2.5～3.5s，黄海中部的为3.0～4.0s；黄海南部的为5.0～6.0s。黄海最大的涌浪周期为14.0s。东海北部的涌浪周期为5.0～6.0s；东海中部的为6.0～7.0s；东海南部和台湾海峡的也为6.0～7.0s。东海最大的涌浪周期为14.0s。南海北部的涌浪周期为6.0～8.0s；北部湾的为4.0～7.0s；南海中部和南部的均为6.0～7.5s。南海最大的涌浪周期为24.0s。

二、特殊天气系统下的海浪

中国海地处东亚季风气候区域和南亚季风气候区域内，大型天气系统活动十分活跃。冬季，受亚洲大陆强大冷高压影响，造成大范围的降温和大风天气；夏季，受副热带高压的控制以及热带气旋的侵袭；春、秋季为季风过渡期，常常受温带气旋的影响。这些构成了中国海大风的天气系统，导致中国海主要的灾害性海浪。在南海，主要有台风型、东北季风型和西北季风型海浪分布；在渤、黄、东海，则有强冷空气天气过程、热带气旋、温带气旋和副热带高压等影响下的海浪分布。以下主要讨论台风型、冷高压型及温带气旋型等海浪分布。

1. 台风型的海浪分布

台风是热带海洋上形成的一种强热带风暴，可造成巨大的海浪。中国海最大的海浪就是由台风产生的。由于在半北球台风内的风向是逆时针方向旋转的，因此可以使海浪从台风区内向四方传播到很远的海域。图4.5即为台风天气形势下的海浪分布例子。其中，图4.5a表示单个台风的情况，图4.5b为双台风的情形。

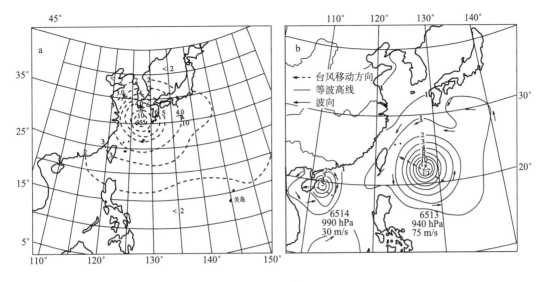

图 4.5　台风型的海浪分布①（苏纪兰等，2005）

先看单个台风作用下的海浪分布。该台风中心已进入东海。中心气压在 955hPa 以下，是一个比较强的台风。风速在 9 级以上，大风半径在 300km 左右，在距中心 2000km 以外的海域，也受到台风涌浪的影响。台风造成的等波高线，几乎呈同心圆分布，中心附近几圈的波高分布比较对称，外围的不对称。中心区的波高达 10m 左右，距中心 1000km 处的波高还在 2m 上下。东海中部的波高在 4～8m 之间，而黄海、南海北部、台湾海峡、吕宋海峡、日本海南部以及日本以南海域的波高，也都在 2～5m 的范围内。

再看双台风的情形。两个台风分别是 6513 号和 6514 号：前者势力很强，中心气压在 940hPa 以下，最大风速达 75m/s（17 级以上），近中心波高达 13m。该台风的海浪影响范围虽比图 4.5a 中的小一些，但强度比图 4.5a 的要强。后者（6514 号台风）在南海是一个比较弱的台风，其中心气压在 990hPa 以下，最大风速为 30m/s（11 级），台风中心的波高为 6m 左右。其海浪的影响范围也小，局限在南海北部、北部湾。

根据 1976～1985 年的统计，各海区一年中受 4m 以上台风浪影响的平均天数（苏纪兰等，2005）为：渤海 0.4d，黄海 6d，东海 18d，台湾海峡 21d，南海 32d。

2. 冷高压型的海浪分布

冬季的东亚地区，每当强冷空气爆发或寒潮南下东移时，往往带来偏北大风和大幅度降温天气。陆上风力 6～7 级，海上大风 8～9 级，大风持续时间 2～3d。渤海和黄海，多北、东北和西北风；东海、南海北部，则以东北风为主。在这种天气形势下，渤海和黄海，冷锋一般移动速度较快，风时短、风区小，海浪也小一些；波高一般为 2～4m；到了 30°N 附近，冷锋移动速度减弱，风时长、风区大，海浪就大些；东海波高为 5～8m，南海北部波高为 4～6m。冷锋过后 1～4h，波高往往达最大。4m 以上海浪持

---

① 中国人民解放军空军司令部，1975，天气学教程

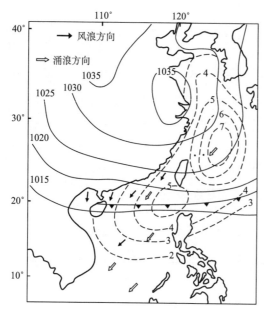

图 4.6　冷高压型的海浪分布（陈奇礼，1987）

续时间；渤海一般为 12～36h，黄海的为 24～48h，东海的为 24～72h，南海的为 36～72h（苏纪兰等，2005）。图 4.6 是中国海冷高压型的海浪分布实例。图中表明，该例中的东海，波高为 7～8m；南海北部的波高为 4～5m；黄海的波高为 3～4m。根据 1976～1985 年的 10 年统计，一年中，各海区受 4m 以上冷高压型海浪影响的平均天数（苏纪兰等，2005）：渤海 17d，黄海 45d，东海 57d，台湾海峡 28d，南海 74d。

3. 温带气旋型的海浪分布

中国海受温带气旋影响频繁，几乎一年四季皆有发生。尤其是春季和初夏（3～7 月），渤海、黄海、东海温带气旋的活动更为活跃。影响中国海的温带气旋有：东北低压，渤、黄海气旋，江淮气旋和东海气旋。通常，低压中心通过时海浪并不很大，最大海浪在低压中心通过后几个小时出现。在渤、黄、东海，较弱的气旋可产生波高为 2～4m 的海浪；中等强度的气旋，可造成波高为 4～6m 的海浪；最强的气旋，可造成波高为 6～9m 的海浪（苏纪兰等，2005）。如 1983 年 4 月 25 日至 28 日，发生在渤海、黄海的一次强气旋天气过程，就出现 11 级大风和波高为 6.7m 的巨浪（沈文周，2006）。

图 4.7 为东海气旋型海浪分布的一个例子。在这个例子中，黄海南部、东海北部和中部、琉球群岛一带，皆出现波高为 3～4m 的海浪。尤其是九州附近海域，波高达 5m。冷锋来临前的风向和波向，皆为西南向；冷锋过境后，风向和波向转变成东北向。根据 1976～1985 年的资料统计表明，一年中，各海区受 4m 以上气旋型海浪影响的平均天数（苏纪兰等，2005）为：渤海 2.3d，黄海 15d，东海 14d，台湾海峡 11d，南海北部 9d。

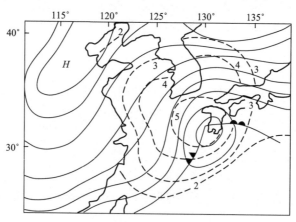

图 4.7　温带气旋型的海浪分布（李凤金等，1988）

第二节 潮汐与风暴潮

在月球、太阳引潮力作用下，海水产生周期性的海面涨落和水平运动，分别称潮汐和潮流（见后文）。潮汐具有周期性变化规律，其变化周期约为 12h（半日潮）和 24h（全日潮）。风暴潮是由于强烈的大气扰动（强风、气压骤变）所引起的海面异常升降运动。与潮汐现象不同，风暴潮不是严格的周期性水位升降现象，但它也具有数小时至数日的准周期起伏。如果风暴潮的出现时段与天文大潮一致，两者重合、叠加，就会造成水位暴涨，常常酿成巨大灾害。因此，潮汐和风暴潮是我国海洋地理自然环境中两个重要的海洋水文现象。

一、中国海的潮波系统

中国海的潮振动主要是太平洋传入的潮波所引起的协振动（亦称为"协振潮"）；而由日、月引潮力直接在该海域所产生的潮汐振动（通常称为"独立潮"）很小。以黄海为例，其独立潮的相对振幅仅占 3% 左右（苏纪兰等，2005）。太平洋潮波进入中国海的路径有二：一是由日本九州与我国台湾之间的水道进入东海，然后由东南向西北和向西两个方向传播，形成东、黄、渤海的潮振动；二是由台湾岛与吕宋岛之间的吕宋海峡进入南海，形成南海的潮振动（中国科学院《中国自然地理》编辑委员会，1979；苏纪兰等，2005）。

潮波由许多频率不同、振幅不等的分潮波所组成。在诸分潮中，主要太阴半日分潮（M_2）、主要太阳半日分潮（S_2）、太阴太阳合成日分潮（K_1）和主要太阴日分潮（O_1）这 4 个分潮的振幅之和，一般约占实际潮波总振幅的 70% 左右。其中，M_2 分潮和 K_1 分潮由于在半日与全日分潮族中的振幅和比重均最大，因此通常以这两个分潮为代表，对中国海的半日潮波和全日潮波运动进行讨论。

图 4.8 和图 4.9 为渤海、黄海、东海和南海 M_2 分潮波、K_1 分潮波的同潮时和等振幅分布，它们分别反映了渤、黄、东、南海 M_2 分潮波和 K_1 分潮波运动的基本特征（S_2 和 O_1 的同潮时图与 M_2 和 K_1 的相似）。从图 4.8a 看出，M_2 分潮波自琉球群岛的海峡与水道传入后，大部分以前进波形式通过东海向黄海传播，如东八时的Ⅵ—Ⅸ各同潮时线都大致平行地从东南向西北推进。小部分则在台湾北部沿岸的苏澳—基隆—富贵角一带形成所谓"退化旋转潮波系统"，以反时针方向左旋进入台湾海峡。潮波在东海传播过程中，浙江中部海岸比其南、北其他岸段率先达到高潮，即东海半日潮波在三门湾附近分为南、北两支，分别向南传入台湾海峡和向北传入黄、渤海（丁文兰，1984；1985）。

在渤、黄海，各有两个 M_2 分潮的逆时针旋转潮波系统。渤海中 M_2 分潮的两个无潮点（即分潮振幅等于 0 的地点）分别位于辽东湾口、秦皇岛以东及黄河口外，而莱州湾附近的潮时变化不大。黄海中 M_2 分潮的两个无潮点位于山东半岛成山头附近及苏北弶港。黄海 M_2 分潮的这两个潮波系统的等潮差线大致呈同心圆状分布。在我国海州湾顶和韩国西海岸的仁川，M_2 分潮的潮差分别可达 3m 和 5m 以上。

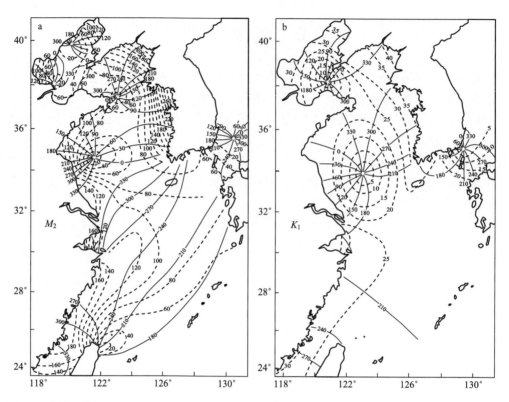

图 4.8　渤海、黄海、东海 M_2 分潮波（a）、K_1 分潮波（b）的同潮时和等振幅分布（陈达熙，1992）

图中：实线为同潮时线（东 8 时）；虚线为等振幅线（cm）

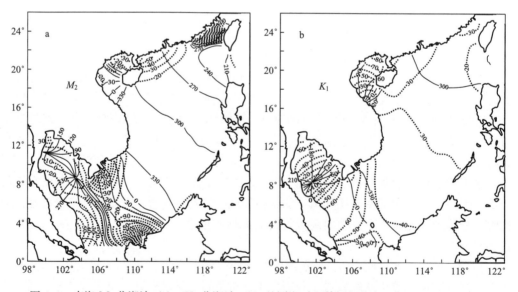

图 4.9　南海 M_2 分潮波（a）、K_1 分潮波（b）的同潮时和等振幅分布（Fang, et al, 1999）

图中：实线为同潮时线（东 8 时）；虚线为等振幅线（cm）

在台湾海峡，半日潮波（M_2）除有一支由东海南下的潮波以外，还有一支由太平洋经吕宋海峡传入南海的潮波的分支（图 4.9a），这一分支沿台湾西部沿岸北上进入台湾海峡。这两支半日潮波在福建金门至台湾马公一带汇合，呈驻波性质（郑文振等，1982；丁文兰，1984）。

相对于半日潮（M_2）而言，东海的全日潮（K_1）振动较弱（图 4.8b）。由于周期较长，全日分潮在渤、黄海皆只形成一个旋转潮波系统。K_1 分潮的无潮点在辽东半岛西南及苏北盐城东部外海，两个系统均呈逆时针方向旋转传播。O_1 分潮也有两个潮波系统，无潮点的位置与 K_1 分潮相近，略偏南些。同潮时线在东海大部分区域分布稀疏。此外，整个渤、黄、东海及南海北部和中部海区，全日潮波的运动表现为驻波性质（丁文兰，1984）。

南海整个海区潮汐运动的能量，主要来自太平洋经吕宋海峡传入的潮波，其次是引潮力在该海域产生的独立潮，两者叠加构成了南海潮波系统。太平洋潮波传入南海后（图 4.9），大部分沿等深线自东北向西南传播，一小部分绕过台湾南部的恒春，转折向北由高雄西侧进入台湾海峡。南海的主潮波在向西南的传播过程中，在海南岛与西沙群岛之间，一部分发生转折，通过越南岘港与我国海南三亚之间一线进入北部湾；另一部分绕过中南半岛进入泰国湾，分别构成北部湾和泰国湾的潮波系统。通过雷州半岛和海南岛之间琼州海峡进入北部湾的潮波，则是主潮波传播过程中的很小一个分支。

南海潮振动的一个显著的特征是，全日潮波成分大于半日潮波。K_1、O_1 这两个主要全日分潮合成的潮差，在南海大部分海域为 1.0～1.5m，而 M_2、S_2 这两个主要半日分潮合成的潮差，在大部分海域则为 0.5～1.0m。半日分潮 M_2 在南海呈前进波性质传播（图 4.9a），同潮时线从吕宋海峡开始，向西逐渐折向西南，并在泰国湾形成一个 M_2 分潮的无潮点。K_1 全日分潮在泰国湾的西南部形成一个无潮点（图 4.9b），同潮时线由东南向西北传递时逐渐弯曲，呈反时针旋转。在北部湾的大部分沿岸，几乎同时发生全日潮的高潮（俞慕耕，1984；Fang，1986）。

二、潮 汐 特 征

任一地点的"潮汐类型"、"潮汐不等"和"潮差"等潮汐特征，取决于潮汐振动组成的若干个主要分潮的振幅和迟角的相对关系。这里主要分潮包括 M_2、S_2、K_1、O_1 及其他一些半日与全日分潮。此外，由于我国广大海域中的浅水非线性效应，周期小于半日的一些"浅水分潮"，亦包括在上述主要分潮之中。浅水分潮与主要半日分潮之间振幅与迟角的相对关系，是浅水效应导致潮汐不等现象的主要原因。现用 H 和 G 来表示各分潮的振幅与迟角，而分潮的名称则以下标注明：例如 H_{M_2} 和 G_{M_2} 就表示 M_2 分潮的振幅和迟角。

1. 潮汐类型的分布

潮汐类型也称潮汐性质。各种潮汐类型的划分，主要是按 M_2、S_2、K_1、O_1 分潮的平均振幅比值（也称潮型系数）来作为判别的依据。在我国，通常取以下形式的潮型系数（方国洪等，1986；中国科学院《中国自然地理》编辑委员会，1979）。

Ⅰ 规则半日潮：$0<\dfrac{H_{K_1}+H_{O_1}}{H_{M_2}}\leqslant 0.5$

Ⅱ 不规则半日潮：$0.5<\dfrac{H_{K_1}+H_{O_1}}{H_{M_2}}\leqslant 2.0$

Ⅲ 不规则全日潮：$2.0<\dfrac{H_{K_1}+H_{O_1}}{H_{M_2}}\leqslant 4.0$

Ⅳ 规则全日潮：$\dfrac{H_{K_1}+H_{O_1}}{H_{M_2}}>4.0$

其中，Ⅱ、Ⅲ两类又称混合潮。另外，在规则半日潮中，若比值（H_{M_4}/H_{M_2}）$\geqslant$ 0.04、迟角关系（$2G_{M_2}-G_{M_4}$）接近 90°时，即有落潮历时长于涨潮历时约 30min 的现象。这时的半日潮，又称不规则半日浅海潮。此外，因近海多浅滩、沙脊和拦门沙之类的浅海地貌，故浅水分潮一般较为显著，有时尽管那里的潮汐性质比值小于 0.5，但 H_{M_4} 与 H_{M_2} 的相对比值却较大，因此在这些沿岸又多表现为不规则半日浅海潮的性质。

中国海潮汐类型的分布如图 4.10a 所示。由此可以看出，在渤海，潮汐性质以不规则半日潮为主，仅在大沽与冀鲁交界一带沿岸为规则半日潮。此外，秦皇岛为规则全日潮，其附近和黄河口一带呈现为不规则全日潮。

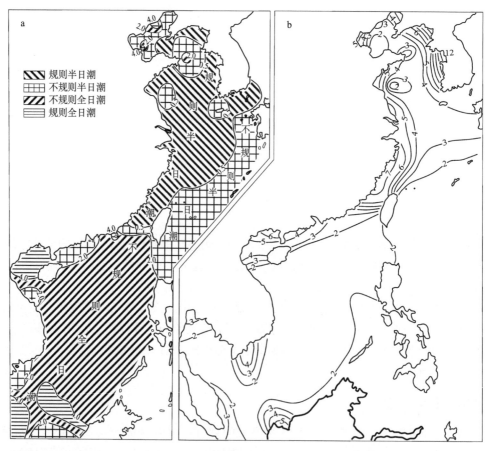

图 4.10 中国海的潮汐类型（a）及最大可能潮差（m）（b）分布（陈达熙，1992；侯文峰，2006）

与渤海不同的是，黄海的潮汐性质是以规则半日潮为主。仅在成山头和苏北以东局部沿岸及海域中部，为不规则半日潮类型。

东海，潮型系数为0.5的等值线从日本壹岐岛向西南再向南延伸至台湾岛富贵角一带。该线以东海域的潮汐性质为不规则半日潮，以西为规则半日潮，但济州岛周围，出现不规则半日潮。东海西岸，镇海至舟山的局部小区域为不规则半日潮类型。此外，台湾海峡南半部，潮汐性质由规则半日潮逐步过渡为不规则半日潮与不规则全日潮。

南海的潮汐性质远比渤、黄、东海的复杂。规则半日潮在南海几乎不存在，而以规则全日潮和不规则全日潮为主。在吕宋海峡、台湾海峡南部、珠江口至粤西、湄公河口和马来西亚南部等区域，均为不规则半日潮。不规则全日潮在南海分布最广，广泛分布在南海海盆、加里曼丹岛西北、巴拉望岛和吕宋岛以西海域。规则全日潮出现在4个区域，即北部湾、泰国湾中部与东部、南沙群岛南部以及苏门答腊岛与加里曼丹岛之间，分布比较分散。

2. 潮汐不等

中国海潮汐涨落的不等现象十分明显，主要表现有年不等（季节不等）、月不等（半月不等）、日不等和多年不等4种形态（方国洪等，1986）。由于沿海各地潮汐性质的分布不尽相同，潮汐不等现象也各有所异。

潮汐不等现象除与地、月、日三者的相对位置与月球赤纬变化有关外，还取决于沿岸各地具体的主要半日、全日分潮之间振幅及迟角的相对关系。同时，还涉及浅水分潮所占的比重与其迟角关系。对于规则或不规则半日潮性质的海岸，日不等现象既包括潮高不等，也包括潮时不等。

在一个朔望月（29.530588平太阳日）的周期中，随着月相的盈亏，月球（太阴）潮和太阳潮有两次重叠和远离的过程，故在半个朔望月内又有大潮和小潮之分，称为"盈亏不等"。月球赤纬的月变化，亦会引起潮汐不等现象的发生。在一个回归月（27.32158平太阳日）中，赤纬最大时，潮高日不等最明显，这时的潮汐称"回归潮"；而赤纬为零时，潮高日不等几乎消失，这时的潮汐称"分点潮"。因此，月球赤纬的变化，既可导致潮汐涨落的日不等，又会产生潮汐的半月不等现象，故又称"回归不等"。另外，地球与月球的相对距离在一个近点月（27.55455平太阳日）中，由近地点至远地点，然后由远地点又回到近地点，这样就又会形成所谓的"视差不等"现象。如月球运行到近地点时，潮差较大，而至远地点时，则潮差较小。

一年当中，春分、秋分前后的大潮往往特别大，因为这时的朔望大潮期，不仅太阳在赤道附近，而且月球亦在赤道附近，这时的分点潮可谓一年的最大潮，故太阳赤纬的年变化，又是潮汐年不等现象的一个成因。另外，月球的近地点和远地点移动约8.85年完成一周，使潮汐具有8.85年的周期。此外，月球绕地球运行轨道（白道）与太阳运行轨道（黄道）交点的移动周期为18.613年，所以潮汐也相应地产生了18.613年的长周期不等现象。

在我国一些不规则和规则全日潮性质的海区及沿岸，月球赤纬增至最大时，半日潮现象可完全消失，这时一天当中只出现一次高潮和低潮，随后全日潮潮差达到最大；月球赤纬减至零时，又会出现半日潮现象，潮差达到最小。对于全日潮占绝对优势的沿岸或海域，在夏至、冬至（太阳赤纬为±23°27′）前后的朔日（或望日），又可出现半年中最大的日潮潮差。总之，与潮汐性质的分布相同，在我国海域及其沿岸，各种潮汐不等现象的存在不仅是明显的，而且也是复杂的。

3. 潮差分布

潮差是指两个邻接的低潮（高潮）与高潮（低潮）之间水位的垂直落差。有平均潮差、平均大潮差、平均小潮差、最大潮差、最小潮差和最大可能潮差之分。潮差的分布和变化与潮汐性质及其不等现象有着密切的联系。这里，仅概要叙述我国海域及沿岸平均大潮潮差和最大可能潮差的分布。

中国海最大可能潮差分布如图 4.10b 所示。在海域外缘大洋潮波传入处，最大可能潮差很小，一般在 2m 以下，体现了大洋潮汐的属性。潮波进入边缘海和陆架后，由于水深变浅、潮差逐渐增大。潮差分布的总趋势是东海西部和黄海东部沿岸潮差最大，渤海及黄海西岸次之，南海最小。

在渤、黄海，潮差小的区域多与无潮点存在的位置有关。如秦皇岛、黄河口、成山头和苏北外海，均有平均大潮差小于 1m 的区域（最大可能潮差小于 2m）。潮差大的区域则多分布在潮波系统的波腹区。如长江口以北的江苏沿岸就属这种典型，在江苏沿岸黄沙洋水道中曾测得 9.28m 的潮差（任美锷，1986）。在一些海湾的湾顶处，由于海岸曲折等地形集能作用，出现很大的潮差。如西朝鲜湾的鸭绿江口至清川江口一带，平均大潮潮差可达 6m 以上（最大可能潮差达 8m）；而江华湾的仁川一带，平均大潮潮差则达 8m 以上，我国杭州湾顶部亦可达到 6～8m。此外，浙、闽沿海某些港湾内，亦会有 5m 以上的平均大潮潮差出现。

南海一般潮差较小，吕宋海峡入口处的平均大潮差尚不足 1m，潮波在通过广大深海区域的传播过程中，潮差递增甚微，只在北部湾湾顶出现大于 4m 的平均大潮潮差，最大可能潮差达 6m。除此之外，湛江湾（原称广州湾）沿岸的潮差也相对大一些。

三、河 口 潮 汐

河口潮汐是海洋潮波传入河口附近后，受到地形和水文气象条件等影响而产生的水位周期性升降运动，它除了具有海洋潮汐一般特性外，还有与海洋潮汐不同的特征（中国科学院《中国自然地理》编辑委员会，1979；苏纪兰等，2005；薛鸿超、谢金赞，1995）。

中国入海的河流众多，虽然各江河的径流、河床与河口地形以及进潮量的影响各不相同，导致各河口及其感潮河段的潮汐不尽一样，但大体上都有着共同的特征。这些共同特征是：

1. 河口潮汐的平均潮差随潮波上溯过程而递减

潮波在沿江上溯过程中，因其能量消耗使振幅递减，愈往上游，潮差愈小。以长江为例，在口门崇明岛的堡镇，平均潮差为 2.6m，向上游，沿程经徐六泾、天生港、江阴、镇江、南京、马鞍山至芜湖，平均潮差分别为 2.0m、1.9m、1.7m、1.0m、

0.5m、0.3m 和 0.2m，呈明显的递减分布。另一种情况是江河入海口与喇叭状的海湾相连的河口，潮波在上溯过程中，潮差先递增而后又递减，如杭州湾与钱塘江口即是如此。在杭州湾内，大戢山的平均潮差为 2.89m，至湾顶的澉浦，潮差增至 5.54m，到了上游的闸口，潮差又降为 0.5m。

2. 河口潮汐的涨落过程中，落潮历时一般长于涨潮历时

长江、珠江、钱塘江等的河口潮汐，涨潮历时沿河口向上游逐渐变短，而落潮历时由河口向上游渐渐增长，形成涨、落潮历时的不等现象，愈向上游，这种涨、落潮历时之差也愈大。如长江口的堡镇，涨潮历时为 4h48min，落潮历时为 7h38min，落潮历时长于涨潮历时 2h50min。若向上游至江阴，落潮历时可长于涨潮历时 5h35min。

3. 河口潮汐的平均高潮间隙，随潮波上溯过程而增长

河口潮汐的另一个特点是，平均高潮间隙（测站月中天时刻至该站发生高潮的平均历时）也同样呈现沿程递增现象。如长江口堡镇，平均高潮间隙为 0h17min；向上游至距河口 100 多千米的徐六泾，平均高潮间隙为 2h29min；到了距河口 200 多千米的江阴，平均高潮间隙推迟为 4h26min，再向上游到镇江，距河口约 300 多千米，平均高潮间隙为 8h2min。

四、平均海面

平均海面指海水水位在统计期间的平均位置。按其统计平均的时间尺度，平均海面可分为日平均海面、月平均海面、年平均海面和多年平均海面等。通常，多年平均海面也称多年平均海平面或简称海平面。不同平均时间尺度的平均海面具有不同的变化特征与受制约的因素。在这些变化因素中，周期较长的是太阳和月球运行轨道（黄道和白道）交点位移变化的 18.613 年周期。因此，在海拔高程测量实践中，一般取 19 年间的每小时潮位实测值，经滤波处理求得 19 年的平均值作为该验潮站基准点的平均海平面。如此统计确定的平均海平面具有相对稳定的特点，基本上消除了季节变化和多种短周期波动，也消除了年周期波动和月球升交点西退等变化因素对潮位的影响。

1. 日平均海面的变化

日平均海面对外界的扰动最为敏感。据统计，我国沿海日平均海面的月内变幅为 0.3~0.9m，年内变幅在 1m 以上，而多年变幅可达 2m 以上。这些变化与天文、气象以及两者之间的耦合因素有关，特别是风暴过境时引起海面的增、减水现象尤为显著。另外，日平均海面的计算方法亦有一定的影响。

我国沿海日平均海面大都存在半月和一月周期的变化。一种情况是，日平均海面随着潮差逐日的增大而呈降低的趋势，大致有半个朔望月周期的变化，变幅为几厘米至十几厘米。另一种情况是，随着潮差的增大大致呈升高的趋势，这在河口附近较为明显。当有风暴过境时，日平均海面在短期内的变幅可达几十厘米以上，甚至达到米级的变幅。

2. 月平均海面的变化

中国海是季风盛行的海域，因此我国沿岸月平均海面季节性变化十分明显。

我国海域月平均海面最高和最低的月份有自北向南依次推迟的特点（图 4.11）。渤、黄海最高月份出现于 7～8 月，东海出现在 9～10 月，南海北部多在 10～11 月，南海南部可推迟至 12 月甚至次年 1 月。一年之中，月平均海面的最低月份，在渤、黄海以 1 月居多，东海于 2 月居多，台湾海峡中的福建沿海出现在 3 月，南海则出现于 4～7 月（周天华等，1981）。

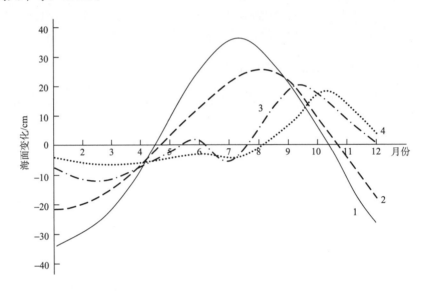

图 4.11　我国海域月平均海面的季节变化曲线（周天华等，1981）
1. 渤海；2. 黄海；3. 东海；4. 南海北部。纵坐标为月平均海面变化值

我国海域月平均海面的年较差则自北向南呈递减分布（图 4.12）。渤海与黄海北部的年较差最大，平均约 0.6m，其次是南黄海，平均约 0.4m，东海与南海平均年较差约 0.3m 与 0.25m 左右。在河口区域，由于径流季节变化的影响，月平均海面的年较差一般较大。如长江口，在吴淞平均为 0.5～0.6m，向上游至天生港可达 1m 以上。

季风是造成我国海域月平均海面季节变化的主要因素。冬季是偏北季风最强盛的季节，北方海域尤甚，故整个海域以减水为主。但在南海的南部海域，因水体向南方输送而出现较大的增水，导致冬季 11 月至次年 1 月该海域出现较高的水位。除了上述季风的影响外，月平均海面的季节变化还与海流的季节变化、海区的气压和海水的密度变化等有关。

此外，和日平均海面长周期的变动相似，月平均海面也存在着相应的长周期变化现象。

3. 年平均海面的变化

年平均海面一般均消除了月平均海面季节变化的影响，具有相对的稳定性，多年平

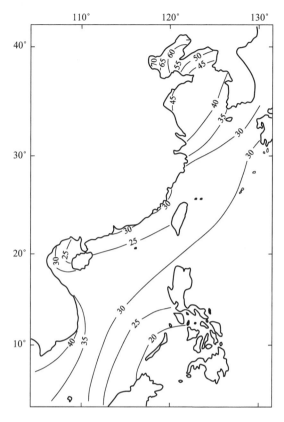

图 4.12 中国海月平均海面的年较差（cm）分布（李坤平等，1982）

均海平面更是如此。我国沿海海平面的长期变化是有区域性规律的，其上升与下降分布大体以苏北的吕四为界：吕四以南沿岸的海平面，除香港和基隆等下降外，其余的均为上升的；吕四以北沿岸的海平面，则有升、有降。其中渤海沿岸呈现上升的趋势，山东半岛沿岸的海平面则呈现为下降趋势。我国沿岸海平面平均年变率为 1.4～2.1mm/a。就海区而言，渤海沿岸海平面年变率平均为 2.6mm/a，黄海沿岸的平均为 0.8mm/a，东海沿岸的为 2.7mm/a，南海北部沿岸的为 2.1mm/a。

年平均海面的长期变化，除了在天文上存在 18.61 年交点潮的周期外，还与太阳黑子变化和地极移动综合变化等的周期有关，也与包括海洋在内的全球气候系统的年际、年代甚至全球变暖有关。从总的趋势说，全球海平面近百年的平均上升率为每年数毫米的量级。我国近海年平均海面变化过程中，18.61 年周期的变幅为 0.06～0.07m 左右；同时，还存在周期为 20 年、7 年、5 年左右的变化。此外，沿海海平面的升降过程中，还包含着局部地区陆地升降的变化，这是一个相当复杂的问题。

五、潮　流

海水在受月球、太阳引潮力作用下呈现海面周期性潮汐垂向运动的同时，还产生周期性的水平运动——潮流。潮流也具有半日潮流、全日潮流和混合潮流等几种形式。在多数情况下，潮汐升降与潮流涨退的类型是一致的，但也有一些海域潮汐类型和潮流类型并不一致。如秦皇岛附近、烟台岸外、台湾海峡的南部就是这样。

中国海是潮流现象十分显著的海区（在某些近岸海域、海湾及海峡地区），潮流流速很强，有的可达 $300\sim500\mathrm{cm/s}$。由于潮流现象自身的复杂性，受地形、风场、余流、分潮流以及摩擦、非线性效应等共同作用，使中国海的潮流性质十分复杂。

1. 潮流类型

与潮汐类型相似，潮流类型也可以用潮流类型系数来判别确定（方国洪等，1986）：

Ⅰ 规则半日潮流：$\dfrac{W_{K_1}+W_{o1}}{W_{M_2}}\leqslant0.5$

Ⅱ 不规则半日潮流：$0.5<\dfrac{W_{K_1}+W_{o1}}{W_{M_2}}\leqslant2.0$

Ⅲ 不规则全日潮流：$2.0\leqslant\dfrac{W_{K_1}+W_{o1}}{W_{M_2}}\leqslant4.0$

Ⅳ 规则全日潮流：$4.0<\dfrac{W_{K_1}+W_{o1}}{W_{M_2}}$

式中 W_{K_1}、W_{o1}、W_{M_2} 分别表示 K_1、O_1、M_2 分潮流的最大流速。

中国海潮流的分布如图 4.13 所示。

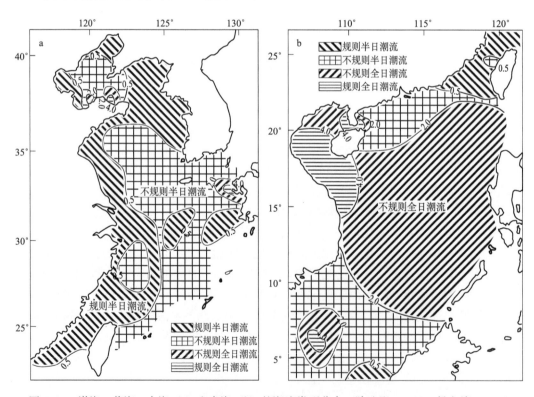

图 4.13　渤海、黄海、东海（a）和南海（b）的潮流类型分布（陈达熙，1992；侯文峰，2006）

由图 4.13 可以看出，渤海的潮流类型分布是：辽东湾、渤海湾属规则半日潮流；渤海中央属不规则半日潮流；莱州湾西部为规则半日潮流，而该湾东部为不规则半日潮流，龙口附近出现不规则全日潮流流。黄海的潮流类型是：蓬莱至威海一带为规则全日潮流，其外围为一小块不规则全日潮流区；皮口至威海一线以东的北黄海，大部分海域以规则半日潮流为主，但在南黄海，出现一片较大范围的不规则半日潮流。东海的潮流类型比黄海的复杂，在 125°E 经线以西海域，除鱼山列岛周围海域为不规则半日潮流外，其余皆为规则半日潮流；125°E 经线以东海域，以不规则半日潮流为主，但在九州的西北角、西南角和济州岛以南海域，分别出现不规则全日潮流和规则半日潮流类型。南海的潮流类型以不规则全日潮流和规则全日潮流为主，半日潮流仅出现汕头附近的窄小区域；汕头以南、海丰、珠江口至雷州半岛以东为不规则半日潮流；雷州半岛两侧及北部湾南部为规则全日潮流；北部湾北部、南海海盆区皆为不规则全日潮流；南海的西南部为不规则半日潮流。

2. 潮流流速分布

从图 4.14a 可知，渤海 M_2 分潮流最大流速在 20～60cm/s 之间，其中长兴岛附近，绥中、南堡、老黄河口附近，为强潮流区，最大流速为 60cm/s。莱州湾流速较弱，为 10～20cm/s。渤海海峡附近 M_2 分潮流最大流速为 40cm/s。黄海东岸的 M_2 分潮流速大于西岸的 M_2 分潮流速。前者为 60～80cm/s，后者为 20～40cm/s，尤其是江华湾，M_2

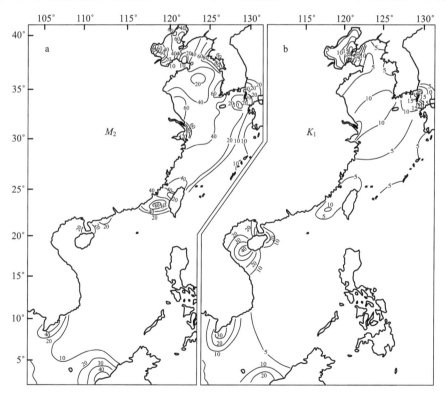

图 4.14 中国海 M_2（a）与 K_1（b）分潮流最大流速（cm/s）分布

（廖克，1999；Fang，1986；Fang et al，1999）

分潮流最大流速达 100cm/s 左右,为黄海最强潮流区。苏北的辐射状沙洲海域,也是一个强潮流区,最大流速为 60cm/s 以上。黄海海区中央流速较小,一般为 20cm/s 左右,尤其在威海附近,仅 10cm/s 左右。东海的潮流流速分布是自西向东递减的,西岸在 40~60cm/s 之间,东面琉球群岛一带仅 10~20cm/s。杭州湾和台湾海峡南部,是东海的两个强潮流区,前者在 100~120cm/s 之间,后者为 40~80cm/s。

南海 M_2 分潮流相对较小,流速一般在 10~20cm/s 左右。只有琼州海峡、金瓯半岛南端金瓯角以及加里曼丹岛西北的古晋、马都附近,M_2 分潮流流速较强,在 20~40cm/s 之间。

K_1 分潮流在渤、黄、东海占的比重较小,流速一般为 5~10cm/s,只有渤海海峡附近,K_1 分潮流流速可达 20~30cm/s。南海则不同,K_1 分潮流流速较强,如琼州海峡、金瓯半岛南端以及加里曼丹岛的古晋、马都一带,均为南海 K_1 分潮流的强流区,流速在 20~40cm/s 之间(图 4.14b)。

六、风 暴 潮

"风暴潮"是指海面在风暴强迫力作用下,偏离于正常天文潮的异常升高或降低的现象。这种异常的海面升高,亦称为"风暴增水"或"风暴海啸"、"气象海啸";而海面的降低,又称为"风暴减水"或"负风暴潮"。如果风暴潮发生时段遇上天文大潮,两者重合、叠加,就会造成水位暴涨,以致海水浸溢陆地,酿成风暴潮灾。

1. 风暴潮灾的危害

中国沿岸是世界上各类风暴潮频繁而严重的多发地区。风暴潮灾情仅次于孟加拉国,在环太平洋国家中是最严重的(包澄澜,1991)。1895 年 4 月 28~29 日,渤海湾遭到严重的风暴潮袭击,"几乎毁掉大沽口的全部建筑物,海防各营死者两千余人,使整个地区变成了泽国"(孙湘平等,1981;杨华庭等,1993)。1922 年 8 月 2 日,一次强台风风暴潮袭击广东汕头地区,许多乡村被卷入海涛中。潮州各县(澄海、饶平、潮阳、揭阳、南澳、惠来)被淹,共死亡约 7 万人(孙湘平等,1981;杨华庭等,1993)。新中国成立后,由于措施的逐步改善,死亡人数逐减。1956 年 8 月 1~2 日,5612 号台风在浙江象山登陆,沿海纵深 10km 为汪洋一片,海水淹没农田 11 万亩,死亡人数 4600 余人,2 万余人受伤(沈文周,2006)。1969 年 9 月 27 日,6911 号台风在福建晋江登陆,淹没农田 50 万 hm²,伤亡人数 7000 余人(沈文周,2006)。1980 年 7 月 22 日,8007 号台风登陆于广东徐闻,受灾区毁堤 354 处,总长 410km,农田被淹 73 万亩,死亡 414 人,伤 645 人(沈文周,2006)。1992 年 8 月 30 日~9 月 2 日,在福建至河北的海岸线上,先后遭到 9216 号台风风暴潮袭击。这次风暴潮强度大,持续时间长,受灾范围广,损失严重。沿海共有 76 个站次最高水位超过当地警戒水位。淹没农田 198 万亩,死亡 193 人,失踪 87 人,直接经济损失 94 亿多元(沈文周,2006)。2006 年 8 月 8 日~10 日,在浙江省苍南县马站镇登陆的超强台风"桑美"(0608),是近 50 年来登陆我国强度最强的一个台风。登陆时适逢天文大潮期,造成浙江、福建沿海的特大风暴潮灾害,死亡 230 人,失踪 96 人,经济损失超过 70 亿元（国家海洋局，2007）。

2. 风暴潮的基本特征

风暴潮是沿海地区常见的一种海洋自然灾害现象，主要由气象因子作用产生的非周期性水位升降运动。它是一种长波，时间尺度为数小时到几天，振幅为几十厘米到几米。产生风暴潮的强烈大气扰动主要有：热带风暴、温带气旋、寒潮或冷空气大风。从诱发风暴潮的大气扰动天气系统来讲，可把风暴潮分为两类：①由热带风暴（台风、飓风）引起的称热带风暴风暴潮。②由温带气旋和冷空气活动而产生的称温带气旋风暴潮。前者的特点是：来势凶猛，速度快，强度大，潮位较高，破坏力大；后者则具有强度弱、移动缓慢和持续性强等特征。

图 4.15 为 6903 号台风造成的一个典型风暴潮实例。该图表明，风暴潮从形成到结束分为三个阶段：①初振阶段。当台风还在较远的海上时，岸边就记录到长周期波动的增、减水现象，其振幅为 20～50cm。②主振阶段。当热带风暴逼近测站或过境时，水位急剧上升，并在热带风暴登陆前后几小时达极大值。风暴潮灾主要出现在这一阶段。③余振阶段。当热带风暴过境后，水位主峰已退，逐渐恢复到正常状态。

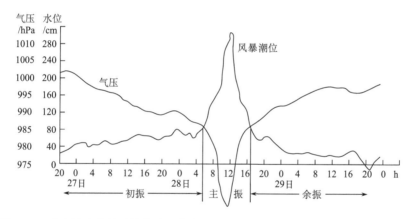

图 4.15　广东汕头港的风暴潮过程曲线（1969 年 7 月 27～29 日）（包澄澜，1991）

3. 我国沿岸风暴潮的地理分布

在中国沿岸，热带风暴风暴潮多发生在长江口以南的上海、浙江、福建、台湾、广东、海南和广西沿海；温带气旋风暴潮主要出现长江口以北的江苏、山东、河北、天津和辽宁沿海，尤以渤海湾、莱州湾和辽南沿岸最多。以海区而言，热带风暴风暴潮以南海沿岸出现最多、最严重，其次是东海沿岸，再次是黄海沿岸，渤海沿岸最少。从时间上讲，热带风暴风暴潮最多发生在 6～10 月，温带气旋风暴潮主要发生在秋末至初春期间。从风暴潮发生的频率来看，温带气旋风暴潮比热带风暴风暴潮要高。在 1950～1999 年的 50 年间，渤海湾、莱州湾共出现最大增水 1m 以上的温带气旋风暴潮共 641次，年平均为 12.6 次。其中，最大增水 2m 以上的计 67 次，年平均为 1.3 次（杨华庭等，1993）。而 1949～1999 年的 51 年里，我国沿岸发生最大增水在 1m 以上的台风风暴潮为 288 次，年平均为 5.65 次，最大增水在 2m 以上的为 52 次，年平均为 1 次（杨华庭等，1993）。

据 1950～1997 年统计（苏纪兰等，2005），渤海沿岸最大台风增水值在 143～304cm 之间。其中：莱州湾沿岸增水值最大，如羊角沟站为 304cm，夏营站为 277cm；其次是渤海湾沿岸，如黄骅和塘沽站，最大增水值分别为 236cm 和 216cm；辽东湾沿岸居第三，如葫芦岛站最大增水值为 210cm，营口站的为 143cm。我国黄海沿岸的最大台风增水值比渤海的要小，在 109～243cm 之间。其中：燕尾站的最大，为 243cm；其次是连云港和龙口站，分别为 185cm 和 182cm；青岛和大连站最小，皆为 109cm。东海沿岸从江苏吕四至福建东山，这一段的最大台风增水值在 130～502cm 之间，变幅较大，说明地区差异大。如杭州湾湾顶的澉浦站，其值为 502cm；乍浦站的为 434cm；温州站的为 383cm；瑞安和鳌江站，分别为 294cm 和 276cm；福建沿岸除白岩潭和梅花两站，其值分别为 236cm 和 200cm 外，其余的均在 200cm 以下；平坛站和崇武站是东海沿岸增水值最小的地方，其值分别为 130cm 和 140cm。我国南海沿岸最大台风增水值在 111～594cm 之间。其中：雷州半岛东岸增水值最大，南渡、湛江、黄坡站，分别为 594cm、497cm 和 309cm；其次是粤东妈屿站，其值为 320cm；北津和黄埔站居第三，其值分别为 267cm 和 261cm；其他各站的在 150～200cm 之间；三亚和榆林站的台风增水值最小，为 112cm 左右。

由此可见，我国沿岸严重风暴潮灾的岸段是：渤海湾、莱州湾、江苏小洋口至浙江海门沿岸，浙江温州、台州沿岸，福建沙埕至闽江口附近，广东汕头至雷州半岛东岸，海南东北沿岸。风暴潮次严重地段是：辽东湾湾顶、大连至鸭绿江口、江苏海州湾、福建崇武至东山沿岸、广西沿岸（包澄澜，1991）。

表 4.2 和表 4.3 分别表示我国沿岸严重的台风风暴潮和严重的温带气旋风暴潮的统计。表中广东雷州湾南渡站最大风暴潮值达 5.94m，为我国风暴潮最高纪录，居世界第三位，它是由 8007 号台风所造成的。渤海莱州湾羊角沟站最大风暴潮值达 3.55m，超过当地警戒水位 1.74m（沈文周，2006），它是由冷空气配合强气旋造成的，属温带气旋风暴潮的最高值。

表 4.2　中国沿岸严重的台风风暴潮实例（1949～2000）（苏纪兰等，2005）

日期/年-月-日	测站	最高风暴潮/cm	最高潮位/cm	影响区域	台风编号
1956-08-01	澉浦	502	437	杭州湾等	5612
1965-07-15	南渡	287	333	雷州湾等	6508
1969-07-18	汕头	302	328	韩江口等	6903
1969-09-27	梅花	199	457	闽江口等	6911
1974-08-20	尖山	224	609	杭州湾等	7413
1980-07-22	南渡	594	593	雷州湾等	8007
1981-09-01	吕四	203	439	长江口等	8114
1986-07-21	石头埠	117	396	广西东部沿海	8609
1986-09-05	南渡	352	337	雷州湾等	8616
1989-07-18	三灶	176	275	珠江三角洲	8908

日期/年-月-日	测站	最高风暴潮/cm	最高潮位/cm	影响区域	台风编号
1989-09-15	海门	146	467	浙江台州湾等	8923
1990-09-08	温州	241	387	温州湾等	9018
1991-08-16	南渡	384	270	雷州湾等	9111
1992-08-30	瑞安	203	430	浙江飞云江口等	9216
1993-09-17	灯笼山	162	262	珠江三角洲	9316
1994-08-21	温州	269	488	温州湾等	9417
1996-07-31	梅花	220	456	闽江口等	9608
1997-08-18	健跳	261	527	浙江三门湾等	9711

表 4.3　中国沿岸严重的温带气旋风暴潮实例（1949～1990）（杨华庭等，1993）

日期/年-月-日	测站	最高风暴潮 /cm	最高潮位 /cm	影响区域	发生原因
1960-11-22	塘沽、羊角沟	>200	—	渤海湾、莱州湾	冷空气配合强气旋
1961-10-19	塘沽、羊角沟	>200	—	渤海湾、莱州湾	冷空气配合强气旋
1964-04-05-06	羊角沟	316	224	渤海湾、莱州湾	冷空气配合强黄河气旋
1965-11-07	塘沽	194	319	渤海湾、莱州湾	强冷空气配合气旋
1969-04-23	羊角沟	355	366	莱州湾	冷空气配合强气旋
1980-04-05	羊角沟	318	293	莱州湾	冷空气配合温带气旋
1983-07-14	石子山	最大增水 151	511 超警戒水位 35	辽东湾、辽东半岛南部沿岸	华北倒槽及低压
1987-11-27	夏营	246	290	莱州湾	强冷空气配合低压
1989-06-03	大连	最大增水 69	443	大连、山东半岛北岸	江淮气旋配合冷空气

　　进入 21 世纪以来，我国沿岸也曾多次记录到比较严重的台风风暴潮灾和温带气旋风暴潮灾。例如，浙江南部的鳌江站观测到最大增水 3.21m，最高潮位 6.90m，超过该站有观测记录以来最高潮位，超过当地警戒水位 1.30m；并在上海黄浦公园站观测到最高潮位 5.33m，也是该站有验潮记录以来的第三高潮位，这是由"森拉克"（0216 号）台风造成的（国家海洋局，2003）。浙江省海门站观测到的最大增水为 3.50m，超过当地警戒潮位 1.82m，为历史上第二高潮位（7.42m），它是由"云娜"（14 号）台风所造成的（国家海洋局，2005）。山东羊角沟潮位站观测到的最大增水为 3.00m，最高潮位 6.24m（为历史第三高潮位），超过当地警戒水位 0.74m，它是受北方强冷空气影响造成的，也是近 10 年来发生在渤海湾、莱州湾沿岸最强的一次温带风暴潮（国家海洋局，2004）。

　　综上所述，中国沿岸的风暴潮有如下特点（冯士筰等，1999）：①从时间上讲，一年四季皆有发生；②从强度来看，风暴潮的潮位高度比较高；③从频率来讲，发生的次数较多；④从机理上看，规律性复杂，潮差大的浅水海域，天文潮与风暴潮的非线性耦合效应明显。

第三节　海　　流

　　海流是指流域范围较大、流向相对比较稳定的非周期性海水流动，是海水运动的基本形式之一。海流有水平方向流动和垂直方向的流动，习惯上把前者叫海流，后者称上升流和下降流。海流的特征主要用流向、流速、流量、流轴、流核、流幅等参数来描述。流向指海水流动的去向，与风向含义正好相反。流轴指垂直于海流方向的各个断面上流速为最大部分的连线。断面上流速的高值中心区称流核。流幅指海流在水平方向上的宽度。

　　与海流密切相关的另一名词为环流，是指一个海区内海流的组成、结构、分布与变化等的集合，是一种气候式的平均状况。由于渤、黄、东、南海的地理位置、海区地形与大小等的差异，从而导致渤、黄、东海的环流结构和组成，与南海的在格局上存在较大的差异，因此在讨论海流状况时，常将渤、黄、东海的环流与南海的环流分开进行，编绘海流分布图时也往往如此。本章也按照惯例分开进行讨论，但为得到总的环流架构，这里将渤、黄、东、南海的环流分布图绘在一起（图 4.16）。

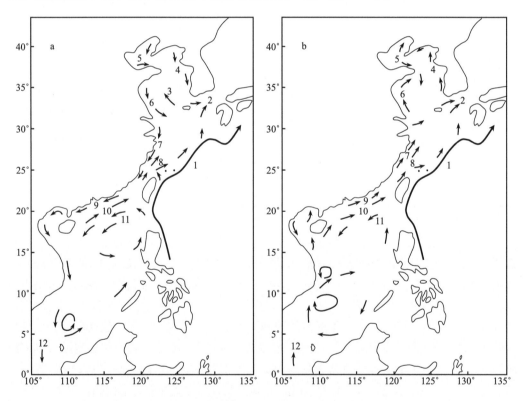

图 4.16　中国海海流示意图 （a）冬季 （b）夏季 （苏纪兰等，2005；
苏纪兰，2005；Liu et al.，2008）

1.黑潮；2.对马暖流；3.黄海暖流；4.黄海东岸沿岸流；5.渤海沿岸流；6.黄海西岸沿岸流；
7.东海沿岸流；8.台湾暖流；9.南海沿岸流；10.南海暖流；11.东沙海流；12.卡里马塔流

渤、黄、东海的海流基本上由两大流系组成（图4.16）：一是外来的洋流系统——黑潮及其延伸体，也叫外海（暖流）流系，具有高温、高盐特性；二是当地生成的海流——沿岸流系，具有低盐特性。渤、黄、东海的环流格局中，外海流系北上，沿岸流系随季风有所变化。南海海盆水深，且受季风影响，其环流有很强的季节性（图4.16）；另外南海的多中尺度涡结构也是它有别于渤、黄、东海的特色之一。现将渤、黄、东、南海的主要海流简述如后。

一、黑　潮

黑潮是沿北太平洋西边界向北流动的一支强流，它因水色呈深蓝且近似黑色而得名。黑潮起源于菲律宾东南，是北赤道流的一个向北分支延伸体。主流经吕宋海峡东侧沿台湾东岸北上，在苏澳和与那国岛之间进入东海，然后沿东海大陆坡区域流向东北，至奄美大岛西北约29°N、128°～129°E附近折返东向，经吐噶喇海峡和大隅海峡离开东海。黑潮返回太平洋后加入了沿琉球群岛以东北上的琉球海流，再北上并沿日本南岸东流。黑潮流经东海这一段称东海黑潮。

黑潮以流速强、流幅窄、厚度大而著称。吕宋岛附近海域最大流速达100cm/s，吕宋海峡和台湾以东最大流速可达150cm/s。进入东海后，流速略有减弱，一般为50～100cm/s之间；至26°30′N、126°E附近，流速又增大，表层最大流速为150cm/s左右。屋久岛以西海域，表层最大流速达170cm/s左右。黑潮的流幅较窄，大于40cm/s流速的主流宽度在70～110km之间。东海黑潮的厚度为600～800m。

黑潮的右侧，经常出现有向西南流动的逆流。如吕宋海峡以东的逆流，与终年存在的暖涡有关，流速最大达50～100cm/s。在冲绳岛、奄美大岛附近，逆流流速不大，为15～25cm/s。厚度较小。

东海黑潮的流向和途径（流路）比较稳定，大致沿200～1000m等深线陡峻的陆坡流动，相当于100m或200m层温度水平梯度最大的地带，可以用100m层上20℃等温线或200m层上18℃等温线来表征。

在不同时间和不同地段东海黑潮的流量是不同的。若以700m深度作为"动力起算面"（或称"动力零面"），用动力计算方法计算PN断面上黑潮的流量，其多年平均（1973～2000年）流量为$25.5 \times 10^6 \mathrm{m}^3/\mathrm{s}$（苏纪兰等，2005），约相当于长江年平均流量的1000倍。冬季为$26.0 \times 10^6 \mathrm{m}^3/\mathrm{s}$，春季为$25.8 \times 10^6 \mathrm{m}^3/\mathrm{s}$，夏季为$26.8 \times 10^6 \mathrm{m}^3/\mathrm{s}$，秋季为$23.5 \times 10^6 \mathrm{m}^3/\mathrm{s}$（苏纪兰等，2005）。相对而言，秋季流量较小，其余三季差异不明显。在年际变化中，以8年左右的周期最为显著。黑潮右侧逆流的流量较小，通常为黑潮流量的1/3以下。

此外，黑潮与地形的相互作用会导致黑潮水入侵大陆架或海峡。其中：在吕宋海峡的入侵是南海上层水的主要补充来源，但其入侵方式至今仍不清楚，没有证据支持黑潮是以分支或者中尺度涡入侵（苏纪兰，2005）。黑潮在台湾东北海区入侵大陆架后成为台湾暖流的来源之一；在九州西侧海区入侵大陆架后成为对马暖流的一个来源。黑潮及其入侵是影响东海、黄海、南海北部的流场和水文要素场的重要因素。

二、南海海盆尺度环流

影响南海上层水平环流的主要因素有三：①覆盖南海的东亚季风场。冬季盛行东北季风，11月开始，至翌年3月终止；夏季盛行西南季风，始于5月，终于9月；受季风影响，南海表层环流具有明显的季节性。②流经吕宋海峡东侧的黑潮。黑潮通过吕宋海峡向南海北部输送水量、热量和盐量，影响南海的水文要素场和南海北部的环流。③太阳辐射、淡水流入等综合作用。南海的环流复杂，呈现为海盆尺度、次海盆尺度和中尺度等环流形式。

南海海盆的上层环流主要受季风的影响。像大洋一样，南海西侧的海流较强，具有西边界流性质，而南海东侧的海流则较弱。冬季东北风期间（图4.16a），整个海盆为一大的气旋环流所覆盖，南侧有部分海水通过卡里马塔海峡进入爪哇海。夏季西南季风期间（图4.16b），爪哇海海水北流，经卡里马塔海峡进入巽他陆架。南海南部为一强的反气旋环流，自越南中部有一急流离岸东去，急流两侧常有强的气旋涡与反气旋涡成偶极子存在。南海北部西侧有一规模较小的气旋环流，上述气旋涡是其中的一部分。

近期对南海的研究发现，南海的水平环流远比上述的认识复杂得多，除有海盆尺度的大的环流外，还嵌套着次海盆一级和若干中尺度环流和涡旋（图4.17）。南海的中尺度涡十分活跃，在1993~2000年的8年里，南海共出现86个中尺度涡（图4.18），其

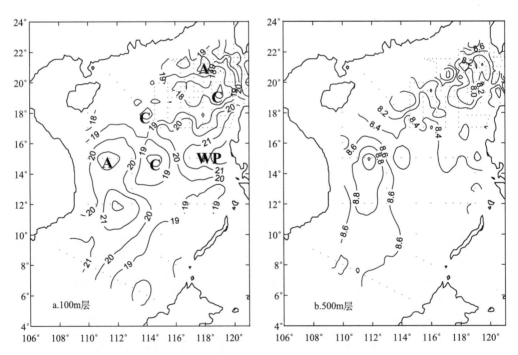

图4.17　1998年4~5月南海100 m层（a）及500 m层（b）的温度（℃）与
中尺度涡分布（苏纪兰等，1999）

C及A分别指气旋式与反气旋式中尺度涡，而WP则指位于上层的暖池

中反气旋涡为 58 个，气旋式涡 28 个。这些涡旋多发生在冬季季风期（10 月至翌年 3 月）、夏季季风期（6～8 月）及冬夏季风转向期（4～5 月），而在夏冬季风转向期（9 月）较少。这些涡旋的生命周期为 50～370d，直径在 210～480km 之间，移动速度为 0～5.6km/d，移动距离为 0～980km（Wang et al.，2003）。特别是在越南中部以东海域内，西南季风期间生成的涡旋，除厄尔尼诺年外，多呈偶极子结构形式：北侧为气旋涡，南侧为反气旋涡；在南海东侧海域，东北季风期间生成的涡旋，多呈偶极子双涡结构形式（苏纪兰等，2005）。事实上，季风与陆地山脉相互作用在海上形成急流风场，南海中尺度涡的形成大多数与此有关（Wang et al.，2008）。

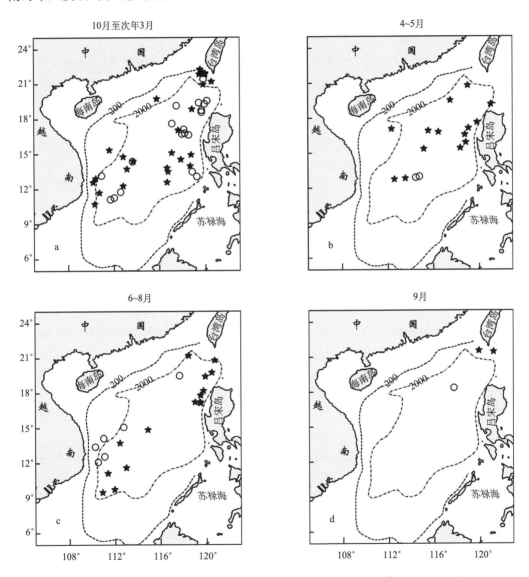

图 4.18 利用卫星高度计资料（1993～2000）得到的南海涡旋生成分布（Wang et al.，2005）
○为气旋涡；★为反气旋涡；a. 10 月至翌年 3 月；b. 4～5 月；c. 6～8 月；d. 9 月

三、"东沙海流"和南海暖流

1. "东沙海流"

"东沙海流"是指沿南海东沙群岛东南陆坡附近流动的一支长年存在的西南向流（图4.16）。其位置及强度皆多变。有的学者认为该海流是黑潮通过吕宋海峡进入南海的一个分支，因此称"南海黑潮分支"（中国科学院南海海洋研究所，1985）。这支海流的组成主要是来自南海东侧北上的南海水，少部分为经吕宋海峡进入南海的黑潮表层水。由于该支流在南海东侧较弱较宽，至南海西侧东沙群岛一带强化为西边界流，因此建议改称"东沙海流"（苏纪兰，2001，2005）。

冬季，"东沙海流"的东北侧存在着范围不大但比较强的暖涡，而南侧则是一个范围大的气旋型环流（图4.16a）；夏季，"东沙海流"仍存在于西南季风所生成的偏北风漂流之下。

"东沙海流"的流速和流量似乎都是冬季大于夏季。冬季最大流速为$40\sim150cm/s$，流量为$6\times10^6\sim10\times10^6 m^3$；夏季则分别为$25\sim80cm/s$和$4\times10^6\sim8\times10^6 m^3$ ［参考层为500 dPa（分巴）］（中国科学院南海海洋研究所，1985）。

2. 南海暖流

南海暖流指冬季广东沿岸流的外侧，从海南岛东南沿等深线走向流向东北的一支海流（图4.16），并成为台湾海峡北上的海流。它终年存在于水深$200\sim400m$的南海北部大陆坡上，并与200m层上显著的温度水平梯度的位置相一致。即使在东北季风强盛的冬季，除表层受风的影响，流向可能偏南外，表层以下均流向东北，因其温度高于近岸侧的水温，故称南海暖流（管秉贤，1978，2002）。

南海暖流流速较强，最大达$100\sim150cm/s$。但存在季节性差异：夏季，南海盛行西南风，风向与南海暖流流向同向，流速较强，如上川岛外最大流速77cm/s，碣石湾外的为67cm/s。冬季，南海盛行东北风，风向与南海暖流流向相反（反向），南海暖流流速较弱，如上川岛外最大流速约30cm/s，碣石湾外的为25cm/s左右（管秉贤，2002）。

南海暖流的流幅较窄。如上川岛外、珠江口外两断面上的流幅为17n mile，碣石湾外断面的流幅最宽约70n mile，汕头外断面上的流幅约50n mile。

冬季南海暖流的流量在$1.8\times10^6\sim5.0\times10^6 m^3/s$之间（中国科学院南海海洋研究所，1985）。如上川岛外断面，流量为$1.8\times10^6 m^3/s$；珠江口外断面，流量为$3.3\times10^6 m^3/s$；碣石湾外断面，流量为$4.2\times10^6 m^3/s$；汕头外断面上的流量为$5\times10^6 m^3/s$。也就是说，南海暖流的流量是自西向东逐渐增大的。

四、经由台湾海峡北上的海流

台湾海峡海流的流向夏季比较稳定，从表层到底层，绝大部分为东北向海流，与夏季风的西南风向一致。此时流速较强，以20m层为例：海峡西侧，流速为$20\sim45cm/s$；海峡中部附近，流速为$16\sim40cm/s$；海峡东侧，流速为$20\sim60cm/s$。靠福建沿岸北上的为东海沿岸流（或称浙闽沿岸流）（图4.16b）。沿岸流外（东）侧为南海暖流延伸到台湾海峡的部分，并经澎湖水道北上，可称"南海暖流续流"或"台湾海峡暖流"（管秉贤，2002）。澎湖水道以北的台湾西岸也为北上的海流。

冬季，台湾海峡盛行东北风，风力强劲，整个海峡的表层流为西南向流。福建沿岸的浙闽沿岸流由东北转向西南，与风向相同（图4.16a）。在海坛岛附近，此沿岸流的一部分常折向东南而流入台湾海峡中线；其余部分可达东山岛附近，在东北季风强劲的时候，可南伸与广东沿岸流衔接（管秉贤，2002）。在浙闽沿岸流的外（东）侧，表层的西南向漂流之下为东北向的"南海暖流续流"或"台湾海峡暖流"。事实上，在表层以下，台湾海峡的深层流是稳定的，一年四季其主体都向东北流动（张以恩等，1991），流速大体上是春、夏季比秋、冬季的要大。但这些北向流的水体并不一定来自南海，而很可能来自浙闽沿岸流的循环（Chen and Sheu，2006）。

五、台湾暖流和对马暖流

1. 台湾暖流

在东海的浙闽沿岸流外（东）侧，终年存在一支由西南流向东北的高温、高盐的海流，大体沿50~150m等深线流动，称为台湾暖流[①]（图4.16）。

台湾暖流大体在28°30′N附近分为内（近岸）、外（外海）侧两个分支（潘玉球等，1987a，1987b；1993a，1993b）：内侧分支沿50~100m等深线之间流向东北，但西侧强化并在长江口外作逆时针偏转而东流。内侧分支的上层海水，夏季时主要来源于台湾海峡，是"台湾海峡暖流"的延续体；冬季时黑潮表层水的入侵也是其主要来源之一。内侧分支的下层，主要来自黑潮次表层水在台湾东北海域的上升入侵。外侧分支在29°N、123°E附近先作顺时针转向，紧接着又作一逆时针转向，最后紧贴黑潮主干左侧流向东北。外侧分支冬季时主要来自台湾东北海域的黑潮入侵，夏季时其上层水来自台湾海峡，而下层水则来自黑潮次表层水的上升入侵。

台湾暖流的特点有（管秉贤，2002）：①海向稳定。除冬季表层易受偏北季风影响而流向可能偏南外，表层（0~5m）以深的流向，几乎终年指向北和东北。②具有高温、高盐的特征。冬、春、秋三季，可用32.0等盐线来区分台湾暖流和浙闽沿岸流的界线；但到了夏季，因浙闽沿岸流与台湾暖流同向，从而界线不明显。③流速较强，为25cm/s左右。在30°N以南，可达30~40cm/s；30.0°~31.5°N，流速减为20cm/s左右。到了长江口外，流向偏东，流速为10cm/s左右。④流速具有夏强冬弱的特点。冬季平均流速为13cm/s，最大达28cm/s；夏季平均流速为17cm/s，最大达40cm/s。

2. 对马暖流

在东海的东北部海域，有支北向、东北向的海流，通过朝鲜海峡东、西水道进入日本海，它因流经对马岛而称为对马暖流（图4.16）。对马暖流源自东海，而其主流部分

---

① 国家科委海洋组海洋综合调查办公室编，1964，全国海洋综合调查报告，第五册

在日本海，这里只介绍其"东海段"。

对马暖流的来源大致有两部分，一为台湾暖流，二为东海黑潮主干在九州西南折东返回太平洋的同时，部分黑潮水入侵大陆架而北上。其流速在 20～95cm/s 之间，流层较深，在朝鲜海峡东、西水道最强，尤其是西水道。在对马暖流主流两侧，均有逆流存在，逆流流速为 5～25cm/s。对马暖流流速存在明显的季节变化，夏季最强，其次为秋、春季，冬季最弱。

对马暖流在朝鲜海峡东、西水道的总流量为 $1.82 \times 10^6 \sim 3.43 \times 10^6 \mathrm{m^3/s}$ 之间。流量的季节变化与流速的相似，夏季最强，为 $3.43 \times 10^6 \mathrm{m^3/s}$，冬季最弱，为 $1.82 \times 10^6 \mathrm{m^3/s}$[1]。就东、西水道而言，流经西水道的流量要大于东水道的，两者的比率在夏季为 3∶2。

六、黄 海 暖 流

黄海暖流是冬季风期间在济州岛东南方进入黄海的海流（图 4.16a），与周围海水相比，从表层至深层都具有高温、高盐特色。一般把南黄海中部盐度大于 32.00 的等盐线水舌定为黄海暖流，并把黄海暖流向北和向西延伸的部分称黄海暖流"余脉"[2]。

黄海暖流大体沿黄海槽西侧北上（汤毓祥等，2000），它实质上是风作用下的一种补偿流（苏纪兰，2001；Yuan et al.，1982）。在强劲的偏北季风作用下，半封闭的黄海两侧浅水处的海水顺风南流，而黄海中央深水部分表层以下的海水则逆风北流。黄海暖流是一支平均流速为 5～10cm/s 的弱流，最大流速为 15～20cm/s。

七、渤 海 环 流

渤海的平均水深只有 18m，其环流受风的影响比较大，因此环流也显得较不稳定。冬季时，从渤海海峡北部进入的黄海暖流"余脉"，向西可伸入到渤海西岸附近，在那里遇海岸受阻而分为南、北两支。其中北支沿渤海西岸北上进入辽东湾西岸，与沿岸流一起构成辽东湾内的顺时针环流。南支沿渤海西岸折南进入渤海湾，在渤海南部与渤莱沿岸流一起构成逆时针环流，最后从渤海海峡南部流出渤海。

八、沿 岸 流

沿岸流系包括渤海沿岸流、黄海沿岸流、东海沿岸流和南海沿岸流（图4.16），其形成与沿岸河流注入的淡水有关。沿岸流系的显著特点是：低盐、低透明度，温度在夏季为高温而冬季为低温。在北半球，沿岸流系以岸线在其右侧为自然流向，但风的作用可能会改变此流向。

---

① 引自日本海洋学会沿岸研究部编，1985，日本全国沿岸海洋志，第 23 章—对马暖流
② 国家科委海洋组海洋综合调查办公室编，1964，全国海洋综合调查报告，第五册

1. 渤海沿岸流

渤海沿岸流由辽东湾沿岸流和渤（海）莱（州湾）沿岸流两部分组成。辽东湾有辽河、双台子河、大凌河等径流入海，沿岸流主要分布在辽东湾内 20m 等深线以浅的沿岸水域。夏季湾东为西北向，而湾西为西南向；冬季则皆偏南向。渤莱沿岸流由滦河、海河、黄河等径流入海后形成，主要分布在河北东部、天津和山东北部沿岸一带。渤莱沿岸流流向十分稳定，终年皆为东向流，在渤海海峡南部流出渤海，沿山东半岛北岸继续东流。渤莱沿岸流流速 6 月稍强，平均为 10cm/s；3 月较弱，平均为 5cm/s 左右。

2. 黄海沿岸流

黄海沿岸流由辽南沿岸流（黄海北岸沿岸流）、黄海西岸沿岸流和黄海东岸沿岸流组成。

辽南沿岸流由辽东半岛南岸自鸭绿江口向西南流动。夏季流速大、流幅窄；冬季流速小、流幅宽；春、秋季，自东北向西南流动不甚明显。在长山列岛东侧，不论在西北风较强的冬季，还是鸭绿江径流量较大的夏季，流速普遍较弱，一般在 15cm/s 以下；而在列岛西侧，流速可达 40cm/s 以上。

黄海西岸沿岸流系包括鲁北、鲁南沿岸流和苏北沿岸流。鲁北沿岸流上接渤莱沿岸流，沿山东半岛北岸东流，流幅较宽，流速较小，最大流速不超过 20cm/s。鲁北沿岸流绕过成山头后基本上四季皆是向南的，流幅较窄，流速较大，最大流速可达到 30～40cm/s。鲁南沿岸流在成山头以南的山东半岛南侧，其南侧为苏北沿岸流，两者皆流幅宽而流速甚小，冬季向南而夏季向北①。此外，冬季时在渤海海峡南部和大沙渔场两个区域，流幅较窄而流速较大，最大流速可达到 30～40cm/s。

黄海东岸沿岸流分布在朝鲜半岛西岸海域，冬季南下，至 34°N 附近海域后向东进入济州海峡，夏季相反。

3. 东海沿岸流

东海沿岸流主要分布在长江口以南的浙、闽沿岸，为浙闽沿岸流的东海部分。该沿岸流具有明显的季节变化：冬季，由于强劲偏北风的作用，由东北流向西南，流向稳定；流速在长江口、杭州湾一带较大，达 20cm/s，浙南沿岸较小，仅为 10cm/s 左右。夏季，由于偏南风盛行，从台湾海峡到象山港以南沿岸，北向流非常明显，近台湾海峡的流速达 20cm/s，往北后流速有所减小；由于长江冲淡水的作用，在长江口、杭州湾外的内侧仍为南向流，而外侧则为东向或东北向，大量的长江冲淡水都随之流向外海。

4. 南海沿岸流

我国的南海沿岸流主要指广东沿岸流和北部湾沿岸流。习惯上，广东沿岸流以珠江口附近为界，划分为粤东沿岸流和粤西沿岸流。冬季，在强劲的东北风作用下，粤东沿

---

① 由于缺乏实测资料，过去一向认为鲁南和苏北沿岸流夏季也是向南的。但最近的一些高分辨率数值模式结果和 2009 年浒苔暴发期间 15m 水深处的漂流浮标轨迹（袁东亮，私人交流），皆表明此流应向北

岸流流向西南，流幅较窄，流速为 15～30cm/s。夏季，粤东沿岸流流向东北，并进入台湾海峡，流幅较宽，有时可达陆架坡折海域。粤西沿岸流基本上终年由东北流向西南，只有在强盛的西南季风持续期间，其表层才会出现东北向流。

北部湾沿岸流具有风海流和密度流混合的性质。冬季，北部湾受东北季风控制，沿岸流顺着西海岸南下流出北部湾，流速为 20cm/s 左右，最大达 30cm/s；在湾北沿岸，流向为西南，流速为 15～20cm/s。夏季，该湾虽然盛行西南风，但风速较弱，且稳定性也差。此时，正值沿岸江河入海径流量剧增，在湾北沿岸，沿岸流流向偏西，流速为 5～15cm/s；在湾西沿岸，流向偏南，流速为 10～20cm/s。

九、上 升 流

上升流是指海水从下层或次表层涌向表层或近表层的涌升现象。常伴有低温、高盐等特征，其垂直方向上的速度一般在 10^{-3}～10^{-5}m/s 之间。上升流把"深层"富含营养的物质带至表层或近表层，促进饵料生物繁殖，有利于成为渔场。

在我国近海，上升流区可分为沿岸上升流与陆架坡折带上升流两类。前者的形成有三种机制：在北半球，当海岸在风向或流向的左侧时，近岸会有上升流，典型的例子为浙江沿岸上升流，台湾浅滩东南侧的上升流是另一个例子；此外，在我国黄渤海夏季有很强的底层冷水团，冷水团的周围往往存在由潮所导致的海洋锋面，称为潮锋。潮锋的近岸侧有冷水上升，典型的如成山头的上升流。陆架坡折带上升流的形成与陆坡上存在强流有关，我国东海陆架坡折带有两种上升流区。一是黑潮沿台湾东岸进入东海，导致彭佳屿和钓鱼岛一带常年皆有上升流存在；另一是在黑潮沿东海陆坡北上时，其锋面会发展出锋面涡，导致陆架坡折带外海侧有上升流区，此上升流区并沿坡折带向北移动。浙江沿岸上升流比较典型，这里以它为代表作一简介。

浙江沿岸上升流区，大致在 28°～31°N、124°E 以西海域（图 4.19），水深为 20～70m 的范围，其中心位置在 29°N，即渔山列岛附近（毛汉礼等，1965；曹欣中等，1982；许建平等，1983）。该上升流区的低温水并不经常涌升至表层，而是在 5～10m 以深水层，以 10m 层最为显著，呈现出等温线为半闭合的低温区，比周围海温低 2～3℃。浙江沿岸上升流几乎每年夏季都能清晰可见，只有个别年份上升水能抵达海面。浙江沿岸上升流还具有高盐、高密、低氧、高磷等特征，这些特征来自台湾东北海域上升流区黑潮次表层水的涌升。

浙江沿岸上升流起始于 5 月，6 月增强，7～8 月最盛，9～10 月开始减弱，冬季虽仍有上升流出现，但势力微弱。上升流的速度一般为 $3×10^{-5}$～$9×10^{-5}$m/s。

第四节 温度、盐度和水团

温度和盐度，是海水的两个基本物理量，也是两个最基本的海洋水文要素，分别体现了海水的热状况和含盐量。海洋中的许多现象，无不与温度和盐度息息相关，因此温盐特性为分析水团的主要指标，温-盐图解（T-S 图解）被广泛地应用。

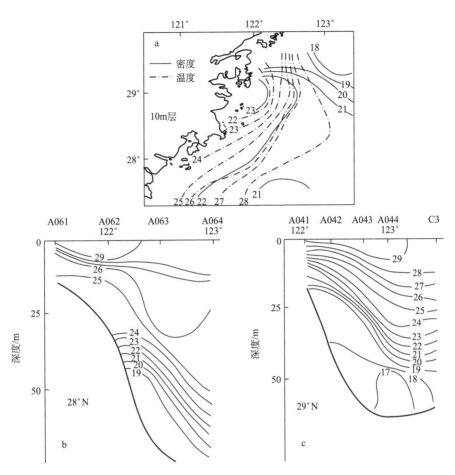

图 4.19　浙江沿岸上升流区温度、密度平面分布（a）和温度断面分布（b、c）
（1980 年 7 月）（曹欣中等，1982）

一、沿岸水与外海水

中国海的各项水文要素中，以盐度的指标性最强。按盐度的高低，可将中国海的水团归纳划分为沿岸（低盐）水和外海（高盐）水两大类[1][2]。

1. 沿岸水（团）

沿岸水是由沿岸的江河径流入海的淡水与陆架水混合而成，主要分布在河口附近及沿岸，与沿岸流大体一致。沿岸水的盐度一般低于 30.00 且水平梯度较大，温度随季节变化较大。

沿岸水的消长，主要受径流及气象条件的影响。冬季偏北季风盛行，北起辽东湾沿

① 毛汉礼、赫崇本，1959，十年来海洋水文调查与研究进展，海洋普查通讯，1959（8）：8～15
② 国家科委海洋组海洋综合调查办公室编，1964，全国海洋综合调查报告，第四册

岸，南至雷州半岛沿岸，中国近岸的沿岸水几乎连成一片，基本上位于50m等深线以浅。春季是个过渡季节，随着太阳辐射的增强、偏北风的减弱以及河川入海径流量的增加，沿岸水的水温和盐度都有不同程度的升高和降低，但它仍存在于50m以浅的水域。

夏季，随着各主要河流入海径流量的骤增和偏南风的盛行，中国近岸的沿岸水的水平范围扩大，且常位于具有较高盐度特性的陆架水之上。秋季是偏南风转向偏北风的过渡季节，随着太阳辐射的减弱，沿岸水开始降温，入海径流减少，在偏北风的作用下沿岸水向南延伸，分布范围与冬季的大致相同。

沿岸水的温、盐度分布将在相应海区中叙述。

2. 外海水（团）

在中国海，外海水主要是由黑潮带来的太平洋菲律宾海海水，它影响南海海盆水域和东、黄海陆架水域。南海陆架水域的"外海"影响则来自南海海盆。太平洋菲律宾海海水主要由表层水、次表层水、中层水、深层水和底层水组成。前四种水团与南海及东海皆有直接交换。由于南海与北太平洋底层水交换通道的海槛最深不到2400m，而东海与北太平洋底层水交换通道海槛，最深也仅为1800m左右，因此，盐度约为34.7的北太平洋底层水不可能进入南海深海海盆和东海的冲绳海槽，对中国海水文状况没有影响。关于影响我国海域的外海水的温度、盐度性质，将在相应的海区中叙述。

南海海盆水深，除表层50m外，其水体基本来自菲律宾海，水团的变性小，且同样存在南海表层、次表层、中层和深层四个水团。此外，在中国近海，除沿岸水和外海水外，还有介于两者之间的陆架水或混合水。必须指出，南海陆架水是南海沿岸水与南海海盆水的混合。

二、南　　海

南海是邻近中国最大的一个边缘海，半封闭性较强。海盆深度为2500～5000m，并有众多岛、礁、滩、暗沙等分布于其中。有台湾海峡、吕宋海峡、民都洛海峡、巴拉巴克海峡、卡里马塔海峡等与邻近海域沟通，进行水交换。南海地处南亚季风气候区域内，并受东亚季风的影响，冬季盛行东北风，夏季盛行西南风。南海地处低纬，太阳辐射强，终年气温较高，雨量充沛；又西濒亚洲大陆，有众多河流注入南海。因此，南海具有与大洋类似而又有其自身独特的水文特征。

冬季（2月）：南海表层水温分布的特点（图4.20a），大致以17°N为界：该线以北，温度较低，水平梯度大；该线以南，温度高而地区差异小。就东、西向同一纬度比较，西低、东高。南海北部陆架区，水温在16.0～23.0℃，受陆地及气象因子影响，等温线分布与等深线走向一致。南海中部，水温为24.0～26.0℃，因受东北季风的影响，等温线呈NE—SW走向。南海南部，水温最高也较均匀，在巴拉望岛以西海域，出现一个暖水块，温度在28℃以上。

100m层的温度分布与表层不同：吕宋岛西北海域，出现一个范围为3～4个纬距的低温水块，温度为17.0℃，比周围温度低3～4℃，有"吕宋冷涡"之称；在南沙群岛的西北部，也有一个低温区，比周围温度低1℃。

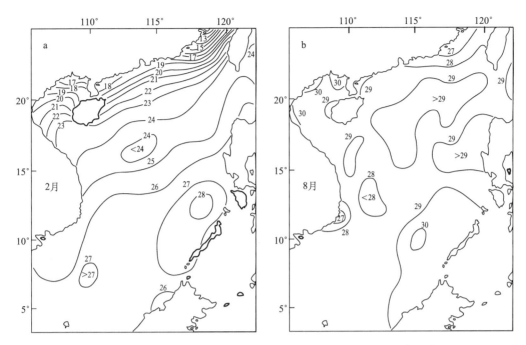

图 4.20 南海冬（a）、夏（b）季表层温度（℃）分布（多年平均）（侯文峰，2006）

冬季南海表层盐度最高，其分布趋势（图 4.21a）与温度相似。南海北部陆架区，盐度在 30.00～34.00 之间；北部湾的为 31.00～33.50。近岸一带等盐线密集。从吕宋海峡进入南海北部的高盐水舌，西伸势力可达海南岛附近。100m 层的盐度分布比较均匀，一般为 33.50～34.00。

夏季（8 月）：南海表层水温（图 4.20b）普遍较高，北部为 27.0～29.0℃，北部湾为 29.0～30.0℃；中部和南部为 27.0～30.0℃。等温线分布比较零乱，规律性差。在沿岸和局部海域多处有上升流，如我国台湾浅滩东南、汕头以东、雷州半岛以东、海南岛以东、东沙群岛西南等处，均有上升流出现。在越南芽庄附近以东的上升流尤为显著，月平均水温比周围的低 1～2℃。在 100m 层，芽庄冷水块范围扩大了许多，中心温度比周围的低 4～5℃，且 200m、50m 层，均有芽庄低温区存在，表明那里是一个很强的上升流区。

夏季南海表层盐度普遍有所下降，尤其在河口附近（图 4.21b），如珠江口、红河口、湄公河口附近。珠江冲淡水向外扩展方向各年不一，有的年份向东，有的年份向东南。在北部湾，表层盐度在 25.00～33.50 之间，低盐带出现在湾西和湾北沿岸。在南海北部，从吕宋海峡伸入的高盐水舌也减弱了。原先的 34.00 等盐线已由现在的 33.50 等盐线所取代。南海中部、南部表层盐度一般在 33.50 左右。

吕宋海峡以东的菲律宾海海水对南海的影响很大，两者的海水性质有其相似之处。在南海从海面至深层，存在 4 种水体类型：南海表层水、南海次表层水、南海中层水和南海深层水（徐锡祯，1982；中国科学院南海海洋研究所，1985）。另外，在吕宋海峡还有黑潮水的入侵（刘增宏等，2001）。

现将南海的几个主要水体类型简介如下。

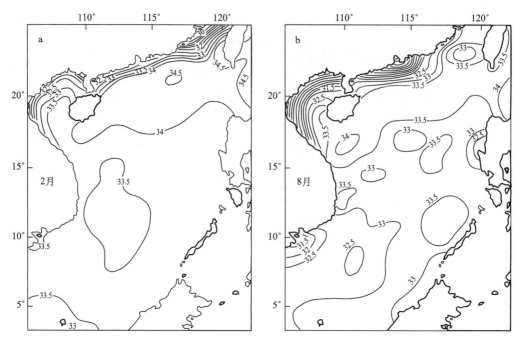

图 4.21　南海冬（a）、夏（b）季表层盐度分布（多年平均）（侯文峰，2006）

南海表层水：广泛地分布在南海表层至 100m 的水层中。受外界条件影响，季节变化明显。冬季，温、盐度分别为 21.0～29.5℃和 32.59～34.61。夏季，温、盐度分别为 22.5～31.9℃和 32.20～34.63。冬季，水层厚度较大，可达 75～100m；夏季，水层厚度为 50～100m（刘增宏等，2001）。

南海次表层水：位于 100～350m 的深度处，是南海中盐度最高的一个水体（最大盐度值出现在 180m 附近（徐锡祯，1982））；南海次表层水的盐度明显比菲律宾海次表层水低，由菲律宾海的 34.90 降至 34.73。冬季，该水体的温、盐度分别为 14.8～21.8℃和 34.50～34.73；夏季，其温、盐度分别为 15.7～22.2℃和 34.44～34.73（刘增宏等，2001）。

南海中层水：几乎盘踞了整个南海海盆区域，位于 350～1000m 的水层内。是南海中盐度最低的一个水体（最低值 34.40 出现在 450～510m 附近（徐锡祯，1982））；其盐度明显比菲律宾海的中层水高，即由菲律宾海的 34.20 升至 34.40。冬季，南海中层水的温、盐度分别为 5.3～10.5℃和 34.41～34.50；夏季，其温、盐度分别为 5.5～15.6℃和 34.39～34.65（刘增宏等，2001）。

南海深层水：主要分布在 1000m 以深的南海海盆内，其盐度比中层水略高，系菲律宾海深层水经吕宋海峡海槛流入南海形成 。冬季，该水团温、盐度分别为 2.35～5.16℃和 34.48～34.61；夏季，其温、盐度分别为 2.35～4.56℃和 34.49～34.60（刘增宏等，2001）。

黑潮水：当黑潮自菲律宾以东海域北上流经吕宋海峡时，有部分黑潮水通过该海峡进入南海。黑潮水进入南海的具体过程目前仍不清楚，一般在海峡附近可以观测到有黑潮水出现，但在南海海盆很少能观测到。如 1998 年夏季，在吕宋海峡西口附近出现黑潮表层水团，大体位于 0～75m 之间，其温、盐度分别为 24.0～30.4℃ 和 33.72～34.36（刘增宏等，2001）；同期在南海北部的 118°48′E 以东海域的个别站位也出现有黑潮次表层水，分布在 75～250m 之间，其温、盐度分别为 15.9～24.9℃ 和 34.71～34.91（刘增宏等，2001）。

广东沿岸水：主要分布在广东沿岸水深 50m 以浅海域，平均厚度约 30m（中国科学院南海海洋研究所，1985）。夏季，沿岸水势力最强，水平宽度达 100km 以上（马应良，1990），且浮置于表面 10m 以内。在汕头与碣石湾一带曾观测到有外海水楔入，把沿岸水分割为两段（中国科学院南海海洋研究所，1985）：北面的称粤东沿岸水，南面的称粤西沿岸水。前者的特点是低温、高盐，在同一深度上温度比后者低 3℃ 左右，而盐度高 2.00。秋季，沿岸水势力最弱，范围最小，并紧贴海岸。冬季，因对流混合强，沿岸水可达海底。

广东陆架混合水：主要分布于广东沿岸水与南海表层水、南海次表层水之间的海域，占有一定的空间和宽度，其温、盐度时空变化较大（孙湘平，2006）。

北部湾沿岸水：主要分布于北部湾西岸与北岸的近岸狭窄地带。盐度水平梯度大，年变化大。冬季具有低温特征，海水呈垂直均匀状况；夏季具有高温特征，海水有层化现象。红河口的冲淡水很薄，仅 5m 左右。

北部湾混合水：分布在北部湾的中部和南部，水文特征介于沿岸水与南海表层水之间。冬季，温、盐度分别为 17.5～20.0℃ 和 32.00～34.00。夏季温、盐度为 26.0～31.0℃ 和 32.00～33.50。混合水的范围有显著的季节差异：8～9 月最小，12 月至翌年 3 月最大（苏纪兰等，2005）。

三、台 湾 海 峡

台湾海峡是东海和南海之间的通道，海峡南宽北窄，似一喇叭形，平均水深 80m，最大水深达 1400m，但海峡海槛深度不到 70m。海峡两岸山脉、岸线基本上呈 NE—SW 走向，与冬、夏季风的盛行风向一致。特别是冬季风通过台湾海峡时，狭管效应十分明显，造成台湾海峡海区风大、浪大、流急等现象。

冬季，由于受强劲的偏北风作用，浙闽沿岸水沿海峡西岸南下。海峡的温、盐度水平分布是：西岸低、东岸高，其值分别为 12.0～20.0℃ 和 30.00～34.50。温度锋出现在 50m 等深线附近。海峡南部水温高于北部。

春季，北风减弱，西侧沿岸水改为北上，且出现层化结构，底层温度比表层约低 1℃。温度、盐度水平分布仍然是西低、东高。表层温度为 20.0～24.0℃，表层盐度除闽江口特低外，一般为 32.00～34.00。盐度分布在海峡中部，无论是垂直方向还是南北方向都比较均匀。来自南海的温度舌向北伸展比冬季明显。

夏季，海水层化结构显著。温跃层以上的表层水温高于 29.0℃，表层盐度为 33.50～33.75；温跃层以下水温为 22.0～24.0℃、盐度为 34.25 左右。在水平方向上，表层的温度、盐度分布比较均匀，但在中、下层，海峡西部的水温低于东部，盐度大致相同。海峡西部底层水出现涌升，温度为 25.0℃、盐度为 34.00 的海水，可沿西陆架爬升到 20m 水层。

秋季，正处于西南季风向东北季风转换的过渡时期，浙闽沿岸水常离岸入侵海峡中部。在表层，海峡南部和北部分别出现两个高温、较高盐舌。前者温度大于 26.0℃、盐度为 29.00～33.00；而后者温度大于 26.0℃，盐度为 29.00～31.00，两者相会于海坛岛外海。在底层，温度分布均匀，但盐度分布也与表层的情况相类似。在垂直方向上，西岸一侧温度、盐度分布垂直均匀，海峡中部仍有层化存在，但强度比夏季减弱。

台湾海峡的水体配置格局比较复杂，北部和中部主要有两个水体，即浙闽沿岸水和海峡暖流水（福建海洋研究所，1988）；南部包括了南海深水区的最北端，除上述两个水体外，还有粤东沿岸水、南海次表层水和中层水（梁红星等，1991）。

浙闽沿岸水：位于台湾海峡西侧的福建沿岸一带，主要由瓯江、闽江、九龙江等入海径流（也有部分长江、钱塘江的入海径流）与海水混合而成。其主要特征是低盐，盐度一般低于 31.50，最低仅 14.29。该水团并不终年存在，主要出现在冬半年，即 10 月至翌年 4 月。5 月，随着西南季风兴起而消失（福建海洋研究所，1988）。

海峡暖流水：由进入台湾海峡南部的南海暖流携带，并有广东陆架混合水和南海表层、次表层水等水体参入，终年存在于台湾海峡中部附近。具有高温、高盐特性。冬季温、盐度为 >16.5℃ 和 33.50～34.86；夏季温、盐度为 21.9～29.4℃ 和 33.30～34.30（福建海洋研究所，1988）。

四、东　海

东海地处东亚季风气候区域，冬季盛行偏北风，风力强劲；夏季盛行偏南风，风力虽比冬季的要弱，但却经常遭受热带气旋的侵袭。东侧陆架陆坡处，是终年北上的黑潮，为东海及其邻近海域带来大量的能量和热量，其流量约为长江径流量的 1000 倍。西侧大陆沿岸，有众多的河流入海，其中长江的年平均径流量约为 $9240 \times 10^8 m^3$，约占我国渤、黄、东海入海径流量的 80% 左右。长江径流具有明显的季节变化，夏季的入海径流量为冬季的 5 倍（苏纪兰等，2005）。上述诸因子的综合作用，使得东海的环流和水文特征复杂化。

图 4.22 和图 4.23 分别表示渤、黄、东海冬、夏季表层温度和盐度的分布。温度图表明：冬季，东海表层温度的分布，以等温线密集、暖水舌清晰、地区差异显著为其主要特色。黑潮及暖流流经海域，其温度高于邻近海域的温度，如黑潮区的为 20～23℃，对马暖流区的为 12～19℃，台湾暖流区的为 12～20℃。在浙闽沿岸地区，因沿岸流南下，那里的温度仅为 5～12℃，呈一低温带状，是东海温度最低的海域。在浙闽沿岸流与台湾暖流交汇的地方，形成较强的温度锋。由于冬季对流混合强，陆架浅水区的温度垂直分布为均匀状态。

夏季，太阳辐射最强，表层温度达全年最高，此时东海表层水温的分布特点是：水平向比较均匀，地区差异小，全海域水温在 26～29℃ 之间。由于表层海水急剧增温，对流混合减弱，使温度的垂直分布出现分层现象：近表层为高温，下层为低温，上、下层之间出现明显的温度跃层。春、秋季是季节转换的过渡季节，其水温特点是介于冬、夏季型之间。

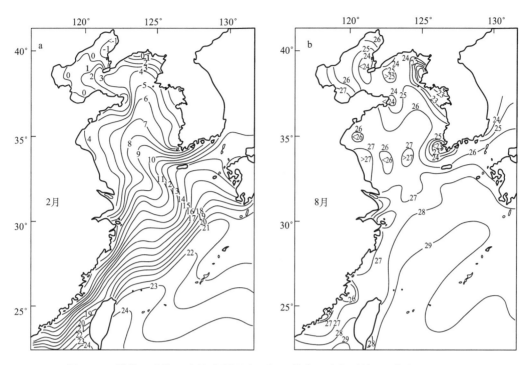

图 4.22　渤海、黄海、东海表层温度（℃）分布（多年平均）（陈达熙，1992）

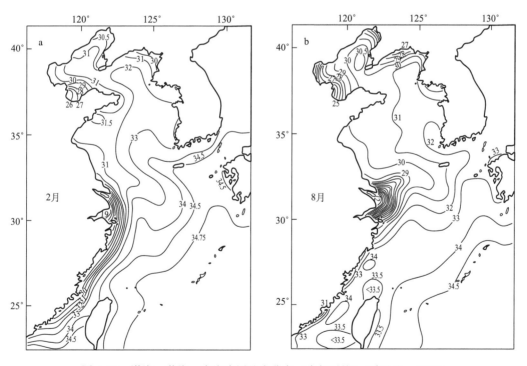

图 4.23　渤海、黄海、东海表层盐度分布（多年平均）（陈达熙，1992）

至于盐度分布。冬季，总的趋势是，近岸低（32.00以下）、外海高（33.00以上）、长江河口区最低（20.00以下）、黑潮区最高（34.00以上）（图4.23a）。等盐线分布在陆架区有两个高盐舌，与暖水舌位置相当。西岸等盐线密集，往东逐渐稀疏并分布均匀。夏季，东海表层盐度普遍有所下降。除长江口、杭州湾一带外，盐度分布比较均匀，一般在32.00～34.50之间。因巨量的长江径流入海，长江冲淡水的形成、扩展、衰减过程，成为夏季东海水文特征中最受关注的问题之一。事实上，东海纳入了巨大的径流，大量的冲淡水在东海形成中国近海最强的盐跃层，是东海的另一个独特水文现象。

总体上讲，东海区域存在着三种基本水体，即东海黑潮水、沿岸水和陆架混合水（毛汉礼等，1965；李凤岐等，2000）。

东海黑潮水：主要以台湾东北的深水区为代表。其温度、盐度的垂直分布可分为4层：东海黑潮表层水、东海黑潮次表层水、东海黑潮中层水和东海黑潮深层水（杨天鸿，1984；国家海洋局科技司，1995）。东海黑潮表层水位于0～150m之间，海水性质比较均匀，具有高温、次高盐特征，季节变化明显。温、盐度的范围为20～30℃和34.00～34.50。东海黑潮次表层水，为东海黑潮水系中盐度最高的水体，它潜伏在东海黑潮表层水之下至400m左右深处，温、盐度分别为15～20℃和34.60～34.90。东海黑潮中层水，位于400～800m之间，具有相对低温、低盐特征，温、盐度分别为6～15℃和34.30～34.60。800m以深的水团称东海黑潮深层水，温、盐度分布比较均匀，其范围分别为4～6℃和34.30～34.70。

沿岸水：盐度一般低于30.00，并从岸边向外海递增。温度随季节而变，具有两重性：冬季为低温，垂直分布均匀一致；夏季为高温，近岸在潮混合作用下，温度垂直均匀一致，但远岸出现分层而形成温跃层现象。东海的沿岸水中，主要有长江冲淡水和浙闽沿岸水，尤其是前者最为突出和醒目，后者已在本章第三节中阐述。

长江冲淡水：是一个水平范围很广，呈舌状形向外扩展的低盐水块（图4.24）。由于冲淡水盐度很低（中心值在15.00以下，最低仅4.00～5.00），密度小，通常它会浮置在表层至10m层之内的近表层；10m层以下为盐度较高的海水所盘踞。因此，在长江冲淡水海域内，无论在水平方向或垂直方向都存在着较强的盐度梯度。在水平方向上，就是盐度锋；在垂直方向上，就是盐跃层。长江冲淡水以低盐、高温、高氧、低磷、高氮、水色混浊、透明度低为主要特色，尤以低盐更为突出（毛汉礼等，1965）。

冬、夏两季长江冲淡水的流动路径是不同的（苏纪兰等，2005）：冬季，在强劲的偏北风作用下，长江径流入海后不久便转而顺岸南下，成为冬季浙闽沿岸水的主要水源（图4.23a）。由于冬季风混合作用强，因此该沿岸水的厚度可达30～50m。夏季，长江冲淡水流出口门后，先按自然规律沿岸南下，此段距离为20～60km。然后在偏南季风作用下以舌形状转向东北，指向济州岛方向扩展（图4.23b和图4.24）。

长江冲淡水的走向大体有这样的演变过程：3～4月，它自口门直下东南；5月，低盐水舌转向东或东北方向；6月，进入强盛期；一直持续到8月；到了9月，低盐水舌开始消失；至10月以后，冲淡水又恢复为冬季时的南下路径（苏纪兰等，2005）。

陆架混合水：位于东海沿岸水的外侧与黑潮水之间，具有明显的季节变化。在东

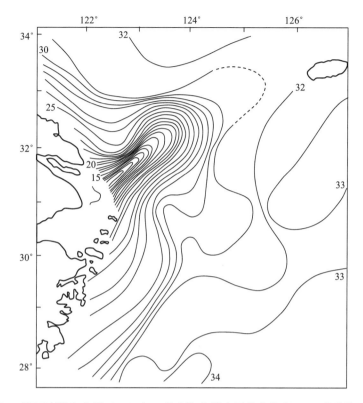

图 4.24　长江冲淡水实例（1975 年 6 月东海北部表层盐度分布）（王康墡等，1979）

海，比较典型的陆架混合水，可以东海表层水团作为代表。夏季，它分布在台湾暖流至对马暖流源区的广阔海域，处在黑潮水至沿岸水的过渡地带。它随台湾暖流水、对马暖流水、长江冲淡水等带入。其西南部，主要是台湾暖流水；东北部以对马暖流源地水为主；中部，有长江冲淡水的外缘参与混合。因此，东海表层水团的性质和形成过程比较复杂。其温、盐度性质：冬季为 13～17℃ 和 33.80～34.40；夏季为 27～29℃ 和 33.50～34.20（李凤岐等，2000）。

五、黄　海

黄海为一个形如反 S 状、呈南北走向的半封闭浅海，平均水深 44m，全部位于大陆架上。它三面被陆地包围，仅西北与渤海沟通，南面与东海相连。其海底地势向中央及东南方向倾斜，并有一个长条洼地贯穿着南黄海。黄海位于东亚季风气候区域内，冬季盛行偏北风，风力强劲，并常遭寒潮侵袭；夏季多吹偏南风，风力较弱，但有时有热带气旋过境。这样的自然环境条件，使黄海的温、盐结构与水团特征，有其自身的变化规律。

从图 4.22a 及图 4.23a 看出，冬季，黄海表层的温度、盐度平面分布十分相似，有一个高温、高盐的水舌，自济州岛西南海域向西北伸展，沿途再转向北上进入北黄海，在那里再折西进入渤海海峡。这就是黄海暖流及其余脉的象征，或者是黄海暖流及其余脉运移的指标。黄海表层水温在 0～13℃ 之间，表层盐度在 30.00～34.00 之间。其中：北黄海岸边的温、盐度为 0~3℃和 30.00~31.00；中央的为 4~5℃和 32.00。南黄海岸边的温、盐度为 1~6℃和 31.00~32.00；中央的为 6~13℃和 32.00~34.00。由于冬季风强劲，垂向混合可达黄海海底，因此，黄海深底层的温、盐度分布也是这样的面貌。

夏季，温、盐度分布情况远比冬季的复杂。夏季太阳辐射最强，黄海表层水温达全年最高，在 23~26℃之间。等温线分布比较零乱，高温水舌已不存在，有局部的小冷水块分别出现在成山角、西朝鲜湾、江华湾、大黑山岛等附近海域，低温中心在 23℃以下（图 4.22b）。中层，以 20m 层为例。在北黄海和南黄海西北侧，出现一个范围较大、等温线密集的闭合冷水块，并存在多个冷中心，中心温度为 10℃、9℃和 12℃以下，比冷水块外围温度低 8~10℃。到了底层，整个黄海几乎被深层冷水所盘踞，黄海四周温度高，中央温度低，等温线密集，水平梯度大，形成很强的海洋锋。冷中心值在 7℃或 8℃以下，比冷水块外围温度低 10~15℃，这就是夏季深层的"黄海冷水团"。在垂直分布上（图 4.25），黄海冷水团表现出很强的分层现象，海水呈三层结构：上层温度高，盛夏约 25~26℃，因风生混合而成均匀一致状态，称上均匀层；下层为深层冷水（黄海冷水团），冷中心低于 8℃；中间层（10~30m）为垂直梯度较强的温跃层，上、下层温差达 17~18℃之多。因此，夏季黄海的黄海冷水团及其上覆的强黄海温跃层是中国近海非常突出的两个水文特征，与黄海的自然环境是密切相关的。

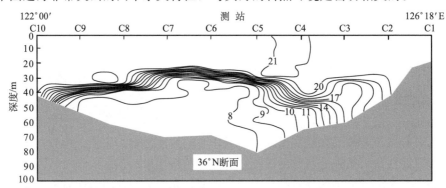

图 4.25　夏季黄海 36°N 断面的温度（℃）分布（Lee et al.，1998）

夏季时北黄海表层盐度在 28.00~31.00 之间（图 4.23b），比冬季的盐度下降了 1.00~4.00；南黄海表层盐度在 29.00~32.00 之间，比冬季的盐度下降了 2.00~4.00。总的来说，盐度分布仍保留冬季高盐水舌的足迹，但由于夏季长江冲淡水的范围向东扩大了许多，迫使高盐的黄海水舌东移。

在黄海，只存在沿岸水和混合水，并无真正的外海水。属于沿岸水的有：黄海北岸沿岸水、黄海西岸沿岸水和黄海东岸沿岸水。属于混合水的有黄海暖流水和黄海冷水团。

黄海北岸沿岸水：分布在辽南沿岸、西朝鲜湾一带，约 20~30m 等深线以浅海域。该沿岸水势力强弱与江河入海径流量及季风有关。冬季，黄海盛行偏北风，使沿岸水向东伸展，在西朝鲜湾占据较大空间。水温在 -1~3℃之间，盐度为 31.00 左右。夏季，黄海多吹偏南风，又正值江河径流丰沛时期，沿岸水向西伸展。此时温、盐度为 24~25℃和 25.50~29.00。

黄海西岸沿岸水：这里主要介绍苏北沿岸水。它分布在海州湾至长江口以北 20~

30m 等深线海域。因苏北沿岸海底平坦，故该沿岸水水平范围较大。其主要特点是：①温、盐度变化范围较小，水体比较均匀，无跃层出现。②沿岸水的地理位置比较稳定，季节变化小。③受潮流和风作用混合显著，沿岸水的厚度从表层至海底。④冬季，沿岸水温、盐度为 3～6℃和 31.25 左右；夏季，沿岸水温、盐度为 28℃左右和 30.50 左右。

黄海暖流水：该水团是冬季时进入黄海大陆架的外海混合水与沿岸水混合后，在当地水文气象条件下形成的。除在黄海南端外，整个水团呈现垂直均匀状态。主要特点：①水团的均一性和保守性都比较差，具有明显的混合水的特征。②具有温差大、盐差小的特征。温盐特征值分别为 8～17℃和 33.0～34.7。

黄海冷水团：特别是北黄海冷水团，是中国近海浅海水文中最突出的现象之一（管秉贤，1985）。黄海冷水团潜伏在黄海 20m 以下的深底层。在深底层水温平面分布图上，其范围通常取 10℃或 12℃等温线所包络的面积为例（图 4.26）。它基本上盘踞在 50m 等深线附近的黄海低洼地区。东、西跨越 4 个经度，南、北约占 5 个纬度（翁学传等，1988）。冷水团的边界常伴随有潮锋，除山东半岛附近的边界较稳定外，其余地区的冷水团边界都有较大的年际差异。黄海冷水团四周薄，中央厚，并有 2～3 个冷中心。有的年份黄海冷水团分裂为两部分，分别单独存在于南黄海和北黄海。

黄海冷水团是一个季节性水团，只在增温季节出现。其特点是：温差大（5～17℃）、盐差小（1.00 左右），以低温为主要标志的水体（管秉贤，1963）。入春以后，

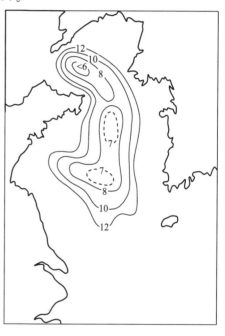

图 4.26　黄海冷水团的多年平均示意图
（赫崇本等，1959）

表层增温显著，海水垂直分布出现分层现象，使温跃层以下的海水保持冬季遗留下来的低温性质，黄海冷水团在黄海中部底层开始出现。夏季为黄海冷水团的鼎盛时期，表层水温达全年最高，跃层也最强。7～8 月间，黄海表层水温达 25～26℃，而深层水温仅 5～7℃，垂向温差达 20℃之多。在水平方向上，由于其边界存在较强的潮锋，冷中心与岸边水温差达 12～15℃。秋季东北季风来临，表层海水降温，混合增强，跃层深度增大、下沉，并逐渐消失，又恢复到冬季时的垂直均匀状态。黄海冷水团也就不再存在。黄海冷水团就是这样演变的，4～6 月为黄海冷水团生成期，7～8 月为其强盛期，9～11 月为衰消期，12 月至翌年 3 月黄海冷水团不存在。黄海冷水团的强度和范围有明显的年际差异。

六、渤 海

渤海水浅，平均水深仅18m。它三面被陆地包围，并有众多的河流流注入海，仅东面与黄海沟通相连，是一个典型的半封闭海湾。

冬季，渤海的温度和盐度平面分布，基本上与该海区的轮廓线平行，近岸低、海区中央高，有一高温和高盐水舌，由北黄海向西经渤海海峡伸入渤海，水舌前锋达渤海中央（图4.22a，图4.23a）。渤海的表层温、盐度分别为-1.5~3.6℃和26.00~31.00。其中，莱州湾的盐度较低，为26.00~29.00。冬季东北季风强劲，混合可达海底，温、盐度垂直分布呈均匀一致状态。夏季，渤海的表层温度分布与冬季的相反，呈现出近岸高于远岸、湾顶高于湾口、渤海三大海湾的温度高于渤海中央及渤海海峡的格局（图4.22b）。辽东湾表层水温为24~26℃，渤海湾、莱州湾的为27℃和26~27℃，渤海中央的为25℃。在垂直方向上，渤海中央层化现象显著，大体以10m水深为界分层：近底层出现多个位于洼地附近的闭合冷中心；冷中心的浅水侧存在潮锋，潮锋的近岸侧常出现低温区，如在辽东半岛的西南和渤海海峡以北海域的低温区，温度常低于24℃；10m以下为垂直梯度较强的温跃层。夏季渤海表层盐度降至全年最低值，尤其是河口附近（图4.23b）。辽东湾盐度在20.00~30.00之间，湾顶盐度比冬季的下降10.00。渤海湾的和莱州湾的盐度分别为23.00~28.00和24.00~28.00，比冬季的分别下降6.00和2.00~4.00。渤海中央盐度为30.00~30.50，比冬季的也下降了1.00~1.50。

需要说明的是，近几十年来，渤海沿岸大河入海的径流量有趋于减少的势头。例如黄河，从20世纪70年代开始，经常出现断流现象；特别是1997年，黄河入海的径流量约为18.61亿m^3（李培英等，2007），只有20世纪50~70年代入海年径流量的1/20。近期海河、辽河的入海年径流量也在减少。再加上其他气候变化因素，渤海的盐度在升高，据分析（方国洪等，2002；林传兰等，2000），渤海沿岸的升盐速率为0.042/a至0.067/a。

渤海表层水温的年较差在21.0~27.0℃之间，变化比较剧烈。但盐度除河口地区外，比较稳定和规则。因此，盐度在划分渤海水团中起着重要作用。以盐度为主，适当参考温度，把渤海的水团划分为渤海沿岸水和渤海混合水两部分。渤海沿岸水团有辽东湾沿岸水和渤莱沿岸水。前者系由辽河、大凌河等淡水入海后混合而成；后者是由黄河、海河、滦河等淡水与海水混合而成。

辽东湾沿岸水：主要分布在辽东湾20m等深线以浅海域。冬、春季，江河径流量小，又在偏北风作用下，辽东湾沿岸水沿该湾东岸南下，东岸盐度低于西岸盐度。夏季，径流量大，又多吹偏南风，此时辽东湾沿岸水又分布在西岸和北岸，因此沿岸水改为沿西岸南下，西岸盐度低于东岸盐度。沿岸水的范围，冬、春季小，夏、秋季的大。沿岸水的温、盐度值：冬季为<-1.0℃、<30.00；夏季为23.0~25.0℃、<29.00（李凤岐等，2000）。

渤莱沿岸水：分布在滦河口以南，渤海湾、莱州湾和山东半岛北岸一带。其中，渤海湾和莱州湾为其源地。10月至翌年4月，为渤莱沿岸水东流时期，分布在渤海南部20m等深线以内，在偏北风作用下，顺海岸由西向东流出渤海海峡进入北黄海。5~9月，沿岸水向渤海中央扩张，东至渤海海峡附近。沿岸水的温、盐度值：冬季的为

0～2℃和＜30.00，夏季的为 25.3～27.0℃和＜29.00（李凤岐等，2000）。

第五节 海 冰

凡出现在海上一切的冰统称为海冰。它包括由海水冻结而成的咸水冰，以及在江河中形成而流入海洋中的淡水冰。海冰是极地海域和高纬度海域的一种自然现象。

我国的海冰，主要出现在渤海及黄海北部沿岸及部分海域，当年冬季形成，翌年春季消失，冰龄不超过一个冬季。

我国的海冰，按其运动形态分为浮冰和固定冰两大类。浮冰指漂浮在海面的一切冰块，随风、浪、流、潮作用而漂浮移动，因此又称流冰。固定冰指与海岸、岛屿或与海岸、海底冻结在一起的冰，不能做水平运动，但可随潮汐涨落做垂直运动。

由于各年冬季海冰的冰期、范围、厚薄、危害程度等不同，国家海洋局制定了渤海及黄海北部海冰冰情等级表，把冰情分为 5 个等级，如表 4.4 所示。

在气候正常的年份，于 11 月中至 12 月中，渤海由北往南开始结冰，翌年 2～3 月，海冰由南往北融化。因此，渤海三大海湾，以辽东湾冰期最长，冰情最重；其次渤海湾，莱州湾冰情最轻。黄海北部沿岸的冰情，其严重程度仅次于辽东湾，与渤海湾的相当而超过莱州湾。冰情可分三种：常冰情年（正常年份，Ⅲ级）；重冰年（冰情很重，Ⅴ级）；轻冰年（冰情很轻，Ⅰ级）。后两种又称异常冰情年冰情。所谓冰情，是指海上和岸边的结冰范围、数量、冰的厚度、分布、漂流、堆积以及对人类的危害程度等，是衡量海冰轻重程度的综合概念。通常，初冬第一次出现海冰的日期，称初冰日，翌年初春，海冰最后消失的日期称终冰日。初冰日至终冰日的时间间隔天数，称结冰期或总冰期，简称冰期。下面先介绍常冰情年冰情。

一、辽 东 湾

辽东湾（张方俭，1986；孙湘平等，1981；丁德文，1999；杨国金，2000）初冰日出现于 11 月中旬，终冰日出现在翌年 3 月中旬（图 4.27）。海冰首先是由湾顶北部浅滩形成，然后在湾的西部、东部相续结冰，并向湾的中央扩展。在北部、西岸附近的冰期为 4 个月左右，南部西岸附近的冰期为 3 个月，较东岸附近海域长 20 天左右。长兴岛以南除个别海湾外，一般无固定冰，只有少量浮冰。长兴岛以北至盖平角一带，1 月至 2 月出现固定冰，一般在距岸 2km 以内，冰厚 10～40cm。盖平角至小凌河口一带，是辽东湾沿岸冰情最重的地区，固定冰在 12 月至翌年 2 月出现，宽度 2～8km，冰厚30～50cm。小凌河口至秦皇岛，在 1～2 月间有固定冰，宽度在 2km 以内，冰厚 20～40cm。秦皇岛以南至滦河口附近，冰情较轻，固定冰于 1 月中至 2 月下旬出现，宽度在 0.5km 以内，冰厚 10～30cm。辽东湾的浮冰宽一般距岸 20～40km，在辽东湾北岸可超过 100km，冰厚 15～30cm。辽东湾的浮冰漂移速度一般为 20～40cm/s，但营口和葫芦岛附近流冰速度较大，平均为 40cm/s，最大达 150cm/s 左右。浮冰漂流方向：营口附近以 SW、NW 居多，锦州湾附近以 WSW、ENE 居多；复州湾以 NW、SW 居多；绥中、秦皇岛一带以 SW、NE 居多。辽东湾流冰冰块的水平尺度，一般在 100～10 000m 之间。

表 4.4 渤海及黄海北部海冰冰情等级标准

标准等级	项目	辽东湾 冰厚/cm 一般	辽东湾 冰厚/cm 最大	辽东湾 结冰范围/n mile	渤海湾 冰厚/cm 一般	渤海湾 冰厚/cm 最大	渤海湾 结冰范围/n mile	莱州湾 冰厚/cm 一般	莱州湾 冰厚/cm 最大	莱州湾 结冰范围/n mile	黄海北部沿岸 冰厚/cm 一般	黄海北部沿岸 冰厚/cm 最大	黄海北部沿岸 结冰范围/n mile
I	轻冰年	<15	30	<35	<10	20	<5	<10	20	<5	<10	20	<10
II	偏轻冰年	15~25	45	35~65	10~20	35	5~15	10~15	30	5~15	10~20	35	10~15
III	常冰情年	25~40	60	65~90	20~30	50	15~35	15~25	45	15~25	20~30	50	15~25
IV	偏重冰年	45~50	70	80~125	30~40	60	35~65	25~35	50	25~35	30~40	65	25~30
V	重冰年	>50	100	>125	>40	80	>65	>35	70	>35	>40	80	>30

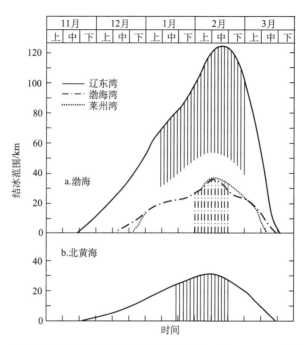

图 4.27　渤海及黄海北部沿岸的冰期与结冰范围示意图（冯士筰等，1999）

二、渤　海　湾

渤海湾（张方俭，1986；孙湘平等，1981；丁德文，1999；杨国金，2000）于 12 月上旬开始结冰，次年 3 月初海冰消失，冰期约为 3 个多月（图 4.28）。1 月上旬至 2 月中旬出现固定冰，宽度在 2km 以内，北部浅滩和南部河口附近，固定冰宽度可超过

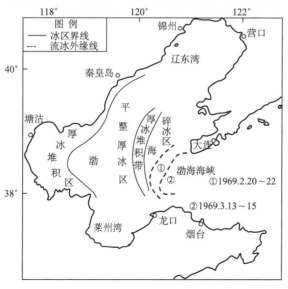

图 4.28　1969 年 2～3 月间渤海的特大冰封实况

（张方俭，1986；孙湘平等，1981；丁德文等，1999；杨国金，2000）

5km，冰厚 20～30cm。渤海湾的浮冰范围大致在 15m 等深线以内，其厚度为 10～30cm，漂移速度一般在 30～40cm/s 左右，最大达 120cm/s。漂流方向各地不一，南铺附近以 SSW、NNE 居多，曹妃甸附近以 ESE、WSW 居多，岐口、塘沽一带，方向比较散乱；岔尖一带以 SE 占优势。渤海湾的流冰冰块水平尺度，一般在 10～1000m 之间。

渤海湾沿岸海冰的最大特点是，冰的堆积现象严重，以致在大沽口外形成"冰丘"。

三、莱 州 湾

莱州湾（张方俭，1986；孙湘平等，1981；丁德文，1999；杨国金，2000）沿岸于 12 月中旬见初冰，次年 3 月初海冰消失，冰期为 3 个月左右（图 4.28）。沿岸固定冰宽多为 0.5km 左右，西岸和南岸的河口浅滩附近，固定冰宽可达 2～5km。刁龙嘴以东至龙江一带，一般无固定冰，只有浮冰。固定冰于 1 月中、下旬至 2 月中旬出现，冰厚为 15～30cm。浮冰范围：多在 10m 等深线以内，离岸 8～20km；东部离岸 5～10km。浮冰厚度为 5～30cm，漂移速度一般在 50cm/s 以内，最大可达 100cm/s。漂流方向，该湾西部以 NNW、SE 居多，东部以 NNE、NE 居多。流冰冰块的水平尺度，一般在 5～500m 之间。莱州湾海冰东界一般到龙口附近，龙口以东一般无冰。

莱州湾沿岸海冰的特点有三：①冰期年际差异较大；②堆积现象不太严重；③融冰时容易出现"返冻现象"。

四、黄 海 北 部

黄海北部（张方俭，1986；孙湘平等，1981；丁德文，1999；杨国金，2000）沿岸的初冰在 11 月下旬，终冰在翌年 3 月中旬，冰期不到 4 个月（图 4.28）。冰情以鸭绿江口附近为最严重。沿岸固定冰宽度在鸭绿江口至大洋河口一带，为 2～5km，厚度为 20～30cm，最厚为 50cm。大洋河口往西，固定冰宽从 2km 逐渐减至 1km 以内，冰厚 10～20cm，最大 35cm。浮冰多出现在鸭绿江口附近，河口处浮冰范围距岸最宽约 30～40km。由鸭绿江口往西，冰情逐渐减轻，到长山群岛一带，浮冰边缘线距岸 10～20km，再往西至三山岛、大连湾一带，浮冰边缘线距岸仅几公里。浮冰厚度为 10～20cm。漂移速度多在 20～30cm/s 左右，最大达 100cm/s。浮冰的漂流方向，在大鹿岛附近海域，多 NW—N 和 SE—E 方向；在小长山岛附近海域，以 SE 方向居多；其次是 NE 和 SW 方向。从鸭绿江口往东，经西朝鲜湾、大同江口、海州湾等朝鲜沿岸，冬季也有程度不同的海冰出现；甚至连韩国的江华湾内，有时也有流冰漂移。

五、异常冰情年概况

异常冰情年可分重冰年和轻冰年两种。自 1926～1999 年间，渤海的严重冰封现象发生过 3 次：1936 年冬季、1947 年 1～2 月和 1969 年 2～3 月。重冰年的特点是：结冰范围广、冰层厚、冰期长、冰的堆积现象严重，破坏力大，灾情严重。以 1969 年 2～3

月渤海特大冰封为例（图 4.28）。渤海除海区中央及渤海海峡外，几乎全被海冰覆盖。渤海海面从西向东由 4 种冰区组成：厚冰堆积区、平整厚冰区、厚冰堆积带、碎冰区。

厚冰堆积区，是冰情最严重的区域。它由 2～4 层冰重叠冻结，冰的厚度为 50～70cm，最厚达 100cm。并有严重的堆积现象，堆积高度一般为 1～2m，最大达 4m。

平整厚冰区，为一片茫茫无边的大冰原。冰面平整，无堆积现象。冰原面积一般为 30～40km²，最大达 60～70km²。冰厚为 20～30cm，最厚达 60cm。

厚冰堆积带，系呈南北向带状分布的堆积冰。堆积冰厚度为 40～60cm，最厚达 80cm。这里到处可见到两层以上的冰重叠堆积的现象，堆积高度为 1～2m。

碎冰区，是由破碎的冰块组成的冰、水相间的区域，也呈 NE—SW 走向。冰块厚约 30cm，最厚达 60cm。在碎冰区内，船舶可通行。

当时进出天津港的 123 艘客货轮中[①]，有 7 艘被海冰堆移搁浅；19 艘被海冰夹住随冰漂移；25 艘在破冰船解救下出港；5 艘万吨级货轮被海冰挤压，使船舱进水，螺旋桨碰坏，船体变形。海二井石油平台被毁掉（该平台重 550t，由 2.2cm 厚、卷成直径为 85cm 圆柱 15 根钢架组成）；海一井石油平台的钢管拉筋，全被海冰切割断。塘沽、秦皇岛、葫芦岛、营口、龙口等港口被海冰封冻、堵塞，海上交通中断、瘫痪。

与重冰年相反，在某些"暖冬"年份，渤海的冰情较轻，只有在辽东湾北部、渤海湾、莱州湾以及黄海北部的浅滩、河口附近才见有海冰。据杨国金（2000）记载，1926～1999 年间，渤海出现的轻冰年有：1935 年、1940 年、1946 年、1950 年、1954 年、1962 年、1966 年、1973 年、1982 年、1989 年、1994 年。轻冰年的特点是：结冰范围小、冰薄、冰质松散、冰期短。除河口、浅滩，个别海湾及岸边地区有冰外，较大面积的冰区只出现在辽东湾北部，在其他广阔海域基本无冰。从气象条件看，轻冰年份强冷空气活动偏少，强度也弱，大风持续时间短，气温偏高，一般月平均气温要比多年平均气温高 3～4℃。

值得指出的是，进入 21 世纪以来，也许是由于受到全球气候变暖的影响，渤海的严重冰封现象已经不多见。例如，发生在 2005/2006 年冬季莱州湾海域的冰情可谓近 25 年来最严重的一年。莱州湾近海一般冰厚 10～20cm，最大冰厚 40cm，岸边堆积冰冰厚高达 100cm（国家海洋局，2006）。轻冰年发生在 2006/2007 年冬季，渤海及黄海北部的冰情是自有历史记录以来最轻的年份。2 月初辽东湾最大浮冰外缘线离岸距离 89km，一般冰厚 10～20cm，最大冰厚约 35cm；渤海湾最大浮冰外缘线离岸距离小于 9km，一般冰厚小于 10cm；黄海北部最大浮冰外缘线离岸距离 22km，一般冰厚 10cm，最大冰厚约 25cm；莱州湾除河口浅滩外基本无冰（国家海洋局，2006）。

参 考 文 献

巴文伦，袁群哲，孙志成. 1990. 中国海航海气候的初步分析. 大连舰艇学院学报，1990（3）：14～22

包澄澜. 1991. 海洋灾害预报. 北京：海洋出版社

曹欣中，潘玉球，宣维莹等. 1982. 浙江近海沿岸上升流初步探讨. 见：中国海洋湖沼学会水文气象学会学术会议 （1980）论文集. 北京：科学出版社

---

① 国家海洋局冰封调查组，1969，1969 年渤海冰封调查报告

陈达熙. 1992. 渤海、黄海、东海海洋图集—水文分册. 北京：海洋出版社

陈奇礼. 1987. 南海的海浪及其预报的一些问题. 海洋预报, 4 (2)：39～46

丁德文. 1999. 工程海冰学概论. 北京：海洋出版社

丁文兰. 1984, 东海潮汐和潮流特征的研究. 海洋科学集刊, 第21集, 135～148

丁文兰. 1985, 渤海和黄海潮汐潮流分布的基本特征. 海洋科学集刊, 第25集, 27～40

方国洪. 王凯, 郭丰义等. 2002. 近30年渤海水文和气象状况的长期变化及其相互关系. 海洋与湖沼, 33 (5)：
    515～524

方国洪, 郑文振, 陈宗镛等. 1986. 潮汐和潮流的分析和预报. 北京：海洋出版社

冯士筰, 李凤岐, 李少青等. 1999. 海洋科学导论. 北京：高等教育出版社

福建海洋研究所. 1988. 台湾海峡中、北部海洋综合调查研究报告. 北京：科学出版社

管秉贤. 1963. 黄海冷水团的水温变化以及环流特征的初步分析. 海洋与湖沼, 5 (4), 255～285

管秉贤. 1978. 南海暖流——广东外海一支冬季逆风流动的海流. 海洋与湖沼, 9 (2)：117～127

管秉贤. 1985. 黄、东海浅海水文学的主要特征. 黄渤海海洋, 3 (4)：1～9

管秉贤. 2002. 中国东南近海冬季逆风海流. 青岛：中国海洋大学出版社

国家海洋局. 1991. 1990年中国海洋灾害公报

国家海洋局. 2003. 2002年中国海洋灾害公报

国家海洋局. 2004. 2003年中国海洋灾害公报

国家海洋局. 2005. 2004年中国海洋灾害公报

国家海洋局. 2006. 2005年中国海洋灾害公报

国家海洋局. 2007. 2006年中国海洋灾害公报

国家海洋局科技司. 1995. 黑潮调查研究综合报告. 北京：海洋出版社

赫崇本, 徐斯, 汪园祥等. 1959. 黄海冷水团的形成及其性质的初步探讨. 海洋与湖沼, 2 (1)：11～15

侯文峰等. 2006. 南海海洋图集—水文分册. 北京：海洋出版社

李凤金, 黄爱军, 刘占英. 1988. 我国黄、东海气旋浪的分布和计算. 海洋湖沼通报, 1988 (3)：1～8

李凤岐, 苏育嵩. 2000. 海洋水团分析. 青岛：青岛海洋大学出版社

李坤平, 周天华, 陈宗镛. 1982. 中国近海月平均海面的变化及其原因的初步分析. 海洋学报, 4 (5)：529～536

李培英, 杜军, 刘乐军等. 2007. 中国海岸带灾害地质特征及评价. 北京：海洋出版社

梁红星, 李虹. 1991. 台湾海峡南部水团的模糊聚类划分. 见：洪华生, 丘书院, 阮玉崎等. 闽南—台湾浅滩渔场
    上升流区生态系研究. 北京：科学出版社

廖克等. 1999. 中华人民共和国国家自然地图集. 北京：中国地图出版社

林传兰, 苏纪兰, 徐炳荣. 2000. 环渤海沿海温度、盐度的长期变化及其对海洋生态系统的影响. 见：99' 海岸海
    洋环境资源学术研讨会论文集. 北京：海洋出版社

刘增宏, 许建平, 李磊等. 2001. 1998年夏、冬季节的南海水团及其分布. 见：中国海洋学文集, 第13集,
    221～230

马应良. 1990. 南海北部陆架邻近水域十年水文断面调查报告. 北京：海洋出版社

毛汉礼, 任允武, 孙国栋. 1965. 南黄海和东海北部（28～37°N）夏季的水文特征及海水类型（水系）的初步分
    析. 海洋科学集刊, 01号, 21～77

潘玉球, 苏纪兰, 徐端蓉. 1987a. 1984年12月～1985年1月台湾暖流附近海域的水文状况. 见：黑潮调查研究论
    文集. 北京：海洋出版社

潘玉球, 苏纪兰, 徐端蓉. 1987b. 1984年6～7月台湾暖流附近水楼台海域的水文状况. 见：黑潮调查研究论文集,
    北京：海洋出版社

潘玉球, 浅沼市男, 甲斐源太郎等. 1993a. 台湾以北陆架环流的季节特征. 见：黑潮调查研究论文选（五）. 北京：
    海洋出版社

潘玉球, 苏纪兰, 苏玉芬. 1993b. 东海南部水文的季节特性. 见：黑潮调查研究论文选（五）. 北京：海洋出版社

任美锷等. 1986. 江苏省海岸带和海涂资源综合调查. 北京：海洋出版社

沈文周等. 2006. 中国近海空间地理. 北京：海洋出版社

苏纪兰，许建平，蔡树群等. 1999. 南海的环流和涡旋. 见：丁一汇、李崇银主编. 南海季风暴发和演变及其与海洋的相互作用. 北京：气象出版社，66～72

苏纪兰. 2001. 中国近海的环流动力机制研究. 海洋学报，23（4）：1～16

苏纪兰. 2005. 南海环流动力机制研究综述. 海洋学报，27（6）：1～8

苏纪兰等. 2005. 中国近海水文. 北京：海洋出版社

孙湘平等. 1981. 中国沿岸海洋水文气象概况. 北京：科学出版社

孙湘平等. 2006. 中国近海区域海洋. 北京：海洋出版社

汤毓祥，邹娥梅，李兴宰等. 2000. 南黄海环流若干特征. 海洋学报，22（1）：1～16

王康墡，苏玉芬，蔡伟亭等. 1979. 长江径流及其冲淡水区的水文特征. 海洋实践，1979（3）：8～20

翁学传，张以恩，王从敏等. 1988. 黄海冷水团的变化特征. 海洋与湖沼，19（4）：368～379

徐锡祯. 1982. 南海中部的温、盐、密度分布及水团特征. 见：南海海区综合调查研究报告（一）. 北京：科学出版社

许建平，曹欣中，潘玉球. 1983. 浙江近海存在沿岸上升流的证据. 海洋湖沼通报，（4）：17～25

薛鸿超，谢金赞. 1995. 中国海岸带水文. 北京：海洋出版社

杨国金. 2000. 海冰工程学. 北京：石油工业出版社

杨华庭，田素珍，叶琳等. 1993. 中国海洋灾害四十年资料汇编（1949～1990）. 北京：海洋出版社

杨天鸿. 1984. 东海黑潮水团的初步分析. 海洋科学集刊，第21集：179～199

俞慕耕. 1984. 南海潮汐特征的初步探讨. 海洋学报，6（3）：293～300

张方俭. 1986. 我国的海冰. 北京：海洋出版社

张以恩，翁学传，张启龙等. 1991. 台湾海峡的底层流. 海洋与湖沼，22（2）：124～131

郑文振等. 1982. 台湾海峡的潮汐和潮流. 台湾海峡，1（2）：1～4

中国科学院南海海洋研究所. 1985. 南海海区综合调查研究报告（二）. 北京：科学出版社

中国科学院《中国自然地理》编辑委员会. 1979. 中国自然地理·海洋地理. 北京：科学出版社

周天华，李坤平，陈宗镛. 1981. 中国海月平均海面季节变化的物理成因. 海洋科学，（2）：16～21

Chen C T A, Sheu DD. 2006. Does the Taiwan Warm Current originate in the Taiwan Strait in wintertime? Journal of Geophysical Research, 111, doi: 10. 1029/2005JC003281

Fang Guohong. 1986. Tide and tidal current charts for the marginal seas adjacent to China. Chinese Journal of Oceanology and Limnology, 4 (1): 1～16

Fang Guohong, Kwok Yue-Kuen, Yu Kejun, et al. 1999. Numerical simulation of principal tidal constituents in the South China Sea, Gulf of Tonkin and Gulf of Thailand. Continental Shelf Research, 19: 845～869

Lee Y C, Qin Y S, Liu R Y. 1998. Yellow Sea Atlas. Ho Yong Publishing Co. (Korea)

Liu QinYu, Kaneko A, Su Ji Lan. 2008. Recent progress on the studies of the South China Sea circulation. Journal of Oceanography, 64: 753～762

Wang Guihua, Su Jilan, Chu Peter. 2003. Mesoscale eddies in the South China Sea observed with altimeter date. Geophysical Research Letter, 30, doi: 10. 1029/2003 GL018532

Wang Guihua, Chen Dake, Su Jilan. 2008. Winter eddy genesis in the eastern South China Sea due to orographic wind jets. Journal of Physical Oceanography, 38: 726～732

Wang Guihua, Su Jilom, Li Rongfeng. 2005. Mesoscale eddies in the South China Sea and their impact on temperature profiles. Acta Oceanologica Sinica, 24: 39～45

Yuan Yaochu, Su Jilam, Zhao Jingsan. 1982. A single layer model of the continental shelf circulation in the East China Sea. La Mer, 20: 131～135

第五章 海 洋 化 学[*]

　　海洋化学研究海洋中元素的存在形式、分布特征、行为机理以及元素在不同界面间的过程和通量。由海洋化学分化出的次级学科涵盖了海水物理化学、海洋沉积化学、古海洋化学、海洋有机化学、海洋光化学、海洋生物地球化学以及海洋分析化学等。

　　海洋中的化学环境要素包括钠、镁、钙、氯等常量元素，磷酸盐（PO_4，又 DIP）、硝酸盐（NO_3）、亚硝酸盐（NO_2）、硅酸盐（SiO_3）等营养盐，痕量金属，溶解氧（dissolved oxygen，DO）、溶解无机碳（dissolved inorganic carbon，DIC，又 TCO_2）、总碱度（total alkalinity，TA）、pH 等，这些海水化学特征很大程度上决定了海洋生态系统的结构与功能。从生态功能而言，常量元素在海洋环境中往往是过量的，因此，其变化对生态系统的影响不尽显著，而其他环境要素的变化则对生态系统的结构和功能相当敏感。其中，氮是合成浮游植物蛋白质、核酸、叶绿素的基本组成元素；磷是核酸与细胞膜的主要成分，又是高能化合物 ATP、ADP 的基本组成元素；硅则是硅藻、放射虫、硅质海绵和硅鞭毛虫等以硅为主要营养来源生物种群生长的必需元素；铁、锌、铜、钼、钴、锰等痕量金属是浮游植物某些重要辅酶的成分，均可能构成海洋初级生产力的限制因子；溶解氧是有氧呼吸的必要条件；pH 则是海水溶液最重要的理化参数之一，水环境的化学变化以及生产过程都与 pH 有关，很多海洋生物，特别是珊瑚等需要形成钙质骨骼的生物，对海水 pH 的变化十分敏感。

　　本章首先概述中国邻近海域（包括渤海、黄海、东海和南海以及台湾岛以东太平洋海域）的基本水化学特征，并简要分析其与海洋生物的关系，然后从海-气通量、垂向通量、水平方向通量、河口化学、沉积物地球化学等方面，阐述中国邻近海域化学环境在各个界面上的特征。上述过程及特征均与生物活动密切相关，因此，本章的基本线索是海洋生物地球化学。

第一节 中国邻近海域基本水化学特征[**]

　　上层海洋是大部分重要的海洋生物地球化学过程的发生地。这是因为，浮游植物光合作用所需要的太阳光通常在 100m 或更浅就衰减殆尽；海气之间的热传导是通过上层海洋和低层大气间的温差来实现的；海水密度的主要变化也都发生在上层海洋，海气界面的动量、能量和物质的转移，几乎为所有的海洋过程提供了原动力。在渤海和黄海北部，由于水浅，基本上都是全水柱混匀的，在冬季尤为显著；而在南海海盆区域，水深达 $1000\sim5000m$，其上层具有与太平洋类似的大洋的垂直结构，在上层终年存在清晰的

　　[*] 本章撰写得到许艳苹、郑楠的诸多协助，蔡平河、杨伟锋博士对稿件提出了建设性的审稿意见，特致谢意
　　[**] 本节作者：戴民汉、翟惟东、许艳苹、李骞、韩爱琴、郑楠

上混合层，上混合层的下方是密度跃层。上混合层在垂直方向上的性质比较均匀，而其下方的跃层对于深层营养物质向上扩散具有很强的阻挡作用，如果没有其他营养盐来源，也没有上升流、冷涡等动力过程突破跃层，那么海洋上混合层的营养盐补充将是十分缓慢的。黄海南部和东海的陆架区，在冬季全水柱是均匀混合的；而在春、夏季，存在显著的季节性层化现象。

一、渤　　海

渤海是中国的内海。三面环陆，仅东部以渤海海峡与黄海相通，面积 77 000km²，平均深度 18m。渤海有三个主要海湾：北面的辽东湾、西面的渤海湾、南面的莱州湾。辽河、滦河、海河、黄河等河流输入渤海。渤海地处温带，水温日变幅和季节变化均较大，年际变化也显著（翁学传等，1993）。浮游植物丰度、叶绿素 a 和初级生产力的季节变化也相当明显，一年出现两个峰值。其中，生物量的最高值出现在春季，而初级生产力的峰值出现在夏季，该季节变化主要受控于海水温度的变化和浮游动物的摄食，营养盐在春末和夏季均维持在较低水平（Liu and Yin，2007）。

（一）溶解氧、pH 和总碱度

在渤海海区，DO 季节变化呈现冬季最高、夏季最低的特点，季节变化的幅度在中国四大海区中居首位；DO 饱和度春季最高，秋季最低（张竹琦，1992），其他季节相近。DO 的垂向分布较为均匀，仅夏季有微弱层化现象。近年来，渤海 DO 含量有逐年降低的趋势（俎婷婷等，2005）。

春季，DO 的平面分布较均匀，全海区均呈过饱和状态，仅黄河口附近较低。夏季，DO 含量及饱和度比春季低，存在海区中央较高、沿岸较低的分布趋势；表层 DO 分布均匀且呈过饱和状态，其中，黄河口附近 DO 含量最低。秋季，DO 分布则表现为近岸高、远岸低，大部分海区呈不饱和的特征，仅表层及部分区域在 20m 表现为过饱和状态。冬季，DO 含量自近岸向海区中部与海峡方向递减，全区大都呈过饱和状态，仅辽东湾近岸 DO 不饱和（冯士筰等，1999）。

在渤海海区，pH 的季节变化不明显，秋季略高，为 8.2 左右，夏季略低，在 8.1 左右。春季，pH 分布相当均匀，多在 8.1～8.2 之间，仅在底层位于莱州湾向北区域略大于 8.2。夏季，在辽东湾与渤海湾顶部及海区中部，表层 pH 稍高，在底层，三个海湾顶部及中央亦大于 8.1，整体而言甚为均匀。秋季，表层 pH 在辽河、滦河口及莱州湾较高，其余区域较为均匀，表层以下呈现西部稍高的特点，但分布仍属均匀；冬季亦然（冯士筰等，1999）。

TA 的分布呈春、夏两季低，秋、冬两季高的特征。春季表层三个海湾较高而东侧低，各层大致相似。至底层，三个海湾区域仍较高，其中渤海湾为最高，达 2.6mmol/L。夏季，渤海湾的高值中心向海区中部伸展。秋季亦类似，且渤海湾的值更高，湾顶可达 3.0mmol/L。冬季大致同秋季，但底层以黄河口最高，可达 3.3mmol/L 以上（冯士筰等，1999）。

（二）营 养 盐

据 2002 年 8 月的调查，营养盐的水平分布如图 5.1（Wang et al.，2009）。渤海表、
中、底三层呈现相同的分布趋势，即近岸高远岸低。其中，表层溶解无机氮（dissolved
inorgen nitrogen，DIN）高值出现在辽东湾和中心海盆东部；中层高值仅出现在渤海
湾；底层由于受沉积物-水界面的影响表现更为复杂，但三个海湾的底层 DIN 浓度水平
均较高。与 DIN 分布稍显不同，表层 PO_4 的高值出现在渤海海峡南部，中层仅在渤海
湾出现高值，底层高值出现在渤海湾和中心海区的西北部。而表中层 SiO_3 高值集中在
中心海区和沿岸海区。

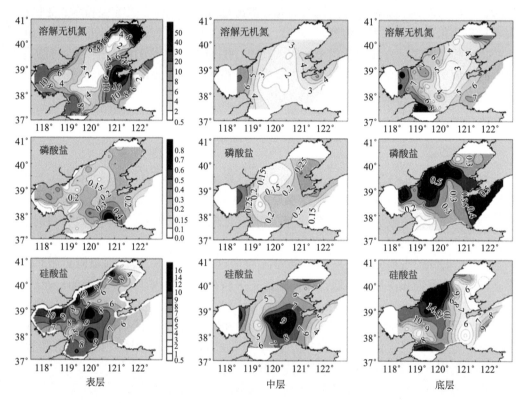

图 5.1　渤海海域表、中、底三层无机氮（DIN）、
磷酸盐（PO_4）和硅酸盐（SiO_3）的平面分布（mmol/L）（Wang et al.，2009 修改）

三个海湾及中心海域营养盐的浓度水平列于表 5.1 中。辽东湾、渤海湾、莱州湾等
三个海湾的分别为 107.8mmol/L、73.4mmol/L 和 65.9mmol/L，中心海区的 N∶P 比
值较低，为 40.5，但均高于 Redfield 比值，表明 PO_4 总体上已经成为渤海浮游生物生
长的限制性因素；而四个海区的 Si∶N 比值接近 2（1.7～2.3）（Wang et al.，2009）。

表 5.1 渤海四个海域的无机氮（DIN）、磷酸盐（PO₄-P）、硅酸盐（SiO₃-Si）、

表 5.1　渤海四个海域的无机氮（DIN）、磷酸盐（PO_4-P）、硅酸盐（SiO_3-Si）、氮磷比和硅氮比值的范围、平均值及其标准偏差（Wang et al.，2009）

项目	辽东湾			渤海湾			莱州湾			中心海域		
	平均值	最小值	最大值	平均值	最小值	最大值	平均值	最小值	最大值	平均值	最小值	最大值
DIN /(mmol/L)	27.26±22.79	1.71	52.10	12.32±5.30	2.62	18.29	8.29±5.24	1.26	17.14	6.58±7.09	1.38	44.96
PO_4 /(mmol/L)	0.25±0.06	0.08	0.031	0.26±0.12	0.05	0.53	0.14±0.03	0.09	0.19	0.23±0.14	0.05	0.86
SiO_3 /(mmol/L)	6.85±2.53	1.78	11.34	1.18±0.45	0.69	2.30	13.91±4.76	9.15	18.66	8.18±3.56	1.94	24.36
N：P 比值	107.8±87.4	7.92	219.1	73.39±64.57	12.01	215.8	65.90±49.18	9.68	165.5	40.46±46.41	6.03	219.1
Si：N 比值	2.09±1.20	0.41	4.27	1.18±0.45	0.69	2.30	1.68±0.57	1.10	2.25	2.28±1.45	0.40	6.32

　　受河流、大气等陆源输入以及生物新陈代谢的影响，渤海营养盐的季节变化显著。总的季节变化特征：最高值出现在冬季，最低值在春季。垂直分布仅夏季在辽东湾出现跃层，春、秋、冬三季分布则较为均匀（冯士筰等，1999）。

　　渤海的营养盐及生态系统受人为活动影响显著（图 5.2）（Liu et al.，2008）。1959～1999 年的 40 年间，渤海 DIN 浓度水平呈持续增长趋势，NO_3 浓度水平增加了近 5 倍；PO_4 呈现降低的趋势，降低了 2 倍，且其变化的空间格局与 DIN 不同，例如，

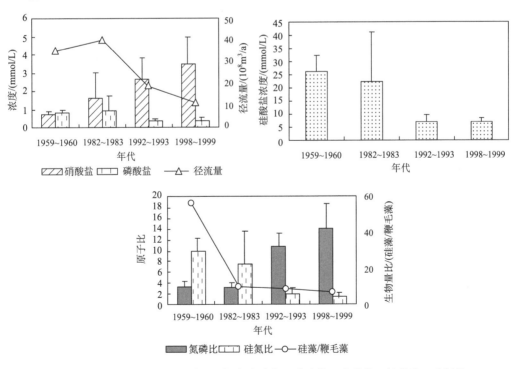

图 5.2　渤海自 1959～1999 年 40 年来硝酸盐、磷酸盐、硅酸盐、氮磷比、硅氮比
和径流量及生物量的年际变化（Liu et al.，2008 修改）

中心区的 PO_4 低于辽东湾和渤海湾，稍高于莱州湾（Liu et al.，2008；Wang et al.，2009）；SiO_3 浓度显著降低，由 1960 年的 27 $\mu mol/L$ 降低到 1992 年的 6 $\mu mol/L$，但近年来 SiO_3 浓度稍有回升，变化较为平稳（赵骞等，2004）。根据对黄河利津站的实测径流量和天然径流量年变化的统计（许炯心、孙季，2003），自 1960 年代以来，黄河入海径流量下降显著，这与 SiO_3 年变化趋势一致。因此，黄河断流、径流量减少是 SiO_3 浓度逐年下降的主要原因（郭全，2005）。SiO_3 的空间分布也显示，由于受黄河径流的影响，高值出现在莱州湾，低值出现在渤海湾，呈现近岸高远岸低的特点（Zhang et al.，2004）。

上述变化必然导致渤海 N∶P 比值的变化，1959～1999 年的 40 年间，N∶P 比值增加了 4 倍（3.3～14.1），而 Si∶N 比值降低了约 7 倍（10～1.4）。这种营养盐结构的变化可能已经引起渤海生物群落结构的变化（Zhang et al.，2004）。自 20 世纪 50 年代末至 21 世纪初，浮游植物的生物量先增加、后减小、再增加，其中极高值大致出现在 80 年代初，而极低值出现在 90 年代中期（王修林等，2006）。

二、黄　海

黄海位于中国与朝鲜半岛之间，北邻渤海，南接东海，是一个全部为大陆架所占据的半封闭浅海。黄海面积 380 000km²，平均水深约 44m。长江、淮河、辽河和鸭绿江等河流注入黄海，可以认为黄海是一个受河流主控的海域。春、夏两季受长江冲淡水影响，秋季水体层化现象显著，沿岸站位的密度跃层约处于 10m 的深度，其他区域的密跃层约在 30～40m 处。水温是水体层化的主要原因（Byung et al.，2001）。黄海冷水团（Yellow Sea Cold Water Mass，YSCWM）是黄海很重要的水文特征，它形成于春末，维持至秋天，是黄海真光层营养盐的储库（Tian et al.，2005）。

（一）溶解氧、pH 和总碱度

受温度、环流以及生物新陈代谢活动的影响，DO 的分布存在明显的时空变化。其浓度范围为 45～340 $\mu mol/L$，其中，黄海北部高于南部。春、夏两季黄海东部的 DO 含量高于西部，夏季 DO 高值区的范围大于春季；而秋、冬两季黄海受长江径流的影响有限，其东、西部 DO 含量的差别较小（杨庆霄等，2001；胡小猛、陈美君，2004）。南黄海中央至济州岛以西海域受高温、高盐的黄海暖水团控制，DO 含量相对较低；南黄海西南部则有一明显的高氧水舌向东南方向伸展，与近岸海域水温的分布趋势相反，表明近岸海域 DO 含量及分布主要受沿岸流的控制。在垂直方向上，表层 DO 含量一般高于底层，这是由于表层更容易与大气交换，而底层主要受控于有机质分解耗氧，同时，相对低氧的黄海暖流的入侵也使得底层相对缺氧（王保栋等，1999）。

在发生层化现象的季节，南黄海在次表层出现一个显著的溶解氧极大层，溶解氧饱和度的极值也出现在该层（图 5.3）（Zhai et al.，2009[①]）。此外，该层通常处于比叶绿素荧光最大层略浅的位置，显然在这一水层附近，与光合固碳有关的海洋生物地球化学过程极其活跃。

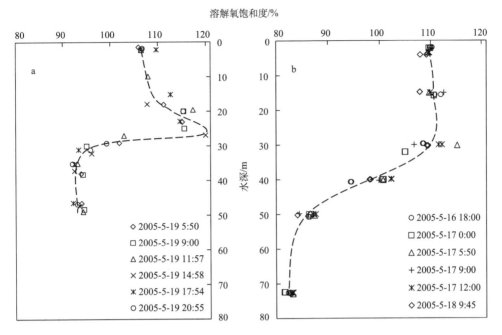

图 5.3　2005 年 5 月南黄海两个典型站位溶解氧饱和度的垂直分布（Zhai et al.，2009）

a. 122°12′10″E，35°23′43″N（水深 51m）；b. 123°27′26″E，35°06′00″N（水深 80m）

北黄海 pH 较低，约为 8.0，可能是受到鸭绿江水输入的影响。而在受黄海暖流影响的海域，其 pH 与大洋表层接近，约 8.05～8.15。

春季，北黄海的 DIC 含量在 2060～2090μmol/kg 之间，而在南黄海，浮游植物光合作用消耗 DIC 显著，变化幅度较大，在 1970～2090μmol/kg 之间。黄海的 TA 介于渤海与东海之间，约 2240～2340μmol/kg。

（二）营　养　盐

受河流输入、水团混合和生物活动等因素的影响，黄海营养盐分布时空变化较大。春夏两季受长江径流影响，同时南风盛行，一部分长江冲淡水向东北流入苏北沿岸地区，因此表层营养盐浓度高于秋冬两季。由于径流量在夏季达到最大，表层的 DIN 和 SiO_3 也达到最大，营养盐高值范围明显大于春季。但是 PO_4 的高值区仅限于沿岸地区，可能是夏季强烈的浮游植物光合作用消耗 PO_4 所致。在秋、冬两季，因为径流量减少且盛行东北风，进入黄海的长江冲淡水明显减少，同时携带较低浓度营养盐的黄海暖流

① Weidong Zhai，Minhan Dai and Jinwen Liu，2009. Air-sea CO_2 flux and carbonate system in spring in the Yellow Sea

也在这个季节入侵，故而营养盐浓度明显降低。

受长江冲淡水的影响，南黄海营养盐浓度明显高于北黄海，在长江口附近达到最高（图 5.4）。另外，受地表径流的影响，黄海沿岸营养盐的浓度普遍高于离岸海域。在垂向分布上，底层浓度一般高于表层，春夏季的垂向营养盐梯度大于秋冬季。前者是由于表层进行光合作用，消耗了部分营养盐；而底部由于有机物的降解，以及沉积物的溶出，表现为营养盐的添加。后者是因为秋冬季，由于表底层垂直混合加剧，故垂向营养盐差异较小；而在春夏季，因水体分层和浮游植物强烈的光合作用，故垂向浓度梯度较大（Liu et al.，2003；Wang et al.，2003；Wang et al.，2003）。水体 DIN、PO_4 和 SiO_3 的浓度范围分别为 $1\sim40\mu mol/L$、$0.1\sim0.8\mu mol/L$ 和 $5\sim80\mu mol/L$。

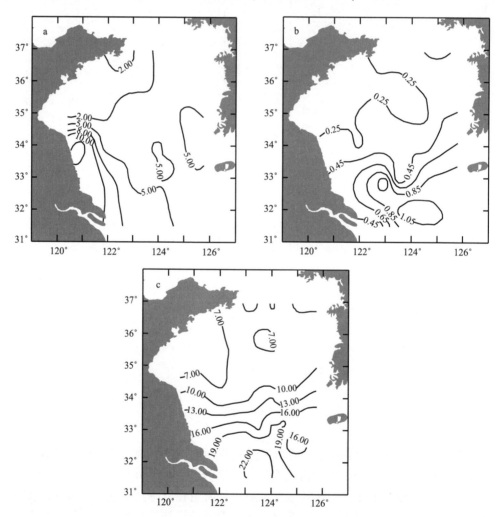

图 5.4　1998 年 5 月南黄海营养盐的水平分布（Liu et al.，2003 修改）
a. 硝酸盐；b. 磷酸盐；c. 硅酸盐（单位：$\mu mol/L$）

在南黄海的西南及长江口东北海域，常年存在一高营养盐、低溶解氧含量区，主要来源于长江冲淡水的水平输送（王保栋等，2001）。黄海营养盐分布的另一个突出特征是，冬季南黄海中央海域（黄海槽区）的营养盐浓度明显比近岸海域高，这与近海营养盐的分布规律相反。这主要是由于在黄海冷水团存在期间，上层水体的营养盐几乎被浮游植物耗尽，但在密跃层以下则通过有机体的分解而逐步累积再生营养盐，并在海盆中（以黄海槽区为中心）形成高营养盐封闭区。秋末冬初，强烈的垂直涡动混合作用，将积聚在黄海冷水团底部的高浓度营养盐带至上层。而黄海暖流在北上途中也将部分南下的朝鲜沿岸流（富营养盐冷水）卷挟至南黄海中央海域。由此导致冬季中央海域的高营养盐现象。除冬季外，黄海暖流对南黄海营养盐的分布与运移影响不明显。黄海营养盐季节变化的特点也很突出，在黄海冷水团真光层以下的水体中，营养盐浓度随时间（2～11月）呈线性递增。NO_3、PO_4、SiO_3 与 DO 之间均存在良好的相关性，进一步证明黄海冷水团中的营养盐来源于有机物分解的观点（王保栋等，2001）。

黄海紧邻陆地，多条大河（如长江、鸭绿江、汉江等）携带营养盐注入，同时大气中营养物质沉降和沉积物中营养盐的再生，对黄海海域营养盐的循环也起着非常重要的作用（王保栋等，2001；Liu et al.，2003）。

（三）溶解有机碳（DOC）

2005 年 3 月和 2006 年 4 月的调查显示，黄海的 DOC 分布呈现沿岸高、中部低，北部高、南部低的分布特征，基本受控于物理混合过程。除个别近岸站位外，浓度范围在 $60\sim140\mu mol/L$，黄海沿岸的浓度在 $100\mu mol/L$ 以上，变异性较大。在黄、东海交界处的长江冲淡水影响区域，浓度在 $75\sim90\mu mol/L$。在冷季黄海暖流中的 DOC 仅 $60\sim90\mu mol/L$，与开阔大洋表层的 DOC 含量接近（戴民汉等[①]）。

三、东　海

东海西接中国大陆，北与黄海相连，东北以济州岛经五岛列岛至长崎半岛南端连线为界，东面与太平洋之间隔以日本的九州岛、琉球群岛和我国台湾岛，南面通过台湾海峡与南海相通。面积 770 000km²，平均深度为 370m。东海的显著特点之一，是拥有很宽的大陆架。东海的海洋生物地球化学过程比较复杂。西北部受长江冲淡水影响显著，北部和东北部受黄海冷水团和对马暖流的共同影响，东南部受台湾暖流、上升流和黑潮水的共同调控。长江冲淡水和黑潮水共同构成东海营养盐的两大重要来源，Chen（1996）和 Zhang 等（2007）认为黑潮的贡献更大。黑潮水的入侵一般在 10 月中旬到翌年 4 月中旬较强。

（一）溶解氧、pH 和总碱度

根据 2009 年 5 月的调查，春季东海表层 20m 以浅 DO 含量都是过饱和的，表层以下表现出不同程度的耗氧，近岸耗氧最为显著，而远岸耗氧不显著（图 5.5）。与此相

[①]　据戴民汉等于 2005 年 3 月和 2006 年 4 月对黄海的调查，数据尚未发表

对应，表层 pH 为 8.3 左右，表层以深 pH 降为 8.2 左右。

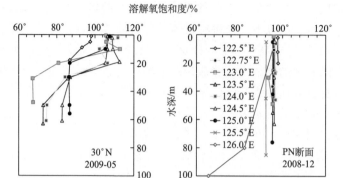

图 5.5 2009 年 5 月东海 30°N 断面（左）和 2008 年 12 月东海 PN 断面（右）
水深 100m 以浅的溶解氧饱和度
注：图例的数字为采样站位的经度

夏季，根据 2007 年 7 月上旬在东海的调查，在北部受长江冲淡水影响的部分海域，表层 DO 呈现过饱和，约为 110%～120%；在中部、南部的大部分海域，表层 DO 都与大气接近平衡（Chou et al.，2009a）。表层 pH 则从北部的 8.3 左右下降为南部的 8.1 左右（Chou et al.，2009b）。在受沿岸次表层水涌升影响的区域，表层 DO 低于 95%（Chou et al.，2009a），pH 则降到 7.9（Chou et al.，2009b）。

在秋末冬初，受底层缺氧水体与表层垂直混合的影响，东海表层 DO 往往略低于大气平衡水平。例如，在 2008 年 12 月调查期间，东海表层 DO 都只有 90%～97%（图 5.5）。

根据 Chou 等（2009b）的分析，东海表层 TA 除长江冲淡水较低（2200μmol/kg 左右）以外，大部分都在 2220～2270μmol/kg，而在次表层及深层，TA 约为 2280μmol/kg。

根据 Wang 等（2000）的报告，1995 年 4 月底 5 月初东海表层的 pH 从西部的 8.04 升高至东部的 8.22。而校正到盐度 35 的表层溶解无机碳则从西部的 2220μmol/kg

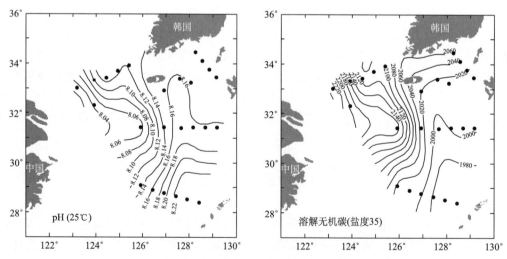

图 5.6 1995 年春季东海东部的表层 pH 和校正到盐度 35 的溶解
无机碳（DIC）浓度（单位：μmol/kg）（Wang et al.，2000）

降至东部的 $1980\mu\mathrm{mol/kg}$（图 5.6）。

（二）营　养　盐

东海表层营养盐的总体分布格局是，从西部富含营养盐的沿岸水体过渡到寡营养盐的东部黑潮水体（图 5.7）（Chen，2009）。

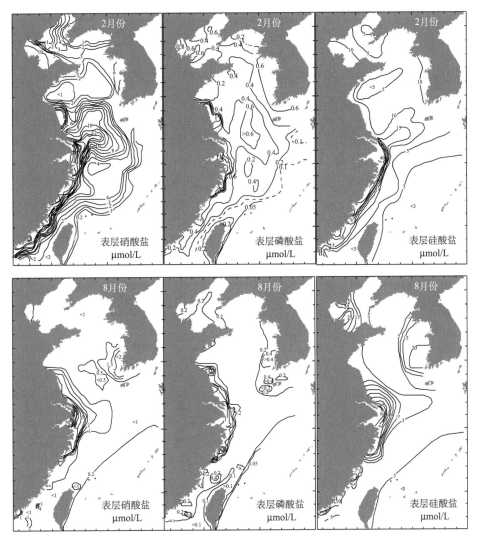

图 5.7　东海冬、夏季表层硝酸盐（NO₃）、
磷酸盐（PO₄）、硅酸盐（SiO₃）的浓度分布（Chen，2009）

东海西部营养盐的分布主要受长江、钱塘江等河流径流的影响，局部海域在夏季还受上升流影响。其中，DIN 和 SiO_3 受径流的影响特别显著。根据 1997 年至 2000 年间开展的涵盖四季的调查（不包括 1998 年长江流域大洪水期间的资料）（郑元甲等，2003），长江口、杭州湾近岸海域的 DIN 含量在丰水期高达 $5\sim18\mu\mathrm{mol/L}$，而远岸的

DIN 明显下降，平均为 $4\mu mol/L$，部分海域在 $1\mu mol/L$ 以下。受黑潮影响，台湾海峡 DIN 含量更低。

SiO_3 的分布与 DIN 类似，长江口海域、杭州湾的 SiO_3 含量高达 $8\sim30\mu mol/L$，到北部远岸海域降为 $6\sim8\mu mol/L$，东海中部 SiO_3 含量较低，中部近岸平均为 $6.0\mu mol/L$，中部远岸以及台湾海峡的均仅有 $5.2\mu mol/L$ 左右（郑元甲等，2003）。

东海西部营养盐的季节分布受长江径流的影响，不同海区营养盐的季节分布不同（郑元甲等，2003）。长江口、杭州湾海域的 DIN、SiO_3、PO_4 为夏季最高，冬季最低，春季高于秋季。这主要是因为长江春、夏季径流量大，带来丰富的营养盐，而冬季径流量小，沿岸上升流也消退所造成的。东海北部远岸海域 DIN、SiO_3 和 PO_4 的含量冬季最高，夏季 DIN 含量低，秋季 SiO_3 和 PO_4 的含量低，这主要取决于生物量及其新陈代谢作用的强弱。夏、秋季一般是浮游植物繁盛期，营养盐被大量消耗，而冬季生物活动减弱，营养盐消耗降低，使营养盐含量有所提高。东海中部营养盐的季节变化，近岸和远岸差别不大，同样呈现冬季含量高，夏、秋季含量低的特征。

东海营养盐的垂向分布存在区域差异（郑元甲等，2003）。在长江口、杭州湾近岸海域，由于表层受河流冲淡水的影响，DIN 和 SiO_3 的含量都较高，表层以下浓度逐渐下降。这种表层高、底层低的分布特征在夏季洪水期尤为明显。而东海其他海域的垂向分布，一般都是表层低、底层高，并在春、夏、秋三季，随着密度跃层的出现，呈现明显的分层现象。在东南部的黑潮区域，根据 2002 年 9 月的调查，营养盐浓度水平从黑潮表层水的痕量、微量（$NO_3<0.5\mu mol/kg$，$PO_4<0.3\mu mol/kg$，SiO_3 约 $3\mu mol/kg$）升高至黑潮次表层水的 $5\mu mol/kg$ 左右（NO_3）、$0.45\mu mol/kg$ 左右（PO_4）和 $6\mu mol/kg$ 左右（SiO_3），到黑潮中层水更高达 $18\mu mol/kg$ 左右（NO_3）、$1.6\mu mol/kg$ 左右（PO_4）和 $28\mu mol/kg$ 左右（SiO_3）（Zhang et al.，2007）。

四、南　　海

南海位于热带/亚热带，是最大的低纬度陆架边缘海。面积 $3.5\times10^6 km^2$，位居中国海之首，在世界的大陆架边缘海中位列第二，仅次于北冰洋。南海南北均有宽阔的大陆架，但东西两侧大陆架窄而陡，平均水深 1350m，海盆区最深处达 5377m。除近岸区域外，南海水体终年层化，营养盐和生产力均很低，真光层的营养盐主要通过混合、中尺度涡旋、上升流、内波、台风等物理过程来补充；在夏季，珠江冲淡水和湄公河冲淡水对局部区域有显著的影响。

（一）溶解氧、pH、总碱度和溶解无机碳

1. 南海北部大陆架区

北部大陆架表层水体 DO 含量较高，约 6.5mg/L。表层 DIC 的浓度在 $1700\sim2000\mu mol/kg$ 之间，TA 的浓度水平在 $2100\sim2400\mu mol/kg$ 之间（Dai et al.，2008），pH 约 8.2（Cai et al.，2004）。发生水华时，表层 pH 可达 8.6（Dai et al.，2008）。夏

季，珠江冲淡水影响南海东北部，此时表层 DO 浓度水平可高达 8~9mg/L；随着深度的增加，DO 逐渐降低至大陆架坡折处（约 200m 处）的 4.5mg/L 左右；表层 pH 大于 8.20，底层 pH 约 8.08；表层 DIC 浓度处于 1800~1950μmol/kg 之间；TA 在 2200~2300μmol/kg 之间，随深度增加而增加，至大陆架坡折处，DIC 的浓度约为 2250μmol/kg，TA 的浓度水平约为 2350μmol/kg（Cao et al.，2011）。

2. 南海北部海盆区（以 SEATS[①] 为例）

北部海盆区表层 DO 浓度约为 6.44mg/L，最大层位于 50m 左右的深度，达 6.86mg/L，随着深度增加 DO 逐渐降低，在 800~1000m 达到最小值，为 2.85~2.94mg/L，之后 DO 略有增大，达到 3.51mg/L。

表层 DIC 的浓度水平约为 1890~1940μmol/kg，TA 的浓度水平约为 2230~2260μmol/kg，pH 介于 8.17~8.22 之间。DIC 和 TA 随深度的增加而增大，而 pH 随深度的增加而减小。在 1500m 以深，DIC、TA 和 pH 几乎不再随深度而变化，DIC 和 TA 的浓度水平分别为 2320~2340μmol/kg 和 2407~2420μmol/kg，pH 介于 7.62~7.65 之间（戴民汉等[②]）。

从季节变化看（图 5.8），冬季上层水体混合充分，100m 以浅，TA 的浓度水平维持在 2225μmol/kg，之后随深度增加至 200m，其浓度增加到 2250μmol/kg 左右；其他三个季节，上混合层较浅，约为 25~30m，其间，TA 的平均值小于 2200μmol/kg，在 75m 深度增大到 2275μmol/kg 左右，之后随着深度的增大，TA 的浓度水平维持在 2275μmol/kg 左右。冬季的溶解无机碳（DIC）在 75m 以浅保持在 1900μmol/kg，200m 深度接近 2100μmol/kg；春秋季节表层 TCO$_2$ 浓度最低，约为 1850~1900μmol/kg，随着深度增加迅速增大到 75m 左右的 2015μmol/kg；夏季表层及 200m 的值则与冬季接近，分别约为 1900μmol/kg 和 2100μmol/kg。

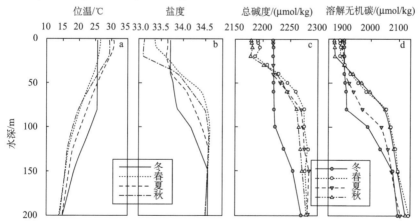

图 5.8　2001 年 10 月至 2002 年 7 月春夏秋冬四个季节 SEATS 200m 水深以浅的（a）位温（Pot. Temp.）、（b）盐度（Salinity）、（c）总碱度（TA）、（d）溶解无机碳（TCO$_2$）的垂直分布（Tseng et al.，2007）

---

① 东南亚时间序列站（South East Asian Time-series Study，SEATS）位于 18.3°N，115.5°E
② 据戴民汉等 2007 年 8~9 月对南海西部进行的航次调查

（二）营 养 盐

1. 北部大陆架区

南海北部陆架海区受珠江冲淡水、沿岸上升流、沿岸流等影响，水文动力环境复杂。营养盐的水平虽比海盆区高，但上层（<75m）水体营养盐依然相当低（黄韬，2004[①]；袁梁英，2005[②]），PO_4 浓度小于 $0.59\mu mol/L$，SiO_3 浓度小于 $5.0\mu mol/L$，DIN 浓度小于 $3.0\mu mol/L$，NO_2 浓度水平在 $0\sim1.1\mu mol/L$ 之间。自大陆架底部延伸至大陆架坡折处，营养盐浓度逐渐升高，PO_4 浓度水平约 $0.8\mu mol/L$，SiO_3 浓度水平约 $12.0\mu mol/L$，DIN 浓度水平在 $8\sim10\mu mol/L$ 之间。

表层营养盐的分布存在一定的季节变化。氮、磷总体特征是冬季高夏季低。其中，PO_4 的浓度水平，夏季平均值为 17.4 nmol/L，冬季平均值为 34.5 nmol/L。SiO_3 的变化与氮、磷相反，呈现冬季低夏季高的特点，夏季平均浓度水平为 $4.7\mu mol/$，冬季平均浓度水平为 $1.7\mu mol/L$。底层营养盐的浓度分布无明显季节变化：DIN 约 $10\mu mol/L$，SiO_3 约 $8\sim9\mu mol/L$，PO_4 约 $0.8\mu mol/L$。

2. 北部海盆区（以 SEATS 为例）

南海北部海盆区上混合层（表层以下几十米以浅）营养盐相当贫乏，含量往往低至几十纳摩尔，水平分布比较均匀。2005 年 4～5 月的调查结果表明，南海北部海盆区表层 PO_4 浓度水平在 $10\sim30$ nmol/L 之间，陆坡区的 PO_4 浓度可达 78 nmol/L（Liang et al.，2007）。

南海北部海盆区表层营养盐浓度存在显著的季节变化，与混合层深度密切相关。混合层的深度从 3 月的 40m 降低到 5 月和 7 月的 20m，相应的表层 PO_4 的浓度从 3 月的～20nmol/L 降低到 5 月和 7 月的～5nmol/L，NO_3 的浓度从 70 nmol/L 降低到 10nmol/L（Wu et al.，2003a）。总体而言，南海上层水体的营养盐分布呈现冬季高于夏季的季节变化特征（图 5.9）。这是由于冬季季风强度增强，上层水体垂直对流混合增强，因而混合层比营养盐跃层深，跃层以下富含营养盐的水团被带到海表，最终导致冬季高营养盐浓度水平的分布特征。

SEATS 站的研究结果表明，在营养盐跃层上端，DIN 和 PO_4 的浓度梯度较大，DIN 浓度由表层的低于检测限（<$0.3\mu mol/L$）迅速增大到 100m 处的 $8\sim10\mu mol/L$，PO_4 的浓度水平从表层的几十个纳摩尔增大到 100m 的 $0.7\mu mol/L$ 左右；到 1500m 深度达到稳定，1500m 以深，DIN 和 PO_4 的浓度分别为 $38.4\pm0.3\mu mol/L$ 和 $2.84\pm0.03\mu mol/L$（Wong et al.，2007a）。SiO_3 由表层的约 $2\mu mol/L$ 增加到 1500m 处的约 $140\mu mol/L$，之后随着水深的增加，浓度基本不变。

在深水区域，南海南部的营养盐浓度水平略高于北部，而 DO 则略低于北部。这是因为南海深层水来自西菲律宾海 2000m 处的深层水，经巴士海峡，由北往南流，沿途

---

① 黄韬. 2004. 珠江口和南海北部营养盐的分布特征及其控制因子. 厦门大学硕士学位论文
② 袁梁英. 2005. 南海北部营养盐结构特征. 厦门大学硕士学位论文

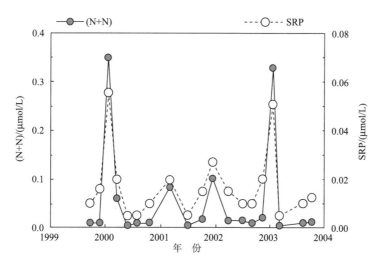

图 5.9　1999 年 9 月至 2003 年 10 月南海 SEATS 站混合层
无机氮和磷酸盐浓度的年际变化（Wong et al.，2007a）

累积了大量的生物排泄物、分泌物及死亡有机物的分解产物。南海北部海盆区 2000m
以深的 N∶P 比值约为 13.8mol/mol，略低于邻近的西太平洋海区。

（三）溶解有机碳、有机氮和有机磷

2005 年 4～5 月的调查结果表明，南海北部海盆区表层的 DOC 浓度为 65～
75μmol/L，随着水深增加浓度迅速降低，到 1000m 深稳定至 42μmol/L 左右（图
5.10）。溶解有机磷和溶解有机氮的垂直分布也类似。前者从表层的 140～160 nmol/L
降低至 1000m 的 15～20 nmol/L；后者是从表层的 4μmol/L 降低至 1000m 的 1.2μmol/L
（图 5.10）。这些变化趋势和浓度量级都与开阔大洋相当。

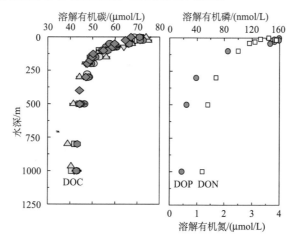

图 5.10　南海北部陆坡和海盆区溶解有机碳、溶解有机磷（DOP）和溶解
有机氮（DON）的垂直分布（Dai et al.，2009；Wu et al.，2003a）

五、台湾岛以东太平洋海域

我国台湾岛以东太平洋海域大陆架相当窄，离岸仅 40～50km 水深即达～3500m。以高温高盐、寡营养盐为特征的黑潮在很大程度上控制了台湾岛以东海域的水化学特征。

台湾岛以东太平洋海域的上层 DO 约为 4.6mg/L，随着深度增加而降低，至 1000m 降低为约 2.0mL/L，1000m 以深，又缓慢升高至约 3.0mL/L。DO 剖面特征与营养盐各参数呈较好的镜像关系。DIC 从海表的 1950～2050μmol/L 缓慢增加至 2000m 的约 2300μmol/L，其极大值出现在 1000m 深度处，呈典型的大洋水特征（Sheu et al.，1996）。

六、小结与比较

黄海的溶解无机氮浓度水平与渤海相当，介于东海高值与低值之间；黄海的磷酸盐浓度水平高于渤海，介于东海的高值与低值之间；黄海的硅酸盐高于渤海和东海。而南海属于典型的寡营养盐海域，各营养盐参数在中国四大海域中均处于最低。

与东海相比，南海地处热带、亚热带海域，海表水温较高，常年高于 22 ℃，属于寡营养盐低生产力海域。

第二节 中国海之物质通量[*]

一、海 气 通 量

（一）二氧化碳等辐射活性气体^①

1. 二氧化碳（CO_2）

1）海-气界面 CO_2 通量的研究意义

近年来，人类活动每年向大气排放约 80×10^{8}t 碳，其中约 40％存留在大气，其余则被海洋和陆地生物圈吸收。这些被吸收的碳的去处和驱动机制是全球碳循环研究的核心科学问题。在 20 世纪末开展的全球海洋通量联合研究（JGOFS）及其他一些针对大洋的国际研究计划经过 10 多年的研究，已经证实海洋每年从大气吸收约 20×10^{8}t 碳，约是人类排放 CO_2 总量的 25％（Sarmiento and Gruber，2002；Feely et al.，2004）。因此，海洋与大气之间气体交换通量特别是 CO_2 交换通量的监测、估算，对我们深刻理

＊ 本节作者：戴民汉、翟惟东、周宽波、孟菲菲、林华

① 辐射活性气体（radioactively active trace gases）：主要指 CO_2、CH_4、N_2O 等痕量温室气体，以及二甲基硫等能促进云的凝结核形成的痕量气体

解碳的生物地球化学循环以及全球气候变迁有重大意义，国际上已在这方面开展了众多研究计划。如上层海洋与低层大气研究（Surface Ocean-Low Atmosphere Study，SOLAS）、北美碳计划（North American Carbon Programme）、全球海洋碳观测系统（Global Ocean Carbon Observation System）、大尺度 CO_2 观测计划（Large Scale CO_2 Observation Plan）等等，其核心问题均涉及海气 CO_2 的交换通量。但迄今为止，海洋碳循环研究仍存在诸多不确定性。其中之一就是陆架边缘海或近海区域的碳通量不确定性问题。

在高生产力的陆架边缘海或近海区域，由于受陆-海相互作用及人类活动的影响，加之实际观测相当匮乏，目前我们对其碳收支还缺乏定量了解，从而影响到对整个海洋的源汇量级的评估。早期认为，由于存在沿岸上升流及陆源有机碳的矿化，陆架边缘海应该是大气 CO_2 的源。而近年来有机碳的收支研究以及数值模拟结果显示，边缘海正在或者已经转变为净自养生态系统（Buddemeider et al.，2002；Chen，2003；Andersson and Mackenzie，2004），可以大量吸收大气 CO_2。近年来在北半球以我国东海和欧洲的北海为代表的许多温带边缘海开展的涵盖各个季节的海-气 CO_2 分压调查表明，这些温带边缘海确实是大气 CO_2 的净汇区（Tsunogai et al.，1999；Thomas et al.，2004；Zhai and Dai，2009）；但在美国佐治亚近海（Cai et al.，2003）和我国南海北部大陆架海域（Zhai et al.，2005a）开展的研究表明，热带、亚热带边缘海与温带边缘海有很大的差异，总体趋势上可能是大气 CO_2 的源。总体而言，全球陆架边缘海的 CO_2 源汇的准确评估尚需更多的观测数据（Cai and Dai，2004；Borges et al.，2005），其根本原因在于陆架边缘海碳通量的时空变化大、过程复杂。

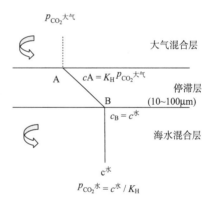

图 5.11　海-气 CO_2 交换液膜扩散模式示意图

2）通量的计算方法简介

研究海-气界面 CO_2 通量最直接的方法是测定海-气界面附近的 CO_2 分压差（Δp_{CO_2}，这里定义海水 p_{CO_2} 高于大气为正，反之为负，即 $\Delta p_{CO_2} = p_{CO_2}^{表层海水} - p_{CO_2}^{海面大气}$）。根据液膜扩散模式（图 5.11，由经典的界面双膜扩散模式忽略气膜而得）和 Fick 定律，估算海区的 CO_2 海-气通量。通量计算公式为：

$$F = k \times ([CO_2]* - K_H^{CO_2} \times p_{CO_2}^{海面大气})$$
$$= k \times K_H^{CO_2} \times (p_{CO_2}^{表层海水} - p_{CO_2}^{海面大气}) \qquad (5.1)$$

式中 F 为 CO_2 在海-气界面的净通量；k 为界面气体传输速率，又称为"活塞系数"，$K_H^{CO_2}$ 为 CO_2 在海水中的溶解度。

这种研究方法的重要参量是 k 与 $K_H^{CO_2}$ 的乘积，即气体传输系数（$E = k \times K_H^{CO_2}$），由于 k 与 $K_H^{CO_2}$ 的温度效应相互抵消，气体传输系数受温度的影响通常可以忽略，而主要为风速的函数（Tans et al.，1990；Wanninkhof and Bliven，1991）。现场观测确定气体传输系数与风速函数关系的方法有 10 余种之多（Frost and Upstill-Goddard，1999）。

得出的风速关系式各异，所估计的气体传输系数在高风速下相差很大。限于条件，目前多数 CO_2 海-气通量计算都是直接引用 Wanninkhof（1992）给出的风速平方关系式。最近，Ho 等（2006）和 Sweeney 等（2007）都对这个风速平方关系式的系数做了调整，得到 k（cm/h）$=0.27 \times u^2 \times$（Sc/660）$^{-0.5}$。式中 u 是 10m 风速；Sc 是 CO_2 在海水中的 Schmidt 数，参阅 Wanninkhof（1992）；660 是 20℃时 CO_2 在海水中的 Schmidt 数。

海水 p_{CO_2} 可以通过海水碳酸盐体系诸参数计算，但精密度不如直接测定（Millero，1995）。目前国际海洋学调查测定 p_{CO_2} 大多采用水-气平衡法——将离散采样或连续抽取的海水注入一个特制的容器，尽快使海水 CO_2 与容器中的空气达到平衡，然后抽取平衡后的空气检测（Dickson et al.，2007）。水-气平衡器是决定这种方法数据可靠性的核心设备，主要有 3 种类型，喷淋式、鼓泡式和液膜式（Körtzinger et al.，2000；王峰等，2002）。

与水-气平衡器相配合的 CO_2 检测方法可以采用气相色谱法或非分散红外法。前者是将平衡空气中的 CO_2 用催化剂还原为 CH_4，然后用氢火焰离子检测器检测；后者是用小气泵将平衡后的气体平稳地抽出，干燥，充分除去水汽，然后送入通用非分散红外检测器检测。非分散红外检测方法在国际上开展的海水 p_{CO_2} 调查中是最经常采用的。一些商业化的非分散红外检测器（例如 Li-Cor®）原则上具有扣除水蒸气信号的功能，但是湿法检测与干法检测的现场比对实验结果表明，利用仪器自带的扣除水蒸气信号功能的湿法检测不是很理想，所以 Körtzinger 等（2000）推荐干法检测，即对气样先脱除水汽再送入检测器检测。20 世纪 90 年代初采用水-气平衡联合非分散红外检测器检测的方法，现场实测 p_{CO_2} 所达到的分析精密度和准确度分别为 ± 0.5μatm 和±2μatm（Millero，1995）。

3）中国海的海-气 CO_2 通量总结

根据涵盖四季的调查结果，位于温带区域富含营养盐的东海总体上是一个碳汇（张远辉等，1997；Tsunogai et al.，1999；Wang et al.，2000；胡敦欣、杨作升，2001），然而位于热带/亚热带寡营养盐的南海，已有的观测表明，其可能是大气 CO_2 的一个源区（Zhai et al.，2005a）。这些通量的深入评估及其进一步的研究正在进行。图 5.12 显示东海大陆架区与南海北部海-气 CO_2 通量季节循环的对比以及它们的量级。

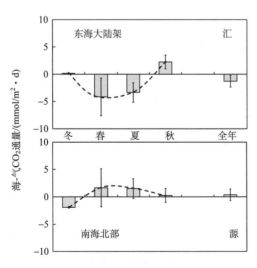

图 5.12　东海大陆架与南海北部海-气 CO_2 通量季节变化的比较

4）海-气 CO_2 通量的控制过程

中国海纵跨温带、亚热带、热带，其中的碳源碳汇格局及调控机制不尽相同。就过程机制而言，由于河流输入、有机碳矿化，以及上升流都给近岸海域增加了丰富的无机碳，提高了水体 CO_2 浓度，大陆架海区因而可能会表现为大气 CO_2 的源。特别是在河口区，陆源有机物的分解常能导致水体 CO_2 呈高度过饱和状态（Zhai et al.，2005b，2007）。同时，河水和上升流也会输入营养盐，增强初级生产，吸收 CO_2（Dai et al.，2008），因此河流和上升流输入并不一定导致邻近的陆架边缘海成为大气 CO_2 的源。此外，Tsunogai 等（1999）还提出，东海之所以能够大量吸收 CO_2，除了水温比较低能溶解较多的 CO_2，以及活跃的生物活动加速海水吸收大气 CO_2 以外，近岸表层海水在冬季因强烈冷却而下沉是更重要的原因，大陆架海域在冬季吸收的大量 CO_2，因此得以沿等密度面水平输送到大洋次表层海水中。在夏季，虽然密度跃层隔断了海-气界面与大洋次表层的联系，但是东海大陆架次表层水溶解无机碳仍可以向大洋输出（Tsunogai et al.，1999）。Tsunogai 等（1999）把在东海及类似的中、高纬度陆架边缘海所发生的这一系列物理、生物过程称为陆架泵。

由此可见，大陆架区的初级生产过程可以降低海表的 CO_2，而接纳富含 CO_2 的河口水和深层水又会使得海表 CO_2 浓度提高，这两种效应互相拮抗，使得问题比较复杂。另外，即使在紧邻东海的黄海，由于冷季有高盐高密度的黄海暖流入侵，使得东海的"陆架泵"过程也不很重要。根据 2005 年和 2006 年两年春季 3 个航次的调查结果，黄海并不像东海那样表现为典型的 CO_2 汇区。

2. 氧化亚氮（N_2O）

氧化亚氮（N_2O）也是一种重要的辐射活性气体。它既能产生温室效应，又能在平流层与 O 原子作用形成 NO 自由基导致臭氧层的损耗（Patra et al.，1999；Hashimoto et al.，1999）。大气中 N_2O 平均浓度已从工业革命之前的 270 ppbv（part per billion by volume）左右增加到目前的 320 ppbv 左右，上升了 18%，显示出其源汇的失衡。

大气 N_2O 的来源主要包括自然来源（海洋、森林和草地等）和人为来源（农田土壤、工业生产和畜牧业等）。海洋是大气 N_2O 的重要自然源，海洋向大气输送的 N_2O 占总输送量的 25%～33%（Nevison et al.，1995），高生产力的近岸海域（包括河口）提供了其中 60%（Bange et al.，1996）。

根据 Zhang 等（2008）的研究结果，长江口及其邻近东海海域表层海水中溶解 N_2O 的平均饱和度为 191%，向大气释放通量为 9.8～17.1 μmol/($m^2 \cdot$ d)，是大气 N_2O 的源。长江口表、底层海水中溶解 N_2O 浓度水平分布呈现从近岸向外海逐渐降低的趋势，表明陆源输入的影响显著，长江径流输入是东海海域溶解 N_2O 的重要来源。

南海表层 N_2O 浓度范围为 6.0～7.9 nmol/kg，饱和度范围为 105%～134%，N_2O 也处于过饱和状态。在南海上升流和冷涡海区，受物理过程影响，水体中 N_2O 饱和度很高。在垂直分布上，N_2O 浓度从表层起逐渐升高，至～800m 水深处有一极大值（～26 nmol/kg），且此深度也是 DO 出现极小值深度。随着深度加深，N_2O 浓度略有降低，在 2000m 水深下，N_2O 浓度趋于稳定，为～21 nmol/kg。N_2O 在垂直断面上的分布与 DO 呈现非常好的镜像关系（林华，2010[①]）。

---

① 林华，2010. 南海和珠江口溶解氧化亚氮的分布特征、通量及其控制机制初探. 厦门大学硕士学位论文

3. 甲烷 （CH₄）

CH_4 是大气中的另一种重要微量气体，对全球变暖和大气化学有重要作用。海水中的 CH_4 的来源主要包括现场生物生产、沉积物释放、河流富 CH_4 水的输入和海底油气资源的泄露。海洋中 CH_4 的汇主要包括两种：表层海水通过海-气界面交换向大气的净输送和海水中溶解 CH_4 通过细菌氧化过程的消耗（Ward et al.，1987；Jones，1991）。

Zhang 等（2008）认为，东海溶解 CH_4 分布主要受长江冲淡水、黑潮、对马暖流、台湾暖流等多个水团的相互作用和沉积物释放等因素的影响。东海海域表层溶解 CH_4 平均饱和度为 487%，向大气释放通量为 $20.9 \sim 36.3 \mu mol/(m^2 \cdot d)$。

4. 二亚甲基硫 （DMS）

DMS 是海洋浮游植物产生的主要挥发性硫化物。由 DMS 氧化生成的硫酸盐气溶胶是海洋大气中云凝结核的主要来源，直接影响雨滴分布和云的辐射性质，并通过阳伞效应散射太阳光，间接影响到达地球表面的辐射收支平衡，拮抗温室效应。此外，DMS 在大气中的氧化产物大都以较强酸性的气溶胶或气体形式存在，增加了沿海地区大气的酸度。根据对中国海域 DMS 的研究表明，南海、东海和北黄海均是大气 DMS 的释放源。其中，南海海域春季 DMS 向大气释放通量为 $2.06 \mu mol/(m^2 \cdot d)$（Yang et al.，2008）。Yang 等（2000）对东海海域 DMS 研究表明，表层海水 DMS 浓度范围为 $1.8 \sim 5.7$ nmol/L，平均浓度为 3.4 nmol/L，东海向大气释放通量为 $3.4 \mu mol/(m^2 \cdot d)$。张洪海等（2009）根据 2006 年 7～8 月和 2007 年 1 月对北黄海进行的大面调查，估算了北黄海夏冬季 DMS 的海-气交换通量，其平均值分别为 $7.31 \mu mol/(m^2 \cdot d)$ 和 $4.98 \mu mol/(m^2 \cdot d)$。

（二）大气沉降

我国东部海域受沙尘影响显著，渤海、黄海、东海每年接受大气输入的沙尘分别为 200×10^4 t、380×10^4 t 和 380×10^4 t。其中，通过大气沉降输入黄海的沙尘占该海域全部陆源输入固体物质的 20% 左右，春季更高达 40%（刘毅、周明煜，1999），可能对区域海洋的化学环境产生重要影响。而南海区域则较少受到沙尘影响，单位面积上的年平均沙尘输入量是东海的 1/3 甚至更少（高原、Duce，1997）。

中国和韩国的两组科学家分别利用位于黄海西部近岸的陆基站（千里岩）和位于黄海东岸的陆基站（安山），研究了黄海微量营养元素的干/湿沉降通量。这两组科学家获得的大气营养物质年输入通量有较大差异，后者是前者的 2 倍多。这主要归因于观测点（青岛和安山）年降水量的不同。但总体而言，黄海海域大气中的无机氮以氨氮和硝酸盐为主要沉降存在形态（表 5.2），它们构成了海洋浮游植物初级生产的主要营养盐来源，并且是黄海新生产力的主要贡献者之一（王保栋等，2001），其量级与河流输入的营养盐相当（Liu et al.，2003）。对于渤海，也有类似的结果报道（Zhang et al.，2004）。

表 5.2　河流、大气和沉积物输入黄海的营养盐通量（$\times 10^9$ mol/a）(Liu et al.，2003)

项目	硝酸盐	氨氮	磷酸盐	硅酸盐
	河流输入			
鸭绿江	11.7	0.303	0.0015	6.37
海河	1.25	0.362	0.018	2.58
长江	9.14	0.481	0.108	13.3
汉江	1.1	1.4	0.2	0.3
其他河流	0.79	0.15	0.093	0.625
总计	24±12	2.7±1.4	0.42±0.21	23.2±11.6
	大气沉降			
湿沉降				
西部	3.5	7.8	0.31	0.55
东部	4.4	12.2	0.11	0.14
干沉降	4.5	17	0.47	0.41
总计	12.4±4.0	37±16	0.89±0.85	1.1±1.3
沉积物-水交换	185±14	−1.81±0.24	0.035±0.012	138±36

而在南海，尽管已经发现南海受到多种来源大气沉降物的影响，除了当地的海源气溶胶以外，来自大陆的工业粉尘、沙尘，以及东南亚物质燃烧的产物等等，都可以到达南海（Lin et al.，2007)，但是量级很小，时空变化却很大，因此，至今尚难评估其显著性。相对于南海上层极度贫乏的营养盐水平而言，陆源气溶胶对南海化学环境的影响应该是不容忽视的（Lin et al.，2007)。

二、输 出 通 量

（一）输出通量的定义、意义及方法

海洋中的输出通量一般是指元素或物质输出真光层的通量。海洋中物质的垂直通量决定溶解氧、营养盐及其他元素在海洋中的重新分配，在海洋物质循环中扮演重要角色，特别是浮游植物吸收 CO_2，生成有机物从真光层输出到深层海洋（这个过程称为生物泵），使得 CO_2 在较长的时间尺度（10 年以上）与大气隔绝，这部分通量反映海洋的净固碳能力，是海洋通量研究的重要内容。海洋垂直通量包括颗粒物的垂直通量和溶解物的垂直通量。前者主要通过重力沉降作用进入下层海洋，可通过对海水中颗粒物进行计数、沉积物捕获器，以及利用海洋中的放射性同位素如^{234}Th/^{238}U、^{228}Th/^{228}Ra、^{210}Po/^{210}Pb不平衡法来估算通量；后者主要通过对流和扩散进入下层海洋，可利用扩散-对流模型和物质的浓度梯度来计算垂直通量。

通常，海盆区域上混合层的初级生产力只有 10% 输出真光层，而沉降到 1000 m 深的颗粒有机碳（Particulate Organic Carbon，POC）通量，也只有 10% 能够最终埋藏在沉积物中（图 5.13），即海洋内部的有机物再循环作用非常强烈。越来越多的研究表明，海洋颗粒物垂直通量的时空变化非常明显，定量研究难度颇大。

中国近海多为陆架边缘海，受到陆源输入以及各种物理水文作用影响，其中的物理

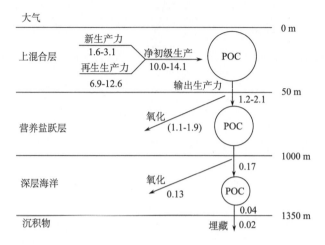

图 5.13 南海颗粒有机碳（POC）垂直通量（mol/(m² · a)）

示意图（Wong et al.，2007b 修改）

和生物地球化学过程尤为复杂，因此定量评估输出通量相当困难，有待于系统研究。

（二）中国海颗粒物沉降输出通量

1. 东、黄海颗粒物沉降输出通量

东、黄海大部分海区的水深小于 100m，特别是黄海，平均水深不到 50m，在东北季风扰动下，混合作用可直达海底，并持续 3 个月甚至半年，这种情况下底部悬浮作用非常剧烈，在定量颗粒物沉降通量时需考虑其影响。

张岩松等（2004；2005；2006）在黄海及东海布设沉积物捕获器，发现温跃层顶部颗粒物主要由硅藻和生物碎屑组成。温跃层底部采集的颗粒物主要由颗粒物聚合体（生物粪球、硅藻、浮游动物壳及其他混杂聚合体）组成；水体底层采集的样品则主要是无机颗粒物，并含少量的颗粒物聚合体，而在没有层化的水体中主要为无机颗粒物，含部分生物碎屑与硅藻。利用两个颗粒物通量模型，张岩松等（2006）估算东海大陆架区POC 净沉降通量约为 10mmol/(m² · d)，远小于浙江上升流区的 80mmol/(m² · d)，两个站位底层颗粒物再悬浮比率分别为 88% 和 66%。他们的结果同时显示，浙江近岸上升流区的水体底层颗粒物受底部平流的影响比东海中大陆架区相对较强。在黄海研究表明，用温跃层底部颗粒物沉降通量代表水体中颗粒物净沉降通量的假设是合理的，黄海冷水团的实测 POC 沉降通量可达 185mmol/(m² · d)，然而扣除底部再悬浮作用的影响之后，POC 净沉降通量仅为 16mmol/(m² · d)（张岩松等，2004；2005）。

2. 南海颗粒物沉降输出通量

沉积物捕获器的研究结果表明，南海大陆架以外的深海区颗粒物年平均输出 1000m的通量约为 100mg/(m² · d)，受季风控制比较明显，在冬季或夏季出现高值；在 El

Niño 年份，输出通量减少 20%（陈建芳等，1998；陈建芳，2005[①]）。颗粒物组成主要有生源组分（主要为钙质、硅质生物壳体）、有机质（浮游动、植物以及代谢产物和死亡后的残体）和岩源组分（陆源碎屑、硅酸盐和碳酸盐等自生矿物）。其中，碳酸钙约占 47.2%，岩源物质占 42.2%，有机质占 7.2%，而生物硅只占 1.6%（扈传昱等，2005）。

对于从上层海洋特别是真光层输出的 POC，陈建芳等（1998）用深层通量反演输出生产力（即 POC 输出 100m 的通量）为 $2.4 \sim 3.0 mmol/(m^2 \cdot d)$，并与颗粒物沉降通量的季节变化一致。

海水中天然放射性同位素如 $^{234}Th/^{238}U$ 的不平衡也可用于估算真光层的 POC 输出通量。近十年来，随着测定技术改进，高时空覆盖率的 ^{234}Th 采样成为可能，因此其结果的准确性大大提高。Cai 等（2008）在南海南部的研究显示，春季该海区 POC 输出通量表现出明显的空间变化，平均为 $3.8 \pm 4.0 mmol/(m^2 \cdot d)$，表现出寡营养盐海区低 POC 输出通量的特征；在南海北部涵盖不同季节的研究表明，上层 POC 输出通量在冬季最高，为 $10.5 \pm 4.8 mmol\, C/(m^2 \cdot d)$，而其余季节则不足 $5 mmol\, C/(m^2 \cdot d)$（陈蔚芳，2008[②]）。

（三）中国海溶解物质的垂直通量

溶解物质垂直通量既包括垂直对流量，也包括扩散输送量。中国海溶解物质垂直通量的研究主要集中在南海，包括碳以及营养盐等生源要素。溶解物质的垂直扩散通量可以通过菲克扩散定律（Fick's law）来计算，这首先需要估算垂直扩散速率（Kz）。Cai 等（2002）用 ^{228}Ra 估算的南海南部 Kz 仅为 $2m^2/d$，Hung 等（2007）报道南海北部 Kz 的范围为 $5.76 \sim 11.71 m^2/d$；前者估算南海南部硝酸盐向上扩散通量为 $0.66 mmol\, N/(m^2 \cdot d)$，后者计算南海北部硝酸盐向上扩散输送为 $0.96 \sim 1.75 mmol\, N/(m^2 \cdot d)$。在南海北部，Hung 等（2007）还估算该海区 DOC 向下扩散输送量为 $0.27 \sim 1.3 mmol\, C/(m^2 \cdot d)$，如将该通量与基于沉积物捕获器或 $^{234}Th/^{238}U$ 的不平衡法得到的 POC 输出通量比较，可以发现 DOC 的输出量不可忽略，因此在构建南海碳的质量平衡及研究生物泵过程中，需要考虑 DOC 的贡献。

由于混合作用强烈并且相当复杂，东、黄海溶解物质的垂直通量尚未得以定量。

三、中国海之间及与太平洋之交换

中国海与太平洋之间的物质交换可分为浅表交换与深层交换两个方面。其中浅表的物质交换主要通过黑潮。黑潮经台湾东面倾入东海，并沿着东海大陆架坡折转向东北方

---

① 陈建芳. 2005. 南海沉降颗粒物的生物地球化学过程及其在古环境研究中的意义. 上海同济大学博士学位论文

② 陈蔚芳. 2008. 南海北部颗粒有机碳输出通量、季节变化及其调控机理. 厦门大学博士学位论文

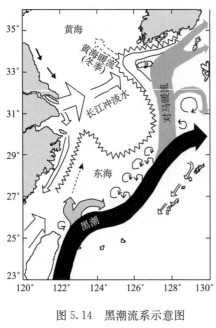

向；约在九州—大隅海峡以西，分出一向北分支，即对马暖流。另外一支则在五岛列岛以南又分为两支，主流通过朝鲜海峡和对马海峡进入日本海。西分支转向西北，流入南黄海，成为黄海暖流。黑潮是我国东、黄海海流系统的主干，是外海高温高盐水向北输送的主要通道（图 5.14）（Lie and Cho，2002）。此外，南海上层与菲律宾海的交换也主要通过黑潮（Chen et al.，2001）。中国海与太平洋间的深层物质交换主要通过最深 2200m 的吕宋/巴士海峡，一方面西太平洋 1350m 以深的水常年流入南海；另一方面南海中层水（350～1350m）总体上向外输出，借此发生的物质交换量十分可观（Chen et al.，2001）。此外，Tsunogai等（1999）认为，陆架泵过程可能也是驱动东海向西太平洋物质输送的机制。

图 5.14 黑潮流系示意图
(Lie and Cho，2002)

中国海之间的物质交换受到台湾海峡（沟通南海与东海）水深的制约，以浅表交换为主。不过，携带大量营养盐的南海中层水与黑潮中层水混合，顺流进入东海大陆架并涌升，促进了东海高生产力的形成（Chen，1996）。

（一）南海与太平洋之交换

南海是一个半封闭的陆架边缘海，通过十余个海峡与太平洋及邻近边缘海相通，主要的海峡有台湾海峡、吕宋海峡、卡拉维特海峡、民都洛海峡、巴拉巴克海峡、卡里马塔海峡、加斯帕海峡和马六甲海峡。这些海峡水深大多在 10 几米至 100 余米的范围内，只有吕宋海峡有～2200m 的海槛（即巴士海峡）通向西太平洋。沟通南海与苏禄海的民都洛海峡水深约为 450m。就净通量而言，西太平洋海水主要由表层/次表层（0～350m）和深层（>1350m）经巴士海峡流入南海，而南海海水流出则主要在 350～1350m 的中层（图 5.15）。

箱式模型计算结果显示（Chen et al.，2001）：湿季，南海表层水经由巴士海峡的输出通量约为 13.9（±1.8）Sv（希，10^6 t/s），自西菲律宾海的输入通量则为 12.8（±1.1）Sv；PO_4、NO_3 和 SiO_3 的输出通量分别为 26.8（±3.5）×10^9 mol/a、358（±47）×10^9 mol/a 和 1790（±232）×10^9 mol/a，自西菲律宾海的输入通量则分别为 20.6（±1.9）×10^9 mol/a、288（±26）×10^9 mol/a 和 412（±37）×10^9 mol/a。南海中层水输出通量大概为 1.8（±0.36）Sv，PO_4、NO_3 和 SiO_3 的输出通量分别为 48.5（±9.6）×10^9 mol/a、668（±134）×10^9 mol/a 和 1742（±157）×10^9 mol/a（表 5.3）。干季，物质通量则有显著降低，南海表层输出的水流量为 1.8（±0.2）Sv，PO_4、NO_3 和 SiO_3 的通量分别为 3.4（±0.3）×10^9 mol/a、45（±4）×10^9 mol/a 和

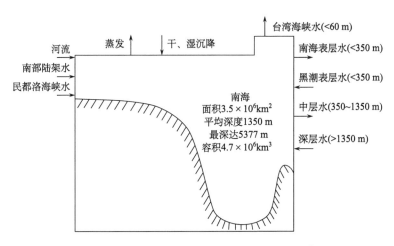

图 5.15 南海水收支示意图（Chen et al.，2001 修改）

表 5.3 南海湿季（5～10 月）的营养盐收支（Chen et al.，2001）

（水通量单位：×10^6 t/s；营养盐通量单位：6 个月合计 10^9 mol）

项目	水通量	盐度	磷酸盐通量	无机氮通量*	硅酸盐通量
河流	0.08（±0.02）	0	0.9（±0.2）	73（±15）	147（±29）
降雨-蒸发	0.13	0	—	—	—
大气沉降	—	—	—	23	0.5
南部陆架水	1.8	32.2	5.8	58	116
民都洛海峡水	0.2	33.4	0.7	7	13
台湾海峡水	−0.5	33.5	−1.6	−16	−40
南海表层/次表层水	−13.9（±1.8）	34.33	−26.8（±3.5）	−358（±47）	−1790（±232）
黑潮表层/次表层水	12.8（±1.1）	34.75	20.6（±1.9）	288（±26）	412（±37）
中层水	−1.8（±0.4）	34.51	−48.5（±9.6）	−668（±134）	−1742（±157）
深层水	1.2（0.2）	34.6	52.5（±10.5）	716（±143）	2710（±542）
沉积-再悬浮	—	—	−2.6（±0.8）	−42（±15）	−155（±47）

* 6 个月中反硝化的贡献估算总计为 −80（±91）×10^9 mol（Chen et al.，2001）

227（±20）×10^9 mol/a；自西菲律宾海输入的水通量为 4.7（±0.4）Sv，PO_4、NO_3 和 SiO_3 的通量分别为 7.6（±0.7）×10^9 mol/a、106（±10）×10^9 mol/a 和 151（±14）×10^9 mol/a。南海中层水输出通量为 2.0（±0.4）Sv，PO_4、NO_3 和 SiO_3 的通量分别为 54（±11）×10^9 mol/a、743（±148）×10^9 mol/a 和 1940（±175）×10^9 mol/a。西菲律宾海深层经由巴士海峡输入南海的水通量不受季节的影响，为 1.2（±0.2）Sv，PO_4、NO_3 和 SiO_3 的通量分别为 52.5（±10.5）×10^9 mol/a、716（±143）×10^9 mol/a 和 2710（±542）×10^9 mol/a（表 5.4）（Chen et al.，2001）。

表 5.4 南海干季（11 月～次年 4 月）的营养盐收支（Chen et al.，2001）

（水通量单位：$\times 10^6\,t/s$；营养盐通量单位：6 个月合计 $10^9\,mol$）

项目	水通量	盐度	磷酸盐通量	无机氮通量*	硅酸盐通量
河流	0.03 (±0.01)	0	0.3 (±0.06)	24 (±5)	49 (±10)
降雨-蒸发	0.03	0			
大气沉降	—	—	—	8	0.2
南部陆架水	−3	32.4	−5.8	−44	−242
民都洛海峡水	1	33.4	3.2	32	65
台湾海峡水	−0.2	34	−0.6	−6	−16
南海表层/次表层水	−1.8 (±0.2)	34.4	−3.4 (±0.3)	−45 (±4)	−227 (±20)
黑潮表层/次表层水	4.7 (±0.4)	34.85	7.6 (±0.7)	106 (±10)	151 (±14)
中层水	−2.0 (±0.4)	34.52	−54.0 (±10.8)	−743 (±148)	−1940 (±175)
深层水	1.2 (0.2)	34.6	52.5 (±10.5)	716 (±143)	2710 (±542)
沉积-再悬浮	—	—	−0.9 (±0.3)	−14 (±4)	−132 (±40)

* 6 个月中反硝化的贡献估算总计为 −33 (±92) $\times 10^9\,mol$ (Chen et al.，2001)

研究还发现，南海次表层水经吕宋海峡以 DIC 的形式输入西菲律宾海的量为 $17.6 \pm 9.0\,Tg\ C/a\ (Tg = 10^{12}\,g)$（Chou et al.，2007），而南海中层水则向西菲律宾海输出了 $3.1 \pm 2.1\,Tg\ C/a$ 的 DOC（Dai et al.，2009）。

（二）东海与太平洋之交换

在东海，水深小于 200m 的大陆架占总面积的 70%。与其他海域相比，东海是生产力较高的海区。长江、黄河汇入东海，为其带来了丰富的营养盐和有机物。

黑潮位于大洋的西边界，源于台湾岛东南和吕宋岛以东的海域，以流幅窄、流速强、厚度大著称（Chen et al.，1994）。北赤道流在菲律宾以东分成两支，一支向北，另一支向南，黑潮即由向北的分支延伸而来。

进入东海的黑潮中层水混合了营养盐含量较高的南海中层水，由于地形的原因，黑潮中层水会涌升至东海大陆架，为其输入大量的营养盐。据 Chen（1996）的估算，此部分营养盐的总量，尤其是磷酸盐，要远远大于河流的输入，因此，Chen（1996）认为黑潮中层水是东海大陆架区营养盐的主要来源。相关估算通量参见表 5.5（Chen，1996）。

表 5.5 冬夏两季黑潮表层水、热带水和中层水输入东海大陆架的营养盐通量（Chen，1996）

项目	冬季			夏季		
	营养盐通量/($\times 10^9\,mol/a$)					
	NO_3	PO_4	SiO_3	NO_3	PO_4	SiO_3
黑潮表层水	0.35	0.07	3.5	1.22	0.24	10.2
黑潮热带水	5.2	0.7	5.2	36.5	2.7	12.2
黑潮中层水	11	10.2	25	150	10.2	36.5

另一方面，由东海大陆架向外海的物质输送主要由"陆架泵"驱动。"陆架泵"的工作原理如图 5.16 所示：大陆架表层海水由于降温、蒸发、结冰等过程的影响，密度增大，海水下沉。那么，表层海洋通过光合作用将合成的 DOC、POC 及其他形式的碳（DIC 等）一同输入深层海洋，进而沿着等密度面输送至开阔大洋深海。此过程促使大陆架表层海洋不断吸收大气中的 CO_2 并固定至深海，被形象地称为"陆架泵"。东海"陆架泵"的动力主要是冬季表层海水水温降低，但即使是在温度较高的其他季节，海表以下"陆架泵"作用仍可持续。东海每年可吸收 7～20 Mt C（Mt＝10^{12} g），大部分以 DIC 和 DOC 的形式输送至开阔大洋深海中。然而，根据东亚季风环流的季节变化，胡敦欣等科学家提出"风驱输送机理"假说，认为东海在冬季向大洋物质输送的动力并不是低温高密度流，而是强劲的东北风（胡敦欣、杨作升，2001）。目前这两种假说都还有待验证。最近东海 PN 断面的颗粒有机物同位素研究的结果表明，东海大陆架向黑潮水水平输送 POC 的通量确实可观（Wu and Zhang，2003b）。

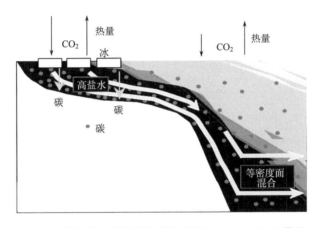

图 5.16　陆架泵工作原理示意图（据 Tsunogai，2002 修改）

（三）黄海与东海之交换

与南海和东海显著不同的是，黄海等密度线呈垂向分布，因此物质沿水平方向输送的速度较慢，"陆架泵"作用并不明显。黄海主要通过黄海暖流和沿岸流与东海进行物质交换。在冬季和秋季，通过黄海沿岸流，尤其是苏北沿岸流由黄海输送到东海的悬浮物质分别为 $3.4×10^7$ t 和 $2.6×10^7$ t；而在春季和夏季，分别有 $0.58×10^7$ t 和 $2.81×10^7$ t 悬浮物质由东海输入黄海（Pang et al.，2003）。

（四）东海与南海通过台湾海峡之交换

台湾海峡是连接南海与东海的主要通道。南海通过台湾海峡输入东海的水通量在湿季和干季分别为 0.5 Sv 和 0.2 Sv。PO_4、NO_3 和 SiO_3 的输出通量分别为 $1.6×10^9$ mol/a、$16×10^9$ mol/a、$40×10^9$ mol/a（湿季）和 $0.6×10^9$ mol/a、$6×10^9$ mol/a、$16×10^9$ mol/a

（干季）。由南海向东海输出的各类碳通量大致为 21 452×10⁹mol/a（DIC）、1232×10⁹mol/a（DOC）、112×10⁹mol/a（POC）（Chen et al.，2004；Cheng et al.，2004）。

第三节　中国河口化学[*]

长江、黄河和珠江是中国的三条大河，对中国沿海海域的生物地球化学过程影响非常显著。长江是我国第一大河，径流量约为 900km³/a，在世界大河中位居第三位，占中国河流总径流量（1600km³）的 56%，占流入东海总径流量的 85%。其输送的淡水、泥沙和营养盐对东海和黄海的化学和沉积环境影响巨大。黄河发源于青藏高原，于山东省注入渤海，是中国北方最大的河流，也是中国泥沙浓度最高的河流。从径流量的角度来讲，珠江是中国的第二大河，它也是输入南海北部最大的河流，因此珠江径流是南海北部陆源物质输入的主要来源。

一、长　江　口

长江发源于青藏高原，流经青海、西藏、四川、云南、重庆、湖北、湖南、江西、安徽、江苏和上海，在上海注入东海。长江河口区位于 30°50′~31°40′N，124°00′E 以西海域，北接古黄河冲积滩，南濒杭州湾，包括长江下游上海江段至佘山以东的广大水域，面积约 20 000km²，水深一般浅于 20m。长江河口区南岸为中国经济中心——上海市区及其浦东开发区所在地。地理上把长江口南缘上海芦潮港与浙江镇海连线以西称为杭州湾；连线以东为舟山渔场，这里是中国目前海洋渔业捕获量最大的近海渔场，也是东海重要经济鱼类的繁殖育肥场所。

（一）内河口化学环境

长江口内河口指江苏徐六泾以下 120km 长的江段。吴淞口以上盐度很低，而到了入海口附近，丰水期的盐度低于 3，但枯水期或者干旱年份则可超过 15。内河口水域悬浮颗粒浓度在 1970 年以前高达 600mg/L，近年来由于上游筑坝等人类活动截流了大量泥沙，使得河口悬浮颗粒浓度降至 400mg/L 以下（李晶莹、张经，2003）。长江内河口的常量元素主要源于石灰岩风化（Chen et al.，2002），河水 TA 浓度高达 1500~2000μmol/L，而 DOC 浓度却仅 100~200μmol/L。河水的呼吸作用比较弱，除了吴淞口附近受黄浦江影响的部分江面以外，DO 饱和度基本上保持在 85%~95%（Zhai et al.，2007），pH 保持在 7.8~8.1 范围内。与世界上的其他大河相比，长江重金属元素的浓度较低，相反常量元素浓度较高，这可能与长江中上游强烈的化学剥蚀和相对较低的人类活动水平有关（黄薇文、张经，1994）。

长江内河口的营养盐的显著特征为高 NO₃ 浓度水平。根据 2005 年 9 月至 2006 年 4月三个航次的调查，长江口上游 NO₃ 浓度一般在 50~130μmol/L 之间，空间变化比较

---

[*] 本节作者：戴民汉、郭香会、翟惟东

小而季节变化显著，即丰水期最低，枯水期较高，4 月份达到最高值，这可能与流域的农业施肥活动有关。NO_2 也存在类似的季节变化，丰水期浓度约为 $0.1\mu mol/L$，枯水期～$1\mu mol/L$，4 月份则高达 $1.0～3.5\mu mol/L$。NH_4 浓度仅枯水期较高，达 $10～25\mu mol/L$，丰水期 $<1\mu mol/L$。受被污染的黄浦江的影响，在吴淞口附近及其下游经常出现 NH_4 和 NO_2 的高值，但这个高值很快就被长江水稀释了。长江内河口 PO_4 的浓度仅 $0.5～3.3\mu mol/L$，枯水期浓度较高，这可能是由于水体中较高浓度的钙离子与 PO_4 发生沉淀反应，从而降低了水体中 PO_4 的浓度（樊安德，1995）。1960 年以来长江内河口 DIN 和 PO_4 的浓度都升高了 3～5 倍，而 SiO_3 浓度则下降了～70％（图 5.17），导致入海径流的营养盐结构发生大幅度变化（Wang，2006）。

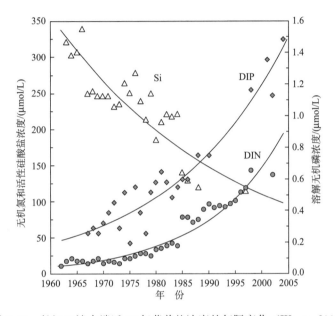

图 5.17　长江口淡水端近 40 年营养盐浓度的年际变化（Wang，2006）

（二）长江冲淡水区域的化学环境

在长江入海口附近海域，长江冲淡水、台湾暖流和黄海冷水在此交汇、混合，加上潮汐波浪等海水运动，该区域的理化条件变化剧烈。

长江河口区 PO_4 浓度一般是上游高、外海低，其浓度变化与长江径流量没有明显相关性，而与浮游植物的消长有一定关系。例如，9 月浮游植物繁茂，PO_4 浓度下降，10 月降至 $0.4\mu mol/L$；秋冬季浮游植物活动处于低潮时，PO_4 浓度升高；6 月 PO_4 浓度又趋于减少；8 月表层水体 PO_4 平均浓度为 $0.7\mu mol/L$，底层为 $0.8\mu mol/L$；1 月份 PO_4 的分布比较均匀，介于 $0.5～0.6\mu mol/L$ 之间（齐雨藻，2003）。

NO_3 的分布也是自内河口向外逐渐降低，与盐度显著地负相关。其季节变化与长江径流以及浮游植物活动都有关。8 月径流量较大时，NO_3 浓度较高，平均为 $3.3\mu mol/L$；9 月，由于浮游植物的大量摄取，NO_3 浓度有所下降；10 月浮游植物骤减，但长江径流仍较强，其浓度迅速回升；11 月 NO_3 平均浓度达到全年最高值

$13.3\mu mol/L$；5 月表、底层水体 NO_3 的平均浓度分别为 $13.2\mu mol/L$ 和 $9.8\mu mol/L$；1 月表、底层水体 NO_3 的平均浓度分别为 $6.8\mu mol/L$ 和 $5.8\mu mol/L$（齐雨藻，2003）。

长江河口区水体的碳酸盐体系主要受水团混合和浮游生物光合-呼吸作用的共同影响。根据 2007 年 4 月的调查，pH 的变化范围为 $8.0\sim 8.4$，DIC 浓度在 $1900\sim 2100\mu mol/L$ 之间，TA 浓度在 $2000\sim 2300\mu mol/L$ 之间，碳酸盐体系的化学缓冲能力较强。在夏季水华区域，也曾观测到 DIC 降至 $1700\mu mol/L$ 的情况，相应的 pH 则高达 8.56（翟惟东等[①]）。

长江河口区水体的 DO 浓度除了受水温和盐度影响以外，生物光合作用的强度、有机质浓度及其分解速率对水体的 DO 浓度都起重要的作用。夏季，河口区外缘浮游植物高生物量区的 DO 饱和度最高可达190%，然而在该区域的底层水体，生物体碎屑与残骸的分解耗氧导致 DO 浓度非常低，仅 $50\mu mol/L$（1.6mg/L）（樊安德，1995）。水体的层化现象致使表、底层的 DO 浓度相差很大。根据 1999 年 8 月的调查，DO 低于 $63\mu mol/L$（2.0mg/L）的底层缺氧区平均厚度为 20m，面积达 $13\,700km^2$；而 DO 低于 $109\mu mol/L$（3.5mg/L）的底部低氧海区向东南方向可一直延伸到东海大陆架（图 5.18）（李道季等，2002）。冬季由于水体垂直混合均匀，该区域底层 DO 浓度与表层基本一致。

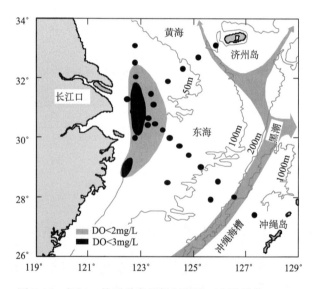

图 5.18　长江口外夏季底层低氧区域（李道季等，2002）

二、黄　河　口

黄河发源于青藏高原，流经中国西北和华北地区，于山东省垦利县注入渤海，是中国北方最大的河流。黄河河口位于渤海湾与莱州湾之间，潮差一般在 1m 左右，属弱潮

① 据翟惟东等 2007 年 4 月对长江口的调查

多沙、摆动频繁的陆相河口。黄河口及其邻近海域形成了适宜海洋生物生长和发育的高生产力的海洋生态环境。其浅海滩涂是我国的传统渔场，也是渤海经济鱼、虾、贝类，特别是对虾产卵、孵化和育肥的天然良好场所和人工养殖基地，在渔业上占有重要位置。该地区按海岸地貌发育成因可分为西北部边缘的古代黄河三角洲、黄河改道后的套儿河口以东至淄脉沟的近代黄河三角洲及南部的莱州湾南岸海积平原。黄河的大量泥沙径流注入内海海湾，并向海呈辐射状分散，这是近代黄河三角洲冲积平原的主要地貌特征。黄河河道的频繁摆动使大冲大淤过程构成近代黄河三角洲海岸动态的主要特征。近代黄河三角洲的海岸表现为粉砂质淤泥质海岸，海岸带开阔，具有明显的环陆分带特征。潮滩沉积发育很不典型，潮上带保留了河流三角洲沉积的面貌，潮滩沉积层很薄，潮间带和潮下带开始出现潮滩沉积分带性。无潮区域的潮滩表现出潮间带狭窄、分带性不明显的特征。

（一）内河口化学环境

黄河是一条水少、沙多的大河。由于泥沙沿下游河道不断淤积，至河口区输沙量已显著减少，但多年平均含沙量仍高达 25g/L。黄河泥沙经过中下游长距离的移运、沉积和分选，至河口其悬移质比中上游有明显的细化。河口段悬移质组成的季节性变化也十分明显，汛期泥沙比较细，非汛期泥沙比较粗。这是因为汛期的泥沙主要通过降雨侵蚀流域表面带来，而非汛期的泥沙则多来自河床的冲刷和塌岸（张向上，2004）。黄河水的总溶解物质浓度常年保持在 0.4～0.7g/L，大部分离子浓度高于世界其他大河，尤其是 Na^+、K^+、Cl^-、SO_4^{2-}，其浓度差不多是世界河流平均水平的 10～20 倍。黄河干流河水化学组成阴离子以 HCO_3^- 为主，但 SO_4^{2-} 和 Cl^- 的浓度也远高于长江水，阳离子以 K^+、Na^+ 和 Ca^{2+} 为主（陈静生等，2006）。

（二）外河口化学环境

黄河三角洲沿岸的营养盐较为丰富，受黄河径流的影响，莱州湾西部表层的 DIN 浓度明显高于黄河三角洲北岸。在 5 月份枯水期，DIN 浓度不到 $2\mu mol/L$，而 8 月份因黄河径流量增加，莱州湾西部 DIN 浓度显著提高，平均值达到 $13\mu mol/L$。这种丰水期营养盐水平提高的效应可一直持续到 11 月份丰水期的结束（齐雨藻，2003）。PO_4 浓度水平不足 $0.5\mu mol/L$（张欣泉等，2007；Jiang et al.，2007），而有机磷浓度最高可达 $3\mu mol/L$ 以上，占溶解态总磷的 90% 左右（张欣泉等，2007）。黄河口的 NO_2、NO_3、PO_4 和 SiO_3 的分布总趋势是沿岸和河口上游浓度高，由河口向外海递减，河口附近的梯度很大。河口向东北方向，河口两侧营养盐浓度高，但在东北部远离河口的外海区，由于外海水的稀释作用，出现营养盐的低值区。在咸淡水混合区域，由于密度的差异，高营养盐低盐度的冲淡水浮于表层，表层的 NO_2、NO_3、PO_4、SiO_3 与盐度有良好的负相关性，而底层水无相关性（马媛，2006）。在咸淡水混合过程中，由于陆源颗粒物质在介质离子强度增加时会使吸附在颗粒物质上的磷酸盐再活化，水体中的 PO_4 浓度升高（Jiang et al.，2007）。

黄河口及附近海域的 DO 浓度在 $150\mu mol/L$ 以上，大都处于与大气平衡的状态。5月，黄河口东北部为山东半岛沿岸 DO 饱和度高值区，表层的 DO 饱和度可达 116%；8月，由于水温升高，DO 的浓度及饱和度都达最低值，分层明显，表层高，底层低；11月在黄河口外及莱州湾的西、南部出现浓度 DO 高值区，并向东递减，但是 DO 饱和度在整个莱州湾都比较均匀，约为 96%。莱州湾西部由于浮游植物繁茂，表层水中的 DO 明显高于本区其他海域。黄河口混合区非汛期的 DIC 在 $2570\sim3640\mu mol/L$ 之间，汛期为 $2270\sim2750\mu mol/L$，淡水高而海水低；pH 变化在 $7.9\sim8.5$ 之间，表现出非汛期较高、汛期较低、淡水高而海水低的特征（张向上、张龙军，2007）。

（三）黄河口化学环境的变化

黄河入海水沙在 20 世纪五六十年代比较丰富，70 年代以后显著减少（图 5.19）。特别是 20 世纪 90 年代以来，黄河水沙入海通量大幅度减少，2002 年入海径流量降至 $70\times10^8 m^3$，不足 20 世纪五六十年代的 15%，年均输沙量降至 1.6×10^8 t。黄河自然断流自 1972 年至 1979 年共出现了 13 次，1987 年至 21 世纪初几乎连年出现断流。水沙通量锐减导致黄河三角洲由过去年均造陆约 $23km^2$ 逆转为岸滩整体蚀退。$1996\sim2004$ 年间，黄河三角洲面积减少了 $68km^2$。同时，入海径流的锐减乃至断流改变了河口生态系统的基础环境，湿地萎缩达 70%；近海海水盐度升高但营养盐浓度下降了 50% 以上，渔业生产力下降了 95% 之多（王栋等，2006）。

2002 年以来，水利部黄河水利委员会开始实施调水调沙，人为干预黄河入海水沙通量（图 5.19）。对实测资料的分析表明，调水调沙在很短时间内直接影响了黄河入海的水沙通量。例如，利津站同水位流量逐年增大，河槽过洪能力逐年增强（王栋等，2006）。调水调沙对黄河的影响可能是多方面的，对黄河口的化学环境产生重要影响，值得密切关注。

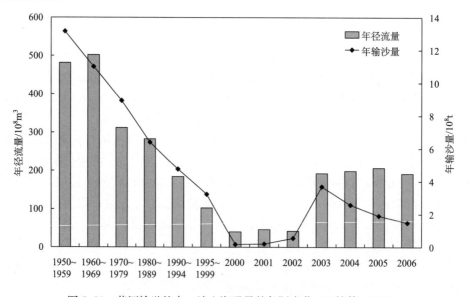

图 5.19　黄河输送的水、沙入海通量的年际变化（王栋等，2006）

三、珠　江　口

珠江流域位于中国南部的亚热带季风区，流域面积约 $4.5 \times 10^5 km^2$，年平均降水量为 1470mm，多年平均入海径流量为 $3260 \times 10^8 m^3/a$，其中 80% 分布在 4~9 月的雨季（赵焕庭，1990）。珠江在纳西江、北江、东江、潭江和流溪河等众支流的径流后进入三角洲河网区，经虎门、蕉门、洪奇门（洪奇沥）、横门、磨刀门、鸡啼门、虎跳门和崖门八大口门注入珠江口出南海，形成珠江口独特的"三江汇集，八口分流"的格局。

珠江是输入南海北部最大的河流，因此珠江径流是南海北部陆源物质的主要来源。珠江口位于 22~23°N，113~114.5°E，它包括三个亚河口：伶仃洋、黄茅海和磨刀门。传统意义上的珠江口是指从广州经虎门到伶仃洋一带，对珠江口的研究也多集中于此。因此本节重点介绍伶仃洋。此外，还简单提及黄茅海。

（一）水化学及其过程

珠江口水体的物理和化学参数空间变化很大，季节变化显著。冬季表层水温为 14.3~17.4℃，夏季则高达 27.6~31.2℃。春、夏、秋三季，虎门附近的盐度接近于零，向下游伶仃洋方向盐度逐渐升高，到桂山岛附近约为 13~16，万山群岛以南盐度方可达到 33；冬季，咸淡水混合锋面可上溯至广州，虎门附近盐度高于 15，香港附近水域盐度高达 30~34。珠江径流量的季节变化是造成珠江口盐度季节变化的主要原因。虎门上游终年垂直混合均匀。

珠江口上游广州至虎门附近表层水体的 CO_2 处于高度过饱和状态，CO_2 分压（p_{CO_2}）高达 5000~8000μatm，相当于大气水平的 13~22 倍（大气 p_{CO_2} 为 370~380μatm），夏季高于冬季，春秋季居中。p_{CO_2} 的空间变化非常大，向下游出虎门，p_{CO_2} 急剧降至 <2000μatm，内伶仃洋大部分水域 p_{CO_2} 在 500μatm 以下，外伶仃洋则接近大气水平（380μatm）。夏季的水华可使伶仃洋和万山群岛附近水域的 p_{CO_2} 降低至 200μatm。与 CO_2 过饱和相对应，珠江口虎门上游终年缺氧，广州上游至黄埔附近的 DO 低于 60μmol/L。虎门以外，DO 迅速升高，伶仃洋中 DO 一般高于 200μmol/L（饱和度 80%），春夏季局部水华区 DO 高达 350μmol/L（饱和度 170%）。水中有机物的好氧呼吸和硝化作用是造成虎门上游低 DO 和高 p_{CO_2} 的重要原因（Zhai et al.，2005a；Dai et al.，2006）。

珠江三大支流西江、北江和东江的 DIC 浓度差别非常大。西江和北江流经富含碳酸盐岩的喀斯特地貌，河水中 HCO_3^- 浓度高达 2000μmol/L，而东江流域是以硅酸盐风化为主，河水中 HCO_3^- 浓度相对较低，仅 600μmol/L 左右（陈静生等，2006）。春、夏、秋三季，珠江口虎门附近的 DIC 在 1000μmol/L 左右，是几个支流混合的结果；沿下游方向 DIC 随盐度的升高而升高，到万山群岛外可达 1950μmol/L；冬季河流径流量减小，海水上溯，广州附近盐度约为 1，DIC 高达 ~3000μmol/L，并沿下游方向逐渐降低，内伶仃岛附近约为 1950μmol/L（图 5.20a）。TA 的分布与 DIC 相似。

春、夏、秋三季，珠江口广州附近水体的 pH 约为 7.0，出虎门后 pH 随盐度的升

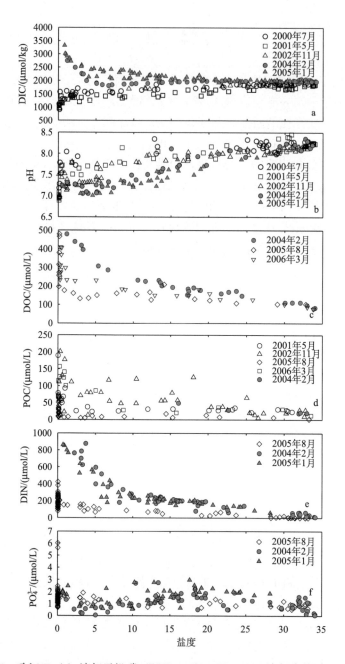

图 5.20　珠江口（a）溶解无机碳（DIC）、（b）pH、（c）溶解有机碳（DOC）、
（d）颗粒有机碳（POC）、（e）溶解无机氮（DIN）和（f）磷酸盐（PO_4）随盐
度变化的分布（Guo et al.，2008）

高而升高，外伶仃洋和万山群岛附近水体的 pH 约为 8.2，部分水华区的 pH 可高达
8.4～8.5；冬季，广州附近水域的 pH 约为 7.2～7.3，向下游方向逐渐降低，最低值
出现在黄埔附近。到伶仃洋 pH 又随盐度的增加而升高。外伶仃洋海域的 pH 为 8.2～
8.3（图 5.20b）。

夏季，虎门附近 DOC 约为 $200\mu mol/L$，向下游方向逐渐降低，到外伶仃洋约为 $100\mu mol/L$。冬季，广州附近 DOC 高达 $480\mu mol/L$，向下游方向急剧降低，虎门附近约 $170\sim185\mu mol/L$，外伶仃洋为 $75\sim80\mu mol/L$。春季 DOC 的浓度介于冬季和夏季之间，虎门附近约 $230\mu mol/L$（图 5.20c）。广州附近 DOC 浓度的空间变化很大，为 $200\sim480\mu mol/L$，可能与污水或污染物的排放有关。

夏季，虎门至伶仃洋的 POC 浓度约为 $60\sim210\mu mol/L$，最高值出现在盐度 $15\sim20$ 之间；虎门上游为 $95\sim770\mu mol/L$，空间变化很大。春季，虎门上游 POC 略高于夏季，为 $100\sim350\mu mol/L$。外伶仃洋 POC 浓度非常低，仅 $13\sim18\mu mol/L$（图 5.20d）。

珠江口上游氮营养盐浓度很高，而且空间变化显著，上游低盐度区以 NH_4 为主。夏季，虎门上游 NH_4 的浓度高达 $50\sim390\mu mol/L$。向下游方向 NH_4 浓度逐渐降低，内伶仃洋仅为 $3\sim50\mu mol/L$，外伶仃洋一般 $<10\mu mol/L$。NO_3 浓度的空间变化也很大，虎门附近为 $80\sim110\mu mol/L$，沿下游方向逐渐减小，外伶仃洋为 $0\sim17\mu mol/L$。虎门上游 NO_2 浓度为 $0\sim70\mu mol/L$，内伶仃洋为 $1\sim16\mu mol/L$，外伶仃洋为 $1\sim5\mu mol/L$。冬季，广州附近 NH_4 浓度高达 $800\mu mol/L$，广州以下急剧降低；广州附近 NO_3 浓度约为 $100\mu mol/L$，沿下游方向浓度逐渐升高，到黄埔附近达到最高浓度 $320\mu mol/L$（图 5.20e），与 pH 的最低值的位置相吻合。黄埔以下，NH_4 和 NO_3 浓度都急剧降低，到虎门附近 NH_4 浓度仅为 $70\sim100\mu mol/L$，NO_3 浓度仅 $60\sim80\mu mol/L$，到外伶仃洋，NH_4 低于检测限（$0.05\mu mol/L$），NO_3 低至 $<10\mu mol/L$。广州至黄埔段 NO_2 浓度约为 $50\sim70\mu mol/L$，沿下游方向逐渐降低，虎门附近为 $\sim15\mu mol/L$，外伶仃洋 $<2\mu mol/L$。总之，上游 DIN 的形态以 NH_4 为主，下游以 NO_3 为主。河口 NH_4 和 NO_3 的浓度变化是河海水混合和硝化作用强度变化的结果，黄埔附近硝化作用最强（Dai et al.，2006）。

珠江口 PO_4 的分布与盐度无关（图 5.20f）。广州附近 PO_4 浓度为 $0.5\sim6.0\mu mol/L$，空间变化很大。夏季，内伶仃洋和外伶仃洋的 PO_4 浓度为 $0.6\sim1.6\mu mol/L$，冬季为 $0\sim3\mu mol/L$。

夏季，广州附近 SiO_3 浓度为 $25\sim280\mu mol/L$，空间变化很大，向下游方向逐渐降低，内伶仃洋为 $30\sim130\mu mol/L$，外伶仃洋为 $3\sim30\mu mol/L$；冬季，广州附近的 SiO_3 为 $40\sim100\mu mol/L$，向下游方向逐渐降低，到虎门附近为 $38\sim50\mu mol/L$，外伶仃洋为 $8\sim15\mu mol/L$。SiO_3 主要来自流域岩石风化，其浓度丰水期>枯水期（戴民汉等[①]）。

以上主要是珠江口伶仃洋的理化特征。另一个大的喇叭形河口——黄茅海的碳、氮水化学特征与伶仃洋不同。总体来讲，黄茅海及其上游崖门/虎跳门水道的 pH、DIC 和 TA 高于虎门上游和伶仃洋，而 p_{CO_2} 和营养盐低于伶仃洋。冬季，黄茅海上游 $p_{CO_2}<1000\mu atm$，且随盐度的升高而降低，下游接近大气平衡值 $380\mu atm$；pH 为 $7.8\sim8.2$，上游低，下游高。DIC、TA 和 DIN 各组分的分布都是上游最高，并随盐度的升高而呈线性降低，表明混合是控制其分布的主要过程。上游 DIC 和 TA 分别为 $2100\mu mol/L$ 和 $2200\mu mol/L$ 左右，下游与南海北部相近；上游 NO_3 和 NH_4 的浓度分别为 $80\mu mol/L$ 和 $50\mu mol/L$，下游分别为 $17\mu mol/L$ 和 $1\mu mol/L$；NO_2 浓度低于

---

① 据戴民汉等 2001 年、2002 年、2004 年、2005 年和 2006 年对珠江口进行的航次调查

$5\mu mol/L$。夏季，上游淡水端 p_{CO_2} 高达 $3500\mu atm$，向下游方向随盐度的升高而降低；DIC 为 $1250\sim 1850\mu mol/L$，高于虎门上游，河海水混合是控制其分布的主要过程；淡水中 NO_3 的浓度为 $120\mu mol/L$，随盐度的升高而降低；NO_2 浓度 $<10\mu mol/L$；NH_4 浓度 $<6\mu mol/L$；PO_4 浓度为 $0.5\sim 1.5\mu mol/L$，其分布与盐度无关；SiO_3 浓度为 $15\sim 150\mu mol/L$，淡水中高而海水中低。

比较而言，伶仃洋虎门上游的 DIN 以 NH_4 为主，而黄茅海上游以 NO_3 为主；伶仃洋虎门上游的硝化作用很强，影响 TA 和 NO_3 及 NH_4 的分布，而黄茅海的水化学参数主要受物理混合影响；伶仃洋上游的 p_{CO_2} 和 DIN 浓度比黄茅海上游高得多。

（二）物质的入海通量

珠江每年向南海北部输入大量的碳和营养盐，这里用一个简单的方法来估算溶解物质的入海通量，即通量＝有效浓度×淡水流量（Guo et al.，2008）。

尽管珠江口枯水期碳和营养盐（DIC、DIN 和 SiO_3）的浓度远高于丰水期，但由于夏季河水的流量比冬季大得多（夏季 $455\times 10^9 m^3/a$，冬季 $127\times 10^9 m^3/a$）（Cai et al.，2004），因此珠江碳、氮的入海通量主要集中在雨季。例如，雨季和旱季 DIC 的入海通量分别为 $611\times 10^9 mol\ C/a$ 和 $237\times 10^9 mol\ C/a$，年均通量为 $478\times 10^9 mol\ C/a$（Guo et al.，2008）。珠江口 DIC、DOC、DIN、PO_4 和 SiO_3 的入海通量分别约为 $455.2\times 10^9 mol/a$、$56.9\times 10^9 mol/a$、$27.2\times 10^9 mol/a$、$0.9\times 10^9 mol/a$ 和 $14.6\times 10^9 mol/a$。其他物质的入海通量未见报道。

（三）小　结

珠江是输入南海北部陆架最大的河流。珠江口盐度的季节变化很大，主要受径流量季节变化的影响。珠江口上游的 DIN 浓度非常高，河海水混合是控制其分布的主要过程。此外，河口的生物地球化学过程对于珠江口碳、氮的分布及形态变化也起到重要的作用。珠江口的碳、氮等溶解水化学参数的总体分布特征是上游高、下游低，上游的有机物好氧呼吸和硝化作用是造成珠江口上游缺氧和高 p_{CO_2} 及 DIN 形态转化的重要过程。

四、其他河口

我国海岸线非常广阔。流入我国边缘海的河流除了长江、黄河、珠江外，还有鸭绿江、辽河、滦河、海河、淮河、闽江、九龙江、韩江等大河。通过河流输入的各种陆源物质在淡水和海水混合的河口区通过强烈的物理、化学和生物作用被快速地去除，或被重新分配或直接输送到海洋，影响我国边缘海碳、氮、金属等元素的地球化学循环。

（一）鸭绿江、辽河、滦河、海河、闽江、九龙江、韩江简介

鸭绿江是我国东北与朝鲜的国境河流。它发源于长白山南麓，全长 790km，全流

域面积为 $6.2 \times 10^4 \mathrm{km}^2$，其中我国境内流域面积为 $3.2 \times 10^4 \mathrm{km}^2$。鸭绿江流经我国吉林、辽宁两省，于辽宁丹东附近注入黄海，多年平均径流量为 $3.0 \times 10^{10} \mathrm{m}^3/\mathrm{a}$。辽河是我国东北地区的一条大河。辽河有东西二源，东辽河发源于吉林哈达岭，西辽河又有南北两个源头，其北源是内蒙古克什克腾旗白岔山的西拉木伦河，南源是河北省七老图山。东西二源在河北省北端汇合，流经河北省、吉林省、内蒙古自治区、辽宁省，在盘锦市注入渤海，流域面积为 $1.6 \times 10^5 \mathrm{km}^2$，流量 $9.5 \times 10^9 \mathrm{m}^3/\mathrm{a}$。海河是华北地区的大河之一，在天津大沽口入渤海。滦河是华北地区仅次于海河的一条大河，发源于河北省丰宁县，在河北省乐亭县入渤海。闽江是福建省第一大河，发源于武夷山脉，在福州市入海。九龙江位于中国福建省南部，上游由北溪和西溪组成，北溪发源于龙岩，上源为雁石溪及九鹏溪等在漳平市汇合，而后流向东南；西溪（龙江）发源于博平岭，两支流至龙海县的福和汇合后分南、中、北流注入厦门港，河流总长 1148km，流域面积 $1.4 \times 10^4 \mathrm{km}^2$。韩江发源于广东省和福建省，在广东的汕头入南海。

（二）河口水化学及入海通量

鸭绿江下游的悬浮颗粒物浓度较低，仅 $5 \sim 10 \mathrm{mg/L}$，但是河口最大浑浊带（盐度 <10）中悬浮颗粒物浓度却高达 $500 \sim 1000 \mathrm{mg/L}$；再向外，悬浮颗粒物浓度又逐渐降低，在盐度 $S = 20 \sim 25$ 的区域仅 $10 \mathrm{mg/L}$。河口低盐度区（$S < 10$）NO_3 浓度也较高（$300 \sim 600 \mu\mathrm{mol/L}$），在最大浑浊带（$S = 1 \sim 3$）出现浓度极大值，其后则随盐度的升高而降低，中盐度区 NO_3 浓度为 $200 \sim 300 \mu\mathrm{mol/L}$，以物理混合为主。$NH_4$ 的分布与 NO_3 不同，河口上游 NH_4 的浓度仅 $0 \sim 20 \mu\mathrm{mol/L}$，中盐度区（$S = 15 \sim 25$）$NH_4$ 浓度较高，为 $15 \sim 30 \mu\mathrm{mol/L}$；河水中有机磷的平均浓度为 $0.25 \mu\mathrm{mol/L}$，河口最大浑浊带有机磷浓度为 $0.1 \sim 0.3 \mu\mathrm{mol/L}$，再向下游方向到中盐度区，则升高到 $0.4 \mu\mathrm{mol/L}$。PO_4 的浓度为 $0.1 \sim 1.0 \mu\mathrm{mol/L}$，最大浓度出现在最大浑浊带；总溶解磷浓度为 $0 \sim 0.6 \mu\mathrm{mol/L}$，主要以有机态的形式存在，有机磷占总溶解磷的 $80\% \sim 85\%$，空间变化不大。SiO_3 的分布趋势与 NO_3 相似，低盐度区 SiO_3 浓度为 $120 \sim 250 \mu\mathrm{mol/L}$，最大浓度出现在最大浑浊带，中盐度区 SiO_3 随盐度的升高而降低，浓度范围为 $20 \sim 150 \mu\mathrm{mol/L}$。$NO_2$ 浓度低于 $0.1 \mu\mathrm{mol/L}$。鸭绿江下游表层河水中 DOC 的浓度为 $110 \mu\mathrm{mol/L}$，河口表层水 DOC 的平均浓度高于河流，为 $208 \mu\mathrm{mol/L}$。在河口大部分区域，表层水体 DOC 的分布主要受海水稀释作用影响，而底层水体 DOC 主要受水-沉积物相互作用控制；DOC 在最大浑浊带的浓度最高，可能有部分 POC 转化为 DOC。DOC 的入海通量为 $4.5 \times 10^9 \mathrm{mol/a}$（王江涛等，1998），约相当于珠江的 1/10。

辽河河口水域的 DIN 浓度比鸭绿江略低，淡水中以 NH_4 为主。硅酸盐浓度也低于鸭绿江。氮、硅营养盐的分布特征是淡水高于海水，枯水期高于丰水期，分布主要受物理混合过程控制。PO_4 浓度的变化规律不明显，可能与沉积-悬浮作用有关，但总的趋势是淡水高于海水。DO 的范围为 $86 \sim 208 \mu\mathrm{mol/L}$。1992 年辽河的 DIN、$PO_4$ 和 SiO_3 的入海通量分别为 $7.08 \times 10^3 \mathrm{t/a}$、$216 \mathrm{t/a}$ 和 $5.92 \times 10^3 \mathrm{t/a}$（蒋岳文等，1995；1996；王继龙等，2004；雷坤等，2007）。

闽江河口淡水中 DIN 的浓度较低，为 $40 \sim 55 \mu\mathrm{mol/L}$，并随盐度的升高而降低，盐度 30 左右的水域中为 $5\sim20\mu mol/L$。淡水中 PO_4 的浓度为 $0.2\sim0.4\mu mol/L$，盐度 30 左右的水域中为 $0.4\sim1.0\mu mol/L$，分布无明显规律。淡水中 SiO_3 的浓度为 $170\mu mol/L$，随盐度的升高而降低，盐度 30 左右的水域中为 $5\sim30\mu mol/L$。DIN、PO_4 和 SiO_3 的年入海通量分别为 $4.9\times10^4 t$、$0.1\times10^4 t$ 和 $40\times10^4 t$（邹栋梁、高淑英，1996）。

九龙江河口低盐度区 DOC 的浓度在 $165\sim248\mu mol/L$ 之间。DIN 的平均浓度为 $28.25\mu mol/L$，淡水高于河口混合区，物理混合是主要的过程，NO_3 是主要的存在形态。溶解无机磷、溶解有机磷、颗粒磷和总磷的浓度分别为 $0\sim1.27\mu mol/L$、$0.06\sim3.1\mu mol/L$、$0.45\sim5.39\mu mol/L$ 和 $0.03\sim12\mu mol/L$。河口区上段的磷主要以颗粒态存在，颗粒磷中主要是有机磷。PO_4 在河口的空间变化不大，分布无明显规律（张远辉等，1999）。淡水中 SiO_3 的浓度为 $187\sim398\mu mol/L$，在低盐度区絮凝过程去除部分 SiO_3。DIN、总磷和 SiO_3 的年入海通量分别为 $5.7\times10^3 t$、$1.5\times10^3\sim2.9\times10^3 t$ 和 $1.25\times10^5 t$（陈水土等，1985；陈水土，1993；陈水土等，1993a，1993b；陈松等，1996a，1996b）。

五、小结与比较

中国的入海河流在亚洲、乃至世界都占据重要地位，特别是长江、黄河和珠江，而且各河流的化学入海通量组成明显不同。长江总溶解物质的输出通量每年高达 $1.5\times10^8 t$，为亚洲最大。黄河以水少沙多而著称，是流经黄土高原或西北高原地区河流的典型代表，其河流的离子浓度也较高，平均达 $0.43kg/m^3$，分别为长江和珠江的 2.6 倍和 3.1 倍，但由于径流量较小，因此其河流的溶解物质通量很低，黄河的溶解物质通量仅占总物质通量的 2%，远小于长江的 24% 和珠江的 38%。珠江流域处于热带、亚热带湿润地区，上游植被丰富，岩溶作用活跃，使得流域的物理风化较弱，形成了丰水少沙的特点，而化学风化比较强烈，河水中 Ca^{2+}、HCO_3^- 浓度较高。在这三大河流中，珠江的碱金属离子浓度和 pH 都是最低的（张经，1997）。这三条大河入海的碳通量（表 5.6）占中国河流入海总碳通量（$5.87\times10^{12} mol/a$）（方精云等，1996）的 70% 左右。

表 5.6　中国主要入海河流的全年碳输送量（$\times10^{12} mol/a$）

河流	DIC	PIC	DOC	POC	参考文献
长江	$1.2\sim2.0$	0.22	$0.07\sim0.11$	$0.13\sim0.22$	Wu et al.，2003a；Zhai et al.，2007
黄河	$0.09\sim0.14$	1.2	0.005	$0.2\sim0.4$	张向上，2004；张向上和张龙军，2007
珠江	0.5	？	0.056	>0.015	Guo et al.，2008；林建荣，2007①

中国的主要河口供应了中国近海（渤海、黄海、东海和南海）浮游植物生产所需的 15% 的无机氮，6% 的磷酸盐和硅藻生长所需的 4% 的硅酸盐；三大河口营养盐各参数的入海通量见表 5.7（Liu et al.，2009）。珠江、辽河等河口的营养盐等水化学参数的浓度枯水期高于丰水期，主要原因是丰水期有较大的地表径流对污染物起稀释作用。此

---

① 林建荣. 2007. 长江、珠江口溶解有机碳比较研究. 厦门大学硕士学位论文

外，河口的地形也是影响河口水化学的重要因素。珠江口是个典型的喇叭形河口，加之潮汐作用比较强，使河水/淡水在河口的停留时间比较长，因此珠江口的生物地球化学作用很强，海水的稀释较长江口弱。

表 5.7　中国三大河营养盐的入海通量（$\times 10^6$ mol/d）（Liu et al.，2009）

河流	月份/季节	NO_3	NH_4	NO_2	PO_4	SiO_3
黄河	冬季	1.23	0.19	0.038	0.003	0.59
	夏季	2.54	0.058	0.044	0.004	1.12
长江	1997~2001 年 1 月	65.9	16.8	0.64	0.51	117.7
	1997~2001 年 7 月	277.4	18.3	0.28	1.34	395.9
珠江	1999 年 8 月	117.1	3.20	2.55	1.27	173.3
	2000 年 1 月	17.2	6.51	0.61	0.20	31.4

第四节　中国海沉积地球化学[*]

　　海洋沉积地球化学是化学海洋学的一个重要分支，也是介于化学、地质及生物海洋学之间的交叉学科。早在 1872~1876 年从"挑战者"号考察船首次大洋综合考察采集到的第一个沉积物样品开始，即揭开了海洋沉积地球化学的首页。但早期的海洋沉积地球化学多集中在对沉积物化学成分的分析。今天的海洋沉积地球化学已发展成为一个具有完整理论系统及实验内容的新兴学科。海洋沉积地球化学主要研究海洋沉积物中物质的来源、化学组成、分布及形态，以及沉积物中所发生的一系列生物、化学和物理过程与机理。海洋沉积地球化学根据其研究目的和内容，又可分为矿物及油气地球化学、有机地球化学、同位素地球化学、古海洋地球化学等专门研究分支，这些分支通常又是紧密相连的。我国早期的海洋沉积地球化学研究大多与矿产及油气资源密切相关，多以测定沉积物中各种元素的含量及分布、不同矿物及油气的组成等。对沉积化学反应的过程和机理方面的研究很少。近十几年来，由于海底采样技术的提高及现代仪器分析手段的普及应用，以同位素及有机地球化学为手段研究沉积物中物质来源、迁移规律以及在反应过程和机理方面有了很大进展。海洋沉积地球化学通常将研究内容集中在沉积物表层至几米深的沉积层，即早期成岩作用（early diagenesis）（Berner，1980）。对研究古气候、古海洋以及石油地球化学等则要取至更深的沉积层。本节主要介绍近代沉积地球化学即早期成岩过程。现根据收集参考多年研究的文献报道，对我国各海区的沉积地球化学做一简述。有关海洋沉积物污染（金属及有机物）方面的内容，将在第十八章介绍。

　　针对海洋沉积物的特性，沉积地球化学研究主要从三个方面进行：①沉积物固相研究；②沉积物间隙水研究；③沉积物与底层水体界面过程。对于沉积物-水体界面过程，通常采用实验室模拟及现场测定的方法计算物质的交换通量等。对于沉积物固相及间隙水研究则需现场采集表层样品或柱状样进行分析。间隙水的分离常用离心法或压榨法获取。通过直接测定沉积物界面上覆水中浓度随时间的变化计算物质的扩散，或通过测定

---

　　[*]　本节作者：王旭晨

沉积物间隙水中浓度的梯度计算物质的扩散（Burdige，2006）。

一、边缘海沉积物来源及特征

海洋沉积物的形成来自水体中颗粒物的不断沉积和埋藏。在大洋沉积物中，来自海洋表层的自生颗粒物（如浮游动植物）及大气沉降颗粒物是沉积物的主要来源。由于颗粒物来源、水深及生物化学过程等因素的限制，大洋沉积速率很低，通常为每千年沉积几毫米。但在边缘海及近海区域，陆海相互作用强烈，陆源颗粒物自河流的输入以及海岸带的风化侵蚀等过程对沉积物的形成有重要贡献，具有高沉积速率的特征。我国各海区均属于大陆架边缘海区，各海区沉积物的形成在不同程度上受陆源输入的影响。海洋沉积物即是很多化学物质进入海洋后的归宿，又是海洋中很多化学物质再循环的来源。因此，海洋沉积物对海洋乃至地球上一些重要元素如碳、氮、硫、磷、氧等，以及一些微量元素的循环起着至关重要的作用。例如，海洋沉积物中有机物的分解及埋藏是保持海洋中碳循环及平衡的重要过程。沉积物中有机氮的分解对整个海洋氮的循环至关重要，特别是在大陆架海区（Burdige，2006）。

边缘海沉积物与大洋沉积物中由于物质来源的不同，导致其地球化学具有很大的差异和特征。由于大陆架海区具有较高的营养盐供应，其初级生产力通常较大洋要高得多，加之受陆源物质的影响，有较高的沉积速率，而大量死亡之后的海洋浮游动植物及陆源颗粒物会快速沉降至海底并不断被埋藏。如在黄、东海河口区及近岸区沉积速率每年往往高达几厘米。而在大洋中，大部分死亡后的海洋自生有机物（>90%）在沉降过程中于海洋上层水体中即被分解，只有<1%的沉降埋藏于海底沉积物中。以有机碳为例，虽然大陆架边缘海区只占整个海洋面积的 10% 左右，但有近 90% 的海洋自生有机碳沉积埋藏在边缘海沉积物中（Berner，1982）。有机物又是沉积物中所有早期成岩反应的动力能源，因此，正是这种沉积来源的差异，造成了边缘海沉积地球化学与大洋沉积地球化学的不同。

成矿化合物及一些稀有微量金属元素在沉积物中的埋藏主要通过 3 种方式：有机物、$CaCO_3$、SiO_2 及 P 等生源要素主要通过生物地球化学方式沉积；Fe、Mn、Al_2O_3 等矿物元素主要是以化学方式沉积；而稀有及微量金属元素则以黏土矿物吸附为主沉积。另外沉积物中的 pH 及氧化还原状况对元素的分布形态和矿物形成也起到控制作用。如常见的铁矿物、氢氧化铁及氧化铁会在氧化态环境下形成，而黄铁矿、白铁矿等则只有在还原条件下生成（南京大学地质学系，1979）。

研究海洋沉积物中有机物的来源及循环是研究近代海洋沉积地球化学的一个重要内容。沉积物中有机物的主要化合物组分包括蛋白类（protein）、糖类（carbohydrate）及脂类（lipid），其含量分别为总有机碳的 20%～30%，10%～30%，5%～10%。研究有机物的来源通常以测定沉积有机物中碳的稳定同位素（^{13}C）及 C/N 比值，以及测定代表海洋自生有机物及陆源有机物的标志化合物的应用较多（Engel and Macko，1993）。大洋沉积物中有机碳的 $\delta^{13}C$ 值非常稳定，大多在 $-21‰～22‰$ 之间，接近于海洋自生有机物（浮游植物、动物）的 $\delta^{13}C$ 平均值。相应的 C/N 值也在 6～8 之间，接近于海洋浮游植物的 C/N 比值（redfield ratio）。而在边缘海及近岸海区，沉积物有机

碳的 $\delta^{13}C$ 值则为 $-22‰\sim26‰$，C/N 比值在 $10\sim20$ 之间，与大洋差异较大，显示受陆源有机物影响的结果。

在有机物分解过程中，伴随有机碳的循环，有机氮、磷被还原为可溶性的 NH_4 和 PO_4。这些溶解的 NH_4 和 PO_4 可以自高浓度的沉积物间隙水扩散至上覆水中，这在近岸海区是 N、P 营养元素循环的一个重要途径。同时，在有机物分解过程中由氧化环境转为还原环境所产生的大量 HCO_3^- 和 H_2S，将导致沉积物中一些矿物的形成。如常见的黄铁矿（FeS_2）、菱锰矿（$MnCO_3$）、方解石和文石（$CaCO_3$）、磷灰石 $[Ca_5(PO_4)_3(OH，F)]$ 等。

二、边缘海沉积物中的早期成岩过程及特征

我国各海区都属于边缘海。沉积物来源不同程度的受陆源影响，沉积速率快，其沉积地球化学具有一定的相似性，其差异则主要由各海区的沉积环境特征（如水深、环流、温度、氧化还原状况等）、沉积物类型（泥沙含量、粒径、有机物含量等）等因素决定。因此，对边缘海沉积物中的地球化学特征的了解有助于分析认识中国各海区沉积地球化学的异同。

当颗粒物沉降至沉积物表面后，将发生一系列的物理、化学及生物过程，即早期成岩作用。这些反应的动力学在不同海区沉积物中会有差异，但发生的机理和顺序是相同的。多年来的研究已经证明，沉积物中的有机物分解过程对整个沉积地球化学过程起到关键作用。

当有机物沉积至沉积物表面后，在细菌的作用下将不断地被分解。如果以 $C_6H_{12}O_6$（葡萄糖）代表有机物，则其主要反应可表达为表 5.8。

表 5.8　沉积有机物的主要分解过程及标准自由能（Burdige，2006）

反应过程	代表化学式	反应能/(kJ/mol 葡萄糖)
氧化分解	$C_6H_{12}O_6+6O_2\rightarrow 6CO_2+6H_2O$	-2.82
NO_3 还原	$5C_6H_{12}O_6+24NO_3^-\rightarrow 12N_2+24HCO_3^-+6CO_2+18H_2O$	-2.66
锰还原	$C_6H_{12}O_6+18CO_2+6H_2O+12S-MnO_2\rightarrow 12Mn^{2+}+24HCO_3^-$	-2.38
铁还原	$C_6H_{12}O_6+42CO_2+24Fe(OH)_3\rightarrow 24Fe^{2+}+48HCO_3^-+18H_2O$	-0.79
SO_4 还原	$2C_6H_{12}O_6+6SO_4^{2-}\rightarrow 6H_2S+12HCO_3^-$	-0.45
甲烷化	$2C_6H_{12}O_6\rightarrow 6CH_4+6CO_2$	-0.30

沉积物中这些主要有机物分解反应的顺序取决于各反应的自由能。氧化分解是有机物分解的主要过程，主要发生在沉积物表层。在近岸及边缘海沉积物中，高达 50% 以上的新沉降的有机物在这一过程中被分解。该过程将导致氧的快速消耗。因此在近岸及边缘海沉积物中，特别是在高有机质含量的海区，沉积物通常在表层几毫米至十几毫米处变为无氧层，由表层的氧化环境变为还原环境。当氧消耗后，细菌将以硝酸根（NO_3^-）为电子受体继续分解有机物，这一过程对海洋中氮的循环有重要意义。当 NO_3^- 消耗尽后，细菌将进一步利用氧化锰及氧化铁为电子受体来源进行有机物分解，

氧化锰和氧化铁被还原至自由锰及亚铁离子，这一反应对沉积物中铁锰矿物的形成有重要意义。在进一步还原的沉积物中，细菌利用硫酸根 SO_4^{2-} 为电子受体进一步分解有机物。在近岸沉积物中，硫酸根还原分解是很重要的过程。海洋中大量的 SO_4^{2-} 存在使这一反应在高有机质的近岸沉积物中很强烈，致使很多近岸沉积物中具有强烈的 H_2S 气体的味道，这也是海洋沉积物区别于淡水沉积物反应的一个最明显的特征。在淡水沉积物中 SO_4^{2-} 的量很少，故 SO_4^{2-} 还原不重要，而甲烷化反应则产生得快一些，甲烷化分解使海洋沉积物中有机物的分解进入最后一个过程。根据有机物含量的多少，这一反应在沉积物中发生的深度会有变化，通常在几十厘米（近岸）至几米（大洋）的沉积层中（Berner，1980；Burdige，2006）。

根据以上反应的顺序，若测定沉积物间隙水中不同化学溶解物随沉积层的变化，将会有如图 5.21 的分布特征。

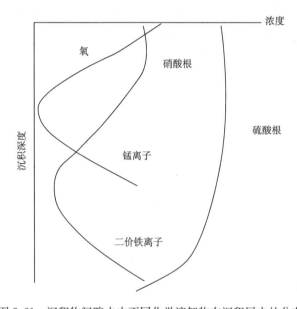

图 5.21　沉积物间隙水中不同化学溶解物在沉积层中的分布

三、沉积物-水界面过程

溶解物质通过沉积物-水界面的扩散和交换过程是连接沉积物与水体相反应的必要过程，因此沉积物-水界面过程在沉积地球化学研究中具有重要的意义。溶解物质如溶解无机碳、有机碳、营养元素（N、P、S）、金属等在沉积物间隙水中的浓度通常要高于底层水，物质自高浓度向低浓度水体的交换可通过分子扩散、表层沉积物的再悬浮以及沉积物表层的生物扰动等过程完成。表层沉积物的生物扰动可大大增加溶解物质的扩散交换，这在大部分边缘海沉积物中是很重要的一个物质交换过程。因为生活在边缘海沉积物中的底栖生物如甲壳类、多毛类、软体类、端足类等要远高于大洋沉积物。因此在用数学方法计算近海沉积物中早期成岩过程化学物质的变化时，生物扰动往往要考虑在内，才能得到与实测结果相吻合的结果。

根据上述大陆架海区沉积地球化学特征，下面将我国各海区的沉积地球化学研究做一概述。

（一）渤　　海

渤海属于一半封闭的内陆海，三面环陆，水深较浅，沉积过程受河流输入及陆源作用的强烈影响。主要河流如黄河、海河、滦河及辽河等，仅黄河每年输入的颗粒物即达 11.9×10^8 t （Milliman et al.，1989）。如此大量的陆源输入对渤海的沉积地球化学具有很大影响，也决定了渤海沉积物地球化学特征的陆源性。

以渤海湾北、滦河口以及秦皇岛以东及辽东湾北部海区为一地球化学区。该区主要以黏土质粉砂沉积为主，其化学成分具有有机质、全氮及铁、镁、磷等含量较高的特征。渤海湾和莱州湾的大部分区域以及黄河口周围海区的地球化学区以粉砂质黏土沉积为代表。该区具有高碳酸盐及高钙含量为特征，这主要是受黄河输入的高碳酸盐沉积物的影响。而渤海东部海区则属于另一地球化学区，由于受强水动力条件的影响，该区沉积物多以粗颗粒及细砂沉积为主，且具有较强的氧化环境，致使沉积物中锰的含量相对较高，而有机碳及总氮的含量则相对较低。渤海沉积物中多种元素的分布与其他海区类似，也同样受沉积物粒度的控制。如对黄河口至渤海湾一带的渤海沿岸泥的分析发现，多种常量及微量元素的分布及丰度与黄河输入颗粒物具有相似性，与大洋黏土沉积物元素丰度有很大区别（赵一阳等，2002）。渤海沉积物中的矿物组成与其他海区也有明显的差别，其钛铁矿含量（15%）高于其他各海区，但其片状矿物含量则明显低于其他海区（陈丽蓉，1989）。这种矿物组成的差别也与渤海受黄河输入沉积物的影响直接相关。

渤海沉积物中的有机碳含量多在 0.2%～1.0% 之间（吴莹等，2001），受陆源影响较强的西部海区有机碳含量相对高于东部海区，有机碳含量与沉积物粒度分布也有很好的相关性。沉积物中有机碳的 δ^{13}C 值在 -21.6‰～23.9‰之间，具有明显的区域性分布（Hu and Guo，2008）。通过对渤海柱状沉积物中长链烃类化合物的分析亦表明，长链奇数碳 nC_{29} 及 nC_{31} 为主要化合物，明显反映了陆源有机质对渤海沉积物的贡献（吴莹等，2001）。值得一提的是，最近的研究表明，渤海沉积物中黑碳的含量均高于其他海区，黑碳平均含量占沉积物有机碳的 34%。其来源主要是煤炭及植物的不完全燃烧，并随河流、陆源排放及大气沉降等途径进入渤海并埋藏在沉积物中。如此高含量黑碳在沉积物中的埋藏是个很大的碳库，对该海区的碳循环过程会有一定的影响（Kang et al.，2009）。

（二）东　　海

东海是受陆源影响的典型大陆架海区。长江等河流的输入对其沉积及地球化学过程起到很大的控制作用。长江作为世界上的第三大河流，每年输入东海约 0.5×10^9 t 的陆源颗粒物，其中 12×10^6 t 为颗粒有机物（Milliman et al.，1984）。在长江口外海区，由于大量有机物沉积，沉积物表层下多为还原环境。近年的研究表明，由于长江三峡大坝的建成，长江陆源物质向东海的输送减少了近 40%（Yang et al.，2006）。

东海沉积物中矿物组成也具有明显的长江输入泥沙特征。在东海中南及西部沉积物中，白云石、方解石、钛铁矿及片状矿物含量常较高，而在靠近冲绳海槽区，沉积物中火山源矿物如紫苏辉石、磁铁矿等含量较高。东海沉积物中不同含量及微量元素以及稀土元素的分布也明显受长江陆源输入的影响，且受沉积物粒度的控制，即随沉积物粒度的变小而增加（陈丽蓉，1989）。

在对近百个表层沉积物样品的测定显示，东海沉积物中有机碳的含量与沉积物类型及来源相关，在长江口向南沿浙江沿岸内陆架以黏土为主的沉积物中，总有机碳含量较高，为 0.5%～1.3%。在外陆架及东海细砂-黏土为主的沉积物中分别为 0.07%～0.8%，0.18%～0.75%。这明显低于内陆架沉积物有机质含量（Kao et al.，2003）。其相应的 C/N 比值及有机碳稳定同位素值（δ^{13}C）为 7.9～9.1，−21.7‰～22.4‰（外陆架）；5.9～8.5，−19.8‰～21.3‰（东海）；7.4～9.4，−21.1‰～24.1‰（内陆架）。这些值可以较有效的区别东海沉积物中陆源及海洋自生有机物的来源。由于长江输入的陆源有机物在南向沿岸流的作用下，主要沉积在内陆架内。内陆架沉积物中有机物的 C/N 值比外陆架及东海区较高，δ^{13}C 值较低，与其他研究相吻合（Wang and Li，2007）。在外陆架及东海区由于受台湾暖流及黑潮的影响，沉积物中海洋自生有机物的比重较大，外海台湾北部区沉积物中也具有较典型的陆源指示，这与台湾岛陆源物质的输入有关。东海的这些沉积物有机地球化学特征，也在对不同区域沉积物柱状样中有机生物标志物（正构烷烃、脂肪酸等）及碳同位素的研究中得以证实（Wang et al.，2008）。

应该提到的是，近期研究发现黑碳（black carbon），即植物及化石燃料燃烧后残留的有机碳（Wang and Li，2007），在东海沉积物中占有机碳的 5%～26%，长江口及内陆架沉积物中黑碳的含量高于外陆架区，与有机碳的沉积量相关。通过对黑碳的 ^{14}C 测年计算，60%～80% 的黑碳来源于化石燃料，主要来自煤、石油的燃烧。由于黑碳的化学性质稳定，其被埋藏于沉积物后基本不参与早期成岩作用，因此会被长期保留下来。这些黑碳对研究边缘海区的有机碳循环具有不可忽视的作用。

通过对东海沉积物中生物标志物（正构烷烃、脂肪酸）及同位素的分析，也进一步证实了东海大陆架沉积物的来源很大程度上受长江输入的影响（Wang and Li，2007）。东海沉积物中碳酸盐的分布也具有明显的长江来源分布特征（杨作升等，2002）。

东海表层 300 多个表层沉积物样品的测定显示，沉积物中的平均有机碳含量为0.52%；总氮含量为 0.054%（均为沉积物干重）；C/N 比值变化较大，但大部分样品在 8～12 之间，具有明显的海相及陆源有机物混合的影响特征。东海大陆架表层沉积物中总氮与有机碳具有很好的线性关系，且截距为零，证明表层沉积物中固相的氮基本以有机氮的形式存在，砂质及粉砂类沉积物对 NH_4 的吸附并不重要（王成厚，1995）。

（三）黄　　海

黄海属于半封闭大陆架浅海区。由于受到黄河等河流输入的影响，黄海沉积物无论是现代沉积物或是残留沉积物均以陆源物质为主，主要来自河流输沙、海岸侵蚀和风的搬运，而自生及外海搬运而来的物质含量甚少。黄河输入沉积物的碳酸盐含量也较高（杨作升等，2002）。

黄海沉积物中的地球化学具有明显的陆源性，由于受黄河及其他河流的影响，加之辽东沿岸、山东半岛及苏北沿岸大量陆源物质的输入，使黄海沉积物中的陆源矿物的分布具有明显的区域特征，受海岸带、河流及沿岸流的控制（申顺喜等，1984）。陈丽蓉（1989）研究了57种陆源矿物在黄河沉积物中的分布。在黄海西北部，片状矿物（如白云母、绿泥石及黑云母等）占37%，是该区沉积物中的主要陆源矿物。这主要是受黄河输入的影响。因为黄河输入的沉积物中具有较高的片状矿物（50%）和方解石（8%）组成，远高于长江输入沉积物中的含量。黄河及长江输入沉积物的矿物组成差异也造成了黄海及东海沉积物中陆源矿物组成的不同。而在黄海东南部，普通角闪石和变质岩矿物（如十字石、蓝晶石及红柱石）则占较高的含量。在南北黄海中心泥质沉积区，呈还原环境，自生黄铁矿相对含量较高，陆源重矿物则较低。通过对黄海沉积物及沿岸泥中常量及微量元素以及稀土元素的分析表明，各元素的分布也具有明显的陆源性。近岸沉积物中元素的丰度接近陆源沉积物元素的丰度，且具有明显的"粒度控制律"，即大多数元素的含量随沉积物粒度的变小而增高（赵一阳等，2002）。

黄海沉积物中的有机碳含量通常在0.2%～1.0%之间，且随沉积物类型及区域变化较大。近岸及泥质沉积物中有机碳含量相对较高于粉砂类沉积物。黄海沉积物中的有机地球化学研究相对较少。对沉积物中长链烷烃及多环芳烃等的测定亦显示，有机物的沉积也明显受陆源物质的影响，在一些近岸区域，沉积物中石油污染也有很明显的记录。通过对多环芳烃化合物比值的分析表明，黄海北部表层沉积物中多环芳烃主要来源于化石燃料的不完全燃烧及陆源物质由鸭绿江输入并沉积埋藏（李斌等，2002）。

（四）南　　海

南海属于典型的大陆架边缘海区。其大陆架海域的沉积物及地球化学特征也在很大程度上受到陆源输入的影响。珠江是流入南海北部的主要河流，对南海北部大陆架的沉积地球化学过程有很大的影响。通过对南海北部大陆架区泥质沉积物的分析表明，其元素含量具有明显的亲陆性。沉积物中多种常量及微量元素的含量和分布与珠江输入沉积物具有相关性（赵一阳等，2002）。研究表明，南海中东部沉积物中的矿物组成主要以铁锰结核、磁铁矿、普通辉石以及火山碎屑矿物为主，陆源矿物、自生矿物及火山碎屑矿物具有不同的区域分布和组成。通过对195个表层沉积物及多个沉积柱状样的分析，张富元等（2002）发现南海东部海域具有典型的边缘海沉积特征，沉积物主要由陆源碎屑、生物碎屑及火山碎屑组成。南海东部海域火山沉积作用明显，而黄岩岛以北海区沉积物中基性岩成分占23.2%，陆源硅铝质矿物占76.8%。生物碎屑的沉积也具有明显的区域性，沉积物中钙质生物含量的高值区主要分布在水深小于3500m的大陆架区，而大于3500m的深海区沉积物中主要以硅质生物碎屑为主，与自生碎屑沉积密切相关。南海北部的陆源物质主要通过西吕宋海槽向南海东部深水海域输送。

通过对南沙西南海区表层沉积物的分析，黄雪华等（2003）发现沉积物中元素（Al、Fe、Mg、Ti、P、K、Na及Cu、Co、Ni、Pb、Ba、Zr等）的含量和分布，从大陆架到大陆坡至深海有明显递增的趋势，且与沉积物类型相关，细粒黏土沉积物中含量较高，具有明显的粒度控制规律。南海沉积物中的碳酸盐含量也相对较高。通过对南海西部表层沉积物的分析，李学杰等（2004）发现南海西部沉积物中 $CaCO_3$ 的富集区主要集中在水深 $400\sim600$m 的上陆坡区，其中水深 $500\sim600$m 内的平均含量最高达 44.4%。水深超过 1300m 时，由于受溶解作用增强的影响，$CaCO_3$ 含量开始下降。他们认为南海水深 3500m 处为碳酸盐临界补偿深度。

南海沉积物中有机碳含量通常在 $0.3\%\sim1.0\%$，沉积物中用以指示有机物来源的正构烷烃的分布也具有明显的区域特征。南海北部沉积物中正构烷烃分子分布范围在 $nC_{15}\text{-}nC_{33}$，低碳峰以 $nC_{19}\text{-}nC_{22}$ 为主，高碳峰以 nC_{27} 为主，显示沉积物中受陆源输入影响较大。而南海南部沉积物中的正构烷烃分布结构显示，沉积物中有机碳来源以海洋自生为主，陆源输入相对减少（杨丹等，2006）。段毅等（1996）在对南沙海洋岩芯和表层样品中的脂肪酸研究结果也显示，沉积物中有机质及脂肪酸主要来源于海洋浮游生物和细菌，而陆源高等植物的贡献较少，低碳数及不饱和脂肪酸相对含量随埋藏深度降低，可能与化学和生物化学降解作用有关。对南海深水沉积物中饱和烃的分析亦发现，有海底油气影响的结果（林卫东等，2005）。

参 考 文 献

陈建芳，郑连福，Wiesner M G 等. 1998. 基于沉积物捕获器的南海表层初级生产力及输出生产力估算. 科学通报，43（6）：639～642

陈静生，王飞越，何大伟. 2006. 黄河水质地球化学. 地学前缘，13（1）：58～73

陈丽蓉. 1989. 渤海，黄海，东海沉积物中矿物组合的研究. 海洋科学，（2）：1～8

陈水土，阮五崎，张立平. 1985. 九龙江口诸营养盐要素的化学特性及其入海通量估算. 热带海洋，4（4）：16～24

陈水土，郑瑞芝，张钒等. 1993a. 九龙江口、厦门西海域无机氮与磷的关系. 海洋通报，12（5）：26～32

陈水土，郑瑞芝，张钒等. 1993b. 九龙江口、厦门西海域无机氮的分布与转化. 海洋湖沼通报，4：28～35

陈水土. 1993. 九龙江口、厦门西海域无机氮与磷的关系. 海洋通报，12（5）：26～32

陈松，廖文卓，骆炳坤等. 1996a. 九龙江河口磷的转移和入海通量. 台湾海峡，15（2）：137～142

陈松，廖文卓，骆炳坤等. 1996b. 九龙江河口有机物的转移和入海通量. 台湾海峡，15（3）：260～264

段毅，罗斌杰，钱吉盛等. 1996. 南沙海洋沉积物中脂肪酸地球化学研究. 海洋地质与第四纪地质，16（2）：23～31

樊安德. 1995. 长江河口及其邻近海区的总化学耗氧有机质与营养盐. 东海海洋，13（3～4）：15～36

方精云，刘国华，徐嵩龄. 1996. 中国陆地生态系统的碳循环及其全球意义. 见：王庚辰等主编. 温室气候浓度和排放监测及相关过程. 北京：中国环境科学出版社

冯士筰，李凤岐，李少菁. 1999. 海洋科学导论. 北京：高等教育出版社

高原，Duce R A. 1997. 沿海海-气界面的化学物质交换. 地球科学进展，19（6）：553～563

郭全. 2005. 渤海夏季营养盐和叶绿素分布特征及富营养化状况分析. 青岛：中国海洋大学

胡敦欣，杨作升. 2001. 东海海洋通量关键过程. 北京：海洋出版社

胡小猛，陈美君. 2004. 黄东海表层海水溶解氧的时空变化规律研究. 地理与地理信息科学，20（6）：40～43

扈传昱，潘建明，陈建芳等. 2005. 南海北部生源要素的垂直输运和保存及其与东太平洋的对比研究. 海洋学报，27（6）：38～45

黄薇文，张经. 1994. 长江入东海的化学物质输送特点. 海洋学报，16（2）：53～62

黄雪华，陈芳，刘坚. 2003. 南沙海域西南海区表层沉积物地球化学特征. 南海地质研究，14：45～55

蒋岳文，关道明，陈淑梅等. 1995. 辽河口营养要素的化学特性及其入海通量估算. 海洋环境科学，14（4）：39～45

蒋岳文，关道明，陈淑梅等. 1996. 辽河口水域夏季营养盐分布与变化特征. 海洋通报，15（3）：92～96

雷坤，郑丙辉，孟伟等. 2007. 大辽河口 N、P 营养盐的分布特征及其影响因素，海洋环境科学，26（1）：19～27

李斌，吴莹，张经. 2002. 北黄海表层沉积物中多环芳烃的分布及其来源. 中国环境科学，22（5）：429～432

李道季，张经，黄大吉等. 2002. 长江口外氧的亏损. 中国科学，D 辑（32）：686～694

李晶莹，张经. 2003. 长江南通站含沙量及水化学变化与流域的风化过程. 长江流域资源与环境（12）：363～369

李学杰，陈芳，刘坚等. 2004. 南海西部表层沉积物碳酸盐分布特征及其溶解作用. 地球化学，33（3）：254～260

林卫东，周永章，沈平. 2005. 南海深水海域近代沉积物中饱和烃的地球化学特征及其来源. 中山大学学报（自然科学版），44（6）：123～126，136

刘毅，周明煜. 1999. 中国东部海域大气气溶胶入海通量的研究. 海洋学报，21（5）：38～45

马媛. 2006. 黄河入海径流量变化对河口及邻近海域生态环境影响研究. 青岛：中国海洋大学

南京大学地质学系. 1979. 地球化学. 北京：科学出版社

齐雨藻. 2003. 中国沿海赤潮. 北京：科学出版社

申顺喜，陈丽蓉，徐文强. 1984. 黄海沉积物中的矿物组合及其分布规律的研究. 海洋与湖沼，15（3）：240～250

王保栋，刘峰，王桂云. 1999. 南黄海溶解氧的平面分布及季节变化. 海洋学报，21（4）：47～53

王保栋，刘峰，战闰. 2001. 黄海生源要素的生物地球化学研究评述. 黄渤海海洋，19（2）：99～106

王成厚. 1995. 东海海底沉积地球化学. 北京：海洋出版社

王栋，潘少明，吴吉春等. 2006. 黄河水沙特征及调水调沙下的入海水沙通量变化. 地理学报（台湾），44：55～65

王峰，张龙军，王彬宇等. 2002. 改进的喷淋-鼓泡式平衡器 GC 法测定海水中的 pCO_2. 分析科学学报，18（1）：66～69

王继龙，郑丙辉，秦延文等. 2004. 辽河口水域溶解氧与营养盐调查与分类. 海洋技术，23（3）：92～96

王江涛，于志刚，张经. 1998. 鸭绿江口溶解有机碳的研究. 青岛海洋大学学报，28（3）：471～475

王修林，李克强. 2006. 渤海主要化学污染物海洋环境容量. 北京：科学出版社

翁学传，张启龙，张以恳等. 1993，渤、黄、东海水温日变化特征. 海洋科学，6：49～54

吴莹，张经，于志刚. 2001. 渤海柱状沉积物中烃类化合物的分布. 北京大学学报（自然科学版），37（2）：273～277

许炯心，孙季. 2003. 近 50 年来降水变化和人类活动对黄河入海径流通量的影响. 水科学进展，14（6）：690～695

杨丹，姚龙奎，王方国等. 2006. 南海现代沉积物中正构烷烃碳分子组合特征及其指示意义. 海洋学研究，24（4）：29～39

杨庆霄，董娅婕，蒋岳文等. 2001. 黄海和东海海域溶解氧的分布特征. 海洋环境科学，20（3）：9～13

杨作升，范德江，郭志刚等. 2002. 东海陆架北部泥质区表层沉积物碳酸盐粒级分布与物源分析. 沉积学报，20（1）：1～6

张富元，林振宏，林晓彤等. 2002. 南海中东部表层沉积物矿物组合分区及其地质意义. 海洋与湖沼，33（6）：591～599

张洪海，杨桂朋. 2009. 北黄海二甲基硫（DMS）的海-气释放及其对气溶胶中非海盐硫酸盐的贡献. 中国海洋大学学报（自然科学版），35（4）：750～756

张经. 1997. 盆地的风化作用对河流化学成分的控制. 北京：海洋出版社

张向上，张龙军. 2007. 黄河口无机碳输运过程对 pH 异常增高现象的响应. 环境科学，（28）：1216～1222

张向上. 2004. 黄河口有机碳的时空分布及影响因素研究. 青岛：中国海洋大学

张欣泉，邓春梅，魏伟等. 2007. 黄河口及邻近海域溶解态无机磷、有机磷、总磷的分布研究. 环境科学学报，27（4）：660～666

张岩松，章飞军，郭学武等. 2004. 黄海夏季水域沉降颗粒物垂直通量的研究. 海洋与湖沼，35（3）：230～238

张岩松，章飞军，郭学武等. 2005. 黄海秋季典型站位沉降颗粒物的垂直通量. 地球化学，34：123～128

张岩松，章飞军，郭学武等. 2006. 东海秋季典型站位沉降颗粒物通量. 海洋与湖沼，37（1）：28～34

张远辉，黄自强，马黎明等. 1997. 东海表层水二氧化碳及其海气通量. 台湾海峡，16（1）：37～42

张远辉，王伟强，黄自强. 1999. 九龙江口盐度锋面及其营养盐的化学行为. 海洋环境科学，18（4）：1～7

张竹琦. 1992. 渤海、黄海（34°N 以北）溶解氧年变化特征及与水温的关系. 海洋通报，11（5）：41～45

赵焕庭. 1990. 珠江河口的演变. 北京：海洋出版社

赵骞，田纪伟，赵仕兰等. 2004. 渤海冬夏季营养盐和叶绿素 a 的分布特征. 海洋科学，28 (4)：34～39

赵一阳，鄢明才，李安春等. 2002. 中国近海沿岸泥的地球化学特征及其指示意义. 中国地质，29 (2)：181～185

郑元甲，陈雪忠，程家骅等. 2003. 东海大陆架生物资源与环境. 上海：上海科学技术出版社

邹栋梁，高淑英. 1996. 闽江口溶解态镉、铜、铅的行为及其与营养盐的关系. 热带海洋，15 (1)：74～79

俎婷婷，鲍献文，谢骏等. 2005. 渤海中部断面环境要素分布及其变化趋势. 中国海洋大学学报，35 (6)：889～894

Andersson A J, Mackenzie F T. 2004. Shallow-water oceans: a source or sink of atmospheric CO_2. Frontiers in Ecology and the Environment, 2: 348～353

Bange H W, RaPsomanikis S, Andreae M O. 1996. Nitrous oxide in coastal waters. Global Biogeochemistry Cycles, 10: 197～207

Berner R A. 1980. Early Diagenesis, A Theoretical Approach. Princeton University Press

Berner R A. 1982. Burial of organic-carbon and pyrite sulfur in the modern ocean. American Journal of Science, 282: 451～473

Borges A V, Delille B, Frankignoulle M. 2005. Budgeting sinks and sources of CO_2 in the coastal ocean: diversity of ecosystems counts. Geophysical Research Letters, 32: L14601

Buddemeider R W, Smith S V, Swaney D P, et al. 2002, The role of the coastal ocean in the disturbed and undisturbed nutrient and carbon cycles, LOICZ Reports and Studies 24. LOICZ, Texel, The Netherlands, 83

Burdige D J. 2006. Geochemistry of Marine Sediments. Princeton University Press

Byung C C, Myung G P, Jae H S, et al. 2001. Sea-surface temperature and f-ratio explain large variability in the ratio of bacterial production to primary production in the Yellow Sea. Marine Ecology Progress Series, 216: 31～41

Cai P H, Chen W F, Dai M H, et al. 2008. A high-resolution study of particle export in the southern South China Sea based on ^{234}Th:^{238}U disequilibrium. Journal of Geophysical Research, C04019. doi: 10. 1029/2007GC004268

Cai P, Huang Y, Chen M, et al. 2002. New production based on ^{228}Ra-derived nutrient budgets and thorium-estimated POC export at the intercalibration station in the South China Sea. Deep Sea Research I, 49: 53～66

Cai W J, Dai M H, Wang Y C, et al. 2004. The biogeochemistry of inorganic carbon and nutrients in the Pearl River estuary and the adjacent northern South China Sea. Continental Shelf Research, 24 (12): 1301～1319

Cai W J, Dai M H. 2004. Comment on "Enhanced open ocean storage of CO_2 from shelf sea pumping". Science, 306: 1477c

Cai W J, Wang Z H, Wang Y C. 2003. The role of marsh-dominated heterotrophic continental margins in transport of CO_2 between the atmosphere, the land-sea interface and the ocean. Geophysical Research Letters, 30 (16): 1849

Cao Z M, Dai Dui M H, Zheng N, et al. 2011. Dynamics of the carbonate system in a large continental shelf system under the influence of both a river plume and coastal upwelling. Journal of Geophysical Research-Biogeosciences, 116, G02010, doi: 10. 1029/2010JG001596

Chen C T A, Wang S L, et al. 2001. Nutrient budgets for the South China Sea basin. Marine Chemistry, 75 (4): 281～300

Chen C T A. 1994. Transport of oxygen, nutrients and carbonates by the Kuroshio Current. Chinese Journal of Oceanology and Limmology, 12 (3): 220～227

Chen C T A. 1996. The Kuroshio intermediate water is the major source of nutrients on the East China Sea continental shelf. Oceanologica Acta, 19 (5): 523～527

Chen C T A. 2003. New vs. export production on the continental shelf. Deep Sea Research II, 50 (6～7): 1327～1333

Chen C T A. 2009. Chemical and physical fronts in the Bohai, Yellow and East China Seas. Journal of Marine Systems 78 (3), 394～410

Chen J F, Li Y, Yin K D, et al. 2004. Amino acids in the Pearl River Estuary and adjacent waters: origins, transformation and degradation. Continental Shelf Research, 24 (16): 1877～1894

Chen J S, Wang F Y, Xia X H, et al. 2002. Major element chemistry of the Changjiang (Yangtze River). Chemical

Geology, 187: 231~25

Cheng P, Gao S, Bokuniewicz H. 2004. Net sediment transport patterns over the Bohai Strait based on grain size trend analysis. Estuarine Coastal and Shelf Science, 60: 203~212

Chou W C, Gong G C, Sheu D D, et al. 2009a. Reconciling the paradox that the heterotrophic waters of the East China Sea shelf act as a significant CO_2 sink during the summertime: evidence and implications. Geophysical Research Letters, 36, L15607, doi: 10. 1029/2009GL038475

Chou W C, Gong G C, Sheu D D, et al. 2009b. Surface distributions of carbon chemistry parameters in the East China Sea in summer 2007. Journal of Geophysical Research, 114, C07026, doi: 10. 1029/2008JC005128

Chou W C, Sheu D D, Lee B S, et al. 2007. Depth distributions of alkalinity, TCO_2 and $^{13}CTCO_2$ at SEATS time-series site in the northern South China Sea. Deep Sea Research II, 54: 1469~1485

Dai M H, Guo X H, Zhai W D, et al. 2006. Oxygen depletion in the upper reach of the Pearl River estuary during a winter drought. Marine Chemistry, 102 (1~2): 159~169

Dai A, Qian T, Trenberth K E, et al. 2009. Changes in Continental Freshwater Discharge from 1948 to 2004. Journal of Climate, 22 (10): 2773~2792

Dai M H, Zhai W D, Cai W J, et al. 2008. Effects of an estuarine plume-associated bloom on the carbonate system in the lower reaches of the Pearl River Estuary and the coastal zone of the northern South China Sea. Continental Shelf Research, 28: 1416~1423

Dai M H, Meng F F, Tang T T, et al. 2009. Excess total organic carbon in the intermediate water of the South China Sea and its exports to the North Pacific. Geochemistry, Geophysics, Geosystems 10, Q12002, doi: 10. 1029/2009GC002752

Dickson A G, Sabine C L, Christian J R. 2007. Guide to best practices for ocean CO_2 measurements. PICES Special Publication, 3: 191

Feely R A, Sabine C L, Lee K, et al. 2004. Impact of anthropogenic CO_2 on the $CaCO_3$ system in the oceans. Science, 305: 362~366

Frost T, Upstill-Goddard R C. 1999. Air-sea gas exchange into the millennium: progress and uncertainties. Oceanography and Marine Biology, 37: 1~45

Guo X H, Cai W J, Zhai W D, et al. 2008. Seasonal variations in the inorganic carbon system in the Pearl River (Zhujiang) estuary. Continental Shelf Research, 28 (12): 1424~1434

Hashimoto S, Gojo K, Hikota S, et al. 1999. Nitrous oxide missions from coastal waters in Tokyo Bay. Marine Environmental Research, 47: 213~223

Ho D T, Law C S, Smith M J, et al. 2006. Measurements of air-sea gas exchange at high wind speeds in the southern Ocean: implications for global parameterizations. Geophysical Research Letters 33, L16611 doi: 10. 1029/2006GL026817

Hu L M, Guo Z G. 2008. Distribution and source of organic matter in surface sediments of the Bohai Sea, China. The 10th International Estuary Biogeochemistry Symposium. Xiamen, China

Hung J J, Wang S M, Chen Y L. 2007. Biogeochemical controls on distributions and fluxes of dissolved and particulate organic carbon in the northern South China Sea. Deep Sea Research II, 54: 1486~1503

Jiang X Y, Yu Z G, Ku T L, et al. 2007. Behavior of uranium in the Yellow River Plume (Yellow River Estuary). Estuaries and Coasts, 30 (30): 919~926

Jones R D. 1991. Carbon monoxide and methane distribution and consumption in the photic zone of the Sargasso Sea. Deep Sea Research, 38 (6), 625~635

Kang Y J, Wang X C, Dai M H, et al. 2009 . Black carbon and polycyclic aromatic hydrocarbons (PAHs) in surface sediments of China's marginal seas. Chinese Journal of Oceanology and Limnology, 27 (2): 297~308

Kao S J , Lin F J, Liu K K. 2003. Organic carbon and nitrogen contents and their isotopic compositions in surficial sediments from the East China Sea shelf and the southern Okinawa Trough. Deep Sea Research II, 50 (6~7): 1203~1217

Körtzinger A, Wallace M L, et al. 2000. The international at-sea intercomparison of fCO_2 systems during the R/V Meteor Cruise 36/1 in the North Atlantic Ocean. Marine Chemistry, 72: 171~192

Liang Y, Yuan D X, Li Q L, et al. 2007. Flow injection analysis of nanomolar level orthophosphate in seawater with solid phase enrichment and colorimetric detection. Marine Chemistry, 103: 122~130

Lie H J, Cho C H. 2002. Recent advances in understanding the circulation and hydrography of the East China Sea. Fisheries Oceanography, 11 (6): 318~328

Lin I I, Chen J P, Wong G T F, et al. 2007. Aerosol input to the South China Sea: results from the Moderate resolution imaging spectro-radiometer, the quick scatterometer, and the measurements of pollution in the troposphere sensor. Deep Sea Research II, 54: 1589~1601

Liu S M, Hong G H, Zhang J, et al. 2009. Nutrient budgets for large Chinese estuaries. Biogeosciences, 6 (10): 2245~2263

Liu S M, Zhang J, Chen S Z, et al. 2003. Inventory of nutrient compounds in the Yellow Sea. Continental Shelf Research, 23 (11~13): 1161~1174

Liu H, Yin B S. 2007. Annual cycle of carbon, nitrogen and phosphorus in the Bohai Sea: a model study. Continental Shelf Research, 27: 1399~1407

Liu S M, Zhang J, Gao H W, et al. 2008. Historic changes in flux of matter and nutrient budgets in the Bohai Sea. Acta Oceanologica Sinica, 27 (5): 81~97

Millero F J. 1995. Thermodynamics of the carbon dioxide system in the oceans. Geochimica et Cosmochimica Acta, 59 (4): 661~677

Milliman J D, Qin Y S, Park Y. 1989. Sediment and sedimentary processes in the Yellow and East China Seas. In: Taira A, Masuda F eds. Sedimentary Facies in the Active Plate Margin. Terra Scientific Publishing Company, Tokyo, 233~249

Milliman J D, Qinchun X, Zuosheng Y. 1984. Transfer of particulate organic carbon and nitrogen from the Yangtze River to the ocean. American Journal of Science, 284 (7): 824

Nevison C D, Weiss R F, Eriekson D J. 1995. Global oeeanic emissions of nitrous oxide. Journal of Geophysical Research, 100 (C8): 15, 809~15, 820

Pang, C G, Bai X Z, Hu D X. 2003. Numerical Study of Water and Suspended Matter Exchange Between the Yellow Sea and the East China Sea. Chinese Journal of Oceanology and Limmology, 21 (3): 214~221.

Patra P K, Lal S, Venkataramani S, et al. 1999. Seasonal and spatial variability in N_2O distribution in the Arabian Sea. Deep-Sea Research, 46: 529~543

Sarmiento J L, Gruber N. 2002. Sinks for anthropogenic carbon. Physics Today, 55: 30~36

Sheu D D, Lee W Y, Wang C H, et al. 1996. Depth distribution of ^{13}C of dissolvede CO_2 in seawater off eastern Taiwan: effects of the Kuroshio current and its associated upwelling phenomenon. Continental Shelf Research, 16 (12): 1609~1619

Sweeney C, Gloor E, Jacobson A R, et al. 2007. Constraining global air-sea gas exchange for CO_2 with recent bomb ^{14}C measurements. Global Biogeochem. Cycles, 21, GB2015, doi: 10. 1029/2006GB002784

Tans P P, Fung P P, Takahashi T. 1990. Observational constraints on the global atmospheric CO_2 budget. Science, 247: 1431~1438

Thomas H, Bozec Y, Elkalay K, et al. 2004. Enhanced open ocean storage of CO_2 from shelf sea pumping. Science, 304: 1005~1008

Tian T, Wei H, Su J, et al. 2005. Simulations of annual cycle of phytoplankton production and the utilization of nitrogen in the Yellow Sea. Journal of Oceanography, 61: 343-357

Tseng C M, Wong G T F, Chou W C, et al. 2007. Temporal variations in the carbonate system in the upper layer at the SEATS station. Deep-Sea Research II, 54 (14~15): 1448~1468

Tsunogai S, Watanabe S, Sato T. 1999. Is there a "continental shelf pump" for the absorption of atmospheric CO_2? Tellus, 51 (B): 701~712

Tsunogai S. 2002. The western North Pacific playing a key role in global biogeochemical fluxes. Journal of Oceanography, 58 (2): 245~257

Wang T, Poon C N, Kwok Y H, et al. 2003. Characterizing the temporal variability and emission patterns of pollution plumes in the Pearl River Delta of China. Atmospheric Environment, 37 (25): 3539~3550

Wang X C, Li A C. 2007. Preservation of black carbon in the shelf sediments of the East China Sea. Chinese Science Bulletin, 52 (22): 3155~3161

Wang X C, Sun M Y, Li A C. 2008. Contrasting chemical and isotopic compositions of organic matter in Changjiang (Yangtze River) Estuarine and East China Sea Shelf sediments. Journal of Oceanography, 64: 311~321

Wang B D, Wang X L, Zhan R. 2003. Nutrient conditions in the Yellow Sea and the East China Sea. Estuarine Coastal and Shelf Science, 58 (1): 127~136

Wang B D. 2006. Cultural eutrophication in the Changjiang (Yangtze River) plume: history and perspective. Estuarine, Coastal and Shelf Science, 69: 471~477

Wang S L, Chen C T A, Hong G H, et al. 2000. Carbon dioxide and related parameters in the East China Sea. Continental Shelf Research, 20 (4~5): 525~544

Wang X L, Cui Z G, Guo Q, et al. 2009. Distribution of nutrients and eutrophication assessment in the Bohai Sea of China. Chinese Journal of Oceanology and Limnology, 27 (1): 177~183

Wanninkhof R, Bliven L F. 1991. Relationship between gas exchange, wind speed, and radar backscatter in a large wind-wave tank. Journal of Geophysical Research, 96 (C2): 2785~2796

Wanninkhof R. 1992. Relationship between wind speed and gas exchange over the ocean. Journal of Geophysical Research, 97 (C5): 7373~7382

Ward B B, KilPatriek K A, Novelli P C, et al. 1987. Methane oxidation and methane fluxes in the ocean surface layer and deep anoxic waters. Nature, 327: 226~229

Wong G T F, Tseng C M, Wen L S, et al. 2007a. Nutrient dynamics and N-anomaly at the SEATS station. Deep Sea Research II, 54 (14~15): 1528~1545

Wong G T F, Ku T L, Mulholland M, et al. 2007b. The Southeast Asian time-series study (SEATS) and the biogeochemistry of the South China Sea—an overview. Deep Sea Research II, 54 (14~15): 1434~1447

Wu J F, Chung S W, Wen L S, et al. 2003a. Dissolved inorganic phosphorus, dissolved iron, and Trichodesmium in the oligotrophic South China Sea. Global Biogeochemical Cycles, 17 (1): 1008

Wu Y, Zhang J, Li D J, et al. 2003b. Isotope variability of particulate organic matter at the PN section in the East China Sea. Biogeochemistry, 65: 31~49

Yang G P, Zhang J W, Li L, et al. 2000. Dimethylsulfide in the surface water of the East China Sea. Continental Shelf Research, 20: 69~82

Yang Z, Wang H, Saito Y, et al. 2006. Dam impacts on the Changjiang (Yangtze) River sediment discharge to the sea: the past 55 years and after the Three Gorges Dam. Water Resources Research, 42. W04407, doi: 10. 1029/2005WR003970

Yang G P, Jing W W, Kang Z Q, et al. 2008. Spatial variations of dimethylsulfide and dimethylsulfoniopropionate in the surface microlayer and in the subsurface waters of the South China Sea during springtime. Marine Environmental Research, 65: 85~97

Zhai W D, Dai M H, Cai W J, et al. 2005a. High partial pressure of CO_2 and its maintaining mechanism in a subtropical estuary: the Pearl River estuary, China. Marine Chemistry, 93 (1): 21~32

Zhai W D, Dai M H, Cai W J, et al. 2005b. The partial pressure of carbon dioxide and air-sea fluxes in the northern South China Sea in spring, summer and autumn. Marine Chemistry, 96 (1~2): 87~97

Zhai W D, Dai M H, Guo X H. 2007. Carbonate system and CO_2 degassing fluxes in the inner estuary of Changjiang (Yangtze) River, China. Marine Chemistry, 107: 342~356

Zhai W D, Dai M H. 2009. On the seasonal variation of air-sea CO_2 fluxes in the outer Changjiang (Yangtze River) Estuary, East China Sea. Marine Chemistry, 117 (1~4): 2~10

Zhang G L, Zhang J, Ren J L, et al. 2008. Distributions and sea-to-air fluxes of methane and nitrous oxide in the North East China Sea in summer. Marine Chemistry, 110: 42~55

Zhang J, Liu S M, Ren J L, et al. 2007. Nutrient gradients from the eutrophic Changjiang (Yangtze River) Estuary to the oligotrophic Kuroshio waters and re-evaluation of budgets for the East China Sea shelf. Progress in Oceanography 74, 449~478

Zhang J, Yu Z G, Raabe T, et al. 2004. Dynamics of inorganic nutrient species in the Bohai seawaters. Journal of Marine Systems, 44: 189~212

第六章 海洋生物*

引　言**

　　地球上生命起源于海洋。海洋生物种类繁多，包括了生物六界的大部分门类。已记录的有 20 多万种，本世纪新发现的种类正在迅速增多。最原始的生命——原核生物域（超界）Domain（Superkingdom）Prokaryota 细菌界 Kingdom Bacteria 的成员（包括蓝细菌门），遍布于全球海洋环境中。真核生物域 Domain Eukaryota 中，从单细胞的原生动物界 Kingdom Protozoa、色素界 Kingdom Chromista 各门到多细胞的动物界 Kingdom Animalia（后生动物 Metazoa）最高等的脊索动物门 Phylum Chordata，植物界藻类各门、真菌界各门，成为地球生命的主宰，主要门类在海洋中都有代表，许多门类居优势地位。色素界、真菌界和植物界在海洋中占主要地位的是微型和大型藻类 Micro-and Macro-Algae，如硅藻、黄藻、金藻、隐藻、定鞭藻、褐藻等门；还有属于植物界的红藻门、绿藻门以及极少数被子植物门 Magnoliophyta 的红树和海草。

　　生物在海洋中分布范围很广，从赤道到两极水域，从海水表层到万米的超深渊水层，从潮间带的海岸到超深渊海沟底，到处都有生物生存与发展；但种类最多，数量最大的是沿岸带和大陆架浅海。

　　海洋生物同人类的生存发展（生活）、经济社会活动有密切的关系。自养生物（autotroph）主要行光合作用，利用光能以水和二氧化碳制造有机物质；少数海底热泉、冷渗种进行化能合成作用，以硫化氢、甲烷和水制造有机物质——自养生物靠自身的繁殖生长，进行有机物质生产，支持、供应了整个海洋中的生命，为人类提供了营养丰富的优质食品——水产品。海洋中可提供食用的鱼、虾、贝、藻及其他动、植物不下几千种；目前全世界水产品年产量约 9000×10^4 t，其中 85％以上产于海洋（中国海渔业捕捞每年产量曾高达 1400×10^4 t）。其次，许多海洋动、植物可供药用或作工业原料。大量微、小型生物，虽不为人类直接食用，但在自然情况下是经济动物的食饵，在海洋的物质循环中占有一定重要地位，是海洋食物网、食物链（food web，food chain）和微食物环（micro-food loop）中不可缺少的环节；其数量的多少，直接或间接影响到渔业资源与产量。此外，有不少动、植物又常对人类及其在海洋中的生产活动或其他方面造成危害，如寄生生物 parasites、污着和钻孔生物 fouling and boring organisms 等。因此，海洋生物的种类组成、群落结构、数量分布、动态和资源开发利用以及生命过程、生物学、生态学、生理学特点和它们在不同地理环境中分布、生存、发展或衰退、消亡等遭遇，受到沿海国家、人民和科技工作者的重视。

---

　　*　本章主编：刘瑞玉

　　**　本节作者：刘瑞玉

海洋生物六界（6 kingdoms）共有几十个门（phyla），栖息场所、活动方式和形态结构差异很大，浮游生物（Plankton）、游泳生物（Nekton）和底栖生物（Benthos）三个基本生态类型由于生活方式、生存条件的不同，其种类组成特点和地理分布规律随海域在地球上的位置及环境特点而有一定的差异。海洋生物地理学和海洋生物多样性反映上述各种特点及其时空变化规律、生消过程和机制，尤其是时间空间差异。

由于栖息环境尤其是光、压的不同，海洋动、植物的区系组成和分布有明显的垂直分带现象，在沿岸、浅海、深海和深渊带显著不同；与人类关系最密切的是陆架浅海区系。本章主要讨论中国近海主要是大陆架浅海的动、植物区系和资源分布情况。至于大陆坡、深海槽和深海盆由于调查采集和研究的不足，对深海生物目前了解尚少，本章暂不介绍。

由于大陆架浅海和深海环境条件及生物适应能力有显著差异，因此在生物地理分析中大陆架浅海与深海分别考虑进行（Ekman，1953），不宜混淆。

海洋动、植物区系的种类组成、分布和数量动态，与其栖息海域的地理位置和自然环境特点密切相关，是在各项环境因素长期、综合影响作用下形成的。在海洋环境中，影响动、植物分布和区系性质的重要因素是海水的温度、盐度、深度、海水动态——海流、沉积物和大陆气候等。

海洋动、植物区系的组成成分，根据它们对水温变化的适应和耐受能力，可划分为冷水种、温水种和暖水种三个类型（曾呈奎，1963）：

（1）冷水种。一般生长、生殖适温低于 4℃，其自然分布区月平均水温不高于 10℃，包括寒带种和亚寒带种，前者适温为 0℃左右，后者为 0～4℃。

（2）温水种。生长、生殖适温范围较广，为 4～20℃，自然分布区月平均水温变化幅度很大，为 0～25℃，包括冷温种和暖温种，前者适温为 4～20℃，后者为 12～20℃。

（3）暖水种。生长、生殖适温高于 20℃，自然分布区月平均水温高于 15℃，包括亚热带种和热带种，前者适温为 20～25℃，后者适温高于 25℃。

在大陆架浅海海洋生物地理区划的讨论中，曾呈奎（1963）在 Ekman（1953）的基础上，将世界海洋生物区系划分为 5 个区系组（Biotic group），包括 9 个生物区系区 Biotic region：

◎北极海寒带生物区系组 Arctic Frigid Biotic Group。包括：

① 北极海寒带生物区系区 Arctic Frigid Biotic Region；

◎北温带海洋生物区系组 Boreal Temperate Biotic Group。包括：

② 北太平洋生物区系区 North Pacific Biotic Region（分冷温带亚区和暖温带亚区）；

③ 北大西洋生物区系区 North Atlantic Biotic Region；

◎暖水生物区系组 Warm-water Biotic Group。包括：

④ 印度—西太平洋 Indo-West-Pacific Tropical Biotic Region；

⑤ 大西洋—东太平洋 Atlanto-East-Pacific Tropical Biotic Region；

⑥ 地中海—大西洋生物区系区 Mediterranean-Atlantic Subtropical Biotic Region；

◎南温带海洋生物区系组 South Temperate Biotic Group。包括：

⑦ 南暖温带生物区系区 South Warm-Temperate Biotic Region；

⑧ 南冷温带生物区系区 South Cold-Temperate Biotic Region；

◎南极海洋生物区系组 Antarctic Biotic Group。包括：

⑨ 南极海生物区系区 Antarctic Biotic Region。

中国海是东半球亚洲大陆东侧、西北太平洋低中纬度最大的边缘海，南北跨越 38 个纬度（3°00′~41′N），热带、亚热带、暖温带三个气候带，基本属温暖海域。其南部、东部受北赤道流——黑潮暖流、南海暖流、台湾暖流等强势海流的影响，尤其是台湾和海南二大岛屿南部及以南的广阔海域，包括西沙群岛、南沙群岛海域，基本上是典型的热带环境；而北部的渤海海域，由于受陆地气候与水文环境的影响，冬季三大海湾有岸冰（图 6.1）。黄海冬季在强风影响下表底层水垂直混合充分，温度很低，夏季表层虽有高温，但在温跃层下有"黄海冷水团"存在而保持了低温（6~10~12℃）环境（海域环境在晚更新世后末次冰期过后形成的与目前相似的格局）。与此同时，大陆沿岸自北向南的冬季沿岸流又保持了东海、南海陆架海域的"较低"水温，但属于亚热带暖水环境（约 14℃）。在这样复杂的海洋环境条件下生存的生物种类与区系就具有包括热带、亚热带和暖温带生物区系的特点。这使中纬度的黄海浅水（不超过 100m）能常年保持低温，保护和保存了相当丰富的冷水性北温带区系成员，包括著名的北温带种。虽然在广阔的浅水区暖水性高温低盐种属不少，但数量却很大。在长江口以南的东海和南海，占优势的主要是亚热带和热带暖水生物（动、植物）区系，特别是产生了一些只分布于中国海或中国—日本海域的地方性特有种（endemic species），著名的有数量很大的经济种，大都是主要渔业资源，有重要经济价值，形成了自有特点的海洋渔业。至于在台湾—海南南部以南的西沙群岛和南沙群岛热带海域生存和大量发展的热带生物区系种类更多，数量很大，分布显著不同。

中纬度的黄海（32°00′~40°50′N）本来应属温暖海域，但由于主要有黄海冷水团存在，保护了北太平洋冷水生物区系成分，使它们在黄海得以生存、发展和保存下来，还在数量上占很大优势；从而使南北海域冷、暖水种类聚集。与相邻海域比较，中国海的冷水成分比不上日本北部海域（其北部有众多亲潮冷流输运来和保存下来的北太平洋冷水区系成分）那样丰富，却有许多种受到可贵的黄海冷水团的庇护而相当繁盛，使中国海域生物区系保持了一定的高多样性（Liu and Xu，2007）。北赤道流、黑潮及其分支、台湾暖流、黄海暖流及对马暖流等在运送热带生物区系向中国、日本海域扩布中起重要作用；而强势的亲潮冷流运送冷水种的力量却止于日本本州岛（Honshu）东岸北部。值得注意的是，强势的对马暖流携带一些暖水种，沿日本海东岸达到本州北部，进入津轻海峡（Tsugaru Strait），使中国海与日本海域的生物区系既有很大相似性，又有显著不同，形成了各自的生物地理特点，和各自的优势种种群与资源，以及发展形成的渔业经济（刘瑞玉、徐凤山，1963；Liu and Xu，2007；Liu，2009）。

已有资料表明，曾呈奎（1960）、曾呈奎与张峻甫（1963）提出的物种生态温度性质确定标准和分区原则与方案基本上已为中国研究者所采用，中国海洋生物区系地理区的划分方案已应用多年。在该系统中：

（1）渤、黄海属于"北太平洋温带区系区"（North Pacific Temperate Biotic Region）的"东亚亚区"（East Asia Subregion），属于"暖温带区系（Warm-Temperate Biota）"

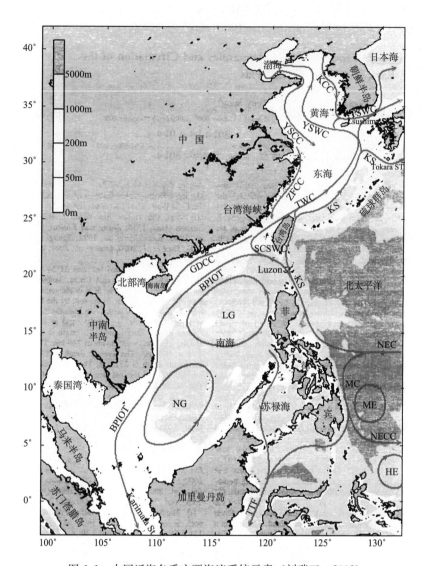

图 6.1 中国近海冬季主要海流系统示意 （刘瑞玉，2008）

1. BPIOT，太平洋—印度洋贯穿流分支；2. GDCC，广东沿岸流；3. HE，Halmahera 流涡；4. ITF，印度尼西亚贯穿流；5. KCC，朝鲜半岛沿岸流；6. KS，黑潮暖流；7. LG，吕宋流环；8. MC，棉兰老海流；9. ME，棉兰老流涡；10. NEC，北赤道流；11. NECC，北赤道逆流；12. NG，南沙流环；13. SCSWC，南海暖流；14. TSWC，对马暖流；15. TWC，台湾暖流；16. YSCC，黄海沿岸流；17. YSCWM，黄海冷水团；18. YSWC，黄海暖流；19. ZFCC，浙闽沿岸流

（2）东海和南海北部陆架区属于"印度—西太平洋暖水区系区"（Indo-West-Pacific Warm-water Biotic Region）"中国—日本亚区"（Sino-Japan Sub-Region）（暂用名），属"亚热带区系"（Sub-tropical Biota）。

（3）东、南海台湾—海南南部以南海域属"印尼—马来亚区（Indo-Malaysia Tropical Sub-region）"，属"热带区系（Tropical Biota)"。

对于涉及黄海动植物区系性质的论述，Ekman（1953）未提及黄海的动物区系，但在其名著中似是将黄海与日本相提并论的，即是亚热带区系；根据中国的资料，Ekman 的结论是不可取的。Golikov 等（1990）将朝鲜半岛和黄海明确归入日本亚热带区系省，也不可取。Briggs（1974）是将黄海归入他的温带区系"东方省（Oriental Province）"——日本及相邻的中朝黄海部分：黄海属于温带区系"东方省"的最南部分，与中国学者基本一致。Golikov 等总结了原苏联学者多年跨两洋近海和海岸带研究的大量资料，提出的世界海域生物地理区划方案基本可取，但他们仍将黄海生物区系归入印度—西太平洋暖水区的亚热带区系亚区。这是由于他们基于 Gurjanova 等（1958）在中国黄海潮间带看到数量很大的暖水区系代表种（如弧边招潮蟹 *Uca arcuata*、大眼蟹 *Macrophthalmus japonicus*，*M. dilatatus*）对黄海区系的了解、认识和处理的结果，数量大而忽略了冷水性种在潮下带冷水团控制区占很大优势的区系特点，因此将黄海生物区系归入印度—西太平洋暖水区的亚热带区系亚区（图 6.2）。对于他们对黄海区系的片面认识和处理，作者等持不同意见，已对其区划图黄海—东海区系分界线提出了局部修改设想；也提出了东海与南海区系的显著不同。目的是为了引起较深入的探讨，以推动有关学科领域的发展，实现海洋生物多样性和生物资源的持续发展。

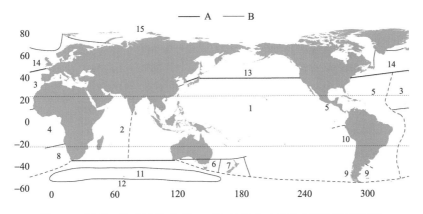

图 6.2　刘瑞玉修改后的 Golikov 等（1990）（基于动植物区系遗传）
世界海洋生物地理区划方案（Golikov et al.，1990）

A borders of kingdoms 界的边界；B borders of regions 区的边界（大陆架范围以外的生物地理分区的及未能肯定情况下的假定边界以虚线表示）1. West-Pacific tropical 西太平洋热带区；2. Indian Ocean tropical 印度洋热带区；3. Mediterranean-Lusitanic subtropical 地中海—卢希塔尼亚亚热带区；4. Guinean tropical 几内亚热带区；5. Carribean tropical 加勒比热带区；6. Tasmanian subtropical 塔什曼亚热带区；7. New Zealand subtropical 新西兰亚热带区；8. South African subtropical 南非亚热带区；9. Patagonian subtropical 巴塔哥尼亚亚热带区；10. Araucanic subtropical 阿劳堪亚热带区；11. Kerguelenic notal 克给隆亚热带区；12. Antarctic 南极区；13. Pacific boreal 太平洋温带区；14. Atlantic boreal 大西洋南温带区；15. Arctic 北极区

第一节 海洋生境（栖息地）与生物区系的多样性[*]

一、海洋生境的多样性

海洋约占地球表面积71％，平均深度约4000m，有广阔的沿岸浅海，陆地向海域延伸部分在广阔的浅海下为大陆架（continental shelf）；陆架外缘急剧变深成坡，是大陆坡（continental slope），为深海带（bathyal sea），约至1500~2000m深，再下到广阔的深渊平原（abyssal plain），约2000~4000m深，在广阔的深海平原达6000m，最深超过6000m（甚至11 000m）的为超深渊海沟（ultra-abyssal trench）。全球海洋从海岸带到超深渊海沟，水层和海底到处都生存有形态结构完全不同的海洋生物——包括原核生物的细菌，微小的单细胞藻类——有色素的单细胞光合生物色素界、原生动物界、真菌界和高级的多细胞后生动物界以及后生植物界的代表；它们栖息在环境条件非常不同的、多样的栖息环境——生境（habitat）。在海洋学中，全球海洋环境（水层和海底）的划分如下所示（图6.3）：

◎水层区（Pelagic Division）（浮游区）：

◎近海区（Neretic Province）　　　　大陆架及以内水域

◎大洋区（Oceanic Province）　　　　大陆架以外水域

  上层（epi-pelagic）（表层）　　　　　0~200m

  中层（meso-pelagic）　　　　　　　　200~1000m

  深海水层（bathy-pelagic）　　　　　 1000~4000m

  深渊水层（abysso-pelagic）　　　　　 4000~6000m

  超深渊水层（hadal-pelagic）　　　　　6000~10000m

◎水底区（Benthic Division）（定生区）：

潮上带（supratidal zone），完全暴露于高潮线海面以上的环境，在激浪影响下保持湿润

潮间带（intertidal zone），大潮最高潮线与最低潮线之间的环境

  可分为：上区（upper region）——高潮区（high tidal region）

     中区（mid-region）——中潮区（mid-tidal region）

     下区（lower region）——低潮区 low tidal region

潮下带(sub-tidal zone)：大潮最低海面以下的生境（永不露出海面）

  大陆架（continental shelf）：大陆地向水下延伸的部分，一般至150~200m深

  大陆坡（continental slope）：大陆架边缘向下倾斜的斜坡，200~2000m深

  深海底（bathyal）：200~2000m（3000m）深的海底

  深渊底（abyssal）：2000~6000m深的广阔软底平原

  超深渊底（ultra-abyssal-hadal）：6000m以下，广阔平原上的深海沟底硬底

海山（sea mountain）：海底平原上隆起的硬底山脉

◎水层区按距海岸远近可分近岸区（Neretic）和大洋区（Ocenaic）

水层区从海面向下分为：

　　真光带（层）（euphotic zone）［有光带（photic zone）］

　　　　大洋上层透光带——光合作用带，一般表层 200～400m 和以下的

　　　　无光带（层）——上层、中层、下层（深层）

　　无光带（层）（aphotic zone）：深层无光带一般为 400m 以下水层

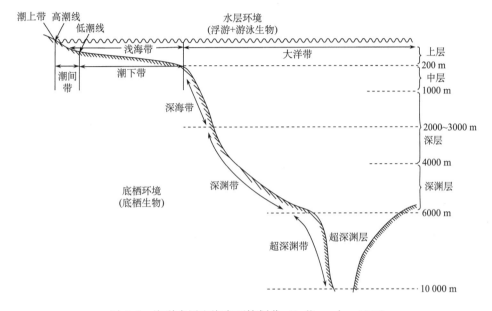

图 6.3　海洋水层和海底环境划分（Lalli et al.，1997）

二、海洋生物的多样性

　　地球上的生命起源于海洋。目前已知的海洋生物已超过 20 万种，海洋生物学家估计实际存在的海洋生物，会超过已知种的 1/3 至数倍。过去和目前有的知之甚少，主要是由于调查采集远远不够。

　　规模庞大的 CoML（Census of Marine Life）海洋生物普查国际合作项目（2000～2010）开始以来，已经取得了巨大而惊人的成果和创新发现。

（一）海洋生物的分类类群

1. 按体制构造来区分

　　海洋生物有以下生物六界的代表（Cavalier-Smith，1998；2004）。

　　目前中国海已记录有 22 629 种（刘瑞玉，2008）。

　　原核生物域（超界）Domain（Superkingdom）Prokaryota 的：

（1）细菌界 Bacteria，如蓝细菌门 Cyanobacteria（即蓝藻门 Cyanophyta）（表6.1）。

真核生物域（超界）Domain Eukaryota：

（2）色素界 Chrojmista。如硅藻门 Diatomeae，金藻门 Chrysophyta，黄藻门 Xanthophyta 等。

（3）原生动物界 Protozoa。如有孔虫门 Foraminifera，放射虫门 Radiosozoa，纤毛虫门 Ciliophora，双鞭毛虫门 Dinoflagellata（甲藻门 Dinophyta），渗养门 Percolozoa。

（4）动物界 Animalia（大型的多细胞的后生动物 Metazoa）。

已知 34 门中，有 12 门（须腕动物 Pogonophora 未计）是海洋特有的；另 12 门也见于海洋中。

（5）真菌界 Fungii。

（6）植物界 Plantae。种类很少：红树 40 种，海草 20 种。

2. 按生活方式来分

自由生活的海洋生物可概括为 3 个主要生态类群（ecological groups）。

（二）海洋生物的生态类群

1. 浮游生物（Plankton）

在水流运动作用下被动地漂浮在水层中的生态类群。其特点是种数虽不多，但数量常常很大，分布很广，是海洋生产力的基础，也是海洋生态系中占很重要地位，是生态系中物质循环和能量流动的最主要环节。包括浮游植物和浮游动物（图6.4）。

按大小浮游生物可分为（沈国英等，2002）：

（1）微（超）微型浮游生物（picoplankton）：$< 2\mu m$。

（2）微型浮游生物（nannoplankton）：$2 \sim 20\mu m$。

（3）小型浮游生物（microplankton）：$20 \sim 200\mu m$。

（4）中型浮游生物（mesoplankton）：$200 \sim 2000\mu m$。

（5）大型浮游生物（macroplankton）：$2000 \sim 20mm$。

（6）巨型浮游生物（megaloplankton）：$> 20mm$。

2. 底栖生物（Bentbos）

自由生活在海洋基底表面或沉积物中的各类生物。包括底栖植物和底栖动物。按其与底质的关系分为底上动物（epifauna）和底内动物（infauna）。底上动物有固着的、附着的、匍匐的；底内动物有管栖动物、蹼蚀动物、埋栖动物，包括各类无脊椎动物等。底栖植物主要是大型藻类，少数种子植物海草和红树（图6.4）。按大小可分为（蔡立哲，2006）：

（1）微型底栖动物（microbenthos）：$< 0.042mm$。

（2）小型底栖生物（meiobenthos）：$0.042mm \sim 0.5mm$。

（3）大型底栖生物（macrobenthos）：$> 0.5mm$。

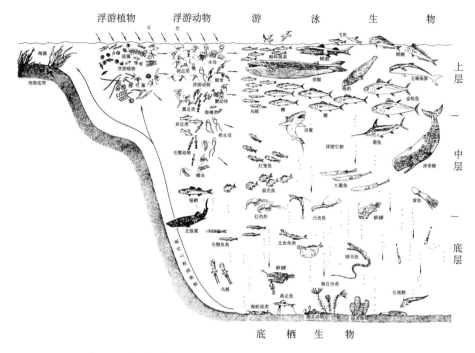

浮游植物　浮游动物　游　泳　生　物

上层

中层

底层

图 6.4　海洋生物生态类群及其垂直分布示意（李少菁，1998）

3. 游泳生物（Nekton）

具有发达的运动器官和较强的游泳能力的大型动物。包括鱼类、哺乳类、爬行动物及部分软体动物——头足类和甲壳动物——游泳虾类。是人类主要的水产食品。

鱼类可分为中上层（pelagic）（如鲱、鳀、沙丁、鲭、鲹、马鲛）和近底层（dem-ersal）（如鳕、大黄鱼、带鱼、鲈）及底栖（nekto-benthic）（如鲆、鲽、鳎、鳐）。

（三）海洋生物群落

生物群落是生活在一定地理区域或自然生境里的各种生物种群组成的一个集合体。其中的生物在种间保持着各种形式的、紧密程度不同的相互联系，且共同参与对环境的反应，组成一个相对独立的成分、结构和功（机）能的"生物社会"，该生物组合被称为生物群落。群落与环境互相依存，互相制约，共同发展，形成一个自然整体。生物群落与其环境构成的整体就是生态系统（即生态系中有生命的部分）。

有远（大）洋的、近岸的等，各种生境有不同的生物群落。

海岸带环境差异很大，以下生境的底栖生物群落分布在不同海域，种类组成有很大差异：

岩礁生物群落，藻床生物群落，草场生物群落，沙滩生物群落，泥涂生物群落，深海生物群落，深渊生物群落，海山生物群落，热泉生物群落，河口生物群落，湿地生物群落等等。特别是珊瑚礁生物群落，红树林沼泽生物群落及其他滨海湿地生物群落，有极高的生物多样性（物种、群落、遗传多样性）和生物生产力，有丰富的生物资源（刘瑞玉，1997）。

（四）中国海海洋生物多样性

2000 年开始的国际最大规模合作项目"世界海洋生物普查"计划项目 CoML 在全球开展以来，取得了令人惊叹的成绩。世界各国对海洋生物多样性的研究与了解有了很多进展。中国政府做了很大努力，开展了有关调查研究。但是对于中国海域的了解还十分不够，缺少反映物种现状的基本资料。经几十位海洋生物分类专家的努力，编辑出版了新的物种名录（Liu，2008）。已知种数有了显著增多，6 界 46 门海洋生物共计22 629 种，比 1994 年相同门类的 17 911 种增多了 5117 种（增加 29.3%）。

表 6.1 引用最新资料，列出中国海域海洋生物已发现和记录的种数，真实地反映了生物多样性的实际情况——现状，总数 6 界 46 门共 2187 科 22 629 种（Liu，2008），与相邻海域和国家相比，多样性并不是特别高。从表中可见，中国海几个最占优势的生物类群，种数最多的是大型的甲壳动物（已记录 4320 种）、软体动物（3928 种）、鱼类（3214 种），都超过 3000 种；刺胞动物（1420 种）、多毛类环节动物（1065 种）和大型底栖藻类（992 种）以及单细胞的有孔虫（1495 种）、纤毛虫（503 种）、放射虫（594 种）等；棘皮动物（568 种）、苔藓动物（588 种）、寄生吸虫（568 种），各超过 1000 种或 500 种。它们构成浮游生物、底栖生物和游泳生物等主体成员，是海洋食物链、食物网、微食物环的主要环节，是海洋中有机物的主要制造者和消耗者，物质循环和能量转换的主要生物，人类的主要海产食品，医药和工业原料。

目前，全球每年海洋水产品产量超过 8000×10^4 t，是海洋经济的主体，人类的主要食品。从渔业资源量来比，却是以鱼类最占优势，2007 年中国海鱼类捕捞量 822×10^4 t，约占全国海洋捕捞总产量 1243×10^4 t 的 66.1%。其中冷水鱼类曾有相当高的资源量和产量，黄海太平洋鲱 1972 年产量高达 17×10^4 t，太平洋鳕 1960 年产量 5×10^4 t。应该受到重视！

表 6.1 世界和中国海主要生物类群种数

门 类	种数		
	世界	中国	
		1994 年	2007 年
1. 细菌界 Bacteria	【2126】	【228】	【Bacteria 264】
2. 色素界 Chromista	【10424】	【1566】	【1807】
3. 原生动物界 Protozoa	【20190】	【2237】	【2897】
4. 真菌界 Fungi		【189】	【151】
5. 植物界 Plantae	【4844】	【683】	【792】
6. 动物界 Animalia（后生动物 Metazoa）		【12608】	动物界【16718】

门 类	种数		
	世界	中国	
		1994 年	2007 年
（1）多孔动物门 Porifera（海绵动物 Spongia）	7000	106	190
（2）刺胞动物门 Cnidaria（腔肠动物 Coelenterata）	10500	989	1422
（3）栉板动物门 Ctenophora	100	9	10
（4）粘体动物门 Myxozoa	600	0	36
（5）扁形动物门 Platyhelminthes 吸虫纲 Trematoda	7000～8000	525（寄生鱼）	535
（6）内肛动物门 Entoprocta	170	9	8
（7）线虫动物门 Nematoda	［自由 4000	122	188 自由生活］
（8）纽形动物门 Nemertea	1275	52	74
（9）帚形动物门 Phoronida	20	4	4
（10）苔藓动物门 Bryozoa（外肛动物 Ectoprocta）	5000	490	568
（11）腕足动物门 Brachiopoda	335	8	8
（12）星虫动物门 Sipuncula	230	39	44
（13）蜕虫动物门 Echiura	130	9	12
（14）环节动物门 Annelida［含 Pogonophora & Vestimentifera］多毛纲 Polychaeta	［16500］10000	910	1065
（15）软体动物门 Mollusca	【45870】	2557	3914
（16）节肢动物门 Arthropoda		【2889】	【4333】
甲壳亚门 Crustacea	【67000】	2881	4320
螯肢亚门 Cheliceriforms　肢口纲 Merostomata　剑尾目 Xiphosura	4	4	3
海蛛纲 Pycnogonida	600	4	10
（17）毛颚动物门 Chaetognatha	117	37	41
（18）棘皮动物门 Echinodermata	6365	474	588
（19）半索动物门 Hemichordata	75	6	7
（20）尾索动物门 Urochordata（被囊类 Tunicata）	【3 000】	91	139
（21）脊索动物门 Chordata	【70 596】	【3282】	【3532】
头索动物亚门 Cephalochordata	23	3	4

门 类	种数		
	世界	中国	
		1994 年	2007 年
脊椎动物亚门 Vertebrata	46 670 【Pisces14 021】	3279 【Pisces 3032】	3528 【Pisces 3213】
两栖纲 Amphibia		1	1
爬行纲 Reptilomorpha（＝Sauropsida）		23	24
鸟 纲 Aves	9755	180	249
哺乳纲 Mammalia	127	39	41
总计		17 511	22 629

注：鱼尾括号内数字为高级阶元种数。

由于不同生物类群的生活习性、繁殖方式、活动能力和生物栖息环境条件有很大差异，因此中国海各生物类群的种数与世界海洋总种数的比率有很大差异，有的其比率很高，有的极低。例如鱼类 Pisces，中国海记录有 3213 种，世界海洋已记录 14 021 种，其比率很高，达 22.9%；甲壳动物短尾下目 Brachyura 最新资料已知中国有 1073 种，占全球已知种数 6793 种的 15.8%，较高；口足目 Stomatopoda（虾蛄 *Mantis shrimp*）已知有 104 种，占全球总种数（450 多种）的 23.1%（近 1/4），比率更高；绿藻门 Chlorophyta 已知 163 种，而全世界只有 600 种，比率高达 27.2%（超过 1/4）。可见这些类群的物种多样性都相当高。软体动物门 Mollusca 双壳纲 Bivalvia（已知 1132 种）比率较高；腹足纲 Gastropoda 共有 2552 种，与世界总种数（3.5 万种）的比率仅 7.3%，很低；多板纲 Polyplacophora 比率更低，为 4.7%；腕足动物门 Brachiopoda 的比率特低，只有 2.4%。值得注意的是，游动能力较强、分布广的优势浮游动物磷虾目 Euphausiacea 和毛颚动物门 Chaetognatha 的种数与世界种数的比率特别高，分别达到 48/90＝53.3% 和 41/117＝35.0%。

以上数字反映了中国海域各类生物种类多样性及数量在世界海洋生物不同类群中所占的地位。这为读者提供了最新的和真实可靠的信息和资料数据，有重要参考价值和实际意义。

第二节　浮 游 生 物 *

一、叶绿素和初级生产力

（一）中国海的叶绿素 a 和初级生产力

中国海叶绿素分布的基本规律为由沿岸向海域中部递减，近岸、浅水的海域叶绿素

　＊ 本节作者：宁修仁、郝锵

浓度较高，中部、深水海域相对较低，这一趋势主要由海域营养物质的供给所决定；初级生产力的分布则相对复杂，这是因为后者不仅仅取决于浮游植物的生物量和营养盐的供给，还受到其他因素诸如真光层深度、光照、温度、水体稳定度以及浮游植物群落结构等因素的影响。

1. 渤、黄海

渤海是中国近海中较为封闭的海域，受陆源输入影响较大。渤海叶绿素浓度分布一般为近岸高，中部低，季节变化多呈微弱的双峰形式，峰值一般出现在春季和夏末初秋，基本符合温带海域浮游植物生物量变化的一般特征（图 6.5）。春季，整个渤海叶绿素浓度普遍在 $1mg/m^3$ 以上，局部海域如莱州湾最高可达 $5mg/m^3$ 以上，叶绿素的高值区（$>3mg/m^3$）多出现于几个海湾如辽东湾、渤海湾、莱州湾和黄河口附近，渤海中部和渤海海峡叶绿素浓度则相对较低。夏季，海域营养盐被消耗以及浮游动物的摄食压力导致叶绿素水平有所降低，平均低于 $1mg/m^3$，同时高值区也向海域西侧和渤海海峡处转移。秋季，渤海中部叶绿素浓度较夏季有所回升，渤海湾、渤海中部和莱州湾均出现较高浓度的叶绿素斑块（$>2mg/m^3$）。进入冬季，浮游植物受温度和光照的限制生长缓慢，叶绿素浓度较秋季有所回落，但仍高于夏季。渤海初级生产力水平一般为夏高冬低，夏季海域平均初级生产力一般在 $400mgC/(m^2 \cdot d)$ 以上，春季次之，平均在 $300mgC/(m^2 \cdot d)$ 左右，但可在渤海海峡水深较大的海域观测到 $500mgC/(m^2 \cdot d)$ 以上的高生产力区；秋季初级生产力进一步降低，大部分海域均在 $200mgC/(m^2 \cdot d)$ 以下，冬季最低 $[<150mgC/(m^2 \cdot d)]$（图 6.6）。这是因为夏季日照时间长，日射量最大，是一年中透明度最高的季节、真光层深，所以初级生产力高。而冬季日照时间短、日射量小、水温低，而且受季风影响，海水垂直混合可达海底，海水混浊导致真光层变浅，导致了冬季初级生产力为一年中最低（吕瑞华等，1999；赵骞等，2004）。

春季，黄海相对充足的营养盐、适宜的光照和水温导致浮游植物大量增殖、海域浮游植物生物量也急剧升高，从而形成了一个或多个几十乃至数千平方千米不等的大面积高浓度叶绿素"斑块"。这一现象最早可始于 2 月份，在 3 月底和 4 月份达到高峰，5 月份逐渐消退，且在同一海域可连续发生多次。伴随着水华的发生，黄海海域平均叶绿素和初级生产力均达到一年中最高，水华发生时海域叶绿素浓度和初级生产力也急剧升高，初级生产力甚至可达 $2000mgC/(m^2 \cdot d)$ 以上。由于水华多发生在海域中部，因此叶绿素和初级生产力的分布趋势也表现为中部高，近岸低。低值 [叶绿素浓度 $<1mg/m^3$,初级生产力$<200mgC/(m^2 \cdot d)$] 往往出现在水华发生后的海域中部和苏北浅滩的南北两端。由于南黄海水华发生的频繁程度远高于北黄海，因此初级生产力的分布也呈现北低南高的特征。夏季，由于春季浮游植物持续旺发消耗了大量营养盐，而季节性跃层的形成又阻碍了深层海水向表层补充，导致真光层内营养盐浓度降低，浮游植物生长受限，海域叶绿素水平较春季有明显下降，但在海域中部仍存在局部的叶绿素高值，这主要是由于夏季黄海中部冷水团引发的上升流对营养盐有所补充，维持着该海域的浮游植物生长。高初级生产力区 $[>500mgC/(m^2 \cdot d)]$ 和叶绿素高值区相吻合，分布同样也以黄海冷水团为中心，向近岸方向递减。沿岸带附近则由于陆源输入对营养盐的补充，叶绿素和初级生产力未出现明显下降，和春季持平。进入秋季由于冷水团消退，黄海中部的叶绿素高值区也随之消失，整个海域的叶绿素分布呈现随水深增加而递减的趋势，黄海中部叶绿素浓度大都低于 $0.5mg/m^3$，而近岸水体多在 $1mg/m^3$ 以上，初级生产力的分布也与此类似，高值区 $[>1000mgC/(m^2 \cdot d)]$ 通常出现在近岸一侧黄海暖流和沿岸流交汇的锋区，而低值区 $[<200mgC/(m^2 \cdot d)]$ 位于海域中央和苏北浅滩以北的低透明度水体。冬季叶绿素浓度有所回升，且在平面分布上趋于平均，一般在 $1mg/m^3$ 左右，但受温度和光照的影响，海域初级生产力水平降到 $200mgC/(m^2 \cdot d)$ 以下，是一年中生产力最低的季节（宁修仁等，1995；郑国侠等，2006）。

叶绿素浓度在海洋中的垂向分布也存在明显的季节和海域差别。在黄海近岸海域如苏北浅滩，由于水浅、易于混合，叶绿素垂直变化程度较海域中部为小。而在黄海中部，水柱叶绿素的高值在春季水华期间多出现于表层，随着气温升高、海域层化现象日益显著，叶绿素的高值也逐渐下移。夏、秋季黄海中部大范围海域均有明显的次表层叶绿素（SCM）最大值存在，且和跃层深度密切相关。由秋入冬随着上层水体混合加剧，SCM 逐渐消失。

从浮游植物生物量的粒级结构来看，渤海秋季主要以小型浮游植物（Net）为主，然后依次为微型（Nano）和微微型浮游植物（Pico）。春季则以 Nano 所占比重最高，其次为 Net，Pico 级浮游植物占比重最低。浮游植物粒级组分的垂直分布研究表明，在不同海区的不同水层，浮游植物分粒级生物量的分布有明显差异，潮汐对浮游植物分粒级生物量的周日变化影响较大。黄海春季一般以微型浮游生物占优，可占到总叶绿素浓度的 50% 以上，秋季微微型浮游植物叶绿素浓度则与总叶绿素浓度分布格局相反，海域中部较高，而近岸较低（孙军等，2003a）。

2. 东海

东海叶绿素和初级生产力的时空变化存在明显区域特征，一般可分为沿岸带、陆架和黑潮三个区域。其中沿岸带海域被沿岸流和入海径流控制，富营养化程度严重，叶绿素全年较高（图 6.5）；沿岸初级生产力主要受限于水体的透明度，往往随局部泥沙等悬浮物的变化而呈现较剧烈的时空差异 $[$ 从几十到上千 $mgC/(m^2 \cdot d)]$，但总体呈现夏高冬低的态势（图 6.6）；在一些特别混浊的海域如杭州湾和 $122°30'E$ 以西的长江口水域，由于真光层过浅，初级生产力常年偏低。在大陆架中部，叶绿素和初级生产力分布不均、季节变化大，这主要受长江冲淡水、沿岸上升流和陆架混合变性水团消长的影响。而在受黑潮水系影响的东部和南部海域，叶绿素和初级生产力终年较低，季节变化也不显著。这与寡营养型的黑潮水系理化性质相对稳定有关。此外，黑潮沿大陆坡流动，其次表层水爬坡涌升，形成稳定的上升流。在九州西南的对马暖流源区，五岛列岛附近海域，$30°N$ 附近对马暖流水和陆架水交汇区以及台湾以北海域，均有黑潮次表层水逆坡涌升现象，上升流把深层水中丰富的营养盐带至陆架的真光层，促进了浮游植物的增长，形成叶绿素和初级生产力的高值区（宁修仁等，2000）。

春季，东海平均叶绿素浓度大致在 $1mg/m^3$ 以上，高值区一般集中海域西侧水深小于 $100m$ 的海域内。其中叶绿素较高（$>1.5mg/m^3$）的海域主要分布在长江口外，浙江、福建沿岸和台湾海峡；而陆架边缘和黑潮主干流经的区域叶绿素浓度一般多低于 $0.5mg/m^3$。在沿岸带，水柱内叶绿素浓度一般由表向底下降；而在陆架海域，由于表

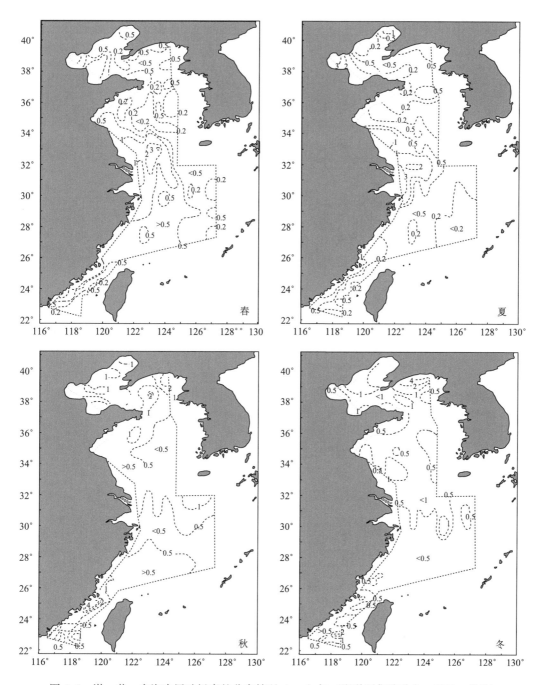

图 6.5 渤、黄、东海表层叶绿素的分布情况（mg/m^3）（海洋图集编委会，1991，改绘）

层营养盐浓度较低，限制了浮游植物生长，因此叶绿素高值多出现在次表层，SCM 开始变得较为普遍，一般出现在 20～30m 的水层中，并随水深增加而逐渐下移，到 128°E 以东的黑潮海域内 SCM 一般在 50m 左右甚至更深，这主要和跃层的深度有关。Pico 和 Nano 级份的浮游植物是叶绿素的主要贡献者，其中 Pico 级份对叶绿素的贡献为黑潮区＞陆架区＞沿岸区，而 Nano 和 Net 级份的情形则与之相反，为沿岸区＞陆架区＞黑潮

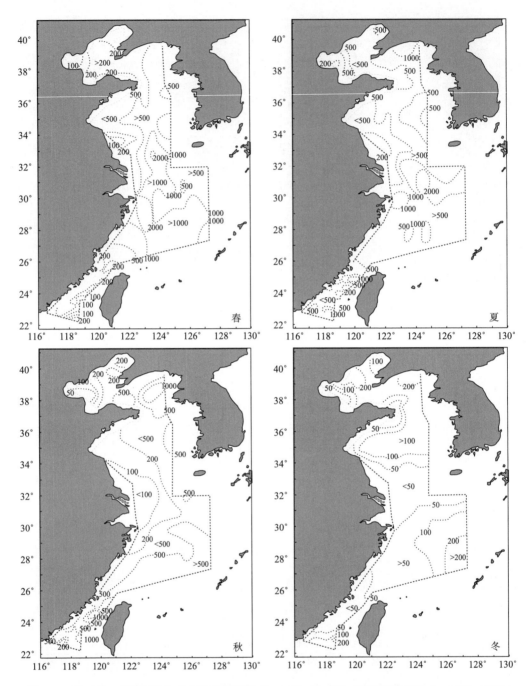

图 6.6　渤、黄、东海初级生产力的分布情况 [mgC/(m² · d)] (海洋图集编委会，1991，改绘)

区。这主要是由于沿岸营养物质较为丰富，适合较大粒径的浮游植物增长。春季是东海初级生产力最高的季节，大于 1000mgC/(m² · d) 的高值区主要分布于陆架混合变性水的西部，低值区多见于浙江沿岸的浑水区以及黑潮区。前者生产力过低的原因在于真光层太浅，而后两者则是因为没有足够营养盐支持浮游植物的生长。但需要注意的是，在陆架边缘由于黑潮锋面涡的存在，涡内的上升流将营养盐向近表层输运，因此在陆架边缘也时有观测到叶绿素和初级生产力的高值（宁修仁等，1995；李超伦、栾凤鹤，1998）。

值得一提的是，每年的4~5月份是东海水华的高发期，与黄海水华相比，东海水华更多发生在河口和近岸水域，水深一般不超过50m，且爆发时往往已有跃层形成；水华发生时浮游植物优势种常为一些有害藻类，因此春夏之交也多为赤潮的高发期。在此期间，叶绿素最高值往往可达10mg/m³以上且多出现在表层。一方面水华促进了整个海域初级生产力的提升，促进海洋食物的产出；另一方面，有害藻华的形成和消退后所造成的缺氧也会危害渔业生产，特别是对当地水产养殖业造成巨大破坏。

夏季，沿岸河流进入丰水期，陆源营养盐输入增强，同时沿岸上升流也进入强盛期。受其影响整个东海北部和东部近海的叶绿素和初级生产力均较高，其中高值区（>5mg/m³）分布在长江口外和浙江近海；由于东海中部和南部陆架被寡营养的台湾暖流和黑潮表层水所控制，因此叶绿素浓度在陆架中部急剧降低，向东南方向水深超过100m的海域叶绿素浓度多在0.2mg/m³以下，黑潮区更达到0.1mg/m³以下，为一年中最低。夏季SCM的深度往往要高于春季，这主要是夏季海域跃层较强和真光层深度有所增加的缘故。初级生产力的高值区 [>1000mgC/（m²·d）] 分布于浙江东北部沿岸、长江口及其毗邻海域，极高值 [>2000mgC/（m²·d）] 见于长江口外123°E附近的初级生产力锋面处，这主要是因为长江口冲淡水在此处形成了光和营养盐的最佳权衡（Ning et al.，1988a；Ning et al.，1998；宁修仁等，2004）。东南部陆架和黑潮区的初级生产力在300mgC/（m²·d）以下，为一年中最低。这是因为海洋近表层内营养盐特别是磷酸盐被浮游植物生长消耗殆尽，而下层富营养盐水又受阻于夏季的强跃层而无法向上补充，浮游植物增长受到营养盐限制，造成浮游植物生物量和生产力锐减。在浙江沿岸和台湾海峡，由于季节性上升流的存在，存在叶绿素和初级生产力的局部高值。由于夏季东海陆架中部和以外海域均呈现明显的寡营养海域特征，微微型浮游植物在整个海域中所占的比重较春季更大，但是在一些高生产力区，仍以小型和微型浮游植物占优势（Gong et al.，2003）。

秋季，叶绿素和初级生产力的分布格局与春季类似，随着冲淡水的减弱，长江口海域的浮游植物生产力锋面逐渐消退，叶绿素高值区一般在2mg/m³左右，初级生产力也远低于夏季 [<400mgC/（m²·d）]。另一方面，海域季节性跃层的减弱又为营养盐从跃层下向上补充创造有利条件，这使得东海中部和南部海域叶绿素和初级生产力均较夏季出现一定回升。在对马暖流源区以东和陆架中部海域存在叶绿素和初级生产力的高值区，其中叶绿素浓度在0.5mg/m³以上，初级生产力在500mgC/（m²·d）以上，而低值 [叶绿素浓度<0.4mg/m³，初级生产力<300mgC/（m²·d）] 仍然主要出现于黑潮表层水入侵的陆架边缘和黑潮区。秋季叶绿素在混合层内分布较为均匀，但在跃层下随水深向下递减，SCM仍然在陆架海域普遍存在，其所在位置与夏季相比变得更靠近表层，水深100m以西的海域SCM多在20~30m附近水层，黑潮主干区SCM最深，可以达到75m左右。秋季东海以微型浮游植物对总生物量的贡献为主，在黑潮主干以西的海域，微微型浮游植物对总生物量的贡献不超过20%，而微型浮游植物的贡献一般在40%以上（黄邦钦等，2006）。

冬季，受限于水温和光照，叶绿素和初级生产力水平全年最低，东海大部分海区叶绿素浓度低于 1mg/m³，且分布较为平均，仅在近岸水体略高；初级生产力也多在 200mgC/（m²·d）以下，但其分布规律和叶绿素相反，在近岸侧低 [100mgC/（m²·d）]，陆架中部和外部反而较高 [200mgC/（m²·d）]，这是因为在叶绿素分布相对均匀的情况下，冬季透明度变化成为控制初级生产力分布的主因，悬浮物质浓度较高的沿岸水控制着东海陆架以西大部分区域，使得海水透明度明显低于海域东部。从东海透明度的季节分布上看，冬季是其透明度最低的季节，真光层的变浅是冬季初级生产力下降的重要原因。此外，由于跃层消失，上下混合均匀，冬季大部分海域没有明显 SCM 存在 (Gong et al.，2003)。

3. 南海

南海的叶绿素和初级生产力分布具有以下 3 个主要特点：①水平分布上，除沿岸和岛屿附近海域叶绿素和初级生产力较高外，开阔海域一般较低，大多属寡营养型低生物量海域；②垂直分布上，叶绿素和初级生产力的高值大都出现在次表层，这与表层的强光抑制、营养盐的垂直分布以及微微型光合浮游生物的丰度和分布特征有关；③在大、中尺度的时空变化上，存在明显的季风—环流—营养盐—浮游植物耦合，特别是中尺度涡的存在，对叶绿素和初级生产力的时空分布格局具有显著的影响。

南海叶绿素和初级生产力的高值多集中于南海北部和南部以西的河口和沿岸带等陆源营养盐输入相对充足的海域，高值区分布随着径流入海后的流向及其扩散而变化。在沿岸上升流和中尺度气旋涡存在的海域，下层高盐低温高营养盐的海水向上涌升，改善了上层水体的营养盐不足的状况，因此在这些海域同样出现水柱内叶绿素和初级生产力的相对高值，并且随着上升流和气旋涡的强度、位置而变化。而在反气旋涡控制的海域，寡营养的表层水辐聚下沉，使得水柱内寡营养现象增强，浮游植物生物量和生产力通常较低。南海浮游植物生物量和初级生产力的高值区主要集中在珠江口、湄公河口、北部湾、巽他陆坡、沿岸上升流区和吕宋海峡以西的冷涡，而低值区主要出现于海域中部和反气旋涡盘踞的海域。就整体而言，南海叶绿素和初级生产力水平较黄、东海为低，呈现明显的寡营养海域特征 (Ning et al.，2004；Liu et al.，2007；郝锵等，2007)。

冬季，受东北季风的影响，北部沿岸水团在季风的驱动下向西南运动，将丰富的营养盐带入调查海区的中部；另一方面，跃层强度下降，混合层深度也有所增强，且整个南海西部构成一个海盆尺度、强盛的气旋式西边界流，引起底层海水涌升，营养盐水平全年最高，这使得南海近海叶绿素浓度普遍较高。南海叶绿素浓度分布呈现近岸高、中央海盆区低，北部近岸区明显高于南部近岸区的特征，南海东部近岸海区的叶绿素浓度明显低于西部近岸区域，在中央海盆区的叶绿素浓度分布基本一致，略高值（>0.2mg/m³）出现在吕宋西北、台湾海峡以南、南海北部、西北部沿岸和陆架区域，以及越南中部外海和巽他陆坡等海区，并在台湾海峡南部和海南岛东北分别出现大于 1mg/m³ 的高值。较低值则出现在南海中部和东南部以及反气旋涡区。南海冬季初级生产力全年最高，较高值 [>500mgC/（m²·d）] 出现在近岸海域、吕宋西北、越南中部外海和巽他陆坡，低值 [>300mgC/（m²·d）] 出现在海域中部和反气旋涡区。

夏季是西南季风盛行期，整个南海普遍被海盆尺度的反气旋所控制，营养盐水平较冬季有所下降，叶绿素和初级生产力也随之降低。在此期间南海叶绿素浓度表现得很不均匀，在中部海盆和18°N以北的陆架反气旋涡区等大部分海域呈明显降低趋势。但是在北部和西部沿岸，由于珠江和湄公河冲淡水携带营养盐输入增强和广东沿岸上升流出现，局部叶绿素浓度明显增加。叶绿素高值（＞0.3mg/m³）出现在珠江口、湄公河口、广东沿岸、北部湾、吕宋海峡以西、吕宋西南、越南中部外海和巽他陆坡。从南海中部向东北到吕宋海峡的几个块状区域中，叶绿素浓度值也高于0.3mg/m³；而在南海海盆区，叶绿素浓度大都低于0.1mg/m³。夏季南海东部海区叶绿素浓度明显低于西部海区。南海南部（8°N以南）除南沙群岛附近海域叶绿素浓度有所降低外，大部分区域都明显增加。高值［＞400mgC/(m²·d)］出现在河口、沿岸上升流、巽他陆坡、越南中部外海、海南岛南方、吕宋海峡和巴拉望岛以西海域。而低值［＜200mgC/(m²·d)］则多现于北部大陆架、海盆中部和吕宋西南。

春季和秋季属于季风转换期。在春季由于季风从东北向转为西南向，南海环流开始转为夏季模式，季节性的冷涡开始减弱或消失。南海春季叶绿素浓度较冬季普遍明显降低，基本达到全年的最低值。如在冬季期间的吕宋岛西北部海域的叶绿素浓度高值区基本消失，在海盆中心叶绿素浓度基本降到0.1mg/m³以下；在南海周边近岸海域，叶绿素浓度也较冬季有明显降低。秋季由西南季风转向东北季风，除广东近岸区域外18°N以北海域叶绿素浓度较夏季有所增加，但河口和近岸随着冲淡水减弱和上升流消失而有所降低。南海东部海域的叶绿素浓度变化较小，甚至略有下降。季风转换期南海中部海盆初级生产力多在300mgC/(m²·d)以下，介于冬夏之间；而水深小于200m的浅水区一般在400mgC/(m²·d)以下，是一年中初级生产力较低的季节。这使得南海初级生产力季节变化存在一定的区域差异，近岸海域整体呈现冬夏高、春秋低的双峰变化特征，而在陆架和南海中部呈现冬高夏低的情形（Chen-Lee，2005）。

由于初级生产力控制着海洋食物产出，并对海域碳的源汇格局有着重要调控作用，因此大范围海域平均初级生产力历来为人们所关注。从近20年来我国近海开展的多次大规模调查结果来看（表6.2），黄、东海是初级生产力较高的海域，南海次之，渤海年初级生产力最低。在温带海域如渤、黄、东海，春、夏季初级生产较高，冬季最低，季节变化多受水温、透明度和光照的影响。在南海近岸和陆架海域，季风盛行期的冬、夏两季偏高，季风转换期较低；而在中部海盆区则呈现冬高夏低的趋势，这主要和季风驱动环流以及陆源输入控制了营养盐的分布有关。不同航次结果之间有较大差异，这主要是调查时间、站位的分布不一致所致。

表6.2　中国近海的季节和年平均初级生产力

海域范围	平均初级生产力/［mgC/(m²·d)］					文献来源
	春	夏	秋	冬	年平均	
渤海	208*	537	297	207	312	费尊乐等（1988）
渤海	162*	419	154	127	216	吕瑞华（1999）
黄海	623	596	369	111	425	宁修仁等（1995）
黄海	580	628	428	326	491	唐启升（2006a）
东海（28°N以北）	1248	1000	403	103	689	宁修仁等（1995）

海域范围	平均初级生产力/[mgC/(m² · d)]					文献来源
	春	夏	秋	冬	年平均	
东海	307†	515	371	297	395	Gong et al. (2003)
东海	530	339	515	162	387	唐启升 (2006b)
南海 (不含北部湾)	—	390	—	546	—	Ning et al. (2004)
南海北部‡ (含北部湾)	331	613	372	492	453	王增焕等 (2005)
南海中部海盆	263	190	275	550	320	Chen et al. (2005)

＊调查航次为6月；†调查航次为3月；‡根据王增焕等 (2005) 的结果计算得到，调查区域为水深为200m以内的沿岸带和陆架海域，其中冬季调查范围延伸至17°N以北的大洋区，数据中反映了一定的寡营养海域的特征。

（二）特殊生境的叶绿素a和初级生产力

1. 大河口区

河口区是陆-海相互作用的耦合带和生产力最高的区域，各种因素如水动力、生物地球化学和生物生产过程等十分复杂。由于河流输入携带大量陆源营养物质入海，因此在河口附近存在显著的浮游植物生物量和生产力的高值区，为渔场的存在提供了重要物质基础；另一方面，河口也是人类活动频繁的区域，污染较为严重，日益富营养化的河口成为赤潮等海洋灾害的高发区。

长江是中国最大的河流，在长江口及其毗邻海域，一年四季均存在叶绿素的相对高值区，其大小和位置随着冲淡水强度的变化而变。在冲淡水输入最强的夏季，长江口口门外 122°30′~123°30′ E 存在一个显著的浮游植物高生物量区，其中心叶绿素浓度一般在 10mg/m³ 以上、初级生产力高于 1000mgC/(m² · d)，是夏季中国近海叶绿素和初级生产力水平最高的区域。这一现象也被称为"浮游植物初级生产力锋面"。由于长江口夏季受西南季风、台湾暖流的驱动和科氏力的影响，低盐度、高悬浮物浓度和高营养盐浓度的长江冲淡水水舌指向东北，在冲淡水向外扩散过程中，水体层化，垂直稳定度变大，有利于悬浮泥沙迅速沉降，悬浮体浓度迅速降低，致使水体光强增加，有利于浮游植物光合作用，而河口输入的营养盐维持真光层内浮游植物群落的持续快速增长，最终在盐度25~30的冲淡水区的中部，出现叶绿素浓度和初级生产力的最大值；随着冲淡水向外海方向扩散，在盐度大于30的冲淡水区的东部（一般位于124°E以西），浮游植物生物量和初级生产力迅速下降，这是由于尽管水体悬浮体浓度极小和光的可利用率很高，但外海方向陆源营养盐被稀释和浮游植物消耗出现了营养盐的限制，不足以维持浮游植物的旺发。因此"初级生产力锋面"的形成是光和营养盐浓度最佳权衡的结果。长江口叶绿素浓度的垂直分布也呈现明显差异，在口门内侧和长江航道内，由于水体混合程度较高，SCM不明显，但随着冲淡水舌向外延伸，水体层化作用加剧，SCM开始出现，所在深度也逐渐加深。冬季为长江等大河的枯水期，淡水输入转弱，影响河口范围小 (123°E以西)。同时低温和大风导致长江口海域水体垂直混合强烈，上下层均匀，悬浮体浓度高，光透射率低，不利于浮游植物的生长，与周围海域相比，在近口门处虽有一个较为独立的叶绿素高值区，但范围已经远较丰水期为小，其同化数水平为一年中最低，初级生产力一般在 200mgC/(m²·d) 以内；由于上层水体混合较为均匀，SCM 也基本消失（宁修仁等，2004）。

珠江口是我国第二大河口，大量的陆源营养物质被冲淡水带入珠江口及其邻近海域，同样造成浮游植物旺发，但因其地处亚热带且冲淡水有多个分支，故其叶绿素和初级生产力的时空变化规律与长江口并不完全一致。珠江口海域叶绿素浓度季节变化基本呈单峰形式，一年中最低值出现在枯水期，最高则出现在丰水期的 7～8 月份；初级生产力的季节变化则呈现明显的双峰型，冬、夏季较高，春、秋季偏低。全年内叶绿素（＞20mg/m³）和初级生产力 [＞2000mgC/(m²·d)] 的极高值均出现在夏季珠江口东侧临近香港的海域。这主要是因为珠江口门东侧夏季冲淡水羽状锋区存在光和营养盐最佳权衡，导致浮游植物旺发，这与长江口生产力锋面的成因类似。和长江口不同的是，珠江口海域叶绿素和初级生产力的高值区 [叶绿素 ＞5mg/m³，初级生产力 ＞1000mgC/(m²·d)]主要集中在口门外和口门东西两侧，且以东侧最为明显。这是因为珠江口冲淡水有东、西两个主要分支，夏季由于西南季风的影响，沿岸流方向为自西向东，珠江冲淡水东向分支较强，所以形成的初级生产力锋面面积较大；而冲淡水西侧分支势力较小，所形成的初级生产力锋面范围也较小。此外，由于地处亚热带，珠江口冬季光照和水温相对适宜，水体稳定度也较长江口为高，因此在冬季叶绿素和初级生产力仍然保持在较高水平，但与夏季相比已明显降低，高值区多集中在珠江口西侧。这主要与东北季风期珠江口冲淡水偏弱且主干转向西有关（蔡昱明等，2002；Yin et al.，2000）。

2. 主要上升流区

沿岸上升流是底层向岸运动的海水在斜坡上的爬升过程中，受到科氏力的作用而产生的一种垂直环流。上升流能将深层温度低而营养盐丰富的海水带到真光层，促进浮游植物生长，形成浮游植物生物量和生产力的高值区，进而影响到整个食物链，因而对局部海域的资源与环境有着深刻影响。受地形条件和季风的影响，在中国近海，沿岸上升流区主要分布在浙江沿岸—台湾浅滩—闽粤沿岸—海南岛东部一线，多发生于南风或西南季风盛行时期，上升流所形成的高生产力区被认为是当地渔场形成的重要原因。

以浙江沿岸上升流为例，浙江沿岸上升流主要分布在夏季浙江沿岸水深 50m 以浅的海域，中心大致在韭山—渔山列岛以东、123°E 以西的浅海。其主要由于低温、高盐的台湾暖流深层水在逆坡前进的过程中，受到舟山列岛附近斜坡的阻挡，使近岸下层海水在科氏力作用下向岸输送，且爬坡而上、辐合涌升。夏季上升流区海域是沿岸水、台湾暖流深层水和台湾暖流表层水的交接区，温度跃层明显，水体具有最大的垂直稳定度，且上升流为真光层提供了丰富营养盐，非常有利于浮游植物生长；与邻近海域相比，上升流区呈现低温、高盐、高营养盐、高叶绿素和高初级生产力的特征，其表层叶绿素浓度一般在 1mg/m³ 左右，升高并不明显，但次表层往往存在高值，可达 5mg/m³ 以上，在上升流区初级生产力一般在 1000mgC/(m²·d) 左右，而其中心则可达 2000mgC/(m²·d) 以上，是夏季除长江口以外东海初级生产力最高的区域。这一浮游植物生物量和生产力高值区与上升流强度息息相关，自春末夏初，随着季风由北转南，海域的叶绿素和初级生产力逐渐升高，在夏季上升流最强时达到顶峰。由夏入秋，随着上升流减弱，其所形成的高生产力区也逐渐消退（Ning et al, 1988b）。

由于上升流的范围、强度以及涌升水来源不尽相同，中国近海上升流区的叶绿素水平也存在显著差异。就表层而言，台湾浅滩上升流区的叶绿素高值区可达 1mg/m³ 以上，而在粤东沿岸上升流区，夏季上升流中心叶绿素可达 3mg/m³ 以上；在最南端的海南岛东部上升流，叶绿素浓度往往在 0.5mg/m³ 以下，是沿岸上升流区中生物量相对较低海域，但与其相邻外海相比，仍然是叶绿素的相对高值区（洪华生等，1991）。

3. 潮滩

底栖微型藻类是潮滩生境中的主要初级生产者，是双壳类和其他无脊椎动物的重要饵料，同时也是潮滩贝类养殖的物质基础。看似贫瘠的潮滩，往往有着不亚于水体的藻类生物量和生产力。

一般而言，潮滩叶绿素在垂直分布上具有明显的规律，沉积物表层是叶绿素最高的区域，而在表层以下，叶绿素中叶绿素水平则迅速降低；受光照影响，只有潮滩表层的微藻能够进行光合作用；而在平面分布上，潮滩叶绿素和初级生产力分布的均匀程度和规律性远不如水体，除了地形和底质差异所导致的不均匀分布外，潮水的涨落导致高、中、低潮带底栖微藻进行光合作用的时间也不同，因此潮滩叶绿素和初级生产力分布情况往往较为复杂。在中国主要养殖海湾中，潮滩叶绿素和初级生产力还存在明显的季节和区域差异。其原因，一方面在于不同季节温度和光照的改变，较高的泥温和良好的光照有利于底栖微藻的生长，其同化数水平一般夏季较高，冬季偏低，因此夏季多为一年中叶绿素和初级生产力最高的季节。另一方面，与不同的底质条件有关，泥质底较砂质底可以保存更多的有机物质和溶解营养物质，有利于底栖微型藻类的生长，这也是在我国重要养殖海湾中，三门湾和乐清湾叶绿素浓度高于桑沟湾和胶州湾的重要原因；而且泥质底里微型藻类的翻转比在砂质底少，高的泥质含量可以降低底栖微型藻类被摄食的可能性。此外，潮滩底栖微藻叶绿素和初级生产力还容易受到天气的影响，雨水可以冲刷掉附着在底质上的藻类，潮水也有类似作用，这些因素都不同程度地影响潮滩微藻的生物量和初级生产力的水平和分布（中国海湾志编辑委员会，1991；宁修仁，2005）。

二、微微型浮游生物[*]

（一）微微型浮游生物丰度分布及生态特征

微微型浮游植物（picophytoplankton，Pico，< 2μm）包括微微型光合原核浮游生物（photosynthetic picoprokaryotes）和微微型光合真核浮游生物（photosynthetic picoeukaryotes，Peuk）。前者主要是单细胞的蓝细菌（聚球藻 *Synechococcus*，Syn）（Johnson et al.，1979；Waterbury et al.，1979）和原绿球藻（*Prochlorococcus*，Pro）（Chisholm et al.，1988）；后者则是一类组成十分复杂的光能自养生物，包括真绿藻类、定鞭藻类、隐藻类、硅藻类、绿藻类等。微微型浮游植物的发现使人们对海洋浮游植物

---

* 本节作者：宁修仁、蔡昱明

群落和传统食物链结构的认识获得了重大进步（宁修仁，2000a）。在微型生物食物网（Microbial food web）中，微微型浮游植物是重要的初级生产者，Li 等（1983）等指出世界海洋初级生产力的 40% 和浮游植物生物量的 80% 可由通过 1μm 孔径的微微型光合浮游生物所贡献。其通过微型浮游动物（主要是原生动物）的摄食（称为"打包作用"），进入经典食物链。自 20 世纪 70 年代末被发现以来，各国科学家对其类群组成、丰度、生物量和生产力（生长速率）方面进行了相当多的研究工作。现有的研究表明，微微型浮游植物广泛分布于包括南极水域在内的水体中，在海洋生态系统的物质循环和能量流动中起着十分重要的作用，被公认为世界海洋大多数海区浮游植物群落的重要组成部分（宁修仁，2000b）。

中国微微型浮游植物研究始于 20 世纪 80 年代末，Vaulot 等（1988）在长江口及其毗连东海水域对蓝细菌的分布和细胞特性及其环境调节进行了研究。此后在东海、南海、胶州湾、长江口、象山港、厦门海域、北部湾、台湾海峡和中西太平洋及南极海域等开展了大量的工作，取得了不少研究成果。实验方法不断改进，如营养盐添加实验、浮游动物摄食实验、分子生物学、分子生态学、数值模拟等方法的应用，使研究的深度和广度也不断提高。

1. 生态和自然地理分布特征

Syn 的主要特征色素为藻胆蛋白（Phycobiliprotein，PB），在荧光显微镜下能发出橙色荧光，最大吸收光区在 470～650nm 之间，此区域正是叶绿素 a 两个吸收高峰（660～665nm 和 430nm）之间的波谷地带。因此，Syn 能通过 PB 吸收叶绿素 a 所不利用的那部分光谱的光来维持光合作用的进行。Syn 的最适生长温度一般为 20～26℃，不能利用有机物作为唯一碳源进行生长，一般不固定分子氮，但能利用铵或硝酸盐作为氮源。富含藻蓝蛋白（PC）的 Syn 在近岸水域，特别是在河口数量丰富；富含藻红蛋白（PE）的 Syn 则在大洋和河口都有分布，但是它们的丰度随地理位置的不同而有所变化。在垂直层化的水柱中，富含 PE 的 Syn 丰度最大值常出现在次表层（往往靠近温跃层，这里光子通量低，营养丰富）；次表层 Syn 丰度的最大值在不同海域的深度不同。

中国海 Syn 的数量变动范围很大，在近岸水体可达 10^5 cell/cm³，到了外海（如东海黑潮以东、南海等贫营养海区），其数量下降到 10^3 cell/cm³ 左右甚至更低。一般 Syn 沿着营养盐梯度，从近岸向外海逐渐减少（图 6.7a）。但在河口悬浮颗粒物质很高的区域，由于光限制，Syn 的数量并不很高，其锋面往往出现在光和营养盐的权衡区（冲淡水区中部）（Vaulot et al.，1988）。

Pro 是目前已知最小的产氧光合自养原核生物（约 0.7μm），具有特殊的光合色素——二乙烯基叶绿素（divinyl chlorophyll），可以利用真光层底部微弱的光进行高效的光合作用。Pro 株系通常不具有编码硝酸盐还原酶的基因，是罕见的不利用 NO_3-N 的自养生物。Pro 的主要栖息地是大洋贫营养海区，但在大陆架不发达且外海水可以侵入的近海环境也有发现，只是在丰度上有所变化。原绿球藻的自然地理分布受到海水温度的调控，一般地，随着纬度的升高，水温的下降，原绿球藻趋于消失。

Pro 在中国海的数量分布情况：在黄、东海的丰度变化很大，在 $10～10^5$ cell/cm³ 之间，从近岸到外海逐渐增高；南海的丰度在 $10^4 \sim 10^5 \mathrm{cell/cm^3}$ 之间，在南海陆架出现 $>2 \times 10^5 \mathrm{cell/cm^3}$ 的高值区（图 6.7b）。

Peuk 在热带、温带、寒带的全球各大洋均有分布，其分布数量因地理环境、水体理化因素、季节变化以及生物种类差异而不同。许多 Peuk 只出现在特定的海域，而有些 Peuk 则能广泛的分布在不同的海域，但其丰度却很不相同。迄今报告过的 Peuk 大约有 40 多个属，属于 13 个纲。

Peuk 在中国陆架海（包括黄东海、台海海峡及南海北部）的数量变动范围较大，在 $10^2 \sim 10^4 \mathrm{cell/cm^3}$ 之间；而南海海盆贫营养区其数量变动相对稳定，在（$2.5 \times 10^2 \sim 2.5 \times 10^3$）$\mathrm{cell/cm^3}$ 之间（图 6.7c）。

好氧不产氧光合异养菌（AAPB）是一类营好氧异养生长兼有光合作用功能的功能类群。依靠呼吸消耗有机质底物来维持其生长代谢，同时作为具有光合作用功能的细菌，光能作为其异养代谢的能量补充。目前 AAPB 在全球海洋环境的广泛分布已经被证实，一般认为其在贫营养的大洋比其他异养细菌更具生存优势（焦念志等，2006）。

AAPB 在中国海的丰度最高值出现在河口（图 6.7d），如长江口和珠江口，分别约为 $7 \times 10^4 \mathrm{cell/cm^3}$ 和 $3 \times 10^4 \mathrm{cell/cm^3}$；陆架海区的 AAPB 较河口低，南海陆架区约为 $1.5 \times 10^4 \mathrm{cell/cm^3}$，东海陆架区约为 $2 \times 10^4 \mathrm{cell/cm^3}$；陆架边缘以外的大洋水体中 AAPB 丰度明显降低，东海的黑潮流域约为 $0.6 \times 10^4 \mathrm{cell/cm^3}$，南海的陆架边缘约为 $0.8 \times 10^4 \mathrm{cell/cm^3}$（焦念志等，2006）。

2. 渤、黄海丰度分布及其群落生态特征

渤海是一个半封闭型内海，近年来由于受人类经济活动的影响，出现了水域富营养化、生物资源衰竭等一系列的问题。浮游植物作为海区生态系统中最重要的初级生产者，其群落结构特征的变化对于我们了解和解决近海陆架环境资源状况及其可持续利用有重要意义。从粒度分级来看，渤海海域的浮游植物群落中以微型浮游植物（Nano）所占比例最高，Pico 占比例最低，Nano＋Pico 对浮游植物群落生物量和生产力的贡献均达 87%。在不同海区（调查区西部、南部、渤海中部和渤海海峡）的不同水层，浮游植物粒级生物量的分布有明显差异。潮汐对浮游植物粒级生物量的周日变化影响较大（孙军等，2003a，b）。从年际变化来看，浮游植物群落由硅藻占绝对优势逐渐转变为硅藻-甲藻共存为主的群落（即小型化），这反映了渤海海区营养盐结构比例变化对海区生态系统结构的影响，氮/磷比率的增加和硅/氮比率的降低是造成这一结果的直接原因（孙军等，2002）。渤海海域秋季 Syn 生物量的平均值（$3.27 \mathrm{mgC/m^3}$）是春季的（$0.13 \mathrm{mgC/m^3}$）的 25 倍；春秋季 Syn 生物量垂直变化均为 10m 层＞表层＞底层（图 6.8）。Syn 在浮游植物中占有的比例平均低于 10%，但在中营养和寡营养的区域所占比例较高，最高可达 40%（肖天、王荣，2002）。

莱州湾以 Nano＋Pico 浮游生物在浮游植物自然群落生物量和生产力中占有重要比重。1997 年 7 月，Nano＋Pico 对叶绿素 a 的贡献分别为 91%（大潮汛）和 87%（小潮汛），对生产力的贡献分别为 87%（大潮汛）和 83%（小潮汛）（蔡昱明等，2002）。

胶州湾 Syn 丰度变化范围为 $0.16 \times 10^4 \sim 21 \times 10^4 \mathrm{cell/cm^3}$，在总浮游植物生物量中

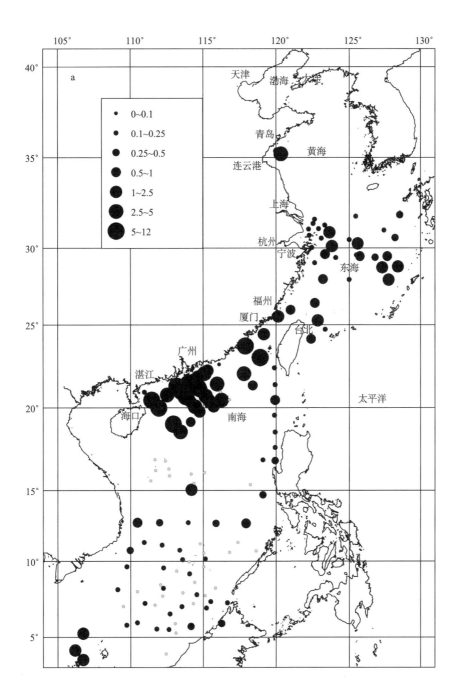

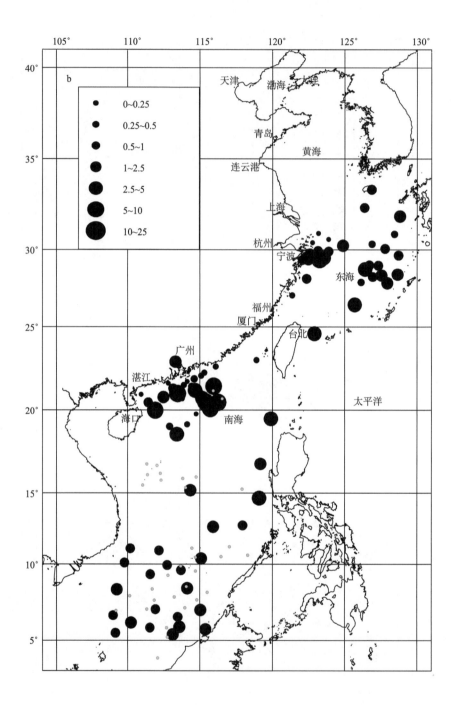

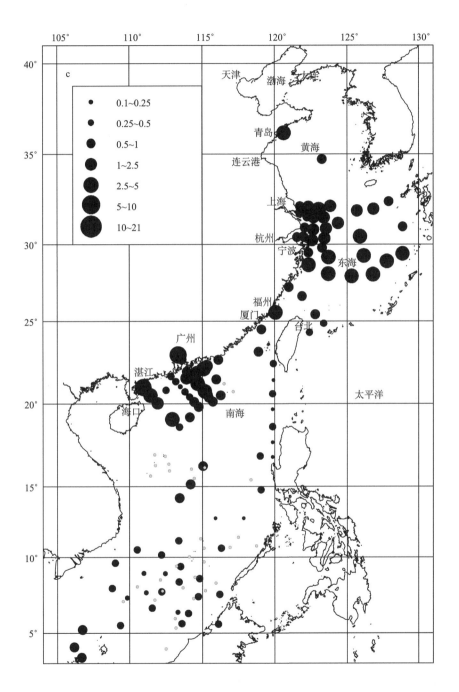

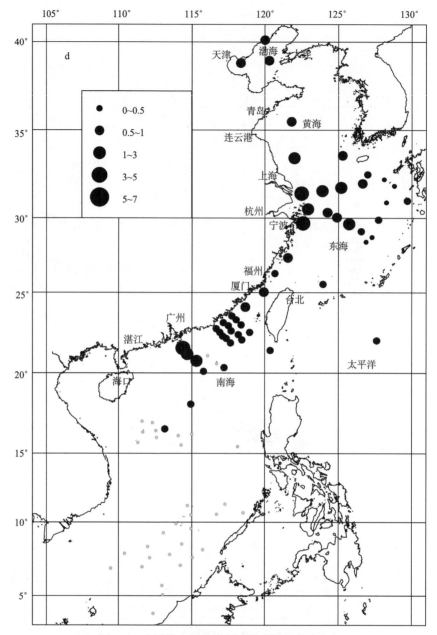

图 6.7　中国海表层微微型浮游生物的水平分布

a. Syn（×10⁴cell/cm³）；b. Pro（×10⁴cell/cm³）；c. Peuk（×10³cell/cm³）（数据来自 Vaulot
and Ning, 1988；Chiang et al, 2002；宁修仁等，2003；Ning et al, 2005；Yang and Jiao, 2004；
Jiao et al, 2005；赵三军等，2005；Cai et al, 2007；焦念志等，2006）；d. AAPB（×10⁴cell/cm³）

（数据来自焦念志等，2006）

所占的比例平均为 4.7%。河口和近岸区域相对较高，受温度影响较大，不同季节 Syn
最大值出现的水深不同；季节变化为夏季＞春季＝秋季＞冬季，夏季平均值约是冬季的
3～4 倍（赵三军等，2005a）。

在黄、东海海域，Pico 对总生物量的贡献因不同海区和季节有所变动，黄海中部

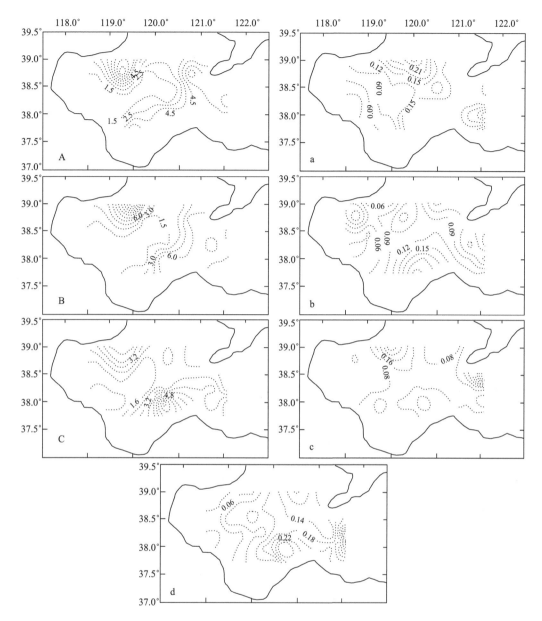

图 6.8　渤海 Syn 生物量（mgc/m³）在各水层的水平分布（肖天、王荣，2002）

A～C.1998 年秋季：表层、10m 层和底层；a～d.1999 年春季：表层、5m 层、10m 层和底层

和东海陆架外缘区（黑潮流经海域）Pico 贡献率较高，即低叶绿素和生产力的海域有相对高的 Pico 贡献率；Pico 对总生物量的贡献春季高于秋季。由于 Pico 在寡营养海域的竞争优势，其分布上由近岸到外海逐渐升高，在黄海中部和东海陆架中部附近海域存在两个高值区。春季 Syn 丰度和生物量的平均值（分别为 $4.83 \times 10^4 \, \text{cell/cm}^3$ 和 $7.25 \, \text{mg/m}^3$），均高于秋季（分别为 $1.72 \times 10^4 \, \text{cell/cm}^3$ 和 $5.07 \, \text{mg/m}^3$）；秋春两季 Syn 生物量占浮游植物生物量的平均百分比分别为 43.9% 和 42.4%。其水平分布有季节差异，秋季在黄海东南部和东海东北部、长江口附近以及东海东南部存在高值区；春季的

高值区则出现在黄海东南部和长江口东南方向；而在垂直分布上，春秋两季均由表层向底层逐渐降低（孙晟等，2003）。

3. 东海丰度分布及群落生态特征

对东海 Pico 丰度与分布及其群落生态特征而言，长江冲淡水、黑潮和上升流的影响十分显著。黑潮水区浮游植物细胞体积较上升流和陆架区小，以 Pico 对叶绿素 a 和初级生产力的贡献（分别为 67%～89%和 54%～83%）占优势；而在上升流和陆架区，Pico 对叶绿素 a 和初级生产力的贡献（分别为 29%～86%和 19%～72%）则低得多（Chen-Lee，2000）。Syn 和 Peuk 出现在整个海域，在长江冲淡水和上升流区出现高丰度；而 Pro 则只见于外海，从近岸向离岸，从北向南升高，在整个外海尤其是黑潮流经海域明显占优势。在垂直分布上，Pico 丰度随水深降低，与水温呈正相关（Pan et al.，2005）。Syn 在陆架区的丰度和分布同样受温度影响显著（图 6.9），夏季时主要被微型浮游动物捕食（Chiang et al.，2002；肖天等，2003）。Syn 生物量夏季（1.43mgC/m³）高于冬季（0.82mgC/m³），在总浮游植物生物量中占的平均比例冬夏两季分别为 10% 和 3%（肖天等，2003）。Syn 是东海浮游植物季节变化的主要贡献者（Pan et al.，2005），冬季分布受黑潮的影响明显，20m 层和表层中的数量自东南向西北递减（肖天等，2003）。

根据长江输入海的营养盐的浓度及其比例的变化对河口生态系统中浮游植物的初级生产有着重要影响，加上悬浮泥沙的影响，长江口可分为 3 个部分：近河口的光限制区；远河口营养盐限制区；和其间的光和营养盐的权衡。长江口及冲淡水区冬季 Syn 细胞密度低（平均约 10^3 cell/cm³），活性低，夏季细胞丰度要比冬季高 1 至 2 个数量级。高值区出现在离长江口门向东大约 100km 的带状区（即光和营养盐的权衡区）。该区细胞密度峰值（2×10^5 cell/cm³）的出现，是由于富营养盐的长江冲淡水，随着悬浮物质的沉降（临界值为 2～3 g/m³），光的利用率增加的结果。细胞丰度最大区平均细胞体积最小，这与种群生长速率高有关；细胞藻红蛋白的含量受光的利用率和无机氮的浓度所调节（Vaulot et al.，1988）。Pan 等（2007）在长江口及其毗邻水域的调查中，Syn、Pro 和 Peuk 的平均丰度分别为 23.5×10^3 cell/cm³、11.3×10^3 cell/cm³ 和 2.62×10^3 cell/cm³，高值区同样出现在光和营养盐的权衡区。

在象山港水域，水温、悬浮体浓度和光的可利用率是 Syn 和 Peuk 生长的主要制约因子，平均丰度均为夏季（Syn 和 Peuk 分别为 3.29×10^3 和 1.61×10^3 cell/cm³）高于冬季（Syn 和 Peuk 分别为 1.23×10^3 和 0.37×10^3 cell/cm³）。冬季 Syn 丰度的空间分布为港口部低于港中、顶部，Peuk 则相反；夏季全港区 Syn 和 Peuk 丰度分布比较均匀。周日连续观测表明，细胞丰度的周日变化与潮汐和悬浮体浓度明显相关，表观增长率夏季高于冬季（宁修仁等，1997）。

厦门西侧海域 Pico 在类群组成和丰度分布上存在着较大的时空变动。在类群组成上，富含 PC 的 Syn 在大多数测站占优势（秋、春平均分别为 78%和 41%），而 Peuk 在九龙江口占优势（秋季高达 80%～100%）；在丰度分布上，Syn 是秋季大于春季，而 Peuk 则相近。盐度是影响厦门海域 Pico 类群组成和丰度的关键因子；Pico 类群组成的多样性与该海域的环境异质性有关（黄邦钦等，2000）。

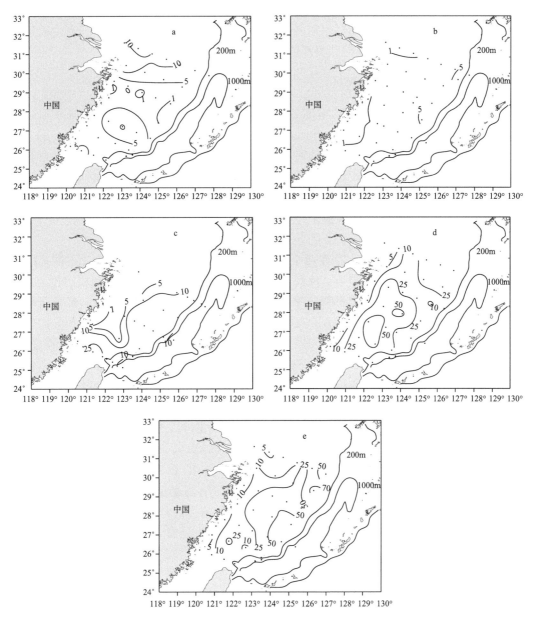

图 6.9　东海真光层平均 Syn 丰度 (cells/cm³) 的水平分布 (Chiang et al.，2002)

a~e. 1997 年 12 月、1998 年 3 月、1996 年 5 月、1998 年 6 月和 1998 年 10 月

　　台湾海峡浮游植物以 Nano 和 Pico 占优势，Pico 的贡献率达 34%～40%。存在着明显的季节和年际变化：如 1997 年夏季 Pico 生物量明显低于其他年份；而 Pico 占总浮游植物的组分则是 1998 年夏季高于 1997 年和 1999 年夏季，Pico 组分对初级生产力的贡献最大，达 45%～50%。温度是影响 Pico 平面分布的重要因子，光辐照度、温盐跃层则是影响垂直分布的重要因子。Pico 丰度的平面分布不均匀，各类群具有不同的密集区，并存在明显的地理差异；垂直分布存在 6 种模式，以标准单峰和弱单峰为主（黄邦钦等，2003a）。在类群的丰度组成上，富含 PE 的 Syn（83%～93%）> Peuk（7%～

11%）＞PC Syn（0%～6%），PE Syn 占绝对优势；在碳生物量的组成上，PE Syn 仍占优势，但其贡献率降低（52%～74%），Peuk 则升高（26%～44%）。Pico 生长速率的变异性较大（0.52～2.25/d）（黄邦钦等，2003b）。

4. 南海丰度分布及群落生态特征

南海北部 Syn 和 Pro 的平均丰度冬季低于夏季，而 Peuk 的季节格局则相反（图6.10）。Syn 和 Peuk 高丰度值大多出现在营养盐丰富的沿岸带和大陆架，而 Pro 的分布格局正好相反，出现在大陆坡和开阔海。Syn 水层分布主要在跃层以上，跃层以下其值迅速降低；Pro 水层分布的高值则主要出现在真光层的底部，往往是硝酸盐跃层之上；Peuk 水层分布的高值大多出现在真光层的底层，是对次表层叶绿素 a 极大值的主要贡献者。这些分布形式的差异，取决于环境的调控和三类生物生态生理适应的差异：Syn 的分布与营养盐状况相关，而 Pro 的分布则受到温度的限制。

在夏季许多站位发现 Syn 存在两个种群，它们细胞中的藻红蛋白含量不同；同样发现 Pro 存在两个种群：细胞小、色素含量低、荧光弱的表层种群和细胞相对较大、色素含量较高和荧光较强的深层种群（宁修仁等，2003；Cai et al.，2007）。多重线性回归分析结果表明，细菌的上行效应主要依赖于 Pico 有机质的生产，其中对 Syn 的依赖性最为显著（Ning et al.，2005）。SEATS 观察结果表明，Pro 丰度最大值出现在夏季，贡献夏季自养生物总量的 80% 以上；Syn 和 Peuk 丰度最大值出现在冬季和早春，贡献冬季自养生物总量的 60%～80%，冬季高峰的形成与强西北季风造成表层水冷却而引起的混合层深度加大有关。Pico 群落结构和组成的年度变化可能与厄尔尼诺（El Niño）南方涛动（SO）有关：在厄尔尼诺年（2001～2002）期间，表层海水温度增高，叶绿素 a 浓度降低，Pro 和细菌生物量升高；而在拉尼娜（La Niña）年（2004～2005）期间，冬季 Peuk 生物量升高，带来了较高的叶绿素 a 浓度（Liu et al.，2007a）。Syn 高生长率往往出现在丰度最大值水层上方。冬夏两季 Syn 真光层平均生长率、Syn 和 Pro 真光层平均被摄食消亡率的分布格局均为从沿岸向外海方向升高；冬季 Pro 真光层平均生长率分布趋势为外海略高于近岸。温度、营养盐和光是影响 Syn 生长率变化的重要因子（蔡昱明等，2006）。

南沙群岛 Pico 丰度的水平和垂直分布受到水流和水层结构的影响：Pico 丰度在南沙群岛西北部（表层水温低，混合层浅较低）出现表层最大值；在东南部出现次表层（50～75m）最大值（Yang and Jiao，2004）。

珠江口附近海域 Pico 中以 Syn 和 Peuk 占优势，从口门向外海显著降低；外海水中则以 Pro 占优势。Pro 和 Peuk 在次表层水中占优势，伴随着叶绿素 a 的最大值。根据对碳生物量的贡献，可分出三个区：①河口，以 Syn 和 Peuk 为主；②寡营养海区，以 Pro 的贡献最高；③冷涡，以 Pro 和 Peuk 为主。周日变化表明 Pro 和 Peuk 丰度峰出现在晚上，这可能受潮汐、细胞周期和摄食的影响（Huang et al.，2002）。

大亚湾春夏两季浮游植物群落结构和初级生产力的变化不大，Pico 的贡献最小（Song et al.，2004）。

北部湾春季水域光合浮游生物以 Nano＋Pico（＜20μm）占优势，其对总初级生产力的贡献（91%）高于对总叶绿素 a 的贡献（77%）（刘子琳等，1998）。

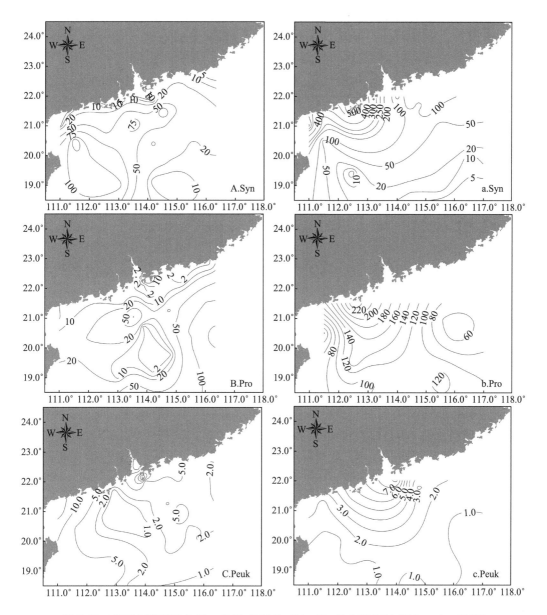

图 6.10　南海北部表层水 Pico 丰度（×10^3cell/cm³）的水平分布（Cai et al.，2007）

A～C. 2004 年冬季：Syn、Pro 和 Peuk；a～c. 2004 年夏季：Syn、Pro 和 Peuk

（二）浮游细菌丰度分布及其二次生产

　　海水中溶解有机物（DOM）含量占总有机质的 90％以上，海洋是地球上最大的碳库，而海洋异养浮游细菌是海洋水生生态系统中利用溶解有机物的最主要的生物。研究显示，细菌能够利用大洋中 95％以上的 DOM。异养细菌以渗透营养的方式摄取海水中 DOM，将其转换为颗粒有机质（POM），构成自身的生物量，并通过异养浮游细菌——

原生动物——桡足类的摄食关系即微食物环（Microbial food loop），使离开食物链的DOM重新进入食物网，同时将碳重新纳入海洋碳循环系统的生物过程（宁修仁，2000b）。异养细菌利用DOM转变为POM的过程被称为细菌的二次生产，是生物生产过程和碳循环途径中极其重要的环节。影响海洋异养浮游细菌生产力和生物量的因素较多，但具有重要生态学意义的主要有DOM、海水温度、无机营养盐、一些微量金属元素（如铁）、海洋异养浮游动物的摄食和噬菌体的感染等，此外跃层、潮汐锋等对细菌的分布也有影响（Li et al.，2007）。

在全球性富营养化进程中，随着摄食食物链的变细与变短，以及微生物环的持续增粗，海洋细菌在海洋生态系统中的地位和作用显著增强，已成为海洋环境与生态学研究中不可缺少的重要内容。近十几年来，海洋浮游细菌在海洋生态系中的作用及影响因素研究，日益受到海洋科学家的重视，特别是海洋浮游细菌生物量和生产力研究的广泛开展，使海洋生态学家愈来愈认识到浮游细菌是海洋生态系中的重要组成部分。在已启动的海洋科学国际研究计划中几乎都包含其研究内容，如全球海洋生态系统动力学研究（GLOBEC）、全球海洋通量联合研究（JGOFS）和海岸带海陆相互作用研究（LOICZ）等。

中国的海洋细菌生态学研究开始于20世纪70年代，80年代论文相继发表（王文兴等，1981；陈騳等，1982；史君贤等，1984），研究海域自沿岸水域到邻近陆架，从中国近海扩展到大洋乃至南极海洋，取得了不少研究成果。海洋异养细菌生产力的相关研究则自20世纪90年代中期开始（Xiao et al.，2001；刘子琳等，2001；彭安国等，2003；肖天、王荣，2003），目前已报道的研究区域包括渤海、黄海、东海、南海、胶州湾、长江口、厦门海域、台湾海峡和大亚湾等海域，研究内容涉及异养细菌丰度、细菌生产力、细菌胞外酶活性等。此外，好氧不产氧光合异养细菌（AAPB）和浮游古菌在国内的研究已经开展（焦念志等，2006）。

1. 浮游细菌的生态和自然地理分布特征

海洋浮游细菌是浮游生物群落的一个重要组成部分。根据营养方式的不同，海洋细菌可以分为二大类，即异养细菌和自养细菌，大多数的海洋细菌是异养细菌。与海洋环境相对应，海洋细菌具有适应这些环境条件的生理生态特点：嗜盐性、嗜冷性、嗜压性、低营养性、形态多样、色素含量比较高等。

海洋细菌的丰度在受到溶解有机碳可得性、温度等环境因子的"上行效应"制约的同时，也受到微型浮游动物的摄食作用以及海洋病毒的裂解作用的"下行效应"的调控。

海洋中有18个主要的异养细菌类群，常见的有：变形细菌群（Proteobacteria）、革兰氏阳性细菌群（Gram-positive bacterioplankton，分为高 G＋C 和低 G＋C）、嗜纤维菌性—黄杆菌类群（Cytophaga-FlavoBacterium，CFB）、浮霉状菌（Planctomycetales）及一些尚未获得培养的系统类群等。

中国海浮游细菌丰度（BA）的变动范围为 $10^5 \sim 10^8$ cell/cm^3，其分布如图 6.11 所示。BA 的高值出现在河口，如长江口、珠江口的 BA 均高于 10^6 cell/cm^3。东海 BA 普遍高于南海，这与东海的高营养、高生产力有关。

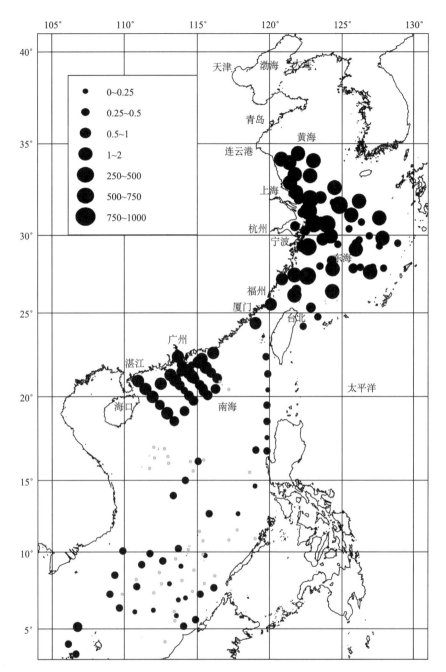

图 6.11　中国海表层 BA（$\times 10^6$ cell/cm^3）的水平分布

数据来自宁修仁等，2003；Ning et al.，2005；Yang and Jiao，2004；Jiao et al.，2005；Cai et al.，2007；Pan et al.，2007；史君贤等，1992；刘子琳等，2001；Zheng et al.，2002；赵三军等，2003；白洁等，2004；李清雪等，2005；赵三军等，2005b；刘诚刚等，2007；焦念志等，2006

2. 渤、黄海浮游细菌丰度分布及其二次生产

渤海海域春季浮游细菌丰度（BA）：变化范围为 $5.57 \sim 177.63 \times 10^3$ cell/cm^3（直

接计数法，以下除指明外均相同）；水平分布格局为近岸较高（在黄河口附近海域出现高值区），离岸逐渐降低；渤海中部（低值区出现在渤海海峡附近）普遍低于渤海湾和莱州湾湾口附近海域；垂直分布则是底层大于表层。水温和DOC、POC含量是渤海水域BA的主要限制因子，而水体中DO含量与BA有关（白洁等，2003）。浮游细菌生物量（BB）：在近岸水体中高（高值区出现在黄河口），外海区域较低；底层（1.36mg/m³）高于表层（0.84mg/m³）。从昼夜变化来看，底层变幅大，表层较小。渤海细菌生产力（BP）：从季节变化看，秋季（平均为125.5mgC/(m²·d)）较春季略高（平均为115mgC/(m²·d)）；从垂直分布看，秋季底层大于表层，春季表层大于底层。真光层BP（IBP）与初级生产力（IPP）的比值（即IBP/IPP），秋季（平均为0.71）是春季（平均为0.38）的2倍左右（图6.12），（肖天、王荣，2003）。

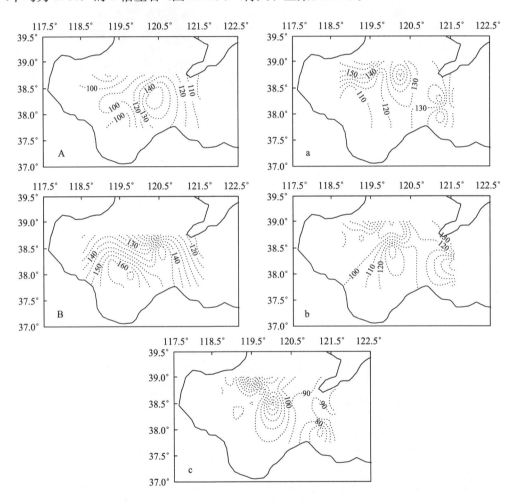

图6.12 渤海BP [mg/(m²·d)] 在各水层的水平分布（肖天、王荣，2003）

A～B.1998年秋季：表层和底层；a～c.1999年春季：表层、10m层和底层

黄海海域表层海水中BA分布范围在 $0.32 \times 10^2 \sim 41.0 \times 10^2$ cell/cm³（平板培养计数法）（王文兴等，1981）。浮游细菌的分布与水温和盐度变化基本一致，受黄海冷水团影响较大，BB最低值出现在冷水团水域（Li et al.，2006）。从昼夜变化来看，BA最高

值是最低值的 2.8 倍，但昼夜变化规律不明显。黄海冷水团水域夏季平均 IBB 为 5.79mgC/m³，变化范围为 1.58～21.25mgC/m³；垂直分布为表层＞中层＞底层；IBB 与真光层浮游植物生物量（IPB）的平均比值为 0.85（Li et al.，2006）。南黄海潮汐锋对细菌分布具有显著的影响，BB 最大值多出现在混合区的表、底层和层化区表层。从季节变化来看，冬季晚期 BB 在锋面层化区有一高值（587mgC/m³）；在春末夏初时期，BB 在锋面的两侧没有大的区别，且值都较小。不同大小的细菌分布状况也不同，小细菌（0.004～0.1m）多分布在锋面的混合区，较大的细菌（0.1～0.7m）分布在层化区，不随季节改变（Li et al.，2007）。

渤海湾：浮游细菌的分布趋势为近岸高于远岸，南部高于北部；夏秋两季的 BA 分别为 $5.7×10^3～150×10^3$cell/cm³ 和 $3×10^3～121×10^3$cell/cm³（李清雪等，2005）。

大连湾：海水中 BA 分布范围为 $1.9×10^2～41.0×10^2$cell/cm³（李元等，1987）。

胶州湾：表层海水中 BA 分布均匀，其分布范围为 $1.3×10^2～81.0×10^2$cell/cm³（王文兴等，1981）。BA 的月变化与水温的变化趋势基本一致，分布特征为河口和近岸区域高，向离岸方向逐渐降低；BA 的垂直分布表层大于底层（白洁等，2004）。从 BA 季节变化看，夏秋两季较高，冬春两季较低，且在一年内呈现出一定的规律性波动（赵三军等，2005b）。浮游原生动物摄食、浮游植物光合作用产生的溶解有机物及水温和日光的紫外辐射是影响胶州湾异养浮游细菌昼夜变化的主要因素，水交换是影响其日变化的主要因素（白洁等，2004）。磷加富实验表明，水温和有机质含量是胶州湾异养浮游细菌吸收无机磷酸盐的主要限制因子，春季异养浮游细菌与藻类之间可能存在对无机磷酸盐的吸收竞争（白洁等，2005）。

3. 东海浮游细菌丰度分布及其二次生产

东海大陆架表层水体中 BA 变化范围为 $1～10^3$cell/cm³（图 6.13），高值出现在沿海海域和黑潮主干控制的海域；BB 变化范围为 3.12～51.82mg/m³；BP 变化范围为 6～179mgC/(m²·d)；周转率（Bm）变化范围为 0.03～0.37/d；平均 IBP/IPP 为 22％，接近全球平均值 25％（陈骞等，1982；Shiah et al.，2000a；Xiao et al.，2001；赵三军等，2003；Shiah et al.，2003）。革兰氏阴性杆菌的菌株百分比为 91.43％，即海水中以革兰氏阴性杆菌属的分布占优势（陈骞等，1982）。

东海海域 BA、BB 和 BP 受长江冲淡水和黑潮的影响显著：BA 最高值出现在长江口附近，向外海 BA 依次递减（赵三军等，2003）；IBP/IPP 冬季的高值区在长江口附近，夏季的高值区在长江口外东北区域，与长江冲淡水的季节变化密切相关（Xiao et al.，2001）；东海南部上升流区 BB、BP 和 Bm 均为黑潮水影响区域的 2 倍以上（Shiah et al.，2000a）。BA 垂直分布受水团的影响极大，在不同地理和不同深度，BA 差别极为悬殊，在大多数情况下表层水体中 BA 较高。在黑潮主干区，细菌的垂直分布上下较为均匀；在 30°N 以北的陆架区和海槽区，由于受黄海冷水团的影响，细菌的垂直分布变化较大（陈骞等，1982，Chen et al.，1982）。在东海陆架区，底层营养盐输入和温度是影响细菌水平和垂直分布的两个重要因子，BB 最大值多出现在混合区的表、底层和层化区的表层（Shiah et al.，2003）。陆架区细菌生产对颗粒有机碳的贡献达到初级生产力的 100％或以上（Shiah et al.，2000a）。

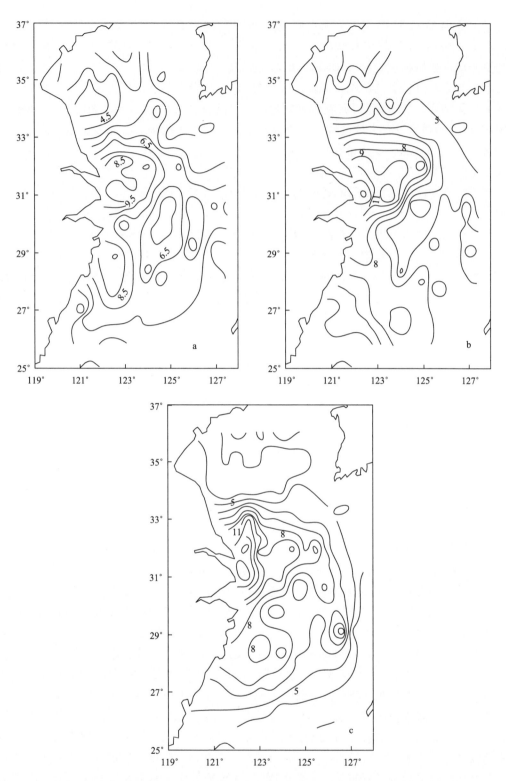

图 6.13　黄东海 BA（$\times 10^8$ cell/dm^3）在各水层的水平分布（赵三军等，2003）

a～c. 2000 年秋季：表层、20m 层和底层长江口表层 BA 高值（$>10^5$ cell/cm^3）出现在内河段和河口，向离岸方向逐渐降低，显示了冲淡水稀释的趋势，其分布与悬浮物质呈正相关。从季节变化来看，冬季 BA 变化范围为 $3.0 \times 10^3 \sim 9.5 \times 10^5$ cell/cm^3，夏季比冬季高一个数量级。浮游细菌是内河段和河口区 ATP 和 POC 的主要贡献者（史君贤等，1984；Shi et al.，1990；Ning et al.，1990；史君贤等，1992；Shi et al.，1992），扮演着近海耗氧机制的主要角色。Pan 等（2007）在长江口及其毗邻沿岸水域的调查中，HB 平均丰度 1.00×10^6 cell/ml，在整个调查海域分布均匀（图 6.14）。围隔生态实验中，长江口冲淡水区 BP 为 1.44 ± 1.30 mg/(m$^3 \cdot$ h)，高值均出现在测区中部，表层高于底层，平均 BP 相当于 PP 的 23%；围隔实验点自然海区中 BP 变幅为 $0.13 \sim 5.79$ mg/(m$^3 \cdot$ h)，平均值为 $2.47 \pm$

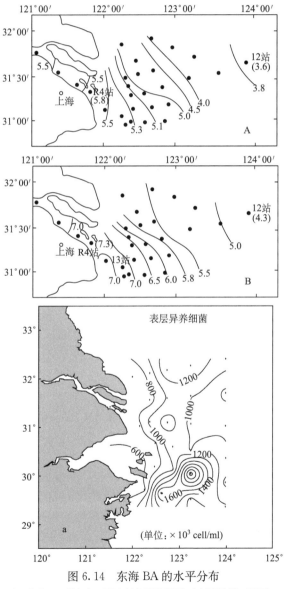

图 6.14　东海 BA 的水平分布

A~B. Log cell/ml，1986 年冬季和夏季（史君贤等，1992）；

a 图为 2004 年秋季（Pan et al.，2007）

$1.60mg/(m^3 \cdot h)$。围隔装置内加可溶性磷（PO_4^{3-}）实验，春季 BP 由 $1.28mg/(m^3 \cdot h)$ 增长至 $32.20mg/(m^3 \cdot h)$，其增长幅度低于秋季的 $1.43 \sim 43.47mg/(m^3 \cdot h)$。油污染实验中 BP 由 $6.61mg/(m^3 \cdot h)$ 增长至 $37.97mg/(m^3 \cdot h)$，呈逐日上升趋势，这与微型浮游动物丰度的降低有关（刘子琳等，2001）。

浙江省海岸带和海岛海域海水中异养细菌数量非常高：海岸带和海岛海域表层海水中 BA 分布范围分别为 $0.05 \times 10^3 \sim 193 \times 10^3 cell/cm^3$ 和 $0.20 \times 10^3 \sim 8.3 \times 10^3 cell/cm^3$（史君贤等，1996）。

厦门海域表层平均 BA 为 $1.3 \times 10^4 cell/cm^3$，BP 为 $10.5 \times 10^8 cell/(cm^3 \cdot h)$，生长倍增时间（GDT）为 $0.9 \sim 71.3$ h；底层平均 BA 为 $0.3 \times 10^5 \sim 17.0 \times 10^5 cell/cm^3$，BB 为 $1 \sim 78mg/m^3$，BP 为 $1.5 \times 10^8 \sim 21.9 \times 10^8 cell/(cm^3 \cdot h)$，GDT 为 $1.1 \sim 61.2$ h。平均细菌体积为 $0.378m^3$（$0.32 \sim 5.168m^3$）（Zheng et al.，2002）。

台湾海峡为东海和南海的重要通道，水动力条件复杂，台风影响较大。如 1996 年夏季，台风过后，细菌生物量和生产力增加了至少 2 倍，这是因为台风对三个主要过程（风混合、再悬浮和陆源输入）的影响（Shiah et al.，2000b）。该海域也进行了细菌胞外酶活性的研究（郑天凌等，2001）。

4. 南海浮游细菌丰度分布及其二次生产

南海中部海区表层海水中 BA 分布范围为 $7.7 \sim 92cell/cm^3$，春季（平均每个站位为 $58cell/cm^3$）高于秋季（平均每个站位为 $13cell/cm^3$）。垂直分布：表层和 50m 深度 BA 高，随水深增加而减少，至 1000m 以下水层 BA 极低（周宗澄等，1989）。

珠江口及南海北部海域营养物质的供应对调查区域 IBB 和 IBP 起着主要控制作用，从而导致冬季航次珠江口—陆架—外海调查断面表层 BB 和 BP 呈现沿盐度梯度向外海逐渐降低的特征（图 6.15）。就南海北部调查区域而言，冬季平均 IBB 和 IBP 分别为 $712 \pm 290mgC/m^2$ 和 $65.1 \pm 42.8mgC/(m^2 \cdot d)$；夏季分别为 $937 \pm 397mgC/m^2$ 和 $52.5 \pm 28.6mgC/(m^2 \cdot d)$。平均 IBP/IPP 为 26%（4% $\sim$ 96%）（刘诚刚等，2007）。南海北部海域不同浮游植物类群（小型、微型、微微型浮游植物，Syn、Pro 和 Peuk）对细菌的重要性的多重线性回归分析结果表明，细菌上行效应主要依赖于微微型浮游植物的有机质生产，其中对 Syn 的依赖性最为显著（Ning et al.，2005；Cai et al.，2007）。

将大亚湾以 $22°37'N$ 线和 $114°28'E$ 线分为东北、西北、东南、西南四区，表层海水 BA：东北区为 $9.9 \times 10^4 cell/cm^3$，西北区为 $5.0 \times 10^4 cell/cm^3$，西南区为 $9.4 \times 10^4 cell/cm^3$，东南区为 $3.1 \times 10^4 cell/cm^3$（徐恭昭，1989）。BP 的变化范围为 $0.50 \sim 30.2mgC/(m^3 \cdot h)$（彭安国等，2003）。

柘林湾平均 BA 为 $594cell/cm^3$。在平面分布上，浮游细菌总体上表现出湾内高于湾外、养殖区高于非养殖区的分布格局，说明大规模增养殖业尤其是网箱养殖对浮游细菌的时空分布具有重要的影响。在周年变化上，浮游细菌表现为典型的单峰型周年变化模式，主要受水温的调控，年度峰值出现在夏季高温季节（6~8 月）（马继波等，2007）。

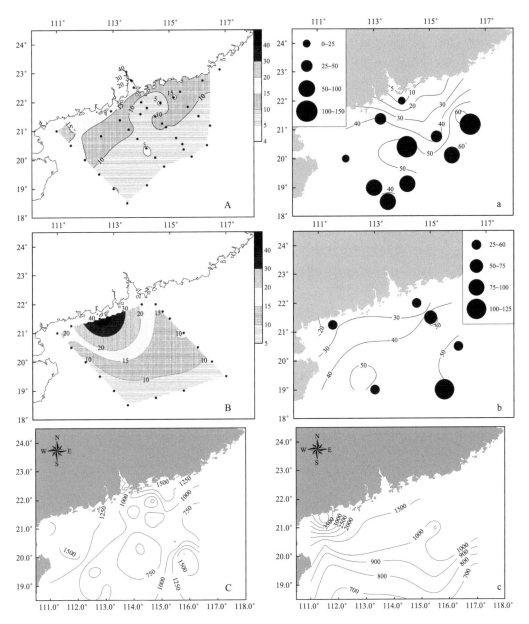

图 6.15 南海北部及珠江口表层 BA（×10³ cell/cm³）和 IBP［mgC/(m² · d)］

A～B. BA，2004 年冬季和夏季；a～b. IBP，2004 年冬季和夏季（刘诚刚等，2007）

C. BA，2004 年冬季；c. BA，2004 年夏季（Cai et al.，2007）

三、小型浮游植物[*]

小型浮游植物是自养性浮游植物的主体，具有种类多、数量大、分布广、繁殖快的

＊ 本节作者：邹景忠

特点，它们既是海洋有机物的生产者，又是海洋动物尤其是幼体的直接或间接饵料和海洋食物链（网）结构的基础环节，在近海海洋生态系统的物质循环和能量流动中起着极其重要的作用。同时，由于小型浮游植物缺乏发达的行动器官，运动能力很弱，其分布直接受海水运动的影响，有很多种类可以作为水团或海流的指示生物。另一方面，小型浮游植物本身营养丰富，富含蛋白质，可以作为单细胞蛋白（SCP）的一个重要来源，而且富含能产生不寻常的脂肪、多糖、蛋白类、胡萝卜素等生物活性物质，在医药、食品、生物能源、水产养殖、农业及环保等领域具有重要开发价值和应用前景。因此，要更好地认识海洋、开发保护海洋生物资源和持续发展海洋事业，就有必要了解小型浮游植物物种多样性、数量分布、群落结构和生态特点。

浮游植物根据个体大小可分为 3 类，即微微型浮游植物（picophytoplankton）—0.3～3μm，微型浮游植物（nanophytoplankton）—3～20μm 和小型浮游植物（microphytoplankton）或网采浮游植物（netphytoplankton）—20～200μm。中国近海浮游植物种类繁多，几乎在所有门类的海藻中都有，这些门类包括原核生物的蓝藻门（蓝细菌）和真核生物的硅藻门、甲藻门、金藻门、着色鞭毛藻门、隐藻门、裸藻门、原绿藻门和绿藻门等多个类群，物种多种多样，形形色色（图 6.16），中国海共记录有 97 属 532 种（包括变种及变型），种数分布由北向南递增（郭玉洁、钱树本，2003；邹景忠、高亚辉，2004；王云龙等，2005）。但迄今，国内许多学者对浮游植物的分类生态研究主要集中在小型或网采浮游植物。因此，本节参考引用的数据资料主要是 1997 年至 2000 年间网采浮游植物的研究成果，并以 1958～1960 年、1982～1983 年和 1992～1993 年同期资料作为历史对比分析。近 10 年，随着新技术、新方法的应用，中国海微微型和微型浮游植物多样性的研究取得了显著进展（高亚辉、金德祥，1989；焦念志等，2006）。

（一）渤、黄海的小型浮游植物

1. 区系种类组成，多样性特点

渤、黄海是一个半封闭型浅海，大部分水深在 50m 以内，受大陆气候和径流的影响显著，水温年较差大，盐度低。栖息在此环境中的小型浮游植物多属于广温低盐温带性种，种类组成比较单一，不如东海、南海丰富多样。

渤海：为中国的内海，水浅，平均水深仅 18m。其沿岸接纳黄河、海河、辽河、滦河等径流入海，终年为沿岸水所盘踞。根据 20 世纪 90 年代末渤海近岸水域调查鉴定的小型浮游植物有 52 种。其中以硅藻种多量大，约占本海区小型浮游植物总数的 86%，甲藻 7 种约占 13%，其余门类都甚罕见。物种多样性指数以秋季最高（1.36），以下依次为夏季（1.27），春季（1.14）（程济生，2004；孙军等，2002；2003a，b）。从种类组成上看，温带近岸性种如窄隙角毛藻 Chaetoceros affinis、斯托根管藻 Rhizosolenia stolterfothii、布氏双尾藻 Ditylum brightwelli 和世界广布性种如扁面角毛藻 Ch. compressus、菱形海线藻 Thalassionema nitzschioides 和尖刺拟菱形藻 Psendonitzschia pungens 在浮游植物区系组成中占优势地位。在河水汛期还大量出现低盐近岸种和半咸水种中肋骨条藻 Skeletonema costatum 和异常角毛藻 Ch. abnormis，以及盘星藻 Pedias-

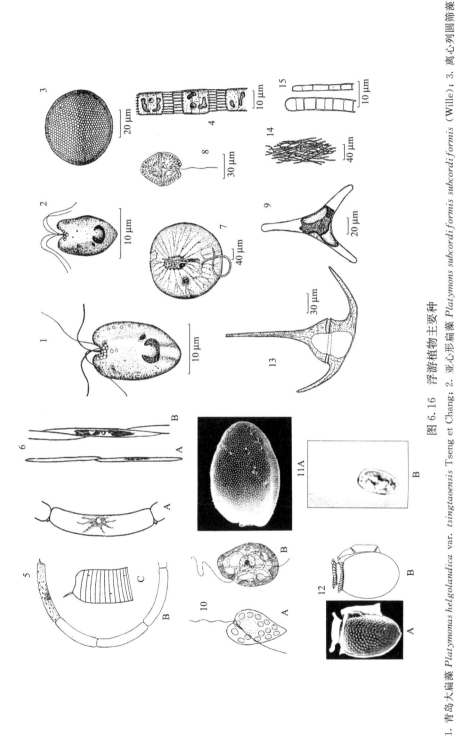

图 6.16 浮游植物主要种

1. 菁岛大扁藻 *Platymonas helgolandica* var. *tsingtaoensis* Tseng et Chang; 2. 亚心形扁藻 *Platymons subcordiformis* (Wille); 3. 离心列圆筛藻 *Coscinodiscus excentricus* Ehrenberg; 4. 中肋骨条藻 *Skeletonema costatum* (Greville) Cleve; 5. A. B. C 条纹几内亚藻 *Guinardia striata* (Stolterfoth) Hasle comb. nov; 6. A. B 尖刺拟菱形藻 *Pseudo-nitzschia pungens* (Grunow ex Cleve) Halse; 7. 夜光藻 *Noctiluca scientillans* (Macart.) Kof. et Swezy.; 8. 华美裸环藻 *Gym-nodinium splendens* Lebour; 9. 三角褐指藻 *Phaeodactylum tricornutum* Bohlin; 10. A. B 赤潮异弯藻 *Heterosigma akshiwo* (Hada) Hada; 11. A. B 东海原甲藻 *Prorocentrum donghaiense* Lu; 12. A. B 渐尖鳍藻 *Dinophysis acuminata* Claparede & Lachmann; 13. 三角角藻 *Ceratium tripos* O. F. Mueller; 14,15. 铁氏束毛藻 *Trichodesmium thiebautii* Gomont (14. 群体,15. 个体)

trum spp.、栅藻 *Scenedesnus* spp. 和梅尼小环藻 *Cyclotella meneghiniana* 等淡水种。从浮游植物的组成和数量分布来看，渤海浮游植物区系属于北太平洋温带区的远东亚区黄海区系省。

值得提出的是，自 20 世纪 80 年代后，随着排入渤海污染物的增加，导致 N/P 比值增加和 Si/N 比值降低，出现浮游植物群落组成由硅藻占绝对优势逐渐转变为以硅藻-甲藻共有为主的小型化群落（孙军等，2002）。其种类数也比 20 世纪 50 年代末 93 种和 80 年代初 102 种减少，与以往的调查结果有明显的差别。

黄海：是一个半封闭的浅海，水文状况较为复杂，受沿岸低盐水、中部低温高盐水和从东南部入侵的黄海暖流水的影响，浮游植物区系种类组成与渤海很相似，但种数显著增多。据 90 年代末调查统计，黄海小型浮游植物种类有 31 属 63 种，其中硅藻有 27 属 53 种，占总数的 87.3%，甲藻类 4 属 9 种，占总数的 11.8%。主要以温带近岸性和温带广布性种类为主，夏、秋季出现少数热带近海性和热带外海性种类（王云龙等，2005）。与渤海不同之处在于：①缺乏在渤海南部出现的半咸水种，如异常角毛藻、栅藻、梅尼小环藻等；②在北黄海出现的一些近岸低盐性种的数量都较渤海少；③出现低温下限较高的冷温性种如扭角毛藻 *Ch. convolutus* 和狭温的寒带性种如弯顶角藻 *Ceratium longipes*、平行多甲藻 *Peridinium paralletum* 在渤海尚未见到；④一些适温下限较高的属如根管藻属和角管藻的种数较渤海多。黄海浮游植物物种多样性和种类组成具有明显的季节变化特点。在山东半岛近岸水域，物种多样性指数是秋季（1.27）高于春季（0.98），黄海北部近岸水域则是秋季（1.60）略高于夏季（1.59）（程济生，2004）。与 20 世纪 50 年代、60 年代、80 年代调查结果相比，物种多样性也下降明显，种数减少约一半多。种类组成的变化特点是：春季种数最少，以圆筛藻属和角藻属为主要优势种类，均为适温、适盐范围较宽的广布种和沿岸性种类。夏季随着水温的升高，角毛藻属的种类成为黄海小型浮游植物的主要优势种类，主要是近岸性广温种和温带偏暖性种，如短孢角毛藻 *Ch. brevis*、奇异角毛藻 *Ch. paradoxus* 和扁面角毛藻等；还有部分外洋性种类，如密连角毛藻 *Ch. densus* 等。甲藻类仍为适温、适盐范围较宽的广布种和沿岸性种类，如三角角藻 *C. tripos*、多甲藻和夜光藻 *Noctaluca scientillans*，其中夜光藻在河口区分布较多。秋季仍以角毛藻属的优势种类较多，主要为近岸性温带和热带种类。其他种类还有外洋偏暖种翼根管藻印度变形、分布极广的世界种菱形海线藻。冬季还是以适温、适盐范围较宽的广布种和沿岸性种类为主。另外，还有部分种类为外洋性或只在春冬季出现较多的种类，如距端根管藻 *Rhizosolenia calcaravis*、翼根管藻印度变形 *Rh. alata f. indica*、高盒形藻 *Biddulphia regia* 和卡氏角毛藻 *Ch. castracanei*、具槽直链藻 *Melosira sulcata* 等。

另外，黄海沿岸水域、黄海中部水域和黄海东南部水域，由于所处地理位置和水文状况的不同，浮游植物的种类组成和分布在各个水域也有一定差异。

黄海沿岸水域：包括低盐水所盘踞的辽南沿岸、山东半岛沿岸和苏北沿岸，大约在 30～40m 等深线以浅的水域，海水盐度相对较低，约为 30～31，水温年差较大。浮游植物区系组成以高温低盐种为主要成分，主要种类和渤海基本相同；不过种数由北向南逐渐增多。辽宁沿岸水域和山东半岛沿岸水域主要有中华半管藻 *Hemiaulus sinensis*、窄隙角毛藻、旋链角毛藻 *Ch. curvisetus*、翼根管藻印度变形和布氏双尾藻等。在山东半岛南岸水域还出现暖温带近岸种，如薄壁半管藻 *H. membranaceus*、扭鞘藻 *Strepto-thece thamesis*。从种类组成看，区系也属于北温带范畴。

黄海中部水域：主要水文特征是低温高盐，盐度保持在 31.5～32，夏季在北纬 33°～39°、东经 121°～125°深度超过 40～50m 的水域下层均为冷水团所盘踞。在这个水域的浮游植物属于低温高盐性种，如笔尖形根管藻 *Rh. styliformis*、扭角毛藻、弯顶角藻、平行多甲藻等，是具有十分显著的低温高盐生态特征，但区系仍属于北温带。

黄海东南部水域：该水域大致在北纬 33～34°以南、东经 123°以东和北纬 32°30′～35°以北、东经 124°30′以西，是黄海低温高盐水和北上黄海暖流高温高盐水的交汇区。在冬春两季，以黄海低温高盐水占优势，浮游植物以温带近岸种，即北太平洋温带区系，而夏、秋两季，则渗入高温高盐热带性种类，如异角毛藻 *Ch. diversus*、佛朗梯形藻 *Climacodium frauenfeldianum*、尖根管藻 *Rh. acuminata*、热带戈斯藻 *Gossleriella tropica*、中距鸟尾藻 *Ornithocercus thurnii* 等，也包括了印度西太平洋热带区系的成分。

总的来说，渤、黄海浮游植物区系的特点是以暖温带性近岸种和冷温带性近岸性种为主，杂以热带性种，有明显的季节变化的温带区系。由于黄海大部分水域受暖流的影响较小，在夏季表层水为增温时期，中下层水体仍保持低温高盐状态，显示出强烈的温跃层，构成了相对稳定的环境。生活在这一水域的小型浮游植物，无论从沿岸或近海来看，其种类组成都具有暖温带特性；在其数量消长的年循环周期中也是出现春、秋两次高峰，反映了暖温带数量变化所具有的特征。虽然黄海出现有个别冷水性种，或者季节性渗入少量暖水性种，但从区系的基本特征来看，黄海的浮游植物是隶属于北太平洋暖温带区系的。至于黄海东南部两种不同水体交汇混合的区域，在夏、秋两季，热带种类渗入，带有北太平洋暖温带区系和印度-西太平洋热带区系双重性质，但热带种类是外来的，并具有显著的季节性，基本上说仍以暖温带浮游植物为主，所以这一水域的区系应属于北太平洋温带区系的远东亚区。

2. 小型浮游植物数量分布、群落结构和生态特点

1）数量分布与变化*

渤海：小型浮游植物总量分布具有明显的季节变化特点，春季近岸水域浮游植物平均密度为 132.2×10⁴ 个/m³，居其他三个季节之冠。高密度区主要分布在渤海湾西北部和莱州湾西南部，均为 380×10⁴ 个/m³，其他水域大部分在（5～20）×10⁴ 个/m³ 之间。在三大湾中，以渤海湾的平均密度为最高，达 301.1×10⁴ 个/m³，其次是莱州湾，为 95.2×10⁴ 个/m³，辽东湾为 5.7×10⁴ 个/m³，秦皇岛外海最低，仅为 0.9×10⁴ 个/m³。

夏季近岸水域浮游植物平均密度为 12.9×10⁴ 个/m³，是其他三个季节中密度最低的，高密度分布区出现在辽东湾和莱州湾东北部水域，数量分别为 340.4×10⁴ 个/m³

---

* 主要根据 1997～2000 年国家海洋勘测专项"生物资源栖息环境调查与研究报告"。以下东海和南海引用的数据出处也与此相同

和 27.4×10^4 个/m^3。渤海湾和莱州湾的其他水域数量较低，密度在 2×10^4 个/m^3 以下。在各个区域中，以辽东湾的平均密度最高，为 38.0×10^4 个/m^3，其次是秦皇岛外海，为 6.5×10^4 个/m^3，莱州湾为 4.2×10^4 个/m^3，渤海湾最低，仅为 1.1×10^4 个/m^3。

秋季近岸水域浮游植物平均密度为 25.1×10^4 个/m^3，数量分布比较均匀，莱州湾、渤海湾和辽东湾中部为高密度分布区。最高值出现在莱州湾的 37°30′N，119°15′E 站，达 592.2×10^4 个/m^3，其他的水域都低于 5×10^4 个/m^3。在三大湾中，以莱州湾的平均密度为最高，为 64.0×10^4 个/m^3，其次是渤海湾，为 14.1×10^4 个/m^3，秦皇岛外海为 5.5×10^4 个/m^3，辽东湾最低，为 5.4×10^4 个/m^3。

从季节变化看，渤海小型浮游植物数量是春季和秋季比较高，表现双峰的特点，符合温带海域双周期的季节变化类型。其中春季高峰又明显高于秋季，而夏季数量最少（程济生，2004），与 1959 年调查结果相仿。从各区域来看，渤海湾是春季高于秋季，夏季最低；而辽东湾是夏季高于春季和秋季，春、秋季密度相近；莱州湾却是春季高于秋季，夏季最低。从各个区浮游植物密度季节变化幅度来看，以渤海湾最大，变动在 1.1×10^4～301.1×10^4 个/m^3，莱州湾次之，变动在 4.2×10^4～95.2×10^4 个/m^3 之间，辽东湾最少，变动在 5.4×10^4～38.0×10^4 个/m^3 之间。

黄海：小型浮游植物数量年均值为 12.15×10^4 个/m^3，远低于东海（68.93×10^4 个/m^3）和南海（83.69×10^4 个/m^3），呈现自北向南递增的分布趋势。

在整个黄海区，以黄海南部平均数量最高（24.94×10^4 个/m^3），其次是黄海北部（18.15×10^4 个/m^3），黄海中部最少（5.83×10^4 个/m^3）。密集区的分布依季节而异，春季主要出现在西南部内海，夏季分布在南部 33°N 及中部 121°～122°E 之间，秋、冬季主要分布在鸭绿江口、渤海海峡及山东半岛南岸外海。从季节变化看，以夏季数量最高，冬季次之，秋季再次之，春季最少，平均数量依次为 20.17×10^4 个/m^3、18.26×10^4 个/m^3、7.92×10^4 个/m^3 和 2.24×10^4 个/m^3（金显仕，2005）。

与历史调查资料相比，20 世纪末记录的黄海小型浮游植物数量比 1959 年和 1985 年有较大幅度的降低。其中以春季和秋季的降幅尤为明显，使黄海浮游植物数量高峰出现在夏季和冬季，而不是秋季和春季。显示出黄海小型浮游植物数量及其季节分布有明显的年际变化特点。

研究显示，在渤海、黄海近海能够形成密集区的优势种主要有：星脐圆筛藻 *Cos. asteromphalus*、中肋骨条藻、尖刺拟菱形藻、窄隙角毛藻、劳氏角毛藻、中华盒形藻、翼根管藻印度变型、笔尖形根管藻和甲藻的三角角藻及夜光藻等。这些种类属于世界广布性类型、温带近岸类型和热带近岸、外海类型的种类。它们的种类组成和数量存在着明显的季节和年际变化，对小型浮游植物的总量分布影响很大（康元德，1991；金显仕等，2005）。

2）群落结构和生态特点

渤、黄海的小型浮游植物群落，基本上可分为三种不同类型。一是渤海低盐群落；二是黄海沿岸群落，包括山东沿岸群落、辽宁南岸低盐群落和苏北沿岸低盐群落；三是黄海中部低温高盐群落。由于受海流及其他环境因子影响状况的差异，各生物群落结构特点和物种多样性也不尽相同。各群落生态特点（郑执中，1965；陈清潮等，1980；刘瑞玉，1990；孙军等，2002）如下：

渤海低盐群落：这个群落分布区的范围包括渤海海峡以西的整个渤海海区。由于受沿岸各大河径流和大陆气候的影响，水温，盐度变幅度大，呈现低盐特性。浮游植物的基本结构也呈现了十分显著的低盐面貌。群落组成中占优势的是温带低盐种，如窄隙角毛藻、脆弱角毛藻、卡氏角毛藻、中肋骨条藻、布氏双尾藻、圆筛藻、翼根管藻印度变型、日本星杆藻和锤状中鼓藻等。高盐种类只有笔尖根管藻、薄壁半管藻和塔玛亚历山大藻 *Alexandrium tamarensis* 等，但数量都极少，尚不足总量的10%。

山东沿岸低盐群落：群落分布区包括自渤海海峡至山东半岛端再折西整个半岛南北两岸的浅水区，完全在山东沿岸水的控制之下，受自渤海南部流出的低盐水和黄海中部高盐水的交互影响，盐度一般低于31，南岸受高盐水的影响，盐度稍高，在31～32左右，且较稳定。群落中以低盐近岸种为主，大体上与渤海群落相同，优势种主要是窄隙角毛藻、脆弱角毛藻、冕孢角毛藻 *Ch. subsecundus*、布氏双尾藻、圆筛藻、中华半管藻、翼根管藻印度变型、斯托根管藻等。高盐种如翼根管藻、薄壁半管藻和双凹梯形藻 *C. biconcavum*，比例也较渤海低盐群落为大。

辽宁南岸低盐群落：分布于辽东半岛南岸水深40m以内的海域，受鸭绿江径流的影响，盐度显著低于黄海中部，一般为29～31。群落的低盐特征明显。优势种与山东半岛沿岸低盐群相同。此外，窄隙角毛藻威尔变种 *Ch. affimis* var. *willei* 和聚生角毛藻 *Ch. socialis* 也是主要成分。夏秋季可见少量外海高盐种，如翼根管藻和薄壁半管藻等。

江苏沿岸低盐群落：群落分布范围包括自海州湾至长江口北岸浅海区，盐度较低，28～30.5。圆筛藻、布氏双尾藻、中华盒型藻、活动盒形藻、高贵盒形藻、锥状中鼓藻为主要成分。群落中还有低温高盐种，如笔尖根管藻和一些暖水性高盐种双凹梯形藻、嘴状角毛藻 *Ch. rostratum*、太阳双尾藻 *D. sol* 和铁氏束毛藻 *Trichodesmium thiebauti* 等。虽数量都不大，但使群落成分变得更复杂。

黄海中部低温高盐群落：这一群落充分反映了黄海较深水域黄海中央水的低温高盐特点，是黄海所特有的，在其他中纬度浅海所罕见的浅海生物群落。其分布区包括渤海海峡以东，山东半岛北岸30m等深线以北，辽东半岛南岸40m等深线以南的北黄海中部和32°30′N以北，122°～123°E以东的南黄海中部广阔海域，终年为外海高温水所盘踞，盐度一般超过31.5～32。南黄海南部因受暖流的影响盐度更高，秋，冬季可达33～34，北、南黄海中部夏季因缺少垂直对流，且上层水出现温跃层，下层海水为其低温性的冷水团，群落的组成特点是以喜低温高盐的种占主导地位，优势地位比较稳定。但其中数量较大的种数远远不如沿岸低温群落丰富。优势种有笔尖根管藻、薄壁半管藻、双凹梯形藻等。秋季还出现部分高温高盐种，如异角毛藻、薄壁几内亚藻 *Guinardia flaccida*、齿角毛藻 *Ch. denticulatus* f. *denticulatus* 等，但它们仅出现在南部黄海暖流所及的海域。

（二）东海的小型浮游植物

1. 区系种类组成，多样性特点

东海是比较开阔的海区，由于受黄海冷水、长江冲淡水和黑潮暖水的交互影响，水文状况相当复杂，因此小型浮游植物种类组成比较丰富多样，共鉴定出 54 属、199 种（包括 7 变种和 5 变型），分属硅藻、甲藻和蓝藻三个门类。其中硅藻类共 43 属、150 种，占总种数的 75.4%；甲藻类出现种数其次，共有 8 属、44 种，占总种数的 22.1%；蓝藻类出现的种属最少，共有 3 属 5 种，仅占总种数的 2.5%（王云龙等，2005）。其中以温带近海性和热带外海性种类居多，夏、秋季热带近海性和热带广布种类的数量也占优势。其种类组成和季节更替也比较复杂。东海区基本上可划分为沿岸和外海两部分。

沿岸水域，北起长江口，南迄福建南部的沿岸水域浮游植物分布范围，与江、浙、闽沿岸水盘踞范围相吻合。夏季，长江冲淡水势力最强时，淡水舌向济州岛方向延伸，近岸的中肋骨条藻、角毛藻等也随之向外扩布。冬季，长江口径流减弱，但由于受盛行的东北季风影响，黄海沿岸流势加强，沿岸水与中部高盐水的混合范围扩大，除上述主要近岸种类外，还有黄海中部的笔尖根管藻、膜半管藻等出现。这股沿岸流大致与浙、闽海岸相平行，它的强弱取决于长江冲淡水和南下黄海沿岸流的强度以及北上的台湾暖流的消长情况。由于这三股水流的影响，使沿岸水域成为一个复杂多变的交汇区。其中的小型浮游植物种类组成相当复杂，有窄隙角毛藻、圆筛藻、布氏双尾藻、密聚角毛藻 *Ch. Coarctatus*、太阳漂流藻 *Planktoniella sol*、尖根管藻 *Rh. acuminata*、粗根管藻 *Rh. robusta*、三叉角藻 *C. trichoceors* 等亚热带和热带种，显示了温带区系和热带区系的混合分布，带有北太平洋温带区系和印度-西太平洋区系的双重性质。从数量的消长和季节变化来看，热带种的渗入具有显著的季节性，因此浮游植物区系，从基本特点来看仍是暖温带性质，属于北太平洋温带区系远东亚区。

外海水域即在 70m 等深线以东的海区，为台湾暖流流经处，小型浮游植物带有明显的热带性，优势种有太阳漂流藻、紧挤角毛藻、短叉角毛藻、三叉角藻、拟夜光梨甲藻 *Pyrocystis noctiluca*、纺锤梨甲藻 *P. fusiformis* 等高温高盐外海型种类，显然是属于印度-西太平洋热带区系的印-马亚区。

台湾浅滩东南水域，因受高温高盐水的强烈影响，小型浮游植物组成以热带种占优势，如伯氏根管藻 *Rh. bergonii*、卡氏根管藻、弗朗梯形藻、偏转角藻 *C. deflexum*、拟夜光梨甲藻、红海束毛藻和铁氏束毛藻等外海热带性种。即使在冬季沿岸流的强烈影响下，这一水域也有一定数量的热带种。很明显，上述海区的浮游植物区系属于印度-西太平洋热带区系的印-马亚区。

至于台湾海峡北部水域，海流随季节而有一定的变化。在冬季强劲东北季风影响下，这一水域受东海沿岸流所控制（黑潮对这一水域的影响则很微弱），出现的浮游植物中以暖温带种类占优势。但在其他季节，特别是春、夏季，由于黑潮和北上南海季风漂流的影响，出现的浮游植物以热带种类占优势，所以浮游植物区系仍属印度-西太平洋热带区系的印-马亚区。

总之，东海与渤、黄海不同，由于水文复杂多变，浮游植物生态类型比较多样，区系组成中既有淡水、半咸水和温带近岸性种类，也有热带近岸和热带外海广布性种类，区系的特点是带有北太平洋温带区系和印度-西太平洋暖水区系的双层性质的混合区。但在外海水域和台湾海峡，热带性种占有明显优势，其区系应属于印度-西太平洋热带区系的印-马亚区。另一方面，近 30 多年来，东海近岸由于受人为排污和开发活动的双重影响，其生态环境也发生了异常变化，出现水体富营养化逐年加重、营养盐结构变化（氮多、磷寡、硅变少）、高 N/P 比值和低 Si/N 比值失调的现象。从浮游植物群落组成上看，虽然东海仍以硅藻的种类和数量占绝对优势，基本与历史调查结果相近，但构成浮游植物数量的主要优势种发生明显变动。出现主要以热带近岸性和热带广布性种的数量占较大优势，特别是从 21 世纪初以来，小型浮游植物种群和赤潮原因种开始由硅藻逐渐向甲藻转变。例如，连续多年 4～5 月在 50m 以浅水域出现的大规模东海原甲藻 *Prorocentrem donghaiense*、米氏凯伦藻 *Karenia mikimotoi* 和夜光藻赤潮，就是很好的证据（周名江等，2004）。

2. 小型浮游植物数量分布、群落结构和生态特点

1）数量分布与变化

东海小型浮游植物的分布，由于受东海复杂的水系分布变化等环境因素的影响，数量的平面分布非常不均匀，经常出现具有明显特征的斑块分布现象，密集区常形成于不同水系的交汇区，一般出现于长江口外，夏、秋季在浙江南部上升流区边缘。

春季：小型浮游植物的数量甚低，平均数量仅为 2.0×10^4 个/m³，在四季中居末位。数量的平面分布大致为近海数量大于外海，东海南部、台湾海峡数量高于东海北部的分布趋势。形成小范围密集的主要种类不同：舟山东侧密集区由温带沿岸种柔弱菱形藻和卡氏角毛藻、暖温性的近海种中华盒形藻和近海广布性种菱形海线藻等共同构成，浙江南部的密集区则由近海广布性种夜光藻和东海原甲藻占绝对优势，密集中心几乎呈纯种出现（占该站数量的 99.7%），并已接近形成赤潮的生物浓度；台湾海峡西部的密集区，种类组成较为丰富（30 种以上），以热带沿岸性种劳氏角毛藻为主，掌状冠盖藻、秘鲁角毛藻、并基角毛藻和广布性的沿岸种也具一定数量，显示出作为亚热带海区的台湾海峡浮游植物群落结构的复杂性和物种的丰富性。

夏季：小型浮游植物平均数量为 50.40×10^4 个/m³，比春季高出 25 倍。平面分布斑块现象明显。数量大于 100×10^4 个/m³ 的密集区，形成于长江口外至浙江南部近海 $27°31'\sim32°30'$N，$123°30'$E 以西的狭长范围内，和台湾海峡中北部海域（$24°\sim26°$N）。长江口外的密集区以 $32°$N、$123°$E 为中心，数量达到 2167×10^4 个/m³，拟弯角毛藻几乎呈现纯种出现，其数量约占总量的 98.8%，并向南北两侧延伸至 $31°30'$N 和 $32°30'$N 一线附近海域。东海南部近海（浙江南部乐清湾以东近海）数量密集中心和台湾海峡数量密集中心，则以近海广布性种中肋骨条藻占绝对优势，其数量占总数量的 $67.2\%\sim83.2\%$。此外，短角弯角藻、掌状冠盖藻、旋链角毛藻和菱形海线藻在该海域也占有一定比例。

秋季：小型浮游植物平均数量达到 211.9×10^4 个/m³，超过夏季数量均值的 4 倍多，居四季度月数量均值的首位。数量大于 5000×10^4 个/m³ 的密集区出现在东海北部，在其内侧密集区（近长江口）的数量最高，达到 14483.1×10^4 个/m³，外侧密集区（济州岛以南）的范围相当大，数量最高为 5478.5×10^4 个/m³。这两个数量密集中心均以外海广布性的细弱海链藻占绝对优势，其数量分别占总数量的 90% 以上。但在长江口密集区南侧出现的主要种类有所不同，细弱海链藻所占的比例明显下降，而拟弯

角毛藻、并基角毛藻、劳氏角毛藻、尖刺菱形藻和变异辐杆藻等种类也出现一定数量。东海南部海域数量大都在 25×10^4 个/m^3 以下。

冬季：小型浮游植物平均数量为 11.4×10^4 个/m^3。数量大于 50×10^4 个/m^3 的密集区形成于黄海冬季南下冷水、苏浙沿岸水与台湾暖流及黑潮暖流交汇的局部海区以及济州岛东南的对马暖流区。以韭山列岛以东 125°E 附近海域的数量最高，为 118.41×10^4 个/m^3，优势种为细弱海链藻，其数量占总数量的 40%～70%。

季节变化：东海区地处亚热带和暖温带，水文季节相当明显。与之相应，浮游植物数量也具有季节变化明显的特点。以秋季数量为最高，夏季次之，再次为冬季，春季最低（王云龙，2005）。另外，考虑到东海不同海区生境的差异，将东海区划为东海北部近海（29°～34°N、125°E 以西）、东海北部外海（29°～34°N、125°E 以东）、东海南部近海（26°～29°N、125°E 以西）、东海南部外海（26°～29°N、125°E 以东）和台湾海峡（22°30′～25°30′N）5 个海区再加以分析。

东海各分海区小型浮游植物数量的高低相差悬殊，其中以东海北部近海数量为最高（195.48×10^4 个/m^3），其余依次为东海北部外海（82.66×10^4 个/m^3）、台湾海峡（25.21×10^4 个/m^3）、东海南部近海（7.99×10^4 个/m^3）和东海南部外海（0.21×10^4 个/m^3）。数量最高的北部近海要高出最低的南部外海约 930 倍之多。各分海区小型浮游植物数量的季节变化趋势也颇不相同，东海北部近海的季节变化与全海区基本一致，数量高峰和次高峰分别出现在秋季和夏季；东海北部外海的数量高峰也出现在秋季，但次高峰却出现在冬季；其余 3 个分海区数量的季节变化不如上述 2 个分海区剧烈，高低数量变化幅度在 6～50 倍，数量高值均出现在夏季，数量次高值一般都出现在秋季。

研究显示，除了东海南部近海和外海的个别季节外，各分海区的硅藻类占总数量的比例均在 90% 以上，这表明硅藻类数量的分布和变化是支配小型浮游植物总数量分布和变化的主要因素。出现的主要种类，基本上都属于硅藻类中的温带和热带性近海广布种和外海广布种。有的种类如细弱海链藻、拟弯角毛藻、并基角毛藻、劳氏角毛藻、菱形海线藻和中肋骨条藻等，虽各季度月均有出现，但数量的时空变化相当明显；有的种类如翼根管藻纤细变型，具有明显的季节性的消长变化（郭玉洁等，1992；王云龙等，2005）。

2）群落结构和生态特点

根据东海浮游植物的种类组成分布及其栖息的环境特点，基本上可划分为四个群落。其群落生态特点（中国科学院海洋研究所浮游生物组，1977；郑执中，1965；陈清潮等，1980；郭玉洁、杨则禹，1982）如下：

江口群落：该群落的分布区范围为长江口水深 60m 以内水域。北受苏北沿岸水、南黄海水系的影响，南受东南外海暖流余流的影响，形成一个复杂多变的交汇区。栖息在这种特殊环境中的浮游植物，除了淡水种如栅藻和半咸水种如锥状中鼓藻、中肋骨条藻等外，主要有脆弱角毛藻、窄隙角毛藻、双髻孢角毛藻、布氏双尾藻、尖刺拟菱形藻等广温低盐为主要成分。另外，高温高盐类群的异角毛藻、齿角毛藻、太阳漂流藻、薄壁几内亚藻、掌状冠盖藻和距端根管藻也占一定的比例。从种类组成上看，这个群落实际上是一个反映不同水系交汇区特点混合群落。

东海西部（浙江外海）群落：该群落从杭州湾口南岸（北纬30°以南）向南顺岸方向分布在水深60~80m的水域，与台湾暖流的分布区一致，是该海区中的次高温高盐水域。栖息在这个群落的浮游植物主要是以高温、次高盐种和耐温、盐度变化范围较宽的热带外洋性种为主，如齿角毛藻、拟弯角毛藻、紧挤角毛藻、笔尖形根管藻粗径变种，透明辐杆藻、粗根管藻也占一定优势。在其南部还出现高温、高盐热带外洋种如卡斯根管藻、大鸟尾藻、臼齿角藻（*C. dens*）和铁氏束毛藻等，表明该群藻的热带性特点。

东海东南部群落：该群落分布在东海东南部、水深超过150m的受黑潮影响的水域。构成该群落的浮游植物和总数最多的典型热带性特点。以金色角毛藻 *Ch. aurivillei*、热带刺冠藻、佛朗梯形藻、霍克半管藻 *H. heuckii*、丛毛辐杆藻、尖梨甲藻、偏转角藻、铁氏束毛藻、红海束毛藻等狭热带性种为主，它们主要分布在北纬28°以南，东经125°以东的海域。此外，还有紧挤角毛藻、短叉角毛藻、具尾鳍藻等耐温、盐度变化范围较宽的热带外洋性种。

东海中部群落：该群落位于江口群落、西部群落与东南部群落之间的东海中部，实际上是一个混合群落，具偏低温高盐的生态特点。夏季种类较少（10种以下），秋季增加到15种左右，以辐射列圆筛藻和中华盒形藻的低温生态型为代表。在该群落的北区，除群落代表种辐射列圆筛藻外，由于受黄海沿岸水的影响，还渗入一些低盐沿岸性种，如骨条藻、星脐圆筛藻和三角角藻等。在南区（指北纬30°以南的中部海域），由于台湾暖流向东扩展，这一带的温、盐度较北区稍高，浮游植物的种数也较北区稍多。在夏季由于西部群落的偏高温低盐种、高温高盐种、耐温、盐度范围较宽的热带外洋种和东南部群落的狭热带外洋性种在不同季节分别向该群落渗透，致使群落模糊了原貌。

（三）南海的小型浮游植物

1. 区系种类组成，多样性特点

南海位于热带海边缘，年平均温、盐度远较渤、黄海和东海西部为高。在沿岸约40m的范围内，有一相对稳定的沿岸水（即广东沿岸水），在水深大于75m的水域，则为盐度>34的南海暖流所盘踞。栖息在这里的浮游植物物种非常丰富、多样。其种数居我国近海之冠。据调查鉴定显示，出现的浮游植物有硅藻、甲藻、蓝藻、金藻、绿藻和黄藻等6门91属500种（包括变种和变型）。其中硅藻种类数最多，计332种，占66.40%；其次是甲藻152种，占30.40%；其他门类有蓝藻（6种）、金藻（7种）、绿藻（1种）和黄藻（2种），共占3.20%（王云龙等，2005）。种类的生态类型比较复杂，主要以热带外海性种、暖水近岸性种和暖温性广布种为主。与渤、黄海和东海浮游植物区系种类组成最大不同处，是南海的甲藻类在区系种类组成中占有较大比重。在沿岸水域的浮游植物组成中主要是劳氏角毛藻 *Ch. lorenzianus*、掌状冠盖藻 *Stephanopyxis palmeriana*、拟旋链角毛藻 *Ch. pseudocurvisetus* 等热带低盐种，还有紧挤角毛藻、小海链藻、宽梯链藻等热带高盐种。在冬季强劲东北季风影响下，粤东沿岸水域由于受福建南下沿岸流和外海高盐水侵入的影响，同时出现有窄隙角毛藻、布氏双尾藻等温带近岸和短叉角毛藻、热带戈斯藻，异角角毛藻等热带外海种，种类组成比较复杂。

在 70m 等深线以深的南海中部和东北部海区，表层水团主要是侵入南海的太平洋表层水变性而成的，其盐度高于 34，温度超过 22℃，水平梯度很小，冬夏之间无显著变化。生活在这一水域的浮游生物有短叉角毛藻 *Chaetoceros messanensis*、宽梯链藻、巨筛盘藻、楔形半盘藻、尖根管藻、粗根管藻、热带戈斯藻、美丽鸟尾藻 *Ornithocercus splendidus* 和铁氏束毛藻等热带外海种，纯系热带浮游植物区系。

总之，南海是个广阔的深海盆，与太平洋沟通，海水具有高温高盐的特性，这与太平洋热带区的水团性质比较相似。而南海北部沿岸水范围较小，寒冷季节虽有暖温带种类侵入，且有一定的数量，但基本上仍具有热带沿岸浮游植物区系的特点。从外海表层水的温、盐分布和生物种类观察，这一水域中、上层的浮游植物具有高温高盐性质，应属印度-西太平洋热带区系的印-马亚区。

2. 小型浮游植物数量分布、群落结构和生态特点

1）数量分布与变化

南海北部小型浮游植物数量变化范围为（0.03~4179.4）×10^4 个/m^3，平均 87.2×10^4 个/m^3，数量的组成以硅藻占绝对优势，约占总数量的 97.40%；甲藻类约占总量的 0.95%，其他藻类约占 1.65%。

平面分布显示，近岸水域明显高于远岸，台湾浅滩和北部湾北部密集区相对明显，珠江口至粤西近海出现较高数量的密集区。基本呈现出由东到西、由北到南数量逐渐递减的趋势。大部分海域数量小于 10.0×10^4 个/m^3，约占 59.6%，主要分布在水深 80m 以深水域；（10~100）×10^4 个/m^3 数量范围分布区主要在台湾浅滩和北部湾，其他海域仅零星分布；（100~500）×10^4 个/m^3 较高数量密集区仅分布在粤东至粤西近海及北部湾北部；最高数量出现在夏季的台湾浅滩，达到 4179.4×10^4 个/m^3。

南海北部小型浮游植物数量的季节变化趋势表现为夏季最高，冬季次之，春季最低，数量最低季节与东海和黄海一致，高峰季节与黄海一致，而与东海（秋季最高）显示差异。

2）群落结构和生态特点

南海北部存在着两个性质不同的水系，即广东沿岸水和南海外海水，与此相应存在着两个不同的浮游植物群落。其群落生态特点（中国科学院海洋研究所浮游生物组，1977；郑执中等，1964）如下：

广东沿岸群落：该群落位于离广东沿岸约 40n mile 域，它一方面接纳大量的大陆冲淡水，同时在粤东沿岸又经常受福建沿岸流余脉和外海水入侵的影响，水文状况比较复杂，相应地这一水域浮游植物种类组成和群落结构也很复杂。不但包括有热带低盐种如双髻孢角毛藻、掌状冠盖藻、拟旋链角毛藻、金色角毛藻和兀鹰角藻苏门答腊变种 *C. vultur* var. *sumatranum* 和暖温带近岸种如扁面角毛藻、狭隙角毛藻、布氏双尾凸藻、菱形海线藻，而且外海高盐种如紧挤角毛藻、异角毛藻、短刺角毛藻、哈氏半盘藻 *Hemidiscus hardmannianus* 等可广布至沿岸渗入这个群落，有时占有一定比例。

该群落由于受广东沿岸水和季风的影响,不但种类组成有明显的季节差异,而且在沿岸水和外海水互相交汇的带状水域,形成一个较大的群落混合区。在这个混合区既有沿岸群落的代表种,又有外海群落的代表种,但不是一个独立的群落,它的位置和范围在不同季节随着沿岸水和外海水的消长和推移而变化。冬季范围较狭,比较靠近广东沿岸,夏季范围较宽,离岸较远。

南海外海群落:该群落位于广东外海水深>75m 以外的外海高温、高盐水盘踞的广大范围。受大陆的影响相对较小,终年保持高温高盐性质,温盐度分布较均匀,变化幅度也较小。构成这一群落的绝大部分是热带外海种,如短叉角毛藻、宽梯形藻、热带戈斯藻、异角毛藻、大西洋角毛藻宽隙变种、金色角毛藻 *Ch. aurivilli*、哈氏半盘藻、驼背角藻 *C. gibberum*、美丽鸟尾藻等,显示出外海群落的面貌比较清晰,季节变化不甚明显的特征。

(四)饵料浮游植物与海洋渔业的关系

1. 饵料浮游植物(食物关系)

饵料浮游植物(Food phytoplankton)是指在海洋中活的各种可供水产动物食用的浮游植物。它们的数量多寡和饵料水平高低对渔场的形成和渔业资源兴衰有重要的调控作用。

近 30 年来,随着海水养殖业在我国的快速发展,人工育苗生产对微藻饵料的需求量也越来越大,分离、筛选、培养更适宜的微藻饵料种类和及时供应,是保障鱼虾类及贝类养殖,特别是幼期的饲养成功与否的最重要的关键因素之一。通过国人同仁的通力合作,已经筛选、培养出 30 多种优质的可供包括人类食物和作为蛋白质与生物活性物质来源的微藻,以及作为海水养殖动物幼体饲料活的浮游植物饵料或称微藻饵料(Liring food),从而保证了鱼、虾、贝类人工养殖的需求,促进了生产的发展。业已培养和生产应用的微藻饵料种类主要包括:原料微藻,如螺旋藻 *Spirulina*、盐藻 *Dunaliella*、小球藻 *Chlorella*;微藻饵料,如目前在甲壳类、贝类鱼类幼体培育和浮游动物培养中最常用的 30 多种微藻饵料种类,主要包括:亚心形扁藻 *Platymonas subcordiformis*、青岛大扁藻 *P. helgolandica*、蛋白核小球藻 *Chlorella pyrenoidosa*、微绿球藻 *Nannochloris oculata*、三角褐指藻 *Phaeodactylum tricornutum*、牟氏角毛藻 *Chaetoceros muelleri*、小新月菱形藻 *Nitzschia closterium f. minutissima*、中肋骨条藻 *Skeletonema costatum*、纤细角毛藻 *Ch. gracilis*、球等鞭金藻 *Isochrysis galbana*、湛江叉鞭金藻 *Dicrateria zhanjiangensis*、绿色巴夫藻 *Pavlova viridis* 等(邹景忠、高亚辉,2004)。今后随着海水养殖事业的发展,仍需对有开发潜力的浮游植物资源继续加强新培养对象的分离和筛选,改进培养技术和设备,以便更大规模的持续发展海水养殖业。

研究显示,许多滤食性海洋动物包括潮间带滩涂养殖动物如牡蛎 *Crassostrea*、缢蛏 *Sinonovacula constricta*、毛蚶 *Scapharca kagoshimensis*、蛤仔 *Ruditapes*、浅海养殖贝类紫贻贝 *Mytilus galloprovincialis*、翡翠贻贝 *Perna viridis*、栉孔扇贝 *Chlamys farreri*、海湾扇贝 *Argopecten irradians*、鲍鱼 *Haliotis*,养殖甲壳类如中国明对虾

Fenneropenaeus chinensis 和斑节对虾 *Penaeus monodon* 的幼体，棘皮动物海参幼体，素食性浮游动物如甲壳类的枝角类、桡足类、糠虾类、轮虫、毛虾，以及肉食性鱼类如中上层鱼类远东拟沙丁鱼 *Sardinops melanostictus*、斑鰶 *Konosirus punctatus*、鳓鱼 *Ilisha elongata* 等的食物组成中浮游植物的圆筛藻、角毛藻、根管藻、三角藻、海链藻等饵料占优势（唐启升、叶懋中，1990；陈明耀，2001）。

据金德祥（1988）报道的养殖贝类的胃含物饵料组成部分结果表明，缢蛏的主要饵料是硅藻，约占食物总数的 82% 以上。其中尤以小环藻 *Cyclolella*、骨条藻最为常见；而泥蚶和蛤两种贝类的饵料也是以硅藻为主，其中以角毛藻、根管藻占优势。产于厦门滩涂的僧帽牡蛎 *Saccostrea cucucllata* 肠胃内的饵料硅藻达 26 种之多，扇贝的主要饵料是浮游动植物、细菌及有机碎屑等，其中以硅藻类为主，甲藻及其他藻为次。实验培养显示，金藻、扁藻、塔胞藻都是栉孔扇贝幼虫期比较理想的饵料。

据辽宁省水产研究所调查报告，在自然海域中，毛虾虽食性比较广，但主要摄食浮游硅藻的星脐圆筛藻、琼氏圆筛藻 *Cos. Jonesianus* 和具槽直链藻 *Melosira sulcata*，其摄食强度和食物组成随季节变化而有差异。春、秋、冬三季以浮游植物为主要饵料，约占总数的 60% 以上。其中以秋季的摄食强度最高，饱、半饱胃占 70% 以上，夏季即以浮游动物为主要饵料，约占总数的 80% 以上（许澄源，1956）。同样的，栖息在渤黄海自然海区的中国明对虾幼体也以多甲藻、舟形藻和圆筛藻等为主要饵料，但也摄食少量的动物性食物如桡足类及其幼体等（唐启升、叶懋中，1990）。

素食性浮游动物作为饵料浮游植物和渔业生产的中间环节，一方面它们直接捕食饵料浮游植物，是海洋次级生产力的重要组成部分。同时又是较高营养级消费者肉食鱼类的食物来源。例如广布于黄、渤、东海中的桡足类主要是真刺唇角水蚤 *Labidocera euchaeta*、长额刺糠虾 *Acanthomysis longirostris*，它们都以浮游植物为饵料，5 月在长额刺糠虾的食物组成中辐射圆筛藻占 30.3%，星脐圆筛藻占 22.1%，中心圆筛藻占 15.9%，线形圆筛藻、偏心圆筛藻各占到 2.1%，具槽直链藻占 2.8%，刚毛根管藻占 2.1%，布氏双尾藻占 0.7%。李少菁（1964）分析了厦门 10 种浮游桡足类包括捷氏歪水蚤 *Tortanus derjugini*、太平纺锤水蚤 *Acartia pacifica*、真刺唇角水蚤、瘦尾胸刺水蚤 *Centropages tenuiremis*、锥形宽水蚤 *Temora turbinata*、精致真刺唇水蚤 *Euchaeta concinna*、隆哲水蚤 *Acrocalanus* sp.、针刺拟哲水蚤 *P. aculeatus*、小拟哲水蚤 *Paracalanus parvus*、中华哲水蚤 *Calanus sinicus* 等种类肠含物中的饵料成分，主要是硅藻类。其中包括直链藻（2 种）、圆筛藻（7 种）、海链藻、小环藻、辐射藻、骨条藻、角毛藻、盒形藻（3 种）、布氏双尾藻、菱形藻（4 种），以及一些底栖性硅藻如卵形藻 *Cocconeis* spp.、黄蜂双壁藻 *Diploneis crabro*、布纹藻 *Gyrosigma* spp.、宽角斜纹藻 *Pleurosigma angulatum*、双眉藻 *Amphora* spp.、桥弯藻 *Cymbella* sp.、异极藻 *Gomphonema* sp.、双菱藻 *Surirella* spp. 和卵形褶盘藻 *Tryblioptychus cocconeiformis* 等属种。又如太平洋磷虾是鲐鱼、竹筴鱼的主要饵料，也是小黄鱼、带鱼的摄食对象。而太平洋磷虾又以浮游植物为主要饵料，摄食的种类有 36 种，其中较重要的有 11 种，硅藻类的圆筛藻、菱形海线藻及具槽直链藻等种类的数量与太平洋磷虾的摄食状况有密切关系（康元德，1966）。而肉食性鱼类大黄鱼，其仔鱼主要以圆筛藻为饵料，成长为幼鱼时则摄食较大的浮游动物类刺唇角水蚤和长额刺糠虾。近年随着肠道叶绿素含量分析和现场稀释法的应用，小型微型浮游动物摄食研究又取得了新的进展，开拓了食物网的营养动力学研究（张武昌、王荣，2000）。

研究显示，在渤、黄海以食浮游动物为主的鱼类大多是小型中上层鱼类，如青鳞、鳓鱼、棱鳀、鳀鱼、黄鲫、凤鲚和黑鳃梅童鱼等。分析结果表明，青鳞鱼幼鱼饵料中浮游动物重量百分比占100%，棱鳀幼鱼占89.7%，黄鲫幼鱼占81%，鲈鱼幼鱼占76.7%（苏纪兰等，2002）。这些肉食性鱼类与素食浮游动物、饵料浮游植物之间组成一条链索的营养关系（图6.17）。近年，唐启升等采用计算方法，以渤海为对象，研究其生态锥体及营养结构。结果表明，在海洋生态系统中，以能量来表示的各营养级之间的关系比其用生物量、数量关系更符合金字塔状。杨纪明等（1998）还应用室内模拟实验方法测定了几种海洋鱼类单一实验条件下的生态转换效率，以及以金藻→卤虫→玉筋鱼→黑鳃为实验对象研究一个简单食物链的能量流动。

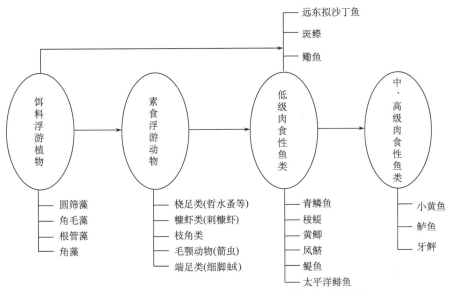

图6.17　饵料浮游植物与素、肉性动物之间的食物关系

2. 饵料浮游植物分布与渔业的关系

许多研究显示，浮游植物饵料水平和优势种饵料微藻的数量分布会影响经济动物的分布，特别是渔场的形成和浮游植物的产量高低关系密切。例如，一些偏植性的中上层鱼种如银鲳 Pampus argenteus、鳓鱼 Ilisha elongata、远东拟沙丁鱼 Sardinops mela-nostictus 的渔场形成则与浮游植物有较直接的关系。在台湾海峡上升流区营养盐丰富，浮游植物密度高，形成台湾浅滩渔场，在大洋脆杆藻（Fragilaria oceanica）的密集区捕捞沙丁鱼，可以提高渔获量。又如在星脐圆筛藻密集区捕捞中国明对虾也同样获得增产。同样的，底层鱼类渔场形成与浮游植物数量分布关系也很密切。例如，在东海浮游植物数量分布总体呈近岸高于外海、东海北部高于南部，底层鱼类资源高密度区分布位置大都出现在浮游植物密集中心的边缘。另一方面，人们可以根据浮游植物饵料水平、饵料种类的数量多寡，评估海域重要资源的开发潜力，为开展水产资源增养殖提供科学依据。例如，有人利用对虾、毛虾、梭鱼和桡足类的主要饵料浮游植物圆筛藻作为评估

鱼类资源的开发潜力，认为 1982 年圆筛藻的年平均数量（30.9×10^4 个/m³）高于 1959 年的 7.8×10^4 个/m³，表明 1982 年饵料基础状况较好，具有开发潜力。因此，许多专家认为，浮游植物密集区可以作为寻找中心渔场的参数，春季数量高密期，可作为中上层鱼类的丰产的预兆。

四、浮游动物[*]

海洋浮游动物是在海洋一定水层中营漂浮生活的动物群。除个别直径大于数十厘米的大型水母外，一般个体都很小，游泳能力也弱，受海洋动力要素影响甚大，基本上是随波逐流。浮游动物物种多样，主要包括：原生动物的有孔虫、放射虫和纤毛虫，后生动物许多门类中刺胞动物的水螅水母和钵水母、栉水母类，轮虫类的单卵巢轮虫，软体动物的翼足类和异足类，甲壳动物的枝角类、桡足类、大眼端足类、糠虾类、磷虾类、樱虾类等，毛颚动物，被囊动物的有尾类和海樽类，各类无脊椎动物和低等脊索动物的浮游幼虫（图 6.18）。根据大小可分为 5 个等级，即①微型浮游动物（$2 \sim 20 \mu m$），其主要组成是细菌的异型鞭毛虫；②小型浮游动物（$20 \sim 200 \mu m$），主要是原生动物，特别是纤毛虫，还有浮游甲壳动物的卵和早期的幼体和某些阶段性浮游幼虫；③中型浮游动物（$0.2 \sim 20 mm$），是小型水母、栉水母、毛颚动物、被囊动物、鱼卵和仔稚鱼；④大型浮游动物（$2 \sim 20 cm$），主要是较大的水螅水母、管水母、钵水母、糠虾、大眼端足类、磷虾、海樽和鱼类幼体；⑤巨型浮游动物（$20 \sim 200 cm$），种类较少，即大型钵水母、管水母、火体虫和链状纽鳃樽等。大部分浮游动物是永久（终生）营浮游生活的，无脊椎动物和低等脊索动物的浮游幼虫在其生命初始阶段是营暂时性浮游生活的（Chen，1992）。

浮游动物在海洋生态学研究中占有重要的地位和作用。首先，浮游动物是海洋生态系统主要组成部分、次级生产者，在海洋食物链（网）中起着承前启后的关键作用，其物种多样性、生态分布和群落结构变化对维护海洋生态系统健康和生物资源可持续利用具有重要生态学意义。其次，与渔业关系密切，有些浮游动物如樱虾、毛虾、磷虾和海蜇等本身就是重要水产动物，直接提供动物蛋白来源；有些种类如磷虾、糠虾、桡足类是经济鱼、虾类和养殖贝类的天然饵料，它们的数量分布变化直接影响这些动物的生长和资源，对渔业生产起着重要的作用，在经济上占有重要地位。另外，也有些素食性浮游动物大量繁殖时，因高度摄食有控制有害浮游植物特别是赤潮微藻生长的"下行控制"关键作用；而有些原生动物如中缢虫、夜光虫（藻）本身就是赤潮的肇事种，大量增殖形成赤潮时能导致水体产生缺氧，造成对渔业的危害。再者，对海洋环境变化具有指示作用。有些浮游动物具极强富集放射物质、有机污染物、重金属和农药的能力，可作为监测海洋污染的指示物；也有些浮游动物可作为生物地理区划和特定水团或海流划分的指示性生物。在海洋一定水层中，还有一些浮游动物大量群聚，形成声波散射层，可以阻碍干扰声波在水中传播，在国防建设和保护海洋环境具有重要意义。因此，研究和了解浮游动物可以为海洋生物资源开发利用和海洋生态环境保护提供重要科学依据（中国科学院《中国自然地理》编辑委员会，1979）。

---

[*] 本节作者：陈清潮

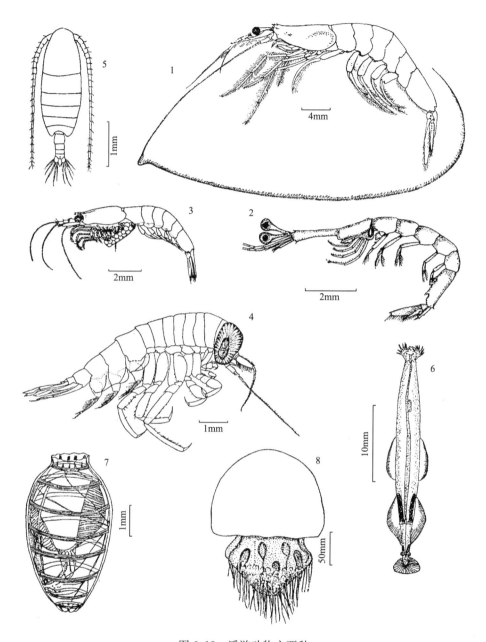

图 6.18　浮游动物主要种

1. 中国毛虾 *Acetes chinensis* Hansen；2. 中型莹虾 *Lucifer intermedius* Hansen；3. 中华假磷虾 *Pseudeuphausia sinica* Wang et Chen；4. 细脚拟长蛾 *Parathemisto gracilipes*（Norman）；5. 中华哲水蚤 *Calanus sinicus* Brodsky；6. 肥胖箭虫 *Sagitta enflata* Grassi；7. 小齿海樽 *Doliolum*（*Dolioletta*）*denticulatum* Quoy et Gaimard；8. 海蜇 *Phopilema esculenta* Kishinouye

（一）渤　海

1. 区系组成与生物多样性

渤海是黄海伸入内陆的一个大型海湾，四面受大陆所环抱，主要受入海径流和陆上排污的影响，生活在渤海的莱州湾、渤海湾和辽东湾的浮游动物，大多数是渤海"原住民"，仅少数种类季节性伴随黄海暖流由北黄海进入。它们主要以沿岸近海种为主，属于暖温带区系性质。渤海浮游动物多样性为中国沿海最低，仅记录 90 余种，水母类中水螅水母 35 种、钵水母 4 种、栉水母 2 种，较 1958 年全国海洋普查 20 种增加 1 倍，大多数属于近海低盐种，而高盐种类少，常见优势种是八斑芮氏水母 *Rathkea octopunctata*、五角水母 *Muggiaea atlantica*、拟杯水母 *Phialucium* spp. 和平水母 *Eirene* spp.。此外，海月水母 *Aurelia aurita*、海蜇 *Rhopilema esculentum* 和球形侧碗水母 *Pleurobrachia globosa* 也是渤海的易见种，并具较大的数量；桡足类在浮游动物多样性占颇高地位，优势种是小拟哲水蚤 *Paracalanus parvus*、沃氏纺锤水母 *Acartia omorii*、孔雀强额哲水蚤 *Pavocalanus crassirostris*、拟长腹剑水母 *Oithona similis*、墨氏胸刺水蚤 *Centropages mcmurrichi*、中华哲水蚤 *Calanus sinicus*、真刺唇角水蚤 *Labidocera euchaeta*、毛颚类种类少，数量较大，以强壮滨箭虫 *Aidanosagitta crassa* 为主，肥胖软箭虫 *Flaccisagitta enflata* 也较常见。此外，在渤海构成渔业还有中国毛虾 *Acetes chinensis* 和黄海刺糠虾 *Acanthomysis hwanbaiensis* 等。

值得一提的是，由黄海暖流携带进入渤海的中华哲水蚤 *Calanus sinicus*、细足法蛾 *Themisto gracilipes*、太平洋磷虾 *Euphausia pacifica*，在北上途中因环境变化而逐渐减少或消失。

2. 浮游动物总生物量和主要类群的分布特点

1）总生物量的分布

渤海浮游动物总生物量季节分布明显，冬季均低于 100mg/m³，春季普遍升高，6 月大于 500mg/m²，个别超过 1000mg/m³，以中华哲水蚤、小拟哲水蚤占优势，7～9 月回落低于 500mg/m³，到 10 月出现超过 500mg/m³ 的，小斑块区较普遍，以汤氏长足水蚤 *Calanopia thompsoni*、真刺唇角水蚤 *Labidocera euchaeta*、刺尾歪水蚤 *Tortanus spinicaudatus* 等为主，中华哲水蚤也占有一定比例。

2）主要类群的数量分布

（1）水母类。水母类是胶体性动物（由于含水多不计入生物量内），它们的种类和数量在渤海都占优势，冬季和夏季以莱州湾密度最高，春季以渤海湾最高，秋季中央海区最高，其分布主要受渤海沿岸水与黄海高盐水的相互推移和消长影响，在 8～9 月河流冲淡水扩布时，低盐性水母遍布整个渤海，而在枯水期，仅分布在三大湾沿岸区。优势种八斑芮氏水母和五角水母在 9 月后进入渤海，10～11 月达到高峰，12 月数量下降，1 月消失，密集区主要分布在渤海湾和辽东湾。在渤海出现的和平水母属常见的有 4

种，8月分布比较广，在渤海湾曾出现大于 25 个/m² 高值区。出现的拟杯水母属有 5 种，6月平均密度达到 68.9%，河北沿岸出现 50 个/m²。此外，海蜇历年来最高产量曾达到 3×10^4 t。

（2）桡足类。渤海较大型的桡足类是中华哲水蚤、墨氏胸刺水蚤和真刺唇角水蚤，数量占优势仍是小型的小拟哲水蚤、沃氏纺锤水蚤和拟长腹剑水蚤等为主。小拟哲水蚤 3月和9月为其数量高峰期，丰度高达 $1000 \sim 2500$ 个/m³，夏季 $6 \sim 9$ 月数量较高，冬季12月至春季4月数量最低。而中华哲水蚤春季随着水温的上升，$5 \sim 6$ 月数量可激增到 250 个/m³，形成数量高峰，持续到7月逐渐降低。真刺唇角水蚤6月达到 250 个/m³，高数量一直持续到秋季10月。强额孔雀哲水蚤只在河口沿岸区夏、秋季有较高数量，8月为其数量高峰。沃氏纺锤水蚤全年均出现，数量高峰出现在 $4 \sim 5$ 月，达到7270 个/m³，它与10℃等温线相吻合，12月还出现一个小峰值。

（3）毛颚动物。强壮滨箭虫是终年最占优势的种类，春季随水温上升，5月数量开始增加，夏、秋季 $8 \sim 9$ 月出现数量高峰，最高数量达到 250 个/m³，密集区主要出现在盐度<32 的区域。肥胖软箭虫仅在中央海区出现一定数量。

根据浮游动物的生态性质分为广温低盐类型和低温高盐类型。

总的看来，由于渤海四周受大陆所环抱，显著受大陆气候的影响，它是黄海内一个近封闭的海湾，因受出口限制，水体交换弱，浮游动物绝大部分是广温性近海低盐类群，夏秋因受黄海北上变性暖水影响，也带入一些偏低温高盐性种类，它们有别于渤海的"原住民"，仅是季节性出现在渤海。

3. 群落结构

渤海大部分海域是由沿岸低盐水所盘踞，仅在渤海中央区和湾口受到北黄海高盐水入侵的影响，因此渤海浮游动物群落是由低盐类群和高盐类群两个部分组成。它是以温带近海种为主，有较大数量的近岸低盐种，并有外海高盐种的成分渗入。前者组成的代表是双毛纺锤水蚤、小拟哲水蚤、强额孔雀哲水蚤、强壮箭虫等，还有常见的八斑芮氏水母、锡兰和平水母、长尾住囊虫、黄海刺糠虾等；后者组成的代表有中华哲水蚤、太平洋磷虾、细足法蛾、腹针胸刺水蚤、肥胖软箭虫、精致真刺水蚤、纽鳃樽等。

渤海浮游动物在春季其群落的轮廓较清晰，即在沿岸及三大湾是以低盐类群所占据，而在海峡口和渤海中央水域是以高盐广温类群所占据。在夏季由于水温达到全年最高，组成群落两种类型的分布较为离散。到秋冬季，由于渤海深度较浅，易受大风影响，导致上下水层混合增强，呈现群落两个类型结构分化不明显，但是群落仍以近海广布种为其主要特征。

（二）黄　　海

1. 区系组成与生物多样性

黄海是一个半封闭的海区，水文状况较为复杂，它受北部低盐水、中部低温高盐水和从东南部入侵的黑潮分支——黄海暖流的影响，因此它的种类组成在地理上有一定差异。

根据历年对黄海浮游动物调查统计，总种类 81 种。冬季出现的种数多于夏季，该季节黄海暖流是沿着黄海水槽向北进入黄海，带来较丰富暖水种类，如狭额次真哲水蚤 *Subeucalanus subtenuis*、彩额锚哲水蚤 *Rhincalanus rostrifrons*、黄角光水蚤 *Lucicutia flavicornis*、芦氏拟真刺水蚤 *Pareuchaeta russelli*、长额磷虾 *Euphausia diomedeae* 皆有出现。浮游动物的暖水种占黄海总种数的 50%，但是夏季该海区的暖水种出现并非完全由暖流带入，而是由于海区升温所致。

根据黄海地理环境和温盐要素分布的差异，从动物区系组成看，可划分三个部分。

黄海北部：无论在辽西西岸或山东半岛北岸，海水盐度（30~31）较低，水温年较差甚大，浮游动物种类组成与渤海类似，但由此向南增加刺尾歪水蚤、汤氏长足水蚤等种类。以小拟哲水蚤、真刺唇角水蚤和强壮滨箭虫为优势，具有暖温带性质。

黄海中部：主要水文特征是高盐低温，盐度 31.5~32，在 38°~39°N、121°~125°E，深度超过 40~50m 的下层，整个夏季均为冷水团所盘踞。而在冬、春两季，黄海南部高盐水则向东经 112°以西沿岸迫近，并随盛行的东北风向南移到北纬 30°左右，生活在这里的浮游动物主要以中华哲水蚤、太平洋磷虾、细足法蜮最占优势，区系的特点仍具暖温带性质。

黄海东南部：大致在 33°~34°N 以南、123°E 以东和 32°30′~35°N 以北、124°30′E 以西，是黄海低温高盐水和北上黄海暖流高温高盐水的交汇区。在冬、春两季，为黄海低温高盐水所占据，动物区系组成以暖温带近岸种为主，属于北太平洋温带区系；而夏、秋两季，则渗入了高温高盐性质的浮游动物，有肥胖软箭虫、中型莹虾 *Lucifer intermedius*、笔帽螺 *Creseis* spp. 等，形成伴有暖水热带区系性质。

然而，夏、秋两季北上的黄海暖流余脉，可越过交汇区上层继续向北延伸，不过流势显著减弱。它携带的一些暖水种也向北扩展，但随着种类不同程度的适应性，其向北扩展范围各有差异。如向北分布到 33°N 的暖水种有爪室水母 *Chelophyes appendicula-ta*、四齿无棱水母 *Sulculeolaria quadrivalvis* 等，分布到 33°~34°N 的还有球形侧腕水母 *Pleurobrachia globosa* 等。在 124°E 以东，到朝鲜近岸，向北分布到北纬 35°31′的有宽额假磷虾 *Pseudeuphausia latifrons*、太平洋齿箭虫 *Serratosagitta pacifica*、纳嘎带箭虫 *Zonosagitta nagae* 等，分布 34°~36°N 的有小齿海樽 *Doliolum denticulatum* 佛环纽鳃樽 *Cyclosalpa floridana* 等，到达 37°N 有瓜水母 *Beroe cucumia* 等。但大部分暖水种局限在 35°N 以南交汇区，仅有少数适应力较强的种类，能越过交汇区扩展到黄海北岸。

从浮游动物多样性分析，桡足类 30 余种，数量居首位，水母第二位，大眼端足类 5 种，磷虾 3 种，毛颚动物 4 种，糠虾 4 种，枝角类 2 种，有尾类和海樽类 6 种，生物多样性偏低，但优势种的数量仍较突出。

2. 浮游动物总生物量和主要类群的分布特点

1）总生物量的分布

黄海北部浮游动物组成较简单，常年以中华哲水蚤、强壮滨箭虫、细足法蜮、太平洋磷虾、小拟哲水蚤占优势，夏季还有墨氏胸刺水溞，鸟喙尖头溞 *Penilia avirostris*

占有一定数量。该区总生物量年均值 28.8mg/m³，为黄海区低数量区。黄海中部除北部出现的种类盘踞在冷水区外，因受苏北沿岸流的影响，也渗入精致真刺水蚤 *Eucheata concinna*、真刺唇角水蚤 *Labidocera euchaeta*、拟长腹剑水蚤 *Oithona similis* 等近岸暖水性种类，春季小毛猛水蚤 *Microsetella norvegica* 占有一定数量。该区总生物量年均值 31.7mg/m³，为黄海中等数量区。黄海南部较为开阔，受长江冲淡水影响，是外海暖水种和近岸暖水种交汇区，总生物量 74.3mg/m³，高于北部和中部。该区在夏、秋季还有肥胖软箭虫、百陶带箭虫 *Zonosagitta bedoti*，同时中华假磷虾、真刺唇角水蚤等皆占有一定数量。从整个海区看，夏季＞春季＞秋季＞冬季。夏季最高 43.7mg/m³，冬季最低 27.6mg/m³，春季分别为 39.3 mg/m³ 和 37.9 mg/m³，差异并不大（王云龙等，2005）。但从黄海分区看，是有显著差异性。

2）主要类群的数量分布

从浮游动物主要种类组成看，黄海北部相对较简单，常年以小拟哲水蚤、强额孔雀哲水蚤、中华哲水蚤、强壮滨箭虫、细足法蛾和太平洋磷虾占优势；黄海中部除黄海北部种类外，尚有中华假磷虾、拟长腹剑水蚤等，也占有一定优势；黄海南部由于受长江口冲淡水和外海暖水的影响，夏、秋季有肥胖软箭虫、百陶带箭虫以及近岸真刺唇角水蚤等，皆占有优势。

（1）桡足类。黄海主要桡足类大型有中华哲水蚤，小型有小拟哲水蚤、沃氏纺锤水蚤和拟长腹剑水蚤。中华哲水蚤遍及整个海区，北部、中部和南部占浮游动物总数分别为 32.4%、48.0% 和 72.0%。春季是该种繁殖期，调查区的平均数量高达 35.8 个/m³，系全年最高峰，最高达 900 个/m³，出现在大沙渔场中西部；夏季明显降低，平均数量为 21.2 个/m³；秋季没有明显密集区；冬季为全年最低，平均仅 5.0 个/m³。大型桡足类如双刺唇角水蚤在中部区曾占总数 11.6%，其他种的数量均较低。

（2）端足类。细足法蛾属低温高盐性种类，它是黄海浮游动物优势种之一，丰度季节变化明显。春季仅零星出现黄海的局部水域，数量均小于 1 个/m³；夏季开始形成高峰，主要分布在石东渔场东侧，密集区数量为 5.4～15.3 个/m³，在南部大沙渔场的西北出现 8.30 个/m³ 密集区；秋季该种数量降低，平均 0.3 个/m³，仅在大沙渔场保持 5.0 个/m³ 相对高量区；冬季的数量介于夏、秋之间，平均数量 0.6 个/m³，分布较均匀。在海洋岛渔场东北侧，还保留 5.5 个/m³，连青石渔场北侧出现 7.2 个/m² 的数量。总的看来，四个季度平均丰度为 0.4 个/m³，其变化呈现夏季＞冬季＞秋季＞春季，逐渐递减趋势。

（3）磷虾类。太平洋磷虾是北太平洋温带种，也是黄海中主要磷虾类，主要分布在黄海中南部。春季整个海区平均数量为 0.8 个/m³，主要密集在黄海高盐冷水团中心，最高数量 22.4 个/m³，出现在连青石渔场的西南端，其余数量在 1～4.4 个/m³；夏季该种分布明显扩大，除在连青石渔场东侧出现 ＞10 个/m³ 外，其余数量均少于 5 个/m³；秋季数量均值为 0.8 个/m³，主要分布在吕四渔场、大沙渔场及海区南部；冬季数量均值仅 0.2 个/m³，仅为其他季节的 1/4 个/m³。该种春、夏、秋三季的数量分布波动较小，仅冬季明显降低。中华假磷虾属于近岸低盐种，仅在黄海南部出现，春季数量低，夏季在吕四渔场东北数量达 6.4 个/m³，秋季数量较高，在海州湾渔场东南和大沙渔场中部丰度分别达到 66.5 个/m³ 和 97.2 个/m³。

(4) 毛颚动物。强壮滨箭虫属西北太平洋近岸低盐种，是遍布于黄海的大型浮游动物优势种之一。从 4 个季节平均数量变化情况分析，它在黄海北部和中部的数量分别为 5.7 个/m³ 和 5.2 个/m³，明显高于南部 2.9 个/m³ 的平均数量。春季数量最低（0.3 个/m³），夏季最高（10 个/m³），主要分布在石东游乐场东侧，冬、秋两季在 4.0 个/m³ 左右。肥胖软箭虫属广温广盐暖水种，在黄海春季未曾出现，夏季在大沙渔场出现 10 个/m³ 高密集区，秋季在海区中南部出现密集区，连东渔场中心达 15.5 个/m³，在大沙渔场东侧达到 20.4 个/m³，冬季数量回落，仅个别测站达到 6.0 个/m³，大于春季 0.3 个/m³。

黄海处于亚热带和暖温带的过渡交替的区域环境，浮游动物包括近岸低盐类型、低温高盐类型和高温高盐类型三种不同的生态类型。

总的说来，黄海大部分水域受暖流的影响较小，在夏季表层水增温时期，由于下层水体仍保持低温高盐状态，显示强烈的温跃层，构成了相对稳定的环境。生活在这一水域的浮游动物，无论从沿岸或近海来看，其种类组成都具有暖温带特性；在其数量消长的年循环中，也是出现春、秋两次高峰，反映了暖温带数量变化的特征。虽然在黄海出现个别冷水性水母，或者季节性渗入少量暖水性热带种，但种类组成仍以温带种类为主，这是黄海处于热带海流余脉和温带动物区系过渡交替海区，反映出浮游动物生态的基本面貌。

3. 群落结构

根据黄海地理位置和环境因素以及浮游动物生态性质，可划分出 4 个浮游动物群落。各个群落结构的特点（陈清潮等，1980）如下：

1）辽南沿岸广温低盐群落

群落生活小区是在沿岸 40m 等深线范围之内，它受鸭绿江径流的影响，盐度一般在 29～31。浮游动物组成是真刺唇角水蚤、双刺唇角水蚤、腹针胸刺水蚤、瘦尾胸刺水蚤、汤氏长足水蚤、海洋伪镖水蚤、刺尾歪水蚤、中国毛虾、强壮滨箭虫等低盐种类，其中以腹针胸刺水蚤、双刺唇角水蚤、强壮箭虫等占优势，但适应稍高盐的中华哲水蚤及其有关种仍占较大的比例，季节变化也较显著，为该群落的基本特征。

2）山东半岛南北沿岸的广温低盐群落

该群落在山东半岛北岸，较明显受渤海流出低盐水影响，因此盐度一般低于31。而在山东半岛南岸，受南海中部水的影响较显著，盐度稍高于北岸，且较稳定。浮游动物群落是以低盐种类为主，占全年平均数 60％以上，强壮滨箭虫为主要优势种，常见有双毛纺锤水蚤、中国毛虾、汤氏长足水蚤，适应稍高盐的背针胸刺水蚤和中华哲水蚤有较大的数量，说明该群落受外海水影响较显著，但仍保持低盐群落的基本性质。

3）苏北沿岸广温低盐类群

该群落位居自海州湾南部、到长江口北部近岸水域，年水温变幅大，盐度28～

30.5。群落以低盐种类为主，占全年 60％以上，代表种有真刺唇角水蚤、强壮滨箭虫，较常见还有双刺唇角水蚤、刺尾歪水蚤、汤氏长足水蚤、太平洋纺锤水蚤、中国毛虾，适应广温高盐的中华哲水蚤、细足法蛾、太平洋磷虾。此外，该群落因受外海高温高盐水逼迫近岸的影响，也出现肥胖软箭虫、中型莹虾、平滑真刺水蚤、普通波水蚤、凶形箭虫等种类。显然，该群落组成和季节变化较复杂，但总的看来仍然是广温低盐的性质。

4）黄海中部低温高盐群落

该群落盘踞北黄海中部向南延伸到南黄海的中部为其生活小区。该区常年是高盐低温性质。代表种类有中华哲水蚤、太平洋磷虾、细足法蛾和贝克环纽鳃樽、总数量占 50％，秋季因北上黄海暖流加强，携带精致真刺水蚤、平滑真刺水蚤、中型莹虾、肥胖软箭虫、双尾萨利亚东方亚种、笔帽螺等暖水种出现在该小区的南部。总的看来是低温高盐性质。

（三）东　　海

1. 区系组成与生物多样性

东海是比较开阔的海区，由于受黄海冷水、长江冲淡水的交互影响，水文状况相当复杂，因此浮游动物种类组成和季节更替存在一定复杂性。

东海近海浮游动物由温带种和亚热带种混合组成。成分比较复杂，有中华哲水蚤、太平洋磷虾、强壮滨箭虫、瘦尾胸刺水蚤 Centropages tenuiremis 等温带种；肥胖软箭虫、精致真刺水蚤 Euchaeta concinna、平滑真刺水蚤 Euchaeta plana、双生水母 Diphyes chamissonis、隆长螯磷虾等亚热带和热带种，在这水域出现温带性和热带性种类混合分布区，但在沿岸区仍然是温带性的种类占优势。

东海的外海，即在 70m 等深线以东的区域，是台湾暖流流经之处，浮游动物具有明显的热带性，优势种有普通波水蚤 Undinula vulgaris、精致真刺水蚤、肥胖软箭虫、太平洋箭虫、蝴蝶螺 Desmopterus papilio、拟翼管螺 Firoloida desmaresti 等。在台湾西部沿岸，冬季受东北季风影响有中华哲水蚤入侵，由于通过巴士海峡，北上暖流沿澎湖沟槽直上，因此在其附近仍然具有热带性种类出现。其余季节有棒笔帽螺 Creseis clava、尖笔帽螺 Cresies acicula、锥形宽水蚤 Temora turbinata、亚强次真哲水蚤 Subeucalanus subcrassus、普通波水蚤等亚热带、热带性种类占优势。

从动物区系分析，东海是暖温带区系和亚热带、热带区系的交汇区，这是由不同海流性质差别而引起，因此从区系组成看显得较为复杂。从浮游动物多样性看，节肢动物甲壳亚门有 357 种，占总种类 60.4％，其中桡足类 205 种，占总种类 34.7％，端足类 66 种，占 11.2％。此外还有水螅水母类 62 种，管水母类 41 种和浮游多毛类 32 种，磷虾 33 种，介形类 26 种，十足类 10 种，糠虾类 18 种，涟虫类 4 种，枝角类 3 种，毛颚类 19 种，有尾类 6 种，海樽类 20 种，软体动物 32 种。

2. 浮游动物总生物量和主要类群的分布特点

1) 总生物量的分布

东海总生物量在春季平均为 $55.6 mg/m^3$，其特点在海区的平面分布较不均匀，大部分水域生物量均低于 $50 mg/m^3$，仅少数局部水域高达 $250 mg/m^3$，大致密集在北纬 $27°30'～28°30'$、东经 $123°30'～126°$ 区域。在台州列岛东经 $124°30'$ 以东海区出现大量双尾纽鳃樽。夏季总生物量平均数量为 $69.18 mg/m^3$，此期北部低于南部，高生物量区 $>100 mg/m^3$，出现在台州列岛；秋季平均数量 $86.18 mg/m^3$，大部分海区数量均达 $100 mg/m^3$；冬季总生物量明显回落，平均为 $50.33 mg/m^3$，分布也较均匀，高密集区在海区消失，仅在济州岛以南保持一个高密集区（$250～500 mg/m^3$）。总的看来，东海浮游动物四季总生物量平均为 $65.32 mg/m^3$，其中秋季＞夏季＞冬季＞春季（王云龙等，2005）。

2) 主要类群数量分布

（1）桡足类。东海桡足类近 300 种，仅黑潮水域达 255 种，占浮游动物总数的 55.52%，四个季节总均值的丰度 24.26 个$/m^3$，变化趋势是秋季 56.16 个$/m^3$＞夏季 21.31 个$/m^3$＞冬季 11.03 个$/m^3$＞春季 7.07 个$/m^3$。在东海东经 125°E 以西，冬、春丰度无大变化，北部外海冬季高于春季 4 倍，在东南外海，则春季稍高于冬季。台湾海峡秋季＞夏季＞春季。中华哲水蚤四季均值 5.08 个$/m^3$，占桡足类总量的 21%，其中以秋季均值 8.16 最高。精致真刺水蚤四季均值为 3.69 个$/m^3$，占桡足类总量的 15.21%，其次是普通波水蚤，均值 1.75 个$/m^3$，亚强次真哲水蚤 2.18 个$/m^3$。

中华哲水蚤是遍布东海的优势种之一，平均丰度 5.0 个$/m^3$，占桡足类的 1/4，春季高密集区（$50～110$ 个$/m^3$）出现在东海南部，但范围偏小，这时期在舟山外渔场出现小范围中密集区（$25～50$ 个$/m^3$），对该时期带鱼产卵群体的饵料供应具有特殊意义；夏季平均数量达 8.16 个$/m^3$，密集区（>100 个$/m^3$）主要分布在海区北部，另在浙江南部外海出现小范围密集区（$50～100$ 个$/m^3$）；秋季数量大幅度下降，平均值仅 3.18 个$/m^3$，分布不均匀，缺乏密集区；冬季的平均值仅 2.2 个$/m^3$，大部分区域仅为 $1～5$ 个$/m^3$ 左右。

精致真刺水蚤属暖水种，广布于东海，丰度约占桡足类 1/7，仅次于中华哲水蚤，春季数量最低（<0.5 个$/m^3$）；夏季随暖流的增强，在舟山渔场出现 $1～5$ 个$/m^3$ 密集区；秋季数量明显增加，成为一年中最高峰，均值高达 14.11 个$/m^3$，但平面分布却极不均匀，最高密集点可达 $100～250$ 个$/m^3$，集中在东经 124° 以西海域。值得提出的是，该种抱卵繁殖，桡足幼体普遍出现在各个季节。普通波水蚤在东海四个季节皆有出现，春季广布整个东海调查区，但丰度偏低，平均数仅 0.16 个$/m^3$；夏季的平均数开始增加，达到 0.86 个$/m^3$，在北纬 $23°30'$ 以南，出现三个小密集区（$10～25$ 个$/m^3$）；秋季出现全年最高峰（5.56 个$/m^3$），分布遍及整个海区，以 $26°30'～29°30'N$ 的南部区域最高，数量达到 $10～25$ 个$/m^3$；冬季的数量降低，平均值仅在 0.41 个$/m^3$，个别出现低密集区（$5～10$ 个$/m^3$）。亚强次真哲水蚤也属于暖水种，一年四季皆有出现，以春季

数量最低，平均数仅 0.17 个/m³，唯在台湾海峡仍保持较高数量；夏季随暖流的增强，平均数量增到 2.09 个/m³，占桡足类总数第二位，较高密集区出现温台渔场近海，高达 73.96 个/m³；秋季的数量继续升高，出现全年最高峰，平均数增至 5.4 个/m³，占全海区桡足类总数的第三位，其 25 个/m³ 高数量区与 24℃ 等温线颇为吻合；冬季的数量回落在 0.93 个/m³，但仍占海区桡足类总数第三位。

（2）磷虾类。出现在东海磷虾达 33 种，它的种类和丰度居浮游动物甲壳类第四位，其中最常见有太平洋磷虾、中华假磷虾、小型磷虾等。春季磷虾种类出现最高，占磷虾总种数 69.7%；夏季的种数低于春季，秋季种数升高与春季相当；冬季的种数和丰度均低。

太平洋磷虾是北太平洋的温带种，也是东海外海高盐区数量最多的种类之一，由于东海流系复杂，年际间密集区及数量都有较大的变化。它的最高数量 16.25 个/m³ 出现在秋季，由于集群游泳力较强，采集有一定难度。中华假磷虾是中国沿海地方种，东海的优势种之一，占磷虾总量的 1/3，秋季为一年最高数量（5～10 个/m³），闽东、闽中渔场的丰度为 5～10 个/m³，春季和冬季丰度均很低，夏季始数量逐渐回升。

（3）端足类。东海的大眼端足类 66 种，种数仅次于桡足类，种数以夏季最多，冬季较少。春季的丰度很低，平均值 0.10 个/m³，主要种类是大眼蛮蜮 *Lestrigonus macrophthalmus* 和裂颏蛮蜮 *Lestrigonus schizogeneios*；夏季的数量增至 0.46 个/m³，局部水域丰度达到 14.93 个/m³；秋季为全年最高峰，除裂颏蛮（蜮）仍保持优势外，孟加拉蛮蜮、西巴似泉蜮替代了大眼蛮蜮和细足法蜮。

裂颏蛮蜮体型较小，但分布广，春季数量低，无出现密集区，到夏季在东海中南部和台湾海峡出现高数量，位于东海中南部和台湾海峡，数量 0.10～1.0 个/m³，秋、冬季数量明显回落。细足法蜮的数量不如黄海，但在夏季江外渔场也出现 10.0 个/m³ 小范围的密集区。

（4）毛颚动物。东海区有 27 种，它是重要的浮游动物之一，四个季节有出现 19 种，占该类动物种数 70.37%，以夏季最丰富，冬季次之，秋季很少。其中肥胖软箭虫、百陶带箭虫和纳嘎带箭虫为优势种。肥胖软箭虫主要分布于受暖流影响的海区：春季由于暖流扩展流势减弱，数量一般在 1.0 个/m³ 以下；夏季上升均值达 1.66 个/m³，随着黑潮次表层水向陆架涌升，以及长江冲淡水的扩展，形成较大范围的混合水，促使肥胖软箭虫在该区丰度明显增加，数量高达 10 个/m³，其密集区与该区多种鱼类的索饵渔场相吻合；秋季随着台湾暖流外移到北纬 124°30′ 以东，其数量下降；冬季仅在 1 个/m³ 以下。百陶带箭虫是近岸暖水种，主要分布在北纬 124° 以西海域，春季均在 1 个/m³ 以下，甚至在北纬 32°30′ 以北未见分布；夏季数量上升到 2.5～5 个/m³，仅出怒现个别密集区，大部分海区数量仍较低；到秋季的数量明显增加，在浙江南部密集区曾 >50 个/m³；冬季数量明显回落。纳嘎带箭虫在东海北部稍高于南部，少数低密度区分布（1～2.5 个/m³），夏季的密集区扩大，长江口海区的数量达到 5 个/m³；秋季数量降低；冬季仅在 5 个/m³ 数量之下。

（5）海樽类。出现在东海区大致 20 种左右，种类以夏季>春季>秋季>冬季。在丰度上以双尾纽鳃樽、东方亚种占绝对优势，次为软拟海樽和小齿海樽。数量总丰度秋季 135.18 个/m³>夏季 50.55 个/m³>秋季 34.95 个/m³>春季 7.52 个/m³。

（6）水母类。在东海鉴定出 62 种，种类数是夏季＞春季＞冬季＞秋季，主要种类半口壮丽水母、四叶小舌水母、两手筐水母、宽膜棍手水母、八囊摇篮水母等，夏秋的数量高，分别为 51.45 个/m³ 和 31.43 个/m³，春季次之 29.9 个/m³，冬季最低 0.29 个/m³。五角水母占东海管水母半数，其数量高峰出现在春季，平均值为 3 个/m³，最高丰度（28～39 个/m³）位于浙江中部，其余季节数量不高。

东海由于海流系十分复杂，影响浮游动物多样性程度高，从其生态类型可划分为暖温度低盐类型、广温广盐类型、低温高盐类型、高温广盐种和高温高盐类型。

3. 群落结构

东海的浮游动物群落可划分为两个，其一是长江口、浙江沿岸低盐群落，其二是外海高温高盐群落。各个群落结构特点（陈清潮等，1980）如下：

1）长江口、浙江沿岸低盐群落

该群落分布范围北起自长江口，南止温州湾口的近岸区。该区接纳大量淡水，同时其北面受苏北沿岸水和南黄海中部的水系的影响，其南受东南外海暖流余脉的影响，构成一个复杂多变的交汇区，由于水文条件混杂，反映出群落组成和季节变化的复杂性。浮游动物群落组成中有真刺唇角水蚤、背针胸刺水蚤、腹针胸刺水蚤、汤氏长足水蚤、鸟喙尖头溞、肥胖伪三角溞以及近岸中华假磷虾、纳嘎带箭虫等，占整个群落总数的39%。但高温高盐类群在这个群落也占相当大的比例，如精致真刺水蚤、平滑真刺水蚤、彩额锚哲水蚤、达氏筛哲水蚤、规则箭虫、肥胖软箭虫、太平洋箭虫，和许多热带外海性水母类、浮游软体动物、浮游被囊类等。此外，还有偏低温高盐的中华哲水蚤、太平洋磷虾、细足法蜮等也占有一定的比例。从种类组成上看，该群落是一个反映不同水团交汇区所构成的混合群落。

该群落的季节变化受水团推移和流势强弱影响十分显著，3～7 月以低温高盐类群占优势。8～11 月，以高温低盐类群、高温次高盐类群、高温高盐类群占优势，到了冬季（12～2 月），则以低盐类群占优势。

2）外海高温高盐群落

该群落范围在浙江外海 60m 以外受暖流影响的区域（124°00′E 以东 30°30′N 以南），盐度 33～34 以上。该群落以高温高盐性种类组成，占该群落总数量 69%，有精致真刺水蚤、平滑真刺水蚤、厚次真哲水蚤、次厚真哲水蚤、尖额拟真哲水蚤、小纺锤水蚤、达氏筛哲水蚤、黄角光水蚤、瘦乳点水蚤、锥形宽水蚤、凶形箭虫、肥胖软箭虫、小齿海樽、软拟海樽、红住囊虫、笔帽螺、管水母、游水母、十字棘虫、三孔根网虫、敏纳圆辐虫、红拟抱球虫等代表。在群落中有中华哲水蚤、太平洋磷虾等低温高盐种类，它们仅占群落数量的 1/3。

该群落季节变化十分显著，主要受季风和暖流季节变化强弱所影响。从 1 月开始，以偏低温高盐的中华哲水蚤、太平洋磷虾数量逐渐增多，直到 4 月丰度达到最大。随后，暖流高温高盐类群的数量逐月增加，至 9 月达到最高峰，9 月至 12 月仍然以暖流种类占主要优势。总的看来，该群落是高温高盐性质的热带浮游动物群落，当暖流向北时，群落的类群可影响到黄海中部群落，向西可影响到浙江广温低盐群落。

（四）南　　海

1. 区系组成与生物多样性

南海地处亚热带和热带，地理纬度跨越大，浮游动物种类繁多，属于西太平洋-印度区系中的印度-马来西亚区，是中国四个海区中生物多样性最为丰富的区域。据最近统计结果（2005），腔肠动物的钵水母类 6 种、水螅水母类 43 种、管水母 64 种，共113 种；节肢动物的枝角类 3 种、桡足类 273 种、磷虾类 34 种、介形类 59 种、端足类 62 种、十足类 11 种、涟虫类 2 种、等足类 2 种；浮游环节动物 14 种；毛颚动物 27 种；尾索动物有尾类 4 种、海樽类 23 种，共 27 种；浮游幼体 34 类型，总计浮游动物 709 种，其中甲壳浮游动物 470 种，占总种数 66.3%，在甲壳类中是以桡足类多样性最高，占全部浮游动物的 38.5%。

值得提出的是，南海北部陆架区不如南海南部巽他陆架区广阔。由于受浙闽沿岸水南下的影响，致使该海域出现有中华哲水蚤、中华假磷虾、强壮滨箭虫、近缘大眼水蚤、瘦尾胸刺水蚤等由浙闽沿岸水携带指标种，但这股沿岸水在流动中也渗入一些外海热带种，如精致真刺水蚤、普通波水蚤、平头水蚤等。在 70m 等深线以深的南海中部和东北部海区，表层水团主要是来自太平洋表层水进入南海变性而成，因而，在这水域上层出现瘦乳点水蚤 *Pleuromamma gracilis*、小哲水蚤 *Nannocalanus minor*、奥氏胸刺水蚤 *Centropages orsinii*、海洋真刺水蚤 *Enchaeta rimana*、弓角基齿哲水蚤 *Clausocalanus arcuicornis*、黄角光水蚤 *Lucicutia flavicornis*、四叶小舌水母 *Liriope tetraphylla*、磷虾类 *Euphausia* spp. 和介形类 *Ostracoda* 等浮游动物种类。而南海南部边缘，浮游动物多样性更高，以锥形宽水蚤、亚强次真哲水蚤、双生水母、肥胖软箭虫、蓬松椭萤 *Paravargula hirsuta* 等为主要优势种类。

2. 浮游动物总生物量和主要类群的分布特点

1）总生物量分布

南海北部浮游动物总生物量年均值 25.27mg/m³，远低于黄海和东海，其中以夏季最高 38.27mg/m³，秋季最低 18.07mg/m³，总生物量分布具有明显区域差异。在北部海区各区：①台湾浅滩的饵料生物量每年均值 34.18mg/m³，居全海区最高产量，以夏季最高 65.96mg/m³，数量高的优势种有精致真刺水蚤、亚强次真哲水蚤、微刺哲水蚤、达氏筛哲水蚤 *Cosmocalanus darwinii*、锥形宽水蚤、微驼隆哲水蚤、肥胖软箭虫及各类幼体。②粤东海区，最高峰饵料生物量也出现在夏季 38.8mg/m³，春季最低 8.16mg/m³，年均值为 21.91mg/m³，高数量的优势种为亚强次真哲水蚤、微刺哲水蚤、微驼隆哲水蚤、普通波水蚤、中型莹虾、肥胖软箭虫和各类幼体，冬季中华哲水蚤在近岸区占有一定数量。③珠江口海区，饵料生物量年均值为 18.81mg/m³，冬季生物最高 42.25mg/m³，其他季节较为接近，高数量优势种有精微真刺水蚤、普通波水蚤、达氏筛哲水蚤、亚强次真哲水蚤、肥胖软箭虫、中型莹虾和各类幼体。④粤西海区，饵料生物量均值为 21.99mg/m³，其中以冬季最高 36.40mg/m³，秋季最低 16.7mg/m³，冬季在广州湾个别测站高达 200mg/m³，数量高的优势种是各类幼体，肥胖软箭虫、微刺哲水蚤、锥形宽水蚤、中型莹虾等。⑤北部湾海区，饵料生物量均值为 22.46mg/m³，冬季最高 27.70mg/m³，夏季最低 16.87mg/m³，数量高的优势种有鸟喙尖头溞、中型莹虾、微刺哲水蚤、亚强次真哲水蚤、叉胸刺水蚤、肥胖软箭虫和各类幼体。⑥琼南海区，饵料生物量年均值 15.89mg/m³，冬季最高 37.18mg/m³，小范围高达 200mg/m³，秋季最低仅为 8.22mg/m³，高数量的优势种有微刺哲水蚤、精致真刺水蚤、莹虾和磷虾幼体等。⑦南海中部海区，饵料生物量均值稍高于南海北部，为 22.49mg/m³，个别范围达到 200mg/m³。⑧南海西南部海区，饵料生物量均值 33.24mg/m³，显著高于南海其他区域，小范围也高达 200mg/m³，数量高的优势种有普通波水蚤、肥胖软箭虫、蓬松椭萤、宽额假磷虾、各类幼体等。

2) 主要类群数量分布

(1) 桡足类。南海桡足类种类多，优势种的数量偏低，与北方海区有较大的差异。在南海北部春季丰度低，夏、秋相近，调查区丰度总和 9481.1 个/m³，占浮游动物总丰度 65.05%，冬季最高，总和达 3011.9 个/m³，占浮游动物的 72.34%。一年的主要种类有微刺哲水蚤、亚强次真哲水蚤、普通波水蚤、精致真刺水蚤等。前者广布南海北部近海，春季丰度低，夏季逐月增多，至秋季为最高峰，冬季出现次高峰。亚强次真哲水蚤春季丰度最低，夏季数量升高，至秋季达全年最高峰，密集区分布在北部湾和台湾浅滩，冬季为次高峰，主要分布在珠江口外、粤东近海和北部湾中、北部。南海中部和南部丰度总和为 1195.8 个/m³，占浮游动物总数 63.6%，主要种类有狭额真哲水蚤、瘦乳点水蚤、彩额锚哲水蚤、达氏筛水蚤、基齿哲水蚤属等。

(2) 十足类。南海种类多于 12 种，调查区丰度总和 760.5 个/m³，占浮游动物总丰度 5.22%。在南部、北部以夏季丰度最高 338 105 个/m³，四个季节总丰度 44.6%，春季次之，秋、冬季数量相近。主要种类有中型莹虾细螯虾属和毛虾为主。南海中南部十足类丰度明显低于北部海区，春季丰度仅为北部 1/5。

(3) 毛颚类。南海调查区总丰度 1294.9 个/m³ 占调查区浮游动物丰度的 8.88%。在南海北部最高丰度为冬季 359.6 个/m³，占浮游动物丰度的 9.28%，次为夏、秋两季，春季较少，主要种类是肥胖软箭虫、百陶箭虫、弱箭虫等占优势。前者终年数量很高，春季较低，夏季达到次高峰（1.4 个/m³），秋季降至最低，冬季丰度最高，均值为 15 个/m³，密集区主要分布在广州湾和粤东外海。南海中南部的春季丰度 116.9 个/m³，占浮游动物总丰度的 6.22%，出现的种类除肥胖软箭虫外，太平洋撬虫、飞龙翼箭虫、微型箭虫和规则箭虫、凶形箭虫等都较普遍。

(4) 介形类。南海调查区总丰度 693.5 个/m³，占浮游动物丰度的 4.76%。在南海北部最多数量出现春季 143.7 个/m³，占浮游动物丰度 7.29%，秋、冬的数量较相近，夏季最低，主要种类有小型海萤、针刺真浮萤、尖尾翼萤、长拟浮萤、短形小浮萤和肥胖吸海萤等。南海中南部春季 289.2 个/m³，占浮游动物总丰度 15.38%。除上述浮萤外，蓬松椭萤在西部通常有较丰富密集区，特别在巽他陆架北部的浅水区。

(5) 尾索类。包括有尾类和海樽类。在南海调查区总丰度 464.3 个/m³，占浮游动物总丰度 3.18%，在南海北部以冬季最为丰富 239.1 个/m³，占浮游动物丰度 5.74%。主要优势种类：红住囊虫、小齿海樽、长尾住囊虫、纺锤住囊虫、双尾纽鳃樽、软拟海樽等。南海中南部春季 49.16 个/m³，占浮游动物总丰度 2.69%。

（6）磷虾类。南海调查区总丰度 289.9 个/m³，占浮游动物总丰度 1.99%，在南海北部以冬季数量最高 106.4 个/m³，占浮游动物总丰度 2.56%，次为秋季，春、夏数量相近，但偏低。主要优势种出现在北部近海，中华假磷虾仅限东北季风期间分布在广东沿岸。南海中南部春季数量 89 个/m³，占浮游动物总丰度 4.73%，种类多样性高，除磷虾属外还有柱螯磷虾属、线足磷虾属，以及细臂磷虾属，多数分布在外海区域，但一般种的数量偏低（中国科学院南海海洋研究所，1982；1985；1987；农牧渔业部水产局等，1987；1989）。

根据南海浮游动物生态习性及分布的特点，初步划分出沿岸低盐类型、广温广盐类型、低温高盐类型、高温广盐类型和高温高盐类型 5 个生态类型。

3. 群落结构

南海北部存在两个性质不同的水系，即广东沿岸水（盐度<34）和南海外海水（盐度>34），与此相适应存在着两个不同浮游动物群落。各个群落结构的特点（中国科学院海洋研究所浮游生物组，1977）如下：

1）南海北部沿岸群落

该群落在南海北部（离岸约 40n mile），是沿岸水所盘踞的区域，它主要接纳大量的大陆冲淡水，冬季在粤东沿岸又承受福建沿岸流余脉和外海水入侵，水文状况相当复杂，导致该区浮游动物群落种类组成很复杂。包括有热带低盐种类，如汉生莹虾、双生管水母、双手筐水母等，适盐较广的肥胖软箭虫、半口壮丽水母、四叶小舌水母、锥形宽水蚤等；暖温带近岸种如中华哲水蚤、纳嘎带箭虫、五角水母等；还有近海高盐种类，如普通波水蚤、精致真刺水蚤、中型莹虾、强次真哲水蚤从外入侵近岸，扩布到沿岸群落，具有一定的数量。

冬季（12～2 月）沿岸水温低至 16℃，加之东北季风盛行，北方海区的优势种随南向沿岸流——浙闽沿岸流入南海北部渗入沿岸群落之内，以中华哲水蚤、小拟哲水蚤、近缘大眼剑水蚤、百陶带箭虫、双生水母、五角水母、锥形宽水蚤等占优势，这一季节该群落呈现的低盐性质较模糊。

春季（3～5 月），这一季节正处于季风更替时期，沿岸流也随之改变，沿岸水温迅速上升，从群落组成看，具有冬夏过渡特征，既包括有冬季留存的种类如中华哲水蚤、普通波水蚤等，又有夏季开始繁殖的一些高温低盐种类，如双生水母、鸟喙尖头溞等，但在数量上占优势仍然与冬季的种类相似。

夏季（6～8 月）南海北部沿岸接纳大量淡水，盐度下降<30，同时水温继续升高，在此水文条件下，一些低盐性种类，如双生水母、汉生莹虾、肥胖伪三角溞、鸟喙尖头溞、筒纽鳃樽、大型住囊虫等，适盐较广的有锥形宽水蚤、肥胖软箭虫等。这一季节组成主要是以热带低盐近岸种占优势，低盐性质较冬季显著。

秋季（9～11 月）正处于西南季风和东北季风的更替期，江河径流量减弱，水温下降。浮游动物夏季出现的优势种类，如双生水母、汉生莹虾明显减少，而冬、春季的优势种如小齿海樽、普通波水蚤等数量又开始复苏。该季的群落性质仍具有沿岸性质。

2）南海外海群落

这一群落盘踞在南海北部 75m 等深线以外广阔海区，盐度＞34，终年保持稳定的高温高盐。浮游动物群落代表有狭额次真哲水蚤、瘦乳点水蚤、腹突乳点水蚤、彩额锚哲水蚤、叉刺角水蚤、达氏筛哲水蚤、太平洋箭虫、隆长鳌磷虾、正型莹虾，但有些广盐种类如肥胖软箭虫、微刺哲水蚤、叉胸刺水蚤、弓角基齿哲水蚤，也都属于该群落的成员。

冬季和春季 在盛行东北季风影响下，南海暖流向东北流动时，在粤东外海产生显著的横环流，导致暖流左侧出现高盐带，并向粤东沿岸推进，于是在 40m 水深具有显著外海高盐水性质，在该范围有达氏筛哲水蚤、瘦长真哲水蚤、瘦新哲水蚤、隆长鳌磷虾等高盐种类。此外还有一些近海广高盐种如太平洋磷虾、普通波水蚤等渗入，并占较大的数量。

夏季，由于西南季风逐渐加强，该水域有彩额锚哲水蚤、长拟真刺水蚤、达氏筛哲水蚤、双刺平头水蚤、规则箭虫、正型莹虾。

秋季的外海群落仍与夏季相似，仍然以长拟真刺水蚤、达氏筛哲水蚤、微刺水蚤、中型莹虾等占优势。

（五）台湾以东海域

1. 区系组成与生物多样性

台湾以东黑潮流经之处，呈现大洋副热带的特征，黑潮水深达 1000m 左右，因此其大洋表层水（0～80m）、大洋次表水（80～400m）和大洋中层水（400～1200m）水温随深度递减，盐度仍保持稳定，显示黑潮水的特征。生活在该区域的浮游动物，同样具有大洋热带的性质，如针刺水蚤属、厚壳水蚤属、乳点水蚤属、真胖水蚤属、亮羽水蚤属、磷虾属、磷海樽属、燧磷虾属、线足磷虾属、柱鳌磷虾属、拟浮莹属、浅室管水母属等，都有丰富的代表种，反映黑潮区域是以西太平洋热带区系为主，也是我国海域中浮游动物多样性最高区域，与南海中南部多样性相媲美。

2. 浮游动物总生物量和主要类群的分布特征

1）总生物量分布

在黑潮流区浮游动物生物量调查表明：夏＞春＞秋＞冬。在近岸 50m＞100m＞200m，而陆架斜坡和大洋深水 1000m＞2000m＞4000m。陆架浅水一年四季浮游生物量变化大，陆架区的生物量仍较高，但由陆架斜坡至大洋深水的生物量最低。总的反映出量值变化由高至低，即为 $100mg/m^3＞65mg/m^3＞39mg/m^3＞25mg/m^3＞17mg/m^3$。

2) 主要类群的数量分布

台湾以东海区的浮游动物多样性高，种类多而复杂，但个体数偏少。主要类群有：

（1）桡足类。它是该海区最重要类群之一，一般数量在 $20 \sim 30$ 个/m³ 左右，主要种类有乳点水蚤属、狭额真哲水蚤、基齿哲水蚤属、厚壳水蚤属、枪水蚤属等。当东北季风期间常在台湾东北角密集大量中华哲水蚤。

优势种：锥形宽水蚤，春季在台湾东北部常形成数量高峰，夏秋季数量减少，冬季数量回升，但扩展范围不大。奥氏胸刺水蚤，春夏季在台湾东北部河口外常出现数量高峰，秋季明显降低，冬季会有上升。隆线拟哲水蚤，常出现在台湾东部近岸涌升流区，特别在龟山岛附近涌升加强时，数量占优势。

（2）毛颚类。它的数量稍次于桡足类，一般在 $2 \sim 7$ 个/m³ 左右，出现种类近 30 种，优势种类是肥胖软箭虫、太平洋箭虫、微型箭虫等。

（3）磷虾类。它的数量稍次于毛颚类，一般在 $3 \sim 10$ 个/m³，以隆柱螯磷虾、长线足磷虾、长额磷虾等为多，500m 以下深水，三刺燧磷虾、有刺燧磷虾是普通常见种。当东北季风盛行时，在台湾东北角水域出现大量太平洋磷虾，此系东海水的种类，不属于黑潮区域，随着季风转换，该种在该区消失。

（4）端足类。大眼端足类在黑潮流区是常见的浮游动物，但数量偏少，一般在 $1 \sim 2$ 个/m³，上层水有蛮蜮属、陆蜮属、锥蜮属和宽腿蜮类。

根据台湾东岸环境特点，可将浮游动物划分为外海高温高盐类型、大洋低温高盐类型和河口广温低盐类型三个生态类型。

3. 群落结构

台湾以东海域属于西太平洋热带海域，是黑潮主干流经之处，温度、盐度和流系稳定，浮游动物的群落组成和季节变化也相对稳定。

以基齿哲水蚤、海洋真刺水蚤、彩额锚哲水蚤、隆长螯磷虾、肥胖软箭虫、正型莹虾和笔帽螺等热带种类为代表。必须提出，当冬季东北季风盛行时，在台湾东北部近岸区有东海外海偏低温高盐种类侵入，如中华哲水蚤、太平洋磷虾、近缘大眼剑水蚤等大量出现，持续时间和空间扩展范围与季风强弱和漂流强度有关。春、夏之际，近岸也受一些河川入海径流的影响，但强度不大，河口区常有大量小型桡足类幼体和伪镖哲水蚤等为主，不过持续时间和扩展区均较小。

综上所述，对中国各海域浮游动物区系的性质分析，主要应取决于各海域种类组成及其生态类型、水团的性质以及海流特征。所述资料内容表明，黄、渤海浮游动物区系应为暖温带性，隶属于北太平温带区东亚亚区；东海沿岸是北太平洋温带区系和印度-西太平洋热带区系的混合区，显示具有双重性质；而在东海东部（124°E 以东）和台湾东岸的西太平洋水域，纯系印度-西太平洋热带区系，属于印-马亚区；在南海北部沿岸，虽然秋、冬有暖温带种入侵，并在该季节占有一定数量，但是从区系主要成分分析，都属于热带种，基本面貌还是热带区系性质，仍属于印度-西太平洋区系内的印-马亚区。

（六）饵料浮游动物的经济意义

海洋饵料浮游动物与海洋渔业关系密切。一方面，许多浮游动物是海洋经济鱼类的饵料，研究显示，分布在渤、黄海的青鳞、凤鲚、黑腮梅童、刀鲚、鳀鱼、梭鳀、鰶鱼、六线鱼等上层鱼类的胃含物中有大量的桡足类、箭虫、毛虾、端足类、糠虾等。1998～2000 调查表明，黄海整年的鳀鱼、竹荚鱼、玉筋鱼、银鲳皆以浮游动物为食，兼食浮游动物的鱼类有小黄鱼、狮子鱼。黄海渔业资源最大量的鳀鱼胃含物重量占64.6%。南海北部46种中上层和底栖经济鱼类食性分析表明，浮游动物在胃含物中占有较大比重，在以蓝圆鲹、沙丁鱼和竹荚鱼为主的灯光围网渔业中心渔场位置，与其摄食的饵料浮游动物密集区吻合。另一方面，饵料浮游动物数量丰度与经济鱼类渔业生产关系密切。研究表明，浮游动物高生物量区可形成一个较稳定的渔场，如浮游动物生物量的分布于鲐鱼场、秋刀渔场与渔获量之间存在着正相关关系。

另外，海蜇、毛刺糠虾也是重要的渔业捕捞对象。总之，饵料浮游动物在海洋经济中占有极其重要的地位。

第三节 底 栖 生 物

一、底 栖 植 物[*]

海洋植物广泛地生长在寒带、温带、亚热带和热带海域，包括种类、数量最多的隶属孢子植物的海藻和极少数种子植物的海草、红树等。海藻根据其生活习性，又分为大型底栖藻和微型浮游藻两大类，它们都是海洋的初级生产者，为海洋里有机界的存在和发展提供了物质基础。海洋植物在全球食物链中的重要作用是不可替代的，为了更好地开发、利用和发展底栖植物的资源，就必须了解它们的区系特点、地理分布和资源状况。

整个中国近海跨越温带、亚热带和热带三个气候带，又受海流及大陆气候等诸多因子的影响，致使中国海洋底栖植物具有物种多样性高、区系组成特殊而复杂的特点。

（一）底栖植物区系

中国海大型藻类约有 1100 余种，包括 4 门，38 目，94 科，306 属（曾呈奎，2005；夏邦美，1999；2004；2011；Tseng，1983；Huang，1999），其中绝大多数是生长在潮间带的沿岸底栖海藻。中国近海底栖植物区系由北向南有暖温带、亚热带、热带三种温度性质，分别隶属于北温带海洋生物区系、北太平洋生物区东亚亚区和暖水生物区系组印度-西太平洋生物区中-日亚区及印-马亚区（曾呈奎、张峻甫，1959）（图6.19）。

---

　[*]　本节作者：夏邦美

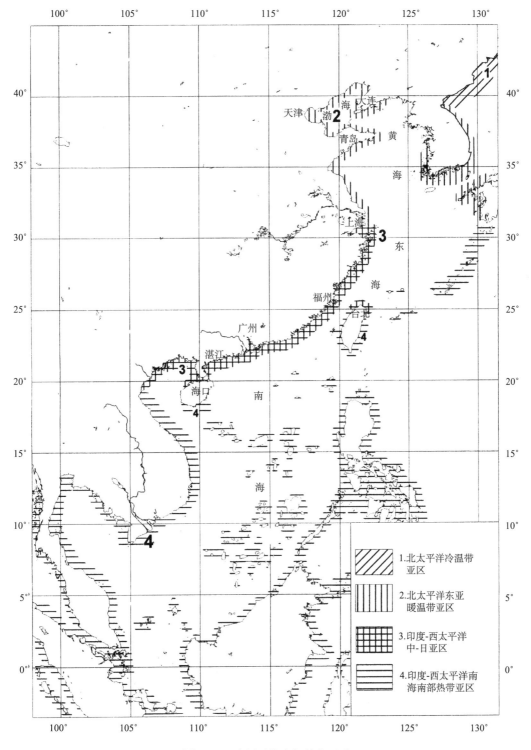

图 6.19 中国近海底栖植物区系

海洋植物区系是由一定数量的海洋底栖植物种类组成，它们是一定群落的基本成分，有相对的稳定性。区系中的某种海藻是否具有区系代表性，决定于这种海藻在本海区的数量和分布。例如，海蒿子 *Sargassum confusum* C. Agardh 和孔石莼 *Ulva pertusa* Kjellm 是黄海海区的优势种，不论在黄海的哪一地区都有这类海藻的繁茂生长，它们可以被认为是这个海区的海藻区系的主要组成，也就是所谓的优势种和习见种。

1. 黄渤海底栖植物区系

根据目前的研究报道，黄渤海现在共有有效种海藻 336 种，包括蓝藻、红藻、褐藻和绿藻。

黄海可划分为东西两个区。

黄海西区：本区渤海湾内岩石稀少，大部分是泥滩和沙滩，仅辽东半岛西岸、辽西几个岛屿、北戴河附近、桑岛、庙岛群岛等地为岩礁海岸，自连云港以南至长江口也完全为淤泥堆积，因此植物区系组成种类比较贫乏。

本区受大陆气候的影响，海水温度随季节变化而变化十分明显，因此，不同季节会出现不同种类。冬、春季出现的个别亚寒带性优势种有：袋礁膜 *Monostroma angicava* Kjellm、多管藻 *Polysiphonia senticulosa* Howe 等。袋礁膜生长期较长，在青岛地区，一般在11～12 月间开始发现这种藻的幼体，一直长到次年的 5 月间，但生长繁茂期是在 3～4 月间，此时的日平均水温最低约 3～4℃，最高 10℃。根据曾呈奎、张峻甫（1960；1962）对海藻区系温度的划分界限，从它的最适温度性质来分析，袋礁膜属于亚寒带种，它除生长于中国黄海外，还分布于日本本州北部及北海道和挪威的北极地区。从自然分布情况来看，本种的温度性质是符合亚寒带性质的。

本区冷温带性优势种有：肠浒苔 *Enteromorpha intestinalis* (Linn.) Link、点叶藻 *Punctaria latifolia* Greville、海带 *Laminaria japonica* Areschoug、条斑紫菜 *Porphyra yezoensis* Ueda、新松节藻 *Neorhodomela munita* (Perestenko) Masuda 等。

点叶藻 *Punctaria latifolia* Greville 代表另一类型海藻。在青岛地区，这种海藻一般在 1 月出现，4～5 月间生长最为繁茂，6 月间进行生殖，7 月间就很难见到。青岛 4～5 月间，日平均水温最低约 6℃，最高约 15℃，因此，点叶藻应属于冷温带种。它除生长在中国黄海外，还分布于鄂霍次克海西南区，日本海西北区和东南区，日本太平洋岸南、北两区，以及北美洲加利福尼亚至阿拉斯加沿岸和北大西洋两岸。属于这个类型的还有新松节藻，虽然它的生长期较长，一般从 9 月间到次年 6 月间，但生长繁茂期也是 4～5 月，囊果大量出现在 5～6 月间。本种除见于中国黄海外，还分布于白令海、鄂霍次克海、日本海、日本太平洋沿岸，以及格兰陵至大西洋两岸的英国和北美洲的东北部。但在中国东海及以南地区没有发现本种，仅见于中国黄海。

本区暖温带性优势种有：缘管浒苔 *Enteromorpha linza* (L.) J. Agardh、刺松藻 *Codium fragile* (Sur.) Hariot、裙带菜 *Undaria pinnatifida* (Harv.) Sur.、鹿角菜 *Silvetia siliquosa* (Tseng et Chomg Serrao, Cho, Boo et Brawleg)、真江蓠 *Gracilaria vermiculophylla*Papenfuss 等。在青岛地区，缘管浒苔 *Enteromorpha linza* (L.) J. Agardh 一年中除了 8 月份水温较高期间外都有生长，但生长最繁茂期是 5～6 月。这期间的最低水温约为 14～15℃，最高 20～21℃，因此，它被列为暖温带种，而且还是

广温性的种。本种在中国的分布：北起辽东半岛，南到海南岛，包括台湾和北部湾均有生长。除中国外，还分布于俄罗斯亚洲部分、日本、朝鲜半岛、马来半岛、美洲太平洋岸，以及大西洋的东、西两岸等地。

在黄海西区夏、秋季还出现一些亚热带性优势种：海蕴 *Nemacystus decipiens* (Sur.) Kuck.、海索面 *Nemalion vermiculare* Suringar、网翼藻 *Dictyopteris divaricata* (Okam.) Okam.、厚团扇藻 *Padina crassa* Yamada 等。在青岛地区的亚热带种类以厚团扇藻和印度网地藻 *Dictyota indica* Sonder 为例，这两种藻每年只有几个月可以看到，一般在夏天开始出现，8～9月间生长最为繁茂，此时的水温约在23～27℃之间，11月以后就不易见到。厚团扇藻在国内分布除黄海外，还分布于中国东海、台湾和香港地区，在日本广为分布于琉球群岛至日本太平洋岸的南区和日本海的东南区之间。这种分布体现了这种海藻的亚热带性。

黄海西区与日本太平洋岸北区和日本海东北区及西北区相同的主要是冷温带性的种类，而与日本太平洋岸南区和日本东南区相同的主要是暖温带性的种，这说明黄海西区是一个混合区系，组成的种属有的来自北太平洋温水区系区的冷温带种属，有的则来自印度西太平洋的暖水区系区的暖温带种属。植物区系的种群组成以温水性种占优势。

黄海东区即朝鲜半岛的西部及西南部沿岸，由于受暖流影响比较大，尤其是在朝鲜半岛西南岸，夏季的水温较朝鲜半岛东岸略高，但冬季水温则较低，还出现了一些在黄海西岸所未见到的暖温带性种，如鹅肠菜 *Petalonia binghamiae* (J. Ag.) Vinogradova、半叶马尾藻 *Sargassum hemiphyllum* (Turn.) Ag.，及亚热带种，如铁钉菜 *Ishige okamurae* Yendo、镰形乳节藻 *Galauxaura falcata* Kjellm. 等，它们仅分布于朝鲜半岛西南部的济州岛附近。

虽然黄海东、西区都属于北太平洋温带区系的东亚亚区，但黄海东区区系性质比黄海西区具有更强的暖温带性，因此比黄海西区具有较多的亚热带成分。

2. 东海底栖植物区系

中国东海，由于受黑潮暖流、台湾暖流及沿岸流等诸多因子的影响，使东海的海藻区系可分为东西两区，共有海藻约372种，而东西两区海洋植物区系性质有很大的不同。东海西区，在大陆气候的影响下，水温的季节变化较大。东海西区海洋植物区系以闽江口为界，又划分为南北两部。北部以暖温带种类为主，有些种在黄海西区为稀有种或少见种，但在东海西区北部则为优势种。例如，蛎菜 *Ulva conglobata* Kjellm.、昆布 *Ecklonia kurome* Okamura、圆紫菜 *Porphyra suborbiculata* Kjellm 等。昆布 *Ecklonia kurome* Okamura 是中国东海西区北部的优势种，产于中国浙江省的渔山岛和福建省平潭，幼体出现于冬、春季，初夏开始有孢子囊，繁殖盛期为秋季。本种为北太平洋西部特有的暖温带性海藻，除中国外，还分布于日本本州至九州、朝鲜半岛。

这个海区没有发现冷水性种类和热带种类海藻。东海西区北部属暖温带性，南部略有亚热带成分，如长枝沙菜 *Hypnea charoides* Lamx.、鹧鸪菜 *Caloglossa leprieurii* (Mont.) J. Ag.、鹅肠菜 *Petalonia binghamiae* (J. Ag.) Vinogradova、铁钉菜 *Ishige okamurae* Yendo 等亚热带性海藻。鹧鸪菜产于中国长江口以南的浙江、福建、广东等沿岸，为泛亚热带性海藻，藻体初见于冬季，东海产的成熟期于春夏期间，南海产的成熟期约在冬春期间。除中国外，还分布于日本、马来群岛、太平洋东岸、大西洋两岸的温暖地区。

因此，可以认为，东海西区是暖温带区系和亚热带区系之间的过渡带，但作为一个整体，东海西区偏于亚热带，区系属印度-西太平洋热带区的中-日亚区，为亚热带性。

东海东区：属强大的黑潮暖流流域，水温甚高，本地区和西部的中国沿岸有很大差异，也显示出与南海海区有些近似。本区亚热带和热带种类较多，如曲浒苔 *Enteromorpha flexuosa*（Wulf.）J. Ag.、亨氏马尾藻 *Sargassum henslowianum* C. Ag. 等亚热带种，以及伞藻类 *Acetabularia* spp.、蕨藻类 *Caulerpa* spp.、布多藻类 *Boodlea* spp. 等热带种。海蕴 *Nemacystus decipiens*（Sur.）Kuck. 广布于中国北起辽宁，南到广东、广西的大陆沿岸。本种是北太平洋西部特有的亚热带性海藻，除中国外，还分布于日本本州中南部至琉球群岛。其生殖盛期，辽宁为 9～10 月，山东为 6～7 月，广东为 4～5 月。小伞藻 *Acetabularia parvula* Solms-Laubach 产于中国台湾东北角及海南岛等地，生长在深水中有泥的岩石上或死珊瑚上。本种为热带性海藻，除中国外，还分布于日本、夏威夷群岛、毛里求斯，以及大西洋、地中海、红海等热带海域。布多藻 *Boodlea composita*（Harv.）Brand 产于中国福建、台湾、香港、海南等地，生长在低潮带及潮下带 0.5～1m 深处的岩石上或珊瑚礁上。本种是印度-西太平洋区的暖水性种。

根据本区水温情况和海藻种类性质，区系似具有亚热带性和热带性，但如果参照海藻种类的性质，则区系性质基本上属热带，只有本区的北部，区系具有一定的亚热带性，但东海东区作为一个整体，区系以热带性质种类为主，属于印度-西太平洋热带区的印-马亚区。

3. 南海底栖植物区系

本区的范围很广，是北太平洋最大的边缘海，地处热带和亚热带。种类十分丰富，多样性高，根据水温特点可划分为南北两区。本区共有海藻约 762 种。

南海北区：即中国大陆沿岸，包括受大陆气候影响较大的海南岛北部及北部湾及其东西两岸。本区由于受大陆气候和河流等影响较大，水温比同纬度的台湾岛南部为低。本区的海藻以亚热带种为主，但热带成分也相当多，主要代表种有长松藻 *Codium cylindricum* Holm.、南方团扇藻 *Padina australis* Hauck、锯轴软毛藻 *Wrangelia tayloriana* Tseng、鹿角沙菜 *Hypnea cervicornis* J. Ag. 等亚热带种和匍枝马尾藻 *Sargassum polycystum* Ag.、伴绵藻 *Ceratodictyon sponiosum* Zanardii、鱼栖苔 *Acanthophora spicifera*（Vahl.）Boergesen、海人草 *Digenea simplex*（Wulf.）C. Ag. 等热带种。

海人草 *Digenea simplex*（Wulf.）C. Ag. 生长在大干潮线下 2～7m 深处的珊瑚碎块上，系多年生，成熟期 8 月。产于中国台湾及东沙群岛。本种为泛热带性海藻，除中国外还分布于日本九州南岸、琉球群岛、太平洋东岸、澳大利亚、大西洋、印度洋、红海、地中海的热带海岸。奇怪的是在中国海南岛和西沙群岛、南沙群岛至今没有发现本种的分布。属于热带性的匍枝马尾藻 *Sargassum polycystum* Ag. 生长在低潮带至大干潮线下10m深处的岩石上和珊瑚礁石上。藻体多年生，枝叶在夏季烂掉，主干保留，晚秋开始生长，春季成熟。匍枝马尾藻产于中国广东雷东，广西北海、防城，台湾，海南岛及西沙群岛。除中国外，还分布于琉球群岛南部的宫古岛、马来群岛等地。

本区底栖植物区系属于印度-西太平洋热带区的中-日亚区，为亚热带性质。

南海南区即中国海南岛东南岸，东沙、西沙、中沙、南沙等南海诸岛。全年温差幅度较小是本区的特点，本区海藻的热带种占绝对优势。根据水温情况和海藻种类的性质，区系属于热带。热带种类，如仙掌藻 *Halimeda* spp.、法囊藻 *Valonia* spp.、喇叭藻 *Turbinaria* spp.、粉枝藻 *Liagora* spp.、麒麟菜类 *Eucheuma* spp. 等生长繁茂。大叶仙掌藻 *Halimeda macroloba* Dec. 产于中国海南岛和西沙群岛，生长在中、低潮带的珊瑚礁上，是典型的热带性海藻，分布于印度-西太平洋区。喇叭藻 *Turbinaria ornate* (Turn.) J. Ag. 产于中国海南岛、东沙群岛、西沙群岛和南沙群岛，生长在潮下带的珊瑚礁或岩石上。国外则见于日本琉球群岛、马来西亚、印尼、菲律宾、加罗林群岛、澳大利亚和印度洋等。属于印度-马来亚区的热带种。有些热带性质的种，如球枝藻 *Tolypiocladia glomerlata* (Ag.) Schmitz 其分布的北界在琼州海峡或雷州半岛的南部；而有些种类，如法囊藻 *Valonia aegagropila* C. Ag.、杉叶蕨藻 *Caulerpa taxifolia* (Vahl.) C. Ag.、凝花菜 *Gelidiella acerosa* (Forsskal) Feldmann et Hamel、伴绵藻 *Ceratodictyon sponiosum* Zanardini 等，其分布的北界在广东海丰的遮浪、香港、广东硇州岛、广西涠洲岛一线；还有的种类，如网球藻 *Dictyosphaeria cavernosa* (Forsskal) Boergesen、白果胞藻 *Tricleocarpa oblongata* (Ellis et Solander) Huisman et Borowitzka 等，分布的北界在福建厦门湾。这些热带和亚热带种在南海的分布，除了中国东、西、南沙群岛属于珊瑚岛的类型有其独立性外，海南岛和大陆沿岸也有一定程度的差别。热带和亚热带种在大陆沿岸的分布由南向北，种数或数量都趋于减少。

南海的海藻在该区各地区的分布情况是，热带性种类集中在海南岛、东沙群岛、西沙群岛、南沙群岛等。中国南海海藻区系是一个明显的暖水性区系，由热带性和亚热带性种类组成。它的北部，即广东和部分福建两省的大陆沿岸的区系属于亚热带性，而南海南区，即中国的海南岛、东沙群岛、中沙群岛、西沙群岛、南沙群岛则基本上是热带性质的区系，在组成性质上，它属于印度-西太平洋海藻区系。它的北区比较接近Ekman所谓的日本亚热带亚区，而南区则近于印度-马来亚区。

4. 台湾以东太平洋海域的底栖植物区系

台湾以东太平洋海域，在黑潮暖流主流的影响下，水文特征相对稳定，基本上与南海南区水域相同。从记录上看，东南部的种类，热带性较强，以热带种类如仙掌藻 *Halimeda* spp.、喇叭藻 *Turbinaria* spp.、麒麟菜 *Eucheuma* spp. 等为主体。如台湾东北部水域分布有热带性较强的齿状麒麟菜 *Eucheuma serra* (J. Ag.) J. Ag.，以及只见于台湾而不见于海南岛等地的脉派藻 *Neurymenia fraxinifolia* (Martens et Turner) J. Ag. 和海人草 *Digenea simplex* (Wulfen.) C. Ag. (后者还见于东沙群岛)、日本柔毛藻 *Dudresnaya japonica* Okamura 等热带种。显然，本区区系为热带性质，区系属于印度-西太平洋热带区的印-马亚区。

从中国黄渤海、东海和南海三个海区的海藻种类来看，黄海的冷水性种类，如袋礁膜 *Monostroma angicava* Kjellm. 、真丝藻 *Eudesme virescens* (Carm.) J. Ag. 等都是亚寒带性的种类，完全不见于东海和南海，单条胶粘藻 *Dumontia simplex* Cotton 在中国沿岸的分布局限于北黄海的辽东半岛和山东半岛的东北岸；黄海中一些冷温性种类，如新松节藻 *Neorhodomela munita* (Perestenko) Masuda 等也不见于东海和南海。

有些冷温带性种类在黄海为优势种，但在东海则为少见种或稀有种，如孔石莼 *Ulva pertusa* Kjellm. 、条斑紫菜 *Porphyra yezoensis* Ueda 等。相反有较多的暖温带性种类在黄海为稀有种或少见种，但在东海则为优势种、习见种或局限种，如蛎菜 *Ulva conglobata* Kjellm. 、昆布 *Ecklonia kurome* Okamura、红毛菜 *Bagia fuscopurpurea* (Dillw.) Lynbg、苔状鸭毛藻 *Symphyocladia marchantioides* (Harv.) Fkbg. 和粗枝软骨藻 *Chondria crassiculis* Harv. 等。同样，许多东海盛产的暖温性种类，如长紫菜 *Porphyra dentate* Kjellm. 、扁鲜奈藻 *Scinaia latifros* Howe 和鹿角海萝 *Gloiopeltis tenax* (Turn.) J. Ag. 等则不见于黄海。

有些盛产于东海的亚热带性种类也不见于黄海，如长枝沙菜 *Hypnea charoides* J. Ag. 、鹧鸪菜 *Caloglossa lepireurii* (Mont.) J. Ag. 、脆江蓠 *Gracilaria chouae* Zhang et Xia 等。黄海产的温水性种类中绝大部分也不见于南海。但少数种类，如鼠尾藻 *Sargassum thunberg* (Mert.) O' Kuntze 和羊栖菜 *Sargassum fusiforme* (Harv.) Set. 在中国黄海分别为优势种和局限种，在东海这两种均为优势种，产量及个体均较黄海产的大；而在南海的北部则为习见种，个体虽大但数量远不如东海，它们在中国的分布都是北起辽东半岛，南至雷州半岛的东岸，但不见于北部湾，这显然是雷州半岛隔离的结果。另一些种类的南界在珠江口附近，如铜藻 *Sargassum horneri* (Turn.) Ag. 和裂叶马尾藻 *Sargassum siliquastrum* (Turn.) Ag. ，在中国黄海都是局限种，在东海则为优势种，向南则有逐渐减少之势。此外，象幅叶藻 *Petalonia fascia* (Muller) Kuetzing 和萱藻 *Scytosiphon lomentarius* (Lyngbye) Link 等也都见于珠江口以东的南海沿岸，但数量远不如中国的东海和黄海。

黄海产的暖水性种类，有些种在黄海为稀有种，如匍匐石花菜 *Gelidium pusillum* (Stac.) Le Jolis 和蓝子藻 *Spyridia filamentosa* (Wulf.) Harvey 在南海则分别为习见种和优势种。

与东海比较，东海盛产的暖温带性种类不见于南海或只见于南海大陆沿岸的北端，如裙带菜 *Undaria pinnatifida* (Harv.) Suringar。东海产的大部分暖温带种类在南海也有，特别是在雷州半岛以东的广东大陆沿岸，产量也并不少，如海萝 *Gloiopeltis farcata* (Postels et Ruprecht) J. Ag. 、鹅肠菜 *Petalonia binghaniae* (J. Ag.) Vinogradova、铁钉菜 *Ishige okamurae* Yendo 和半叶马尾藻 *Sargassum hemiphyllum* (Turn.) Ag. 等。

黄海和东海海藻种类的比较十分清楚地表明，东海比黄海具有更强的暖温带性质，其南部亚热带种类的比重有所增加，没有黄海的冷水种成分，冷温带性的种类则大大减少，暖温带性的种类占绝对优势，曾氏藻 *Tsengia nakamurae* (Yendo) Fan et Fan 在日本只见于本州的日本海岸，而在中国却只遍布于黄海沿岸，为习见种。这不能不令人推测，黄海和日本海在某一个地质时期曾经是互相直接联系着的。

裙带菜 *Undaria pinnatifida*（Harv.）Sur. 在中国自然生长于东海沿岸，在黄海生长的是从韩国济州岛移植而来。凝菜属 *Campylaephora* J. Ag. 有两种，除分布于黄海的钩凝菜 *Campylaephora hypnaeoides* J. Ag. 以外，还有 *Campylaephora crassa*（Okamura）Nakamura 也已在中国广东沿岸发现。这些都说明了东海西部和南海北部区系与日本海区系之间的关系。同时也指出了它们与黄海区系之间的关系。

根据目前资料，我们对中国三个海区的种类分析比较后，只分布于黄海海区的有130种，只分布于东海的有62种，只分布于南海的有458种。其中黄海、东海和南海三海区共有种43种，黄海和东海共有种103种，而黄海和南海共有种只有9种，东海和南海共有种有97种。以上数据充分说明，三个海区之间各有特点，又相互渗透，有一定的联系（图6.20，图6.21）。

（二）底栖植物主要种类地理分布特点

1. 江蓠 *Gracilaria*

根据张峻甫和夏邦美（1962）与 Tseng 和 Xia（1999）的报道，中国目前江蓠属 *Gracilaria* Greville 的种类共32种。值得注意的是，江蓠属种类在中国南海的分布情况，在热带性较强的西沙群岛只有2种，东沙群岛只有1种，南沙群岛目前还没有发现，台湾南岸也只有7种，而海南岛竟有19种之多，中国南海沿岸也有14种。在种类上，东、西沙群岛的种类也分布在海南岛的东南岸；根据黄淑芳（1998；2000）及前人的报道，台湾岛现有江蓠11种，其中和海南岛相同的就有7种。海南岛的种类与南海北区大陆沿岸比较起来，海南岛产的18种江蓠中，只见于海南岛的有11种，在南海北区大陆沿岸产的14种中，只见于大陆沿岸的有8种，两地共有种只有4种。这些数据表明，南海北区大陆沿岸和海南岛之间有很大的差别，而且这个地区与台湾南岸及东、西沙群岛等4个区之间彼此也存在着一定的差异。例如，弓江蓠 *Gracilaria arcuata* Zanardini 在北太平洋西部的北界为日本的南端，在中国则盛产于西沙群岛，而在海南岛的南部则属于少见种，在台湾岛的东北角和南部也有报道。

中国东海和黄海的江蓠种类极少，黄海只有3种，其中广温性的温带种有真江蓠 *Gracilaria vermiculophylla*（Ohmi）Papenfuss，自中国辽东半岛一直分布到广东、广西大陆沿岸；另外一种龙须菜 *Gracilaria lemaneiformis*（Bory）Weber-van Bosse，其自然分布仅限于黄海的山东沿岸。中国东海产有4种江蓠，其中2种同于黄海，2种同于南海北区，这两种都是适温范围较广、分布范围也广的种类。例如脆江蓠 *Gracilaria chouae* Zhang et Xia，本种在中国的分布是北起浙江省的南麂、福建平潭，南经厦门、东山、广东大陆沿岸、琼州海峡的徐闻至海南岛的东南端，但数量以福建最多，为优势种。另一种是芋根江蓠 *Gracilaria blodgettii* Harvey，中国北起福建省厦门附近的金门岛，南到海南岛以及台湾省西岸嘉义县的东石。根据中国江蓠属种类在国内外的分布情况，可以确定本属应属于暖水性。它的多数种类可作为指标种，有助于识别某一区系的温度性质。中国江蓠属的全部种类都集中在南海，而黄海和东海只有3～4种广温性的温水种类。热带类群的种类一般见于海南岛、东沙群岛、西沙群岛和台湾岛的南部；亚

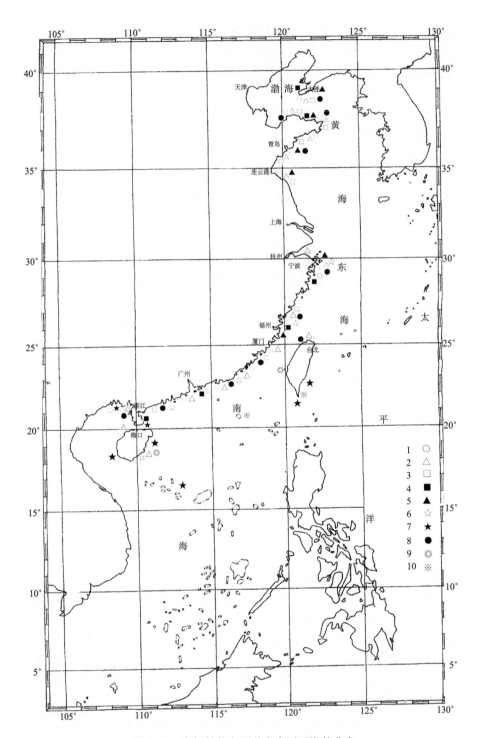

图 6.20 底栖植物主要种在中国近海的分布

1. 浒苔 *Enteromorpha prolifira*（Muell.）J. Ag.；2. 孔石莼 *Ulva pertusa* Kjell.；3. 真江蓠 *Gracilaria vermiculophylla*（Ohmi）Papenfuss；4. 羊栖菜 *Sargassum fusiforme*（Harv.）Setch.；5. 条斑紫菜 *Porphyra yezoensis* Ueda；6. 昆布 *Ecklonia kurome* Okamura；7. 匍枝马尾藻 *Sargassum polycystum* Ag.；8. 石花菜 *Gelidium amansii* Lamx.；9. 琼枝 *Betaphycus gelatinum*（Esp.）Doty；10. 海人草 *Digenea simplex*（Wulf.）Ag.

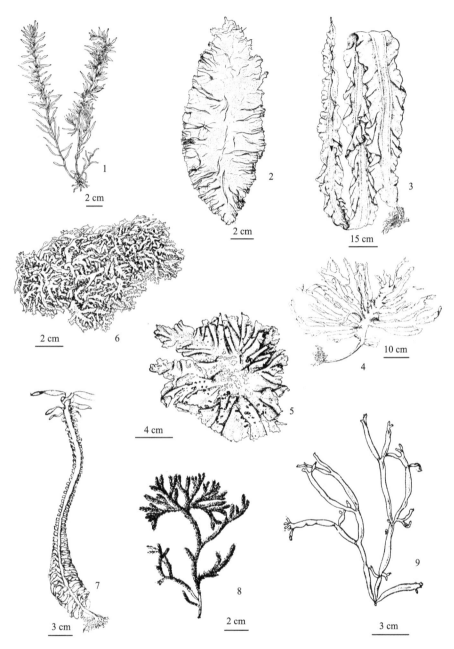

图 6.21　底栖植物主要种

1. 羊栖菜 Sargassum fusiforme（Harv.）Setch.；2. 甘紫菜 Porphyra tenera Kjell.；3. 海带 Lami-
naria japonica Aresch；4. 昆布 Ecklonia kurome Okamura；5. 孔石莼 Ulva pertusa Kjell.；6. 琼枝
Betaphycus gelatinum（Esp.）Doty；7. 裙带菜 Undaria pinnatifida（Harv.）Suring.；8. 海人草
Digenea simplex（Wulf.）Ag.；9. 海萝 Gloiopeltis furcata（P. et R.）J. Ag.

热带类群的种类主要集中在南海的大陆沿岸，个别种还可以向南延伸至海南岛，如脆江蓠 *Gracilaria chouae* Zhang et Xia，以及向北延伸到亚热带地区的热带种，如弓江蓠 *Gracilaria arcuata* Zanardini，其北界可以分布到台湾省的东北角。这种分布现象反映了中国三个海区具有不同的温度性质。

中国江蓠属和马来西亚亚区相同的种类最多，例如和越南的相同种数有 15 种，和菲律宾的相同种类为 13 种，和泰国及印度尼西亚的相同种数为 9 种，和马来西亚相同种数为 6 种。与日本相同种数也有 15 种之多。以上数字说明，中国南海和上述地区显然存在着近缘关系。因此，单从江蓠属来分析，中国南海的海藻区系应属于印度-西太平洋海藻区系范围。

2. 麒麟菜簇 *Eucheumatoidae*

截至目前，根据世界各方面的报道，麒麟菜簇海藻共有 35 种。本属在世界上的地理分布表明，其种类只生长在热带和亚热带的海区范围之内。

目前已报道的 35 种麒麟菜在世界海区的分布范围，主要是在热带和亚热带海区，也就是说，以赤道为中心，向南、北两方延伸，向北可达 34° N，向南可延伸至 40° S。根据前人的记录，本属种类主要分布在印度-西太平洋区的马来西亚亚区和大西洋东太平洋区的美洲大西洋暖水亚区。

中国麒麟菜簇三属的种类，根据匡梅等（1999）的报道共有 9 种。从其分布类型上看，可将其分为三类：

第一类：分布较广的印度-西太平洋种类，共有 5 种。

（1）齿状麒麟菜 *Eucheuma serra* J. Ag.，产于毛里求斯，桑给巴尔，爪哇岛，中国台湾岛的南、北部，琉球的南、北各岛，直到伊豆半岛以南的式根岛。该种是本属中分布最广的种类之一，是北界最北的一种，但在中国的分布除台湾之外，在西沙群岛和海南岛都未见到。

（2）麒麟菜 *Eucheuma denticulatum* (Burman) Collins et Hervey，分布相当广泛，东非，澳大利亚的东西两岸，印度尼西亚及太平洋中部岛屿琉球群岛的冲绳岛及宫古岛，日本的九州、四国和伊豆半岛都有报道。在中国见于西沙群岛、台湾的兰屿，但尚未在海南岛采到。

（3）异枝卡帕藻 *Kappaphycus striatum* (Schmitz) Doty，见于桑给巴尔，印度尼西亚的爪哇海，密克罗尼西亚联邦各州，琉球群岛的冲绳、石垣岛。中国除西沙群岛之外，在海南岛和台湾均未见到。

（4）耳突卡帕藻 *Kappaphycus cottonii* (Weber-van Bosse) Doty，分布于坦桑尼亚，印度尼西亚，菲律宾和美国关岛。中国只见于海南岛，西沙群岛及中国台湾均未报道。

（5）错综麒麟菜 *Eucheuma perplexum* Doty，分布于坦桑尼亚，菲律宾，日本南部。中国只见于台湾。

第二类：只见于西太平洋的种类。

（1）琼枝 *Betaphycus gelatinum* (Esp.) Doty，普遍地分布于印度尼西亚附近的岛屿，菲律宾东部，琉球群岛、冲绳岛那霸，澳大利亚西岸，新喀里多尼亚岛，太平洋中部诸岛屿。中国台湾的澎湖列岛及海南岛的东南沿岸均有分布。

（2）珊瑚状麒麟菜 *Eucheuma arnoldii* Weber-van Bosse，只见于大洋洲的托雷斯海峡和琉球宫古岛。在中国只见于台湾、西沙群岛和南沙群岛，海南岛迄今尚未发现。

第三类：仅见于中国南海，只有一种，即西沙麒麟菜 *Eucheuma xishaensis* Kuang，Tseng et Xia，为中国地方特有种，发现于中国海南省的西沙群岛。

根据本属种类在世界上地理分布的特点（夏恩湛，1963），可以确定，麒麟菜簇应属于暖水性，本簇绝大部分种类只分布在热带海区，少数种类的分布可延伸到亚热带海区。因此，大部分种类可作为某一地区海藻区系的热带性质的指标种。另外，中国本簇的种类，只见于中国南海的部分地区，即海南岛、西沙群岛、南沙群岛及台湾岛。在广东沿岸，甚至与海南岛隔岸相对的雷州半岛迄今还未见到。由此可见，广东大陆沿岸与上述地区的温度性质存在一定的差异。其次，根据中国本属种类与其他地区的种类比较，从本属的角度来看，中国南海的海南岛、西沙群岛、南沙群岛及台湾岛应属于印度-西太平洋区系范围。

3. 浒苔 *Eneteromorpha*

浒苔属 *Enteromorpha* 是世界性的属，各海区都可以见到它的种类。其分布不仅可以从炎热的赤道附近延伸到严寒的极地，而且还可以从盐度很低的河口到盐度很高的盐田中，因此浒苔的种类具有广温性和广盐性，它们适应环境的能力很强。例如，条浒苔、浒苔、肠浒苔和扁浒苔的地理分布记录表明，它们是海藻中罕见的广温性的种类。

根据董美龄（1963）报道，中国现有浒苔10种。中国浒苔属种类分布概况如下。

1）分布于中国三个海区的种类

（1）由北向南逐渐递减的种类。例如，肠浒苔 *Enteromorpha intestinalis* （L.）Link 为世界各地均有记录的种类，在中国黄海为优势种，由北向南逐渐减少，在南海是稀有种，被认为是泛冷温带种；扁浒苔 *Enteromorpha compressa* （L.）Greville 在中国黄海为习见种，在东海和南海也有分布，其温度性质被认为是暖温带性，在英国和法国都是常见种。

（2）东海多，向南北两方递减的种类。例如，浒苔 *Enteromorpha prolifera* （Müll.）J. Agardh 在中国见于南北各地，但在东海则为优势种，向南逐渐递减，在黄海为习见种，其温度性质被认为属世界性的暖温带性。

（3）由南向北逐渐递减的种类。例如，条浒苔 *Enteromorpha clathrata* Greville 在中国的南海是习见种，由南向北逐渐递减，在黄海为少见种。根据记录，它是一种典型的世界性种，从北极经赤道直达南美洲南端的合恩角都有分布，本种为泛暖温带性海藻。基枝浒苔 *Enteromorpha kylini* Bliding 在中国分布很广，在南海南区是习见种，由南向北逐渐递减，在黄海比较少见。

2）只见于黄海和东海的种类

最有代表性的为螺旋浒苔 *Enteromorpha spiralis* Teseng et C. F. Chang，是中国的特有种，习见于黄海，可以分布到东海，但在南海还未采到。本种的温度性质被判定为冷温带性。

3）局限于南海的种类

舌浒苔 *Enteromorpha lingulata* J. Agardh，只见于中国南海的北区，根据它在美洲的分布情况，本种被认为是热带性种。

4）分布于南海和东海的种类

曲浒苔 *Enteromorpha flexuosa*（Wulf.）J. Agardh，产于中国福建、广东大陆及海南省沿海一带，还可分布于浙江的嵊山、南麂等地。本种为泛亚热带性海藻。除中国外，还分布于日本至马来半岛，太平洋东岸的美国加州等地。

中国浒苔属种类在中国沿岸的分布，就种数来看是南海最多，达9种，东海7种，黄海6种；就其数量看，则东海和南海北部的福建沿岸一带的浒苔类远较其他地区为多；种类组成上是黄海以温水性种为主，南海以暖水性种为主，东海介于两者之间；从地理分布的角度来看，浒苔属中大部分种类是世界上分布很广的种类，一般多分布在温带或亚热带地区，向南北延伸至热带和极地，因此浒苔属是世界性的属。

4. 海草 *Seagrass*

海草是只适应于海洋环境生活的水生种子植物。现已知世界各海域共有海草12属59种，其中有5属局限于温带海区，有7属以热带海为分布中心。

根据记录，中国沿海分布的海草有10属（范航清等，2009），其中5个属是热带性，即海菖蒲属 *Enhalus*、海神草属 *Cymodocea*、海龟草属 *Thalassia*、聚伞藻属 *Posidoniaceae*、全楔草属 *Thalassodendron*；泛热带-亚热带的有3属，即喜盐草属 *Halophila*、二药藻属 *Halodule* 和针叶藻属 *Springodium*；分布在温带的2个属是虾形藻属 *Phyllospadix* 和大叶藻 *Zostera*。

从目前已掌握的标本来看，它们分布的特点：在中国海菖蒲 *Enhalus acoroides* L. C. Rich ex Steud、海龟草 *Halodule hemprichii*（Ehrenb.）Aschers.、海神草 *Cymodocea rotunda*（Ehrenb. et Hempr.）Aschers. 和齿叶海神草 *Cymodocea serrulata*（R. Brown）Ascherson，多见于热带的西沙群岛和海南岛。聚伞藻 *Posidonia australis* Hooker 分布于海南三亚。喜盐草 *Halophila ovalis*（R. Br.）Hook、无横脉喜盐草 *Halophila beccaril* Aschers. 的分布范围较广，从热带的西沙群岛、海南岛到亚热带的广东大陆沿海均有生长。针叶藻 *Syringodium isoetifolium*（Aschers）Dand 的分布范围狭窄，仅见于热带性不强的广东硇洲岛和广西涠洲岛。全楔草 *Thalassodendron ciliatum*（Forsskål）den Hartog 分布于西沙群岛。二药藻 *Halodule uniervis*（Rorsk.）Aschers.、圆头二药藻 *Halodule pinifolia*（Miki）Hart. 基本上已成为亚热带种类，多见于广东、广西沿海。虾形藻属 *Phyllospadix* 的黑须根虾形藻 *Phyllospadix japoni-*

cus Makino 在中国辽宁、河北、山东沿海广为分布。大叶藻属 Zostera 是一个分布很广的属，大叶藻 Zostera marina L. 、丛生大叶藻 Zostera caespitosa Miki 广布于中国温带水域的辽宁、河北、山东沿岸。日本大叶藻 Zostera japonica Aschers et Grabn. 除了见于温带水域外，在亚热带的福建、香港沿岸也有分布。

中国海草的种类根据地理分布可以分为 3 个类群（杨宗岱，1979）。只分布在热带地区的热带种类有 7 种，即海龟草、海菖蒲、海神草、齿叶海神草、聚伞藻、全楔草、具毛喜盐草；泛热带-亚热带分布的有 5 种，即喜盐草、小喜盐草、无横脉喜盐草、二药藻、圆头二药藻；只见于亚热带的种类有 1 种，即针叶藻；分布于温带的种类有 6 种，即大叶藻、丛生大叶藻、具茎大叶藻、宽叶大叶藻、红须根虾形藻、黑须根虾形藻。日本大叶藻分布的地区最为广阔，从温带的黄渤海一直延伸到亚热带的福建、香港沿海。热带性类群一般见于海南岛、西沙群岛；亚热带类群的种类主要集中在南海的中国大陆沿岸；温带类群的种类出现在黄、渤海沿岸的山东、河北、辽宁等地。

中国南海位于印度-西太平洋区的北缘，是世界热带性海草分布的中心之一，黄、渤、东海也生长着不少温带性的海草。但是一些古老的原始的属在中国海迄今尚未发现。由此可以推断中国诸海海草区系的形成历史较短，是继发性的。

总之，中国黄海海藻区系的温度性质具有很明显的温水性，以暖温带性的种类为主，但冷温带性种类的比重也不少。中国东海海藻区系，根据现有的记录，这一海藻区系仍属于暖温带性，但与中国黄海海藻区系比较起来，没有后者的冷水种成分，冷温带性的种类大大减少，暖温带性的种类占绝对优势，同时亚热带性种类的成分也有所增加。中国南海北部的海藻区系属于亚热带性。中国台湾岛的东南部及海南岛的东南部和珊瑚岛群则基本上是热带性质的区系。

根据以上几类海洋底栖植物在世界和中国的地理分布特点，也证实了中国近海底栖植物区系由北向南有暖温带、亚热带、热带三种温度性质，分别隶属于北温带北太平洋东亚亚区和暖水印度-西太平洋中-日亚区及印-马亚区。

二、底栖动物区系组成与地理分布[*]

底栖动物分布遍及全球各大洋，从潮间带到水深超过万米的超深渊带，从赤道到极地都有踪迹。中国海岸线跨越热带、亚热带和暖温带三个气候带，是世界海岸线最长的国家之一。海洋环境复杂，北赤道流经菲律宾东侧到台湾岛近岸成为强大的黑潮暖流，另有南海暖流、台湾暖流、黄海暖流和黄海冷水团出现于各个海域；有许多江河注入大量淡水，形成深受大陆气候影响的沿岸水；还有各种不同类型的沉积物。这些都是影响底栖动物分布的重要因子。中国海底栖动物种类非常丰富，除在黄海冷水团区只有一些冷水种为主要栖居者外，其他所有海区均以暖水种占优势，且其种数随纬度的降低而显著增多，呈现出一个明显的暖水种渤黄海＜东海＜南海递增梯度。表 6.3 列出中国海和各个海区底栖动物主要类群的科、属、种数。种数最多的是软体动物，全国计有 290

---

* 本节作者：徐凤山、刘瑞玉、唐质灿

科、1118 属、3791 种。渤黄海、东海和南海分别是 469 种、1008 种和 2344 种。渤黄海的种数最少，南海最多。其中甲壳类的种数为 3008，几个海区种数都是北低南高，分别为 409 种（13.5%）、703 种（20.3%）和 2150 种（70.0%）；多毛类 1022 种，位居第三，刺胞动物底栖种数 1005 种，棘皮动物 588 种，多孔动物 199 种。甲壳类重要类群对虾科和鼓虾科在渤黄海为 8 属 10 种和 3 属 12 种，东海为 13 属 29 种和 6 属 13 种，南海的种数最多，为 16 属 60 种和 8 属 109 种。种数的分配格局是典型的纬度效应。以下分述各海区的种类组成与分布特点。

表 6.3　中国海底栖动物各类群的科、属、种数（刘瑞玉，2008）

动物名称	中国海			黄渤海			东海			南海		
	科	属	种	科	属	种	科	属	种	科	属	种
多孔动物门	47	77	199	7	7	10	11	14	30	42	66	140
刺胞动物门	87	274	1005	18	21	50	57	134	281	71	218	707
水螅虫总纲	28	77	245	13	16	45	24	61	132	23	50	130
黑珊瑚目	5	8	41	0	0	0	1	1	1	5	8	41
八放珊瑚纲	33	78	328	4	4	4	24	43	95	23	56	227
石珊瑚目	21	111	394	1	1	1	8	29	53	20	104	309
环节动物门多毛纲	55	335	1032	45	188	367	36	148	348	42	234	601
软体动物门	272	1090	3791	128	292	469	161	484	1008	212	801	2344
毛皮贝纲	1	1	1	1	1	1	0	0	0	0	0	0
新月贝纲	1	1	1	0	0	0	0	0	0	1	1	1
多板纲	9	21	47	5	5	14	8	9	9	5	14	19
掘足纲	10	24	56	2	2	2	8	15	20	5	17	36
腹足纲	143	591	2429	60	151	753	85	241	620	102	402	1383
双壳纲	78	392	1132	48	123	185	56	192	319	69	314	802
头足纲	30	60	125	6	10	14	14	27	40	30	53	103
节肢动物门甲壳亚门	251	1040	3008	84	228	409	127	452	703	178	805	2150
鞘甲亚纲 围胸总目	21	74	198	8	15	22	17	42	82	20	63	163
软甲纲叶虾亚纲狭甲目	1	1	1	1	1	1	0	0	0	0	0	0
掠虾亚纲 口足目	12	42	104	2	4	5	3	19	30	12	41	87
真软甲亚纲囊虾总目												
糠虾目	2	44	103	1	13	29	1	25	44	2	37	86
端足目 钩虾亚目	38	130	373	20	49	92	21	51	102	32	97	292
麦秆虫亚目	2	5	18	2	4	13	1	2	6	1	3	10
等足目	10	99	174	9	26	31	8	33	38	12	84	133
真虾总目十足目枝鳃亚目	5	38	134	2	9	11	4	20	42	5	36	105
腹胚亚目 真虾下目	17	103	409	7	21	49	12	43	85	18	88	324
猬虾下目	2	3	3	0	0	0	1	1	1	2	3	3
鳌虾下目	3	5	17	0	0	0	1	3	4	1	3	7

动物名称	中国海			黄渤海			东 海			南 海		
	科	属	种	科	属	种	科	属	种	科	属	种
海蛄虾下目	9	22	54	3	5	13	5	8	9	6	6	13
龙虾下目	3	19	45	0	0	0	3	11	24	3	13	29
异尾下目	12	72	299	5	12	24	9	35	78	9	37	130
短尾下目	61	383	1073	25	69	122	42	169	340	57	294	771
螯肢亚门 肢口纲 剑尾目	1	2	3	0	0	0	0	0	0	1	2	3
海蜘蛛纲	5	9	10	1	4	5	1	2	2	5	5	5
苔藓动物门	77	173	568	36	61	116	58	106	231	71	144	402
棘皮动物门	87	289	588	24	39	54	51	123	175	76	237	427

（一）渤、黄海底栖动物区系

渤、黄海是位于中国大陆和朝鲜半岛之间一个半封闭的浅海，南部同东海相连。渤海最浅，平均深度只有18m，受大陆气候的影响极为显著，水温的季节性变化剧烈，夏季最高温度高达25～28℃，冬季三个主要海湾，即辽东湾、渤海湾和莱州湾均有岸冰出现，水温接近0℃。黄海平均水深44m，中部水深超过40～50m水域冬季由于强风作用，表层水和底层水得到充分混合，使底层水也保持了低温状态，夏季水体出现温跃层，表层水温可高达25℃以上，底层水仍保持了较低温度，北黄海6～8℃，南黄海8～10℃，形成了著名的夏季黄海冷水团（Yellow Sea Cold Water Mass），这是黄海最突出的水文特征，这里主要栖息着北温带种；但在黄海南部一个狭小范围内，由于黄海暖流的楔入，改变了水文环境，使亚热带性的暖水种得以发展；而黄渤海近岸浅水区主要栖息者都是广温、低盐种。

1. 沿岸水控制的浅水区

包括整个渤海和水深40～50m以内的黄海近岸水域，深受大陆气候的影响，温度的季节变化显著，而且有黄河、海河、辽河、鸭绿江和淮河诸大河流的淡水注入，显示了低盐特征，在雨季有些水域盐度可降到28～29。底栖动物主要是广温低盐暖水性种，但也有少量北温带种，是两种不同动物区系成员的混合带。

1) 暖水性的广温低盐种

主要有甲壳类的鹰爪虾 *Trachysalumbria curvirostris*、脊尾白虾 *Exopalaemon carinicauda*、葛氏长臂虾 *Palaemon gravieri*、细螯虾 *Leptochela gracilis*、日本鼓虾 *Alpheus japonicus*、鲜明鼓虾 *A. distinguendus*、豆形拳蟹 *Philyra pisum* 及口虾蛄 *Oratosquilla oratoria* 等；软体动物的菲律宾蛤仔 *Ruditapes philippinarum*、三角凸卵蛤 *Peleyora trigona*、小荚蛏 *Siliqua minima*、小刀蛏 *Cultellus attenuatus*、角偏顶蛤 *Modiolus metelfeli*、粗糙滨螺 *Littorina scabra*；棘皮动物的金氏蛇尾 *Ophiura king-*

bergi、棘刺锚海参 *Protankyra bidentata*（刘瑞玉，1990）。它们大都是广分布于印度-西太平洋暖水区水域，在中国海不仅见于渤黄海的沿岸浅水区，同时也分布于东海和南海的近岸水域。尚有一些中国-日本特有种，也应归属于暖水性种的范畴，如毛蚶 *Scapharca kagoshimensis*、纵带织纹螺 *Nassarius variciferus*、日本倍棘蛇尾 *Amphioplus japonicus*、滩栖阳遂足 *Amphiura vadicola*、杂粒拳蟹 *Philyra heterograna* 等。

2）北温带种

　　北温带种也可分为二种分布型，像软体动物的函馆锉石鳖 *Isochinochiton hakadoensis*、史氏鬃毛石鳖 *Mopalia schrencki*、真曲布目蛤 *Prototharca euglypta*、粗异白樱蛤 *Heteromacoma irus*、异白樱蛤 *Macoma incongrua*；甲壳类的日本冠鞭蟹 *Lophomastix japonica*、日本和美虾 *Nihonotrypea japonica*、大蝼蛄虾 *Upogebia major*；棘皮动物的海燕 *Astrina pectinifera*、刺参 *Apostichopus japonicus*，都是分布于俄罗斯远东海和日本北部水域，在中国海仅分布于长江口以北。另外，还有一些黄海-日本特有种，它们在中国的分布也多局限于长江口以北，这是其分布南界。在日本主要见于北海道和九州北部水域。主要种有江户布目蛤 *Protothaca jedoensis*、内肋蛤 *Endopleura lubrica*、滑顶薄壳鸟蛤 *Fulvia mutica*、丛足硬瓜参 *Sclerodactyla multipes*、柯氏双鳞蛇尾 *Amphipholis kochii*。浅水种有安乐虾 *Eualus* 和七腕虾 *Heptacarpus*。

2. 黄海冷水团控制区

　　是黄海中部 40～50m 以下的深水区。由于夏季在温跃层下的底层水仍保持低温状态，栖息于这一环境中的底栖动物与近岸浅水区者不同，温带性的种类占绝对优势，形成以它们为主导种的冷水性群落：浅水萨氏真蛇尾-薄壳索足蛤群落（*Ophiura sarsii vadicola-Thyasira tokynagai* Community）和薄壳索足蛤-蜈蚣欧努菲虫-浅水萨氏真蛇尾群落（*Thyasira tokynagai-Onuphis geophiliformis-Ophirua sarsii vadicola* Community），分别出现于北黄海和南黄海（刘瑞玉等，1986）。

　　分布于冷水团范围内的种有北半球寒温带种* 柏桧叶螅 *Sertulina cupressina*（* 为优势种）、* 橄榄胡桃蛤 *Nucula tenuis*、黑肌蛤 *Musculus nigra*、轮海星 *Crossaster papposus*；北温带两洋种：陶氏太阳海星 *Solaster dawsoni*、偏顶蛤 *Modiolus modiolus*；北太平洋寒温带种：缨寿细指海葵 *Metridium senile fimbriatum*、秀丽细指海葵 *Metridium farcimen*、双带巧言虫 *Eulatia bilineata*、囊叶齿吻沙蚕 *Nephthys caeca*、拟节虫 *Paraxillella praetrmissa*、加州扁鸟蛤 *Clinocardium californiense*（图 6.22）、* 大寄居蟹 *Pagurus ochotensis*、刺鸡爪海星 *Henricia spinulifera*；北太平洋两岸种：细弱吻沙蚕 *Glycera tenuis*、加州齿吻沙蚕 *Nephthys califoriensis*（乌沙科夫等，1963）、尖扁满月蛤 *Lucinoma acutilineata*、* 枯瘦突眼蟹 *Oregonia gracilis*（图 6.22）；俄国-日本-中国特有种：堪察加七腕虾 *Heptecarpus camschaticus*（图 6.22）、二肋发脊螺 *Trichotropis bicarinata*、醒目云母蛤 *Yoldia notabilis*、灰双齿蛤 *Felniella usta*、栗孔鲷 *Poromya castenea*、土佐寻形蛤 *Cardiomya tosaensis*、海绵寄居蟹 *Pagurus pectinatus*、紫蛇尾 *Ophiopholis mirabilis*（图 6.22）、朝鲜阳遂足 *Amphiura koreae*、浅水萨氏真蛇尾；还有些是日本—黄海特有种：黄色扁鸟蛤 *Clinocardium buellowi*、粗纹

吻状蛤 *Nuculana yokoyamai*、薄壳索足蛤、发脊螺 *Trichotropis unicarinata*、直额七腕虾 *Heptacarpus rectirostris*（图 6.22）、细额安乐虾 *Eualus gracilirostris*、日本拟褐虾 *Paracrangon abei*、钩倍棘蛇尾 *Amphioplus ancistrotus*、中华仿角海星 *Paragonaster chinensis*（Liu，2009；Sun and Liu，2007）。

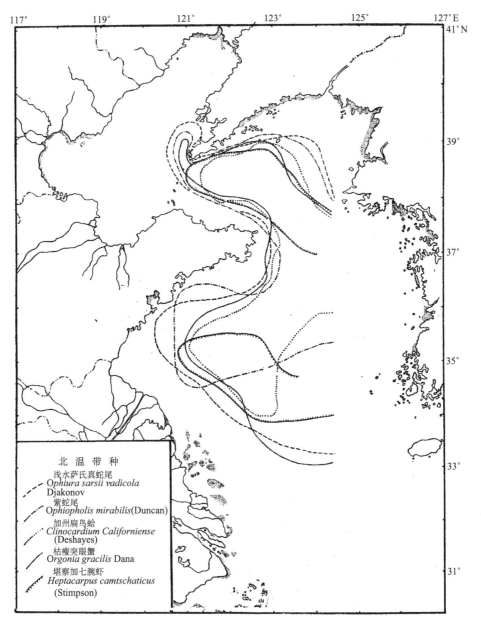

图 6.22　北温带种在黄海的分布

在渤黄海动物区系组成中，一些北太平洋温带科、属在中国海只分布于黄海中部。如发脊螺科 Trichotropidae（黄海 2 种）、骨螺科 Muricidae 的北方饵螺属 *Bereotrophos* 和角口螺属 *Ceratostoma*、石蟹科 Lithodidae（黄海 2 种）和太阳海星科 Solasteridae

（黄海2种）；还有很多冷水性属的成员，如扁鸟蛤属 Clinocardium、鸡爪海星属 Henricia，甲壳类中更多，如藻虾科Hippolytidae的七腕虾属 Heptacarpus、安乐虾属 Eualus、弯虾属 Spirontocaris、莱伯虾属 Lebbeus、毕茹虾属 Birulia，另有矶蟹属 Pugattia、黄道蟹属 Cancer、突眼蟹属 Oregonia、剪额蟹属 Scyra 等10余个属，它们在中国海的分布也都在冷水团范围之内。向南通常不能越过 33°N，在北部也从不进入更浅的渤海；只有少数种能通过海峡进入渤海的最深处和长山岛，如分布于渤海的瘤海鞘 Cynthie rontzi。

作者发现，黄海较深水域和沿岸浅水底栖动物区系成分的北温带种数以双壳类软体动物和棘皮动物最占优势，在渤黄海已发现的双壳纲 186 种、棘皮动物门 54 种，它们由下列区系因素所组成：

种	双壳纲	棘皮动物
1 黄海-日本特有种	51 种	14 种
2. 中国海-日本特有种	26 种	12 种
3. 俄国远东海-日本-中国黄海种	24 种	8 种
4. 黄海地方性种	8 种	4 种
5. 中国海地方性	5 种	5 种
6. 北太平洋两岸种	1 种	0 种
7. 北太平洋寒温带种	1 种	2 种
8. 北温带两洋种	3 种	2 种
9. 北半球寒温带种	2 种	2 种
10. 印度-西太平洋		
西太平洋	62 种	10 种
11. 东南亚—中国暖水性种		

其中1，3，4，6，7，8，9为暖温带性和寒温带性种，双壳类90种；2，5，10，11暖水性种双壳类93种，暖水性的种多3种。而棘皮动物中32种属温带性种，暖水性种为27种，同双壳类相反暖水性种少5种。总之，两种分布类型的种数相差无几，如按沿岸浅水区和黄海冷水团控制区分别统计，在沿岸浅水区是两种区系成员的混合区。正如前面提到的在沿岸浅水虽然暖水性种类较多，也有一定数量来自北方的温带性种。而黄海冷水团中栖息的种类接近 100% 是暖温带和寒温带成员，有些种的数量还很大。以上情况说明，黄海中部冷水团控制区的种类组成与北太平洋温带区的区系关系极为密切。它从日本太平洋沿岸本州 36°N 到北海道南部、日本海的本州中部到北海道南部以及朝鲜半岛南端以外的半岛中南部，这一广大水域 Briggs (1974) 称之为 Oriental Province。当然在这样一个环境因子复杂、动物区系包括暖温带种和寒温带种多元化的水域，可以考虑进行次级单位的再划分。作者认为 "Oriental Province" 大体上可考虑作为北太平洋温带区的一个亚区，黄海中部冷水团控制区可以作为它的一个独立的省。这是由于在黄海有很多更高级分类阶元的冷水性的科和属在太平洋西岸的黄海是它们的最南分布区；冷水性种在这里具有不可动摇的优势地位。所以将黄海作为北太平洋温带区的一个省级单元是可以考虑的，也是客观存在的。

它的南界从长江口向东北方向延伸到 125°E 和 32.5°N，又向西进入到黄海 123°E，然后向朝鲜半岛南端延伸。黄海省的这条南界，也是印度-西太平洋暖水区同北太平洋温带区在亚洲大陆沿岸的分界线。

3. 南黄海暖流控制区

黄海暖流（Yellow Sea Warm Current）是黑潮暖流（Kuroshio Warm Current）的一个西分支，在济州岛以南进入黄海东南部。它是一股具有相对高温、高盐为特征的外海水，直接楔入黄海冷水团的南部边缘区。它明显体现在东经123°以东、北纬33~34°之间狭小范围之内的底栖动物组成中。这里在一年中水温最低的2月份底温也能保持在10℃以上，盐度高于33.5，由于在这里冷暖水直接相会，形成不同区系性质的沿岸广温、低盐种、冷水种和亚热带性暖水种三种同时出现。它们是广温低盐种口虾蛄、织纹螺 Nassarius spp. 等，冷水团内的栖息者偏顶蛤、奇异指纹蛤和钩倍棘蛇尾等，随着暖流进来的有亚热带性种嵌条扇贝 Pecten albicans、中华细齿蛤 Arvella sincica、白带琵琶螺 Ficus subintermedius、东海红虾 Plesionika izumiae、中华管鞭虾 Solenocera crassicornis，泥污疣褐虾 Pontocaris penata、凹裂星海胆 Schizaster lacunosus。这些动物也都发现于东海长江口以南水域，其两个分布区呈间断不连续的分布状态（图6.23）。它们进入黄海可能不是直接来自东海北部。因为，在东海的北部由于夏季盛行东南风，它驱使长江冲淡水的低盐31线（主要是表层，但它影响底层）向济州岛方向延伸，超过124°E，接近125°E，形成一条高温高盐的暖水种向北分布不可逾越生态障碍。黄海暖水种的出现可能是它们迂回于125°E以东，随黄海暖流而来。

在黄海东部，离黄海暖流原发地越近，海水的高温高盐特征越显著，反映在济州岛软体动物种类组成上，一些热带性很强的珠母贝属 Pinctada 有4种，珍珠贝属 Pteria 有3种，而东海西部中国近海以上两属仅发现了3种（王祯瑞，2002）。腹足类中的一些暖水性宝贝科 Cypraeidae、梭螺科 Ovulidae 和芋螺科 Conidae 的种类也多于东海，有些种在南海发现于广东，甚至海南岛沿岸。说明济州岛的动物区系组成同日本南部的亚热带区系是一脉相承的。暖水性的甲壳类有缘毛扇虾 Ibacus ciliatus、十一齿扇虾 I. umdecimspinosa、拟蝉虾 Scyllarides haani、蝉虾、红斑后海螯虾 Metanephrops thomsoni、日本龙虾 Panulirus japonicus，以及俪虾 Spongicola venusta、活额虾 Rhynchocinetes uritai、太平洋长臂虾等，分布于济州岛近岸和以北的海峡水域（朝鲜半岛南端），这都同对马暖流和黄海暖流有关；而这些种在西部中国近海全部只分布于东海而不见于黄海，这也是两水域的显著差异。当然这里也出现了个别温水种，如紫石房蛤 Saxidomus purpurata 和粗异白樱蛤 Heteromacoma irus，这两个种在中国海的分布仅见于山东半岛北岸。

在南黄海这个亚热带区系占优势小区的前沿是粗颗粒的砂质沉积区，也是暖流影响所及比较微弱的水域，栖息着一些嗜爱砂质环境的暖水性种：斧蛤蜊 Mactrinula dolabrata、巴非蛤 Paphia papilionacea 和伶鼬榧螺 Oliva mustelina。

在东海活动性较大的一些优势暖水虾类，如中华管鞭虾 Solenocera crassiornis、哈氏仿对虾 Parapenaeopsis hardwicki 等，夏季都能由南向北扩布到黄海南部，并进入本小区内。黄海的中国明对虾 Fenneropenaeus chinensis、鹰爪虾、三疣梭子蟹 Portunus trituberculus 冬季难耐沿岸浅水区的低温，洄游到黄海南部包本小区内越冬，翌年春

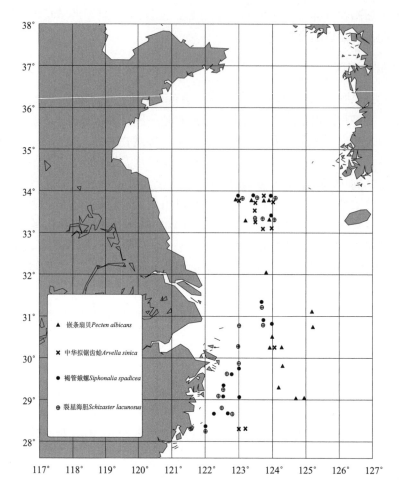

图 6.23 嵌条扇贝 *Pecten albicans*、中华拟锯齿蛤 *Arvella sinica*、褐管蛾螺
Siphonalia spadicea 和裂星海胆 *Schizaster lacunosus* 在黄、东海的分布

季进行生殖洄游，到北部近岸浅水区及渤海产卵。

以上情况可以看出，黄海虽然面积不大，但底栖动物区系的组成却十分复杂，这是由当地的水温、盐度和沉积物类型综合作用的结果。在黄海中部由于冷水团存在，形成了由来自北方冷水性种大量发展，它属于北太平洋温带动物区系。在该水域潮间带和近岸浅水区则是印度-西太平洋暖水系成分同北太平洋温带区成员的混合区；在黄海南部由于黄海暖流的侵入，改变了当地低温条件，形成了亚热带动物区系为主的分布小区。仅在这一狭小范围内的区系性质作者的观点与 Golikov 等（1990）相同，而他们认为广阔的黄海区属于亚热带暖水区系的观点作者不能苟同。

（二）东海底栖动物区系

东海是西太平洋的边缘海，通过琉球岛链与太平洋相通。对海洋理化环境最具影响力的是高温、高盐的黑潮暖流的存在，它是源于北赤道流在菲律宾洋面向北的分支，沿中国台湾外侧北上进入东海，又沿大陆架外缘向东北方向流动，在30°N再折向太平洋。它深刻地影响着中国的气候、海洋环境、渔业资源，更决定了控制区动物区系的性质。东海还有沿福建、浙江近海北上至长江口的台湾暖流（Taiwan Warm Current），它同样具有高温、高盐的特性，但其强度显然不及黑潮暖流。

东海另一个影响动物区系的因素就是长江，它每年输入大量的淡水，形成了在水深50～60m以内的内陆架区势力相当强劲的沿岸流，以次高温、低盐为其特征。由于以上诸多水文因子的共同作用，使东海底栖动物组成分为南部和北部、近岸和外海不同而有显著差别。位于东部的琉球群岛由于正当黑潮暖流的要冲，形成了典型的热带珊瑚礁动物区系。在东海西部的中国沿海由于远离黑潮主流区、台湾暖流相对较弱，又有势力强劲影响范围广大的沿岸流，因此在动物区系组成中属亚热带性，与东部的琉球迥然不同。

1. 内陆架浅水区

长江巨大的径流量（年平均约 $9000 \times 10^8 m^3$）是东海浅水区最显著的特点之一。在大陆气候的影响下水温的季节性变化较大，冬季底层水温在8～12℃之间，常年的盐度偏低，更重要的是其面积扩大，它包括了50～60m以内的广阔水域。近岸浅水区底栖动物区系成分中除上述黄渤海浅水区占优势的暖水性种小刀蛏、薄荚蛏、三角凸卵蛤 *Pelecyora nana*、金氏真蛇尾、细雕刻肋海胆、鹰爪虾、口虾蛄、葛氏长臂虾、双斑蟳等许多种以外，在东海还增加了一些南海浅水种，这些种类是越往南越多，有长毛明对虾 *Fenneropenaeus penicillatus*、哈氏仿对虾 *Parapenaeopsis hardwickii*、窄螯异对虾 *Atypopenaeus stendodactylus*、中华管鞭虾、凹管鞭虾、须赤虾、阔氏口虾蛄 *Oratosquilla kempi*（以及该属的另外一些种）、锈粗饰蚶 *Anadara ferruginea*、多刺牡蛎 *Saccostrea echinata*、鹅掌牡蛎 *Planostrea pestigris*、斜纹心蛤 *Cardita leana* 等。多数来自俄国远东海和日本北部的暖温带性种大多停留在长江口以北，个别种向南越过长江口进入东海的少量种可达厦门，如网纹鬃毛石鳖 *Mopalia retiferea*、脉红螺 *Rapana venosa*、葛氏长臂虾、鲜明鼓虾 *Alpheus distinguendus*、哈氏刻肋海胆等。

2. 外陆架区

在水深超过50～60m广大外陆架区，正是黑潮暖流和台湾暖流的共同控制区，冬季底层水温高于12～15℃，狭温、狭盐的亚热带种显著增多，种类组成与沿岸水控制的内陆架区不同，具有南海北部亚热带动物区系的特点。在这里出现了暖水性很强的宝贝科、珍珠贝科的种类和优势种尖刺璧蛤 *Spiniplicatuta muricata*、甲壳类中的假长缝拟对虾 *Parapenaeus fissuroides*、长角似对虾 *Penaeops eduardoi*、栉管鞭虾 *Solenocera pectinata*、高脊管鞭虾 *S. alticarinata*、须赤虾、东海红虾、斜方化玉蟹 *Leucosa rhomboidalis*、双棋蟹 *Drachiella morum*、银光梭子蟹 *Portunus argentus*，棘皮动物的骑士章海星 *Stellaster equestris*、银边海星 *Craspidarter hesperus*，刺胞动物的单列羽螅 *Monoserius pennarius*、奇异小桧叶螅 *Sertularella mirabilis*、耳蜗异砂珊瑚 *Heteropsammia cochlea*、等肋异杯珊瑚 *Heterocyathus aequicostatus*、缨海鳃 *Pennatula fimbriata*、默氏海鳃 *P. murrayi* 等，它们也都是南海底栖动物的习见种。不过它们在东海的垂直分布的上限都在 60m 以下，而在南海的上限为 30～40m 以下，充分体现了两海区沿岸水的不同分布范围（徐凤山等，1983）。

总之，东海底栖动物的分布格局与黑潮暖流和台湾暖流的影响紧密相关，由于这两支暖流进入东海后，在往北流动过程中，出现水温递减梯度，导致东海南部暖水种的种数和强度都显著高于北部。同样，由于东海外侧的黑潮暖流的温度明显高于内侧的台湾暖流，而使东海西部底栖动物的暖水性种数和强度向东部，也就是离岸越远，越有所增多和加强。台湾东部西太平洋沿岸和东海东部的琉球群岛西岸，在高温、高盐的黑潮暖流主流的直接影响下，热带珊瑚礁生物群落很发达，造礁石珊瑚多达 46 属 200 余种，热带无脊椎动物种类繁多，双壳类砗磲科 Tridacnidae 动物 6 种，另有甲壳类隐虾亚科 Pontniinae 的珊瑚虾 Coralliocaris spp.、尤卡虾 Jocaste spp. 等多种，鼓虾科 Alpheidae 的珊瑚鼓虾 Alpheus lottini、合鼓虾 Synalpheus spp.、梯形蟹 Trapezia spp.、拟梯形蟹 Tetralia spp. 等多种，都是和造礁石珊瑚共栖的虾类。表明动物区系热带性程度较高，珊瑚礁也较海南岛南端典型，台湾东岸和东海东部琉球沿岸应属热带动物区系，不同于陆架西部大陆沿岸的亚热带区系。

（三）南海底栖动物区系

南海跨越西太平洋热带和亚热带海域，大部分位于热带印度-西太平洋物种发育中心的菲律宾—加里曼丹岛—新几内亚三角地带，动物种类极为丰富，多样性很高。如表 6.2 所示，南海刺胞动物和甲壳类种数都非常多，分别为 707 种和 2150 种，都占中国海总种数的 70% 以上。根据水温和种类组成特点，可将它划分为北部内陆架浅水区、北部外陆架区、南部陆架区和南海诸岛珊瑚礁热带区。

1. 北部内陆架浅水区

水深在 30～40m 以内的近岸水域。受大陆气候影响较大，是江河径流水同海水混合形成的沿岸水团控制区，主要有广东沿岸水和北部湾沿岸水，2 月份水温在 16℃ 以上，主要种有与东海近岸浅水区相同的一些动物，这些动物对浅水区生境变化大有较强的适应能力。此外，南海北部沿岸浅水区有多种经济虾类，并形成渔场，其水深在 40m 以内。主要有中华管鞭虾、凹管鞭虾 S. koelbeli、大管鞭虾 S. melantho、明对虾属 Fenneropenaeus、新对虾属 Metapenaeus、异对虾属 Atypopenaeus 和仿对虾属 Parapenaeopsis 的许多种，以及须赤虾 Metapenaeopsis barbatus、音响赤虾 M. stridulans、长眼虾 Miyadiella spp.（刘瑞玉，1988），还有似招潮宽甲蟹 Chasmocarcinops gelasimoides、柔毛梭子蟹 Portunus pulchricristatus、短桨蟹属 Thalamita 多种、球形拳蟹 Philyra glabolosa、亚当斯拳蟹 Philyra adamsi、锈粗饰蚶 黄边鸟蛤 Trachycardium flavum、中华鸟蛤 Vepricadium sinense、比那蚶 Scapharca binakagaensis、刺瓜参 Pseudocnus echinata、怒棘槭海星 Astropecten velitaris。在海流畅通的砂底环境中白氏文昌鱼 Branchiostoma belcheri 和短刀侧殖文昌鱼 Epigemichthys cultellus，能够大量发展并形成以它们为主导种的底栖生物群落。

2. 北部外陆架区

由于常年存在着南海暖流，加上黑潮分支经巴士海峡、沿台湾岛以南进入南海东北部水域的影响，底层水温较高，冬季可超过 16～18℃。底栖动物主要是印度-西太平洋广分布的热带和亚热带种，优势种有对虾科的拟对虾 *Parapenaeus* spp.、赤虾 *Metapenaeopsis* spp.、蝉虾科 Scyllaridae 几个属的种，以及假玉蟹 *Leucosa pseudomargartata*、修容仿五角蟹 *Nursilia tonsori*、美丽翅羽枝 *Pterometra pulcherrima*、弯刺倍棘蛇尾 *Amphioplus cyrtacanthus*、独双鳞蛇尾 *Amphipholis loripes*、简板瓷蛇尾 *Ophiomusium simplex*、骑士章海星、十角并干海胆 *Laganus decagonal*、光滑花海星 *Anthenoides laevigatus*、莱氏紫云蛤 *Gari lessoni*、同心蛤 *Meiocardia vulgaris*、长白樱蛤 *Macoma fallax*、美女白樱蛤 *Macoma candida*、多刺棘鸟蛤 *Frigidocardium exasperatum*、长须刺疏鳞虫 *Leanira tentaculata*、单列羽螅、美羽螅 *Aglaophenia* spp.、默氏海鳃 *Pennatula murrayi*、缨海鳃 *P. fimbriata*、菱扇形珊瑚 *Flabellum deludens*、孔雀扇形珊瑚 *F. pavonium*、截形扇珊瑚 *Truncatoflabellum* spp.、翼状弯杯珊瑚 *Tropidocyathus lessoni*、刺杯冠珊瑚 *Stephanocyathus spiniger* 等。在这一广大水域软体动物所占的比例有所下降，特别是接近陆架区的外缘，它们的优势地位为棘皮动物等所取代。

3. 南部陆架区

位于赤道北侧海域，栖居的底栖生物极其丰富，拥有很高的物种多样性，其大多数都是印度-西太平洋区热带种，少数为该区亚热带种或全球环热带分布种。其中优势种和常见种主要有单列羽螅、索氏双唇螅、托氏盾杯螅 *Thyroscyphus torresi*、纤细深海黑珊瑚 *Bathypathes tenuis*、少片丁香珊瑚 *Caryophyllia paucipaliata*、帽装杯轮珊瑚 *Cyathotrochus pileus*、默氏海鳃、缨海鳃、色斑三手鳞虫 *Euarche maculate*、黑边多齿鳞虫 *Acoetes atromarginatus*、斑马翼电光蛤 *Pterelectroma physoides*、华贵类栉孔扇贝 *Mimachlamys nobilis*、三棱锯齿扇贝 *Serratovola tricarnatus*、梭形竿螺 *Conus orbignyi*、沟竿螺 *C. sulcatus*、浅缝骨螺 *Murex trapa*、直吻泵骨螺 *Haustellum rectirostris*、西格织纹螺 *Nassarius siquijorensis*、三带缘螺 *Marginella tricincta*、凯蕾螺 *Gemmula kieneri*、黄裁判螺 *Inquistor flavidula*、网纹扭螺 *Distorsio reticulata*、音响赤虾 *Metapenaeopsis stridulans*、长足鹰爪虾 *Trachypenaeus longipes*、栉管鞭虾 *Solenocera pectinata*、锯额仿蛙蟹 *Raninoides serratifrons*、强状蛛形蟹 *Latreillia valida*、锐齿菱蟹 *Porthenope turriger*、珠母长眼蟹 *Podophthalmus nacreus*、菲岛狼牙蟹 *Lupocyclus philippinensis*、丽纹梭子蟹、刺足掘沙蟹、紫红隆背蟹 *Carcinoplax purpurea*、骑士章海星、网楯海胆 *Clypester reticulatus*、翅棘真蛇尾 *Ophiura pteracantha*、亲近大刺蛇尾 *Macrophiothrix propinqua*。

4. 南海诸岛珊瑚礁热带区

也称为南海诸岛热带动物区系。包括海南岛南端、台湾南部及其以南广阔水域中的西沙群岛、东沙群岛、中沙群岛和南沙群岛，覆盖 3.0°～20.0°N 广阔海域。由于毗邻赤道，水温高，形成了发达的珊瑚礁和热带珊瑚礁栖动物区系。但海南岛南端是珊瑚礁分布的北部边缘区，造礁石珊瑚种类较少，不及百种，而且缺乏一些典型种，如笙珊瑚 *Tubipora musica*、苍珊瑚 *Heliopora aerulea*、正腔纹珊瑚 *Coeloseris mayeri*、棘鹿角珊瑚 *Aoropora echinaa*、栅列鹿角珊瑚 *A. palifera*、柱状珊瑚属 *Stylophora* spp.、排孔珊瑚属 *Seriatopora* spp. 等多种。整个南海诸岛珊瑚礁的造礁石珊瑚约在 300 种以上。

热带珊瑚礁环境动物种类十分丰富，多样性很高，软体动物双壳类中的砗磲科 Tridacnidae 和银边蛤科 Fimbriidae，已分别采到 6 种和 2 个仅有的现生种。仅见于珊瑚礁的软体动物有拟海菊足扇贝 *Pedum spondyloideum*、异常牡蛎 *Anomiostrea coraliophila*、长格厚大蛤 *Codakia tigerina*、卵梭螺 *Ovula ovum*、宝贝科和芋螺科（Conidae）中的许多种。棘皮动物中的种类更多，有喇叭毒刺海胆 *Toxopneustas pilealus*、白底辐参 *Actinopyga mauritiana*、黑参 *Holothuria arta*、绿刺参 *Stichopus chloronotus*、面包海星 *Culcita novaeguneae*、蓝指海星 *Linckia laevigata*，甲壳类的多种珊瑚礁栖热带种鼓虾科的鼓虾属 *Alpheus*、合鼓虾属 *Synalpheus*、角鼓虾属 *Athanus*（刘瑞玉、蓝金运，1978），隐虾亚科 Pontoniinae 的珊瑚虾 *Coralliocaris*、尤卡虾 *Jocaste* 等，藻虾科的扫帚虾 *Saron*、托虾 *Thor*、梯形蟹 *Trapezia*、拟梯形蟹 *Tetralia*、短浆蟹 *Thalamita*、盾牌蟹 *Percnon*（多种）、食贝绵蟹 *Dynomene praedator*，这些种类既出现于南海诸群岛，又分布到海南岛南端的珊瑚礁，但其中有许多种不能或很少分布到广东沿岸和外海。另外，我们还发现一些热带性很强的种类，它们不但不能出现于南海北部水域，就是海南岛南端的珊瑚礁中也没有它们的踪影。这样的种有棘皮动物的石笔海胆 *Heterocentrotuo mamillatus*、双角海壶 *Metalia dicrana*、辐肛参 *Actinopyga ananas*、梅花参 *Thelenota ananas*、粒皮海星 *Cheriaster granulatus*、多筛指海星 *Linckia multifora*、三带刺蛇尾 *Ophiothrix trilineata*，软体动物的豹芋螺 *Conus leopardus*、使者芋螺 *C. legatus*、细线芋螺 *C. tenuistriatus*、唐冠螺 *Cassis cornuta*、红口风螺 *Strombus erythrinus*、齿凤螺 *S. dentatus*、规矩丁蛎 *Malleus regula*、银边蛤 *Fimbria fimbria*、史氏银边蛤 *F. soverbii*、大砗磲 *Tridacna gigas*、砗磲 *Hippopus hippopus*，甲壳类的蓝足短浆蟹 *Thalamita coeraleipes*、细足短浆 *T. tenuis*、三线短浆蟹 *T. demani*。这些珊瑚礁间栖息的动物也都是印度-马来热带动物区系中的习见种或优势种。

作者发现在印度-西太平洋热带水域广分布种中有一些不连续分布的类型。例如，南海诸岛珊瑚礁栖息的海参纲成员 51 种（廖玉麟，1997），有 26 种广分布于印度-西太平洋热带水域。另有 25 种在印度-西太平洋的分布是不连续的间断分布，在印度洋它们只见于东非的马达加斯加岛、塞舌尔群岛和毛里求斯群岛，但又出现于远离东非的西太平洋的澳大利亚、印度尼西亚、菲律宾和南中国海，向北可到日本和夏威夷，但却不见于同东非相近的印度次大陆沿岸的阿拉伯海和孟加拉湾。在这两个遥远隔离的分布区，它们的交流可能是通过印度洋中部的海流来完成的，从而回避了印度洋北部的沿岸水。从它们仅分布于珊瑚礁中，说明这些种都是狭高温、狭高盐的典型热带种。蛇尾纲中的刺蛇尾属 *Ophiothrix*（廖玉麟，2004），在南海诸岛已发现 9 种，全部属同样的分布格局。这种分布类型的种，还出现在软体动物和甲壳类中，在鱼类也不罕见；藻类的麒麟菜，中国所发现的 9 种中有 5 种属这种分布类型，说明这不是个别的偶然现象，它是生物对环境适应的必然结果。

（四）中国海亚热带、热带动物区系区划存在的问题

1. 南海与东海区系种类组成的显著差异

作者最近研究结果显示，东海和南海北部动物区系组成这两个海区是通过台湾海峡联系在一起的，它们之间有很多共有的种类，区系组成中相似性程度很高，充分地显示了它们同属印度-西太平洋暖水区的共同特征，但区系组成中也存在着不可忽视的差异：

各类群动物的暖水种数南海都多于东海（表 6.2），它们之间的比例是多毛类环节动物和刺胞动物较低，分别是 1.8：1 和 1.9：1；其次是棘皮动物 2.4：1；软体动物 2.7：1；甲壳类及多孔动物南海种数较多，分别是 3.0：1 和 4.7：1。东、南海在种数上的差别很大（刘瑞玉，2008）。

东海在区系组成中独立性较差，地方性的种类较少，例如棘皮动物中的蛇尾纲，在南海亚热带水域已发现有 9 个新种，也可认为是地方性种，而东海没有一个新种；海参纲南海大陆架水域有 13 个新种，东海也只有 2 个；在南海陆架区有 16 个低等蟹类的新种，东海有 6 个；而对虾在南海有 5 个地方性种，东海一个也没有。

东海缺少一些广分布于印度-西太平洋暖水区的属，在这方面表现最突出的是双壳类软体动物，如 * 海月蛤科 Placunidae 中的 * 鞍海月 *Placuna ephippium*；不等蛤科 Anomidae 的 * 难解不等蛤 *Enigmonia aenigmatica*；鸟蛤科 Cardiidae 中的 * 卵鸟蛤属 *Maoricardium* 南海有 2 种，* 棘刺鸟蛤属 *Vepricardium* 南海有 4 种，脊鸟蛤属 *Fragum* 南海有 3 种，还有异纹鸟蛤属 *Discors*、滑鸟蛤属 *Laevicardium*；扇贝科的日月贝属 *Amusium* 南海有 3 种；棘皮动物中硬紫参科 Sclerodactylidae 中的哈威参属 *Havelockia*、非洲异参属 *Afrocuenmis*、枝栖参属 *Cladolabes*、真赛瓜参属 *Tuthyonidella* 和棘杆瓜参属 *Ohshimella*；多毛类的麦缨虫属 *Megabmma* 都未见于东海（类彦立等，2008）。这些属或属中的种类大都是南海、印度-西太平洋或印度洋其他水域中的习见种或优势种。它们在南海的分布大都停留在厦门（东山）—澎湖—台南（高雄）一线的南侧，不能通过台湾海峡进入东海，有些属、种也不能进入日本水域（带 * 者）。

东海也栖息着一些不能通过台湾海峡进入南海的种，有软体动物的苍鹰美女蛤 *Laevicirce soyoae*、濑又小囊蛤 *Saccella sematensis*、* 小型深海蚶 *Bathyarca hyurokusimana*、深海樱蛤 *Bathytellina citrocarnea*、* 渐深海樱蛤 *Bathytellina abyssicola*（带 * 者不是深水种，都栖息于陆架区）、西村明樱蛤 *Moerella nishimurai*、反转猿头蛤 *Pseudochama retroversa*、三分倍棘蛇属 *Amphioplus trichoides* 等，但它们大都是东海-日本的特有种，说明东海同日本南部在动物区系组成中又有一个共同点。还有一些棘皮动物也仅出现在东海，未发现于南海。

以上各种情况说明，东海和南海之间的动物区系组成中差别是普遍存在的，它不同程度地表现在软体动物、棘皮动物和甲壳类等无脊椎动物各门类的组成中。

2. 关于北部湾的底栖动物区系

作者发现北部湾亚热带区系的组成有它的特点，特别表现在一些低等蟹类的分布

（陈蕙莲等，2002），如 * 和顺核果蟹 Nuciops modesta、* 海洋拟精干蟹 Pariphiculus marinanne、长臂玉蟹 Leucosia longibrachia、盾形馒头蟹 Calappa clapeata、脊七刺栗壳蟹 Arcania heptacantha、凯氏长臂蟹 Myra kessleria，它们在南海仅出现于北部湾水域，琼州海峡成为它们不可克服的障碍，不能通过这里进入粤西水域。其中有些是优势种，出现率和数量都较高（带 * 者）。具有同样分布格局的还有软体动物的凸云母蛤 Yoldia serotina、粗蛤蜊 Mactra aphrodina、古氏双齿蛤 Diplodonta gurjanovae、朽叶蛤 Coecella horsfieldi 和棘皮动物的长棘砂海星 Luidia longispina、粒毛冠海胆 Chaetodiaclema granulata、拟星壶海胆 Paraster compacta、足赛瓜参 Thyone pedata、可克沙鸡子 Phyllophorus hohkutiensis、多弯尻参 Caudina atacta。以上这些种类大多是由印度洋通过东南亚进入北部湾，还有些是来自东南亚。

至于南海北部外陆架的亚热带区系中的成员，除前面已经提到过的种类外，一些低等蟹类在南海的分布限于从厦门附近到粤西水域，从不进入北部湾。这样的种有武装筐形蟹 Mursia armata、泡突馒头蟹 Calappa pustulosa、卷折馒头蟹 C. lophos、短刺伊神蟹 Izanami curtispina、杂粒拳蟹 Philyra heterograna、中华关公蟹 Dorippe sinica 和颗粒拟关公蟹 Paradorippe granulata；软体动物有环肋胡桃蛤 Nucula cyrenoides、指纹蛤 Acila divaricata，这两种分布类型的出现表明，在南海陆架亚热带区系可能有两个初级的动物地理学单位，它们之间的界线应在雷州半岛，半岛以东到厦门，雷州半岛到越南由于资料的不足界线尚不能确定。

3. 关于南海热带和亚热带区系的界线

台湾岛南部同海南岛南端之间连线以南的南海诸岛的典型热带动物区系应是印度-马来区的一部分。这在 Ekman（1953）就被确认，不过当时他把印度-马来区的北界划在远在东海的浙江温州；Briggs（1974）则把北限确定在香港，他把香港以北到温州的水域称为暖温带，而未设亚热带区系。刘瑞玉（1963）与张玺等（1963）认为，台湾南部到海南岛南端连线是热带动物区系在中国海的北限，这同曾呈奎的海藻区划方岸基本一致，并得到了多数区系研究者的认同。

底栖生物与游泳生物的区系划比较相近，与浮游生物差异显著——东海-南海陆架海域热带与暖温带区系直接相交混过渡，不见亚热带区系的观点值得进一步研究。因为这一海域存在地区特有种——中华假磷虾、大黄鱼。

（五）小　结

（1）中国海底栖动物区系是暖水性的，东、南海域属印度-西太平洋暖水动物区系，东海和南海北部陆架海域属亚热带成分，过去一直被称为"中国-日本亚热带生物亚区"；台湾岛东南岸和海南岛南端以南广阔海域的底栖动物属印度-马来热带区系亚区；北部的黄海和渤海由于有黄海冷水团的存在而使温（冷）水性的北温带种占了优势，属于北太平洋温带区系区的东亚亚区，黄海应是一个省级单元。

（2）中国大陆近海底栖动物区系组成、分布有三条明显的分界线（图 6.24，图 6.25）：①长江口附近斜向朝鲜半岛南端，它是北太平洋温带区同印度-西太平洋暖水区

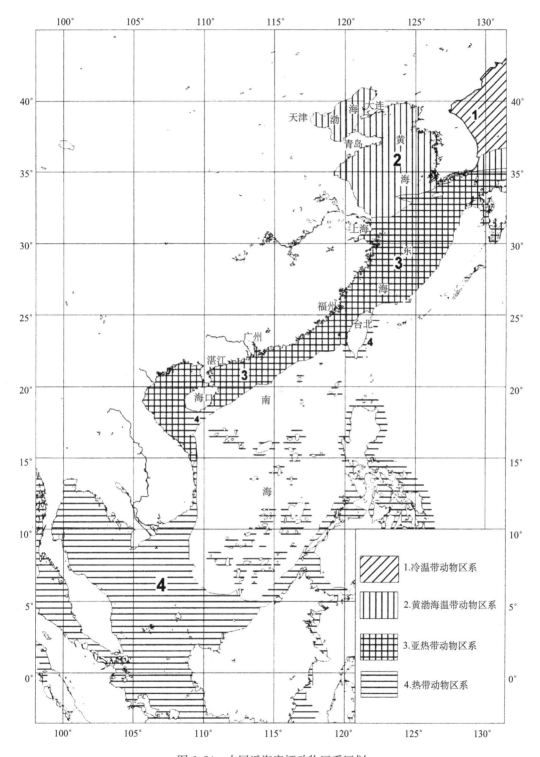

图 6.24　中国近海底栖动物区系区划

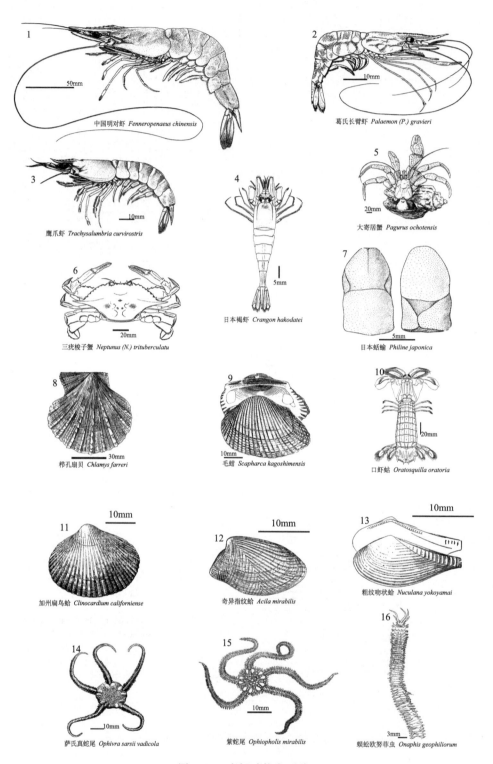

1 中国明对虾 *Fenneropenaeus chinensis*
2 葛氏长臂虾 *Palaemon (P.) gravieri*
3 鹰爪虾 *Trachysalumbria curvirostris*
4 日本褐虾 *Crangon hakodatei*
5 大寄居蟹 *Pagurus ochotensis*
6 三疣梭子蟹 *Neptunus (N.) trituberculatu*
7 日本蛄蝓 *Philine japonica*
8 栉孔扇贝 *Chlamys farreri*
9 毛蚶 *Scapharca kagoshimensis*
10 口虾蛄 *Oratosquilla oratoria*
11 加州扁鸟蛤 *Clinocardium californiense*
12 奇异指纹蛤 *Acila mirabilis*
13 粗纹吻状蛤 *Nuculana yokoyamai*
14 萨氏真蛇尾 *Ophivra sarsii vadicola*
15 紫蛇尾 *Ophiopholis mirabilis*
16 蜈蚣欧努菲虫 *Onaphis geophiliorum*

图 6.25　底栖动物主要种

在亚洲大陆近海的分界线；这条线基本没有地理阻障 Barrier，但有生态阻障。②台湾岛东、南部与海南岛南端的连线是印度-西太平洋暖水区热带同亚热带区的分界线。③厦门（东山）—澎湖—台南（高雄）连线，应是亚热带生物地理区的两个次级区划单元的分界线。

（3）关于中国-日本亚热带区系。深入比较海洋环境（特别是海流、水温、盐度）和生物种类成分，有很多相似处，也有显著差异，应做进一步比较，研究多个类群的全部种类。中国-日本的海洋动物区系是否应连成一个亚区级单元，还需要全面深入分析比较，找出合理方案。

自 20 世纪 60 年代以来，包括作者在内的中国海洋生物研究者多年采用曾呈奎等（1963）提出的区系区划方案，将南海和东海的亚热带生物区系归于印度-西太平洋暖水生物区系的中国-日本亚热带生物区系亚区。这是从印度-西太平洋较大地理范围来考虑种类成分有较多相似点的归类。当时（半个世纪以前）受生物区系种类及分布资料尚少的限制。经过多年来有关研究的进展和新资料的获得，作者发现，"中国-日本亚热带区系亚区"范围内，中国东海、南海与日本、越南等相邻海域区系成分虽有相同之处，但存在着显著差异，特别是中-日海域间和东海与南海海域间陆架区系组成种类和分布的差异也很大，应该做进一步深入研究和较细致的区划。本节所述仅反映作者团队进一步分析研究所取得的初步了解和认识，有关研究还在继续扩大和深入。

三、底栖动物数量分布[*]

底栖生物数量分布既是反映海区自然环境和生物区系特点的一种数量上的尺度标志，又是评估水域生产力所必需的基本资料。中国海底栖生物数量分布总的格局是，长江口以北的黄、渤海，位于北半球中纬度南部温带海区，底栖生物数量较高；长江口以南广大的东海和南海，位于低纬度温暖海域，数量较低，而且由北向南、由沿岸浅海向陆架外缘深海区，都呈现出明显的递减梯度。本节根据定量资料积累情况，简述大型底栖动物生物量和栖息密度组成、分布特点[①]。

（一）生物量分布

1. 总生物量分布

中国海底栖生物总生物量以北黄海为最高，年平均值 $61.8g/m^2$；其次是东海内陆架区和台湾海峡西岸 50m 水深以内的浅水区，分别为 $31.7g/m^2$ 和 $38g/m^2$，大体上相当于北黄海的 1/2 稍强；第三是南黄海和渤海，分别为 27.7 和 $24.3g/m^2$。其他海区都较低，均不足 20 g/m^2，多数都在 $12g/m^2$ 以下。由表 6.4 可以看出，这些低生物量区都分布在东海和南海，就其中较高的东海陆架区来说，也不足 $12g/m^2$，南海北部陆架区只

---

[*] 本节作者：唐质灿、刘瑞玉、徐凤山

① 鉴于底栖动物受海底地形地貌、沉积物类型和水温状况等环境条件影响，斑块状不均匀分布情况显著，故数量分布数据分小区统计，以减少数量统计的偏差

有 10.4g/m²，南海南部——南沙群岛陆架区更低，为 7.39g/m²。在东海冲绳海槽200～1000m 水深的西坡上，底栖生物总生物量仅 3g/m² 多，在 1000m 水深以下的海槽底部极低，不到 1g/m²；在南海北部大陆坡上区 200～400m 水深处，总生物量只有 0.85g/m²，在中、下区 800～2000m 水深处极低，为 0.21g/m²。南海深海盆目前调查还很少，但据有限的调查资料也可看出底栖生物总生物量很低，在 1g/m² 以下。很清楚地反映出，底栖生物生物量在边缘海的分布有随着深度的增大而减小的特点。

表6.4　中国海各海区大型底栖动物平均生物量及其组成 （g/m²）

海区	总生物量	多毛类	软体动物	甲壳类	棘皮动物	其他
渤海	24.3	1.4	16.9	1.2	3.1	1.7
北黄海	61.8	5.9	31.3	1.8	15.3	9.3
南黄海	27.7	3.6	11.7	1.5	7.4	3.5
东海大陆架	11.8	2.6	5.4	1.1	1.0	1.7
内陆架	31.7	2.8	4.1	1.0	24.1	2.4
外陆架	12.6	2.8	5.6	1.3	1.1	1.8
冲绳海槽						
200～1000m	3.57	1.23	0.02	0.00	1.93	0.39
＞1000m	0.72	0.03	0.00	0.09	0.23	0.37
台湾海峡						
西岸浅水区＜50m深	38.00	2.70	5.36	3.08	21.66	5.20
中、北部	13.86	1.98	1.46	2.25	6.18	1.99
南海北部大陆架	10.40	1.30	2.73	2.70	1.90	1.77
＜50m	19.68	1.93	10.28	2.62	1.86	2.99
50～100m	6.24	1.23	1.28	1.17	1.12	1.44
100～200m	2.50	0.68	0.32	0.68	0.40	0.42
200～400m	0.85	0.12	0.04	0.03	0.61	0.05
800～2000m	0.21	0.11	0.00	0.03	0.07	0.00
北部湾	11.43	1.17	1.46	3.20	2.66	2.92
南海南部大陆架	7.39	—	—	—	—	—

中国海底栖生物总生物量的分布，在不同海区极不一致、也不均匀，各季间数量无显著的季节变化差异。不同海区的总生物量都各有自己的组成和分布特点，并显示出其物种的生态性质与沉积物类型、水深和水动力状况有相关性（图6.26，图6.27）。高生物量区多分布在内陆架沿岸浅水区，其中以在渤海 3 大湾沿岸水域和北黄海老铁山水道北侧小区为最高，常在 250～500g/m² 以上，最高纪录超过 4000g/m²。其次是东海舟山群岛以南 30～60m 水深的内陆架区、台湾海峡西岸海坛岛以北小区、南海北部粤东和广州湾沿岸水域生物量较高，常高达 100～250g/m²，在南黄海山东日照近岸、大沙渔场区、长江口外附近海区、台湾海峡西岸闽南六鳌以东小区、广东沿岸几个河口附近小区、北部湾东北部雷州半岛西岸和湾口东部海南岛西南近岸，以及黄海冷水团的一些小区，生物量也较高，为 50～100g/m²。外陆架高生物量区只有一处，在东海东南黑潮流经区的内侧一小片硬底区，可达到 100g/m² 上下。有意义的是，在东海冲绳海槽西坡的 1000 多米深的一个站上，由生活在深海的海绵动物形成的高生物量竟达到 340g/

m²。其他大部海域生物量都低于5g/m²，几乎东、南海全部外陆架水域都是这个量级，而在水深200m以下的大陆坡、东海冲绳海槽和南海深海盆都不足1g/m²；在沿岸水域，低生物量区主要在长江口南区至杭州湾一带海域，一般在1g/m²左右，因为这里是长江冲淡水沉积速率最高的海域，同时又受到强潮流冲刷的影响，这种环境极不利于生物生存，因而，这里底栖生物稀少，生物量很低。

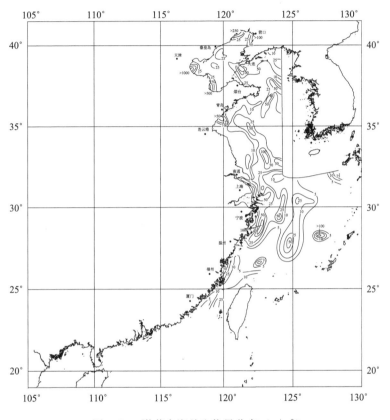

图6.26　渤黄东海总生物量分布（g/m²）

中国海陆架区底栖生物总生物量组成中，软体动物生物量，除在北部湾、东海内陆架、南海大于100m的深水区和台湾海峡较低外，都占明显的优势，棘皮动物次之。两者的生物量虽高，但出现率低，例如在南海都不足50%。多毛类和甲壳类分列第3和第4位，其出现率很高，在南海分别为90%和85%。在200m水深以下的大陆坡和深海盆，组成情况有很大变化，以棘皮动物和多毛类占优势，软体动物和甲壳类生物量明显下降。而刺胞动物、脊索动物和海绵动物，在整个底栖生物生物量组成中，占比例虽小，但在局部小区有占优势的情况出现。下面简述主要类群生物量分布。

2. 主要类群生物量分布

1）软体动物

中国海陆架区软体动物生物量的分布，在不同海区之间或在同一海区之内，都极不

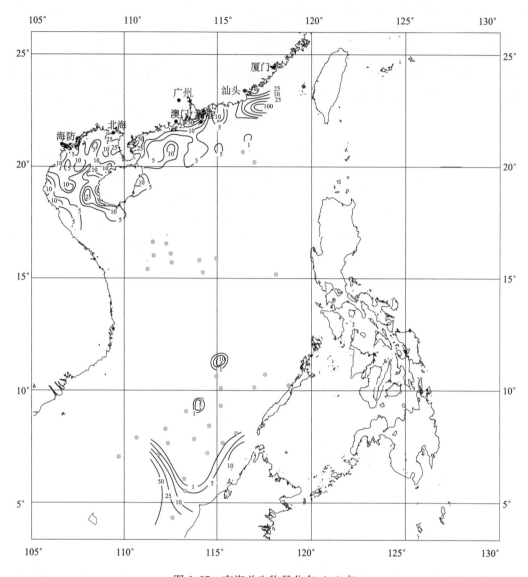

图 6.27　南海总生物量分布（g/m²）

平衡，又不均匀，北黄海平均生物量高达 31.6g/m²，而北部湾和台湾海峡中北部海域低到只有 1.46g/m²，相差 20 多倍，渤海、南黄海和南海广东沿岸浅水区，介于 10～20g/m² 之间，其他陆架区都较低，一般为 1～5g/m²，而杭州湾和大陆坡、深海盆生物量更低，多在 1g/m² 以下，甚至大片海域不出现。高生物量区多分布在一些内陆架近岸浅水区，其中以渤海三大湾的河口沿岸水域、老铁山水道北侧小区、北黄海冷水区、南黄海山东半岛东端附近小区、大沙渔场西南小区，东海浙江近岸和南海广东近岸的一些浅水软泥区较为突出，常高于 100～250g/m²，而以渤海湾海河口附近小区和老铁山水道北侧小区生物量为最高，常出现 1000g/m² 以上，这 2 处最高纪录分别为 4692 和 2673g/m²，前者因毛蚶 *Scapharca kagoshimensis*、后者因布氏蚶 *Arca boucardi* 大量出现所形成。在外陆架区，高生物量只有一处，在东海东南黑潮主流内测附近海域，生物

量常在 $50\sim100\text{g/m}^2$ 上下，最高纪录为 254g/m^2。优势种都是双壳类，例如埋栖生活的毛蚶、绣粗饰蚶，都分布在沿岸浅水细颗粒沉积区，营附着生活的布氏蚶、偏顶蛤 *Modiolus modiolus* 都分布在水流强的硬底区，栉江珧 *Atrina* sp. 和尖刺鲽蛤 *Spiniplicatula muricata* 栖息于砂质区，充分反映出与环境的关系。

在黄海冷水团范围内的秀丽波纹蛤 *Raetellops pulchella*、薄壳索足蛤 *Thyasira tokunagai*，黄渤海沿岸浅水区的金星蝶铰蛤 *Trigonothracia jinxingae*、内肋蛤 *Endoplura lubria* 和理蛤 *Theora lata*，东海的明樱蛤 *Moerella* spp.、亮樱蛤 *Nitidotellina* spp. 数量都比较多，由于个体小，生物量并不高，但它们都是上述水域中数量组成中的基本成员，也都是经济虾蟹类的天然饵料。

2）棘皮动物

陆架区棘皮动物生物量分布也很不均匀。东海浙江近岸水域和台湾海峡西岸浅水区，生物量特高，平均值都超过 21g/m^2，在生物量组成中居首位，北黄海为 15g/m^2，低于软体动物。其他海区，除南黄海和台湾海峡中北部有 $6\sim7\text{g/m}^2$ 外，一般都较低，在 $1\sim3\text{g/m}^2$ 以下。在大陆坡和深海盆虽较低，但只低于多毛类，高于软体动物，仍是优势类群之一。高生物量区主要分布在内陆架和海湾，以舟山群岛东南和闽江口外以南至海坛岛 2 个小区生物量为最高，常高于 250g/m^2，最高纪录分别为 777g/m^2 和 470g/m^2，优势种是凹裂星海胆 *Schizaster lacunosus* 和滩栖阳遂足 *Amphiua vadicola*；该种阳遂足在辽东湾、长江口和钱塘江口外近岸小区也很高，都在 $100\sim200\text{g/m}^2$ 之间；北部湾东南、海南岛西岸也较高，常稳定在 $50\sim100\text{g/m}^2$，优势种是櫛蛇尾；在黄海冷水群落的 2 个核心区生物量也高，最高纪录达 325g/m^2，优势种是紫蛇尾和浅水萨氏蛇尾 *Ophiura sarsii vadicola*。此外，在该类生物量组成中，海地瓜、棘刺锚参和一些小型蛇尾类等物种较常见，起到一定作用。

3）甲壳动物

甲壳动物生物量不高，也不甚均匀。虽然中国海的虾、蟹和虾蛄的物种非常多、数量大，但由于这些甲壳动物游动能力较强，以采泥器作定量取样器具很难采到，而采到的物种，多属潜居底内生活或游动能力较弱者。就此而论，中国海陆架区甲壳类生物量则以北部湾为最高，周年平均值为 3.2g/m^2，高于所有类群，而居首位；其次，是台湾海峡和南海北部广东沿岸浅水区，介于 $2\sim3\text{g/m}^2$ 之间；渤、黄、东海较低，为 $1\sim2\text{g/m}^2$。各海区生物量高低相差不明显，且有南部海域高于北部的趋势。总的来看，大部分陆架区生物量都较低，不到 1g/m^2，在大陆坡和深海盆，生物量更低，一般都在 0.5g/m^2 以下。高生物量区较少，常见的主要分布在长江口外北侧小区、台湾海峡西岸兴化湾口外附近和六鳌东南，以及北部湾东口、海南岛西南端近岸等砂质沉积区，可高达 50g/m^2 左右，最高纪录为 72.6g/m^2，优势种是潜居砂底生活的小蟹——豆形短眼蟹 *Xenophthalmus pinnotheroides*；雷州半岛两侧近岸软泥区也较高，常在 $10\sim20\text{g/m}^2$ 上下，优势种是似招潮宽甲蟹；此外，在沿岸水域还散布有 10g/m^2 左右生物量的一些零星点。在生物量组成中，除上述优势种外，蝼蛄虾 *Upogebia* sp.、洁白美人虾 *Callianassa modesta*、鼓虾 *Alpheus* spp.、细螯虾 *Leptochela* spp.、盲裸蟹 *Typhlocarinus nudus*、

刺足掘沙蟹 *Scalopida spinosipes* 和一些端足类等物种也占有一定的比例。端足类中博氏双眼钩虾 *Ampelisca bocki*、短角双眼钩虾 *A. brevicornis*、轮双眼钩虾 *A. cyclops*、长尾亮钩虾 *Photis longicautata*、日本沙钩虾 *Byblis japonicus*、锯齿利尔钩虾 *Lilje- borgia serrata* 等，它们虽然个体小，生物量低，但出现率较高，而且这些种大都是全国沿岸浅水区所共有的。

4）多毛类

生物量分布比较均匀，只有北黄海较高，其平均值为 5.9g/m²，其他陆架区平均生物量均在 1~4g/m² 之间，各海区之间差别不大。其生物量一般都低于上述 3 个类群，多处在第 4 或第 3 位。在大陆坡和深海盆，生物量为 1g/m² 上下，是优势类群。在定量采泥样品中，其出现率很高，但无明显的高生物量区。一般来说，粗颗粒沉积区，其生物量较低，不到 1g/m²；细颗粒沉积区较高，例如，黄海冷水团及其边缘区和长江口外东南小区，常出现 20~30g/m²，最高纪录达 37/m²，优势种是异齿短脊虫 *Aschia disparidentata*、蜈蚣欧努菲虫 *Onuphis geophiliformis*、角管虫 *Ditrupa arietina*、梳鳃虫 *Terebellides stroemii*；珠江口西侧小区，生物量常高于 10/m²，最高纪录 17.6g/ m²，优势种是双形拟单指虫 *Cossurella dimorpha*。不过，在长江口南区至杭州湾一带水域，虽为细颗粒淤泥底，其生物量却很低，是由于这里受高沉积速率和强潮流冲刷的影响，难以在这种环境生存所致。

5）其他类群

除上述主要类群外，刺胞动物、脊索动物、腕足动物、海绵动物等，在底栖生物量组成中也占有一定的比例，尽管生物量很小，大片海域不出现标本，但在局部小区，有些种在其栖息地适宜的生态环境下繁衍发展成高生物量区。例如，有色菜萼软珊瑚，成群地栖息在南黄海大沙渔场西南小区，生物量常超过 100g/m²；潜居砂底生活的日本文昌鱼 *Branchiostoma japonica* 在渤海昌黎沿岸种群数量非常大，甚至曾认为是可开发的高级水产资源。白氏文昌鱼 *B. belcheri* 和短刀侧殖文昌鱼 *Epigonichthys cultellus* 在闽粤交界处东南近岸和北部湾白龙尾岛以西的砂底海域，常在 20g/m² 以上；营附着生活的酸酱贝在北黄海老铁山水道北侧硬底区，多在 20g/m² 左右。

（二）栖息密度分布

1. 总栖息密度分布

栖息密度又称丰度（abundance），是以每平方米海底表层沉积物中的动物个体数反映海区自然环境和生物数量特点的一种标志。中国海陆架区底栖生物栖息密度的分布，基本上与生物量一样，也是以北黄海最高，年平均值为 223ind/m²；其次是东海内陆架和台湾海峡中北部海域，都在 180ind/m² 左右，渤海、南黄海、南海北部广东沿岸和台湾海峡西岸浅水区以及北部湾，大体上在 100~135ind/m²，东海和南海北、南外陆架较低，由北向南依次为 86~63ind/m²，不足 40ind/m²，并且继续向大陆坡和深海盆递减，均在 30~10ind/m² 以下（图 6.28，图 6.29）。整体来看，栖息密度分布比较匀称，高密度区主要分布在内陆架沿岸浅水区，以北黄海旅顺口近岸小区密度为最高，常在 2000ind/m² 左右，最高纪录达 3655ind/m²；渤海湾和莱州湾近岸、北黄海辽东半岛近岸、山东半岛北部近岸、南黄海青岛东南近海和日照附近沿岸砂底小区、长江口外北侧砂底小区、台湾海峡中部海域和西岸一些小区、南海北部汕头东南近岸砂底小区、珠江口西侧小区、北部湾白龙尾岛以西和海南岛西南近岸砂底小区等海域，密度都较高，常超过 250ind/m²，都是三种文昌鱼的出现所形成。低密度区主要分布在东海和南海北部外陆架、南海南部陆架和北部湾中南部海域，一般在 50ind/m² 左右，最低密度区为大陆坡和深海盆，多在 10ind/m² 以下。值得注意的是，长江口南侧至杭州湾一带水域，密度也非常低，常不到 10ind/m²。这是由于这里为高沉积速率和强潮流冲刷的生态环境，不利于底栖生物生存所致。除以上海区外，其他海域的密度，一般都在 100~250ind/m²。

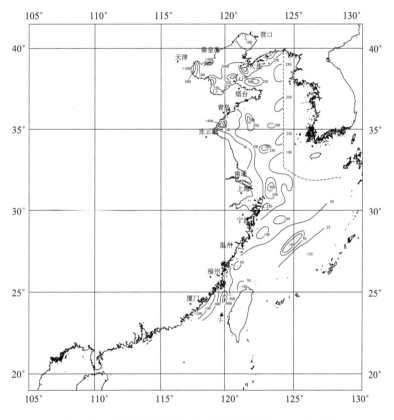

图 6.28　渤黄东海底栖生物总栖息密度分布（ind/m²）

中国海底栖生物总栖息密度组成，和前述生物量不同，是以多毛类为首要类群，除台湾海峡和北部湾稍次外，在其他海区栖息密度都大于别的类群，甲壳类栖息密度仅低于多毛类，居第 2 位，软体动物和棘皮动物栖息密度，除在少数海区稍高外，明显低于前 2 类，分列第 3 和第 4 位，其他类群占比例很小（表 6.5）。下面对主要类群作以简述。

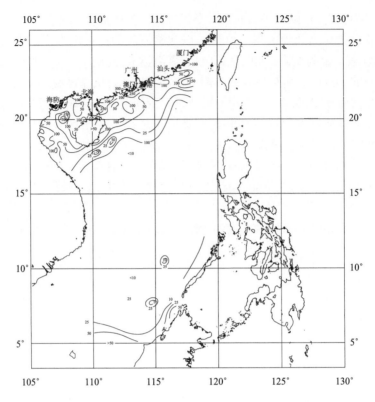

图 6.29 南海底栖生物总栖息密度分布（ind/m²）

表 6.5 中国海各海区大型底栖动物平均栖息密度（ind/m²）

海 区	总个体数	多毛类	软体动物	甲壳类	棘皮动物	其他
渤 海	127	39	33	28	17	9
北 黄 海	223	76	68	43	18	18
南 黄 海	126	46	29	23	15	13
东 海 大 陆 架	134	59	25	27	9	14
内陆架	190	101	17	37	21	14
外陆架	86	36	7	19	9	15
冲 绳 海 槽						
200～1000m	23	13	1	0	3	7
>1000m	14	2	0	1	1	10
台 湾 海 峡						
西岸浅水区<50m深	116	24	15	32	40	5
中、北部	178	38	7	95	28	10
南 海 北 部 大 陆 架	77	33	7	26	6	5
<50m	133	58	13	43	8	11
50～100m	63	27	4	21	6	5
100～200m	36	14	3	14	5	0
200～400m	13	7	1	3	2	0
800～2000m	15	7	0	3	5	0
北 部 湾	109	30	5	48	9	17
南 海 南 部 大 陆 架	44	11	1	7	3	22

2. 主要类群栖息密度分布

1) 多毛类

除台湾海峡西岸浅水区和北部湾海域外，多毛类的栖息密度都明显大于别的动物类群，在密度组成中居于首要地位。以东海内陆架区密度为最高，其周年平均值为 101ind/m²，北黄海、南海北部广东沿岸浅水区、台湾海峡中北部、东海外陆架和北部湾等海域也较高，介于 30～76ind/m²，其他陆架区密度都较低，在 10～24ind/m² 之间，大陆坡和深海盆密度很低，虽大都低于 10ind/m²，但出现频率较高。总体来说，多毛类栖息密度分布比较均匀，高密度区都分布在沿岸浅水区，但为数不多，以珠江口西侧约 6～7m 水深的软泥区密度为最高，常在 400～500ind/m² 以上，最高纪录达 3385ind/m²，长江口外近岸区也出现有超过 1000ind/m² 的小区，它们分别由单指虫 Cossura longocirrata 和无毛新中蚓虫 Neomediomastus glabrus 2 个优势种大量所构成。在山东半岛北部和青岛东部近海分布有 250ind/m² 以上的高区，最高纪录达 860ind/m²，主要由角管虫构成。

2) 甲壳动物

在栖息密度组成中，甲壳动物仅次于多毛类，而高于软体动物和棘皮动物，居第 2 位，以台湾海峡中北部海域密度为最高，其全年平均值为 95ind/m²，北部湾、黄海、东海内陆架、南海北部广东沿岸和台湾海峡西岸浅水区，密度也较高，均在 40ind/m² 左右，其他陆架区多在 20ind/m² 上下，大陆坡以下深海区密度很低，不足 10ind/m²，出现率也低，常有站位不出现标本。甲壳动物的密度分布，除台湾海峡水域表现复杂外，其他海区都比较均匀，高密度区的优势种全是小型底内生活的物种，如顶级高密区——台湾海峡中北部小区，密度常超过 500ind/m²，最高值达 3650ind/m²，其优势种为小型端足类，类似情况也出现在北黄海辽宁庄河沿岸水域的高密度区，最高纪录为 2505ind/m²，优势种是端足类沙钩虾 Byblis japonicus。甲壳动物高密度区的另一个特点是，暖水性浅海潜砂生活的小蟹——豆形短眼蟹，在长江口及其以南的许多小区形成高密度区，如长江口外北侧近岸小区、台湾海峡西岸的兴化湾口外北侧和六鳌东南 2 个砂底小区、海南岛东北和西南近岸的砂底小区，密度都超过 250～500ind/m²，而在长江口外小区竟有高达 5057ind/m² 的记录。

3) 软体动物

软体动物栖息密度明显低于上述 2 类，稍高于棘皮动物，居第 3 位。以北黄海和渤海密度为最高，其周年平均值分别为 68 和 33ind/m²，其次为南黄海和东海内陆架，分别为 29ind/m² 和 17ind/m²，其他陆架区密度都较低，除台湾海峡西岸和广东沿岸浅水区稍高于 10ind/m² 外，都出现很少个体，大陆坡和深海盆更低，大片海域采不到标本。软体动物栖息密度的分布极不均匀，高密度区主要在沿岸水域，以北黄海老铁山水道北侧硬底区和海河口外渤海湾沿岸软底区密度为最大，常在 500～1000ind/m² 以上，最高纪录分别是 3250ind/m² 和 838ind/m²；其次是粤东汕头和海丰东南近岸区，密度常高于

50～100ind/m²，莱州湾西岸、黄海山东半岛东端近岸和大沙渔场多在 50ind/m² 左右；外陆架高密度区只有东海东南外陆架黑潮流经区内侧的一小片硬底海域。构成这些高密区的优势种，都是双壳类，如营附着生活的布氏蚶、偏顶蛤和尖刺鹏蛤和埋栖底内生活的毛蚶、栉江珧和锈粗饰蚶。其他陆架区大部海域密度为 5～10ind/m² 上下，大陆坡和深海区密度很低，出现率极低。

4）棘皮动物

只有台湾海峡西岸浅水区一处全年平均栖息密度高达 40ind/m²，稍高于上述 3 个类群。在其他海区都处于次要类群位置，其中除黄渤海、东海内陆架和台湾海峡中北部海域的密度为 20ind/m² 左右稍高外，大部海域均为 5～10ind/m² 以下的低密度区，但出现率较广泛。高密度区较多，常分散在海湾沿岸水域，其中最密集的一块在台湾海峡西部闽江口外以南至海坛岛北部水域，栖息密度常超过 500ind/m²，最高纪录为 1680ind/m²，优势种是滩栖阳遂足，该种在辽东湾、长江口和钱塘江口外附近海域也较高，常高于 100～200ind/m²；北部湾东南部、海南岛以西近岸水域和黄海冷水群落的 2 个核心区的密度，常在 100～300ind/m² 以上，前者优势种为栉蛇尾 *Ophiopsila abscissa*，后者分别是紫蛇尾和浅水萨氏蛇尾；在东海舟山群岛以南、台州湾以东近岸水域密度也较高，为 100ind/m² 左右，优势种也是蛇尾类所组成。

5）其他类群

在底栖生物栖息密度组成中，除上述 4 个主要类群外，脊索动物是一个颇受关注的类群，它在中国大陆沿岸，从渤海到北部湾一系列浅水砂质沉积区，广泛地栖居着 3 种喜在砂底环境生活的文昌鱼群落，它们的密度都很大。在北方，渤海河北昌黎—乐亭和黄海山东日照两处近岸砂底小区，常在 500ind/m² 以上，优势种为单一的日本文昌鱼；在南方，台湾浅滩西北部到粤东汕头东南近海的一大片砂粒沉积区，和北部湾西北部白龙尾岛附近的砂底小区，密度都常高于 250ind/m²，北部湾内更高，最高纪录达 1365ind/m²，优势种为白氏文昌鱼和短刀侧殖文昌鱼，并且常混居在一起。这些情况都很好地反映出生物与环境的统一性。

底栖动物数量的研究还参考与引用了刘瑞玉等（1963，1986）以及中越北部湾海洋综合调查报告（内部）和中国近海底栖生物研究（未刊稿）（唐质灿、徐凤山，1978；唐质灿，1983；沈寿彭，1982；沈寿彭等，1991；江锦祥等，1984；2000；Rhoads et al.，1983 等）。

四、底栖生物群落*

底栖生物群落是栖息于海底沉积物内及其表面的一定生境中全部生物种类的组合。每个群落的物种组成、分布状况和生态特点，都与海水温度、盐度、深度、水动力状况和沉积物类型等自然环境条件有密切关系，物种之间也有一定的相互影响（竞争或合

———————————
　＊ 本节作者：唐质灿、刘瑞玉、徐凤山

作）。中国海域辽阔，由北向南纵跨温带、亚热带和热带三个气候带，从沿岸到外海则有大陆架、大陆坡和深海盆地等地貌单元，海洋环境复杂多样；同时在中国各海区和不同生境之间，又由于所处地理位置的不同，决定了栖息于中国海的底栖生物群落，不仅具有很高的多样性，而且在生态特点上呈现出复杂性。中国海底栖生物种类繁多，根据其分布及生态特点和作者所掌握的有关资料，区分为以下 7 个不同生态类型的大约 50 个生物群落。

（一）沿岸（包括河口）广温低盐群落

中国沿岸河流众多，每年都有大量的冲淡水注入沿岸浅水区，并与海水混合、变性，形成具有低盐特征的沿岸水系。同时，这一水系又受到大陆气候的影响，导致水温季节变化很大，而使沿岸水成为广温低盐水文环境。这种环境非常适合于许多生活在沿岸低盐区的广温性暖水种在这里栖息、繁衍和发展。所以，在中国大陆沿岸水域栖居的底栖生物群落，几乎都是由这类物种占优势所组成。但由于冬季水温出现北低南高的明显差异，却又阻碍了许多来自印度-西太平洋区热带性较强的广温性暖水种向北扩布，以致使其物种数由南向北逐渐减少。由此可以显示，中国南方沿岸性广温低盐群落在物种组成和外貌特征上要比北方的丰富多彩。

1. 毛蚶 *Scapharca kagoshimensis*-织纹螺 *Nassarius succinctus*、*Nassarius. variciferus* 群落

分布于渤海三大海湾、长江口附近沿岸和钱塘江口外以南的浙江沿岸水域，20～30m 水深以浅的粉砂质黏土软泥沉积区。主要特征种为常见于中日沿岸水域、埋栖于泥内生活的毛蚶，数量很大，在群落中占压倒优势，其中以渤海湾毛蚶的数量为最大，其高密集区的栖息密度可达 838ind/m² ；两种织纹螺特征种数量略少，在泥表营匍匐生活。群落中其他数量较大的一些物种，常见的多是分布于印度-西太平洋区泥底生活的底栖动物，如小刀蛏 *Cultellus attenuatus*、小荚蛏 *Siliqua minima*、广大扁玉螺 *Nererita reiniana*、棘刺锚参 *Protankyra bidentata*、绒毛细足蟹 *Raphidopus ciliatus*、长吻沙蚕 *Glycera chirori* 等。

2. 哈氏刻肋海胆 *Temnopleurus hardwicki*-日本倍棘蛇尾 *Amphioplus japonicus* 群落

分布在渤海北部至中南部、山东半岛东端、青岛至苏北沿岸和鸭绿江口附近水域，水深 20～30m，砂和粉砂底质区。群落的两个特征种都是中国北方海区、日本和朝鲜半岛沿岸海域的地方种，数量大，占有明显优势。本群落组成较复杂，其多数物种是来自中国沿岸水域广布的暖水种和砂底生活的一些种，常见的有口虾蛄 *Oratosquilla oratoria*、日本鼓虾 *Alpheus japonicus*、细螯虾 *Leptochela gracilis*、日本和美虾 *Nihonotrypea japonica*、蝼蛄虾 *Upogebia* sp.、斜方五角蟹 *Nursia rhomboidalis* 等。少数为分布于日本、朝鲜半岛和中国北方海区的冷水种，如津知圆蛤 *Cycldicama tsuchi*、香螺 *Neptunea arthritica cumingii*，以及冬季出现的日本褐虾 *Crangon hakodatei* 等。在青岛以南的群落栖息地，由于水温较高，还常多见到一些暖水种，如团岛毛刺蟹 *Pilum-*

nus tuantaoensis、展连莱螅 *Synthecium patulum* 等。

3. 泥足隆背蟹 *Carcinoplax vestita*-内褶拟蚶 *Arcopsis interplicata* 群落

分布于渤海中部和黄海山东半岛南北两岸、水深 10～20m 以浅、粉砂质软泥底的浅水区。群落的两个特征种在数量上都不占明显的优势，其他常见的一些物种，在数量上较大的有不倒翁虫 *Sternaspis scutata*、广大扁玉螺、内肋蛤 *Endpleura lubrica*、柄板锚参 *Labidoplax dubia*、细螯虾等。这些种多是广布于沿岸水域的暖水种。黄海山东半岛沿岸的群落结构较渤海复杂，种数多些，特别是在南岸，由于水温较高，则出现更多的暖水种，如双斑蟳 *Charybdis bimaculata*、细巧仿对虾 *Parapenaeopsis tenella* 等。

4. 日本文昌鱼 *Branchiostoma japonica* 群落

本群落为西北太平洋中、日地方性沿岸浅水砂底群落。群落结构较简单，特征种是潜居砂底的日本文昌鱼，栖息密度高，在数量上占明显优势，而其他物种及其数量都很少，主要是栖息于砂底的甲壳动物和棘皮动物的金氏真蛇尾。该群落分布于渤海湾西北部河北昌黎—乐亭近岸和南黄海山东日照附近沿岸海域，水深 10m 左右的中、粗砂底质区。这两块群落栖息地都很小，但后一块由于冬季水温高些，多出现了几个暖水种，如刺胞动物的展连莱螅和石花软珊瑚 *Telesto* sp.。

5. 金氏真蛇尾 *Ophiura kinbergi*-砂海星 *Luidia* spp. 群落

分布于黄海辽东半岛南部、水深 40m 以浅的沿岸水域，粉砂—细砂底质区。群落的主要特征种金氏真蛇是中国沿海砂质沉积区最常见的一种印度西太平洋区的真蛇尾，数量很大，在群落中占明显优势，而砂海星特征种则是华北和日本沿岸浅水砂底区的习见种，但数量不是很大。群落中其他数量较大的一些物种，主要有口虾蛄、颗粒拟关公蟹 *Paradorippe granulata*、细螯虾、鼓虾 *Alpheus* spp.、双眼钩虾 *Ampelisca* spp. 等，以上均为暖水种。此外，还有少数来自黄海冷水团的温带种，如隆背体壮蟹 *Romaleon gibbosulum*、匙额安乐虾 *Eualus spathulirostris*。

6. 展连莱螅 *Synthecium patulum*-柏螅 *Thuiaria* spp.-刻孔海胆 *Temnotrema sculptum* 群落

分布于南黄海苏北海州湾及附近沿岸水域，水深小于 30m 的砂质沉积区。本群落是由营固着生活的一种中国沿岸常见的西太平洋水螅虫和多种黄海习见的西北太平洋水螅虫，与分布在东海、南黄海和日本沿海营匍匐砂底生活的刻孔海胆在一起，为特征种所组成，它们在群落中不占明显优势。群落结构较简单，其他常见的物种和其数量也都不大，主要有细雕刻肋海胆 *Temnopleurus toreumaticus*、海燕 *Asterina pectinifera*、美丽瓷蟹 *Porcellana pulchra*、团岛毛刺蟹、密鳞牡蛎 *Ostrea denselamellosa*、石花软珊瑚、强壮武装紧握蟹 *Enoplolambrus valida* 等。

7. 伶鼬榧螺 *Oliva mustelina* 群落

分布于南黄海苏北中部沿岸，水深 20～30m 等深线以内的浅水粉砂-砂底质海域。

群落结构较简单，特征种仅有一个，系分布于西太平洋砂质浅水区的广温性暖水种伶鼬榧螺，数量大，在群落中占优势明显。群落中的其他物种不多，多是广布于中国近岸水域的一些暖水种，其中数量较大的常见种有口虾蛄、细螯虾、葛氏长臂虾 *Palaemon gravieri*、三疣梭子蟹 *Portunus trituberculatus*、金氏真蛇尾等。在冬季，可见到栖居于黄海冷水区的冷温性日本褐虾，随低温水扩布到本群落之中。

8. 豆形短眼蟹 *Xenophthalmus pinnotheroides*-金氏真蛇尾 *Ophiura kinbergi* 群落

分布于长江口外北侧砂质沉积区，水深约 30～50m 的海域。群落的主要特征种为印度-西太平洋沿岸水域常见的潜居砂底生活的豆形短眼蟹，其数量特大，栖息密度可高达 5057ind/m²，在群落组成中占绝对优势，但其他物种及其数量都很少，常见的除另一特征种金氏真蛇尾数量较多外，仅有少量的中锐吻沙蚕 *Glycera rouxii*、日本倍棘蛇尾、细点圆趾蟹 *Ovalipes punctatus*、红线黎明蟹 *Matuta planipes* 等。

9. 白虾 *Exopalaemon annandalei* & *E. carinicauda*-细指长臂虾 *Palaemon tenuidactyla* 群落

分布于钱塘江口杭州湾，15m 水深以浅，粉砂质淤泥底的半咸水区域。由于受强潮流、高沉积速率的影响，群落结构极简单，其物种数和个体数都很贫乏，除特征种白虾和长臂虾数量较多外，常见种仅有少量的不倒翁虫、黑龙江河篮蛤 *Potamocorbula amurensis*、小荚蛏、狭额新绒螯蟹 *Neoeriocheir leptognathus* 等物种。

10. 细五角瓜参 *Leptotacta imbricata*-小荚蛏 *Siliqua minima*-棒锥螺 *Turritella bacillum* 群落

分布于浙江南部平阳附近的沿岸水域，10m 水深上下的细粉砂沉积区。这一群落的 3 个特征种都是喜潜居粉砂底的物种，但栖息密度以细五角瓜参为最大，占有绝对优势。该群落物种较丰富，其主要组成是仅分布于温州以南的中国沿岸水域常见的印度-西太平洋暖水种，其中数量较大的物种，除特征种外，有七刺栗壳蟹 *Arcania hepta-cantha*，仙人掌海鳃 *Cavernularia* sp.、结节拟塔螺 *Turricula tuberculata* 等。

11. 角偏顶蛤 *Modiolus metcalfei*-刘五店沙鸡子 *Phyllophorus liuwutiensis*-软须阿曼吉虫 *Armandia leptocirris* 群落

主要分布于海坛岛北岸和福清、长乐沿岸连成片的浅水地带，水深一般在 5～10m，底质为细砂或泥质粉砂，另外有几个零星的小栖息地散布在闽北海区。本群落结构简单，物种贫乏，3 个特征种是由黄海以南的中国沿岸水域的西太平洋暖水种和华南沿岸水域地方种所组成，其数量都不大，在群落中优势不明显。而其他一些的种数量则更少。群落的主要特点是砂栖种占优势，除特征种外，常见的有中华岩虫 *Marphysa sinensis*、浅古铜吻沙蚕 *Glycera subaenea*、欧菲虫 *Onuphis eremita*。

12. 歪刺锚参 *Protankyra asymmetrica*-光滑倍棘蛇尾 *Amphioplus laevis*-浅缝骨螺 *Murex trapa* 群落

分布于上一群落以东和以南的福建沿岸水域，水深 10～30m 的软泥底质区。群落的主要特征种歪刺锚参数量很大，泉州湾口和兴化湾口外水域是其密集区，栖息密度可高达 180ind/m²，在群落中占明显优势，另外两个特征种的栖息密度略低，但分布较均匀。本群落物种多样性较高，有 200 多种，除特征种外，数量较大的常见种主要有双鳃内卷沙蚕 *Aglaophamus dibranchis*、习见蛙螺 *Bursa rana*、白龙骨飞乐螺、模糊新短眼蟹、凹裂星海胆 *Schizaster lacunosus* 等。

13. 滩栖阳遂足 *Amphiura vadicola*-海地瓜 *Acaudina molpadioides* 群落

分布于闽江口外、海坛岛以北海域，水深 20m 左右的软泥底质区。喜栖泥底的主要特征种滩栖阳遂足的栖息密度很高，一般为 200～800ind/m²，最密集区可高达 1680ind/m²，在群落中占绝对优势，而另一特征种海地瓜的密度则较小，甚至在局部小区见不到其成员。该群落主要组成都是一些亚热带西太平洋区常见的近岸种和河口种，其中数量较大的物种除特征种外还有仙人掌海鳃、白龙骨乐飞螺 *Lophiotoma leuotropis*、模糊新短眼蟹 *Neoxenophthalmus obscurus*、歪刺锚参等。

14. 白氏文昌鱼 *Branchiostoma belcheri* 群落

主要分布于闽南东山岛东北至粤东南澳岛附近一带的近岸水域和北部湾中部白龙尾岛以西的两个小区，约在 10～50m 水深、底质主要为中、粗砂沉积区。此外，还有两小块栖息地分别在珠江口外和海南岛东南万宁近岸的砂质沉积区。群落的特征种白氏文昌鱼是华南沿海常见的西太平洋区暖水种，喜潜居砂底、营滤食性生活，数量很大，在北部湾中部和粤东至闽南这两大片砂质沉积区的海域中，栖息密度都很高，前者平均为 372ind/m²，最高纪录达 1365ind/m²，后者最大栖息密度为 420ind/m²，在群落中居绝对优势地位，群落组成中的其他大部分物种也都是砂栖种，但数量都不大。常见的主要有短羽镖毛鳞虫 *Laetmonice brevepinnata*、简易襞蛤 *Plicatula simplex*、瑰斑竹蛏 *Solen rosemaculatu*s、叶片猿头蛤 *Chama lobata*、壳蛞蝓 *Philine* sp.、多棘软珊瑚 *Spongodes* sp.、斑瘤蛇尾 *Ophiocemis marmorata*、栉毛头星 *Comatula pectinata* 等。

15. 刺瓜参 *Pseudocnus echinatus* 群落

分布于粤东南澳岛西南至甲子港沿岸狭长的水深小于 40m 的浅水区，底质为粉砂质黏土软泥。本群落较为独特，虽仅有一个特征种，为中日沿岸水域常见的印度-西太平洋暖水种刺瓜参，其数量特大，在群落中占有压倒优势，但组成群落的其他物种仍较丰富，其中多数都是广布于沿岸浅水区的甲壳动物和软体动物，主要有疾进蟳 *Charybdis vadorum*、斜方化玉蟹 *Seulocia rhomboidalis*、模糊新短眼蟹、裸盲蟹 *Typhlocarcinus nudus*、假奈拟塔螺 *Turricula nelliae spurious*、白龙骨塔螺、习见蛙螺、拟东风螺 *Babylonia lutosa*，以及棘皮动物的芮氏刻肋海胆 *Temnopleurus reevesi*。

16. 锈粗饰蚶 *Anadara ferruginea*-西格织纹螺 *Nassarius siquijorensis* 群落

分布于粤西海灵山岛东南至粤东碣石湾以西、并与广东大陆相平行的沿岸浅水区，水深小于30~40m，底质主要为粉砂质黏土软泥，是中国沿岸水域占地最大的底栖生物群落之一。群落组成相当丰富，而且多数物种都是广布于中国大陆东南沿岸浅水区的印度-西太平洋暖水种，主要特征种数量很大，在密集区栖息密度可高达50ind/m²，居明显的优势地位，而另一个特征种的数量则不太大。群落中其他数量较大的多是水深40m以浅的沿岸水域广布种，常见的有白龙骨塔螺、假奈拟塔螺、习见蛙螺、浅缝骨螺 *Murex trapa*、凸卵蛤 *Pelecyora nana*、长肋日月贝 *Amusium pleuronectes*、斜方化玉蟹、七刺栗壳蟹、裸盲蟹、刺足掘沙蟹 *Scalopidia spinosipes*、无刺小口虾蛄 *Oratosquillina inornata*、芮氏刻肋海胆、斑瘤蛇尾等、伪装仿关公蟹 *Dorippoides facchino*、伸展蟹海葵 *Cancrisocia expansa*。此外，由于群落外缘常受深层水的影响，还出现有较多的可栖息到水深100m左右的浅海种，主要有柱状卵蛤 *Pitar sulfureum*、光衣笠螺 *Xenophora exuta*、网纹扭螺 *Distorsio reticulata*、丽纹梭子蟹 *Portunus pulchricristatus*、毛盲蟹 *Typhlocarcinus villosus*、海绵精干蟹 *Iphiculus spongiosus*、锯脊砂海星 *Luidia prionota*、斑瘤蛇尾等。

17. 单指虫 *Cossura longocirrata*-小荚蛏 *Siliqua minima* 群落

分布于珠江三角洲磨刀门河口、水深约6~10m、淤泥质粉砂沉积区。栖息地范围很小，由于受强大的径流的影响，群落组成简单，物种较少，但群落的主要特征种单指虫的数量特大，栖息密度高达3385ind/m²，小荚蛏特征种数量略低，其他物种数量都很小，常见的多系印度-西太平洋沿岸河口一带水域的广布种，主要有仙人掌海鳃、爪哇拟塔螺 *Turricula javana*、红带织纹螺、棒锥螺、绒毛细足蟹、细五角海参等。

18. 柳珊瑚 *Gorgonians* 群落

分布于粤西海灵山岛西北附近沿岸水深约20m上下的浅水区。栖息地范围很小，由于海底沉积物为粗砂、砾石、石块、并夹杂有断碎的珊瑚骨骼，底质很硬，非常适合底表固着动物的生存和繁衍。栖居在这一小块水域的底栖生物群落，物种不多，但得到发展的多数都是固着性的底栖动物，如群落的几个特征种均为柳珊瑚，其他常见的主要有牡蛎 *Ostrea* spp.、管软珊瑚 *Siphonogorgia* sp.、木珊瑚 *Dendrophyllia* sp.、海绵、海鞘等。此外是一些底上匍匐爬行生活的底栖动物较多，主要是沙氏刺蛇尾 *Ophiothrix savignyi*、星刺蛇尾 *Ophiothrix ciliaris*、锦疣蛇尾 *Ophiothela danae*、小卷海齿花 *Comanthus parvicirra* 等。

19. 似招潮宽甲蟹 *Chasmocarcinops gelasimoides* 群落

分布于雷州半岛东岸雷州湾水域和西岸北部湾东北大部水域，以及西北部近岸的狭长水域，水深约20~40m，底质主要为粉砂质黏土软泥，但靠近雷州半岛沿岸部位沉积物颗粒变粗为粉砂。本群落物种组成丰富，主要特征种似招潮宽甲蟹为分布于中国广东、海南和越南、菲律宾一带沿岸浅水区的暖水种，潜居于沉积物内，数量大，栖息密度一般为 15～35ind/m²，在群落中占明显优势，其他数量较大的物种有扁拉文海胆 *Lovenia subcrinata*、刺足掘沙蟹、直额蟳 *Charybdis truncata*、矛形梭子蟹 *Portunus hastatoides*、习见蛙螺、浅缝骨螺、莱氏紫云蛤 *Gari lessoni*、镶边鸟蛤 *Vepricardium coronatum*、梳鳃虫 *Terebellides stroemii* 等。此外还有许多物种数量虽不大，但常出现于群落之中，主要有仲展蟹海葵、多棘软珊瑚、锈粗饰蚶、美叶雪蛤 *Clausinella calophylla*、伪装仿关公蟹、七刺栗壳蟹、长棘砂海星 *Luidia longispina* 等。

20. 豆形短眼蟹 *Xenophthalmus pinnotheroides* 群落

分布于海南岛东北隅琼州海峡东口外和西南端北部湾口东侧近岸水域，水深约在 30～40m 以内的浅海、松散的砂质沉积区。本群落的这两块栖息地范围都很小，由于环境特殊，底流较强，底质主要为粗颗粒砂质沉积物，导致群落结构比较简单，以沿岸浅水砂底生活的物种为主要成分所组成。特征种豆形短眼蟹为印度-西太平洋沿岸水域的一种暖水性小蟹，潜居砂质底内，营滤食性生活，数量很大，其栖息密度以北部湾口东侧栖息地为较高，最高可达 950ind/m²，以琼州海峡东口外栖息地为较低，最高时仅有 90ind/m²。这两块栖息地小蟹的栖息密度都远不及前述长江口外的豆形短眼蟹-金氏真蛇尾群落中的小蟹密度 5057ind/m²。群落中的其他物种不多，常见的物种都是一些底上生活的砂栖种，如单列羽螅 *Monoserius pennarius*、四花海女螅 *Salacia tetracyathus*、多幅毛细星 *Capillaster multiradiatus*、小卷海齿花、缝合海因螺 *Hindsia suturalis*、方斑东风螺 *Babylonia areolata*、网纹扭螺、衣蚶蜊 *Glycymeris vestita* 等。

21. 蝼蛄虾 *Upogebia* sp. -似招潮宽甲蟹 *Chasmocarcinops gelasimoides*-槭海星 *Astropecten velitaris* 群落

分布于琼州海峡西口附近的海南岛西北沿岸和北部湾西部近岸水域，水深约为 20～30m 的粉砂或粉砂质黏土软泥沉积区。这两块栖息地的范围都不大，但群落的物种组成比较丰富。群落的 3 个特征种都是分布于广东以南的西太平洋沿岸浅水区的暖水种，数量都较大，特别是穴居泥沙底内生活的蝼蛄虾数量尤大，在北部湾西北近岸分布区的栖息密度可高达 200～320ind/m²，在群落中居明显优势地位。群落中其他数量较大的物种，常见的主要有单列羽螅、梳鳃虫、斜方化玉蟹、裸盲蟹、六角角贝、习见蛙螺、网纹扭螺、长肋日月贝、十角饼干海胆等。

22. 海葵 *Actiniarian*-浅缝合骨螺 *Murex trapa* 群落

分布于海南岛西岸浅水区，水深约在 20～50m 之间，底质较为复杂，但以砂质沉积物为主，局部小区为泥底。群落的主要特征种是一种表皮为砂质的单体海葵，数量很大，营群聚生活，另一特征种浅缝合骨螺数量略小。本群落物种较为丰富，由于受较强海流和潮流的影响，以底上固着或匍匐生活的物种为多，除两个特征种外，常见的主要有角多羽螅 *Polyplumaria cornuta*、沙箸海鳃 *Virgularia* sp.、芮氏刻肋海胆、栉毛头星 *Comatula pectinata*、脊羽枝 *Tropiometra afra*、滑指矶沙蚕 *Eunice indica* 等。

（二）黄海冷水低温高盐群落

黄海冷水团所盘踞的黄海中央 40～50m 以下的深水区域，由于位居特殊的地理环境，和水文要素的季节变化，年复一年，且有规律地呈现出低温高盐特征。底层水温冬季为 3～10℃，夏季为 6～12℃，底层盐度常年在 32～34 左右。这种特定的冷水环境自然地为黄海冷水性的低温高盐底栖生物群落的形成提供了良好的条件。栖居在这一群落类型的物种，主要是西北太平洋、东北亚俄罗斯-日本-中国北温带海域，以及北极-北温带、北太平洋北温带和北温带两洋分布的等不同动物区系的一些冷水种，但以前者北温带冷水种占绝对优势，并以它们为特征的在这里组成 3 个群落。

23. 浅水萨氏真蛇尾 Ophiura sarsii vadicola-薄壳索足蛤 Thyasira tokunagai 群落

分布于北黄海中部，水深 40～70m，底质主要为粉砂和砂质沉积。群落的特征种为西北太平洋北温带常见的冷水种浅水萨氏真蛇尾和薄壳索足蛤，它们的数量都很大，居绝对优势地位。群落的物种组成很丰富，主要也是东北亚北温带区域性的一些冷水种，数量大优势种除 2 个特征种外，还有紫蛇尾 Ophiopholis mirabilis、氏盖蛇尾 Stegophiura sladeni、海绵寄居蟹 Pagurus pectinata、粗纹吻状蛤 Nuculana yokoyamai、奇异指纹蛤 Acila mirabilis、醒目云母蛤 Yoldia notabilis、土佐寻形蛤 Cardiomya tosaensis、斑角吻沙蚕 Goniada maculata 等；此外，北太平洋寒温带常见的缨绥细指海葵、秀丽细指海葵 Metridium farcimen，北太平洋两岸分布的枯瘦突眼蟹 Oregonia gracilis、大寄居蟹 Pagurus ochotensis 和北极-北温带的桧叶螅 Sertularia spp.、橄榄胡桃蛤 Nucula tenuis、米列虫 Melinna cristata 等冷水种的数量也很大。有趣的是，这些在群落中数量大占优势的冷水种仅栖居在黄海冷水团控制区内。前述黄海沿岸浅水群落中常见的数量大的暖水种都不出现于本群落之中，只有极少数广分布的暖水种能见于群落的边缘区域，如细螯虾。

24. 薄壳索足蛤 Thyasira tokunagai-蜈蚣欧努菲虫 Onuphis geophiformis-浅水萨氏真蛇尾 Ophiura sarsii vadicola 群落

分布于南黄海中部 50～80m 深水区，底质主要为粉砂质黏土软泥和砂—粉砂—黏土混合沉积物。群落的特征种为西北太平洋北温带冷水种薄壳索足蛤、浅水萨氏真蛇尾和北太平洋的冷水种蜈蚣欧努菲虫，其数量都较大，在群落中居明显优势地位。群落组成以底内生活的小形双壳类软体动物和多毛类环节动物为主。其中数量大的优势种，除 3 个特征种外，尚有粗纹吻状蛤、奇异指纹蛤、日本梯形蛤 Portlandia japonica、掌鳃索沙蚕 Ninoe palmate、黄海刺梳鳞虫 Ehlersileanira hwuanghaiensis、索沙蚕 Lumbrineris sp. 等。此外，还有加州扁鸟蛤 Clinocardium californiense、日本壳蛞蝓 Philine japonica、枯瘦突眼蟹、司氏盖蛇尾。

本群落物种组成和上述北黄海冷水群落有些相似，虽然它们的栖息地都在黄海冷水团控制区域范围之内，关系比较密切，但这里的海底沉积物颗粒较细而软，夏季底层温、盐度都要稍高于北黄海。由于这两块栖息地的海洋环境条件存在这些细微差异，导致它与北黄海冷水底栖生物群落结构亦出现不同，表现在该群落中的许多适温稍高的冷水成分不出现于北边冷水群落之中，如黄海刺梳鳞虫、日本梯形蛤、榆果饰线鸟蛤 Keenaea samarangae、燕形帮斗蛤 Pandora otukai、三角拟杓蛤 Pseudoneaera semipellucida、栗壳孔螂 Poromya castanea、胎生盖蛇尾 Stegophiura vivipora 等。

25. 布氏蚶 *Arca boucardi*-酸酱贝 *Terebratalia coreanica* 群落

分布于辽东半岛西南端近岸、老铁山水道北侧水域，水深为 50～70m，底质为硬底，由粗砂、砾石、石块所组成，适宜于强流环境硬基底上固着动物栖居、繁衍和发展。本群落的 2 个特征种都是典型的营滤食性生活的附着动物，布氏蚶为中国-日本-俄罗斯远东海常见种，记录于中国黄海沿岸冷水水域，酸酱贝是中国北部黄海沿岸和日本北部沿岸特有的暖温带地方种。这 2 个种的数量都很大，特别是布氏蚶的高栖息密度，可达到 3250 ind/m²，在群落中居绝对优势地位。由于本群落栖息地位于北黄海中央冷水团的北部边缘，栖息在这一群落的物种，除群落的 2 个特征种外，几乎常见的都是来自相邻的冷水群落中的一些冷水种，如在北方俗称海红或淡菜的偏顶蛤 *Modiolus modilus*，是北半球（包括北极海域）广分布的冷水种，也是群落中数量很大的优势种。其他还有枯瘦突眼蟹、海绵寄居蟹、大寄居蟹、堪察加七腕虾 *Heptacarpus camtschatixus*、桧叶螅、缨绶细指海葵、紫蛇尾、浅水萨氏真蛇尾、斯氏盖蛇尾等，而且数量也较大。很明显地表现出，本群落主导种布氏蚶 *Arca boucardi* 在太平洋暖水区（琉球、越南、中国南部）的记录需要根据所采标本与模式标本的比较和进一步研究来核实。参见图 6.30。

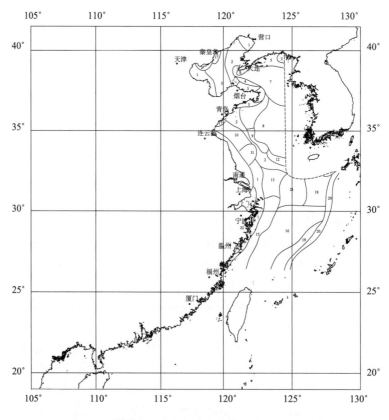

图 6.30　渤黄东海底栖生物栖息密度分布（ind/m²）

（三）东、南海陆架区暖水性高温高盐群落

在中国东南近海，自海南岛以东海域向东北，经南海北部陆架外缘及其相邻陆坡，通过台湾海峡，进入东海西南部，直达长江口外的陆架海域，即自西南向东北这片广袤的南海-东海陆架海域，在广东沿岸流和浙闽沿岸流的外侧，常年存在着一支由南海暖流和台湾暖流组成的自西南流向东北的暖流。加上起源于菲律宾吕宋岛以东的北太平洋西边界流——黑潮暖流，沿着台湾东岸北上，主干进入东海东部陆架外缘，流向东北后，一小部分形成对马暖流，大部分从吐噶喇海峡流出东海，进入太平洋日本沿岸；同时，黑潮有一小分支沿台湾西南进入南海。由于黑潮暖流、南海暖流和台湾暖流这 3 支暖流水，是以高温高盐为其共同特征，它们相连而成为一条中国东南近海输送印度-西太平洋或西太平洋热带和亚热带底栖生物物种的大通道，从而对海域的底栖生物物种的分布、数量变动和暖水群落组成都起着关键性的影响。

南海南部——南沙群岛广大海域，由于毗邻赤道，在气候上为常夏无冬，属于热带海洋性气候，其陆架区的海洋水文常年都显示出其高温高盐特点，是印度-西太平洋热带陆架浅海底栖动物栖息的极佳生境，因为这里又处在全球海洋生物多样性最高的海域新几内亚-菲律宾马来西亚区的中心区域，所以很自然地其热带浅海物种相当丰富。但因为这里的海底地形较平坦，沉积物类型也较单纯，除湄公河口外附近陆架为现代沉积分布区外，其他广大陆架皆为残留沉积，而且这片陆架海域的水文环境，特别是温、盐状况均质性也同样较高。所以，迄今为止，在这大片陆架海域仅发现一个群落。上述中国东南近海陆架区则有 10 个群落之多。

26. 长手隆背蟹 Carcinoplax longimana-白肛海地瓜 Acaudina leucopriocta-白帘蛤 Venus foveolatus 群落

分布于东海东北部、长江口外以东、济州岛以南，其位置大体在 125°45′～127°15′E、30°15′～32°05′N 范围内，处于对马暖流西侧附近海域，水深为 75～107m，底质主要为粉砂质黏土软泥。群落的 3 个特征种都是栖居陆架浅海砂泥混合底质的物种，但它们的生活方式却各有不同，长手隆背蟹主要是在底表营肉食性生活，白肛海地瓜是潜居底内营沉积食性生活，而白帘蛤则是埋栖底内营滤食性生活。长手隆背蟹和白肛海地瓜是印度-西太平洋沿岸暖水种，而白帘蛤为西太平洋中国东南近海和日本南部沿岸的地方种。它们的数量都较大，在群落中居明显优势。群落中的其他物种在数量上一般都不大，但多是喜栖在细颗粒砂泥环境中的一些物种，如在底表固着生活的膨大裸果羽螅 Gymnangium expansum、穴居底内生活的叶磷虫 Phyllochaetopterus claparedii，以及在东、南海陆架区习见的单列羽螅 Monoserius pennarius 在这里也有出现。此外，在底表上覆水中生活的红斑后海螯虾 Metanephrops thomsoni 和日本鼓虾也是该群落中的常见物种。

27. 骑士章海星 *Stellaster equestris*-单列羽螅 *Monoserius pennarius*-美人虾 *Callianassa* spp. 群落

分布于东海外陆架西部海域，水深为 60～110m，底质为细纱。本群落因为处在黑潮西侧附近和台湾暖流经过的区域，所以栖居在这一栖息地的物种，几乎全为印度-西太平洋热带和亚热带浅海区的暖水种。因这片栖息地非常广阔和环境优越，栖居在这个群落的种数是中国海陆架区群落中最多的之一。本群落的几个特征种的数量都很大，是群落中明显的优势种。但它们栖居的生活方式全不相同，其中骑士章海星是印度-西太平洋中国东、南近海陆架区最常见的一种海星，它匍匐于底表以摄食双壳类软体动物和单体珊瑚为生；单列羽螅是一种大型水螅虫，其外形像水草，固着于底表，是以捕捉上覆水中的小型动物为生，在其密集区，其外貌具有"海底草原"景观的特征；而多种美人虾则都是潜居砂底营滤食性生活的小形虾类。至于群落组成中的其他物种，也极为丰富，数量较大的常见的主要有固着底表生活的东方多叶茎果羽螅 *Lytocarpia myriophyllum orientalis*、细茎裸果羽螅 *Gymnangium gracilicaulis*、索氏双唇螅 *Diphasia thornelyi*、奇异小桧叶螅 *Sertularella mirabilis*、似树碟螅 *Hydrodendron arboretum*、中国管茎柳珊瑚 *Solenocaulon chinense*、芽生内厚珊瑚 *Endopachys grayi*、美冉松苔虫 *Caberea lata*，潜穴和埋栖底内生活的欧努菲虫 *Onuphis eremita*、滑指矶沙蚕 *Eunice indica*、毡毛岩虫 *Marphysa stagulum*、圆蚶蜊 *Glycymeris rotunda*、斑马翼电光贝 *Eletroma physoides*、沟纹巴非蛤 *Paphia exarata*，在底表匍匐爬行游走生活的耳蜗异砂珊瑚 *Heteropsammia cochlea*、等肋异杯珊瑚 *Heterocyathus aequicostatus* 和与其共栖的米氏盾管星虫 *Aspidosiphon muelleri*、光衣笠螺、象牙长螯蟹 *Tokoyo eburnea*、窄琵琶蟹 *Lyreidus stenops*、长手隆背蟹、栗壳蟹 *Arcania* sp.、砂海星 *Luidia* sp.、裸蛇尾 *Ophiogymna* sp.，以及在上覆水中生活的东海红虾 *Plesionika izumiae*、须赤虾 *Metapenaeopsis barbata*、栉管鞭虾 *Solenocera pectinata* 等。

作者有关资料显示，本群落的许多物种的分布都有沿栖息地南部向西南延伸，通过台湾海峡东侧直达东沙群岛东北部的南海海域的趋势。这表明该群落的范围有可能远比上述东海外陆架西部海域要大。但是，也看到某些物种在局部小区有集群的现象，例如，耳蜗异砂珊瑚在群落东北部的两个点上分别有 545 个和 129 个的集群，芽生内厚珊瑚在群落西南部的一个点上有高达 1466 个的集群。可以预见，随着调查的深入，将可能会发现别的群落存在。

28. 尖刺襞蛤 *Spiniplicatula muricata*-骑士章海星 *Stellaster equestris* 群落

分布于东海东南部外陆架靠近外缘部分，大体上处在黑潮暖流主干西侧边缘区域的狭长地带，水深为 99～138m，底质为粗颗粒沉积，主要为细砂、中砂、贝壳。这里底流强、水动力状况好，这些条件皆为西太平洋或印度-西太平洋热带、亚热带区的底上动物群落提供了良好的栖居环境。群落的主要特征种尖刺襞蛤是西太平洋中国东、南近海和日本南部沿海陆架区的底上固着营滤食性生活的物种，数量大、栖息密度高，在密集点上常出现网获量多达 1000～4000 个以上个体，在群落中居绝对优势地位。另一特征种骑士章海星数量也较大，栖息密度较高，出现有高达 139～730 的个体。群落组成的特点是以底上固着和匍匐游走生活方式的动物占明显优势，群落外貌色彩纷呈，物种丰富。其中常见的数量较大的主要有奇异小桧叶螅 *Sertularella mirabilis*、四齿单枝羽螅 *Monostaechas quadriens*、维加裸果羽螅 *Gymnangium vagae*、筒望石花软珊瑚 *Telesto tubulosa*、希氏拟枝软珊瑚 *Pseudocladochonus hicksoni*、花草柳珊瑚 *Thesea mitsukurii*、截形扇珊瑚 *Truncatoflabellum* spp.、牡丹蔽孔苔虫 *Steginoporellaa magniblaris*、塞氏撅苔虫 *Arthropoma cecilii*、薄壳条藤壶 *Striatobalanus tenuis*、海胆坚藤壶 *Solidobalanus cidaricola*、光衣笠螺、钝梭螺 *Volva volva*，以及大量的海绵动物及隐居其间的菜花银杏蟹 *Actaea saignii*、粒足矮扇蟹 *Nanocassiope granulipes*，穴居和埋栖底内生活的物种较少，常见种主要有医矶沙蚕 *Eunice medicina*。

29. 偕老同穴 *Euplectella* spp. -扇形珊瑚 *Flabellum* spp. 群落

分布于东海陆架外缘，与上一群落为邻，成平行的狭长的带状分布。由于处在黑潮暖主干流经区，其栖息地沿着黑潮流向，从东海东南部一直延伸到东北部，而较上一群落的分布区明显的大得多，栖息水深大致在 131～210m，底质为粗颗粒沉积，主要为细砂、碎壳。群落的外貌特征近似上一群落，也是以底上动物繁茂、占绝对优势地位，而色彩更为鲜艳。群落的 4 个特征种都是底上固着生活的物种，由仅分布于西太平洋区东海和日本南部海域的马氏偕老同穴 *Euplectella marshalli*、欧文偕老同穴 *Euplectella oweni* 和广布于印度-西太平洋区的孔雀扇形珊瑚 *Flabellum pavoninum*、菱形扇形珊瑚 *Flabellum deludens* 所组成。有趣的是与前两个特征种偕老同穴共栖的成对俪虾 *Spongicola venusta*，终生伴随它们生活，而加入到特征种行列之中，显然，构成了本群落的另一特色，而且它们的数量都较大，在群落中占有明显的优势。本群落组成的物种相当丰富，但除特征种外，其他物的种数量一般都不大。在这里常见的大多是底上固着生活或匍匐游走生活的物种，主要有多种海鳃类和水螅、单体石珊瑚等刺胞动物，如缨海鳃、默氏海鳃、四角索海鳃 *Funiculina quadrangularis*、麦氏棘羽海鳃 *Echinoptilum macintoshi*、多福穗海鳃 *Stachypilum dofleini*、栉状隐管螅 *Cryptolaria pectinata*、触角纽羽螅 *Nemertesia antennina*、角状树杯珊瑚 *Premocyathus dentiformis*，棘皮动物的美苍蛇尾 *Ophioleuce charischama*、鼓盘栉蛇尾 *Ophiozonella elevata*、糙柱棘蛇尾 *Ophiocamax rugosa*、棘楯蛇尾 *Ophiophrixus acanththinus*、胎生盖蛇尾 *Stegophiura vivipara*、纤细玛丽羽枝 *Mariametra delicatissima*，软体动物的彩虹底蚶 *Bentharca rubrotincta*、缀衣笠螺 *Xenophora pallida* 等。这些物种，包括特征种在内，有的也或多或少地出现于陆坡区。

30. 十角饼干海胆 *Laganum decagonale* -单列羽螅 *Monoserius pennarius*-中国网藻苔虫 *Retiflustra schonaui*-大杏蛤 *Amygdalum watsoni*-丝状长踦蟹 *Phalangipus filiformis*-泥污疣褐虾 *Pontocaris pennata* 群落

分布于南海北部，从北部湾口内附近海域向湾口外，经海南岛南部和东南部近海、沿粤西外海、直到粤东汕头外海的陆架区，隔着沿岸水，而与海南岛和广东大陆相平行，呈带状分布。是栖息地范围很广的一个群落，水深大体在 43～100m 之间，个别点可达 109m，底质沉积类型较复杂，大部分区域为泥质砂和粉砂黏土，小部分区域为细砂底。本群落由于处在南海暖流北侧的附近海域，水温和盐度常年都保持在较高的水文环境中，因此栖息在这里的底栖动物大部分都是印度-西太平洋或西太平洋区的热带、亚热带物种。本群落的特征种多，是由 6 个不同食性类型的物种所组成，十角饼干海胆为摄食沉积物中有机碎屑和微小动物食性，单列羽螅系捕食上覆水中的小动物为食，中国网藻苔虫是附着底表营滤食性生活的动物，大杏蛤为穴居泥沙底内营滤食性生活的动物，丝状长蛴蟹是一种杂食性动物，泥污疣褐虾是一种肉食性动物，显示出该群落的生态性质很复杂多样。这几个特征种的数量都较大，在群落中都占有明显的优势地位。其中以十角饼干海胆数量为最大，它常和中国网藻苔虫在一些栖息的密集区铺盖了海底。但单列羽螅在许多密集区，则呈现出"海底草原"的景观外貌。本群落的物种组成很丰富，其中常见的数量较大的主要有索氏双唇螅、托氏盾杯螅 Thyroscyphus torresi、楔截形扇珊瑚 Truncatoflabellum spheniscus、等肋异杯珊瑚、明管虫 Hyalinoecia tubicosa、锋利真齿鳞虫 Eupanthalis edriophthlma、长指刺梳鳞虫 Ehlersileanira tentaculata、米氏盾管星虫、单齿岐玉蟹 Euclosia unidentata、海珠拟精干蟹 Pariphiculus marianae、菲岛狼牙蟹 Lupocyclus philippinensis、武士蟳 Charybdis miles、五刺栗壳蟹、艾氏突额蟹 Libystes edwardsi、长手隆背蟹、突足琵琶蟹 Lyreidus stenops、脊单指虾 Sicyonia cristata、疣尾小绿虾蛄 Cloridina verrucosa、屈足东方虾蛄 Quollastria gonypetes、华虾蛄 Sinosquilla sinica、钩刺骨螺 Murex aduncospinosus、方格笋螺 Terebra cumingi、细彩玉螺 Natica tenuipicta、粗糙织纹螺 Nassarius hirtus、沟芋螺 Conus sulcatus、太阳衣笠螺 Xenophora solaris、美丽蕾螺 Gemmula speciosa、斑马翼电光蛤、三棱锯齿扇贝 Serratovola tricarnatus、华贵类栉孔扇贝 Mimachlamys nobilis、沟纹巴菲蛤、多刺棘鸟蛤 Frigidocardium exasperatum、刺赛瓜参 Thyone spinifera 等。

本群落由于栖息地范围很广，因此栖居在不同沉积环境中的一些物种，因底质类型的差异，在若干局部小区的群落组成上或多或少的出现一些变化。例如，在珠江口外东南大泥口小区（114°30′～115°30′E，21°15′～22°N），一般不喜栖泥底生活的物种，如太阳衣笠螺、三棱扇贝、华贵类栉孔扇贝等都未见于这里。相反，喜栖泥底生活的物种大多出现于这里，如梭形芋螺 Conus orbignyi、湾刺倍棘蛇尾 Amphioplus cyrtacanthus 等；在粤西川山群岛东南的砂底小区则多出现砂底生活的物种，如拉氏同心蛤 Meicardia lamarckii、华普槭海星 Astrpecten vappa 等；而在海南岛南端外海砂底小区却出现了另外的栖居砂底的物种，如斑瘤蛇尾、特异栉羽星 Comaster distinctus 等。不难看出，本群落可能还包含几个较小的群落，有待进一步调查发现。

31. 单列羽螅 Monoserius pennarius-骑士章海星 Stellaster questris-三齿琵琶蟹 Lyreidus tridentatus 群落

分布于海南岛以东、广东外海海域，位于上一群落的外侧，从琼东向外约 35nmile 的海区，向东北延伸至粤东汕头外海，而呈带状分布。这片水域的水深约在 85～130m 之间，底质为泥质砂沉积，恰好处在南海暖流流经的区域，因此本群落栖息地的水温（为 16～25℃以上）和盐度（大于 34）常年较高，是热带亚热带浅海暖水性高温高盐种生息和繁衍的极好环境。本群落物种丰富，基本上全由印度-西太平洋或西太平洋热带亚热带浅海底栖动物物种所组成，其 3 个特征种都是这一区域浅海的常见种，它们在群落中数量很大，是明显的优势种，特别是单列羽螅成片地生长于海底，密集成群，其外貌和上述群落很像，都具有"海底草原"的景观特征。本群落特有成员较多，除3个特征种外，常见的主要有多福穗海鳃、翼状弯杯珊瑚 *Tropidocyathus lessoni*、堂皇海菊蛤 *Spondylus imperalis*、长脚蟹 *Goneplax* sp.、细栉羽花 *Comantheria delicata*、巨彩羽枝 *Catoptometra magnifica*、欧甘海星 *Ogmaster capella*、圆锥蛇尾 *Ophioconis cincla* 和平静裸蛇尾 *Ophiogymna funesta* 等。

本群落物种多样性很高，但组成并不复杂，基本上都是这一海区浅海的常见种，主要是和相邻群落都出现的共有种，以和西南外侧相邻的 32 号、33 号两个群落的共有种为最多，如东方多叶荚果羽螅、孔雀扇形珊瑚、中华衣笠螺 *Xenophora sinensis*、红侍女螺 *Ancilla rubiginosa*、南方尼奥螺 *Nihonia australis*、格芋螺 *Conus cancellatus*、肿胀芋螺 *Conus praecellens*、舟异篮蛤 *Aniocorbula scaphoides*、毛缘扇虾 *Ibacus ciliatus*、矛形拟对虾 *Parapenaeus lanceolatus*、强壮蛛形蟹 *Latreillia valida*、双刺仿蛛形蟹 *Latreillopsis bispinosa*、武装筐形蟹 *Mursia armata*、十一刺栗壳蟹 *Arcania undecimspinosa*、矛棘真蛇尾 *Ophiura laceolata*、正新海百合 *Metacrinus rotundus*、美丽翅羽枝 *Pterometra pulcherrima*、三孔拉文海胆 *Lovenia triforis* 等；其次是和内侧相邻的 30 号群落，出现的共有种也较多，如中华嵌线螺 *Cymatium sinensis*、短角硬甲蝉虾 *Scylarus brevicornis*、美人虾 *Callianassa* sp.、高脊管鞭虾 *Solenocera alticarinata*、日本单指砂虾 *Sicyonia japonica*、纤细五刺栗壳蟹 *Arcania gracilis*、象牙常氏螯蟹 *Tokoya eburnean*、显著栉羽星 *Comastter distinctus* 等；此外，还有少数从沿岸和外陆架及其外缘水域来的物种，它们为截形扇珊瑚 *Truncatoflabellum* sp.、锯形特异螅 *Idiellana pristis*、网纹扭螺、海绵精干蟹、七刺栗壳蟹，和大轮螺 *Architectonica maxima*、杓蛤 *Cuspidaria* sp、东方疣褐虾 *Pontocaris sibogae*。

32. 光滑花海星 *Anthenoides laevigatus*-刺丁香珊瑚 *Caryophyllia spinigera* 群落

分布于海南岛东南外陆架海域，水深为 110～200m，底质为砂—粉砂—黏土混合沉积。本群落栖息地范围不大，由于受南海暖流的影响，水温常年很高，在 15～25℃上下，盐度全年都超过 34。栖居在这里的底栖动物基本上全是印度-西太平洋或西太平洋热带亚热带浅海暖水性高温高盐种，群落组成比较简单。群落的 2 个特征种都是这一海区浅海常见种，其数量较大，在群落中居于明显优势地位。此外，还有几个特有成员，较常见者主要有细带蛇尾 *Ophiozonela subtilis*、贝尔荚果羽螅 *Aglaophenia balei*。栖居在这一群落的其他成员，大部分是生活于 100m 水深以下的外陆架和其外缘物种，其中许多是和相邻的群落 31 号、33 号的共有种，出现较多的主要有麦氏棘羽海鳃 *Echinoptilum macintoshi*、皮氏胀心蛤 *Glans pelseneeri*、安达曼赤虾 *Metapenaeopsis andamanensis*、窄花海星 *Anthenoides tenuis*、神女新羽枝 *Neometra alecto*、简板瓷蛇尾 *Ophiomusium simplex* 等；少数是来自沿岸水域的广布种，较常见的有截形扇珊瑚、网纹扭螺、三带缘螺 *Marginela tricincta*、海绵精干蟹等。

33. 多节新海百合 *Metacrinus multisegmentatus*-环棘柄海胆 *Stylocidaris annulosa*-粗糙棘蛇尾 *Ophiocamax rugosa*-刺丁香珊瑚 *Caryophyllia spinigera* 群落

分布于海南岛东南大陆架外缘和陆坡上缘海域，水深约为 156~472m，底质是以钙质为主的粉砂质黏土软泥。水温除陆坡上缘为 12~16℃外，其他部分皆在 14~21℃上下，盐度常年在 34.5 左右。这是一个典型的热带海区陆架外缘和陆坡上缘交汇地带，以棘皮动物和刺胞动物物种占优势为特色而组合的群落，其外貌很美，色彩艳丽。本群落特征种较多，有 4 个多节新海百合为当地的地方种，数量很大，有群栖习性，在海底形成群丛，环棘柄海胆也是南海地方种，另 2 个特征种分别是印度-西太平洋和西太平洋热带海区暖水性高温高盐种，这几个特征种数量都很大，在群落中居于明显的优势地位。本群落的另一个特点是，特有成分也多，而且出现率高、数量大，如青足侧羽枝 *Parametra orion*、美丽瓷蛇尾 *Ophiomuseum facundum*、奇异蛇尾 *Ophiopalla paradoxas*、美孔蛇尾 *Ophiotreta gratiosa*、日本寻常海百合 *Democrinus japonicus*、东方砂海星 *Luidia orientalis*、美羽螅 *Aglaophenia* spp.、缨海鳃、默氏海鳃、帽状杯轮珊瑚 *Cyathotrochus pileus*、刺杯冠珊瑚 *Stephanocyathus spiniger*、大角杯珊瑚 *Deltocyathus magnificus*、菱扇形珊瑚、日本扇形珊瑚 *Flabellum japonicum*、欧文偕老同穴和与其共栖的俪虾、蜡黄衣笠螺 *Xenophora cerea*、杰氏深水日月贝 *Bathyamuseum jeffreysii*、东方异腕虾 *Heterocarpus sibogae*、驼背异腕虾 *Heterocarpus gibbosus*、东方人面蟹 *Homola orientalis*，以及成群的大量附生在环棘柄海胆上的色彩缤纷的蔓足类匙茗荷 *Trilasmis eburnea* 等。本群落其他性质的成员不多，主要是一些和中、外陆架群落 29 号、30 号、31 号几乎都有出现的共有种，如矛棘真蛇尾 *Ophiura laceolata*、海南盖蛇尾 *Stegophiura hainanensis*、三孔拉文海胆、美丽翅羽枝、正新海百合、孔雀扇形珊瑚、膨大裸果羽螅、中华衣笠螺、红侍女螺、南方尼奥螺、武装筐形蟹、强壮蛛形蟹、双刺仿蛛形蟹、矛形拟对虾等；只有极少数物种为来自沿岸水域的广布种，如网纹扭螺。

34. 栉蛇尾 *Ophiopsila abscissa* 群落

分布于海南岛西岸附近、北部湾口内东侧水域，大体在 108°E 左右、18°30′~19°30′N 之间的区域里，栖息地面积较小，底质主要是粉砂质黏土软泥，水深为 60~80m。本群落由于位于湾口，直接与南海外海水相通，受南海暖水的影响，底层水温常年高于 22℃，盐度在 34 上下，适宜于热带亚热带浅海暖水性高温高盐种的生息和繁衍，栖居在这里的底栖动物物种较为丰富，基本上都是印度-西太平洋或西太平洋沿岸浅海的常见种，以软体动物和甲壳动物的物种所占比例最多，但群落的特征种却只有一个，而且是棘皮动物的栉蛇尾，它是本地的地方种，数量特大，栖息密度可高达 230ind/m²，在群落中居于绝对优势地位。群落中除特征种外，没有其他特有的成分，栖居在这里的所有其他成员多数都是出现于相邻群落之中、或广分布于北部湾的习见种，且数量一般都不大，常见者主要有单列羽螅、索氏双唇螅、锯形特异螅、托氏盾杯螅、等肋异杯珊瑚、耳蜗异砂珊瑚、截形扇珊瑚、滑指矶沙蚕、毡毛岩虫、巢沙蚕 *Diopatra amboinensis*、米氏盾管星虫、习见赤蛙螺、太阳衣笠螺、褐玉螺 *Natica spadicea*、大杏蛤、丝状长蚂蟹、纤细栗壳蟹、丽纹梭子蟹、中国网藻苔虫、十角饼干海胆等。

35. 单列羽螅 *Monoserius pennarius*-斑马翼电光贝 *Electroma physoides*-骑士章海星 *Stellaster equestris* 群落

分布于南沙群岛南部陆架海域，亦即北大巽他陆架海域的一部分，大体上在纳吐纳群岛向东，至北康暗沙、南康暗沙和曾母暗沙，和向北至湄公河口外浅滩之间的区域内，水深为50～110m，底质为砂质沉积。本群落栖息地靠近赤道，位于全球海洋生物多样性最高的印度尼西亚-马来亚区的中心区域，栖居在这里的底栖生物物种十分丰富，且大多数都是印度-西太平洋或西太平洋热带亚热带浅海的习见种。本群落的3个特征种都是这一海区浅海的习见种，数量大，在群落中居于明显的优势地位。群落中的其他成员数量一般都不大，常见者主要有东方多叶荚果羽螅、维加囊果羽螅、索氏双唇螅、小双唇螅 *Diphasia minuta*、锯形特异螅、托氏盾杯螅、细薄软珊瑚 *Alcyonium gracillimum*、刺柱软珊瑚 *Studeriotes spinosa*、细长编笠软珊瑚 *Morchellana elongata*、鹿角散枝软珊瑚 *Roxasia cervicornis*、拟态柔荑软珊瑚 *Nephthea simulata*、等肋异杯珊瑚、截形扇珊瑚、褐色真斑鳞虫 *Euarche maculosa*、南沙锥柱虫 *Metavermilia nanshaensis*、巢沙蚕、米氏盾管星虫、钝梭螺、网纹扭螺、三带缘螺、南方尼奥螺、习见赤蛙螺、直吻泵骨螺 *Hustellum rectirostris*、浅缝骨螺、西格织纹螺、淡黄笔螺 *Mitra isabella*、裁判螺 *Inquistor* sp.、沟芋螺 *Conus sulcatus*、深缝浅线螺 *Cymatium pferifferianus*、双沟鬘螺 *Phalium bisulcatum*、双节蝌蚪螺 *Gyrineum bitubeculare*、三棱锯齿扇贝、华贵类栉孔扇贝、瑞氏海菊蛤 *Spondylus wrightianus*、沟纹巴非蛤、提氏细纹蚶 *Striarca thielei*、锐刺颈紧握蟹 *Rhinolambras turriger*、怀氏凹唇紧握蟹 *Aulacolambrus whitei*、珠母长眼蟹 *Podohthalmus nacreus*、菲岛狼牙蟹、紫隆背蟹 *Carcinopolax purpurea*、海滨熟盾蟹 *Hephthopelta littoralis*、刺足掘沙蟹、珠粒坚蟹 *Ebalia glans*、桑椹蟹 *Drachiella morum*、修容仿五角蟹 *Nursillia tonsor*、圆十一刺栗壳蟹 *Arcania novemspinosa*、无刺十壳蟹、海绵精干蟹、海洋拟精干蟹 *Pariphiculus mariannae*、单齿岐玉蟹、长足长蚂蟹 *Phalangipus longipes*、丝状长蚂蟹、绿虾蛄 *Cloridina chlorida*、白斑绿虾蛄 *Cloridina albolitura*、屈足东方虾蛄、条尾近虾蛄 *Anchisquilla fasciata*、须羽皮羽枝 *Dorometra aphrodite*、小卷海齿花 *Comanthus parvicirrus*、五腕羽枝 *Ediocrinus indivisus*、铗角盘海星 *Goniodiscaster forficulatus*、哈氏砂海星等。

值得指出的是，本群落的单列羽螅，其独特的形态，不像动物而像水草，其高度一般为30～100cm，加上有群栖习性，大面积的生长并定着于海底，在外貌上呈现出有"海底草原"的景观特征。它不仅在南沙南部陆架海域，而且在整个中国东南近海陆架海域，都有着广泛的分布，它在不同海区与不同物种组成有各自特色的群落，但有一个共同特点，就是它吸引了许多不同类群的动物物种来这里栖居，形成特殊的生物群落。如小型双壳类斑马翼电光贝成群的附生在它的水螅茎、枝上，甲壳动物麦杆虫（*Caprella* sp.）攀援在其茎枝上，许多多毛类环节动物生活在它的根系固着的沉积物中，一些小形水螅虫（如索氏双唇螅）也常附生在它的茎枝上，它们自然地和单列羽螅形成一个和谐的生物组合，这些动物都是底层鱼类的天然饵料。因此，这个群落的出现对鉴别渔场和生态地理都有标志性的意义。参见图6.31。

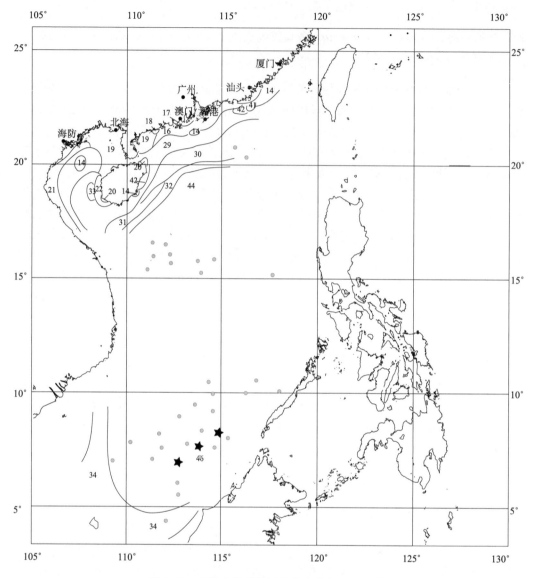

图 6.31　南海生物群落栖息密度分布（ind/m²）

（四）中国近海混合群落

　　在中国近海，由北向南，从渤黄海到南海北部湾，都存在着两大水系，即沿岸水系和外海水系。由于受季节变化和大陆气候的影响，这两股水不断的消长变化和相互推移，在其交汇和混合的区域，水温和盐度的分布极为复杂，生活在这一水文环境里的底栖生物群落中的物种，既出现有沿岸水域广温低盐种，也出现有外海高温高盐种，呈现出一种具不同生态性质混合的群落特征。在渤黄海，混合底栖生物群落表现出兼有沿岸广温低盐群落和黄海中央冷水团区低温高盐群落两种生态性质；在东南近海，则反映为具有沿岸广温低盐群落和外海高温高盐群落两种生态特点，属于这样生态性质特点的混合群落，在中国近海有 8 个。

36. 角管虫 *Ditrupa arientina*-紫臭海蛹 *Travisia pupa* 群落

分布于山东半岛南、北各离岸约 15~30nmile 的海域里，北边一块大体在渤海海峡中南至威海外海、并与岸相平行的狭长的区域内，南边一块在成山头以南至青岛东南外海海域。这两块栖息地的水深约为 20~40m，底质主要为泥质粉砂。本群落的 2 个特征种，都是穴居泥砂底内生活的多毛类环节动物，角管虫是广泛分布于大西洋和印度-西太平洋沿岸浅海的暖水种，紫臭海蛹是冷水种，它们的数量都较大，栖息密度很高，在群落中占有明显的优势。本群落的物种组成不丰富，但其常见的数量较大的物种也都是沿岸广分布的暖水种和相邻冷水群落中的一些冷水种。前者如泥足隆背蟹、口虾蛄、鼓虾等；后者如斑角吻沙蚕、薄壳索足蛤、橄榄胡桃蛤等。此外，还有些广分布的多毛类，如不倒翁虫、中吻角沙蚕、梳鳃虫。由于群落的南部栖息地水温高于北部，因此有部分暖水种出现，而且数量较大，如双斑蟳。

从上述物种组成可以看出，本群落是一个主要由沿岸水域广温低盐群落里的一些暖水种和黄海冷水群落中的一些冷水种所组成的混合群落。

37. 有色柔荑软珊瑚 *Chromonephthea* sp. 群落

分布于南黄海海州湾东南外海，离岸约 60~70nmile 的大沙渔场西北水域。栖息地面积不大，为一条与岸大致相平行的狭长状地带，并紧靠南黄海中央冷水群落西南部的边缘，水深约在 50m 上下，底质主要为粉砂。本群落特征种仅有一个，为有色柔荑软珊瑚，数量很大，在群落中居明显优势地位。群落中的其他物种也不多，但其物种组成却以南黄海冷水群落中的一些冷水种为主，与少数沿岸广分布的暖水种相混合而成。前者常见的主要有浅水萨氏真蛇尾、大寄居蟹、堪察加七腕虾、匙额安乐虾 *Eualus spathulirostris*、橄榄胡桃蛤、香螺等；后者物种不多，较常见的仅有双斑蟳。

38. 沟倍棘蛇尾 *Amphioplus ancistrotus*-栗色管螺 *Siphonalia spadicea* 群落

分布于南黄海南部、大沙渔场一带海域，大体在 33°~33°45′N、123°~124°10′的区域内，水深为 39~65m，底质主要为粉砂质黏土软泥。处在南黄海中央冷水群落的南部边缘，是黄海暖流与黄海冷水的交汇区，由于不同性质的暖水和冷水同时出现，而使这里的群落结构复杂化，导致群落中存在 3 种生态性质的成分，既有沿岸水域广分布的暖水种和随外海暖流而来的暖水种，也有黄海冷水团中的冷水种，但却以冷水种和暖水种相混合为其主要特点。本群落的 2 个特征种，是西北太平洋北温带冷水种沟倍棘蛇尾，和中国近海（东海）-日本地方性的暖水种栗色管螺。这两种数量都很大，在群落中居于明显的优势地位，这不仅体现出本群落突出的混合特点，也反映了黄海冷、暖水在这里交汇的复杂情况。这也促使本群落的物种组成较为丰富，属于近岸水域广分布的暖水种，常见的主要有口虾蛄、双斑蟳、三疣梭子蟹、葛氏长臂虾、蓝无壳侧鳃等；随外海暖流进入的，主要是来自东海的暖水种，数量大的主要有芮氏刻肋海胆、凹裂星海胆 *Schizaster lacunosus*、织纹螺 *Nassarius* sp.、嵌条扇贝 *Pecten albicans*、斧蛤蜊 *Mact-*

rinula dolabrata、东海红虾 *Plesionika izumiae*、凹管鞭虾 *Solenocera koelbeli*、日本镖鳞虫 *Laetmonice japonica* 等；来自黄海中央的冷水种主要有浅水萨氏真蛇尾，2 种盖蛇尾 *Stegophiura* spp. 、枯瘦突眼蟹、窄颚安乐虾，日本褐虾、蜈蚣欧努菲虫等；此外，还有少数物种仅出现于本群落，数量较大的有朝鲜阳遂足 *Amphiura korae*、日本鬼蟹 *Tymolus japonicus*、密纹小囊蛤 *Saccella gordonia* 等。这么多的不同生态性质的物种，集中地出现于一个栖息地面积并不很大的群落之中，这在中国近海是一个最为突出的混合群落。

39. 金氏真蛇尾 *Ophiura kinbergi*-凸卵蛤 *Pelecyora nana* 群落

分布于东海北部、长江口外，124°～125°30′E 的海域里，北界为黄海冷水团控制区，南界为台湾暖流控制区，这里离岸虽较远，但水深并不大，仅有 40～60m 深，底质软，主要为粉砂、泥混合沉积。长江冲淡水对这里冲击较强，所以本群落栖息地盐度较低，温度变化幅度较大，和具有低盐广温水文特征的沿岸浅水区比较相似，但同时，它也或多或少地受到黄海冷水和台湾暖流水的影响，相应地表现出本群落的物种组成也兼有 3 种不同生态性质的成分，但与上一群落相比，本群落的暖水种和冷水种的直接交汇情况就不够典型。由于冲淡水影响势力较强，群落的两个特征种都是印度-西太平洋区中国沿岸水域广分布的暖水种，但它们的优势不明显，特有成分较少，其他物种也不多，不过由于相邻群落的特征种和优势种基本上都不出现于这里，所以该群落的外貌还是清楚的。

40. 凹裂星海胆 *Schizaster lacunosus*-西格织纹螺 *Nassarius siquijorensis* 群落

分布于长江口以南、浙闽近岸水域，大体上与岸相平行，呈一狭长的带状，水深为 30～60m，底质软，主要为粉砂质黏土软泥。这里是浙闽沿岸水与台湾暖流水的交汇区，为温、盐度变化幅度比较大，并兼有沿岸广温低盐水和外海高温高盐水两种水文特征的海域，这在本群落的物种组成上得到了很好的反映。虽然这一群落的组成比较复杂，但主要是以生活于温、盐度较高的外海水中的暖水种，和能适应温、盐度变化较大、广泛分布于沿岸水域的暖水种两类物种占优势相混合而成。前者主要以本群落的两个特种凹裂星海胆和西格织纹螺为代表，它们都是印度-西太平洋亚热带区长江口附近以南近岸水域习见的暖水种，数量很大，在群落中居明显优势，此外，数量较大的主要有栗色管螺、光衣笠螺、金氏真蛇尾、女神蛇尾 *Ophionephthys difficilis*、东海红虾、须赤虾、通行长臂蟹 *Myra fugax* 等；后者数量较大的主要有节结拟塔螺、葛氏长臂虾、中华管鞭虾、细巧仿对虾、鹰爪虾、双斑蟳、口虾蛄等；此外，还有少数暖温带种，但它们仅栖居于舟山群岛以北的群落边缘区，如哈氏克肋海胆、日本倍棘蛇尾、中华五角蟹、黄道蟹等，以及几种全球广布种，如不倒翁虫、中锐吻沙蚕、梳鳃虫等。这后两类物种都是群落中很次要的成分。由以上物种组成可以清楚表明，本群落是一个由能适应较高温、盐外海水的暖水种和沿岸水域广温低盐的暖水种所组成的混合群落。

41. 栉江珧 *Atrina pectinata*-短刀侧殖文昌鱼 *Epigonichthys cultellus* 群落

分布于粤东惠来县神泉港以南约 15nmile 以外、东经 116°30′左右的近岸水域，水深为 35～50m，底质为细砂。群落栖息地面积不大，是粤东沿岸水和南海外海水的交汇区，其分布范围随季节不同而有变化，温、盐度分布比较复杂，表现出具有沿岸广温低盐水和外海高温高盐水两种不同性质水相混合的水文特征。相应地栖息在这一生境里的群落也充分地反映出其组成比较复杂，既含有沿岸广温低盐的暖水种和外海高温高盐的暖水种，以及很少的广布种，表明该群落是由 2 种不同生态性质的物种所组成的混合群落，而且其大部分物种为喜栖砂底。本群落的两个特征种栉江珧和短刀侧殖文昌鱼都是印度-西太平洋亚热带浅海区的，并广分布于华南和台湾沿岸广温低盐水域的暖水种，也都是栖居砂底营滤食性生活的物种，它们的数量很大，特别是栉江珧的栖息密度更大，可高达 170ind/m²，在群落中居明显的优势地位。属于这一生态类型的物种较多，除特征种外，常见者主要有中华内卷齿蚕、短羽镖毛鳞虫、壳蛞蝓 *Philine* sp.、中国仙女蛤 *Callista chinensis*、细螯虾 *Leptochella* spp.、马氏艾蝉虾 *Eduarctus martensii*、门司赤虾 *Metapenaeopsis mogiensis*、拥剑梭子蟹 *Portunus gladiator*、斑瘤蛇尾等；属于能适应外海较高的温、盐水生态类型的暖水种也较多，常见的主要有红螺 *Rapana bezoar*、猿头蛤、后耳乌贼 *Sepiadarium kochii*、须赤虾、变态鲟、单列羽螅、多极软珊瑚 *Spongodes* sp.、翼海鳃 *Pteroeides* sp.、马氏竿海鳃 *Scytalium martensii*、金氏真蛇尾等。

42. 洁白美人虾 *Callianassa modesta*-槭海星 *Astropecten velitaris*-头巾雪蛤 *Clausinella foliacea* 群落

分布于北部湾中南部至湾口水域、海南岛东部沿岸水域和粤东碣石湾以南约 20nmile 以外的近岸水域。这 3 处栖息地的面积以北部湾内的为最大，其他两处都较小，其水深大体上都在 30～60m 之间，底质主要为细砂和粉砂。这 3 处水文状况比较相似，由于其地理位置离岸较远或靠近外海水体，因此其水温和盐度的变化幅度都较沿岸水域为低，同时又受到外海高温高盐水的影响，水文状况比较复杂。相应地栖息在这一生境里的底栖生物群落也显示出，其物种组成比较复杂，是一个以喜栖砂底、兼有近岸次高盐广温生态性质的暖水种和外海高温高盐生态性质的暖水种所组合而成的混合群落。属于前一类的物种，本群落的 3 个特征种洁白美人虾、槭海星和头巾雪蛤可作为主要代表种，它们都是印度-西太平洋热带和亚热带区的、华南近岸浅水海域的暖水种，且都是在砂底生活的物种。它们的数量很大，尤其是洁白美人虾栖居密度很高，可高达 100ind/m²，这一类其他常见的主要有沟纹巴非蛤 *Paphia exarata*、长偏顶蛤 *Modiolus elongatus*、焰纹笔螺 *Mitra flammea*、网纹扭螺、小巧毛刺蟹 *Pilumnus minutus*、裸盲蟹、直额鲟 海绵精干蟹、蛛美人虾 *Callianassa joculatrix*、掘足东方虾蛄、多棘软珊瑚、等肋异杯珊瑚、哈氏砂海星 *Luidia hardwicki* 等；属于后一类的物种，常见的数量大的主要有单列羽螅、索氏双唇螅，斑马翼电光贝、五刺栗壳蟹、十一刺栗壳蟹、双斑浆蝉虾 *Remiarctus bertholdii*、栉管鞭虾、丽纹梭子蟹、音响赤虾 *Metapenaeopsis stridulans*、十角饼干海胆等；此外，有极少数全球广布种如不倒翁虫、中锐吻沙蚕等也常出现。另外，必须指出的是，由于北部湾群落栖息地面积明显的大于另两个，而且栖息地生境比较优越，因此在它那里栖居的物种要多一些，如近岸次高盐种锋利真鳞虫 *Eupanthalopsis edriohthalma*、尖锥芋螺 *Conus aculeiformis*、网楯海胆 *Clypeaster re-*

ticulates，外海高温高盐种翅棘真蛇尾 *Ophiura pteracantha* 等，只出现于北部湾栖息地而不出现于另两处。

（五）深海生物群落 Bathyal Communities

中国海，除渤黄海、东海西部陆架、南海北部陆架和南部南沙岛架海域，以及台湾东部西太平洋沿岸海域，水深小于 140～220m 者皆为陆架浅海外，其余海域都为深海（bathyal sea），大部属于陆坡深海，最深处达 5559m，在南海海盆，它包括东海冲绳海槽、南海陆坡、南海深海盆和台湾以东太平洋陆坡等深水区，底层水温很低，常年在12℃以下，到2℃左右，盐度很高，终年在 34.5 以上，底质软，为黏土质软泥，有机物质含量低，完全处在无光的黑暗环境之中，栖居在深水生境中的底栖生物群落的物种数和个体数都较少，具有低温高盐性质。以下简述前 3 个深海的群落概貌，但由于作者积累数据较少，还难以反映生物群落的全貌。

43. 冲绳海槽深海群落 *Okinawa Trough Bathyal Community*

冲绳海槽位于东海陆架外缘和琉球岛弧之间，其西坡为东海陆坡，东坡为琉球岛坡，槽底地形复杂，高差变化极大，北浅南深，水深由 700m 降至 2000m，最大水深达2719m，底质为黏土质软泥。由于火山活动频繁，沉积物中常夹杂着许多火山石块，在槽坡上段，黑潮暖流影响明显。本群落的物种组成充分地反映了这一生境的特点，显示出物种多样性和个体数有随水深增大而减少的特点，以水深约 400m 处的物种多样性为最高，有 119 种，其次为 500～600m 水深处，有 56～70 种，760～850m 有 53 种，1070m 有 40 种，1400m 为 39 种，1840m 有 30 种，2150m 为最低，有 29 种。在水深400m 处以甲壳动物（39 种）和刺胞动物（36 种）最为繁盛，其次是棘皮动物（12）和软体动物（9 种），海绵动物物种虽不多，但由于其体形大，结构特殊，而显得重要。在这里数量较大的物种为附着在火山石和其他动物硬件上的深底蚶 *Bentharca asperula*、大西洋深海盘壳贝 *Pelagodiscus atlantica*、独角红虾 *Plesionika naval*、孔雀扇形珊瑚、小棘真蛇尾 *Ophiura micracantha* 等。随着水深的增大，甲壳动物的优势地位则逐渐被棘皮动物、海绵动物所取代。从冲绳海槽群落整体来看，则以棘皮动物海参最占优势，如双手高求参 *Ypsilothuria bidentaculata* 在海槽上下数量都很大，都居优势地位，它和深底蚶作为此群落的特征种。其他较常见的物种主要有粗拟刺参 *Pseudostichopus trachus*、窄尾合褐虾 *Syncrangon angusticauda*、小甲小铠茗荷 *Arcoscalpellum michelottianum*、驼背高花笼 *Altiverruca gibbosa*、卡氏围线海绵 *Pheronema carpenteri* 以及主要附着在火山石上的冠杯钵螅 *Stephanoscyphistoma* sp. 等。

44. 南海陆坡、岛坡深海群落 *Continental and Island Slope Bathyal Community*

南海陆坡东部陡而窄，坡麓伴生有海沟，北部和南部陆坡较缓而宽。在西沙群岛至东沙群岛一线附近的岛坡上部、水深约 200～500m 的岛架外缘和岛坡上部，群落中栖居着相当丰富的陆架外缘和陆坡上部虾、蟹、蛇尾类棘皮动物，及水螅、珊瑚和贝类等，如矛形拟对虾 *Parapenaeus lanceolatus*、圆板赤虾 *Metapenaeopsis lata*、六齿四额

齿蟹 *Ethusa sexdentata*、巨螯拟人面蟹 *Paromola macrocheira*、糙柱棘蛇尾 *Ophioca-max rugosa*、美孔蛇尾 *Ophiotreta gratiosa*、毛大刺蛇尾 *Macrphiothrix capillaris*、深栉蛇尾 *Bathypectinura heros*、奇异蛇尾 *Ophiopallas paradoxa*、颗粒脂蛇尾 *Ophioli-pus granulatus*、小棘真蛇尾 *Ophiura micracantha*、多刺棘蛇尾 *Ophiophrixus acanthi-nus*、美羽螅 *Aglaophenia* sp.、默氏海鳃、刺冠杯珊瑚 *Stephanocyathus spiniger*、日本扇珊瑚 *Flabellum japonicum*、孔雀扇形珊瑚、杰氏拟日月贝 *Propeamussium jef-ferysi*、白肋拟日月贝 *Propeamussium cadacum* 等。在西沙群岛东北邻近的一个 1100m 水深的栖息地里，栖居的群落物种多样性较高，有 114 种之多，但它们的个体数量较低，除一种黑珊瑚 *Antipathidae* 数量较多外，一般只有 1 至数个个体，从组成上看以棘皮动物的物种为最多，高达 65 种，甲壳动物次之，为 24 种，再次为刺胞动物 10 种，软件动物、多毛类等更少，如长棘筐蛇尾 *Gorgonocephalus dolichodactylus*、海螯虾科 *Nephropsidae*、长刺隆背蟹 *Carcinoplax longispinosa*、巨吻海蜘蛛 *Colossendeis* sp.、棘羽海鳃 *Echinoptilum* sp.、壮齿胡桃蛤 *Nucula pachydonta* 等。在中沙群岛水域 1896～2345m 的栖息地里，群落组成比较贫乏，栖居着几种深水石珊瑚等，如薄壳角杯珊瑚 *Deltocyathus murrayi*、王冠杯珊瑚 *Stephanocyathus regius*、韦伯冠杯珊瑚 *Stephanocyathus weberianus*。

南海南部岛坡比较宽广，分布有南沙群岛和南沙海槽。在南沙上岛坡，从岛架外缘以下，到水深 1500m 的整个栖息地，群落中的物种都比较丰富，栖居着众多的深水石珊瑚、水螅、棘皮动物、甲壳动物、软体动物等，如美丽锦沙珊瑚 *Letepsammia for-mosissma*、王冠菌杯珊瑚 *Fungicyathus stephanus*、拟丁香轮杯珊瑚 *Trochocyathus caryophyloides*、霜副杯珊瑚 *Paracyathus pruinosa*、羽螅 *Plumujlaria* sp.、小桧叶螅 *Sertularella* sp.、美孔蛇尾、成熟孔蛇尾 *Ophiotreta matura*、鞭真蛇尾 *Ophiura flagellata*、牟氏脆心海胆 *Linopneustes murrayi*、尖刀茗荷 *Smilium acutum*、罗斯垂铠茗荷 *Catherinum rossi*、葛氏阿南铠茗荷 *Annandaleum gruvelii*、斧形胡桃蛤 *Nucula donaciformis* 等。在南沙中岛坡水深 1500m 以下的群落中物种较少，栖居有冠杯珊瑚 *Stephanocyahtus* sp.、丝纹胡桃蛤 *Nucula nimbosa*、长刺仿四额齿蟹 *Ethusina investi-gatoris*、来曼瓷蛇尾 *Ophiomusium lymani* 等。在南海海槽保留着深海热泉群落遗迹，有关情况将在热泉群落中述及。

（六）化能合成群落 Chemosynthetic Communities

1977 年，在东太平洋加拉帕戈斯群岛近海，科学家乘深潜器下潜到水深 2500m 海底首次发现深海热泉（Hydrothermal Vent），观测到在其烟囱状热液口涌出的热液温度高达 250～400℃，当热液与周围海水混合时，温度降至 8～23℃，仍比 2500m 水深处正常状况下的温度 2～4℃高出很多，也查出在热液口区 O_2 含量很低、H_2S 含量很高。栖息于热液环境中的动物体内有能进行化能合成作用制造有机物的细菌——硫氧化菌——共生，为其提供营养，因此多数动物消化道退化，有的种则完全消失。在热液口发现的热泉底栖生物群落特点是物种不多、但个体和数量巨大，由于生境特殊，大部分都是新种。例如，大量的与硫氧化细菌共生的鲜红的长达 2m 的巨型管栖蠕虫 *Riftia pachyp-*

tila、双壳类囊螂科的巨大伴溢蛤 *Calyptogena magnifica*，许多小蟹、虾、铠甲虾以及多毛类环节动物等，被誉为深海绿洲，是生物海洋学的重大成就之一。近30年来，已在全球3大洋的洋中脊和弧后盆地等许多海域发现深海热泉群落。随后，在沿岸浅水区进行海洋调查时也发现有类似的浅海热泉（如美国加州南部、俄罗斯远东海沿岸浅水区等海区等多处浅海热泉）。

近年来，中国科学家进行了一系列热液活动区的调查，20世纪80年代，在东海冲绳海槽和南海南部南沙群岛岛坡区发现了深海热泉动物；1999年，在台湾东北部宜兰县、西太平洋沿岸龟山岛东南沿岸10多米水深处，发现一丛有30多个热液喷口和浅水热泉底栖生物群落。

45. 冲绳海槽热泉群落 Okinawa Hydrothermal Vent Community 和 46 南沙群岛陆坡深海热泉群落 Nansha Hydrothermal Vent Community

分布于冲绳海槽中北部水深521～1600m的多处热液活动区和南沙群岛北康暗沙附近水深600～700m的陆坡区。热液口所处的地质过程是动态的，为非稳定的环境，热液口活动在不断地改变，一般只有几年到20～30年的活动期，随后就会被关闭，形成新的热液口，老热液口栖居的物种迁移或死亡消失，或死亡后留下遗骸堆积在原热液口处。近30年来，在冲绳海槽调查发现了2种伴溢蛤 *Calyptogena* spp. 的贝壳遗骸；在南沙群岛北康暗沙附近陆坡上拖网采到一种热泉动物——被套动物 Vestimentifera［最近研究认为是特化的多毛类环节动物。这两处的海底都有深海热泉及其遗址，至少可区分为2个大的群落（图6.31标有★者）］。

46. 龟山岛浅海热泉群落 Guishan Island Hydrothermal Vent Community

龟山岛位于台湾东北角宜兰县头城以东约15km的西太平洋沿岸水域。在该岛东南岸，即岛的龟首位置，10～20m水深处，有30多个烟囱状的热液喷口，底质为砾石和硫黄块，是一处现今仍为活动的浅海热泉。由于热泉喷出的水是一种含高浓度的硫化物，对多数动物的生存都不适宜，因此栖居在这里的动物不多，仅一种小蟹——乌龟怪方蟹 *Xenograpsus testudinatus*，数量很大，居绝对优势地位，是这一群落的特征种。其他有海葵、腹足类软体动物等少数物种，其数量也少。

对于上述这些热泉所在水域，应当进一步进行专题调查，研究它们的种类组成、群落结构和生态特点。

最近进行的海洋地质调查在南海发现多处冷渗（cold seep），与热泉（液）性质相似，但渗出的不是热液。冷渗动物群落的种类与热泉的相似。应对其群落结构和生态特点作专题调查取样和研究。

（七）珊瑚礁和红树林群落 Coral Reef and Mangrove Communities

中国沿岸大部分位于低纬度热带和亚热带。绚丽多彩的珊瑚礁生物群落和红树林生物群落是这一生境所特有的2个群落。它们对所栖居的生境都各有自己的严格要求，除要求有较适宜的海水温度外，前者只生活在透明度大的清澈海水、底质坚硬的沿岸浅水区；后者则喜栖于软泥质滩涂上，要求低盐环境，主要分布在河口、荫蔽的海湾、潟湖等沿岸，它与前者在沿岸带成交错状分布，表现出热带、亚热带沿岸底栖生物生态环境高度的复杂性和多样性。

◎ 珊瑚礁生物群落 Coral Reef Communities

中国海的热带和亚热带海域是全球造礁石珊瑚和珊瑚礁的主要分布区之一。据世界著名珊瑚专家 Cairns、Hoeksem 和 Van der Land 共同审定（1999），全球造礁石珊瑚有效种为 656 种。中国海域约有 300 多种，接近世界总种数的一半。在南海辽阔的海域，散布着众多的珊瑚礁：即东沙群岛、西沙群岛、中沙群岛和南沙群岛，统称为南海诸岛，其中除个别为火山岛礁外，都是环礁。在东海的东南海域，钓鱼岛、赤尾屿、黄尾屿、彭佳屿等，虽然纬度较高，由于地处黑潮暖流主流区，也有着发育良好的岸礁。在台湾岛沿岸水域，除西部砂质沿岸缺乏硬底不适宜于造礁石珊瑚生长外，其他大部分沿岸多有造礁石珊瑚分布。北部由于冬季水温较低，限制了珊瑚的生长，大多以群落形态出现，仅有零星的珊瑚礁。东部和南部由于环境适宜，皆有岸礁分布，其中以恒春半岛、小琉球、绿岛、兰屿等地沿岸发育为最好，尤其是南端的垦丁国家公园和南湾一带沿岸水域，造礁石珊瑚极为茂盛，多达 250 种以上。在海南岛周围沿岸水域，间断地分布着一些岸礁，在岛的西北部新盈近岸水域，分布有一离岸的堤礁——邻昌礁，而以南端三亚沿岸水域的岸礁发育为较好，特别是鹿回头珊瑚礁生物群落尤为发达。

1957~1958 年作者参加中苏海洋生物考察时，观察记录了海南鹿回头潮间带造礁石珊瑚繁茂的带状结构和多样的生物群落；60 年代前期还呈现出明显的带状分布结构（邹仁林等，1966），随后由于环境恶化和非合理的开发，栖息地遭到严重破坏，1990年、1992 年潮间带活珊瑚已经完全消失，作者已不见昔日五彩缤纷的群落外貌。由于受到国家重视，于 1990 年成立了三亚珊瑚礁国家级自然保护区，企图使其珊瑚礁原貌和生态系统得以恢复和保护。因为海南岛珊瑚礁处在西太平洋珊瑚礁分布北缘，并非典型的珊瑚礁，所以造礁石珊瑚不足百种，大洋礁常见的某些珊瑚，如苍珊瑚、茎珊瑚、排孔珊瑚（*Seriatopora* spp.）、正腔纹珊瑚（*Coeloseris mayeri*）等都未出现。

在南海诸岛中，造礁石珊瑚种、属的分布，一般来说，是以邻近赤道而又位于全球珊瑚物种多样性最高的菲律宾—马来西亚—新几内亚"珊瑚三角"区域的南沙群岛为最多，往北则有所减少。但由于在不同珊瑚岛礁所作调查的频度和强度有所差异，其结果对珊瑚物种多样性的实际情况也会产生一定的影响。例如，南部的南沙群岛太平岛有珊瑚 56 属、163 种，而最北边的东沙群岛的东沙岛却有珊瑚 229 种之多；中部的西沙群岛仅约有 38 属、127 种（邹仁林，2001）；中沙群岛由于大部分处于水下，仅对其唯一露出水面的环礁——黄岩岛进行了两次珊瑚调查，只有 19 属、46 种。值得注意的是，在台湾岛南端沿岸水域，由于受到强大的黑潮暖流的影响，那里的珊瑚礁及其生物群落特别繁茂，有造礁石珊瑚多达 62 属 280 种。

南海诸岛珊瑚礁非常壮观，是中国海物种最多、最为旖旎的群落。这里盛行季风，但由于其 4 组群岛所处的地理位置不同，因此季风对这些珊瑚岛礁不同方位珊瑚群落的物种组成、生态特点和外貌姿态的影响程度有所不同。据调查（邹仁林，1978；邹仁林等，1979；庄启谦等，1983），在每年 5~8 月份盛行西南季风期间，风浪大，加上来自爪哇海的海水流量大、流速强，猛烈地冲击这些岛礁的西南岸，到了冬季，从 10 月至翌年 3 月，转为来自中国大陆的东北季风，冲击力明显减弱，因此，远离大陆的南海诸岛中南部的南沙群岛和西沙群岛的西南岸海水混浊，礁平台狭窄，生物群落物种组成比较贫乏，而东北岸海水则比较清澈，礁平台广阔，生物群落的物种组成相当丰富，呈现出明显的带状分布生态特点；至于处在南海诸岛北部、距离粤东沿岸较近的东沙群岛，其情况正好相反。

47. 西沙群岛的环礁 Atoll 生物群落 Xisha Atoll Community

（1）金银岛和东岛东北岸的礁平台断面可清晰地划分为：①蔷薇-宾珊瑚带 *Montipora-Porites* Zone；②苍珊瑚带 *Heliopora coerulea* Zone；③美丽鹿角珊瑚带 *Acropora formosa* Zone；④碎珊瑚带 Dead Coral Fragment Zone；⑤礁缘的珊瑚藻带 Coral Algal Zone。并在礁缘这一带内侧发现有覆盖式的略微隆起的边缘型藻脊 Rim-type algal ridge。藻脊由大片生长的粉红色孔石藻 *Porolithon onkodes* 和黄色皮壳状黄集沙群海葵 *Palythoa stephensoni* 所构成。这种边缘型低隆起藻脊，显然不及西太平洋马绍尔群岛等珊瑚礁的那种高大的单斜型藻脊 Cuesta-type algal ridge 壮观，但它和东印度洋马尔代夫群岛的阿杜环礁藻脊的情况相似，显示出南海诸岛珊瑚礁是大洋礁，为介于热带印度洋与西太平洋珊瑚礁之间的一个过渡类型。然而到目前为止，在南海诸岛中，其他岛礁尚未发现有边缘型藻脊。每一石珊瑚带都共栖有丰富多彩的无脊椎动物（海绵、刺胞动物、甲壳类、软体动物、棘皮动物、被囊动物等）、鱼类及藻类，形成自有特点的环礁生物群落。

金银岛西南向断面则可见：①珊瑚沙带；②苍珊瑚带；③鹿角珊瑚带；④珊瑚藻类，稍有不同。

（2）东岛东北断面可见：①橙黄滨珊瑚带；②苍珊瑚带；③碎珊瑚带；④珊瑚藻带。

东岛西南断面可见：①珊瑚砾石带；②菊花-蜂巢珊瑚带。

48. 海南岛三亚鹿回头缘礁 Fringing reef 生物群落 Sanya Luhuitou Fringing reef Community

邹仁林（1967）对海南三亚鹿回头缘礁的带状结构作了明确记录描述。当时潮间带下区和潮下带带状结构明显，礁平台上有菊花珊瑚带 *Goniastrea* zone 和蔷薇珊瑚带 *Montipora* zone，向海斜坡有非常繁茂的鹿角珊瑚上带 *Acropora* upper zone 和下带 *Acropora* lower zone。特别是大潮低潮时可露出壮观的珊瑚群落，作者 1958 年见到同样的情况，印象迄今难忘。

◎菊花珊瑚带：自礁平台约 120m 处开始，高出滩面有黑圆石 Bolder 星罗棋布，粗糙菊花珊瑚 *Goniastrea aspera*、中华角蜂巢珊瑚 *Favites chinensis*（＝山成菊花珊瑚 *G. yammanarii*）和标准蜂巢珊瑚 *Favia speciosa* 占优势。珊瑚间、礁石上和浅水中有丰富的藻类和多种无脊椎动物及小型鱼类活动。

◎蔷薇珊瑚带：自礁平台 215m 处开始，黑圆石消失，优势种指状（多枝）蔷薇珊瑚 *Montipora digitata*（＝*M. ramosa*）排列成行，还有上带的 3 种珊瑚和橙黄滨珊瑚 *Porites lutea*、石芝 *Fungia fugites*、*Fungia* sp. 和枝状的佳丽鹿角珊瑚 *Acropora pulchra*。这一带藻类、贝类、虾蟹类等动植物繁茂可见。

但是，人类活动、环境污染和全球气候变化对珊瑚礁造成严重胁迫与破坏。1990年和1992年作者等再次在鹿回头礁平台上却见到一片荒凉景象，平台上几乎全是死珊瑚礁和碎石，看不到成带的菊花珊瑚和蔷薇珊瑚，仅在距高潮线约150m处有零星小块的活珊瑚 *Goniastrea aspera*、*Porites lutea* 和 *Fungia fugites*，而过去的优势种 *Montipora digitata* 仅出现于礁平台外缘。另外，只有零星的杯形珊瑚 *Pocillopora* sp. 和扁脑珊瑚 *Platygera* sp. 。

◎ 关于大陆沿岸造礁石珊瑚的分布：大陆沿岸的石珊瑚以香港东部沿岸水域的物种为最多，因受高温高盐的南海外海水侵入的影响，有利于珊瑚群落的发展，使造礁石珊瑚多达26属、49种。其次是广西北海近岸水域的涠洲岛，由于位于北部湾东北部，属于热带季风气候，环境优越，在其大部分沿岸水域都发育有造礁石珊瑚群落，有21属、45种。广东雷州半岛南端徐闻县西岸，面向北部湾，也属于热带季风气候，造礁石珊瑚群落由21属、35种组成。粤东大亚湾的造礁石珊瑚群落约有30种组成。福建东山岛造礁石珊瑚群落的物种稀少，只有7属、7种。厦门湾仅有2种，为零星分布，不形成群落。中国大陆沿岸造礁石珊瑚分布的最北界限在浙江南部南麂列岛（仅有1种——皱齿星珊瑚 *Oulastrea crispidata*）。在华南沿岸，由于受大陆气候的影响，冬季表层海水温度较低，多数时间一般都在18℃以下，限制了造礁石珊瑚生长、发育成礁，仅以群落形态出现，其物种多数都是块状、皮壳状生长型，直立的分支状的、叶状的很少，台湾岛、海南岛常见的杯形珊瑚，在这里都未出现，鹿角珊瑚也极少见。总的来看，华南沿岸造礁石珊瑚群落的物种组成，是一个具有印度-西太平洋珊瑚礁分布区北部边缘生态特点的独特群落。

珊瑚礁生物群落的共栖无脊椎动物物种丰富多彩，多样性很高，甲壳动物软体动物最多，十足目的鼓虾属有 *Alpheus lottini* 等几十种，合鼓虾属 *Sybalpheus* 多种，珊瑚虾属 *Coralliocaris* 和尤卡虾属 *Jocaste* 多种，梯形蟹 *Trapezia* 拟梯形蟹 *Tetralia* 各有多种，有大型种美丽的大指虾蛄、假虾蛄、龙虾、蝉虾、铠甲虾、寄居蟹等，软体动物中有芋螺 *Conus* spp. 以及龟甲贝 *Chelycypraea testudinaria*、蛇目贝 *Talparia urgus* 等，宝贝科多种，蜘蛛螺 *Lambis lambis* 和水字螺 *L. chiragra*，双壳类中砗磲 *Hippopus hippopus* 和砗磲属 *Tridacuna* 5 种，棘皮动物中有石笔海胆 *Heterocentrotus mammillatus*、喇叭毒刺海胆 *Toxopneustes pileolus*、绿刺参 *Stichopus chloronotus*、梅花参 *Thelenota ananas*、面包海星 *Culcita novaeguineae* 等，种类多种多样。

49. 红树林生物群落 Mangrove Community

中国海南、广西、广东、福建、台湾5省区的河口、潟湖和一些港湾的泥砂质海岸，都分布有红树林，其中以海南的东寨港和清澜港的红树林最为茂盛。红树林能屹立于海岸，有"海岸卫士"的美称。这是因为它拥有发达的盘根错节的根系，如支柱根、板状根、呼吸根等，能适应它所生长的淤泥沼泽的沉积环境，以牢牢地固着于沼泽地上，而得以很好地生存和繁衍，具有挡潮防浪和通气作用。在涨潮时，会被海水淹没，仅露出翠绿的树冠在海面上，非常壮观。红树林这种生境，海水一般比较平静，沉积物含水量高、盐分广、硫化氢量大、缺乏氧气，而有机物质非常丰富。这显然不利于底栖动物生存，所以这里的底栖动物群落，物种贫乏，少数种数量大、生活方式多样，呈现出一种独特的景观。福建九龙江口红树林的底栖动物群落，较好地反映了它的生态特点。例如，栖居在红树上的物种有 25 种，多为广盐性物种，其中黑口拟滨螺 *Littorainia melanostoma*、粗糙拟滨螺 *L. scabra*、彩拟蟹守螺 *Cerithidea ornta*、四齿大额蟹 *Metopograpsus guadridesntatus*、下齿细螯寄居蟹 *Clibanarius infraspinatus* 等 11 种，在红树上营匍匐游走生活；而白脊管藤壶 *Fistulobalanus albicostatus*、白条地藤壶 *Euraphia withersi*、黑荞麦蛤 *Xenostrobus atrata*、难解不等蛤 *Enigmonia aenigmatica*、纵条肌海葵 *Haliplanella lineata* 等 7 种，则以足丝或基盘成群的附着于红树上，营附着生活；船蛆 *Teredo navalis*、裂铠船蛆 *T. manni*、密节铠船蛆 *Bankia*、团水虱 *Sphaeroma* sp. 等 5 种，在红树干上钻孔营穴居生活。此外，弹涂鱼 *Periophthlmus cantonoesis* 等常成群上树。这些物种在树上具有明显的垂直分布特点，如黑口拟滨螺可以匍匐到树冠活动，粗糙拟滨螺主要栖息在树冠之下到树茎之间部位，附着物种则分布在树根、树茎、枝条和叶片上，它们的数量较大，周年平均丰度为 687ind/m²。在红树林下滩涂上的底栖动物比较多些，有 66 种，以甲壳动物和软体动物为最多，鱼类和多毛类次之，常见者主要有秀丽长方蟹 *Metaplax elegans*、弧边招潮 *Uca arcuata*、屠氏招潮 *U. dussumieri*、梯泥沼螺 *Assiminea scalaris*、堇泥沼螺 *A. violacea*、尖锥拟蟹守螺 *Cerithides largillierti*、中国绿螂 *Glauconome chinensis*、锐足全刺沙蚕 *Nectoeanthes oxypoda*、弹涂鱼等。该群落的特点是物种多样性低，全年平均为 16.5spp./m²，丰度高，为 566 ind/m²。

与上述红树林内的滩涂不同，红树林外向海潮滩则展现出另外一种群落外貌特征，即高物种多样性和高丰度。清澜港红树林外的向海潮滩底栖动物群落较好的显示出这种特点，其物种繁多，多达 218 种（江锦祥等，2000），并在垂直分布上分表现有 2 个带，其主要特征种中国绿螂、斯氏满月蛤数量都很大，最大丰度分别高达 3482ind/m²，3780ind/m²。而据 Reise 等 1990～1992 年在清澜港以北附近一个点上的调查资料，有 171 种，平均每 1/4m² 春季栖居 48 种，秋季升高为 53 种。平均丰度春季为 4730ind/m²，秋季为 4460ind/m²，也同样有这种特点，并反映出热带潮滩栖居有非常丰富的大型底栖动物的生态特点。

中国的红树林过去比较繁茂，全国已记录 21 科 26 属 40 种，1950 年全国有 4.2×10⁴hm²。随着海岸带的建设与开发，红树林面积大大减少，1990 年全国面积减少了 50% 以上，仅 1.4581×10⁴hm²（表 6.6）。经过国家加强保护、增殖的号召和帮助，以及全民的努力，目前已有显著好转。特别是红树的大面积增殖，面积显著增加。2001 年全国总面积增加到 2.2×10⁴hm²。

表 6.6 中国红树林面积变化（hm²）

年份	海南	广西	广东	香港	台湾	福建	全国
1956	9 992	10 000	21 289	85	120	720	42 000
1990	4 836	5 654	3 526	9	9	360	14 581
2001	—	—	—	—	—	—	22 024

有关群落研究引用的资料还有刘瑞玉等（1986）、Liu（1983；2007；2009），以及中国近海底栖生物研究（未刊稿）、中越北部湾海洋综合调查报告（内部）、崔玉珩等（1986）、唐质灿（1991）、唐质灿等（1978；1983；1987；2008）；还参阅了张玺（1962）、邹仁林等（2001）、高世和等（1985）、林鹏（1984）、江锦祥等（1984；2000）等论著。

第四节　游泳生物[*]

海洋游泳生物主要包括鱼类、头足类、鲸类、食肉类、少数虾类、爬行类以及少数鸟类，一般体型较大，经济价值很高，其中海洋鱼类占主要地位。据作者（2008）统计，中国海洋鱼类已记录有 3213 种，隶属 45 目、299 科、1120 属。其中 300 余种具有重要经济价值。本节重点介绍海洋鱼类的种类组成、地理分布及数量分布特点。

一、鱼类区系组成和地理分布特点

中国海域（包括大陆架外缘和大陆斜坡）的环境条件在不同的海区差异很大，如冬季（2月份）表面的平均水温，在南海的南部高达 28℃ 以上，而渤海的北部则低至 0℃ 左右；渤海和黄海都是大陆架浅海，而东海和南海都是具有大陆坡和深海沟槽的海区。因此，渤海、黄海、东海、南海都拥有各自的优势类群，其区系的种类组成也有区别。

中国及邻近海域的海洋鱼类区系分别属于北太平洋温带区系区和印度-西太平洋暖水区系区（中国科学院《中国自然地理》编辑委员会，1979），又划分为四个亚区，即北太平洋远东亚区、北太平洋东亚亚区、印度-西太平洋中-日亚区和印度-西太平洋印度-马来亚区（图 6.32）。

1. 黄、渤海

黄、渤海地处温带，受黑潮暖流分支——黄海暖流余脉的影响，水文状况又受陆地气温变化的影响，季节变化很显著。黄、渤海冬季整个海区都较冷，上、下水层温度基本一致，不超过 5℃，浅水区有短期冰封，春、夏季随着太阳辐射的加强，各水层温度显著上升，夏季表层水温可达 28℃ 左右，这些环境条件适合于暖温种的发展。黄海暖流的影响和夏季的高温又为暖水种提供了生存的条件。由于受"黄海冷水团"的影响，黄海有深水低温区存在，因此，寒冷的冬季和深水区的低温又为黄海冷温种的生存和繁殖提供了适宜环境。

黄、渤海海区的鱼类区系属于北太平洋温带区的东亚亚区，为暖温带性质。其区系组成包括暖水性种、暖温性种、冷温性种和冷水性种等 4 种类型，其中以暖温性种占优势，但也有一定数量的暖水性种和冷温性种，冷水性种最少。

暖水性种类约占黄、渤海鱼类物种总种数的 30％ 以上（唐启升，2006a；2006b），大多数黄、渤海暖水性种来源于印度-西太平洋热带和亚热带水域的暖水性种，它们广

---

* 本节作者：刘静

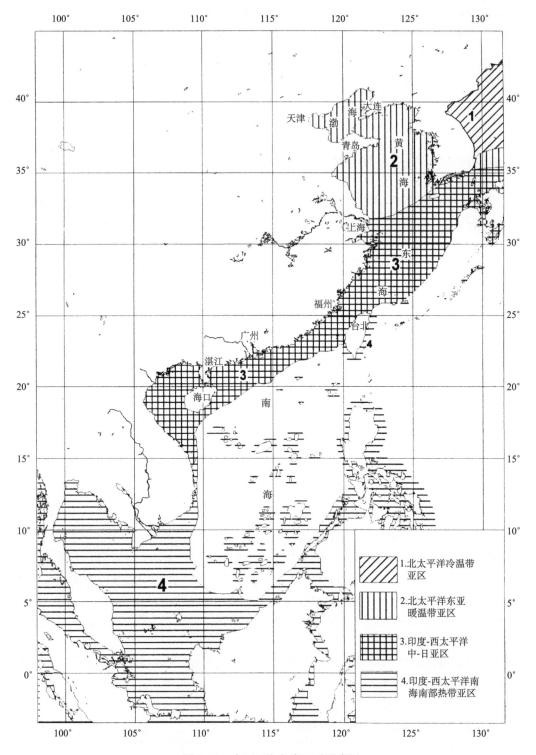

图 6.32　中国近海鱼类区系示意图

泛分布于印度-太平洋海域以及中国沿海，与那些仅局限分布于热带和亚热带水域的典型热带种不同，它们的适温范围更广一些，可认为是广温的暖水性种。如黑印真鲨 *Carcharhinus menisorrah* （Müller et Henle）、鳓 *Ilisha elongata* （Bennett）、黄鲫 *Setipinna taty* （Cuvier et Valenciennes）、海鳗 *Muraenesox cinereus* （Forsskål）、多鳞鱚 *Sillago* (*Sillago*) *sihama* （Forsskål）、沟鲹 *Atropus atropus* （Bloch et Schneider）、花尾胡椒鲷 *Plectorhynchus cinctus* （Temminck et Schlegel）、白姑鱼 *Pennahia argentatus* （Houttuyn）、鲐 *Scomber japonicus* （Houttuyn）、红狼牙虾虎鱼 *Taenioides rubicundus* （Hamilton）、绿鳍鱼 *Chelidonichthys kumu* （Cuvier）、带纹条鳎 *Zebrias zebra* Bloch 和三刺鲀 *Triacanthus biaculeatus* （Bloch） 等，它们只在温暖的月份出现在黄、渤海南部海区。少数几种如锤头双髻鲨 *Sphyrna zygaena* （Linnaeus）、鲻 *Mugil cephalus* Linnaeus、鮣 *Echeneis naucrates* Linnaeus、短鮣 *Remora remora* （Linnaeus） 等，广泛分布于世界三大洋热带和温带海域。有些暖水性种只在夏季和秋季随暖流到达本地区，如黑印真鲨、四指马鲅 *Eleutheronema tetradactylum* （Shaw）、短吻丝鲹 *Alectis ciliaris* （Bloch） 等。在黄、渤海海区形成较重要的渔业的暖水性种有鲐、白姑鱼、黄鲫、海鳗、多鳞鱚等。

暖温性种类占黄、渤海鱼类物种总种数的 50％ 以上。黄、渤海暖温性种来源于北太平洋西部亚热带和温带海区，主要分布于渤海、黄海、东海、南海北部至日本南部海域。多数是从南海北部至黄、渤海以及日本南部海域均有分布的种类，如皱唇鲨 *Triakis scyllium* Müller et Henle、中国团扇鳐 *Platyrhina sinensis* （Bloch et Schneider）、青鳞小沙丁鱼 *Sardinella zunasi* （Bleeker）、斑鰶 *Konosirus punctatus* （Temminck et Schlegel）、鳀 *Engraulis japonicus* Temminck et Schlegel、凤鲚 *Coilia mystus* （Linnaeus）、长蛇鲻 *Saurida elongata* （Temminck et Schlegel）、油野 *Sphyraena pinguis* Günther、花鲈 *Lateolabrax maculatus* （McClelland）、细条天竺鲷 *Apogon lineatus* Jordan et Snyder、竹荚鱼 *Trachurus japonicus* （Temminck et Schlegel）、黄尾鰤 *Seriola lalandi* Valenciennes、斜带髭鲷 *Hapalogenys nitens* （Richardson）、黄姑鱼 *Nibea albiflora* （Richardson）、黑棘鲷 *Acanthopagrus schlegeli* （Bleeker）、真鲷 *Pagrus major* （Temminck et Schlegel）、带鱼 *Trichiurus japonicus* Temminck et Schlegel、镰鲳 *Pampus echinogaster* （Basilewsky）、六丝钝尾虾虎鱼 *Amblychaeturichthys hexanema* （Bleeker）、鬼鲉 *Inimicus japonicus* （Cuvier）、褐牙鲆 *Paralichthys olivaceus* （Temminck et Schlegel）、角木叶鲽 *Pleuronichthys cornutus* （Temminck et Schlegel）、短吻红舌鳎 *Cynoglossus* (*Areliscus*) *joyneri* Günther、虫纹东方鲀 *Takifugu vermicularis* （Temminck et Schlegel） 等。有些种的分布区不达南海，如斑鳐 *Raja kenojei* Müller et Henle、光魟 *Dasyatis laevigatus* Chu、刀鲚 *Coilia nasus* Schlegel、真燕鳐 *Prognichthys agoo* （Temminck et Schlegel）、黑鳃梅童鱼 *Collichthys niveatus* Jordan et Starks、朝鲜马鲛 *Scomberomorus koreanus* （Kishinouye）、短鳍红娘鱼 *Lepidotrigla micropterus* Günther、菊黄东方鲀 *Takifugu flavidus* （Li，Wang et Wang） 和黄鮟鱇 *Lophius litulon* （Jordan） 等。有些种，如鮸 *Miichthys niiuy* （Basilewsky）、半滑舌鳎 *Cynoglossus* (*Areliscus*) *semilaevis* Günther 和窄体舌鳎 *Cynoglossus* (*Areliscus*) *gracilis* Günther 等仅分布在中国、朝鲜半岛和日本西岸，而不出现于日本海域。到目前为止，

记录上仅出现于本海区的只有墨绿东方鲀 *Takifugu basilevskianus* (Basilewsky)、方氏云鳚 *Enedrias fangi* Wang et Wang 等少数几种。有很多种如鳀、带鱼、黄姑鱼、朝鲜马鲛、角木叶鲽等，都是本海区重要的渔业资源。

冷温性种类在本海区所占比例较小，占黄海鱼类物种总种数的 20% 以下，这些种的存在与黄海冷水团有密切关系。除了少数种，如白斑角鲨 *Squalus acanthias* Linnaeus 广泛分布于世界三大洋温带和寒带海区外，其他多数种均来源于北太平洋西部温带海域，如美鳐 *Raja pulchra* Liu、太平洋鲱 *Clupea pallasi* Valenciennes、太平洋鳕 *Gadus macrocephalus* Tilesius、海鲫 *Ditrema temminckii* Bleeker、云鳚 *Enedrias nebulosus* (Temminck et Schlegel)、绵鳚 *Enchelyopus elongatus* (Kner)、玉筋鱼 *Ammodytes personatus* Girard、许氏平鲉 *Sebastes schlegeli* Valenciennes、大泷六线鱼 *Hexagrammos otakii* (Snyder)、小杜父鱼 *Cottiusculus gonez* Schmidt、松江鲈 *Trachidermus fasciatus* Heckel、细纹狮子鱼 *Liparis tanakae* (Gilbert et Burke)、高眼鲽 *Cleisthenes herzensteini* (Schmidt)、钝吻黄盖鲽 *Pseudopleuronectes yokohamae* (Günther) 和豹纹东方鲀 *Takifugu pardalis* (Temminck et Schlegel) 等，它们分布于渤海、黄海、日本海以及鄂霍次克海或白令海。有些冷温种，如太平洋鲱和太平洋鳕过去在黄海产量很高，曾为重要的渔业捕捞对象。但是，由于气候变化以及人为因素的干扰，目前它们的资源已明显衰退。

冷水性种类最少，约占黄海鱼类物种总种数的 1% 左右，只有细身宽突鳕 *Eleginus gracilis* (Tilesius)、黄线狭鳕 *Theragra chalcogramma* (Pallas) 等少数几种。它们常年生活于黄海北部海域，以前在中国海域比较少见。

黄、渤海鱼类的区系组成有明显的季节性变化，有些暖水性种则在夏秋季才进入黄、渤海，如黑印真鲨、四指马鲅、短吻丝鲹等；大多数暖温性种全年大部分时间都滞留在黄、渤海（除最冷的月份外）；而有些冷温性种多在冬季出现，如中国大银鱼 *Protosalanx chinensis* (Basilewsky)、方氏云鳚、网纹狮子鱼 *Liparis chefuensis* (Wu et Wang) 等是冬季繁殖的种类。当冬季冷水向南扩张时，冷温性种如高眼鲽、长鲽 *Tanakius kitaharae* (Jordan et Starks)、绵鳚等随之南移。

黄、渤海鱼类已知有 300 余种（丁耕芜等，1980；田明诚等，1993；刘静，2008）。其中主要经济鱼类有黄鲫、青鳞小沙丁鱼、太平洋鲱、远东拟沙丁鱼 *Sardinops melanostictus* (Temminck et Schlegel)、鳀、日本鳗鲡 *Anguilla japonica* Temminck et Schlegel、太平洋鳕、鲻、长蛇鲻、花鲈、真鲷、黑棘鲷、多鳞鱚、小黄鱼 *Larimichthys polyactis* (Bleeker)、黄姑鱼、白姑鱼、带鱼、鲐、蓝点马鲛 *Scomberomorus niphonius* (Cuvier et Valenciennes)、镰鲳、翎鲳 *Pampus punctatissimus* (Temminck et Schlegel)、绵鳚、玉筋鱼、竹荚鱼、日本红娘鱼 *Lepidotrigla japonica* (Bleeker)、褐牙鲆、角木叶鲽、高眼鲽、石鲽 *Kareius bicoloratus* (Basilewsky)、半滑舌鳎、大鳞舌鳎 *Cynoglossus* (*Cynoglossoides*) *macrolepidotus* (Bleeker)、绿鳍马面鲀 *Thamnaconus modestus* (Günther)、红鳍东方鲀 *Takifugu rubripes* (Temminck et Schlegel)、假睛东方鲀 *Takifugu pseudommus* (Chu)、墨绿东方鲀等鲀类以及鲨类、鳐类等 40 余种。太平洋鲱、鳀、太平洋鳕、真鲷、小黄鱼、带鱼、鲐、镰鲳、褐牙鲆、高眼鲽等都是或曾经是黄、渤海海海区主要捕捞对象。

2. 东海

东海鱼类区系分为东海近海、东海外海以及东海大陆架外缘和大陆坡三个部分。

（1）东海近海鱼类区系，包括长江口至台湾海峡之间的大陆架浅海水域。本海区鱼类区系为亚热带性质，属于印度-西太平洋热带区的中-日亚区。此海区有鱼类 450 余种。其中暖水性种数居第一位，约占 50% 以上，暖温性种数次之，冷温性成分较少，仅在冬季出现于东海近海北部。

暖水性种数在本海区位居首位，尤其在舟山群岛以南更为显著，凡是在黄海出现的暖水性种，在本海区皆有分布。年产量居中国海洋鱼类前几位的带鱼，其主要渔场就在本区。而其他一些南方种如长颌棱鳀 *Thrissa setirostris* (Broussonet)、中华小公鱼 *Stolephorus chinensis* (Günther)、斑鳍白姑鱼 *Argyrosomus pawak* Lin 等，则分布到本海区为止。

暖温性种数在本海区居第二位，其中重要经济鱼类大黄鱼主要产于本区，褐毛鲿 *Megalonibea fusca* (Chu, Lo et Wu)、香鱼衔 *Repomucenus olidus* (Günther) 等为本海区地方特有种。

冷温性种如高眼鲽、长鲽和绵鳚等，在本海区占比例很小，而且只有在冬季前后随大陆沿岸流与黄海冷水向南扩张而达到东海北部，它们多分布于 30°N 以北，偶尔向南越过舟山群岛。

（2）东海外海鱼类区系，包括东海东部自日本九州以南，沿日本琉球群岛向南至中国台湾省北端之间大陆架以东的水域。由于受黑潮暖流的影响，此海区处于暖流高温水控制范围之内，其鱼类区系为热带性质，属于印度-西太平洋热带区的印度-马来亚区。

东海外海鱼类区系以暖水性种占绝对优势，以隆头鱼科、蝴蝶鱼科、海鳝科、蓝子鱼科等类群为主，多数为珊瑚礁或岩礁种类。另外还出现一些大型中上层鱼类，如东方狐鲣 *Sarda orientalis* (Temminck et Schlegel)、扁鲹鲣 *Auxis thazard* (Lacepède)、旗鱼 *Istiophorus platypterus* (Shaw et Nodder) 等。暖温性种所占比例很小，只有鸢鲼 *Myliobatis tobijei* Bleeker、条石鲷 *Oplegnathus fasciatus* (Temminck et Schlegel)、青石斑鱼 *Epinephelus awoara* (Temminck et Schlegel) 等少数种可以分布到本海区。本海区无冷温性种。

（3）东海大陆架外缘和大陆坡鱼类区系，包括东海大陆架外缘与南海东部之间的广阔的深海海域。由于黑潮主流沿着东海大陆坡北上，在东海大陆坡流动过程中，普遍出现爬坡涌升现象，黑潮次表层水可扩张到大陆架外缘及西侧。此海区鱼类区系与日本东南沿海鱼类区系相似，为热带性质。

根据 1980～1981 年综合调查资料，东海大陆架外缘和大陆坡已报道鱼类 337 种（许成玉等，1984）[①]，隶属于 31 目、136 科、251 属，以鲈形目鱼类占优势（75 种），其次为鲉形目（32 种）、灯笼鱼目（27 种）、鮟鱇目（26 种）、鲽形目（16 种）、鲼鲼目（15 种）、真鲨目（15 种）、鳗鲡目（14 种）、鳕形目（12 种）、鳐形目（11 种）、鼬鳚

---

① 据许成玉，邓思明，詹鸿禧等. 1984. 东海大陆架外缘和大陆坡深海渔场综合调查研究报告（内部资料），137～145

目（9种）、金眼鲷目（9种）等。其中，有5个目的鱼类分布在水深200 m以浅；其他26个目中，深水鱼类都占据一定比例。

本海区鱼类区系与日本东南沿海鱼类区系最为密切，共有种为241种。其中有39种如紫粘盲鳗 *Eptatretus okinoseanus* Dean、蒲原霞鲨 *Centroscyllium kamoharai* Abe、东京电鳐 *Torpedo tokionis* (Tanaka)、蒲原腔吻鳕 *Caelorinchus kamoharai* Matsubara、深海红娘鱼 *Lepidotrigla abyssalis* Jordan et Starks 等只分布在这两个海区；与南海、东海外海和东海近海相似程度次之，共有种分别为155种、128种、106种；与黄海共有种为57种。

东海海区迄今已有记录鱼类为1751种。其中具有重要经济价值的鱼类有100多种，如有日本鳗鲡、海鳗、黄鲗、凤鲚、花斑蛇鲻 *Saurida undosquamis* (Richardson)、日本鲟 *Sphyraena japonica* Cuvier、花鲈、真鲷、黑棘鲷、黄鳍棘鲷 *Acanthopagrus latus* (Houttuyn)、短尾大眼鲷 *Priacanthus macracanthus* Cuvier、多鳞鱚、大黄鱼、小黄鱼、黄姑鱼、白姑鱼、带鱼、鲐、蓝点马鲛、银鲳 *Pampus argenteus* (Euphrasen)、翎鲳、灰鲳 *Pampus cinereus* (Bloch)、刺鲳 *Psenopsis anomala* (Temminck et Schlegel)、蓝圆鲹 *Decapterus maruadsi* (Temminck et Schlegel)、竹荚鱼、绿鳍马面鲀、黄鳍马面鲀 *Thamrmconus hypargyreus* (Cope) 等。东海海区地处亚热带，渔业资源非常丰富，中国经济价值较高、数量较大的一些渔业种类大多分布于此海区，是带鱼、大黄鱼、小黄鱼、日本无针乌贼四大经济种的最大产区。其中东海带鱼产量占中国带鱼总产量的85%左右。

3. 南海

目前，南海以及南海诸岛已记录的海洋鱼类达1880余种。南海鱼类区系的特点是绝大多数的种属于热带和亚热带性质，在种类组成上与印度-澳大利亚海区的区系有很多相同之处，这与主要海流和季风以及鱼类的生活习性有密切关系。南海鱼类区系的另一特点是主要经济鱼类的单种产量不高，缺乏特别高产的种类，但由于鱼类种数多，总的鱼类年产量仍十分巨大（中国科学院动物研究所等，1962）。由于受大陆气候影响，南海北部与南海南部鱼类区系组成有一定差异，因此，南海鱼类区系分为南海北部鱼类区系和南海南部鱼类区系。

（1）南海北部海区，包括广东近海、海南岛近海和北部湾较广阔的浅海水域。沿岸带虽受大陆气候的影响，冬季与夏季表层水温相差10℃以上，但广阔的水域仍较东海近岸区温暖。本区鱼类区系为亚热带性质，属于印度-西太平洋热带区的中-日亚区。

南海北部海域分布有1400余种海洋鱼类。其中种群数量较大的经济种类有金线鱼 *Nemipterus virgatus* (Houttuyn)、多齿蛇鲻 *Saurida tumbil* (Bloch)、花斑蛇鲻、黄带绯鲤 *Upeneus sulphureus* Cuvier、发光鲷 *Acropoma japonicum* Günther、白姑鱼、皮氏叫姑鱼 *Johnius carouna* (Cuvier)、勒氏枝鳔石首鱼 *Dendrophysa russelli* (Cuvier)、红鳍笛鲷 *Lutjanus erythropterus* Bloch、海鳗、鲐、竹荚鱼、眼镜鱼 *Mene maculata* (Bloch et Schneider)、乌鲳 *Formio niger* (Bloch)、带鱼、珠带鱼 *Trichiurus margarites* Li、琼带鱼 *Trichiurus minor* Li、银鲳、珍鲳 *Pampus minor* Liu et Li、蓝圆鲹、二长棘犁齿鲷 *Evynnis cardinalis* (Lacepède)、真鲷、黑棘鲷、黄鳍棘鲷、灰鳍棘鲷

Acanthopagrus berda（Forsskål）、长尾大眼鲷 *Priacanthus tayenus* Richardson、短尾大眼鲷等 100 余种。

南海北部海区以亚热带暖水性种为主，有些种类是本地区主要渔业捕捞对象，如珠带鱼、琼带鱼、蓝圆鲹、金线鱼、深海金线鱼 *Nemipterus bathybius* Snyder、花斑蛇鲻、多齿蛇鲻、摩鹿加绯鲤 *Upeneus moluccensis*（Bleeker）、黄带绯鲤、红鳍笛鲷、短尾大眼鲷等。本地区有些种如黑印真鲨、鳓、长尾大眼鲷、旗鱼、印度枪鱼 *Makaira indica*（Cuvier）、扁舵鲣、翻车鲀 *Mola mola*（Linnaeus）等，向北进入东海近海，甚至分布到黄海，但大多限于黄海南部。有些种，如金带梅鲷 *Caesio chrysozona* Cuvier、纹腹叉鼻鲀 *Arothron hispidus*（Linnaeus）、三线矶鲈 *Parapristipoma trilineatus*（Risso）等，虽然不分布到东海西部，却分布到日本琉球群岛和九州一带，这显然与暖流影响有关。本区暖温性种较少，无冷温性种。许多在东海西部和黄海广为分布的暖温性种，如小黄鱼、光魟、黑鳃梅童鱼和短鳍红娘鱼 *Lepidotrigla micropterus* Günther 等，向南分布范围都不能达到本区。有些种类，如单斑石鲈 *Pomadasys unimaculatus* Tian、七带银鲈 *Gerres septemfasciatus* Liu et Yan、珠带鱼 *Trichiurus margarites* Li、琼带鱼 *Trichiurus minor* Li、珍鲳 *Pampus minor* Liu et Li 等，只出现在南海北部海区，为本地区的特有种。

（2）南海南部海区，包括海南岛以南海域，东沙群岛、西沙群岛、中沙群岛和南沙群岛等南海诸岛附近以及南沙群岛西南部陆架海区。此海区处于暖水范围中，温度变化较小。本区鱼类区系属于印度-西太平洋热带区的印度-马来亚区。

南海南部海区约有鱼类 1500 余种，有经济价值的 200 多种，如大眼金枪鱼 *Thunnus obesus*（Lowe）、黄鳍金枪鱼 *Thunnus albacares*（Lowe）、鲣 *Katsuwonus pelamis*（Linnaeus）、扁舵鲣、赤点石斑鱼 *Epinephelus akaara*（Temminck et Schlegel）、蓝身大石斑鱼 *Epinephelus tukula* Morgans、康氏马鲛 *Scomberomorus commersoni*（Lacepède）、斑点马鲛、海鳗、白边真鲨 *Carcharhinus albimarginatus*（Rüppell）、恒河真鲨 *Carcharhinus gangeticus*（Müller et Henle）、翱翔飞鱼 *Exocoetus volitans* Linnaeus、尖头文鳐鱼 *Hirundichthys oxycephalus*（Bleeker）、真鲷、黑棘鲷、乌鲳等，皆为暖水性种。其次为头足类和甲壳类。南海诸岛附近有良好的中上层渔场，是我国海洋渔业生产的重要基地，鱼类资源十分丰富，品质十分优良，而且盛产我国其他海区罕见的大洋性鱼类，如金枪鱼、鲨鱼等。南海南部海区以广泛分布于印度-西太平洋区的种类所占比例最大，除同时出现于南海北部的种类外，南海南部海区还有不少典型暖水性种，如蜂巢石斑鱼 *Epinephelus merra* Bloch、驼背大鹦嘴鱼 *Bolbometopon murieatus*（Valenciennes）等。这些种的分布范围在印度洋非洲东岸至太平洋中部诸岛之间的热带区，向北到西沙群岛，而不分布到南海北部广东近海。有些种类，如细点蝴蝶鱼 *Chaetodon semeion* Bleeker、摩鹿加雀鲷 *Pomacentrus moluccensis* Bleeker 等，分布局限于太平洋西部，仅分布于印度尼西亚、太平洋中部诸岛和南海，向北到日本琉球群岛为止。还有为数不多的几种，如狐形长尾鲨 *Alopias vulpinus*（Bonnaterre）、鼬鲨 *Galeocerdo cuvier*（Lesueur）、舟鰤 *Naucrates ductor*（Linnaeus）等为太平洋、印度洋和大西洋共有种。少数种类如䲟和短䲟因吸附于大型洄游鱼类身体上，而广泛分布于世界各海域。

二、鱼类数量分布特点

1. 黄、渤海

黄、渤海鱼类中，软骨鱼类以真鲨目的皱唇鲨和鲼目的孔鳐和美鳐最常见。硬骨鱼类以鲈形目的科、属为最多，种类也最繁盛。在鲈形目的各科中，种类和数量最多的是虾虎鱼科和鳗虾虎鱼科等小型鱼类，其次是石首鱼科，其中小黄鱼、黄姑鱼和鮸曾经占优势，为黄、渤海主要经济鱼类。花鲈、真鲷、鲍、蓝点马鲛、镰鲳、翎鲳和带鱼等经济价值较高的经济鱼类，无论在数量上，还是在重量上都占有重要地位。黄、渤海的主要中上层鱼类有鳀、黄鲫、青鳞小沙丁鱼、镰鲳、蓝点马鲛、赤鼻棱鳀 *Thrissa kammalensis* (Bleeker)、斑鰶等；主要中下层和底层鱼类有带鱼、小黄鱼、花鲈、真鲷、黑棘鲷、褐牙鲆、细纹狮子鱼、六丝钝吻虾虎鱼等。

新中国成立以来，在黄、渤海进行过多次全面地、系统地海洋渔业资源试捕调查。纵观历史资料，发现黄渤海渔业资源的群落结构和优势种发生了很大变化（金显仕等，2005；朱鑫华等，1996）。

不同历史时期的底拖网调查结果表明（金显仕等，2005），黄海渔业资源总体上呈现底层鱼类资源下降，中上层鱼类资源上升的趋势。但近年来，中上层优势种鳀的种群数量开始下降。1959 年底拖网调查的优势种是小黄鱼、太平洋鳕、褐牙鲆、高眼鲽、孔鳐、绿鳍鱼等底层鱼类，其中小黄鱼占有较大优势，是海洋渔业的主要利用对象。1981 年底拖网渔获样品的优势种不明显，生物量最高的是三疣梭子蟹，其次为黄鲫、小黄鱼、镰鲳、太平洋鲱和鳀。1986 年和 1998 年 2 次调查，鳀占总渔获的比例都超过50%，已成为生物量最高的优势种。而小黄鱼在 1986 年的调查中资源密度已降至历次调查的最低水平，虽然近些年来有所恢复，但所占比例仍然很低，仅有 3% 左右（图6.33）。黄海鲱是太平洋鲱在黄海中北部地理隔离很强的地方种群，也是一种种群数量超过 10×10^4 t 的冷温性鱼类。黄海鲱（青鱼）渔业自 20 世纪 60 年代开始兴起，70 年代年产量超过 10×10^4 t，1972 年最高产量达到 17.5×10^4 t。从 20 世纪 80 年代中期开始，黄海鲱资源量逐年下降。

根据 1997~1999 年陆架区底拖网调查资料，目前黄海渔获物组成中以鳀占绝对优势，传统经济鱼类如小黄鱼、镰鲳、太平洋鳕、蓝点马鲛、鲍、带鱼、鲱鲽类等所占的比例很低。底拖网调查的渔获样品也以鳀为主，其他优势种为细纹狮子鱼、六丝钝吻虾虎鱼、黄鲅鱇等经济价值较低的种类。

渤海海区生物资源的优势种不如黄海海区明显，占总渔获量超过 2% 的种有鳀、黄鲫、青鳞小沙丁鱼、带鱼、小黄鱼、镰鲳、蓝点马鲛、赤鼻棱鳀、花鲈、斑鰶、细纹狮子鱼等。渤海渔业资源的结构和优势种群也发生了很大变化。20 世纪 50~60 年代，带鱼、小黄鱼、半滑舌鳎和白姑鱼等大型经济底层鱼类在总渔获量中占据重要地位。在随后的 20 年里，带鱼和鳓几乎消失，小黄鱼等种类的资源也明显下降，小型化、低龄化严重。80 年代以后，随着海洋环境恶化以及渔业资源的过度捕捞，昔日占优势的大型经济鱼类，逐渐被小型的黑鳃梅童鱼、棘头梅童鱼、皮氏叫姑鱼、六丝钝吻虾虎鱼、细纹狮子鱼、方氏云鳚等所取代。

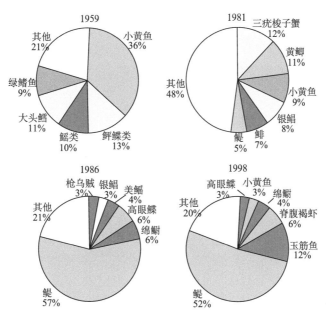

图 6.33　黄海春季优势种组成的年间变化（金显仕等，2005）

　　黄渤海每年 3～4 月，随着黄渤海水温开始上升，在黄海南部越冬的小黄鱼，便集群向近海作生殖洄游。济州岛西南部、江苏沿海、海州湾、山东半岛沿海、烟（台）威（海）外海和渤海诸湾的河口邻近水域是小黄鱼的"过路"渔场和栖息地。60 年代以前，黄海、渤海小黄鱼资源非常丰富。自 1961 年小黄鱼资源逐年减少，黄海、渤海区资源数量由 50 年代的十几万吨下降到（3～4）×10⁴ t。从 20 世纪 70 年代后期起，由于酷渔滥捕，过度开发，黄海海区的小黄鱼资源急剧衰退，难以形成鱼汛。近年来，由于"禁渔期"的实施以及海洋环境生态的改善，小黄鱼资源有所回复，但个体仍然较小。

　　渤海的带鱼肉细味美，曾是渤海最重要的经济鱼类之一。20 世纪 60 年代，渤海带鱼的年度捕捞量为 6×10⁴ t 左右。自 80 年代初，渤海带鱼资源数量大幅减少，如今渤海带鱼几近绝迹。

　　蓝点马鲛是黄渤海重要的大型中上层鱼类。1960 年以前，黄渤海的蓝点马鲛年渔获量都在 3000 t 以下。随着渔业规模的扩大和捕捞强度的增加，自 20 世纪 80 年代以来，蓝点马鲛的渔获量稳步上升，1998 年和 1999 年的产量都超过 27×10⁴ t。但是，由于长期承受较大的捕捞压力，近 10 年来蓝点马鲛渔获量逐年下降，生殖群体不断趋于低龄化、小型化，表明蓝点马鲛资源已经达到充分和过度利用（金显仕等，2005）。

　　黄、渤海海区鱼类以暖温性和冷温性鱼类为主，但近些年来，由于全球变化导致海水温度升高，南方的暖水性种类随暖流或受季风影响，或追赶其他鱼群，也会进入黄海，如短尾大眼鲷、旗鱼、枪鱼、扁舵鲣、翻车鲀等，但大多限于黄海南部。

2. 东海

东海海区具有较高经济价值的鱼类近 60 种,其海洋捕捞业的产量占全国捕捞产量的 50% 以上。东海主要经济鱼类有带鱼、大黄鱼、小黄鱼、翎鲳、灰鲳、刺鲳、鲐、蓝点马鲛、远东拟沙丁鱼、黄鲫、斑鰶、竹荚鱼、绿鳍马面鲀等。资源数量超过 10×10^4 t 的鱼类种类很多,有大黄鱼、小黄鱼、带鱼、鳀、鲐、蓝圆鲹、蓝点马鲛、翎鲳、海鳗、绿鳍马面鲀、白姑鱼、黄鲫、短尾大眼鲷、黄鳍棘鲷、灰鲳、鳓、脂眼鲱 *Etrumeus teres* (De Kay)、刺鲳、金色小沙丁鱼 *Sardinella aurita* Valenciennes、远东拟沙丁鱼、扁舵鲣、大甲鲹 *Megalaspis cordyla* (Linnaeus) 等。

随着捕捞强度的增加和捕捞方式的改变,东海渔业资源的群落结构和优势种群发生了很大变化。1973 年以前,东海区机轮拖网基本上在 80m 等深线以内的近海作业。自 1974 年开发利用外海绿鳍马面鲀这一新资源后,作业海区逐渐向外扩展,渔获物种类有所增加,主要渔获种类有 30 多种。早在 20 世纪 60 年代,大黄鱼、小黄鱼、带鱼、翎鲳、鳓等优质鱼类的产量占总产量的 51%。20 世纪 70 年代,上述这些种类所占比例下降至 46%,主要渔获物组成为:带鱼最高,占绝对优势,其次分别为小黄鱼、大黄鱼、鳓、鲳属鱼类、头足类、黄鲫、海鳗、鲱科鱼类等。到了 20 世纪 80 年代初期,主要捕捞对象的组成发生变化,绿鳍马面鲀产量占渔获物总重量的 40.3%,居第一位,带鱼产量退居第二位,占 30% 左右,以下依次为小黄鱼、鲐(鱼)、黄鲫、鲳属鱼类、白姑鱼、大黄鱼、蓝点马鲛、海鳗、鳓、头足类等。20 世纪 80 年代以来,东海主要渔业资源已处于过度利用程度,昔日我国"四大渔业"中的大黄鱼和日本无针乌贼等渔业资源先后衰退。

20 世纪 70 年代以前,大黄鱼是东海区重要经济鱼类之一,是海洋渔业的主要捕捞对象。在 1974 年前大黄鱼产量比较稳定,平均年产量 12.5×10^4 t。但由于捕捞强度太大,捕捞年龄太低,环境恶化导致大黄鱼产卵场遭到破坏,使得大黄鱼资源急剧衰退,1997~2000 调查仅获得大黄鱼 163 尾,渔获重量为 5290g,利用扫海面积法评估结果,大黄鱼在调查海域的现存资源量为 59t。由此可见,东海区大黄鱼数量仍非常少,其资源仍处于枯竭状态(郑元甲等,2003)。

小黄鱼在 20 世纪 70~80 年代,由于过度捕捞,其资源逐渐衰退;20 世纪 90 年代以后,由于休渔等保护措施,小黄鱼数量有所增加,1998 年以后东海区小黄鱼渔获量超过 10×10^4 t。小黄鱼年龄和个体组成也发生了很大变化,平均年龄在 60 年代为 4~5 龄,其中以 2~4 龄为主,10 龄以上的占 14.2%;90 年代平均年龄为 1 龄左右。小黄鱼平均体重从 60 年代的 200g 以上,下降到 90 年代的 50~60g。

20 世纪 90 年代以来,东海区带鱼渔获量呈持续增长趋势,1995 年为 84.9×10^4 t,达到历史最高水平。但渔获物呈小型化、低龄化趋势,20 世纪 90 年代初期平均肛长在 195mm 左右,比 80 年代初期偏小 32mm,比 70 年代初偏小 43mm;60 年代,带鱼平均体重在 240g 左右,到 90 年代仅为 110g;年龄组成在 80 年代以前以 2 龄鱼为主,占 80%~90%,而 90 年代 1 龄鱼比例大大增加,达到 60% 左右;性成熟个体也趋向小型化,60 年代初期,带鱼性成熟个体肛长为 200mm,到 80 年代初期仅为 140mm。

绿鳍马面鲀曾经是东海区的重要捕捞对象，1989 年渔获量达到 33×10^4 t，但自 1991 年起渔获量急剧下降，1995 年仅 2000t。渔获物年龄组成在 80 年代以前以 2~4 龄鱼为主，到 80 年代末期下降到以 1~3 龄鱼为主，但 2 龄鱼仍占 60% 以上。1990 年以后，年龄组成以 1 龄鱼为主，1996 年 1 龄鱼占 96%。

渔获物种类结构的变化和部分传统渔业资源的衰退表明，东海近海渔业资源的利用在向处于食物链较低位置的种类及生命周期较短的种类发展，渔业资源生态系统已遭到一定程度的破坏（陈卫忠，1994）。近年来的研究表明，除了带鱼、小黄鱼、鲳属鱼类等主要经济种类的数量依然为优势种类外，小型个体的鱼类数量有所上升，如发光鲷、龙头鱼 *Harpodon nehereus*（Hamilton）、鳄齿鱼 *Champsodon* spp.、底灯鱼 *Benthosema* spp. 等。

总之，长期过度捕捞、资源的无节制利用、渔场环境的破坏，东海原有的资源结构基本解体，而为新成长的次生物群落或食物链更下一层次的种类所代替，其结果使得东海原有的渔业生物群落结构发生了很大变化，带鱼、大黄鱼、小黄鱼、绿鳍马面鲀、鳓等重要渔业资源现已严重衰退或近乎灭绝。在现有的资源利用水平下，要再恢复到从前的资源结构状况已十分困难。即使是现存的群体数量相对较大的经济渔业生物群落，其种群结构与以前相比也发生了显著变化，具体表现为渔获组成趋向小型化、低龄化。

3. 南海

南海北部水域分布有 1400 余种海洋鱼类，其中经济种类有金线鱼、多齿蛇鲻、花斑蛇鲻、摩鹿加绯鲤、黄带绯鲤、发光鲷、白姑鱼、皮氏叫姑鱼、红鳍笛鲷、海鳗、鲐、竹荚鱼、乌鲳、带鱼、珠带鱼、琼带鱼、斑点马鲛、康氏马鲛、银鲳、珍鲳、刺鲳、印度无齿鲳 *Ariomma indica*（Day）、蓝圆鲹、二长棘犁齿鲷、长尾大眼鲷、短尾大眼鲷、黄鳍马面鲀等 120 余种。

南海北部的渔业资源已处于过度开发状态，因过度捕捞引起的种类更替十分明显，渔获组成向小型化和低值化转变。在 70 年代底拖网渔获组成中，经济种类占总渔获物的 60%~70%；在 1973 年和 1983 年的底拖网调查所获样品中，经济种类的合计生物量仅占总生物量的 51%，并且这些经济种的渔获物主要由不足 1 龄的幼鱼组成。

30 多年来，南海北部大陆架渔业资源的底拖网渔获密度发生了很大变化。据统计（王跃中等，2007），1964 底拖网渔获密度为 549kg/km²，其中浅海为 401kg/km²，近海为 609kg/km²，外海为 590kg/km²。1998 年的渔获密度降至 152kg/km²，三个海区的渔获密度分别降至 117kg/km²、158kg/km² 和 175kg/km²，较 1964 年分别下降了 71%、74% 和 70%。

资源结构变化还表现在优势种类渔获率的明显下降。20 世纪 80 年代以来，南海北部海区主要捕捞对象是一些陆架区广泛分布的小型中上层鱼类和生命周期较短的底层鱼类，但其中大多数种类也已过度利用，渔获率呈明显下降趋势。蓝圆鲹、黄鳍马面鲀、蛇鲻属和大眼鲷属鱼类是底拖网的主要渔获物，除蛇鲻属渔获量较稳定外，其他 3 种渔获率均已下降至很低水平。在经济价值较高的捕捞对象中，刺鲳、印度无齿鲳、二长棘犁齿鲷等种类的渔获率呈明显下降趋势，只有金线鱼属仍有一定数量。那些寿命长、个体大、营养层次高的种类逐渐被一些寿命短、个体小、营养层次低的种类所替代。

根据 1997～1999 年南海北部陆架区底拖网调查资料，底拖网渔获样品没有明显的优势种，单一种类所占的比例都很低，最高的是多齿蛇鲻占渔获样品总生物量的 10.5%，其次为金线鱼、花斑蛇鲻、珠带鱼、带鱼、褐蓝子鱼 *Siganus fuscescens* (Houttuyn)、黄斑蓝子鱼 *Siganus puellus* (Schlegel)、二长棘犁齿鲷、短尾大眼鲷、黄带绯鲤、深水金线鱼等。中上层经济鱼类有江口小公鱼 *Stolephorus commersonii* Lacepède、蓝圆鲹、竹荚鱼等。

与南海北部其他渔场相似，目前北部湾渔场的渔业资源结构与 20 世纪 70 年代相比也已发生很大变化，个体小、营养级低的种类的组成比例上升。20 世纪 80 年代以来，北部湾底拖网的经济渔获物以蓝圆鲹、蛇鲻属以及石首鱼科的鱼类为主，经济价值较高的种类如红鳍笛鲷、二长棘犁齿鲷和金线鱼等的资源密度逐步下降，同时资源结构更不稳定，优势经济种经常发生变化，多数种类资源密度呈下降趋势，但也有一些寿命短的种类如深水金线鱼、发光鲷等，资源密度有明显上升的趋势。进入 90 年代以来，绝大多数传统经济鱼类的资源密度已下降到很低水平，许多优质鱼类几乎在渔获物中消失，而一些经济价值低、个体小、寿命短的种类在渔获物中的比例有所上升（贾晓平等，2004）。

袁蔚文（1995）研究报道了 1958 年至 1992 年以来的北部湾底层渔业资源的主要种类组成情况。几十年来，北部湾底层渔业资源的种类组成发生了很大变化，有些种类的组成比例明显下降，有些种类的组成比例明显上升。因此，北部湾的渔业资源存在明显的种类更替现象。红鳍笛鲷在渔获物中的比例由 1962 年的 10.9% 下降到 1993 年的 1.2%。因此，红鳍笛鲷是遭受破坏最严重的底层鱼类，其在底层渔业资源组成中的重要地位已被其他种类所取代。发光鲷过去在底拖网渔获物中占的比例很小，而 1992 年的调查表明，其在底拖网渔获物中占的比例达到 24%，是近些年来明显上升的种类之一。见图 6.34。

南海中部 200 m 以深海域中层拖网渔获样品中也没有明显的优势种，除了灯笼鱼目鱼类所占比例较大外，没有明显单一种类占优势。在 1997～1999 年底拖网调查所获 349 种游泳生物中，有 206 种只出现过 1 次或 2 次，占总种数的 59%。生物量排在前几位的种类依次为大眼标灯鱼 *Symbolophorus boops* (Richardson)、埃氏标灯鱼 *Symbolophorus evermanni* (Gilbert)、拟鳞首方头鲳 *Cubiceps squamicepoides* Deng, Xiong et Zhan、鳞首方头鲳 *Cubiceps squamiceps* (Lloyd)、长钻光鱼 *Gonostoma elongates* Günther 等。除了拟鳞首方头鲳和鳞首方头鲳具有一定的经济价值外，其他种类经济价值很小。在中上层拖网渔获样品中，生物量较高的种类依次为蓝圆鲹、红鳍圆鲹 *Decapterus russelli* (Rüppell)、颔圆鲹和脂眼凹肩鲹 *Selar crumenophthalmus* (Bloch) 等。

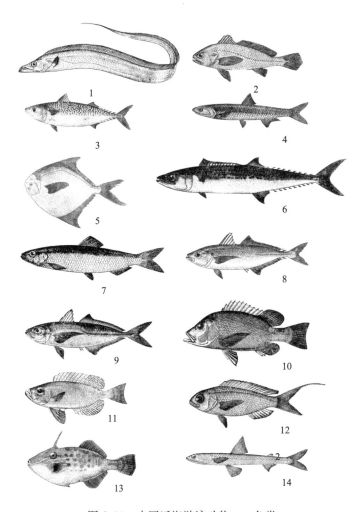

图 6.34 中国近海游泳动物——鱼类

1. 带鱼 *Trichiurus japonicus* Temminck et Schlegel；2. 小黄鱼 *Larimichthys polyactis* (Bleeker)；3. 鲐 *Scomber japonicus* (Houttuyn)；4. 鳀 *Engraulis japonicus* Temminck et Schlegel；5. 镰鲳 *Pampus echinogaster* (Basilewsky)；6. 蓝点马鲛 *Scomberomorus niphonius* (Cuvier *et* Valenciennes)；7. 太平洋鲱 *Clupea pallasi* Valenciennes；8. 蓝圆鲹 *Decapterus maruadsi* (Temminck et Schlegel)；9. 竹荚鱼 *Trachurus japonicus* (Temminck et Schlegel)；10. 红鳍笛鲷 *Lutjanus erythropterus* Bloch；11. 短尾大眼鲷 *Priacanthus macracanthus* Cuvier；12. 深水金线鱼 *Nemipterus bathybius* Snyder；13. 黄鳍马面鲀 *Thamrmconus hypargyreus* (Cope)；14. 多齿蛇鲻 *Saurida tumbil* (Bloch)

三、其他游泳动物

（一）头足类

中国海现有头足纲 125 种，隶属 30 科 61 属。它们的地理分布有明显的纬度效应，种数由高纬度到低纬度递增。黄海有 15 种，东海有 46 种，南海的种类最多，113 种。在这些种类中有些是属于活动能力较弱的底栖动物，还有少数种是营浮游生活的，而活动能力较强，作为浮游动物的头足类在黄渤海、东海和南海分别有 9 种、33 种和 66 种。根据它们的地理分布和对温度环境的适应，可分为暖温带性和暖水性种，中国海的浮游头足类缺乏寒带性和冷温带性的冷水种。它们在中国海的分布状况介绍如下。

1. 黄、渤海

在分布于黄渤海的 9 种中有太平洋褶柔鱼 *Todarodes pacificus*（Steenstrup）、火枪乌贼 *Loligo beka*（Sasaki）、金乌贼 *Sepia esculenta* Hoyle、针乌贼 *Sepia kobiensis*（Hoyle）和日本枪乌贼 *Loligo japonica*（Hoyle）等 5 种是暖温性种，其中最后一种在中国的分布不超出黄渤海的范围，不能进入东海的腹地。进入黄渤海的暖水种有日本无针乌贼 *Sepiella japonica* Sasaki、剑尖枪乌贼 *Uroteuthis edulis*（Hoyle）、长枪乌贼 *Loligo bleekeri* Koferterin、莱氏拟乌贼 *Sepioteuthis lessoniana* Lesson 等 4 种，说明环渤海的浮游头足类的区系组成中暖温带性的种类略占优势。

2. 东海

东海栖息的这类头足类共有 33 种，在黄海出现的 5 种暖温带性种除日本枪乌贼外，其余 4 种都能分布到东海。东海的暖水性种占有绝对优势，共 29 种。这些种类的主要分布区在南海，大多数也出现在南海以外的其他国家的水域。它们是中国枪乌贼 *Uroteuthis chinensis*（Gray）、神户乌贼 *Sepia kobiensis*（Hoyle）等。由于暖水性种特别多，东海应是亚热带性区系。

在东海的 33 种游泳头足类中有 25 种与日本南部海域所共有，其中的 2 种为两地所特有，它们是细腕乌贼 *Sepia tenuipes* Sasaki 和长腕乌贼 *Sepia longipes* Sasaki。以上两种情况都说明东海与日本南部海域的游泳头足类区系组成中具有极高的相似性，两者之间的关系密切，更有甚者是产于日本太平洋的褶柔鱼通过洄游到东海产卵和越冬。所以东海与日本南部可能同属于一个动物地理学上较低级的单元。

3. 南海

出现于南海的游泳头足类有 66 种，其中只有 3 种如太平洋褶柔鱼、火枪乌贼 *Loligo beka*（Sasaki）和金乌贼属于暖温带性种。其他 63 种属于印度-西太平洋区的热带和亚热带性种，如菱鳍乌贼 *Thysanoteuthis rhombus* Troschel、中国枪乌贼、椭乌贼 *Sepia elliptica* Hoyle 等。南海与日本南部海域共有种为 27 种，南海有 30 种与印度-马来所共有，可见南海海区与上述两个海域的区系组成有密切关系，而与后者比略具优势。这与董正之（1988）认为南海与日本的头足类区系关系更密切的结论不同，究其原因主要是过去研究的对象多是近岸浅海区的种类，而现在在南海，特别是南海诸岛出现了许多大洋性的种类，导致了南海区系组成发生了变化。

总之，在我国各海区由于游泳头足类的区系组成不同，决定了各海区的区系性质。黄海是暖温带性区系，它属于北太平洋温带区系中的一部分。东海属于印度-西太平洋暖水区系中的亚热带区系，它与日本南部的关系密切，黄渤海与东海区系之间是以舟山群岛为两者的分界线。南海是印度-西太平洋暖水区系中的热带和亚热带区系的一部分。又细分为：①南海北部包括广东沿岸和北部湾为近岸浅海区亚热带区系；②南海诸岛以及台湾东南沿海可能属于大洋性热带动物区系。南海与东海之间是以福建平潭与台湾北端的连线为分界线，许多南海的种类可进入台湾海峡，但通常不进入东海。

各海区游泳头足类的组成具有明显的差异，它们的优势种，也就是捕捞价值大的经济种，也各有不同。在黄渤海产量最大的是暖温带性种日本枪乌贼；东海的优势种为我国"四大渔业"中的暖水性种日本无针乌贼；南海的优势种则有中国枪乌贼、白斑乌贼 *Sepia latimanus* Quoy et Gaimard 和虎斑乌贼 *Sepia pharaonis* Ehrenberg（董正之，1988）。这也从侧面证明三个海区各自不同的区系特点。

（二）鲸　　类

鲸类动物是完全生活于水中的哺乳动物，也是海洋中个体最大的游泳动物。鲸类动物隶属于脊索动物门、哺乳纲、鲸目，全世界现存有 13 科约 80 种。鲸类是群集动物，它们通常成群结队的在海里生活。中国沿海的鲸类有 36 种，其中以短喙真海豚 *Delphinus delphis*（Linnaeus）、中华白海豚 *Sousa chinensis*（Osbeck）、江豚 *Neophocaena phocaenoidas* Cuvier、虎鲸 *Orcinus orca* Linnaeus、小须鲸 *Balaenoptera acutorostrata* Lacépède 等比较常见。

1. 海豚

海豚是鲸类中种类最多、分布范围最广、最常见的一个类群，绝大多数海豚生活在海洋里；有些小型海豚常栖息在河口咸淡水交汇处。中国常见的海豚有短喙真海豚、瓶鼻海豚 *Tursiops truncatus*（Montagu）、里氏海豚 *Grampus friseis*（G. Cuvier）、条纹原海豚 *Stenella coeruleoalba*（Meyen）、太平洋斑纹海豚 *Lagenorhynchus obliquidens* Gill 等。

2. 虎鲸

虎鲸又称为杀人鲸、逆戟鲸，是鲸类动物中最大的一种。虎鲸广泛分布于全世界各大洋，从冰冷的南极地区，到热带海域都有分布。它们的移动通常与追逐猎物或增加捕食率有关，时间通常在鱼类产卵季与海豹的生产期。

3. 江豚

江豚又叫江猪、乌忌、露脊鼠海豚，是鼠海豚科的一种。江豚主要分布于西太平洋、印度洋、日本海和中国沿海等热带至暖温带水域，在中国见于渤海、黄海、东海、南海和长江等水域，在长江甚至能上溯到宜昌和洞庭湖一带。目前，江豚种群数量已不足 2000 头，且仍在持续下降，因此江豚被列为国家二级保护动物。

（三）食肉类（鳍脚类）

食肉类指海洋哺乳动物中水栖性的食肉动物，也称鳍脚类。它们的牙齿和陆栖的食肉动物相似，但是四肢成鳍状，身体成纺锤形，非常适于游泳。中国沿海的鳍脚类有5种（周开亚，2008），有北海狗 *Callorhinus ursinus*（Linnaeus）、北海狮 *Eumetopias jubatus*（Schreber）、斑海豹 *Phoca largha*（Pallas）、髯海豹 *Erignathus barbatus*（Erxleben）和环斑小头海豹 *Pusa hispida*（Schreber）。鳍脚类身上具有厚的脂肪层或者毛皮来抵御海水的寒冷，因而人们常常为了获得脂肪和毛皮而对其大量捕杀，而且鳍脚类在繁殖期云集在岸边的习性也使其容易遭到捕杀，因此现在有些种已处于濒危状态。

（四）海　龟　类

海龟类是龟鳖目海龟科动物的统称。海龟类动物是现今海洋世界中躯体最大的爬行动物，它们多为暖水性种。中国沿海有5种，蠵龟 *Caretta caretta*（Linnaeus）、海龟 *Chelonia mydas*（Linnaeus）和玳瑁 *Eretmochelys imbricata*（Linnaeus）、丽龟 *Lepidochelys olivacea*（Eschscholtz）、棱皮龟 *Dermochelys coriacea*（Linnaeus）。蠵龟主要栖息于温暖海域，特别是大陆架一带，甚至可进入海湾、河口、咸水湖等，是海龟类中分布范围最广的一种，在中国也很常见，北起山东，南至广东沿海都有分布，也见于长江口外海域，甚至黄浦江内。玳瑁分布于印度洋、太平洋、大西洋的热带和亚热带海域，中国产于西沙群岛、海南岛、广东、台湾、福建、浙江、江苏、山东省沿海。这些海龟数量日益稀少，所以都为国家保护动物。

（五）海　蛇　类

眼镜蛇科中扁尾蛇亚科（扁尾蛇）和海蛇亚科（海蛇）的蛇类统称为"海蛇"。中国已知海蛇9属16种（赵尔宓，2003）。它们一般栖息于离大陆或海岛不远的沿岸近海，特别是河口附近，分布于海南、广东、广西、福建、台湾、浙江、山东、辽宁等省的沿岸近海。其中台湾产海蛇种数最多，有14种。常见的有蓝灰扁海蛇 *Laticauda colubrina*（Schneider）、青环海蛇 *Hydrophis cyanocinctus* Daudin、淡灰海蛇 *Hydrophis ornatus*（Gray）、平颏海蛇 *Lapemis curtus*（Shaw）和长吻海蛇 *Pelamis platurus*（Linnaeus）等。海蛇可供药用，具有祛风止痛、活血通络、滋补强身的功效。见图6.34与图6.35。

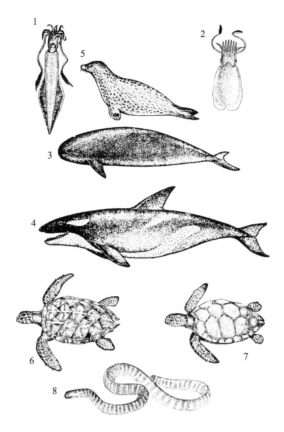

图 6.35 中国近海游泳动物——头足类、爬行类、鲸类、鳍脚类
1. 中国枪乌贼 *Uroteuthis chinensis* (Gray)；2. 日本无针乌贼 *Sepiella japonica* Sasaki；3. 短喙真海豚 *Delphinus delphis* (Linnaeus)；4. 虎鲸 *Orcinus orca* Linnaeus；5. 斑海豹 *Phoca largha* (Pallas)；6. 海龟 *Chelonia mydas* (Linnaeus)；7. 玳瑁 *Eretmochelys imbricata* (Linnaeus)；8. 淡灰海蛇 *Hydrophis ornatus* (Gray)

第五节 海洋生物多样性和资源遭受的胁迫[*]

一、全球变化、人类活动对海洋生物多样性的胁迫

近年来，全球环境变化加剧和人类活动对海洋生物多样性和资源的胁迫、破坏日益加重，特别是严重的开发利用过度和环境恶化（污染），生境破坏、丧失，使种群得不到补充，物种总数在不断减少，濒危物种明显增多，影响到有关产业、人民生活和国家生产建设的持续发展。《中国物种红色名录》刊载了作者本人负责的海洋无脊椎动物部分的评估结果，表明了情况的严重程度。

＊ 本节作者：刘瑞玉

遭受胁迫、破坏较严重的海洋生物主要是有食用价值且名贵的水产食品，如海参、鲍鱼、龙虾、对虾、大黄鱼、鳀、马面鲀，其他优质鱼类乌贼、砗磲等，有收藏价值的艺术品多种名贵贝壳、各种珊瑚等。破坏的严重程度令人难以想象。

新出版的《中国物种红色名录，卷1、3、2》（汪松、解炎，2004；2005；2009），反映了中国海洋生物多样性受到的威胁正在增大，濒危物种数目显著增多。在全国（包括台湾、澎湖及南海诸岛）海域14科62属260种造礁珊瑚中，有26种被评估为"濒危"EN，234种易危VU；海洋软体动物评估9科39种，有32种被评估为"濒危"；评估的281种十足甲壳类（虾、蟹类）中，58种已经"濒危"，28种为"易危"；最重要的特有种中国明对虾渤海种群已经从年产$4×10^4$t以上降到约200t，被评估为濒危（汪松、解炎，2005），南海珠江口种群已经采不到标本，实际是"野外绝灭"；被认为是"幸存的活化石"的2种剑尾类—鲎（廖永岩，2001）中，1种为"濒危"，1种"近危"；棘皮动物评估的70种中，有67种被评估为"濒危"；其中最严重的是150种中国产海参类中，竟有54种由于无度采捕而成为"濒危"种，其中劣质的食用种芋海参也成为"濒危种"。一些过去产量很大的重要经济种、特有种，由于严重过度开发采捕，也已成为"濒危"和"近危"种。处于濒危状态的物种主要是高值优质食品如海参、龙虾、对虾、江瑶等，有收藏欣赏价值的各种贝壳（如宝贝、凤螺、榧螺、冠螺等）和珊瑚等，医药用的鲎等。无度的采捕，已使生物多样性降低和多种动物资源枯竭，甚至崩溃。

以下为《中国物种红色名录》（2004）濒危物种评估——海洋动物主要类群评估结果。

1. 刺胞动物门 CNIDARIA

珊瑚亚门 ANTHOZOA 石珊瑚目 SCLERACTINIA（造礁石珊瑚 Hermatypic corals）

中国种数：14科62属260种　　评估种数：14科62属260种

各濒危等级种数：濒危EN：26；易危VU：234；

鹿角珊瑚科 Acroporidae：总79；（特有种1*）；濒危EN：12；易危VU：67

菌珊瑚科 Agariciidae：总20；濒危EN：2；易危VU：18

星群珊瑚科 Astrocoeniidae：总2；易危VU：2

丁香珊瑚科 Caryophyllidae：总6；易危VU：6

木珊瑚科 Dendrophyllidae：总7；濒危EN：1；易危VU：6

蜂巢珊瑚科 Faviidae：总46；易危VU：46

石芝珊瑚科 Fungiidae：总28；特有种1；濒危EN：31；易危VU：25

裸肋珊瑚科 Merulinidae：总6；濒危EN：2；易危VU：4

褶叶珊瑚科 Mussidae：总12；濒危EN：2；易危VU：10

枇杷珊瑚科 Oculinidae：总3；易危VU：3

梳状珊瑚科 Pectiniidae：总8；濒危EN：2；易危VU：6

杯形珊瑚科 Pocilloporidae：总10；濒危EN：1；易危VU：9

滨珊瑚科 Poritidae：总24；特有种1；易危VU：24

铁星珊瑚科 Siderastreidae：总9；濒危EN：1；易危VU：8

2. 软体动物门 MOLLUSCA

腹足纲 GASTROPODA

中国种数：17 目 161 科 588 属 2 935 种　　　　评估种数：5 目 14 科 38 属 375 种

各濒危等级种数：灭绝 EX：12；极危 CR：22 濒危 EN：121；易危 VU：52；近危 NT：6；无危 LC：57；数据缺乏 DD：105

前鳃亚纲 PROSOBRANCHIA 原始腹足目 ARCHAEOGASTROPODA

鲍科 Haliotidae：总 5；濒危 EN：3；无危 LC：2

中腹足目 MESOGASTROPODA

宝贝科 Cypraeidae：总 9；濒危 EN：2；无危 LC：2；数据缺乏 DD：5

梭螺科 Ovulidae：总 1；濒危 EN：1

凤螺科 Strombidae：总 4；濒危 EN：4

冠螺科 Cassidae：总 1；濒危 EN：1

新腹足目 NEOGASTROPODA

榧螺科 Olividae：总 9；濒危 EN：7；无危 LC：2

竖琴螺科 Harpidae：总 3；濒危 EN：2；无危 LC：1

双壳纲 BIVALVIA

中国种数：8 目 83 科 399 属 1 187 种　　　　评估种数：2 目 4 科 7 属 19 种

各濒危等级种数：濒危 EN：11；无危 LC：8

贻贝目 MYTILOIDA

江珧科 Pinnidae：总 7；濒危 EN：3；无危 CL：4

帘蛤目 VENEROIDA：

砗磲科 Tridacnidae：总 6；濒危 EN：6

蛤蜊科 Mactridae：总 2；濒危 EN：2

帘蛤科 Veneridae：总 4；无危 LC：4

3. 节肢动物门 ARTHROPODA

甲壳亚门 CRUSTACEA 软甲纲 MALACOSTRACA 十足目 DECAPODA

中国种数：91 科 615 属 2 023 种　　　　评估种数：17 科 86 属 281 种

各濒危等级种数：濒危 EN：58；易危 VU：27；近危 NT：6

枝鳃亚目 DEDROBRANCHIATA

对虾科 Penaeidae：总 9；濒危 EN：5；易危 VU：4

腹胚亚目 PLEOCYEMATA 真虾下目 CARIDEA

长臂虾科 Palaemonidae：总 12；（特有种 2）；濒危 EN：1；易危 VU：4

螯虾下目 ASTACIDEA

美螯虾科 Cambaridae：总 3；濒危 EN：3

海蛄虾下目 THALASSINIDEA

美人虾科 Callianassidae：总 2；濒危 EN：2

蝼蛄虾科 Upogebiidae：总4；濒危EN：1；易危VU：1
龙虾下目 PALINURA
　龙虾科 Palinuridae：总10；（特有种1）；濒危EN：4；易危VU：6
　蝉虾科 Scyllaridae：总5；易危VU：3；近危NT：1
异尾下目 ANOMURA 蝉蟹总科 HIPPOIDEA
　管须蟹科 Albuneidae：总2；易危VU：2
短尾下目 BRACHYURA
　绵蟹科 Dromiidae：总21；（特有种2）；濒危EN：5
　玉蟹科 Leucosiidae：总80；（特有种29）；濒危EN：12；易危VU：1
　弓蟹科 Varunidae：总27；（特有种3）；濒危EN：5；近危NT：1
螯肢亚门 CHELICERIFORMES 肢口纲 MEROSTOMATA 剑尾目 XIPHOSURA
　鲎科 Tachypleidae
中国种数：1科2属2种　　　　评估种数：1科2属2种
各濒危等级种数：濒危EN：2；易危VU：1

4. 棘皮动物门 ECHINODERMATA

海参纲 HOLOTHUROIDEA
中国种数：6目15科57属150种　　　　评估种数：4目6科19属57种
各濒危等级种数：濒危EN：54；易危VU：2；近危NT：6
　　楯手目 ASPIDOCHIROTIDA
　　　海参科 Holothuriidae：总36；濒危EN：36
　　　刺参科 Stichopodidae：总7；濒危EN：6
　　枝手目 DENDROCHIROTIDA
　　　瓜参科 Cucumariidae：总7；濒危EN：5
　　　沙鸡子科 Phyllophoridae：总2；濒危EN：2
　　芋参目 MOLPADIDA
　　　尻参科 Caudinidae：总2；濒危EN：2
　　无足目 APODIDA
　　　锚参科 Synaptidae：总3；濒危EN：3

海胆纲 ECHINOIDEA
中国种数：8目27科69属102种　　　　评估种数：3目6科8属8种
各濒危等级种数：濒危EN：8
　　脊齿目 STIRODONTA
　　　口鳃海胆科 Stomopneustidae：总1；濒危EN：1
　　　疣海胆科 Phymosomatidae：总1；濒危EN：1
　　拱齿目 CAMARODONTA
　　　毒棘海胆科 Toxopneustidae：总1；濒危EN：1
　　　球海胆科 Strongylocentrotidae：总2；濒危EN：2

长海胆科 Echinometridae：总 2；濒危 EN：2

头帕目 CIDAROIDA

头帕科 Cidaridae：总 1；濒危 EN：1

海星纲 ASTEROIDEA

中国种数：5 目 16 科 52 属 150 种　　　评估种数：1 目 3 科 5 属 5 种

各濒危等级种数：濒危 EN：5

瓣棘海星目 VALVATIDA

瘤海星科 Oreasteridae：总 3；濒危 EN：3

蛇海星科 Ophidiasteridae：总 1；濒危 EN：1

锯腕海星科 Asteropseidae：总 1；濒危 EN：1

5. 半索动物门 Hemichordata

肠鳃动物纲 Enteropneusta

中国种数：2 科 4 属 6 种　　　评估种数：2 科 4 属 6 种

各濒危等级种数：濒危 EN：3

玉钩虫科 Harrimonidae：总 3；（特有 2）；濒危 EN：1

殖翼柱头虫科 Ptychoderidae：总 5；（特有种 1）；濒危 EN：2

6. 脊索动物门 CHORDATA

头索亚门 CEPHALOCHORDATA 狭心纲 LEPTOCARDIA 双尖文昌鱼目 AM-PHIOXI

中国种数：2 科 3 属 4 种　　　评估种数：2 科 3 属 4 种

各濒危等级种数：濒危 EN：1；易危 VU：1

文昌鱼科 Branchiostomidae：总 2；（特有种 1）；濒危 EN：1；易危 VU：1

偏文昌鱼科 Asymmetrontidae：总 2

上述评估结果显示，此次对中国无脊椎动物物种的评估，证明了中国海洋无脊椎动物物种濒危情况比过去的初步估计显著严重。过去，对海洋无脊椎动物物种的多样性及其濒危状况基本没有做过严格的评估，此次评估尝试，揭示无脊椎动物物种的濒危状况实际已很严重，值得关注。如不严格和有效地控制人为的采捕（如采集珊瑚和贝壳等艺术品和海参虾蟹等珍贵食品等），减少栖息地的破坏，中国海一些珍贵和特有的无脊椎动物也将面临灭绝的危险局面。2008 年长江中下游白鳍豚调查未见一尾踪迹的结果就是一个令人悲观的信号，一些珍贵物种已在地球上消失、绝灭。

关心海洋生物多样性和生物资源保护的政府部门，正在积极呼吁应该大力加强有关调查研究和管理保护工作，来保持多样性和资源的持续开发利用。但是，随着滨海旅游业的迅速发展和渔业捕捞作业的加强，难以遏止的过度采捕问题日趋严重，迄今并未真正解决，实在令人担忧。我们殷切地期盼着国家已有保护法律规定的有效执行与加强。

二、重要渔业生物资源的过度开发与衰退

近年来中国大陆沿岸海域重要经济种、主要渔业捕捞对象，由于难以遏止的过度捕捞和繁殖场环境严重恶化——生境破坏与丧失，结果虽然使捕捞产量有所增加，但单位产量——单位努力渔获量CPUE却显著下降（郑元甲，2003；程济生，2004；刘瑞玉，2004；贾晓平等，2004；唐启升，2006），实际是反映了主要渔业资源由于开发利用过度而减少与衰退，有的甚至枯竭，产业崩溃。著名的中国对虾 Penaeus chinensis 是中国海最重要的经济种，1979 年黄渤海种群产量超过 4×10^4 t，21 世纪初已减少到总产只有一二百吨，被评估为濒危物种（刘瑞玉，2004；Liu，2009），更严重的是南海珠江口—粤西小种群可能已在野外绝灭。世界知名的舟山大黄鱼（Larimichthys crocea）捕捞业曾居中国四大渔业首位，20 世纪 60～70 年代主要产区东海的年产量曾超过 18×10^4 t、接近 20×10^4 t，而目前已很难捕到；1997～2000 年全国大陆架生物资源和环境调查结果表明，东海调查区 4 季度只采到幼鱼 163 尾，种群资源量评估为 59t，整个东海陆架区总资源量只有 71t（郑元甲等，2003；刘瑞玉，2004），而南海北部的同一调查（贾晓平等，2004），也未取得结果。已有数据表明，大黄鱼资源已经严重衰退，捕捞产业实际是崩溃了，应该是"濒危"或"极危"物种（图 6.36）。中国对虾 Penaeus chinensis 濒危情况与之类似。此外，广西—海南数量多得惊人的活化石中国鲎（Tachypleus tridentus） ［还有少量圆尾蝎鲎（Carcinoscorpion rotundicauda）］，1970～1980 年北部湾广西沿岸年产量约 20 万对（中国鲎成长个体一对约重约 1.5～2kg），已被评为"濒危"和"近危"等级（刘瑞玉，2004；Liu，2009）。此外，有不少主要经济鱼类的资源正受到同样的胁迫而显著减少，影响到捕捞渔业的产量与质量。这些都严重威胁物种多样性保护和渔业资源及生产的健康发展，迫切地需要采取更加有效的措施，以保持种群的存在和多样性资源的持续发展。尽管中央政府和地方领导一直大力号召和安排进行鱼虾贝藻的种苗放流、资源增殖，大力加强环境保护，取得了显著增产效果，但是，已经显著减少的、仍然存在强大捕捞力量，和生境恶化仍然在严重地胁迫着资源的再生与补充，持续发展相当困难，有待采取更加强力和有效的手段与措施。

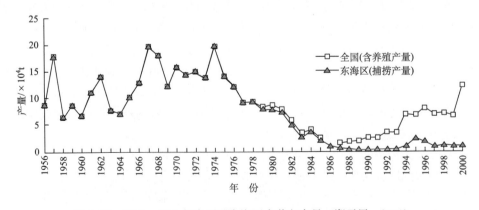

图 6.36 1956～2000 年全国及东海区大黄鱼产量（郑元甲，2003）

参 考 文 献

白洁，李岿然，李正炎等. 2003. 渤海春季浮游细菌分布与生态环境因子的关系. 青岛海洋大学学报，33（6）：
841～846

白洁，张昊飞，李岿然等. 2004. 胶州湾冬季异养细菌与营养盐分布特征及关系研究. 海洋科学，28（12）：31～34

白洁，李岿然，张昊飞等. 2005. 胶州湾异养浮游细菌对磷的吸收作用及影响因素研究. 中国海洋大学学报，35
（5）：835～838

蔡立哲. 2006. 海洋底栖生物生态学和生物多样性研究进展. 厦门大学学报（自然科学版）. 45（2）：83～89

蔡昱明，宁修仁，刘子琳等. 2002. 莱州湾浮游植物粒径分级叶绿素 a 和初级生产力及新生产力. 海洋科学集刊，
44：1～10

蔡昱明，宁修仁，刘诚刚. 2006. 南海北部海域 *Synechococcus* 和 *Prochlorococcus* 生长率和被摄食消亡率：变化范
围及其与环境因子的关系. 生态学报，26（7）：2237～2246

陈骁，钱振儒，王之珉等. 1982. 东海大陆架异养细菌的生态分布. 海洋科学集刊，19：1～9

陈蕙莲，孙海宝. 2002. 中国动物志 甲壳动物亚门 短尾次目 海洋低等蟹类. 北京：科学出版社

陈明耀. 2001. 生物饵料培养. 北京：中国农业出版社

陈清潮，陈亚瞿，胡雅竹. 1980. 南黄海和东海浮游生物群落的初步探讨. 海洋学报，2（2）：149～157

陈卫忠. 1994. 东海主要经济鱼类资源近况. 海洋渔业，16（4）：164～167

程济生. 2004. 黄渤海近岸水域生态环境与生物群落. 青岛：中国海洋大学出版社

崔玉珩，徐凤山，方少华等. 1986. 台湾海峡中、北部综合调查研究报告，XIII. 底栖生物的分布于群落结构. 北
京：科学出版社

丁耕芜，陈介康，施友仁等. 1980. 黄、渤海鱼类补充名录. 动物学杂志，3：36～39

董美龄. 1963. 中国浒苔属植物地理学的初步研究. 海洋与湖沼，5（1）：46～51

董正之. 1988. 中国动物志——软体动物门头足纲. 北京：科学出版社

范航清，石雅君，邱广龙. 2009. 中国海草植物. 北京：海洋出版社

费尊乐，毛兴华，朱明远等. 1988. 渤海生产力研究 II. 初级生产力及潜在渔获量的估算. 海洋学报，10（4）：
481～489

高世和，李复雪，1985. 九龙江口红树林区底相大型底栖动物的群落生态. 台湾海峡，4（2）：179～191

高亚辉，金德祥. 1989. 海洋微型浮游生物的研究进展. 福建水产，3：33～37

郭玉洁，杨则禹. 1982. 1976 年夏季东海陆架区浮游植物生态的研究. 海洋科学集刊，19：11～32

郭玉洁，杨则禹. 1992. 长江口浮游植物的数量动态及生态分析. 海洋科学集刊，33：167～189

郭玉洁，钱树本. 2003. 中国海藻志（卷5）——硅藻门中心纲. 北京：科学出版社

海洋图集编委会. 1991. 渤海、黄海、东海海洋图集. 北京：海洋出版社

郝锵，宁修仁，刘诚刚等. 2007. 南海北部初级生产力遥感反演及其环境调控机制. 海洋学报，29（3）：58～68

洪华生，丘书院，阮五崎等. 1991. 闽南—台湾浅滩渔场上升流区生态系研究. 北京：科学出版社

黄邦钦，林学举，洪华生. 2000. 厦门西侧海域微微型浮游植物的时空分布及其调控机制. 台湾海峡，19（3）：
329～336

黄邦钦，洪华生，林学举等. 2003a. 台湾海峡微微型浮游植物的生态研究 I. 时空分布及其调控机制. 海洋学报，
25（4）：72～82

黄邦钦，洪华生，林学举等. 2003b. 台湾海峡微微型浮游植物的生态研究 II. 类群组成、生长速率及其影响因子.
海洋学报，25（6）：99～105

黄邦钦，刘媛，陈纪新等. 2006. 东海、黄海浮游植物生物量的粒级结构及时空分布. 海洋学报，27（2）：
156～164

黄淑芳. 1998. 垦丁海藻. 屏东县自然史教育馆出版

黄淑芳. 2000. 台湾东北角海藻图录. 台湾博物馆印行

贾晓平，李永振，李纯厚等. 2004. 南海专属经济区和大陆架渔业生态环境与渔业资源. 北京：科学出版社

江锦祥，陈灿忠，吴启泉等. 1984. 台湾海峡西部近海底栖生物初步研究. 海洋学报，6（3）：389～398

江锦祥，李荣冠，鲁林等. 2000. 海南省清澜港红树林生态系生物多样性. 海洋学报, 22 (增刊)：251~271

焦念志等. 2006. 海洋微型生物生态学. 北京：科学出版社

金德祥. 1988. 我国海洋硅藻的地理分布. 北京：海洋出版社

金显仕，赵宪勇，孟田湘. 2005. 黄、渤海生物资源与栖息环境. 北京：科学出版社

康元德. 1966. 黄海中部太平洋磷虾食料的初步研究. 见：太平洋西部渔业研究委员会第九次全体会议论文集. 68~75

康元德. 1991. 渤海浮游植物的数量分布和季节变化. 海洋水产研究, 12：31~54

匡梅，曾呈奎，夏邦美. 1999. 中国麒麟菜簇的分类研究. 海洋科学集刊, 41：168~189

类彦立，孙瑞平. 2008. 黄海多毛环节动物多样性及区系的初步研究. 海洋科学, 32 (4)：40~51

李超伦，栾凤鹤. 1998. 东海春季真光层分级叶绿素 a 分布特点的初步研究, 海洋科学, 4：59~62

李清雪，赵海萍，陶建华. 2005. 渤海湾海域浮游细菌的生态研究. 海洋技术, 24 (4)：50~56

李少菁. 1964. 厦门港几种海洋浮游桡足类的食性与饵料成分的初步研究. 厦门大学学报（自然科学版）, 11 (3)：93~109

李少菁. 1998. 第九章海洋生物. 见：马士筰，李凤歧，李少菁主编. 海洋科学导论. 北京：高等教育出版社

李元，王立明，余占国等. 1987. 大连湾石油烃降解细菌的生态学初步分析. 海洋环境科学, 6 (1)：30~37

廖永岩. 2001. 中国南方海域鲎的种类和分布. 动物学报, 47 (1)：108—111

廖玉麟, 1997. 中国动物志：无脊椎动物，棘皮动物 海参纲. 北京：科学出版社. 334

廖玉麟, 2004. 中国动物志：无脊椎动物，棘皮动物 蛇尾纲. 北京：科学出版社

林金美. 1995. 中国海浮游甲藻多样性研究. 生物多样性, 3 (4)：187~194

林鹏, 1984. 红树林. 北京：海洋出版社

刘诚刚，宁修仁，蔡昱明等. 2007. 南海北部及珠江口细菌生产力研究. 海洋学报, 29 (2)：112~122

刘静. 2008. 脊椎动物亚门. 见：刘瑞玉主编, 中国海洋生物名录. 北京：科学出版社

刘瑞玉. 1963. 黄东海虾类动物地理学研究. 海洋与湖沼, 5 (3)：230~244

刘瑞玉. 1990. 中国关于黄海海洋生态学的研究. 黄海研究（朝鲜文，中文）, 3：51~79

刘瑞玉. 1997. 人类活动对底栖生物多样性的影响. 见：海岸带海洋资源与环境学术研讨会（香港1997）论文集. 39~46

刘瑞玉. 2004. 关于我国海洋生物资源的可持续利用. 科技导报, 197：28~31

刘瑞玉. 2008. 中国海洋生物名录. 北京：科学出版社

刘瑞玉，崔玉珩，徐凤山等. 1986. 黄、东海底栖生物的生态特点. 海洋科学集刊, 27：153~173

刘瑞玉，蓝金运. 1978. 西沙群岛鼓虾属初步报告. 海洋科学集刊, 17：77~115

刘瑞玉，唐质灿. 1963. 南海底栖动物的数量分布. 见：动物生态及分类区系专业学术讨论会论文摘要汇编. 北京：科学出版社

刘瑞玉，徐凤山. 1963. 黄东海底动物区系特点. 海洋与湖沼, 5 (4)：306~321

刘瑞玉，钟振如. 1988. 南海对虾类. 北京：农业出版社

刘子琳，宁修仁，蔡昱明. 1998. 北部湾浮游植物粒径分级叶绿素 a 和初级生产力的分布特征. 海洋学报, 20 (1)：50~57

刘子琳，越川海，宁修仁等. 2001. 长江冲淡水区细菌生产力研究. 海洋学报, 23 (4)：93~99

吕瑞华，夏滨，李宝华等. 1999. 渤海水域初级生产力10年间的变化. 黄渤海海洋, 17 (3)：80~86

马继波，董巧香，黄长江. 2007. 粤东大规模海水增养殖区柘林湾浮游细菌的时空分布. 生态学报, 27 (2)：477~485

宁修仁，蔡昱明，李国为等. 2003. 南海北部微微型光合浮游生物的丰度及环境调控. 海洋学报, 25 (3)：83~97

宁修仁，刘子琳，蔡昱明. 2000. 我国海洋初级生产力研究二十年. 东海海洋, 18 (3)：14~20

宁修仁，刘子琳，史君贤. 1995. 渤、黄、东海初级生产力和潜在渔业生产量的评估. 海洋学报, 17 (3)：72~84

宁修仁，史君贤，蔡昱明等. 2004. 长江口和杭州湾海域生物生产力锋面及其生态学效应. 海洋学报, 26 (6)：96~106

宁修仁，史君贤，刘子琳等. 1997. 象山港微微型光能自养生物丰度与分布及其环境制约. 海洋学报, 19 (1)：

87~95

宁修仁. 2000a. 海洋微型和超微型浮游生物. 见：苏纪兰, 秦蕴珊主编. 当代海洋科学学科前沿. 北京：学苑出版社

宁修仁. 2000b. 海洋微型生物食物环. 见：苏纪兰, 秦蕴珊主编. 当代海洋科学学科前沿. 北京：学苑出版社

宁修仁等. 2005. 乐清湾三门湾养殖生态和养殖容量研究与评价. 北京：海洋出版社

农牧渔业部水产局, 农牧渔业部海区渔业指挥部. 1987. 东海区渔业资源调查和区划. 上海：华东师范大学出版社

农牧渔业部水产局, 农牧渔业部海区渔业指挥部. 1989. 南海区渔业资源调查和区划. 广州：广东科学技术出版社

彭安国, 黄奕普, 刘广山等. 2003. 大亚湾细菌生产力研究. 海洋学报, 25（4）：83~90

沈国英等. 2002. 海洋生态学. 第二版. 北京：科学出版社

沈寿彭, 李楚璞, 唐质灿. 1991. 南沙群岛海区东南部的底栖生物量初探. 见：南沙群岛及其邻近海区海洋生物研究论文集（二）. 北京：海洋出版社

沈寿彭. 1982. 南海海盆底栖生物分布初步分析. 见：南海海区综合调查研究报告（一）. 北京：科学出版社

史君贤, 陈忠元, 宁修仁等. 1992. 长江口及其附近海域细菌和三磷酸腺苷的分布特征. 海洋与湖沼, 23（3）：288~296

史君贤, 陈忠元, 胡锡钢. 1996. 浙江省海岛沿岸水域微生物生态分布. 东海海洋, 14（2）：35~43

史君贤, 郑国兴, 陈中元. 1984. 长江口区海水及沉积物中异养细菌的生态分布. 海洋通报, 3（6）：59~63

苏纪兰, 唐启升等. 2002. 中国海洋生态系统动力学研究, Ⅱ渤海生态动力学过程——浮游动物对浮游植物的摄食压力, 生态转换效率与次级生产力. 北京：科学出版社

孙军, 刘东艳, 张晨等. 2003a. 渤海中部和渤海海峡及其邻近海域浮游植物粒级生物量的初步研究Ⅰ. 浮游植物粒级生物量的分布特征. 海洋学报, 25（5）：103~112

孙军, 刘东艳, 魏皓. 2003b. 渤海生态系统动力学中的浮游植物采样及分析的策略, 海洋学报, 25（S2）：41~50

孙军, 刘东艳, 杨世民等. 2002. 渤海中部和渤海海峡及邻近海域浮游植物群落结构的初步研究. 海洋与湖沼, 33（5）：461~471

孙晟, 肖天, 岳海东. 2003. 秋季与春季东、黄海蓝细菌（Synechococcus spp.）生态分布特点. 海洋与湖沼, 34（2）：161~168

唐启升, 叶懋中. 1990. 山东近海渔业资源开发与保护. 北京：农业出版社

唐启升. 2004. 黄、东海生态系统动力学调查图集. 北京：科学出版社

唐启升. 2006a. 中国专属经济区海洋生物资源与栖息环境. 北京：科学出版社

唐启升. 2006b. 海洋生物资源与栖息环境. 北京：科学出版社

唐质灿. 1983. 西沙群岛珊瑚礁黄集沙群海葵造礁作用的观察. 见：第二次中国海洋湖沼科学会议论文集. 北京：科学出版社

唐质灿, 2008. 六放珊瑚纲：石珊瑚目. 见：刘瑞玉主编. 中国海洋生物名录. 北京：科学出版社

唐质灿. 1991. 南沙群岛海区陆架单列羽螅组合及其生态地理学的研究. 见：南沙群岛及其邻近海区海洋生物研究论文集（二）. 北京：海洋出版社

唐质灿, 刘祥生, 沈源远等. 1983. 渤海湾毛蚶的数量分布和分布型. 见：中国海洋湖沼学会编辑. 全国海洋湖沼生态学术讨论会论文摘要汇编. 厦门, 203~205

唐质灿, 徐凤山. 1978. 东海大陆架区底栖生物数量分布和群落的初步分析. 见中国科学院海洋研究所编辑. 东海大陆架论文集. 156~164

唐质灿, 孙建章. 2008. 造礁石珊瑚. 大自然, 1：18~20

唐质灿, 邹仁林. 1987. 中国大百科全书, 珊瑚礁生物群落. 北京：中国大百科出版社

田明诚, 孙宝龄, 杨纪明. 1993. 渤海鱼类区系分析. 海洋科学集刊, 34：157~167

汪松, 解炎. 2004. 中国物种红色名录 第一卷 红色名录. 北京：高等教育出版社

汪松, 解炎. 2005. 中国物种红色名录 第三卷 无脊椎动物. 北京：高等教育出版社

汪松, 解炎. 2009. 中国物种红色名录 第二卷 脊椎动物. 北京：高等教育出版社

王文兴, 牟敦彩, 陈士群等. 1981. 东海大陆架水样和泥样中异养细菌属的组成. 海洋水产研究, 4：71~76

王跃中, 袁蔚文. 2007. 南海北部底拖网渔业资源的数量变动. 南方水产, 4 (2): 26~33

王云龙, 沈新强, 李纯厚等. 2005. 中国大陆架及邻近海域浮游生物. 上海: 上海科学技术出版社

王增焕, 李纯厚, 贾晓平. 2005. 应用初级生产力估算南海北部的渔业资源量. 海洋水产研究, 26 (3): 9~15

王祯瑞. 2002. 中国动物志 软体动物门 双壳纲 珍珠贝亚目. 北京: 科学出版社, 1~369

乌沙科夫, 吴宝铃. 1963. 黄海多毛类动物地理的初步研究. 海洋与湖沼, 5 (2): 154~162

夏邦美. 1999. 中国海藻志 第二卷 红藻门 第五册 伊谷藻目 杉藻目 红皮藻目, 201 页, 104 图, 11 图版. 北京: 科学出版社

夏邦美. 2004. 中国海藻志 第二卷 红藻门 第三册 石花菜目 隐丝藻目 胭脂藻目, 203 页, 101 图, 13 图版. 北京: 科学出版社

夏邦美. 2011. 中国海藻志 第二卷 红藻门 第七册 仙茅目 松节藻科, 212 页, 131 图, 13 图版. 北京: 科学出版社

夏恩湛. 1963. 中国麒麟菜属植物地理学的初步研究. 海洋与湖沼, 5 (1): 52~55

肖天, 王荣. 2002. 春季与秋季渤海蓝细菌 (聚球蓝细菌属) 的分布特点. 生态学报, 22 (12): 2071~2078

肖天, 王荣. 2003. 渤海异养细菌生产力. 海洋学报, 25 (Supp. 2): 58~65

肖天, 岳海东, 张武昌等. 2003. 东海聚球蓝细菌 (Synechococcus) 的分布特点及在微食物环中的作用. 海洋与湖沼, 34 (1): 33~43

徐凤山, 刘银城. 1983. 东海软体动物的分布特点. 见: 第二次中国海洋湖沼科学会议论文集. 北京: 科学出版社, 357~363

徐恭昭. 1989. 大亚湾环境与资源. 合肥: 安徽科学技术出版社

许澄源. 1956. 辽东湾毛虾饵料的研究. 辽宁省海洋水产试验场报告, 1: 71~87

杨纪明, 周名江, 李军. 1998. 一个海洋食物链能流的初步研究. 应用生态学报, 9 (5): 251~253

杨宗岱. 1979. 中国海草植物地理学的研究, 海洋湖沼通报, 2: 4~46

袁蔚文. 1995. 北部湾底层渔业资源的数量变动和种类更替. 中国水产科学, 2 (2): 55~64

曾呈奎. 1963. 关于海藻区系分析研究的一些问题. 海洋与湖沼, 5 (4): 298~305.

曾呈奎. 2005. 中国海藻志 第二卷 红藻门 第二册 顶丝藻目 海索面目 柏桉藻目. 北京: 科学出版社

曾呈奎, 张峻甫. 1959. 北太平洋西部海藻区系的区划问题. 海洋与湖沼, 2 (4): 241~267

曾呈奎, 张峻甫. 1960. 关于海藻区系性质的分析, 海洋与湖沼, 3 (3): 177~187

曾呈奎, 张峻甫. 1962. 黄海西部沿岸海藻区系的分析研究 I. 区系的温度性质. 海洋与湖沼, 4 (1~2): 49~59

曾呈奎, 张峻甫. 1963. 中国沿海海藻区系的初步分析研究. 海洋与湖沼, 5 (3): 189~253

张峻甫, 夏邦美. 1962. 中国江蓠属植物地理学的初步研究. 海洋与湖沼, 4 (3~4): 189~198

张武昌, 王荣. 2000. 渤海微型浮游动物及其对浮游植物的摄食压力. 海洋与湖沼, 31 (3): 252~258

张玺. 1962. 偏文昌鱼属 (Asymmetron) 在中国海的发现和厦门文昌鱼的地理分布. 动物学报 14 (4): 525~528

张玺, 齐钟彦, 张福绥等. 1963. 中国海软体动物区系区划的初步研究. 海洋与湖沼, 5 (2): 124~138

赵尔宓. 2003. 海蛇的知识和中国海蛇的研究. 见: 甲壳动物学论文集 (第四集), 214~221

赵骞, 田伟伟, 赵仕兰等. 2004. 渤海冬夏季营养盐和叶绿素 a 的分布特征. 海洋科学, 28 (4): 34~39

赵三军, 肖天, 李洪波等. 2005a. 胶州湾聚球菌 (Synechococcus spp.) 蓝细菌的分布及其对初级生产力的贡献. 海洋与湖沼, 36 (6): 534~540

赵三军, 肖天, 李洪波等. 2005b. 胶州湾异养细菌及大肠菌群的分布及对陆源污染的指示. 海洋与湖沼, 26 (6): 541~547

赵三军, 肖天, 岳海东. 2003. 秋季东、黄海异养细菌 (Heterotrophic Bacteria) 的分布特点. 海洋与湖沼, 34 (3): 295~305

郑国侠, 宋金明, 戴纪翠. 2006. 南黄海秋季叶绿素 a 的分布特征与浮游植物的固碳强度. 海洋学报, 28 (3): 109~118

郑天凌, 王斐, 徐美珠等. 2001. 台湾海峡水域的 β-葡萄糖苷酶活性. 应用与环境生物学报, 7 (2): 175~182

郑元甲, 陈雪忠, 程家骅等. 2003. 东海大陆架生物资源与环境. 上海: 上海科学技术出版社

郑执中. 1965. 黄海和东海西部浮游动物群落的结构及其季节变化. 海洋与湖沼, 7 (3): 199~204

郑执中, 郭玉洁, 王荣等. 1964. 浙江近海浮游生物的生态调查研究. 见: 浙江舟山渔场综合调查报告

中国海湾志编辑委员会. 1991. 中国海湾志,第六分册. 北京：海洋出版社

中国科学院《中国自然地理编辑委员会》. 1979. 中国自然地理·海洋地理. 北京：科学出版社

中国科学院动物研究所等. 1962. 南海鱼类志. 北京：科学出版社

中国科学院海洋研究所浮游生物组. 1977. 中国近海浮游生物的研究. 见：全国海洋综合调查报告第八册，北京：
   科学出版社

中国科学院南海海洋研究所. 1982. 南海海区综合调查研究报告（一）. 北京：科学出版社

中国科学院南海海洋研究所. 1985. 南海海区综合调查研究报告（二）. 北京：科学出版社

中国科学院南海海洋研究所. 1987. 曾母暗沙—中国南疆综合调查研究报告. 北京：科学出版社

周开亚. 2008. 哺乳纲食肉目. 见：刘瑞玉主编，中国海洋生物名录. 北京：科学出版社

周名江，颜天，邹景忠. 2004. 长江口邻近海域赤潮发生区基本特征初探. 应用生态学报，14（4）：1031～1033

周宗澄，姚瑞梅，梁子原. 1989. 南海中部海域异养细菌的生态分布. 海洋通报，8（3）：57～64

朱明远，毛兴华，吕瑞华等. 1993. 黄海海区的叶绿素a和初级生产力. 海洋科学进展，11（3）：38～51

朱鑫华，杨纪明，唐启升. 1996. 渤海鱼类群落结构特征的研究. 海洋与湖沼，27（1）：6～12

庄启谦，唐质灿，李春生等. 1983. 西沙群岛金银岛和东岛礁平台生态调查. 海洋科学集刊，20：1～53

邹仁林. 1978. 西沙群岛造礁石珊瑚群落结构的初步分析. 见：我国西沙、中沙群岛海域海洋生物调查研究报告集.
   125～132

邹仁林等. 2001. 中国动物志：腔肠动物门，六放珊瑚纲，石珊瑚目，造礁石珊瑚目. 北京：科学出版社

邹仁林，马江虎，宋善文. 1966. 海南岛珊瑚礁垂直分布的初步研究. 海洋与湖沼，8（2）：153～161.

邹仁林，朱袁智，王永川等. 1979. 西沙群岛珊瑚礁组成成分的分析和"海藻脊"的讨论. 海洋学报，1（2）：
   291～298

邹景忠，高亚辉. 2004. 浮游植物. 见：张培军，邹景忠主编. 海洋生物学. 济南：山东教育出版社

Briggs J C. 1974. Marine Zoogeography. McGraw-Hill Book Co. , New York

Cai Y M, et al. 2007. Distribution pattern of photosynthetic picoplankton and heterotrophic bacteria in the northern
   South China Sea. J Integr Plant Biol, 49（3）：1～5

Cavalier-Smith T. 1998. A revised six-kingdom system of life. Biol. Rev. , 73；203～266

Cavalier-Smith T. 2004. Only six kingdoms of life. Proc. Royal Soc. London B, 271；1251～1262

Chen D, et al. 1982. Ecological distribution of heterotrophic bacteria in the continental sheIf of East China Sea. Stud
   Mar Sin, 19；3～9

Chen Q C. 1992. Zooplankton of China Seas (1). Beijing；Seience Press

Chen-Lee Y L. 2000. Comparisons of primary productivity and phytoplankton size structure in the marginal regions of
   southern East China Sea. Cont Shelf Res, 20；437～458

Chen-Lee Y L. 2005. Spatial and seasonal variations of nitrate-based new production and primary production in the
   South China Sea. Deep-Sea Res I, 52；319～340

Chiang K, et al. 2002. Spatial and temporal variation of the Synechococcus population in the East China Sea and its
   contribution to phytoplankton biomass. Cont Shelf Res, 22；3～13

Chisholm S W, et al. 1988. A novel free-living prochlorophyte abundant in the oceanic euphotic zone. Nature, 334；
   340～343

Ekman S. 1953. Zoogeography of the Sea. London；Sidgwick and Jackson, 417

Golikov A N, Dolgolencho M A, Maximovitch, et al. 1990. Theoretical approach to marine；biogeography. Marine
   Ecology Progress Series，63；289～301

Gong G C, et al. 2003. Seasonal variation of chlorophyll a concentration, primary production and environmental condi-
   tions in the subtropical East China Sea. Deep-Sea Res Ⅱ, 50；1219～1236

Gurjanova E F, Liu J Y, Scarloto, et al. 1958. A short report on the intertidal zone of the Shantung Peninsula
   (Yellow Sea). Bull. Inst. mar. Biol. Acad sin. , 1；1～42

Huang B, et al. 2002. Ecological study of picoplankton in northern South China Sea. Chin J Oceanol Limnol, 20
   (S1)；22～32

Huang Sufang. 1999. Floristic studies on the Benthic Marine Algae of Northeastern Taiwan. Taiwania, 44 (2): 271-298, figs. 1-9, tables, 1-6

Jiao N, et al. 2005. Dynamics of autotrophic picoplankton and heterotrophic bacteria in the East China Sea. Cont Shelf Res, 25 (7): 1265~1279

Johnson P W, et al. 1979. Chroococcoid cyanobacteria in the sea: a ubiquitous and diverse phototrophic biomass. Limnol Oceanogr, 24: 928~935

Lalli C M, Parsons T R, 1997. Biological Oceanography: an Introduction. New York: Pergamon Press.

Li H, et al. 2006. Effect of the Yellow Sea Cold Water Mass (YSCWM) on distribution of bacterioplankton. Acta Ecol Sin, 26 (4): 1012~1020

Li H, et al. 2007. Impact of tidal front on the distribution of bacterioplankton in the southern Yellow Sea, China. J Mar Systems, 67: 263~271

Li W K W, et al. 1983. Autotrophic picoplankton in the tropical ocean. Science, 219: 292~295

Liu H B, et al. 2007a. Seasonal variability of picoplankton in the northern South China Sea at the SEATS station. Deep-Sea Res II, 54: 1602~1616

Liu K K, et al. 2007b. The significance of phytoplankton photo-adaptation and benthic – pelagic coupling to primary production in the South China Sea. Deep-Sea Res II, 57: 1546~1574

Liu Ruiyu (J Y Liu). 2009. Present status of marine biodiversity of the China Seas. In: Ocean Ecology Production and Modern Fishery Management Seminar. Subcommittee on Ocean and Fishery of Association of North East Asia Regional Government. 16~27

Liu Ruiyu. 2008. Checklist of marinebiota of China Seas. Beijing: Science Press (Chinese & English)

Liu Ruiyu, Cui Yuheng, Xu Fengshan,, et al. 1983. Ecology of Macrobenthos of the East China Sea and Adjacent Waters. Proc. Int. Symp. Sediment. Cont. Shelf, Spec. Ref. East China Sea, 795~818

Liu Ruiyu (J Y Liu), Xu F S. 2007. Global climate change and biodiversity of the Yellow Sea coldwater fauna. Proc. Workshop on Biodiversity of Marginal Seas of North Pacific Ocean: 103~105

Ning X R, et al. 1988a. The patterns of distribution of chlorophyll a and primary production in coastal upwelling area off Zhejiang. Acta Oceanol Sinica, 7 (1): 126~136

Ning X R, et al. 1988b. Standing stock and production of phytoplankton in the estuary of Changjiang (Yangtze River) and the adjacent East China Sea. Mar Ecol Prog Ser, 49 (10): 141~150

Ning X R, et al. 1990. Relationships between chlorophyll a, bacteria, ATP, POC and respiration rates in the Changjiang Estuary and the dilution zone. Acta Oceanol Sin, 11 (3): 425~434

Ning X R, et al. 1998. Physicobiological oceanographic remote sensing of the East China Sea: Satellite and in situ observations. J Geophys Res, 103 (C10): 21623~21635

Ning X R, et al. 2004. Physical-biological oceanographic coupling influencing phytoplankton and primary production in the South China Sea. J Geophys Res, 109, C10005, doi: 10. 1029/2004JC002365

Ning X R, et al. 2005. Comparative analysis of bacterio- plankton and phytoplankton in three ecological provinces of the northern South China Sea. Mar Ecol Prog Ser, 293: 17~28

Pan L A, et al. 2005. On-board flow cytometric observation of picoplankton community structure in the East China Sea during the fall of different years. FEMS Microbiol Ecol, 52 (2): 243~253

Pan L A, et al. 2007. Picophytoplankton, nanophytoplankton, heterotrophic bacteria and virus in the Changjiang Estuary and adjacent coastal waters. J Plankton Res, 29 (2): 187~197

Rhoads D C, Boesch D F, Tang Zhican, et al. 1983. Macrobenthos and sedimentary facies n the Changjiang delta platform and adjacent continental shelf, East China Sea. Continental Shelf Research, 4 (1/2): 189~225

Shi J X, et al. 1990. Measurements of bacteria and ATP in the Changjiang estuary and the adjacent East China Sea. In: Yu G, Martin JM, Zhou J, et al. eds. Biogeochemical Study of the Changjiang Estuary. Beijing: China Ocean Press, 131~135

Shi J X, et al. 1992. The patterns of distributions of bacteria, ATP and the relations with respiration rates and phytoplankton in the Changjiang Estuary and its adjacent East China Sea. Chin J Oceanol Limnol, 10 (3): 278~289

Shiah F K, et al. 2000a. The coupling of bacterial production and hydrography in the southern East China Sea: spatial patterns in spring and fall. Cont shelf Res, 20: 459~477

Shiah F Km, et al. 2000b. Biological and hydrographical responses to tropical cyclones (typhoons) in the continental shelf of the Taiwan Strait. Cont Shelf Res, 20: 2029~2044

Shiah F K, et al. 2003. Seasonal and spatial variation of bacterial production in the continental shelf of the East China Sea: possible controlling mechanisms and potential roles in carbon cycling. Deep-Sea Res II, 50: 1295~1309

Song X, et al. 2004. Variation of phytoplankton biomass and primary production in Daya Bay during spring and summer. Mar Pollut Bull, 49: 1036~1044

Tseng C K. 1983. Common Seaweeds of China. Beijing: Science Press, 316

Tseng C K, Xia B M. 1999. On the gracilaria in the western Pacific and the southeastern Asia Region. Botanica Marina, 42: 209~217

Vaulot D, et al. 1988. Abundance and cellular characteristics of marine *Synechococcus* spp. in the dilution zone of the Changjiang (Yangtze River) China. Cont Shelf Res, 8 (1): 1171~1186

Waterbury J B, et al. 1979. Widespread occurrence of a unicellular marine phytoplankton cyanobacterium. Nature, 277: 293~294

Xiao T, et al. 2001. Heterotrophic bacterioplankton production in the East China Sea. Chin J Oceanol Limnol, 19 (2): 157~163

Yang Y, Jiao N Z. 2004. Dynamics of picoplankton in the Nansha islands area of the South China Sea. Acta Oceanol Sinica, 23 (3): 493~504

Yin K D, et al. 2000. Dynamics of nutrients and phytoplankton biomass in the Pearl River estuary and adjacent waters of Hong Kong during summer: preliminary evidence for phosphorus and silicon limitation. Mar Ecol Prog Ser, 194: 295~305

Zheng T L, et al. 2002. Spatiotemporal distribution of bacterial abundance, biomass, productivity and total coliforms in Xiamen western sea area. Chin J Oceanol Limnol, 20 (S1): 47~56

第七章 海洋资源

第一节 滩涂资源[*]

一、滩涂资源及其基本特征

中国海岸是以潮汐动力突出为特色。大体上渤、黄、东海为半日潮，潮差多在 3m 或 3m 以上。其中以浙江与江苏沿海潮差大，记录到的大潮差达 8.93m（杭州湾）与 9.28m（江苏黄沙洋），南海潮差小，为全日潮及不正规半日潮。"滩涂"是将潮滩与海涂合并的概念称呼：两者实为新生的陆地资源。狭义的潮滩是指潮间带浅滩，即大潮高潮线和大潮低潮线之间周期性被海水淹没的海岸带区域。海涂是指水下，即潮下带的淤泥质堆积体。这两者在平原海岸发育最佳，但也发育于浙、闽、粤的港湾海岸的海湾、隐蔽的岸段及岛屿波影区。从开发利用的角度出发，广义的滩涂还包括潮上带盐沼湿地和潮下带浅滩，大体水深至 6m，或至 $-5 \sim -10$m 的范围内。滩涂质地有淤泥-黏土质、粉砂质、砂质、砂砾质、基岩滩与珊瑚礁滩等。

我国滩涂资源十分丰富，北起辽宁的鸭绿江口，南到广西的北仑河口，四大海域，沿海 11 个省份（台湾省未统计在内），总面积达 3717×10^4 亩（1 亩＝0.066hm²）（表7.1）。我国滩涂资源从北到南围绕大陆岸线呈递减式分布，全国平均每千米大陆岸线拥有滩涂 1920 亩。四大海域中，渤海、黄海滩涂分布最广，每千米岸线平均拥有的滩涂面积分别在 2615 亩和 3693 亩，而东海、南海沿岸都低于全国平均水平。江苏、天津、上海、鲁北及河北等省市，每千米拥有滩涂资源在 4500 亩以上，其中江苏最高，达 10 810亩，而福建、广东、鲁东等以基岩岸段为主的省份，每千米拥有的滩涂面积均较低。

我国滩涂分为平原型及港湾型（王颖、朱大奎，1990）。平原型滩涂主要分布在辽东湾、渤海湾、江苏沿岸、长江口、杭州湾和珠江口等地有大河泥沙汇入区。其特点是滩涂广阔具有明显的微地貌与沉积物分带性，滩坡为上凸，物质组成稳定均一，滩涂沉积体规模大。港湾型滩涂主要分布在浙、闽、粤的一些港湾内，组成物质单一，规模较小。

滩涂主要发育在岸坡平缓、潮流动力为主、泥沙供应丰富的地区。这一地区滩涂发育宽广。当泥沙供应减弱或消失，波浪与潮流的侵蚀，将使滩涂冲刷缩小。我国每年由河流入海的泥沙量为 25×10^8t 左右，为滩涂的发育提供了丰富的物源。如黄河年输沙量 12×10^8t，入海泥沙 64％在河口地区堆积，三角洲岸线以平均每年 50m 的速率淤积，使渤海湾、莱州湾泥沙供应丰富，滩涂发育。此外海域来沙也部分贡献于滩涂的发育，

---

* 本节作者：殷勇

表 7.1　全国滩涂资源分布（台湾省未计）

岸段 / 项目	总计	渤海沿岸	其中				黄海沿岸	其中		东海沿岸	其中			南海沿岸	其中		
			辽宁①	河北②	天津	鲁北		鲁东③	江苏④		上海	浙江③⑨	福建⑤⑥		广东⑦	海南	广西⑧
面积 /×10⁴ 亩	3717	947.7	310.5	144.3	88.0	404.9	1214.9	183.6	1031.3	1021.3	130.0	454.5	436.8	533.1	309.0	73.3	150.8
比率 /%	100	25.5	35.5	16.2	8.6	39.7	32.7	13.7	86.3	27.5	12.7	44.5	42.8	14.3	57.8	13.8	28.4
大陆海岸线 /km	19353	3624	2292	288	153	891	3259	2305	954	5696	172	2200	3324	6774	3368	1811	1595
平均每千米拥有滩涂面积 /亩	1920	2615	1355	5010	5752	4544	3693	797	10810	1793	7558	2065	1314	1069	917	405	945

注：表中所列滩涂资源面积包括潮间带与潮上带部分，未将水下部分列入。
①辽宁省统计局；②河北省国土资源局；③http://www.gov.cm；④江苏省统计局2007年统计年鉴；⑤福建省国土资源厅2006年数据；⑥2007年福建省统计年鉴；⑦2007年广东统计年鉴；⑧广西国土资源厅2006年数据；⑨浙江省国土资源厅2006年数据；⑩浙江省2007年统计年鉴。

如苏北岸外的辐射沙脊群和闽、浙的港湾滩涂都有海域来沙。黄河于1128～1855年间在江苏北部夺淮入海，岸线迅速向海淤进，当时的黄河口向海伸展了90km，滩涂面积增长了15 700km²，占江苏现有土地的1/6。1855年黄河北归后，废黄河三角洲遭受侵蚀，共冲掉土地约1400km²，由于缺乏泥沙供应，废黄河口目前仍以＞30m/a速率在后退。另外，滩涂物质主要来源于沿岸大河带来的泥沙，因此滩涂所含的有机质和各种营养成分相当丰富。如能对这些进入滩涂的养分进行合理的利用，将对我国沿海渔业、农牧业、林业及轻工业原料基地的发展起到重要的作用（王颖，1983）。

二、滩涂资源的开发利用和保护

我国土地资源的压力日趋严重，到2010年需要补充土地510万亩，到2020年需补充2080万亩，滩涂资源的开发对于我国经济发展具有重要的意义。滩涂不仅是一种重要的土地和空间资源，而且本身也蕴藏着生物、矿产和其他海洋资源，滩涂资源用途广泛，开发利用价值高。改革开放以来，我国沿海地区的滩涂资源开发取得了巨大的经济和社会效益，滩涂围垦不仅增加了垦区面积、促进了耕地占补平衡，而且成为沿海地区经济新的增长点，为沿海地区现代高效农业发展、港口建设和新能源开发提供了必要的土地保障。同时滩涂开发在原有的海堤外新筑了高标准海堤，增加了一道安全屏障，有效保障了沿海人民的生命财产安全。初步建成的沿海防护林带，也对沿海湿地起到了有效的保护作用。

目前我国滩涂资源的开发应该走综合开发、高效利用和集约经营之路（何书金等，2002），积极吸收国外滩涂开发的先进技术和先进模式，开发和保护并重，因地制宜地安排农业综合开发、港口建设、水产养殖、新能源、旅游观光、沿海防护林和湿地动植物种群的保护。同时注意科学论证和精心规划，积累围垦开发、保护、投资和管理经验，使滩涂开发可持续发展。

全国沿海滩涂地区不同开发利用也不同，我国滩涂分区及利用如下：

1. 渤海区（包括三省一市沿渤海湾海区）

环渤海滩涂区是指天津市、辽宁省、河北省和山东省渤海沿岸的滩涂地，集中分布在辽河与黄河三角洲。这里滩涂面积广阔，潮下带坡降小，地势平缓，水质肥沃，淡水径流量大，饵料生物丰富，是鱼、虾、蟹、贝的良好繁育场所。在有效改善滩涂生态环境的条件下，适合发展沿海水产养殖，可采用综合利用和农工贸一体化经营模式，提高效益。渤海湾沿岸区位优势显著，腹地辽阔，粉砂淤泥质海岸适合利用挖入式港池建设深水航道；沿海滩涂地围垦以后可作为港口陆域腹地发展临港工业，天津港和曹妃甸都是我国北方（20～30）×10⁴t深水大港成功的例子。

天津港为适应滨海新区开发的需要，正在加快现代化国际深水港的建设步伐。目前25×10⁴t级航道工程已经建成，航道水深达到−19.5m，实现了凡能进入渤海的船舶都能进入天津港，创造了在淤泥质海滩建设深水港的先例。目前天津港可满足25×10⁴t级油轮、20×10⁴t级散货船满载进出港以及10×10⁴t级以下船舶双向航行的需要，还可满足第五代和第六代集装箱船双向航行。曹妃甸利用挖入式港池已建成2座25×10⁴t

级矿石码头，1座 30×10^4 t 级原油码头以及多个（$5 \sim 15$）$\times 10^4$ t 级码头。至 2007 年底，累计造地 $33.66 km^2$，已完成矿石码头堆场、京唐钢铁厂区、煤码头陆域等项目。曹妃甸建成以后将成为我国北方国际性铁矿石、煤炭、原油、天然气等能源原材料主要集疏大港，以钢铁、煤炭和石化为主导的世界级重化工基地以及国家循环经济示范区。

2. 北黄海区（包括山东半岛和辽东半岛东部）

目前，辽东半岛东部的滩涂资源开发主要集中在种植业、苇田、制盐业和水产养殖业几个方面。应在开发芦苇的基础上，逐步开发以辽阔的芦苇沼泽资源为依托的带有湿地自然保护区性质的河口旅游景区；加强海水增养殖业的规模，增加对虾和贝类养殖，在有条件的滩涂发展盐业生产。山东半岛滩涂资源应当以水产养殖作为主攻方向，依据滩涂浅海垂向分异特点，从生态系统的角度，将种粮、植草、港养鱼虾、滩涂养贝、浅海养殖、底播增殖组成立体多层次开发系统，提高资源利用效益。同时，应有效发展海岛旅游业，以观光、休闲、度假、避暑、疗养为特色，发展多层次、多类型的旅游项目。

3. 南黄海区（江苏省射阳河口以南至长江口）

南黄海沿岸滩涂开发应以港口和临港工业为龙头，开辟新的经济增长点，同时发展现代高效农业、新能源以及滨海滩涂旅游。江苏岸外辐射沙脊群以弶港为顶点呈扇形向外展布，脊槽相间，面积达 $2.2 \times 10^4 km^2$，是江苏沿海不可多得的稀缺资源。辐射沙脊群近岸沙岛可建人工岛，大型潮流通道可用作深水航道，沿岸滩涂围垦以后可以作为临港工业基地。虽然深水岸线离岸有一定的距离，但可采用人工岛—栈桥—沿岸陆地的开发模式进行开发。目前江苏洋口港人工岛一期、二期工程项目已经建成，12.6km 长的黄海大桥已通车，沿岸滩涂围垦规模将达到 $30km^2$。洋口港是长江三角洲北翼的深水大港，建成以后对促进江苏沿海经济大开发具有重要的战略意义。同时，南黄海沿岸要加强现代农业综合开发，大力发展沿海蓝色和绿色农业，如潮上带牧业、林业、药材与花卉产业的培植和开发。滩涂养殖仍以贝类为主，其次为鱼虾和紫菜，但应发展立体养殖，进行虾与贝类、鱼类的混养或套养，同时引入海珍品养殖，促进养殖结构的调整；应与高校和科研机构合作，在沿海滩涂上建设生态农业和生态养殖示范区。对沿海自然保护区的湿地资源和生物多样性进行严格的保护，发展滨海滩涂生态旅游。

4. 东海区（包括上海、浙江和福建）

上海土地资源匮乏，滩涂开发应以围海造地为主，围海造地不仅围陆地，也可在长江口围岛，增加岸线长度，提高海洋资源的利用率。同时要做好滩涂区划和生态环境评价工作，注意滩涂地的生态保护。目前上海市和英国合作在崇明岛东滩进行生态城的规划和设计，建成后的生态城将对我国沿海地区的发展起到积极的示范效应。

浙江省海岸线曲折绵长，河口众多，港湾型滩涂资源丰富，具有很高的利用价值。截至 2006 年，全省滩涂已开发利用 237×10^4 亩，极大地缓解了社会经济发展和人口增长带来的土地压力。浙江省经济条件好，应大力推广立体养殖和精细养殖。有条件的地区应该建立高技术育苗、滩涂养殖和水产品加工销售一条龙服务企业，走高效、集约化的发展路子。藻类养殖应该注意开发高附加值新品种，提高养殖产品的市场竞争力。滩涂和港湾资源丰富的地区还可以大力发展滨海旅游和休闲渔业。

福建省北起沙埕湾，南至漳州市诏安湾，主要为基岩海岸，岸线曲折，港湾多，潮差大，滩涂面积 2701km^2，除滩涂养殖以外，最适合发展休闲渔业。

5. 南海区（包括广东、广西和海南）

广东省沿海滩涂的特点是分布广、延伸快、类型多、土壤肥沃、潜力大，应发展现代生态农业，高附加值农业和水产养殖业。大力发展沿海林带，保护红树林，营造一个优美的海岸带生态环境。珠江三角洲地区的滩涂开发应结合河道、口门的整治，统筹规划，兼顾各业，使宝贵的滩涂地发挥出最佳的经济效益、生态效益和社会效益。

海南省滩涂多砂质，应大力发展喜沙性海产养殖，发展价值高、有优势养殖前景的鱼类、贝类、甲壳类、棘皮动物和藻类等。另外滩涂红树林的保护，海岸防护林带的建设，水稻、果品、热带作物综合基地的建设需要进一步的加强。

广西沿海滩涂面积广阔，应建立以珍珠贝为主的水产养殖业保护区、海洋药物资源（合浦珍珠、海马、海蛇等）保护区以及红树林保护区和观察站。

第二节　中国海域油气资源[*]

我国海洋石油勘探始于 1957 年，经过半个世纪的工作，近海已钻井 600 余口，发现含油气构造 140 余个，探明油气田 76 个，探明石油地质储量近 30×10^8t，天然气地质储量 4000×10^8m^3，2006 年我国海洋油气产量达 4033×10^4t。我国近海四大海域中已发现主要含油气盆地 20 个，大多数是分布在大陆架上（图 7.1），且以大型沉积盆地为主，这些盆地具有面积大、沉积厚、烃原岩丰富、盆地热演化条件好、储层发育、圈闭类型多和生储盖组合好的特点。我国海洋石油相对于陆地石油来讲，产量增长迅速，已成为我国石油工业的重要领域。随着我国海洋石油高新技术的运用，勘探、生产向精细化方向发展，勘探领域的不断拓展（主要向深水区），海洋石油将成为我国石油的重要后备战略基地。

一、中国近海油气地质条件

中国海区位于欧亚板块东南缘，东接太平洋板块，西南紧邻印度-澳大利亚板块。在地质历史发展中，受中国大陆边缘、太平洋板块、菲律宾海板块及南海洋壳形成演化的影响，在海区内形成一系列新生代伸展（裂谷）盆地。中国近海新生代含油气盆地经历了古近纪的伸展张裂阶段和新近纪的裂后沉降阶段。盆地的基底绝大部分是陆壳，仅南海的笔架南盆地其基底属于洋壳。盆地类型包括陆内裂谷盆地、陆缘断陷盆地、走滑拉张盆地、弧后盆地、弧前盆地、前陆盆地、裂离陆块盆地、深海堆积盆地。

我国近海含油气盆地具有以下基本特征：

---

* 本节作者：殷勇

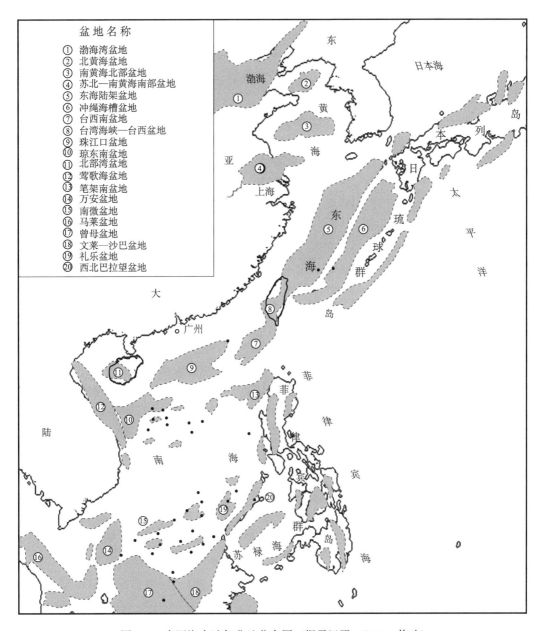

盆地名称
① 渤海湾盆地
② 北黄海盆地
③ 南黄海北部盆地
④ 苏北—南黄海南部盆地
⑤ 东海陆架盆地
⑥ 冲绳海槽盆地
⑦ 台西南盆地
⑧ 台湾海峡—台西盆地
⑨ 珠江口盆地
⑩ 琼东南盆地
⑪ 北部湾盆地
⑫ 莺歌海盆地
⑬ 笔架南盆地
⑭ 万安盆地
⑮ 南微盆地
⑯ 马莱盆地
⑰ 曾母盆地
⑱ 文莱—沙巴盆地
⑲ 礼乐盆地
⑳ 西北巴拉望盆地

图 7.1　中国海含油气盆地分布图（据霄汉强，2000，修改）

（1）中国近海沉积盆地从北到南、从西到东跨越了不同的大地构造单元。渤海、北黄海盆地位于华北板块之上，南黄海盆地位于扬子板块之上，东海陆架盆地位于扬子板块和华南板块之上，南海北部珠江口盆地、北部湾盆地位于华南板块之上。

（2）盆地均受伸展构造体系控制，裂陷期构造层和裂后期构造层组成断-拗双层结构。裂陷阶段以陆相沉积为主，只有少数盆地不同程度地接受海相沉积。裂后期阶段，南海和东海各盆地多数接受了海相沉积。渤海和南黄海仍然以河流湖泊相沉积为主。

（3）裂陷期构造具有幕式伸展的特点，裂陷期是烃原岩的主要发育期。中国近海诸盆地自白垩纪末期古近纪可以划分为三个裂陷幕。

（4）沉降-沉积中心具有由陆向海迁移的特点。中国近海沉积盆地处于内陆向海域的地壳逐渐减薄的过渡带上，由陆向海，莫霍面埋深越来越浅，热传导强度加大。新生代盆地在伸展拉张沉降过程中，由于存在着差异热传导，使盆地沉降-沉积中心表现为由陆向海外推并逐步迁移的特点。

（5）生烃凹陷控制着油气田的分布，在主运移通道能辐射到的有利圈闭内成藏。油气主要富集在以背斜型为主的圈闭中，油气生成、运聚与较高的温压场有关。中国近海新生代的沉积盆地除去北黄海、南黄海 2 个盆地因勘探程度低情况不清之外，在渤海、南黄海南部、东海、台西南、珠江口、琼东南、北部湾及莺歌海 8 个沉积盆地中都发现有超压，与油气藏的分布关系密切。

二、油气资源量及远景评价

渤海区：渤海钻探始于 1963 年，1967 年在渤海海域打出第一口海上工业油气井，1975 年建成我国第一个海上油田。目前已在渤海盆地打了 13 786 口钻探井，发现 30 余个油气田和 50 余个含油气构造。近年来，不断发现超过亿吨的大油田，目前渤海区已拥有 SZ36-1、埕岛、秦皇岛（QHD32-6）、南堡（NB35-2）和蓬莱（PL19-3）五个超亿吨的大油气田。其中前两个已投入生产，后两个正在开发建设中。至 2005 年底，渤海区油气评价面积 49 667km^2，远景资源量：油 71.4×10^{8}t，天然气 5015.2×10^{8}m^3；探明储量：油 12.8×10^{8}t，天然气 279.5×10^{8}m^3（表 7.2）。到目前为止，渤海已建立起石白坨凸起、渤西-渤南、辽中、辽北四个开发体系，2005 年渤海海域石油年产量已达 1400×10^{4}t 油当量，2010 年该区油气产量将达到 2500×10^{4}t 左右，将成为 21 世纪中国北方重要的能源基地。

黄海区：黄海是我国近海目前唯一尚未获得商业性油气发现的海区，但是最近朝鲜在西朝鲜湾盆地屡获工业性油气流（蔡峰等，2005），北黄海盆地重新引起人们的关注。西朝鲜湾盆地钻获的工业油流主要产在白垩系和侏罗系两套地层中，表明中生界地层的规模比我们目前所认识的要大，含油气前景也更乐观。北黄海油气评价面积已达 30 100km^2，预测远景资源量（油）为 8.0×10^{8}t（表 7.2）。南黄海盆地目前已钻井 23 口，没有任何工业性油气流，仅个别探井见油气显示。今后勘探方向应该以中生界为主，盆地北部的中生界以及南部的古生界海相地层可能具有较好的油气远景。南黄海盆地新生界石油远景资源量为 4.4×10^{8}t，天然气远景资源量 4163.0×10^{8}m^3。

东海区：东海陆架盆地隐藏着丰富的油气资源，经过近 30 多年的勘探，在西湖凹陷，先后已发现了 8 个油气田和 4 个含油气构造。1983 年发现平湖气田，1998 年投产，年产气 4×10^{8}m^3，年产油 40 多万吨。东海陆架盆地面积 241 300km^2，已完成油气资源评价面积 181 051km^2，获石油远景资源量 16.6×10^{8}t，天然气远景资源量 51 027.8×10^{8}m^3；探明石油储量 0.35×10^{8}t，天然气储量 1006.5×10^{8}m^3。东海陆架盆地尚有较丰富的油气资源潜力，特别是西湖拗陷和钓北拗陷油气资源前景看好。

表 7.2 中国近海油气资源评价[*]

分区		盆地	盆地面积 /km²	评价面积 /km²	远景资源量		探明储量	
					油 $\times 10^8 t$	气 $\times 10^8 m^3$	油 $\times 10^8 t$	气 $\times 10^8 m^3$
渤海区		渤海湾	—	49 667	71.4	5 015.2	12.8	2 79.5
黄海区		北黄海	30 100	30 100	8.0	0.0	0.0	0.0
		南黄海	130 000	130 000	4.4	4 163.0	0.0	0.0
东海区		东海陆架	241 300	181 051	16.6	51 027.8	0.35	1 006.5
南海区	南海北部	珠江口、莺歌海、北部湾、琼东南	388 016	311 466	86.7	53 493.1	6.5	3 085.8
	南海南部	万安、曾母、北康、文莱-沙巴、西北巴拉望、礼乐	552 539	343 672	124.3	120 960.7	—	

[*] 据常规油气资源评价成果汇编，2005（内部资料）

南海区：南海有"第二个波斯湾之称"，含油气盆地面积 $128 \times 10^4 km^2$，估计油气总资源量 $450 \times 10^8 t$，约占我国总资源量的 1/3。目前，珠江口盆地、琼东南盆地、莺歌海盆地和北部湾盆地已成为中外瞩目的油气合作勘探区，截至 2005 年底共发现 30 余个油气田，其中 3 个大型油气田，8 个中型油气田。南海北部已完成油气资源评价面积 311 466km²，获石油远景资源量 $86.7 \times 10^8 t$，天然气远景资源量 $53 493.1 \times 10^8 m^3$；探明石油储量 $6.5 \times 10^8 t$，天然气储量 $3085.8 \times 10^8 m^3$（表 7.2）。珠江口盆地过去十年是我国近海重要产油区，今后将向深水区拓展。莺-琼盆地将继续保持其良好的天然气勘探前景。

南海南部油气资源比北部更丰富，在万安、曾母、北康、文莱-沙巴、西北巴拉望和礼乐 6 个盆地共获得石油远景资源量 $124.3 \times 10^8 t$，天然气远景资源量 $120 960.7 \times 10^8 m^3$，但我国未获得探明储量（表 7.2）。到目前为止，越南、马来西亚、印度尼西亚、文莱、菲律宾等国家已在南海中南部共发现油气田 238 个[①]，其中我国传统海疆内有 105 个。获可采储量 $46.85 \times 10^8 t$ 油当量，其中，我国传统海疆内 $27 \times 10^8 t$，占 58%。已累计产出 $8.87 \times 10^8 t$ 油当量，其中，我国传统海疆内 $3.55 \times 10^8 t$，占 40%。周边国家每年在南海中南部开发的油气年产量达 $5000 \times 10^4 t$ 油当量。我国尚未在南沙海区实施钻探，仅完成部分盆地的地球物理调查及资源评价工作。

第三节 海洋天然气水合物资源[*]

一、引 言

天然气水合物是指由碳氢气体（hydrocarbon）和其他气体（non-hydrocarbon）与

---

① 龚再升 . 2006. 全球海洋油气资源开发现状及对策建议
* 本节作者：蒋少涌

水分子组成的一种冰状结晶固体物质。主要分布于世界各大洋的海底沉积物中，水深一般为300～4000m，赋存沉积物一般为海底以下0～1500m；此外，高纬度大陆地区多年冻土带也有天然气水合物的产出地（Kvenvolden，1993）。

　　天然气水合物是一种新型洁净能源，可以作为传统化石燃料如石油、煤的代替品。到目前为止，海底天然气水合物已发现的主要分布区位于世界各大洋边缘海域的大陆斜坡、陆隆海台和盆地及一些内陆海区（图7.2）。如大西洋西部海域的墨西哥湾、加勒比海和美国东岸外的布莱克海台，南美东部陆缘、非洲西部陆缘，西太平洋海域的白令海、鄂霍次克海、千岛海沟、冲绳海槽、日本海、日本南海海槽，印尼苏拉威西海和新西兰北部海域等，东太平洋海域的中美海槽、美国北加利福尼亚-俄勒冈岸外滨海区和秘鲁海槽等，北极的巴伦支海和波弗特海，以及大陆内的黑海与里海等。

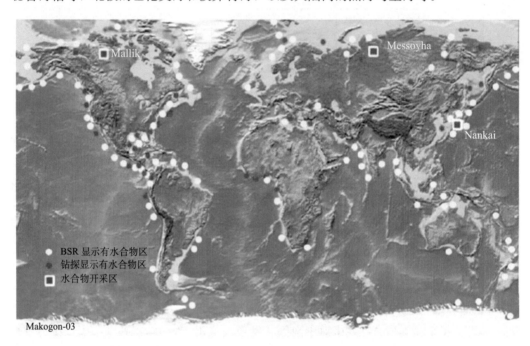

图 7.2　天然气水合物全球分布图

图中黄点表示由 BSR 推测的天然气水合物产地；红点表示经钻探
证实的天然气水合物产地；白方框代表正在开采的天然气水合物产地

　　20 世纪 70 年代初，原苏联首次在黑海 2050m 水深处发现了天然气水合物样品。1996～1999 年间，德国和美国的科学家通过潜艇观察和抓斗取样，在美国俄勒冈州海域 Cascadia 海台的海底沉积物中取到天然气水合物块状样品。1999 年，日本在静冈县御前崎近海沉积物中也取到天然气水合物样品。2000～2001 年，德国在东太平洋的水合物海岭用机器人机械手采获天然气水合物样品，同时进行了海底取芯、电视摄像、水合物气泡实时观察等项工作。在世界各大洋海底深部沉积物中（几十至数百米范围），主要是通过深海钻探计划（DSDP）和大洋钻探计划（ODP，IODP）的实施，发现并采集天然气水合物样品。1970 年，DSDP 深海钻探在布莱克海台海底沉积物取芯过程中，取到了富含天然气水合物的沉积物样品。1995 年，ODP164 航次在美国东部海域布莱克海台专门针对天然气水合物实施了一系列深海钻探，取得了大量天然气水合物岩心，探明资源量为 180×10^8t 油当量。2003 年的 ODP204 和 2006 年 IODP311 航次在 Cascadia 边缘又进行了两次以天然气水合物为主要研究对象的深海钻探，并取得大量天然气水合物样品。

我国对天然气水合物的调查研究始于 20 世纪 90 年代，1999 年实施的 ODP184 航次是中国海区深海科学钻探零的突破。对沉积物的甲烷含量和孔隙水氯离子浓度的测量结果间接指示附近海域存在天然气水合物的可能性（Zhu et al.，2003）。同年，中国地质调查局组织了西沙海槽区天然气水合物前期试验性调查，首次在我国海域发现天然气水合物存在的地震标志 BSR；2000 年再次在西沙海槽区加密进行了高分辨率地震及地质、地球化学取样调查，获得天然气水合物在该区存在的地球化学异常信息和证据。

从 2001 年开始，以实际调查资料和成果为依托的天然气水合物研究在我国全面启动，包括国家"863"计划和"973"项目。近年来的调查研究成果显示，我国的广大海域，特别是南海具备良好的天然气水合物成矿条件和找矿远景（图 7.3）（金可勇等，2001；祝有海等，2008；张光学等，2002；王宏斌等，2003；蒋少涌等，2003，2005；吴能友等，2007；2008；王秀娟等，2008）。2007 年 5～6 月，中国地质调查局在南海北部陆坡首次实施了天然气合物深海钻探，并成功钻获天然气水合物实物样品。钻获天然气水合物样品的具体位置为珠江口盆地南部的神狐海区，水深 1230～1245m。天然水气合物样品采自海底以下 183～225m 处，呈分散浸染状分布，含天然气水合物层段厚 18～

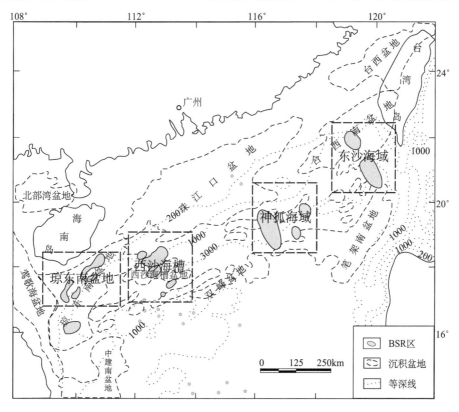

图 7.3　南海北部地区天然气水合物远景区分布图

34m，水合物饱和度 20%～43%，释放出的气体中甲烷含量达 99.7%～99.8%。从而使我国成为继美国、日本、印度之后第 4 个通过国家级研发计划采到天然气水合物实物样品的国家。

二、我国海域天然气水合物成矿的地质背景

全球共有三大海底天然气水合物成矿带，即西太平洋、东太平洋和大西洋成矿带。我国海域正好位于西太平洋天然气水合物成矿带上。目前，该带内已发现众多的天然气水合物产地或潜在远景区，包括阿拉斯加大陆坡、阿留申海槽、白令海、千岛海槽、鄂霍次克海、日本海、南海、苏拉威西海、帝汶海、澳大利亚的豪海岭和新西兰的近海等区。我国海域的南海北部陆坡区以及东海冲绳海槽具有较为合适的生成天然气水合物的地质构造条件。

（一）南　　海

南海是西太平洋海域中最大的边缘海，地处欧亚、印-澳、菲律宾及太平洋等板块相互作用的交汇区。南海大陆坡十分宽阔（约 $136 \times 10^4 \mathrm{km}^2$），在南海存在离散、聚敛、走滑和俯冲四种不同类型的大陆边缘，不同的大陆边缘发育了各种不同类型的沉积盆地，形成了现在的构造格局（王宏斌等，2003）。南海北部陆缘包括台西南盆地、珠江口盆地、琼东南盆地、东沙群岛和西沙海槽盆地等，最大沉积厚度超过万米，展示出良好的天然气水合物勘探前景。

适合的温度和压力是天然气水合物形成的必要条件，一般来说水深在 300m 以上，海底温度 0～4℃左右，海底压力就达到天然气水合物稳定域压力。南海北部陆坡的水深为 200～3400m，陆隆区水深为 3400～4200m。南海水深约 1000m 时，水温在 4℃左右，到水深 2500～3000m 时，水温在 2.3℃，再往深处，水温略微回升。结合南海北部陆坡的水深，南海北部陆坡完全具有形成天然气水合物的温压条件（姚伯初，1998）。

高的沉积速率和高的有机碳含量是海底天然气水合物发育所需具备的重要条件之一。南海大陆坡及其沉积盆地存在几千米厚的中、新生代沉积物，沉积速率高。据 ODP184 航次钻井资料，在东沙群岛东南区，1144 井揭示 1Ma 以来的沉积速率为 400～1200m/Ma；而 1143 井揭示晚中新世以来的沉积速率为 1.5～2.1cm/a（Wang et al.，1999；张光学等，2002）。沉积物主要为陆源砂砾石、粉砂质黏土、钙质生物泥及有孔虫等，富含有机质，为该区天然气水合物的产出提供了充足的物质基础。

天然气水合物的产出与下列地质-构造作用紧密相关：①泥火山作用与泥底辟构造；②增生楔构造；③滑塌体构造；④断裂构造。已有研究表明，南海存在上述地质和构造条件。

泥火山作用与泥底辟构造在南海海域十分发育，如南海北部陆坡、西部边缘和南沙海域，它们与 BSR 关系密切（王宏斌等，2003）。在莺歌海盆地中发育有多种泥底辟和流体喷溢现象，由于细粒沉积物快速堆积充填引起压实不均衡，加之水热增压和强烈的生烃作用，莺歌海盆地发育了强超压（郝芳等，2002）。当富含烃气的流体在超压驱动

下从深部向浅部运移，穿过上覆沉积层到达海底，则形成泥火山；如未能穿过沉积盖层就会形成多种泥拱或穹隆构造等，即泥底辟。

增生楔是天然气水合物发育较常见的特殊构造之一。富含有机质的新生洋壳物质由于俯冲板块的构造底侵作用被刮落而不断堆积于变形前缘内，深部具备了充足的气源条件。同时，增生楔处沉积物加厚、荷载增加，构造挤压引致沉积物脱水脱气，形成叠瓦状逆冲断层。孔隙流体携深部甲烷气沿断层快速向上排出，在适合于水合物稳定的浅部地层处形成水合物（王宏斌等，2003）。南海东部为活动大陆边缘，在台湾西南近海、笔架南盆地东缘，以及南海东部边缘、南沙海槽东南部等地均发现有典型的增生楔构造发育，说明这些区域有较好的天然气水合物生成环境（Berner and Faber，1992；张光学等，2002）。

滑塌体的发育为天然气水合物赋存提供了较为适宜的温压环境。南海滑塌体主要在南海北部陆坡及南海西部边缘发育，走向明显受断层控制，滑塌体多发育于第四纪地层中（王宏斌等，2003）。滑塌体内的沉积物比较松散，孔隙度较大，有利于天然气水合物成藏。张光学等（2006）研究发现，南海北部陆坡的神狐海域海底滑塌构造十分发育，有利于天然气水合物形成。

国外的研究表明，当断裂发育且断裂系统直达海底的区域（如在水合物海岭），冒气现象异常活跃，这些区域天然气水合物含量明显偏高。断裂构造，特别是一些张性断裂，还可直接为天然气水合物提供容矿空间（Weinberger and Brown，2006）。南海各种类型的断裂构造十分发育，它可为烃类流体提供良好的运移通道，从而直接影响到天然气水合物的形成与分布。在南海广泛发育深大断裂系统，如在东部陆坡区马尼拉海沟深大断裂、北部陆坡区北缘和南缘岩石圈断裂、南部陆坡区南沙海槽深大断裂等，可为天然气水合物的形成，提供大量深源的烃类流体。

最近，我国学者在琼东南盆地发现气烟囱构造（王秀娟等，2008）。气烟囱是流体垂向运移引发的一种特殊的伴生构造，在许多含油气盆地中十分常见，可以有效预测油气勘探方向。王秀娟等（2008）研究表明，气烟囱在形成过程中携带大量富含甲烷气的流体向上运移到天然气水合物稳定带，其形成之后仍可作为后期活动的油气向上运移的特殊通道。在中中新世后，气烟囱是琼东南盆地气体向上运移的通道。地震识别出的似海底反射（BSR）分布区存在大量的气烟囱构造，通过速度、泥岩含量、流体势等属性参数及钻井资料，判断该烟囱构造为有机成因的泥底辟型烟囱构造（王秀娟等，2008）。

（二）东　　海

东海也是西太平洋海域中一个重要的边缘海，总面积约 $77 \times 10^4 \mathrm{km}^2$，自西向东分别为陆架区、陆坡区、冲绳海槽区。东海陆架地形平坦、宽广，其面积约占整个东海总面积的 2/3，水深在 200m 以内。冲绳海槽北起日本九州西南岸外，南至中国台湾省东北部的宜兰近岸海域，长约 1200km，是一个弧形半深水盆地，水深由北向南逐级加深，北部水深 500m 左右，中部水深 1500m 左右，南部水深 2300m 左右；宽度由南而北变宽，南部宽 100km 左右，中部宽 150km，北部冲绳海槽的宽度达 230km（栾锡武等，2008）。

在东海海域，整个陆架区域海底平均温度在 18℃左右。沿陆架从西向东随着水深的增加其温度也逐渐降低，在海槽北部温度一般在 5~8℃，中部槽底的温度一般则在 3~5℃，最低温度为 2℃，整个冲绳海槽地区 600m 以深的范围都具备形成天然气水合物的温压条件（栾锡武等，2008）。冲绳海槽沉积了巨厚（>4000m）的沉积物，以砂质浊流沉积、黏土质粉砂和粉砂质黏土及火山碎屑岩为主，有机质含量大多 0.75%~1.25%（孟宪伟等，2000），为天然气水合物的形成提供了充足的物源。冲绳海槽槽底沉积中心以西部陆坡连接海底峡谷底部的三角洲区域显示有较高的沉积速率，可高达 40cm/ka（李培英等，1999）。根据 ODP195 钻井所获取的岩心资料推断的沉积速率更高达 400cm/ka（栾锡武等，2008）。此外，冲绳海槽盆地中普遍发育的泥火山、泥底辟构造、背斜构造等局部构造，以及网格状断裂系统，为烃类气流体的向上及侧向运移创造了有利条件，成为天然气水合物发育的有力保障（栾锡武等，2008）。

三、我国海域天然气水合物成矿的地球物理研究

1971 年，美国学者 Stoll 等人指出似海底反射面（BSR）是由天然气水合物层底部的游离气引起的反射界面，证实 BSR 之上存在天然气水合物。之后 BSR 作为识别海洋天然气水合物的地震标志，被广泛用于世界各海域的水合物调查。近年来，在南海广大海域已发现大量 BSR 显示（Berner and Faber，1992；姚伯初，1998）。在 20 世纪 90 年代初，德国"太阳号"大洋调查船在南海南沙海槽附近发现 BSR（Berner and Faber，1992）。姚伯初（1998）通过对南海 10 余万千米的多道地震剖面的解析，最早指出南海的西沙海槽和东沙海域存在 BSR（图 7.4）。张光学等（2002）报道在南海北部陆坡西段的南北斜坡区及东沙群岛附近海域均存在 BSR。

张光学等（2002）对南海已有地震剖面资料的分析表明，在北部陆坡区的东沙群岛南部、西沙海槽的南北斜坡、笔架南盆地东缘增生楔、以及南沙地块断陷盆地内等多处发现 BSR。其中笔架南盆地东缘为增生楔型双 BSR、东沙为斜坡型 BSR、东沙群岛之东南侧为典型的台地型 BSR、南沙地块断陷盆地内为盆缘斜坡型 BSR、西沙海槽为槽缘斜坡型 BSR。综合推测这些地区可能存在水合物。

海底热流探测也是研究天然气水合物的重要手段之一（Grevemeyer and Villinger，2001）。利用 BSR 深度，结合底层海水温度和甲烷水合物相图等资料估算地温梯度，进而求出热流值，并与实测热流值对比分析，是天然气水合物地热研究的主要方向。宋海斌等（2007）对南海东北部天然气水合物 BSR 剖面进行了分析，利用甲烷水合物与多组分天然气水合物相平衡曲线，计算了水合物稳定带底界的埋深，估算了地温梯度并求得热流值。结果表明，该区地温梯度与热流值由西向东，随着离海沟距离的增大、离岛弧距离的减小而减小。BSR 计算得到的热流值为 28~64mW/m²，与台湾西南实测热流值的结果基本可以对比（宋海斌等，2007）。总体而言，天然气水合物分布区的沉积物热流值一般较低，这种特性可以作为判断水合物存在与否的一个指标。

天然气水合物的形成和分解过程中，由于气体向上的运移、溢出而在海底形成麻坑、丘状体等特征的地形地貌，因此，海底微地貌的观察是天然气水合物勘查的一项重要内容。目前国际上主要使用多波束条幅测深技术和精密声相干技术结合来进行有水合

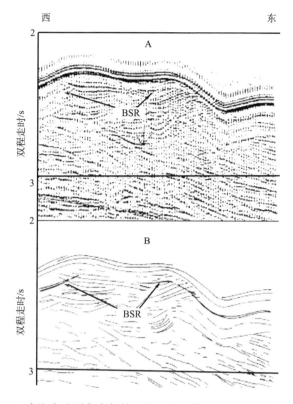

图 7.4　南海东沙群岛南部某区的地震反射剖面（姚伯初，1998）

物标志的海底微地貌探测。调查发现，多波束测深图上出现的"痘瘤"状海底微结构大多和水合物相关。除多波束系统外，旁侧声纳技术也广泛用于海底水合物的微地貌探测。

使用电缆测井方法可以准确判断天然气水合物的赋存层位。我国南海北部神狐海域的天然气水合物钻探过程中使用了自然伽马、电阻率、密度、声波全波列、井温-井方位、井径及中子7种测井仪器。测量的参数包括地层的自然放射性、深（浅）探测电阻率、密度、纵波速度、温度、井径、长（短）源距中子计数率及井眼方位，这些参数对于确定天然气水合物的赋存位置起到非常重要的作用（陆敬安等，2008）。研究结果表明，电阻率测井、声波速度测井及井径测井3条对天然气水合物敏感的测井曲线可清晰地反映出天然气水合物的存在，为我国在神狐钻探区顺利地取到天然气水合物样品提供了十分有用的信息。

此外，我国学者还发现，利用卫星热红外增温异常，可用来指示天然气水合物的存在。强祖基（1998）发现，在地震发生前夕，震中附近会发生大面积的海面温度的高异常。这是由于临震前的构造运动使地层发生破裂或位移，赋存在其中的烃类气体会快速逸出，它们在海面或低空大气中受瞬变电场和太阳辐射作用激发，从而导致海面增温。因此，这种增温现象与该海区富集烃类气体有关，有可能与深部油气田、浅层天然气田或天然气水合物成矿成藏有关。业已发现，在南海北部陆坡区多次发生卫星热红外增温异常，其温度比周围海域升高5～6℃。这种增温异常，可能与海底天然气水合物有关。

四、我国海域天然气水合物成矿的地球化学研究

天然气水合物是一种亚稳体系，它的形成、分解均与所处的地球化学环境有关，因此，可以利用与水合物密切相关的各种气、水地球化学异常标志进行找矿。

在天然气水合物富集区，由于水合物形成或分解过程中释放的流体和微渗逸烃可在其上覆海底沉积物及其孔隙水以及底层海水中形成烃类异常和其他地球化学异常效应，这些异常可用于指示天然气水合物的存在（Hesse，2003）。烃类气体（C1－C6）浓度异常可直接识别可能存在的天然气水合物，CH_4/C_2H_6 或 $C_1/(C_2+C_3)$ 的比值和 CH_4 中 $\delta^{13}C$ 可用于判别天然气水合物的来源和成因（Kvenvolden，1995），海底沉积物中的孔隙水中 Cl^- 含量和 $\delta^{18}O$ 值随深度的变化已经成为示踪天然气水合物是否存在的重要标志（Hesse，2003）。海底沉积物中孔隙水 SO_4^{2-} 含量的大幅度变化亦指示天然气水合物的存在（Dickens，2001；Hesse，2003）。

（一）烃类含量及同位素异常

烃类气体是天然气水合物的重要组成部分，在天然气水合物赋存区域往往会出现烃类气体从沉积物中向海水渗透的现象，这些气体在沉积物中运移、扩散或渗透一直到达海底进入海水，这一过程使得周围沉积物以及海水中烃类气体含量升高。因此底层海水和沉积物中烃类气体异常是天然气水合物探测重要标志之一。

ODP184 航次在南海北部陆坡地区的 1144 和 1146 站位发现了含量丰富的甲烷气体。1146 站位钻孔在 599m 深处甲烷气体含量可达 $85\ 000\times10^{-6}$（每毫升沉积物中含 1.59×10^{-6} ml 甲烷）。正常底层海水中甲烷含量小于 20nl/L（<1nmol/L），然而天然气水合物分解产生的甲烷微渗漏可使该浓度异常增大。王宏语等（2002）测量了 8 个南海天然气水合物调查区底水样品（离底 0.3m），甲烷含量 4～17 nmol/L。赵洪伟等（2004）等通过对冲绳海槽 3 个航段 200 余个底水甲烷资料的分析，发现冲绳海槽南段异常最大可达 1mmol/L。这些现象说明，在上述区域具有天然气泄漏的现象发生，从而造成了底水的烃气异常。

祝有海等（2008）进一步综合整理了已有的南海各区浅表层沉积物中的甲烷含量数据，总体变化为 0.8～22154μl/kg，平均值为 336μl/kg。可分成台西南-东沙、笔架南、琼东南-西沙海槽、中建南-中业北、万安-南薇西和南沙海槽等 6 大异常区，其中南沙海槽是异常最强烈的地区（5.6～22 153μl/kg，平均为 5330μl/kg），台西南盆地次之（51.2～781μl/kg，平均为 320μl/kg）。

烃类气体同位素组成是水合物探测的重要指标之一，天然气水合物的气体成分通常以甲烷为主。甲烷的形成有细菌还原和热分解两种成因，这两种成因的甲烷同位素组成差别明显，细菌还原成因的甲烷 $\delta^{13}C$ 值十分低，一般为 $-57‰$～$-94‰$，热分解成因的甲烷具有较高的 $\delta^{13}C$ 值，一般 $>-60‰$。

祝有海等（2008）对南海 154 件甲烷样品的碳同位素分析结果表明，其 $\delta^{13}C$ 值为 $-101.7‰$～$-24.4‰$，平均为 $-44.5‰$。其中南沙海槽的 $\delta^{13}C$ 值明显偏低，为

$-101.7‰ \sim -71.4‰$，应是微生物气或是以微生物气为主的混合气，而南海其他地区的 $\delta^{13}C$ 值相对较高，为 $-51.0‰ \sim -24.4‰$，明显属于热解气。在烃类气体成分 R 值和碳同位素组成图上（图 7.5），可以看出南海北部地区水合物远景区以热分解成因气为主。该区邻近大型的油气盆地，大量的深层气的上渗很可能为水合物的形成提供了丰富的气源，这点与墨西哥湾天然气水合物产区的情况比较相似。

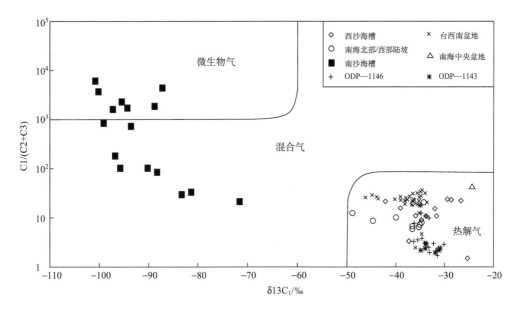

图 7.5 南海沉积物中烃类气体的甲烷碳同位素与气体成分比值关系图（祝有海等，2008）

（二）孔隙水地球化学异常

孔隙水地球化学异常是天然气水合物研究的重要组成部分。由于受到水合物成藏分解以及流体运移等因素的影响，孔隙水中的元素含量以及同位素组成相对于正常海水会出现一些异常，主要表现为随深度变化曲线相对于海水正常值的偏移。如氯离子随深度降低、陡峭的硫酸盐梯度以及极负的溶解无机碳碳同位素值等（Hesse，2003），这些异常就是识别天然气水合物的重要指标。

1. 氯离子浓度异常

在产有天然气水合物的大洋沉积物钻孔剖面中，随深度增加，孔隙水的氯度（Cl^- 的质量浓度）降低，$\delta^{18}O$ 值增高。例如，在 Guatemala 海区 DSDP Leg 67 钻孔中，在含天然气水合物的带中孔隙水氯度由浅部至深部由 19‰ 降低至 9‰（Hesse and Harrison，1981）。相应地，水的 $\delta^{18}O$ 值从 0‰ 增高至 2.16‰。孔隙水氯度的降低（即水的淡化）可能与采样时天然气水合物的分解释放大量淡水，从而稀释了本来盐度较高的孔隙水有关，因此大洋沉积物中孔隙水的淡化可以作为指示天然气水合物存在的示踪剂（Hesse，2003）。

孔隙水的 Cl$^-$ 离子浓度在天然气水合物赋存带骤然下降，这一地球化学指标在我国海域的天然气水合物调查过程中已得到证实。ODP184 航次 1146 站位钻孔发现了明显 Cl$^-$ 浓度降低的现象（Wang et al.，1999；Zhu et al.，2003），在南海神狐海域实际取得水合物样品的站位 SH-2、SH-3 以及 SH-7 均在其水合物赋存区域出现 Cl$^-$ 降低的现象。

2. 硫酸根离子浓度梯度及 SMI 界线

海洋中存在大量的硫酸根离子（SO$_4^{2-}$）。在海洋沉积物形成的早期阶段，底水中的 SO$_4^{2-}$ 随沉积物一起进入到沉积物的孔隙中，是孔隙水重要的组成之一。在厌氧的海洋沉积物中，硫酸盐还原作用是最重要的再矿化过程。在微生物的作用下，硫酸盐作为氧化剂与沉积物中有机质发生反应将其氧化，硫酸根本身随着反应的进行被消耗，该过程简称为 SOM（Sedimentary Organic Matter）（Canfield，1991）。

$$2(CH_2O) + SO_4^{2-} \rightarrow 2HCO_3^- + H_2S \tag{7.1}$$

一般来说在大部分沉积物中，SOM 是引起硫酸盐浓度梯度的主要原因。但是在天然气水合物赋存区往往伴随着另外一个反应即甲烷缺氧氧化反应（AMO：Anaerobic Methane Oxidation），该反应由甲烷代替有机质作为还原剂与硫酸盐发生反应

$$CH_4 + SO_4^{2-} \rightarrow HCO_3^- + HS^- + H_2O \tag{7.2}$$

由于 AMO 比 SOM 过程消耗能量更少，因此在天然气水合物区 AMO 占据重要地位（Borowski et al.，2000）。

硫酸盐甲烷交接带（Sulfate-methane interface，SMI）主要存在于 AMO 活动区域，从海底到 SMI 硫酸盐逐渐亏损到最低值，在该界限之下甲烷逐渐增加（Borowski et al.，2000）。而 SMI 的深浅则由下伏区域甲烷气上涌的通量决定，甲烷通量高则 SMI 浅，甲烷通量低则 SMI 深（Dickens，2001）（图 7.6）。因此陡峭的硫酸盐梯度和浅的 SMI 深度是天然气水合物地球化学识别指标之一。在南海北部天然气水合物远景区中，西沙海槽、东沙海域及神狐海域孔隙水硫酸根离子均表现出了明显的梯度特征。其中

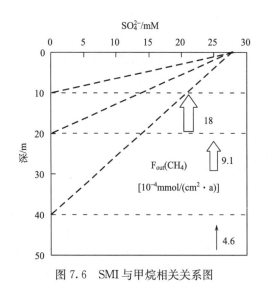

图 7.6 SMI 与甲烷相关关系图

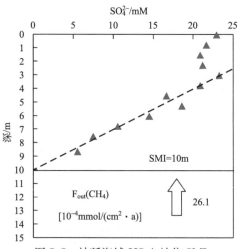

图 7.7 神狐海域 HS-A 站位 SMI 及甲烷通量关系图

西沙海槽 SMI 深度为 21～47m、东沙海域目前所得深度为 7.5～14.2m，而在神狐海域钻探区域 SMI 深度为 10.3～27m（蒋少涌等，2005；吴能友等，2007；Jiang et al.，2008）（图 7.7）。因此可以看出东沙海域相对具有较高的甲烷通量，神狐海域次之，暗示东沙海域具有存在天然气水合物的极大可能。

3. 溶解无机碳的碳同位素组成

溶解无机碳是碳在孔隙水中最主要的存在形式，其含量主要受流体 pH 值控制，主要来源于微生物地球化学过程（如 SOM 和 AMO）。由于 AMO 过程中溶解无机碳的碳源主要是甲烷气体，其同位素组成也继承了甲烷 $\delta^{13}C$ 的特点，因此溶解无机碳含量及其同位素组成也被应用于当前的水合物研究中。例如，在对取得天然气水合物的布莱克海台 997 站位的孔隙水中对溶解无机碳的碳同位素组成分析发现（Rodriguez et al.，2000），随深度变化 $\delta^{13}C$ 会有先下降后上升的趋势（图 7.8），其下降趋势与硫酸根的下降趋势相一致，在 SMI 界限附近达到最低，其最低值可达 $-37.7‰$，墨西哥湾 IODP308 航次 1319 站位浅表层沉积物孔隙水也表现出了相似的特征，其 $\delta^{13}C$ 最低值为 $-38.5‰$（Jiang et al.，2005）。这些特征都说明在该区域浅表层发生了 AMO 过程。

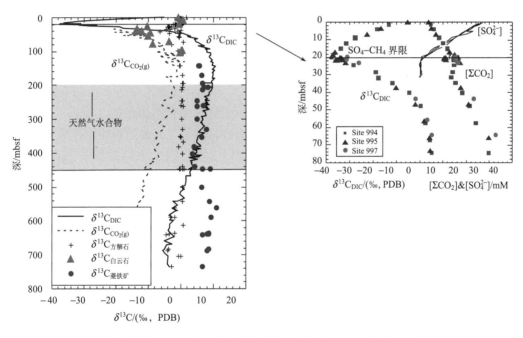

图 7.8　ODP164 航次 994、995、997 站位硫酸根浓度、溶解
无机碳碳含量以及同位素随深度变化图（Rodriguez et al.，2000）

南海北部地区神狐海域，东沙海域普通地质取样站位也表现出溶解无机碳 $\delta^{13}C$ 随深度增加而降低的趋势，其中东沙海域部分地区溶解无机碳的碳同位素组成最低达 $-28.8‰$，由于采样深度仅几米，还未达到该区 SMI 界线处，因此，通过与上述 ODP164 航次结果对比，该区随深度增加，溶解无机碳的碳同位素组成还应降低。而神狐海域浅表层沉积物孔隙水中 $\delta^{13}C$ 最低值为 $-26.6‰$。结合这些区域出现的陡的硫酸

根离子浓度梯度，说明这两个区域与布莱克海台、墨西哥湾一样都在浅表层发生了 AMO 过程（Yang et al.，2008a；2008b）。

4. 钙、镁、锶离子浓度的异常

孔隙水中 Ca、Mg、Sr 含量的变化是碳酸盐成岩过程的有效示踪剂。在天然气水合物区浅表层沉积物孔隙水都会出现 Ca、Mg、Sr 等离子的负异常，比如 ODP164 航次 995，997 站位以及 ODP311 航次 1325 和 1326 站位等（Collett et al.，2005）。研究表明，这三个离子的负异常是受到自生碳酸盐形成的影响。上述离子与孔隙流体中的溶解无机碳相结合生成自生碳酸盐矿物，如文石、方解石和白云石等。在硫酸盐还原带，大量溶解无机碳随着 AMO 过程被释放参与到碳酸盐形成过程中，使得沉积物孔隙水中 Ca、Mg 的亏损趋势与硫酸根离子亏损几乎完全一致。

已经获得的大量数据表明，在南海北部陆坡西沙海槽、东沙海域、神狐海域等天然气水合物成矿远景区，都观察到浅表层沉积物孔隙水中 Ca、Mg 随深度增加而下降，这些趋势可能代表着自生碳酸盐矿物在该地区的形成（蒋少涌等，2005；Jiang et al.，2008）。

5. 磷酸根和氨离子浓度的异常

通过对比有和没有天然气水合物存在的海域浅表层沉积物中孔隙水的氨和磷酸根离子含量，发现有天然气水合物区的孔隙水中氨和磷酸根离子浓度明显偏高，且存在与硫酸根离子类似的浓度梯度曲线（杨涛等，2005）。因此，孔隙水中氨和磷酸根离子浓度异常有可能成为一种新的地球化学示踪剂，指示天然气水合物的存在。

浅表层沉积物孔隙水中磷酸根和氨离子的高含量说明，当地沉积物中有机质的相对富集，生物活动较为强烈。ODP-204 航次 1244 站位孔隙水中磷酸根和氨离子高于 ODP-164 航次 997 站位可能由于 1244 站位区浅表层有机质含量高于 997 站位区，微生物活动较 997 站位强烈，而同时在微生物作用下有机质生成大量的甲烷，为当地水合物的形成提供了充足的碳源。这也与 1244 站位水合物埋藏深度比 997 站位深度浅相吻合，说明 1244 站位在浅表层就有了形成水合物所需要的足够的有机烃。

（三）冷泉碳酸盐

冷泉碳酸盐是海底天然气水合物产出的重要标志之一。大量研究证实，几乎所有的天然气水合物产地均发现有冷泉碳酸盐矿物的存在，说明这些自生碳酸盐矿物的形成受天然气水合物形成或分解过程所控制。它们在海底呈碳酸盐岩隆、结壳、结核、烟囱或与沉积物和水合物呈互层等形式产出，与之相伴随的往往有贻贝类、蚌类、管状蠕虫类、菌席和甲烷气泡等（Bohrmann et al.，1998）。冷泉碳酸盐作为冷泉渗漏体系的指示剂，可为渗漏系统的演化、流体来源和运移过程，以及沉积构造环境等提供信息。

冷泉碳酸盐具有特别负的 $\delta^{13}C$ 值。例如，在水合物海岭，通过 RV Sonne 潜艇第 110-1a 航次实地采集到块状天然气水合物样和互层的自生碳酸盐样品，它们直接覆盖在沉积物表层。对碳酸盐的研究表明（Bohrmann et al.，1998），有两种成分的碳酸盐。

一为高镁方解石,主要呈他形微晶产于沉积物不规则孔隙中,有少量伴生的文石。另一是文石,是自生碳酸盐的主要存在形式,既可与水合物呈互层产出,一般几个毫米厚,也可产于开放裂隙、孔洞中。这些自生碳酸盐的 $\delta^{13}C$ 值为 $-40.6‰\sim -54.2‰$。高镁方解石具有稍高的 $\delta^{18}O$ 值,为 $+4.86\pm0.07‰$;而文石为 $+3.68\pm0.12‰$。计算表明,沉淀文石的水是正常海水 ($\delta^{18}O=0‰$),而沉淀高镁方解石的水是富 $\delta^{18}O$ 的水 ($\delta^{18}O=+0.95‰$),它与水合物分解过程有关。

近年来,对我国南海北部陆坡区开展的天然气水合物探测表明,南海西沙海槽、神狐海区和东沙附近海域均有冷泉碳酸盐产出 (Chen et al.,2005;陆红锋等,2006;陈忠等,2008)。特别是 2004 年德国"太阳号"调查船的中德合作,"SO-177"航次在南海北部发现了分布面积巨大的自生碳酸盐岩区"九龙甲烷礁"。

研究表明,东沙附近海域冷泉碳酸盐岩有角砾状、球状、椭球状、烟囱状、胶结块状等多种形状,较神狐海区和 ODP1146 钻孔的丰富;东沙附近海区和神狐海区的碳酸盐矿物组成为文石、方解石、含铁白云石、菱铁矿,而在 ODP1146 钻孔中出现菱铁矿和少量菱锰矿 (Zhu et al.,2003)。陈忠等 (2008) 对南海北部陆区各冷泉碳酸盐的碳氧同位素组成综合 (图 7.9) 分析表明,神狐海区碳酸盐比东沙附近海区和 ODP1146 钻孔中的碳酸盐更具有轻碳、重氧的同位素组成,而与台西南海区冷泉碳酸盐岩的碳、氧同位素组成相似。虽然陆红锋等 (2006) 没有指明神狐海区冷泉碳酸盐中碳的来源,但其岩石类型与台西南海区生物成因甲烷形成的冷泉碳酸盐较相似,碳来自生物成因气的可能性较大。对 ODP1146 钻孔沉积物中烃类气体的研究表明,它们是热成因气或是以热成因气为主的混合气 (Zhu et al.,2003),因此该钻孔中自生碳酸盐中碳的来源也很可能来自热成因气或是以热解气为主的混合气,但其高至 $-5.9‰\sim-5.2‰$ 的碳同位

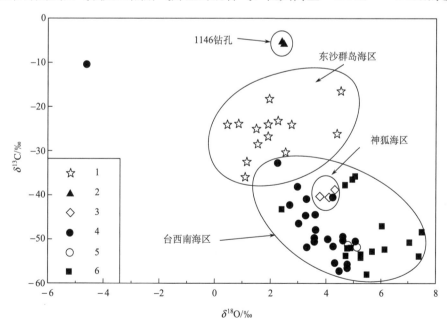

图 7.9 冷泉碳酸盐岩的碳、氧同位素组成 (陈忠等,2008)

1. 东沙附近海区;2.ODP1146 钻孔;3. 神狐海区;4~6. 台西南海区

素值表明，其形成过程中混入了重^{13}C 的碳源（如海水溶解碳）。东沙附近海区冷泉碳酸盐的 δ^{13}C 值高至 $-18.23‰$（陈忠等，2008），其邻近海区沉积物的烃类气体均来源于热成因气，因此东沙群岛海区碳酸盐的碳也可能主要来自热成因气，但可能混入了 ^{13}C 富集的碳源。

五、小　结

在世界资源储备不断枯竭、生态环境破坏严重、资源竞争日趋激烈、人类对生存环境日益关注的今天，天然气水合物作为一种理想的新型替代能源，以其资源量大、与气候变化关系密切，以及易引起海底地质灾害等特点，引起世界各国的广泛关注和高度重视。在能源形势日趋严重的今天，尽早开发利用天然气水合物资源，对于减轻我国油气资源不足有着重要的政治意义和战略意义。

中国的领海面积约为大陆面积的 1/3，其中东海、南海以及台湾东南部海域是西太平洋水合物成矿带的重要组成部分，具有良好的区域地质成矿条件。近几年来的研究主要集中于南海海域，研究发现南海北部陆坡区具备较好的形成天然气水合物的条件。沉积速率较高，沉积厚度大，有机质丰度高，生气条件好，可为水合物的形成提供良好的气源条件。同时，断裂发育、构造活动强烈，为流体运移提供了良好的通道系统，深部形成的热解气可通过这些断裂系统运移到浅部地层中直至在低温、高压条件下形成天然气水合物矿藏。

近年来，在我国海域的天然气水合物勘查工作中，已综合运用了地质、地球物理、地球化学和地质钻探等多种技术手段。其中，似海底反射 BSR、振幅空白带以及红外增温等地球物理方法为天然气水合物勘查提供了第一手的资料。结合地质构造、沉积地层、地球化学资料，在南海北部地区划分出了一系列水合物成矿远景区，包括琼东南、西沙、神狐以及东沙等区。对这些远景区的地球化学探测中发现四个区域都出现了烃类气体含量的高异常。琼东南盆地以及西沙海槽由于位于油气盆地，其甲烷以热分解成因为主。氯离子含量低值异常出现在神狐海区钻探井位的深部，说明这些区域水合物埋藏较深；硫酸根以及溶解无机碳的碳同位素说明在南海北部地区浅表层广泛发育 AMO 过程，即有大量甲烷从深部向上渗透；随着甲烷渗透的进行，自生碳酸盐矿物在这些区域生成，尤其是在渗透强烈的地区出现大量冷泉碳酸盐。这一系列指标说明南海北部地区有大量天然气水合物埋藏的可能。

第四节　海水资源

一、海水淡化[*]

海水淡化是开发新水源，解决全球性水资源危机的基本途径之一。它不受时空和气

---

[*] 本节作者：许建平

候影响，有水质好、供水稳定等特点。

我国沿海 11 个省、区、市的水资源总量仅占全国的 1/4，其中大部分沿海城市人均水资源占有量低于 500m³，处于极度缺水状态。但我国是一个海洋大国，大陆海岸线长达 18 000 多千米，海水淡化条件十分优越。因此，充分利用海水资源优势，通过海水淡化增加水资源总量，无疑将成为解决我国沿海地区淡水短缺的重要战略选择（刘洪宾，1995；刘昌明，何希吾等，1998；王建华等，1999）。

1. 海水淡化技术及其发展趋势

海水淡化，亦称海水脱盐，是通过装置和设备除去海水中盐分并获得淡水的工艺过程（张维润等，1995；王世昌，2002）。海水淡化的方法可分为蒸馏法和膜法两大类。

蒸馏法主要含多级闪蒸（MSF）、低温多效（LT-MED）和压汽蒸馏（MVC）等三种技术。前两种技术主要采用蒸汽作热源，多与电厂结合、抽取透平的乏汽制造蒸馏水；压汽蒸馏技术则是利用热泵蒸发技术，它仅使用电能，应用对象主要是没有热源的岛屿地区。膜法主要指反渗透（RO）技术，它利用半透膜，在压力下允许水透过而使盐分和杂质截留的技术。

多级闪蒸、低温多效和反渗透是当今海水淡化三大主流技术。多级闪蒸技术比较成熟，且运行可靠，主要发展趋势为提高装置单机造水能力，降低单位电力消耗，提高传热效率等。低温多效蒸馏技术由于节能的因素，近年发展迅速，装置的规模日益扩大，且成本日益降低，主要发展趋势为提高装置单机造水能力，采用廉价材料降低工程造价，提高操作温度和传热效率等。反渗透海水淡化技术同样发展很快，工程造价和运行成本持续降低，主要发展趋势为降低反渗透膜的操作压力、提高反渗透系统回收率、发展廉价高效的预处理技术、增强系统抗污染能力等。

下面以应用比较普遍的反渗透海水淡化技术为例，简要说明海水的淡化过程。当海水从取水头部取出后，首先根据不同的海水水质进行相应的预处理，其目的是要使海水在进入反渗透膜之前达到水质污染指数 SDI<3 的控制指标，以确保反渗透膜的使用寿命。经过预处理的合格海水用高压泵加压送入反渗透膜组堆，透过反渗透膜的水经收集后，再经过适当的预处理送入管网系统供用户使用，未能透过反渗透膜的高压浓盐水则进入能量回收装置（收回能量），而经过能量回收装置的浓盐水则被排回大海。由此可见，反渗透是一种压力驱动的分离技术，由于淡化过程中没有相变，具有显著的节能特征。使用的能量回收装置使得反渗透海水淡化的电力消耗可低于 4kWh/m³，尤其适用于海岛、沿海城市和沿海地区以饮用水为目的的淡化过程。

海水淡化，能耗是直接决定其成本高低的关键。40 多年来，随着技术的提高，海水淡化的能耗指标降低了约 90% 左右（从 26.4kWh/m³ 降到 2.9kWh/m³），成本也随之降低。目前我国海水淡化的成本已经由 10 元/m³ 以上，降至 4~7 元/m³，如天津大港电厂的海水淡化成本为 5 元/m³ 左右。如果进一步综合利用，把淡化后的浓盐水用来制盐和提取化学物质等，则其淡化成本还可以大大降低。

此外，水电联产、热膜联产等多种技术集成也是目前世界上海水淡化技术主要的发展趋势，其目标同样是为了降低制水成本。水电联产主要是指海水淡化水和电力联产联供。由于海水淡化成本在很大程度上取决于消耗电力和蒸汽的成本，水电联产可以利用电厂的蒸汽和电力为海水淡化装置提供动力，从而实现能源高效利用和降低海水淡化成本。而热膜联产主要是采用热法和膜法海水淡化相联合的方式（即 MED-RO 或 MSF-RO 方式），满足不同用水需求，降低海水淡化成本，具有投资成本低、共用海水取水口等优点。所以，近年来水电联产、热膜联产等海水淡化技术已经成为沿海地区发展规模海水淡化产业的首选技术。

2. 我国海水淡化技术发展及应用现状

我国海水淡化技术研究始于 1958 年，起步技术为电渗析，1965 年开始研究反渗透技术，1975 年开始研究大中型蒸馏技术。1981 年在西沙的永兴岛建成 $200m^3/d$ 的电渗析海水淡化装置；1986 年引进 $2 \times 3000m^3/d$ 的电厂用多级闪蒸海水淡化实验装置，1997 年国内设计的 $1200m^3/d$ 多级闪蒸淡化实验装置在大港电厂调试成功；1998 年大连长海县 $1000m^3/d$ 海水反渗透淡化工程投产造水。到目前为止，反渗透法、多效蒸馏法、多级闪蒸法、低温压汽蒸馏法等都在国内海水淡化实践中得到应用。而且，在反渗透法、蒸馏法等主流海水淡化关键技术方面取得重大突破，技术经济日趋合理。设备造价比国外降低了 30%～50%，吨水成本已接近国际先进水平，达到每吨 5 元人民币。先后建成了具有全部自主知识产权的 $5000m^3/d$ 反渗透和 $3000m^3/d$ 低温多效海水淡化工程，显著提升了我国海水淡化技术水平和国产淡化设备参与市场竞争的能力。经过近 50 年的攻关研究，我国的海水淡化技术已经日趋成熟，初步构建起具有我国特色的海水利用技术体系，部分领域已跻身国际先进行列，形成产业化发展条件。我国近年来把海水利用作为解决沿海地区缺水问题的重要途径。截至 2006 年年底，我国日淡化海水能力达到 $14 \times 10^4 t$。

浙江是我国沿海地区缺水最严重的省份之一，也是海水淡化技术研究和应用较早的省份。杭州水处理技术开发中心是我国从事海水淡化及膜法水处理技术研究和产业化的专门机构，承担了国家千吨级到万吨级的全部反渗透海水淡化示范工程，国内市场占有率超过 60%。其中嵊泗县嵊山 $500m^3/d$ 反渗透海水淡化项目，是国内第一个自行设计、自行施工的工程，开创了国内反渗透海水淡化应用的先例。2003 年完成的山东荣成 $1 \times 10^4 m^3/d$ 的反渗透海水淡化一期工程，年平均淡水耗电量降到 3.31kWh，每吨淡化水综合成本已降到 5 元左右，技术经济指标达到同容量装置的世界先进水平。浙江还建立了国内最大的膜及膜组器生产线，膜年生产能力达 $120 \times 10^4 m^2$。有近百家水处理工程公司和配套产品生产企业，年产值达 20 多亿元，为我国海水淡化及膜分离技术产业的规模发展打下了良好的基础。

浙江自 1997 年在舟山市的嵊山岛建成日产 $500m^3$ 的海水反渗透淡化装置以来，到 2006 年 6 月底，该省已建成海水淡化产水能力 $4.56 \times 10^4 m^3/d$，占全国海水淡化产水总量的 1/3 左右，平均海水淡化成本为 5 元/t。位于浙江的华能玉环电厂还开创了我国"双膜法"海水淡化工艺应用的先例，充分利用电厂循环系统，以降低造价，同时利用发电厂余热使循环排放水温升高 9～16℃，从而降低了海水淡化工程的能耗。制水成本在每吨 4 元左右，基本与目前的工业用水水价持平。华能玉环电厂这座 $3.5 \times 10^4 m^3/d$ 海水淡化装置还是迄今全国最大的海水淡化工程。"向海洋要淡水"已成为解决该省沿海地区及海岛水资源匮乏的现实选择。

3. 海水淡化产业的发展前景

海水是人类巨大的淡水库，积极开发海水资源将是 21 世纪海洋开发的重要内容（刘燕华，2000）。我国是一个海洋大国，海水资源极其丰富，这为我国发展海水淡化产业提供了前提和基础。另一方面，我国淡水资源的紧缺由来已久，每年全国缺水数百亿立方米，因缺水影响的国民产值达数千亿元。可见，发展海水淡化产业（包括工程设计、设备制造、淡水提供、技术服务等）具有广阔的国内市场空间。而且，目前我国也已基本具备了海水淡化设备的加工制造能力，质量保证体系亦可满足要求，其设备制造成本比国外至少低 30% 左右，在国际市场上同样具有较强的价格竞争能力（徐梅生，1995；郝艳萍，2001）。

2005 年，我国第一部《海水利用专项规划》出台，明确了"十一五"期间海水利用的指导思想、基本原则、发展目标、发展重点和保障措施。它的规划期为"十一五"，展望到 2020 年。其中到 2010 年的发展目标为：中国海水淡化能力将达到 $80 \times 10^4 \sim 100 \times 10^4 \mathrm{m}^3/\mathrm{d}$，海水直接利用能力达到 $550 \times 10^8 \mathrm{m}^3/\mathrm{a}$，积极发展海水化学资源的综合利用，海水利用对解决沿海地区缺水问题的贡献率达到 16%～24%。到 2020 年，中国海水淡化能力达到 $250 \times 10^4 \sim 300 \times 10^4 \mathrm{m}^3/\mathrm{d}$，海水直接利用能力达到 $1000 \times 10^8 \mathrm{m}^3/\mathrm{a}$，大幅度扩大和提高海水化学资源的综合利用规模和水平，海水利用对解决沿海地区缺水问题的贡献率达到 26%～37%。

《海水利用专项规划》的发布，是我国海水利用事业上的里程碑，必将对解决沿海地区淡水资源短缺、促进沿海地区经济社会的可持续发展产生深远影响。一些沿海省份纷纷投入大量资金和科研力量组织海水利用项目的研发与工程建设，青岛、天津、浙江等地日处理 $10 \times 10^4 \sim 20 \times 10^4 \mathrm{m}^3$ 的多个大型海水淡化项目规划已相继出台，全国在建、待建的海水淡化工程规模已达到每天 $160 \times 10^4 \mathrm{m}^3$，海水利用已呈现出巨大的市场需求和良好的产业前景。2006 年，国家科技支撑计划项目——"海水利用区域综合示范（海岛）"落户浙江舟山市。到 2010 年，该示范区海水淡化规模将达到 $15 \times 10^4 \mathrm{m}^3/\mathrm{d}$，海水淡化每吨耗电 4kWh 以下，成本控制在 4 元以内，将从根本上解决舟山市的淡水紧缺问题。而由《浙江省海水利用发展规划》得知，到 2010 年，该省海水直接利用能力将达到 $80 \times 10^8 \mathrm{m}^3/\mathrm{a}$，海水淡化能力达到 $30 \times 10^4 \mathrm{m}^3/\mathrm{d}$（浙江省发展与改革委员会等，2007）。此外，众多沿海企业利用海水的热情也空前高涨。一些电力、石化、化工行业的大型企业，本着建设节约型社会的要求，顺应循环经济发展理念，纷纷介入海水利用领域，开始大量利用海水和建设水电联产企业。

可以看到，海水淡化不但可以在一定程度上缓解沿海地区的缺水压力，保障经济的可持续发展，而且海水淡化及其设备制造还可形成新的产业和经济增长点。随着人们生活水平的提高，对饮用水的要求也越来越高，海水淡化可提供高质量的纯净水。海水利用作为保障我国水资源安全和社会经济可持续发展的重要措施，具有突出的公益性特征，是充满生机、颇具魅力的朝阳产业。

二、海水化学资源特点、开发现状及评价[*]

（一）海水化学资源及其特点

地球上的海水共约 $13.7 \times 10^8 km^3$，其主要成分是淡水，约占 96.5%，达 $13.2 \times 10^8 km^3$；无机盐类约占 3.5%，总储量约 $5 \times 10^8 t$（刘秀芳，1986）。海水是一种具有复杂组成的液体矿藏。海水中的化学元素，主要以离子形式存在，在海水浓缩、结晶过程中，以盐的形式析出。地球上已发现存在着 109 种化学元素，海水中目前已分析发现的化学元素有 80 多种。海水中溶解的物质主要是氯化钠，其次是硫（硫酸盐形式存在）、镁、钙、钾、碳（二氧化碳形式存在）、溴、硼（硼酸形式存在）、锶和氟，这 11 种主要元素占海水含盐量的 99% 以上，其中氯化钠的储量最高，占 80% 以上，约 $4 \times 10^8 t$，其他元素含量甚微，但因海水体积巨大，故其储量也相当可观。如，$1 km^3$ 海水中含有 $3500 \times 10^4 t$ 固体物质，若将其全部提取出来，可以生产淡水 $9.94 \times 10^8 t$，食盐 $3052 \times 10^4 t$，镁的化合物 $236.9 \times 10^4 t$，硫酸钙 $244.2 \times 10^4 t$，硫 $90 \times 10^4 t$，氯化钾 $82.5 \times 10^4 t$，溴 $6.7 \times 10^4 t$，硼砂 $4.5 \times 10^4 t$，硫酸锶 $3.04 \times 10^4 t$，银 280kg，金 10kg 等，总价值约 1 亿美元（杜碧兰，2003）。海水中所含各种元素的数量见表 7.3。

因此，海水是一个巨大的化学资源宝库，取之不尽，用之不竭。但是要充分开发利用海水中的化学资源并不容易。因为海水是个化学成分复杂的高盐体系，大多数元素浓度较低或很低，不仅分离、富集和分析技术难度大，而且开发成本高于陆地。目前得到利用的只不过是食盐、镁、溴、铀等元素。从目前研究的提取方法和技术来看，如何制备或合成出有效而实用的吸附剂，仍然是海水化学资源提取技术研究中的一个关键问题。此外，还要研究综合利用技术，才能形成广泛的实用性技术。但可以相信，随着海水资源开发利用技术的进步，海水将成为开发多种物质的液体矿藏。

（二）海水化学资源开发现状及发展趋势

1. 海水制盐

海盐，不仅是人类日常生活的必需品，而且是化工的基本原料之一。盐业资源综合利用的化工产品，如镁、钾、溴、硼、碘、钡、锂、锶、铯等盐类或其元素是军工、冶金、化工机械、纺织、轻工、医药等行业的主原料。因此，制盐工业在国民经济中占有重要的地位。

海水制盐主要采用太阳能蒸发法和电渗析法生产，其中以太阳能蒸发法生产的最多。太阳能蒸发法又称盐田法，是很古老的方法，以盐田（滩）为设备。该法制备食盐的步骤包括纳潮、制卤和结晶。海盐产量受气候、海域、水深及海水运动等多种因素影响（孙玉善，1991）。电渗析法是用离子交换膜浓缩海水制卤，然后蒸发结晶制盐。该

＊ 本节作者：郑爱榕

表 7.3　海水中所含各种元素的数量表（刘秀芳，1986）

元素名称	元素浓度* /(g/t)	元素总量 /t	元素名称	元素浓度* /(g/t)	元素总量 /t
氧（O）	857 000	1.174×10^{15}	矾（V）	0.002	2.74×10^9
氢（H）	108 000	1.18×10^{15}	锰（Mn）	0.002	2.74×10^9
氯（Cl）	19 000	26×10^{15}	钛（Ti）	0.001	1.37×10^9
钠（Na）	10 500	14×10^{15}	锑（Sb）	0.000 5	0.68×10^9
镁（Mg）	1 290	1.8×10^{15}	钴（Co）	0.000 5	0.68×10^9
硫（S）	855	1.19×10^{15}	铯（Cs）	0.000 5	0.68×10^9
钙（Ca）	400	0.55×10^{15}	铈（Ce）	0.000 4	0.55×10^9
钾（K）	380	0.5×10^{15}	钇（Y）	0.000 3	4.1×10^8
溴（Br）	67	0.095×10^{15}	镧（La）	0.000 3	4.1×10^8
碳（C）	28	0.035×10^{15}	氪（Kr）	0.003	4.1×10^8
锶（Sr）	8	$11\,000 \times 10^9$	氖（Ne）	0.000 1	137×10^6
硼（B）	4.6	$6\,400 \times 10^9$	镉（Cd）	0.000 1	137×10^6
硅（Si）	3	$1\,100 \times 10^9$	钨（W）	0.000 1	137×10^6
氟（F）	1.3	$1\,780 \times 10^9$	氙（Xe）	0.001	137×10^6
锕（Ac）	0.6	820×10^9	锗（Ge）	0.000 07	96×10^6
氮（N）	0.5	860×10^9	铬（Cr）	0.000 05	68×10^6
锂（Li）	0.18	247×10^9	钍（Th）	0.000 05	68×10^6
铷（Rb）	0.12	164×10^9	银（Ag）	0.000 04	56×10^6
磷（P）	0.1	96×10^9	钪（Kc）	0.000 04	56×10^6
碘（I）	0.06	82×10^9	铅（Pb）	0.000 03	41×10^6
铟（In）	0.02	27×10^9	汞（Hg）	0.000 03	41×10^6
钼（Mo）	0.01	13.7×10^9	镓（Ga）	0.000 03	41×10^6
铁（Fe）	0.01	13.7×10^9	铋（Bi）	0.000 02	27.4×10^6
锌（Zn）	0.005	7.0×10^9	铌（Nb）	0.000 01	13.7×10^6
硒（Se）	0.004	5.5×10^9	铊（Tl）	0.000 01	13.7×10^6
铀（U）	0.0033	4.5×10^9	氦（He）	0.000 005	6.8×10^6
锡（Sn）	0.003	4.1×10^9	金（Au）	0.000 004	5.5×10^6
铜（Cu）	0.003	4.1×10^9	铍（Be）	0.000 000 6	8.2×10^6
砷（As）	0.003	4.1×10^9	镤（Pa）	2×10^{-9}	2 740
镍（Ni）	0.002	2.74×10^9	镭（Ra）	1×10^{-10}	137
钡（Ba）	0.002	2.74×10^9	氡（Rn）	0.6×10^{-15}	8.2×10^{-4}
铝（Al）	0.002	2.74×10^9			

* 每吨海水中所含元素的克数

法受单价离子高选择性低电阻的均相膜、大型制盐电渗析膜堆和制盐工艺参数等控制，不受季节和气候影响，可以长时间生产，适用于电力价格低廉的沿海国家（孙玉善，1991）。我国采用太阳能蒸发法制备食盐。电渗析法制盐于 20 世纪 70 年代初在日本实现工业化，目前电渗析制盐工艺达到工业应用规模的国家只有科威特和日本，我国还未见该项技术工业化应用的报道（张秀芝等，2005）。

我国盐资源丰富。大陆海岸线长 18 000km，沿海地区及海南、台湾、舟山等岛屿都有条件利用海水产盐；特别是淮河以北沿海地区，滩涂平阔，常年蒸发量较大，降水量相对集中，有明显的旱季，更适于生产海盐。目前我国的海盐生产分为北方和南方两个海盐区。北方海盐区分布在辽宁、天津、河北、山东、江苏等省市；南方海盐区分布在浙江、福建、广东、广西、海南和台湾。主要生产企业有辽宁的营口和复州湾盐场、天津的塘沽盐场、河北南堡盐场、山东羊口盐场等，这些盐场的年产量均在 50×10^4 t 以上。台湾主要有 4 个盐场，它们是布袋、七股、北门和台南盐场（董志凯，2006）。目前世界上生产海盐的国家已达 80 多个，全球的海盐年总产量已超过 5000×10^4 t（杜碧兰，2003）。据中国盐业协会统计数据显示，2006 年我国海盐产量 3094×10^4 t（国家发展改革委工业司，2007）。由于沿海地区经济发展，海盐区滩晒土地纷纷被征用改建开发区或港口，因此海盐生产面积日益缩小，海盐在全国盐产量的比例已从 1953 年的 80%（董志凯，2006）变为 2006 年的 55%（国家发展改革委工业司，2007）。

当前，海盐的开发正朝着盐田制盐机械化、苦卤综合利用和盐田水域发展水产业的方向发展（胡彩花等，2006）。苦卤含有的元素是海水的 10～30 倍（袁俊生等，2006），利用苦卤生产钾、溴、镁盐等产品，既能充分利用资源，提高盐质量，又有利环境保护。但因苦卤是多种盐类的混合物，且许多盐的溶解度性质相近，故要高效、经济地分离提取苦卤化工产品难度大。我国苦卤资源丰富（约 2000×10^4 t/a），自 20 世纪 60 年代以来，逐步形成了以钾、溴、镁为产品链的苦卤化工工业，目前一批综合效益高的技术正在推广之中（袁俊生等，2006）。但因苦卤资源分散，利用率不高，以苦卤为资源的盐化工企业，由于生产的产品附加值低，故经济效益普遍较差。同时苦卤污染仍是世界难题。

2. 海水提镁

镁的用途极广，广泛应用于工、农业及国防工业上。镁合金可以制造飞机、快艇。农用镁肥，主要成分是镁。氧化镁是一种碱性耐火材料。氯化镁可作凝乳剂，硫酸镁可作泻药等。

由海水沉淀的 $Mg(OH)_2$ 转化为 $MgCl_2$ 经电解可以得到金属镁。由海水中的 $MgCl_2$ 与石灰乳反应生成 $Mg(OH)_2$ 经煅烧生成海水镁砂。世界上这两种海水提镁的技术均已为成熟。由海水中提取氯化镁，镁砂纯度高，工厂设备较简单，地点选择比较容易。目前世界上约有 20 多个大型海水提镁厂，主要分布在美国的南圣弗朗西斯科湾、得克萨斯，英国的哈尔普文，以及日本、法国、意大利、以色列、荷兰、墨西哥等国。1996 年海水镁砂的生产能力已达到 270×10^4 t/a，占镁砂总产量的 36%。

我国海水镁砂的研制始于 20 世纪 70 年代，由于一些关键技术和装备没有过关，至今未能实现工业化（王兆中，1998）。我国从苦卤中利用镁资源，开发的产品是氯化镁和硫酸镁。受苦卤资源分散和盐化工规模所限，每年氯化镁产量在 $40\sim50\times10^4$ t，硫酸镁产量在 3×10^4 t 左右（黄西平等，2004）。

3. 海水提钾

钾盐是农业肥料三要素之一，可以提高作物的产量和质量。钾用于工业上可以制作钾玻璃和软皂，也可用于医药方面。

全世界陆地钾矿分布极不均匀，可溶性钾矿的储存和生产 96% 以上集中在加拿大、原苏联、德国、美国、约旦等少数几个国家，而绝大多数国家钾矿资源贫乏，农业所需钾肥依赖进口。海水中钾的总溶存量是陆地总储量的 3 万倍。因此，自 1940 年挪威化学家 Kielland J 获得第一个海水提钾专利权以来，世界各沿海国家投入大量的人财物力，进行海水提钾技术的研究，共提出包括化学沉淀法、溶剂萃取法、膜分离法、离子交换法等上百种方法（袁俊生、韩慧茹，2004）。但由于海水中钾浓度不高，且有数倍的钠、镁、钙离子与之共存，提取技术难度大，成本高，至今未能实现工业化生产。

我国陆地钾矿资源短缺，钾肥自给率不足 20%，年进口量在 500×10^4 t 以上（袁俊生、韩慧茹，2004）。我国在天然沸石法海水提钾技术方面进行了大量的研究。自 20 世纪 70 年代开始，随着我国浙江缙云的第一个天然沸石矿的发现，历经 30 余年的努力，取得技术经济的突破，开发出斜发沸石法海水提取硫酸钾和硝酸钾高效节能技术，使海水硫酸钾及硝酸钾成本显著低于现行的生产技术，确立了我国在海水提钾研究领域的国际领先地位。目前，该技术进入了工业化开发阶段（袁俊生、韩慧茹，2004）。

沸石法海水提取氯化钾技术以天然斜发沸石为离子交换剂，以氯化钠为洗脱剂，通过海水（卤水）中 K^+ 与沸石上的 Na^+ 的离子交换，制得富钾盐水。富钾盐水经蒸发析盐、冷却结晶、洗涤分离及干燥等工序制取氯化钾、或硫酸钾或硝酸钾，并联产盐等副产品。由于天然斜发沸石对海水钾具有特殊的选择性，且廉价易得，对海洋环境无污染，被认为是最有工业化前景的方法之一。未来随着"12 000t/a 海水及苦卤提取硫酸钾及综合利用示范工程"的投产、"海水提取硝酸钾千吨级工业试验"的完成以及"海水提取硝酸钾 10 000t/a 示范工程"的开发，预计在 5～10 年内，将兴起海水钾资源产业化开发和新技术研究的热潮。

4. 海水提溴

溴素是重要的化工原料，广泛应用于阻燃剂、灭火剂、制冷剂、感光材料、医药、农药和油田等行业。自然界 98% 的溴存在于海水中。自 1934 年海水提溴获得成功后，世界上海水提溴工业发展很快。全世界溴产量约 50×10^4 t/a，其中美国占 50%，以色列占 30%，中国占 8%，英国占 6%，日本占 4%（孙培新、张万峰，2001）。世界溴生产主要从地下卤水、盐湖卤水及海水中提取。美国由盐湖卤水提溴，以色列用死海卤水提钾后提溴，日本用海水提溴，我国是海盐苦卤提溴。

我国溴资源主要分布在东部沿海，主要产地为山东、天津、河北、江苏、辽宁等地，其中山东的溴生产能力为 4.7×10^4 t/a，占全国的 85%～90%，而潍坊地区的溴生产能力约为 4×10^4 t/a，占全国的 70%，已成为全国最大的溴生产基地（陈侠、李洪玉，2000）。

提溴生产采用最多的是空气吹出法，其原理是用氯气将溴离子氧化成游离溴后再用水蒸气蒸馏或空气吹出方式进行提取，该法技术已成熟。目前，我国正在开发的气态膜法海水卤水提溴技术具有高效、节能、提取率高、质量高、无污染等特点，需进行技术改进和产业化示范。此外，树脂交换法和溶剂萃取法虽具有一系列优点，但目前在实验研究阶段（朱建华等，2004）。我国的海水提溴与国际先进水平相比，存在着资源利用率低、制溴技术不够先进、溴化产品品种少、转化率低等问题。

5. 海水提铀

铀是一种重要的能源和核燃料，对工业、农业、国防和科学技术都有重要意义。海水中富集了大量的铀，据测算海水中铀的储量约为 $50 \times 10^4 t$，相当于陆地储量的 4000 倍（张锦瑞，1995）。

日本、德国、美国、瑞典等国家在海水提铀方面进行了大量投资，并建有不同处理量的装置（王国强等，2002）。日本是第一个从海水中提取铀的国家，20 世纪 80 年代就建立了海水提铀厂，海水通过酸性综合体吸附铀后用盐酸洗脱，洗脱液经离子交换法浓缩得含铀 0.28% 的溶液，预计 2000 年实现工业化生产，每年产铀 1000t（佚名，1986）。

我国从 1970 年开始开展海水提铀研究，在无机和有机吸着剂的筛选、研制、物理化学性能测试、铀富集方法研究、吸着机理探讨以及通水工艺等方面进行了大量研究，并在短时间内从海水中获得公斤级的铀化物，一度处于世界领先水平（孙玉善，1991），但是，迄今尚未建设海水提铀工厂。

从海水提铀主要有溶剂法、共沉法、泡离法、生物法、离子交换法和吸附法。其中吸附法是目前最为有效的方法（金可勇等，2001）。其他方法因存在着溶剂、沉淀物、表面活性剂和海洋生物的完全回收等尚未解决的问题，故不能用来大量海水提铀。吸附法海水提铀技术的关键是要有高性能的吸附剂和高效的提取工艺。

6. 海水提锂

锂广泛用于玻璃、陶瓷、润滑剂、制冷剂、冶金、制药和化学试剂等行业，是新型绿色能源材料。海水中的锂资源储量约 $2600 \times 10^8 t$，是陆地锂资源总量（$1700 \times 10^4 t$）的 1 万余倍（袁俊生、纪志永，2003）。

国外日本、美国等国已从事多年海水提锂的研究，目前海水提锂工艺及设备处在起步阶段。日本专利提出船舶海水提锂装置，即在船舶压水舱内填装粒状吸附剂，海水从舱底进入吸附床吸附后排出。这种吸附过程是将船开到外海慢速航行 20 天，使吸附剂充分与海水接触，归航后将吸附床用酸洗脱，经浓缩分离得锂（袁俊生、纪志永，2003）。由于海水中锂浓度仅为 0.17mg/L，因此从低锂浓度海水中提锂，目前吸附剂法被认为是最有前途的海水提锂方法。

我国从 20 世纪 50 年代后期开始用铝酸盐共沉淀法、溶剂萃取法、煅烧法等从盐湖卤水提锂研究，并有少量生产规模（冀康平，2005）。2006 年开发出盐湖高镁低锂卤水吸附法提锂技术，完成了年产 200t 碳酸锂规模工业试验，锂回收率达到 70% 以上，产品纯度达到 99%（佚名，2006）。但我国海水提锂只进行了离子筛型氧化物吸附剂提锂研究（袁俊生、纪志永，2003）。为了满足未来我国及世界对锂的强劲需求，我国应高度重视海水提锂研究，加大开发力度。

第五节 海洋生物资源[*]

一、渔 业 资 源

（一）中国诸海渔业资源种类组成及地理分布

中国辽阔的海疆分为渤海、黄海、东海、南海四大海域，位于北纬 $3°58'\sim41°$ 之间，跨越热带、亚热带和温带三个气候带，是西太平洋的陆缘海。北自鸭绿江口南至北仑河口，海岸线长度 $1.8\times10^4\,km$，大小岛屿 6500 余个，岛屿岸线长 $1.4\times10^4\,km$，海洋总面积 $300\times10^4\,km^2$。其中大陆架面积为 $140\times10^4\,km^2$，是海洋渔业的主要渔场。水深小于 15m 的浅海和滩涂面积为 $13.4\times10^4\,km^2$。

新中国成立以来共进行了两次全国性的规模较大的全海区的渔业资源调查：1980～1985 年进行的"中国渔业资源与渔业区划调查"，对中国近海包括沿岸滩涂、潮间带及陆架水域的渔业资源进行了全面的调查；1997～2000 年完成了中国专属经济区与大陆架海洋勘测专项"海洋生物资源补充调查及资源评价"调查，首次评估了中国大陆架及邻近水域主要渔业资源的资源量。两次调查取得的渔业资源种类及其分布资料详见表 7.4（中国浅海滩涂渔业区划编写组，1991；中国海洋渔业区划编写组，1990；唐启升，2006）。

表 7.4　中国海大陆架及邻近陆坡、岛礁水域渔业资源种类和地理分布

种 类　　　　　分 布	20 世纪 80 年代前期（1980～1985）							世纪之交（1997～2000）				
	鱼类	虾类	蟹类[**]	头足类	贝类[**]		藻类[**]	鱼类	虾类	蟹类	头足类	藻类
					双壳类	腹足类						
黄（渤）、东、南海共有种	182	26	47	14	46	50	49	54	10	4	7	43
黄（渤）海分布种	31	5	13	1	12	17	32	36	4	2	0	130
东海分布种	223	21	43	15	45	27	40	122	18	32	9	62
南海分布种	726	155	66	19	112	148	131	643	33	35	29	458
黄（渤）海与东海共有种	73	8	11	1	21	14	34	40	10	5	1	103
黄（渤）海与南海共有种	3	0	0	2	0	0	1	13	1	0	1	9
东海与南海共有种	458	66	95	39	120	93	61	188	29	18	24	97
总 计	1695	281	275	91	356	349	348	1196	105	96	71	902

** 系潮间带、浅海的种类

中国的海疆跨越热带、亚热带和温带三个气候带，渔业资源的种类组成随着纬度增高而递减，渔业资源量则随着纬度的增高而递增。在近 1700 种鱼类中，暖水种占 80%

---

[*] 本节作者：邓景耀

左右；暖温种约占 17% 左右；冷温种不足 2%，但其渔获量却占海洋捕捞产量的 20% 左右，主要分布于黄海、渤海水域。在 280 余种虾类中，暖水种占 65% 左右；暖温种占 17%；冷温种占 18% 左右，主要分布在渤海、东海和南海北部大陆斜坡水域。在 90 余种头足类中，暖水种占 65% 左右；暖温种占 35%。在近 20 种年产量接近或超过 10×10^4 t 的种类中，多数为暖温种。只有太平洋鲱、太平洋鳕和高眼鲽等几个冷温种。

黄、东海与日本海和鄂霍次克海同属西北太平洋渔区，这个渔区的渔获量在世界各大渔区中居首位，约占世界总渔获量的 1/3，占整个太平洋水域的一半以上。在单种年产量超过 200×10^4 t 的 7 种鱼类中，这个海区有狭鳕、远东拟沙丁鱼和鲐鱼 3 种。可是与日本海邻近的黄东海却没有超过 200×10^4 t 的种。鲐鱼在黄东海的产量不超过 30×10^4 t，远东拟沙丁鱼则只有数万吨。

20 世纪 80 年代前期中国沿海潮间带和浅海蟹类共 275 种，全海区共有种 47 种，占 17.1%，主要种类有三疣梭子蟹、日本蟳、双斑蟳、锯缘青蟹等。潮间带和浅海贝类共有 700 余种，腹足类和双壳类的种数大体相当，其中全海区共有种 96 种，占 13.6%。主要种类有毛蚶、菲律宾蛤仔、四角蛤蜊、短文蛤、长竹蛏、缢蛏、密鳞牡蛎、近江牡蛎、栉江珧、扁玉螺、泥螺、织纹螺等。

目前，中国近海已知的大型藻类约 1100 种，其中具有各种经济价值的海藻近 60 个属，200 多种。主要有浒苔、石莼、海带、裙带菜、马尾藻、紫菜、石花菜、江蓠和麒麟菜等，其中马尾藻是广布全海区最大的类群，不仅个体较大种数也多达 100 余种，沿海居民广为利用的种类就有几十种。

渤海是中国的内海，入海的黄河、海河、辽河等诸河口及邻近水域是黄海、渤海主要鱼虾类的产卵场、栖息地，渤海中部深水区是渤海地方性种群的越冬场；黄海是位于中国大陆和朝鲜半岛之间的半封闭性浅海，黄海中南部深水区为渤、黄海多种经济鱼虾类的越冬场。

渤、黄海共有鱼类近 290 种，虾类 40 余种，头足类不足 20 种。鱼类以暖温种为主，种数占 47.8%，在总渔获量中占 70% 以上；暖水种次之，种数占 45%；冷温种占 7.2%。渤海、黄海水域主要渔业资源有小黄鱼、带鱼、太平洋鳕、鳀鱼、太平洋鲱、鲚鱼、梅童、黄姑鱼、海鳗、银鲳、蓝点马鲛、鲐鱼、黄鲫、青鳞小沙丁鱼、斑鰶、皮氏叫姑鱼、玉筋鱼、多鳞鱚、小鳞鱵、鳐类等；虾类以暖水种为主，占 90% 以上，只有几种冷温及暖温种；蟹类 71 种，约占全海区种数的 26%。主要种类有中国对虾、中国毛虾、鹰爪虾、周氏新对虾、日本褐虾、葛氏长臂虾、戴氏赤虾、哈氏仿对虾、日本鼓虾、三疣梭子蟹、日本蟳、双斑蟳、细点圆趾蟹以及口虾蛄等。头足类以暖水种为主，占 65%，暖温种占 35%，主要种类有日本枪乌贼、金乌贼 *Sepia esculenta* Hoyle、曼氏无针乌贼（现名日本无针乌贼 *Sepiella japonica* Sasaki）和太平洋褶柔鱼 *Todarodes pacificus* (Steenstrup) 等；黄海、渤海均属于亚热带和温带区系过渡交替地带，渔业生物种类组成特别是优势种群基本相同。渤海不仅没有其特有的种类，而且没有黄海的太平洋褶柔鱼、金乌贼、鲐鱼、远东拟沙丁鱼、周氏新对虾、细巧仿对虾、戴氏赤虾等暖水种和分布于黄海北部的太平洋鳕、太平洋鲱等冷温种。在渤海水域的鱼虾类中，多数是 4~11 月期间来自黄海中南部越冬场洄游到渤海河口附近水域产卵和索饵肥育的种群；只有 50 余种属暖温广布性和冷温性种，是在渤海中部深水区越冬的地方性

海洋渔业产量中，鱼类历来都占据绝对优势（表7.6和表7.7），20世纪50年代至80年代中呈上升趋势，鱼类在海洋捕捞产量中占70%～80%，近20年来比例呈下降之势。鱼类中底层鱼类的产量占据优势，20世纪90年代平均占63.4%。这与中国海洋渔业的捕捞方式以底拖网为主的结构一致。虾蟹类的产量所占的比例，20世纪80年代开始呈逐年上升之势，近10年来已超过18%而与20世纪50年代的水平相近（表7.6）。从20世纪70年代末开始贝类产量增幅较大，主要是蚶、蛤等浅海双壳类产量大增的结果。

表7.6 海洋渔业分类渔获量* （×10⁴t）

时间	海洋捕捞平均年产量	鱼类产量	%	虾蟹类产量	%	头足类	%	贝类	%	藻类	%
20世纪50年代	148.36	105.01	70.8	27.08	18.3	—	—	—	—		
20世纪60年代	187.86	140.48	74.8	25.86	13.8	—	—	—	—		
20世纪70年代	310.90	241.59	77.7	39.77	12.8	—	—	—	—		
1979～1986年	318.90	256.52	80.4	51.15	16.0	5.73	1.8	4.84	1.5	0.35	0.1
1987～1995年	660.68	488.79	74.0	110.64	16.7	10.26	1.6	45.38	6.9	0.92	0.1
1996～2005年	1312.3	883.8	67.5	236.9	18.1	32.6	2.5	132.9**	10.1	2.46	0.2

* 摘自农业部渔业局《中国渔业统计年鉴》

** 从1996年开始改用全部贝类带壳计量的新统计标准

表7.7 海洋渔业分类分海区渔获量* （×10⁴t）

海区	中上层鱼类		底层鱼类		头足类		虾蟹类	
	渔获量	%	渔获量	%	渔获量	%	渔获量	%
黄渤海	19.50	23.1	13.00	15.4	1.32	1.6	14.70	17.4
东海	16.72	11.4	58.24	39.8	4.30	2.9	20.43	14.0
南海	14.79	18.3	40.45	50.1	1.29	1.6	4.47	5.5
小计	51.01	16.4	111.69	35.9	6.91	3.2	39.60	12.7

*摘自农业部渔业局《中国渔业统计年鉴》系1979～1983年的平均值

中国海的大陆架水域宽阔，占全国海洋总面积的40%以上，有95%以上的渔业资源分布在大陆架区域内。中国诸海的渔获量在全球范围内属中下水平，20世纪80年代年平均渔获量仅为2.7t/km²（表7.8），邻近的日本海为10.3t/km²，鄂霍次克海5.3t/km²，白令海西部为12.2t/km²，地处大西洋东部的北海为6t/km²（邓景耀等，2001）。中国海四大海区的单位面积渔获量则以渤海（4.36t/km²）、东海（3.09t/km²）、南海（1.98t/km²）和黄海（1.88t/km²）为序。南海北部湾的单位面积渔获量为2.22t/km²，远低于渤海。

新中国成立以来近海渔业资源的开发先后经历了大致三个时期：一是20世纪50～60年代中期稳定发展的时期，渔业资源潜力很大，海洋捕捞产量和单位产量随着捕捞力量的增加和捕捞技术提高而迅速上升，10余年间，捕捞量从50×10⁴t增至近200×

10^4t。二是 20 世纪 60 年代中期至 80 年代初的生产徘徊时期,即渔业资源充分利用阶段,随着捕捞力量和技术不断增长,渔业资源在捕捞力量不断增长的压力之下,单位产量逐年下降。从 60 年代中期开始的 10 年间捕捞产量从不足 $200×10^4$t 增至 $300×10^4$t 左右,并且一直保持到 80 年代初。三是从 20 世纪 70 年代末 80 年代初开始的捕捞过度时期,80 年代海洋捕捞的平均年产量为 $365×10^4$t。图 7.10 和图 7.11 真实地反映了黄海、东海近海渔业资源开发的现状。进入 20 世纪 90 年代海洋渔业的产量则由 80 年代末的 $500×10^4$t 迅速增至 1995 年的 $1000×10^4$t,1996~2005 年的平均年产量则高达 $1300×10^4$t。捕捞产量大幅度增加的主要原因是捕捞力量成倍地增长,相应地单位产量却显著下降,渔获物严重低龄化、小型化和低值化。渔业资源特别是底层鱼类资源严重衰退是为捕捞力量不断增加、渔业结构调整不力所付出的惨重代价。

表 7.8 中国大陆架水域单位面积渔获量的年间变化[t/(km² · a)]

时间 \ 海区	中国近海陆架水域	渤海	黄海	东海	南海	北部湾
1980	2.49	3.56	1.46	2.58	1.25	—
1990	4.75	6.24	3.08	3.78	3.65	—
1995	8.46	11.54	4.84	7.98	5.37	5.59 (1993)
20 世纪 80 年代	2.67	4.36	1.88	3.09	1.98	2.22
1990~1995	5.31	9.86	4.03	5.52	5.03	3.75
1996~2005	11.70	16.43	9.77	9.33	8.20	—

* 摘自农业部渔业局《中国渔业统计年鉴》

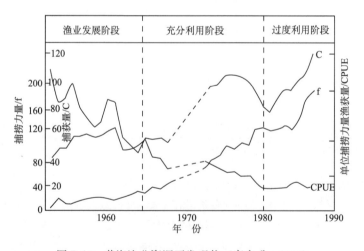

图 7.10 黄海渔业资源开发现状(唐启升,1990)

新中国成立以来,在渤海进行了多次、全面、系统的渔场环境和渔业资源试捕调查。近 20 年来渤海主要营养盐的组成和结构、初级生产力、浮游生物数量即渔业资源的饵料基础发生了显著的变化,看起来渤海的富营养化的速度并不快,但河口邻近水域工业和石油污染日趋严重,局部水域大面积的赤潮时有发生,渔业资源的组成、数量和生态结构发生了很大的变化。表 7.9 列出了 40 年来渤海平均渔获量的年间变化,

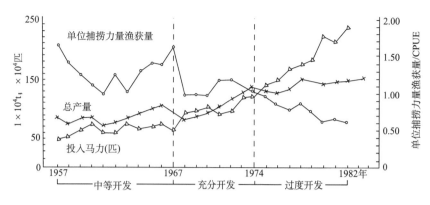

图 7.11　东海渔业资源开发现状（东海区渔业资源调查和区划）

1 匹（马力）＝735.499W

1959～1998 年，渔业资源呈现出逐年大幅度下降之势。1988 年拖网退出渤海，并未遏制资源量下降的速度。

表 7.9　渤海历次调查的平均渔获量（CPUE）

时间	1959 年		1982 年		1992 年		1998 年	
	kg/h	尾/h	kg/h	尾/h	kg/h	尾/h	kg/h	尾/h
2 月	—	—	11.5	669	3.5	145	0.7	37
5 月	187.9	—	84.3	4283	51.8	5176	4.1	362
8 月	93.0	—	85.2	9813	104.3	7523	3.7	230
10 月	290.8	—	96.1	8291	81.3	7848	18.1	1459
平均	190.6	—	88.5	7462	79.1	6849	8.6	684

　　渤海渔业资源的结构和优势种群也发生了很大的变化。1959 年带鱼、小黄鱼、半滑舌鳎和白姑鱼等大型经济底层鱼类在总渔获量中占据重要地位；带鱼、小黄鱼的产卵群体在总渔获量中所占的比例高达 85.1%。在随后进行的三次试捕调查中，带鱼和鳓鱼几近绝迹，小黄鱼等种群的资源明显下降，严重的低龄化。黄鲫、鳀鱼、赤鼻棱鳀、青鳞小沙丁鱼、枪乌贼等小型中上层鱼类替代了主要的经济底层鱼类。1982 年春季黄鲫、鳀鱼和青鳞小沙丁鱼的产卵群体在总渔获量中占据 60.3%。1993 年春季鳀鱼、黄鲫和枪乌贼的产卵群体占总渔获量的 77.8%。1998 年赤鼻棱鳀、黄鲫和鳀鱼产卵群体占总渔获量的 48%。冬季渤海地方性种类梅童、凤鲚和孔鳐的优势地位也逐渐为更趋小型化、低值化的安氏新银鱼和细纹狮子鱼所替代。渤海的渔业资源状况是黄海的一个"缩影"（邓景耀等，2001）。

　　当前，渤海和黄海底拖网渔获物个体的平均体长只有 100～120mm，平均体重仅为 10～16g。在渤海常见的大型鱼类鲈鱼，近几年也十分少见，春汛的大型鱼类主要是蓝点马鲛，秋汛则是其当年生的幼鱼。

　　同样的，与渤海、黄海、东海一样，南海北部大陆架水域的渔业资源普遍衰退，北部湾渔业资源的动态变化具有典型意义。北部湾的捕捞业以单、双拖网（占 54.2%）、流刺网（23.8％）为主，1992～1993 年进行的底拖网调查中共捕获鱼类 240 余种，头足类 23 种，主要经济种类有金线鱼、大眼鲷、蓝圆鲹、中国枪乌贼、花斑蛇鲻、黄带绯鲤、发光鲷、带鱼、白姑鱼、皮氏叫姑鱼、红鳍笛鲷、海鳗、鲐鱼、竹筴鱼、乌鲳、二长棘犁齿鲷、毛虾、梭子蟹等。其中只有中国枪乌贼和白姑鱼、长尾大眼鲷、花斑蛇鲻、条尾绯鲤和蓝圆鲹是近几年来资源量呈增加趋势的种类。1993 年渔获物组成中鱼类占 81.9％。其中发光鲷占 15.1％，白姑鱼占 7.6％，蟹类次之占 8.9％，贝类占 6.3％，以中国枪乌贼为代表的头足类占总捕捞量的 5.5％。北部湾的捕捞量 60 年代初期不足 1t/km²，70 年代中期增至 2.47t/km²，80 年代中期为 2.22t/km²，90 年代初为 3.75t/km²，1993 年增至 5.59t/km²，按其潜在渔获量计算应为 3t/km² 左右。可见北部湾的渔业资源已处于过度开发状态，因过度捕捞引起的种类更替十分明显，一些质量高、寿命长、个体大、营养层次高的种类逐渐为一些质量差、寿命短、个体小、营养层次低的种类所替代（袁蔚文，1999）。表 7.10 中列出了主要拖网鱼类 30 余年来组成的变化，其中红鳍笛鲷、短尾金线鱼、黄带绯鲤、黑印真鲨、断斑石鲈、宽尾鳞鲀等是分布在北部湾水域个体较大、数量较多、经济价值较高的主要经济底层鱼类。30 多年来承受了很大的捕捞压力，其在底拖网渔获组成的比例大幅度下降。平均体重仅为 6 g 的发光鲷则由 20 世纪 60 年代所处的微不足道的可有可无的地位，上升为 1992～1993 年的第一优势种（占 16.3％），发光鲷数量和组成比例大增是北部湾经济鱼类资源衰退的重要标志。

表 7.10　30 年来北部湾主要底层鱼类在拖网渔业中渔获组成的变化（％）*

时间 种类	1962 年 5 月 1962 年 9 月	1961 年 12 月 1962 年 11 月	1992 年 9 月 1993 年 5 月
红笛鲷	9.48	10.87	1.16
短尾金线鱼	3.60	3.84	0.00
黄带绯鲤	4.78	4.24	0.99
长棘银鲈	2.95	3.42	0.00
鲗	4.03	3.25	2.17
摩鹿加绯鲤	4.84	4.81	3.83
条尾绯鲤	1.11	1.45	3.02
长尾大眼鲷	1.45	1.21	5.22
短尾大眼鲷	1.64	1.51	1.16
黑印真鲨	1.97	1.88	0.00
断斑石鲈	0.64	1.34	0.00
宽尾鳞鲀	1.19	1.26	0.00
发光鲷	0.00	—	16.30
白姑鱼	2.62	—	8.36
花斑蛇鲻	0.53	0.70	4.06
蓝圆鲹	0.60	—	1.69
金线鱼	1.12	1.27	1.08

* 引自袁蔚文等（1994）《北部湾底拖网渔业资源调查》

（三）中国诸海主要渔业资源的特点、渔业现状和资源量评估

中国的海洋鱼类约 1700 种，虾蟹类 550 余种，头足类 90 余种，贝类 700 余种。主要捕捞对象约 200 余种，多获性鱼类 300 余种，以暖温和暖水种为主，冷温种只限于高眼鲽、太平洋鲱和太平洋鳕几种，缺乏寒带和寒流分布海区的资源量特大的种类。渔获量超过 100×10^4 t 的种类只有带鱼和鳀鱼；超过 50×10^4 t 的种类有蓝点马鲛、蓝圆鲹和玉筋鱼；超过 10×10^4 t 的种类有绿鳍马面鲀、大黄鱼、小黄鱼、鲐鱼、太平洋鲱、银鲳、海鳗、金线鱼类、白姑鱼、口虾蛄、中国毛虾、鹰爪虾、三疣梭子蟹、海蜇、日本枪乌贼、毛蚶、菲律宾蛤仔等。

渤海水域年产量超过 10×10^4 t 的种类有 4 种，为中国毛虾、海蜇、毛蚶和口虾蛄。毛虾渔业包括辽东湾和渤海西部及黄河口附近水域两大渔场，是当前渤海资源量波动较大但一直保持稳定的一种定置渔业。1954 年年产量高达 11×10^4 t，60 年代资源处于低谷为 $1.6\times10^4 \sim 6\times10^4$ t，70 年代资源量趋于上升，为 $6\times10^4 \sim 10\times10^4$ t，80 年代产量降至 $5.6\times10^4 \sim 9.2\times10^4$ t，平均年产量为 6.7×10^4 t，90 年代产量又增至 $4.7\times10^4 \sim 15.4\times10^4$ t，1995 年超过了 15×10^4 t，1998 年超过了 25×10^4 t，近 10 余年的平均产量已超过 20×10^4 t（图 7.12）。海蜇是一种名贵海产品，是渤海资源量波动很大的一种"大起大落"的浮游动物渔业。数十万吨（按 5kg 折 1 的三矾品统计）的资源量（1984 年为 28×10^4 t）可以在不足 10 天的时间内捕光。海蜇也是黄东海的主要捕捞对象，70 年代东海区平均年产量达到 1.7×10^4 t，黄渤海区不足 5000t，80 年代渤海区的平均年产量增至 2×10^4 t，东海区的平均产量则降至 6000t 余，90 年代渤海、黄海的平均产量超过 10×10^4 t，其中 1984 年和 1992 年年产量超过 20×10^4 t，东海区的平均产量近 3×10^4 t，1996 年为 9×10^4 t。口虾蛄产量是 80 年代末首先从渤海迅速兴起的渔业，产量逐年增加，当前全国产量高达 30×10^4 t，黄渤海（以渤海为主）的年产量近 20×10^4 t。

毛蚶渔业有辽东湾、渤海湾和小清河口水域三大传统的渔场，20 世纪 60～70 年代平均年产量 20×10^4 t 左右。辽东湾渔场最先衰落，唐山地震后渤海湾渔场随即衰落，80 年代中期小清河口渔场衰落。毛蚶是活动性不大的底栖贝类，其资源的衰败与生态环境的恶化密切有关。渤海因毛虾、海蜇以及毛蚶和其他贝类等三大地方性资源使其单位面积产量达到 4.4kg/km^2 而居海区之首。

20 世纪 60 年代初开始兴起并迅速发展的渤海秋汛对虾渔业，兴盛时期（1979 年）的产量高达 4×10^4 t，曾经一度成为中国北方渔业生产的重要支柱，但也兼捕了大量的小黄鱼、带鱼、黄姑鱼、鲥鱼、白姑鱼、皮氏叫姑鱼和银鲳等当年生的幼鱼，破坏了渤黄海底层鱼类资源。90 年代以来渤海秋汛对虾渔业也因补充性捕捞过度、亲虾数量严重不足而趋于衰落（邓景耀等，1991）（图 7.12）。

鳀鱼和蓝点马鲛是当前渤海、黄海和东海的主要捕捞对象。蓝点马鲛是暖温性种，主要分布于渤海、黄海和东海，南海区也有分布，在黄海中南部济州岛西部水域和东海外海越冬。20 世纪 80 年代末年产量开始超过 10×10^4 t。1996 年增至近 30×10^4 t，20 世纪末超过 40 余万吨（图 7.12）。蓝点马鲛历经 40 余年流网和底拖网高强度的捕捞，当前仍为黄渤海的主要捕捞对象，近几年来（2000～2005 年，以下同）的年产量为

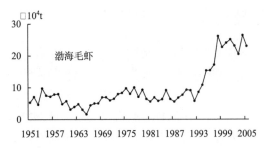

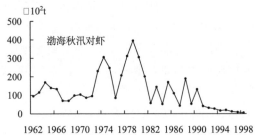

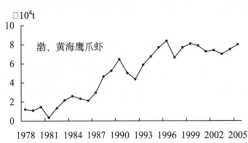

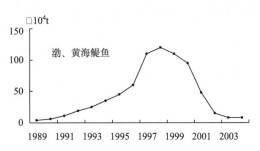

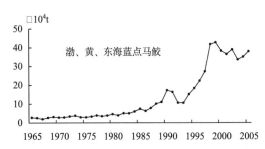

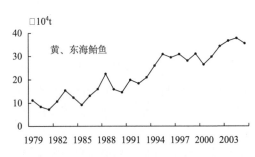

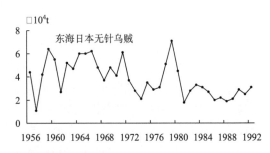

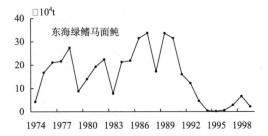

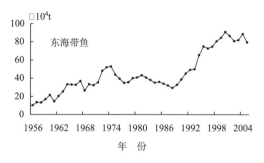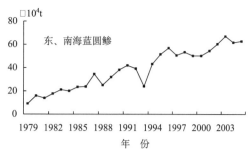

图 7.12　中国大陆架水域主要经济鱼虾类渔获量的年间变化

$33 \times 10^4 \sim 39 \times 10^4$ t。鳀鱼是暖温种，广泛分布于日本海和黄东海，越冬场主要位于黄海南部和东海北部，长期以来一直是底拖网渔业的兼捕对象。随着鳀鱼流网和拖网渔业迅速兴起，黄渤海区鳀鱼产量迅速增加，1997～1999 年年产量超过 100×10^4 t，资源已处于充分开发阶段（图 7.12）（Iversen et al.，1993）。进入 21 世纪以来，过度捕捞导致鳀鱼资源量大幅度下降，2002 年以后年产量降至不足 10×10^4 t，盛行了 10 余年的黄海鳀鱼渔业迅速衰落。伴随着鳀鱼渔业兴起的另一种小型冷温性鱼类——玉筋鱼底拖网渔业，20 世纪 90 年代后期的年产量超过 10×10^4 t，1999 年迅速增至 50×10^4 t（陈昌海，2004），经过几年的集中捕捞之后也日趋衰落，当前正为一种更小型的冷温性底栖鱼类——方氏云鳚（"柳树叶"）所替代。

太平洋鲱俗称青鱼，是与日本海地理隔离很强的黄海地方性种群，也是一种种群数量超过 10×10^4 t 的冷温鱼类，属于资源数量剧烈波动的类型。青鱼渔业 20 世纪 60 年代末开始兴起，1972 年和 1973 年的产量超过 10×10^4 t，最高值为 17.5×10^4 t（1972）（唐启升，1981）。20 世纪 80 年代中期开始衰落，是一种"来去匆匆"的渔业，难以预测下一次渔业兴起的时间。

鹰爪虾是中国渤海、黄海、东海、南海近海广泛分布的一个世界性的暖水种，在渤海和黄海集群分布。20 世纪 70 年代末鹰爪虾定置网渔业开始兴起，在黄海年产量由 20 世纪 70 年代末的不足万吨，增至 80 年代末的 5×10^4 t，80 年代平均产量为 2.2×10^4 t，90 年代为 5.5×10^4 t，1996 年高达 8.4×10^4 t，近几年来平均 6.4×10^4 t（图 7.12）。

三疣梭子蟹是全国梭子蟹产量的主体，以渤黄东海为主，在统计产量中，东海和南海还包括为数不多的其他种类。1987 年全国梭子蟹的产量超过 10×10^4 t 后，近 20 年来呈逐年上升之势，20 世纪 90 年代平均年产量为 21.4×10^4 t，渤黄海、东海和南海分别为 3.4×10^4 t、13.4×10^4 t 和 4.6×10^4 t，近几年来全国平均年产量增至 34×10^4 t，渤黄海、东海和南海分别为 4.7×10^4 t、20.1×10^4 t 和 9.3×10^4 t，三大海区产量分别占全国总产量的 14.8%、60.9% 和 24.3%。枪乌贼主要是指渤海、黄海的日本枪乌贼和火枪乌贼，渔业兴盛时期的 20 世纪 70 年代的年产量为 $1.3 \times 10^4 \sim 10.8 \times 10^4$ t，平均年产量超过 5×10^4 t，1973 年年产量为 10.8×10^4 t（邱显寅，1986）。近十年来资源量明显减少，已为 80 年代以来在黄东海旺发的太平洋褶柔鱼所替代，世纪之交其年产量已超过 6×10^4 t。黄渤海区银鲳和灰鲳的产量增长很快，20 世纪 80 年代的产量平稳增长，平均年产量不足万吨，20 世纪 90 年代平均年产量增至近 2×10^4 t，近几年来平均年产量高达 5 万余吨，但黄渤海的银鲳群体结构已明显低龄化，处于过度利用状态。

黄海潮间带和浅海贝类主要有菲律宾蛤仔和短文蛤。菲律宾蛤仔有鸭绿江口和胶州湾两大渔场，20 世纪 80 年代初期的年产量超过 $20×10^4$ t，近 10 余年来资源相继衰退，当前胶州湾依靠放苗养殖，维持每年年产 $1×10^4$ t 的产量。短文蛤主要分布于吕四渔场，20 世纪 80 年代初期资源量超过 $10×10^4$ t（中国浅海滩涂渔业资源编写组，1990）。

中国沿海马尾藻种类很多，产量很大，年产干品达数万吨，盛产于黄渤海区的马尾藻——海蒿子年产量约 2000t（干品）；裙带菜是目前山东、辽宁人工栽培的主要品种之一，2005 年年产量为 $23.9×10^4$ t；石花菜是琼胶（又称冻粉、洋菜）的主要原料，盛产于黄海沿岸，由于石花菜藻体生长缓慢，且生长在潮下带深水处，养殖和采收都较困难，产量有限，2005 年石花菜产量仅为 100t。

东海超过 $10×10^4$ t 的种类最多，有大黄鱼、小黄鱼、带鱼、鳀鱼、鲐鱼、蓝圆鲹、蓝点马鲛、银鲳、海鳗、绿鳍马面鲀、毛虾、三疣梭子蟹等。此外，还有白姑鱼、黄鲫、短尾大眼鲷、黄鲷、灰鲳、鳓鱼、胭脂鲱、刺鲳、金色小沙丁鱼、远东拟沙丁鱼、舵鲣、大甲鲹、剑尖枪乌贼、中国枪乌贼、鸢乌贼 *Sthenoteuthis oualaniensis*（Lesson）等经济渔业资源。

带鱼是暖水种，渤海、黄海、东海、南海均有分布，是"四大渔业"中唯一的一种保持稳定高产的种类。20 世纪 50 年代后期的年平均渔获量为 $19×10^4$ t，60 年代增至 $32.4×10^4$ t，70 年代增至 $41.4×10^4$ t，80 年代降为 $36.2×10^4$ t，90 年代猛增至 $64.6×10^4$ t。2000 年东海区的渔获量超过 $90×10^4$ t（图 7.12），近几年来平均渔获量高达 $84.8×10^4$ t，占全国带鱼总产量的 87% 左右。但是 80 年代以来肛长小于 220mm 的 1 龄鱼在渔获物组成中的比例达到 90% 以上，1993 年高达 97.5%，性成熟年龄大大减小，1 龄鱼成熟的比例几乎达到 100%，最小成熟肛长降至 $140\sim150$mm，体重不足 50 g（徐汉祥等，1998）。1995 年秋汛 $9\sim10$ 月的平均肛长为 175.2mm，平均体重仅 89g，$11\sim12$ 月平均肛长为 196.5mm，平均体重 128.7 g。

大黄鱼是暖温种，曾经是东海渔业的重要支柱。20 世纪 50 年代末、60 年代和 70 年代中兴盛时期，东海区年平均渔获量为 $10.4×10^4$ t、$12.0×10^4$ t 和 $13.2×10^4$ t，1967 和 1974 年近 $20×10^4$ t，70 年代末 80 年代初年产量还有 $9×10^4$ t 左右，以后呈逐年下降之势，80 年代末 90 年代初降至 2000t 左右，80 年代和 90 年代的平均年产量分别为 $3.4×10^4$ t 和 $0.9×10^4$ t，大黄鱼资源已衰退到相当低的水平（郑元甲等，2003）（图 7.12）。小黄鱼在渤海、黄海、东海区的总产量 1957 年高达 $16.3×10^4$ t，50 年代后期平均年渔获量高达 $12.6×10^4$ t，60 年代为 $6.5×10^4$ t，70 年代为 $3.7×10^4$ t，80 年代降至 $2.6×10^4$ t，1989 年仅为 $1.7×10^4$ t，90 年代显著增长为 $13.0×10^4$ t，近几年则高达 $28.5×10^4$ t，资源量显著增加（图 7.12）。但渔获物组成中当年生幼鱼占了 90% 以上，1995 年的平均体长仅为 152.8mm，平均体重为 53.5 g。

日本无针乌贼是暖温种，越冬场位于东海中部外海和济州岛附近水域。20 世纪 60 年代中至 70 年代末东海的渔获量超过 $10×10^4$ t（1979 年 $12×10^4$ t），以后资源趋于衰退，1981 年不足 $2×10^4$ t（图 7.12），80 年代初其分布区扩大至黄海和渤海（邓景耀等，1991）。1993 年以后太平洋褶柔鱼、剑尖枪乌贼、中国枪乌贼、金乌贼和鸢乌贼等暖水种类取代了日本无针乌贼，1994 年其总渔获量突破了 15×10^4 t。

绿鳍马面鲀是暖水性种类，20 世纪 70 年代初渔业开始兴起，70 年代后期平均年产量即达近 20×10^4 t，80 年代平均年产量 22.8×10^4 t，1987 年和 1989 年超过 33×10^4 t，90 年代初开始马面鲀资源因长期捕捞过度而迅速衰落，1995 年降至不足 2000 t，并逐渐为黄鳍马面鲀所替代（钱世勤等，1998）（图 7.12）。

鲐鱼主要分布在东、黄海，是东海灯诱围网的主要捕捞对象，20 世纪 70 年代末开始黄东海的产量超过 10×10^4 t，80 年代平均年产量为 13.1×10^4 t，90 年代增至 25×10^4 t，近几年的平均年产量高达 33.5×10^4 t（图 7.12）。

东海的竹荚鱼资源历来主要为日本以西围网渔业所利用。日本以西围网渔业在东海的平均年产量 20 世纪 60 年代（1965～1969 年）为 38.5×10^4 t，70 年代为 14.7×10^4 t，80 年代为 6.3×10^4 t，90 年代（1990～1997 年）为 9.2×10^4 t。20 世纪 50 年代末 60 年代初竹荚鱼曾是中国黄东海春夏汛围网的捕捞对象，1958 年年产量达近万吨的水平，随后产量逐年下降，近 10 年来虽然广泛分布于东海水域，但个体较小，没有很好利用。

东海大陆架的鲳鱼主要由银鲳和灰鲳组成，以银鲳为主，是 20 世纪 70 年代末兴起的渔业资源。有三个越冬场分别位于济州岛西南部，北纬 $29°00'\sim32°00'$、东经 $125°30'$ 以东水域和浙江中南部外海水域。20 世纪 80 年代东海区鲳鱼的平均年产量为 4.3×10^4 t，90 年代为 11.1×10^4 t，1999 年年产量超过了 20×10^4 t，近几年来平均 22.6×10^4 t。

中国东南沿海沙丁鱼类资源十分丰富，1987 年东海和南海的总产量达到 13.5×10^4 t，90 年代以来的年产量为 $4 \times 10^4 \sim 9 \times 10^4$ t。远东拟沙丁鱼是世界上主要的经济种类，产量波动剧烈，1987 年产量高达 500 余万吨，日本海产量最高。继青鱼渔业在黄海衰落之后，远东拟沙丁鱼在东海外海、对马五岛和黄海中南部形成春汛渔业，并发现了其在海州湾的产卵场，90 年代初曾有 $2\sim3 \times 10^4$ t 的渔获量，其兴衰与九州西部远东拟沙丁鱼的资源量变动密切相关。

东海的桁杆拖虾网渔业始于 20 世纪 70 年代末，80 年代以来随着外海新的虾类资源的开发，产量逐年增长。东海北部主要种类有哈氏仿对虾、葛氏长臂虾、中华管鞭虾和鹰爪虾；东海南部及东海外海主要捕捞凹管鞭虾、假长缝拟对虾、须赤虾、菲赤虾和高脊管鞭虾等。80 年代平均年产量仅为 4 万余吨，近 10 年来的平均年产量增至 30 余万吨，1995 年产量高达 78×10^4 t。东海的定置网毛虾渔业以日本毛虾为主要捕捞对象，70 年代产量不足 3×10^4 t，80 年代增到 $6 \times 10^4 \sim 12 \times 10^4$ t，平均年产量为 8.7×10^4 t，1984 年和 1989 年年产量超过 10×10^4 t，90 年代平均年产量为 13.3×10^4 t，1994 年、1995 年年产量超过 15×10^4 t（宋海棠等，1998）。

紫菜的养殖在中国有着悠久的历史，目前黄东海沿岸已成为中国紫菜的主要养殖基地，紫菜的年产量居世界第二位。2005 年中国紫菜产量达 80 380t（干重）。浒苔是中国人民喜爱的食用海藻，江、浙一带称之为苔条，盛产于中国浙、闽两省沿海，仅象山一地年产干品就达 500t 以上。2008 年 6～7 月浒苔大量繁殖并漂移到黄海中南部水域，在青岛近海"堆积"成灾，现场共组织打捞 150 余万吨。

南海处于热带亚热带水域，生物多样性很高，缺乏高资源量的种类，以暖水性种为主，占 87.5%，不作长距离洄游。南海统计年产量超过 10×10^4 t 的种类包括蓝圆鲹、黄鳍马面鲀、鲐鱼、黄鲷、海鳗、带鱼类、金线鱼类、马鲛类、鲳鱼类等。南海蓝圆鲹的产量在全国产量中占据首位，为 58%，东海约占 42%。80 年代南海和东海蓝圆鲹的平均年产量分别为 14.7×10^4 t 和 8.1×10^4 t；90 年代增至 26.7×10^4 t 和 20.1×10^4 t，近几年来增至 29.5×10^4 t 和 25.2×10^4 t（图 7.12），资源比较稳定，但群体已趋低龄化、小型化。黄鳍马面鲀资源也呈上升之势，80 年代的平均年产量仅为 5.3×10^4 t，90 年代增至 10.5×10^4 t，1999 年高达 16.5×10^4 t，近几年来平均年产量增至 12.9×10^4 t。南海的金线鱼类包括 9 个种，90 年代后期统计的平均年渔获量为 24.6×10^4 t，近几年来增至 31.6×10^4 t，2003 年年产量超过 40×10^4 t。南海马鲛鱼也以蓝点马鲛为主，年产量在全国产量中所占比例约为 17% 左右，80 年代的平均年产量仅为 1 万余吨，90 年代增至 6.3×10^4 t，近几年来平均年产量为 7.7×10^4 t。带鱼的分布较广，南海北部陆架和大洋区均有分布，80 年代统计平均年产量仅为 2.4×10^4 t，90 年代末增至 20 余万吨，平均 12.8×10^4 t，近几年来年产量已超过 30×10^4 t（2004 年），平均年产量增至 27.5×10^4 t。黄鲷是南海分布于 100～200 m 水域的重要经济鱼类，80 年代统计平均年产量为万吨左右，90 年代增至 5.4×10^4 t，近几年来已突破 10×10^4 t（2001 年和 2004 年），平均年产量达到 9.5×10^4 t。大眼鲷类共有 6 个种，陆架和洋区均有分布，80 年代统计年产量平均仅为 1 万余吨，90 年代则增至 5.4×10^4 t，近几年来已超过 10×10^4 t（2001 年和 2004 年），平均为 9.5×10^4 t。以金色小沙丁鱼为代表的 3 种小型中上层鱼类是全国沙丁鱼产量的主体，占 76%，90 年代平均年产量为 6.6×10^4 t，近几年来增至 12.7×10^4 t。

鲳鱼类包括方头鲳在内共有 6 个种，90 年代的平均年产量不足 5×10^4 t，近几年来增至 9×10^4 t，占全国鲳鱼产量的 24.8%。海鳗 90 年代的平均年产量为 5 万余吨，近几年来增至 10×10^4 t，占全国产量的 37%。其他主要经济底层鱼类包括多齿蛇鲻、狗母鱼、长蛇鲻、长尾大眼鲷、银方头鱼、高体若鲹、二长棘犁齿鲷、绯鲤等。主要中上层鱼类有竹荚鱼、圆腹鲱 *Dussumieria elopsoides* Bleeker、中华小公鱼等。

江蓠是一种海产红藻，也是制造琼胶的重要原料，因其藻体生长速度快，个体大，生长于潮间带或浅水中，易于人工栽培，已取代石花菜成为生产琼胶的主要原料，2005年产量达 98 563 t；麒麟菜类——琼枝为印度-西太平洋区热带性海藻，藻体的再生能力很强，因是卡拉胶的主要原料很早就成为主要的养殖对象。

世纪之交采用声学方法首次对中国海陆架及其邻近陆坡和南海的大洋区及其岛礁水域进行了全面的渔业资源量评估。鉴于声学方法本身的局限性，对除虾蟹类和鲆鲽类等典型的底栖鱼类以外共 89 类 265 种鱼类和头足类资源在四个季节分别进行了声学评估。表 7.11、表 7.12 和表 7.13 分别列出了渤海、黄海、东海和南海陆架、洋区及岛礁水域渔业资源优势种的评估资源量（唐启升，2006；郑元甲等，2003）。

表 7.11　渤、黄海优势种的资源量评估（t）

种类与资源量 海域	鳀鱼	黄鲫	鲐鱼	小黄鱼	竹荚鱼	银鲳
渤海（栖息地） （2000 年 8 月）	66 675	250 827	—	10 087	—	10 172
黄海（越冬场） （1999 年 12 月）	2 015 705	84 509	138 127	59 666	53 413 （2000.10）	35 762

种类与资源量 海域	带鱼	棱鳀类	青鳞小 沙丁鱼	斑鰶	太平洋 褶柔鱼	蓝点马鲛
渤海（栖息地） （2000 年 8 月）	17	22 738	20 575	17 984	—	6 530
黄海（越冬场） （1999 年 12 月）	27 090 （2000.8）	14 943	10 984	13 818	19 056 （2000.8）	8510

表 7.12　东海优势种的资源量评估（t）

时间	种类与资源量				
1997 年 10 月	带鱼	太平洋褶柔鱼	刺鲳	天竺鲷类	银鲳
	965 254	595 917	458 386	435 614	400 108
	竹荚鱼	发光鲷	小黄鱼	灰鲳	七星底灯鱼
	370 371	224 231	218 018	204 032	120 295
	大眼鲷类	蓝圆鲹	白姑鱼	黄鲫	鲐鱼
	109 230	82 946	62 841	55 934	50 379
1998 年 3 月	枪乌贼类	蓝点马鲛	鳀鱼	黄鲷	沙丁鱼类
	1 124 713	2 05 295	132 003	92 851	19 465

　　黄海是资源量最贫乏的水域，它是渤黄海主要经济渔业资源的"过路"渔场和越冬场。渤海则是多种渔业资源的栖息地和索饵场，鳀鱼、黄鲫和低龄小型化的小黄鱼是渤黄海渔获量的主体，鳀鱼的资源量在全年四个季节资源量评估总量之中占 83.6%～92.5%，在渤海栖息地，黄鲫则占评估资源量的 61.5%。太平洋褶柔鱼则取代了当年的日本枪乌贼，成为当前黄海的主要捕捞对象之一。东海陆架水域的渔业资源最为丰富，带鱼、蓝点马鲛、鲳类、竹荚鱼和小黄鱼等经济鱼类以及取代了日本无针乌贼的太平洋褶柔鱼、剑尖枪乌贼等头足类，占据重要的地位。

　　南海是属于热带和亚热带渔业资源高多样性的水域，带鱼、蓝圆鲹、竹荚鱼、鲳类、方头鲳类和二长棘犁齿鲷等是主要经济鱼类，而中国枪乌贼、剑尖枪乌贼和鸢乌贼则是南海陆架和洋区资源量很高的大型头足类。近几年来中国头足类的总产量已经超过 $100×10^4$ t（陆架和远洋渔业的产量大致相当），其中乌贼的产量约为 $15×10^4$ t、柔鱼的产量约为 $30×10^4$ t，鸢乌贼（柔鱼）是东海和南海共有的暖水种，主要分布于南海中南部的深水洋区，资源量很高，具有很大的开发潜力。

评估结果还表明：鲲鱼、天竺鲷类和棱鲲类是全海区共有的资源量很大的低质小型鱼类，而发光鲷、鲾类则为东、南海共有的资源量很大、种类很多的低质小型鱼类，也是中国当前陆架水域渔获量的重要组成部分，加上一些经济渔业资源（包括小黄鱼和带鱼）严重低龄、早熟和小型化，评估结果真实地反映了中国当前渔业资源处于严重过度开发的现状。

表 7.13　南海优势种的资源量评估（t）

种　类	南海北部（陆架水域）	南海中南部（岛礁和大洋区）（2000 年 3 月）
带鱼类（9 个种）	1 025 000（1998 年 1 月）	10 186
枪乌贼（6 个种）	799 000（1998 年 7 月）	151 086
鸢乌贼	103 377（2000 年 3 月）	517 149
蓝圆鲹	224 000（1998 年 10 月）	65 654
竹䇲鱼	178 000（1998 年 10 月）	8 195
鲳类（14 个种）	207 425（1998 年 1 月）	141 296
方头鲳类（3 个种）	294 332（2000 年 3 月）	247 249
二长棘犁齿鲷	205 477（1999 年 3 月）	—
黄鳍马面鲀	—	109 024
鲐鱼	45 000（1999 年 3 月）	8 946
刺鲳	82 801（1998 年 1 月）	9 597
颌圆鲹	—	124 137
发光鲷	211 577（1998 年 1 月）	—
金线鱼类（10 个种）	126 000（1998 年 10 月）	63 092
大眼鲷类（6 个种）	120 000（1998 年 7 月）	81 156
兰子鱼类（4 个种）	128 670（1999 年 3 月）	—
灯笼鱼类（38 个种）	527 668（1998 年 1 月）	398 475
鲾类（11 个种）	384 000（1998 年 10 月）	157 000
天竺鲷类（19 个种）	372 000（1998 年 10 月）	36 000
无斑圆鲹	—	49 488

注：表中"—"示没有发现

（四）远（外）海和西、南沙群岛岛礁及巽他陆架水域的渔业资源现状

过去我们在讨论海洋渔业资源时所指的外海没有一个严格的定义。这里所说的外海渔业资源是指东海和南海北部大陆架边缘和大陆斜坡水域的渔业资源。

1978～1981 年先后在南海北部（90～700m 水域）和东海外海（水深 120～1000m 水域）大陆架外缘及大陆斜坡进行了外海资源调查，查清了中国大陆斜坡水域的水深、底形、渔场环境、底层鱼虾类的种类组成、数量分布、群聚结构和可供开发的捕捞对象，1992 年 2 月又在东海大陆架外缘和大陆斜坡海域进行了中上层鱼类资源探查和评估。

东海大陆斜坡的面积约为 $30 \times 10^4 km^2$，大陆架外缘和大陆斜坡 120～1100m 水深的水域共有鱼类 300 余种，虾蟹类 76 种，头足类 37 种，属于印度-西太平洋热带区系，

鱼类暖水性种类比例较高占 83％；37 种头足类，暖水性种占 43.2％，暖温性种占 51.4％，其中 27 种是东海陆架和斜坡区的共有种，约占 73％左右；虾蟹类中与南海北部大陆斜坡区的共有种约占 42％左右。东海外海渔业资源的优势种群为鳞首方头鲳、半纹水珍鱼 *Argentina semifasciata* Kishinouye、黄鳍马面鲀、圆趾蟹、短尾大眼鲷、高体鰺等。上述种类约占渔获量的 40％以上，主要分布于 100～300m 水深的水域，300m 水深以上的水域没有明显的优势种，只有半纹水珍鱼的资源量超过万吨，较之南海北部大陆斜坡区的渔业资源特别是虾类资源量更是少得可怜（沈金鳌，1984；沈金鳌等，1984）。

20 世纪 70 年代末在南海北部大陆架外缘和大陆斜坡调查中，共发现了 150 余种鱼类。其中竹荚鱼、鲐鱼、蓝圆鲹、深水金线鱼和黄鳍马面鲀占总渔获量的 46.7％，此外还有多齿蛇鲻、颌圆鲹 *Decapterus lajang* Bleeker、高体若鲹、黄鲷、东方豹鲂鮄、条尾绯鲤、短尾大眼鲷、红鳍笛鲷、带鱼等，共有 4 种中上层鱼类和 23 种底层鱼类等渔获量不足万吨的种类。深水软鱼是一种分布水深大于 200m 的深海底层鱼类，具有明显的群栖特征，集群密度较大，是大陆斜坡底拖网的一种具有开发前景的捕捞对象。脂眼双鳍鲳也是一种个体较大的深水优质鱼类，分布在水深 120～200m 范围的广阔水域，集群性不强，密度较低。头足类主要是中国枪乌贼在该水域所占的比例较大为 3.4％，而远在虾类之上（国家水产总局南海水产研究所，1979）。

在南海北部大陆斜坡水深 400～700m，平均底温 6.8～9.6℃，盐度大于 34 的水域，1981～1982 年配备专门捕虾网进行的专题调查，发现了 90 种虾类。其中对虾科中经济价值较高，个体较大的有近 20 种，按其分布的水深分为：①大陆架边缘种（100～450m），主要经济种类有尖管鞭虾、长缝拟对虾、单刺异腕虾、东方异腕虾、海螯虾等；②斜坡区种（400～650m），主要经济种类有拟须虾、长肢近对虾、绿须虾、刀额拟海虾、弓背异腕虾等；③斜坡深水区（650m 以下）的短肢近对虾等。其中拟须虾、长肢近对虾、绿须虾在水深 300～949m 范围内均有分布，刀额拟海虾分布于 200～799m 水域。南海区各种对虾类的区系分布特点：①对虾属（*Penaeus*）系热带亚热带水域的近海性种类，大陆斜坡没有分布；②大陆架外海种类在斜坡边缘区也有分布；③大陆斜坡虾类中半数以上的种类是印度-西太平洋水域区系的共有种，其中拟须虾、长肢近对虾等 9 个种类在大西洋东西部均有分布；④南海北部大陆斜坡的虾类属于冷水或冷温种（钟振如，1983）。

调查结果表明：中国大陆架外缘和大陆斜坡可开发利用的渔业资源寥寥无几，东海的外海深水海域除大陆斜坡的半纹水珍鱼和大陆架外缘的黄鳍马面鲀以及剑尖枪乌贼和鸢乌贼的资源量超过万吨外，鳞首方头鲳、短尾大眼鲷和细点圆趾蟹等优势种类的资源量只有 5000t 左右。南海北部外海深水区资源量超过万吨的优势种类也只有竹荚鱼、鲐鱼、蓝圆鲹和深水金线鱼等 4 种；在 400～650m 水深大陆斜坡的低温高盐水域，发现了拟须虾、长肢近对虾、绿须虾、刀额拟海虾、异腕虾等冷温性的深海大型经济虾类组成的深水虾渔场，20 世纪 80 年代中期在适于底拖网作业的 450～600m 水域开发了这个经济价值较高的深水虾类渔场。虾类总渔获量达到万吨以上的生产规模。

南海海域辽阔，岛屿众多，包括东沙、西沙、中沙和南沙四大群岛，共有岛、洲、礁和沙滩等约 260 座左右。星罗棋布的岛礁和独特的海洋生态环境孕育着高多样性的渔业资源，并发展成以岛礁资源为捕捞对象的流刺网、潜捕、手钓和延绳钓等多种捕捞方式组成的岛礁渔业。早在16世纪中国南方渔民就有传统的南沙作业生产，1956年由于周边国家挑起主权争端，中国主动中断南沙的渔业生产，目前整个西沙和南沙群岛水域已成为中国渔业生产的重要作业渔场。从1985年开始，伴随着中国远洋渔业的起步和发展，南沙渔业规模正在逐渐扩大，每年有广东、广西和海南三省（区）以及港澳、台湾的流动渔船共约500多艘进行捕捞作业。1999年广东和海南两省的渔获量由1991年的1385t增至5317t。20世纪80年代末期，台湾在南沙群岛岛礁水域的贝类产量为20～50 t，香港鲉科鱼类产量为20～50 t，菲律宾370～380 t（主要为梅鲷科鱼类）（戚桐欣，1989）。估计南沙群岛岛礁水域的总渔获量不超过7000 t，平均为0.3t/km^2。据Gomez（1997）报告，1996年菲律宾捕自珊瑚礁水域的产量约为40×10^4 t，平均12t/（km^2·a），参照其他珊瑚礁水域鱼类生物量和渔获量评估结果判断，南沙群岛岛礁水域资源的开发潜力大于2.1t/（km^2·a），尚有很大的开发潜力。

1997～2001年对西沙群岛的北礁、永兴岛、琛航岛、华光礁、浪花礁和南沙群岛的美济礁、东门礁、赤瓜礁、华阳礁、永暑礁、南薰礁和渚碧礁等12座岛礁进行的采捕调查中，共捕获鱼类242种。其中礁栖性鱼类185种，占76.4%，非礁栖性鱼类多属于大洋性种类，也有栖息在南海中北部及南沙群岛西南部大陆架水域的一些底层鱼类，主要经济种类包括鲑点石斑鱼、红钻鱼、丽鳍裸颊鲷、红鳍裸颊鲷、多线唇鱼、红唇鱼、二色大鹦咀鱼、裸狐鲣、白卜鲔及纺锤鰤等。南沙群岛7座岛礁共捕获鱼类180种，西沙群岛5座岛礁共捕获鱼类158种，其中共有种为96种，西沙和南沙群岛岛礁鱼类的种类与南海北部及南沙群岛西南部陆架水域的种类有明显的差异。南沙群岛中北部岛礁渔场水域面积约为1.6×10^4 km^2，是中国岛礁渔业的主要作业水域。20世纪90年代末已开发的作业渔区达到64个，约占整个水域的94%。中国渔船在南海水域的主要作业方式为刺网、潜捕、延绳钓、手钓和笼捕（南海主要岛礁生物资源调查课题组，2004）。

1990年"南锋701"号渔船前往南沙群岛西南部巽他陆架海区进行了底拖网试捕调查，为开发中国的这一"处女"陆架渔场的底拖网渔业奠定了基础（中国科学院南沙综合科学考察队，1991）。南沙西南陆架水域共有220余种鱼类，有130余种经济鱼类，暖水性种占89.7%，暖温性种占10.3%，70余种虾蟹类，20余种头足类，其中有中国枪乌贼、剑尖枪乌贼、虎斑乌贼和金乌贼等7种主要头足类，托罗赤虾、鹰爪虾和凹管鞭虾等三种主要经济虾类。南沙群岛西南部陆架水域主要渔场包括：位于北纬5°30′以南、东经109°00′以东水域的东南部渔场，渔场面积1.83×10^4 km^2，水深90～130m，优势种类包括深水金线鱼、黄鳍马面鲀、无斑圆鲹 *Decapterus kurroides* Bleeker、短尾大眼鲷和多齿蛇鲻等，是经济鱼类数量最大的渔场，头足类只占渔获组成的2.8%。位于北纬5°30′～6°30′水域的西南部渔场，总面积为1.53×10^4 km^2，水深60～100m。优势种类为多齿蛇鲻、条尾绯鲤、花斑蛇鲻和蓝圆鲹等，头足类亦占2.8%。位于沙勤特浅滩以西的西部渔场（北纬6°30′～8°00′之间），总面积1.2×10^4 km^2，水深50～70m，渔获物以蓝圆鲹为主体（31.9%），还有条尾绯鲤、多齿蛇鲻、短尾大眼鲷、双带金线鱼和花斑蛇鲻等经济种群，头足类占3.4%。位于北纬8°00′～9°00′之间的北部渔场，面积只有9200km^2，水深70～100m，多齿蛇鲻、花尾胡椒鲷、大头狗母鱼、花斑蛇鲻、灰裸顶鲷等主有经济鱼类，占渔获组成的近60%，头足类占5.3%。沙勤特浅滩以东的中部红鳍笛鲷渔场（北纬 $6°00'\sim8°00'$ 之间），水深 70～100m，主要经济鱼类有红鳍笛鲷、多齿蛇鲻、条尾绯鲤、花斑蛇鲻和颌圆鲹，头足类占的比例较大为 7.5%。

南沙西南陆架渔场资源量超过 3000 t 的有 16 种经济鱼类，其中超过万吨的有深水金线鱼、黄鳍马面鲀、无斑圆鲹、多齿蛇鲻等 4 种，超过 3000 t 的有短尾大眼鲷、条尾绯鲤、花斑蛇鲻和摩鹿加绯鲤等。16 种主要经济鱼类占全区总资源量的 70% 左右。1990 年底拖网的渔获量为 $2t/km^2$，超过 70 年代初的 $1.74t/km^2$，略低于 70 年代末南海北部外海的 $2.54t/km^2$。主要是鲐鲹鱼类的数量差异较大，前者圆鲹类占 12.6%，后者鲐鲹鱼类则高达 40% 以上。

南海北部和西南部大陆架水域的鱼类区系关系比较密切，种类和渔获组成也很相似，但是当春汛竹荚鱼、鲐鱼和带鱼等经济鱼类在北部大陆架水域大量出现时，西南部水域则少有或没有分布；而在西南部水域占有一定比例的侧斑副绯鲤、双带和六带金线鱼，在北部水域没有分布。北部水域的红鳍笛鲷、灰裸顶鲷和胡椒鲷等经济鱼类由于捕捞过度，资源量大减，而西南部水域的资源量与北部水域 60 年代的水平相当。此外在西南部水域的主要经济鱼类的个体明显大于北部水域，说明与处于资源明显衰退的北部水域相比，西南部水域的渔业资源当前还处于轻度开发的原始状态，这是中国大陆架水域唯一的渔业资源尚处于初始状态的渔场，具有很好的开发前景。巽他陆架、泰国湾口以东水域还有更大范围的有待开发的新渔场。

二、医药生物资源[*]

自古以来，海洋生物在中国一直是中医学家常用的中医药材。根据有关中医药典的记载，以海洋生物为主或为辅的有效中医学方剂现有数千副之多（姜凤吾、张玉顺，1993），而以海洋药材与其他药材配制而成的中成药和以单一海洋药材制成的中成药两者的品种也愈益增多（根据钟红茂 1998 年统计，前一类中成药为 135 种，后一类中成药为 21 种；目前这两类中成药品种已有成倍增加）。这些方剂和中成药所涉及的药用海洋生物（包括食药两用海洋生物，下同）多达 1114 种（包括植物界绿藻门的 1 变种和动物界的 8 亚种），分隶于 268 科 470 属，其中涉及细菌界的蓝细菌门 3 科 6 属 10 种原核生物，色素界的硅藻门、金藻门和褐藻门、植物界的红藻门和绿藻门等 5 门 40 科 58 属共 138 种真核生物以及动物界的刺胞动物门、环节动物门多毛亚门、星虫动物门、软体动物门、节肢动物门、苔藓动物门、棘皮动物门、尾索动物门、脊索动物门的头索动物亚门与脊椎动物亚门（包括盲鳗纲、头甲纲、软骨鱼纲、硬骨鱼纲、爬行纲和哺乳纲等 7 个纲）等 9 门 225 科 406 属共 966 种真核生物，而有毒海洋生物（按：本文所述的有毒海洋生物系指有毒和/或含有毒素的海洋生物，包括具有毒器和/或具有毒腺的海洋动物）在中国近海现有 845 种（包括色素界褐藻门的 1 个变种和动物界的 9 个亚种），分隶于 181 科 331 属，其中涉及细菌界的蓝细菌门 1 科 4 属 5 种原核生物、色素界的黄藻门 1 科 1 属 1 种和褐藻门 1 科 1 属 2 种共 2 科 2 属 3 种的真核生物、原生动物界的双鞭毛虫门 6 科 8 属 10 种真核生物和植物界的红藻门 6 科 8 属 13 种和绿藻门 3 科 5 属 8

---

* 本节作者：刘锡兴

种合计 9 科 13 属 22 种真核生物以及动物界的多孔动物门、刺胞动物门、环节动物门、星虫动物门、软体动物门、节肢动物门、苔藓动物门、棘皮动物门、尾索动物门、脊索动物门的脊椎动物亚门（包括软骨鱼纲、硬骨鱼纲、爬行纲和哺乳纲等 4 个纲）等 9 门 165 科 305 属 806 种真核生物。除了蓝细菌门外，细菌界的其他海洋微生物（如放射菌类）和真菌界的某些类群（如头孢菌类），这两类海洋生物体内均含有抗肿瘤的活性物质，而某些被子植物（如红树科的某些成员）也都包含一些药用物种，因而它们都具有较高的海洋药物开发利用价值。由于对这三类海洋生物的开发利用报道较少，故本节未予以论述。

本节首先介绍中国药用海洋生物和有毒海洋生物的主要活性成分，然后介绍它们在中国近海的种属组成（见表 7.14），最后概略叙述它们在中国各海区的物种分布情况（见表 7.15）。

（一）中国药用海洋生物和有毒海洋生物的主要活性成分

根据现有资料，中国药用海洋生物和有毒海洋生物的主要化学活性成分分可大致分为以下 10 大类（引自关美君、丁源，1998；本文略有增减）：①酯类（lipids），如存在于鲨鱼肝中的鲨肝醇（batiol）、蛇鲭科多种鱼类的体油、海龙科多种鱼类鱼肉所含的磷脂与不饱和脂肪酸以及鲸类鲸蜡中的蜡醇、硬脂酸和月硅酸等，存在于海藻中的 ω—3 系的甘碳五烯酸（EPA）和廿二碳六烯酸（DPA），存在于某些鱼类鱼油中的亚麻酸（linolenic acid）以及存在于柳珊瑚体内前列腺素（prostaglandins）等高度不饱和脂肪酸以及从岗田软海绵 *Halichondria okadai* 分离得到的软海绵酸（okadaic acid，OA）和从黑指纹海兔 *Aplysia dactylalamella* 分离得到的海兔烯（dactylene，又称海兔醚）等都属于酯类化合物；②糖类（saccharides），包括来自大型海藻的甘露醇、紫菜多糖、琼胶、卡拉胶、褐藻胶和来自微型藻类的螺旋藻多糖和微藻硒多糖等海藻多糖，来自软体动物的扇贝糖胺聚糖（glycosaminoglycam），来自甲壳动物的甲壳质（chitin）及其衍生物，来自海参和海星等棘皮动物的粘多糖（acidic mucopolysacchride），来自鲨鱼类软骨中的硫酸软骨素（chondroitin sulfate A，又称 4-硫酸软骨素）以及来自海洋动物各种组织中的透明质酸（hyaluronic acid，HA）等都属于糖类化合物；③苷类（gly-cosids），如来自棘皮动物的皂苷类［如海参皂苷（holothurins）、刺参苷（stichopo-sides）和海星皂苷（asterosaponins）］和来自某些帘蛤科薪蛤 *Mercenaria mercenaria* 的薪蛤素（mercenene）等糖蛋白都是苷类化合物；④氨基酸类（amino acids），如来自海藻的褐藻氨酸（laminine）、海人草酸（digenic acid = kainic acid）、软骨藻酸（do-moic acid）和来自海藻、刺胞动物、软体动物和甲壳动物的牛磺酸（taurine）等简单氨基酸以及存在于海星类棘皮动物的体壁明胶、鱼类的鱼皮胶和鱼鳞胶中的氨基酸和来自海藻的藻蓝蛋白（phycocyanin）等都属于复合氨基酸；⑤多肽类（polypeptides），如从海藻提取的冻沙菜凝集素（hypnins），由中国鲎 *Tachypleus tridentatus* 血细胞提炼而成的鲎试剂（TAL）即鲎凝集素，广泛存在于软体动物、甲壳动物和鱼类中的凝集素（lectins），来自双壳类与头足类软体动物以及肢口钢与甲壳纲节肢动物动物之血液的血兰蛋白（hemocyanin）以及从僧帽水母 *Physalia physalis* 提取得到的僧帽水母毒素（physalitoxin），来自侧花海葵属 *Anthopleura* 某些成员的侧花海葵毒素（anthoplearin，AP），来自芋螺科软体动物的芋螺毒素（conotoxins，CTxs），来自乌贼和章鱼等头足类软体动物的头足类毒素（cephalotoxin）和来自鱼类和鲸类胰岛组织的胰岛素（insulin），以及存在于各种海蛇毒腺内的多种海蛇毒素（sea snak toxins）[如埃拉布毒素 a，b，c（erabutoxins a，b，c）] 等皆属于多肽类毒素，而环肽类毒素是由 5～7 个氨基酸组成的环状化合物，具有较强的抗肿瘤活性，如存在于耳形尾海兔 *Dolabella auricularia* 之乳白腺、紫腺与消化腺内的尾海兔毒素 A—C（dolastatins A—C）以及从海鞘纲星骨海鞘科的软星骨海鞘 *Didemnum mole* 分离得到的星骨海鞘素 A—C（didemnins A—C），均归于环肽类毒素范畴；⑥酶类（enzymes），如存在于某些鱼类鱼肉即心脏中的细胞色素 C（cytochrome C）和存在于某些鱼类及软体动物中的超氧化物歧化酶（superoxide dismutase，SOD）（它们或只存在于真核细胞内，或只存在于原核细胞，或在原核细胞与真核细胞内都存在）；⑦萜类（terpenoids），包括倍半萜类 [如来自冈村凹顶藻 *Laurencia okamurai* 的凹顶藻酚（laurinterol），来自软柳珊瑚 *Subergorgia* sp. 的软柳珊瑚素（subergorgin），从非洲平软珊瑚 *Lemnalia africana* 分离得到的非洲平软珊瑚萜（africanol）以及来自索氏杂星海绵 *Foecillasira sollasi* 的索氏海绵萜（sollasins）]、二萜类 [如从多种柳珊瑚与软珊瑚分离得到的多种西松烷内酯（cembranes）]、二倍半萜类 [如从山海绵 *Mycale* sp. 分离得到的山海绵碱 A—B（mycaperoxides A—B）] 和三萜类 [如存在于鲨鱼类和其他鱼类肝油中角鲨烯（squalene）和抹香鲸龙涎香中的三环三萜类龙涎香醇（ambrerin）] 等；⑧类胡萝卜素，如从盐生杜氏藻 *Dunaliella salina* 分离得到的 β-胡萝卜素和从虾蟹类介壳分离得到的虾青素（astaxanthin）；⑨甾类（steroids），如甾醇、胆甾醇、胆甾二醇、胆甾烷醇、岩藻甾醇与羟基岩藻甾醇、四羟基甾醇、柳珊瑚甾醇以及甾体激素和类激素等；⑩非肽类含氮化合物，它们包括：Ⓐ酰胺类毒素 [如头孢菌素（cephalosporins）、沙群海葵（polytoxins，PTXs）、箱鲀毒素（pahutoxin，又称帕霍毒素）和粘盲鳗毒素（eptatretin）]；Ⓑ胍类 [如河鲀毒素（tetrodotoxin）和石房蛤毒素（saxitoxin）]；Ⓒ吡喃类 [如苔虫素（bryostatins）和软海绵素（halichondrins）]；Ⓓ吡啶类 [如龙虾肌碱（homarine）和蜂海绵毒素（halitoxin）]；Ⓔ嘧啶类 [如阿糖胞苷（arabinoside cytosine）]；Ⓕ吡嗪类 [如海萤荧光素（cypridina luciferin）和腔肠动物萤光碱（coelenteramide）]；Ⓖ哌啶类 [如从灯心柳珊瑚分离得到的三丙酮胺（triacetonamine，TTA）]；Ⓗ苯并咪唑类 [如存在于腹足纲骨螺科骨螺属 *Murex* 及荔枝螺属 *Thais* 两属动物鳃下腺内的骨螺毒素（murexine，又称骨螺毒碱）]；Ⓘ嘌呤类 [如源自带鱼鱼鳞的 6-硫代嘌呤（6-thioguarine，6-TG）和巯嘌呤（mercaptopurine）]；Ⓙ喹啉类 [如从多型短指软珊瑚 *Sinularia polydactyla* 分离得到的喹啉酮（quinolone）衍生物——7-羟基 8 甲氧基-4（1H）-喹啉酮]；Ⓚ异喹啉类 [如从矶海绵 *Reniera* sp. 分离得到的矶海绵素（renierone）即为含有异喹啉基的异喹啉类——1-（7-甲氧基-6-甲基-5，8-二氧代异喹啉基)-甲醇当归酸酯] 和Ⓛ核酸类，如从多种海洋鱼类的鱼白（＝鱼精蛋白）提取的 RNA 所制成的注射液等。

　　海洋生物毒素是海洋生物体内所含有的毒活性成分之统称，按其化学结构大致可以分为以下 5 类（引自关美君和丁源，1998 以及林文翰，1998；本文略有增减）：①非肽类含氮化合物，包括上述的酰胺类毒素、胍类毒素、二萜类毒素、吡喃类毒素、哌啶类毒素和苯并咪唑类毒素等；②聚醚类化合物，如沙群海葵毒素（PTX）、西加毒素（CTX）、刺尾鱼毒素（MTX）等，这类毒素存在于蓝细菌类、双鞭毛虫类、多孔动物、刺胞动物、软体动物、苔藓动物、海鞘纲尾索动物等生物体内；③多肽类毒素，这类毒素对神经系统有较强的作用，存在于海葵类刺胞动物、芋螺科软体动物、海鞘纲纲尾索动物、海蛇科爬行动物等动物体内；④环肽类毒素，这类毒素是由5～7个氨基酸组成的环状化合物，主要存在于某些蓝细菌类、多孔动物、软珊瑚类刺胞动物、软体动物和海鞘纲尾索动物体内；⑤贝毒毒素，这类的因素包括：Ⓐ使贝类产生麻痹性贝毒毒素（PSP），是贝类携带的鞭毛藻毒素（dinoflagellate toxin），据报道在贝类动物体的内脏团和消化腺所含有的仙女蛤毒素（callistin）也可使其产生麻痹性贝毒毒素，如果贝类携带由惠氏鞘丝藻 *Lyngubia willei* 和林氏水鞘藻 *Hydrocoleum lyngbyaceus* 这两种有毒大型蓝藻所含的脱氧甲烯基毒素和氨基甲酸酯类毒素，也可使其产生麻痹性贝毒毒素；Ⓑ使贝类产生腹泻性贝毒毒素（DSP），是贝类携带的鞭毛藻毒素或鳍藻毒素（dinophysistoxin）和Ⓒ使贝类产生记忆缺失性毒素（ASP），是其携带的鞭毛藻毒素或似翼藻毒素（gambiertoxin，曾称冈比藻毒素），而如果贝类携带了软骨藻酸也可使其产生记忆缺失性贝毒毒素。

（二）中国药用海洋生物和有毒海洋生物的种属组成

从表7.14可知，在1114种药用海洋生物中，隶于原核生物超界的药用物种很少，目前仅发现细菌界的10种蓝细菌类，而隶于真核生物超界的色素界和原生生物界的药用物种也不多，隶于该界硅藻类、金藻类和褐藻类三个门类的药用物种共计50种，在原生动物界目前尚未发现药用物种，在植物界药用海洋生物物种目前已发现88种（67种红藻、21种绿藻）。因此，在1114种药用海洋生物中，隶于细菌界、色素界、原生动物界和植物界四界的药用海洋生物，总共只有148种，在中国近海全部药用海洋生物中所占的比例很小（占13.28%），故大部分药用海洋生物（966种）是动物界的成员。在966种药用海洋动物中，602种隶于无脊椎动物范畴，占药用物种总数（中国全部药用海洋生物物种总数）的54.04%，其余364种药用动物皆隶于脊索动物门，占药用物种总数的32.68%。药用无脊椎动物以软体动物数量最多，计有415种，占药用物种总数的37.26%；其次为棘皮动物，计有84种，占药用物种总数的7.63%；而节肢动物居三，计有54种，占药用物种总数的4.84%。药用脊索动物以硬骨鱼纲的药用物种数量最多，计有256种，占药用物种总数的22.08%；其次为软骨鱼纲，计有61种，占药用物种总数的5.47%；而海洋爬行类和海洋哺乳类的药用物种数量相差无几，其药用物种种数分别为20种和24种，分别占药用物种总数的1.79%和2.14%。从表7.14可知，某些海洋生物类群的药用物种种数（例如多孔动物门、刺胞动物门的软珊瑚目等）未列入表7.14中，而所列入的另一些海洋生物类群（如刺胞动物门的柳珊瑚目等）的药用物种数量也很少，这是由于①这些海洋生物类群迄今尚未作为中药材列入有关中医药典，或②它们中只有少数物种被视作海洋药材列入有关中医药典，或③迄今为止对这些生物类群的海洋药物开发利用研究报道较少。

表 7.14　药用海洋生物和有毒海洋生物在中国近海分布种数的初步统计

生物类群		药用和/或食药两用海洋生物之物种总数	有毒和/或含有毒素的海洋生物或具有毒腺的海洋动物之物种数	既是药用和/或食药两用海洋生物又是有毒和/或含有毒素的海洋生物之物种总数	生物类群		药用和/或食药两用海洋生物之物种总数	有毒和/或含有毒素的海洋生物或具有毒腺的海洋动物之物种数	既是药用和/或食药两用海洋生物又是有毒和/或含有毒素的海洋生物之物种总数
细菌界					动物界（二）				
蓝细菌类		10	5	3	软体动物	多板类	5	0	0
色素界						腹足类	195	165	52
硅藻类		23	0	0		双壳类	196	14	7
金藻类		2	0	0		头足类	19	10	3
黄藻类		0	1	0	节肢动物	肢口类	1	3	3
褐藻类		25	2	2		蔓足类	3	1	0
原生动物界						等足类	1	0	0
双鞭毛虫类		0	10	0		十足类	48	14	0
植物界						口足类	1	0	0
红藻类		67	13	10	苔藓动物		3	8	1
绿藻类		21	8	0	棘皮动物	海参类	34	38	24
动物界（一）						海星类	29	9	6
刺胞动物	多孔动物	0	6	0		海胆类	21	12	8
	水螅水母类	1	7	1		蛇尾类	0	1	0
	钵水母类	4	9	4	海鞘纲尾索动物		2	3	1
	海葵类	15	17	15	动物界（三）				
	石珊瑚类	2	1	0	脊索动物	头索动物	1	0	0
	海鳃类	0	1	0		盲鳗类	1	0	0
	柳珊瑚类	3	1	1		头甲类	1	0	0
	软珊瑚类	0	13	0		软骨鱼类	61	44	29
多毛动物		3	8	1		硬骨鱼类	256	396	119
星虫动物		3	3	3		爬行类	20	19	19
						哺乳类	24	4	3
合计		药用海洋生物的物种总数：1114 种	有毒海洋生物的物种总数：845 种	既是药用海洋生物又是有毒海洋生物之物种总数：303 种					

从表 7.14 可知：①在 845 种有毒海洋生物中，涉及细菌界、色素界、原生动物界和植物界四界的有毒物种只有 39 种（分隶于 18 科 27 属），仅占中国近海有毒物种总数

（即中国近海有毒和/或含有毒素的海洋生物的物种总数）的 4.38%，但随着有毒海洋生物资源调查工作的深入发展，这几类海洋生物的有毒种属数量无疑将会有极大的增加；②归于动物界的有毒海洋生物计有 806 种（分隶于 165 科 305 属），占有毒物种总数 95.42%，而隶于无脊椎动物范畴的有毒物种计有 320 种（分隶于 82 科 118 属），占有毒物种总数的 37.72%，其中以腹足纲的有毒物种最多（165 种），占有毒无脊椎动物物种总数的 51.52%，其次为棘皮动物（60 种），约占有毒无脊椎动物物种总数的 18.86%；③列入表 7.14 的多孔动物、节肢动物和苔藓动物这三个门类的有毒物种分别为 6 种、18 种和 8 种，但随着海洋生物资源调查的深入，这三个门类的有毒物种将会逐渐增加；④目前在中国近海所发现的 2 科 2 属 2 种药用尾索动物和 2 科 2 属 3 种有毒尾索动物均隶于营底栖生活方式的海鞘纲尾索动物，尚未涉及营浮游生活的海樽纲尾索动物，但随着研究的深入，这两类尾索动物的药用物种和有毒物种的物种总数无疑会逐渐增加；⑤隶于脊索动物门的有毒海洋动物物种现有 463 种（分隶于 78 科 192 属），占有毒物种总数的 57.65%，其中脊椎动物亚门硬骨鱼纲的有毒物种最多（396 种）（分隶于 62 科 163 属），占中国近海有毒物种总数的 48.16%，其次为软骨鱼纲鱼类（44 种），占有毒物种总数的 5.21%，再次为海洋爬行动物（19 种），仅占约占有毒物种总数的 2.19%。

从表 7.14 可知，许多海洋生物既是药用生物又是有毒生物，这类海洋生物在中国近海现有 303 种（姜凤吾、张玉顺，1993），占有毒物种总数的 35.93%，约占药用物种总数的 27.22%。由此可见，有毒海洋生物在海洋药用生物中占有较重要的地位。例如，现有的 15 种药用海葵都是有毒海葵，现有 22 种食药两用芋螺均为具有毒腺的软体动物，在 60 种有毒棘皮动物种中 38 种均为药用动物，在 396 种有毒硬骨鱼纲鱼类中 119 种也是药用鱼类，而现有的 15 种药用海蛇均为具有毒腺的海洋爬行动物。

现就药用海洋生物以及有毒海洋生物在中国近海的种属组成按细菌界、色素界、原生动物界、植物界和动物界的顺序分别介绍如下。

I. 细菌界　目前在中国近海所发现的隶于细菌界的药用海洋生物和含有毒素的海洋生物均为蓝细菌门的成员，但随着药用海洋生物资源的深入调查，放射菌类的药用物种无疑会被陆续发现。

（1）蓝细菌类。药用蓝细菌现有 10 种，分隶于 3 科 6 属，其中隶于胶须藻科和拟珠藻科各有 1 属 1 种，其余 4 属 8 种均隶于颤藻科。含有毒素的大型蓝藻现有 4 属 5 种，皆为颤藻目颤藻科的成员。其中巨大鞘丝藻 *Lyngubya majuscnla*、红海束毛藻 *Trichodesmuum erythraeum* 和汉氏束毛藻 *Trichodesmium hildebrandtii* 四者，既是含有毒素的蓝藻又是药用蓝藻。红海束毛藻和巨大鞘丝藻都属于赤潮生物范畴，其藻体内含有鞘丝藻毒素（lyngubiatoxin）。惠氏鞘丝藻 *Lyngubia willei* 和林氏水鞘藻 *Hydrocoleum lyngbyaceus* 都是有毒大型蓝藻，其藻体内含有脱氧甲烯基毒素和氨基甲酸酯类毒素，可引发贝类产生麻痹性贝毒毒素（PSP）。

II. 色素界　目前在中国近海所发现的隶于色素界的药用海洋生物都是硅藻门、金藻门和褐藻门三者的成员，迄今为止尚未有人在硅藻门和金藻门中发现有毒或含有毒素的物种，而在黄藻门中则在目前未发现药用物种。

（2）硅藻类。在中国近海药用硅藻现有 5 科（圆筛藻科、角毛藻科、等片藻科、褐指藻科和菱形藻科）8 属 23 种。

（3）金藻类。在中国近海药用金藻目前仅发现 1 科（等鞭金藻科）2 属（叉鞭藻属和等鞭藻属）2 种。

（4）黄藻类。迄今为止尚未在有关中医药典中见到过以黄藻类为药材医治有关疾病的方剂，但赤潮异弯藻 *Heterosigma akashiwo*（该种为黄藻门异鞭藻目的的成员）属于赤潮生物范畴，可产生鱼毒性毒素使鱼窒息死亡，具有一定的海洋药物开发利用价值。

（5）褐藻类。在中国近海药用褐藻现有 25 种（其中大多数也是食用海藻），分隶于 10 科 12 属；而含有毒素的褐藻目前仅发现 2 种，即匍枝马尾藻 *Sargassum polycyotum* 和裂叶马尾藻 *Sargassum siliquastrum*。前者是一种含有细胞毒素的马尾藻，后者则是一种含有羟基马尾藻苯醌（hydroxysargaquinone）和马尾藻醇 I—II（sargasols I—II）的马尾藻，两者均是食药两用海藻。

III. 原生动物界　迄今为止，尚未在原生动物界发现过药用物种，但某些隶于双鞭毛虫门 Dinozoa（＝甲藻门 Pyrrophyta）的成员体内都含有生物毒素，具有广阔的海洋药物开发前景。

（6）双鞭毛虫类。目前在中国近海所发现的 10 种（分隶于 6 科 8 属）有毒原生动物均为双鞭毛虫门 Dinozoa 的成员，都属于有毒赤潮生物范畴。其中闪光原甲藻 *Prorocntrum micans* 含有鞭毛藻毒素（dinoflagellate toxin）而引发贝类产生腹泻性贝毒毒素（DSP）；渐尖鳍藻 *Dinophysis acuminata*、具尾鳍藻 *Dinophysis caudata* 和凸镜蛎甲藻 *Ostreopsis lenticularia* 三者都含有鳍藻毒素［dinophysistoxin（DTX）］，也可使产生腹泻性贝毒毒素；小亚得里亚裸甲藻 *Gymnodinium microadriaticum* 和多边膝沟藻 *Gonyaulax polyedra* 两者含有鞭毛藻毒素，可使贝类产生麻痹性贝毒毒素（PSP）；而夜光藻 *Noctiduca scitillans*、渐尖鳍藻、具尾鳍藻、倒卵形鳍藻 *Dinophysis fortii*、凸镜蛎甲藻、具毒似翼藻 *Gambierdisus toxicus* 和咖啡形双眉藻 *Amphara cofferaformis* 等 2 科 3 属 7 种双鞭毛虫，含有鞭毛藻毒素而使贝类产生记忆缺失性毒素（ASP）；而鳍藻科具毒似翼藻 *Gambierdisus toxicus* 所含有的似翼藻毒素（gambiertoxin）（因本种曾称之为有毒冈比藻，故似翼藻毒素曾译作冈比藻毒素），不仅可使贝类产生麻痹性贝毒毒素，而且也可使刺尾鱼科的鱼类产生栉齿刺尾鱼毒素（maitotoxin），从而使鱼产生西加毒素中毒。

IV. 植物界　目前在中国近海所发现的隶于植物界的药用海洋生物和含有毒素的海洋生物分别为红藻门和绿藻门的成员，虽然被子植物门红树科也有一些药用物种，但这里不予介绍。

（7）红藻类。在中国近海药用大型红藻现有 66 种（包括 1 变种），分隶于 15 科 26 属；而含有毒素的大型红藻现有 13 种，分隶于 6 科 8 属，其中 10 种也为食药两用海藻。在 13 种含有毒素的红藻中，7 种在其藻体内含有细胞毒素，树状软骨藻 *Chondria armata* 和粗枝软骨藻 *Chondria crassicaulis* 在其藻体内含有软骨藻酸，可使贝类产生记忆缺失性贝毒毒素（ASP），而尖叶凹顶藻 *Laurencia glandulifera* 在其藻体含有凹顶藻烃（laurene），卡氏凹顶藻 *Laurencia kalae* 在其藻体内含有凹顶藻素（lauencin），略大凹顶藻海藻 *Laurencia majuscula* 在其藻体内含有嗅代倍半萜类的略大凹顶藻素

（majusin），而冈村凹顶藻 *Laurencia odamurai* 则在其藻体含有海兔毒素（aplysin）和脱嗅海兔毒素（debromoaplysiatoxin）以及海兔毒醇（aplisinol）。

（8）绿藻类。在中国近海大型药用绿藻现有 21 种（分隶于 5 科 7 属），其中绝大多数为食药两用海藻，只有蕨藻科的总状蕨藻 *Caulerpa racemosa* 既是一种食药两用海藻又是是一种含有蕨藻毒素（caulersin）的大型绿藻；含有毒素的大型绿藻现有 8 种（分隶于 3 科 4 属），其中毛浒苔 *Enteromorpha chaetomorphoides* 和狭松藻 *Codium isthmo-cladum* 在其藻体内含有细胞毒素，其余 6 种（包括 1 变种）蕨藻在其藻体内含有蕨藻毒素；而叶形蕨藻 *Caulerpa taxifolita* 在其藻体内还含有蕨藻毒碱（caulerpenyne），西沙仙掌菜 *Halimeda xishaensis* 则在其藻体内含有仙掌菜毒素（halimedin）。可以肯定的是其他许多大型绿藻也含有类似的毒素。

V. 动物界　在中国近海隶于动物界的药用海洋生物现有 966 种，分隶于 9 门 225 科 406 属，而隶于动物界的有毒海洋生物现有 806 种，分隶于 9 门 165 科 305 属。

（9）多孔动物。虽然至今尚未发现以海产多孔动物为药材治愈有关疾病的实例，但海产多孔动物含有极其丰富的天然产物，而这些天然产物不仅在不同类群中具有相当显著的特异性，而且普遍具有抗微生物与抗肿瘤活性，因此海产多孔动物天然产物的研究是 20 世纪 90 年代以来海洋药物学研究的热点之一。含有毒素的海产多孔动物在中国近海国目前仅发现 6 种（分隶于 6 科 6 属）。即掘海绵科的酥脆掘海绵 *Dysidea fragilis*，含有掘海绵碱（dysamides A、B、C）；细芽海绵科的层出细芽海绵 *Microciona prolifera*，含有有毒骨针可使人产生接触性皮炎的有毒海绵（按：这种海绵也称丛体细枝海绵，在 1994 年曾报道于东海，但需进一步核查）；角骨海绵科的杯叶海绵 *Phyllospongia foliaceans*，含有杯叶海绵素（phyllofoliaspongin）和叶海绵环烯醚萜 A—B（phyllactones A—B）以及叶海绵碱（phyllonemone）；真海绵科的紫沙肉海绵 *Psammaplysilla purpurea*，含有紫沙肉海绵素 A、B、C（psammaplysines A、B、C）；星芒海绵科的薄星芒海绵 *Stelleta tenuis*，含有五环三萜类星芒海绵素 A（stellettin）；以及皮海绵科的寄居蟹皮海绵 *Suberites domunculus*，含有组胺类及其类似的有毒物质如皮海绵素（suberitin）。

（10）刺胞动物。在中国近海药用海洋刺胞动物现有 25 种（包括 1 亚种），分隶于 13 科 15 属，而有毒和/或含有毒素的海洋刺胞动物在中国近海目前已发现 49 种（包括 1 亚种），分隶于 17 科 27 属（巴斯洛，1985；Halstead，1988；姜凤吾、张玉顺，1993）。在 49 种有毒刺胞动物中，4 科 5 属 7 种隶于水螅虫纲，5 科 5 属 9 种隶于钵水母纲，5 科 8 属 17 种（包括 1 亚种）隶于八方珊瑚亚纲的海葵目和群体海葵目，1 科 1 属 1 种隶于六方珊瑚亚纲的石珊瑚目，1 科 1 属 1 种隶于六方珊瑚亚纲的柳珊瑚目，1 科 6 属 13 种隶于六方珊瑚亚纲的软珊瑚目，1 科 1 属 1 种隶于六方珊瑚亚纲的海鳃目。虽然在现有的中医药典中皆无把软珊瑚类刺胞动物作为中医药材的传统方剂，但根据邹仁林、陈映霞（1989）对珊瑚、柳珊瑚和软珊瑚这两类珊瑚所含天然产物的药用价值所作的评述，存在于某些石珊瑚、柳珊瑚和软珊瑚中的假翼柳珊瑚素（pseudopterosins），具有抗炎作用；存在于某些柳珊瑚和软珊瑚中以倍半萜类（sesquiterpenes）和二萜类（diterpenes）形式存在的萜类化合物都具有抗肿瘤作用，存在于某些石珊瑚、柳珊瑚和软珊瑚中诸如柳珊瑚甾醇（gorgosterols）、24-甲基胆甾醇（24-methylcholesterol）、24-

亚甲基胆甾醇（24-methylene cholesterol）、23-去甲基-柳珊瑚甾醇（23-desmethyl gor-gosterol）和23-甲基岩藻甾醇（23-methylfuchosterol）等海洋甾醇类化合物都具有降低血压的作用，而从某些柳珊瑚和软珊瑚分离得到前列腺素（prostaglandins，PGs）也存在于人体和其他哺乳动物的各种重要组织及体液中。从多型短指软珊瑚 *Sinularia polydactyla* 分离得到的称之为羟基-8-甲基-4（H）-喹啉酮的含氮化合物，可望开发成为一种治疗心血管疾病的新型药物。因此，柳珊瑚和软珊瑚是两类具有广泛的海洋药物开发前景的刺胞动物。

水螅虫纲　在药用水螅虫纲刺胞动物目前仅有1种，即水螅水母亚纲的毛状羽螅（曾名刚毛海框螅）*Plumularia setacea*，其群体提取物用作神经镇静药的药用水螅；而隶于水螅虫纲的7种有毒刺胞动物，除了僧帽水母［它既是有毒刺胞动物又是药用动物，在其动物体的触手刺丝胞含有僧帽水母毒素和睡眠毒素（hypnotoxin）］属于管水母亚纲外，其余6种皆是水螅水母亚纲的成员。其中分叉多孔螅 *Millepora dichotom*、娇嫩多孔螅 *Millepora tenera* 和扁叶多孔螅 *Millepora platyphylla* 三者均为有毒水螅类，其动物体的触手刺丝胞皆具有水螅虫有毒螫刺（hydrozoan stings），而硬手钩水母 *Gonionemus vertens*、花笠水母 *Olindioides formosa* 和四叶小舌硬水母 *Liriope tetraphylla* 四者则属于有毒水螅水母类，其动物体的触手刺丝胞均具有水螅水母有毒螫刺（hydrozooid stings）。

钵水母纲　隶于钵水母纲的药用刺胞动物现有4种，即发状霞水母 *Cyanea capillata*、海月水母 *Aurelia aurita*、海蜇 *Rhopilema esculetum* 和黄斑海蜇 *Rhopilema hispidum*。前三种水母既是有毒钵水母又是药用刺胞动物，而黄斑海蜇则既是有毒钵水母又是食药两用动物；隶于钵水母纲的有毒刺胞动物现有9种：除了上述4种钵水母外，还有红斑游船水母 *Nausithöe punctata*、夜光游水母 *Pelagica notiluca*、灯水母 *Carybdea rastoni*、发状霞水母 *Cyanea capillata*、白色霞水母 *Cyanea nozaki* 和沙海蜇 *Rhopilema hispidum*。所有这9种有毒钵水母在其动物体触手刺丝胞内皆具有钵水母有毒螫刺（scyphozoon stings）。

珊瑚虫纲　该纲的药用物种和/和有毒物种存在于八方珊瑚亚纲和六方珊瑚亚纲两类。

八方珊瑚亚纲的海葵目和鞘群海葵目　药用海葵类刺胞动物现有15种（包括1亚种），分隶于5科7属，其中4科6属11种（包括1亚种）属于海葵目，1科1属4种属于鞘群海葵目；而有毒海葵类刺胞动物现有17种（包括1亚种），其中4科7属13种（包括1亚种）隶于海葵目、只有1科1属4种属于鞘群海葵目（姜凤吾、张玉顺，1993）。

本文所涉及17种有毒海葵（包括15种药用海葵）之有毒部位或为动物体的整体，或为其触手，不同属种的海葵含有不同类型的生物毒素：桔形瘤海葵 *Condylactis aurantita*、纵条矶海葵 *Haliplanella luciae* 和玫瑰红绿海葵 *Sagartia rosea* 三者动物体的整体含有四胺类海葵毒素［actinotoxin（ATX）］；巨型瘤海葵 *Condylactis gigantea*，在其触手内含有蛋白类高分子毒素——瘤海葵毒素（condydactis toxin）；迎风海葵（曾名蛇卷海葵）*Anemonia sulcata*，在其触手内含有属于蛋白类高分子毒素的迎风海葵毒素—I（Anemonia sulcata toxin-I）以及海葵溶血素（congestin），而其整体含有属于四胺类海葵毒素以及属于蛋白类高分子毒素的迎风海葵毒素—II（Anemonia sulcata toxin-II）；等指海葵（曾名红海葵）*Actinia equina* 在其触手内含有低分子褐海葵素和蛋白类高分子毒素——等指海葵毒素（equinatoxin）；侧花海葵属的 6 种海葵的整体均含有侧花海葵毒素（anthopleura toxin）；须毛高领细指海葵 *Metridium sensile fimbriatum*（曾称之为 *Metridium rathus*）在其胃丝内含有高领细指海葵刺丝囊毒素和海葵溶血毒素；玫瑰红绿海葵 *Sagartia rosea* 的整体含有海葵毒素［actinotoxin（ATX）］；海燕沙群海葵 *Palythoa nelliae*、石灰沙群海葵 *Palythoa titanophia*、好望角沙群海葵 *Palythoa capensis* 和盘花沙群海葵（曾名板花海葵）*Palythoa anthoplax* 四者的整体都含有沙群海葵毒素［palytoxin（PTX）］。可以肯定的是，海葵类刺胞动物是具有很大开发利用前景的海洋药用生物，但现有药用海葵的物种总数只有这类刺胞动物物种总数的1/10，因此在中国近海海葵目和鞘群海葵目物种多样性资源还有待深入调查。

六放珊瑚亚纲的石珊瑚目　在中国近海石珊瑚目（即所谓造礁珊瑚）的药用刺胞动物目前仅有 2 种（分隶于 2 科 2 属），即灰黑滨珊瑚 *Porites nigrescens* 和粗糙盔形珊瑚 *Galaxea aspera*；而目前已记录的有毒石珊瑚只有 1 种，即鹿角珊瑚科的大鹿角珊瑚 *Actropora palmata*，其触手刺丝胞含有水螅虫有毒螫刺。

六放珊瑚亚纲的柳珊瑚目　在中国近海药用柳珊瑚目前仅发现 2 科 2 属 3 种，即鳞海底柏 *Melitodes squarnata*、赭色海底柏 *Melitodes ochracea* 和日本红珊瑚 *Corallium japonicum*；而目前已报道的含有毒素的柳珊瑚目前仅发现 1 种，即丛柳珊瑚科的直真丛柳珊瑚 *Euplexura erecta*，其群体含有前列腺素（PGF$_{2a}$）。但随着调查的深入，柳珊瑚目的药用物种和有毒物种均会有较多的增加。

六放珊瑚亚纲海鳃目　在现有中医药典种尚无以海鳃类刺胞动物为中药材医治相关疾病的方剂，对于在中国近海而含有毒素的海鳃类调查尚不充分，目前仅发现 1 科 1 属 1 种，即海鳃科的染海鳃 *Pennatula muelleri*，其触手含有有毒海鳃螫刺（pennatulidan stings）。

六放珊瑚亚纲软珊瑚目　在现有中医药典中尚未发现以软珊瑚类刺胞动物作为中药材医治相关疾病的方剂，但根据现有研究结果可以推断，这类刺胞动物是一类药用价值较高的海洋动物。在中国近海已报道的含有毒素的软珊瑚都是软珊瑚科 6 个属的成员，计有 13 种，皆分布于南海海域。即帕塔戈尼亚软珊瑚 *Alcyonicum patagonium* 含有帕塔戈尼亚软珊瑚醇（patagonicole）；相似短足软珊瑚 *Cladiella similis* 含有短足软珊瑚素（cladiellisin）；绿棒软珊瑚 *Clavularia viridis* 含有绿棒软珊瑚甾醇 A—B（clavudiols A—B）；鸡冠豆荚软珊瑚 *Lobophytum cristagali* 含有豆荚软珊瑚碱（lobophytoide、或称之为豆荚软珊瑚内酯）；3 种肉芝软珊瑚（微厚肉芝软珊瑚 *Sarcophyton crassocaule*、第氏肉芝软珊瑚 *Sarcophyton decaryi* 和圆盘肉芝软珊瑚 *Sarcophyton trocheliophrum*）含有肉芝软珊瑚素（sarcophine）和肉芝软珊瑚酮（sarcophinone）［其中微厚肉芝软珊瑚还含有肉芝软珊瑚毒碱（sarcophytoxide）］；2 种短指软珊瑚（纤状短指软珊瑚 *Sinularia fibrillose* 和肥大短指软珊瑚 *Sinularia corpulenta*）含有醋酸短指软珊瑚内酯（sinulariolide acetate）；5-去氢-短指软珊瑚内含酯（5-dehydrosinulariode）和10-羟基-短指软珊瑚内含酯（10-hydroxy-sinulariolide）；弹性短指软珊瑚 *Sinularia flexibilis* 含有肉芝软珊瑚素、二氢肉芝软珊瑚素、短指软珊瑚内酯（sinulariolide）和醋酸短指软珊瑚内酯；小棒短指软珊瑚 *Sinularia microclavata* 含有 24-甲基胆甾醇；多型短指软珊瑚 *Sinularia polydactyla* 含有羟基-8-甲基-4（H）-喹啉酮；叉状短指软珊瑚 *Sinularia ramulosa* 含有 23-甲基岩藻甾醇。

（11）多毛类环节动物 药用多毛类环节动物在中国近海现有 3 种（分隶于 3 科 3 属），即疣吻沙蚕 *Tylorrhynchus heteroehaetus*、长吻沙蚕 *Glycera chiori* 和巴西沙蠋 *Arenicola brasiliensis*；而有毒和/或含有毒素的多毛类环节动物目前仅发现 8 种，分隶于 4 科 7 属（Halstead，1988；姜风吾、张玉顺，1993），其中疣吻沙蚕也是一种食药两用动物。在这 8 种有毒多毛类环节动物中，以刚毛和颚为其毒器的有毒多毛类现有 6 种，即异足索沙蚕 *Lumbrineris heteropoda*、疣吻沙蚕、日本刺沙蚕 *Neanthes japonica*、锐足全刺沙蚕 *Nectoneanthes oxypoda*、黄斑海毛虫 *Chloeia flava*、黄扁疣帝虫 *Eurythöe complanata*，而异足索沙蚕不仅以其刚毛和颚为其毒器的有毒多毛类，而且因其虫体含有沙蚕毒素［nereistoxin（NTX）］而又属于含有毒素的多毛类；海蚯蚓 *Arenicola cristata* 因其虫体含有革囊星虫素（phascolosine）、亚牛磺酸和花青苷等硫胍基衍生物等毒素（Halstead，1988），故也是一种含有毒素的多毛类。

（12）星虫动物。自 20 世纪 60 年代末以来已从革囊星虫属 *Phascolosoma* 的几种星虫分离得到的草囊星虫素，可能用来研制作用于心脏和神经系统的海洋药物。在中国近海药用星虫目前仅发现现有 2 科 2 属 3 种（包括 1 亚种），即戈芬星虫科的长戈芬星虫 *Golfingia elongata* 和普通戈芬星虫 *Golfingia vulagris vulgaris* 以及方格星虫科的裸体方格星虫 *Sipunculus nudus*，它们既是食药两用星虫又是在其虫体内脏内含有革囊星虫素的动物（Halstead，1988；姜风吾、张玉顺，1993）。

（13）软体动物。软体动物在中国近海是药用物种最多的一门无脊椎动物，现有药用物种 415 种（包括 15 亚种），分隶于 67 科 181 属。其中 2 科 3 属 5 种隶于多板纲，32 科 72 属 195 种（包括 13 亚种）隶于腹足纲（23 科 60 属 176 种隶于前鳃亚纲，8 科 11 属 18 种隶于后鳃亚纲，1 科 1 属 1 种隶于肺螺亚纲），28 科 98 属 196 种（包括 2 亚种）隶于双壳纲，5 科 8 属 19 种隶于头足纲。而有毒和/或含有毒素的软体动物在中国近海现有 189 种（包括 4 亚种），分隶于 23 科 32 属。其中有毒腹足类共 165 种（其中 110 种为芋螺科芋螺属 *Conus* 的成员，常见的食药两用与有毒芋螺有 30 多种），分隶于 12 科 12 属；含有毒素的双壳类软体动物现有 14 种，分隶于 8 科 13 属；含有毒素的头足类软体动物现有 10 种，分隶于 3 科 3 属（姜风吾、张玉顺，1993；Halstead，1988）。迄今为止，尚无报道在多板纲软体动物具有有毒或含有毒素的属种。在 189 种有毒和含有毒素的软体动物中，62 种（即 33.51% 的有毒物种）也为食药两用动物。

有毒腹足类 165 种有毒腹足类可分为含有毒素的腹足类和具有毒腺的腹足类两类。含有毒素的腹足类现有 12 种，其中 3 科（马蹄螺科、蝾螺科和嵌线螺科）3 属 11 种在其动物体的消化腺内含有鞭毛藻毒素（dinoflagellate toxin），并产生麻痹性贝毒毒素（PSP）或引发腹泻性贝毒毒素（DSP）的腹足类，而娥螺科的日本东风螺 *Babylonia japonica* 则含有河豚毒素（tetrodotoxin，TTX）（按：从日本东风螺提取的毒素过去称之为骏河毒素（surugatoxin，STGX）系由骏河鰕虎鱼"surug"命名，目前一般不使用骏河毒素这一术语）。具有毒腺的腹足类可分为以下 5 组：①前鳃亚纲骨螺科骨螺属的 10 种骨螺在其动物体的鳃下腺均仅含有骨螺毒碱［murexine＝骨螺毒素（murextoxin)］；②前鳃亚纲骨螺科荔枝螺属的 11 种荔枝螺在其动物体的鳃下腺内既含有骨螺毒碱又含有双羟基骨螺毒碱；③前鳃亚纲芋螺科芋螺属的 110 种芋螺在其动物体的咽和唾液腺内含有芋螺毒素［conotoxin（CTX）］；④海兔科 3 属（海兔属 *Aplysia*、尾海兔属 *Dolabella*、背肛海兔属 *Notarchus*）15 种后鳃亚纲软体动物在其动物体的乳白腺（opaline gland），紫腺（purple gland）和消化腺内含有海兔毒素（aplysin）；⑤后鳃亚纲叶海牛科的叶海牛 *Phyllidia varicosa* 是迄今为止在海产软体动物中唯一一种由其动物体的皮肤分泌腺毒素（海兔毒素）的有毒腹足类。

有毒双壳类　有毒双壳类均为含有毒素的软体动物，现有 14 种，可分为以下 7 组：① 紫贻贝 *Mytilus galloprovincialis*、偏顶蛤 *Modiolus modiolus*、紫色裂江珧 *Pinna atropurpurea* 和栉孔扇贝 *Chlamys farrei* 在其动物体的消化腺内含有鞭毛藻毒素，并使其产生麻痹性贝毒毒素（PSP）；② 长巨牡蛎 *Crassostrea gigas*、坚壳蛤 *Spisula solidissima*、半纹缀绵 *Tapes semidecussata* 和沙海螂 *Mya arenaria* 在其动物体的内脏团和消化腺内含有鞭毛藻毒素，并使其产生麻痹性贝毒毒素（PSP）；③ 虾夷扇贝 *Patinopecten yessoensis* 在其动物体的消化腺内含有鞭毛藻毒素和虾夷扇贝毒素［yessotoxin（YTX）］，并引发产生食扇贝中毒；④ 大砗磲 *Tridacna gigas* 在其动物体的内脏团和消化腺内都含有仙女蛤毒素（callistin），并引发食仙女蛤毒素中毒（callistin poison）；⑤ 日本镜蛤 *Dosinia japonica* 在其动物体的内脏团和消化腺内含有蛤仔毒素（venerupin），并引发食含蛤仔毒素贝类中毒（venerupin shellfish poison）；⑥ 凸镜蛤 *Dosinia gibba* 和短管仙女蛤 *Callista brevisiphonata* 在其动物体的内脏团和消化腺含有仙女蛤毒素，并使其产生麻痹性贝毒毒素（PSP）；⑦ 帘蛤科的薪蛤 *Mercenaria mercenaria* 在其动物体的内脏团和消化腺内含有薪蛤素（mercenene）（备注：薪蛤 *Mercenaria mercenaria* 是最近由大西洋近岸水域引入的养殖新品种，目前正在试验推广中；在现有养殖种群的动物体内是否含有薪蛤素尚需研究。本种的中文名"薪蛤"是按其拉丁学名 *Mercenaria mercenaria* 的原意翻译，在有些文献中译者依据该种的英文俗名译作"硬壳蛤"，因此"薪蛤素"就译为"硬壳蛤素"）。

有毒头足类　有毒头足类均属于有毒腺的软体动物。在中国近海有毒头足类现有 10 种（其中太平洋褶柔鱼 *Todarodes vulgaris*、金乌贼 *Sepia esculenta* 和真蛸 *Octopus vulgaris* 也是食药两用动物），其毒素皆存在于特定的腺体内。这些含有毒素的头足类软体动物大致可分为以下 3 组：①太平洋褶柔鱼和金乌贼在其动物体的前、后唾腺含有头足类毒素（cephalopod toxin）；② 双斑蛸 *Octopus bimaculatus*、弯斑蛸 *Octopus dofleini*、砂蛸 *Octopus aegina*、东蛸 *Octopus berenice*、纺锤蛸 *Octopus fusiformis*、广东蛸 *Octopus guangdongensis* 和真蛸在其动物体的前、后唾腺内含有章鱼毒碱（octopine）；③环蛸 *Octopus maculosus* 在其动物体的前、后唾腺内含有两种毒素，其一为与河鲀毒素同类的环蛸毒素（maculotoxin），其二为章鱼毒碱。

（14）节肢动物。药用海产节肢动物现有 54 种（包括 1 亚种），分隶于 18 科 30 属。其中 1 科 2 属 3 种隶于肢口纲，2 科 2 属 3 种（包括 1 亚种）隶于甲壳纲蔓足亚纲，15 科 26 属 48 种隶于甲壳纲软甲亚纲；而有毒海洋节肢动物现有 18 种，分隶于 8 科 16 属，其中 1 科 2 属 3 种隶于肢口纲，1 科 1 属 1 种隶于蔓足亚纲尖胸目，6 科 13 属 14 种隶于甲壳纲的十足目（其中 2 科 2 属 2 种隶于歪尾下目，4 科 11 属 12 种隶于短尾下目）（巴斯洛，1985；Halstead，1988；姜凤吾、张玉顺，1993）。

在上述 18 种含有毒素海洋节肢动物可分为 3 组：①中国鲎、南方鲎 *Tachypleus gigans* 和圆尾蝎鲎 *Carcinoscopsis roundicauda*，因在其动物体的肌肉、内脏和卵在一定季节内含有似翼藻毒素，因而是季节性有毒肢口类，它们都是食药两用动物；②卡氏蟹奴 *Sacculina carcacin* 因在其动物体内含有季节性毒素（但其化学属性不明），故为季节性有毒甲壳类；③ 其余 15 种有毒甲壳类在其动物体内皆含有麻痹性贝毒毒素（PSP）。

（15）苔藓动物。在中国近海药用苔藓动物现有 3 种（分隶于 2 科 2 属），其一为多室草苔虫 *Bugula neritina*，其二为在有关中医药典中称之"海浮石"的中药材。"海浮石"实际上是由仿分胞苔虫属 *Celleporina* 的群体骨骼和隶于红藻门的石枝藻以及一些矿化物结合而成，但以苔藓虫群体骨骼为主体。组成"海浮石"的仿分胞苔虫可能有 2～3 种，其一为双生仿分胞苔虫 *Celleporirna geminata*，其二为锯吻仿分胞苔虫 *Celleporina serrirostrata*，有时可能还包括第三种仿分胞苔虫（即缺刻仿分胞苔虫 *Celleporina excisa*），但占优势者为双生仿分胞苔虫，而在有关海洋药用生物资源的报告中指名为"*Celleporina aculeata*"的名称，可能是错误鉴定的结果。

含有毒素的苔藓动物在中国近海目前至少有 8 种，分隶于 6 科 6 属，皆归于污损生物范畴。从多室草苔虫分离得到了 20 多个称之为苔虫素（bryostatins）的活性单体，它们都是属于大环内酯化合物，所有这些活性单体在体外抗癌活性筛选中都表现出较强的抗癌活性。其中苔虫素 19（bryostatin 19）是中国学者从多室草苔虫分离获得的 5 个活性单体之一。研究表明，这一新型的大环内酯类化合物对单核细胞白血病细胞株 U_{937} 具有极强的杀灭作用，对早幼粒细胞 HL_{60} 和白血病 K_{562} 等细胞株均有显著的抑制活性（林厚文、易扬华等，1998）。从齿草苔虫 *Bugula dentata* 分离得到的太目素 A—B（tambjamines A—B，也称太目齿草苔虫素）是一类具有双吡咯结构的生物碱，具有细胞毒活性以及显著的抗微生物活性（Morris，Prinsep，1996b）。虽然至今为止尚未对匍茎草苔虫 *Bugula stolonifera* 所含的天然活性物质做了研究，但其群体的粗提取物具有明显的抗微生物活性；而普遍分布于中国近海的西方三胞苔虫 *Tricellaria occidentalis*，具有与这两种草苔虫相似的群体类型，故三者极有可能含有类似的活性物质。颈链血苔虫 *Waterisipora subtorquata* 也是普遍分布于中国近海的唇口目苔藓虫，从这种污损苔虫分离得到了抗氧化合物 1-8 二羟基蒽醌（8-dihydroxyanthraguinone）。旋花愚苔虫 *Amathia convoluta* 在海南岛近岸浅水区有广泛的分布，国外学者已从旋花愚苔虫分离得到了两种活性物质，其一为旋花愚苔虫酚（convolutamines），其二为旋花愚苔虫碱（convolutamides）。前者为溴取代的酚类化合物，后者为一类具有吲哚结构的生物碱，对 P_{388}、L_{1210} 和 KB 细胞均具毒活性作用。从产于澳大利亚塔斯马尼亚岛海域的威氏愚苔虫 *Amathia wilsoni* 分离得到了愚苔虫碱类（amathamides），从产于新西兰惠灵顿海区的威氏愚苔虫种群不仅分离得到了愚苔虫螺碱（amathaspiramide），而且还有 19 种海洋甾醇类化合物，这些天然产物都归于胺类生物碱，具有强烈的抗细胞毒活性和抗微生物活性（Morris，Prinsep，1996a）。

因此，根据国外学者的研究结果，除了多室草苔虫外，在中国近海皆有分布的齿草苔虫、匍茎草苔虫、西方三胞苔虫、秀丽链胞苔虫和颈链血苔虫等 5 种唇口目苔藓虫以及旋花愚苔虫和分离愚苔虫等2种栉口目，都具有作为药用生物资源的开发利用价值。

（16）棘皮动物。药用和/或食药两用棘皮动物在中国近海现有84种，分隶于23科42属（其中8科14属34种隶于海参纲，8科14属29种隶于海星纲，7科14属21种隶于海胆纲，至今为止尚未发现以蛇尾纲棘皮动物为药材医治有关疾病的中医学方剂），而有毒棘皮动物在中国近海现有58种，分隶于18科26属（其中7科10属38种隶于海参纲，4科6属7种隶于海星纲，6科9属12种隶于海胆纲，而隶于蛇尾纲只有1科1属1种）（巴斯洛著，林泰禧等译，1985；Halstead，1988；姜凤吾、张玉顺，1993）。在上述58种有毒棘皮动物中，42种（其中24种隶于海参纲、6种隶于海星纲，12种隶于海胆纲）也是药用和/或食药两用动物，因此这类既是药用动物又是有毒动物的棘皮动物在海参纲属种最多，约占这类棘皮动物物种总数的63%。

含有毒素的海参纲棘皮动物　在中国近海含有毒素的海参纲棘皮动物现有37种，它们可细分为8组：①3种瓜参（丛足瓜参 *Cucumana multiples*、棘刺瓜参 *Pseudocnus echinata* 和非洲异瓜参 *Afrocucumis africana*），含有瓜参皂苷 C，F（cucumariosides C，F）；②19种海参含有海参毒素 A，B（holothurins A，B），但玉足海参 *Holothuria (Mertensiothuria) leucospilosa* 和疣海参 *Holothuria (Holothuria) tuberlosa* 两者既含有海参毒素 A，B 又含有海参毒素原（holothrinogen）；③黑乳海参 *Holothuria (Microthele) nobilis* 仅含有海参毒素 A；④糙海参 *Holothuria (Metriatyla) scabra* 和沙海参 *Holothuria (Thymiosycia) arenicola* 仅含有海参毒素 B；⑤图纹白尼参 *Bohadschia marmorata* 和蛇目白尼参 *Bohadschia argus* 仅含有海参毒素 C，但图纹白尼参还含有海参毒素 I，II，III（holothurins I，II，III）以及图纹白尼参内酯（bivittoide，或称二斑白尼参内酯）；⑥考氏白尼参 *Bohadschia koellikeri* 含有白尼海参毒素原和考氏白尼海参毒素原（koellikerigenin）；⑦黄斑海参 *Holothuria (Halodeima) falvomaculata* 含有海参醇（holostanol）；⑧8种海参纲含有皂苷类毒素，其中刺参科的3属4种海参（仿刺参 *Apostichopus japonicus*、刺参 *Stichopus chloronotus*、糙刺参 *Stichopus horrens* 和花刺参 *Sticpiopus variegatus*）含有刺参皂苷（stichoposide）、刺参科的梅花参 *Thelenota ananas* 含有梅花参皂苷 A—B（thelothurindes A—B）和梅花参素（thelenostatin），芋参科的海棒槌 *Paracaudina chilensis*、锚海参科的钮帕狄锚参 *Patinapta oöpla* 和指参科的紫轮参 *Polycheira rufescens* 三者均含有海参皂苷（holothurinide）。

含有毒素的海星纲棘皮动物　在中国近海含有毒素的海星纲棘皮动物现有7种（它们也都是药用海星纲），可细分为2组：①多棘海星 *Astropecten polyacanthus* 和怒棘槭海星 *Astropecten veliteris* 含有河鲀毒素；②砂海星 *Luidia quinaria*、长棘海星 *Acanthaster planci*、罗氏海盘车 *Asterias rollestoni*、粗钝海盘车 *Asterias argonauta* 和多棘海盘车 *Asterias amurensis* 等5种海星含有海星皂苷（asterosaponin）。

含有毒素的海胆纲棘皮动物　在中国近海含有毒素的海胆纲棘皮动物现有13种（其中6种为药用海胆），它们可细分为3组：①囊袋海胆 *Phormosoma bursarium*、变异囊海胆 *Asthemosoma varium*、刺冠海胆 *Diadema setosum*、沙氏冠海胆 *Diadema savignyi*、环刺棘海胆 *Echinothrix calamaris*、冠刺棘海胆 *Echrnothrix diadema*、石笔海胆 *Heterocentrotus mammillatus* 等7种海胆的刺和叉棘均有毒；②细雕刻肋海胆 *Temnopleurus toreumaticus*、哈氏刻肋海胆 *Temnopleurus hardwickii*、马粪海胆

Hemicentrotus pnlcherrinus 和尖棘海胆（曾称大连紫海胆）*Strongylocceolatus nudus* 4
种海胆的叉棘含有海胆棘色素（spinochromes，包括 A、AK₂、B、M₁ 等，简称海胆色
素）和伯海胆素（boneline），海胆棘色素有望研发出新的心肌药物鱼神经肌肉药物，
而伯海胆素具有抑止癌细胞生长的功能；③除了刺和叉棘有毒外还具有毒腺的有毒海胆
目前仅发现 2 种，即喇叭毒棘海胆 *Toxopneustes pilealus* 和白棘三列海胆 *Tripeneustes
gratilla*。

含有毒素的蛇尾纲棘皮动物　至今为止尚未见有人利用蛇尾纲棘皮动物来治愈疾病
的例子，但根据目前有限的资料可以肯定这类棘皮动物含有生物活性物质，由于它们在
海洋生物链中处于高端地位，几乎不为鱼类所摄食，而且有时生物量相当高。目前在我
国海域仅发现环棘鞭蛇尾 *Ophiomastix annulosa* 一种，其体内含有毒抗凝物质，在中
国分布于西沙群岛水域。

（17）尾索动物。在中国近海药用尾索动物目前仅涉及 2 科 2 属 2 种隶于营底栖生
活方式的海鞘纲尾索动物，其一为玻璃海鞘 *Ciona intestinalis*，其二为柄海鞘 *Styela
clava*。玻璃海鞘既是一种污损生物又是一种药用海鞘（它是提取副肌球蛋白的原料之
一），而柄海鞘既是一种药用海鞘，又是一种有毒尾索动物，在海上人们如与其接触则
可使人引发呼吸道疾病。有毒海鞘纲尾索动物目前在中国近海仅发现 2 科 2 属 3 种，
即：分布于中国香港海域的多皱褶胃海鞘 *Aplidium multiplicatum*、分布于黄渤海的柄
海鞘和褶柄海鞘 *Styela plicata*（与柄海鞘一样，如果在海上与其接触人会引发呼吸道
疾病）。多皱褶胃海鞘是一种含有石莫海鞘素（shimofuridin）的有毒海鞘，柄海鞘在其
体内含有柄海鞘素（styelin）和棍海鞘素（也称棍海鞘抗菌肽）（clavanin），也是提取
具有药用前景的 2，4—二叔丁基苯酚的原料。迄今为止，中国药用海洋生物名录尚未
涉及营浮游生活的海樽纲尾索动物，但随着研究的深入，这两类尾索动物药用物种的种
数无疑会逐渐增加。

虽然在现有中医药典中尚未发现以尾索动物为药材医治有关疾病传统方剂，但无论
是营浮游生活的海樽纲浮游尾索动物还是营底栖生活的海鞘纲尾索动物，它们之中都有
一些物种在其体内含有不同类型而且又有较强抗肿瘤活性的天然产物，因而使这类尾索
动物成为具有较高开发利用价值的药用动物（巴斯洛，1985；Halstead，1988；田伟
生、杨庆雄，2002）。例如，从产于日本的伊豆肌纽鳃樽 *Riterella tokioka* 体内分离得
到了肌纽鳃樽素 A～Z（ritterazines A～Z，曾被误译为蕾海鞘素），此类化合物都具有
强烈的抗肿瘤活性，而从产于地中海的软星骨海鞘 *Didemnum mole* 笨取的星骨海鞘素
（didemins，有人曾译作为膜海鞘素）和星骨海鞘咔啉 A—D（dideminolines A—D）具
有很强的生物活性（特别是星骨海鞘素具有极高的抗肿瘤活性）。在中国近海至少已发
现 1 种肌纽鳃樽和 10 种星骨海鞘，但至今无人问津，因此应该对中国尾索动物加大天
然产物研究的力度。

（18）头索动物。药用头索动物在中国近海目前仅发现 1 科 1 属 1 种，即厦门文昌
鱼 *Branchiostoma belcheri*。厦门文昌鱼是一种食药两用动物，已被列入国家二级保护
动物，是提取副肌球蛋白的原料之一。迄今为止尚未在头索动物中发现过有毒属种。

（19）盲鳗纲。药用盲鳗纲动物在中国近海仅有 1 科 1 属 1 种，即黏盲鳗科的蒲氏
黏盲鳗 *Eptatretus burgeri*（姜凤吾、张玉顺，1993）。迄今为止尚未在该纲动物中发现

过有毒物种。

（20）头甲纲。药用头甲纲动物在中国近海仅有 1 科 1 属 1 种，即七鳃鳗科的日本七鳃鳗 *Lethenteron japonicum*（姜凤吾、张玉顺，1993）。迄今为止尚未有人在该纲动物中发现过有毒物种。

（21）软骨鱼纲。药用软骨鱼类在中国近海现有 61 种，分隶于 21 科 25 属，其中种属较多是真鲨科（3 属 15 种）和魟科（1 属 11 种）。而有毒软骨鱼类在中国近海现有 44 种，分隶于 11 科 15 属，其中 29 种也是药用和/或食药两用鱼类（占软骨鱼纲全部药用物种总数的 45.00 %）（伍汉霖等，1978；巴斯洛，1985；Halstead，1988；姜凤吾、张玉顺，1993；伍汉霖、陈永豪，1998）。上述 44 种有毒软骨鱼类可分为 4 组：① 含有西加毒素，因而隶于肉毒鱼类范畴的有毒软骨鱼类种属最少，仅有 2 科 2 属 2 种；② 既是刺毒鱼类（鱼体尾刺有毒）又是肉毒鱼类（鱼肉有毒）的软骨鱼类种属也很少，仅有 1 科 1 属 3 种；③ 既属于肉毒鱼类又属于肝毒鱼类的软骨鱼类种属略有增加，计有 4 科 4 属 7 种；④ 纯粹属于刺毒鱼类的软骨鱼类种属最多，计有 7 科 12 属 32 种。

（22）硬骨鱼类。药用硬骨鱼类在中国近海现有 256 种，分隶于 55 科 122 属。其中药用物种种数最多的三个目依次为鲈形目（63 种，分隶于 17 科 45 属），鲉形目（59 种，分隶于 7 科 29 属）和鲀形目（53 种，分隶于 7 科 27 属）。而隶于硬骨鱼纲的有毒鱼类现有 396 种（其中 119 也是药用或食药两用鱼类），分隶于 62 科 163 属，而种属最多的三个目依次为鲈形目（31 科 74 属 175 种）、鲀形目（7 科 32 属 81 种）和鲉形目（3 科 23 属 62 种）三类。在 396 种有毒硬骨鱼类中，119 种也是药用和/或食药两用鱼类，约占全部药用硬骨鱼类物种总数（256 种）的 42.51%，其中隶于鲀形目的有 42 种、隶于鲉形目的有 29 种，隶于鲈形目的有 23 种（伍汉霖等，1978；巴斯洛，1985；Halstead，1988；姜凤吾、张玉顺，1993；伍汉霖、陈永豪，1998）。上述 396 种有毒硬骨鱼类可分为以下 5 类：

肉毒鱼类　在中国近海纯粹属于肉毒鱼类范畴的硬骨鱼类现有 234 种，其中 34 种是药用或食药两用硬骨鱼类。在 234 种肉毒鱼类中，29 种也可归于刺毒鱼类范畴，12 种也属于鲭毒鱼类范畴，8 种也可归于鲱毒鱼类范畴。另外，花斑裸胸鳝 *Gymnothorax pictus* 和密花裸胸鳝 *Gymnothorax thyrsoideus* 两者的皮肤和鱼肉皆有毒，白斑笛鲷 *Lutjanus bohar* 虽属于肉毒鱼类范畴，但其肝脏、肠及精巢均有毒，长吻裸颊鲷 *Lethrinus miniatus* 既是肉毒鱼类又是肝毒鱼类和血毒鱼类，兰点马鲛 *Scomberomorus niphonius* 既是一种肉毒鱼类又是一种鲭毒鱼类和肝毒鱼类，云斑栉鰕虎鱼 *Ctenogobius criniger* 既是一种肉毒鱼类也是一种含有河鲀毒素的有毒鱼类，凹吻篮子鱼 *Siganus corallinus*、刺篮子鱼 *Siganus rivulatus* 和水纹篮子鱼 *Siganus rivulatus* 以及鲻鱼 *Mygil cephalus* 和棕斑石斑鱼 *Epinephilus corallicola* 既属于肉毒鱼类及刺毒鱼类又属于致幻觉鱼类，但长鳍鲵 *Kyphosus cinerascens* 则既是肉毒鱼类又是致幻觉鱼类。

血毒鱼类　除了长吻裸颊鲷和康吉鳗（曾称欧洲康吉鳗）*Conger conger*（它也是一种肉毒鱼类）两者属于兼性血毒鱼类外，纯粹属于血毒鱼类范畴的硬骨鱼类只有 2 种，即日本鳗鲡（常称鳗鲡）*Anguilla japonic* 和灰康吉鳗 *Conger cinereu*。

高组胺毒鱼类　高组胺毒素的鱼类在中国近海目前已发现 7 种，即蓝圆鲹 *Decap-*

terus maruadsi、三带蝴蝶鱼 *Chaetodon trfasciatus*、日本鲭 *Scomber japnica*、刺鲅 *Acanthocybium solandi*、大耳马鲛 *Scomberomorus cavalla*、扁舵鲣 *Auxis thazard* 和杜氏鲫鱼 *Eeriola dumerili*。

刺毒鱼类　刺毒鱼类在中国近海目前已发现 105 种。其中 6 种也是药用硬骨鱼类，32 种也是食药两用硬骨鱼类。这 105 种刺毒鱼类可区分为两大类：第一类为 74 种纯粹的刺毒鱼类；第二类为 31 种兼性刺毒鱼类。在纯粹刺毒鱼类中，隶于鲉形目的刺毒鱼类物种数量最多，计有 3 科 27 属 57 种，隶于鲈形目的有 5 科 7 属 14 种，隶于鲇形目的只有 2 科 2 属 3 种。在兼性刺毒鱼类中，纹鳗鲇 *Plotosus lineatus* 是一种属于刺毒鱼类范畴的卵毒鱼类，刺篮子鱼 *Siganus rivulatus* 是一种属于刺毒鱼类范畴的致幻觉鱼类，而凹吻篮子鱼 *Siganus corallinus* 则是一种兼有致幻觉鱼类、肉毒鱼类和刺毒鱼类于一体的有毒硬骨鱼类，而其余 28 种（分隶于 3 科 8 属）是兼有刺毒鱼类和肉毒鱼类两项特性的硬骨鱼类。

鲀毒鱼类　在中国近海鲀毒鱼类现有 55 种。其中 18 种也是药用硬骨鱼类，21 种也是食药两用硬骨鱼类。在这 55 种鲀毒鱼类中，1 种既属于肉毒鱼类又属于鲀毒鱼类，4 种既属于鲀毒鱼类又属于肉毒鱼类及腺毒鱼类，10 种既是鲀毒鱼类又是腺毒鱼类，40 种为纯粹的鲀毒鱼类。

（23）爬行类。在中国近海现有药用爬行动物现有 20 种（包括 2 亚种），分隶于 3 科 13 属。其中 2 科 4 属 4 种（包括 1 亚种）隶于龟鳖目，1 科（海蛇科）9 属 16 种（包括 1 亚种）隶于蛇目；而含有毒素和/或有毒腺的爬行动物现有 19 种（包括 3 亚种），其中 1 科（海龟科）2 属 2 种（包括 1 亚种）隶于龟鳖目，3 科 10 属 16 种（包括 2 亚种）隶于蛇目，除了千山蝮蛇蛇岛亚种 *Agkistrokon qianshaanensis shedaoensis* 外，其余蛇目动物均为食药两用爬行动物（巴斯洛，1985；Halstead，1988；姜凤吾、张玉顺，1993）。

龟鳖目的有毒物种　隶于龟鳖目的 2 科（海龟科和棱皮龟科）4 属 4 种，即蠵龟 *Caretta carreta gigas*、海龟 *Chelonia mydas*、玳瑁 *Eretmochelys imbricata* 和棱皮龟 *Dermochelys coriacea*。它们都是食药两用爬行动物（姜凤吾和张玉顺，1993），其中蠵龟是国家保护动物之一，其余 3 种海龟也都应该列入国家保护动物之列，它们的肉体皆含有海龟毒素（chelonitoxin）。

蛇目的有毒物种　在中国近海所发现的隶于蛇目海蛇科 7 属 15 种皆为有毒腺的海洋爬行类（姜凤吾、张玉顺，1993）。基于它们所含的毒素类型可分为以下 7 类：① 蓝灰扁尾蛇 *Laticauda colubrina* 的毒腺含有蓝灰扁尾海蛇毒素 a、b（laticauda toxins a、b）；② 扁尾蛇 *Laticauda laticauda* 的毒腺含有扁尾蛇毒素 a、b（laticotoxis a、b）；③ 半环扁尾蛇 *Laticanda semifasciata* 的毒腺含有埃拉布毒素（erabutoxins a、b、c）和半环扁尾蛇毒素 III—IV（laticatoxins III—IV＝LTs III—IV）；④ 龟头海蛇 *Emydocephalw ijimae* 和小头海蛇 *Microcephalophis gracilis* 的毒腺仅含有埃拉布毒素（erabutoxins a、b、c）；⑤ 朝鲜瘰鳞海蛇 *Dermochelys coriacea*、棘眦海蛇 *Acalytophis peronii*、棘眦海蛇 *Astrotia stokesi*、青环海蛇 *Hydrophis cyanocinctus*、环纹海蛇 *Hydrophis fasciatus atriceps*、黑头海蛇 *Hydrophis melawcephalus*、淡灰海蛇 *Hydrophis ornatus* 以及海蝰 *Praescutata viperina* 和千山蝮蛇蛇岛亚种 *Agkistrokon qian-*

shaanensis shedaoensis 等 2 科 6 属 8 种 1 亚种海蛇的毒腺含有海蛇毒素（hydrophitox-ins）；⑥ 平颏海蛇 *Lapemis hardwickii* 的毒腺含有平颏海蛇毒素（lapemis toxin）和 ⑦ 长吻海蛇 *Pelamis platurus* 的毒腺含有长吻海蛇毒素（pelamitoxin）。

（24）哺乳类。在中国近海现有药用海洋哺乳动物在合计有 24 种（姜凤吾、张玉顺，1993），分隶于 2 目 8 科 18 属。其中鳁鲸 *Balaenoptera borealis*、江豚 *Neophucaena phocaenoides*、环海豹 *Erignathus hispida* 和髯海豹 *Erignathus barbatus* 4 种因其肝脏均有毒，可列入有毒海洋哺乳动物范畴。在这 24 种海洋哺乳动物中绝大多数是食药两用哺乳类动物；被明文规定列入国家保护动物之列的多达 16 种；其他分布于我国海域的大洋性或洄游性药用哺乳类 10 种食药两用哺乳类似乎也应列入被保护动物的范畴。

（三）药用海洋生物以及有毒海洋生物在中国各海区的分布

海洋生物体内所含的天然产物的化学属性与生物活性也会随着海洋生物物种栖境的变迁而发生变化。例如，具有环热带分布特点的多室草苔虫在世界各热带、亚热带和暖温带之不同地方种群的天然产物苔虫素，竟然有 20 多个活性单体就是明显的例子。因此，了解药用海洋生物和有毒海洋生物的地理分布，也是进行海洋生物药物学研究所必不可少的环节。

编者现就药用海洋生物和有毒海洋生物分别在渤海、黄海、东海和南海的物种分布总数以及它们在黄渤海、黄渤东海、黄东海、黄东南海、东南海和渤黄东南海各相邻海区的物种分布总数列于表 7.15，分别介绍如下。

表 7.15　药用或食药两用和有毒或含有毒素的海洋生物在中国各海区的物种分布总数（种）

生物类群	药用生物或有毒生物	渤海物种总数	黄海物种总数	东海物种总数	南海物种总数	黄渤海共有种物种总数	黄渤东海共有种物种总数	黄东海共有种物种总数	黄东南海共有种物种总数	东南海共有种物种总数	渤黄东南海共有种物种总数
细菌界											
蓝细菌类	药用	0	0	0	1	0	1	0	6	0	2
	有毒	0	2	0	1	0	0	0	0	1	1
色素界											
硅藻类	药用	1	0	3	0	0	3	4	7	2	3
	有毒	0	0	0	0	0	0	0	0	0	0
金藻类	药用	0	1	0	1	0	0	0	0	0	0
	有毒	0	0	0	0	0	0	0	0	0	0
黄藻类	药用	0	0	0	0	0	0	0	0	0	0
	有毒	1	0	0	0	0	0	0	0	0	0
褐藻类	药用	0	2	1	6	1	2	0	8	2	3
	有毒	0	0	0	1	0	0	0	0	1	0

生物类群		药用生物或有毒生物	渤海物种总数	黄海物种总数	东海物种总数	南海物种总数	黄渤海共有种物种总数	黄渤东海共有种物种总数	黄东海共有种物种总数	黄东南海共有种物种总数	东南海共有种物种总数	渤黄东南海共有种物种总数
原生动物界												
双鞭毛虫类		药用	0	0	0	0	0	0	0	0	0	0
		有毒	2	0	1	4	0	0	0	1	1	1
植物界												
红藻类		药用	1	5	1	24	4	2	2	0	21	7
		有毒	1	0	0	4	0	0	0	0	5	3
绿藻类		药用	0	0	1	6	2	2	2	3	2	3
		有毒	0	0	0	1	2	0	0	0	4	1
动物界												
多孔动物		药用	0	0	0	0	0	0	0	0	0	0
		有毒	0	0	1	5	0	0	0	0	0	0
刺胞动物	水螅水母类	药用	0	0	0	0	0	0	0	0	0	1
		有毒	0	0	1	1	0	1	1	0	2	1
	钵水母类	药用	0	0	0	1	0	0	2	1	1	0
		有毒	0	0	1	1	0	1	2	2	2	0
	海葵类	药用	1	1	0	3	2	1	1	0	2	4
		有毒	1	1	0	3	2	1	1	0	4	4
	石珊瑚类	药用	0	0	0	2	0	0	0	0	0	0
		有毒	0	0	0	1	0	0	0	0	0	0
	柳珊瑚类	药用	0	0	0	3	0	0	0	0	0	0
		有毒	0	0	0	1	0	0	0	0	0	0
	软珊瑚类	药用	0	0	0	0	0	0	0	0	0	0
		有毒	0	0	0	13	0	0	0	0	0	0
	海鳃类	药用	0	0	0	0	0	0	0	0	0	0
		有毒	0	0	0	1	0	0	0	0	0	0
多毛动物		药用	0	0	0	0	1	0	0	0	1	1
		有毒	1	0	0	2	0	0	0	1	1	3
星虫动物		药用	0	0	1	0	0	0	0	0	1	1
		有毒	0	0	1	0	0	0	0	0	1	1

生物类群		药用生物或有毒生物	渤海物种总数	黄海物种总数	东海物种总数	南海物种总数	黄渤海共有种物种总数	黄渤东海共有种物种总数	黄东海共有种物种总数	黄东南海共有种物种总数	东南海共有种物种总数	渤黄东南海共有种物种总数
动物界												
软体动物	多板类	药用	0	0	0	1	1	0	0	0	0	3
		有毒	0	0	0	0	0	0	0	0	0	0
	腹足类	药用	0	4	1	40	10	1	1	3	122	13
		有毒	0	0	36	32	1	0	0	1	90	5
	双壳类	药用	0	1	1	46	10	5	1	4	110	28
		有毒	0	3	0	1	4	0	0	0	4	2
	头足类	药用	0	1	1	2	0	1	1	3	7	3
		有毒	0	0	2	2	0	0	0	1	4	1
苔藓动物		药用	0	0	1	0	1	0	0	0	0	1
		有毒	0	0	0	2	0	0	0	2	1	3
节肢动物	肢口类	药用	0	0	0	0	0	0	0	0	1	0
		有毒	0	0	0	2	0	0	0	0	1	0
	蔓足类	药用	0	0	0	0	0	0	0	0	1	2
		有毒	0	0	0	1	0	0	0	0	0	0
	等足类	药用	0	0	0	0	0	0	0	0	0	1
		有毒	0	0	0	0	0	0	0	0	0	0
	十足类	药用	0	0	3	7	2	0	2	9	19	6
		有毒	0	0	0	12	0	0	0	0	2	0
	口足类	药用	0	0	0	0	0	0	0	0	0	1
		有毒	0	0	0	0	0	0	0	0	0	0
棘皮动物	海参类	药用	1	1	1	9	1	0	0	2	19	0
		有毒	0	0	0	15	2	0	0	2	19	0
	海星类	药用	0	6	0	6	9	0	0	0	7	1
		有毒	0	1	0	1	3	0	0	1	2	1
	海胆类	药用	0	0	0	13	4	0	0	0	4	0
		有毒	0	0	1	5	4	0	0	0	2	0
	蛇尾类	药用	0	0	0	0	0	0	0	0	0	0
		有毒	0	0	0	1	0	0	0	0	0	0
海鞘纲尾索动物		药用	0	0	0	0	1	0	0	0	0	1
		有毒	0	0	0	1	1	0	0	1	1	0

生物类群		药用生物或有毒生物	渤海物种总数	黄海物种总数	东海物种总数	南海物种总数	黄渤海共有种物种总数	黄渤东海共有种物种总数	黄东海共有种物种总数	黄东南海共有种物种总数	东南海共有种物种总数	渤黄东南海共有种物种总数
动物界												
脊索动物	头索动物	药用	0	0	0	0	0	0	0	0	1	0
		有毒	0	0	0	0	0	0	0	0	0	0
	盲鳗类	药用	0	0	1	0	0	0	0	0	0	0
		有毒	0	0	0	0	0	0	0	0	0	0
	头甲类	药用	0	1	0	0	0	0	0	0	0	0
		有毒	0	0	0	0	0	0	0	0	0	0
	软骨鱼类	药用	0	1	0	8	1	3	13	4	20	11
		有毒	0	1	1	6	0	3	6	4	15	7
	硬骨鱼类	药用	0	1	10	74	5	11	5	6	82	71
		有毒	0	1	47	80	3	5	3	5	216	36
	爬行类	药用	0	0	4	4	0	0	1	8	2	1
		有毒	0	0	3	4	0	0	1	8	2	1
	哺乳类	药用	0	1	0	3	1	1	0	5	6	7
		有毒	0	1	0	0	0	1	0	1	0	1
合计		药用	4	22	29	264	56	33	35	79	434	173
		有毒	6	10	96	203	22	12	16	29	381	68

注：表中"药用"系药用和/或食药两用海洋生物的缩写，而"有毒"系有毒和/或含有毒素的海洋生物（包括具有毒腺的海洋动物）的缩写

从表 7.15 可知，①无论是药用海洋生物还是有毒海洋生物，它们在中国各海区的物种分布总数，就渤海、黄海、东海和南海中国四大海域而言，均以在南海海域为最多，药用物种和有毒物种分别为 264 种和 203 种；东海海域次之，药用物种和有毒物种分别为 29 种和 96 种；黄海海域居三，药用物种和有毒物种分别为 22 种和 10 种；渤海海域为最少，药用物种和有毒物种分别为 4 种和 6 种；②就相邻海区共有物种总数而言，则以东海与南海海域共有物种总数最多，其药用物种和有毒物种分别为 434 种和 381 种；渤黄东南海四大海域共有种总数次之，药用物种和有毒物种分别为 173 种和 68 种；药用海洋生物和有毒海洋生物在黄渤海区、黄渤东海区、黄东海区和黄东南海区的物种分布总数则有不尽相同的情况，药用海洋生物分布总数以多少来排序的序列为黄东南海区（79 种）、黄渤海区（56 种）、黄东海区（35 种）和黄渤东海区（33 种），而有毒海洋生物在上述相邻海区的物种分布总数以多少来排序的序列为黄东南海区（29种）、黄渤海区（22 种）、黄东海区（16 种）和黄渤东海区（12 种）。因此，无论是药用海洋生物还是有毒海洋生物，它们在中国各海区的物种分布总数，皆以南海海域和东海与南海相邻海域的共有种最多。

第六节　海洋能资源[*]

本节所述的海洋能资源，主要指蕴藏于海水中的可再生资源，来自太阳辐射和星球引力。

一、海洋能种类及我国的海洋能资源

海水运动永不休止，拥有用之不竭的动力资源。目前正研究和利用的海洋动力资源有：潮汐发电、波浪发电、温差发电、海流发电、海水浓度差发电以及海水压力差的能量利用等，通称为海洋能源。在海洋能的利用中，潮汐发电比较普遍，并具有较大规模的实用意义。

1. 海洋能种类

海洋能的表现形式多种多样，通常包括：潮汐能、波浪能、海洋温差能、海洋盐差能和海流能等。

（1）潮汐能。是指海水潮涨和潮落形成的水的势能，其利用原理和水力发电相似。潮汐能的能量与潮量和潮差成正比。或者说，与潮差的平方和水库的面积成正比。和水力发电相比，潮汐能的能量密度很低，相当于微水头发电的水平（沈祖诒，1998）。

（2）波浪能。是指海洋表面波浪所具有的动能和势能。波浪的能量与波高的平方、波浪的运动周期以及迎波面的宽度成正比。波浪能是海洋能源中能量最不稳定的一种能源。台风导致的巨浪，其功率密度可达每米迎波面数千千瓦。

（3）温差能。是指海洋表层海水和深层海水之间水温之差的热能。海洋的表面把太阳的辐射能的大部分转化成为热水并储存在海洋的上层。另一方面，接近冰点的海水大面积地在不到1000m的深度从极地缓慢地流向赤道。这样，就在许多热带或亚热带海域终年形成20℃以上的垂直海水温差。这是热能转换所需的最小温差。利用这一温差可以实现热力循环并发电。

（4）盐差能。是指海水和淡水之间或两种含盐浓度不同的海水之间的化学电位差能。主要存在于河海交接处。同时，淡水丰富地区的盐湖和地下盐矿也可以利用盐差能。盐差能是海洋能中能量密度最大的一种可再生能源。通常，海水（盐度35.00）和河水之间的化学电位差有相当于240m水头差的能量密度。这种位差可以利用半渗透膜（水能通过，盐不能通过）在盐水和淡水交接处实现。利用这一水位差就可以直接由水轮发电机发电。

（5）海流能。是指海水流动的动能，主要是指海底水道和海峡中较为稳定的流动以及由于潮汐导致的有规律的海水流动。海流能的能量与流速的平方和流量成正比。相对波浪而言，海流能的变化要平稳且有规律得多。潮流能随潮汐的涨落每天2次改变大小和方向。一般说来，最大流速在2m/s以上的水道，其海流能均有实际开发的价值。

---

　　[*]　本节作者：许建平

2. 我国的海洋能资源

在我国大陆沿岸和海岛附近蕴藏着较丰富的海洋能资源，至今却尚未得到应有的开发。据调查统计，我国沿岸和海岛附近的可开发潮汐能资源理论装机容量达 $2179 \times 10^4 kW$，理论年发电量约 $624 \times 10^8 kWh$，波浪能理论平均功率约 $1285 \times 10^4 kW$，潮流能理论平均功率 $1394 \times 10^4 kW$。这些资源的 90% 以上分布在常规能源严重缺乏的华东沪浙闽沿岸。特别浙闽沿岸在距电力负荷中心较近就有不少具有较好的自然环境条件和较大开发价值的大中型潮汐电站站址，不少已经做过大量的前期工作，已具备近期开发的条件（赵雪华，1991；夏晓林等，1996；许建平等，2001）。

我国海岸线曲折，大陆海岸全长约 $1.8 \times 10^4 km$，沿海还有 6500 多个大小岛屿，组成 $1.4 \times 10^4 km$ 的海岸线。漫长的海岸蕴藏着十分丰富的潮汐能资源。

潮汐能。我国潮汐能的理论蕴藏量达 $1.1 \times 10^8 kW$，其中浙江、福建两省蕴藏量最大，约占全国的 80.9%，但这都是理论估算值，实际可利用的远小于上述数字。

世界上潮差的最大值约为 13～15m，我国的最大值为 8.93m（杭州湾澉浦）和 9.28m（江苏黄沙洋）。一般说来，平均潮差在 3m 以上就有实际应用价值。

根据我国潮汐能资源调查统计，可开发装机容量大于 500kW 的坝址和可开发装机容量 200～1000kW 的坝址共有 424 处港湾、河口，可开发装机容量 200kW 以上的潮汐资源，总装机容量为 $2179 \times 10^4 kW$，年发电量约 $624 \times 10^8 kWh$。这些资源在沿海的分布是不均匀的，以福建和浙江为最多，站址分别为 88 处和 73 处，装机容量分别是 $1033 \times 10^4 kW$ 和 $891 \times 10^4 kW$，两省合计装机容量占全国总量的 88.3%。其次是长江口北支（属上海和江苏）和辽宁、广东装机容量分别为 $70.4 \times 10^4 kW$、$59.4 \times 10^4 kW$ 和 $57.3 \times 10^4 kW$，其他省区则较少，江苏沿海（长江口除外）最少，装机容量仅 $0.11 \times 10^4 kW$。

浙江、福建和长江口北支的潮汐能资源年发电量为 $573.7 \times 10^8 kWh$，如能将其全部开发，相当每年为这一地区提供 2000 多万吨标准煤。

在我国沿海，特别是东南沿海有很多能量密度较高、平均潮差 4～5m、最大潮差 7～8m，且自然环境条件优越的站址。其中已做过大量调查勘测、规划设计和可行性研究工作，具有近期开发价值和条件的中型潮汐电站站址，有福建的大官坂（$1.4 \times 10^4 kW$，$0.45 \times 10^8 kWh$）、八尺门（$3.3 \times 10^4 kW$，$1.8 \times 10^8 kWh$）和浙江的健跳港（$1.5 \times 10^4 kW$，$0.48 \times 10^8 kWh$）、黄墩港（$5.9 \times 10^4 kW$，$1.8 \times 10^8 kWh$）。还需要进行前期综合研究论证的大型潮汐电站站址的有长江口北支（$70.4 \times 10^4 kW$，$22.8 \times 10^8 kWh$）、杭州湾（$316 \times 10^4 kW$，$87 \times 10^8 kWh$）和乐清湾（$55 \times 10^4 kW$，$23.4 \times 10^8 kWh$）等。

波浪能。根据调查和利用波浪观测资料计算统计，我国沿岸波浪能资源理论平均功率为 $1285.22 \times 10^4 kW$。这些资源在沿岸的分布很不均匀，以台湾省沿岸为最多，为 $429 \times 10^4 kW$，占全国总量的 1/3。其次是浙江、广东、福建和山东沿岸也较多，在 $(160～205) \times 10^4 kW$ 之间，约为 $706 \times 10^4 kW$，约占全国总量的 55%，其他省份沿岸则很少，仅在 $(143～56) \times 10^4 kW$ 之间。广西沿岸最少，仅 $8.1 \times 10^4 kW$。

我国沿海有效波高约为 2～3m、周期为 9s 的波列，波浪功率可达 17～39kW/m，渤海湾更高达 42kW/m。

全国沿岸波浪能源密度（波浪在单位时间通过单位波峰的能量，单位 kW/m）分布：中国海岸大部分的年平均波浪功率密度为 2~7kW/m。以浙江中部、台湾、福建省海坛岛以北、渤海海峡为最高，达 5.11~7.73kW/m。这些海区平均波高大于 1m，周期都大于 5s，是我国沿岸波浪能能流密度较高、资源蕴藏量最丰富的海域。其次是西沙、浙江的北部和南部、福建南部和山东半岛南岸等能源密度也较高，资源也较丰富。其他地区波浪能能流密度较低，资源蕴藏也较少。

海流能。从中国沿海 130 个水道、航门的各种观测及分析资料统计，中国沿海海流能的年平均功率理论值为 13 948.52×10⁴kW。这些资源在全国沿岸的分布，以浙江为最多，有 37 个水道，理论平均功率为 7090MW，约占全国的 1/2 以上。其次是台湾、福建、辽宁等省份的沿岸也较多，约占全国总量的 42%。其他省份较少。

根据沿海能源密度、理论蕴藏量和开发利用的环境条件等因素，舟山海域诸水道开发前景最好，如金塘水道（25.9kW/m²）、龟山水道（23.9kW/m²）、西侯门水道（19.1kW/m²）。其次是渤海海峡和福建的三都澳等，如老铁山水道（17.4kW/m²）、三都澳三角（15.1kW/m²）。值得指出的是，中国的海流能属于世界上功率密度最大的地区之一，特别是浙江舟山群岛的金塘、龟山和西侯门水道，平均功率密度在 20kW/m² 以上，开发环境和条件很好。

温差能。我国南海海域辽阔，水深大于 800m 的海域约 140×10⁴~150×10⁴km²，位于北回归线以南，太阳辐射强烈，是典型的热带海洋。表层水温均在 25℃ 以上，500~800m 以下的深层水温在 5℃ 以下，表、深层水温度差在 20~24℃，蕴藏着丰富的温差能资源。据初步计算，南海温差能资源理论蕴藏量约为 1.19~1.33×10¹⁹kJ，技术上可开发利用的能量（热效率取 7%）约为 8.33~9.31×10¹⁷kJ，实际可供利用的资源潜力（工作时间取 50%，利用资源 10%）装机容量达 13.21×10⁸~14.76×10⁸kW。我国台湾岛以东海域温差能资源蕴藏量约为 2.16×10¹⁴kJ。

根据海洋水温测量资料计算得到的中国海域的温差能约为 1.5×10⁸kW，其中 99% 在南海。南海的表层水温年均在 26℃ 以上，深层水温（800m 深处）常年保持在 5℃，温差为 21℃，属于温差能丰富区域。

我国温差能资源蕴藏量大，在各类海洋能资源中占居首位，这些资源主要分布在南海和台湾以东海域，尤其是南海中部的西沙群岛海域和台湾以东海区，具有日照强烈、温差大且稳定、全年可开发利用、冷水层与岸距离小、近岸海底地形陡峻等优点，开发利用条件良好，可作为我国温差能资源开发的先期开发区。

盐差能。我国海域辽阔，海岸线漫长，入海的江河众多，径流量巨大，在沿岸各江河入海口附近蕴藏着丰富的盐差能资源。据统计，我国沿岸全部江河多年平均入海径流量约为 1.7×10¹²~1.8×10¹²m³，各主要江河的年入海径流量约为 1.5×10¹²~1.6×10¹²m³。据计算，我国沿岸盐差能资源蕴藏量约为 3.9×10¹⁵kJ，理论功率约为 1.25×10⁸kW。同时，我国青海省等地还有不少内陆盐湖可以利用。

二、我国海洋能源开发利用现状与展望

中国开发利用海洋能，始于 20 世纪 50 年代中期。起初着重研究开发利用潮汐能资

源，建设潮汐发电站。70年代以后，出现了建立潮汐电站的第二个高潮，同时开始进行波浪能和潮流能的利用研究。近年来又着手海水温差能和盐度差能开发原理和发电技术的研究。目前，中国的海洋能开发利用研究，特别是潮汐能和波浪能发电技术已接近世界先进水平。

1. 潮汐能利用

中国是世界上建造潮汐电站最多的国家，在50年代至70年代先后建造了近50座潮汐电站，至80年代中期长期运行发电的尚有8座，总装机容量6120kW。而到目前为止仅剩3座仍在正常运行发电（许建平等，2005）。

浙江江厦潮汐试验电站是中国建成的最大潮汐电站，总装机容量3200kW，1980年开始发电，1985年底5台机组全部并网发电。目前已正常运行20多年（赵雪华，1991；浙江省电力公司，2001）。该电站由全国十几个单位协作攻关完成研建，技术较先进，单机容量500kW和700kW的灯泡型贯流式水轮发电机组，全由我国自己研制，从而为我国培养和锻炼了一批从事潮汐能开发规划、设计、研究，以及设备制造、施工和运行管理等方面的专业人才。1986～1999年14年共发电8198.98×10^4kWh，上网电量共7457.84×10^4kWh，电费总收入为1790.91×10^4元。其中1999年发电量为598.93×10^4kWh，上网电量收入为240.58×10^4元。电站库区综合利用情况良好，效益显著。库区内围垦土地5600亩，其中可耕地4700亩。1999年，库区围垦土地种植业（主要种植水稻、棉花等农作物和柑橘、文旦等水果），年产值约409.6×10^4元，净收入约110.6×10^4元；利用库区近岸水域围塘立体水产养殖（主要品种有对虾、青蟹、蛏、花蛤、泥螺等），1999年产值约1985.4×10^4元，净收入约400×10^4元；利用库区滩涂和水面开展贝类甲壳类养殖和网箱养鱼（主要品种有虾、蟹、蚶、蛏和鲈鱼、大黄鱼、欧洲鳗等），1999年产值约1285×10^4元，净收入约265×10^4元。1999年以上三项总产值达3680×10^4元，净收入为775.6×10^4元。若把库区综合利用效益计算在电站收益内，电站年盈利达334.18×10^4元。

白沙口潮汐电站位于山东省乳山市市区南部的海阳所镇与白沙滩镇交界处的白沙口海湾。该电站设计装机容量6×160kW，设计年发电量232×10^4kWh。1987年9月6台机组全部投入运行。总投资425×10^4元。电站以单库单向落潮发电方式开发，以沙坝分割海湾而成的潟湖通道为水库，面积3.2km^2，平均有效库容量135.5×10^4m^3。1987年8月至1992年底共发电1600×10^4kWh。1994年、1999年分两次对机组进行技术改造，更新了设备，提高了自动化程度，发电效率明显提高，其中2台年机组发电量从80×10^4kWh提高到120×10^4kWh。该电站的一个显著特点是多种经营综合利用搞得好，取得了很好的经济效益和社会效益，这在我国潮汐电站中也是较为突出的。自1983年冬季起电站利用上廉价的电能（电网供电和输入电网电价相同），库区滩涂、水面可以养殖，尾水渠附近可以停靠船只等优越条件，先后发展对虾养殖场67hm^2、扇贝养殖场7 hm^2、泥蚶养殖场20 hm^2、水产品冷藏厂（200t）、渔轮修配厂、宾馆和海滨浴场等。1984年开始扭亏为盈，以后利税连年提高。近年在电站地区附近还开发了房地产业，建起了旅游度假村、海上乐园等。至2000年已形成固定资产1500×10^4元，年创利税120×10^4元。

江苏浏河潮汐电站作为江苏省太仓市浏河水闸的组成部分，位于该水闸北通航孔旁。1973 年在水闸大修时在水闸北岸一侧建造，1978 年 7 月并网发电。该站装机容量 75×2kW，为落潮发电为主的双向发电站。每年 5～10 月为水闸排洪期不发电。设计年发电量 25×10⁴kWh，总投资 25.32×10⁴ 元。1983 年电站完成自动化技术改造，加装自动调速机构，配置事政闸门等一系列自动化设备，能按水位差变化自动执行开、停机和并网、解列、调整负荷等，电站基本实现无人值班自动化控制。该电站因与水闸结合建造设备厂房，从而节省了土建投资，还采用钢筋混凝土结构制造除转轮、主轴、联轴器以外的水轮机外壳及其他大件，故大幅度降低了总投资。电站建成正常运行五年后，停机检查未发现混凝土有剥落和渗漏。钢筋混凝土结构与金属制品相比具有不锈蚀、刚度大、不振动、维修方便等优点。水轮机造价仅为常规机组的 1/4～1/3。90 年代初因发电天数少、设备老化、经济效益差等原因而停止发电。

2. 波浪能利用

中国是世界上主要的波能研究开发国家之一（任建莉等，2006）。从 80 年代初开始主要对固定式和漂浮式振荡水柱波能装置以及摆式波能装置等进行研究。1985 年中国科学院广州能源研究所开发成功利用对称翼透平的航标灯用波浪发电装置。经过十多年的发展，已有 60W 至 450W 的多种型号产品并多次改进，目前已批量生产在中国沿海使用，并出口到日本等国家。"七五"期间，由该所牵头，在珠海市大万山岛研建了一座波浪电站并于 1990 年试发电成功。电站装机容量 3kW，对称翼透平直径 0.8m。"八五"期间，由中国科学院广州能源研究所和国家海洋局天津海洋技术所分别研建了 20kW 岸式电站、5kW 后弯管漂浮式波力发电装置和 8kW 摆式波浪电站，均试发电成功。"九五"期间，广州能源研究所在广东汕尾市遮浪研建 100kW 岸式振荡水柱电站。同时，由天津国家海洋局海洋技术所在青岛即墨大官岛研建了 100kW 摆式波力电站。

3. 海洋温差能利用

1985 年中国科学院广州能源研究所开始对温差利用中的一种"雾滴提升循环"方法进行研究。这种方法的原理是利用表层和深层海水之间的温差所产生的焓降来提高海水的位能。据计算，温度从 20℃ 降到 7℃ 时，海水所释放的热能可将海水提升到 125m 的高度，然后再利用水轮机发电。该方法可以大大减小系统的尺寸，并提高温差能量密度。1989 年，该所在实验室实现了将雾滴提升到 21m 的高度记录。同时，该所还对开式循环过程进行了实验室研究，建造了两座容量分别为 10W 和 60W 的试验台。

4. 海流能利用

70 年代末，中国舟山的何世钧先生曾进行过海流能开发研究，建造了一个试验装置并得到了 6.3kW 的电力输出。80 年代初，哈尔滨工程大学开始研究一种直叶片的新型海流透平，获得较高的效率，并于 1984 年完成 60W 模型的实验室研究，之后开发出千瓦级装置在河流中进行试验。

90 年代以来，中国开始计划建造海流能示范应用电站，在"八五"、"九五"科技攻关中均对海流能进行连续支持。目前，哈尔滨工程大学正在研建 75kW 的潮流电站。意大利与中国合作在舟山地区开展了联合海流能资源调查，计划开发 140kW 的示范电站。

5. 盐差能利用

中国对利用海水盐差能发电技术的研究起步较晚。1985 年西安冶金建筑学院尝试对水压塔系统进行试验研究。上水箱高出渗透器约 10m，用 30kg 干盐可以工作 8～14h，发电功率为 0.9～1.2W。

*   *   *

海洋能与风能、太阳能一样，都是一种可再生的新能源，洁净、无污染，取之不尽、用之不竭，一次投入永久受益。利用它们发电，既可减少环境污染，又可节约常规能源，改善能源结构，确保社会经济的可持续发展。同时，大规模开发利用海洋能资源，还有着重大的国家安全需求。全球一次性能源正在日益减少，煤、油价格逐年上升已是不争的事实；而前些年发生的大规模海湾战争，说到底也是能源和资源之争。回顾我国在解决能源缺口问题上所走的火电发展之路，以及将来很有可能会走的核电之路，而最终的出路则会是大规模开发利用我国丰富的海洋能资源。

21 世纪海洋将在为人类提供生存空间、食品、矿物、能源及水资源等方面发挥重要作用，而海洋能源也将扮演重要角色。从技术及经济上的可行性、可持续发展的能源资源以及地球环境的生态平衡等方面分析，海洋能中的潮汐能作为成熟的技术将得到更大规模的利用；波浪能将逐步发展成为行业。近期主要是固定式，但大规模利用要发展漂浮式；可作为战略能源的海洋温差能将得到更进一步的发展，并将与海洋开发综合实施，建立海上独立生存空间和工业基地；潮流能也将在局部地区得到规模化应用（国家发展和改革委员会，2007；李允武，2008）。

从 21 世纪的观点和需求看，温差能利用应放到相当重要的位置，与能源利用、海洋高技术和国防科技综合考虑。海洋温差能的利用可以提供可持续发展的能源、淡水、生存空间，并可以和海洋采矿与海洋养殖业共同发展，解决人类生存和发展的资源问题。

中国是世界上海流能量资源密度最高的国家之一，发展海流能有良好的资源优势。海流能也应先建设百千瓦级的示范装置，解决机组的水下安装、维护和海洋环境中的生存问题。海流能和风能一样，可以发展"机群"，以一定的单机容量发展标准化设备，从而达到工业化生产以降低成本的目的。

综上所述，中国的海洋能利用，近期应重点发展百千瓦级的波浪、海流能机组及设备的产业化；结合工程项目发展万千瓦级潮汐电站；加强对温差能综合利用的技术研究，中、长期可以考虑的是，万千瓦级温差能综合海上生存空间系统，中大型海洋生物牧场。必须强调的是，海洋能的利用是和能源、海洋、国防和国土开发都紧密相关的领域，应当以发展和全局的观点来考虑。

参 考 文 献

巴斯洛 M H. 1985. 海洋药物学. 林泰禧等译. 北京：海洋出版社

蔡峰，孙萍，孙和清. 2005. 南黄海海域中生代盆地的分布与油气资源远景. 见：张洪涛，陈邦彦，张海启. 我国
　　近海地质与矿产资源. 北京：海洋出版社

陈昌海. 2004. 黄海玉筋鱼及其可持续利用. 水产学报，28（5）：603～607

陈侠，李洪玉. 2000. 开发新疆溴资源促进经济发展. 盐湖盐与化工，29（5）：15～16

陈忠，杨华平，黄奇瑜等. 2008. 南海东沙西南海域冷泉碳酸盐岩特征及其意义. 现代地质，22（3）：382～389.

邓景耀，叶昌臣. 2001. 渔业资源学. 重庆：重庆出版社

邓景耀，赵传絪，唐启升等. 1991. 海洋渔业生物学. 北京：农业出版社

董志凯. 2006. 当代中国盐业产销的变迁. 中国经济史研究，3：11～19

杜碧兰. 2003. 开发利用海水资源的战略构想. 国土经济，4：27～29

关美君，丁源. 1998. 我国海洋药物主要成分研究概况. 见：中国药学会海洋药物专业委员会、中国海洋湖沼学会
　　药物学分会、中国生物工程学会海洋生物技术专业委员会、中国海洋学会海洋生物工程专业委员会编. 中国第
　　五届海洋与湖沼药物学术开发研讨会论文集（上册）. 青岛. 58～78

国家发展改革委工业司. 2007. 盐行业发展态势分析及值得关注的问题. 中国经贸导刊，9：29

国家发展和改革委员会. 2007. 可再生能源中长期发展规划.

国家水产总局南海水产研究所. 1979. 南海北部大陆架外海底拖网鱼类资源调查报告集（1978. 2～1979. 1）. 上册：
　　1～130，303～338

郝芳，邹华耀，黄保家. 2002. 莺歌海盆地天然气生成模式及其成藏流体响应. 中国科学（D辑），32（11）：
　　889～895

郝艳萍. 2001. 我国海水资源开发利用技术产业化的难点及对策研究. 海洋化工与海水利用技术，214～219

何书金等. 2002. 环渤海地区滩涂资源特点与开发利用模式. 地理科学进展，（1）：26～34

胡彩花，王学魁，孙之南. 2006. 现代制盐工业进展. 海湖盐与化工，35（3）：31～33

黄西平，张琦，郭淑元等. 2004. 我国镁资源利用现状及开发前景. 海湖盐与化工，33（6）：1～6

冀康平. 2005. 锂资源的开发与利用. 无机盐工业，37（5）：7～9

姜凤吾，张玉顺. 1993. 中国海洋药物辞典. 北京：海洋出版社

蒋少涌，凌洪飞，杨競红等. 2003. 海洋浅表层沉积物和孔隙水的天然气水合物地球化学异常识别标志. 海洋地质与
　　第四纪地质，23：87～94

蒋少涌，杨涛，薛紫晨等. 2005. 南海北部海区海底沉积物中孔隙水的氯和硫酸根离子浓度异常特征及其对天然气
　　水合物的指示意义. 现代地质，19（1）：45～54

金可勇，俞三传，高从阶. 2001. 从海水中提取铀的发展现状，海洋通报，20（2）：78～82

李培英，王永吉，刘振夏. 1999. 冲绳海槽年代地层与沉积速率. 中国科学（D辑），29（1）：50～56

李允武. 2008. 海洋能源开发. 北京：海洋出版社

林厚文，易扬华等. 1998. 中国产海洋动物总合草苔虫抗癌活性成分研究（摘要）. 见：中国药学会海洋药物专业委
　　员会、中国海洋湖沼学会药物学分会、中国生物工程学会海洋生物技术专业委员会、中国海洋学会海洋生物工
　　程专业委员会编. 中国第五届海洋与湖沼药物学术开发研讨会论文集（中册）. 青岛：105～106

林文翰. 1998. 海洋生物——中国天然药物研究的新领域. 见：中国药学会海洋药物专业委员会、中国海洋湖沼学
　　会药物学分会、中国生物工程学会海洋生物技术专业委员会、中国海洋学会海洋生物工程专业委员会编. 中国
　　第五届海洋与湖沼药物学术开发研讨会论文集. 青岛：79～85

刘昌明，何希吾等. 1998. 中国21世纪水问题方略. 北京：科学出版社

刘洪宾. 1995. 我国海水淡化和海水直接利用事业前景的分析. 海洋技术，14（4）：73～78

刘瑞玉. 2008. 中国海洋生物名录. 北京：科学出版社

刘秀芳. 1986. 中国海洋年鉴. 北京：海洋出版社

刘燕华. 2000. 21世纪初我国海水资源的综合利用技术的发展. 见：21世纪初中国海洋科学技术发展前瞻.
　　293～306

陆红锋，陈芳，刘坚等. 2006. 南海北部神狐海区的自生碳酸盐岩烟囱—海底富烃流体活动的记录. 地质论评，3：352～357

陆敬安，杨胜雄，吴能友等. 2008. 南海神狐海域天然气水合物地球物理测井评价. 现代地质，22（3）：447～451

栾锡武，鲁银涛，赵克斌等. 2008. 东海陆坡及领近槽底天然气水合物成藏条件分析及前景. 现代地质，22（3）：342～355

孟宪伟，刘保华，石学法等. 2000. 冲绳海槽中段西陆坡下缘天然气水合物存在的可能性分析. 沉积学报，18（4）：629～633

南海主要岛礁生物资源调查课题组. 2004. 南海主要岛礁生物资源调查研究（1997～2001）. 北京：海洋出版社

戚桐欣. 1989. 南沙群岛渔场调查. 见：台湾省水产试验所试验报告. 46：53～60

钱世勤，郑元甲. 1998. 东海绿鳍马面鲀生物学和资源动态分析. 见：东海区主要捕捞品种渔业资源动态研究论文集. 15～20

强祖基，1998. 卫星热红外图像增温异常——短临前兆. 中国科学（D辑），28（6）：564～572

邱显寅，1986. 黄海日本枪乌贼的生物学特性和资源状况的初步研究. 海洋水产研究，(7)：109～119

任建莉，钟莫杰等. 2006. 海洋波能发电的现状与前景. 浙江工业大学学报，2（1）：69～73

沈金敖，程炎红，姚文祖. 1984. 东海大陆架外缘和大陆坡深海渔场底鱼资源调查报告. 见：中国水产科学研究院东海水产研究所. 东海大陆架外缘和大陆斜坡深海渔场综合调查研究报告. 17～94

沈金敖. 1984. 东海大陆架外缘和大陆坡深海渔场底鱼资源评估. 见：中国水产科学研究院东海水产研究所. 东海大陆架外缘和大陆斜坡深海渔场综合调查研究报告. 95～108

沈祖诒. 1998. 潮汐能电站. 北京：中国电力出版社

宋海斌，吴时国，江为为. 2007. 南海东北部973剖面BSR及其热流特征. 地球物理学报，50（5）：1508～1517.

宋海棠，丁天明. 1998. 东海北部拖虾渔业的现状及管理建议. 见：东海区主要捕捞品种渔业资源动态研究论文集. 1～7

孙培新，张万峰. 2001. 我国溴及溴产品的现状及发展思路. 盐湖盐与化工，30（1）：7～9

孙玉善. 1991. 海洋资源化学. 北京：海洋出版社

唐启升. 1981. 黄海鲱鱼世代数量变动原因的初步探讨. 海洋湖沼通报，(2)：38～45

唐启升. 2006. 中国专属经济区海洋生物资源与栖息环境. 北京：科学出版社

田伟生，杨庆雄. 2002. 第七章 海洋吲蝶双甾体的结构、生物活性及化学合成. 见：周维蚬，庄治平主编. 甾体化学进展，北京：科学出版社

王国强，冯厚军，张凤友. 2002. 海水化学资源综合利用发展前景概述. 海洋技术，21（4）：61～65

王宏斌，张光学，杨木壮等. 2003. 南海陆坡天然气水合物成藏的构造环境. 海洋地质与第四纪地质，23（1）：81～86.

王宏语，孙春岩，黄永样等. 2002. 海上气态烃快速测试与西沙海槽天然气水合物资源勘查. 现代地质，16（2）：180～186

王建华，江东，陈伟友等. 1999. 21世纪中国水资源问题与出路. 国土与自然资源研究，(2)

王世昌. 2002. 海水淡化工程. 北京：化学工业出版社

王秀娟，吴时国，董冬冬等. 2008. 琼东南盆地气烟囱构造特点及其与天然气水合物的关系，海洋地质与第四纪地质，28（3）：103～108

王颖. 1983. The mudflat coast of China, Canadian Journal of Fisheries and Aquatic Sciences. 40（1）：160～171

王颖，朱大奎. 1990. 中国的滩涂. 第四纪研究，(4)：291～300

王兆中. 1998. 浅谈海水镁砂的研制与发展. 海湖盐与化工，27（1）：7～11

吴能友，张海启，杨胜雄等. 2007. 南海神狐海域天然气水合物成藏系统初探. 天然气工业，27（9）：1～7

吴能友，梁金强，王宏斌等. 2008. 海洋天然气水合物成藏系统研究进展. 现代地质，22（3）：356～362

伍汉霖，金鑫波，倪勇. 1978. 中国有毒鱼类和药用鱼类. 上海：上海科学技术出版社

伍汉霖，陈永豪. 1998. 中国珊瑚礁毒鱼中毒的调查. 见：中国第五届海洋与湖沼药物学术开发研讨会论文集. 青岛：229～234

夏晓林等. 1996. 浙江省2010年经济发展与能源供应形势及对策思考. 能源工程，21（3）

霄汉强. 2000. 新中国海洋地质工作大事记. 北京：海洋出版社

徐汉祥，刘子藩，许源剑. 1998. 带鱼资源动态综述及管理现状分析. 见：东海区主要捕捞品种渔业资源动态研究论文集. 1~7

徐梅生. 1995. 海水资源开发利用产业化的可持续发展. 海洋技术，14（4），79~87

许建平，王传昆. 2001. 我国潮汐能开发利用现状及发展前景. 浙江电业，(3)：62~63

许建平，王传昆. 2005. 我国潮汐能开发利用调研. 中国新能源，(12)：43~52

杨涛，蒋少涌，杨兢红等. 2005. 孔隙水中 NH_4^+ 和 HPO_4^{2-} 浓度异常：一种潜在的天然气水合物地球化学勘查新指标. 现代地质，19（1）：55~60

姚伯初. 1998. 南海北部陆缘天然气水合物初探. 海洋地质与第四纪地质，18（4）：11~18

佚名. 1986. 日本把海洋作为铀的资源. 张佑元译. 国外科技消息，22：13

佚名. 2006. 吸附法提锂技术取得重大突破. 矿产与地质，6：685

袁俊生，纪志永. 2003. 海水提锂研究进展. 海湖盐与化工，32（5）：29~33

袁俊生，韩慧茹. 2004. 海水提钾技术研究进展. 河北工业大学学报，33（2）：140~147

袁俊生，吴举，邓会宁等. 2006. 中国海盐苦卤综合利用技术的开发进展. 盐业与化工，35（4）：33~37

袁蔚文. 1999. 南海渔业资源评估. 见：贾晓平. 海洋水产科学研究文集. 广州：广东科学技术出版社

张光学，黄永样，祝有海等. 2002. 南海天然气水合物的成矿远景. 海洋地质与第四纪地质，22（1）：75~81

张光学，祝有海，梁金强等. 2006. 构造控制型天然气水合物矿藏及其特征. 现代地质，20（4）：605~612

张锦瑞. 1995. 国外从海水中提取铀的现状及研究方向. 铀矿冶，14（1）：49~52

张维润等. 1995. 电渗析工程学. 北京：科学出版社

张秀芝，王树勋，王静等. 2005. 膜技术在海水资源利用中的应用. 海洋技术，24（3）：128~131

赵洪伟，龚建明，陈建文等. 2004. 冲绳海槽天然气水合物综合异常特征及成藏地质条件. 海洋地质与第四纪地质，24（1）

赵雪华. 1991. 浙江省潮汐能资源开发研究回顾. 能源工程，11（3）

浙江省电力公司. 2001. 江厦潮汐试验电站. 南京：河海大学出版社

郑元甲，陈雪忠，程家骅等. 2003. 东海大陆架生物资源与环境. 上海：上海科学技术出版社

中国海洋渔业区划编写组. 1990. 中国海洋渔业区划. 杭州：浙江科学技术出版社

中国科学院南沙综合科学考察队. 1991. 南沙群岛的南部陆架海区底拖网渔业资源调查研究报告. 北京：海洋出版社

中国浅海滩涂渔业区划编写组. 1991. 中国浅海滩涂渔业区划. 杭州：浙江科学技术出版社

中国浅海滩涂渔业资源编写组. 1990. 中国浅海滩涂渔业资源. 杭州：浙江科学技术出版社

钟红茂. 1998. 我国海洋中成药. 见：中国药学会海洋药物专业委员会. 中国海洋湖沼学会药物学分会、中国生物工程学会海洋生物技术专业委员会、中国海洋学会生物工程专业委员会编. 中国第五届海洋与湖沼药物学术开发研讨会论文集（上册）. 青岛：58~78

钟振如. 1983. 虾类的种类分布及其群聚结构（2），虾类渔获量的分布及其渔场渔期（3）. 见：中国水产科学研究院南海水产研究所. 南海北部大陆斜坡虾类资源调查报告

朱建华，马淑芬，刘红研. 2004. 溴素生产应用现状分析及展望. 矿产综合利用，2：36~41

祝有海，吴必豪，罗续荣等. 2008. 南海沉积物中烃类气体（酸解烃）特征及其成因与来源. 现代地质，22（3）：407~414.

邹仁林、陈映霞. 1989. 珊瑚及其药用. 北京：科学出版社

Berner U，Faber E. 1992. Hydrocarbon gases in surface sediments of the South China Sea. In：Jin X，H R Kudrass，G Pautot. eds. Marine Geology and Geophysics of the South China Sea. Beijing：China Ocean Press，199~211

Bohrmann G，Greinert J，Suess E，et al. 1998. Authigenic carbonates from the Cascadia subduction zone and their relation to gas hydrate stability. Geology，26：647~650

Borowski W S，Hoehler T M，Alperin M J，et al. 2000. Significance of anaerobic methane oxidation in methane-rich sediments overlying the Blake Ridge gas hydrates，Proceeding of the Ocean Drilling Program. Scientific Results，164：87~99

Canfield D E. 1991. Sulfate reduction in deep-sea sediments. American Journal of Science，291：177~188

Chen D F, Huang Y Y, Yuan X L, et al. 2005. Seep carbonates and preserved methane oxidizing archaea and sulfate reducing bacteria fossils suggest recent gas venting on the seafloor in the northeastern South China Sea. Marine and Petroleum Geology, 22: 613~621

Collett T S, Riedel M, et al. 2005. Cascadia margin gas hydrates. IODP Scientific Prospecting, 311

Dickens G R. 2001. Sulfate profiles and barium fronts in sediment on the Blake Ridge: present and past methane fluxes through a large gas hydrate reservoir. Geochimica et Cosmochimica Acta, 65 (4): 529~543

Gomez E D. 1997. Reef management in developing countries: a case study in the Philippines. Coral Reefs, 16: 3~8

Grevemeyer I, Villinger H. 2001. Gas hydrate stability and the assessment of heat flow through continental margins. Geophysical Journal International, 145 (3): 647~660

Halstead B W. 1988. Poisonous and Venomous Marine Animals of the World (second revised edition). 1 + 1168 pages + 288 plates. The Darwain Press, Inc. , Box 2202, Princeton, New Jersey 08543, USA

Hesse R, Harrison W E. 1981. Gas hydrates (clathrates) causing pore-water freshening and oxygen-isotope fractionation in deep-water sedimentary sections of terrigenous continental margins. Earth and Planetary Science Letters, 55: 453~462

Hesse R. 2003. Pore water anomalies of submarine gas-hydrate zones as tool to assess hydrate abundance and distribution in the subsurface: what have we learned in the past decade? Earth Science Reviews, 61: 149~179

Iversen S A, Zhu D, Johannessen A, et al. 1993. Stock size, distribution and biology of anchovy in the Yellow Sea and East China Sea. Fisheries Research, 16: 147~163

Jiang S Y, Gilhooly W P, Takano Y, et al. 2005. Pore Water Chemistry as Sensitive Indicators for Fluid Flow in Brazos-Trinity Basin ♯4 and Ursa Basin, Northeast Gulf of Mexico (IODP Expedition 308). AGU Meeting Abstract

Jiang S Y, Yang T, Ge L, et al. 2008. Geochemistry of pore waters from the Xisha Trough, northern South China Sea and their implications for gas hydrates. Journal of Oceanography, 64 (3): 459~470

Kvenvolden K A. 1993. Gas hydrates: geological perspective and global change. Reviews in Geophysics, 31: 173~187

Kvenvolden K A. 1995. A review of the geochemistry of methane in natural gas hydrate. Organic Geochemistry, 23: 997~1008

Morris B D, Prinsep M R, 1996a. Metabolites the marine ctenostomate Amathia wilsoni. In: Gordon D P eds. Bryozoans in Space and Time. Proceedings of 10th International Bryozoology Association coference. Printed and Bound for NIWA by Colorgfraphic International. Wellington & Auckland: 199~205

Morris B D, Prinsep M R, 1996b. Secondary Metabolites from New Zealand marine Bryozoa. 227~235

Rodriguez N M, Paull C K, Borowski W S, et al. 2000. Zonation of authigenic carbonates within gas hydrate-bearing sedimentary sections on the Blake Ridge: offshore southeastern north America. Proceeding of the Ocean Drilling Program. Scientific Results, 164: 301~312

Wang P X, Prell W L, Blum P. 1999. Proceedings of the Ocean Drilling Program, Initial Reports, South China Sea, College Station TX (Ocean Drilling Program), 184: 18~20

Weinberger J L, Brown K M. 2006. Fracture networks and hydrate distribution at Hydrate Ridge, Oregon. Earth and Planetary Science Letters, 245: 123~136

Yang T, Jiang S Y, Yang J H, et al. 2008a. Dissolved inorganic carbon (DIC) and its carbon isotopic compositions in sediment pore waters from the Shenhu area, northern South China Sea. Journal of Oceanography, 64: 301~310

Yang T, Jiang S Y, Yang J H, et al. 2008b. Comparison of Carbon isotopic compositions of dissolved inorganic carbon (DIC) in pore waters in two sites of the South China Sea and significances for gas hydrate occurrence. Proceedings of the 6th International Conference on Gas Hydrates (ICGH 2008), Vancouver, British Columbia, Canada

Zhu Y H, Huang Y Y, Matsumoto R, et al. 2003. Geochemical and stable isotopic compositions of pore fluids and authigenic siderite concretions from site 1146, ODP Leg 184: implications for gas hydrate. Proceedings of the Ocean Drilling Program. Scientific Results, 184: 1~15

第二篇 区域海洋地理

第八章 渤 海[*]

第一节 区域环境特征

渤海位于 $37°07'\sim41°N$，$117°35'\sim121°10'E$ 之间，为山东半岛、辽东半岛所环抱，是亚洲大陆与西太平洋之间的一个内陆型边缘海。以渤海海峡（南北宽仅 57n mile）与黄海相通。南北长 470km、东西宽 295km，海岸线长 5800km（包括岛屿岸线），水域面积 $7.7\times10^4km^2$，大于 $500m^2$ 的海岛 268 个，滩涂面积 900 余万亩（60 余万公顷）。渤海平均水深 18m。注入渤海的具有常年径流的河流共 40 余条，年径流量为 $720\times10^8m^3$，年入海泥沙量为 13×10^8t。

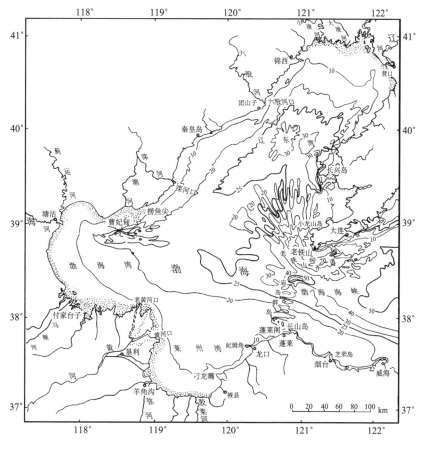

图 8.1 渤海海底地形图

---

* 本章作者：何华春、王芳。根据王颖，1996《中国海洋地理》第十八章补充改写

渤海海域通常划分为辽东湾、渤海湾、莱州湾、中央海区和渤海海峡。这五部分构成三湾挟持的、形似葫芦状的海域轮廓，海底地形恰似呈 NE 向放置的梯形（图 8.1）。

渤海海底地势自西北向东南缓倾，轴线在渤海湾顶至老铁山水道之间，坡度平缓，平均坡度为 $0°0'28''$。在轴线以南泥质粉砂覆盖的海底，其地形起伏平缓；轴线以北砂质为主的海底，地形起伏较大，并有谷道交织。在渤海东侧的狭窄出口——渤海海峡，由于老铁山岬与蓬莱角之间扼制和庙岛群岛横亘，造成了沟脊纵穿的崎岖地形。一般沟槽的水深可超过 40m，而北隍城岛北侧的老铁山水道南支冲蚀谷底，最大水深达 86m。平浅的渤海中央海底，水深仅 25～30m（耿秀山等，1983）。

渤海在大地构造上位于新华夏系构造第二沉降带，即松辽-渤海-华北平原沉降带。渤海盆地起始于中生代晚期（侏罗—白垩纪）的地壳变动，因上地幔隆起出现断裂与火山活动；形成于古近纪以后的地壳扩张，处于强烈断陷及多期火山岩喷发；新近纪和第四纪以来，随着上地幔顶面的逐渐下降而出现大规模断裂拗陷，从而接受巨厚沉积，形成典型的内陆海拗陷盆地。现代渤海受陆地影响很大，接收辽河、滦河、海河、黄河等河流带来泥沙的不断沉积，加之仍处于构造拗陷活动中，双重作用改变着渤海海底和海岸地貌。

一、浅平的内海与三大海湾

（一）渤海的地质构造与地层

渤海作为华北地台上的构造单元有其共性，共同的基底，类似的盖层。也有其特性，即震旦纪时，渤海的主要地质呈隆起状态；新生代时，整体成为华北地台上最大、最深的拗陷。渤海及其周围地区的地壳属大陆性典型的三层结构，最上层为沉积岩，其下为结晶基底，然后为下地壳，其地壳厚度较薄，只有 30～31km。由于渤海位于新华夏构造第二沉降带内，其大地构造性质与华北拗陷区基本一致，只是在古近纪和新近纪以后，海陆的变迁才使它们有了差异（中国科学院地质研究所，1959；李德生，1981）。

渤海是新生代的沉积拗陷。根据其基底构造特征，可划分为渤西拗陷、渤中隆起、渤东拗陷（包括辽东湾拗陷、渤中拗陷及莱州湾拗陷）及郯庐断裂带四个构造单元（图 8.2）。渤西拗陷，位于渤海的西部，它属于陆地上黄骅拗陷向渤海的延伸部分。渤中隆起为埕宁隆起 NE 向渤海延伸的一部分。渤东拗陷介于渤中隆起与郯庐断裂带之间，从莱州湾至辽东湾 NNE 向延伸，因受郯庐断裂带的影响，东侧沉降幅度大，西侧地层向渤中隆起超覆，拗陷具有簸箕形状。而郯庐断裂带则是纵贯中国东部濒临太平洋地区的一条巨型深大断裂带，北起黑龙江的依兰（出国境），穿过辽东湾至莱州湾沿庙岛群岛西侧一线，南到广东开平入南海（秦蕴珊等，1985）。郯庐断裂带在鲁中一段出露完好，宽 40～60km，由四条断裂构成复式地堑型裂谷盆地。该断裂具有先扭挤后张断的特性。该断裂带在渤海段可称渤东断裂带（或营潍断裂带），断裂带长度达 500km，南部宽 40km，北部宽 20km，其走向在庙岛群岛西为 N15°E，至辽东湾为 N30°E，呈弧形构造，向西突出又呈微弧形，弧顶在渤中（李德生，1981；刘星利，1981）。渤东断裂带与渤海盆地的形成是分不开的。早在中生代侏罗—白垩纪，当渤海

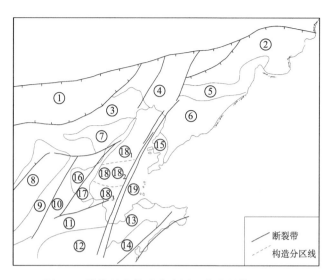

图 8.2　渤海基底构造分布图（秦蕴珊等，1985）

①阴山隆起；②铁岭隆起；③燕山褶皱带；④下辽河拗陷；⑤太子河拗陷；⑥营口隆起；⑦山海关隆
起；⑧博野拗陷；⑨沧州隆起；⑩黄骅拗陷；⑪济阳拗陷；⑫鲁西隆起；⑬鲁东隆起；⑭胶莱拗陷；
⑮复州拗陷；⑯渤西拗陷；⑰渤中隆起；⑱渤东拗陷；⑱$_1$辽东湾拗陷；⑱$_2$渤中拗陷；⑱$_3$莱州湾拗
陷；⑲郯庐断裂带

盆地处于初裂时期（以张性断陷为主，类似大陆裂谷形成初期），渤东断裂带至少是在
此时便已开始形成，并为渤海与北黄海的天然界线。

　　渤海盆地主要受 NE 向构造控制，这是渤海的基本构造格局。渤海的断裂基本上有
NNE 向、NEE 向和 NW 向三组（图 8.3）。

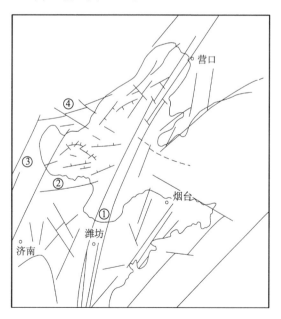

图 8.3　渤海区域构造断裂系统图（秦蕴珊等，1985）

①郯庐断裂带；②广饶断裂带；③沧州断裂带；④北塘-乐亭断裂带

渤海是由 NNE 与 NEE 向两组断裂所控制。先是 NNE 向断裂的左旋扭张,引起 NEE 向断裂的拉张,形成渤海断陷盆地的雏形。郯庐断裂(渤东断裂是切穿地壳深入到上地幔的巨型断裂带),由于它的左旋扭张,促使渤海中部上地幔上升,地壳减薄至 29km,造成中部 NEE 向的正断层,加速了渤海断陷盆地内部分化和差异加剧。第四纪海侵的频繁与不断扩大,渤海最终由湖泊转变为内陆海(秦蕴珊等,1985)。

渤海的北部是山海关-营口隆起,它是一条由前震旦纪变质岩系所组成,近东西走向。渤海盆地的基底与相邻陆地的基底是一致的(秦蕴珊等,1985)。渤海湾地区的基底属泰山群花岗片麻岩与混合岩,辽东湾基底属鞍山群,西部属五台群和滹沱群。而渤海的沉积层包括了震旦亚界、古生界及中新生界(表 8.1)。

表 8.1　渤海地层表(秦蕴珊等,1985)

地层单位				构造层	主要沉积建造	厚度/m	构造运动
界	系	统	组				
新生界	第四系	更新统	平原组	I	河湖相、海相	219~415	喜马拉雅运动
	新近系	上新统	明化镇组		河湖相砂泥岩建造	2000~5000	
		中新统	馆陶组				
	古近系	渐新统	东营组			3000~5000	
			沙河街组				
		始新统	孔店组			2000~3000	
中生界	白垩系			II	北部:河湖相砂泥岩南部:火山岩夹陆相	823	燕山运动
	侏罗系				北部:火山岩、陆相南部:陆相砂页岩	41.5~818.7	
上古生界	二叠系			III	陆相砂页岩	80~500	海西运动
	石炭系	中石炭统			海陆交互相砂页岩	474	加里东运动
	奥陶系	中奥陶统			海相碳酸岩建造	1000~2000	
震旦亚界	震旦系				硅质灰岩建造碎屑岩建造		
元古宇太古宇				基底	结晶片岩、花岗片麻岩、混合岩		吕梁运动五台运动

震旦亚界地层是在吕梁运动后,在渤海的中部存在一条 NNE 向的基底隆起,致使渤海大部分地区的震旦亚界沉积缺失。仅在渤海的东部及渤海湾的西隅有震旦亚界沉积。在渤海中部仅见震旦亚界石英砂岩与海绿石石英砂岩厚 36m,可见复州拗陷的震旦亚界沉积向渤中隆起大大的减薄。

古生界地层在渤海与华北拗陷区均整体下沉,接受了寒武系-奥陶系的碳酸盐岩建造,厚度一般小于 2000m。中奥陶纪末,因加里东运动使东北地台整体抬升,而缺失奥陶系—下石炭系。中石炭系—二叠系为海陆交互相转变为陆相,主要分布在渤海湾与莱州湾内。

中生界地层是在燕山运动对渤海及邻区构造单元影响不一致,使渤海南北在侏罗系—白垩系地层有着明显的差异。侏罗纪时,渤海北部为中基性火山岩及火山碎屑岩,南部则为河湖相的沉积岩系；白垩纪时，北部为河湖相砂泥岩，南部却为中酸性火山岩及凝灰岩。北部岩系可与燕山沉降带的中生界地层对比，南部则与胶东隆起的中生界地层相当。

新生界地层是在老地层之上发育的一套近万米厚的新生界沉积岩，其产状平缓与下伏岩层呈明显的区域不整合接触。这一套地层自下而上可划分为三组。其中：第一组为始新统孔店组，它以充填式沉积在各断陷沉积区的底部，与上覆地层呈角度不整合，厚2000～3000m，主要为深灰色、灰绿色与紫褐色的泥岩层夹砂岩—河湖相沉积（徐怀大，1981）。第二组为渐新统，包括东营组和沙河街组，广泛分布于各拗陷中，自下而上逐渐超覆于各老地层之上，厚3000～5000m，为浅灰、灰绿色砂岩，与深灰色泥岩互层，层理清晰，是渤海主要的生储油岩。由于渤海盆地是一个复式叠加型沉积盆地，具有多旋回、多层系和多油气藏类型的含油气盆地的特色，故渤海是一个巨大的储油构造（李德生，1981）。第三组为产状平坦，广布于渤海，包括中新统馆陶组，上新统明化镇组和第四系原组。馆陶组与东营组平行不整合接触，厚2000m，在渤东拗陷的中部可达5000m，为一套泥沙岩层，由下而上变细，砾岩—砂岩—泥岩。

从上述构造与地层，综观渤海区域地质基本特征为：

（1）吕梁运动是华北地台上的一次重要构造运动，基本上结束了华北地台前震旦纪地壳剧烈活动的历史，表现为新元古界与震旦亚界之间的区域角度不整合，形成了近东西方向为主的褶皱变质构造带。在渤海形成了呈 NE 走向的渤海中部震旦纪隆起，由此奠定了渤海的构造格局。

（2）古生代时期的加里东运动和海西运动，在华北地台上表现为地壳相对平静地振荡运动，海水或进或退，造成地层间的假整合或平行不整合。

（3）中生代燕山运动是华北地台上又一次地壳大规模改造运动，产生了宏伟的NE—NNE 向的新华夏构造，地台破裂，岩浆侵入，火山喷发，生成众多的断陷盆地。渤海盆地就是此时由郯庐断裂带等断裂的活动而产生的大型断陷盆地。

（4）新生代喜马拉雅运动，继承了燕山运动产生的新华夏构造，在地壳总的张扭应力作用下，老的断陷继续扩大、加深，也产生了一些新的 NE 向与 NW 向的断裂。古近纪（始新世、渐新世）有多期基性火山岩喷发，渤海盆地处于地壳扩张、强烈断陷。中新世以后，形成了一个大型的拗陷盆地。新近纪（中新世—上新世）和第四纪（更新世），渤海盆地的扩张逐渐停止，渤海先是处于一种水退状态，继而是渤海盆地的广泛下沉。随着接受巨厚陆源沉积物堆积，地壳又向大陆性逆转，上地幔顶面逐渐下降，出现大规模的拗陷，裂谷性质消失。从而进入全新世海侵环境。目前拗陷构造活动仍在继续进行中。

（二）辽　东　湾

辽东湾位于渤海北部，以河北省的大清河口至辽东半岛南端的老铁山一线为其南界，呈 NNE 向延伸，是下辽河拗陷的向海域延伸部分。它西接燕山褶皱带，东临胶辽隆起，南与渤中拗陷相通，属于新生代断陷盆地，自西向东由辽西拗陷、辽西低凸起、辽中拗陷、辽东凸起和辽东拗陷组成，面积约 4000km^2。

辽东湾浅滩位于旅顺、大连的南部，渤海海峡北侧。一方面，由于大量的堆积和强潮流的塑造，形成规模巨大的脊沟相间和扇形分布的水下潮流堆积地貌群体。长度可达数十千米，宽度几千米至十几千米不等，相对高度达 30m，堆积体的中部和尾端，相对高度差均小于 20m。该地貌群体向辽东湾方向散开，高度变小，最后消失。另一方面，则向渤海海峡方向辐聚，高度增大，坡度变陡。不同潮流脊的坡度不同，而同一潮流脊的东西两侧坡度也不一致，一般东坡陡，西坡缓，坡度的变化从 0.1‰~5‰不等。沉积物的厚度比较厚，最大厚度可达 18m，但分布不均匀，在脊区厚度最大，谷区较薄，有的甚至小于 5m。沉积物主要由细砂和黏土质砂组成。在老铁山水道附近，据实测资料（潮流+余流）（赵保仁，1995），夏季每昼夜流速大于 20cm/s 的时间可达 19h，冬季每昼夜流速大于 20cm/s 的时间仍可超过 16h，老铁山水道底层流速每昼夜约有 2/3 的时间大于 20cm/s，而一般细砂的起动流速为 20cm/s，所以老铁山水道常年受强潮流的冲刷—侵蚀，携带大量泥沙的潮流进入辽东湾后，由于地域突然开阔，流速开始减小，携带的大部粗粒物质在湾口东侧浅滩的延伸部分沉积，形成潮流脊堆积体。^{210}Pb 测得本区沉积速率为 1.35cm/a，为区内的快速沉积区，而细粒的物质一部分继续向湾内扩散[①]。潮流脊区的海底表面还常见规则的海底波纹（秦蕴珊等，1985）。

辽东湾近湾顶沉积物物源主要来自沿岸辽河等河流，由于辽河等入海物质大部分在河口区沉积，因此进入本区时已明显减弱，为一中速沉积区。湾口西部沉积物质丰富，主要来自黄河、滦河的细粒物质，由于本区的潮流流速不大，而成为快速沉积区之一。辽东湾中部处于现代陆源细粒沉积区与粗粒沉积区包围之中，这样的地理位置决定了该区沉积物的特征和物质来源具有上述二区的特点，由砂、粉砂和黏土混合沉积而成。

（三）渤 海 湾

渤海湾是向西凹入的弧形浅水海湾，大体北起唐山南堡、南至黄河河口。沿岸注入的河流主要为黄河及海河，北部部分受滦河影响。

1. 渤海湾的沉积物

黄河入海泥沙，多年平均为 11.2×10^8t，海河入海泥沙多年平均约为 1870×10^4t，渤海湾主要受黄河及海河河流泥沙的影响。

南京大学曾在渤海湾用沉积物粒度矿物等分析方法，成功地确定了黄河及海河沉积物沿渤海湾输送的范围。沉积物粒度分布图（图 8.4）（王颖，1988）显示，沉积物粒度分布自海河口到歧口，在低潮线有一细砂粉砂带，这条砂带的平均粒度从海河口至歧口渐变小，宽度渐窄至尖灭。在潮间带及水下岸坡的粒度也是自海河口向歧口变小，而黄河口沿岸向北，泥沙粒径也逐渐变小，呈舌状到歧口与海河的沉积物相会。根据重矿物分析，重矿物含量河口区较高，自黄河口向北，海河口向南重矿物含量均逐渐减小，海河沉积中不稳定矿物（如角闪石）含量高，矿物晶体完整，表面清洁，透明有光泽，紫苏辉石、磁铁矿含量高，而赤铁矿少。黄河泥沙中多稳定矿物，如石榴子石、锆石、

---

① 黄庆福.1999.辽东湾地区工程地质与地震基础资料研究及汇编（内部资料）

电气石等，几乎没有紫苏辉石，磁铁矿少，赤铁矿含量高。不稳定矿物因黄河长距离搬运而趋于消失。矿物颗粒污染氧化得较强烈，表面模糊，光泽不明显，透明度低。这样，根据重矿物特征可把黄河沉积物与海河沉积物区别开来，其分布图形与粒度分布图形一致。

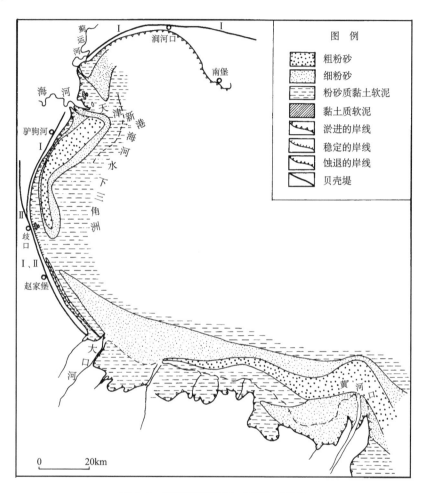

图 8.4　渤海湾沉积图（王颖，1988）

　　黄河泥沙与海河泥沙的黏土矿物组成相似，主要是伊利石、蒙脱石和高岭土及少量蛭石。黏土矿物组成取决于流域大区域自然地理条件，故黄河、海河黏土物质相似，但二者仍有差别，海河黏土矿物组合中缺失蛭石，而黄河沉积物中有少量蛭石。黏土矿物X衍射谱反映，海河泥沙中蒙脱石为不清晰的宽矮锯齿状蒙脱衍射峰，而黄河泥沙为清晰的高峰，二者的晶形不同。

　　以上分析，确定黄河入海物质沿岸向北至渤海湾的湾顶歧口，海河物质沿岸向南逐渐减弱至消失。1959～1963年，南京大学在此海区作大量水文泥沙测验，亦证明黄河、海河沉积物沿岸运动，在歧口相会，现代黄河入海泥沙向北只达到渤海湾的湾顶歧口，黄河泥沙对天津新港所在的海河口浅滩没有直接的影响（王颖，1988）。

2. 渤海湾沿岸的贝壳堤

贝壳堤（cheniers）是一种发育在淤泥质平原海岸的堆积体。它发育于岸坡平缓（1‰～2‰），具有中等强度激浪作用的粉砂质或黏土粉砂质海岸。它是一种沿岸堤（滩脊），标志着海岸线位置，它的分布形式反映了淤泥质海岸的演变过程。

渤海湾沿岸贝壳堤非常典型，分布着两列贝壳堤（图8.5）（王颖，1964）。第一列贝堤（简称Ⅰ贝堤）沿现代海岸线分布，由贝壳（完整的贝壳、碎屑、贝壳砂）与石英、长石粉砂、细砂组成，贝壳种类多，以青蛤、白蛤、毛蚶等为主，夹杂李氏金蛤、牡蛎、纵带锥螺等。在海河以北，贝壳堤高0.5～1m，宽20～30m，向海坡6°，向陆坡5°～6°（Wang and Ke，1989）。在海河口南高2m，宽100m，成连绵不断的陇岗，人们利用它筑成一条挡潮堤。根据Ⅰ堤的组成、分布与绵延方向，可以确定：Ⅰ贝堤海河南北两段是相连的，北部Ⅰ贝堤物质来自滦河冲积物——燕山山地的花岗岩、变质岩的长石石英细砂、中砂，其贝壳主要是文蛤、扇贝、锥螺等，南部是黄河物质，粉砂黏土，极少细砂，以毛蚶、白蛤、魁蛤为主。

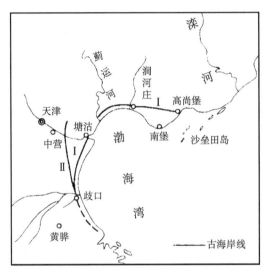

图8.5　渤海湾贝壳堤分布图（王颖，1964）

Ⅰ. 第一列贝壳堤；Ⅱ. 第二列贝壳堤

第二列贝堤（简称Ⅱ贝堤）位于Ⅰ贝堤向陆一侧，长70km呈连续的垅岗。Ⅱ贝堤规模大，沉积厚，高5m，宽100～200m，为种类丰富的贝壳和贝壳砂夹大量黏土，主要为白蛤、毛蚶及文蛤、强刺红螺、日本镜蛤、扇贝、扁玉螺等。有完好的水平层理，层中有经磨蚀呈自然堆积状态的砖网坠（渔具）、瓷片碎片，沉积层坚实，并微微胶结。据其沉积特征，可推断，其形成时海岸坡度大，海水清，有激浪作用，海底的粉砂层厚，贝壳繁殖旺盛，是经长期激浪作用堆积，在高潮线处形成的大型贝壳堤。根据Ⅰ、Ⅱ贝壳堤的物质组成，与今日海岸沉积物成分对比，可以认为，历史时期渤海湾没有经历砂质海岸的阶段。

贝壳堤的年代可用历史考古法以求佐证（王颖，1964）。在Ⅱ贝堤上发现有墓葬、村舍遗迹及文物，为唐宋时代的，即Ⅱ贝堤在唐宋时已存在。据Ⅱ贝堤沉积及地貌分析，可了解其形成时的自然环境：贝壳丰富，主要是生活于粗粉砂细砂中，贝壳砂层厚，分选极好，质地纯，不夹杂黏土。这些反映当时海水清澈，不含淤泥与黏土，海底主要是粉砂。Ⅱ贝堤规模大，高度大，沉积层厚，表明形成时岸坡坡度大，激浪作用强，岸线稳定，在此高潮岸线停留堆积时间较长。唐朝以前，黄河一直是注入渤海的，未曾南迁。为何渤海湾沿岸没有大量淤泥物质，岸坡较陡，与今日情况迥然不同呢？据历史资料分析，黄河并非一直饱含泥沙，其巨量泥沙主要来自黄河中游黄土高原。而历史上，从春秋至秦，山陕黄土高原林木茂盛，原始植被未遭破坏，是良好的林牧场所，水土流失极少，因此，黄河的含沙量并不大。西汉时期，由于大量移民至边塞（今山陕高原），从事农垦，变林牧为农耕，原始植被遭破坏，水土流失日益严重，黄河含沙量陡增，下游改道也趋频繁。这种含沙量加大的影响亦波及河口及外围，但时间不长（约100年），尚不足以改变整个渤海湾沉积物组成。嗣后，东汉至魏晋时，边疆少数民族大量入居塞内，黄土高原一带还农为牧，植被又重新恢复，水土流失日趋减少。所以，东汉以后500多年时间，黄河入海的淤泥粉砂物质不多，海岸长期稳定，海水清澈，激浪作用强，适于贝类生长，有利于形成高大的贝壳堤。

从Ⅱ贝堤的分布看，歧口以北走向南北，歧口以南呈三角洲状向海凸出，这是受古黄河三角洲的影响之故。所以，Ⅱ贝堤形成在汉唐之际，当时黄河口位于渤海湾南部，汉王莽始建国三年（公元11年），黄河第二次大改道，黄河自河南一带决口，从荥阳到千乘入海。自此至隋（相距500年）唐（相距800年），黄河长期稳定于渤海湾南部入海。根据以上分析可以确定：Ⅱ贝堤形成于东汉明帝十三年，王景治河成功以后（70年），主要在东汉末年至隋时（589～615年），而唐朝时，贝壳堤已具很大规模了。

Ⅰ、Ⅱ贝壳堤之间的盐土平原形成于宋庆历八年（1048年），黄河三徙，其北支由天津一带入海后形成。

Ⅰ贝堤开始形成于元至元年间（1336年），黄河第五次大改道后，而盛于明弘治年间黄河全流入黄海时。这时渤海湾沿岸无黄河淤泥注入，缺少淤泥，岸坡变陡，波浪作用强，有利于贝类繁殖，相当时期后出现新的贝壳堤。Ⅰ贝堤分布范围广，遍及整个渤海湾两岸。但是，唐朝以后，黄河中游的垦殖，引起水土流失，输入渤海的淤泥，在渤海底质中积累已多，虽黄河南徙入黄海，但渤海湾底质中仍留有较多淤泥，故此时贝类较少，而耐含淤泥的白蛤、毛蚶、魁蛤较多，因而Ⅰ贝堤具有高度低、宽度小、贝类少、夹有淤泥等特点。Ⅰ贝堤明末时已形成，清初已有渔民定居（1644年）。

据20世纪70年代以后出现的^{14}C定年技术测定，歧口Ⅱ贝堤底部年代为距今2020年±100年，堤顶部年代为1080年±90年，位于海河口以北的白沙岭为距今1460年±95年，即20世纪60年代所作的历史资料分析与以后碳同位素定年资料可互为引证（王颖，1964）。

（四）莱　州　湾

莱州湾位于山东半岛西北，湾口西起现代黄河新入海口（37°39′N，119°16.6′E），东迄屺姆岛高角（37°441′10″N，120°13′10″E），宽96km，海岸线长319.06km，海湾面积 6966km²。

莱州湾海湾开阔，水深大都在 10m 以内，最深 18m，水下地形简单，坡度平缓，约 0.16‰，由南向中央盆地倾斜。受郯庐断裂带的影响，断裂西侧为一凹陷区，东侧为上升区，即鲁北沿岸山地。莱州湾现代沉积区，即断裂之西的凹陷区，有较厚的现代沉积物。东部沿岸的泥沙，在常向风、波浪、潮流的综合作用下，在蓬莱以西形成了大片沙质浅滩与沿岸沙嘴。同时，在岛屿与海岸之间，形成水下连岛沙坝。另外，在浅平的细砂质滩底上，激浪作用活跃，在浅滩上部形成一列列与岸平行的水下沙堤。

海湾东部有两个附属小湾——龙口湾和太平湾。芙蓉岛为湾内唯一的基岩岛，位于海湾东南，离岸 4.5km，海拔 75.5m，面积 0.29km²。海湾东南部海底有一 NW—SE 走向的水下浅滩，即莱州浅滩。

沿湾自西向东有黄河、淄脉河、小清河、塌河、弥河、白浪河、虞河、潍河、胶莱河、沙河、界河等十几条较大河流，沿岸 90% 的土地为冲积平原。现行黄河口自 1976 年由此入海，在季节性显著的径流、与径流大致垂直的潮流、波浪及渤海环流的共同作用下，黄河入海沉积物的最细粒级部分主要输往东南方向，略粗的细粒级沉积物沿岸向西北方向往复运动，但大部分泥沙都在口门一带就近沉积下来。口门朝向何方，泥沙就堆积在那里。由于受地转流作用，尾闾河道逐渐南移，从而在东南部不远处形成了沉积中心。黄河悬浮泥沙主要部分不越过莱州湾中部，莱州湾南部有少量河流物源局限在河口附近（山东省科学技术委员会，1991）。

黄河入海的泥沙，除在口门堆积外，大部分呈悬浮状态，分三个方向扩散。黄河口外主要余流方向是 NE—E，黄河大部分泥沙随流东去，向南转入莱州湾沉积；另一部分泥沙随河口射流直接冲入渤海深水区；较少部分泥沙则随较弱余流向西北方向运移，成为渤海湾的重要泥沙来源。黄河巨量的入海泥沙不仅营造了广阔的三角洲平原，而且在渤海湾南部与莱州湾北部平坦海底上，建造了一个巨大的圆弧形水下三角洲，其范围北起大口河，南至小清河。水下三角洲为强烈堆积区，宽度为 2～8km。现行河口区附近有大量物源补给，水下三角洲以淤积为主，发育迅速，废弃河口则相反。现行河口两侧各有一块烂泥湾存在，分布水深 1～10m 不等，其中南侧范围大，有几十平方千米，一般厚 1～5m，底质是松软的稀泥，水下三角洲前缘可延伸到水下－15m 左右。黄河巨量的入海泥沙对渤海海底地貌的塑造有着重要的影响。

二、渤海的气候与海流

（一）渤海气候

渤海属东亚季风区，冬夏季风的发展和变化过程，基本上决定了该区海面风的分布特征。冬季风大致从 10 月至来年 3 月，风向稳定，以西北风或北风为主。冬季风向春季 4～5 月风向过渡时间长达两个月。夏季风持续时间为 6～8 月，比冬季风时间短，稳定度也比冬季风差。9 月冬季风开始于本海区爆发，10 月冬季风建立，渤海风速为 5～6m/s。渤海海风风向频率的季节分布特征：1 月，渤海风向分散，各向频率不同，这是因为气旋及反气旋活动较多而且路径各不相同所致；4 月，冬季风开始向夏季风过渡，海区风向变化较大，盛行风向频率较低，渤海仍处在气旋活动高频期，风向较不稳定，南风频率略高，达 20％，其余为东南风、西南风，各为 10％～15％；7 月，反映夏季风的特征，其风向稳定程度比冬季低，但比春季高，南风、东南风频率为 20％左右，其余为东风和西南风；9 月，冬季风开始，此时渤海风向多变，尚难确定主导方向；10 月渤海北风频率稍占优势。渤海海面风速的年变化呈单峰型：高值在冬季，低值在夏季，峰值出现在 12 月或 1 月，低值出现在 6～7 月，年平均风速 5～6m/s，风速年变化小。

云量的分布与盛行气流性质、天气系统活动、海面热状况、岛屿分布、沿岸地形等因素有关。渤海平均总云量特点是：自沿岸向远海云量变化迅速；1 月，渤海受大陆冷气团影响最强，平均总云量仅 1～2 成（8 成为最高）；4 月，由于暖湿气流的北上，渤海云量增多，平均为 2～3 成；入夏后由于西南季风和副热带高压加强北上，各月云量变化较快，渤海云量可达 4 成；10 月，北方冷空气开始向南爆发，渤海沿岸云量减少很快，降至 1～2 成，出现秋高气爽天气。

除了岛屿站和定点观测船以外，海上没有降水量的观测。因而了解降水情况较多地使用降水频率概念，它是指观测到降水的次数占总观测次数的百分比。1 月，由于来自大陆的气流，干冷少云少雨，渤海降水频率较小；4 月，随着暖湿气流北上，降水频率稍有增强；由于入夏以后副热带高压、气候锋带、热带复合带等天气系统变化较快，降水频率分布形势各月变化较大；10 月，北方冷空气大量南下，渤海降水频率有所降低，小于 3％。渤海降水频率年变化呈单峰型，7 月最高，10 月最低。根据平台、岛屿和沿岸站的观测，可以大致了解海上降水量。渤海降水量 500～600mm，中部少沿岸多，沿岸可达 600～700mm。根据月平均降水量分布情况，渤海属夏雨型，雨量主要集中在 7～8 月，两个月雨量可占全年的 50％。

渤海相对湿度的分布特征是：南部大，北部小；夏季大，冬季小；海上大，岸上小；等值线平行于海岸线。

渤海海雾时空分布不均匀，只出现在辽东半岛和山东半岛沿海水域。尤其是位于渤海与黄海交界处的成山头，是我国近海五个多雾中心之一，7 月雾频率最高为 11％，被称之为"中国的雾窟"。成山头三面环海，南下的渤海冷气团与成山头海域上空的暖气流相遇，形成平流雾。海陆热力差异是形成海雾的主要原因。

（二）渤海的流系

渤海流系可分为环流与潮流两大部分，对环境的影响主要表现在地貌和沉积作用上。

1. 环流

渤海环流主要由高盐的黄海暖流余脉和低盐的渤海沿岸流组成，形成一个相对稳定的弱环流系统。当从渤海海峡北部入侵的黄海暖流余脉由老铁山水道进入渤海后，因季节而流向不同。在夏季（主要在 6～8 月）及 9 月、11 月的辽东湾环流为逆时针式，特别是在 8 月份，它沿辽东湾东岸北上，其中一部分在到达长兴岛之前即有部分海水转向西，然后转向南，沿30m等深线由海峡南端流出渤海，将渤海中部的低浓度悬浮泥沙也带出。这和海峡深水区的泥沙含量很低是一致的。大部分北支海水则一直沿辽东湾东岸北上，到湾底后分为二支。向东一支形成一顺时针涡旋，阻碍着辽河、大凌河等的河流泥沙运移至湾外。另一支转向西，沿辽东湾西岸南下，经渤海湾及莱州湾从海峡南端流出。这一股海流形成渤海中的逆时针大循环，将沿岸的悬浮泥沙，包括莱州湾黄河来源的沿岸细粒级泥沙带出渤海。但由于环流弱、泥沙浓度低，带出渤海的泥沙小于 $1000 \times 10^4 t/a$。这一支在南下途中有部分向东北方向回流，形成辽东湾中部反时针涡旋。这个涡旋与上一个逆时针涡旋共同阻止辽河入海泥沙的扩散，是辽河泥沙堆积在辽东湾顶的主要原因之一。此外，在渤海湾内有一个明显的顺时针涡旋，它影响着渤海湾南岸老黄河口侵蚀—悬浮的浓度较高的泥沙的搬运，使悬浮泥沙顺南岸向湾顶运移，可一直达到歧口一带。莱州湾环流的影响表现在使细悬浮泥沙（基本上是黄河口排放的泥沙）向东北、西北和东南三个方向运动。这是因为：①在渤海中部环流已有部分分流指向东北；②黄河口的拉格朗日余流是指向东南和西北，沿岸流动的。

除夏季6～8月之外，一年的大部分时间里，从渤海海峡进入的黄海暖流余脉由中央延伸到渤海西岸，并分成南北二支。北支沿辽东湾西岸北上，并与由辽河口流出的低盐的辽东沿岸流汇合，依顺时针流动，形成涡旋，阻碍了辽河、大凌河等排放的泥沙扩散。结果使这些河流的泥沙主要堆积在 $40°10'N$ 的辽东湾顶区，形成延伸8～10km的三角洲。涡旋余流使一部分细粒级悬浮泥沙沿辽东湾东侧向西南流动，汇合沿岸小河泥沙流向辽东湾口。南支由渤海湾南折而下，在莱州湾与黄河排放的水沙汇合，汇入自黄河口沿鲁北沿岸东流的渤海沿岸流，以反时针方向流动，经海峡南部流出渤海，也带走了黄河的细粒级泥沙（苏纪兰，1996）。

渤海环流的变化受制于气候条件，冬强而夏弱。通常流速只有5～10cm/s左右，冬季稍强，可达20cm/s左右。除夏季外，黄河径流量甚小，对本区水文分布影响不显著。但在洪期（6～8月）可携带大量泥沙入海，在黄河口附近形成一混浊冲淡水舌，主流沿舌轴方向指向东北，汇入渤海沿岸流。其西分支则沿渤海湾向西北扩展，经海河口达南堡一带，这对渤海湾顶的淤积至关重要。

环流对环境的影响，有如下的特点：①主要对细粒级悬浮泥沙的搬运起作用；②范围大，距离长，受局部地形的影响比潮流小；③在形成涡旋时，对沉积物的输送影响较大，例如在辽东湾；④由于流速小，对环境的整体影响也小（苏纪兰，1996）。

2. 水团

渤海的水团（或称水系）是与渤海的环流模式相呼应的（图8.6，图8.7），它主要包括两个部分。一个是由辽东湾沿岸水和渤南沿岸水所组成的渤海沿岸水团（图中阴影所示）；另一个是伸入渤海的黄海水团（或称渤黄海中央水）。前者源于黄河、滦河及辽河等入海径流的冲淡水，分布在约20m等深线以内的沿岸带，其主要特征是，盐度比较低，水平梯度大，且温、盐度的年变幅也大。后者则是由黄海暖流余脉所带来的外海高盐水和渤海沿岸冲淡水混合而成的变性水团。其特征是，盐度值介于外海水与沿岸水之间（约29.0～33.5），温、盐度有显著的年变化，温度年较差17～24℃，盐度年较差约为1.0～4.5，而且其温、盐度有垂直结构，冬半年呈垂直均匀，夏半年层化显著，表层为高温低盐水，下层为低温高盐水，两者之间存在着较强跃层。

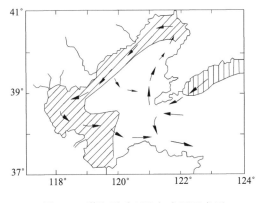
图 8.6　渤海夏季环流与水团示意图

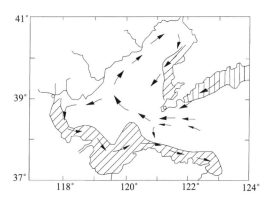
图 8.7　渤海冬季环流与水团示意图

由此可见，渤海的水团和环流状况，受气象、周围陆地水文，以及黄海暖流余脉的消长作用的强烈影响，有明显的季节变化，概括起来，主要有夏、冬季两种类型。

夏季型：以 8 月为代表。据多年统计，注入渤海的大中河流年总径流量（不计入地表径流）约为 $900 \times 10^8 m^3$，其中 7～9 月份约占全年的 50％，8 月份则占 20％以上。因此，夏季汛期，黄河、滦河和辽河的冲淡水自渤海北、西至南部汇成一片，形成强盛的低盐高温的渤海沿岸水团，并从黄河三角洲外缘向渤海中部扩展，而黄海水团入侵的势力也明显减弱。与此相适应的是辽东湾和渤南逆时针环流变得微弱（图 8.6）。

冬季型：以 2 月为代表，如图 8.7 所示。冬季，由于河流封冻，河川入海径流量剧减，且在湾内浅水区，特别是辽东湾内形成宽达数千米的冰原，近岸带还常有流冰出现，这时，渤海沿岸水团被强烈入侵的黄海高盐水舌所切割，并出现较明显的辽东湾顺时针向环流。值得指出的是，不论夏季或冬季，在渤海海峡，高盐舌轴线系沿着老铁山水道附近，即海峡北部北进，流入渤海，而低盐水则由海峡南部流出渤海。这一北进南出的基本趋势虽因季节不同而有强弱之分，但却是大致不变的（秦蕴珊等，1985）。

3. 潮流

渤海内潮流的流速相当于环流的 10 倍，因此对环境的影响要大得多。而潮流又受地形等因素的影响大，所以比较复杂。

莱州湾西北部存在无潮区（点），潮流较急，是侵蚀海岸和搬运泥沙的主要营力之一。潮流呈南北向流动，基本上与海岸平行，阻碍了大量侵蚀后的泥沙向外海扩散，这种不平衡导致了沿岸坡底部的沉积物重力流在垂直方向的搬运，以塑造平衡剖面。由于潮流呈南北向，阻碍了黄河口泥沙向莱州湾的扩散。黄河入海泥沙绝大部分都沉积在距岸 20～30km 以内，形成突出的沙坝——快速进积的三角洲，潮流与黄河径流几乎垂直相交是主要原因之一。在这些方向上潮流与黄河径流的合成，以及黄河沙嘴突出的加强作用，使在黄河沙嘴两侧各形成一个涡旋，随潮相不同而变化，并对在涡旋区形成细粒级物质集中的泥塘（"烂泥湾"）起了很大作用，可以说潮流是塑造黄河口"一个沙嘴，两片烂泥"这一特殊沉积单元，并使三角洲快速进积的主要影响因素之一（《中国海湾志》

编纂委员会，1998）。

在莱州湾东岸，龙口沿岸流形成了水下沙坝性质的砂质浅滩，形成了刁龙嘴复式羽状沙嘴延伸的水下沙坝及屺姆岛的陆连岛沙坝，这是登州海峡以西至刁龙嘴海岸泥沙由东向西运移的结果。

渤海湾的潮流在渤海三个湾中流速中等偏上，对环境的作用主要表现在对潮滩的塑造上。由于涨潮流速大于落潮流速，造成泥沙在浅滩上淤积，形成在高潮线和低潮线附近的两个淤积带。潮滩宽度和坡降不等，在渤海湾西岸最为发育，又以西岸的中部和北部最宽，坡度十分平缓，主要由粉砂质淤泥组成，可以分出三种类型。此外，沿渤海潮流主通道还发育了潮流冲蚀谷地，如渤海湾口北侧与曹妃甸沙岛南侧，形成水深 30～31m 左右的 NEE—SW 向潮流冲蚀谷地，谷长 46km，宽 0.3～1.5km，是自东往西的沿岸流及潮流冲刷所成（《中国海湾志》编纂委员会，1998）。

辽东湾的潮流较强，但滦河口一带较小。潮流对环境的影响表现为潮流堆积地貌，主要指辽东湾口的辽东浅滩地区，潮波由黄海进入渤海，向北经辽东浅滩入辽东湾，其潮流底层流速可达 0.8m/s，大于 0.2m/s 的时间每昼夜可持续 15～16h 以上，大于细砂、粉砂的起动流速。因此一年中有 2/3 左右的时间底层泥沙处于活动状态，使海底遭受强烈侵蚀，出现潮流沙脊，其方向与由老铁山传入的潮流方向一致，组成规模巨大的水下沙脊与潮沟相间，呈扇形展开的潮流堆积地貌。这一地区的指状沙脊群，长达数千米至 30km 余、脊沟高差可达 30m，一般宽为 2～9km。沙脊向老铁山水道方向辐聚，水深急剧增加，坡度变陡。在相反的方向上则呈放射状展开，沙脊变宽变缓，沉积物组成为细砂，分选良好。沙脊的脊和沟均有相同的表层沉积盖层，顺沟有深达 1m 的平行潮流的直线形细沟。这是巨大的潮流地貌。

渤海东部及老铁山水道——海峡区一带潮流很急，夏季底层流速（包括余流）可达 1.19m/s，每昼夜流速＞0.2m/s 的时间可达 19h；冬季底层流速可达 0.6m/s，大于 0.2m/s 时间可超过 16h，粉砂和细砂都难以存留，海底坡度较陡，在爬坡时流速也得到加强。在这强烈潮流的冲蚀下，老铁山水道的北支已蚀成"U"型谷地，长达 110km 余，宽 10～23km。谷底为大片砾石及砂砾沉积，谷底及谷坡上有基岩孤丘突出，形成壮观的海蚀地貌。

登州海峡是海流进出渤海的通道，由于通道束窄效应，水流较急，谷底冲蚀，起伏较大，为砂砾等较粗的沉积物覆盖。

海峡中部的岛屿，由于岛间水道流急（通道束窄效应），水道洼地内保存的是砂砾沉积物，并有基岩裸露，呈现为冲蚀地貌。

在靠近老铁山水道的渤海东部深水区陡坡（即渤海中央深水区西部陡坡）上，由于受老铁山水道传来的强潮流影响，底层流速在大多数情况下大于泥沙起动临界值，在这一带也出现了海蚀沟谷。

4. 海冰

渤海是季节性的结冰海域，位于 37°～41°N，是全球纬度最低的结冰海域。渤海的北、西、南三面被陆地环抱，仅在东面通过渤海海峡与黄海相连。海峡宽约 106km。渤海平均深度 18m，最大深度 78m。渤海沿岸及海底地形对冬季海水冻结有重要影响。渤海处于典型的季风气候带。冬季受亚洲大陆高压控制，盛行偏北风。当冷空气过境，尤其当寒潮入侵时，伴随着强冷风气温急剧下降。渤海气温变化具有明显的大陆性特点。1月气温最低，2月次之。1月平均气温在-4.0～-2.0℃之间（孙湘平，2008），最低达到-25℃。12月到翌年3月，平均风速为5.0～7.0m/s，最大风速为20～30m/s。

渤海水温受周围陆地、气候和海洋环流的影响。1月渤海3个湾的平均海温低于-1.0℃，近岸水温约为-1.6℃。在中国的4个海中渤海的盐度最低，表面盐度约为28～30，中部盐度为31，近河口盐度不足27。这些是影响渤海冰情的重要水文因子。

渤海环流包括高盐度黄海暖流的余流和低盐的近岸流。黄海暖流的余流经渤海海峡流入渤海，流向西岸海域，分为南、北两支。该环流冬季较强，夏季较弱。这是估算冰底海洋热通量的重要因子，它对海水冻结及冰的增长、消融有重要作用。冬季典型流速约为20cm/s（白珊等，2001）。

海流系统对环境的主要作用表现为对地形地貌和沉积作用的影响。

环流的影响较小，主要表现为对细粒级悬浮泥沙的搬运，时间长、范围大、变动小。如果出现涡旋，则作用加强。

潮流的作用比环流的影响要大得多。无论在沉积作用或是地貌塑造上其深度与广度都起巨大作用，尤其是在地貌塑造上。海底地形地貌塑造及泥沙运动，只有潮流才能起到作用，海岸的地貌也基本如此。在动力地貌中，流系的影响，尤其是潮流的作用是巨大的。

三、沿岸河流及其地貌与沉积效应

渤海是一个典型的半封闭海湾型内陆架浅海。渤海盆地是华北断块前震旦纪统一陆壳基底上发展起来的中、新生代断陷盆地。渤海地貌深受地质构造断陷的控制，致使接受巨量陆源沉积。第四纪以来，渤海经历了数度沧桑巨变，海面变化影响其海岸发育及海底地貌；海水全面覆盖渤海断陷盆地后，接受浅海相海湾沉积。由于构造断陷沉积负地形，被巨量陆源碎屑沉积物覆盖，从而造成之后大片堆积地貌体系和各种外力作用形成的正地形。

（一）流入渤海的主要河流

1. 黄河

黄河为中国第二大河，也是世界含沙量最高的河流。它源于我国西部青海省的巴颜喀拉山北麓卡日曲，流经九省区，最后在山东省利津县东北注入渤海，全长5464km，流域面积为752 400km²。黄河在下游河床非常不稳定，近两千多年来，黄河大小决口达1590次，大改道8次。改道范围北达天津，南至淮河，影响面积达25×10⁴km²。现在的黄河三角洲是在1855年黄河在河南兰封（今兰考）铜瓦厢决口，夺大清河故道入海后堆积而成的。黄河的年平均径流量为482×10⁸m³，为长江的1/20，珠江的1/8。黄河平均含沙量37.6kg/m³，年平均输沙量约为12×10⁸t，促成了黄河三角洲的迅速形成（秦蕴珊等，1985）。

黄河年径流量与输沙量的最大值与最小值相差较大。最大年径流量为 $973.1 \times 10^8 m^3$（1964 年），最小年径流量为 $91.5 \times 10^8 m^3$（1960 年），相差 9 倍。最大年输沙量为 $21 \times 10^8 t$（1958 年），最小年输沙量为 $2.42 \times 10^8 t$（1960 年），相差也是 9 倍。

据 1950~1985 年统计，多年平均年输沙量 $10.6 \times 10^8 t$，年径流量 $417 \times 10^8 m^3$，平均含沙量 $25.4 kg/m^3$；1950~1999 年统计，多年平均径流量为 $343.3 \times 10^8 m^3$，多年平均输沙量为 $8.68 \times 10^8 t$；2005 年黄河年径流量 $230.8 \times 10^8 m^3$，年输沙量 $3.28 \times 10^8 t$（图 8.8）（中华人民共和国水利部，2005）。

黄河水沙不同的季节分布不平均，从 7 月到 10 月的洪季，水量占全年的 56%、沙量占 88%，因此洪水季节常发生高含沙水流，而在冬季和春季发生水源短缺。1976 年黄河人工改道清水沟以来，多年平均径流量和输沙量分别为 $229.2 \times 10^8 m^3$ 和 $5.82 \times 10^8 t$。1972~1997 年断流期从 10 天增加到 228 天，断流长度从 200km 增长到 700km（www.irtces.org，国际泥沙信息网）。

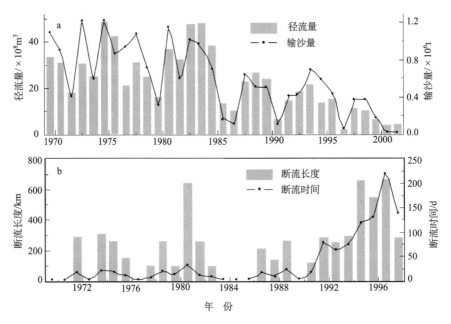

图 8.8　1970~2001 年间利津站年径流和输沙量的变化（a）与
1970~1998 年间断流时间和断流长度（b）

2. 海河

海河为华北平原上最大的河流。它由南运河、子牙河、大清河、永定河和北运河五大河流共同汇合而成。海河流域西起太行山，东临渤海，北跨燕山，南界黄河，全长 1000km，流域面积达 265 000km²，径流总量 $226 \times 10^8 m^3$。流域内的年平均降水量在 400~600mm 之间，旱年只有 200mm，洪水年多达 1300~1400mm。全年雨量分布不均，春季风多雨少，夏秋雨量集中，年降水量的 60%~80% 集中在 7、8、9 三个月。海河流域的这种气候特征，基本上也能代表渤海湾地区的气候特征。1995 年海河年径流量为 $154 \times 10^8 m^3$，年输沙量约 $600 \times 10^4 t$（秦蕴珊等，1985）。但至 2005 年，海河年

径流量下降为 $2.67 \times 10^8 \mathrm{m}^3$，年输沙量为零（中华人民共和平国水利部，2005）。

3. 辽河

辽河为我国东北地区南部的最大入海河流。它的上源有二：西辽河源于河北省七老图山脉之光头山，东辽河发源于吉林省的哈达岭西侧，东西辽河在三江口附近汇合后才称辽河。流贯辽宁省中部，在南下途中汇纳了柳河、浑河、太子河等支流到营口附近注入渤海辽东湾，流经河北、吉林和辽宁三省。全长 1430km，流域面积 219 000 km^2。

辽河流域冬季严寒漫长，夏季炎热短促，年平均降水量为 465mm 左右，主要集中于 7 月和 8 月。辽河的年径流量为 $165 \times 10^8 \mathrm{m}^3$。5～6 月流量开始上升，7～8 两月径流量最大，9 月以后逐渐减小，12～2 月为枯水期，也为结冰期，3 月融冰流量渐增。辽河多年（1987～2005 年）平均径流量为 $30.29 \times 10^8 \mathrm{m}^3$，多年（1987～2005 年）平均输沙量为 $482 \times 10^4 \mathrm{t}$。其中 2005 年辽河年径流量为 $35.41 \times 10^8 \mathrm{m}^3$，年输沙量 $315 \times 10^4 \mathrm{t}$（中华人民共和平国水利部，2005）。

4. 滦河

滦河发源于河北丰宁满族自治县巴彦图古尔山，流经内蒙古高原和燕山山地，在滦县出山区进入平原，至乐亭县入渤海。全长 877km，流域面积 44 600 km^2。年径流量约 $46 \times 10^8 \mathrm{m}^3$，年输沙量达 $2670 \times 10^4 \mathrm{t}$。滦河为季节性河流，每年 7～9 月洪水时期的输沙量约为全年输沙量的 90%。洪水暴涨暴落，流速变化甚大。滦河进入平原区以后，大量泥沙堆积于河口地带，加之海水的作用，形成了滦河三角洲平原。由于滦河的多次改道，泥沙的堆积随着河口位置的迁移而经常发生变化。老的三角洲堆积体随着泥沙来源的中断而遭到不同程度的破坏，新的三角洲体系又在不断地增长，因而构成复杂的地貌形态。由滦河携带的泥沙，除就近在河口地区沉积下来形成三角洲以外，其余部分则被海流带走，沉积在远离滦河三角洲的地区。根据渤海海底沉积物中矿物组合的研究，滦河的物质可影响到渤海中部（秦蕴珊等，1985）。

（二）渤海地貌与沉积

1. 渤海海底地貌基本特征

渤海是一个典型的半封闭的浅海陆架。它处于太平洋琉球岛弧后边缘海渤海沉降带，根据构造拗陷历史及沉积特征，渤海亦是一个极典型的半封闭海湾型内陆浅海盆地。渤海地貌的主要特征是，渤海断陷构造格局控制着海底地貌轮廓，河流入海泥沙陆源沉积覆盖改变着海岸和海底形态。

当渤海处于盆地拗陷期时，其周边及河口坡度加大，进入盆地的陆源沉积物增加，造成新生沉积层对前期沉积层与古地貌面不断掩埋。渤海大陆架处于第四纪海面数度沧桑巨变时，古滨线往复迁移中、大陆架海进中，河口三角洲呈叠瓦状后退，形成淹没的平原河口湾及山地溺谷湾。大陆架海侵后，河口三角洲的发育及河口物质扩散导致的浅海堆积地貌形成，造成海底新盖层。大陆架海退中，河口三角洲呈反叠瓦状推进，造成对海底更加广泛的掩埋（耿秀山等，1983）。因此，渤海海底地貌，除辽东半岛基岩暗礁和渤海海峡岛链区局部受到海蚀冲刷外，其余都表现为外力沉积作用塑造的各种堆积地貌。海盆中构造和新构造形态，皆被巨厚的松散沉积物深埋，因而内力作用仅能通过新构造运动达到对外力作用和物质迁移的控制。故渤海海底现代地貌形成的过程，是在内力缓慢作用下，受河流入海物质淤积的影响和海流的积极作用，表现为以外力作用为主的特征。

2. 海底地貌类型

渤海海底地貌发育年青，类型典型丰富，地貌动态十分活跃，受构造及外力作用控制明显。究其现代地貌过程，主要表现为堆积地貌。

按形态成因分类原则，将渤海海底地貌成因可划分为四大类，即Ⅰ海蚀地貌、Ⅱ海积地貌、Ⅲ河海堆积地貌及Ⅳ古河湖堆积地貌。这是渤海海底的基本地貌组合结构。对成因地貌按其形态成因可划分为11种基本地貌类型，它能充分反映渤海海底地貌的基本特点（中国科学院环境科学委员会，1990）（图8.9）。其特点分述如下：

Ⅰ海蚀地貌

Ⅰ-1 冲刷岸坡：分布在辽东半岛西南侧、长兴岛由变质岩类及花岗岩构成的海岬一带，海岬受海浪冲刷，岸坡陡，海岸蚀退，海底砂砾及岩礁密布。辽东湾东岸及复州河入海物来自蚀源区。

Ⅰ-2 潮流冲蚀深槽：分布在渤海海峡两侧潮流主通道及渤海湾曹妃甸南侧。系潮流冲刷形成的深槽谷地。

Ⅰ-3 冲蚀洼地：分布在渤海海峡中部岛间水道内，呈封闭椭圆形。洼地内系砂砾堆积，并见基岩裸露。岛间流急，冲蚀作用为主。

Ⅱ海积地貌

Ⅱ-4 滨岸水下浅滩：分布于莱州湾岸坡区。主要接受湾顶河流泥沙，以粉砂构成水下浅滩，为水下沙坝的砂质浅滩。

Ⅱ-5 潮流三角洲：主要指辽东湾口的辽东浅滩区。由分选良好、稳定矿物富集的细砂沉积，组成巨大水下沙脊与潮沟相间、呈扇形展布的潮流三角洲。其成因为海峡强潮流冲刷所致。

Ⅱ-6 浅海堆积平原：分布在渤海中央盆地，呈"△"形延伸与辽、渤、莱三湾相接。海底极平坦，粉砂底质，受黄河泥沙扩散影响区。

Ⅲ河海堆积地貌

Ⅲ-7 海湾堆积平原：主要指渤、莱、辽三湾的大部分地区。海底平缓、泥质粉砂底质，主要来源于河流物质，故具亚三角洲相沉积特征。

Ⅲ-8 滨岸倾斜平原：主要分布在辽东湾口及六股河、滦河口两侧20～25m水深内岸坡区。海底倾斜，坡度较大，河口水下叠置三角洲、水下沙坝发育。

Ⅲ-9 河口水下三角洲：为新、老黄河、海河及滦河等河口大、小水下三角洲。其中以黄河水下三角洲最突出，面积达3000km²。

Ⅳ古河湖堆积地貌

Ⅳ-10 残留浅滩：在辽东浅滩西侧，其顶面水深19m，外围水深25m，面积约30km²，称"渤中浅滩"。细砂、极细砂底质，单峰型频率曲线，重矿物及稳定矿物含量高,系早期滨海浅滩沉积的残留地貌。

Ⅳ-11 古湖沼洼地:指辽东浅滩以北的辽中洼地。水深大于 30m,边缘高差 2m,洼地面积达 2750km²。粉砂质黏土底质,洼地坡壁上发现水平层理的湖沼相沉积。有古河道汇入洼地。故辽中洼地实属古湖沼洼地。

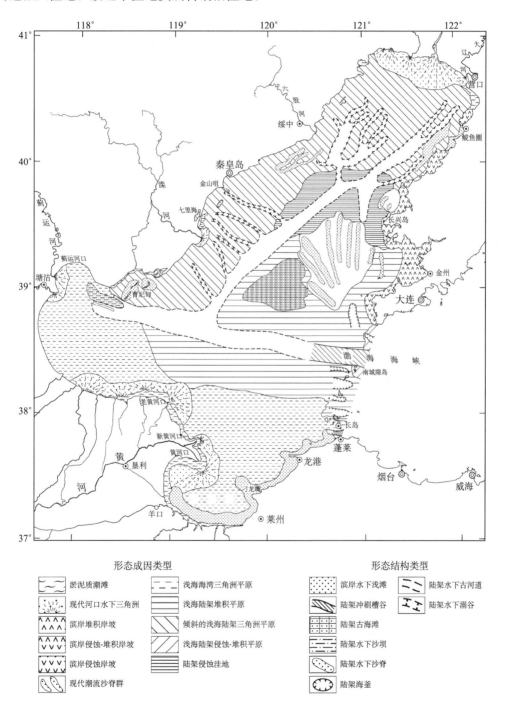

图 8.9　渤海海底地貌图(《中华人民共和国地貌图集》编辑委员会,2009)

3. 沉积物来源

渤海沉积物来源有：①沿岸河流输入，这是最主要的；②海岸侵蚀；③海底沉积物（包括残留沉积）再悬浮搬运；④风源沉积；⑤海洋生源沉积物；⑥渤海与北黄海物质交换。

1）沿岸河流输入

黄河　黄河是渤海最大的沉积物来源。每年到达河口的泥沙据多年平均原为 $11 \times 10^8 t$，居世界第二位，其数量近年来显著减少，约为 $7.8 \times 10^8 t$。上述泥沙中约有 2/3 沉积在河口及潮间带，1/3 输往浅海，其中大部分沉积在水深 $-15 m$ 以内。

辽河与大凌河　此二河汇集辽东与辽西诸河水注入辽东湾，年平均输沙量在 $3500 \times 10^4 t$ 左右（中国科学院地质研究所，1959）。

滦河　年输沙量原达 $2670 \times 10^4 t$。由于泥沙颗粒较粗，搬运距离有限，在近岸形成系列沙坝沉积体。入海泥沙以砂质物质为主，少黏土物质，向外海扩散少，大多在滦河口—曹妃甸一带沿岸沉积（秦蕴珊等，1985）。

海河　原有年输沙量 $600 \times 10^4 t$ 左右，但自 1958 年海河闸建成后，沉积物来源大大减少。建闸前年均入海径流量为 $98 \times 10^8 m^3$，输沙量 $0.06 \times 10^8 t$，目前入海泥沙均远小于建闸以前（王颖等，2007）。据中国水利部《中国河流、泥沙公报》（2000～2006年），自 1950～2000 年，海河多支流总汇输沙量为 $1870 \times 10^4 t$，而 1960～2005 年经海河闸下输泥沙仅为 $8.33 \times 10^4 t$，2005 年及 2006 年经海河闸下输泥沙为零。

其他诸河如莱州湾南部的小清河、弥河、潍河、胶莱河，以及辽东湾的六股河等，输沙量都不大，对渤海影响很小（杨作升、沈渭铨，1991）。

2）海岸侵蚀

海岸侵蚀供给的沉积物源居第二位。近年来虽然入海河流泥沙补给减少，但由于陆地抽水下沉等因素影响，致使黄河老河口区及新河口东北区海岸侵蚀量很大，因此海岸侵蚀是其所在海域的主要沉积物源。

3）海底沉积物再悬浮搬运

辽东浅滩及老铁山水道一带潮流湍急，黄河口近岸新沉积泥沙疏松多水，这两处均可出现原有沉积物如残留沉积或新沉积软土的再悬浮搬运，构成物源（秦蕴珊等，1985）。据研究认为，辽东浅滩是现代潮流沉积，为强潮流将海峡底部掘出的大量粗物质带入，加上古河道和现代辽河沉积的大量泥沙，易于潮流脊的发育（刘振夏，夏东兴，1983；赵保仁，1995）。

4）风源沉积

主要是由西北风将大量陆源微尘带入海中，冬春两季尤甚，有时海冰上可见一层风沙覆盖。根据杨绍晋的研究，考虑到渤海紧靠大陆的内海性质，渤海海洋-大气降尘量为 $17.9 \times 10^4 kg/(km^2 \cdot a)$。减去渤海向大气排放的 CO_2 输出 $6.53 \times 10^9 kg$，大气每年向渤海的物质净输入为 $11.3\times10^9\,\mathrm{kg}$（杨绍晋，1994）。通过对 2000～2002 年发生的 42 次沙尘天气个例的分析，结果表明，影响我国的沙尘天气有 70％ 起源于蒙古国，在经过我国境内沙漠地区时得以加强。63.9％ 的沙尘天气会影响到海洋，其中，影响渤海的概率为 27.4％。进入渤海的沙尘粒子的移动和入海途径主要有 2 条：一是从内蒙古东部入侵的沙尘经浑善达克和科尔沁沙地后进入渤海。二是从内蒙古西部入侵的沙尘经内蒙古西部沙地和黄土高原后进入渤海（李悦，1997）。

5）海洋生源沉积物

以浮游生物骨屑为主，受季节、水团及陆源输入物影响很大。

6）渤海与北黄海物质交换

李悦根据渤海物质质量平衡模式，认为渤海与北黄海物质交换也是一种重要的物质来源。尤其是冬季河流入海物质量明显减少，大气沉降量和渤黄海物质交换量占有相当的比重（表 8.2）（李悦，1997）。

表 8.2 渤海年均沉积量和沉积速率 * （李悦，1997）

项目	河流入海 I_1						渤、黄海交换 $I_2\text{-}O_2$	大气交换 $I_3\text{-}O_3$	年均沉积量 O_1		年均沉积速率
	$10^9\,\mathrm{kg}$										$10^6\,\mathrm{kg}/(\mathrm{km}^2\cdot a)$
物质总量	1213						4.2	11.3	1228.5		12.3
月份	1 月	2 月	3 月	4 月	5 月	6 月	7 月	8 月	9 月	10 月	11 月	12 月
河流入海量/$10^9\,\mathrm{kg}$	4.78	5.98	24.1	32.0	27.3	32.0	202	384	278	146	64.0	13.1
沉积量/$10^9\,\mathrm{kg}$	6.06	7.26	25.4	33.3	28.6	33.3	203	385	279	147	65.3	14.4
沉积速率/$[10^6\,\mathrm{kg}/(\mathrm{km}^2\cdot a)]$	0.06	0.07	0.26	0.34	0.29	0.34	2.04	3.88	2.81	1.48	0.66	0.14

*渤海与北黄海物质交换量、大气物质交换量只有年均总量，它们的月均量以平均值来近似计算

4. 区域沉积动力过程概况

渤海由莱州湾、渤海湾和辽东湾及渤海中部与东部中心海区四部分组成，现将其概况分述如下。

1）莱州湾

现行黄河口自 1976 年由此入海，在季节性显著的径流、与径流大致垂直的潮流、波浪及渤海环流的共同作用下，黄河入海沉积物的最细粒级部分主要输往东南方向，略粗的细粒级沉积物沿岸向西北方向往复运动，但大部分泥沙都在口门一带就近沉积下来。口门朝向何方，泥沙就堆积在哪里。由于受地转流作用，尾闾河道逐渐南移，从而在东南部不远处形成了沉积中心。黄河悬浮泥沙主要部分不越过莱州湾中部，莱州湾南部有少量河流物源局限在河口附近及黄河细泥沙沉积（山东省科学技术委员会，1991）。

2）渤海湾

1976年以前老黄河口海岸侵蚀后的泥沙沿岸向西北方向运移，其影响达到歧口一带，在渤海湾环流作用下，细粒级物质在湾内循环。海河口一带的高浓度悬浮泥沙主要是当地潮滩沉积物在风浪作用下再悬浮的结果。滦河沉积物对渤海湾影响不大，仅有少量物质南下。

3）辽东湾

湾顶海底平缓，河流沉积物受潮水顶托使泥沙大部分沉积于河口形成约10km的水下三角洲，部分悬浮沉积物沿辽东湾东岸向西南输送到湾口。中部海域底层沉积物运动明显。

近湾顶沉积物物源主要来自沿岸辽河等河流，由于辽河等入海物质大部分在河口区沉积，因此进入本区时已明显减弱，为一中速沉积区。湾口西部沉积物质丰富，主要来自黄河、滦河的细粒物质，由于本区的潮、海流流速不大，而成为快速沉积区之一。辽东湾中部处于现代陆源细粒沉积区与粗粒沉积区包围之中，这样的地理位置决定了该区沉积物的特征和物质来源具有上述二区的特点，由砂、粉砂和黏土混合沉积而成[①]。

4）渤海中部和东部海区

东部海峡最深部老铁山水道一带是黄海传输来的潮波向北传入辽东湾的通道，也是黄海暖流余脉进入渤海的通道。这里底层流速很大，最大可达1m/s，使老铁山水道的东北辽东浅滩一带不仅细粒沉积物存留不住，就是砂质沉积物也被带走，形成潮流脊，海底出现残留沉积。黄海暖流余脉进入中部海域，使中、东部无法存留细粒级沉积物，海底呈现大片细砂层。海口内侧北部是潮流作用的主要沉积区，分布细砂，间杂砂-粉砂-黏土和粉砂质黏土，西南地形平坦，水深较浅的边缘区分布砂-粉砂-黏土，构成自海口向内呈扇形分布的巨大涨潮潮流三角洲[②]。由于受外海水流控制，悬浮沉积物含量很低。黄海暖流在抵达西岸后形成南北两支，进而形成环流，对细粒级沉积运动产生重要影响。其南支转而向东南方向与渤南沿岸流汇合经渤海海峡南部流出渤海。这是渤海沉积物流入黄海的主要通道，其悬浮体含量在数十毫克/升的数量级，由此可以估算出渤海输往黄海的沉积物数量仅在百万吨级（中国科学院地质研究所，1959）。

5. 黄河口独特的沉积动力过程

黄河口存在世上罕见的独特沉积动力过程，现已确证的有以下两点。①水下高密度沉积物重力流。从成因上可分为：ⓐ由河口高浓度输沙形成；ⓑ径流、潮流与波浪共同作用引起的输沙和沉积物再悬浮形成；ⓒ沉积物块体顺坡滑塌形成三种。从搬运机制上可分为：浊流、碎屑流与液化流三类，它们可并存和转化。②水下沉积物块体运动。包括完整滑坡系统在内的底坡不稳定性体系，产生许多特殊的微地貌和地质体。黄河口上述过程规模很大，在沉积物输运及河口演变中占有举足轻重的地位，显示出过程的事件

---

①② 黄庆福，1999，辽东湾地区工程地质与地震基础资料研究及汇编（内部资料）

性和阵发性。

在渤海海区，根据沉积物的矿物组合特征和碳酸钙含量分析，黄河入海物质的去向是以向北输送为主，其次是向东输送沿渤海海峡南侧进入黄海。根据渤海海峡悬沙浓度数据的分析，黄河物质入海后绝大部分堆积于渤海之内，向黄海输出的物质量只占黄河年输沙量的1‰。渤海的实测余流环流的分布因式与上述沉积物输运模式相仿，表明本区沉积物运动是受海水余流流场控制的[①]。

在各种海-气动力因素中，波浪的沉积动力作用在水浅的渤海中应予高度重视。

第二节　河口、三角洲环境与资源

一、辽　河

(一) 辽河下游平原

辽河下游平原位于 $121°\sim121°50'E$，$40°30'\sim42°20'N$ 之间，东依千山山脉，西靠医巫闾山，北部隔铁法波状丘陵与松辽平原相望，南临渤海的辽东湾。东西宽 $120\sim140km$，南北长 $240km$，面积约 $2.65\times10^4km^2$。行政区划隶属于辽宁省铁岭市、沈阳市、抚顺市、辽阳市、鞍山市、营口市、盘锦市和锦州市，跨8市16县。

辽河下游平原在大地构造上属于新华夏系的一级沉降带，而东西两侧的山地丘陵，属于一级隆起带。自古近纪和新近纪以来，平原始终处于下降状态，早期以断裂为主，由NNE向及NNW向断裂组成了基底的多字形构造。古近纪以来，全平原地区整体下陷，同时也表现出构造上的继承性和不均衡性的特点。在长期下降的过程中，平原沉积了巨厚的第四纪松散堆积物，古近系、新近系和第四系的厚度达2000m以上，目前仍在沉降中，使许多通向平原的山地河流的谷口段出现溺谷形态。辽河泥沙主要来自西辽河（约占辽河输沙量的79%），此外还有浑河、太子河、大凌河、小凌河携带来的泥沙。辽河下游平原地表平坦，大多在海拔50m以下，近海部分海拔仅2～10m。辽河下游河曲发育，河床很宽，多沙洲，港汊纵横，常造成泛滥、改道。平原上遗留有很多牛轭湖、古河道。由于地势低平，地表水与地下水很难发生交替作用。地下水位抬高形成下游平原的沼泽化、盐渍化。辽东湾海岸为淤泥质，除双台子河口具有河汊形小海湾外，岸线基本上很顺直，内侧的海滨低地宽约5～8km，部分为盐碱地与芦苇地，外侧是淤泥质海岸，宽约1000～2000m。这种特点与辽东湾的强风向、常风向以及涨潮流的方向都是来自西南有关（秦蕴珊等，1985）。

辽河下游平原地貌形态的形成，是以升降运动为主的新构造运动、基底构造、古气候变化、岩性等内外动力地质作用综合影响的结果。因大部分地区长期沉降，故地貌成因类型以堆积地形为主。其次为剥蚀堆积地形、剥蚀地形、构造剥蚀地形、侵蚀地形等，这些地貌类型仅分布于周边地区，面积较小。

---

① 黄庆福，2001，渤海湾区工程地质与地震基础资料研究与汇编（内部资料）

（二）辽河三角洲及河口湿地

1. 辽河三角洲

辽河三角洲位于辽宁省西南部辽河平原南端，渤海辽东湾的顶部。地理位置为121°25′～122°55′E，40°41′～41°25′N。是由辽河、大辽河、大凌河等一系列河流冲积而成的冲洪积海积平原。总面积4000km²，为中国第四大三角洲。辽河三角洲的顶端在六间房，西界在大凌河口以东，东界在长大铁路以西、盖县大清河以北的地区。行政区划上包括盘锦市和营口市区及其老边区的全部。

辽河三角洲属辽河平原南部边缘区。辽河三角洲的第四纪地层是在下辽河平原中生代断陷盆地基础上堆积形成的。燕山运动时，盆地开始形成。侏罗纪以前，与华北地台同为一体，三叠纪以后，由于构造运动，形成一些零星分割的侏罗纪盆地，随构造运动的加强，产生了控制盆地形成和发育的多字形断裂构造，同时伴随有剧烈的岩浆活动。古近纪和新近纪时期，在NE、NNE向多字形断裂构造的控制下，盆地大幅度断陷式下沉，发生强烈的分异作用，形成一系列紧密相间的隆起和拗陷。各入海水系所携带的大量泥沙等碎屑物质，为凹陷的堆积提供了丰富的物质来源。凹陷内部有巨厚的古近纪堆积，厚度可达6000m。第四纪，经过几次海侵沉积，形成了时代齐全、成因类型复杂多变、巨厚的第四纪沉积层（肖笃宁，1994；《中国海湾志》编纂委员会，1998；苗丰民等，1996）。

辽河下游河道变化无常，泥沙堆积作用强，在入海处形成三角洲和河口沙洲。在辽河、双台子河口-5m等深线间，分布着规模不等的水下堆积体。其中盖州滩最大，面积100km²，表面平坦，堆积物以砂质和细沙为主，涨潮淹没，退潮露出。

辽河三角洲地势平坦，地面高程一般小于7m，坡降为1/20000～1/25000。滨岸地带地势低洼，湿地遍布，潮沟发育。从小凌河口至大清河口形成的潮间带，滩面平坦，平均坡降1/2000～1/4000，一般滩面宽度为3～4km，在双台子河口处最宽，达8～9km。

辽河三角洲的地貌可分为两种类型。一是滨海平垅地，这是三角洲地貌类型的主体；另一种类型是滨海平洼地。滨海平垅地，海拔为2.5～4.5m，地面坡度小于1，地面组成物质为亚黏土，部分亚砂土。滨海平洼地，海拔为1.5～3.5m，地面坡度小于1，地面组成物质为淤泥质亚黏土和黏土（张启德等，1997；张耀光，1993）。

2. 辽河三角洲湿地

辽河三角洲总湿地面积约3.15×10⁵hm²，占盘锦市总面积的79.5%。其中，天然湿地面积为1.60×10⁵hm²，占总湿地面积的50.8%，包括芦苇沼泽、疏林湿地、灌丛湿地、湿草甸、其他沼泽、河流、古河流及河口湖、潮间带河口水域、潮上带重盐碱化湿地和滩涂湿地（张启德等，1997）。人工湿地面积为1.55×10⁵hm²，占总湿地面积的49.2%，包括盐场、虾、蟹池和水渠、水库、坑塘、水稻田。其中，苇田和水稻田是该地区湿地的主体，也决定了该湿地的主要结构、功能和分布特征。从自然湿地构成来看，辽河三角洲湿地的河流和湖泊等淡水生态系统占自然湿地总面积的3.24%，而湿草甸、灌丛、疏林、芦苇、盐碱化湿地等陆地生态系统占52.32%，河口和滩涂等海陆交替生态系统占 44.44%，表明辽河三角洲自然湿地构成中以陆地生态系统为主。从人工湿地构成来看，辽河三角洲湿地的水稻田占 76.68%，年产水稻 $6.36×10^5$ t，占粮豆比重的 91.6%，是国家重要商品粮生产基地。辽河三角洲湿地以季节性积水湿地为主，而以水稻田占优势，其面积为季节性积水湿地总面积的 58.67%；其次是芦苇沼泽，占 32.79%。芦苇产量由于土壤和灌水等管理不同而不同，平均为 5.7t/hm²，其中以咸淡水混合水即中盐水补给的芦苇最粗壮，单产可达 10.0t/hm² 以上。据辽河口湿地调查资料，芦苇群落初级生产力平均为 14 150（8300～20 000）kg/hm²，碱蓬群落初级生产力平均为 3700（3400～4000）kg/hm²，低杂草甸群落初级生产力平均为 2778（1050～4504）kg/hm²（肖笃宁等，2001）。

辽河三角洲湿地具有丰富的生物多样性资源，包括维管束植物 46 科 224 种，其中蕨类植物 1 科 2 种，被子植物 33 科 174 种，单子叶植物 12 科 48 种；陆生脊椎动物 63 科 273 种；两栖纲 1 目 3 科 4 种，爬行纲 1 目 3 科 10 种；淡水鱼类 16 科 67 种，其中鲤科 36 种，占 53.7%；海域鱼类 120 种，硬骨鱼类有 100 多种，占 90.0% 左右；鸟类 17 目 46 科 238 种，哺乳类 7 目 11 科 21 种，其中国家一级保护鸟类 5 种，国家二级保护鸟类 27 种，在《中日保护候鸟及其栖息环境的协定》中的 227 种鸟，在该湿地就有 108 种。辽河三角洲湿地还是迁徙水禽的栖息和繁殖地，有水禽 114 种，占全国水禽总数的 53.0%。该区不仅是丹顶鹤繁殖的最南限，每年有 300 余只丹顶鹤迁徙经过此地，还是世界黑嘴鸥最大种群栖息地和繁殖地最北线，分布有黑嘴鸥 1200 余只，在世界生物多样性保护中占有重要地位（肖笃宁等，2001；周广胜等，2006）。

辽河三角洲湿地以盐生环境和水生环境为主，植物种类也以盐生植物和水生植物占优势，区系科属成分以菊科、禾本科、豆科和藜科种类占优势，地理成分世界广布种最多，北温带成分次之。辽河三角洲湿地的主要植物群落类型有：柽柳群落、白茅群落、罗布麻群落、拂子茅群落、羊草群落、獐茅群落、翅碱蓬群落、钢草群落、芦苇群落和水生群落等（周广胜等，2006）。

（三）沉溺古河道

辽东湾顶部至水深 30m 的辽东湾中部洼地分布一组大凌河—辽河海底谷系，属于至今仍保存于海底低海面时期的残留地貌。辽河古河道始端有二。其一是大凌河口前（40°40′N，122°00′E）有一水下河谷向 SSW 延伸进入辽东湾中部洼地消失；其二是大辽河口前的辽河水下河谷与大凌河相并迤逦而下至中部洼地。从大凌河水下河谷始端至大辽河水下河谷末端全长 120km，以 10m 等深线计，河谷宽约 2～3km，两谷之间常伴以 4～5m 高的长条堤状堆积体使之分隔（《中国海湾志》编纂委员会，1998）（图 8.10）。

大凌河—辽河古河道，沿郯庐断裂构造软弱地带延伸，恰位于辽东湾底部东坡和北坡的交界处。古河道目前虽已被大凌河—辽河物质覆盖，但古河道东、西两侧物质成分略有不同：东侧为砂-粉砂-黏土和细砂夹砾石，并含有较多贝壳；西侧则以黏土质粉砂为主（许坤等，2002）。

分布于辽河古滩和盖州滩之间的古河道形成一个近南北走向、水深 10m 的流蚀深槽，宽达 1.5km 左右。

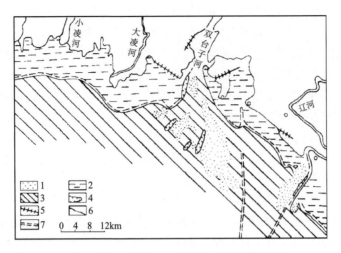

图 8.10 辽东湾海底地貌类型（中国海湾志编纂委员会，1998）
1. 拦门沙浅滩；2. 潮滩；3. 水下浅滩；4. 冲刷槽；5. 人工海堤坝；6. 淤长岸；7. 古河道

二、滦河三角洲

（一）滦河三角洲

滦河发源于河北省巴彦图古尔山麓，流经内蒙古高原、燕山山脉，至乐亭县南的兜网铺入海，全长877km，流域面积44945km²。滦河三角洲位于渤海湾北部，河北省唐山市的乐亭县、昌黎县、唐海县境内。1915年以来形成的现代滦河口，南起狼窝口，北至塔子沟，岸线全长约21km。晚更新世以来，滦河自西向东发育了4个突出的三角洲瓣，构成以滦县为顶点向东南展开，面积达4500km²的现代三角洲（王颖等，2007）。

流经本区的主要河流为滦河及其支流小滦河、大清河、小清河等。滦河是渤海湾除黄河以外的第二条多沙性河流，多年径流量均值为49×10⁸m³，占渤海流入总量的6.1%，平均输沙量2267×10⁴t。河流出滦县之后便进入滦河三角洲平原区，到姜各庄之后进入河口区。

三角洲体的规模大小与河流供沙量及下游河道、河口的稳定时间长短有关。自1979年建设潘家口、大黑汀水库，1983年引滦河水供应天津以及1984年引滦入唐山后，滦河径流量减少为18.4×10⁸m³，入海径流比工程前减少61%。其中1980年至1984年径流量为3.55×10⁸m³，减少量达92%，滦河尾闾几乎干涸。河水枯竭，入海泥沙减少，滦河三角洲由原来向海淤积延伸（最大达81.8m/a），转变为受海浪冲蚀后退。最初几年，岸线平均后退约3.2m/a，最大10m/a，滦河口沙坝宽度与长度均减小（20m/a，400m/a）。今后海岸蚀退的速度会减缓，但三角洲发育模式已有显著变异（王颖等，2007）。

1. 滦河三角洲地质概况

本区在大地构造上属于华北拗陷带，陆上部分为黄骅拗陷，浅海为渤海中部隆起。

次一级构造有马头营凸起、柏各庄凸起、乐亭凹陷等。影响本区的主要断裂有：昌黎—宁河断裂、安山—献县断裂、卢龙—滦县断裂、滦县—乐亭断裂（应绍奋等，1986；钱春林，1994）。本区长期以来处于地质下沉之中，第四纪地层的厚度一般为 500m 左右。第四纪沉积类型主要有洪积冲积、冲积、沼泽堆积、海积，另外局部还有小面积的地震冲积、地震海积以及生物堆积。

本区沉积物类型比较丰富，从陆向海沉积物出现由细—粗—细的分布规律，即从粉砂质黏土—粉砂—粉砂质砂—细砂—黏土质粉砂，从西向东，沉积物出现由细变粗的趋势，沉积物中的黏土含量由多变少，而砂的含量呈现相反的趋势，由少增多。底质有细中砂、细砂、粉砂质砂、粉砂、黏土质粉砂、粉砂质黏土、沙、粉砂、黏土、贝壳及钙质结核体等类型，其中主要的地质类型为粉砂、粉砂质砂、细砂及粘土质粉砂，而粉砂质黏土及中细砂分布范围较小。

2. 滦河三角洲的演化

滦河是一条多沙河流，多年平均径流量 $49 \times 10^8 m^3$，输沙量 $2267 \times 10^4 t$。滦河入海泥沙多为花岗岩-变质岩类风化产物经河流输运的中细砂。

平原型而多沙的滦河，改道频繁，自大清河口向湖林口，向老米沟及现代滦河口，逐渐由西南向东北迁移，形成了一系列三角洲瓣，如全新世早期（8000 年前的）北部团林三角洲；全新世中期（8000～3000 年前）经溯河—小清河故道分流入海的三角洲；历史早期（3000～460 年前）大清河三角洲；历史晚期（460～100 多年间）的老米沟三角洲及 1915 年后形成的现代滦河三角洲。据现代三角洲分析，滦河泥沙向外海扩散及沿岸运移，其中 15% 泥沙用于建造三角洲平原，65% 用于陆上三角洲向海扩张，20% 用于建设水下三角洲。多个三角洲瓣的地貌形式反映出，历史上滦河的多沙性及自海向陆（偏东向）的浪流特性，基本恒定，形成以沙坝环绕的三角洲平原海岸特色。但是，自 1979 年修建潘家口水库及大黑汀水库后，继之，1983 年引滦入津及 1984 年引滦入唐后，滦河年平均径流量降为 $18.4 \times 10^8 m^3$，比工程前减少了 61%，三角洲河道干涸，三角洲海岸遭受侵蚀后退（朱元芳等，1982；王颖等，2007）。

古滦河发育了两个大型三角洲体，即全新世早期和中期形成的三角洲：较新的三角洲体呈扇形，大体上以马城（滦州以南）为顶点，西起西河口（溯河口），东至现代滦河三角洲，三角洲中心位置在大清河与王滩港之间，打网岗、石臼坨、月坨为河口区的海岸沙坝；另一个老三角洲体介于涧河口与西河口（溯河口）之间，当时的滦河可能曾于高尚堡、南堡、沙河口及涧河出口。南堡海岸仍呈现为向海突出的三角形滩地。南堡以北陆地平原上仍有一系列断流的干涸河道及小型河流，如沙河、小戟门河、咀东河（双龙河）、小青龙河等分流入海。这些河流已不成天然的河流水系，有些废弃河道已被改造利用为输、排水渠道或平原水库。

滦河以汀流河为顶点，经大清河、长河和湖林河分流入海时建造的三角洲，是规模最大的主体三角洲（西部叠加在老三角洲之上）。打网岗、月坨、石臼坨等，是三角洲前缘的滨岸沙坝。三角洲平原沉积相，主要有：

（1）决口泛滥平原。徐家店-汀流河和会理-大救阵村一带，是滦河决口频繁地段。汀流河附近泛滥平原包括决口扇和河漫滩沉积。

（2）古河道淤泥充填相。乐亭县城北的老滦河是滦河的故道。由于滦河改道北迁，废弃的古河道逐渐被细黏的淤泥质沉积物充填。

随着滦河有规律的向北迁移改道，三角洲堆积体不断向海推进，形成以马庄子为顶点的历史晚期三角洲。滦河经老米沟、滦河岔（又称狼窝河）和江石沟入海的泥沙，塑造了蛇岗、灯笼铺、大网铺和湖林口沙岗等三角洲前缘滨岸沙坝。

滦河在马庄子曲流湾顶决口分流，滦河岔又在湾顶黄口村附近决口，多级决口扇堆积是三角洲平原不断向前延伸的过程（钱春林，1994；王颖等，2007）。

现代滦河三角洲是滦河携入海域的碎屑物质与海洋营力，主要是波浪和潮流共同作用的产物，滦河现代三角洲宽达9km，面积为370km²，其范围北起塔子沟，南至网子沟。由于物源近，因此沉积物较粗，三角洲坡度较陡，可达3‰。滦河最新三角洲后缘界线为滨海沙丘。滦河东岸沙丘呈带状分布，与三角洲的界线比较明显；西岸由于多次摆动，大部分沙丘遭到破坏，但依据沙丘残体，可恢复它的本来面貌，从而确定最新三角洲后缘界线大致在莲花池—中海滨村一带。

20世纪初，滦河循今河道行至大滩村以南，向南东方向转折，尾闾流经现在的甜水河过莲花池村西侧，经第二节村入海，形成的三角洲指向南东；莲花池以东大沙丘以东是微向内凹的平直海岸和海滩，无任何三角洲堆积，1915年，滦河在莲花池村北突破八爷铺大沙丘，向东注入渤海，使该区的海岸地貌发生很大变化，超覆古潟湖形成现代滦河三角洲堆积体。滦河最早由滦河岔、甜水河、二节汊道入海，形成了大片的陆地。大致于1939年前，滦河主要于甜水河入海，后废弃，西南汊道成为主行水道。至1952年，河口北移2.5km，至老河底入海，1958年又返回西南汊道。1959年，六角儿汊道为主行水道，尔后再度返回西南汊道。60年代初，改由东北汊道入海，西南汊道逐渐被废弃，于1979年，洪水改道在破船门附近入海，东北和西南两汊道均处于废弃过程中。

最新三角洲是近100多年来的堆积体，堆积了突出平原之外的弧形三角洲平原和破船门沙岗、老河底沙岗等三角洲前缘滨岸沙坝。滦河南岸莲花池村的半固定沙丘，发育清晰的高角度大型交错层理，是八爷铺沙丘的残留部分。因它形成时代老，砂粒表面风化，颜色同八爷铺沙丘一样呈棕黄色，与附近新堆积的灰色河漫滩沙丘显著不同，称之为"风化沙堆"。最新三角洲分三个相带：

（1）滦河主河床相。三角洲分流点附近及以西，河床相当顺直，纵坡降平坦，沉积物主要是中细砂或中粗砂。因主流线靠近北岸，八爷铺大沙丘受冲刷后退；南岸有宽阔的河漫滩，表层粉细砂沉积物经风力吹扬，加积起高度小于1m的漫滩沙丘。沙丘之间的低洼地及河床边滩上，可以拣到很多零星分布的海相贝壳和螺壳，一般长达10～20cm。这样大的海贝壳和细粒的粉细砂是不同环境下的沉积物，粉细砂是河漫滩相；大贝壳是渤海涨潮，海水倒灌时被波浪搬运带来沉积。有力表明，渤海潮水沿河倒灌上溯的范围，远到莲花池以上相当一段距离。

三角洲分流点以东，滦河主道经常变迁改道。综合60多年的历史，滦河主道行水东北时间长，是因为东北强风海流冲刷力大，通道口门不易淤塞之故。河床分布多个河中沙岛。

（2）三角洲平原相。八爷铺海岸大沙丘以东的王家铺、罗锅子铺和兜网铺一带，滦河频繁地分流或改道，河漫滩相悬移质粉细砂快速落淤，使三角洲平原不断向海推进。在垂向沉积层序上，表现为冲积物超覆于潟湖湿地相淤泥质砂层之上。

三角洲平原根据沉积环境的差异，还可以进一步分成河间低湿地、自然堤和分流河道亚相。

（3）三角洲前缘相。滦河出山后，在下游平原流经距离短，因而搬运的沉积物较粗，堆积砂体形态显著，层理构造清晰。

滦河携带入海的泥沙，较粗的中细砂主要沉积在近岸地带，在波浪的再改造下，塑造了环绕三角洲平原的滨岸沙坝。

沙坝呈长条状，与岸线近于平行，因为它是波浪横向作用的产物，故坝顶、坝背和坝前各带，都有各自的特征。

坝顶，是沙坝的最高地段，渤海大潮也不能淹没。坝的迎海面坡陡，坡顶常是重矿物富集带；背海面坡缓，有机质增多。坝顶沉积物最粗，分选最好，平均粒径 2.45～2.50mm，其中跃移质组分含量占 90% 以上，发育水平层理、波状层理和羽状层理。坝顶深 0.8～1.0m，下伏黑灰色淤泥质砂，上下二层为不整合接触。

坝背，为坝顶向陆延展的缓坡带。沉积物粒径变细，颜色由灰黄色到深灰色、灰黑色，随着有机质含量的增加，逐渐由坝背过渡到沉积淤泥质砂的潟湖湿地环境。

坝前，是坝顶向海方向至水深－5m 范围的水下斜坡沙滩带。沉积悬移质，黄色、褐黄色的细砂、粉细砂。－10m 以下，逐渐过渡到沉积分选较差的粉砂、黏质砂土、粉质黏土的前三角洲环境。

综合上述特征，三角洲前缘相可以进一步细分为滨岸沙坝、潟湖和坝前水下沙滩亚相（朱元芳等，1982；钱春林，1994；王颖等，2007）。

（二）深港资源——曹妃甸深水港

1. 曹妃甸港区域自然概况

曹妃甸位于唐山南部沿海、渤海湾中心地带，是一个东北—西南走向的带状沙岛，因岛上原有曹妃庙而得名。它为古滦河入海口冲积而成，至今已有 5500 多年的历史。曹妃甸岛距离大陆岸线约 20km，从甸头向前延伸 500m，水深可达 25m，甸前深槽水深达 36m，是渤海最深水区。由曹妃甸向渤海海峡延伸，有一条水深达 27m 的天然水道，直经海峡，通向黄海。水道与深槽的天然结合，构成了曹妃甸建设大型深水港口得天独厚的优势。30m 水深岸线长达 6km 之多，不冻不淤，是渤海可以不需要开挖航道和港池即可建设 30×10^4t 级大型泊位的天然港址。

曹妃甸岛后方滩涂广阔且与陆域相连，低潮面积达 30km²，0m 水深线面积 150km²，为临港产业布局和城市的开发建设提供了足够的用地。

曹妃甸毗邻京津冀城市群，北距唐山市 80km，西北距北京市 220km，西距天津 120km，东北距秦皇岛 170km，产业布局集中，经济腹地广阔，面对我国南北资源互补、经济融合走势，曹妃甸港区的开发建设，将构造新的区域优势，开辟新的产业空间，打造新的经济增长点。曹妃甸的开发建设，是一个影响和带动我国北方地区港群建设、产业布局优化、城市体系完善的重要工程，意义重大，影响深远。

2. 曹妃甸港的开发优势

曹妃甸明显的自然地理特征，为大型深水港口建设和临港产业发展提供了优越条件，具有广阔的发展前景。

1）建港条件优良

曹妃甸水深岸陡，不淤不冻，岛前 500m 水深即达 25m，深槽达 36m，是渤海最深点。30m 等深线水域东西长约 6km、南北宽约 5km，是渤海沿岸唯一不需开挖航道和港池即可建设 30×10^4 t 级大型泊位的天然港址。由曹妃甸向渤海海峡延伸，有一条水深 27m 的天然水道直通黄海。水道和深槽的天然结合，已建成大型深水港口。

2）交通区位优越

曹妃甸毗邻京津冀城市群，距唐山市中心区 80km，距北京 220km，距天津 120km。曹妃甸港区 25×10^4 t 级矿石码头实现了国内国际通航。从国际海运看，距韩国仁川港 400n mile，距日本长崎 680n mile、神户 935n mile，与矿石出口国澳大利亚、巴西、秘鲁、南非、印度等国的海运航线也十分顺畅，构成运输便捷、成本较低的海陆一体化的交通运输体系。

3）经济技术基础良好

曹妃甸腹地华北、西北、东北地区物产丰富，尤其是环渤海地区产业布局集中，经济基础雄厚。直接腹地唐山市作为"中国近代工业摇篮"，已形成煤炭、钢铁、电力、建材、机械、化工等重化工业产业群，是全国重要的能源、原材料基地。人力资源丰富，尤其是从事机械加工、装备制造等方面的技术工人数量大、水平高。京津的巨大人才储备和强大的研发能力也为曹妃甸开发建设提供了有力的人才、技术保障。发展工业所依赖的资源组合条件好。腹地的煤炭、石油、铁矿石、原盐等资源丰富，产业的区域配套能力较强，适合大规模、高密度发展现代重化工业。

利用曹妃甸港口资源优势，建设大型深水码头和能源、原材料加工储备基地，不仅可以为我国经济发展提供资源战略保障，而且能够促进各区域间战略物资的供需平衡，提高我国经济发展的应急能力和抗干扰能力，对于保证国民经济运行安全具有不可替代的作用。曹妃甸港的建设，将成为拉动环渤海地区乃至全国经济发展的新"引擎"。

三、黄河三角洲

（一）黄河三角洲自然概况

黄河三角洲位于 $36°55' \sim 38°16'$N，$117°31' \sim 119°18'$E 之间，属暖温带半湿润大陆性季风气候。全年日照时数 $2590 \sim 2830$h，太阳总辐射量 $514.2 \sim 543.4$kJ/cm^2，全年平均气温 $11.7 \sim 12.6$℃，年均降水量 $530 \sim 630$mm，70% 的降水量集中在夏季，年蒸发量 $1900 \sim 2400$mm，全年平均风速 $3.1 \sim 4.6$m/s。总的气候特点是：光照充足，热量丰

富，四季分明，雨热同期，风能资源丰富。但降水年内分配不均且蒸发量大，常有旱、涝、风、霜、雹和风暴潮等自然灾害，是风暴潮的多发区。其行政区东营市包括两区三县（东营区、河口区和垦利县、利津县、广饶县）。

从地质构造上看，黄河三角洲位于渤海凹陷西南部，主要受 NE 向和 NW 向构造的控制，为中、新生代断块-凹陷盆地。结晶基底为太古宇变质岩；其上不整合覆盖着由海侵-海退系列组成的震旦系，下部为碎屑岩，中上部为碳酸盐岩和泥质岩类；震旦系之上不整合覆盖着寒武系—中奥陶统，主要为浅海相碳酸盐岩和泥质岩类；从上奥陶统到下石炭系缺失；中石炭统—二叠系为陆海交互相沉积；侏罗—白垩系为若干分隔的断块内陆盆地沉积，主要是碎屑岩并夹火山岩；新生代逐步发展为统一的拗陷盆地，为河湖相沉积。由于这里是一个长期下沉区，第四纪地层厚达 400m 余，向东逐渐变薄成 100m 余，地貌类型为黄河三角洲平原（许学工，1998）。

近代黄河三角洲是 1855 年黄河北徙入渤海以来发育形成的，它以宁海为顶点，北起套尔河，南到溜脉沟，形成一个巨大的冲积扇，面积 5400km^2。地面海拔 1~7m，地势由西南向东北缓缓向海倾斜，平均坡降 1‰~2‰。近代黄河三角洲西侧为古代黄河三角洲平原，地面相对低洼，溜脉沟到小清河一带地区均为近代黄河三角洲洼地。

黄河三角洲地区入海河流大小共 20 余条，多为季节性河流，入海总径流量 430×10^{8}m^3/a，年总输沙量 10.5×10^{8}t。其中黄河入海年总水量占入海总径流量的 94.2%，约为 7.8×10^{8}t，年输沙量占各河总输沙量的 99.8%。境内所有排涝河道中，控制面积在 100km^2 以上的有 12 条，多年平均总径流量为 3.25×10^{8}m^3。以上地表水多为季节性河流，黄河枯水期也常出现断流现象。三角洲及其两侧的地下水基本为松散岩类孔隙水，因地处滨海，系黄河冲积退海平原，地面高程不大，地下水埋深浅，矿化度高，咸水和微咸水分布面积占地下水总面积的 70% 以上，地下淡水资源严重缺乏。

（二）黄河三角洲海岸地貌演变

1. 古黄河三角洲地貌

古黄河三角洲西起漳卫新河，东至套尔河口，岸线全长 120km，曲折率达 3.8，主要是 1128 年以前黄河淤积形成，至今 860 多年黄河尾闾均在套尔河—顺江沟以东入海。长期以来，经受潮流、风浪改造，形成了平坦的潮滩。潮滩上潮沟密布，沿岸一带有岛弧状贝壳堤岛和残留的冲积岛。由于人为影响小，完好地保存了粉砂淤泥质平原海岸的自然地貌（山东省科学技术委员会，1991）。古黄河三角洲处于近代黄河三角洲西侧，地势比较低洼，亦可分陆上、潮滩、水下三个部分（表 8.3）（许学工，1998）。

陆上部分为古黄河三角洲平原，地势较东侧的近代三角洲低 1~2m，自西南向东北倾斜，平均高程 2~5m。现有漳卫新河、马颊河、德惠新河、秦口河、徒骇河等众多河流经三角洲平原注入渤海。沉积物为红色黏土、棕黄色和沼泽化灰色粉砂，地面大部分开拓为农田。古三角洲平原以老贝壳堤为界分为两部分，其南基本保持原状，以北受潮汐改造。贝壳堤大部分被埋藏在地表下 1m 左右，呈北西—南东向带状分布，宽 100~800m，是古海岸线标志。

潮滩受到海洋因素长期塑造得以充分发育。平坦宽阔的高潮滩、密集的潮水沟系和边缘镶嵌的大型贝壳堤构成了古黄河三角洲潮滩特色。高潮滩地势低洼,自西向东展宽,最宽处达 20km,向海坡降小于万分之一。大潮海水漫溢,潮沟密布,沟间为盐碱光滩;小潮期间为一片平坦广阔的白色盐霜荒地,有零星草丛,为荒芜之地。潮间带西窄东宽,平均宽度 5~6km,套儿河顶宽达 10km,组成物质主要为粉砂。

潮下带水深 0~5m,平均宽 7~8km,岸坡滩面由粗粉砂组成。小河水下三角洲常叠置在水下岸坡之上,向海依次分布粉砂质细砂、泥质粉砂。

表 8.3　古代黄河三角洲海岸地貌类型(山东省科学技术委员会,1991)

海岸分布	地貌成因类型(亚带)		主要地貌形态
陆上	古代黄河三角洲平原	三角洲平原 被潮汐改造的三角洲平原	老贝壳堤 废弃河道 废弃潮沟
	(大潮平均高潮线)		
潮滩	潮上带滩地 ———— (平均高潮线) ———— 潮间带	高潮滩 中潮滩 低潮滩	贝壳堤(岛) 残留冲积岛 潮水沟 滩面微地貌
潮下带	(大潮低潮线)潮下带 水下岸坡		小河水下三角洲(潮水沟)
水下岸坡	(水深 5m 线) 渤海湾底平原		河口拦门沙及深槽

2. 近代黄河三角洲海岸地貌

近代黄河三角洲可以分为陆上、潮滩、水下三部分(表 8.4)。陆上主要由三角洲平原、滨海平原和滨海湿洼地组成,形成一个巨大的扇状地形。潮滩发育随河口位置及三角洲发展阶段有很大差异,主要有以下三个特点:①高潮滩主要发育在黄河入海河口,废弃时间比较长的岸段。如现行河口以南的小岛河口至溜脉沟岸段。②潮滩的宽度和坡度变化很大。宽度一般在 3~6km,最宽达 10km。③潮滩沉积物均来自黄河或黄河故道,滩面主要由粉砂质物质组成。水下部分由河口水下三角洲、水下岸坡两部分组成。河口水下三角洲位于原神仙沟大嘴和原甜水沟大嘴之间,近 10 余年来入海泥沙在此堆积形成了新的亚三角洲堆积体。自低潮水边线以下至水深 12~13m,为三角洲前缘及水下三角洲。因受海岸动力改造程度和时间不同,水下岸坡的地貌状况有很大差异。套尔河至挑河岸段,水下岸坡处于水深 0~5m 处,平均宽 7~8km。挑河口以东,原钓口大嘴至神仙沟大嘴一带,即近代黄河三角洲向东北突出部分,水下岸坡平均水深 0~8m,最深达 15m,平均宽度 6~11km。宋春荣沟以南至小清河口水下岸坡平均水深 0~5m,平均宽 6~8km(山东省科学技术委员会,1991)。黄河为高含沙河流,使三角洲分流河道形成地上"悬河"而频繁摆动,在走水沙的岸段迅速淤积,平均每年向海淤进20km² 余，而其两侧则迅速蚀退。这种时空上的冲淤交替和河道摆动初期的大冲、大淤，构成了近代黄河三角洲海岸动态的主要特征。

表8.4 近代黄河三角洲海岸地貌类型

海岸分带		地貌成因类型（亚带）	主要地貌形态
陆上		三角洲平原 ——————（特大高潮线）—————— 滨海湿洼地	河成高地（分流河道、心滩、边滩、天然堤、决口扇）；河间洼地（盐碱洼地、湿洼地）；河口沙嘴（现行河口），残留冲积岛
潮滩	废弃河口三角洲平原海岸	潮上带 ——————（平均高潮线）—————— 潮间带 { 高潮滩 中潮滩 低潮滩 }	贝壳及其碎屑堆积（贝壳滩、堤） 河口沙嘴型沙坝潮水沟系 { 泥滩 潮沟 凹坑 沙波（地）}
	现行河口三角洲平原海岸	上带 下带	潮间分流河道 潮间河口砂嘴 滩面微地貌 { 冲积体 沙波（地）}
潮下带及水下岸坡		（大潮低潮线）	
	废弃河口三角洲平原海岸	水下岸坡	潮水沟型河口拦门沙（含牡蛎滩） 潮水沟型河口深槽
	现行河口三角洲平原海岸	水下三角洲 （三角洲前缘及前缘斜坡）	河口拦门沙 河口深槽 烂泥湾（滩）
	渤海海底平原		

* 李蕴梅.2005.黄河陆上三角洲冲淤演变特征及其发展趋势预测.中国海洋大学硕士学位论文，32～34

3. 现代黄河三角洲的发展演化

现代黄河三角洲的演化主要受黄河水沙条件和海洋动力作用的制约。前者使海岸堆积向海洋推进，后者使海岸侵蚀向陆地蚀退。在行水河口，河流来沙直接输入，堆积速率远大于海洋动力的侵蚀速率，海岸不断向海推进；而废弃河口，河流来沙断绝，海洋动力成为海岸演化的主导因素，在波、流作用下海岸不断向陆地蚀退。海平面相对升降、地形地貌和地质特征、植被情况、人类活动等也是三角洲演化的影响因素。黄河来水来沙量巨大与渤海浅平的特征，使黄河三角洲成为世界上淤进最迅速的地区之一。根据近年来的海岸蚀积状况，现代黄河三角洲海岸可分为弱侵蚀、强侵蚀、强堆积、弱堆积、相对稳定和稳定多种海岸类型。典型的强堆积型海岸主要分布在黄河现行河口及其两侧。从 1976～2002 年的 26 年里，黄河三角洲造陆 243km²，平均年造陆 9.3km²。在 1976 年至 1987 年间，黄河三角洲面积先减少再增加，最大值出现在 1985 年，随后到 1987 年间，面积值是减少的。从 1987 年到 1996 年间，三角洲面积变化不大，时增时减，只出现轻微波动。从 1996 年到 1999 年，三角洲面积一直是增加的。从 1999 年到 2002 年，面积值又出现波动，在 2001 年出现最大值[①]。

近年来，由于黄河上游用水截流、小浪底工程修建等原因，黄河经常断流，泥沙入海量明显下降，从而使入海口区淤进变慢，某些海岸段侵蚀明显加剧。近年来，黄河断流和入海泥沙的减少、尾闾的改道，使黄河三角洲的边界条件已发生了很大变化。

以老黄河口地区为例，自 1976～2004 年，0m 水深线平均每年向陆地推进 425m，目前已进入油田内部。2m 水深线向陆地推进 9.89km，平均每年推进 353m，距油田边界线不足 1km。5m 水深线向陆地推进 4.788km，平均每年推进 170m，距油田边界仅 5km。10m 水深线向陆地推进 1.399km，平均每年推进 47.9m，距油田边界线仅 12km（陈宝玲，2005）。其中 5m 水深线 1992～2004 年共推进 2.9km，年均推进 241m，为有统计记录以来推进速度最快时期。目前浅水深线仍以较高速度向陆地推进。据观测，神仙沟入海口两侧海岸段自 1964 年 1 月停止行水起至 1976 年 5 月，平均蚀退约 2.8km，蚀退速率达每年 225m。蚀退速率和行水期间的推进速率之比为 3∶4，这意味着在行水期间 3 年的自然造陆，若不加防护，则停止行水后经过 4 年就可被侵蚀殆尽。海岸蚀退形势严峻（杨玉珍，2004）。

（三）黄河三角洲资源及其开发

黄河三角洲外接渤海，内连鲁北平原，岸线绵长，水系发育，土地广阔，资源丰富，概括起来，有下列几大优势：

1. 土地资源

黄河三角洲总面积 174.68×10⁴hm²。其中，耕地 67.46×10⁴hm²，占总面积的 38.62%，天然草地及盐碱地 30.65×10⁴hm²，占总面积的 17.54%（其中可利用的草场面积 16×10⁴hm²），水域面积 44.31×10⁴hm²，占总面积的 25.3%。

黄河三角洲土地资源总的来看有如下特点：第一，土地面积不断新生。黄河自 1855 年重由此入海以来，已造陆 2530.4km²，年平均造陆 21.26km²（按实际行水年计算）。第二，土地资源丰富。本区土地总面积为 12 057km²。由于区内平均人口密度不足 200 人/km²，沿海更是地广人稀，目前人均占有可利用土地 0.42hm²，是山东全省人均占地的 2 倍多。第三，土地改造开发潜力大。现有土地垦殖率不足 30%，远低于山东全省 47.2% 的水平。目前尚有 40×10⁴hm² 土地未开发利用，已垦土地大部为中低产田，仍有改造潜力。第四，土地质量较低。区内有大面积盐碱荒地，新造陆地一般土壤熟化程度低，生态条件脆弱，土地易开垦但退化快、恢复慢，必须采取综合治理措施，因地制宜多方开拓利用途径，才能发挥土地资源的潜力（陈红莉等，2000）。

---

① 李蕴梅，2005，黄河陆上三角洲冲淤演变特征及其发展趋势预测．中国海洋大学硕士学位论文，32～34

总之，黄河三角洲丰富的土地后备资源在我国整个东部沿海地带十分突出，广袤的土地不仅为建设大农业基地提供了基础条件，而且由于荒地面积大，土地平坦，也为工业、交通和城市的发展提供了方便。

2. 矿产资源

1）石油与天然气资源

黄河三角洲处于济阳拗陷油气富集区。1962年9月23日打成"营二井"获日产555t高产油井，证明黄河三角洲地下蕴藏着丰富的石油天然气资源。1964年1月25日组织山东石油大会战以来，在复杂的地质条件下，逐步建成了我国东部重要的石油工业基地——胜利油田，已成为我国第二大油田。古近系沙河街组是胜利油田的主要勘探开发层系，石油储量占62.9%；新近系是重要的勘探开发层系，石油储量占30.54%。油储分布的主要深度为1000~1500m和2000~2500m，两者储量占总储量的65.7%；其次是1500~2000m（占13.8%）和2500~3000m（占10.6%）。油气藏的类型有多种，其中构造油气已探明的储量占72.8%，构造岩性油气藏占11.1%，岩性油气藏的储量仅占2.2%。已探明储量中，盆地内部带占50.39%，基岩隆起凸起区占27.15%，斜坡边缘区占16.99%。富集程度以基岩隆起凸起区最高，为$274.48 \times 10^4 t/km^2$；内部构造带和斜坡边缘区分别为$177.7 \times 10^4 t/km^2$和$93.06 \times 10^4 t/km^2$（李殿魁，1996；中国海湾志编纂委员会，1998）。

目前黄河三角洲已发现不同类型的油气田67个，石油总资源量达$75 \times 10^8 t$。胜利油田已建成为年产原油$3000 \times 10^4 t$余，天然气$13 \times 10^8 m^3$余的全国第二大油田，占全国石油产量的1/4。在石油勘探开发中，还发现了丰富的地热资源。

2）地热资源

黄河三角洲地区位于渤海西岸，是中国最新的陆地，属地热异常区。该地区沉积了巨厚的古近系、新近系和第四系，其内不仅蕴藏有丰富的石油、天然气，地热资源也十分丰富。油田在长期的勘探开采中打出了许多热水井，发现了多处地热异常区，地热储量可观，开采前景广阔。

黄河三角洲地区地热资源的分布主要受地下凸起及继承性大断裂控制，可划为以下几个四级构造单元：陈家庄凸起、义和庄凸起、沾化凹陷、孤岛凸起、东营凹陷、广饶凸起。目前发现的可供开采利用的地热资源主要分布在广饶县的草桥地区，利津县的陈庄乡、宁海乡、永安乡，河口区的太平乡、孤东及五号桩一带。地热埋深一般在1000~1500m；热水的温度一般为50~70℃，较高的达98℃；部分水井能自喷，80%的单井产水量大于$500m^3/d$，最高达$3203m^3/d$。

3）其他矿产资源

据勘钻资料，黄河三角洲地区的石炭系、二叠系、侏罗系和古近系中均有煤层分布，储量$702.36 \times 10^8 t$左右，煤层埋深一般在2000m以上，五号桩附近可达3500~4000m。石炭、二叠系的煤系主要为海陆交互相地层，煤层层位移定，厚度大，且层数多，是黄河三角洲地区的主要煤层。在断陷盆地内，侏罗系、古近系的煤层亦较发育。

东营、沾化和车镇三个拗陷内均有岩盐和石膏层分布。在层位上，岩盐和石膏矿主要位于沙河街组四段的地层中，孔店组地层中也有石膏层分布。东营拗陷中，岩盐、石膏层主要分布于中央隆起带中部的东辛油田及其附近地区，胜利油田也有发育。据估算，盐膏发育区面积大于 $600km^2$，地下蕴藏量在 $15.5376 \times 10^4 m^3$ 以上。

沾化、车镇拗陷中，罗庄、义东、大王庄的许多钻井中沙四段内亦均有石膏发育。罗庄附近的石膏层主要发育于沙四段的上部，具自东南向西北变好的趋势；义和庄附近的石膏分布于沙四段的下部和上部，并自斜坡地带向拗陷增加；义东石膏层自东向西增加（张洪涛等，2005）。

3. 海洋资源

黄河三角洲海岸线长 588.9km，$-10m$ 等深线面积 $6800km^2$，是渤海高生产力水域，潮间带滩涂平坦宽阔，面积约 $1220.61km^2$，为发展渔业及建立对虾、鱼、贝的水产养殖基地创造了便利条件。

本区海域是渤海中浮游植物、浮游动物最丰富的地方，也是底栖生物丰富的水域，许多经济无脊椎动物在此产卵、育成，其资源量在 $1 \times 10^4 t$ 以上。据海岸带调查统计，海洋生物共 517 种（浮游植物 116 种，浮游动物 66 种，经济无脊椎动物 59 种，鱼类 85 种，底栖生物 191 种）。主要经济种有对虾、毛虾、鹰爪虾、梭子蟹、毛蚶、脉红螺、凸壳肌蛤及各种鱼类。潮间带生物共 195 种，其优势种有日本大眼蟹、三齿原蟹、四角蛤蜊、文蛤、青蛤、近江牡蛎、光滑河蓝蛤等。宽阔的滩涂是进行海水养殖和贝类养殖的良好场所（李殿魁，1996）。

黄河三角洲淤泥质滩地是最佳盐田基底。本区历来有晒盐的传统，北部的埕口盐场是山东省第二大盐场，南缘紧邻小清河口的羊口盐场，在其带动下，莱州湾西岸也已开辟有不少中小型盐场。区内滩涂和滨海盐滩地广阔平坦，天然蒸发量大，对晒盐十分有利，加之储量丰富的卤水资源，为发展盐业和盐化工提供了良好条件。据现代勘察，黄河三角洲地区地下平均 80m 处普通蕴藏着卤质含量高达 $12° \sim 18°$ 的卤水矿，总储量为 $70 \times 10^8 m^3$ 左右。这里地下还有一个特大盐矿，地质储量约为 $6000 \times 10^8 t$，是仅次于四川的我国第二大盐矿，具有极大的经济开发价值。

目前，中国渤海石油公司正与日本联合开发渤海湾石油，胜利油田的战略重点也在向滩海转移。山东省正在搞"海上山东"的跨世纪规划，本区海域及海岸带的其他海洋资源将会越来越多地被开发利用。

4. 港口航道资源

黄河是山东省最长、最好的水道，但由于航道没有开发，靠天然河道通航，枯水期水深很小，通航没有保证。随着河槽的淤积，航行条件逐渐变坏，20 世纪 50 年代发展起来的航运正逐年衰退。

下游航道条件　黄河以桃花峪至河口为下游，长 700km，河道宽浅多变，水流分散多汊，河槽宽浅悬殊（宽处 4～6km，窄处 0.4～0.5km），只能分段通航和季节性通航。其中，南村至古柏嘴 156km，水深（枯水期，下同）0.7～0.8m，航宽 200～500m，可通行 10～40t 级船舶；郑州铁路桥至斜辛庄 169km，水深 0.6～1.0m，航宽 400～700m，可通 10～50t 级船舶；斜辛庄至高村 62.9km，水深 0.8～1.0m，可通航 50～150t 级木帆船和拖驳船；高村至位山 168km，水深 1.3～1.4m，航宽 90～100m，通航 500t 级的货船已有 20 多年历史，航道设有重点航标。西河口至入海口 50km 余，河道不稳定，水深小，河口有拦门沙，入海口变化无常，目前不能通航运输。

山东段港口 黄河下游的山东段，两岸分布有 10 个商港，建有水工码头 7 个。其中，孙口港位于台前县与梁山县间，码头前沿水深 1m，100t 级泊位 2 个；董家港位于长清县，前沿水深 2.5m，有 500t 级泊位 2 个；洛口港位于济南北郊洛口，为山东省黄河沿岸最大港口，有 500t 级泊位 3 个，100t 级泊位 4 个，年吞吐量 20×10⁴～70×10⁴t；清河港位于惠民清河镇，拥有 500t、100t 级泊位各 4 个，年吞吐量 10×10⁴t；北镇港位于滨州北镇，前沿水深 1.3m，有 500t 级泊位 2 个，100t 级泊位 4 个，年吞吐量约 8×10⁴t；利津港位于利津县城附近，前沿水深 3m，有 500t 级泊位 10 个，年吞吐量 10×10⁴t 左右；一号坝港位于垦利县城附近，有 500t 级泊位 10 个，年吞吐量约 10×10⁴t。

通航保证流量和通航期。据 1982～1983 年 7 个水文站的资料，三门峡至高村流量在 600m³/s 的时间平均为 304 天；据河南省黄河航运局提供的资料，通航期在 270 天以上。高村至艾山流量在 400m³/s 的时间，平均为 321 天；据山东省黄河航运局统计资料（1984～1985 年），平均通航期为 309 天。从黄河三角洲王旺庄站 15 年逐月平均流量看，只有 6 月份低于通航保证流量的 17%，其他时间的平均流量均高于 400m³/s 的通航保证流量。可见，黄河下游和三角洲地区开发黄河航运水量有很大的保证，每年有 300 天以上的通航流量（杨玉珍，2004）。

（四）资源开发及环境问题

1. 黄河三角洲资源开发引起的生态环境问题

黄河三角洲北、东两面濒临渤海湾及莱州湾，位于山东半岛和辽东半岛环绕的地理中心，北邻京津唐地区，南连山东半岛青岛、烟台、潍坊等经济发达地区。它不仅地处东北亚经济圈的前沿、环渤海经济区和黄河经济带的结合部，而且也是今后连接东北与华北和东南沿海地区的重要通道，区位条件优越。

近 20 年来，在黄河三角洲资源大规模开发中，由于不适当强调资源开发的速度与规模，对资源的保护以及资源开发过程中的生态环境问题重视不够，加之自 1989 年以来黄河来水量显著减少（1989～1998 年黄河年均来水量只有 159.4×10⁸m³），仅相当于 1950～1993 年年均来水量的 42.7%，断流次数和持续时间逐年增加，由此引起一系列的生态环境问题（郗金标等，2002）。

1）土壤盐碱化加重

黄河三角洲是黄河挟带大量泥沙淤积而成的，由于受海陆相互交错作用和石油开采与开荒等人类活动的影响，生态环境十分脆弱。主要表现为：①由于地势低平，海拔

4m 以下地区占三角洲陆地面积的 2/3，并有一些地势低洼的背河洼地，极易受到海水倒灌的浸泡。②成土年幼。黄河三角洲由于大部分地区成陆时间仅 140 多年，淤土层薄，草甸化过程短，加之蒸发量大，故土壤所含盐分易升至地表，导致土壤盐渍化。③地下水水位高，埋藏一般 1~3m，且多为矿化度较高（大部地区在 10g/L 以上）的含氟咸水，在春季干旱、蒸发旺盛的条件下（全区年蒸发量超过降水量的 3.24 倍），盐分极易升至地表，引起土壤次生盐渍化。④该区原始植被多为耐盐的草本植物，不仅适应当地的自然条件，而且有利于增加土壤有机质和抑制蒸发。但是，如果一旦开荒，原始植被遭到破坏，土壤表层蒸发就会大大增加，盐分就会上升到地表，导致土壤次生盐碱化加重。目前，全区不同程度的盐碱地占土地总面积的 3/4 以上，其中中度及其以上的盐碱荒地约 $4 \times 10^4 \text{hm}^2$，占全区土地总面积的 56.2%（毛汉英等，2003）。

2）植被生态系统出现逆向演化

黄河三角洲地区的植被生态系统经常受到黄河改道、决口泛滥和海潮侵袭的影响，是一个极不稳定的生态系统。地表植被以草地为主，分属普通草甸、湿生草甸、盐生草甸和盐生植被 4 种类型。盐生植被以翅碱蓬为优势种，主要分布在海拔 1.6m 以下的沿海海潮线以内，呈带状向内陆分布。这里土壤含盐量高达 1%~3%，潜水矿化度在 50g/L 以上，植物种类贫乏，生境严峻，植被稀疏。但经过人工维修防潮坝或引黄淤灌，可以逐步演替为以獐茅为主的盐生草地植被或盐湿生草地植被。随着陆地的延伸和升高以及人类的改造活动，盐生草地植被或盐湿生草地植被又将逐步演化为以白茅为优势种的普通草甸植被。普通草甸植被虽属进化了的陆地生态系统，但依然非常脆弱，是一个极易演替的不稳定的生态系统（图 8.11）。促使三角洲地区植被生态良性发展的动因，是黄河的水沙资源源源不绝的供应，而导致植被生态系统逆向演化的重要原因是天然的海潮侵袭和人类的过度垦殖与放牧（许学工，1998；毛汉英等，2003）。

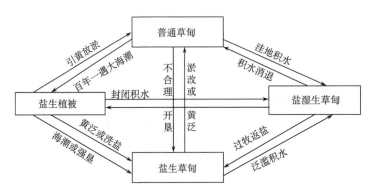

图 8.11　黄河三角洲地区植被生态系统演替示意图（毛汉英等，2003）

3）海岸蚀退与人工迫使河口三角洲演变

由于泥沙淤积，黄河三角洲成为世界上成陆速度最快的三角洲之一。但是，黄河三角洲近海沿岸是一个泥沙淤积造陆和海岸侵蚀后退此消彼长的地区。据专家测算，黄河泥沙淤积与海岸侵蚀后退速度的比值大约为 4：1。当黄河年入海泥沙为 $3 \times 10^8 \text{t}$ 时，三角洲的海岸侵、淤状况将基本平衡，即黄河口将不再向海延伸；小于 3×10^8 t 时，河口陆地海岸线将会侵蚀后退。据资料分析，自 20 世纪 70 年代以来，黄河泥沙入海量随着入海水量的明显减少而呈迅速递减趋势。其中，20 世纪 50～60 年代均值分别为 13.2×10^8 t 和 10.9×10^8 t，70～80 年代分别递减到 9.0×10^8 t 和 6.4×10^8 t，1990～1997 年的平均值约为 4.16×10^8 t。其中最少的 1997 年只有 0.16×10^8 t。按此趋势分析，21 世纪黄河三角洲海岸线将会由现在的淤进大于蚀退变为以净蚀退为主。在气候变暖、海平面上升和黄河三角洲陆地构造沉降，以及黄河因断流而泥沙减少等多种因素作用下，预计 21 世纪黄河三角洲地区将会面临海岸线严重蚀退的局面（许学工，1998；毛汉英等，2003）。

其次，黄河泥沙致使河道淤积快，淤高河床，迫使黄河尾闾改道，形成数十年周期的顺时针迁移规律。由于胜利油田等的发展，人工迫使黄河不断向北迁移，而形成河口沙嘴向 S、SE 偏移，改变了河口自然发育趋势，尾闾河道与河口存在突发型变化之危害。

4）生物多样性受到破坏

黄河三角洲由于地处南北过渡区的地理位置，有利于各种暖温带的动植物生存，并成为许多候鸟的越冬场所。全区 15.3×10^4 hm^2 的滩涂湿地上，有水生生物资源 800 多种，其中属国家重点保护的有文昌鱼、江豚、松江鲈鱼等；有野生植物上百种，属国家重点保护的濒危植物野大豆和性能优良的中草药等分布广泛；有鸟类 187 种，其中被列为国家一级重点保护的野生鸟类有大天鹅、小天鹅、灰鹤、蜂鹰等 30 余种，各种鹭类、鹰鸭类水禽种类多，数量也极为丰富。随着黄河来水量的锐减，人类不合理的开垦，以及石油开采与石油加工为主的工业污染的加重，将使食物链来源被切断，生存环境不断恶化（如海水入侵、土壤盐渍化、湿地消失等），造成生态系统、生物种群和遗传基因多样性的丧失。

5）井灌区地下水严重超采，导致生态环境恶化

小清河以南的井灌区，近 10 多年来随着工农业生产的迅速发展，用水量不断增加，加之连续的干旱和上游大量拦蓄地表径流，地下水超采严重，由此引起地下水位大幅度下降，已形成漏斗区面积达 200km^2 余，漏斗区中心地下水埋深已超过 30m。随着地下水位大幅度下降和漏斗面积不断扩展，农用机井深度已由原来不足 40m 发展到目前的 80～100m 以上，不仅造成机井提水设备不断更新，提高了灌溉成本，加重了农民负担，而且引起了地面裂隙、咸水（海水）入侵等生态环境问题日益严重。

2. 黄河三角洲资源可持续开发利用途径与模式

1）水资源

长期以来，黄河三角洲地区由于水价偏低，工农业用水浪费十分严重。如农业中的大水漫灌、串灌较普遍，加之渠系配套标准低，灌溉用水的有效利用系数只有 0.46，平均毛灌定额高达 5700～6750m^3/hm^2，工业用水万元产值耗水 248m^3，均高出山东半岛平均数的 1 倍以上。

由于占全地区工农业用水量 90% 以上的黄河水资源保证程度不高，特别是 20 世纪 70 年代以来，黄河断流的次数和持续时间不断增加，不仅直接影响到三角洲地区的工农业（特别是胜利油田的正常）生产和人民生活，而且对这一地区的生态环境构成了巨大的威胁。如 1996 年，由于黄河长时间断流，胜利油田减产 260×10^4 t 原油，直接经济损失达 30×10^8 元。为了应付日益严峻的水资源危机，应将水资源的节约使用置于优先地位。运用水的价格这一经济杠杆进行调控，从管理、工程和节水技术等方面提高水资源的利用率，包括提高灌溉渠系水的有效利用率，减少田间无效蒸发，推广抗旱节水技术，提高工业用水的重复利用率等。例如，通过渠道衬砌防渗可使渠灌水的有效利用系数提高到 0.55~0.65；将地面漫灌改为低压软管输水灌溉，可节省农田灌溉水量 40%~50%；而采取喷、滴、渗、微灌等先进节水技术，可比地面灌溉节水 60%~80%；对大耗水的石油开采、电力和化工等行业，通过实行循环用水等措施，可使其重复利用率从目前的不到 40% 提高到 70%~80%。同时，还要在"开源"方面下功夫（毛汉英等，2003）。

2）土地资源

黄河三角洲虽具有土地面积广大的优势，但据 1994 年土地详查资料，全区土地适合于作为耕地的一、二、三等宜农土地面积只有 $21.88 \times 10^4 hm^2$，略少于现有耕地面积（$22.78 \times 10^4 hm^2$）。该地区土地的进一步开垦受生态环境的制约。根据 1999 年卫星遥感 TM 图像解译，并结合 76 个地下水钻孔数据和土壤分析资料，黄河三角洲按土壤改良的难易程度，适宜于农耕的易改良区（土壤为非盐碱土和轻盐碱土，地下水埋深小于 5m、矿化度小于 2g/L）仅占土地总面积的 21%，较难改良区（土壤为轻度和中度盐碱土，地下水埋深小于 1m，矿化度 2~10g/L）占 36%，难改良及不宜改良区（土壤为重盐碱地及滩涂，矿化度 10~30g/L 以上）占 43%。其中对较难改良区的土地开垦应特别慎重，因为这类地区成陆时间短且生态环境十分脆弱，不合理的开垦常导致土壤次生盐渍化加重和生态恶化。为此，必须选择有利的地形，并运用工程、生物、农业技术等措施进行综合开发，才能奏效。

根据黄河三角洲的生态环境特点，今后对土地资源的开发必须坚持"稳定现有耕地，大力发展草地，有选择地发展林地"的方针。"稳定现有耕地"指确保耕地总量基本平衡，对部分不宜耕种的土地实行退耕还草、还林。"大力发展草地，有选择地发展林地"，是这一地区生态环境建设与可持续农业发展的需要。为了建成高效的农—林—牧—渔复合生态系统，实现农业的良性循环，要以发展高效生态农业为切入点，将传统的以种植业为主的大农业结构（2000 年该区农业总产值中农、林、牧、渔业所占比重分别为 54.5%、1.6%、19.1% 和 24.8%），转变为种植业与养殖业、林果业相结合的多元化现代型农业结构。当前，一方面要大力推广在长期实践中总结出来的以下 7 种生态农业模式：种植业-农区饲养型生态农业模式，台田-鱼塘型生态农业模式，枣林间作型生态农业模式，草业-牧业为主型生态农业模式，大型农牧场型生态农业模式，滨海水产开发型生态农业模式和城郊型生态农业模式。另一方面，要结合中低产田改良和生态建设需要，大搞以治水改碱为主的农田水利基本建设，实行旱、涝、碱、盐综合治理；建设由滨海人工生态林、农田林网、经济林及环城防护林为主的 3 个层次布局的生态林区；重点封育和改良天然草场与建设人工草场相结合（许学工，1998）。

3）矿产资源

黄河三角洲油气和盐卤等优势矿产资源的开发，应充分考虑到资源的探明储量（包括累计探明储量与新探明储量）、开采条件、产品的市场需求和生态环境保护等因素，遵循"代际公平"与持续利用的原则，今后 10 年石油年开采量宜控制在 $2000 \times 10^4 \sim 2500 \times 10^4$ t、天然气年开采量 $8 \times 10^8 \sim 10 \times 10^8$ m^3 水平上。盐卤和地下卤水作为盐化工的主要原料，该区已经具备了大规模开发的资源条件，今后应根据市场对其主要产品（纯碱和烧碱）的需求，争取在"十一五"期间投入大规模开发（许学工，1998）。

4）海洋生物资源

黄河三角洲所毗邻的海域，由于近 10 多年来的超强度捕捞，海洋渔业资源受到很大的破坏，不仅数量大大减少，而且质量下降，一些珍稀鱼类濒临绝迹。为确保水产业的可持续发展，必须实行渔业资源开发与保护的良性循环。为此，一是要采取有效措施，对渔业资源要加以保护。如在黄河口南北两侧建设总面积为 100 km^2 海洋渔业生态保护区，重点保护珍稀和濒危鱼、蟹、虾、贝、藻类，大力恢复和发展海洋浮游生物资源。二是划定浅海水产养护区。到 2010 年养护面积达 4.8×10^4 hm^2。现河口区正在对 2.3×10^4 hm^2 文蛤实行浅海护养。三是充分利用浅海、滩涂资源，大力发展以咸、淡水养殖基地为依托的工厂化养殖模式，因地制宜地建立鲈鱼、毛蟹、对虾、黄河鳖等特色水产养殖基地（养殖场）。这既保护了珍稀水产资源，又具有较高的经济效益。

第三节　渤海海峡和庙岛群岛

一、渤海海峡

渤海海峡是指辽东半岛南端老铁山至山东半岛北端蓬莱角的一段水域，是渤海与黄海的通道和分界线。由 32 个大小不等的岛屿组成的庙岛群岛呈南北向展布在海峡之中，把海峡分割成 6 条主要水道（图 8.12）。①老铁山水道，宽 24 km，水深 50～65 m，最深达 83 m。水道底沉积物与海峡南部海底细粒沉积不同，为黄褐色细沙，致密坚硬，具海滩沉积特征，与目前所处环境不协调，为低海平面时的残留沉积。此外，海底冲刷槽中，还剥露出晚更新世类黄土沉积（赵全基，1979）。②大、小钦岛水道，宽 4n mile，水深 20～50 m。③北砣矶水道，宽 6n mile，水深 35～45 m。④南砣矶水道，宽 8n mile，水深 20～40 m。⑤长山水道，宽 5n mile，水深 25～30 m。⑥登州水道，宽 4n mile，水深 10～25 m。底部沉积物为黄灰色、灰色松散泥质粉砂。

总的来说，北部的水道宽而深，南部的水道窄而浅。老铁山水道是北黄海海水进入渤海的主要通道，流速大（达 6～7 kn）；南部的水道是较低盐度的海水流出渤海的主要通道。

由于老铁山岬和蓬莱角的对峙及柯氏力的影响，进退潮流在北部老铁山水道和南部登州水道的冲蚀能力加强，沿秦皇岛—圆岛断裂和胶北断裂冲刷出较大型的谷槽。位于

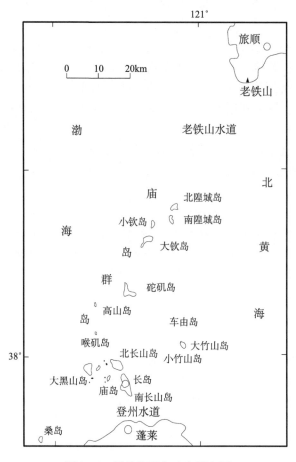

图 8.12　渤海海峡与庙岛群岛图

老铁山岬与北隍城岛间的老铁山水道冲刷槽被海底沙脊分隔成"U"形北支和"V"形南支。研究表明（耿秀山等，1983），该冲刷槽是现代潮流沿晚大理期古黄河河谷平原掘蚀的结果。槽底轴部为砾石沉积覆盖，向两侧逐渐被砂砾和细砂所代替。槽底梳状脊及边坡台地多为较老的硬结类黄土或砂砾沉积物组成，并有零星孤立的岩礁突立。在槽底 70m 水深处，还发现未经磨损的披毛犀化石。

蓬莱角和南长山岛间的登州水道海底冲刷槽，虽然水较浅，但槽底起伏较大，在南长山岛附近海底有两个小型深水凹地存在。

庙岛群岛各岛之间的水道也由潮流掘蚀的洼地组成，平面轮廓多为规模不一的长圆形，往往靠近某一岛侧形成中心尖底，有砂砾覆盖，并见基岩裸露。两壁还可以看到具有水平层理的河湖相淤泥层出露。

二、庙 岛 群 岛

庙岛群岛位于 $37°53'\sim38°23'$ N，$120°36'\sim120°56'$ E，由南北长山岛，大、小黑山岛，砣矶岛，大、小钦岛，南、北隍城岛等 32 个大小岛屿组成（其中有居民岛 10 个），呈 SWW—NNE 向展布，海岸线总长 146.14km，岛陆总面积 56.08km²，海域面积 8700km²。扼据辽东半岛与山东半岛之间的渤海海峡，行政上隶属于山东省长岛县（图 8.12）（衣华鹏等，2005）。

庙岛群岛在地貌形态、地层发育和构造特征上，与渤黄海及周边陆域相同，是胶辽隆起的一部分。继震旦纪之后，本区长期隆起遭受剥蚀，缺失了古生代、中生代沉积。在晚新生代新构造运动作用下才奠定了现代地貌格局，第四纪以来多次遭受海侵，形成了渤海海峡和成串珠状展布其间的岛群。

（一）岛屿地貌特征

庙岛群岛受构造控制，呈 NE30° 展布，群岛西侧庙西断裂是郯庐断裂的一部分。具有基岩岛典型的地貌特征，地势陡峭，起伏变化大，松散堆积物不发育，基岩裸露或仅有薄层土壤，在各岛中其总面积所占比重较大。岛屿地貌成因类型主要有：

1. 剥蚀断块低山丘陵和山麓剥蚀面

岛屿高度一般在 100～200m 之间，相对高差 50～100m。由于受构造控制，各岛山峰突兀，岛岸陡峭，岛上沟谷发育，短而窄，多呈 "V" 字形。例如砣矶岛西海岸、大钦岛唐王山、高山岛、南长山岛半壁山均属此类。岛屿主要由震旦系石英岩、大理岩、板岩等变质岩组成。大黑山岛的老黑山由第四纪玄武岩组成，为玄武岩剥蚀丘陵。山麓剥蚀面在岛屿上表现为起伏的台状地形，其上保留着红色风化壳，在北隍城岛、南长山岛等地可见到。

2. 黄土堆积地貌

岛屿沟谷和低平部位多为黄土覆盖，厚度不一，一般 3～5m，最厚 20m，形成特有的岛屿黄土地貌景观。主要为黄土沟、黄土台和黄土坡等形态。其中黄土沟最为发育，广泛分布在南北长山、大小黑山、砣矶岛等较大岛屿上。

3. 岛岸地貌

庙岛群岛海岸地貌发育有海蚀地貌、海积地貌、海成阶地。其中海蚀地貌最为发育，有海蚀崖、海蚀平台、海蚀洞、海蚀穴、海蚀柱等。海岸堆积地貌不甚发育，但形态上很典型，常出现高角度砂砾海滩、砾石堤、连岛沙坝，有的地方还发育沙丘和黄土台和海湾淤积小平原。岛屿岸线是基岩海岸和砂质海岸相间分布，各岛零星保留 5～7m、15～20m、30～40m 的海蚀阶地，并以群岛南部岛屿最为典型。这是第四纪以来新构造运动间歇性上升的标志。

群岛岸线曲折，岬湾交错，海湾众多，大小海湾 79 个，已定标准名称的有 28 个。诸岛海蚀发育陡峭，高低差别悬殊，潮间带狭窄。由于地质构造和强烈的海蚀作用，造成海岸带许多奇礁异洞，增加了许多具有科研和观赏价值的地貌景观。诸岛北岸及西岸多悬壁，侵蚀强烈；南岸及东南岸多砾石堤（坝）砾石嘴等堆积单元（衣华鹏等，2005）。

4. 海底地形

长岛县海底地形由西向东、自南向北逐渐倾斜，平均水深为24m，最深处老铁山水道达86m。海底地形比较复杂，海域岛礁星罗棋布，已定标准名称的礁石81个，其中半明礁41个，暗礁15个，干出礁25个。海域水道纵横，渤海海峡宽105.50km，被14条水道分割，北部海域水道多数水深在30m以上，南部海域水道稍浅，水深多在20m以上（杨文鹤，2000）。

（二）岛屿地质特征

群岛出露的地层基本与山东半岛蓬莱地层小区相同，可与震旦系标准剖面对比。

震旦系蓬莱群豹山口组：出露在群岛中部的大小竹山、车由、高山、砣矶等岛上，主要为一套变质程度不深的青灰色板岩、千枚岩及石英岩。

震旦系蓬莱群辅子齐组：出露在群岛北部的大小钦岛、南隍城及南部的南北长山、大小黑山等岛屿。岩性为板岩、石英岩互层。

新生代地层：以中上更新统的黄土为主，分布广泛。由老至新为上新统基岩风化壳，红色黏土，厚达6～7m；下更新统为棕红色坡积物，上与老黄土，下与红色黏土呈不整合接触。岩性为黏土质粉砂，厚约2m，仅在北长山岛有出露。中更新统以老黄土为主，分布很广，呈棕黄色，为黏质粉砂，厚度3～6m。上更新统为灰黄粉砂或砂质黄土堆积，亦称新黄土，分布比老黄土更为广泛，厚度可达15m。全新统可分为陆相冲积、坡洪积物和海相的海滩、潟湖相沉积两类。

群岛岩浆活动很弱，仅以少量脉岩和喷出岩形式出现。砣矶岛有一400m×200m石英斑岩体。大黑山岛玄武岩面积较大，厚达70m，钾-氩年龄为1.02～1.184Ma。

岛区地质构造与陆地密切相关，按地质力学观点，有新华夏构造体系、北西向构造体系和南北向构造体系。新华夏构造体系的NE向构造见于北隍城岛、大钦岛等岛，产状陡立，为压扭性。北西向构造见于南北长山岛、大小竹山岛、南隍城等岛。南北向构造见于南长山、车由岛、小钦岛等岛屿，以断裂为主。

三、庙岛群岛自然资源与发展途径分析

（一）群岛的社会经济

庙岛群岛属山东省烟台市长岛县，是山东省唯一的海岛县。现辖8个乡镇，40个行政村，总人口$4.3×10^4$人，土地面积56km²。

长岛县地理位置优越，依托陆区南部与烟台经济开发区和威海高新技术开发区毗邻，北部为大连市，西北部为京津地区。所依托的陆区工农业发达，商贸活跃，社会经济和社会发展程度高，经济基础、科技力量雄厚，在人才、技术、经济管理等方面成为全县经济发展的强大后盾。全群岛处于山东半岛蓬莱—烟台—威海旅游风景带内，是环渤海旅游圈的旅游热线。长岛县海域诸水道，是京津地区与世界各国海上航运的重要航道。

2006 年，该县实现生产总值 24.2×10^8 元，按可比价格计算，比上年增长 12.5%。农林牧渔业实现总产值 23×10^8 元，比上年增长 10%，水产品总产 26.1×10^4 t，增长 4.8%。其中，第一产业增加值 13.4×10^8 元，增长 10.1%；第二产业增加值 2.92×10^8 元，增长 18.9%；第三产业增加值 7.88×10^8 元，增长 14.5%。三次产业比例为 $56：12：32$。实现财政总收入 0.5×10^8 元，增长 33%。税收总收入 0.6×10^8 元，增长 21.4%。其中：①渔业经济效益显著提高。全县养殖业投入资金是 2005 年同期的 1.4 倍，实现渔业总产值比同期增长 20.6%，其中海参收入增长 35%，扇贝增长 35%，虾夷扇贝增长 47.4%，深水网箱养鱼收入是 2005 年同期的 13 倍。②工业发展优势进一步显现。全县工业企业实现增加值比同期增长 35.4%，实现利税增长 35.2%，风电行业实现发电量是 2005 年同期的 3.3 倍。③旅游业对服务业的龙头拉动作用进一步增强。实现旅游行业综合门票收入比同期均增长 12%，第三产业实现增加值增长 8.9%。2006 年日进岛游客达 2 万人，创长岛历史之最。全县国民生产总值、国民收入、工农业总产值、财政收入、群众分配等主要经济指标人均占有居全国 12 个海岛县之首（衣华鹏等，2005；杨文鹤，2000；于洪社等，2007）。

（二）群 岛 资 源

长岛县自然条件优越，由 35 处海湾，64 处明礁，32 个岛屿组成，岛陆岸线总长 146km，环境良好，可用于水产养殖和旅游开发。

1. 海洋资源

庙岛群岛四面环海，浅海水域广阔，海产生物资源丰富，发展海水增养殖业、捕捞业条件十分优越。

庙岛群岛浅海海域达 $2400km^2$，水深多在 $10 \sim 40m$。30m 等深线以内的宜养水面约 23×10^4 亩，而目前仅利用 35%，养殖水面潜力很大。此外，浅海海底也是理想的增养殖基地。

由于地处渤海海峡、黄渤海的交汇处，潮流通畅，因而温度、盐度变化幅度不大。一般年份盐度在 $29.1 \sim 31.5$ 之间，分布趋势是北部高于南部；就季节而言，冬季较高，夏季较低。表层水温以 2 月份最低，8 月份最高。另外，海水透明度较好，一般在 $2 \sim 10m$。

浮游生物是海域最初级生产力和海产经济动物的基本饵料。在我国北方重点渔业县中，庙岛群岛海域浮游生物丰富，初级生产力最高。拥有丰富的生物资源，已发现的海产生物达 284 种（不包括浮游生物），其中动物 164 种，藻类 120 种，主要经济生物 60 余种，其中有对虾、鱿鱼、鲐鱼、鲈鱼等。主要的海珍品为基岩海岸特产的栉孔扇贝、刺参、皱纹盘鲍、海胆等。

长岛海产品品种多、质量好，特别是海参、鲍鱼、海胆、虾夷扇贝等海珍品，在国内外享有盛誉，是我国重要的海珍品出口基地，盛产 30 多种经济鱼类和 200 多种贝藻类水产品，被命名为"中国鲍鱼之乡，中国扇贝之乡，中国海带之乡"。

2. 旅游资源

早在旧石器时期，庙岛群岛就有人类劳动生息。考古发现 33 处古村落、古墓群、古城台以及摩崖石刻等遗址。其中大黑山北庄遗址被考古学家称为与西安的半坡村遗址齐名的"东半坡"。

庙岛群岛自然风景资源丰富，大小岛屿星罗棋布，素有"海上仙山"之称。另外风俗民情、地方名吃、养殖捕捞，特别是不同季节的赶海，都具有浓郁的海岛气息。它是理想的旅游休闲避暑胜地，是国家级重点风景名胜区、国家级自然保护区和国家森林公园。岛上建有距今 880 多年历史的北方最大的妈祖庙，有半月湾、九丈崖、黄渤海分界线、万鸟岛等 10 多处美丽的旅游景区，其中有 3A 级景区一处。

庙岛群岛主要风景点有：

(1) 黑山北庄母系氏族社会村落遗址。庙岛群岛历史悠久，有着灿烂的古文化，已发现古遗址、古墓群、摩崖石刻 33 处。黑山北庄遗址是我国东部沿海目前发掘出唯一的大村落遗址。已发现的历史文物，包括多座房屋遗迹，两座 30～40 人的合葬墓和各个时期的大量遗物。据考证有 5000 多年的历史，被誉为"东半坡遗址"，是中华民族的发祥地之一。

(2) 半月湾，又称月牙湾。坐落在长岛北端，左右两座岬角，苍翠秀丽，中间环抱长约 1km 的砾石海滩，上面堆满了 1～2m 厚的卵石，有的洁白如玉，有的似琥珀晶莹，让人爱不释手。整个海湾如一巨大的新月，浪花拍岸，显得既清新又宁静。

(3) 车由岛。面积不足半平方千米，栖息着无数的海鸥，飞起时遮天蔽日，着陆后似雪山压顶，落水时如冰盖海面，有万鸟岛之称。

庙岛群岛南端是蓬莱仙境，北端是大连、旅顺，均为我国著名海滨旅游重镇。庙岛群岛旅游资源已形成了一定的接待能力，2006 年接待游客 128 万人次，增长 12%；实现旅游总收入 3.3×10^8 元，增长 10.9%。

（三）庙岛群岛发展途径与前景

1. 发展海水养殖业，实现海洋农牧业生产

20 世纪 90 年代以来，庙岛群岛开始海珍品的开发养殖，主要发展了海参、鲍鱼、江珧贝、魁蚶、紫海胆等 10 多个名优特珍系列。到 1998 年，全县海珍品育苗场所达 29 处，育苗面积 $3 \times 10^4 m^2$，存养鲍鱼 9000×10^4 头，海参 6720×10^4 头，海胆 8000×10^4 余粒，魁蚶 5×10^8 粒，海珍品养殖面积近 $7000 hm^2$。全县形成一个以贝、藻为主，贝、藻、海珍品综合发展的养殖基地。重点培殖虾夷扇贝、杂交栉孔扇贝、海参、鲍鱼、海带和深水网箱养鱼等 6 大产业。2006 年年底，放养虾夷扇贝 $666.67 hm^2$（1 万亩），杂交栉孔扇贝 $333.33 hm^2$（5000 亩），深水网箱 160 个，投放海参苗种 5000×10^4 个。

全县共有机动渔船 1000 多艘，总功率 6×10^4 马力（1 马力＝735.499W），捕捞作业区由中国海域扩展到西非、南太平洋和印度洋等国际渔场，有 3000t 级和滚装运输等大小港口 13 处，开辟了至日本、韩国的海上直通航线。

根据海岛分布、资源特点及其环境条件，在南部海区以贝为主，贝藻兼养，在增加扇贝增养殖的同时，走好赤贝筏式养殖和底播种增殖的路子，在无居民岛区开展海珍品底播放流、发展鲍鱼、海参等高质海珍品养殖。北部海区发展以藻为主，藻贝兼养，在扩大海带、裙带菜养殖的同时，积极开展夏夷扇贝筏式养殖，主攻鲍鱼、赤贝、海参、海胆的底播增殖。

2. 开发休闲渔业旅游

旅游资源是庙岛群岛的一大优势资源。自 1995 年长岛县委、县政府确立了"旅游兴岛"战略以来，旅游业的发展一直保持旺盛的活力，发展的速度远远高于其他行业。

着手启动大型妈祖塑像、半月湾四季海水浴场等项目的开发和建设。借助烟台市重点打造蓬莱、长岛、龙口和市区"3+1"旅游板块的重大机遇，加快实施旅游兴岛战略。同时，应将海水养殖与旅游结合起来搞联合开发，统筹规划，合理布局，采取游览（如海上游览、海上捕鱼观赏、海底观鱼等）、养殖体验、垂钓、野外餐宿等形式，以取得较好的经济、生态和社会效益。

3. 发展水产品加工

长岛列岛的工业应立足于海岛资源优势，重点发展水产品加工、塑料制品、船舶修理及生物制品等优势产业。

水产品加工业，重点发展冷冻、罐头和鲜活三大产品系列，积极开发营养保健品等精细加工项目，逐步建立以出口创汇为主的水产品加工体系。

开发以海洋生物为原料的药物，以海参滋补品为突破口，开发营养保健系列产品、研制饲料添加剂、食品添加剂等系列产品，扩大高新术新兴工业的生长点，逐步形成规模。

4. 发展远洋捕捞业

大力发展远洋捕捞业，建立外向型捕捞生产体系。巩固和开发舟山群岛和济州岛周围海域的捕捞渔场。积极开展海南渔场，在开发的基础上，形成产供销一条龙、渔工商一体化的企业集团。积极创造条件，开发国际渔场。开展国际间的业务合作。

参 考 文 献

白珊，刘钦政，吴辉碇等. 2001. 渤海、北黄海海冰与气候变化的关系. 海洋学报，23（5）：33～41

陈宝玲. 2005. 黄河三角洲海岸线蚀退现状与对策. 山东水利，5：46

陈红莉，肖素君，程义吉. 2000. 黄河三角洲滩涂资源开发利用研究. 海岸工程，19（4）：9～64

耿秀山，李善山，徐孝成等. 1983. 渤海海底地貌类型及其区域组合特征. 海洋与湖沼，14（2）：128～137

李德生. 1981. 渤海湾各油气盆地的地质构造特征与油气田分布规律. 海洋地质研究，1（1）

李殿魁. 1996. 黄河三角洲开发——中国重大的科技经济课题. 北京：人民出版社

李悦. 1997. 渤海现代物质通量研究. 青岛大学学报，10（3）：46～49

刘星利. 1981. 渤海海域郯庐断裂带的地质构造特征. 海洋地质研究，1（2）：68～75

刘振夏，夏东兴. 1983. 潮流脊的初步研究. 海洋与湖沼，14（3）：286～293

毛汉英，赵千钧，高群. 2003. 生态环境约束下的黄河三角洲资源开发的思路与模式. 自然资源学报，18（4）：459～466

苗丰民，李淑媛，李光天等. 1996. 辽东湾北部浅海区泥沙输送及其沉积特征. 沉积学报，14（4）：114～121

钱春林. 1994. 引滦工程对滦河三角洲的影响. 地理学报，49（2）：158～166

秦蕴珊等. 1985. 渤海地质. 北京：科学出版社

山东省科学技术委员会. 1991. 黄河口调查区综合调查报告. 见：山东省海岸带和海涂资源综合调查报告集. 北京：
中国科学技术出版社

苏纪兰. 1996. 海洋水文. 见：王颖主编. 中国海洋地理. 北京：科学出版社

孙湘平. 2008. 中国近海区域海洋. 北京：海洋出版社

王颖. 1964. 渤海湾西部贝壳堤与古海岸线问题. 南京大学学报（自然科学），8（3）

王颖. 1988. 秦皇岛海岸研究. 南京：南京大学出版社

王颖，傅光翩，张永战. 2007. 河海交互作用沉积与平原地貌发育. 第四纪研究，27（5）：674～689

郗金标，宋玉民，邢尚军. 2002. 黄河三角洲生态系统特征与演替规律. 东北林业大学学报，30（6）：111～114

肖笃宁. 1994. 辽河三角洲的自然资源与区域开发. 自然资源学报，9（1）：43～50

肖笃宁，胡远满，李秀珍. 2001. 环渤海三角洲湿地的景观生态学研究. 北京：科学出版社

徐怀大. 1981. 渤海湾盆地下第三纪地层和沉积特征. 海洋地质研究，1（2）：10～25

许坤，李宏伟，邱开敏. 2002. 下辽河平原—辽东湾的新构造运动. 海洋学报，24（3）：68～74

许学工. 1998. 黄河三角洲地域结构、综合开发与可持续发展. 北京：海洋出版社

杨绍晋. 1994. 我国近海海洋大气中元素的浓度、来源和通量研究. 见：第五届全国气溶胶学术会议论文集. 太原：
73～79

杨文鹤. 2000. 中国海岛. 北京：海洋出版社

杨玉珍. 2004. 黄河三角洲生态与资源数字化集成研究. 郑州：黄河水利出版社

杨作升，沈渭铨. 1991. 黄河口水下底坡不稳定性文集. 青岛：中国海洋大学出版社

衣华鹏，张鹏宴. 2005. 庙岛群岛旅游资源评估与可持续利用. 福建地理，20（3）：23～32

应绍奋，沈永坚，郭良迁. 1986. 渤海沿岸地区的现代构造运动. 中国地震，2（1）：29～35

于洪社，万兵力，王海亮等. 2007. 保护海岛生态环境促进长岛经济发展. 山东国土资源，23（2）：1～2

张洪涛，陈邦彦，张海启. 2005. 我国近海地质与矿产资源. 北京：海洋出版社

张启德，方汉隆，王玉秀. 1997. 辽河三角洲资源环境与可持续发展. 北京：科学出版社

张耀光. 1993. 辽河三角洲土地资源合理利用与最优结构模式. 大连：大连理工大学出版社

赵保仁. 1995. 渤海的环流、潮余流及其对沉积物分布的影响. 海洋与湖沼，9（5）：466～473

《中国海湾志》编纂委员会. 1998. 中国海湾志（第三分册：山东半岛北部和东部海湾）. 北京：海洋出版社

《中国海湾志》编纂委员会. 1998，中国海湾志（第十四分册：重要河口）. 北京：海洋出版社

中国科学院地质研究所. 1959. 中国大地构造纲要. 北京：科学出版社

中国科学院环境科学委员会. 1990. 京津地区生态环境地图. 北京：科学出版社

《中华人民共和国地貌图集》编辑委员会. 2009. 中华人民共和国地貌图集（1：100 万）. 北京：科学出版社

中华人民共和国水利部. 2005. 中国河流泥沙公报. 北京：中国水利水电出版社

周广胜，周莉，关恩凯等. 2006. 辽河三角洲湿地与全球变化. 气象与环境学报，22（4）：7～12

朱元芳，高善明，安凤桐. 1982. 滦河三角洲地区第四纪海相地层及其古地理意义的初步研究. 海洋与湖沼，13
（5）：433～439

Wang Y, Ke X K. 1989. Cheniers on th the East Coastal Plain of China. Marine Geology，90：321～335

第九章 黄　　海[*]

第一节　区域特征

一、地理位置及地质格局

（一）地理位置

黄海位于 $31°40'\sim39°50'$N，$119°10'\sim126°50'$E 之间，西北面经渤海海峡和渤海相通，南面以启东至济州岛连线与东海相连，西邻山东半岛和江苏海岸，东靠朝鲜半岛，为一半封闭的浅海。从自然地理特征上看，具有陆间海的性质，但是由于西北部有半岛和海峡的屏障作用，许多方面又有海湾的特征。黄海沿岸水下沙脊与潮流通道发育，中部浅平开阔。

黄海总面积约 38×10^4km^2，平均水深 44m，最深点位于济州岛北侧，深达 140m。整个海区均在大陆架上。其中以成山头角和朝鲜长山串之间的连线为界，将黄海分成两个部分，以北称北黄海，面积约 7.1×10^4km^2，平均水深 38m，最大水深 80m；以南称南黄海，面积约 30.9×10^4km^2，平均水深 46m，最大水深 140m。黄海海底是近南北向的浅海盆地，南北长约 870km，东西宽约 556km，由北、东、西三面向中部及东南部平缓倾斜，平均坡度 0.04%（秦蕴珊等，1989）。

（二）地质概况

1. 地质构造

黄海在大地构造上位于北太平洋岛弧体系与亚洲大陆之间边缘海系列的中部。按地质力学的观点，则处于新华夏第一沉降带和第二隆起带之内。海区地壳厚度为 $30\sim33$km，属大陆型地壳（秦蕴珊等，1989）。

黄海海区的基本构造格局，是由一系列北东走向的隆起和沉降带相间排列的构造单元组成。从北向南为：①胶辽隆起；②南黄海—苏北沉降带；③福建—岭南地块；④东海陆架凹陷带（图9.1）。根据地球物理场的分区、基底构造、盖层结构及地质发育特征等，可将黄海海区划分为 6 个次一级构造单元，即北黄海盆地、胶辽—千里岩隆起、南黄海北部盆地、南黄海中部隆起、南黄海南部盆地和勿南沙隆起。其中，南黄海南、北两个盆地在基底性质、构造特征和沉积特征等方面均有明显差异。然而，它们都有巨

---

　　[*] 本章作者：何华春、于堃。根据《中国海洋地理》（1996）第十九章补充改写

厚的新生界盖层，特别是很厚的古近系和新近系，具有良好的生油和储、盖条件，成为本区重要的石油开发远景区（Wageman et al.，1970）。

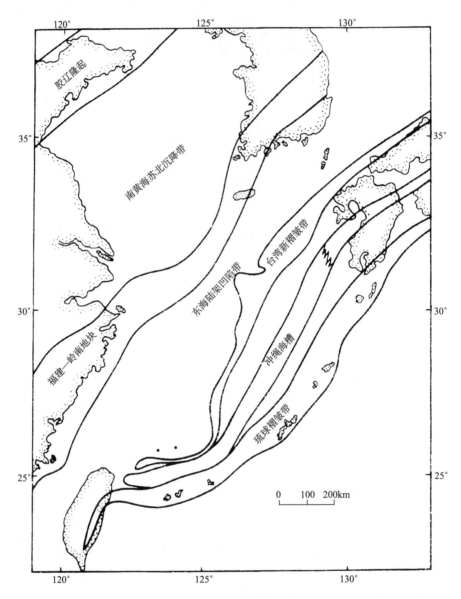

图 9.1　东海、黄海脊、槽、盆地和海沟构造类型（Wageman et al.，1970）

2. 黄海地层

　　黄海海区及其相邻地区属古亚洲构造组成部分，以缺失和部分缺失古生代盖层为特征。中生代由于受环太平洋构造影响，古隆起解体，从中分离出一系列断陷盆地。因此，其基底和盖层建造各地有所差异。

　　北黄海海区及其毗连的胶东、辽南和朝鲜半岛北部沿海区属中朝准地台组成部分。基底岩石为太古宇和元古宇中、深度变质的中基性火山岩-碎屑岩建造。其中赋存鞍山式铁矿、原生金矿和稀有、有色金属矿,盖层为下古生界以及中生界碎屑岩、碳酸盐岩和部分中酸性火山碎屑岩沉积。

南黄海海区及相邻的苏北、长江下游和朝鲜半岛南部地区,系扬子准地台的组成部分,以元古宇变质海相沉积碎屑岩为主,间夹火山岩碎屑沉积建造为基底,盖层为震旦纪以来地层。晋宁运动及其以后的历次构造变动,发育了一系列富铜的钾质钙碱性花岗岩和富铁的钠质钙碱性花岗岩,它们重熔了基底含铜海相火山岩以及中朝地台南缘含铁变质岩,为苏北和长江下游的铜、铁、金和多金属矿产的形成提供了物质基础。

黄海的古近系和新近系为陆相碎屑沉积,古近系的分布有一定局限性,在各沉积区的分割性较强,拗陷区内最大厚度超过 5km,隆起区亦有小面积的局部断陷发育,但厚度不大。新近系与第四系分布广泛,为拗陷式沉积,尤以南黄海最为发育(郑光膺,1991)。

二、黄海的流系与水团

(一)流入黄海的主要河流

1. 鸭绿江

鸭绿江为中朝两国界河,全长 790km,流域面积约 61 889km^2(其中中国一侧为 32 466km^2),在我国丹东市与朝鲜新义州市之间注入北黄海。平均年径流量 289.47×10^{8}m^3,最多年为 364.02×10^{8}m^3(1973 年),最少年为 237.47×10^{8}m^3(1969 年)。平均年输沙量为 113×10^{4}t,最多年为 373×10^{4}t,最少年为 7.34×10^{4}t。

2. 大同江

发源于朝鲜咸镜南道狼林山东南坡海拔 2184m 处,全长约 439km,流域面积 2.03×10^{4}km^2。先后流经平安南道、平壤市,在南浦附近汇入西朝鲜湾,最后注入黄海。

3. 灌河

全长 74.5km,流域面积约 640km^2,在江苏省灌云县注入南黄海。平均年径流量 15×10^{8}m^3,1970 年为 80×10^{8}m^3,1967 年为 2.76×10^{8}m^3。平均年输沙量约 70×10^{4}t(陈则实等,1998)。

4. 汉江

发源于朝鲜太白山脉西麓的五台山下,全长 417km,流域面积约 34 000km^2,在韩国京畿道注入南黄海。平均年径流量 190×10^{8}m^3,平均年输沙量 1840×10^{4}t(刘忠臣等,2005)。

入海泥沙主要表现为对海岸的淤积与侵蚀、陆架沉积等方面。我国入海主要河流的河口大都位于中、新生代盆地内或盆地边缘。河流带来的泥沙主要沉积在河口沿岸,发育了三角洲。随着三角洲的进积,岸线向海推进。据海底底质资料,沿岸陆架区底质沉积物主要来源为河流悬浮物，每年约有 0.15×10^8 t 泥沙在黄海沉积。研究显示，黄海的沉积物主要来源于黄河。据钻孔测年资料估计，黄海沉积速率为 0.158mm/a（刘忠臣等，2005）。离岸越近，沉积速率越大。不同类型的河口动力形式各异，入海泥沙的输移与沉积模式亦相差较大。潮流作用区则易形成水下潮流沙脊，如鸭绿江口即存在与潮流方向平行的指状潮流沙脊。以径流和沿岸流为主的河口，则易形成浅滩和沙洲。在以沉积作用为主的陆架区，河流作用的影响是不可忽视的重要因素之一。

（二）黄 海 流 系

1. 流系

黄海海区内包括两大流系。一是来自太平洋的高温高盐水系，其流动方向是从济州岛的西南方向，大致沿黄海海槽向北流动。冬季在整个垂直均匀层内，夏季在温跃层以下的垂直均匀层内，冬强、夏弱。这是对马海流的一个分支，称黄海暖流。黄海暖流及其余脉与终年南下的西黄海沿岸流构成了黄海气旋式环流，通常称黄海环流。黄海暖流以高温、高盐为特征，盐度多大于 32。这一高温、高盐水在深层常年存在，流速可达 5cm/s。1 月份可深入 36°N 以北，同时，其势也波及中、上层水中。夏季，其强度减弱，止于南黄海冷水团的南缘。

另一个是沿岸低盐水系。西岸为著名的苏北沿岸流，东岸为朝鲜西岸沿岸流，两大流系共同组成了黄海环流的基本骨架。黄海沿岸流具有低盐特性，流径基本终年不变。西黄海沿岸流沿山东半岛北岸东流，绕过成山角后大致沿海州湾外 40～50m 等深线南下，在 33°～32°N 附近流向东南，前锋可达 30°N 附近。在渤海海峡南部、成山角附近和大沙渔场海域，流幅变窄，最大流速达 30～40cm/s；在山东半岛北岸和成山角以南流幅变宽，最大流速不超 20cm/s。朝鲜西岸沿岸流，冬季到初春沿朝鲜半岛西侧 40～50m 等深线南下，至 34°N 附近沿海洋锋北缘向东或东南流入济州海峡。流速自北到南由 3cm/s 增加到 9cm/s。在 20m 水层中夏季存在一支稳定的东北偏北向流、流速平均22.4cm/s（刘忠臣等，2005）。

2. 黄海的潮汐与潮流

影响黄海海底地形与沉积特征的另一个水动力因素，是黄海的潮汐与潮流。黄海海区的潮波受周围岸边的影响，在海区的不同部位，形成潮流的流速也大不相同。这些水动力学条件也在影响着黄海海底地形及沉积的发育。

太平洋的潮波主要是经过日本九州岛至中国台湾岛之间的水道进入东海，除了在东海有一部分能量消耗外，其绝大部分继续向西北方向传播并进入黄海。进入黄海的潮波，受山东半岛南岸和辽东半岛南岸阻挡形成反射，后继的入射波受反射波干涉形成驻波及增大周边潮差。在南黄海的东部，潮波由南向北传播，而在山东半岛南岸，潮波呈反时针旋转；北黄海潮波也呈反时针旋转。

黄海以半日潮流为主，仅在山东半岛南岸一小块海区出现不规则的半日潮流，大部分黄海海区平均最大潮流流速在 40～100cm/s 之间，南黄海中部潮流最弱，最大潮流流速仅 40cm/s；朝鲜半岛南部沿岸、山东半岛南部沿岸潮流流速大些，为 80cm/s。由南黄海向北，潮流流速逐渐增加，在渤海海峡及成山头与大青群岛之间黄海中部潮流超过100cm/s，其最大流速高达110cm/s；而在朝鲜半岛北部沿岸，以江华湾潮流最强，流速为120cm/s。在山东半岛北部的烟台附近海域有一弱流区，流速仅为40cm/s（刘忠臣等，2005）。

（三）黄海冷水团

黄海冷水团是中国浅海水文的主要特征之一，在理论研究和生产实践上均有重要意义。

北黄海和南黄海中部深水区的底层水中，存在着一个低温的水体，夏季尤为明显。例如，北黄海冷水团中心海域，表层海水温度为28℃左右，10～25m层水温降至17～20℃，而底层（50m）水的水温只有4～5℃。这是中国海海水温度垂直梯度最大的海区之一。因此，过去常称为"黄海夏季深层冷水团"。近年来，海洋学的进一步调查证明，该冷水团不仅夏季存在，而且秋、冬季也都存在。林金祥等人指出，黄海冷水团底边界的季节变化不明显，说明它是一个相对稳定的水体（图9.2）（林金祥，1981；李坤平，1991；于非等，2006）。

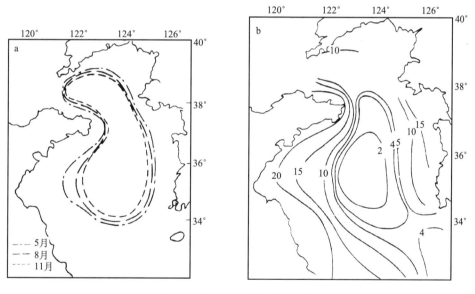

图9.2 黄海冷水团分布图（℃）

a.5月，8月，11月黄海冷水团边界（底层）；b.底层温度年较差分布，
8月的边界与温度年较差10℃等值线基本一致

根据冷水团内部海水温度的分布特征，可以分为两个冷水中心，即北黄海冷水中心和南黄海冷水中心。

实际上，若进一步分析，黄海冷水团并非一个完整的水体，其内部结构十分复杂。其中最主要的特征是存在"双跃层结构"和"逆温结构"（丁宗信，1986），即在主要的温跃层（10～20m水层）的下面，水深30～40m的水层中又存在着一个温跃层。盐度的垂向分布亦同。这意味着在黄海冷水团的底部，尚存在一个温度和盐度稍高的次一级水团（图 9.3）。

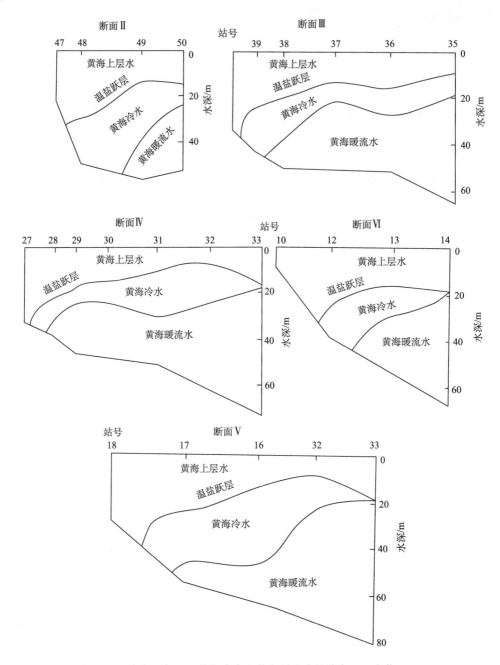

图 9.3　几个主要断面上黄海冷水和黄海暖流水的分布（丁宗信，1986）

　　黄海冷水团分布的海区也是弱流区，并伴有上升流存在。在那里，海底表层沉积着大面积细颗粒的软泥沉积物。同时，冷水团的存在，可能阻碍底部再悬浮的沉积物向上扩散，有利于悬浮体跃层和底部浑水层的发育（Qin et al., 1988）。

三、黄海海岸地貌与海底地貌

（一）海 岸 地 貌

1. 潮间带

黄海地区潮间带主要有二类。一是基岩港湾海岸的砂质海滩，以波浪作用为主，如辽东半岛、山东半岛的基岩港湾岸，多岬角、海蚀岸。另一类是淤泥质平原海岸，潮间带为宽广浅平的潮滩，以潮流作用为主，为细颗粒的淤泥、粉砂物质，如江苏海岸及朝鲜半岛南部沿岸。

2. 水下岸坡

按照侵蚀和堆积作用的相对强弱，可将水下岸坡分为水下堆积岸坡、水下侵蚀-堆积岸坡和水下侵蚀岸坡。

水下堆积岸坡位于辽东半岛大洋河-皮口和山东半岛沿岸。岸线平直，岸坡水深一般 10～20m。受堆积作用的影响，岸坡地势平坦，坡度小于 0.09％，坡脚水深一般为 20～30m。地貌发育过程以堆积作用为主，常由河流搬运入海泥沙随沿岸流扩散、淤积而成，沉积物多为泥质粉砂。水下侵蚀岸坡主要见于长山群岛以西大连—旅顺和山东日照沿岸海域，由断陡崖或构造面经波浪、潮流侵蚀而成，属海洋动力辐聚的高能侵蚀岸坡。辽东半岛老铁山岬角附近，陡崖直下水深 50m 的海底，上界直接与岸线相邻，宽 3～5km，坡度 9.98％～19.98％，坡面常由裸露基岩或薄层砾石组成。水下侵蚀-堆积岸坡主要位于皮口—大连、崂山湾—胶南泊里、朝鲜南浦—海州等沿岸海区以及长山群岛以东海区、山东半岛地区和朝鲜半岛西部沿海。岸坡宽 10～60km，变化较大，坡度介于 0.09％～0.38％，下限水深 20～40m。沉积物主要源于沿岸中小河流搬运及沿岸侵蚀物质。皮口—大连之间的中上部岸坡，侵蚀强烈，沉积物较粗，底质为细砂或薄层砾砂，下部岸坡底质较细，为粉砂、粉土堆积。

3. 全新世三角洲

指由现代正在行水的河流输沙入海沉积而形成的河口三角洲。范围较大的为鸭绿江河口三角洲，是典型的以潮流作用为主的潮控三角洲。受 NNE 向往复潮流作用的影响，该三角洲呈指状或辐射状向外海延伸，由辐射沙脊和深槽相间组成，沙脊长 6～12km，宽 5～10km，脊、槽比高 5～10m，10m 以深逐渐过渡为西朝鲜湾潮流沙脊群。其次为大洋河三角洲。山东半岛沿岸的河流较小，只有南岸的母猪河三角洲规模稍大。

（二）黄海海底地貌

黄海大陆架的地壳为典型的大陆性结构，古生代以来的历次地壳运动深刻地影响着黄海地区的构造性质，奠定了其构造格局。在构造上，黄海海区受北黄海-胶辽隆起带和南黄海-苏北沉降带两大构造带控制，这种构造格局是影响海底地形及沉积形态的一个重要因素（刘忠臣等，2005）。

1. 黄海北海区

一般以山东成山角至朝鲜半岛长山串以北为北黄海，但在山东半岛以南至海州湾间的海底地貌无显著差别，故这里所指黄海北海区是指海州湾以北黄海海底。

该区海底平缓开阔，深水轴线偏近朝鲜半岛，水深大多在 60～80m，东部的坡度陡，一般为 0.7‰，西部较缓为 0.4‰。两侧不对称的斜坡交汇处，为一条轴向近南北的水下洼地。该处是自东海进入黄海的暖流通道。水下洼地偏于东侧。

在黄海北端的西朝鲜湾一带，即在鸭绿江口与大同江口之间分布着一条条近似平行排列的水下沙脊，呈 NE 走向，与潮流方向一致。沙脊顶相对高出海底 7～30m，脊间距 1.4～8km，沙脊分布范围较大（图 9.4）。该水下沙脊的形成与基岩构造无关，而是由于此处潮差大（超过 3m）、潮流急（1～2kn，两脊之间为 2kn），致使海底源于河口的泥沙及海岸沙滩沉积在潮流的冲刷改造下逐渐形成与潮流平行的"潮流脊"。

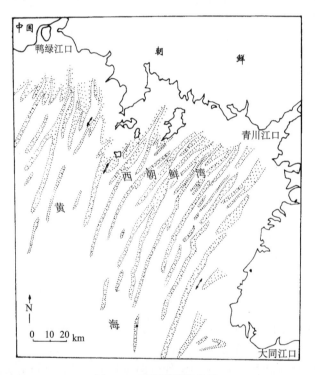

图 9.4　西朝鲜湾潮流脊

辽东半岛东侧，河流较少，砂质来源不多，潮流作用弱，海侵之后，沿岸的山丘成为海中的岛屿和礁石，如长山列岛。岛礁南侧坡度较大，水深亦较大。

黄海经渤海海峡与渤海相连，海峡底部由于受潮流冲刷，形成许多较深水道和深槽。如老铁山水道、威海遥远嘴附近的深槽（61m）、成山角附近的深槽（80m）。

在 38°N 以南的黄海两侧，多广布着宽广的水下阶地，西侧阶地比较完整，东侧阶地则受到强烈的切割，水下地形非常复杂，这与潮流作用强烈有关。潮波从南向北传播，受到地球偏转力影响，使朝鲜半岛西岸潮差增大，有的地方潮差达 8.2m，潮流亦非常强大，最大流速达 9.5kn，有些水下谷地被冲刷，深度超过 50m。

山东半岛南北两岸都有水下阶地分布，北岸 −20m 阶地甚为宽广，南岸 −20～−25m 和 −25～−30m 的阶地局部保存完好。另外，据调查，山东半岛沿岸还分布有潮流浅滩和冲刷槽。

北黄海东侧水下阶地分布的深度与西侧并不一致，朝鲜半岛沿岸两级水下阶地，水深为 15m 和 40m 左右，反映出构造运动的差异。

黄河虽然目前不在本区入海，但通过渤海海峡或历史时期在苏北入海扩散而来的泥沙，覆盖了黄海北部大部分海底，形成浅海堆积平原。在海区东侧，有古海滨砂带出露海底。

2. 黄海南海区

黄、东海大陆架东南前缘以弧形突出，面临冲绳海槽，大陆架以宽度大、坡度小，并受大河深刻影响为特点。

黄海南部的东侧与东海相通，地势向东南倾斜；西侧地势平坦，平均坡度只有 15′ 左右，水深约 30m，有一些水下三角洲分布。黄海南部有一系列小岩礁，如苏岩礁、鸭礁、虎皮礁等，它们与济州岛连成一条 NE 方向分布的岛礁线，是黄海与东海的天然分界线。

黄海南部与东海大陆架的地貌，以河-海交互作用为特色，发育了一系列海底沙脊群。其中以辐射沙脊群规模最大，为内陆架上特殊的地貌体系，拟在第二节中专门讨论。

分布在黄海的山东半岛与朝鲜半岛之间的狭窄海底的南侧，处于水深 70～80m 之间，为浅滩堆积平原，面积约为 12 000km² （朱大奎、傅命佐，1986）。在废黄河口及沿岸河流入海处，有不同规模的水下三角洲，发育着水下浅滩及淤泥质海湾滩涂，构成黄海特有的海湾沉积地貌。

在济州海峡处尚有冲刷槽与掘蚀洼地，在有岛屿屏蔽的海区与黄海东部海湾中，与黄河的细颗粒泥沙扩散有关。

低海面残留地貌分布范围广，是黄海海底地貌的又一特色。其中又以大型复式古三角洲与古河谷两种海底地貌最为突出。

1）复式古三角洲

从海州湾向南至杭州湾舟山群岛以北，西起黄淮平原，东止苏岩礁与虎皮礁一线，水深约为 50～60m 处，分布着一个巨大的水下三角洲（35°00′N, 122°00′E～32°00′N, 125°00′E），其北段有废黄河口水下三角洲，南侧有长江水下三角洲，组成一个复式水下三角洲体系（任美锷、曾成开，1980）。其顶部平坦，组成物质主要为石英、长石质粉砂、淤泥质粉砂，含贝壳层，具有河流沉积特点的交错层理等。系被全新世海侵淹没的三角洲平原，东侧的前缘斜坡已发育一系列水下切割沟谷。在 125°30′E 以东海底为细砂，系低海面时古海滨的残留堆积。

2）古河谷

在南黄海西部埋藏有古河道，其中最明显的一条古河道横贯本区，向东延伸到黄海中部平原。中段为 NW—SE 向，西面转为 WS 方向延伸，与连云港相对应，中段正好与海底条形浅谷相吻合，其余地段被沉积所掩埋。在该区常见有埋藏古河道的断面。

南黄海西部在厚 60m 沉积层中发现 2~3 层埋藏古河谷，以 34°N 为界，北部为古黄河水系，南部为古长江水系。河谷以不对称 U 形谷为主，常见有埋藏碟形河间洼地，发育湖沼沉积（15 000aBP~10 000aBP）。河道沉积物以砂砾或砂为主，富含碳酸钙沉积物，常有淡水螺蚌和河口半咸水牡蛎遗壳。

（三）黄海的海岸侵蚀

黄海的海岸侵蚀以苏北岸段最显著。历史上，黄河、长江曾由苏北进入南黄海，所挟带的巨量泥沙为塑造苏北海岸起了主导作用。后来长江口主泓南摆，1855 年黄河改道入渤海，于是，供给苏北海岸的泥沙量急剧减少。在海岸塑造过程中，海洋动力要素占据了支配地位，沿岸泥沙流不饱和，使苏北大部分海岸进入了强烈侵蚀阶段，其侵蚀强度之剧、范围之大和时间之长皆居我国同类海岸的首位。

1. 侵蚀现状

据调查，北起云台山，南至射阳河口，约 160km 的岸段，目前仍遭受侵蚀。这是我国当前侵蚀岸线最长的一段。早期沉积的老黄河淤积黏土层普遍冲刷裸露。1855 年至 20 世纪 60 年代约 120 年间，废黄河口岸段蚀退 17km；1930~1980 年，废黄河口岸段海岸线平均后退 20~30m/a，北段后退 15m/a，南段后退 20~30m/a，滩面蚀低 0.5~1.0m/a（朱大奎、许廷官，1982）（图 9.5）。灌河口地区的岸线，1855 年以前曾与开山相连，但是现在开山已孤悬海外了，岸线后退约 7.6km。云台山以南至浮子口以北的海岸，1922~1964 年间岸线后退 800m。目前这里已有一系列防护工程，岸线虽然得到保护，但海滩外侧还受侵蚀。南部的吕四附近岸段海堤外滩地高程因受侵蚀而普遍下降，堤内、外滩地高差 2.5~2.7m，这段岸线于 1916~1969 年间，后退约 1000m。

除上述两段岸线经受较明显的侵蚀外，苏北赣榆县境内的砂质海岸也因人工海底采砂建楼而经受侵蚀后退，后建水泥护岸坡并以立柱体消浪防护。

2. 海岸侵蚀的原因

平原海岸侵蚀，最主要的原因是河流供应泥沙减少或断绝泥沙供应。江苏废黄河三角洲海岸的进退即受黄河泥沙的控制。黄河于公元 1128~1855 年夺淮河在江苏注入黄海，黄河泥沙使江苏海岸线迅速淤长，废黄河口向海伸展 90km，陆地面积增长出 15 700km²，约占江苏现有面积的 1/6。1855 年黄河改道北归入渤海，江苏海岸失去巨量泥沙供应，废黄河三角洲海岸侵蚀后退。自 1855 年以来，废黄河三角洲共冲刷失去土地 1400km²，近代自然状况下侵蚀速度为 2.2km²/a。

3. 海岸防护措施

20 世纪 60 年代以前，海岸的主要防护措施是建造海堤。这是一种被动的海岸防护形式，虽然使海岸加固，但是对今后海岸带的开发利用带来不便。

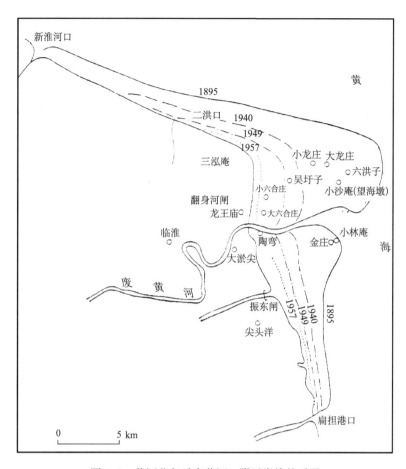

图 9.5　黄河北归后废黄河口附近岸线的后退

　　为改变这种古老的防护形式，在 60 年代曾提出"保堤必须护滩"的积极海岸保护原则。在不同的地区建造丁坝、护坎坝、潜坝、离岸堤以及它们相互组合等形式和措施。这些方法的一个共同点就是使造成海岸侵蚀的动力因素在远离海岸之前就消能，使以往的全线防护变成线段防护，既可节省经费又可美化海岸，也有利于今后的海岸开发。

　　(1) 丁坝。这是当前江苏海岸防护采用较多的一种保滩促淤工程，它主要的功能是挑流拦沙，对入射波也起着一定的掩护作用。从江苏海岸丁坝防护效益看，丁坝的促淤效果取决于丁坝的方向、高度、长度以及它们的间距。丁坝的高度相当于最高水位时，从坝顶越过的波浪对邻近海滩不再起冲刷作用，达到较好的淤积效果。一般丁坝轴线与主波向线交角为 110°～120°最佳。丁坝垂直于海岸，或与主波向线平行，消浪能力均差。

　　(2) 护坎坝。这是保护海堤前缘高滩免受蚀退的一种工程形式，其目的也是使堤前滩地稳定，以达到保护海堤的目的。其防护原理与筑堤护坡一致。这一工程开始时投资较少，生产单位乐于采用。但随着护坎坝坝前滩地的蚀低，波浪对护坎坝的作用力不断加大，很容易被破坏，因此，对于侵蚀强烈的海岸不宜采用这种方法。

　　(3) 潜堤。这是一条平行于海岸的抛石堤。高潮时，堤潜入水中，主要的目的是使外来的波浪在到达海堤前经过一次破碎消能，减少波浪直接对海堤的冲击。这种工程一般建在有一定防御能力的海岸地段。

（4）离岸堤。这是一种距水边线有一定距离而又平行于岸线的露出水面的防护建筑物。离岸堤常采用离岸堤组的形式。它的主要功能是使海浪受堤阻拦而发生绕射，消耗入射波能，在堤后形成波影区，促使泥沙在堤后及受到保护的岸段淤积。根据这一原理，80年代在江苏小丁港、吕四港等地海岸防护中进行了多处实验，均收到良好的效果。

（5）生物护滩。在海滩上种植某种生物，达到以滩促淤的目的。这种措施一般在侵蚀强度不大的海滩上可以促淤，减轻潮滩侵蚀。如苏北曾在潮滩上大范围地引种大米草，种植水深一般不宜超过 2.5m。但大米草的过量繁殖，又扼杀了当地海草与生物繁殖，形成另一种危害。为此，应据不同海岸的滩坡、泥沙组成与海浪动力状况，采用工程与生物措施的综合途径，进行平原海岸的防护。

第二节　南黄海辐射沙脊群——河海交互作用与海岸内陆架大型地貌体系[*]

江苏岸外自射阳河口至长江口北岸，分布着一片辐射状沙洲及水下沙脊。其南北长200km，东西宽140km，水深 0～25m，由 70 多条沙脊组成。它们以弶港为顶点呈辐射状分布，理论深度 0m 以上的沙洲有 8 条，面积为 2200km²，其余为水下沙脊。在中国近海的水下沙脊群，主要有辽东湾的辽东浅滩（为指状分布的水下沙脊）、鸭绿江口及朝鲜西岸的羽状海底沙脊群、南海琼州海峡西部喷射状海底沙脊群。在国外报道较多的是欧洲北海，其南部大陆架有几组巨大的潮流沙脊群，为长 65km、宽 5km、高达 40m 的海底沙脊。这些海底沙脊群主要是潮流作用形成的。江苏岸外辐射状海底沙脊群分布范围广、规模大、水动力条件及形成过程复杂，为我国特有，世界罕见。

一、地理位置及沙脊群特征

（一）地 理 位 置

辐射沙脊群分布于江苏岸外，南黄海内陆架海域，自射阳河口向南至长江口北部的蒿枝港，南北范围介于 32°00′～32°48′N，长达 199.6km，东西范围介于 120°40′～122°10′E，宽度为 140km。大致以弶港为集结枢纽，呈褶扇状向海辐射，由 70 多条沙脊与潮流通道组成，脊槽相间分布，其水深介于 0～25m。

辐射沙脊群所占海域面积 22 470km²。其中出露海面的面积为 3782km²，水下部分0～5m 水深的沙脊群面积为 2611km²，5～10m 水深的沙脊群面积为 5045km²。因此，辐射沙脊群主要分布于 10～15m 水深范围内。

辐射沙脊群中主干沙脊约 21 列：小阴沙、孤儿沙、亮月沙、东沙、太平沙、大北槽东沙、毛竹沙、外毛竹沙、元宝沙、苦水洋沙、蒋家沙、黄沙洋口沙、河豚沙、太阳

---

［*］　本节主要据王颖主编《黄海陆架辐射沙脊群》，2002，编写

沙、大洪梗子、火星沙、冷家沙、腰沙、乌龙沙、横沙等（图9.6）。分隔沙脊的潮流通道主要有：西洋（西洋东通道及西洋西通道）、小夹槽、小北槽、大北槽、陈家坞槽、草米树洋、苦水洋、黄沙洋、烂沙洋、网仓洪、小庙洪11条。这些大型的潮流通道，水深均大于10m，深度向海递增。

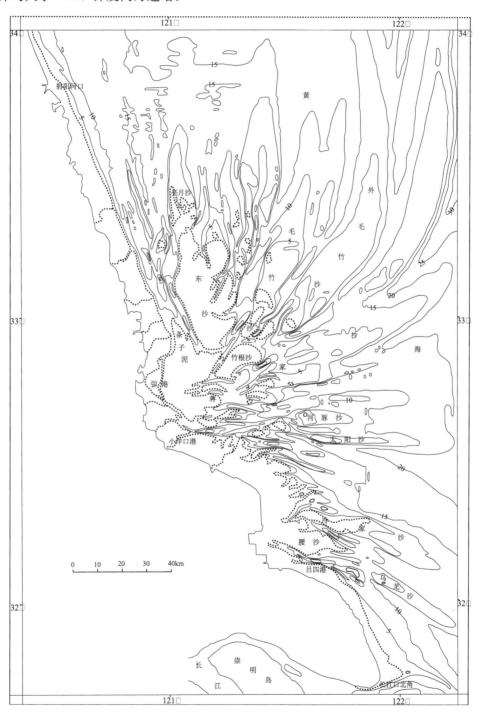

图9.6 江苏省岸外辐射状海底沙脊群（王颖等，2002）

（二）沙脊群特征

辐射沙脊群由一系列海底沙脊与深槽相间组成。出露水面的沙脊主要有东沙滩、麻菜珩、毛竹沙、蒋家沙、太阳沙、冷家沙、腰沙及条子泥。东沙滩是其中规模最大的，南北长 90km，其中高于理论深度 0m 的沙洲部分，长 48km，宽 20km，面积 702km²（据 1981 年量测），海拔大于 3m 的面积为 218.8km²。沙脊间为潮流通道，水深 15～20m，最深达 48m。靠近沙脊群扇形外围，为狭长的水下沙脊与脊间宽平的潮流通道。沙脊群最主要的潮流通道是南部的黄沙洋、烂沙洋，北部的西洋，均呈喇叭形，−10m 等深线一直延伸到辐射沙脊群的顶部（王颖等，1998）。

沙脊物质主要是分选良好的石英质细砂（含量>80%），其余为粗粉砂（15%）及细粉砂和黏土（<10%）。在垂直剖面上，沙脊沉积物自下向上逐渐变粗，底层是粉砂黏土层，中层为粉砂层，上层为细砂层，各层厚数米。沉积构造底部为水平层理，向上变为各种交错层理，反映了水动力逐渐变强。据东沙滩 67 个表层样粒度分析，东沙滩四周低潮水边线附近及低潮滩为细砂，中值粒径 2.4～2.7Φ，顶部为粉砂，中值粒径 5.0～5.2Φ，即沙洲顶部物质最细，从顶部到水边线物质逐渐变粗。沙洲区深槽（潮流通道）沉积物较细，其细砂含量为 40%，其余为粉砂（50%）和黏土（10%）。据黄沙洋深槽 72 个表层底质样资料，深槽中主要是粉砂、泥质粉砂和粉砂质泥，其中泥质含量可达 27%。

辐射沙脊区受两个潮波系统的控制。太平洋潮波经东海以前进波型从南向北传播，黄海旋转驻波型潮波自北向南，在弶港岸外辐合。使辐合带发生涌潮，潮差达到最大，弶港平均潮差 4.18m，向南、北沿岸逐渐减少。黄沙洋（1981 年小洋口外浮筒处）实测最大潮差 9.28m，成为中国沿海最大的潮差记录。辐射沙脊区为正规半日潮。沿岸及沙脊间深槽为往复流，沙脊外围东部海域为旋转流，近岸比岸外海域中潮流流速大。如西洋大潮时涨潮平均流速 1.2～1.3m/s，落潮平均流速 1.4～1.8m/s；黄沙洋涨潮平均流速 1.3m/s，落潮平均 1.23～1.41m/s，最大流速均超过 2m/s。

沿岸波浪受季风影响，浪向及频率与风向频率基本一致。常浪向偏北，强浪向为东南或东北向，是风浪为主的混合浪。大浪区在沙洲区外围海域，东北部最高波高 7～9m，近岸一般在 2m 以下。波浪向岸传播过程中，受海底地形影响而折射，在沙脊外围辐聚，波高波陡增大，越过水下沙脊时发生破碎，形成小尺度波。据吕四海洋站 10 年测波资料（1968～1977 年），平均波高 0.4m，大于 2m 的波浪出现频率为 5%，最大波高为 28m。这说明沙脊区对波浪的消能作用及对海岸起保护作用。

沙脊区海水悬浮体含量与海岸线、等深线平行，近岸含沙量高，向水深区逐渐降低，含沙量从海水表层向底层增大，底层流速对泥沙的运移起着重要的作用。风浪具有掀沙作用，使泥沙混合扩散，促使海水悬浮体含量增加。海水含沙量的月变化和季节变化明显，冬季平均含沙量为 300～500mg/L，夏季为 100～200mg/L。但台风影响时期含沙量亦可骤增，1982 年 7 月东沙滩 7 个测站正值台风影响，悬沙平均含量达 200～400mg/L。沙脊群北部含沙量比南部海域高，大潮汛期含沙量高。如 1992 年黄沙洋大潮平均含沙量为 300mg/L，中潮为 110mg/L，小潮为 70.9mg/L。而在沙脊群北部的西洋大潮为 270mg/L，小潮 110mg/L。所以，含沙量还随潮汐变化，大潮汛流速大，潮流输沙能力强，悬沙含量为小潮汛的 1 倍以上，使大潮时期输沙量和输沙距离均增大。这对沉积物运移和再分配有着很大影响。

二、辐射沙脊的泥沙来源

沙脊区沉积物的来源，受到许多学者的关心重视。多数作者认为辐射沙脊区的沉积物，主要是古长江和古黄河的水下三角洲，也有认为是黄河在江苏入海时的物质。南京大学研究的结果是：辐射沙脊沉积物主要来源于晚更新世古长江入海的物质，北部有黄河泥沙加入的影响（王颖，2002）。其论证如下：

根据辐射沙脊区矿物组成研究，沙脊区重矿物为角闪石-绿帘石-钛铁矿-十字石组合，邻近的废黄河水下三角洲区域为角闪石-绿帘石-石榴子石-钛铁矿组合，而古长江水下三角洲区域为角闪石-绿帘石-钛铁矿-十字石-蓝晶石组合。沙脊区沉积物中重矿物含量 5.5%，最高达 22% 以上，废黄河水下三角洲为 0.1%～1%，古长江水下三角洲区为 2%～3%。所以，沙脊区重矿物的组合、特征及一些特征矿物的丰度与古长江水下三角洲相似，而与废黄河水下三角洲区别较大。按黏土矿物，沙脊区沉积物中伊利石、绿泥石、高岭土和蒙脱石的相对含量，以及黏土矿物的 X 射线衍射谱特征与长江口十分接近，而与废黄河水下三角洲有较明显的差别。

沙脊区沉积物中孢粉组合：木本以松、云杉、冷杉、柏等针叶树为主及少量落叶、阔叶树，如栎、榆等。草本以菊科、藜科、禾本科、蒿属和莎草科为主，反映了干冷的环境。淡水湖生藻类极少见，水生植物花粉贫乏。这同长江古三角洲晚更新世玉木冰期 I、II 期地层中的孢粉组合一致，而废黄河水下三角洲区，孢粉组合以松为主，青冈栎、桦、榆、粟较多，孢子是蕨属、水龙骨科等，属喜凉的环境。

根据沉积物的粒度组成，辐射沙脊区主要是细砂、粗粉砂和粉砂质细砂，而废黄河水下三角洲和现代长江口北部海域是粉砂质泥和泥质粉砂。据钻探及浅地层剖面，辐射沙脊区中细砂等沉积层厚 30m，面积 $2×10^4 km^2$，其沉积量为 $16\,800×10^8 t$。按目前黄河入海泥沙每年 $13×10^8 t$ 计，则黄河 1128～1855 年从江苏入海的泥沙总量为 $9451×10^8 t$。其中大于 0.05mm（粗粉砂）的泥沙占 12%，即 $1035×10^8 t$。1885 年以来废黄河三角洲被侵蚀的面积为 $1400km^2$。若这些物质全部被搬运到辐射沙洲区，也只能提供大于 0.05mm 的泥沙 $180×10^8 t$，即仅占辐射沙脊沉积物总量的 1.07%。

上述沉积物特征，说明沉积物与废黄河三角洲及现代长江口物质不同，废黄河注入黄海的物质数量，也远远不足以形成辐射沙洲区沉积体，而与晚更新世较寒冷时期长江沉积物相类似。正是古长江带来的物质组成了江苏北部平原的古沙洲和辐射沙脊群。

目前辐射沙脊群在增高，沿岸潮滩在发育，其沉积物主要来自沙脊群本身。当代在海平面上升过程中，外围水下沙脊遭受波浪侵蚀，部分泥沙向岸搬运使潮滩淤长。这可从沙脊区水文泥沙断面的估算来说明。废黄河三角洲侵蚀每年有 $1.09×10^8 t$ 泥沙向南运移，进入沙脊区。长江水下三角洲潮流及悬沙主要由东南方向从苦水洋、黄沙洋和烂沙洋进入沙脊区，其输沙量为每年 $2.02×10^8 t$。而离岸流系主要经平涂洋，每年有 $1.6×10^8 t$ 泥沙向西北，向外海输送。另外，现代长江入海泥沙夏季有部分沿岸北上，约为

$0.35×10^8$ t。因此，全年平均约有 $2×10^8$ t 沉积物进入沙脊区。而被沙脊区掩护的堆积岸段的潮滩却在迅速淤长。据 1980～1984 年自射阳河口至东灶港潮滩近 60 条实测剖面的对比，该段海岸每年的堆积量为 $7.7×10^8$ t，是外域来沙的 3.8 倍。因此，潮滩淤长增高的沉积物主要来自沙脊群本身，沙脊群近岸沙脊在增高，沙洲面积在扩大，这些沉积物均来自沙脊区海底。水文资料亦表明，海水含沙量在沙脊区剧增，主要是当地海底沉积物被波浪潮流扰动的结果。沙脊地形横剖面向海缓坡，向陆陡坡，这种不对称的形态亦表明泥沙从临近海底向陆运动的趋势。据遥感及水深资料，均反映了沙脊区外围的沙脊深槽在遭受侵蚀，侵蚀物质在向岸运移堆积。

三、黄海辐射沙脊群的成因

潮流沙脊的形成，基本条件是海底有足够的松散沉积物，有较强的潮流作用，潮流流速为 0.25～2.5m/s（Off，1963），潮流将海底沙质沉积物改造成沿潮流方向的堆积体。潮流在海底运动，搬运泥沙形成冲刷槽及线状堆积体，或者，原始海底地形中有沟谷洼地、古河谷、古侵蚀槽谷等，潮流沿海底冲刷槽、原始槽谷运动，冲刷侵蚀并将侵蚀产物堆积成沙脊。沙脊群的沙脊与其间的深槽的形成过程，是与深槽中产生的横向环流以及横向环流进一步发展有关，横向环流使泥沙在深槽与沙脊上横向搬运，其结果是促进了沙脊与深槽的发育。

江苏岸外南北两大潮波系统在弶港附近辐合，是构成沙脊呈辐射状的重要因素，黄海大陆架海域宽阔，在开敞海岸，潮差、潮流强度与大陆架宽度呈正相关。强潮流促使陆架堆积体发育为沙脊。潮流平行于沙脊运动，在沙脊之间的潮流通道中产生次生的螺旋形环流，这是形成沙脊的重要原因。

晚更新世末期低海平面，长江曾在东台县新曹农场、蹲门口至弶港一带入海，辐射沙脊区包括蹲门口、弶港曾是长江三角洲的陆上部分，沉积了一套河流三角洲的河床沙体、河间泛滥平原与沼泽相的沉积物。据沙脊群区作地震剖面探测获知，现代海相沉积、潮滩沉积层下（埋深 20m 以下）有较多的埋藏古河谷，沙脊群枢纽区的大型潮流通道（如黄沙洋、烂沙洋）即承袭古长江河谷发育。

海面上升过程中，辐射沙脊区长江三角洲被淹没，广阔的黄海东海大陆架海区发育强潮流。三角洲沉积受到潮流与波浪的改造簸选，重新分布，形成大大小小的浅滩、暗沙与潮流通道。距今 7000 年前，海面趋于稳定，岸外浅滩受改造向陆搬运、堆积，水下沙脊形成并增大。1128～1855 年黄河在江苏入海，细粒沉积物使岸线向海淤长，近岸潮流通道淤积阻塞，古沙脊与岸合并，构成今东台、如东等沿岸平原。

目前，上述过程仍在进行，南北二股潮波系统在弶港相会，造成涨落潮流以弶港为中心的辐聚辐散和涌潮现象，进一步扩大了该处的潮差与潮流强度，沙脊与沙洲合并增大。波浪和潮流的簸选作用，使沙脊沉积物粗化，而细粒沉积物一部分被带到沿岸潮滩上堆积，使潮滩增高并向海推进。沙脊出露水面后，其演化过程与沿岸潮滩相似，沉积物从低潮位至沙洲顶部逐渐变细。重矿物含量减小，其地貌与沉积按高程具有分带性。沙脊具不对称的横断面，大潮汐时有泥沙从向海的缓坡越过顶部堆积到向陆坡。沙脊的沉积层是细砂质的沙脊沉积，其上叠加了细砂粉砂质的潮滩沉积。

四、辐射沙脊群现代冲淤变化规律

根据 1988 年、1992 年、1994 年三期的 TM 遥感影像，1965～1968 年、1979 年、1992 年地形图及实测海岸断面，在 GIS 空间数据处理与分析的基础上，通过不同时期的地形资料的对比研究，在 DEM 模型及遥感图像复合的基础上，以沙脊群 1979 年测量的 0m、5m、10m、15m、20m 等深线为辅助定位信息，分析了辐射沙脊群地形及沿岸潮滩的冲淤演变规律（李海宇，2002；马劲松，2002）。

1. 辐射沙脊群枢纽地区的演变分析

沙脊群中心部分位于踪港外附近海域，地形复杂，潮流场在这里辐聚辐散，水流条件十分复杂，导致沟槽水道多变。从 1988 年、1992 年、1994 年三个时相的遥感图像分析可知：在沙脊群中心地带，踪港外部的沙洲呈不断扩大之势。1988 年遥感影像显示高泥与东沙之间有较宽的潮水沟，1992 年东沙与高泥已基本并为一体，1994 年该离岸的沙洲已与潮滩并为一体。这一过程受到西洋潮流通道南部一分支潮流通道的强烈影响，该通道稳定于东沙西南一侧，不断切割沙洲形成大小不等的潮水沟。

2. 辐射沙脊群南部的演变规律

1）沿岸潮滩区

辐射沙脊区南部潮滩向海淤进。以洋口港附近潮滩为例，潮滩外有一条约 10m 深的潮流通道，对比三期不同的遥感影像图，该潮流通道主槽位置大约向北移动了约 900m，即约 100m/a。在该潮流通道北侧，陆地生成过程仍在继续，对该通道形成夹峙的形态，显示出潮滩淤进的物质应是由北向南运移而来。地震剖面显示该通道是烂沙洋—黄沙洋潮流通道的西部内段，而该通道自晚更新世末或全新世初以来就稳定于该处，是沿古河谷发育的潮流通道。

2）内端烂沙海域

该段为南部黄沙洋—烂沙洋潮流通道顶部，北部是蒋家沙主体部分，南部紧邻潮滩。从三期不同的遥感影像上可以看出，蒋家沙南部的沙脊体相当稳定，其形态基本保持不变。紧邻其下的潮水通道是烂沙，1979～1988 年烂沙的位置基本未变，1992 年遥感图中可见烂沙已变成暗沙区，而其北面有三处沙脊正逐渐形成；至 1994 年，烂沙已完全消失，而其上方三条沙脊完全出露水面。从三条沙脊的形成过程可以看出，这里的流速较小，潮流冲刷作用受到局部地形的影响。

3）外端鳓鱼沙海域

在 1979 年测深图上，该海域标注有三条沙脊，沙脊上下各有一条潮流通道，分属黄沙洋和烂沙洋。1988 年遥感图像可见三条沙脊只有鳓鱼沙出露水面，其左侧两条已成为暗沙。至 1992 年，暗沙的轮廓已不甚清楚，鳓鱼沙的形状亦发生改变；1994 年，左侧暗沙已完全消失，而鲫鱼沙有新生沙体形成。

3. 辐射沙脊群北部的演变分析

1) 近岸潮滩区

　　研究区域北部潮滩正在后退。对比 1988 年 TM 遥感图像与 1979 测量等深线图，王港口海域西洋通道主槽大约东移了约 1.8km，即约 200m/a，西洋通道西侧，潮滩在向岸方向后退，而西洋通道以东，新的沙脊正在形成。测量资料证实，该区海底为砂与粉砂、黏土物质，潮流掏蚀形成陡坎、冲刷槽与涡穴。地震剖面显示出该区海底为现代冲刷形态，潮流冲刷槽宽达数百米。

2) 东沙顶部区域

　　从各时相的遥感图像及 1979 年等深线对比分析，该水道相当稳定，而且有不断加强的趋势。该水道对东侧沙洲泥螺圩造成较强烈的冲刷，形成平直的侧壁。西侧沙洲顶部则不断向北方淤长。

3) 陈家坞槽海域

　　在 1979 年测深图与 1988 年遥感图像可以看到，陈家坞槽西有三个小型沙脊出露水面，东部有一个小型沙脊体。沙脊出露的数量与相对位置基本一致，但沙脊中心位置全部向北偏移，东部的沙脊体偏移得更大一些。1994 年遥感图像显示出西部地区只有两个沙脊出露，南边的一个已经消失；东部的沙脊体也已完全消失，水道更为宽阔。这表明陈家坞槽的水动力十分活跃，并且在逐年增强，将对其西南方向的东沙主体部分产生较强的冲蚀作用。

　　海底沙脊群的研究，最早是 50 年代从朝鲜半岛西海岸开始的。以后是对欧洲北海潮流沙脊群的考察研究。近些年来注重沙脊群形成机制及沉积结构的研究。江苏岸外辐射沙洲规模巨大，水动力泥沙条件复杂，是世界上罕见的。对它的考察研究，在科学上与应用上均有重要意义。

　　辐射沙脊群是由细砂组成沙脊，而深槽最终将为粉砂淤泥所充填，构成泥质沉积包围的巨大沙体。在石油地层上前者可形成隔油层，后者为储油层，可形成良好的沉积圈闭。沙洲浅海区丰富的生物有机质，有利于转化为碳氢化合物。因此，现代岸外沙脊群的研究，将提供一个重要的沙体沉积模式，对石油勘探具有指导意义。

五、辐射沙脊群自然资源及开发利用

1. 潜在的土地资源

　　辐射沙脊群区域，面积 $2.2 \times 10^4 km^2$，主要有沙脊 70 多条，理论深度 0m 以上的面积 1975 年实测为 2200km²，1993 年实测为 3700km²，大约平均每年增加 80km²。

　　辐射沙脊群区域，沉积物主要来自古长江三角洲堆积体及废黄河侵蚀物质。目前沙脊群的外围，潮汐水道在冲刷，而沙脊向陆部分在堆积增高，靠近陆地的各沙洲不断在合并与逐渐淤高。据沙脊群海区大断面水文泥沙测验估算，每年进入该区的泥沙，东面来自长江水下三角洲的沉积物为 $2.02 \times 10^8 t$，南面来自现代长江口的为 $0.35 \times 10^8 t$，北面来自废黄河水下三角洲的为 $1.09 \times 10^8 t$，而东北面输向外海的为 $1.6 \times 10^8 t$（朱大奎、许廷官，1982）。即每年从沙脊群以外海域输入沉积物的 $2 \times 10^8 t$。而沿岸潮滩在淤涨，据 1980~1984 年的潮滩地形断面实测，每年淤积量为 $7.7 \times 10^8 t$（高抒、朱大奎，1988）。

由此可知，沙脊群外围及潮流深槽受冲刷，冲刷产物较粗部分被输送到沙脊顶部沉积，使沙脊面积不断扩大，较细的物质则被悬移输送到潮间带，使沿岸潮滩不断淤长。辐射沙脊群区域这一演变趋势，确保了江苏岸外沙洲在稳定增长。江苏是人多地少经济发达的省份，土地资源匮乏，人均耕地不足 1 亩。沙脊群已高出理论基面的面积为 $3700 km^2$，将是江苏省极为宝贵的潜在土地资源。按目前土地已成陆或沙洲，作为近期开发，采用保守的方案，可以在 1995 年以后的 30 年中开发沙洲 300×10^4 亩，即每 10 年可开发 100×10^4 亩土地。这是巨大的潜在土地资源。

2. 航道港口资源

南黄海辐射沙脊群形成演变的研究，使在江苏沿海建设深水航道与深水港成为可实现的目标。辐射沙脊之间的潮流深槽，其中一些主要的潮流通道水深大于 10m、20m，是天然的从外海伸向沿岸浅滩的深水通道。

如南部的黄沙洋水道、烂沙洋水道，是东海前进潮波北上向岸的主要通道。该海域潮流作用强，潮流通道中为往复型潮流，该处实测最大潮差达 9.28m，平均潮差 4.18m，涨潮流流速 1~1.5m/s，大潮涨潮流量 $19.5 \times 10^8 m^3$；大潮落潮流流速为 1.2~2.0m/s，每潮落潮流量达 $21 \times 10^8 m^3$，落潮流大于涨潮流。巨大的潮流动力，使得烂沙洋多年保持水深达 16~23m。此水道伸入陆地，是江苏省最宝贵的天然深水航道资源，也是全国沿海最深的天然通海航道之一。烂沙洋内陆侧有一西太阳沙沙脊，5m 水深以内，呈东西向延长 1.375km，10m 水深以内长 4.25km，宽 250km，由粉砂与细沙组成。脊顶水深 0.5m，落潮时，主干部分出露，该沙脊位置稳定。西太阳沙由厚达 90m 的粉砂、粉砂黏土与粉细砂沉积层组成，为在深水航道侧修建码头与扩展建设人工岛码头等的理想基地（王颖，2003）。

北部的西洋水道，是旋转驻波型潮波向南的主要通道。其-10m 等深线从斗龙港到水道顶端长 55km，宽度大于 5km，-20m 等深线宽 1.5km，长 5km。-10m 等深线与外海贯通，其水深条件适于建设 5 万~10 万 t 级深水港。

江苏除北部连云港为基岩海岸外，70%岸段为泥滩，建港条件深受地貌限制。截至 2007 年底，已建成和在建的深水港主要有 3 个，洋口港、连云港和大丰港。其中，江苏的洋口港即是利用烂沙洋与黄沙洋的天然深水航道（水深平均-17m）资源建港。这些深水港口是江苏海洋经济发展的支点和基础。

利用辐射沙脊群潮流通道开发建设深水港，是我国建港史上重要的里程碑，改变了长三角北翼无深水海港的历史。我国建港经历了三个主要的阶段。最初是河口建港（如上海、广州等）；然后是港湾建港（青岛、大连等）；淤泥海岸建港成功是我国特色，是港口建设事业上重要贡献（天津港等）。利用粉砂平原海岸沿古河谷发育的潮流通道建设大型深水港，是我国建港史上第四个里程碑，必将对中国沿海经济发展发挥起巨大作用。

3. 水产渔业资源

南黄海吕四渔场包括南黄海及长江口一带，主要有鲳鱼、大黄鱼、小黄鱼、鳗鱼、带鱼等。因捕捞过度，我国政府已安排一定时间禁捕休渔。在潮间带浅滩及近岸浅水沙洲区，贝类丰富，主要有文蛤、四角蛤蜊、青蛤、泥螺四大类，产量及经济价值最高，其次为各种蛤、螺、虾、蟹等。大多天然捕捞或幼苗在滩上放养，在潮滩下部及潮下带浅水域，养殖紫菜。

辐射沙脊群形成演变研究，将对海岸渔业水产有很大促进，改变作业生产方式。目前近岸浅滩区域捕捞过度，渔业资源已近枯竭。改革现状的方式是走向外海大洋。江苏有近1000km海岸线，远洋渔业尚在起步阶段，因缺乏海港，外海渔业基地在长江内流河南通等处。辐射沙脊区潮汐水道开发建设为深水港，现代化远洋船队的渔港也可随之发展，这将改变江苏（南黄海）沿岸渔业生产的基本面貌。

目前沿岸滩涂养殖已有较大规模发展，主要开发建设养虾、养蟹、养鳗鱼等，以及滩涂放养贝类。随着辐射沙脊群研究的完善，沙洲巨大规模整体的开发，按10年100×10^4亩的标准，则其中很大比例的新开土地，首先用于养殖业。新围土地外围是最新淤长的大片新生滩地，将为潮间带贝类放养、紫菜养殖提供全新的空间，会对养殖水产业有巨大的促进。

4. 海洋石油天然气资源

在辐射沙脊群区域，尚未直接发现石油天然气资源，仅在浅地层剖面测量、地震剖面记录图像中，有许多浅层天然气现象。辐射沙脊群研究，将对海洋石油天然气的勘探提供一些基础理论。海洋油气资源一是构造圈闭，油气资源分布在一些背斜、向斜、穹隆、断层等构造体中。另一是地层圈闭，或称沉积圈闭，油气资源分布于砂体中，即被泥岩圈闭的砂岩层中。辐射沙脊群区域，有宽广的潮间带浅滩，沿海、河口的湖河湿地，均是生油环境，若是长期下沉的湖河湿地沿海浅滩，可成为良好的生油层。潮流沙脊，是形体巨大的沙体，按目前北部的东沙滩沙脊，其长度120km，宽15～30km，厚度50～60m，0m线以上的面积达670km²，单个沙体达到如此的规模，在海陆各类沉积环境中还是很少有的。这些沙体是潮流沙脊，其分布规律，随辐合潮波而呈辐射状，其整体范围可达20 000km²余。这为海洋石油勘探提供了一个模式，可在相似古环境中指导油气勘探（王颖，2002）。

第三节 长 山 群 岛

一、环境与资源特点

长山群岛位于黄海北部，由142个岛、坨、礁组成，岛陆面积153km²，海域面积以长海各方位最外端岛、坨、礁八点连线为基线，共有3429km²。习惯上将长山群岛分为外长山群岛和里长山群岛。前者由海洋岛、獐子岛、大耗岛、小耗岛、东褡连岛、西褡连岛等岛屿组成；后者由大长山岛、小长山岛、广鹿岛、寨里岛、瓜皮岛、格仙岛、乌蟒岛等岛屿组成。此外，还有石城岛、大王家岛、小王家岛组成的石城群岛，位于长山列岛东北方向海域。这些岛屿中面积最大的是石城岛，面积 27km²，其次是大长山岛，为 25km²。长山群岛行政区属辽宁省长海县，是我国 12 个海岛县之一（图 9.7）。

长海县辖 2 镇 3 乡（大长山岛镇、獐子岛镇、小长山乡、广鹿乡、海洋乡），人口 $10.5×10^4$，其中户籍人口 $7.5×10^4$。

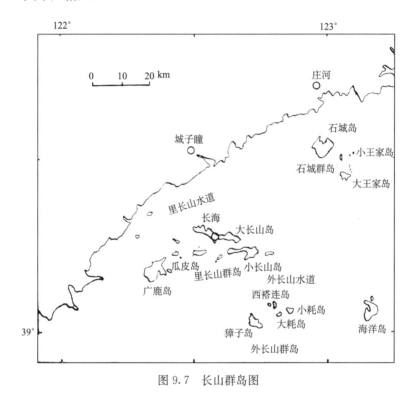

图 9.7　长山群岛图

（一）岛屿自然环境

1. 地貌

长山群岛地貌特征和辽东半岛类似，群岛诸岛呈 NE45°方向展布，与辽南海岸线方向一致。出露地层与辽宁陆地地层基本相同，但出露不全。

岛屿上山体主要是剥蚀单斜断块山，为低山丘陵。山峰高度不一，海洋岛哭娘顶最高，海拔 373m，而一般山峰在 100~200m 之间。岛屿本身相对高差一般为 50~100m，由于受构造控制，各岛山峰突兀，岛岸陡峭险峻，多为突顶山和尖脊山。山体主要由震旦、前震旦系的石英岩、石英片岩、大理岩、板岩、千枚岩等变质岩组成。

岛屿沟谷和低平部位多为黄土覆盖，厚度不一，厚者可达 3~5m，有植被分布，形成以黄土沟、黄土台和黄土坡等几种形态为主的特有的岛屿黄土地貌景观。

群岛诸岛海岸岸壁峭立，海蚀地貌发育，有海蚀崖、海蚀平台、海蚀洞、海蚀穴、海蚀柱等。海岸堆积地貌发育较差，仅出现狭窄高角度的砂砾滩、砾石堤和连岛沙坝。另外，有的地方还发育有沙丘、黄土台和海湾淤积小平原。海积小平原主要由海相灰黑色淤泥组成，含许多砾石和贝壳，地表平坦，面积较大，向海倾斜，各岛屿多数村庄坐落其上。

海成阶地，各岛零星保留，有 5～7m、15～20m 和 30～40m 三级，其中 15～20m 一级分布较广。

2. 气候

岛上气候受海洋的影响较大，具有冬暖、夏凉、温差较小、空气湿度大、大风、雾日多的特点，年平均气温为 9.8～10.8℃。8 月份气温最高，平均气温为 26.5℃，1 月份气温最低，平均气温－7.6℃。无霜期 210 天，年≥10℃积温 3427.7℃。全年平均降水量为 625mm，集中于 7～8 两月，占全年降水量的 53%。空气相对湿度为 70% 左右，6～8 月空气湿度最大。全年≥6 级以上大风，平均为 133 天。全年雾日为 51.6 天。阴天 24.8 天，3～8 月期间占阴雾总天数的 88.3% 和 99.4%。全年日照时数为 2810h，日照百分率为 63%。

3. 水文

从各岛地貌特点看，丘陵多、坡度陡，地面径流短而急。组成丘陵的岩层主要为石英岩、板岩、片岩，渗透能力差，地表水不易渗入地下，因而地下水极为贫乏。地表水全靠降雨积水，没有成形的河流，全年降水量约为 11 393×10⁴m³，地面径流 3936×10⁴m³。各岛地势较陡，集雨面积狭小，地表径流时间短，汇水面积小，大量的降水经地表汇入大海（张耀光等，1997；张耀光，2004）。

4. 土壤

成土母质基本上属于两大类型。一是残积母质和坡积母质，岩石风化物残留在原地，由于重力、流水等搬运到山坡中下部组成棕壤类型的土壤。外长山群岛的丘陵、岗地基本都属于片岩、石英岩风化物、半风化物的残积母质，里长山群岛和石城群岛基本也属于上述母质风化物或半风化物的坡积母质。只在少数的丘陵岗地中上部是残积母质。另一类是海积母质，主要分布在各岛沿岸，由于波浪和海流等的作用，形成海积滩、坝、岗或潟湖，在此基础上形成的土壤，含有一定盐分。

长山群岛主要土壤类型有棕壤，分布面积广，总面积 212181.98 亩（1 亩＝1/15hm²，下同），占土壤总面积的 93.35%，风沙土 3766.5 亩，占全县土壤的 1.66%，草甸土类共有 9932.1 亩，占全县土壤面积 4.37%，沼泽土类面积 1419.75 亩，占全县土壤面积的 0.62%（张耀光等，1997）。

5. 植被

长山群岛植被为暖温带夏绿阔叶林地带，赤松夏绿阔叶林亚带。近年来为了涵养水源、防风固沙、保持水土，在丘岗上营造了以黑松为主的海防林，在海边、河边营造了杨属、柳属及刺槐等防风固沙林。地头、田埂上栽植紫穗槐等固土保水林,路旁、屯落栽植了元宝槭、法国悬铃木、合欢、龙爪柳、银杏等风景树种。同时,为了改善人民生活,栽植了各种果树,如苹果、梨、桃、李、杏、山楂、柿子等,还有核桃、板栗等木本粮油树种。岛上野草丛生,主要有野古草、白羊草、丛生隐子草、大油芒、黄背等禾本科干旱种类和白头翁、毛绿宽叶苔草等。

农业植被主要有玉米、小麦、高粱、大豆、花生、地瓜、谷子、糜子、绿豆、小豆、土豆等粮油薯类作物,还有北方常有的蔬菜品种。

(二)海 域 环 境

长山群岛北部为石城岛与王家岛等岛屿,距大陆仅 10km 多,离大陆最远的獐子、海洋两岛达 70km,岛屿东西间跨度超过 100km。由于海岛处于大陆边缘,海况、水文、气象均受大陆影响,辽东半岛黄海北岸的鸭绿江、大洋河、庄河、碧流河等径流入海,对北、中部海域的影响比较明显。海洋水文要素分布,以距大陆远近有所差异,随着距陆岸远近,呈现出递增或递减的规律(表 9.1)。

表 9.1 长山群岛海域环境要素表

海区 项目	北部	中部	南部
面积/km^2	728.7	979.9	1719.9
影响程度	大	小	无
水深/m	<30	<40	<50
底质	泥为主	泥和多种类型	岩礁为主
程度	重	轻微	无
高度/m	3.25	5~6	10.5
气温/℃	7.9	9.4	10.5
表层最高水温/℃	>25	<25	<24
盐度	24.5	27.7	31.65
磷酸盐/(mg/m^3)	9.2	9.9	6.6
浮游植物总量/($\times 10^3$ 细胞/m^3)	1960	1696	1580

从表 9.1 中可以看出,全部海域水深均小于 50m,且随海域由大陆向南或东南方向延伸而逐渐加深。海底绝大部分为软泥底,仅岛屿四周海底有一部分岩礁、石砾和贝壳,个别岛屿附近有沙底分布。潮间带各岛底质情况不一,但大多为岩礁、沙泥和砂砾等。

全区海流主要受辽南沿岸流的影响,并受鸭绿江、碧流河等流入的淡水的影响,呈季节性变化,而且主要影响中北部海区。冰情主要发生在大陆以南和中部海岛北侧,初冰期为 12 月中旬,终冰期为 3 月上旬,石坡与海区最为严重,冰厚可达 50~60cm,中部各岛北侧冰厚为 10cm 左右,南部海区不结冰。

表层海水盐度由北向南逐渐增高,南部海区平均值为 31.65,属高盐海水。受辽东半岛河流影响,北部海区海水盐度较低,平均值为 24.5,属低盐海水,且年际差值可达 10,而南部最高不超过 5。海水盐度的垂直变化不大。

海水营养盐（主要指磷酸盐）是海洋浮游植物赖以生长繁殖的物质基础。海区初级生产力的高低与营养盐含量多少有密切关系。长山群岛海区营养盐含量分布由北向南逐渐降低，营养类型见表9.2。

表9.2 长山群岛海湾的营养类型

项目 \ 海区	北部	中部	南部
代表地区	大王家岛北部	大长山岛南北	獐子、海洋岛南部
类型	高营养盐型	富营养盐型	贫营养盐型
透明度/m	<3	3～10	>10
氨态氮/(mg/m³)	>200	100～200	<100
磷酸盐/(mg/m³)	>15	10～15	<10
浮游植物/(10^3 细胞/m³)	>100	10～100	<10
叶绿素总量/(mg/L)	>10	1～10	<1

根据生物栖息、生长和繁殖对自然环境的要求，以及三种港湾营养类型，决定了三个区适宜养殖不同优势品种。北部海区（包括潮间带）适宜养殖对虾、蛤、紫贻贝、扇贝；中部海区适宜养殖刺参、紫贻贝、扇贝、牡蛎、海带等；南部海区适宜养殖鲍鱼、刺参、扇贝、海螺、裙带菜等。

（三）自 然 资 源

1. 岛陆自然资源

土地资源　长山群岛高潮线露出的陆地面积为228 508亩，包括滩涂资源在内为286 668亩。根据利用方式和程度，可以划分为10种土地利用类型（表9.3）。

表9.3 长山群岛土地资源利用类型（张耀光，2004）

利用类型	面积/亩	比重/%
合计	286 668	100.0
1. 耕地	54 769	19.1
2. 林地	87 611	30.6
3. 园地	4 353	1.5
4. 草地	16 942	5.9
5. 城沿民地	22 977	8.0
6. 工矿用地	660	0.2
7. 交通用地	3 345	1.2
8. 水域*	60 127	21.0
9. 特殊用地	3 766	1.3
10. 难利用地	32 118	11.2

* 水域包括海涂58159亩以及岛陆水域1968亩

林地的比重大小对海岛来讲尤为重要，海岛淡水资源短缺，要靠发展森林来涵养水源。

淡水资源：岛陆多年平均降水量为 $11393 \times 10^4 m^3$，多年平均径流量为 $3536 \times 10^4 m^3$，且水资源各岛分布不平衡，广鹿、石城等岛水量较丰，其他各岛则不足，有季节性缺水现象。

地下水资源量约 $1460.9 \times 10^4 m^3$，可开采量为 $432.9 \times 10^4 m^3$，实际开采量已超出此数。如开采不当，将发生海水倒灌现象。

气候资源：长山群岛年 $\geqslant 0°C$ 积温为 $3907°C$，$\geqslant 10°C$ 积温为 $3428°C$，$\geqslant 15°C$ 的积温为 $2752°C$，$\geqslant 20°C$ 的积温为 $1750°C$；全年日照时数为 2810.3h，年日照百分率为 63%，其中 4~9 月作物生长期日照时数为 1480.1h，占全年的 52.7%；0°C 以上作物生长日数平均为 2081.7h，占全年的 74.1%，生理辐射量为 $238.6kJ/cm^2$；10°C 以上作物生长期的日照时数平均为 1481.4h，占全年的 52.7%，生理辐射量为 $175.4kJ/cm^2$。

长山群岛平均风速为 5.6m/s，大风日数多，6 级以上大风平均每年有 133 天，其中 8 级以上大风平均每年 68.9 天。全年 3~20m/s 有效风速最多，占全年的 58.3%。海岛的风能密度大，大长山岛上年风能密度为 $182.32W/m^2$，海洋岛为 $298.06W/m^2$，因而风能潜力较大。

旅游资源：长山群岛为大陆岛，有上升海岸的特点，经过地壳运动与海洋动力的作用，为大自然雕塑了绚丽多姿的海蚀地貌，如海蚀崖、海蚀柱、海蚀拱桥、海蚀穴、洞、门等，这些海蚀地貌造就了千奇百怪、类人肖物的惟妙惟肖的群体景观，又随角度及光线的变化而造就了千变万化的天然风光与意境。岛陆上的林地可建森林公园，发展生态旅游。

长山群岛远在 6000 年前即有人类活动，其人类活动遗址相当于新石器及青铜时期的四个文化类型。如以广鹿岛小珠山下层、中层、上层为代表的文化类型，以及大长山岛上马石文化类型等。这些文化遗址大都与山东大汶口和龙山文化跨海北航有关，可作为文物观赏。

此外，有历代封建王朝的文物。在广鹿岛发现有战国时代铜币燕明刀、朱家屯军城址、隋代五铢钱、老铁山隋唐水师衙门遗址等，在石城有清代的城垣；海洋岛有帝俄侵占时修筑的码头，大长山有日本侵略时留下的石碑遗迹等等。前者可作为文物观赏，后者可进行爱国主义教育。

港口资源：长山群岛属基岩港湾海岸，岸线曲折，各主要岛屿均有适宜建港的港址，为发展陆岛运输提供了有利条件。在各大、小岛屿上有船舶避风的自然港、泊位、码头约 96 处，在大长山岛的蚂蚁坨子、月牙口，小长山岛的庙底湾，广鹿岛的柳条湾，獐子岛的大板江，海洋岛的大滩湾，石城岛的蛤蟆沟以及大王家岛的后滩等处，一般均可建 1000~2000t 级泊位的港口或码头。

2. 海域资源

1）海域空间资源

长山群岛海域空间资源丰富，考虑到海域自然条件、离岸远近，按现有的海水养殖技术水平，在水深 25~40m 的海域内，适宜筏式养殖贝、藻的浅海水面约有 133.3km²，占总水域面积的 4% 左右。而目前只利用养殖面积 13km²，大面积的浅海水域尚未利用。

根据海域底质状况和生物资源的分布，按照人工育苗海底底播和置放人造鱼礁的技术增殖资源，全海域适宜增殖的海底面积有 286.5km²，其中岩礁底 66.6km²，石砾底 86.6km²，贝壳底 93.3km²，软泥质底 40km²。

潮间带共有 38.7km²，根据生物资源分布状况和便于营养等条件，适宜养殖的面积为 13.3km²。其中适宜养殖蛤仔、对虾的滩涂面积约 4km²，适宜养殖牡蛎、紫贻贝的岩礁面积约为 9.3km²。

2）海洋生物资源

长山群岛地处海洋岛渔场的中心，海洋生物资源丰富：

（1）浮游生物种类多、数量大，其中浮游植物 55 种，均为硅藻类，平均生物量 $2660×10^3$ 细胞/m³（1980 年 11 月测），最高生物量达 $7840×10^3$ 细胞/m³；浮游动物有 44 种，主要有原生、腔肠、毛颚和节肢动物，平均生物量 145 个/m³（1980 年 8 月测）。丰富的浮游生物为鱼、虾、贝类提供了丰富的饵料。

（2）潮间带生物中，动物 8 门 55 种，藻类 3 门 17 种，平均生物量 810g/m²，主要经济种类有褶牡蛎、蛤仔、紫贻贝、真江蓠、羊栖藻和鼠尾藻等。

（3）沿岸浅海底栖生物主要分布在低潮线以下至水深 20m 左右的海底，主要经济种类资源有皱纹盘鲍、海参、栉孔扇贝、栉江珧、紫石房蛤、大连紫海胆、布氏蚶香螺、厚壳贻贝、魁蚶等。

（4）海域中的鱼类资源主要有对虾、鲆鲽类、鲐鱼、马面鲀、六线鱼、黑鳐鱼、鲳鱼、星鳗和甲壳类资源。在鱼类资源中有的是洄游性鱼类，有的是地方性鱼类，如六线鱼、黑鳕鱼等，一方面作为天然资源的捕捞对象，同时也为人工育苗养殖提供苗种基础（张耀光，2004）。

海域环境的差异，使生物在分布和其数量构成上都反映出对环境的适应程度及区域的严格界限。从养殖角度，如蛤仔为泥沙滩养殖种类，栖息区域在中低潮区，适宜水温范围在 0～30℃之间，海水比重范围为 1.015～1.027，最佳水温为 14～28℃之间。贻贝为表层浮筏养殖种类，主要食物为浮游硅藻及有机碎屑，对水温的适应范围较宽（−2～28℃），最适宜生长水温在 15～23℃之间，但对水域的混浊度及盐度有一定要求。扇贝为中下层网笼养殖种类，主要摄食浮游硅藻，适应水温为 0～28℃，最佳水温为 15～20℃，海水比重低于 1.017 时，生长停滞，养殖海域要求水情流畅。至于海珍品鲍鱼、海参等的养殖更不能离开它们的适应环境。

二、产业结构特点

2008 年，长山群岛（长海县）实现地区生产总值 $34.6×10^8$ 元；财政一般预算收入 $1.77×10^8$ 元；固定资产投资 $24.8×10^8$ 元；社会消费品零售额 $5.4×10^8$ 元；渔农村人均纯收入 $1.7×10^8$ 元；城镇居民人均可支配收入 $1.34×10^4$ 元。荣获 2008 年全国中小城市综合实力百强县称号。

1. 以农业为主的产业结构

如以大农业的观点，长山群岛（长海县）是以农业生产为主的海岛县，在社会总产值构成中，农业产值占社会总产值的42.9%，其次才是工业，占39.9%。表9.4可以看出其特点。

表9.4 长海县产业结构表（%）

地区	农业	工业	建筑业	运输业	商业
辽宁省	18.3	64.2	8.7	3.9	4.9
长海县	42.9	39.9	9.9	3.0	4.3

2. 渔业生产占绝对优势

长海县是以渔业生产为主，从大农业产值构成中可以看出这一特点（表9.5），其集中化指数达0.9199。渔农业占全县国民生产总值66.4%，而海洋渔业在大农业构成中占95.8%，实际上渔业在国民生产总值中占60%以上（主要是海洋捕捞和海水增养殖）。在第二产业的工业生产中，主要以水产品加工（冷藏）、船舶修造、为海水养殖业服务的网绳生产、玻璃浮子生产。如按水产加工工业和修造船业计算，此二项占工业固定资产原值的85%左右。按全县工业产值计算，水产加工和修造船业占全部工业总产值的88%左右，此二业在全县国民生产总值中约占5%左右。在第三产业中的港口与海上运输、滨海旅游等，估计占国民生产总值的10%左右。由此，长山群岛（长海县）海洋经济产值约占国民生产总值75%左右。

表9.5 辽宁省、大连市及长海县农业结构（%）

地区	种植业	林业	牧业	副业	渔业
辽宁省	57.5	3.3	23.1	10.1	6.0
大连市	26.4	0.8	28.3	8.2	36.3
长海县	0.2	0.2	0.3	9.7	89.6

注：大连市数据来自 http：//www.stats.dl.gov.cn/view.jsp？dowd＝17642长海市数据来自 http：//www.changhai，dl.gov.cn/info/165217286199.vm

3. 渔业生产结构有明显变化

长海县历来以捕捞渔业为主。50年代后期发展海水养殖业，当时养殖产量在水产品总产量中的比重不算太大。到80年代初期，捕捞产量还占水产品总产量的75%左右。随着海洋生物资源由于捕捞过度而有所减少，为了充分发挥长山群岛浅海海域空间资源的优势，人为增加海洋生物资源量，海水养殖业得以大量发展。从1987年开始，海水养殖产量在水产品的比重中超过了海洋捕捞的产量，捕捞和养殖的结构均有了明显的变化（表9.6）。

表 9.6　长海县捕捞和养殖构成变化（%）

年份	1985	1987	1990	1991	1992	1995	1999	2000
捕捞	71.7	48.3	35.7	37.9	35.3	38.1	43.3	40.6
养殖	28.3	51.7	64.3	62.1	64.7	61.9	56.7	59.4

在发展海水养殖业中，建立鱼、虾、鲍、参、贝、藻等立体开发的农牧化的人工栽培渔业基地。所采取的措施是：①压缩浮筏养殖规模，由最高年份的 $15×10^4$ 台筏压缩到目前的 10 台筏，主要为了避免赤潮等的影响。②调整养殖品种，由单一的栉孔扇贝向多品种转变，目前养殖品种已调整到虾夷扇贝、盘鲍、刺参、象拔蚌、大鲮鲆等优质的海珍品和名贵经济鱼类 30 多种。③加大底播增殖面积，目前底播面积已达 $6×10^4 hm^2$，建成全国最大的虾夷扇贝增养殖生产基地。④发展活鱼养殖，实行南鱼北养、北鱼南养，海鱼陆养，全县网箱养鱼达到 2600 箱，陆地工厂化养鱼水面 $2×10^4 m^2$。⑤加强"苗种工程"建设，启动育苗室 25 座，育苗水体 $3×10^4 m^3$，年繁育贝、鲍、参、鱼苗种能力达到 $1000×10^8$ 枚（头、条）以上，为增养殖业发展提供了苗种保障。

4. 工业比重逐年增长

长海县工业发展较快，1949 年工业产值为 $1.3×10^4$ 元，到 1988 年增长到 $10\,610×10^4$ 元（按 1980 年不变价）。从"四五"时期起，工业发展速度加快，年平均增长 25.3%。由于工业起步晚，基础差，工业在国民经济中所占比重及绝对值均不大。从工业部门看，主要是适合长海县本身特点的水产品加工工业和修造船业，此两项即占工业总产值的 82%，其他十多个工业行业的产值仅占 18%。

"十五"期末，长海县工业总产值达 $5×10^8$ 元，比"九五"期末增长 2.2 倍，年均增长 26%。其支柱产业——水产品加工业实现产值 $4×10^8$ 元，比"九五"期末增长 2.5 倍，精深加工率达到 50% 以上。目前，该县水产品加工企业总量已达 26 家，其中有 2 家达到 HACCP 标准、5 家通过了 ISO9000 质量体系认证，全县水产制品已发展到 26 大类、100 余个品种。

5. 海洋运输业有了较快的发展

"十五"期间，长海县建成港口码头 12 座，目前全县共有港口码头 20 余座，其中国家二类开放港口一座。新增客运船舶 13 艘，客位 2138 个。其中高速快艇 4 艘，客位 780 个；抗风能力 6～7 级的客运船只 4 艘，客位 970 个；新增货运船舶 26 艘、3600 载重吨，初步形成了"快捷、方便、舒适、安全"的海上客货运输体系。陆域交通条件进一步改善。新建了汽车客运站，修建公路 79.15km。"十五"期末，全县从事国际近洋水产品运输业的企业 11 家，船舶 25 艘。近 5 年来，完成航次 1609 个，运销各种水产品 $17×10^4 t$，销售收入 $4.2×10^8$ 元，实现利润 $1.1×10^8$ 元，分别比"九五"期间增长 30%、2.4 倍、23% 和 74%。2005 年末，全县交通运输业产值达 $1.1×10^8$ 元，比 2000 年增长 1 倍，年均增长 14.8%。以县镇为中心的县内外海陆交通网络已基本形成。

三、长山群岛区域开发建设途径分析

在未来的发展中，加强海岛建设，开发海洋资源，海岛成为联结内陆国土和海洋国土的结合部。长海的战略地位重要，首先，它是辽东半岛的前沿，大连市的门户。辽宁省确定辽东半岛对外开放和建设"海上辽宁"，长山群岛的开发，将成为建设辽东半岛和大连市对外开放的前沿阵地。其优势如下：

1. 海洋生物资源丰富，有利于发展耕海牧业

长山群岛海域广阔，总面积 514×10^4 亩，仅次于舟山群岛。海岛港湾多，岛、坨、礁星罗棋布，水道四通八达，海底平坦，立体利用水域发展渔业生产条件优越。从海况条件看，沿岸水域浮游生物多。据统计，长山群岛海域浮游生物有 20 多种，而硅藻类占 95％以上，主要优势种群为圆筛藻、角藻、角毛藻、直链藻等。全年都有生长，但圆筛藻、角藻秋季分布多，与多种鱼虾贝及其幼体的生长繁殖成同步关系，尤其浮游植物中的硅藻类成为贻贝和扇贝的主要掇食物，有利于贝类养殖（张耀光，2000）。加之海洋水温条件好，因此该区域是鱼虾贝藻栖息繁育的优良场所。海域内有适宜浮筏养殖的水面有 20×10^4 亩；有适宜养殖各种贝类和对虾的潮间带面积有 5 万多亩；适宜网箱养鱼水面有 80×10^4 亩；适宜刺参、盘鲍、扇贝、魁蚶、香螺、紫石房蛤等海珍品和经济贝类的底播增殖面积 60 多万亩。此外，适宜投放人工鱼礁，实行六线鱼、黑裙、星鳗、牙鲆和石碟等经济鱼类人工增养殖的海底面积有 200 多万亩。如果这些资源全部开发利用，将使水产品产量大量增加。

2. 建设港口，发展运输业

如上所述，长山群岛各主要海岛上有适宜于建港的港址，如大长山岛的蛎巴坨港、小长山的庙底湾港、广鹿岛的柳条沟港、獐子岛的大板江港、海洋岛的大滩湾港、石城岛的大蛤蟆沟港以及王家岛的后滩港等。这些港口建成后，一般都能形成 1000～2000t 级的泊位 1～2 个。目前长山群岛通航岛屿 17 个，岛屿之间和岛屿与陆地之间航线 25 条，装卸港点共计 45 个，截至 2004 年 5 月，全县拟建、正建和完成建设的主要港口有 22 座（非军港），包括四块石港、金蟾港、鸳鸯港、金盆港、哈仙港和塞里港（大长山岛镇），沙包港、东獐子港、小耗港、大耗港和褡裢港（獐子镇），后滩港、寿龙港（王家镇），庙底港、乌蟒港（小长山乡），柳条湾港、多落母港、瓜皮港、格仙港（广鹿乡），红石港（海洋乡），端头港、北嘴港（石城乡）。总设计吨位 9600t 左右，年货物吞吐能力 90×10^4 t，客运量 120×10^4 人次（栾维新、王海壮，2005）。陆岛运输客船（包括客滚船）和旅游船共计 60 余艘，货船 89 余艘，年船舶进出口签证约 62 900 艘次（马希农，2006）。

充分利用港口资源优势，发展港口建设，形成陆岛间、岛岛间连接的海上运输网络。在现有已建港口、码头的基础上，继续增加投入，扩建鸳鸯港，建设石城岛端头港，并建成若干个村级小岛客货码头，改善小岛客货运输条件，形成以县、镇为枢纽，辐射各乡镇，联结大连、皮口、庄河和金州的海运网络。以高速滚装船为主体，以快

捷、方便、舒适、安全为目标，形成陆岛间和岛屿间相连接的海上运输体系。通过滚装船集散，使四块石港对外转口贸易的综合吞吐量形成 $10×10^4$ t 规模。若对长山群岛港口及航道资源加以合理的利用，将促进长山群岛海上运输业的发展（张耀光，2004）。

海上运输是长海县一大优势产业。要充分利用海岛具有发展海上运输业的优越条件和国内即将形成的南北海域沟通的"黄金水道"以及同日本、韩国、东南亚各国和我国香港的经济交往，建立一支具有远航能力的运输船队。

海洋捕捞业原是长海县的支柱产业，在现有资源量减少的情况下，要稳定提高，以保持现有的近海捕捞业的规模，提高现有渔船设备的能力，以使产量和经济效益提高。并有计划发展大型渔轮，建立外海、远洋船队，开发外海和远洋资源（张耀光，2004）。

3. 进一步发展造船工业与水产品加工业

长海县国民生产总值中主要依靠海洋产业，渔农业占全县国民生产总值的 66.4%，而海洋渔业在大农业构成中又占 95.8%，实际上渔业在国民生产总值中占 60% 以上（主要是海洋捕捞和海水增养殖）。在第二产业的工业生产中，主要以水产品加工（冷藏）、船舶修造以及为海水养殖业服务的网绳生产、玻璃浮子生产。如按水产加工工业和修造船业计算，此二项占工业固定资产原值的 85% 左右。按全县工业产值计算，水产加工和修造船业占全部工业总产值的 88% 左右（张耀光，2004）。因此造船工业和水产品加工工业，是目前长海县的主要工业部门。但是目前造船工业以修造为主，造小型船为主。随着港口建设，渔业生产发展，海上运输也相应发展为远洋与近海运输，因而可以造一部分 600~1000 马力的船。在修船方面，由以旱场修水船为主，转向以水坞修大船为主。今后可在大长山岛等处修建一座水坞以供修造船只之用。

水产品加工工业，目前主要起冷藏的作用，深加工不够。随着今后海水养殖事业的发展，不但要提高冷藏能力和水平，同时还要发展水产品的深加工工业，为出口、为发展成外向型经济服务。

4. 发展海洋洋旅游业

海洋旅游业是海岛经济发展的重要产业。目前长海县已确定建设为国家级森林公园，成为海洋中的"绿洲"，把长山群岛建成花园式的生态岛，发展森林旅游业，把海岛的自然资源优势转化为旅游资源优势。以五区、八岛、十一滩为依托，以渔家风情游、休闲渔业游、九岛风光游（大、小王家岛称之为海王九岛）、赶海垂钓游、海洋科普游等为主要内容，把长海县建成环境优美、景区景点设施配套、旅游项目独特、接待设施完善、交通顺畅发达的辽宁省旅游度假区。当前开发长山群岛，交通条件仍为关键。

第四节　黄海的经济发展与结构

根据黄海的海域范围，其沿岸地区在行政区划上属辽宁、山东和江苏三个省。北黄海部分为辽东半岛东南侧海域，行政上属辽宁省的大连市和丹东市；南黄海部分为山东半岛及其以南地区，行政区划属山东省的烟台市、威海市、青岛市和临沂地区以及江苏省的连云港市、盐城市和南通市。

一、黄海的经济地位

黄海沿岸（按沿海市统计，2007，下同）共有人口 21 130×10⁴ 人，占全国总人口（131 448×10⁴）的 16.1%。其中农业人口 10 402×10⁴ 人，占全国农业总人口（73 742×10⁴）的 14.1%，非农业人口 10 728×10⁴ 人，占全国总人口的 8.2%。沿海地区社会总产值 52 973.59×10⁸ 元（2007 年统计），占全国社会总产值（210 871.0×10⁸）的 25.1%；工农业总产值 64 123.36×10⁸ 元，占全国工农业总产值（231 061×10⁸）的 27.8%；国民收入 30 242.9×10⁸ 元，占全国（161 587.3×10⁴）的 18.7%；人均国民收入 14 312.78 元，高于全国 12 292.87 元的水平。按国民生产总值划分的三个产业，以第二产业为主，占国民生产总值的 48.82%，其次为第三产业占 28.40%，第一产业占 22.78%（中华人民共和国国家统计局，2007）。

渔业生产在沿海国民经济中占有一定比重，尤其渔业生产在大农业中的比重，可以反映出海洋的作用。随着海洋事业的进一步发展，其比重将越来越高。从表 9.7 中可以反映出这一特点。

表 9.7　2007 年黄海沿岸及其海岛大农业构成

地区	大农业构成/10⁸ 元				
	农林牧渔业总产值	农业	林业	牧业	渔业
全国	41224.3	21549.1	1602.0	13640.2	4433.0
黄海沿岸	8340.8	4326.1	172	2386.4	1456.3
占全国比重/%	20.23	20.08	10.74	17.50	32.85

黄海沿岸市区土地面积 411 930km²，占全国陆域土地面积（9 506 930km²）的 4.3%，人口密度 512.95 人/km²，高于全国 138.27 人/km²，反映了沿海地区的人口密集。

二、黄海区海洋产业分布

（一）形成黄海区海洋产业的资源条件

1. 丰富的生物资源

在黄海水体中，影响生物生存的环境因素主要有黄海暖流、东西两侧的沿岸流和黄海冷水团。黄海的海水盐度均为 32 左右。上述环境条件，决定了黄海的生物资源以暖温性品种为主，同时兼有暖水性和温水性品种。据有关专家统计，在黄海西部共有 250 种鱼类、虾、蟹等甲壳类和乌贼、蛤、螺等软体动物（合计 200 余种）。另外，还有海蜇等海产动物。其中，大约有 40 种具有捕捞价值，最高年产量在 1×10⁴ t 以上的有 15 种，年产量在 1000～1×10⁴ t 之间的有 22 种。

2. 滩涂资源丰富

我国共有滩涂资源 3570.6×10⁴ 亩，其中黄海沿岸约 1214.9×10⁴ 亩，占我国沿海滩涂资源的 34% 左右。主要集中分布在江苏沿海，共 1031.3×10^4 亩，占黄海沿岸滩涂的 84.9%。广阔的滩涂可以发展海水养殖业、晒盐业、种植业以及种大米草。

3. 港口资源

从鸭绿江口向西经辽东半岛老铁山，过渤海海峡自山东半岛北部掖里虎头崖，向东环绕山东半岛至江苏连云港附近，主要是港湾海岸。在这里有优良的港址，目前已开发的港口有大连、青岛、烟台、石臼所和连云港等。特别是辽宁与山东境内沿海及岛屿深居海湾内，基岩岸段长，深水区离岸近，适宜建设大、中、小各种类型的港口。如石岛湾内的镆铘岛，距岸区 3km 外，水深大于 10m 以上，可建 5×10^4 t 级以上的大型码头。大长山岛有数千吨级的港址。小长山岛、养马岛等岛屿可建中小型港口。在北黄海沿岸的辽东半岛东南，除目前已建有大连港、鲇鱼湾港，以及正在建的大窑湾深水港外，在庄河黑岛附近也有建港的港址。

4. 旅游资源

黄海沿岸及海中岛屿旅游为一特色，如大连、崂山、蓬莱仙阁旅游区等。特别是海岛，如素有"仙岛"之称的庙岛群岛，以其古老的文化、千姿百态的礁石和光怪陆离的"珠玑球石"而闻名于全国。有与烟台一水之隔的崆峒岛，还有相传秦始皇东巡在此养过马的养马岛，同中日甲午战争一起载入史册的刘公岛。辽宁长山群岛的旅游资源也较丰富，有待开发。

5. 潜在的油气资源

我国在黄海进行油气调查和勘探已有 20 年的历史，调查结果表明，南黄海盆地是苏北含油气盆地向海域的延伸部分，新生界沉积厚度超过 5000m。1978 年，地矿部又在北黄海作了 $8 \times 10^4 km^2$ 的航空磁测调查。调查证明，北黄海有小型分割性盆地发育，但沉积厚度不大。

南黄海盆地分成南北两个拗陷，中新生界沉积厚度约 4000～5000m。据有关分析，南部拗陷具备形成油气储藏的基本条件，且已有两口探井见到了油气资源，有可能找到商业性气田。我国已与三家外国石油公司签订了 $2247.5 km^2$ 的合作开发区，目前正在进行勘探。

北黄海有两个沉积盆地，主要在我国一侧的山东半岛北部的盆地，只有小型分割性盆地，沉积厚度为 1000～2000m，只有一般的油气远景。另一个是靠鸭绿江的朝鲜盆地，沉积层厚度也只有 2000m，朝鲜认为有良好的油气前景。

（二）黄海主要海洋产业布局

1. 进一步发展海洋渔业生产

黄海海域共有 14 个渔场，它们是海洋岛、海东、烟威、威东、石岛、石东、青海、海州湾、连青石、吕四、连东、大沙和沙外渔场等，共有 446 076.624 9nmile^2。估计上述渔场的年可捕量约为 $340 \times 10^4 t$。主要品种有：大黄鱼、小黄鱼、带鱼、鲐鱼、鲳鱼、鳓鱼、鲷鱼、马鲛鱼、青鱼、鳗鱼、马面鲀、鲽鱼、石斑鱼、金枪鱼以及墨鱼（乌贼）、对虾、毛虾、梭子蟹、海蜇等。

黄海区是我国江苏以北各省、市的主要捕鱼区，平均年捕捞量约为 $60 \times 10^4 \sim 70 \times 10^4 t$。不同历史时期主要捕捞品种有所变化。其中，20世纪50~60年代最高产量超过万吨的有小黄鱼、鳕鱼、河鲀、蛇鲻、毛虾；70年代最高产量超过万吨的有大黄鱼、鲆鲽、鳀鱼、黄姑鱼、太平洋鲱、鲳鱼、鲇鱼、鳗鱼、白姑鱼、红娘鱼、鲅鳒鱼、绵鳚、对虾、日本枪乌贼；80年代最高产量超过万吨的有带鱼、鲅鱼、梅童、青鳞、黄鲫、鳀鱼、叫姑鱼、梭子蟹。

目前，黄海的主要渔场和主要经济鱼类都面临资源衰退或枯竭的危机。以国营渔轮的捕捞情况为例，黄海北部在20世纪60年代以优质鱼类为主，小黄鱼、带鱼、鳕鱼、鲆鲽类占总捕量的61%，70年代上述几种鱼类的比例只占总捕量的10%，80年代这个比例又有下降，几乎没有什么好的经济鱼类了。黄海中部在60年代，小黄鱼、带鱼等占总渔获量的52%，70年代下降到29%，80年代下降到21%，目前，黄海中部也没有什么好的经济鱼类了。黄海南部的情况稍好一些，60年代小黄鱼、带鱼等占总捕获量的69%，70年代由于带鱼产量增加，大黄鱼、小黄鱼、带鱼等占总捕获量的76%，80年代以来，上述鱼类的比例下降了25%，合计占总捕捞量的51%。黄海南部各渔场主要捕捞越冬群体和东海北上索饵的鱼群。

目前黄海捕捞的经济鱼类中，低龄化现象十分严重，主要依靠大量捕捞幼鱼维持产量。例如，吕四渔场的小黄鱼，1956年3~5龄鱼占64%，1975年1~2龄鱼竟占到94%。黄海南部的鲐鱼，50年代4龄以上的高龄鱼占95%，80年代以来下降到2%~3%。大沙渔场一带的鲅鱼，1965年到1980年，2龄鱼占60%~70%，1982年后下降到27%~32%。由于长期过度捕捞，主要经济鱼类出现了个体小型化、性成熟提早、低龄鱼增加的恶性循环现象。

黄海区近几年来，海水养殖业发展较快，到1988年海水养殖面积已达 173.67×10^4 亩，占沿海各海区面积的28.0%（与渤海相近27.6%），居第一位。产量为 4 191 145t，占海水养殖总产量的29.4%，次于渤海（占35.3%）。山东半岛和辽东半岛沿岸是主要产区。

在海水养殖构成中，以贝类养殖为主，面积为 101.99×10^4 亩，占养殖面积的58.7%，产量 242 214t，占养殖产量的57.8%。在贝类养殖中，以蛤为主，养殖面积为 93.14×10^4 亩，占黄海总养殖面积的53.6%，占黄海贝类养殖面积的91.4%，产量占贝类养殖的16.1%，主要是养殖文蛤，尤其江苏省沿海滩涂的文蛤资源数量可观。江苏沿海，贝类养殖面积不大，产量较高的是贻贝养殖，贻贝养殖面积仅 2.08×10^4 亩，占贝类养殖面积的2.0%，但产量却达 110 189t，占贝类养殖的45.5%。扇贝类养殖面积为 3.65×10^4 亩，占黄海贝类养殖面积的3.6%，而产量为 88 068t. 占贝类养殖产量的36.4%。贝类养殖以黄海北部海域为主。除贝类养殖比重高之外，居第二位的即为虾蟹类养殖。主要是对虾养殖，养殖面积为 62.68×10^4 亩，占黄海养殖面积的36.1%，占全国对虾养殖面积的25.6%。产量 44 856t，占黄海养殖产量的10.7%，占全国对虾养殖产量的22.5%，次于渤海区占第二位。藻类养殖面积黄海为 6.85×10^4

亩，占整个海域的30%，仅次于东海区（55.1%）。但藻类的养殖产量达130 445t，占整个海域藻类养殖产量的53.3%，居第一位。而东海区仅占26.4%。藻类养殖以海带为主，养殖面积和产量均占各海区之首，为整个海域海带养殖的一半以上，面积占56.3%，产量占59.9%。

黄海区渔业生产今后应减轻捕捞强度，使海洋生物资源量逐年有所增长。同时今后应大力发展耕海牧业，发展海水养殖，使海洋牧场的面积不断扩大，养殖产量逐年增长。

2. 发展海盐业，成为我国北方第二个海盐重点产区

在我国北方盐区中，除渤海沿岸是主要盐区外，黄海沿岸是另一个海盐主要产区，产盐量约在 $290 \times 10^4 \sim 300 \times 10^4$ t 之间。盐田总面积 11.78×10^4 hm²，盐田生产面积 10.65×10^4 hm²。其中，以青岛盐务局下属的南万、东风、东营等盐场为主体。江苏盐业公司以淮北盐场为主体。黄海北岸的主要盐场为大连皮子窝盐场、青堆盐场。黄海沿岸盐田的面积和产量见表9.8。

表 9.8　黄海沿岸盐田面积和产量表（张耀光，1996）

地区	盐产量/t	盐田总面积/hm²	盐田生产面积/hm²
大连市	258 000	14 020.7	12 702.3
丹东市	4 000	370.0	296.0
青岛市	460 595	10 801.0	9 925.8
烟台市	200 757	6 199.7	5 687.4
临沂地区	19 803	889.0	809.6
苏北沿海	1 894 000	85 500.0	77 100.0
共计	2 977 155	117 780.4	106 521.1
比重/%	20.1	34.2	34.8

3. 黄海是我国主要港口分布的海区，又是我国两个欧亚大陆桥桥头堡所在的海区

黄海是我国港口分布的主要海区，港口资源丰富，已建成的大、中型港口有大连、青岛、烟台和连云港等。目前正在建设的有我国四大深水港之一的大连的大窑湾港和青岛的前湾港。

中国沿海港口150余个（含南京港及南京以下港口），按我国目前统计的沿海主要大型港口为25个，黄海沿岸8个，占1/3。在黄海已建成的海港中，吞吐量在 1000×10^4 t 以上的港口有大连、青岛、日照港和连云港。吞吐量在 $500 \times 10^4 \sim 1000 \times 10^4$ t 之间的有烟台、南通港、石臼新港。$100 \times 10^4 \sim 500 \times 10^4$ t 的有龙口、威海港和大丰港等[①]。在我国提出的两条欧亚大陆桥的起点港，均在本海区内，一是大连港，另一是连云港。特别是连云港作为我国第二条欧亚陆桥的东桥头堡，将在黄海海洋运输以及与内

---

① 资料来源：http://www.chinaports.org

陆经济联系方面，逐渐发挥重要作用。

4. 大力发展滨海与海岛旅游业，成为黄海地区新的支柱

随着旅游事业的发展，旅游资源得到开发，尤其是体现具有海洋旅游资源特色的大连金石滩、烟台蓬莱阁、青岛崂山以及海岛的风景资源开发，吸引了大量的游客。这些旅游点不但建设了旅游宾馆和涉外饭店，为接待旅游人员服务，同时，相应的交通条件，其他旅游设施也在不断完善。今后将进一步开发旅游资源，不断完善旅游设施，黄海区的旅游事业发展将大有潜力。

5. 沿岸港口城市将进一步发展

我国沿海大多数是港口城市，城市的形成和发展与港口的兴衰息息相关。沿海港口城市在我国经济发展和现代化建设中，具有举足轻重的地位。

1984 年我国宣布开放大连、秦皇岛、天津、烟台、青岛、连云港、南通、上海、宁波、温州、福州、广州、湛江、北海 14 个沿海港口城市，黄海沿岸的城市有 5 个，其中大连和青岛不仅是全国重要的工业基地，而且是具有商业、外贸、金融、交通、信息、科技、文化等其他多种功能的强大经济中心。特别是南通市地处"临江滨海"的特殊地位，它虽然是河口型的港口，但位于长江口北岸，距上海吴淞口 96km，出口入海可达我国沿海和世界各主要港口，有利于发挥江海联运的综合经济效益。

在长三角业已形成的港口群中，以上海国际航运中心的建设定位确立的上海港为圆心，辐射半径 300km 的长三角港口板块格局，主要有南部的宁波-舟山港、台州港和温州港，2007 年完成的吞吐量达 5.4×10^8 t；中部除上海港外，主要港口还有杭州湾一侧的嘉兴港，长江下游一侧的南京港、镇江港、江阴港、张家港、常熟港、太仓港等，2008 年完成的吞吐量约 10.65×10^8 t；北部的主要港口大都集中在长江沿线，如扬州港、泰州港、南通港，2007 年完成的吞吐量为 1.64×10^8 t。此外，沿海自连云港以下，现有的射阳港等为靠泊千吨级船舶的小港。

洋口港位于长江口北翼、江苏省南通市如东县海岸外，南枕长江，东临黄海，地处我国沿海沿江"T"型经济带交汇处，雄居长江三角洲洲头。隔海与韩国、日本相望，隔江与上海及苏南相依，溯江联结长江中上游诸省，是我国东部地区"外引西进"的理想桥头堡，战略地位十分重要。

洋口港烂沙洋水道是承袭长江古河道发育而成的潮汐通道，一般水深达 17m，无需疏浚即可满足 10×10^4 t 级船舶进港。航道两侧有天然沙洲掩护，波浪经过沙洲自然削弱，无需修建防波堤。邻近西太阳沙 0m 线以上面积近 $6km^2$，可建 $4 \sim 5km^2$ 人工岛。临港工业区 $30 \sim 45km^2$，现已建成黄海大桥（陆岛通道）12.6km，太阳岛（人工岛）近期建设 $2km^2$，远期可建 $4 \sim 5km^2$。现规划开发利用黄沙洋水道，可建 30×10^4 t 级深水航道、码头及广阔的临港工业区。

开发建设洋口港不仅可以优化长三角的港口布局，而且可以改变长三角地区经济发展"南强北弱"的格局，加快形成以上海港为中心、宁波-舟山港为南翼，洋口港为北翼，同时以长江内河诸港为延伸的长三角组合港布局。

参 考 文 献

陈则实等. 1998. 中国海湾志——第十四分册：重要河口. 北京：海洋出版社

丁宗信. 1986. 南黄海秋末渔盐度垂直结构及其与流系关系的分析. 海洋科学集刊，27：87～95

高抒，朱大奎. 1988. 江苏淤泥质海岸剖面的初步研究. 南京大学学报，21（1）：75～84

李海宇. 2002. "4S" 技术系统在辐射沙脊群演变研究中的应用. 见：王颖主编. 黄海陆架辐射沙脊群. 北京：中国环境科学出版社

李坤平. 1991. 黄海冷水团对海洋变动的响应. 海洋学报，13（6）：779～785

林金祥. 1981. 黄海冷水团的基本特征. 海洋研究，（19）：1～16

刘忠臣，刘保华，黄振宗等. 2005. 中国近海及邻近海域地形地貌. 北京：海洋出版社

栾维新，王海壮. 2005. 长山群岛区域发展的地理基础与差异因素研究. 地理科学，25（5）：544～550

马劲松. 2002. 海岸海洋 "4S" 技术系统的可视化模型与应用实例. 见：王颖主编. 黄海陆架辐射沙脊群. 北京：中国环境科学出版社

马希农. 2006. 长山群岛陆岛运输现状及对策. 中国水运，6：36～37

秦蕴珊，赵一阳，陈丽蓉等. 1989. 黄海地质. 北京：科学出版社

任美锷，曾成开. 1980. 论现实主义原则在海洋地质学中的应用. 海洋学报，2（2）：94～111

王颖. 2003. 充分利用天然潮流通道，建设江苏洋口深水港临海工业基地. 水资源保护，（6）：1～4

王颖，朱大奎，周旅复等. 1998. 黄海辐射沙脊群沉积特点及其演变. 中国科学，28（5）：285～293

王颖等. 2002. 黄海陆架辐射沙脊群. 北京：中国环境科学出版社

于非，张志欣，刁新源等. 2006. 黄海冷水团演变过程及其与邻近水团关系的分析. 海洋学报，28（5）：26～34

张耀光. 1996. 中国海洋盐业. 见：中国地理学会海洋地理专业委员会主编. 中国海洋地理. 北京：科学出版社

张耀光. 2000. 长山列岛海洋农牧化布局与可持续发展研究. 资源科学，22（2）：54～60

张耀光. 2004. 长山群岛资源利用与经济可持续发展对策. 辽宁师范大学学报（社会科学版），27（1）：35～38

张耀光，张云端. 1997. 长山群岛经济社会系统分析——辽宁省长海县综合发展战略研究. 大连：辽宁师范大学出版社

郑光膺. 1991. 黄海第四纪地质. 北京：科学出版社

中华人民共和国国家统计局. 2007. 中国统计年鉴2007. 北京：中国统计出版社

朱大奎，许廷官. 1982. 江苏中部海岸发育和开发利用问题. 南京大学学报（自然科学版），（3）：802～803

朱大奎，傅命佐. 1986. 江苏岸外辐射沙洲的初步研究. 见：江苏省科委海涂办公室编. 江苏省海岸带东沙滩综合调查（文集）. 北京：海洋出版社

Off T. 1963. Rhythmic linear sand bodies caused by tidal currents. American Association of Petroleum Geologists Bul-letion，47：304～341

Qin Y S, Li F, Xu S M. 1988. Study on suspended matter is sea water in the South Yellow Sea. Chinese Journal of Oceanology and Limnology，6（3）：201～215

Wageman J M, Hilde T M C, Emery K O. 1970. Structure framework of East China Sea and Yellow Sea. American Association of Petroleum Geologists，54（9）：1611～1643

第十章 东 海[*]

　　东海为西太平洋边缘海之一，位于 $21°54'\sim33°17'$N，$117°05'\sim131°03'$E 之间。它西北接黄海，东北以济州岛东南端至日本长崎半岛连线与朝鲜海峡为界，东及东南以日本九州、琉球群岛及我国台湾岛连线与太平洋相接，南以福建与广东省交界处的南澳岛和台湾省南端的鹅銮鼻的连线为界（图 10.1）。北宽南窄，NE—SW 向长度约 1300km，东西向宽约 740km，总面积约 77×10^4 km²。平均水深 370 m，最大水深 2719 m。东海海底西部为宽阔的大陆架，是世界最宽的陆架之一，占东海总面积的 2/3；东部为大陆坡带。东海与太平洋及邻近海域有许多海峡相通，南面以台湾海峡与南海连接，东以琉球诸水道与太平洋贯通，东北经朝鲜海峡与日本海相通。

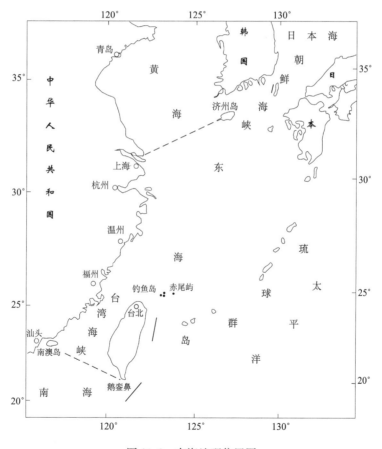

图 10.1　东海地理位置图

---

　　[*] 本章作者：刘绍文、于堃。据王颖，1996《中国海洋地理》第二十章补充改写

第一节 区域特征

一、东海地质构造与矿产资源

（一）东海的构造带

东海的构造自西北而东南，可分为浙闽隆起带、大陆架拗陷带、大陆架外缘隆褶带、冲绳海槽张裂带和琉球岛弧等。由于发展历史差异，各单元的基底、盖层、火山、岩浆活动等也各不相同。

1. 基底与盖层

东海西北区，是浙闽古陆的一部分，基底为元古宇的变质岩系。包括一套片麻岩、千枚岩、石英岩等，在浙江称为陈蔡群，福建称建瓯群。其上部广泛分布的是自晚侏罗世、白垩纪的火山岩系及部分内陆盆地沉积等。

本区的主体东海大陆架，是一新生代的断陷沉降盆地。盆地的基底有古老的变质岩类，也有中生代的变质岩、碎屑岩、火山岩、岩浆岩等。上部覆盖了巨厚的新生代地层，最大厚度可达 15km（吴启达等，1984）。从地震资料分析，有四个层组，由上而下：第一构造层是上新世至第四纪的海相、浅海相沉积，具水平状的未固结的沙泥沉积。第二构造层是渐新统、中新统近乎水平的地层，由于各地下降程度不同，地层厚薄不一，最大厚度可达 5000m，是一套海相、浅海相的砂岩、泥质岩的互层。这是本区的主要生油层。第三构造层是古新统、始新统的海相、滨海相灰质砂岩夹煤层及白云岩，分布于本海区南部，厚度可达 2000m。第四构造层是白垩统至古新统的钙质长石砂岩、砂质灰岩、页岩及凝灰岩等（秦蕴珊等，1987），多集中分布陆架南部，也是一套煤系地层，厚度可达 6000m。

东海陆架外缘是中新世晚期褶皱隆起的构造脊，基底为中新世地层被褶皱变形。在隆起带的一些低洼处，覆盖有更新世及全新世的海相沉积物。

海槽区，中新世以前的地层经受变质，组成本区基底，上覆中新世以后的海相地层，厚达 1000m 余，海槽南北各有不同。

琉球岛弧是双列岛弧，内弧是由上新世至第四纪的火山岩组成，又称吐噶喇火山链。外弧是由古生代、中生代及古近纪的变质岩组成，向陆方年代较老，变质也深，向洋侧为中生代及古近纪的沙泥质浊流混杂岩。

欧亚板块东部边缘，经历了印支运动、燕山运动，使本区与华北古陆结成一个统一整体。其后，本海区又经历了四次较大的地壳运动。它们是：

第一次东海运动—燕山运动之后，自白垩纪至古新世，东海地区出现裂谷、断陷，形成陆架的雏形，在台湾称此为太平运动。之后经始新世，陆架区又进一步扩大加深，出现广大陆架区，称此为东海运动二幕。

自渐新世至中新世，陆架区沉积了海相、河流沼泽相的砂岩、泥岩、砂砾岩、碳酸盐岩及煤系沉积，而外缘发生大规模褶皱隆起，出现陆架外缘的台湾-钓鱼岛褶皱带。

而在褶皱带的外缘地壳破碎开裂，形成冲绳海槽的雏形，即为冲绳运动一幕。自上新世至第四纪，东海陆架继续塌陷下沉，沉积了海相、河流相的砂岩、泥岩及第四纪的砂、粉砂、黏土等，而槽中裂谷加深，火山喷发，岩浆活动加剧，海槽扩大增深，称此为冲绳运动二幕。

上述四次地壳变动，总称为喜马拉雅造山运动。本区经历四次运动之后，欧亚大陆的东部边缘由西北向东南推进，东亚陆地不断增生，使亚洲大陆的东界向前推移了约800km，将欧亚板块与菲律宾板块的接合部移至目前的琉球海沟（张文佑等，1982）。

2. 地震、火山与岩浆活动

地壳断裂、岩浆活动、火山喷发，它们彼此互为依存（张文佑等，1986）。如中生代浙闽古陆破碎，出现一系列 NE—SW 向深大断裂，像江山-绍兴断裂、丽水-余姚断裂及沿海岸的南澳-长乐-温州-舟山断裂带。伴随着本区强烈的岩浆侵入与火山活动，其活动约可分三期：

（1）燕山期中酸性岩浆岩入侵及火山喷发，这在东南沿海形成了广泛的燕山期花岗岩体。在浙江沿海是一套流纹岩和凝灰岩。

（2）古近纪与新近纪陆架边缘及台湾岛等地的钙碱玄武岩与安山岩喷发，直至目前仍在活动。

（3）第三期为第四纪火山活动，主要为安山岩等喷发的浮岩。活动范围集中于冲绳海槽，吐噶喇内弧即是目前火山活动的产物。

本区地震活动受制于板块边缘构造活动，从地震强度频度看，可分两带：第一带与诏安-长乐-温州-济州岛断裂相伴随，活动于大陆边缘，以浅震源、低震级为特征。第二带分布于琉球群岛与台湾岛的东侧，这里属于环太平洋强地震活动带的一段，具频度高、震级大、震源深的特点。

通过东海的地壳运动，本区的地质发展历史具有下列特点：

（1）中国华南古陆的发展是自西北向东南、由老到新的逐步推进。

（2）浙、闽隆起带内，在中生代的燕山期中，本区地壳破碎，火山喷溢，岩浆入侵特别活跃，形成了侏罗纪、白垩纪巨厚的流纹岩、安山岩、英安岩等火山岩系地层，构成东南沿海地质上的一大特色。有学者认为此属古欧亚板块边缘的火山弧（郭令智等，1980）。

（3）本区构造变动、地壳演化具有明显的隆起与拗陷相伴随的特点，形成隆起带与沉降带的交替出现，其构造带呈 NE—SE 向的条带状分布。

（二）东海的矿产资源

随着科学技术的发展，可供利用和开采的资源面不断加宽，储量也随之变化，本区矿产资源主要有石油、天然气、煤及海岸带石英砂等。

1. 石油、天然气和水合物

从地质历史发展过程看，陆架拗陷带内沉积了巨厚的中、新生代滨海相、河流相、浅海相地层，成油地层发育。通过钻探，已见工业油流，是一具有重大潜在远景的石油、天然气地区（王国纯，1990）。东海石油地质条件以东海陆架盆地最优，冲绳海槽盆地次之。东海陆架盆地的生油条件好、储集层发育、盖层条件好，具有良好的聚油条件并已发现工业油气流与油气田。其中以西湖凹陷西南部和瓯江凹陷为含油气远景最有利分布区，应该是油气普查勘探的重点地区（刘光鼎，1992）。石油与天然气在陆架南部的台湾海峡已开采多年。北部陆架初步勘查，有四个沉降盆地，自北往南是福江拗陷、浙东拗陷、台北拗陷和台西拗陷，在一个拗陷内有多个小型盆地与洼地。在这些凹陷盆地中，不但具有生油、气的母岩，而且有很好的储聚环境和良好的成油理化条件。

东海发育多种油气藏类型。陆架西部凹陷带以潜山披覆型油气藏为特征，东部凹陷带以挤压型背斜油气藏发育为特征，还有与断层有关（逆牵引、断块、断鼻等）的各种油气藏。在浙东拗陷与台北拗陷就发现 120 多个构造圈闭，如挤压背斜、潜山披覆构造等，也有在凹陷斜坡及断阶带形成的牵引背斜、断鼻构造、断块圈闭等良好的储油气条件。经过中石化上海海洋油气分公司近 30 年的勘探和综合研究，在东海西湖凹陷，先后已发现了 8 个油气田和 4 个含油气构造，相继获得的探明加控制储量近 2×10^8 t 油当量，其中东海平湖油气田已经开发，春晓气田群也即将投入开发。在瓯江凹陷，先后已发现了 1 个二氧化碳气藏和 2 个含油气构造，取得了可观的经济效益和良好的社会效益[①]。

东海海域，特别是冲绳海槽及其两侧斜坡具备良好的天然气水合物成矿条件，是我国寻找天然气水合物工作中必须重视的海域。该区为正在扩张的新生代弧后盆地，构造变形强烈。从沉积与热流条件分析，冲绳海槽及其两侧斜坡区具有较厚的沉积物、较高的有机质含量、较快的沉积速率及高热流背景，这些条件都有利于水合物的形成。此外还发育良好的增生楔，具备有利的构造条件。目前已经在冲绳海槽发现了诸如 BSR、CO_2 型水合物及其脉状 CO_2 流体、甲烷浓度异常等地球物理、地球化学标示，并初步推断冲绳海槽的资源量为 5.4×10^{12} m^3，相当于 5.4×10^{12} t 石油，资源储量相当可观（李家彪，2005）。

2. 多金属硫化物矿产资源

通过国内外对冲绳海槽海底热液活动的调查（翟世奎等，2001），发现冲绳海槽轴部地区海底热液活动强烈，分布有一定数量的海底黑烟囱和热液生物群落，是东海海底热液硫化物矿床唯一有远景的地区，富含有重要经济价值的多金属 Cu、Pb、Zn、Au、Ag、Cd 等，其指标均达到工业矿床标准。

冲绳海槽目前发现的海底热液活动区主要集中在中部的伊是名海洼区、伊平屋海洼区、南奄西海丘去及德之岛西海山（李家彪，2008）。此外，在海槽北部鹿儿岛湾的若御子破火山口也发现有热液和气体喷出，喷口周围可见热液成因的硫化物和碳酸盐；在冲绳南部的八重山地堑内发现了闪光水和热液生物群落，在海底火山及火山岛附近的热液测定及采样工作表明有热液喷出的可能。

---

① 中国石化石油勘探开发研究院无锡实验地质研究所.2004.东海陆架盆地中生界含油气条件分析

3. 滨海砂矿资源

东海滨海砂矿类型主要有磁铁矿、钛铁矿、锆石、独居石、磷钇矿、石英砂等。主要分布在浙江、福建、台湾沿岸及岛屿地区；上海及杭州湾附近较少，其矿体规模、矿物种类一般都不及黄海和南海的滨海砂矿（李家彪，2008）。

石英砂是重要的建筑材料，也是工业资源。在福建省的沿海，北起闽江口，南至东山岛，有着丰富的石英砂资源。如长乐县的江田、平坛岛、晋江深沪湾，东山岛的梧龙、澳角等。这些地区由海洋作用形成的石英砂，不但规模大，砂质也纯洁，可直接用于生产玻璃。

4. 煤资源

在东海陆架盆地中，沉积了巨厚的古近纪与新近纪以来的河流相、湖泊相、沼泽相、海陆交互相及海相物质，发育良好的含煤建造及煤层。在西湖凹陷、瓯江凹陷、长江凹陷和钱塘凹陷等新生代地层中都发现了厚度不等的煤层，尤其是台湾海峡的新竹凹陷，中新统发育了一套较厚的滨海-浅海相含煤碎屑建造，已大量开采。

二、东海海底地貌与大陆架沉积动力作用

整个东海区按其地貌特征，可分两大部分：浅海陆架地貌与半深海海槽地貌。陆架区是沉积作用为主要动力的沉积地貌，而海槽区只是以内力构造作用的构造地貌。两者的分界地段是陆架坡折带。

1. 东海大陆架区地貌

自白垩纪末东海地区渐渐断裂拗陷，接受了大量的陆源碎屑，边拗陷边淤积，以致形成当今的宽广、起伏和缓的平坦陆架平原。整个东亚陆架，从黄海、东海（包括台湾海峡），可以视为一个整体，各区虽有特色，但却是彼此联系，密切不可分割。全区可分下列几大地貌单元：

1）复式水下三角洲

东海沿岸河流众多。在河流入海处，随着河水注入海洋，由于流幅变宽及海水的顶托作用，流速减慢，河流所携带的泥沙在河口附近海域堆积，形成水下三角洲。由于不同河流水文、泥沙条件的差异及河口区海洋动力条件的不同，河口区形成不同沉积模式的水下三角洲及河-海共同作用的沉积地貌组合（刘忠臣等，2005）。

复式水下三角洲北起海州湾，南至舟山群岛，西起黄淮平原，东边止于东海水深 $50\sim60m$（约 $35°00'N$，$122°00'E$ 至 $32°00'N$，$125°30'E$）一线。在北段有废黄河水下三角洲，南侧有长江水下三角洲，其他尚有当今的沂河、沭河、淮河、钱塘江等河流的加入，组成一个复式水下三角洲体系（任美锷、曾成开，1980）。废黄河水下三角洲，包括黄河多次苏北夺淮入海新塑造的水下三角洲，其外侧位于水深 $40\sim50m$ 一线，顶面平坦，前缘陡峭，组成物质多为粉砂、泥质粉砂或砂-泥-粉砂等。复式三角洲的南缘是

扬子江大沙滩，包括古代和现代长江水下三角洲，其外缘抵达苏岩、虎皮礁（125°30′E左右）。现河口的组成物主要是粉砂质泥、粉砂等，而在125°30′E以东的古长江三角洲是以细砂为主。介于黄河、长江两大三角洲之间，是被现代潮流塑造的琼港（苏北）辐射状沙脊群，这是过去的长江三角洲，经受后期潮流改造的结果。

2）浙、闽沿岸的沉积岸坡

沉积岸坡北侧与现代长江水下三角洲相接，南侧抵达福建中部外海，呈环陆的条带状，由岸至外侧水深60～70m一线，宽约70～80km，主要物质为粉砂质泥或泥质粉砂。

3）浙江外海的梳状沙脊与台湾海峡的沙脊群

长江三角洲的南缘，沉积岸坡的外侧，是陆架沙脊群，其外缘抵达水深60m处，南部约在台中市至莆田一线以北海峡区。本区内按沙脊排列走向差异，可分为南北二区：它们的过渡带在温州至台湾基隆一线，此线之东北为梳状沙脊区，其西南为海峡沙脊区；在两区的交界地段，是一台阶状陡坎，约呈NW—SE走向，东北陆架区要比西南海峡区水深20m。

东北梳状沙脊区发育了一系列NW—SE向沙脊，向海区发育至水深120m一线，沙脊与沙脊间是一谷地，脊谷相间，彼此高差在10m左右，最大可达17m。沙脊的西北（浅处）脊脊汇综，沙脊向东南（外海）开口，所以整体外形似是梳背在西北，梳齿在东南的梳子。沙脊长短不一，有的长达100km余，其组成物质均为细砂。

海峡沙脊区：这里沙脊与凹槽相间，脊槽呈NE—SW走向，彼此平行，与海峡走向基本一致。可本区沙脊高程较大，有的沙脊顶高出两侧槽谷30m余。沙脊与槽谷均系细砂组成。

上述沙脊群的北区梳状沙脊位于台湾暖流北上的路径上，可是沙脊的走向与流向呈直角相交，与一般地形顺作用力的原理相悖，而与太平洋潮波进入东海的方向一致。海峡的沙脊走向恰与当今潮波传播方向、流向相一致。沙脊发育的水深位于40～90m范围的沙质沉积区，当水深大于90m左右，沙脊消失，当水深少于40m，其底质由沙、细砂，过渡为粉砂或泥质粉砂区，也即由外海水系转为沿岸水系时，沙脊也消失。从海洋沉积物的组成年代看，本区全新世沉积甚少以致缺失，而晚更新世的地层直接出露海底。朱永其等（1984）认为，它们的形成是晚更新世期间，海平面较长期的在水深30～40m处停顿时，形成于近岸的沙体，当全新世海平面上升之后，沙体淹没于更大水深处，并受到当今潮波动力改造的结果。最近，吴自银等（2006）结合该区新的多波速测深资料和地震剖面、钻孔和测年数据等，提出东海陆架沙脊群形成于全新世早中期，且由富含碎贝壳细砂为特征的海侵砂层组成，沙脊的形成、演化和埋藏过程受海平面升降引起的水深变化和沉积物物源供给速度等控制。整体而言，水深变化决定了沙脊的发育和终止时间，以潮流为主的沉积动力塑造了沙脊的线状外形，充足的物源是沙脊得以快速发育的基础，物源供给和沉降速度制约了沙脊的埋藏过程。

4）陆架平原与陆架阶地

在复式三角洲与梳状沙脊以外，直至陆架坡折带，是平坦的陆架平原。它西侧的北段是古长江三角洲，南段西侧即是梳状沙脊，为环陆的条带状，宽约 100～150km，地势自西北向东南倾。其组成物质为中砂、细砂。

陆架平原的外缘，自水深 100m 左右至陆架边缘，海底坡度略有增大。这一带是晚更新世低海面间歇性下降所塑造的阶梯地形，称此为陆架阶地。组成物质有细砂、中砂及多量的贝壳及贝壳碎片。

2. 形成陆架地貌的动力机理

东海内陆架区内的现代长江三角洲及古代三角洲，是不同时期河流输出物沉积堆积的结果。从现在长江及浙闽水系输给东海的固体物质及溶解物质看，数量是相当巨大的，是陆架区沉积物质的主要来源。

1）陆架流系与悬浮泥沙的运移途径

东海陆架区的流系有两大支：即沿岸流与外海流系。在陆架西部靠陆一侧，自南黄海而下，有一股苏北沿岸流和黄海沿岸流。当这股由北而南的流系行至长江口时，由于长江冲淡水的加入，对北侧流系起了阻挡作用，逼使苏北沿岸流改向，转头朝东而行，流势也渐渐减弱；当前锋抵达济州岛西南海域时，其东侧受北上黑潮的阻挡，致使于 132°00′N，126°00′E 为中心海域，形成一个小尺度涡。这在沉积物分布上，形成济州岛南面一块近似圆形的现代细粒沉积区。

巨大长江冲淡水的加入，既阻挡苏北沿岸流南下，同时又迫使北上的台湾暖流转向东去，其自身即形成浙闽沿岸流的源头。这股自北南下的苏北沿岸流、浙闽沿岸流，是低盐、高含悬浮泥沙流系，整个流系输沙量不便统计，而单长江水系年输沙量就达到 4.33×10^8 t（1950～2000 年平均值）（中华人民共和国水利部，2004）。东海大范围悬浮泥沙观测表明（恽益民，1981），这一沿岸流系的输送路径大致是：苏北沿岸流所携带的悬浮物，随流（有部分长江悬浮泥沙加入）奔向济州岛西南海域，形成上述 32°00′N，126°00′E 为中心的周围近 1×10^4 km² 的圆状沉积区。而源于长江冲淡水的浙闽沿岸流，携带大量悬浮泥沙，沿途一边沉积，一边又汇入从浙闽来的山溪性河流，致使沿岸流泥沙的含量，犹如接力赛，长盛不衰，伸入福建沿岸海域。

2）海面变动与海洋动力

当今海洋动力塑造了近岸海底地貌，也对以往的海底地形加以改造。塑造海底地貌的动力将随着海面变动、陆架宽度变动而改变。据所获资料，晚更新世末次冰期时的最低海面，曾处于目前水深 150～160m 的陆架边缘（朱永其、曾成开，1979）。陆地紧逼陆架坡折线，大陆架很窄或不存在，大陆邻近冲绳海槽，其时陆地要比目前向东推移 500～600km，广阔的东海陆架不复存在，也就不存在渤海、黄海及台湾海峡。随着陆架变窄、海平面下降，亚洲大陆的大洋水系，像黄河、长江也随着陆地的伸延而向外伸展，有的水系可能合并为一，也同时出现一些新水系。如黄河是汇聚了今海河、辽河等水系取道黄海，流经济州海峡注入五岛海谷的，长江的出口只位于 28°～29°N，126°30′～127°00′E 附近。浙江的钱塘江乃与长江相汇聚，而非单独入海。浙闽的瓯江、闽江等山地水系，只直接注入冲绳海槽。

晚更新世海岸线位置的巨大变化，海岸东移，海洋退缩，黄淮平原向东推进了 500～600km，加之冰期西伯利亚冷气团势力增强，东亚季风减弱，并迫使台风路径南移。由此可以推断在最后冰期时，东亚地区气温不但较现今低，而且夏季降水、冬季降雪必较现在减少。古气候冷而干，干燥度较大。

海平面变动给古气候带来的影响，长江、黄河等东亚水系在陆架区的摆动、进退，从而出现不同时期的三角洲体系。大量的陆源物质渐渐淤平了陆架拗陷，塑造了宽广平坦的陆架平原，并有大量陆源碎屑进入冲绳海槽。

3. 冲绳海槽的构造地貌

该构造是在中新世晚期或上新世才开始拉张开裂的弧后盆地，部分物质来自东亚诸水系，塑造出一些淤积平原。但海槽区的主要地貌是由构造变动、火山作用形成的断裂、拗陷、火山堆积体等（曾成开、朱永其，1981）。整个海槽区呈现群峰罗列、沟谷纵横的构造地貌。

1）裂谷-角峰地貌

自陆架坡折至坡脚，多处见谷与峰伴生，或谷中有谷的裂谷地貌。在地形剖面图上，近陆为谷，或一大谷中有两个以上小谷，在谷的向海一侧为一尖峰。各地裂谷深浅不一，一般深 200m 左右，宽为 2～3km，裂谷沿陆坡走向延伸数十千米。水深探测仪的记录清晰，挖泥斗难以取到样品（有的采到少量砾石），可以推断谷与角峰区缺失松散沉积物，或仅有少量薄层松散泥沙、砾石。裂谷两侧无明显上下错动痕迹，似是拉张开裂的张裂谷。从缺失表层松散沉积物看，裂谷形成时代较新，或裂谷是处于强底流活动区。

2）地垒与地堑断块

在 29°10′～31°15′N 的陆坡区，有断断续续的一列与陆坡走向一致的隆起台地，台地向陆侧为一低谷，台顶面高出低谷 40～50m，个别高达 100m。隆起台地中间不甚连续，整体轮廓明显，全长伸延达 200 多千米。从地震反射剖面资料判断，隆脊为一地垒，靠陆一侧低谷为一地堑。这种地垒式隆起与地堑洼地，还可以在海槽中心部位多处见到。

3）火山地貌

自九州西南进入海槽区，有一系列圆锥状小丘分布于外弧里侧。这些圆锥形小丘，基座宽 10 多千米，高程不一，个别出露水面，为小岛，多数没于水下，一般为 -400～-500m。小圆丘东北起于九州，西南止于宫古洼地，这条小圆丘分布带即为吐噶喇火山链，至今仍有火山喷溢活动。

三、影响东海水域环境的作用过程

（一）我国东南沿海海面对厄尔尼诺的响应

厄尔尼诺（El Nino）是全球性大尺度海气变化异常的讯号。它可造成热带地区的旱涝灾害频繁及导致中纬度地区气温与降水的波动。厄尔尼诺现象在海洋中的主要表现形式，为赤道太平洋表层水温分布异常及暖涡的波动。其基本特征是太平洋沿岸的海面水温异常升高，海水水位上涨，并形成一股暖流向南流动。它使原属冷水域的太平洋东部水域变成暖水域，结果引起海啸和暴风骤雨，造成一些地区干旱，另一些地区又降雨过多。

近年来，李立（1987）曾对厄尔尼诺对东南沿海海面波动影响作了分析，发现厄尔尼诺现象发生年间，我国沿岸月平均海面普遍下降。如 1976 年 10 月（厄尔尼诺期间）巴士海峡及台湾以东海面均比 1975 年同期海面低 10～20cm，而东海黑潮海域的月平均海面比正常年低 10cm。通过对高雄站 1905～1923 年月平均水位功率谱及东山站 1960～1982 年月平均水位年波动异常作频谱分析后发现：前者水位同年波动的低频谱峰与厄尔尼诺年出现的时间与次数吻合，周期与厄尔尼诺发生的平均周期 4 年一次相当。后者厄尔尼诺年水位比常年低 10cm 以上，最低水位出现的时间（11 月前后）与西太平洋水位的最低值时间相近。东山站水位年标准差低值反映的厄尔尼诺年海面波动现象，在长江口至珠江口的闽、浙、粤沿岸月平均水位也有反映。这种异常现象已在 1965 年、1972 年及 1982～1983 年厄尔尼诺事件中得到证实。如 1965 年厄尔尼诺期间东南沿海水位受厄尔尼诺影响，海面波动造成平均下降幅度为 6～8cm。

（二）东海环流的基本特征

东海陆架广阔，沿岸有长江、钱塘江、闽江等河川径流汇入，陆坡有强劲的太平洋西部边界流黑潮过境，加上台湾海峡、对马海峡及冲绳海槽地形及海洋上空大气变化的影响，使东海沿岸和陆架水体的环流表现出复杂性和多变性。按水团及流系划分，可将冬季东海环流区分为浙闽沿岸海流、台湾暖流与对马暖流、黑潮、黄海暖流、黄海混合水五大部分（图 10.2）。此外，南海高温高盐水也能部分地通过台湾海峡北部，进而影响到东海环流。

1. 浙闽沿岸海流

浙闽沿岸海流是中国沿岸水的一部分，是大陆河川径流入海与海水混合形成的一支低温低盐（夏季温度较高）的沿岸水系，且自成系统。夏季雨水充沛，沿海江河携带来的丰沛淡水水体和悬浮物入海，常常在河口形成淡水舌及沉积羽流。冬季由于东北季风作用，沿岸水系连成一体自北向南运动。这已从温、盐、悬浮泥沙及浮游生物的观测资料中得到证实。整体而言，其水文特征表现为盐度低、水温年变幅大、水色浑浊、透明度小。它与台湾暖流交接的地带因各水文要素的水平梯度大而形成锋面（苏纪兰、袁业立，2005）。

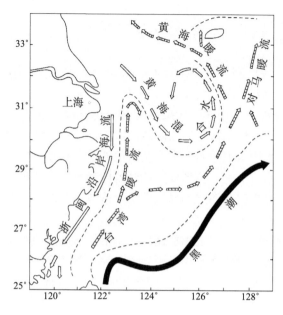

图 10.2　冬季东海环流示意图（郭炳火等，1987）

2. 台湾暖流

台湾暖流是指浙、闽近海陆架区上层有一股来自台湾附近平行于海岸北上的海流，大致沿 50～150m 等深线北流。冬季表现为高温、高盐特性，夏季不仅无高温特征，而且下层水出现低温现象。有关台湾暖流的源头及流路问题直至 80 年代中期才弄清。台湾暖流的上层水主要来自台湾海峡，其水层的最大深度达 75m，台湾暖流的下层水完全来自台湾东北方向的黑潮次表层水，属黑潮的一个分支（伍伯瑜，1982a；1982b）。

台湾暖流的夏季流路为由台湾海峡向东北方向移动，至 28°N 以后有部分水体向东或向东南进入东海陆架中部。这股台湾暖流的延续体分南支与北支两部分：北支在舟山近海转向东南，然后转向东北直至长江口外 31°N 附近。南支在 28°～29°N 鱼山列岛附近转向东南，最后与黑潮并行向东北流去。南北两支均成为对马暖流的主要来源。台湾暖流在运行过程中，由于受地形及水团混合的影响，常常出现中尺度涡旋。较大的涡旋在台湾岛北方有三个，在北部与南下的黄海水团交汇处有三个，它们的位置分别是长江口外、舟山群岛以北（32°N 附近）、济州岛西南（中心位置 31°30'N，125°E）及陆架200m 等深线附近（31°31'N，127°E）。

台湾暖流的冬季流路比较稳定，在黑潮牵引作用下，主体部分向岸逼近，北界延伸至长江口水下三角洲前缘（31°N～31°30'N）。冬季台湾暖流的主要来源为台湾北方黑潮分支以涡旋形式向东海陆架侵入，造成了台湾暖流水体在冬季呈现的高温与高盐特征。

3. 南海高温、高盐水

夏季整个台湾海峡充满着向东北流动的南海水团。这支向北流动的海流，除台湾岛西岸外，实质上是南海西南季风漂流的继续。它沿着闽、浙海岸北上，方向稳定，在台湾海峡内流速为 1.1kn（1kn＝1n mile/h），通过海峡后减为 0.5kn。冬季南海水仍然进入台湾海峡并向北流动，但局限在台湾浅滩一带（图 10.3）。

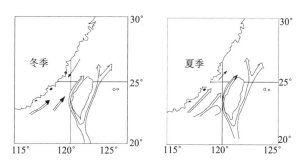

图 10.3　台湾海峡表层海流场模式（伍伯瑜，1982b）

（三）浙江沿岸上升流与锋面

根据东海陆架地形及流系特征，浙江沿海存在着沿岸锋和上升流锋两种性质不同的海洋锋面。这一结论近年来已被潘玉球等（1985）从事的专题调查研究所证实，并发现这两个锋面对指导渔业生产有重要意义。

浙江沿岸和近海存在三个水团：浙江沿岸水团（C）、台湾暖流上层水团（M）和台湾暖流深层水团（K）（图 10.4）。这三个水团组合成东海内陆架两大主干流系；一支为东海沿岸流（俗称浙、闽沿岸水），它由江苏、浙江沿海所有的入海河流（主要是长江）冲淡水组成，主要特征为低盐（盐度低于29），温度随季节变化；另一支为高温高盐的台湾暖流，它分上层与深层两个水团（图 10.4）。上述三个水团由于流速、流向及温盐度之间的差异，使水团之间界面上形成锋面，渔民称它为"流隔"。浙江沿岸锋面位于东海沿岸流与台湾暖流上层水团之间。前者终年向南流动，平均流速为 10cm/s 左右。后者终年向北流动，流速夏强冬弱（一般为 15～40cm/s），流幅夏宽冬窄。流轴位置在夏半年由西南流向东北，冬半年流轴由东北偏北方向移动。沿岸锋面的倾斜方向与近岸斜坡方向相反。上升流锋面位于沿岸锋的外下侧，锋面倾斜方向与斜坡倾斜方向一

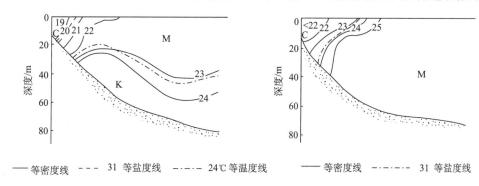

图 10.4　浙江近海夏季（左图）和冬季（右图）水团的断面分布（潘玉球等，1985）

致。此锋面主要由台湾暖流上层水和深层水之间的界面形成。锋面上层高温、高盐水团（盐度值介于33~34之间）温、盐、密等值线呈辐散状分布，下层台湾暖流深层水（高盐、低温特征）沿地形斜坡上涌，锋面倾斜方向与斜坡倾斜方向一致。

浙江沿岸锋的平面分布特点以高盐舌锋形式呈现。舌锋自南向北伸展，舌锋端部位置经常出现在29°30′N以北，122°~123°E之间，大约位于舟山群岛东南50km。如遇不同风向，高盐舌锋的强度、位置及形态均可改变。上升流锋面的判别标志为20m水层有一个冷中心，冷中心外层等温线分布密集，冷水抬升最高处的位置一般在29°N及120°~122°E附近，锋带由西南向东北伸展。上升流锋层的抬升高度与上层海水离岸辐散量强度主要取决于台湾暖流流轴的指向和流速。根据历史资料分析，沿岸锋发生变动的原因主要依赖于台湾暖流和风情。一般来说，台湾暖流流轴窄小且靠岸时沿岸锋强度增大，鱼群集中，暖流轴宽大且自南向北逐渐离岸时，沿岸锋强度减小，鱼群分散。长时间的E—NE风可以促使浙江沿岸水沿岸向南延伸，暖流轴宽度变小且稍向岸靠近，沿岸锋强度增大。长时间的W—SW风可导致浙江沿岸水向北退缩，暖流轴宽度增大并离岸，沿岸锋强度减小。

除浙北上升流锋面以外，近年来在浙南沿海敖江口外（27°16′~27°40′N，120°28′~121°07′E）也发现沿岸上升流区。根据40个站位两次调查比较，发现上升流区叶绿素和浮游生物量密集，营养盐类中的氮磷比值发生变化，这为渔业资源的形成提供了良好的条件（蒋加伦，1986）。

整体而言，浙江沿岸上升流区域大致在28°~31°N，124°E以西海域，水深范围20~70m，其中心位置在29°N，及鱼山列岛附近。平面分布上，该上升流区表现为低温（低氧）为主要特色的冷水块，具有高密、高盐和高磷特征。浙江沿岸上升流适于5月，6月增强，7~8月达到最盛，9~10月开始减弱。冬季仍有上升流出现，但势力微弱（苏纪兰、袁业立，2005）。

（四）台湾海峡的温、盐跃层

台湾海峡位于北太平洋西侧，是东海及南海联结的通道，其海水温度的变化与分布状况主要受黑潮、大陆沿岸流、南海季风漂流及大陆气候的影响。台湾海峡海洋综合调查资料等表明，当温、盐度垂直分布出现显著的正（负）梯度时，则常伴有温、盐度跃层的产生（肖晖等，2002）。台湾海峡存在较为显著的跃层现象，这是峡区重要的水文特征之一（颜文彬，1991）。

1. 温跃层

海水温度随深度增加而降低（负梯度型）时，这是夏半年常见的温度垂直分布类型。当垂直温度梯度<−0.2℃/m时，温跃层产生。这类温跃层现象随季节变化而发生变化。4月出现闽江口水域表层，5月则南延至海峡西侧中部近岸海域，强度一般为0.20~0.30℃/m，6月则扩展到西侧南部海区，7月分布范围进一步扩大，强度也增加，8月分布范围最广，强度最高，大多在0.25~0.50℃/m，9月分布范围迅速减小，强度也明显减弱。

2. 逆跃层

通过 40 多年来近 3600 个海洋观测资料统计分析，发现在 116°～121°E，21°30′～26°00′N 区域内有明显的季节性海温逆跃层存在。本海区的温度逆跃层主要分布在福建与广东汕头沿岸海域（图 10.5）。秋季（以 11 月为例），温度逆跃层主要分布在海坛岛至金门岛一带近岸海域，其上界深度平均为 16m 左右，厚度平均为 7.5m，强度平均为 0.14℃/m，强度最大值出现于金门岛东北海域，为 0.24℃/m。冬季（以 2 月为例）温度逆跃层的范围扩大，除海坛岛一带海域出现温度逆跃层外，在南澳岛周围海域也出现温度逆跃层，其上界深度平均为 15m 左右，厚度平均为 9m，强度平均为 0.15℃/m，强度最大值出现于韩江口西南海域，为 0.5℃/m。春季（以 5 月为例）温度逆跃层处于消失阶段，分布范围也比冬季小，仅出现于海坛岛至金门岛一带近岸海域，其上界深度平均为 15m，厚度平均为 6.8m，强度平均为 0.18℃/m 左右，强度最大值出现于海坛岛东南海域，为 0.42℃/m。总之，尽管温度逆跃层的强度极值出现于冬季，但就平均状况而言，因春季温度逆跃层的厚度普遍较薄，所以，强度的平均值春季相对最大，冬季次之，秋季最小。

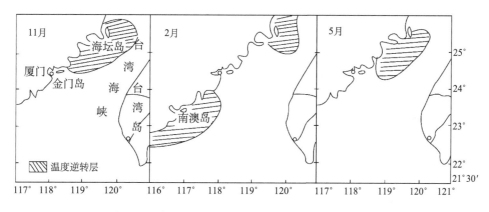

图 10.5　东海温度逆跃层主要分布区（颜文彬，1991）

造成台湾海峡海温逆跃层的原因主要有三个：一是受陆地气候影响，尤其是秋、冬两季，由于气温骤降，海面迅速冷却，致使海面温度低于水下温度，造成温度逆变；二是大陆径流入海形成的低温，浙、闽沿岸水体使局部海域出现温度逆跃层；三是台湾海峡北窄南宽的海岸廓线及西北向东南倾斜的海底地形，有利于黑潮分支及南海高温、高盐水沿海底爬坡北上，致使下层水温高于表层水体，形成温度逆跃层。

3. 盐跃层

盐度垂向梯度呈正梯度时，容易出现盐跃层（盐度垂向梯度 ＞0.1/m）。盐跃层在海峡西部近岸海域出现几率较高。冬、春季（12～5 月）跃层深度在近岸海域较浅（5～15m）、远岸较深（15～30m），强度为 0.1～0.4/m，最大可达 0.46/m。夏季各月盐跃层现象少见。

整体而言，受黑潮和近岸水体的共同影响，台湾海峡存在较为显著的季节性跃层。

经峡区北上的台湾暖流和南下的浙闽沿岸流构成峡区水体的主要成分，它们对海域温跃层的形成和特征起重要作用。太阳辐射和季风等变化的综合作用，导致了跃层随季节的生消变化。

四、东海陆架沉积和物质来源

沉积物类型及分布，是沉积物来源、水动力条件、生物生产力、海平面变化及新构造运动综合作用的结果，是反映现代和过去沉积环境的一种标志。秦蕴珊等（1987）、金翔龙（1992）、李家彪（2008）等均对东海大陆架沉积特征和物源进行了详细的研究和讨论。在综合这些相关成果的基础上，本节归纳和总结了东海陆架表层沉积作用和特征。

（一）沉积物的粒度组成和沉积速率

东海海域表层沉积物主要由三种粒级的物质组成：一为黏土粒级（$>8\Phi$ 或 $<0.0039mm$）；二为粉砂粒级（$4\sim8\Phi$ 或 $0.0039\sim0.063mm$）；三为砂粒级（$<4\Phi$ 或 $>0.063mm$）（秦蕴珊等，1987）。一般来说，沉积物粒度分异规律是随离岸距离增大，水深增加，沉积次序由粗变细。

黏土粒级重要集中分布于内陆架和冲绳海槽。除北部呈块状分布外，其他海域均呈条带状平行岸线分布。近岸一带，除了长江、钱塘江等河口区的含量略有降低外，一般随着离岸距离的增加而减小。济州岛以南及冲绳海槽区的中部为高含量区，向周围减弱，陆架东南部甚至几乎没有泥粒沉积。

粉砂粒级的分布和泥粒的分布趋势大体一致，但在河口区含量最高。它和黏土粒级均为现代河流入海物质的主要粒径，因此主要影响河口及近岸一带，而黏土粒级则比它扩散得更远些。

砂是外陆架及海槽两侧沉积物主要的组成粒径，尤其是长江口大沙滩和外陆架东南部，一般含量均大于80％。砂主要由细砂（$3\sim4\Phi$ 或 $0.25\sim0.063mm$）和中砂（$2\sim3\Phi$ 或 $0.5\sim0.25mm$）组成，粗砂（$0\sim2\Phi$ 或 $2\sim0.5mm$）含量极少。砂粒级的含量与黏土及粉砂粒级含量的分布相反。上述三种粒径的物质在各海区不同环境条件影响下，按不同比例混合沉积，形成各种类型砂的沉积物。

沉积速率是沉积作用强度的重要标志。高抒（2002）总结了东海沉积速率并指出存在3个量级。首先，长江口及浙闽近岸的沉积速率最高，达 $10\sim100mm/a$。自长江口至现代长江水下三角洲的前缘，沉积速率逐渐降低。长江南槽沉积速率为 $90\sim110mm/a$，前三角洲为 $54mm/a$，至三角洲前缘为 $5mm/a$。浙闽近岸物质主要来源自长江，其沉积速率为 $10\sim30mm/a$，并有从北往南逐渐减小的趋势（金翔龙，1992）。其次，外陆架沉积速率量级为 $1mm/a$。例如，在济州岛西南海域的泥质沉积区，用 ^{210}Pb 法测定的沉积速率为 $2\sim5mm/a$。最后，东海陆架边缘至冲绳海槽的沉积速率降至 $10\sim1mm/a$，在海槽区，随着由北向南水深增大，沉积速率有减小趋势。在100年时间尺度上，东海陆架区沉积速率随水深增大而减少，两者呈幂函数关系。

（二）沉积物的类型和分布规律

陆架区的沉积物类型受海洋动力制约，也受物源、海底地形等的影响，是一个较长
历史时期的产物。东海陆架区可简略归纳为三种沉积类型区：即现代沉积区、残留沉积
区与混合沉积区。刘锡清（1990）对我国陆架区的沉积物作了较详细的探讨，对其各种
底质形成与分布范围有所阐述（图10.6）。现代沉积区分布范围，即是浙闽沿岸流所经
区域，是近6000～7000年间的沉积物，为粉砂、泥质粉砂及粉砂质泥等。沉积厚度各
地不一，目前所获最大厚度超过20m，一般在20m左右。济州岛西南侧窝窝头状的现
代沉积，最大厚度为1.5～2.0m。现代沉积区呈现自北向南和自陆向海逐渐减少的趋
势。残留沉积区集中分布于外陆架，是如今外海流系控制区，主要物质是细砂、中砂及

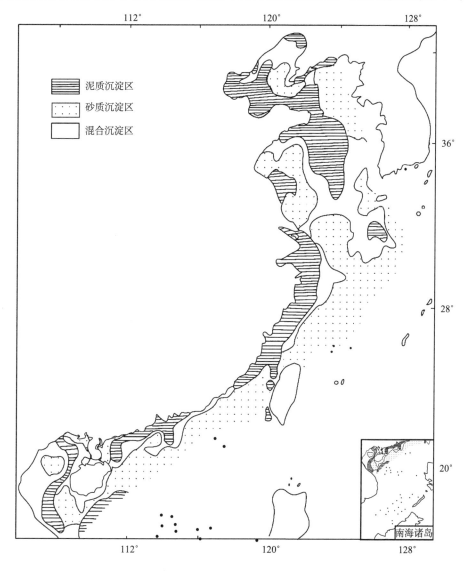

图 10.6　中国大陆架沉积分区图（刘锡清，1990）

掺杂的贝壳与贝壳碎屑，认为是晚更新世滨海相沉积物，并经过全新世海洋动力所改造（金庆明，1980）。介于现代沉积与残留沉积之间是混合沉积区，沉积物多属细砂、粉砂，是晚更新世的沉积物经海洋动力作用，又有全新世的沉积物掺杂其中，其物质分选差，大小混杂，其形成时代有早有晚，称此为混合沉积物。

结合东海表层沉积物的分布特征及水动力条件、物源等因素，东海表层沉积物的分布大体可分为如下四个带（金翔龙，1992）：

近岸浅海（内陆架）细粒沉积带：该带沉积物主要以黏土和粉砂粒级沉积为主。它从长江口外向西南方向延伸，局限在水深50～60m以内的内陆架范围。在长江口和浙江北部最宽，向南变窄，至台湾海峡处仅分布在福建北部沿海，水深一般小于20m。沉积物粒径具有自北向南变细的趋势。另外，东海北部，30°N以北，127°E以西济州岛西南海域，又有大片细粒物质沉积，与黄海细粒沉积连为一体。

中、外陆架粗粒沉积带：由砂粒级构成的外陆架沉积，主要分布在内陆架沉积的外侧，除长江口大沙滩附近分布于水深25～50m外，一般内侧分布深度均大于50～75m，外侧一般小于500m。主要由细砂、中细砂构成，中细砂分布最广。沉积在近内陆架沉积区的一些海域有时还可以见到泥质砂，偶见砾石。此外，在水深大于100m的沉积物中，经常可发现软体动物残体。

陆坡（和冲绳海槽）细粒沉积带：海槽沉积分布于槽底及其附近，由粉砂质泥组成，它沿槽底和平行于槽侧的地形分布。陆坡的粗粒沉积是陆架和岛架沉积的外延，其性质和陆架粗粒沉积物性质相似。由于粗粒沉积在30°N附近从外陆架边缘延伸到近1000m水深处，把海槽分为两部分：中、南部的沉积平行于海槽呈条带状分布；北部成斑块状，形态规则。冲绳海槽沉积物中含微体生物和部分火山物质。

台湾海峡粗粒沉积带：台湾海峡大片分布有中细砂、细砂、粗砂，基岩在岛屿附近呈斑块状出露。仅在24°～24°45′N，宽85km，从台湾海岸向西北延伸至福建海岸有砂-粉砂-黏土分布，是外陆架粗粒沉积带的连续。砂粒级物质中含有贝壳物质，主要由软体动物残体、贝壳碎片组成。

（三）沉积物的来源

海水中悬浮物是海洋沉积物在沉积前所处的状态，其分布和组成可以指示沉积物源区位置及物质运移方向。根据东海沉积物的组成、悬浮物质的浓度分布，可以认为东海物质主要有三方面的来源：长江及其他入海河流携带入海的陆源物质；黄海沿岸流带来的黄海悬浮和再悬浮物质；黑潮和台湾暖流带来的外洋物质（金翔龙，1992）。此外，还有当地环境生长的生物体和大陆架内部自身调整的物质。

近岸现代沉积的主要物源由大陆沿岸入海河流提供，河流的不同输沙量对河口沉积特征有很大影响。长江沉积物入海后主要向东南方向输送，入海通量的70%～90%堆积在长江口及其邻近内陆架，其中大部分沉积在123°E以西的长江口，其余则被东南沿岸流带至浙江沿海，最远可至福建闽江口。长江入海悬浮物是东海内陆架（水深<50m）细颗粒物质沉积的主要来源。约20%的入海悬浮物则在季风环流、紊动扩散和水平交换作用下，被输往东海外陆架和冲绳海槽（高抒，2002）。外陆架和海槽区悬浮物

的含量一般小于 1mg/L，且生物成因的物质占了 3/4 以上，显然生物沉积是该区重要的物质来源。对于冲绳海槽而言，还有源自海底和日本列岛的火山物质沉积。海槽区另外一个物质来源则是外陆架沉积的再搬运（秦蕴珊等，1987；李乃胜，1999）。最近研究表明，东海海域沉积物来自中国大陆及其沿海岛屿，以长江输入的大量陆源碎屑物为主，并受黄河等河流沉积影响（唐保根等，2005）。冲绳海槽沉积物主要由陆源碎屑、生物碎屑和自生沉积等组成，经陆架向海槽运移，北部沉积物与黄河沉积物关系更为密切，而南部则与长江沉积物有关（蒋富清、李安春，2005）。

总之，东海物质总的趋势是由大陆向外海运移，并逐渐覆盖残留沉积。但是，由于黑潮及其分支等水动力条件影响，外海形成的物质也可以向近岸方向搬运，成为近岸沉积的一部分。

五、东海海平面变化

更新世期间，由于冰期、间冰期的交替出现，构造运动及海水的均衡补偿等因素，均能引起海平面的变化，从而导致陆架沉积环境的差异。秦蕴珊等（1987）指出，东海大陆架及邻区在近 100ka 内曾发生三次海侵，也即曾发生三次高海面阶段和介于其间的低海面阶段。显然，高海面与晚更新世的间冰期或亚间冰期相对应，低海面则与冰期或亚冰期对应。具体为：距今 100ka～70ka 间的高海面时期（东海及邻区若干钻孔中记录了海侵事件）、距今 70ka～39ka 间的低海面时期（东海海面下降达100m 或更多）、距今 39ka～23ka 间的高海面时期（东海古长江三角洲地区 30ka 前位于 −90m 处，在浙北及杭嘉湖一带也有海侵的证据）、距今 23ka~10ka 间的低海面期（海面要低于目前水深 100～130m 处）和距今 10ka 以来海面变化。冯应俊（1983）根据一些代表性[14]C 测年数据和地质记录等证据，着重讨论了 40ka 以来东海海面变化情况（图 10.7）。表明 40ka 以来东海曾两经沧桑，海平面升降时快时慢，时而波动或停顿。晚更新世最低海平面出现于 15ka 年前，其位置与目前大陆架外缘坡折线相当，即在 140～160m 等深线一带。

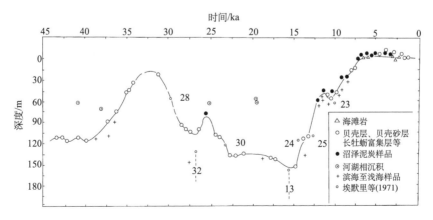

图 10.7　东海近 40ka 以来海平面变化趋势（冯应俊，1983）

图 10.7 表明，40ka 前东海陆架在目前 120m 等深线之西为滨海平原，大约在 33ka 前后发生海侵；16ka 前后，目前的东海陆架全为陆地，7ka 前后再次成为汪洋至今。具体而言，40ka 前后海平面在目前的 120m 等深线上下波动，大约从 37ka 前开始海退，35ka 前已回升到目前 50m 等深线附近，32ka 前后达到高峰，在目前 20m 等深线左右。此后开始海侵，约在 29ka～27ka 前，海面到目前 90～110m 等深线一带。约 24ka 前后开始，海平面在目前 110～140m 等深线一带波动，16ka 前后海平面接近 150～160m 等深线，这一深度与东海陆坡折线接近。从 15ka 前开始，海平面开始回落，13ka 左右落到目前 110～120m 等深线，12ka 前回落到目前 60m 等深线附近。随后继续回落，8ka 前后已到目前 20～15m 左右。7ka 以来，海平面与目前海平面基本一致，虽然有波动，但幅度很小（±2m）。近百年来，由于工业化和人类活动影响，加剧了温室效应，促进了冰川融化，海平面逐步上升。

第二节　长江三角洲与浙闽港湾海岸

一、长江三角洲与长江河口

长江三角洲与长江河口位于我国沿海地带的中部，是长江流域经济带及沿海经济带"T"字形经济结构主轴线的结合部。该地区人口与城镇密集，土地肥沃，气候适宜，交通便捷，水利设施完备，经济与技术力量雄厚，是全国经济最发达的地区。我国最大的经济中心和工贸基地上海市已成为这个地区社会经济持续发展的核心。本节侧重阐述长江三角洲发育过程及长江河口演变的基本规律，力图为区域开发，提供有关地理背景材料（陈吉余等，1959）。

（一）长江三角洲基本特征

长江为我国第一大河，长达 6300km 余，源远流长，水量宏富。长江出南京而下，逐渐摆脱两岸山体的约束，挟带的泥沙经消能作用，形成三角洲堆积。长江三角洲有数以百米计的疏松沉积层，厚度由西向东、由南向北逐渐加大。如常州 150m 以下遇古近纪和新近纪红砂岩，杭州在 50m 以下见古近纪和新近纪红砂岩和白垩纪岩层，嘉兴地区 150～200m 见基岩，上海市疏松沉积层厚度达 250～300m，苏北平原海门地区，疏松沉积物厚度超过 400m。这些深厚的沉积层中，存在 3～4 个大的含水层，是地下水的丰富源泉。长江三角洲前缘地区在晚更新世末低海面时期，沉积有暗绿色的硬黏土层，其顶板埋深一般为 20～30m，在工程上可作为持力层应用。硬黏土层以上覆盖有 20～30m 厚的全新世沉积层，上海附近的硬黏土层因受古河道切割呈岛状分布。

长江三角洲的西缘为宁镇、茅山丘陵，宜兴、长兴山地及浙西北的莫干山地，山体高度一般为 300～400m，古近纪和新近纪以来受构造及断裂作用影响，使山麓及三角洲西部地区发育 3～4 级阶地，而三角洲平原地区出现彼此孤立的陆屿和岛山（图 10.8）。

长江三角洲平原形成于距今 6000 年冰后期海侵海面稳定以后，其地貌总的特征是南北有两大碟形洼地。南部的碟形洼地为太湖流域平原，其面积达 $2.7×10^4km^2$ 余，该区地势平坦，周围地区海拔为 5~7m，最高达 9m 左右，中间部分海拔 3~5m，最低处仅为 2m。由于地势低洼，造成河湖密布，水面积约占土地面积的 20%，大小湖泊有 198 个（面积达 $0.32×10^4km^2$）。太湖平原上游承受茅山、宜漂山地及天目山东、西苕溪来水，下游通过浏河、苏州河和黄浦江三条尾闾入江入海。其中苏州河最大，历史时期曾有娄江、松江、东江之说，实际上就是现代三大河系的前身。唐宋以来由于海潮倒灌，河道淤塞，苏州河才演变为黄浦江的支流。长江以北的碟形洼地是苏北里下河地区，它是 2000 年至 6000 年以前长江古三角洲主要堆积地区。当时长江入海口在苏北如东和盐城之间，太湖周围地区为海滨沼泽，海岸稳定微涨，镇江、扬州一带海潮与波浪作用频繁。近 2000 年来，长江入海泥沙于桂口门堆积发育南北两列沙嘴。北部沙嘴沿扬州—泰州—海安—如东掘港向东延伸，古称廖角嘴。南岸沙嘴自江阴—常熟—太仓—嘉定—马桥—漕泾至杭州湾，这个沙嘴在合成风向及沿岸流作用下呈反曲状态。由于上述两个沙嘴的发育，才促使南北两个潟湖平原的形成及河口沙岛的相继出露。

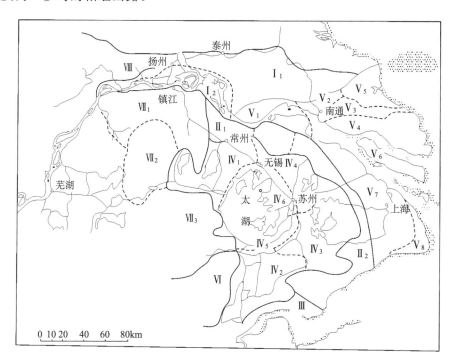

图 10.8　长江三角洲及其邻区地貌分区图（陈吉余等，1959）

I. 北岸古代沙嘴区：I_1. 北岸沙嘴区；I_2. 滨江低地区；II. 南岸古代沙嘴区；II_1. 江阴陆屿；II_2. 古代沙嘴区；III. 钱塘江北岸冲积平原；IV. 淮涠湖平原；IV_1. 太湖平原；IV_2. 湖州低地区；IV_3. 淀低地区；IV_4. 阳澄湖低地区；IV_5. 湖滨平原区；IV_6. 湖滨丘陵区；V. 新三角洲平原；V_1. 靖江常阴古沙洲区；V_2. 南通古汊河区；V_3. 通昌水脊区；V_4. 启海平原区；V_5. 马蹄形海积平原区；V_6. 江口沙洲区；V_7. 碟岸高地区；V_8. 滨海新冲积平原区；VI. 上升比较强烈的剥蚀-侵蚀中山区；VII. 上升剥蚀-侵蚀低山区；VII_1. 宁镇剥蚀-侵蚀低山区；VII_2. 茅山剥蚀-侵蚀低山区；VII_3. 铜官-五道剥蚀-侵蚀低山区；VIII. 微弱上升的剥蚀-侵蚀丘陵区

（二）长江河口发育模式及河槽演变的基本规律

长江河口以潮区界安徽大通为起点，全长为 624km，若以洪季潮流界江阴起算，河口区的范围也有 250km。长江口三级分汊、四口分流的河势是经过 2000 多年的江海相互作用塑造而成的。现代长江口河槽的演变过程仍然受径流与潮流两股强劲的动力相互消长所控制（长江多年平均流量为 29 300m³/s，最大洪峰流量达 926 00m³/s，年径流总量为 9240×10⁸m³，进潮总量达 32.5×10⁸m³，大潮时进潮总量可达 45×10⁸m³）。陈吉余等（1979；1988）总结了长江河口发育模式及河口河槽演变基本规律，现据其分述如下：

1. 两千年来长江河口发育模式

长江河口近两千年来的发育模式可概括为如下几个方面：①南岸边滩向海推展；②北岸沙岛并岸；③河口束狭外伸；④河道成形与河槽加深。

长江河口涨落潮流路分异现象非常明显，在科氏力作用下，落潮径流挟带的泥沙和塑造的河床不断向南偏转，从而导致了长江口南边滩不断向海推展，长江口的南岸边滩便成为泥沙沉降的一个重要场所。根据 ¹⁴C 年代测定、考古和县治、海塘建置年代以及历史图种、海岸线变化量测等综合分析，发现近 2000 年来长江口南边滩向海推展的速度在加速（图 10.9）。上海市郊的嘉定—闵行—拓林—大金山—王盘山一线是长江口南岸公元 1～4 世纪以前的古海岸线，这条海岸线位置已维持约 3000～4000 年，海岸线伸展速度每年仅为 1～3m。月浦—江湾—北蔡—周浦—下沙为公元 8 世纪海岸线，12 世纪海岸线推进至顾路—祝桥—南汇—四团—奉城一线，海岸平均淤涨速度为 25m/a 左右。近百年来，南汇东滩平均淤涨速度增至 40m/a。

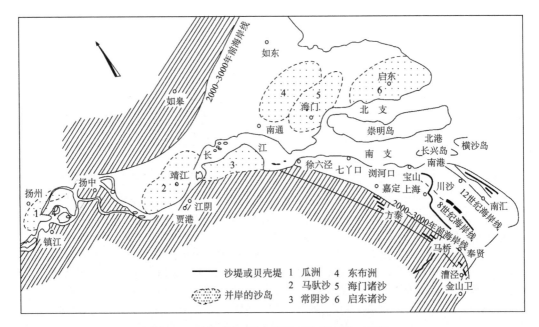

图 10.9 长江河口历史变迁（陈吉余等，1979）

两千年前，长江口为一漏斗形海湾，江口宽度达 180km，湾中瓜洲、马驮沙、常阴沙、东布洲、海门诸沙、启东诸沙绵延罗列。两千年来，随着长江流域的开发，入海泥沙在河口的淤积量增加，致使长江河口出现 6 次重要的沙洲并岸过程及江面不断束狭。目前长江口呈三级分汊、四口入海的河势。长江过徐六泾以后，被崇明岛分为北支和南支，南支在浏河口以下被长兴岛和横沙岛分为北港和南港，南港在横沙岛以东被九段沙分为北槽和南槽（图 10.10）。

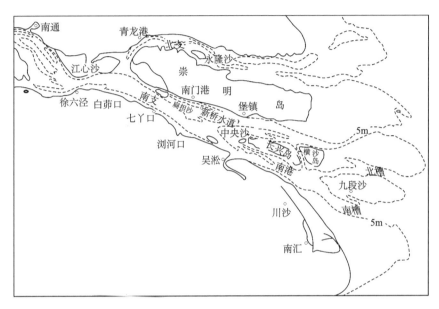

图 10.10　长江河口图（陈吉余等，1979）

长江河口在沙岛并岸和江面束狭过程中，导致河道成形和河槽加深。如 17 世纪江阴河槽成形，南通河段进行大的调整。20 世纪 50 年代江心沙并岸，南支河段河槽分化。在河道成形过程中，径流和潮流的相互作用非常明显。初期阶段形成落潮槽及涨潮沟，促使河槽分化为复式断面。江中形成沙洲和浅滩，涨落潮冲刷槽之间有串沟与通道加以贯通和连接。河槽发育成熟阶段，出现南北汊并存的江心洲河型、分汊河道，而汊道的分水、分沙的比例调整，引起河道的纵横向冲淤变化。

2. 长江口河槽演变的基本规律

长江口河槽演变规律为概括为如下几条：

（1）径流塑造河床骨架，如长江口入海汊道的形成。

（2）洪水促使河势发生剧烈变化。如历史时期长江洪水年曾促使南北港分流、分沙进行大的调整，1949 年及 1954 年洪水造就了北槽汊道的新生，1973 年洪水导致北槽下段的严重淤积等。

（3）河口潮波传播方向及潮流特性决定了长江口泥沙的输移方向和沉积部位。如潮波传播方向为 305°，不仅促使长江入海泥沙向东南扩散和在南槽口门堆积，而且为 NW—SE 向的汊道长期维持提供了动力条件。

（4）涨落潮流路分歧促使河槽分化，造成河道纵横比降差异和串沟切滩。

（5）季风气候造成的水文泥沙季节性变化，导致河口河床洪淤枯冲的年周期。

（6）河口最大浑浊带、盐水楔及滩槽泥沙交换，使拦门沙地区淤积概率增大，并出现近底高含量区及浮泥层。

（三）河口拦门沙与水下三角洲

河口拦门沙是冲积河口普遍的地貌现象，长江口入海各个汊道均有拦门沙存在。拦门沙滩顶的自然水深一般都在 6m 左右，是通海航道开发的一大障碍。根据 100 多年的统计资料，不足 10m 水深的拦门沙滩的长度北港为 60km、北槽为 69km、南槽为 74km，滩顶水深主要受入海径流分配所控制。如 1884 年，长江主泓走南港，北港拦门沙滩顶水深为 4.11m；1864 年主泓改走北港，其滩顶水深增至 7.32m。

长江河口拦门沙是河流脱离两岸约束后的地貌分异现象。在地貌形态上纵向为局部隆起，横向上为起伏平缓的大片滩槽相间，其变化受运潮流相互作用、盐淡水交会、波浪掀沙等多种因素影响。表现形式有长周期变化、年周期变化和短周期变化。长周期变化取决于南、北港与南、北槽的分流、分沙比及长江洪水在河口的造床作用等因素，一百多年资料分析表明，滩顶水深的变幅为 1.8～3.2m。年周期变化表现为洪淤枯冲特征，冲淤变幅为 0.2～0.9m；洪季上游来水来沙丰沛，咸淡水交汇造成的河口最大浑浊带及滞流点在拦门沙滩顶地区回荡，河口水深淤积变浅。短周期变化主要是暴风浪作用引起，台风过境，波浪对浅滩的掀沙作用和滩槽泥沙交换强烈，在航道上可以形成厚度达 1m 左右的浮泥。浮泥出现的时间与条件一般是洪季小潮大风天以后，风天出现的高浓度再悬浮泥沙，在风后低流速弱紊动条件下，絮凝沉降形成近底软泥。暴风周期作用时间虽短，但对拦门沙的淤积产生重要影响。如 8310 号台风，导致南槽挖槽全线淤平，使上海港入海航道被迫改走北槽。

长江河口拦门沙以外，有一个规模宏大的水下三角洲，面积约为 $1 \times 10^4 km^2$ 余，是长江入海泥沙扩散沉积的主要归宿区域。其上端与拦门沙滩顶相接，外界水深北部为 20～30m，南部为 30～50m，局部地区可达 60m 左右。沉积物来源主要来自长江，长江每年泄出 $9240 \times 10^8 m^3$ 的径流量，挟带 $4.86 \times 10^8 t$ 的泥沙入海，其中有 50% 左右在拦门沙和水下三角洲海域堆积。

长江口外水下三角洲的沉积物平面分布为北粗南细，约以 31°20′N 为界，除崇明东滩外，北支口及苏北沿岸大部分底质粒径为 4～6Φ。而 122°30′E 以东，受海流冲刷，物质粗化，中值粒径一般大于 4Φ，31°20′N 以南为长江口主要淤积地带，沉积物中径偏细（7～8Φ）。从拦门沙钻孔资料分析，长江口水下三角洲沉积系列可分为四层：底层埋深 28～34m，组成物质青灰色黏土，属前三角洲相浅海沉积物；下层三角洲前缘相沉积，组成物质淤泥夹薄层粉砂，中值粒径为 5.1～6.3Φ，分布深度为 -8～-9m，至 -28m；-8m 以上至 1m 为三角洲拦门沙沉积，下部为细砂粉砂，上部为粉砂-细沙；-1m 以上为三角洲顶积层，组成物质受波浪淘洗作用而粗化。沉积物的纵向分布呈现粗—细—粗的规律，由黏土粉砂过渡为粉砂质黏土；在前缘地带，因有晚更新世后期的陆架残留砂参与而重新变粗。

长江水下三角洲地形变化复杂，总体来说逐年向海伸展。近 100 年来－5m 等深线普遍向海推进 5～12km，－10m 等深线除局部遭受蚀退外，也普遍呈现淤涨。尤其在南槽口外，最大推展距离可达 15km（见图 10.10）。据此推算，近 100 年来，南部建设型三角洲前缘向海推进速度为 50～120m/a。从变化过程分析，长江河口水下三角洲有两个堆积区：一是南港口外南侧（即南汇东滩以东海域）；二是北港口外北侧（即崇明东滩以外海域）。前者是长江主泓走南港入海时的产物，后者主要是由北港作为长江水沙下泄主泓时形成，而两者之间的北港口外和横沙东滩外海推展速度相对较慢。其主要原因是北港口外至鸡骨礁海区潮流旋转性强所致（图 10.11）。长江口水下三角洲的冲淤变化主要受出口水道水沙分配调节所控制。如 1860 年左右长江入海主泓改走北港，经过 100 年（1879～1980 年）水下地形起了较大的变化。北港口 5m 等深线推进 8km，10m 等深线向东南突出成尖嘴状，相反地南港口因供沙不足而出现冲刷后退。1931～1976 年长江主泓在南港南北槽口门入海，崇明东滩岸外 10m 等深线推进 5km，横沙东滩 5m 等深线及南槽口外 10m 等深线分别向海淤涨 6.5km 和 11.5km。

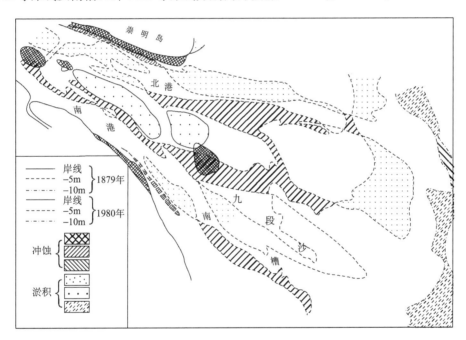

图 10.11　100 年来长江口地形变化图（陈吉余等，1988）

二、浙、闽港湾海岸

除杭州湾以外，其他浙、闽沿海的港湾淤泥质海岸形成均与构造运动有一定关系。这些深入陆地形成明显曲折岸线的半封闭水域，已成为我国东南沿海开发和开放的宝地。许多沿岸工程、港口城市及临海工业开发区正在这些水域周围形成和发展，一个以港湾开发的热潮已经在东海之滨出现。本节主要依据中国海湾志编纂委员会（1992）《中国海湾志》第五分册中的相关内容，并结合各区的最新开发状况，分述浙闽沿岸的各主要港湾的自然地理概况与社会经济活动。

（一）杭　州　湾

　　杭州湾位于浙江省北部、上海市南部，东临舟山群岛，西有钱塘江注入，是我国中部沿海最大的河口湾（图10.12）。它为一东西走向的喇叭形强潮河口湾，具有潮流急、潮差大、海水含沙量高等特征。湾口南汇嘴至南江口断面宽度100km，从湾口至湾顶澉浦纵深99km，湾似漏斗状；水域宽度的缩窄率为每隔1.23km收缩1km。杭州湾的水域总面积为5000km^2，理论基面以上的潮滩面积约550km^2，钱塘江口段滩涂面积约440km^2。杭州湾两岸多为平直的淤泥质海岸，岸线长258.49km，其中人工及淤泥质岸线长217.37km，河口岸线为22.08km，基岩及沙砾质岸线19.04km。杭州湾潮沙动力强劲，湾口的潮流速一般达2m/s左右，平均潮差达3m。湾顶澉浦平均潮差为5.45m，最大潮差达8.93m。曹娥江口的涌潮流速可达8~9m/s。杭州湾含沙量较高，泥沙来源主要来自长江口、钱塘江及湾底冲刷三部分。泥沙输移途径在涨潮辐集、落潮辐散的条件下，呈北进南出的循环模式。反映在岸滩的北岸冲刷、南岸庵东滩地淤涨的冲淤演变模式。杭州湾湾口至乍浦，海底地形平坦，平均水深8~10m。乍浦以西，海床以0.1/1000~0.2/1000坡度向钱塘江口抬升。杭州湾的悬移质与底质粒径比较均匀一致，悬沙与床沙交换频繁，表层沉积物易冲、易淤。

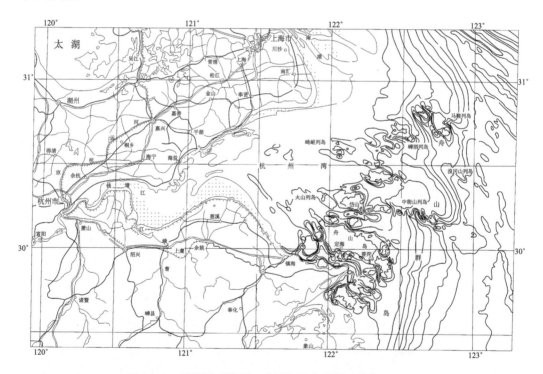

图10.12　杭州湾形势图（中国海湾志编纂委员会，1992）

杭州湾土地资源丰富，新中国成立以来两岸已围垦土地近 100×10^4 亩。杭州湾内港口航道资源有很大的开发潜力，南岸北仑港附近海域可开发为 $10\times10^4\sim20\times10^4$ t 级的深水大港，北岸海盐至金山一带，$10\sim15$ m 等深线逼近沿岸，宜泊万吨以上海轮。由于为强潮河口湾，地质沉积较粗，岸滩冲淤变化剧烈，环境不稳定，造成生物资源贫乏，对海水水产养殖十分不利。但两岸湖荡众多，河港交叉，适宜于淡水养殖。总体而言，北岸金山—澉浦以港口开发为主，建立能源基地；南岸以围涂为主，发展种植、淡水养殖、海涂水库等。杭州湾是带鱼和梅童鱼等多种经济鱼类产卵地。

杭州湾港口资源丰富，我国沿海港口年吞吐量前两位的上海港和宁波-舟山港都属杭州湾。截至 2006 年年底，上海港海港港区拥有各类码头泊位 1140 个，其中万吨级以上生产泊位 171 个。2008 年上海港货物吞吐量完成 5.82×10^8 t，继续保持世界第一。其中集装箱吞吐量完成 2800.6×10^4 标准箱（TEU），货物吞吐量完成 3.68×10^8 t。洋山深水港区集装箱吞吐量完成 823×10^4 TEU。宁波—舟山港区域是我国港口资源最优秀和最丰富的地区，港口目前已建成各类泊位 723 个，吞吐能力超过 2×10^8 t，2005 年实际完成货物吞吐量 2.68×10^8 t，居全国港口第二位，全球排名第四；集装箱吞吐量 520×10^4 TEU，居国内港口第四位，全球排名第十五位。此外，2008 年 5 月 1 日通车的杭州湾跨海大桥，它北至嘉兴市，南至宁波慈溪，贯通杭州湾南北两岸，全长 36 km，是目前世界上已建和在建的最长跨海大桥，促进和拉动了长三角地区的旅游、商业和社会经济发展。

（二）象 山 港

象山港处于浙江北部沿海，北靠杭州湾，南邻三门湾，东侧为舟山群岛。港湾南、西、北三面低山丘陵环抱，口外有六横等众多岛屿为屏障。它为一呈 NE—SW 走向的狭长形半封闭海湾，纵深 60 km，口门宽 20 km。港口内狭窄，宽约 $3\sim8$ km，水深 $10\sim20$ m，港中部达 $20\sim55$ m。象山港岸线曲折，港中有港，港内有大小岛屿 65 个。象山港陆地岸线长 280 km，其中基岩岸线 78 km，淤泥质岸线 202 km。流域面积为 1455 km^2，滩涂面积为 171.5 km^2。入港河溪达 37 条。粗粒级物质堆积在河口以上河床，发育滨海小型冲积平原。海域和潮滩以黏土质粉砂为主。港口附近平均潮差 3.18 m，海域潮差向湾顶方向增大。潮流属往复流，落潮流速大于涨潮流速，最大落潮流速为 183 cm/s，出现在口门附近。

由于陆域径流较少及周围山地水土保持较好，港中水体泥沙含量较小，营养盐丰富；加上港道处于基本稳定和微冲状况，对水产养殖业及港口航道开发均具有广阔的前景。象山港港口条件优良，多处可建万吨以上港口码头。象山港是多种鱼虾贝藻等海洋生物栖息、生长繁殖和育肥的优良场所，是浙江省海水养殖的主要基地。现养殖的品种主要有海带、紫菜、牡蛎、泥蚶、对虾、梭子蟹、青蟹、大黄鱼、鲈鱼等，2008 年的水产养殖总产量为 10.92×10^4 t。2006 年前后已建成投产了乌纱山（4×600 MW）和宁海电厂（4×600 MW）2 座火电厂，现正在规划各自的 2×1000 MW 的二期工程。调查发现，火电厂附近海域的底栖生物数量和种类有所降低，生态系统明显扰动。象山港海域的海水处于高氮低磷状态，基本属于重度污染，水质为富营养化，这应与海域水产养殖污染排放及火电厂的温水排放等有关。因此，火电厂的温水排污对海洋环境及水产养殖的影响评估值得重视。

（三）三门湾与乐清湾

三门湾位于浙江省海岸中部，北与象山港接壤，南邻台州湾，东界为南田岛南急嘴与牛头门、宫北嘴连线，呈 NW—SE 向的半封闭海湾。湾口宽度为 22km，从湾口到湾顶纵深 42km。三门湾内岛屿罗列，有大小岛屿 130 余个，其中三门岛位于湾口，三山鼎立，形成三条航门，遂名"三门湾"。水域面积为 450km²，潮滩面积为 295km²。岸线总长 304km，其中人工和淤泥质海岸为 112km，基岩海岸为 186km。该海湾的基本特点为岸线曲折，港汊纵横，潮滩发育，港汊之间普遍发育舌状潮滩。三门湾为强潮海湾，潮沙及潮流强劲，平均潮差 4.25m，最大潮差可达 7.75m。最大涨潮流速 153cm/s，最大落潮流速达 200cm/s。据计算，三门湾的进、出潮量可达 $17 \times 10^8 m^3$，湾内水沙与口外交换频繁。三门湾海域宽阔，水深一般在 5～10m。开发方向以围涂、堵港、蓄淡和水产养殖为主。三门湾是浙江省主要的贝类养殖基地，主要有青蟹、对虾、牡蛎、缢蛏等品种。另外，三门湾还是我国重要的能源基地之一。其中，该湾的湾顶潮差大，汊面广，纳潮量大，潮汐性质属正规半日潮，可供开发潮汐能源。核电是三门湾另一大特色，秦山核电站是我国自主设计、建造和营运管理的核电站，结束了中国大陆无核电的历史，也标志了中国核工业发展的新台阶。随后相继投产的秦山二、三期核电站，进一步促进了我国核电国产化发展，创造了良好的经济和社会效益。而作为中美两国最大的能源合作项目的三门核电站一期工程 2009 年 4 月开工建设，在全世界率先使用第三代先进压水堆核电技术。三门核电站一期工程总投资 400 多亿元人民币，共有 2 台机组。2 号机组计划 2014 年建成发电，它和 1 号机组的功率均为 $125 \times 10^4 kW$。

乐清湾位于浙江省南部沿海，瓯江口北侧。隶属于温州和台州地区。海湾三面环陆，向西南开口。纵深达 42km，平均宽度约 10km，口门宽约 21km，中部窄处约 4.5km，呈葫芦状。沿岸有清江、白溪、水涨、灵溪、江下等 30 余条大小溪流入注湾内。乐清湾属半封闭海湾。湾北和湾西为雁荡山脉，东部有玉环岛，口门有大门岛、小门岛、北小门岛等，港湾隐蔽。乐清湾岸线长约 184.7km，其中淤泥质和人工海岸长约 145.2km，基岩和砂质海岸长 36.8km。海域面积 463km²，湾内滩涂面积约 33 万亩。平均水深约 10m，海口平均潮差 4.2m。位于玉环县的大麦屿是浙南最主要的深水港资源分布区，港区水深大多在 9～30m 之间，最深区达 41m，可建万吨至十万吨级深水港。乐清湾的潮差较大，一次大潮的进潮总量达 $21.3 \times 10^8 m^3$，湾内有适宜于建立潮汐电站的坝址。此外，乐清湾 33×10^4 亩的海涂是贝类养殖的天然牧场，有各种主要的经济鱼类 20 余种，其中大黄鱼是主要的鱼类资源。还有 58 种贝类，60 种甲壳类动物。整个乐清湾水质肥沃，饵料生物丰富，十分利于海水养殖，是浙江省蛏、蚶、牡蛎三大贝类的养殖基地和苗种基地。整体而言，乐清湾的水质及土质肥沃，湾内宜发展水产养殖、潮汐发电及围垦蓄淡和旅游等。

（四）椒江及瓯江河口

椒江河口位于浙江中部，为浙江省第三大河。全长197.7km，流经台州地区五个县（市），流域面积6519km²。河口潮流界在临海城西三江口（距口门58km），潮区界在永安溪望良店，两者相距3.5km。椒江由干流灵江与永宁江在三江口会合而成，口门以外属台州湾。多年平均径流总量为66.6×10⁸m²，但径流年内分配不均，76％集中在4～9月间的汛期，具有流量变幅大、洪水暴涨暴落等特征。河口平面形态呈藕节状，其形成受地貌条件的影响。根据历史海图对比和²¹⁰Pb分布等资料，沉积速率逐渐增加，现代沉积速率为0.9～6.3cm/a，自栅浦向海方向降低。

港口、航道是椒江河口的优势资源。口门地区的海门港是台州地区最主要的港口，年吞吐量为2000×10⁴t，是台州地区的进出口岸和重要渔港。滩涂资源丰富，河口南、北两岸为滨海平原，是椒江口东移、人工围塘而成。南侧的温黄平原是台州地区的粮仓，有耕地120万亩。椒江河口淤积比较严重，主要建设项目有挡潮建闸，内、外航道整治和滩涂开发利用。能源建设对椒江两岸的经济发展具有明显作用，1979年在北岸前所兴建了台州大型火电厂，装机容量为105×10⁴kW。该区经济以轻工业为主，绝大部分为小型企业，乡镇企业发达。

瓯江是浙江省第二条大河，发源于浙江南部庆元县百山祖锅冒尖，流经龙泉、云和、青田、永嘉、温州及乐清等县市，全长388km，总落差1080m。江面宽阔，由于江流海潮相互激荡，彼此消长，泥沙沉积，形成了西洲岛、江心屿、七都涂、灵昆岛等四个江中沙洲。流域包括丽水地区和温州市的15个县市及两区，面积为1.79×10⁴km²。瓯江是浙南重要的水路交通要塞，瓯江口是该区重要出海口。瓯江河口是一个山溪型强潮河口，自圩仁魁石以下为感潮河段，至口门崎头角长78km。在盘石以下河道被灵昆岛分成南北两口，北口水深，宜发展深水港区和通海航道；南口滩宽水浅，泥沙淤积严重，通过堵口建坝可促进滩涂围垦。

温州市位于瓯江口南岸，离出海口29km，一直都是浙南政治、经济、文化、交通中心，也是我国东南沿海14个开放港口城市之一。围海造地、发展海洋经济，打造"海上温州"是温州市近年来的重点发展战略。截至2008年年底，温州市已完成圈围面积（海涂、江涂）达23万亩。作为浙江省"五百亿"重点工程，并与杭州湾跨海大桥、舟山跨海大桥一起，组成浙江省三大陆海对接工程的温州半岛工程已于2003年开工建设。它由温州浅滩工程、洞头五岛连桥工程、灵昆大桥、状元岙深水港区工程和灵霓海堤等组成，目前已完成了灵霓海堤北堤、五岛连桥、灵昆大桥和一期围涂等工程。其他项目正在论证和规划和建设之中。

（五）闽 江 河 口

闽江河口位于福建省东部，全长2872km（干流长度577km），是福建省最大的河流，流经福建省北半部30个县、市及浙江省南部2个县、市，流域面积6.01×10⁴km²，多年平均流量为1903m³/s，多年平均入海径流总量为620×10⁸m³，是一条运流量大、含沙量小（河口年输沙量 745×10^4 t）、洪枯季明显的山溪性河流。河口平均潮差 4.53m，最大潮差为 6.98m，属强潮河口，潮汐类型为正规半日潮。悬沙平均粒径为 0.046mm，流域内来沙具有明显季节性，全年输沙主要集中在汛期的几次洪峰的来沙量。河口演变具有近期来沙逐量减少、浅滩稳定、微冲等特征。

闽江河口的土地资源较为丰富，陆域面积为 $618km^2$，区内地势平坦，土地肥沃，水资源丰富；滩涂面积约为 $50km^2$，目前有近 $30km^2$ 的滩涂由于防洪、防潮需要已被围垦，并主要作为耕地用于种植业，亦有部分用于开发区用地、水产养殖区等。港口航道资源也较为丰富，航道淤积以底沙运动为主。闽江河口具有丰富的野生动植物资源、植被类型多样，是我国重要的湿地保护区。此外，港口资源也很优越，主要港区分布在闽江口河口段（如台江港区、马尾港区、青州港区、松门港区、筹东港区、琯头港区等）和闽江口外的海港（主要有松下港区、江阴港区、罗源湾港区）。现有码头泊位 120 个，其中 500t 以上泊位 88 个，1000t 级以上的泊位 67 个，10 000t 级以上的深水泊位 18 个，最大靠泊能力为 30 000t 级。全港设计货物吞吐量 2275×10^4 t，集装箱 32×10^4 TEU，旅客进出量 72×10^4 人次，使福州市成为闽北的最大开放型港口城市。此外，闽江河口河沙资源也很丰富，沙层厚度达 20～27m，以石英、长石为主，是优良的建筑用砂。闽江口地区开发较早，形成的名胜古迹众多，区内古刹遗迹、游览胜地多，具有丰富的旅游资源。如鼓山的涌泉寺为闽五大寺刹，素有"阁刹之冠"美称。

（六）湄　洲　湾

湄洲湾位于福建中部沿海、台湾海峡西岸的中段（约 $118°50' \sim 119°11'$E，$24°57' \sim 25°17'$N），北邻兴化湾，南邻泉州湾，是福建沿海天然优良港湾之一，素有"中国少有，世界不多"美誉。湾内三面环陆，港口东南向入台湾海峡，澳岬相间排列。本湾海岸线曲折，主要由基岩海岸组成，局部出现淤泥质、砂质和红树林海岸。海岸线长 186.57km。水域南北长 33km，东西最宽处 24km，总面积约 $423km^2$，是强潮岬湾型的港湾。水域面积为 $216.73km^2$，潮滩面积达 $207.04km^2$。湾内具有潮差大和水深大等特征，是我国深水港发展的潜在基地。湾顶秀屿的平均潮差 5.12m，最大潮差 7.59m，强劲的潮汐与复杂的地形使湾内形成易于疏通的深水航道区。湾内大部分水深在 10m 以上，并从湾内北侧、东西两侧向中心航道、南侧和湾口逐渐变深，最深达 52m。这对湾内肖厝港建设和大型石油化工基地极为有利。

总之，湄洲湾具有港阔水深、岸线长、航道宽、风浪小、不淤不冻、防护条件好、陆域大等特点。湄洲湾三面环山，湄洲岛横亘湾口；往湾内 5n mile，盘屿、大竹屿、小竹屿、小霜屿等呈 NE—SW 排布；再往内 7n mile，有罗屿、横屿和洋屿平列，形成三道屏障，避风避浪条件极好。湄洲湾深入内陆约 18n mile，航道既长且宽，沿岸有多处深水岸段，其中北岸的秀屿，水深 10～16m，深水岸线长约 2000m；南岸的泉港，水深10～20m，深水岸线长达 2400m。两者深居内澳，建港条件最优越，5×10^4 t 级轮船可自由进出，10×10^4 t 级轮船可趁平潮进出。在黄瓜屿与斗尾一带可停泊 30×10^4 t 级船舶。秀屿一侧陆续建成 3000t 盐业转运码头、5000t 商业码头和 1000t 方舟煤码头。整个港口年吞吐量达 120×10^4 t。目前，湄洲湾南岸已建成 3 个 5×10^4 t 以上泊位，另外在建的有东周半岛 $30×10^4$ t 级油码头和斗尾 $30×10^4$ t 级大型修造船厂等 7 大泊位项目，乃福建省最大的石化基地。北岸已初步形成了以秀屿港为主，东吴港等港区逐步发展的格局。另有三江口港、枫亭港等。

湄洲湾海波浩瀚澄碧，附近石奇岩峭，山环水绕，风景如画。历史上曾是莆田沿海的一大旅游胜地，如今尚存不少崖刻的书法和画像，是一个很有发展前途的海滨游览、休养胜地。

（七）厦 门 湾

厦门湾是由九龙江河口湾、东渡湾和五通湾三个不同特征海湾组合而成的复式海湾。港湾水域狭长，港区四周山峦屏障岸线曲折，岸线长达 109.55km。海岸主要由基岩岬角海岸组成，局部有河口平原岸和红土台地岸。厦门湾面积达 230.14km²，其中滩涂面积为 75.96km²，水域面积为 154.18km²。大部分水深在 5~20m 之间，最大水深为 31m。厦门港是我国东南沿海对外开放的重要港口，自然条件好，具有风浪小、锚地广和航道深等特点，素有不冻、不淤天然良港之称。厦门港湾外有大、小金门、大担、二担、青屿、浯屿诸岛环绕，形成天然屏障；港内有鼓浪屿、鸡屿、火烧屿等岛屿屹立，具有位置隐蔽、港阔湾深的特点，水域平静，无拦门沙。目前，厦门湾有东渡、海沧、嵩屿、刘五店、后石、石码、招银等港区，全港共有生产性泊位 122 个，深水泊位 33 个。2006 年全港累计完成货物吞吐量 7792.07×10^4t，集装箱吞吐量达 401×10^4TEU。

从大量钻孔资料分析，厦门湾的沉积历史经历了山溪性河流沉积环境（低海面时期古九龙江河流沉积）、淡水湖泊环境（海平面不断上升过程中湾口被河堤、海堤封堵）和海湾沉积环境（海平面继续上升形成海浸）三个阶段。海湾现代沉积环境主要受九龙江及人工海堤的影响。九龙江中、上游植被破坏、水土流失，导致河口三角洲平均每年以 150m 的速度向海推进。近 30 年来，高集海堤等拦湾大堤修建后，缩减了东渡湾水域面积 40%，减少东渡湾纳潮量 38%，海湾中涨落潮流速减弱，新沉积的淤泥厚达 6~7m。此外，余流方向的改变，影响污染物向海排泄。

从浙、闽沿海主要几个河口及港湾自然环境的分析可知，新近纪以来的断块升降及 EN、WN 和 WE 向的断裂形成了海岸廓线的骨架，全新世以来海平面上升塑造了基岩港湾海岸，而山溪性强潮河口特性及海域来沙发育成为淤泥质潮滩海涂及港汊地形。这些特征为港口建设、海水增养殖及海涂围垦提供了优越自然条件。

第三节 舟 山 群 岛

舟山群岛位于杭州湾口门，地跨 121°33′~123°25′E，29°32′~31°04′N，是我国最大的岛屿群。全岛区域东西长 182km，南北宽 169km，总面积约 2.2×10^4km²。其中海域面积 2.08×10^4km²，陆地面积为 1440.2km²（其中滩涂面积为 183.19km²），由 1390 个大小岛屿组成，占全国 6500 多个岛屿总数的 1/5 以上，素有"千岛之乡"的美称。海岸线 2444km，约占全国的 7.7%，是全国唯一的群岛性地级市。由于舟山群岛濒临东海，目前已是通向宁波北仑港（相距 30n mile）及全国最大港口上海港（相距 136n mile）的海上门户。为此，1987 年 1 月国务院正式批准设立对外开放的海岛港口城市舟山市。

一、历史沿革与地理特征

（一）历史沿革

舟山群岛开发历史悠久。据史书记载和出土文物考证，属河姆渡第二文化层年代。距今 5000 多年前的新石器时代，就有人类在岛上开荒辟野，捕捉海物，生息繁衍，开始从事渔盐生产。

春秋时，舟山属越，称"甬东"（甬江之东），又喻称"海中洲"。唐开元二十六年（738）置县，以境内有翁山而命名为"翁山县"。北宋熙宁六年（1073）更名"昌国县"。元初升县为州。明洪武二年（1369），改州为县；洪武二十年废昌国县。至清初，先后两度迁民。清康熙二十六年（1687）再次设县，更名"定海县"，道光时升为"定海直隶厅"。辛亥革命后，恢复定海县建制。民国 38 年（1949）分设定海、翁州两县。

1950 年 5 月 17 日舟山群岛解放，成立定海县人民政府，属宁波专区管辖。1953 年 3 月经政务院批准，定海县辖区分为定海、普陀、岱山 3 县，后连同从江苏省划入本省的嵊泗县，成立舟山专区。1954 年又将原属宁波专区的象山县划入。1958 年象山县划归台州专区。1959 年撤定海、普陀、岱山、嵊泗县，合并成立舟山县。1960 年 11 月，嵊泗人民公社划归上海市。1962 年 5 月撤销舟山县，重新设立舟山专区，下辖定海、普陀、岱山、大衢、嵊泗 5 县。1964 年撤销大衢县，其辖区分别划归岱山、嵊泗 2 县。1967 年 3 月起舟山专区改称舟山地区。1987 年 1 月，经国务院批准，撤销舟山地区和定海、普陀 2 县，成立舟山市，辖 2 区（定海区、普陀区）2 县（岱山县、嵊泗县），实行以市领导区、县新体制。

（二）地理特征

从大地构造单元来说，舟山群岛是华夏大陆东北部浙闽地台的一部分，属天台山系延伸入海的残余。距今 10 000～8000 年间，海平面上升将山体淹没沦为列岛。岛群呈 SW—NE 走向依次排列，地质构造受 NE、WNW 向两组断裂线控制。南半部地区大岛较多，海拔较高，排列密集；北部地区以小岛为主，地势渐低，分布疏散。舟山群岛最高峰为桃花岛的对峙山，海拔 544.4m，舟山本岛的黄扬尖山次之，海拔为 503m。舟山群岛海岸线总长 2444km，其中基岩海岸 1855km，人工海岸（海塘）530km，砂砾海岸 50km，泥质海岸（涂）13km。水深 15m 以上岸线 200.7km，水深 20m 以上岸线 103.7km。舟山本岛东西长 45km，南北宽 18km，面积 502km^2，是仅次于我国台湾、海南和崇明的第四大岛，浙江第一大岛。

舟山群岛现有人口 103.5×10^4 人，另有 10 多万人侨居海外，分布在世界 38 个国家和地区，是浙江省重点侨乡。舟山群岛人口分布密集，常年有人居住的岛屿有 103

个，人口密度 671 人/km²，高出全省 1.5 倍，高于全国的平均密度 5 倍。第一产业人口 23.2×10⁴ 人，第二产业人口 16.8×10⁴ 人，第三产业在业人口达 12.3×10⁴ 人，城镇及其他人口 45.3×10⁴ 人（舟山年鉴，2008）。若按面积大小分级，舟山群岛面积在 50km² 以上的有 6 个岛，10～20km² 的有 10 个岛，5～10km² 的 7 个岛，1～5km² 的有 35 个岛，上述 58 个岛屿占群岛总面积的 96.9%。其他 1km² 以下的小岛有 1281 个。舟山市统辖嵊泗、岱山、普陀、定海四个海岛县（区），并分设 91 个海岛乡（镇）。

舟山群岛属北亚热带南缘季风海洋性气候区，具有夏无酷暑、冬无严寒的特点。常年平均气温在 16℃ 左右，8 月为最热月，平均温度 26.3～28.1℃，极端最高温度 39.1℃；1 月最冷月平均温度 4.3～6.1℃，极端最低温度 -7.9℃。全年主要风向，春、夏季多东南风，秋、冬季多西北风。太阳总辐射量为 464.8～493.2kJ/cm²。无霜期为 239～268 天。全岛平均年降水量为 850～1367mm，7～8 月为连续干旱季节。每年夏、秋季则是受台风影响的主要季节，平均每年受台风影响 3.5 次，对渔、农、盐业生产的危害较大。但伴随台风而来的大量降水，是岛上淡水的主要来源。

二、海岛海洋资源

"渔、港、景"是舟山群岛得天独厚的三大自然资源。舟山渔场是我国最大的渔场，海域总面积 10.6×10⁴ km²，几乎与浙江全省陆地面积相等。外侧是浩瀚的东海洋面，大陆架渔场面积为 57.29×10⁴ km²，素有"东海渔仓"和"中国渔都"之美誉。也是世界著名渔场，与千岛渔场、加拿大纽芬兰渔场和秘鲁的秘鲁渔场齐名，为世界四大渔场（舟山市地方志编纂委员会，2008）。舟山群岛周围水域属东海大陆架的浅海部分。该区域咸淡水汇聚，冷暖水团交错，水质肥沃，饵料充足，适宜鱼虾繁殖、栖息、回游，水产资源十分丰富。共有海洋生物 1163 种，按类别分，有浮游植物 91 种、浮游动物 103 种、底栖动物 480 种、底栖植物 131 种、游泳动物 358 种。捕捞的主要品种有带鱼、鳓鱼、马鲛鱼、海鳗、鲐鱼、马面鱼、石斑鱼、梭子蟹和虾类等 40 余种[1]。

舟山群岛港深湾多，具有岸线资源丰富、航道四通八达、锚地众多、水域开阔等特点，发展海运有广阔的前景。其群岛环抱、水域宽深、流急浪小、常年不冻等优越的建港自然条件为我国罕见（图 10.13）。全市水深 15m 以上岸线 200km，港域面积 1000km²，主航道可通行 20×10⁴ t 以上船舶，东部国际航线可通行 30×10⁴ t 以上巨轮。有近 100km 长的深水岸线（水深 12～20m）、152km² 的深水水域面积及多条 17～21m 深的水道，可供 10×10⁴ t 级的船舶自由进出及 15×10⁴ t 级的船舶候潮进出。并能同时停泊万吨巨轮 500 多艘，是理想的大宗远洋物资承运的中转基地和长江三角洲对外贸易联合港开发的重要组成部分。2007 年全港完成港口货物吞吐量 12 818×10⁴ t（舟山市地方志编纂委员会，2008）。历史上明朝嘉靖年间，葡萄牙人曾在六横、佛渡的双屿港经商建港。1981 年宁波北仑港工程学术讨论会认为普陀乌沙水道系的虾峙门是外国货轮最佳的通路，从而使普陀港成为宁波北仑港的咽喉。1987 年 4 月，舟山港正式对外开放以来，新建的老塘山万吨泊位已竣工使用。它与北仑港使用同一主航道，隔海相望，

---

① 见舟山市人民政府网站相关内容，http://www.zhoushan.gov.cn/

间距仅 9n mile。一个新兴的海港正在日益崛起，册子岛原油中转基地、岱山国家石油战略储备基地等项目正在进行。

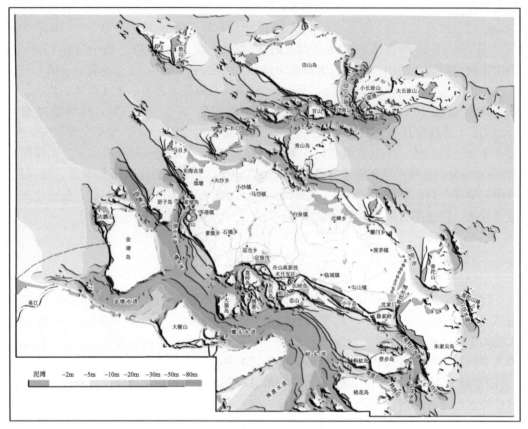

图 10.13 舟山群岛附近海域水深地形图

南京大学海岸与海岛开发教育部重点实验室. 舟山群岛空间规划研究报告，2003 年

舟山群岛风光秀丽，气候温和，四季常青，山海奇观，千姿百态，是人们休息、娱乐、疗养的良好场所。境内有驰名中外的"海天佛国"普陀山，它是全国四大佛教名山之一。岛上名刹甚多，百余座大、小寺院庵堂中，以普济、法雨和慧济三大寺规模最大，是我国明末清初建筑群的典型。正在开发中的"海上雁荡"朱家尖以石奇、洞异、滩美、山海兼优取胜。此外，早在唐代就有"蓬莱仙岛"之称的岱山岛及"南方北戴河"嵊泗基湖沙滩均是游览和疗养胜地。近年来，舟山利用海山风情资源，致力开发文化旅游产业，提升旅游产品档次，舟山海山风情文化游已成为长三角地区城市休闲度假的新亮点。上述海岛风光已吸引大量中外游客。全市目前拥有普陀山和嵊泗列岛 2 个国家级风景名胜区及岱山岛和桃花岛 2 个省级风景名胜区。2007 年，共接待游客达 1305 $\times 10^4$ 人次，其中外国旅游者 19.93$\times 10^4$ 人次。全年实现旅游总收入 85.34$\times 10^8$ 元，其发展前景十分可观（舟山市地方志编纂委员会，2008）。

舟山的海洋矿产资源可分为三大类：一是滨海砂矿；二是海底石油和天然气；三是海底多金属结核和多金属软泥。东海首先发现并进入商业化开发的是平湖油气田，距岱山岛东南方向 302km，总面积约 240km²。已探明储量：天然气 108$\times 10^8$m³，凝析油

177×10^4 t，轻质原油 1078×10^4 t[①]。

三、舟山群岛及各区社会经济特征

（一）舟山群岛经济特征

渔业是舟山群岛的经济支柱，在全省和全国均占有比较重要的地位。全舟山市拥有 1 万多艘渔船，28 万总吨位，9 万渔业劳力，4 万亩对虾养殖基地，年海水产品总量近 124.08×10^4 t。此外，水产加工设施齐全，拥有 105 座大、小冷库，一次冷藏能力达 7×10^4 t，产前产后服务配套，海洋经济快速发展。2007 年海洋经济总产出 815×10^8 元，占全市 GDP64.5％，成为全国海洋经济比重最高的城市，因此舟山群岛不愧为 "中国鱼都"的誉称。舟山由于气候常年温和湿润，适宜农作物生长，全市现有耕地面积 24.94×10^4 亩，主要农作物有稻谷、番薯、大麦、玉米、花生、棉花、茶叶、蔬菜等，水果有 100 多个品种。此外，舟山市的港口工业增速迅猛，2007 年临港工业产值 430.16×10^8 元。工业企业规模不断扩大，新增年产值上亿元企业 17 家，总数达到 52 家。全市船舶工业造船能力突破 300×10^4 载重吨，年产值从 2002 的近 10×10^8 元增加到 193×10^8 元，正在成为全国重要的修造船基地。水产加工业年产值达到 162×10^8 元。石化工业开始实质性启动。港口物流增势迅猛，拥有各类生产性泊位 410 座，其中万吨级以上泊位 19 座，港口货物吞吐量达到 $12\,818 \times 10^4$ t，海运业运力达到 250.25×10^4 载重吨。渔农业稳步发展，实现渔农业总产值 99.92×10^8 元。港口物流增势强劲，金塘大浦口集装箱码头项目已经启动，马迹山矿砂中转二期工程基本完成前期准备，册子原油中转、岙山战略石油储备、洋山深水港区二期等一批项目相继开工，长峙万吨级货运码头基本建成；海运业运力达到 141×10^4 净载重吨，新增 41×10^4 t。海洋旅游发展加快，"中国优秀旅游城市"创建经过三年努力被国家旅游局正式命名，成功举办了三大旅游节庆活动和首届国际海钓节，新建了普陀桃花岛安期峰景区、定海凤凰山等一批旅游项目，2007 年实现旅游收入 85.34×10^8 元（舟山市地方志编纂委员会，2008）。产业结构更趋合理，临港工业、港口物流、海洋旅游和现代渔业四大基地雏形形成。"十一五"时期，舟山经济社会发展三大战略目标的重点内容是打造海洋经济强市、打造海洋文化名城和打造海上花园城市。

（二）舟山群岛各区社会经济

舟山群岛在行政上划分为四个区县。定海区位于舟山群岛的西侧，由舟山本岛大部及金塘、册子、长自、长峙、盘峙、大猫等 128 个大小岛屿组成，其中有人居住的岛屿 26 个，东与普陀区接壤，北与岱山县诸岛毗邻，西、南与宁波、镇海隔海相望。境内海域和陆地总面积 1444km²，其中岛屿陆地面积 568.8km²，海域面积 875.2km²。诸岛多低山丘陵。全区经济过去以农业为主，近年来以乡镇企业为主的工业发展较快，经济

[①] 见舟山市人民政府网站：http://www.zhoushan.gov.cn/

结构发生了明显的变化。

普陀区位于群岛的东南部，以境内普陀山而得名。北隔黄大洋与岱山县、嵊泗县隔海相望；西与定海区、宁波、镇海为邻，距大陆最近点仅 7km；南同大目洋与象山半岛遥望；东濒浩瀚的东海。全区有大小岛屿 4541 个（其中常年有人居住的岛屿 32 个），海陆总面积 6730km²，其中陆地面积 459km²。普陀区的渔业为命脉经济，渔业产量约占全国海洋渔业总产量得 1/20，全省的 1/4，是全国重要的商品鱼生产基地。港口、工业由渔业带动发展。

岱山县位于舟山群岛北部，东濒公海，西接杭州湾，北界嵊泗列岛，南临定海、普陀两区。全县总面积 5242.5km²，其中海域 4916km²，陆地 326.5km²；潮间带滩涂面积为 41.6km²。由 404 个岛屿组成，其中有人居住的 12 个。岱山是全国 10 个海洋渔业重点县之一，80 年代工业振兴使工业在全县经济中处于重要地位。

嵊泗县地处嵊泗列岛，由马鞍列岛、崎岖列岛、浪岗山列岛等 392 个大小岛屿组成，位于舟山群岛最北面，全县海域面积 8827km²，陆地面积 80km²。在 26 个有人居住的岛屿中，泗礁岛为最大，是全县的政治、经济、文化、交通中心。海洋渔业是该县的主导经济，该县的嵊山镇是舟山群岛的中心渔场之一。每年冬季带鱼汛季节，全国 6 省 2 市近 10×10^4 渔民，上万艘渔船云集嵊山港捕捉带鱼。

第四节　台　湾　海　峡

台湾海峡是东海最大的陆架海峡。它介于我国闽、台两省之间，是连接东海和南海的重要水道。从东北向西南伸展，南北长达 426km、东西宽为 134～436km，平均宽度为 285km，平均水深为 60m，总面积达 8.5×10^4 km² 左右。该海峡在地质、地貌、气象、水文、动植物区系等方面有明显的特点，区域开发上有相对的独立性，因故单独予以介绍。

一、台湾海峡的地质与地貌

台湾海峡是亚洲大陆板块和陆缘的延伸部分，东侧与台湾岛弧相接。周定成（1982）讨论了台湾海峡的地质构造。整体而言，福建、台湾海峡及台湾岛在构造上同属 NNE 方向的新华夏构造体系。新近纪喜马拉雅造山运动时期，明显地受到太平洋板块的俯冲、碰撞和挤压作用的影响。NE 向及 NW 向的断裂构造十分发育，断块性质的隆起及凹陷组成了平缓开阔的褶皱带。根据地球物理及地质资料，台湾海峡可分为平潭以东断块隆起、北部盆地、西部盆地（澎湖以西）、中部澎湖隆起、南部盆地五个地质单元（图 10.14）。按重力推算，海峡的地壳厚度为 30～35km。钻探资料表明，500 多米以下便是中生代基底，上覆新近系（中、上新统）海陆相交互沉积，第四纪沉积在盆地内较为发育。从各方面条件来看，台湾海峡具有成油条件，晚更新世后海侵淹没的古滨岸残留沉积造成了海底砂矿的富集。

台湾海峡南北两端较深（一般不超过 100m），在中南部东山岛和澎湖群岛一带海底较浅（约 40m 左右）。按海图水深分布状况可将台湾海峡地形划分为以下四个单元（图

10.15）（冯韵等，1983）：

（1）澎湖水道，位于台湾岛西南与澎湖列岛东南之间的海域，水深大于 200m。

（2）台湾浅滩，位于澎湖列岛西南，是台湾海峡中水深最浅之处，平均水深 20m 左右，最浅处仅 10～15m。

（3）基隆水道，位于台湾海峡东北部，紧靠台湾岛北端，水深在 80m 以上。

（4）澎湖盆地与马祖盆地。它们分别位于澎湖列岛的西北和台中浅滩以北，前者最深处为 80m，后者最大水深约 100m。

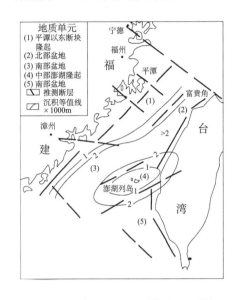

图 10.14　台湾海峡地质构造纲要简图　　　　图 10.15　台湾海峡地貌单元的分布

福建沿海及台湾西部近岸海底有两级阶地和低海岸线存在，一级阶地高程为 -10～-18m 水深，二级阶地高程为 -25～-36m（林观得，1982）。福建沿岸的海底阶地较宽（50～70km），并受闽江口马祖峡谷、云化湾南日峡谷、厦门湾大担峡谷等切割，沿岸岛屿均分布在这两级阶地之上。澎湖列岛为海底喷出岩组成的岛群。

林观得（1982）结合台湾海峡海底地貌特征，提出以台湾浅滩为界，可将海峡分为两大部分：浅滩以北，属东海大陆架的一部分；浅滩以南，属南海大陆架一部分。而中南部水深为 40m 左右的浅滩带（即台湾浅滩、南澎湖浅滩、北澎湖浅滩和台西浅滩）为海底"陆桥和分水岭"，其物质组成除部分是中生代火成岩外，大多是火山喷发的玄武岩。

具体而言，根据地貌成因-形态分类原则，台湾海峡海底地貌可以分为水下岩坡、堆积平原、侵蚀-堆积平原、堆积-侵蚀浅滩和侵蚀台地等五类（刘维坤，1995）。水下岸坡主要分布在海峡西岸近岸区，水深一般小于 30m，最大达 50m 左右，海底起伏较大，有基岩裸露，多岛礁成群星布。堆积平原分布于海峡北部，主体属于马祖盆地，西连福建近岸堆积台地，东北与东海陆架相接，是东海陆架堆积平原的一部分，一般水深 70m，最大深达 100m 以上，地形开阔平坦，有少数浅洼地发育。侵蚀-堆积平原发育于澎湖列岛西北侧的澎湖盆地，西接福建近岸的水下岸坡，东西宽约 80km，面积约

$1.6 \times 10^4 \, \mathrm{km}^2$，平原地形坡状起伏，海底有洼地和陇岗发育，局部有岩体裸露，水深 60m 左右，最深达 80 余米。堆积-侵蚀浅滩主要指台湾浅滩和台中浅滩：台湾浅滩位于海峡南部东山岛和澎湖列岛之间，东西宽约 180km；台中浅滩位于澎湖列岛北面，东西宽约 9km，地形较为复杂，沙脊、沟槽和洼地等发育。侵蚀台地分布于澎湖列岛周围，是一片低平的侵蚀平台，水深在 30～50m 之间，呈片状展布，其间为许多槽谷所分隔，台地上岩体起伏，多水下残丘，局部出露成岩礁。

台湾海峡的海底底质中部为细沙，东部以细沙为主，近岸处偶有粗沙和软泥，台湾岛南北端近岸有部分岩底。澎湖列岛附近主要为砂底，并有砾石和基岩出现。西部近岸除岬角、岛屿附近有粗砂、砾石和基岩外，主要为粉砂质黏土软泥。

台湾海峡地貌的形成和发展是在断裂构造控制下，内外地质营力共同作用的结果。断裂构造作用奠定了海峡海底地貌发育的基础和框架，而外力过程对海峡海底进行侵蚀、搬运和堆积，构成了现今海峡海底的各种地貌特征。此外，台湾海峡地貌的发育还与第四纪海平面多次升降变化有关，特别是晚冰期全球低海平面和冰后期海平面迅速上升过程形成等影响。

二、台湾海峡的气象与水文

台湾海峡位于我国大陆与台湾岛之间，北回归线在其南部通过，属亚热带季风气候区。伍伯瑜（1982a；1982b）探讨了台湾海峡的气候特征，提出影响海峡气候特征有四方面因素：一是典型的季风；二是海峡地形对气流的狭管效应；三是台风影响；四是黑潮支流和南海暖流的影响。上述四个因子综合影响，使海峡风场、气温、降水、云量和雾发生季节性变化。

（一）海洋气象

1. 风场特征

李立（1986）对台湾海峡沿岸风的周年变化进行了分析。研究表明，台湾海峡风场存在着明显的周年变化，一般是冬季盛行东北风（10月至翌年3月），夏季盛行西南风（6～8月），台湾海峡的岸线呈 NE—SW 向，冬、夏季风风向平行于岸线。由于"狭管"效应，冬季诸月海峡区的平均气流和风速均较海峡外大。如12月至翌年3月海峡内风速较海峡外大 4m/s 左右，大风出现的频率亦较海峡外大 10%～24%。夏季西南风盛行期较短，偏南风力较弱，且受台风、东海气旋和反气旋等天气系统的交替影响，狭管效应并不明显，偏南风出现的频率也较低。12月与6月分别为冬、夏季风最盛月份，4、5月与9月为盛行风的转换月份。

此外，阎俊岳等（1993）指出，台湾海峡冬季出现的东北大风，其形成除与狭管效应有关外，还有一种"偏东风效应"。即当冷空气南下时，有时在菲律宾以东及台湾岛东南方有热带气旋或低压活动，这种"北高南低"的形势使得低压北侧的偏东风加强，东风受台湾岛上山脉阻挡而爬升，在海峡一侧下沉，海峡内气压下降，形成"地形槽"。南北方气压梯度进一步增大，海峡内风力比纯受冷空气影响时增大 1～2 级。

2. 气温、降水、云量和雾

台湾海峡的气温、降水、云量和雾受季风、地形和海洋暖水系的综合影响。就气温而言，海峡东部比西部高，南部比北部高，海峡东南部受黑潮支流的影响，是海峡气温平均的高值区。1月份平均气温为20℃左右，海峡西北部，常受冷空气侵袭和东北季风引起自北而南沿岸流的影响，是海峡气温的低值区，1月份平均气温仅11℃左右。夏季由于受西南或南风的影响，海峡多数地区7月份的平均气温在27~28℃之间。总体而言，西北部受大陆气候影响，气温年较差较大；而东南部受海洋影响，年较差和日较差较小。

海峡的年降水量地区差别较大，最明显的特点是受黑潮影响。另外，海峡东面有高峻的台湾山脉作为屏障，冬季风时可造成台湾西南的"雨影"地带，降雨稀少（李克让，1993）。台湾沿岸的降水量比福建近岸大一倍以上，且福建近岸的雨季短促，台湾岛沿岸多数台站雨季较长；其次是最大降水月出现的时间东、西部有差异，海峡西侧福建近岸雨季出现在6月份，次高峰台风雨出现在8月份，而台湾岛周围雨季多数集中在7~8月份。

云量是天气气候变化的一种重要现象，台湾海峡云量的变化受季风、极锋、气旋、地形、副热带高压、热带低压、冷暖洋流、海气作用等多种因素的影响。就全年平均总云量分布而言，台湾海峡年平均总云量在5.0~6.5之间，南部云量较低（5.0~5.5），北部云量较高（5.5~6.5）。夏季云量分布均匀（6~7），冬季分布趋势与年平均相似，春季为冬夏过渡季节，云量随天气形势变化较为复杂，秋季9~10月份，云量普遍减少（4~5）（蔡学湛、傅逸贤，1985）。

台湾海峡及近岸的雾多属平流雾，其形成的必要条件为较冷的下垫面和适宜的暖湿气流（陈千盛，1986）。由于台湾海峡气温及海温的年际变化很小，在气旋、西南低压槽、南岭冷锋及静止锋和太平洋高压脊的频繁活动下，台湾海峡的雾日可达20~30天以上。雾日较多的月份为2~4月。这种平流雾持续时间较长，日变化较小，对航海、航空影响很大。

3. 台风

影响和侵袭台湾海峡及其邻海区的台风均来自菲律宾群岛以东的洋面上。由台湾南北两侧向西北移动在我国东南沿海登陆的台风对台湾海峡及海况影响最大，它可以使8月份偏南风的频率减少，仅海峡内7~11月平均风速的高值中心及舌状分布发生改变。当台风中心接近台湾海峡时，可使海峡区出现大风、暴雨及巨浪。据统计，一次台风过程，降水常达200~300mm，有时高达1000mm以上。台风在海峡掀起的风浪也很惊人，如在福建近岸曾观测到15m波高的巨浪（李克让，1993）。福建近岸降水量第二次高峰期正是台风袭击最频繁的8月。台风对海峡区域的水文状况影响主要表现在两个方面：一是台风改变海峡表层的流场；二是使海峡区夏季各月期间经常出现大风、巨浪，涌浪也较频繁出现。此外，特殊的地形条件使该区经常出现台风异常路径，导致各种中小尺度天气系统的复杂活动。

（二）海 洋 水 文

1. 潮汐、潮流和余流

已有多位学者分别对台湾海峡的潮汐、潮流及余流等分布特征进行了详细的研究（丁文兰，1983；王志豪，1985；王寿景，1989；刘金芳等，2002）。他们的认识可以概括为，从太平洋进入台湾海峡的潮波，绕台湾岛南、北两端同时向西再向海峡中部推进。由北端进入台湾海峡的潮波起控制作用，表现为大陆沿岸的潮时由北向南推迟，属前进波性质。受海峡复杂地理环境的影响，台湾海峡的潮汐性质比较复杂，可分为：东山—澎湖以北为规则半日潮区，甲子附近为正规日潮区，其他海区为不规则半日潮区和不规则日潮过渡区。台湾海峡的平均潮差分布基本表现为：$24°N$ 以南，其等值线沿纬向分布，梯度较大，平均潮差在 $0.5 \sim 3.0m$ 之间；以北的平均潮差等值线沿经向分布，且梯度较小，但平均潮差大于 $3.0m$。可见，台湾海峡平均潮差的地区差异很大，大体上是北大南小，西大东小，平均潮差在 $1.0 \sim 4.0m$ 之间。台湾南部安平附近潮差最小（$<0.5m$）；泉州以北的闽东海域，潮差在 $4.0m$ 以上。台湾海峡的最高潮位和最低潮位随季节而变化，月平均海面 1 月最低，8、9 月最高，年平均变幅为 $25 \sim 31cm$。

据实测潮流资料分析，湄洲湾以北，福建沿岸狭窄水域为规则半日潮流，而海峡中部的表、底层均为不规则半日潮流；湄洲湾以南，规则半日潮流的分布范围逐渐扩大。从平均最大潮流分布得知，在 $100m$ 等深线以东的海峡东南部，其潮差较小，潮流较弱，流速为 $15.4 \sim 30.8cm/s$。由此向西北流速逐渐增大，至台湾浅滩处，流速达到 $103cm/s$ 左右，海峡北部流速接近 $77 \sim 103cm/s$。最大流速的方向，在海峡南、北两端与潮流传播方向平行，海峡中部与岸线走向平行。台湾海峡西部海域 $5m$ 层的最大可能潮流流速可达 $103 \sim 154cm/s$。

海峡西部的余流以东北向流为主，上层海流受季风影响较大，夏季东北向流，冬季转为偏南向流，底层余流大致终年为东北向流。本区的余流流速较大，一般达 $10.3 \sim 51.4cm/s$，海峡最窄部分，余流流速可达 $51.4cm/s$ 以上。

2. 波浪

台湾海峡的波浪受季风控制，海峡波高受地形和狭管效应的作用（林雨良、廖康明，1983）。台湾海峡是一个大风频繁的区域，台风侵袭年平均可达 5 次左右，台风风速 $20m/s$ 以上的东北大风，可在海峡掀起十余米的波高。根据 30 多年福建沿海台风波浪观测资料，海峡观测到的最大台风波浪波高约 $16m$。海峡的海浪分布具有如下特征：时间上，冬季盛行东北向浪，夏季则盛行西南向浪；东北向浪明显强于西南向浪，且持续时间长，大浪频率、平均波高及最大波高均为全年最大，夏季及转换季节次之（刘金芳等，2002）。区域上，台风浪的各向频率在海峡北部以北向浪为主，其中东北向浪占 50% 以上；南部海区以南向浪为主，其中东南向波浪可占方向频率总数的 34% 以上。此外，海浪分布还具有如下特点：冬季时，海峡两端浪高小，中部大；而夏季时则相反。

3. 海水温度及盐度

台湾海峡海水温度和盐度主要受季风、黑潮和大陆沿岸流的支配，并随季节变化。海峡水温等温线呈 SW—NE 走向，东暖西冷，南高北低；靠近福建海岸等温线密集，水平梯度大（刘金芳等，2002）。海峡的盐度分布和变化主要受沿岸低盐水和外海高盐水（南海水和黑潮水）之间的相互消长决定，等盐线分布大致与岸线平行，具有东高西低、南高北低，随季节明显变化等特征（肖晖等，2002）。

冬季（12～2月）受寒冷东北气流影响，沿岸海水温度普遍降低，低于 9℃ 的沿岸冷水可达温州以南，低于 12℃ 的低温水可达金门附近。而 20°N 以南海区和受黑潮影响显著的海峡东侧，水温较高。冬季盐度分布由峡区西部沿岸向外海递增，等盐线大致与岸线平行，近 NE—SW 走向。

春季（3～5月）整个海区水温普遍回升，5月份，台湾海峡 27℃ 暖水舌可达 24°N 附近。盐度分布趋势与冬季相似，但盐度值普遍增高，等盐线主要分布在峡区西部海域，"盐度锋"区明显向海峡西部近岸位移，外海高盐度水的势力十分强劲（肖晖等，2002）。

夏季（6～8月）除浙、闽近岸水温低于 26℃ 以外，广大海区水温都在 28℃ 以上，分布比较均匀。夏季台湾海峡盐度普遍降低，水平分布较均匀，等盐线稀少，几乎为北上的海外高盐度水所控制，一般在 33.5～34.0 之间。此外，平潭岛北至湄洲湾南近岸海域和东山近岸至台湾浅滩西北侧海域出现的低温高盐区，这正是台湾海峡西部海域海水上升流的核心所在地（肖晖等，2002）。

秋季（9～11月），水温分布趋势与冬、春两季相似，但水平分布较均匀。如 9月份水温南北相差仅 2℃，南口较高，达 28～29℃。盐度分布表现为与冬、春类同的趋势，只是盐度水平梯度小了很多。但 9月以后，外海高盐水向台湾海峡及南海伸展，沿岸水域盐度逐月下降，海峡盐度呈东高西低、南高北低的趋势，东西两岸盐度差可达 3.0。

三、台湾海峡的动植物区系

台湾海峡两岸潮间带地区分布有热带和亚热带特有的红树林植物群落。据调查，海峡两岸的红树林植物共有 15 种，分别隶属于 15 属 11 科（张娆挺，1984；张伟强、黄镇国，1996）。由于红树林植物对环境适应性不同，其分布状况也不均。海峡东岸红树林植物共 15 种，连续分布在台湾西海岸，北至基隆，南至屏东，其中台南以南（23°N 以南）的红树林种类最丰，达 15 种，分布面积达 120.54hm^2，占台湾红树林面积的 56.4%；台南以北海岸的红树林种类仅为 9 种。而海峡西岸（福建省沿海海岸）的红树林种类为 8 种，仅出现在福建云霄（24°N 以南）以南、厦门以北海岸，种类明显减少（张伟强、黄镇国，1996）。整体而言，海峡两岸的红树林植物的生物量均呈现由南向北递减的趋势，这一规律与海岸的气候环境、海域水文条件、底质状态密切相关。此外，海峡两岸的海流等环境条件的不同，也是造成红树林种类和分布差异的直接原因。

台湾海峡处于亚热带海区，水系复杂，浮游生物主要是热带-亚热带和广布种，种类丰富，物种丰度大；生态类型上可分高温高盐、广温广盐、低盐近岸类三个生态类群（李少菁等，2006）。台湾海峡海域浮游植物由硅藻、甲藻、金藻、蓝藻和绿藻等组成，其种类繁多，经鉴定分析有近600种，其中硅藻占的比例较大，接近75%（李少菁等，2001）。台湾浅滩海域是浮游植物的密集区（平均值10^7个/m³），密集中心位于台湾浅滩的西侧（平均值大于10^9个/m³），以近岸性浮游硅藻占优势。台湾浅滩以南海域浮游植物数量锐减，而且具有明显的分层分布现象。就整个台湾海峡来说，已发现的海洋硅藻共有594个种和变种，绝大部分属亚热带性质。台湾海峡西部海域的共有80种浮游甲藻，分别隶属于10科12属。甲藻总量的季节性变化明显，最高峰出现在5月，次高峰为8月，2月为低谷期。

台湾海峡浮游动物由纤毛虫、放射虫、水母类、桡足类、介形类等组成，目前已发现近1300余种（李少菁等，2006）。其中，桡足类已发现299种，其数量大、分布广，为水域食物网中的一个重要环节，是许多经济鱼类特别是幼鱼的主要饵料。其生态种群基本上反映了黑潮支流、南海暖流、沿岸流以及大陆径流在海峡水域的消长情况。头足类共46种，主要以浅海性种类为主，大洋性种仅占7种。海峡头足类区系主要是亚热带性质，东山岛至澎湖列岛一线以南，由于受黑潮支流和南海水体影响，热带性比较明显。台湾海峡浮游生物数量平面分布均呈现近岸高、远岸低的特点。平面分布上，浮游植物数量呈现北低、南高的特点，而浮游动物生物量分布则呈北高、南低的相反特征。

据福建水产科研部门调查，台湾海峡鱼类已知有738种，其中，海峡南部有671种以上，北部有366种以上鱼类。暖水性606种，占82.1%，暖温性132种，占17.9%。无冷温性种。头足类已知有30余种，游泳虾类60余种（李振宗，1991）。台湾海峡有着丰富的渔业资源，种类繁多，不少品种具有重要经济价值。台湾海峡包含闽东、闽中、闽南-台湾浅滩渔场、粤东渔场及其两翼广阔的海域，向来是闽、粤、台三省渔民的主要生活场所。由于海洋环境复杂，多种生态条件栖息着不同生态类群的鱼类。一般特点是：暖水性鱼类占多数，浅水性鱼类占优势，定居型鱼类较多；近底层及底层鱼类占绝大多数，喜礁性鱼类比重大；鱼类生态类型的多样性造成渔业生产周年渔期延续、鱼种交替、渔场广阔及时空隔离明显，综合经营及合理开发有充分余地。近些年的捕捞，对底层及近底层鱼类资源的利用已经过度，资源出现衰退现象。然而，该海区有多处上升流存在，为中上层鱼类、头足类、虾蟹类及多种优质经济鱼类繁衍生长提供了良好的条件。但要注意合理开发，并制定相应的保护对策，使海峡渔业资源能正常繁衍，促进海洋渔业的持续发展。

第五节　台　湾　岛

台湾岛耸立在东海大陆架南缘，形似纺锤，南北长394km，东西最宽处144km，环岛周边长1139km，面积35 774.6km²，人口$2300×10^4$，是我国第一大岛。四周有88个大小岛屿，大部分为火山岛，包括澎湖列岛、钓鱼岛、赤尾屿、兰屿、绿岛等岛屿。其中，中央山脉纵穿南北，占全岛面积的60%以上，玉山海拔高3997m，为我国东部最高峰。台湾岛的东部海岸十分陡峭，属海蚀断层海岸，等深线靠近岸边，平行排列，梯度大。西部多河流平川，属冲积、海积平原海岸。

一、台湾岛的地质地貌

台湾岛及邻区是世界上碰撞造山作用最为典型的地区之一，位于菲律宾海板块和欧亚板块的交汇区。郑彦鹏等（2003）详细介绍了台湾岛的地质构造特征。本节据此作简要概括。从区域构造特征来看，台湾岛自东向西依次为海岸山脉带、台东纵谷、中央山脉、西部山麓带和海岸（沿海）平原带这五个构造单元；以台东纵谷为界，其东、西两侧的自由空间重力异常显著不同，暗示其属于不同的构造单元；这些构造单元的走向都呈 NNE 向，且近乎平行排列（图 10.16）。海岸山脉带由海岸山脉及东部的绿岛、兰屿等火山岩带组成，为新近系火山岛弧地层，其上覆部分碎屑岩或灰岩。该带是菲律宾海板块向欧亚板块斜向俯冲的产物，在构造上属于北吕宋火山海脊在岛上的延伸（Huang et al.，1997）。台东纵谷为一套古生界—中生界浅变质杂岩-大南澳变质杂岩，由片岩、大理岩、闪长岩和花岗片麻岩等组成，是岛上最古老的基底。中央山脉带由雪山山脉、脊梁山脉（backbone range）和梨山断裂带等组成，为一套古近系浅变质硬页岩、板岩和千枚岩等，厚度数千米以上，是遭受后期构造挤压抬升所致。西部山麓带和海岸平原带则由新近系碎屑岩组成，以砂、页岩互层为主，夹杂灰岩和凝灰岩凸镜体等，总厚度可达 8km 左右。在渐新统底部存在区域一不整合面，推测为西部山麓逆冲推覆构造的基底滑脱面。

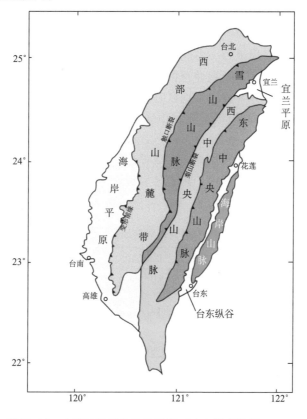

图 10.16　台湾岛地质构造格架图（改自郑彦鹏等，2003）

中央山地贯穿台湾岛南北，并将全岛分成东西两个斜面，东部斜面坡陡，多峡谷峭壁，西部斜坡地形平缓。自山脊向西，依次为高山、中山、低山、丘陵、台地而达平原。河流源长，水量较大，可作发电灌溉。河口有三角洲平原，成为台湾主要的工农业发达地带。曾昭璇（1948；1985）对台湾岛的地貌进行了概括，本节据此对台湾岛的地貌特征进行介绍。

中央山地由中央山脉、玉山山脉、雪山山脉等组成，山地顶部实为和缓起伏面，一些高峰耸立于 3000～3300m 的和缓面上，成为第四纪冰川地貌形成之地，故冰川角峰、槽谷、冰碛地形均有保存。和缓面上，亦有冰砾和磨痕石发现，林木不生，每成草地。山地公路即利用和缓面地形横贯东西斜面。地貌学上称为"EH 面"（即山原面），为第四纪初上升的准平原地貌。由于山地不断上升，于是在山原面下又形成"山麓面"（YP面），两面之间，间有急坡，相差近千米。此面之下已入中山或低山范围，广泛发育有红土面，表示地面为风化深入的上升古和缓地面，为林木盛长区。这些较高的和缓平坦面，河谷纷立，每汇集呈集水盆状，然后下切流出，成为峡谷。和缓面沿峡谷两岸形成和缓肩膊状平缓地面，然后突然切入峡中，表示峡谷是山上和缓面上各小溪流水量集中后下切的地貌。峡谷中又有阶地存在，在岩性软弱地区，峡谷开朗，形成局部开朗盆地地形。阶地呈台地地貌，为高山族村社和田地所在。阶地亦为红土层分布地面，称为红土阶地面或高阶地面（即 LT 面）。此乃更新世地形面区，和下面低阶地面分别明显。因低阶地面乃全新世时期所成的新阶地，阶地面未受红化作用，风化未深，保存全新世疏松沉积结构。它是由山体不断上升，河流把河谷平原下切，形成阶地。在低山区和丘陵区甚为发育。到平原区则阶地形成广大的台地区，为广大隆起扇形地和台地相结合的地形，为更新世时期的海岸地带。由北部的坪顶台地开始，经历中栃台地、苗栗台地、大肚台地、八卦台地，向南仍断续伸至恒春半岛，即为中央山地各大溪谷口的上升扇形平原。如今平原区仍在上升，尤以山地区谷地平原为明显。不少平原已被河流切割成为阶地，向下游倾斜，有达 20°坡度，显示山地上升。现在上升速度，仍可达 1cm/a（最大值），与喜马拉雅山相当。

山地上升证据还可由今天台湾地震活动强烈证明。每次地震，地形变化均在 1m 以上。由中央山地分东震区和西震区。东震区为板块边缘震区，是世界上主要地震带，西震区为板块内震区，强度不烈，由表 10.1 可见一斑。

表 10.1　台湾西震区地震程度概况

时间	地点	断裂情况	水平变位/m	垂直变位/m
1904 年 10 月	嘉义	41～50km	2.4～3.0	1.5
1906 年 2 月 23 日	嘉义	13km 多	2.4	1.3
1935 年 4 月 21 日	新竹	22km（两条）	1.5	3.0
1946 年 1 月 18 日	台南	6km	2.0	<1.0
1999 年 9 月 21 日	南投	80～100km	7～8.0	3～4.0

东震区是我国地震最频繁区，震源深达上地幔，Ms 震级在 7.3 以上，据 87 次地震能量释放达 5078.68×10^{14} J。如 1920 年 6 月 5 日花莲海区地震达 8.3 级，该区全新世平均上升量达 9.7mm。从断层磨面判断有逆断层出现，表示为挤压性断层，水平移动

已使秀姑峦溪流路北移25km，即海岸山脉已被称为"移动的山"。西震区目前最大地震为1999年9月21日发生于南投县集集镇的集集9.21大地震，震级高达7.6，震源深度为7km，乃是近百年来台湾岛陆上最大地震。这是由于受菲律宾海板块向台湾岛之下北西向俯冲的挤压应力，导致了台湾中央山脉西部的车龙铺和大茅-双冬两条NNE—SSW或近S—N向断层的活动。以逆断层为主，兼有走滑活动。该地震在地表形成一长约100km、宽约40km的破裂带，其最大水平位移达11m，垂直位移达7.5m，造成2333人死亡，10 002人受伤，直接经济损失达120×10^8美元。

中央山地上升与东西向挤压应力场有关，是欧亚板块和太平洋板块相互挤压的结果。台东乃板块缝合带所在。亚洲板块东移是由于受印度板块北移所致，那里亦产生地缝合线。但由于印度板块下插入亚洲板块之下，使横断山脉升起，成南北向高山，那里地壳加厚，山系亦呈向西突出的弪形山系，即"华南弧"前缘。弧后高原即为云贵高原，向东才逐渐成为中低山地。这里板块即有向东挤压应力产生，受太平洋板块的阻挡，使地壳上升成上冲逆断层系，核心处即高耸成中央山地。流水沿地缝合线所成断陷带蚀出台东纵谷，把贴附中央山地的海岸山脉分离出来，自成一脉。沿断裂带喷发火山环岛成火山岛链。如北面的彭佳屿、棉花屿、花瓶屿、龟山岛，南面的火烧岛、兰屿、小兰屿等，不少是在活火山带中。如龟山岛在乾隆时（清初）即喷发过。北面火山岛区1916年、1927年也有水下喷发的报道。近期连陆的台北大屯火山群，今天仍有不少喷气孔（或硫气孔），也是活火山的表现，如今成产硫区。

环岛海岸上有珊瑚岸礁发育，表示本岛为热带宝岛。出产宝珊瑚有白、红、绿、黑、粉红、紫色等几个品种。台湾海域大约有300多种石珊瑚和100多种八放珊瑚，占全球4成，而台湾表孔珊瑚和台湾蕈珊瑚更是台湾特有种[①]。全世界最古老、已有1200岁的钟形微孔珊瑚就在绿岛。1930～1970年间，台湾是有名的"珊瑚王国"，珠宝珊瑚产量居全球之冠。然而，过度捕捞鱼货等造成海洋生态改变，使得目前台湾有3/4的珊瑚正处于高危或非常危险情况。

地震、断裂和火山群的存在也使得本岛以温泉著称。全岛处处有温泉，总数达100多个。全岛不少地方泉水淙淙，真是名副其实的"温泉之岛"。其中，知本温泉乡、屏东县四重溪、宜兰县礁溪和南投县卢山被喻为为台湾四大名汤。

二、台湾岛的气候

台湾岛纵跨北回归线，北部属于南亚热带湿润性季风气候，南部属北热带湿润季风气候。岛上终年气温较高，雨量充沛，多低云阴雨。由于受季风、热带天气系统和地形等影响，气候复杂多变，山地平原气候相差悬殊。东北地区和西南地区阴雨季节变化迥异。根据曾昭璇（1954）和阎俊岳等（1993）相关成果，本节归纳了台湾岛的气候特征。

台湾岛属低纬度地区，受海洋的调节，冬季平原气候温和，夏季漫长而不酷暑。年平均气温在21～24℃（高山除外）。1月最冷，平均气温在14～20℃，极端最低气温除

---

① http：//science. nmmba. gov. tw/web/education/coral _ tw/about. htm

台中、台北－2℃、新竹－1℃外，其余都在0℃以上。7月最热，平均气温在27～29℃之间，高于35℃的酷热日数较少。受洋流影响使全岛海洋性气候加强，尤以东斜面为台湾暖流产生区，冬暖夏凉，比西斜面显著。冬季台东平均温度比台南高出1～5℃，花莲高于台中2℃。夏季平均温花莲可低于台中0.5℃。恒春夏季明显凉快。全岛全年平均温度不低于20℃，即除山地外，全岛没有气候上的冬季，霜雪全无。台湾岛垂直气候带显明，按每上升100m气温下降0.5℃计算，山顶降温可达20℃。即平原为夏季20℃气温时，山上可达0℃，接近冬季温度。玉山低温亦曾达－12.1℃（1944年3月10日）。故热带林、亚热带林、温带林都可在岛上生长。

受季风影响，台湾岛的冬夏地面风场截然不同。10月至翌年3月为东北季风期，风向较为稳定，风速较大，尤以台湾西海岸及海峡最为显著。6～8月为西南季风盛行期，且风速为全年之最小，最多风向频率较冬季风小。4、5、9月为季风转换期，风向多变，但频率仍以偏北风为主，风速介于冬、夏季风之间。由于地形影响，台北终年盛行偏东风，台东盛行西北风，花莲除11月外，全年静风居各月风向频率之首。台湾岛周围平均风场强度的年度趋势为冬强夏弱。最高值往往出现在转向台风影响最大的11月份，平均风速为14m/s，次之是8月为8m/s，最低在6月为4m/s。

台湾岛为我国降水丰沛之地区，但降水受季风及地形影响，东北区和西南区迥然不同。年降水量东北部均在1700mm以上，年降水日数均达165天以上。其中，基隆最多，分别可达2903mm和215天之多，素有"雨港"之称。而西南地区的年降水量多在1600mm以下，年降水日数在80～100天左右。位于台湾海峡的马公，年降水量不足1000mm，年降水日数不足85天。冬季风时期，使本岛北部成为我国少见的冬雨区，和海南东北部一样。过山后，西南平原又成为温暖干旱气候，有利于甘蔗和水稻生长。在西斜面则受福建山地和中央山地夹束，形成狭管作用，使台湾海峡北端形成风口。著名"竹风兰雨"（即新竹台地大风，宜兰平原多雨）即因此而起。这一时期的降水主要集中在东北区，而西南区这一时期因位于背风面，天气以晴好为主。西南季风期则表现为西南部及高山地区降水丰盛，前期5～6月阴雨绵绵，而后期7～9月多雷雨和热带气旋暴雨。7～9月可称为台风期，最多的8月份最大频率一个月中可达7次，暴雨量可占全年一半以上。而东北地区此时降水显著减少。

台湾岛阴天多于晴天。北部和东部沿岸阴天日数均在150天以上。其中，基隆、花莲均超过200天，为沿海地区阴天日数最多的岸带。阴天主要集中在冬季风时期，月均大多超过20天，基隆可达27天之多。西南部海岸带，阴天日数比东部、北部少，年阴天日数在140天以下，南部恒春最少，全年只有93天。台湾岛海岸带低云阴天日数冬半年东北不多，各月大多10～20天，西南平原少，各月4～9天。6～8月，台南低云阴天日数较多，各月6～9天，其余多为2～5天。

总之，受季风、台风、洋流与地理位置影响，台湾岛气候显出东西斜面之差和南北端之异，这皆由于中央山地影响。冬季风盛行期（10月～翌年3月），东北部多阴雨，沿海多东北大风。西南季风盛行期（6～8月），气温较高，雷暴盛行，风暴活动频繁。4～5月为冬季风向夏季风转换期，南北冷暖气流交汇于此，风向紊乱，降水较多。9月为夏季风向冬季风过渡，风向多变，但热带气旋影响仍不小。

三、台湾岛的河流水文

台湾岛的重要河川共计 151 条。它们发源于海拔 2000～3000m 以上的中部山地，并以此为分水岭，分成东、西两部分，以东西流向为主。其中，东部河流流入太平洋或东海，西部则流入台湾海峡。受地形的制约，河流大多流短坡陡、水流湍急，不宜通航。在上游地区河谷地形陡峻，地质条件脆弱，易发生崩塌和滑坡、表土冲蚀及河床冲刷；在下游地区河谷宽广，更因骤雨洪水携带的大量泥沙而冲击成平原（王鑫，1985）。较长的河流都集中在西部，东部河流较短，长度均在 100km 以下。岛上河长在 100km 以上的河流有 6 条，其中超过 150km 的只有浊水溪、高屏溪和淡水河三条。

台湾的降雨在季节、空间和能量上的分配相当不均，暴雨时水量丰沛，流量计输沙量大；干季时则流量枯少，甚至出现荒溪形态。台湾岛上河川径流丰富，年径流深都超过 1000mm，但东西部有差别，东部径流深较大，西部河流径流深较小。河川年径流量的变差系数 C_v 值都较小，一般为 0.23～0.30。河流的最大水月都发生在夏秋季；最小水月西部河流大都出现在冬季，而东部河流则有时出现在春季 3 月或冬季的 1、2 月（表 10.2）。此外，本岛北部的河流在冬季风影响下，经过地形的抬升作用，产生了较多的降水，在河流水文情势上出现冬汛，也是我国唯一有冬汛的地区。

表 10.2　台湾东西部地区河流水文情势

区域	河名	站名	集水面积 /km²	年径流量 /(10^8m³)	年径流深 /mm	年径流 C_v	最大水月 径流量 /(10^8m³)	最大水月 出现 月份	最小水月 径流量 /(10^8m³)	最小水月 出现 月份
东部	浊水溪	武界	491	13.0	2648	0.28	2.48	6	0.25	1
	浊水溪	集集	2310	43.8	1898	0.28	7.49	6	1.05	2
	秀姑峦溪	瑞穗	1539	28.6	1858	0.29	7.97	10	0.892	3
	卑南溪	延平	454	12.9	2841	0.24	3.80	9	0.23	3
西部	淡水河	石门	754	13.7	1827	0.23	2.23	9	0.442	1
	大甲溪	达见	523	9.93	1899	0.29	1.58	6	0.321	1
	曾文溪	照尖	521	10.9	2092	0.30	3.02	9	0.077	1

总体而言，台湾岛具有高温、多雨、经常遭受台风影响等特点。另外，本岛的河流短促而坡降大，水力资源丰富。河川径流丰富，洪峰流量大，枯水流量少，汛期有春、夏、秋汛或四季有汛，河水含沙量大。

四、台湾岛的土壤

台湾山地面积广大，地势高峻，湍急的河川和丰沛的降水，使山区土壤易被侵蚀，不易在原地持续稳定发育，故难见成熟的土壤。在相对平坦的平原、台地则可见较厚的土层发育。台湾的土壤发育受地势影响，由山地至平原呈垂直分布的各气候带，各自孕育出不同的土壤。如台湾高海拔的冷湿山区，有利于灰化土类的生成，但因地形陡缓不同，陡坡出现土层浅薄的石质土，坡底为崩积土，在平缓地带才有成熟灰化土的生成。图 10.17 给出了台湾土壤分布特征及典型土壤类型。

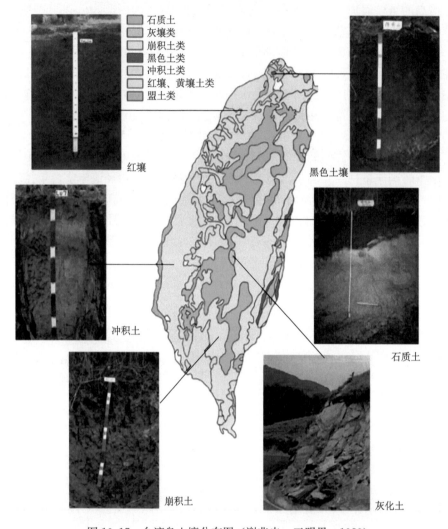

石质土
灰壤类
崩积土类
黑色土类
冲积土类
红壤、黄壤土类
盟土类

红壤

黑色土壤

冲积土

石质土

崩积土

灰化土

图 10.17　台湾岛土壤分布图（谢兆申、王明果，1989）

台湾岛地表土层特点有三：一是红土分布广泛；二是冲积土类较多；三是土壤垂直分带明显。台湾的和缓面上、丘陵与台地面上都是红土分布地区。山上和缓面都是第四纪早期的风化地表，地质时期地势低，近海面高度，即气候上受热带气候控制，使地表形成红土层。以后地壳上升，故红土层即可发现在 2000m 上和缓面上，而和缓面上河谷阶地亦为红土层披覆。以红土层为母质而发育形成的红壤也在低山普遍发育，而台地上则由于受全新世热带气候控制，更成为热带土壤砖红壤及砖红壤化红壤，或称为赤红壤发育地区。

（一）台地红壤

环岛台地上发育更新世红土，土层厚达数十米，虽今天水土流失严重，但仍有深厚红土层保存，不影响农业林业发展。以红土层为母质而发育起来的热带砖红壤，在火山地区常见。在大屯山区，基岩为铁质含量大的火山岩，使铁质能在地表积聚丰富，表层为坚硬铁质聚集层，与赭红壤呈明显区别。如在林口台阶上，表层土虽富铁质积聚，但未成硬块，颜色已呈赭红色，故名，亦有称"红棕壤"的。赭红壤下层已有斑纹层发育，与红壤相似。在地下水面较高处，沿地下水面还有铁盘发育。中枥台地上，不少耕地即利用赭红壤。因表层黄棕色砂黏土层较厚，其下才是暗红和棕红色土层，母质为二元结构的砾石层，故在土体中常见铁盘存在。强酸性黏重土层（铝土含量16%，砂质71%），每称为"老红壤"。较新的桃园台地砖红壤发育较晚，由于灌溉水源充足，向黄色转化（氧化铁转变为含水氧化铁），故名红棕壤。

低山区红土层上多发育成红壤，表层为砂质壤土，棕黄到红色，向下渐变棕色，故易与赭红壤分开。与大陆红壤差别为斑纹层发育较差，故定为"准红壤"。这里已明显受气候变凉变湿的影响，已归入亚热带区土壤类型。并已向黄壤方向转化。1000m以上山地，灰化作用已趋明显，故有灰化红壤产生。

（二）山地垂直土壤带

从平原、台地砖红壤、赭红壤区起，入山地转化为红壤、灰化红壤、黄壤、棕壤、灰化土、草甸土、石质土列系，地势也由低山、中山而达高山。

灰化作用在红壤区可见到，A_0层为灰黑色腐殖质层，其下即为薄层灰白色的漂灰层，即淋溶作用的洗滤层，铁、锰质在林下冷湿环境中进行嫌气还原并流失，余下细砂、粗粉砂组成本层，代换量最低。B层为淀积层，含大量Fe、Mn、铝氧化物，呈棕红色黏重心土层。到1000~3000m间即出现黄壤，分布面积广大，不少黄壤还带有红色、称为红黄壤，表示红壤转化为黄壤历时不长。红黄壤带正好和山地阔叶林带相当，故山地黄壤在恒春半岛不见分布。棕壤也在1000m以上才发现，与针、阔叶混合林区相当。由于冬季气温仍高，有利于腐殖质的生成，在八仙山上林地即见有20cm以上的腐殖层存在（曾昭璇，1948）。心土呈棕色，由有机酸下透染色所成，淀积层不发育，故剖面上不显分层现象，但B层仍较黏重。灰化土与温带针叶林带相应，表示环境又湿、又冷，有机质分解慢。腐殖层下为灰白色灰化层，厚达10cm，由粉砂、细砂组成，略见层理，心土呈棕褐色，有淀积物。B层中有三水铝石，显然为热带环境产物，表示山地也曾经处于低地环境。

山顶为高山矮林、灌丛、草地，故称高山草甸土。表层腐殖质累积明显，剖面呈AC型，即B层心土不存在，砾石直接与表层接触。缺乏腐殖层处即为石质土分布地区。碎屑砾石为机械风化所成，如由冰裂、风力、机械崩解等作用所成。

（三）冲　积　土

环岛海岸和各大河河谷地带多为近代冲积土区，由于组成物质松散，有机质含量多，水利条件好，故成为本岛主要农业土壤。主要分布在台湾西部，由丘陵地砂页岩冲积而成。但彰化平原、屏东平原及兰阳平原则是中央山脉黏板岩物质经河流冲积而成。东部的台东纵谷，则是中央山脉东部的片岩或片底岩冲积而成。水稻土大部分为冲积母质形成的土壤。种类多，现分述如下：

（1）中性冲积土水田区。即为水稻土分布田土，为台湾各大平原（台中、台南、恒春、台东、台北盆地）主要土壤。主产两造水稻和甘蔗。

（2）潜育性水稻土区。主要分布在西南部海岸低地平原区，如沙堤区中的干涸潟湖区，新垦埔地也属本类。积聚盐和碱质，因沿岸低于 6m 地区，可为高潮时盐水入侵，面积达 $5 \times 10^4 hm^2$。

（3）盐渍土（干旱土或新成土）。分布在西南部平原上。是由于此地区蒸发量大于降水量，加之海水地下水位较高和排水差的自然条件而形成。

（4）台湾黏土（始成土、淋溶土）。在台湾南部俗称为"看天田"。主要分布在云林、嘉义、台南、高雄的山麓地带前沿之低平台地上。面积 $7 \times 10^4 hm^2$ 余。土质黏重，排水不良，又含盐碱质，因是隆起浅海台地所形成。若无水利系统，旱季难耕。

（5）沿岸砂质土。为沿岸沙堤带土壤，砂土层由于每成移动沙丘，风力吹扬，常可变形。若未植林种草改良，难以耕种。不如大陆改良砂土的成功。

五、台湾岛的自然资源[①]

米仓糖库：台湾岛地处北回归线上，属热带、亚热带气候，日光、雨量充足，土地肥沃，气温高，湿度大，适宜热带、亚热带作物生长，故有宝岛之称。稻米、甘蔗为其主要农产品，其中最著名的是"蓬莱米"，为此有"米仓"之誉。甘蔗大量外销，因而有"东方糖库"之称。其他作物还有薯类、花生、大豆、黄麻、剑麻等。

粮食作物包括水稻和杂粮两大类。其中水稻是全省最普遍、最重要的粮食作物，种植面积和产量均占农业生产的首位，也是我国主要稻产区之一。杂粮作物以饲料用玉米和花生为主，其次为高粱、甘薯、红豆。台湾还是甘蔗种植大省，种植面积和产量仅次于水稻，居种植业第二位，也是我国甘蔗集中产区之一。

台湾盛产茶叶，一年四季都能采摘，一般从 4、5 月开始延续到 10 月，可采 20 次以上，是著名的产茶省区之一。其中冻顶乌龙茶，驰名中外。香蕉在台湾被称为水果之王，全省各地普遍种植，一年四季都能收获。菠萝产量仅次于香蕉，一般一年两收。柑橘地位列三大水果之一。其他重要的水果还有荔枝、龙眼、木瓜、柚子、枇杷、芒果、橄榄、槟榔、椰子等，一年四季不断，因而素有"水果之乡"之称。

---

① 本节内容主要根据 http：//database.ce.cn/gqzlk/sgl/tw/zr/200711/19/t20071119 _ 13644966.shtml；http：//www.lrn.cn/science/sciencespecial/200708/t20070820 _ 140960.htm 等资料整理而成

美丽宝岛：作为著名的世界旅游胜地，台湾总是被人们冠上"美丽而又富饶的宝岛"。台湾岛上的风光，可概括为"山高、林密、瀑多、岸奇"等几个特征。台湾是世界上少有的热带"高山之岛"，除西岸一带为平原外，其余占全岛 2/3 的地区都是高山峻岭。台东山脉、中央山脉、玉山山脉，号称"台湾屋脊"，海拔 3997m。最著名的是阿里山，为台湾秀丽俊美风光之象征。地处亚热带海洋中的台湾，气候温和宜人，长夏无冬，除适宜于各种植物的生长外，岛上大部分土地都覆盖翠绿的森林，有"海上翠微"之美誉。崇山峻岭间，植物种类繁多，森林风姿多变，原始森林中的千岁神木，比比皆是，世之罕见。台湾山峻崖陡，河短水丰，瀑布极多，各种形态应有尽有，十分壮观。除了瀑布外，岛上更是温泉磺溪密布，具有很高的疗养治病之功效，吸引着众多游客。关仔岭温泉还有"水火同源"的胜迹，而宜兰苏澳冷泉，更是世之稀有。西部平原海岸，宽广笔直，水清沙白，柳林成群，极宜泳浴。阳光白浪，轻风椰林，充满着海滨浪漫情调。北部海岸，又别有洞天，被台风、海浪冲蚀的海蚀地貌，鬼斧神工、千奇百怪，构成一幅幅天然奇境，具有"海上龙宫"的雅号。

森林宝库：台湾森林覆盖面积约占全省土地总面积的 55%，约相当于江苏、浙江、安徽三省森林面积的总和，比欧洲著名的山林之国瑞士的森林面积还大 1 倍，木材的蓄积量达 $3 \times 10^8 m^3$ 以上。台湾因受气候垂直变化的影响，林木种类繁多，包括热带、亚热带、温带和寒带品系近 4000 种，是亚洲有名的天然植物园。台北的太平山，台中的八仙山，嘉义的阿里山，是全省的三大著名林区。主要木材有铁杉、台湾杉、峦大彬、红松、肖楠等，经济树种有樟、油桐、橡胶、漆树等。此外还有红桧、扁柏、马尾松、榉、栎、朴等名贵木材，为舟船、枕木、桥梁等的上选材料。台湾的樟科树木居世界之冠。用樟树提炼的樟脑和樟油，在医药上和化学工业上用途很大，是台湾一大特产，产量约占世界总产量的 70%，最多时年产 $1000 \times 10^4 kg$ 余。

地下矿藏：台湾现已探明的各种矿藏有 200 多种。但多数储量不丰，铁、煤、石油等资源尤缺。目前已经开采的矿藏有 30 余种，主要是煤、硫黄、金、铜、天然气等。煤是最主要的矿产，集中在北部地区，蕴藏量估计达 $5 \times 10^8 t$，可开采量约为 $2 \times 10^8 t$，但煤质较差。金、铜以东北部的瑞芳、金瓜石地区和东部中央山脉以东至海岸一带为最富集。在台湾北端大屯山一带，还出产重要的化工原料——硫黄。这是我国天然硫黄储量最多的地方。

水产资源：台湾四面环海，又处暖流与寒流的交汇地，海产十分丰富，一向是我国重要渔区。鱼类多达 500 多种，其中以鲷鱼、鲔鱼、鲨鱼、鲣鱼、鳁鱼最多。高雄、基隆、苏澳、花莲、新港、澎湖等地都是著名的渔场。近几年台湾还发展虱目鱼、吴郭鱼、鲢鱼、鳗鱼及虾、贝等淡水养殖业。还出产石花菜、龙须菜、鹿角菜、珊瑚、珍珠等。此外，台湾出产的海盐也久负盛名。从鹿港到安平之间的沿海地区是海盐的主要产区。

参 考 文 献

蔡学湛，傅逸贤. 1985. 台湾及其周围海域总云量的时空分布. 台湾海峡，4（1）：8~15

陈吉余，沈焕庭，恽才兴等. 1988. 长江河口动力过程和地貌演变. 上海：上海科学技术出版社

陈吉余，虞志英，恽才兴. 1959. 长江三角洲地貌发育. 地理学报，25（3）：201~222

陈吉余，恽才兴，徐海根等. 1979. 两千年来长江河口发育模式. 海洋学报，1（1）：103～111

陈千盛. 1986. 台湾岛和福建沿岸的雾. 台湾海峡，5（2），101～106

丁文兰. 1983. 台湾海峡潮汐和潮流分布特征. 台湾海峡，2（1）：1～8

冯应俊. 1983. 东海四万年来海平面变化与最低海平面. 东海海洋，1（2）：36～42

冯韵，朱永其，曾成开. 1983. 台湾海峡地形图的编制设计. 台湾海峡，2（2）：58～65

高抒. 2002. 全球变化中的浅海沉积作用与物理环境演化——以渤、东、黄海区域为例. 地学前缘，9（2）：329～335

郭炳火等. 1987. 东海环流的某些特征. 见：黑潮调查研究论文集（二）. 北京：海洋出版社

郭令智，施央申，马瑞士. 1980. 华南大地构造格架和地壳演化. 见：国际交流地质学术论文（1）. 北京：地质出
    版社

蒋富清，李安春. 2004. 冲绳海槽南部表层沉积物地球化学特征及其物源和环境指示意义. 见：张洪涛，陈邦彦，
    张海启主编. 我国近海地质与矿产资源. 北京：海洋出版社

蒋加伦. 1986. 浙南近岸上升流与浮游生物变化. 见：浙江省海岸带资源综合调查论文集. 236～239

金庆明. 1980. 对东海沉积与地貌若干问题的认识. 海洋实践，（2）：3～9

金翔龙. 1992. 东海海洋地质. 北京：海洋出版社

李家彪. 2005. 中国边缘海形成演化与资源效应. 北京：海洋出版社

李家彪. 2008. 东海区域地质. 北京：海洋出版社

李克让. 1993. 中国近海及西北太平洋气候. 北京：海洋出版社

李立. 1986. 台湾海峡沿岸风的周年变化. 台湾海峡，5（2）：107～113

李立. 1987. 中国东南沿岸海面对埃（厄）尔尼诺的响应. 台湾海峡，6（2）：132～133

李乃胜. 1999. 西北太平洋边缘海地质. 哈尔滨：黑龙江教育出版社

李少菁，黄加祺，郭东晖等. 2006. 台湾海峡浮游生物生态学研究. 厦门大学学报（自然科学版），45（Sup. 2）：
    24～31

李振宗. 1991. 台湾海峡的渔业资源及利用现状. 福建水产，4：39～47

林观得. 1982. 台湾海峡海底地貌的探讨. 台湾海峡，1（2）：58～62

林雨良，廖康明. 1983. 台湾海峡波浪研究概况. 台湾海峡，2（1），20～28

刘光鼎. 1992. 中国海区及邻域地质地球物理特征. 北京：科学出版社

刘金芳，刘忠，顾翼炎等. 2002. 台湾海峡水文要素特征分析. 海洋预报，19（3）：22～32

刘维坤. 1995. 台湾海峡的地形特征与地貌发育. 见：于效群主编. 台湾海峡及邻近海域海洋科学讨论会论文集. 北
    京：海洋出版社

刘锡清. 1990. 中国大陆架的沉积分区. 海洋地质与第四纪地质，10（1）：13～24

刘忠臣，刘保华，黄振宗等. 2005. 中国近海及邻近海域地形地貌. 北京：海洋出版社

潘玉球，徐端蓉，许建平. 1985. 浙江沿岸上升流区的锋面结构、变化及其原因. 海洋学报，7（4）：402～411

秦蕴珊，赵一阳，陈丽蓉. 1987. 东海地质. 北京：科学出版社

任美锷，曾成开. 1980. 论现实主义原则在海洋地质学中的应用. 海洋学报，2（2）：94～111

苏纪兰，袁业立. 2005. 中国近海水文. 北京：海洋出版社

唐保根，张异彪，陈敏娟. 2005. 东海东北海域沉积物地球化学特征的初步研究. 见：张洪涛，陈邦彦，张海启主
    编. 我国近海地质与矿产资源. 北京：海洋出版社

王国纯. 1990. 东海盆地第三纪海陆分布与油气关系探讨. 东海海洋，8（2）：22～28

王寿景. 1989. 台湾海峡西部海域潮流和余流的特征. 台湾海峡，8（3）：207～210

王鑫. 1985. 大河入海流——台湾河川地形景观. 大自然季刊，7：67～75

王志豪. 1985. 台湾海峡的潮汐. 台湾海峡，4（2）：120～128

吴启达，李芦玲，周伏洪. 1984. 国东部海域与邻区的构造关系——据航磁资料探讨. 海洋地质与第四纪地质，4
    （2）：15～27

吴自银，金翔龙，李家彪等. 2006. 东海外陆架线状沙脊群. 科学通报，51（1）：93～103

伍伯瑜. 1982a. 台湾海峡的气候特征. 台湾海峡，1（2）：14～18

伍伯瑜. 1982b. 台湾海峡环流研究中的若干问题. 台湾海峡，1（1）：1～70

肖晖，郭小钢，吴日升. 2002. 台湾海峡水文特征研究概述. 台湾海峡，21（1）：126～138

谢兆申，王明果. 1989. 台湾土壤. 台中：中兴大学

阎俊岳，陈乾金，张秀芝等. 1993. 中国近海气候. 北京：科学出版社

颜文彬. 1991. 台湾海峡的温度逆跃层. 台湾海峡，10（4）：334～337

恽益民. 1981. 东海悬浮泥沙研究. 海洋实践，（1）：16～22

曾成开，朱永其. 1981. 早期弧后盆地-冲绳海槽的地貌特征. 海洋实践，（4）：16～19

曾昭璇. 1948. 台湾地形的考察. 海疆季刊（泉州海疆专科学校），（l）：17～31

曾昭璇. 1954. 台湾的气候. 地理学报，20（2）

曾昭璇. 1985. 台湾海岸地貌类型. 台湾海峡，4（1）：53～60

翟世奎，陈丽蓉，张海启. 2001. 冲绳海槽的岩浆作用与海底热液活动. 北京：海洋出版社

张娆挺. 1984. 台湾海峡红树植物的种类组成和地理分布. 台湾海峡，3（1）：112～118

张伟强，黄镇国. 1996. 台湾的红树林及其环境意义. 热带地理，16（2）：97～106

张文佑，张杭，杨树康. 1982. 国东部及相邻海域中、新生代地壳演化与盆地类型. 海洋地质研究，2（1）：1～15

张文佑等. 1986. 中国及邻区海陆大地构造. 北京：科学出版社

郑彦鹏，韩国忠，王勇等. 2003. 台湾岛及其邻域地层和构造特征. 海洋科学进展，21（3）：272～280

中国海湾志编纂委员会. 1992. 中国海湾志. 第五分册，北京：海洋出版社

中华人民共和国水利部. 2004. 中国河流泥沙公报. 北京：水利水电出版社

中华人民共和国水利部. 2005. 中国河流泥沙公报. 北京：水利水电出版社

舟山市地方志编纂委员会. 2008. 舟山年鉴. 北京：中国文史出版社

周定成. 1982. 台湾海峡地质及矿产. 台湾海峡，1（1）：25～31

朱永其，曾成开. 1979. 关于东海大陆架更新世晚期最低海面. 科学通报，24（7）：317～320

朱永其，曾成开，冯韵. 1984. 东海陆架地貌特征. 东海海洋，2（2）：1～13

Huang C Y，Wu W Y，Chang C P，et al. 1997. Tectonic evolution of accretionary prism in the arc-continent collision terrane of Taiwan. Tectonophysics，281：31～51

第十一章　南　海[*]

第一节　区域特征

一、宽阔深邃、半封闭的边缘海

南海是太平洋西部的边缘海，位于欧亚大陆东南缘，面积约 $350 \times 10^4 km^2$，相当于我国东海、黄海以及渤海面积的2.8倍。南海四周为大陆和岛屿环抱，北靠我国华南大陆，南抵大巽他群岛的苏门答腊岛和加里曼丹岛，西起中南半岛和马来半岛，包括西北部的北部湾和西南部的泰国湾，东至吕宋岛、民都洛岛、巴拉望岛和我国的台湾岛。东北部有巴士海峡、巴林塘海峡和巴布延海峡与太平洋相通，东部有民都洛海峡、巴拉巴克海峡与苏禄海相通，西南有马六甲海峡通印度洋（图11.1）。

南海大体呈 NE 向延伸的菱形，平均水深1000～1100m，已知最深点在马尼拉海沟南端，为5567m，海水体积约 $350 \times 10^4 \sim 380 \times 10^4 km^3$，约为东海、黄海、渤海水体积的13倍。南海地形从四周向中央倾斜，围绕中央海盆依次分布大陆架和岛架、大陆坡和岛坡。各地貌单元面积、所占比例和深度范围见表11.1。

表 11.1　南海各类地貌单元面积和水深

单元	面积/($10^4 km^2$)	所占比例/%	深度/m
大陆架和岛架	168.5	48.15	<350
大陆坡和岛坡	126.4	36.11	200～4000
海盆	55.11	15.74	4000～5000
总计	350		

南海大陆架以西南部最广，北部次之，西部较窄，东南部和东部岛架最窄。南海大陆架和岛架水深一般在200～300m之间，地形平坦，坡度小于2‰，少部分区域可见到小规模的起伏和阶梯状地形。南海北部大陆架地形平坦，水深变化稳定，发育水深15～20m，30～45m，50～70m，80～95m，110～120m的五级水下阶地，可视为更新世以来低海面的遗迹。大陆架外缘分布海丘链，东起澎湖列岛西到北部湾口外，呈串珠状排列。南海西南部大陆架由巽他大陆架和加里曼丹北部大陆架（岛架）组成，巽他大陆架是南海最宽广的大陆架。加里曼丹岛大陆架宽300～400km，向西到纳土纳群岛附近大陆架宽度增加至700km。大陆架上岛屿、浅滩、暗礁众多，曾母暗沙群，南、北康暗沙群分布在这一区域，构成我国最南端疆域。南部大陆架见多个水下三角洲的复合聚集，并发育众多古河谷。

＊ 本章作者：殷勇。据王颖，1996，《中国海洋地理》第21章补充修改

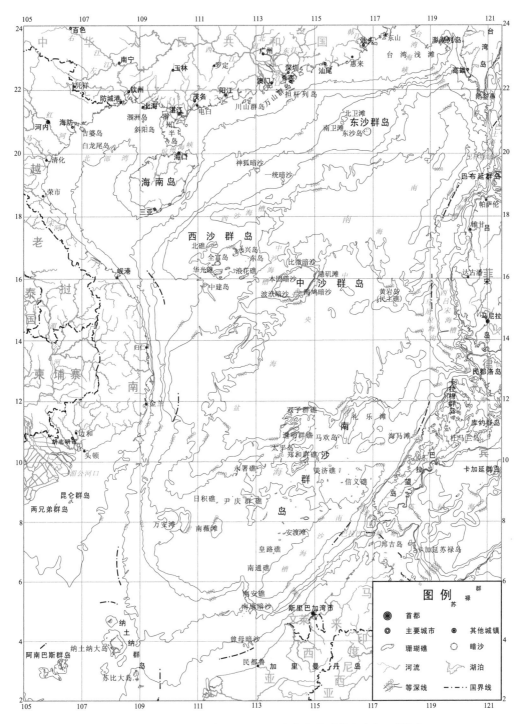

图 11.1 南海及附近海域地形概图（南京大学"数字南海"课题组）

南海西部大陆架北起北部湾南端，向南延伸至越南湄公河口区域，面积约 $8.4\times$ 10^4km^2。受越东滨外断裂控制，形成南北向狭长地形。大陆架南北两端宽 52km，中间宽 20km，地形坡度 $10'\sim22'$。地形整体上非常平坦，自西向东缓缓倾斜下降。南海东部岛架位于台湾岛、吕宋岛和巴拉望岛以西沿岸，岛架外缘受吕宋海槽东缘断裂和南沙海槽南缘断裂控制，成狭窄的南北向带状分布（图 11.1）。

南海大陆坡和岛坡自大陆架向深海平原呈阶梯状下降，地形崎岖不平，高差起伏大，是南海地形变化最复杂的区域（图 11.2）。发育有海台、海槽、深水阶地、海岭、海山、海丘、海底峡谷、斜坡等构造地貌类型。在北、西、南陆坡的海底高原上发育着不少珊瑚礁岛。

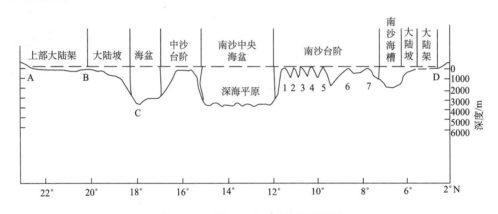

图 11.2　南海 $114°20'$E 地形剖面图

A. 香港东侧；B. 一统暗沙东侧；C. 西沙海槽东侧；D. 文莱

1. 双子群礁；2. 中业群礁；3. 道明群礁；4. 郑和群礁；5. 九章群礁；6. 南华礁东侧；7. 安渡滩

北部陆坡　沿 NE—SW 向展布，西宽东窄，全长 900km，宽 $143\sim342$km，面积 $21.3\times10^4\text{km}^2$。上有东沙海台，此台面上发育珊瑚礁浅滩、暗沙和暗礁组成的东沙群岛。西南部有西沙海槽与西部陆坡为界，西沙海槽可能是南海第一次海底扩张形成的裂谷，环绕西沙群岛西北面分布。

西部陆坡　北起西沙海槽西南端，南至广雅滩，跨度 1130km，面积 $31\times10^4\text{km}^2$。陆坡北宽南窄，海底地形崎岖，切割强烈，地貌类型齐全。西沙和中沙海台是分布于其上的两个著名海台。在海台的基座上分别发育西沙群岛和中沙大环礁，其间有中沙海槽将两者分开。据钻孔揭示，西沙海台珊瑚岩礁厚度超过 1200m，发育于中新世晚期到第四纪。其下有超过 20m 厚的基岩风化壳，基底为有晚中生代酸性花岗岩侵入的前寒武纪花岗片麻岩。说明西沙海台在古近纪仍然是陆地，以后随着海水入侵珊瑚礁不断生长发育（谢以萱，1988）。西部陆坡发育规模宏大的中沙北海岭、盆西海岭和盆西南海岭，其中盆西南海岭长 440km，宽 $60\sim140$km，由 22 座海山组成。

南部陆坡　最为显著的地貌特征是南沙海底高原，其上有宽达 400km 的南沙台阶，发育 200 多座岛、洲、礁、滩。切割南沙台阶的槽谷纵横交错，其中规模最大的要数南沙海槽。南沙海槽介于南沙和加里曼丹、巴拉望之间，NE—NNE 向延伸，全长 810km，宽 65km，最大水深 3200m。南沙海槽属于新生代南沙块体和婆罗洲碰撞，古南海关闭后形成的残留海槽。

东部岛坡　从澎湖海槽以南至菲律宾民都洛岛西缘（包括巴拉望岛），纵向上受SN向断裂控制，横向上表现为岛坡脊和沟槽交替形态。岛坡上部发育两侧陡倾的海脊，中部发育隆洼相间的海槽，下部出现陡坡和海沟。著名的马尼拉海沟长约1000km，与中央海盆高差800～1000m。海沟形态不对称，西坡和缓、东坡陡峻。早中新世末，南海第二次海底扩张停止，随着吕宋岛弧向北移动和逆时针旋转，吕宋岛弧仰冲于南海洋壳之上，造成中央海盆被动俯冲于吕宋岛弧之下，形成马尼拉海沟。

深海盆地四周皆被大陆坡和岛坡环绕，唯东北侧经巴士海峡水深2600m的海槛与菲律宾海相通。深海盆地水深3400～4300m，地形平缓，地貌类型简单，包括深海平原、海山、深海隆起和深海洼地。以SN向中南链状海山为界，分为中央海盆和西南海盆。中央海盆是南海海盆的主体，以珍贝-黄岩链状海山为界，分为南海盆和北海盆。中央海盆具大洋型地壳结构，基底面高低起伏，上覆2～3km厚的深海沉积，形成大面积的深海平原，其间有隆起的海山和海丘。

二、拉张断裂构造，多期多中心海底扩张

南海是西太平洋边缘海中极具个性的沟-弧-盆构造体系，在其演化过程中强烈的陆缘扩张伴随着强烈的陆缘挤压，多扩张轴伴随多期次海底扩张，洋壳在中央海盆新生，又在其东侧的马尼拉海沟消减（刘昭蜀等，2002）。南海四周被不同性质的边界所限，北部以南海北缘的珠外-台湾海峡断裂带为界组成北部陆缘的一条离散边界。中生代末期，由于古太平洋板块对欧亚大陆的挤压作用减缓，区域应力场由挤压转为拉张，形成一系列NE—SW向排列的大陆边缘断陷盆地。西部为转换剪切边界，重磁异常资料表明，在这条剪切带内存在一系列SN走向的重磁异常。南部为碰撞聚敛边界，新生代南海海底扩张导致南沙地块向南运动，同逆时针向北运动的婆罗洲地块发生碰撞，多期退覆式俯冲消减，从南到北依次形成卢帕尔、武吉米辛线缝合带和沙巴断裂俯冲带，组成一定宽度、构造复杂的南海南缘聚敛带。东部为正在活动的海沟俯冲带，由马尼拉海沟—内格罗斯—哥达巴托海沟俯冲带以及吕宋海槽俯冲带构成。俯冲带东侧为菲律宾岛弧系和菲律宾海沟。

中晚始新世以来，南海经历了早、晚两期海底扩张。大约43MaBP，太平洋板块的俯冲方向由NNW转为NWW，俯冲于东亚大陆之下，西太平洋沟、弧、盆体系开始形成。南海进入第一次海底扩张，西南海盆、西北海盆开始形成。大约35MaBP，南沙地块和婆罗洲地块的拼贴，阻止了洋壳向南的继续俯冲，西南海盆扩张停止。大约32MaBP开始，南海进入第二次海底扩张，中央海盆打开，礼乐-北巴拉望和东沙地块分离。17MaBP（早中新世末）礼乐-北巴拉望地块和北婆罗洲-西南巴拉望地块碰撞，南海第二次海底扩张停止。随着吕宋岛弧向北移动和逆时针旋转，中央海盆向东俯冲于吕宋岛弧之下，形成马尼拉海沟，将南海洋盆最终圈留，形成具有洋壳结构的成熟边缘海。大约5MaBP，随着菲律宾海板块与吕宋-台湾弧的碰撞，台湾岛最终形成。

南海自北部华南大陆东南缘到东南部巴拉望岛和婆罗洲东北部分布一系列NE向断裂（在南部区域NE向断裂仅分布在延贾断裂东侧）（图11.3）。NE向断裂发育较早，

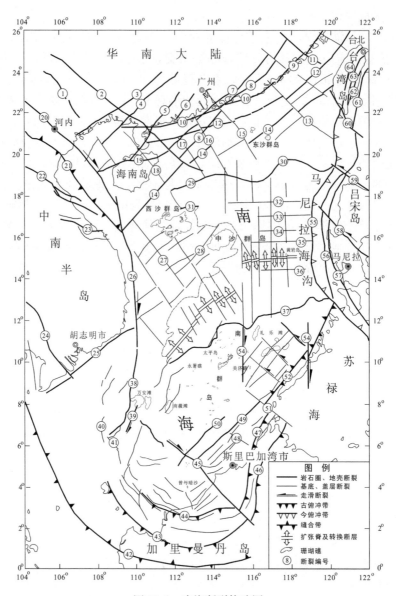

图 11.3　南海断裂构造图

1. 那坡断裂；2. 右江-七洲列岛断裂；3. 灵山断裂；4. 合浦断裂；5. 吴川-四会断裂；6. 阳江断裂；7. 河源断裂；8. 莲花山断裂；9. 南澳断裂；10. 华南滨海断裂；11. 九龙江断裂；12. 珠外-台湾海峡断裂；13. 韩江断裂；14. 陆坡北缘断裂；15. 大亚湾断裂；16. 川岛断裂；17. 卤洲断裂；18. 琼海断裂；19 定安断裂；20. 红河断裂；21. 马江-黑水河断裂；22. 长山断裂；23. 他曲断裂；24. 洞里萨湖断裂；25. 越南滨外断裂；26. 越东滨外断裂；27. 中建西断裂；28. 中沙北断裂；29. 西沙海槽北缘断裂；30. 中央海盆北缘断裂；31. 西沙海槽南缘断裂；32. 管事滩北断裂；33. 宪法北断裂；34. 宪法南断裂；35. 黄岩北断裂；36. 黄岩南断裂；37. 中央海盆南缘断裂；38. 万安东断裂；39. 万安东南断裂；40. 万安西南断裂；41. 万安南断裂；42. 东马-古晋缝合带；43. 卢帕尔线；44. 武吉米辛线；45. 廷贾断裂；46.3 号俯冲线；47. 隆阿兰断裂；48. 沙巴-文莱分界断裂；49. 沙巴北线（南沙海槽东南缘断裂）；50. 南沙海槽西断裂；51. 巴拉巴克断裂；52. 巴拉望北线；53. 乌卢根断裂；54. 中南礼乐断裂；55. 马尼拉-内格罗斯-哥达巴托海沟俯冲带；56. 吕宋海槽西缘断裂；57. 吕宋海槽东缘断裂；58. 菲律宾断裂；59. 巴布延断裂；60. 鹅銮鼻断裂；61. 台湾滨海断裂；62. 台东纵谷断裂；63. 宜兰断裂；64. 阿里山断裂

是控制南海构造格局和地形轮廓的主要断裂。这些张性为主的断裂，继承燕山期断裂，在喜山期强烈活动。南海中央海盆南、北缘受近 EW 向断裂控制。该方向断裂与晚渐新世—早中新世南海海盆的第二次大规模扩张有关。它们切割了 NE 向断裂，由一系列平行的正断层组成，主要在古近纪以来活动，构成了新生代构造的主体。南海西缘发育著名的 SN 向越东大断裂，东缘发育 SN 向的马尼拉海沟断裂。在北部湾红河大断裂以南和中南半岛还有 NW 向断裂分布，NW 向断裂形成的时间较 NE 向断裂晚，呈剪切性质，切割 NE 向断裂。NE 向和 SN 两组断裂控制了南海总体为 NE 向延伸的菱形轮廓。

南海是在陆缘扩张的基础上经过两次海底扩张形成的边缘海盆地，基底性质和分区情况异常复杂，既有古老陆壳的残留，又有新生的洋壳，同时中新生代的火山活动异常活跃，形成大面积的火山岩。地震记录显示南海大陆架地区的地壳厚度在 30km 左右，重力异常为低幅度负异常至正异常，如北部大陆架为$-10 \sim +40$mGal；大陆坡地区地壳厚度 $28 \sim 22$km，重力异常皆为正值，幅值在$+30 \sim +220$mGal，异常值由陆坡向海盆递增，其中东沙群岛、西沙群岛、中沙群岛、南沙群岛为区域异常增值区；海盆区的地壳厚度普遍小于 8km（刘昭蜀等，2002），已完全属于洋壳性质，从大陆架到中央海盆地壳呈现阶梯状减薄。南海中央盆地是一个小洋盆，基底多火山喷发的海山，主要是碱性玄武岩和介于拉斑玄武岩和碱性玄武岩之间的不同岩石，类似于大洋扩张中心形成的玄武岩（刘昭蜀等，2002）。中央海盆显示高的重磁异常值，重力异常大部分为$+250$mGal 左右的高值宽缓异常，最高达 340mGal。磁力异常以高值波状起伏为主，幅值大，北部海盆磁力异常幅值在 $200 \sim 400$nT，南部海盆在 $300 \sim 600$nT，呈 EW 向分布。南海中央海盆热流值最高，平均高达 89.9mW/m^2（何丽娟、熊亮萍，1998）。

三、热带亚热带季风气候

南海跨南、北半球，自 23.5°N 伸展至约 3°S，主要为热带，仅南缘进入赤道热带，北缘在南亚热带。南海太阳辐射强烈，根据南海北部沿岸汕头、香港、海口等台站的多年实测资料，每年到达地面的太阳总辐射热在 100×10^3 cal/cm^2（合 41.84×10^8J/m^2）以上。南海覆盖着巨厚的水体，东通世界最大、最深的太平洋，背靠世界最大的欧亚大陆以及世界最高的青藏高原和喜马拉雅山。这里海陆分布最不均匀，极大的地形反差产生了强劲的季风。冬季亚洲大陆高气压的干冷气团扩展至海上，依地转偏向力向右偏转，形成东北季风穿过南海，到赤道又向左偏转为南半球（夏季）的西北季风。夏季南半球（冬季）的东南信风，越赤道右偏为湿润的西南季风通过南海。由于季风的干扰，南海没有赤道无风带和东北信风带，均为冬夏交替的季风所取代。太平洋低纬的东北信风，由于菲律宾群岛的阻挡而不能进入南海，因此，整个南海为海洋性季风气候，自北至南分别为南亚热带季风气候、热带季风气候和赤道热带季风气候（陈史坚，1983）。气温的南北差异，见表 11.2。

南海气温终年较高（图 11.4）。年平均气温自北向南递增，热带南部最高（如曼谷），赤道热带次之。这是由于雨水的调剂，赤道热带气温反较热带南部为低。热带和

表 11.2　南亚热带、热带、赤道热带的气温（℃）

地带	站点	年平均气温	最冷月气温（月份）	最热月气温（月份）	年较差	极端气温		各级月均温月数		
						高	低	≥22℃	≥26℃	≥28℃
南亚热带	汕头	21.3	13.2 (1)	28.2 (7)	15.0	37.9	0.4	6	4	2
	香港	23.0	15.8 (2)	28.9 (7)	13.1	35.7	3.8	7	5	2
热带	海口	23.8	17.1 (1)	28.4 (7)	12.3	38.9	2.8	7	5	2
	东沙	25.3	20.6 (1)	28.8 (7)	8.2	36.1	11.2	9	6	3
	西沙	26.6	22.9 (1)	28.9 (5、6)	2.4	34.9	15.3	12	7	4
	南沙	27.9	26.8 (1)	29.0 (6)	2.2	35.0	22.4	12	12	4
	曼谷	28.3	26.1 (1)	30.0 (4)	3.9	45.6	10.0	12	12	6
赤道热带	古晋	27.2	26.7 (1)	27.8 (5-8)	1.1	36.1	17.8	12	12	0
	坤甸	26.8	26.3 (1)	27.2 (5、6)	0.9	35.9	20.0	12	12	0

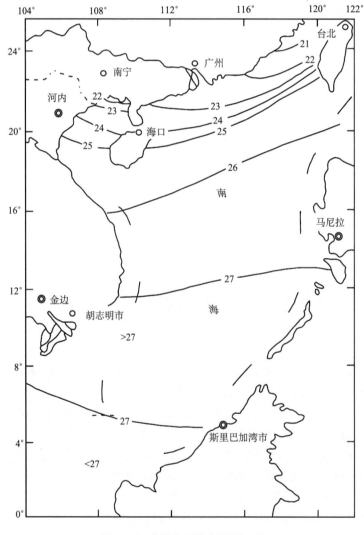

图 11.4　南海年平均气温图（℃）

赤道热带的区别在于，热带（和亚热带）干湿季节分明，赤道热带终年多雨，没有干湿季节之分（陈史坚，1983）。另外，热带和南亚热带有台风，赤道热带没有台风。

南海最热月各海区的平均气温在 27～28℃ 以上，南北气温相差不大，但是最冷月气温相差比较明显。以 1 月份近海面平均气温为例：南部在 25～26℃ 以上，相当于广州 5～6 月份那样的暖热天气；中部在 22～25℃；北部大部分海区为 14～18℃，相当于北京、上海"五一"节前后仲春天气，温暖宜人。若以每 5 天的平均气温来作为划分四季的标准，南海大约北纬 20° 以南海区是四季皆夏的"常夏之海"，北则是常夏无冬、秋去春来的暖热气候。一年中最冷月份的出现时间除北部近海为 2 月份外，其余各海区均为 1 月份。最热月份的出现时间则南北各个海区先后不一，南部海区在 4～5 月份，北部海区在 8～9 月份，自南向北推迟 3～4 个月。

南海雨量丰沛，大部分海区的年降水量在 1500～2000mm 之间（表 11.3）。年降水量在南亚热带为 1200～2000mm，粤东莲花山前的海丰、陆丰，粤西云雾山前的阳江、阳春，以及广西十万大山前的龙门、东兴为多雨区，雨量大部分超过 2000mm。5～10 月为雨季，降水多呈双峰型，6 月和 8 月降水最多。大多为夏春季雨型，即夏雨＞春雨＞秋雨＞冬雨，与中亚热带春雨＞夏雨有所不同。热带年降水量 1000～4000mm，特多雨区在柬埔寨豆蔻山南的克农崖达 4268mm。另一个特多雨区在巴士海峡，因受太平洋东北信风、热带气旋和南海西南季风影响，降水特多，巴示戈年降水为 3142mm。我国境内一般不超过 2000mm。但海南岛五指山前的琼海（2073mm）、万宁（2141.4mm）为多雨区，4～11 月为雨季，双峰在 5 月和 9 月。年降水量最少处在海南岛西岸的东方（993.3mm）、莺歌海（1091.9mm）一带，雨季 6～10 月，双峰值为 6 月和 8 月。南海赤道热带降水呈赤道雨型，一年中雨日多在 160～190 天之间，最多（古晋）达 253 天。年降水量为 2500～4000mm，各季降水比较均匀，降水多呈双峰型，北半球特拉姆巴双峰在 11 月和 6 月，南半球丹绒班丹双峰在 4 月和 3 月。

表 11.3　南海及其沿岸的降水量（mm）

地点	1	2	3	4	5	6	7	8	9	10	11	12	全年
汕头	33.2	50.9	68.5	122.7	230.5	339.1	234.0	205.3	146.6	60.1	38.3	25.6	1554.8
海丰	29.9	41.3	71.3	176.2	409.6	542.8	338.9	352.9	255.1	102.4	34.3	28.3	2383.0
阳江	39.5	55.1	78.7	234.1	393.8	400.7	267.2	380.8	257.7	73.0	41.2	31.2	2253.0
东兴	38.1	35.8	68.9	135.3	349.1	459.7	628.0	510.5	343.3	191.3	69.3	40.2	2869.5
东方	6.9	8.9	20.1	32.8	60.7	153.0	141.7	244.6	193.1	119.8	21.4	10.5	1013.5
琼海	42.1	41.0	71.0	116.7	175.8	253.7	169.9	309.4	383.8	290.9	145.6	73.3	2073.1
东沙岛	36.7	39.3	13.8	36.6	180.4	205.9	221.6	256.0	245.2	146.6	42.7	34.5	1459.3
永兴岛	35.2	14.4	17.4	25.5	69.8	172.9	242.3	245.7	237.9	257.9	141.0	45.6	1505.6
太平岛	52.6	33.2	31.8	24.4	88.8	234.9	203.1	148.7	289.7	227.4	250.9	118.4	1703.9
古晋	655.3	487.4	348.5	257.3	240.3	214.4	191.8	215.4	258.3	324.4	343.4	497.6	4034.1

南海中部岛屿降水量和雨日由北向南逐渐增多，降水量在东沙岛为 1459.3mm，永兴岛 1505.3mm，太平岛 1841.8mm。雨日在东沙为 109 天，永兴岛 132.5 天，太平岛

162 天。雨季北短南长，东沙岛为 5～10 月，永兴岛为 6～11 月，太平岛为 6～12 月。自北往南，雨季从单峰转为双峰（或三峰），越往南，双峰间隔时间越长，东沙单峰为 8 月，永兴岛为 8 月和 10 月，太平岛为 6、9、11 呈三峰。

南海经常受热带气旋的侵袭，西太平洋热带气旋，常越过菲律宾群岛进入南海，而南海本身也是热带气旋的发源地之一。包括南海在内的西北太平洋 1971～2003 年间，共发生热带气旋 1004 个，平均每年约 30.4 个，其中热带低压 162 个、热带风暴和强热带风暴共 443 个、台风 399 个，台风平均每年 12.1 个[①]。其中西太平洋进入南海的热带气旋 263 个，占总数的 26.2%，平均每年约有 8 个进入南海，大都侵袭华南和越南沿岸。在南海激发和发育的热带气旋当地渔民称为"土台风"，具有形成快、范围小、移动方向变化多端的特点。据 1971～2003 热带气旋统计年鉴，南海共发生热带气旋 144 个，平均每年 4.4 个，其中热带低压 47 个，热带风暴 36 个，强热带风暴 23 个，台风 38 个。研究显示，南海的热带气旋与厄尔尼诺和拉尼娜可能存在某种联系，厄尔尼诺年显示热带气旋数量较多，台风少，来源不稳定。拉尼娜年热带气旋数量减少，但台风数量增加，来源比较稳定。

南海四季均可能受热带气旋影响，但主要在 6～10 月，尤以 8～9 月最多，有时每月可生成 3 个。热带气旋常带来大雨和暴雨，俗称"台风雨"。如 1967 年 7 月第 6 号台风过程总降水量在永兴岛为 805mm，24h 降水量达 612.2mm。台风有时引起风暴潮（海啸）。1922 年潮汕"八二风灾"，最高水位比高潮水位高 3.6m，汕头市顿成泽国，并波及潮阳、澄海、饶平、南澳等县市，6 万人受灭顶之灾。台风对地貌的发育也有影响，7220 号台风，由于风暴潮的堆积，在宣德群岛七连屿南端出现两个海拔 12m 的新沙洲。

四、南海上层海洋环流与海表温度（SST）[**]

1. 南海海表温度（SST）的气候特征

水平高分辨率（9km）的 AVHRR 资料反映出南海 SST 的年平均分布具有以下特征（图 11.5a）：17°N 以南、117°E 以西的等温线主要呈 NE—SW 向倾斜分布（巽他大陆架海区除外），温度由西北向东南逐渐升高，巴拉望岛至加里曼丹岛西海岸附近 SST 高于 28.5℃；而 17°N 以北、117°E 以东的等温线几近 WE 向分布，温度由南向北逐渐降低，至我国华南沿岸 SST 已低于 25℃。南海大部分海域水平温度梯度 <0.4℃/100km，但南海北部大陆架区、吕宋海峡至吕宋岛西北沿岸以及越南东岸的等温线较为密集。值得注意的是，在南海的西海岸，自 17.5°N 以南，等温线沿着中南半岛东部海岸分布密集，至 104°～109°E 的巽他大陆架上呈现向南延伸的冷舌，冷舌中心位于越南南部湄公河口附近，温度低于 27.5℃，比同纬度的泰国湾以及巴拉望岛西岸海域的 SST 低 1℃以上。此外，南海北部吕宋岛西北沿海（119.5°E～120.5°E、15°N～19°N）则存在由南向北发展的暖脊，比其西侧 SST 高 1℃以上[②]。

---

① 资料来源：1971～2003 年《台风年鉴》、《热带气旋年鉴》

** 本节作者：刘秦玉

② 姜霞，博士论文，2006

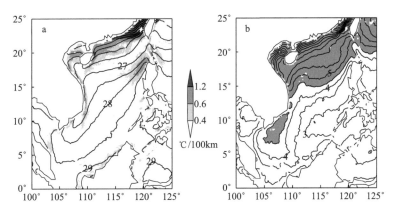

图 11.5　a 为 AVHRR SST（等值线，间隔 0.5℃）和海面温度梯度
（阴影，年平均场）；b 为 AVHRR SST 的年振幅场（等值线，间隔 0.5℃，
阴影表示振幅≥4.5℃）

南海 SST 年最高值和年最低值的差构成的年振幅，可以表征 SST 的季节变化（Qu，2001；Liu et al.，2005）。AVHRR SST 年振幅的空间分布有以下特征（图 11.5）：南海 15°N 以北振幅较大（>4.5℃），最大振幅区位于台湾海峡—华南沿岸—北部湾一带（7～10℃），与海底地形相对应较好（浅水振幅较大），对应该海域年平均 SST 的低值区（26℃以下）。但位于同纬度带的吕宋岛西北沿海以及吕宋海峡处的 SST 年振幅相对较小（<4.5℃）；15°N 以南振幅小于 4.5℃，最小振幅区位于巴拉望岛西侧沿岸以及泰国湾海域（<3℃），对应的是年平均 SST（>28.5℃）的高值区，而冷舌区（104°～109°E）的 SST 年振幅却为 4℃ 以上，明显大于其东西两侧同纬度带海域 SST 的年振幅。由此可见，南海 SST 年振幅有两处特殊区域，分别是南部冷舌区（>4.5℃），北部吕宋岛西北沿海的暖脊区（<4.5℃）。

以上对南海 SST 年振幅分布特征的分析，反映出南海南部冷舌区 SST 较其东、西两侧同纬度带海域 SST 季节变化幅度大，吕宋岛西北海域和吕宋海峡 SST 较其西侧同纬度带海域 SST 季节变化小。

2. 季风驱动下海盆尺度的南海上层海洋环流及其对海表温度的影响

依据历史观测资料，徐锡祯等（1980）给出了南海海洋环流的季节平均状况。观测研究表明，南海上层海盆尺度环流在冬季是气旋式的，而夏季在 12°N 以南转变为反气旋式。

刘秦玉等（2000）建立了有关南海上层海洋环流的动力学理论框架。该理论指出，由于南海海盆尺度小于周围的太平洋和印度洋，海洋罗斯贝波横穿南海只需 1～3 个月时间，如此短的温跃层调整时间保证了在年周期季风强迫下，季节以上尺度的上层海洋环流满足质量输运与海面风应力旋度之间的 Sverdrup 平衡关系。该理论解释了前人观测到的南海海盆尺度环流季节反转现象（图 11.6）。

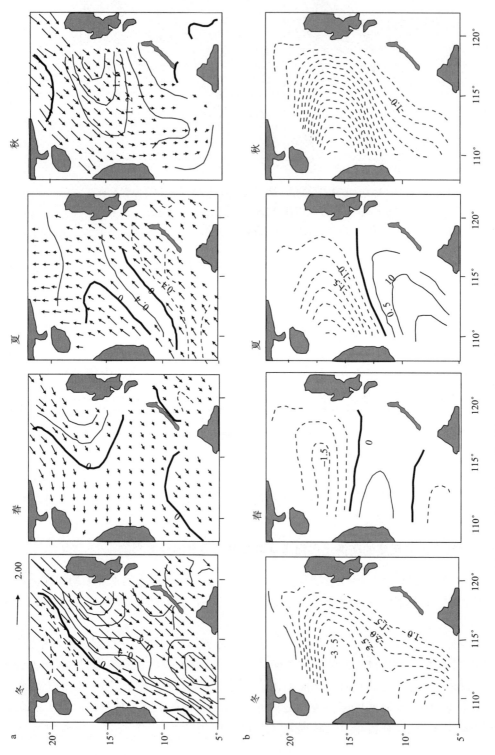

图 11.6　南海内区季节平均 (a) 海面风场和 (b) 对应的 Sverdrup 环流

依据此理论框架，推断并证实了季风驱动的南海环流有强的西边界流，利用高分辨率的卫星观测资料发现，该西边界流对温度的平流作用能导致出现夏季南海冷丝和冬季南海冷舌（Xie et al.，2003，Liu et al.，2004）。印度洋—太平洋暖池是全球最大的大气对流中心，在春、夏季，南海大部分海域的 SST 都大于 28℃，因此，南海成为印度洋—太平洋暖池的一部分。冬季，南海比其西侧的印度洋和东侧的太平洋冷（约 2℃，图 11.7a），当 28℃SST 等温线在印度洋位于 10°N 以及在太平洋位于 15°N 附近的时候，南海大部分 SST 都低于 28℃。在南海南部中间 105°～110°E 冷舌向南伸入，因此，冬季南海成为印度洋—太平洋暖池的一个明显的"豁口"。在 7°N，印度洋和太平洋的 SST 都高于 28.5℃，但在南海冷舌处仅有 26℃。此冷舌对大气有很强的影响，形成印度洋—太平洋 10°N 以南区域大气对流的一个低值区（图 11.7b）。

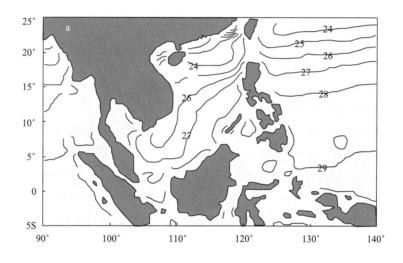

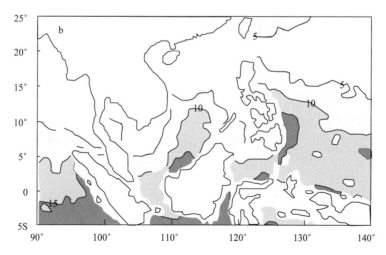

图 11.7　在 1998～2006 年期间（a）TRMM SST（等值线，28℃以上阴影表示）；
（b）降雨率（mm/d）（Liu et al.，2004）

冬季气旋式环流及其向南西边界流对 SST 分布的影响十分明显。冷舌中心出现在巽他大陆架东缘大陆架坡附近。这是由于强的西边界流向南输送冬季北部冷的沿岸水，到达越南东海岸南端后，又受到海表 Ekman 流的平流作用，导致南海 SST 的年际变化很大。本节用统计方法考察南海冷舌与其他全球尺度变化的时空结构。定义冷舌指数为每年 12～2 月的 5°～10°N、106°～111°E 区域平均的 SST 异常。此指数与东赤道太平洋 12 月 SSTA 的相关达到 0.73，与 ENSO 周期相似（Liu et al.，2004）。

利用高分辨率的卫星观测资料发现，夏季不仅越南沿岸有上升流和越南冷涡，还有因离岸向东的急流形成的冷丝，冷丝最低值为 26℃ 以下。该冷丝也成为夏季印度洋—太平洋暖池中特有的现象（图 11.8）。冷丝年际变化与夏季风的年际变化有关，因此与 ENSO 和印度洋偶极子（IOD）有关。

无论是冬季冷舌，还是夏季冷丝都是海洋动力学在 SST 的变化中起重要作用的例证。

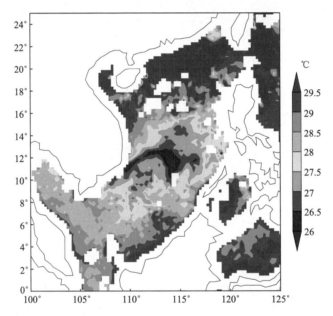

图 11.8　夏季南海冷丝 1999 年 8 月 3～5 日 TRMM 资料（Xie et al.，2003）

五、热带海洋生物与渔业资源

南海的海洋生物，具有以下特征。

1. 海洋生物种类繁多

海洋中水生生物可分浮游、底栖和自游生物三大类别。浮游植物和动物是海洋初级和次级生产力，是海洋生物食物链中的基础环节。浮游植物以藻类为主，浮游动物以桡足类和毛颚类为主。南海海域生物种属组成复杂繁多，但生物总量比较低，具有中纬度的特点，生物量的季节变化比较小，一年内单峰周期并不明显。与东海相比，浮游动物平均总生物量，东海约为 120mg/m³，南海北部为 66mg/m³，西沙、中沙群岛海域则为 20mg/m³。东海一年出现春、秋两次高峰期，大小月相差 10～30 倍，南海则只有 2～3 倍。浮游动物群落，东海和黄海由 2～3 个优势类群组成，而南海西沙、中沙海域，则由 10～12 个类群组成。

南海底栖生物属于印度-西太平洋热带生物区系，约 6000 种以上，种类远多于浮游生物，由软体动物、鱼类、甲壳类、多毛类和棘皮动物、底栖植物等组成。大陆架是底栖生物主要栖息地，种类数量随深度的增加而减少。南海年平均生物量 10.4g/m²，远比东海的 31.7g/m² 为低。自游生物包括鱼类、头足类软体动物（如乌贼、鱿鱼）、海洋哺乳类（如海豚）和爬行动物（如海龟）。南海北部共有鱼类 2762 种，暖水性种占 87.5%，暖温性种占 12.5%。南海诸岛海域有 523 种鱼类，暖水性种高达 98.9%，有 16 个以上的南海地方种。总栖息密度月平均 9.68 万尾，2 月最低，为 3.8 万尾，5 月最高，为 21.44 万尾。总生物量月平均为 1211kg，2 月最低，为 721kg，9 月最高，为 1706kg。南海北部大陆架外海，鱼类生物量平均为 2536kg，南沙群岛西南部大陆架海域，鱼类生物量平均为 2250kg。自游动物是海洋中最次级生产力，是海洋生物食物链的最终和最重要的消费环节。它是人类海洋渔业中最主要的生产对象。

南海北部大陆架渔业资源的开发潜力为 5.7t/（km². a）（袁蔚文，2000），西沙、中沙和南沙群岛岛礁水域渔业资源的开发潜力为 2.1t/（km². a）（南海主要岛礁生物资源调查研究课题组，2004），南海北部渔业资源潜力要大于南海岛礁周围。据估计，南海潜在渔获量估算为 224×10⁴～260×10⁴t，其中北部大陆架海域为 120×10⁴～121×10⁴t，北部湾海域为 60×10⁴～70×10⁴t，西沙海域为 23×10⁴～34×10⁴t，南沙海域为 21×10⁴～35×10⁴t（袁蔚文，2000）。

2. 珊瑚礁生物地貌

珊瑚纲中的石珊瑚目，在生态上可分为两大类型：一是分布在冷水、深水中的非造礁石珊瑚；二是分布在暖水、浅水中的造礁石珊瑚，它是生物礁的缔造者。珊瑚和虫黄藻共生，生长于浅海区的硬底上，如岩石、礁块、砾石和死亡珊瑚骨骼等，它们的遗骸和贝壳等骨壳逐渐堆积而形成珊瑚礁。南海热带和赤道热带海域，年平均水温为 25～28℃，大都透明度大（约 20～30m），盐度高而适宜（32～34），非常适合造礁珊瑚生长。

南海诸岛大都发育环礁，除个别为基岩岛屿，其他多为珊瑚礁岛。钻孔显示，南海诸岛从中新世以来即有珊瑚礁发育，并延续至今，因而形成巨大珊瑚礁体，由海底向水面生长形成暗礁和岛屿。南海诸岛目前有造礁珊瑚 39 属 150 种，是我国珊瑚礁发育中心。海南岛造礁珊瑚种类繁多，仅次于南海诸岛，石珊瑚类约有 13 科 34 属 130 种。造礁珊瑚广布于岸礁、离岸礁和潟湖等处，形成环岛的珊瑚礁海岸。广东、广西大陆沿岸造礁珊瑚零星分布，面积不大，礁体发育小，造礁珊瑚种类也少，据报道石珊瑚类约有 10 科 22 属 70 种（曾昭璇等，1997）。南海的珊瑚礁，依据成因和形态可分为岸礁与离岸礁、大陆架礁丘、礁滩、塔礁、台礁和环礁（刘昭蜀等，2002），珊瑚礁和珊瑚礁海岸是南海特有的生物地貌之一。

3. 红树林和海鸟

广义上说，热带海洋生物除水生生物外，还包括红树林和某些海鸟。红树林和红树林海岸是南海热带海洋的另一生物地貌。红树林发育于热带近岸潮间带的泥质土壤上，由于它的组成成分主要是红树科植物，故称为"红树林"。中国红树林属于东方红树林群系，计有真红树植物12科16属27种和1个变种，半红树植物9科10属11种（表11.4）。红树林主要分布在受到良好波浪掩护的港湾或河口湾内。我国红树林以海南岛为主，其次是粤桂，往北延伸到台湾海峡两岸；南海诸岛由于缺乏泥滩，没有红树林发育。南海地区著名的红树林分布区有海南的东寨港、清澜港，广西的山口、珍珠港，广东雷州湾通明海、深圳湾等（张乔民、隋淑珍，2001）。

表 11.4 南海北岸红树植物种类和分布地点

地区	面积/hm²	红树植物种数		主要分布地
		真红树植物	半红树植物	
海南岛	4836	28	11	海口、琼山、文昌、琼海、万宁、陵水和崖县等地
香港	263	10	2	米埔等地
澳门	1	5	1	氹仔岛与路环岛之间
广东	3813	14	7	福田、湛江、珠海、江门、汕头和阳江等地
广西	5654	11	4	合浦、北海、钦州、防城港等地
福建	260	11	1	厦门、云霄、晋江和莆田等地

红树林海岸可以划分为一系列与岸平行的地带，每个带里各有特定的植物群落与地貌发育过程，而且各带的地貌演变与植物的更替交织在一起，相互影响。按从海向陆顺序可分为如下几个带（图11.9）（王颖，1963）。

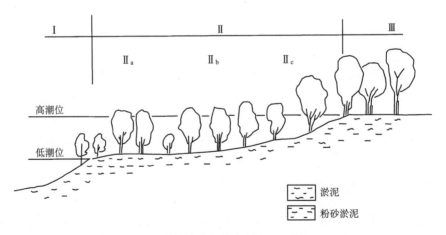

图 11.9 红树林海岸的综合剖面（王颖，1963）

I. 潮下泥滩；II. 潮间带红树林；III. 潮上带红树林（黄槿-海漆群落）。IIₐ. 低潮位，白骨壤-海桑群落带；

II_b. 中潮位，红树-秋茄群落带；II_c. 高潮位，角果木-海莲群落带

（1）浅水泥滩带，位于低潮水位线以下，即相当于海岸与水下岸坡之上部，是淤泥质的浅滩，海水很浅。

（2）不连续沙滩带，位于低潮线附近，是一系列被潮水沟、小河口湾或泥滩所分隔开的沙滩。

（3）红树林海滩带，宽度各地不一，最大宽度达 30km，但亦有的地区只有几米宽。通常红树林区海滩带的宽度是 1~5km。

（4）淡水沼泽带，位于红树林海滩带的后侧，经常受到潮水的影响，它的内缘通常是被热带雨林所覆盖的陆地。

沿海岸滩上繁殖了红树林后，原始海岸被围封，在红树林外侧形成新的岸线。红树林形成后，阻止了波浪与潮流，起着消能作用，保护海岸免受冲刷，并促进淤积作用。所以，红树林形成后通常造成良好的海积环境，使岸滩不断地向海伸展。

红树植物具有奇特的胎生现象，果实成熟后并不脱离母树，而是待在树上，种子在果实内发芽，等到长成幼苗后自动脱落，在淤泥滩上长成新株。红树植物为了适应环境，演化出特有的呼吸根来抵抗海水的浸泡和缺氧的淤泥环境。不同的属种有不同形状的呼吸根，如木榄为屈膝状呼吸根，白骨壤和海桑为放射状呼吸根。为了抵御风浪，红树植物还演化出板状根和庞大的支柱根。

红树植物常生长在河口及海湾地区，层层叠叠相互交织组成庞大的红树林生态群落，能有效地抵御台风和风暴潮的侵袭，减少海岸侵蚀，达到促淤保滩的功效。红树植物本身可以作为木材、薪炭、食物、药材和化工原料加以开发利用，其药物成分的开发是一个很有潜力的方向。在南中国海地区有药用价值的红树林植物约有 20 多种（兰竹虹，2007）。红树林的生态价值要远远超过它的经济价值，红树植物能过滤陆地径流带来的有害物质，减少有害藻类数量，净化海水。红树林是地球上生物多样性和生产率最高的湿地。目前我国红树林湿地共记录了 2854 种生物，其中浮游动物 109 种、底栖动物 873 种、游泳动物 258 种、爬行类 13 种、鸟类 421 种（何斌源等，2007）。红树植物还具有多样的生态景观价值，是生态旅游、科普旅游的理想目的地。

然而，对我国红树林保护的整体现状不容乐观。据统计，解放初期海南、广西、广东和福建共有红树林面积 42 001hm^2，20 世纪 60 年代围海造田，红树林湿地被大量围垦，1986 年海岸带林业调查显示，红树林面积减少到 21 283hm^2。20 世纪 90 年代中期兴起的海水养殖业，红树林被大量侵占、毁坏，到 1997 年红树林面积仅存 14 749hm^2（不包括台湾和浙江）（张乔民、隋淑珍，2001）。建国初期海南拥有约 15×10^4 亩红树林，林中候鸟成群，林下鱼、虾繁殖。后经反复砍伐和围垦造田，到目前，全省红树林面积仅余 6×10^4 亩。

红树林和珊瑚礁，都可形成鱼、虾、贝、藻的生存环境，在海洋生态中占有重要的地位。从 1990 年起，我国先后建立了 20 个国家级海洋保护区，有 10 个在南海（表 11.5）：广东省有 4 个，广西有 3 个，海南省有 3 个。

红树林不仅容纳了大量海洋生物，而且成为鸟类尤其是迁徙水鸟重要的停歇地和越冬地。海南岛清澜港红树林自然保护区，共记录到鸟类 52 种，隶属 19 科 9 目，其中水鸟 31 种，陆生鸟类 21 种，留鸟 29 种，迁徙鸟类 23 种。鸟类中有国家二级保护鸟类 3 种，中日候鸟协定名录 17 种，中澳候鸟协定名录 18 种。香港米埔自然保护区有红树林

300hm², 主要保护红树林和珍稀动植物资源，尤其是鸟类资源。每年来此越冬的鸟类数量超过 60 000 只，米埔的珍稀鸟类已经记录的就有 325 种，其中翠鸟大约有 90 多种。米埔红树林沼泽地有大量的鹭，最珍稀的是黑脸琵鹭，全世界共有黑脸琵鹭 300～350 只，近年在米埔越冬的已达 100 只。

表 11.5　南海国家级海洋自然保护区一览表*

保护区名称	所在地区	面积 /hm²	主要保护对象	成立时间
珠江口中华白海豚保护区	广东珠江口	460	中华白海豚栖息地	1999 年
惠东港口海龟自然保护区	广东惠东县	800	海龟及其产卵繁殖地	1992 年
内伶仃岛－福田自然保护区	广东深圳市	858	猕猴、鸟类和红树林	1984 年
湛江红树林自然保护区	广东廉江县	11 927	红树林生态系统	1990 年
山口红树林生态自然保护区	广西合浦县	8 000	红树林生态系统	1990 年
北仑河口红树林生态自然保护区	广西防城	2 680	红树林生态系统	1990 年
合浦儒艮自然保护区	广西合浦县	86 400	儒艮、海龟、海豚、红树林等	1996 年
东寨红树林保护区	海南琼山市	3 337	红树林及其生态环境	1992 年
大洲岛海洋生态自然保护区	海南万宁县	7 000	岛屿及海洋生态系统、金丝燕及生境	1990 年
三亚珊瑚礁自然保护区	海南三亚市	8 500	珊瑚礁及其生态系统	1990 年
香港米埔自然保护区	香港	5 700	红树林和珍稀动植物资源	1995 年

*资料来源：国家环保总局 2006 年数据

六、油气、天然气水合物、砂矿与海盐资源

油气资源：南海新生代盆地经历了裂陷—拗陷—大面积沉降的过程，沉积了巨厚的新生代地层，使南海具备了形成大油气田的条件。南海共有 37 个含油气盆地，但油气资源主要集中在 13 个大型高丰度盆地内，即南海北部海域的台西南、珠江口、莺歌海、琼东南和北部湾盆地，南海南部海域的万安、曾母、文莱-沙巴、北康、中建南、西北巴拉望、南薇和礼乐盆地。南海北部大陆架的石油勘探经过 20 世纪 60 年代的探索阶段，70 年代的初探阶段和 80 年代对外合作勘探和开发阶段，已探明 3 个大型、8 个中型油气田、2 个油气富集区和一批小型油气田，先后有 14 个油气田投入生产（莫杰，2004）。由于我国在南沙海域尚未实施油气钻探，所有的油气田均为外国公司发现和占有。

珠江口盆地是南海北部最大含油气盆地，自 1973 年开始勘探已有 10 个油气田投入生产。1996 年产油量超过 $1000 \times 10^4 t$，到目前为止已连续稳产 10 年，是我国近海的主产油区。北部湾盆地于 1977 年发现油气，2000 年产量突破 $200 \times 10^4 t$，达到 $223 \times 10^4 t$，目前仍然保持 $200 \times 10^4 t$ 以上的生产规模。莺-琼盆地自 20 世纪 60 年代开始勘探，1979 年发现油气，至 2004 年天然气年产量超过 $50 \times 10^8 m^3$，成为我国近海第一大产气区。

天然气水合物：又称气体水合物，是一种由甲烷气体和水分子所组成的笼形包合物。外观类似冰雪，以层状、浸染状、脉状等形式赋存于海底沉积层中，广泛分布于世

界各大洋的陆坡和岛坡区、边缘海和内陆海的深水海域（水深大于300m或500m）。由于天然气水合物能量密度高（1m^{3}水合物可释放164m^{3}甲烷气）、分布广泛、规模巨大，再加上比常规油气更加洁净，因此，被认为是一种拥有巨大潜力的新型能源，被称之为"未来能源"或"21世纪能源"。

南海具有形成天然气水合物的有利条件，南海500m水深以下水温稳定，其南部陆坡、东部陆坡和北部陆坡热流值较低。西沙海槽、东沙群岛东南坡、台西南盆地、笔架南盆地以及南沙海域等，将是天然气水合物最有利的找矿远景区。据估计，南海天然气水合物的资源可达700×10^{8}t油当量，相当于我国目前陆上石油、天然气资源量总数的1/2。但是要实现天然气水合物的开采尚需解决两个技术难题：一是天然气水合物的密封问题，因为天然气水合物不稳定，常温常压下极易分解，开采过程中一旦泄露，将引发严重的环境问题，其温室气体效应是二氧化碳的十几倍；二是天然气水合物的开采过程中易引发滑塌、滑坡等地质灾害，需要边开采边加固，而加固措施相当复杂。目前技术条件下还无法解决这两个问题。

滨海砂矿：南海滨海砂矿主要集中在广东、广西、海南三省区的滨岸带，已发现和进行开采的大中型矿床124处，小矿床119处，主要矿种有锆石、独居石、磷钇矿、铌钽铁矿、钛铁矿、铬铁矿、金红石、锐钛矿、锡石、砂金、石英砂。南海北部滨海砂矿大多数为复合矿床，成因类型主要以海积型为主，冲积、风积型次之。前者矿体规模大，主要形成于沙堤、沙嘴，其次为沙地、沙滩、海积阶地；后两种矿床的矿体规模小，主要形成于河口堆积平原、冲积阶地、风积沙丘，少量形成于河床、河漫滩。滨海砂矿主要形成于更新世和全新世。海南和广东两省拥有的钛铁矿储量为4025×10^{4}t，石英砂矿3.56×10^{8}m^3，广西拥有石英砂矿储量为6400×10^{8}m^3（莫杰，2004）。2003年，海南滨海砂矿总产量187.23×10^{4}t，总产值2.06×10^{8}元。

南海浅海海域具有远景的矿种主要有锆石、钛铁矿、金红石、锐钛矿、独居石、磷钇矿和石榴子石等。钛铁矿主要集中在海南岛南部陆坡区、曾母暗沙浅滩，其他海域有零星分布。锆石集中在海南岛南部浅水海域和曾母暗沙浅滩。金红石分布于加里曼丹岛及吕宋岛西部海域。独居石零星分布于南海南部及东部。

海盐资源：南海海盐资源丰富，据国家海洋局统计数据，广东2004年盐田总面积2508hm^2，海盐产量23.54×10^{4}t；广西2004年盐田总面积2920hm^2，海盐产量8.91×10^{4}t；海南2005年盐田总面积3588hm^2，海盐产量16.20×10^{4}t。晒盐条件最好的是海南岛西岸，那里高温少雨，蒸发量大，海水盐度也较高。莺歌海盐场是我国长江以南大面积连片的大盐场，盐场生产面积2823.6hm^2。该盐场初建于1955年，1958年投产。高峰时年产原盐20×10^{4}t以上，化工原料15×10^{4}t以上。

近几年，受沿海工业建设用地激增的影响，盐场用地减少，再加上我国盐产量长期供大于销，海盐业发展缓慢。国内盐业在经历了2002年、2003年连续两年供应紧张后，2005年逐渐达到供需平衡，价格出现恢复性上涨，盐场面积有所扩大。目前，南海海盐一方面要保持产量的稳定，另一方面要发展盐田养殖和盐产品加工，大力开发高附加值产品，除加碘外，可开发生产加锌加铁加钙盐。

七、优良的港口资源

南海自古以来就有海上"丝绸之路"之称。曲折的海岸线、众多的港湾使该地区拥有丰富和优良的港口资源。在世界海运贸易的强劲推动下，南海及周边国家港口建设迅速发展，目前拥有的港口数量已达835个，其中最有名的是新加坡港，印度尼西亚、菲律宾、马来西亚和泰国虽然拥有的港口数量居前，但吞吐量均不及新加坡港。

新加坡港于1819年开港，港内水深、浪静、潮差小，是天然良港。目前有6个港区，60多个泊位，除北岸有森巴旺港区外，均分布在南岸，即裕廊港区、巴西班让港区、岌巴港区和东礁湖港区。航道水深 $-19m$，港区内水深 $-10 \sim -14m$，无冰冻期，各种类型的轮船终年畅通无阻，是世界上最优良的天然良港之一。2007年集装箱吞吐量达 $2793 \times 10^4 TEU$，为世界第一位（上海港 $2615 \times 10^4 TEU$，为世界第二），2007年货物吞吐量为 $4.83 \times 10^8 t$，为世界第二位（上海港 $5.61 \times 10^8 t$，位居世界第一）。现已成为亚太地区最大的转口港、国际自由港和集装箱大港。

我国华南沿海三省区（广东、广西、海南）已形成珠江三角洲和西南沿海两个港口群体。珠江三角洲港口群依托香港国际航运中心，以深圳港、广州港为主，服务华南、中南、西南等地区。深圳港口发展迅速，其集装箱吞吐量近几年来一直紧紧靠近上海港的集装箱量。西南沿海港口群主要是环北部湾区域的湛江港、海口港、防城港以及北海港、钦州港和海南岛的洋浦港、三亚港等。

香港位于珠江口外东侧，香港有15个港区：香港仔、青山（屯门）、长洲、吉澳、流浮山、西贡、沙头角、深井、银矿湾、赤柱（东）、赤柱（西）、大澳、大埔、塔门和维多利亚。其中维多利亚港区最大，范围东至鲤鱼门，西至汲水门，北至青衣南部海域。港内包括青州、小青州、昂船洲及九龙石等岛屿。由于港阔水深，被誉为"世界三大天然良港"之一。一万多年前的低海面时期，维多利亚港附近的地域是陆地山脉的延伸部分。全新世随着海平面上升，海水侵漫逐渐使香港岛与陆地（即现在的九龙半岛）分离。维多利亚港是一个天然深水港，港区底质多为基岩，泥沙少，航道无淤积。港区水域辽阔，港宽 $1.6 \sim 9.6km$，面积 $59km^2$，平均水深 $12.2m$，万吨级轮船可以全天候进出港口。香港海运业70年代起飞，80年代跻身世界前列，1987年首次登上世界第一货柜的宝座。$1990 \sim 1991$ 年被新加坡超过，屈居第二。$1992 \sim 2004$ 年香港连续12年雄居世界集装箱第一的位置。2005年香港集装箱吞吐量 $2260 \times 10^4 TEU$，不及新加坡，居于第二；2006年虽有2.8%的增长，达到 $2323.4 \times 10^4 TEU$，但仍然排在新加坡之后。具有天时、地利、人和等众多优势的中国香港集装箱吞吐量将继续逐年稳步增长，并在可以预见的将来继续成为亚洲海运中心。

广州港位于珠江三角洲北缘，河网密布，水丰沙少，终年无雪，岸线资源丰富，建港条件良好。广州港由虎门港区、新沙港区、黄埔港区和广州内港港区组成，依次分布在广州、东莞、中山、珠海等城市的珠江沿岸或水域。广州港历史悠久，早在2000多年前的秦汉时期就是中国对外贸易的重要港口，是中国古代"海上丝绸之路"的起点之一；1300多年前的唐宋时期，"广州通海夷道"是世界上最长的远洋航线；至清朝，广州成为中国唯一的对外通商口岸和对外贸易的最大港口。

广州港经济腹地辽阔，以广东为主，并以广州市为主要依托，包括广东、广西、湖南、湖北、云南、贵州、四川以及河南、江西、福建的部分地区。在腹地经济持续快速增长的支撑下，广州港快速发展，从 2004 年开始连续 3 年，港口货物吞量保持每年以 5000×10^4 t 的速度增长；2006 年港口货物吞吐量突破 3.03×10^8 t，居中国沿海港口第三位，世界港口第五位；集装箱吞吐量达到 663.52×10^4 TEU，居全国第五（中国港口杂志社，2007）。目前，广州港已通达世界 80 多个国家和地区的 350 多个港口以及国内 100 多个港口。广州港已发展成为国家综合运输体系的重要枢纽和华南地区对外贸易的重要口岸。

深圳港位于广东省珠江三角洲南部，珠江入海口伶仃洋东岸，毗邻香港。全市 260km 的海岸线被九龙半岛分割为东西两大部分。西部港区（包括蛇口、赤湾、妈湾、东角头和福永等港区）位于珠江入海口伶仃洋东岸，水深港阔，天然屏障良好，经珠江水系可与珠江三角洲水网地区各市、县相连，经香港暗士顿水道可达国内沿海及世界各地港口。东部港区（包括盐田、沙渔涌、下洞等港区）位于大鹏湾内，湾内水深 -12m 至 -14m，海面开阔，风平浪静，是华南地区优良的天然港湾。此外还有内河港区。东西港区均与香港九龙半岛隔海相望。

深圳港口的直接腹地为深圳市、惠阳市、东莞市和珠江三角洲的部分地区，转运腹地范围包括广东和京广、京九铁路沿线的湖北、湖南、江西以及粤北、粤东、粤西和广西的西江两岸。深圳港集装箱运输发展迅速，2006 年吞吐量 1846.9×10^4 TEU，居国内第二，国际第四。由于深圳港所属的盐田、赤湾和蛇口等集装箱码头近几年扩大投资，已经完工和交付使用的深水集装箱码头泊位不断增加，还有不少正在动工的现代化集装箱码头不久将竣工投入运营，因此深圳港集装箱年吞吐量有望超过上海。随着深圳港的快速发展，深圳港不仅成为名副其实的华南地区集装箱枢纽港，而且将通过与香港港口优势互补、互相促进，联手构筑亚太地区国际航运中心。

港口是连接内陆与外海的通道，港口的发展将极大促进沿海经济和城市发展，未来华南和西南沿海要有效地发挥港口资源的优势，在国际竞争中占有一席之地，应借鉴国内外港口发展的先进理念，在航道深水化、码头专业化方面有所开拓和创新。另外，广东、广西和海南三省区应突破行政区划界线，按自然环境与经济需求发展港口码头，相互联合、合理分工。对深水岸线实行统一规划，有效整合区内的港口资源，实现区域一体化港口发展。

第二节　珠江三角洲及香港、澳门地区

珠江三角洲背靠广东丘陵山地，三面环山、一面临海、口门多岛，面积 8601.1km^2（图 11.10）。珠江三角洲历来是华南、中南、西南地区对外联系的主要通道，我国重要的农业区和经济区。按自然地理属性，通常将珠江三角洲的范围定为：西江羚羊峡以下、北江芦苞以下、东江石南以下、潭江开平以下、流溪河江村以下至海岸线，陆域面积约 8600km^2 的区域，其中平原面积约占 80.6%，基岩山地、丘陵约占 13.3%，残丘和台地约占 6.1%。在珠江三角洲范围内共有河段 300 多个，总长度 1600km，河网密度高达 0.81km/km^2（吴超羽等，2006）。河网通过口门与河口湾相连，口门一共有 8 个，虎门、蕉门、洪奇门、横门、磨刀门、鸡啼门、虎跳门和崖门，其中有 7 个被称作

"门"，因其河道两侧被岩石丘陵夹持，其状如门，故此得名。

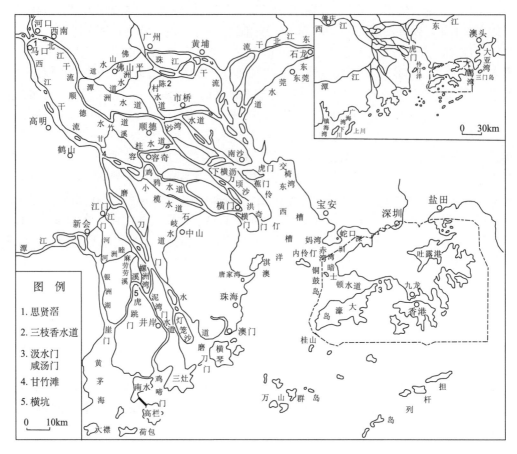

图 11.10　珠江三角洲水道、口门及附近港湾形势

　　由于珠江三角洲特殊的自然资源、区位和社会经济发展历史及其当代的发展意义，目前使用"珠江三角洲"一词已不光局限于自然地理范畴，同时还包含区域经济和行政管理方面的含义。如果将三角洲冲积平原及其周围的广州、深圳、珠海、东莞、中山、惠州等十个城市都包括在内，就组成了通常所指的"小珠江三角洲"。"小珠江三角洲"面积约 $2.4 \times 10^4 \text{km}^2$，不到广东省国土面积的 14%，但人口 4283×10^4 人，占广东省人口的 61%。2003 年 "小珠江三角洲" GDP 总值达 $11\,450.9 \times 10^8$ 元 （1383.5×10^8 美元），占全国 GDP 的 10%。目前通常所说的"大珠江三角洲"通常指广东、香港、澳门三地所构成的区域。"大珠江三角洲"面积 $18.1 \times 10^4 \text{km}^2$，户籍总人口 8679×10^4，2003 年 GDP 总值 3287×10^8 美元。以经济规模论，"大珠三角"相当于长三角的 1.2 倍。

一、珠江三角洲的自然环境

（一）多源复合、河潮混控的湾内充填型三角洲

　　珠江三角洲位于华南构造隆起带，第四系地层浅薄，沉积速率低，岸线相对稳定，

平均每年海岸外推的距离为 8～35m，因此三角洲沉积体系规模小，发育阶段较为年青（龙云作，1997）。燕山期花岗岩侵入和断裂活动形成珠江三角洲附近的地貌轮廓，晚白垩世—古近纪，东亚大陆边缘普遍发生裂解，在华南沿岸形成一系列 NE 方向排列的断陷盆地。如北部湾、茂名、新会、三水和东莞红色盆地，以及琼东南、珠江口等。当时的珠江口盆地是发育红色碎屑岩夹膏盐的内陆断陷盆地。新近纪至晚更新世早期，以珠江口盆地北缘断裂为界，华南沿岸陆地的红层盆地普遍受到抬升，河流下切形成红层丘陵地貌。受南海海底扩张影响，珠江口盆地出现持续沉降。差异性的升降运动使珠江水系穿越珠江口内盆地至珠江口外盆地出海。

末次冰期以来海平面持续上升，至 6500～5000aBP，海平面接近现代位置，海岸线到达现代珠江三角洲平原地区，淹没形成古河口湾，原先的山丘、台地成为散布于海湾中的基岩岛屿，珠江三角洲开始发育。2500aBP 以来，海平面相对有所回落，珠江水系汇聚海湾内，三角洲砂体充填湾内并迅速向海推进。湾内被充填形成三角洲平原，原先散布在湾内的基岩岛屿成为镶嵌在三角洲平原上的"岛丘"。"岛丘"星罗棋布、岛屿环列，遂成为珠江三角洲平原和珠江口外海湾的一大特色。

（二）径流丰富、沙少、弱潮动力和网状河水系地貌

珠江三角洲接纳西江、北江、东江、流溪河、潭江等主要河流的水沙输入。这些河流进入珠江三角洲平原以后不断分汊，形成复杂的三角洲网状河体系，河流水沙最终通过八个口门流入口门外的河口湾，形成"三江汇合，八口分流"地貌景观（龙云作，1997）。河口湾与河网通过口门相连，构成珠江三角洲特有的河网-口门-河口湾三角洲体系（吴超羽等，2006）。

珠江是我国华南最大水系，全长 2214km，流域面积 453 690km²。在我国七大江河中，其长度和流域面积均居全国第四位。珠江多年平均径流量 3260×10⁸m³，多年平均流量 10 337m³/s，仅次于长江，位居第二。悬移质年均输沙量 8872×10⁴t/a，推移质输沙量约为 600×10⁴t/a，总输沙量为 9472×10⁴t/a。含沙量介于 0.128～0.317kg/m³ 之间。

珠江河口潮汐属不正规半日潮，平均潮差在 1m 左右，属于弱潮河口。8 大口门潮差以虎门最大，最大潮差 3.36m，平均潮差 1.57m；磨刀门最小，最大潮差 2.29m，平均潮差 0.86m。潮差自中部磨刀门向东（虎门）、向西（崖门）渐增。

（三）珠江三角洲渐进性扩展

珠江流域每年有近亿吨的泥沙输入珠江口海湾内，由于潮流与洪水径流流速较弱，加上沉积物以细颗粒的粉砂质或砂质黏土为主，沉积固实后抗蚀力较强，故珠江口滩地扩展后不会出现大冲刷的状况。珠江三角洲主要以渐进性方式扩展，表现为三角洲向海推进和口外浅滩的淤高。

三角洲向海推进的速度受人类活动的影响，人类围垦滩地，大大加快了三角洲向海推进的速度（表11.6）。

表 11.6　历史时期西北江三角洲的伸展速度

时代	年数	伸展长度/m	伸展速度/（m/a）
石器	3800	30 000	7.9
秦汉	837	8 000	9.6
唐	342	8 500	24.9
宋	408	13 600	33.3
明	276	11 000	39.3
清	316	9 800	31.3
1960 年	30	3 900	130
1996 年*			

* 1966～1996 年的伸展长度和伸展速度据黄镇国和张伟强，2004

　　唐代以前，三角洲没有受建堤的影响，基本处于自然状态，推进速度小于 10m/a；唐宋年间开始建堤，且中游开发，泥沙来量增大，三角洲推进速度显著增加，达到 20m/a；明清时代，因堤围系统完善和技术提高，使三角洲推进速度平均加快到约 40m/a。

　　近数十年来，由于围垦工程技术的进步，当滩地达珠江基点高程-0.5m 左右即围垦，使围垦外缘线向海推进的速度又进一步增大，平均达到 50～120m/a。蕉门、洪奇门间的万顷沙 1936～1950 年推进速度为 46.4m/a，1950～1960 年为 91.2m/a，1966～1996 年为 120m/a。磨刀门的灯笼沙 1946～1962 年推进速率为 49.9m/a，1966～1996年为 130m/a。珠江口外八个口门当中，中部六个口门是以河流作用为主的口门，三角洲向海推进速度较快，淤积速率较大；两侧的口门虎门和崖门为潮流作用占优势的口门，三角洲向海推进的速度较慢，淤积速率较小（表 11.7）。

表 11.7　珠江口外各口门淤积量和淤积速率

项目	伶仃洋	外伶仃洋	磨刀门海区	鸡啼门海区	崖门与黄茅海	总计
淤积量/×10⁴m³	2000	800	450	160	730	4140
淤积量/×10⁴t	2600	1040	590	210	950	5390
淤积速率/（m/a）	0.020	0.010	0.025	0.015	0.014	

（四）南亚热带季风气候、水土资源丰富

　　珠江三角洲介于 21°30′～23°40′N 之间，地处南亚热带季风区，热量充足、降水丰沛，年日照时数为 1900～2000h，太阳能量为 502.416×10³J/（cm²·a），年平均气温为 21.7～22.6℃，最热月均气温 28.2℃、最冷月均气温为 12.5～12.7℃，但受寒潮威

胁，有时有霜冻，最低温度可降至 0℃。年平均降水量为 1714～1944mm，蒸发量为 1432～1734mm，降水多集中于 5～10 月，冬半年降水少。偏北向风较强。珠江三角洲地区雨热配合好，气候资源可以满足双季稻、甘蔗、蚕桑等喜温、喜湿作物和亚热带水果生长的需要。粮食作物一年可以三熟，养蚕年可 7～8 造，蔬菜全年都能生长，得天独厚的光、热、水资源为提高土地利用率、增加复种指数、提高单位面积产出，创造了极为有利的条件。但夏、秋季常遭台风侵袭。袭击珠江三角洲的台风，1949～1994 年的 46 年中共 163 个，年均 3.5 个，占平均每年登陆我国台风 9.5 个的 37％，居全国首位，且强度大，其中达到热带风暴以上（即 8 级以上）133 个。

二、珠江三角洲自然资源和历史文化遗迹

（一）珠江三角洲的自然资源

珠江三角洲水资源总量 $3234.9 \times 10^8 m^3$，人均水资源量远高于全国平均水平。由于季风气候的影响，全年降水量集中在 4～9 月，占全年降水量的 82％～85％。珠江三角洲土地面积 $41\,596 km^2$，占广东省土地总面积的 23.4％。珠江三角洲内土地资源类型众多，有低山、丘陵、台地、平原、水域和滩涂等，其中以丘陵和平原为主，平原内有低山、丘陵和台地穿插其间。珠江三角洲地势平坦，土地肥沃，生产潜力高，适宜性广，有利于发展现代农业。同时珠江三角洲毗邻港澳，地理位置特殊，土地价值高，无论发展农业、工业还是第三产业，都会有较快的开发回报。土地利用以林地和耕地为主，分别占全部土地面积的 41.78％和 16.78％（管东生等，2004）。从 1997 年到 2004 年，耕地和林地面积大幅减少，城市和建设用地快速增加，表明珠江三角洲城市化水平和土地开发利用程度提高。高附加值农业和水产养殖进一步发展，但是人地矛盾也愈加突出。

珠江三角洲沿岸溺谷湾、河口湾众多，口内水道和口外两侧海湾岸线资源丰富，目前已有大小港口 190 个，吞吐量超过 $1000 \times 10^4 t$ 的港口有 7 个。2007 年完成货物的总吞吐量 $78\,206 \times 10^4 t$，同比增长 11.7％，其中外贸货物吞吐量 $30\,324 \times 10^4 t$，同比增长 10.4％，集装箱吞吐量 $3431.9 \times 10^4 TEU$，同比增长 12.6％，分别占全国沿海港口的 22.9％、15.2％和 45.4％。形成以深圳、广州、珠海为枢纽港，佛山、江门、中山、东莞、惠州、肇庆为重要港的珠江三角洲港口群。香港继续保持国际航运中心地位，深圳港近年发展迅速，2006 年的集装箱吞吐量继续保持全球第四的位置。

珠江三角洲河口滩涂在广东省滩涂中占有重要地位，1996 年滩涂面积为 $5.47 \times 10^4 hm^2$，占全省滩涂总面积的 23％（黄镇国、张伟强，2004）。1966～1996 年珠江三角洲共围滩涂面积 $4.19 \times 104 hm^2$，其中 1966～1983 年围垦速率为 $213 hm^2/a$，1984～1988 年为 $900 hm^2/a$，1986～1996 年为 $357 hm^2/a$。珠江三角洲现有森林木材蓄积量约为 $3.4 \times 10^8 m^3$。省内设有 10 多个珍稀动植物自然保护区，珍稀动物有 700 多种。海洋生物资源丰富。全省有热带海水渔场面积 $44 \times 10^4 km^2$，主要养殖对虾、珍珠、石斑鱼、鲍鱼和紫菜等。珠江三角洲浅海大陆架蕴藏有丰富的石油和天然气资源，珠江口盆地年产石油 $1000 \times 10^4 t$，连续稳产 10 年，已成为我国海上重要产油区。珠江三角洲区内仅

有少量石灰石、石膏、黏土、石英砂等非金属矿物和高龙金矿、云浮硫铁矿、矿泉水等。

珠江三角洲是岭南文化的重要发源地。岭南文化源远流长，如特色的茶文化、饮食文化、园林文化、盆景文化、绘画文化等。区内人文旅游资源丰富，现有广州、佛山、肇庆三个历史文化名城。其次珠三角生态旅游资源也很丰富，其中75%的生态旅游资源集中在"金三角"区域，尤以广州最多，佛山、深圳、珠海、中山次之。2007年珠三角的旅游收入达 2095.7×10^8 元，占整个广东省旅游收入的85.4%。

（二）珠江三角洲历史文化遗迹

考古发掘表明，早在6000多年前，珠江三角洲就已经有人类居住，珠江流域是我国历史上最早的人类起源地之一。经过几千年的人类活动，珠江三角洲堆积了大量的古文化遗存。与其他区域明显不同的是，各个时期的文化特征及其发展过程具鲜明的地方特色，各个时期的文化堆积类型在时空分布上有明显差异，这些差异的形成与三角洲自然环境变化有着密切的关系（李平日等，1991）。

珠江三角洲古文化遗存最早可以追溯到距今6000～3500年前的新石器时期，三角洲先民以捕捞和渔猎生活为主，新石器时期的遗址分布非常广泛，古文化遗存包括贝丘、沙丘、台地和山冈等遗址，但以贝丘和沙丘堆积遗址为主。遗址中发现有磨光石器、蚌蛎壳器及几何形红彩陶器，以及大量的动物遗骸和贝壳（高惠冰，2001）。青铜器时代（距今3500～2200年），渔猎和农业经济并存，贝丘遗址减少，山冈和台地遗址大量增加，表明珠江三角洲文化已从水域往陆地转移。秦汉—唐宋时期，农业经济已占相当重要的位置，这一时期的遗迹与过去的原始文化存在明显的差异，例如佛山澜石深村发现的东汉墓中，随葬器有井、船、水田等模型，水田为"田字形"方格，有犁耕。这些遗物反映了这一带水系发育，农业生产已具有较高水平。唐宋以来，渔猎文化在三角洲平原完全消失，人类开始对三角洲进行全面开发和改造。

宋代大规模的北方移民到珠江三角洲定居，拉开了三角洲开发的序幕。宋元两代大规模围垦筑堤围，粮食、副产品充足，铁、布、纸、葵扇等手工业制品丰富。随着生产力水平的提高，先民凭借娴熟的航海技术与东南沿海各地以及南太平洋地区进行贸易往来，传播中华文化，并且在不断的对外交流中形成了开放的海洋文化特质。广州成为海上丝绸之路的起点之一，汇集国内的丝绸、漆、陶瓷等产品输往东南亚、印度、乃至西亚、东非等地，并由此又输入香料和奇珍异宝。明代中叶，珠江三角洲继续开发，对外贸易活跃，商品性农业兴起，出现了专业化种植区。三角洲中部地区利用低洼平原挖塘筑基，塘中养鱼，基上种桑、蔗，以桑葚养鱼，形成著名的"桑基鱼塘"。这是一种世界罕见的科学的人工生态系统，使土地和劳动力资源得到充分利用，并创造很高的经济效益。但是由于城镇扩建、工业围地等，这种人工生态系统的模式已日渐消失。明清之际海禁政策曾使珠江三角洲经济发展受阻。清朝康熙开海贸易和恤商裕民政策及广州独口通商政策，推进了三角洲的经济发展，珠江三角洲经济发展水平跃居全国前列。

三、香港、澳门与离岸岛屿

（一）香港在南海的地位和作用

香港位于我国东南端，总人口 692.17×10⁴，总面积 1104km² （2007 年），是我国南海沿岸最大的城市，国际贸易、航运、金融和信息中心，具有国际门户与经济枢纽的功能。香港地理条件优越，是开发南海的最大经济中心和主要的资金来源地，也是南海建立外向型经济的重要基地。香港是国际市场的一部分，是南海通往国际的桥梁。1997 年 7 月 1 日，香港成为中华人民共和国的一个特别行政区，对南海的开发起到了直接的推动作用。

香港兼有中国南大门和珠江口门户之利，已发展成为亚太地区的国际贸易、金融和航运中心。2006 年香港贸易总额 50 608.3×10⁸ 港元，名列世界第 11 位，占世界贸易总额的 2.7%。对外商品贸易总额 23 265×10⁸ 港元，其中与内地贸易为 11 929×10⁸ 港元，占 45.9%左右，香港为中国带来了 1/3 的外汇收益。在中国出口美国的货品中，超过 2/3 要经香港转口。同时到达香港的货物都要经过南海的海空域，香港的繁荣促进了南海的发展[①]。

港口业是"香港经济的生命线"，港口贸易货值占香港贸易总值的 50%，与港口相关的经济收入占香港生产总值的 20%，就业人数则占到整体就业人数的 1/5，在港口基础上建立的物流产业更被视为香港的四大支柱产业之一。2010 年，香港货柜吞吐量将达 2970×10⁴TEU，2020 年将达 4050×10⁴TEU。香港开拓陆向、海向腹地，发展货物中转及临港工业的经验值得南海沿岸港口借鉴。

服务业现已成为香港的支柱产业，香港本地生产总值（12 545×10⁸ 港元）的 90%来自于服务业，其他还包括玩具业和电子业、印刷和出版业、机械、金属制造、塑胶以及珠宝钟表等行业。2006 年，香港出口的 1345×10⁸ 港元产品中，衣物衣饰占 38.8%，办公室及其自动资料处理器械占 14.5%，珠宝等专项制品占 11.3%，电动机械、仪器和用具及零件占 10%，初级形状塑料占 3.8%，纺纱、布料、制成品及有关制品占 3.1%。

香港是国际性银行最集中的城市之一，全球最大的 100 家银行，有 76 家在香港开展业务。以对外交易额计算，香港是亚洲第三大国际银行中心。2006 年 6 月银行体系的对外交易额达 8590×10⁸ 美元。香港是世界主要的股票市场和证券市场，亚洲最大的外汇市场之一，全球第六大外汇交易中心，世界三大黄金市场之一[②]。

香港是国际旅游中心，每年大约有 2300×10⁴ 国际游客。自从 2005 年香港迪士尼乐园开园以来，内地去香港的游客迅速增加，在此一年内访港旅客达到 2335.9×10⁴，其中内地游客为 1254×10⁴ 人次，占 53.7%。在未来的 40 年，迪士尼乐园预计将为香港带来约 1480×10⁸ 元的增值经济收入。香港还是购物天堂、美食天堂、国际会议、展

---

① 香港特别行政区政府工业贸易署，2006
② 资料来源：《金融数据月报》，香港金融管理局；香港政府统计处

览中心和时装中心。香港是南海海洋渔业基地之一，又是南海海产品消费中心。因此，香港的地位在南海非常重要，香港的繁荣将带动和促进珠三角以及整个南海地区的发展。

（二）香港海岛经济特点

香港除具有天然良港以外，几乎没有什么自然资源，原材料都要依赖进口。例如化工原料 76%，纸品 60%，金属半成品 43%，纺织品原料 45%，电子配件 70%～80% 是依靠进口的。因此，香港需要依靠便利的港口进出口货物，购买世界最便宜的原材料、机器和半成品，加工以后远销世界各地，利用国际市场赚钱。香港制造业产品 90% 以上是出口产品。利用港口和岸线资源，香港经济发展经历了渔业、对外贸易与航运、加工制造业几个发展阶段，建立了典型的外向型海岛经济。在此基础上发展金融、旅游、信息业，形成多元经济结构。

香港海岛经济最大的特色之一是实行自由港政策，政府对经济事务基本上采取不干预的政策，以及实行低税、免税政策，使企业自由竞争。但是，香港海岛型经济具有强烈的对外依赖性，主要是依赖欧美、日本和国内大陆市场，这些地区的政治经济形势强烈地影响着香港的经济。香港海岛经济高速发展的另一面，经济的脆弱性随时会显现，一旦各国贸易保护主义抬头、石油危机或外围股市狂泻等等，都会使香港经济受到严重影响。香港内需市场有限，需要有南海这个广大区域作为它的腹地。

（三）香港海岸和港口的开发利用

香港面积不大，但海岛多、岸线曲折、港湾深、海岸线长，平均每百平方千米土地有 80km 的海岸线。香港地区任何地方距离海岸都不超过 10km，香港海岸有许多海湾、岬角、半岛、离岸岛屿（262 个），属里亚式海岸。全新世海侵时期，海水沿部分切割的高地入侵，从而使河谷和凹地变成海湾，而分离部分则成为半岛、岬角、离岛。沿曲折的海岸，早期有为数不多的渔港，著名的有赤柱、香港仔，带给香港优美的环境和景观，沿岸许多地带发展成为高档住宅区和旅游区，如港岛南部、清水湾一带、清山道沿岸、海洋公园及大屿山岛东南部等地。大小不等的海滩更是夏日旅游胜地，以浅水湾、深水湾最为著名。

维多利亚港湾地处香港岛与九龙半岛之间，港阔水深，自然条件得天独厚。水域总面积 52km²，相当大的面积水深在 10～14.5m，50 000t 轮船可自由来往停泊。目前港区有 72 个供远洋轮船停靠的泊位，其中有 43 个可供 183m 的巨轮停泊，码头和货物装卸区总长度近 7km。九龙半岛沿岸有较广阔的平地，可供建码头、船坞、交通设施及工厂、办公楼及住宅。港岛北岸长约 17km、宽 200～1000m 的填海带，面积 5.96km²，是城市商业中心发展地带。

香港海岸和港口的开发利用在世界上名列前茅。2005 年进出香港的远洋轮船总吨位达到 6.43×10^8 t，是全球最繁忙的货柜港，通过水运装卸货物达到 2.3×10^8 t，共转运、装卸和进出 2242×10^4 个 TEU。2005 年抵港旅客达到 2335.9×10^4 人次，出港人

数达到 7230×10^4 人次，其中内地为主要目的地，占总人数的 86.7%。

（四）香港经济发展前景

1997 年 7 月 1 日，中华人民共和国收回香港主权，实行"一国两制"、"港人治港"后，香港社会经济在新的政治体制下运行，香港继续保持着繁荣、稳定的良好局面。回归后的香港经济先后经受了亚洲金融危机以及"9.11"事件的考验，在一系列刺激经济的措施下，从 2002 年起香港经济开始稳步上升，2004 年香港经济增长达到 8.6%，贸易总额达到 $41\,302.37 \times 10^8$ 港元，较 1997 年增长 34.5%。香港仍然保持自由港的特色和国际贸易、航运与国际金融中心的地位，被认为是亚洲乃至全球最具活力的地区之一（陆大道等，2003）。回归后，内地和香港的经济、文化交流更加紧密，内地对香港的支援、内地与香港的优势互补使香港经济出现了新的飞跃，同时也促进了内地经济的发展。香港与珠江三角洲内地经济的进一步结合，形成了珠江三角洲经济区，进而扩展为南中国经济区或南海北部经济区，香港可以发挥更大的作用，其社会经济发展的前景更为光明。

目前香港绝大部分制造业都已转入内地发展，企业规模不断扩大。香港的服务业则为两地间的投资和贸易活动提供各项服务，迅速增长。大量的内地企业来香港上市筹资，促进了香港金融证券业的发展。内地是香港最大的贸易伙伴，香港的转口贸易主要围绕内地进行，20 年来，香港对外贸易额成倍增长。同样，多年来，香港充当了内地引进资金、技术、管理的重要对外窗口和中介，对改革开放以来内地经济的快速发展起到了十分重要的促进作用。长期以来，两地经济在相互促进中得到了共同发展。

中国加入世界贸易组织后，进一步扩大对外开放和进行西部大开发，将给香港经济发展带来新的契机，其桥头堡的作用会更加重要，香港作为国际金融、贸易、航运和信息中心的地位会进一步得到巩固和提高，两地经济一体化趋势会不断加强。

（五）澳门经济特征及其在南海的地位和作用

澳门地区由澳门半岛及氹仔、路环两岛组成，面积 28.6km²，其中澳门半岛 9.3km²。2006 年人口 51.34×10^4 人。本地生产总值 1143.6×10^8 澳元，人均 22.75×10^4 澳元，实质增长率达到 16.6%，为中等发达地区。

澳门是我国通往世界的另一座桥梁。过去是一个单一的博彩小城市，被称为东方蒙特卡罗，现已发展成为一个以旅游博彩、制造业、建置业、金融业为四大经济支柱的国际性中等城市（自由港），正在向多元（综合）经济的国际大城市发展。制衣工业是澳门最大的工业行业，毛针织工业是第二大工业行业，亦是澳门纺织业的主体。目前澳门政府致力发展的目标有电子行业和与工业有关的生产管理、产品开发和设计等辅助行业，服务行业如银行、保险等。澳门是一个完全对外开放的市场和国际自由港，经营成本低、基础设施完善、金融系统稳定、外汇自由流动，对于原料和工业设备的进口一律免税，没有数量上限。纺织服装是澳门出口的主导产品。机器设备与零件出口增长较快，出口商品结构趋向提升。2006 年澳门总出口货值为 204.6×10^8 澳元，进口货值

365.3×10⁸ 澳元。其中纺织品与成衣出口 146.60×10⁸ 澳元，占同期出口总额的 71.6％。以出口市场计算，63.6％的本地产品销往美国及欧盟，分别占 44.1％及 19.5％。近几年，随着澳门旅游、博彩等固有产业优势的充分发展，整个经济发展的空间正在逐步扩大，通过吸纳澳门本地以及香港、内地的资金，在批发及零售业、建筑业、不动产业等行业涌现出一批新组建的公司。

澳门地处亚太地区中心位置，北靠我国内地，与广东省珠海经济特区接壤，东隔珠江口与香港遥遥相望。澳门既是资本输入地区，又是资本输出地区。一方面澳门可为粤港澳经济一体化发展发挥积极作用，另一方面澳门又要充分利用三地合作所带来的巨大机遇，成为内地与国际经济以及海峡两岸商贸联系的枢纽。

澳门与欧美、日本有传统的贸易伙伴关系，西方发达国家给予澳门许多贸易优惠和配额，澳门通过与葡国的特殊关系，可以加强南海在西欧共同市场、拉丁美洲、非洲及葡语地区的地位。澳门也是世界各国进入有丰富资源和广阔市场的南海和内地的捷径之一。澳门在南海的作用尽管不能与香港相提并论，却是香港所不能取代的。澳门的经济虽然对香港有很大的依附性，却可利用香港港口、机场等基础设施以及资金、技术、人才、客源市场等条件，不断壮大澳门的经济实力，这就为南海借鉴香港、发挥香港的作用提供了经验。

我国开发南海油田和大西南，澳门自由港可发挥更大的作用。澳门若能利用内地基础工业和高科技研究，利用香港国际市场信息、资金和管理技术，不断更新设备与技术，就可以保持对南海扩展的中介作用。在南海引进外资以及向国际市场拓展上，澳门也可以发挥桥梁作用。澳门旅游业与香港、南海可协作开发成国际旅游三角区，2006年来澳旅客首次突破 2000×10⁴ 人次，达到 2199.81×10⁴ 人次，其中，内地是澳门最大旅客来源地，占总数的 54.5％。在基础设施和填海开发方面，澳门与南海也存在广泛合作的基础和条件。

澳门的渔业在历史上有重要地位，现在仍然是南海的一个重要渔港和渔船生产基地。澳门国际机场已经建成，自 1995 年 11 月起，澳门国际机场已发展成为澳门货物进出口和居民、游客进出境的重要口岸，以及海峡两岸民众交往的主要中转机场之一。2007 年客运量创历史新高，高达 549.8×10⁴ 人次。目前澳门特区政府将投资 60×10⁸ 澳门元，扩建澳门国际机场，以期适应未来发展的需要。

澳门在今后的发展中将有效地发挥其区位优势，成为中国走向世界的另一个枢纽；具有联系东亚经济圈与欧洲经济区的特殊功能，为中国的第二个香港，可为这两个经济圈的优势互补、科技交流和经济合作做出应有的贡献。

四、珠江三角洲与港澳地区的经济、文化与一体化发展

经济全球化已成为当前经济发展的重要趋势，不同形式的区域经济合作能促进双赢或多赢，提升该区域的整体实力和竞争力。珠江三角洲面积 4×10⁴ km²，人口大约为 5200×10⁴（包括港、澳及流动人口），占广东省人口的 61％，毗邻港澳，历来是华南、中南、西南地区对外联系的主要通道和南大门，在地域文化方面有着紧密的血缘关系，这为珠江三角洲与港澳地区的经济、文化与一体化发展打下了良好的基础。

随着经济发展环境的变化，珠三角地区过去所拥有的政策优势将不复存在，未来的方向将是整合区域范围内的经济发展，加强与香港、澳门的合作，将香港的国际金融、贸易优势和珠江三角洲的制造业优势结合起来，形成面向东南亚、背靠华南地区的大范围区域一体化格局。与港澳的区域合作有着非常深远的经济战略意义，是在经济全球化和区域经济一体化的背景下区域经济发展规律的客观要求，其根本目的是提升该区域经济的整体实力和竞争力，实现经济持续、快速、协调发展。港、澳经济一体化程度将在一定意义上决定今后一段时期内珠江三角洲经济发展的基本走势。加强港、澳合作，对于珠江三角洲来说，就是要利用港澳的资金、管理经验、先进技术、国际经济联系和融资能力，解决自身服务贸易发展中资金不足、信息不灵的问题，鼓励港澳以多种形式介入珠江三角洲薄弱的服务业基础建设，增强服务业经济实力，以利于三方更加密切的联系，这是现阶段服务贸易发展的一个根本立足点。在新一轮经济合作和发展过程中，广东和珠江三角洲将发展成为世界重要的制造业基地，香港将发展成为世界上重要的以现代物流业和金融业为主的服务业中心，澳门将发展成为世界上具有吸引力的博彩、旅游中心和区域性商贸服务平台，努力将包括粤港澳的大珠江三角洲建设成为世界上最繁荣、最具经济活力的经济中心（陈广汉，2005）。2003年，由广东省倡导并得到福建、江西、湖南、广西、海南、四川、贵州、云南等八省（区）政府和香港、澳门特别行政区政府积极响应和大力推动的泛珠三角区域合作（即"9+2"）正式启动。建立"9+2"区域的金融一体化，核心是使金融资源的共享成为泛珠三角金融合作与互动的重要推动力，区域内的金融合作将在新的高度上促进资金、人才、信息的自由流动，进而更大地促进整个区域的快速发展（王丽娅，2005）。发展泛珠江三角洲经济将扩大其经济腹地，进一步促进珠江三角洲和港、澳地区的紧密联系和一体化发展，同时还能带动其他八省（区）共同发展。在中央的指导下，在国家有关部门的支持下，经过"9+2"政府的共同努力，泛珠三角区域合作初显成效，整体上呈稳步推进的态势。

第三节　海南岛和琼州海峡

一、海峡与海岛自然环境特征

（一）琼　州　海　峡

琼州海峡位于广东省雷州半岛和海南岛之间（20°00′~20°20′N，109°55′~110°42′E），地处雷琼拗陷中部，是我国仅次于台湾海峡和渤海海峡的第三大海峡，也是我国大陆架上最深的潮流水道。海峡东西长约80km，南北宽约20~38km，海域面积约2400km²（图11.11）。海峡以波浪为主，涌浪频率较低。冬季以NE、ENE向浪出现频率大，夏季以S向风浪为多。海峡东口和西口具有不同的潮汐类型，东口表现为不正规半日潮，西口为正规全日潮。海峡潮差从东往西逐渐增大，木兰头平均潮差0.82m，秀英港1.10m，马村1.5m，后水湾1.89m。虽然海峡潮差较小，但海峡狭管效应使潮流甚强。潮流具有明显的东西向往复流性质，流速以中央深槽为最大，往两岸递减，同时存在明显的横向流速梯度。转流一般发生在中水位附近，中水位以下以西向流为主，中水位以上以东向流为主。东流强于西流，东流最大流速达 3.0～3.5kn，西流最大流速达 2.5～3.0kn。东口流速大于西口流速，东口最大流速达 3.0～3.5kn，西口流速达 1.0～1.8kn。

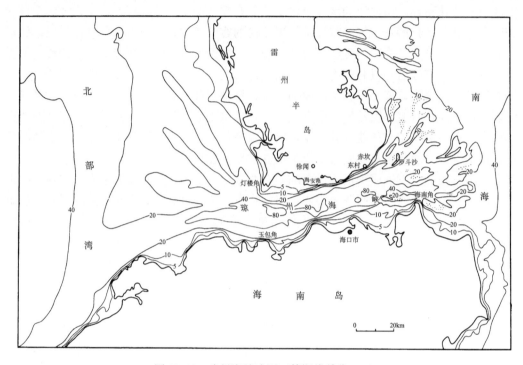

图 11.11　琼州海峡略图（等深线单位：m）

强劲的潮流侵蚀湛江组组成的海床，形成深度以 40～60m 为主的深槽，槽中分布着许多深度＞80m 的深坑，最大深度 113m。深槽水流的惯性作用使冲刷深槽的长度远超过陆地海峡的长度，40m 深槽东西分布长达 135km。深槽两端形成水下指状潮流三角洲——指状分汊水道和浅滩地貌。东口浅滩淤积较高，许多浅滩浅于-5m，有不少浅滩浅为-2m，罗斗沙更高出水面，这与陆源物质和外海物质向东口推移有关。另外，东口浅滩间的水道较窄、礁石出露较多，指状水道还有二级分汊。西口浅滩深度大部分＞-10m，部分浅滩深度在-6～-7m 间，加上北部湾波浪作用较弱，纵向沙脊和沟槽形态显著（王文介，1999），个体数目少，长度大。东西口尤其是东口水下潮流三角洲发育，起消减外海波浪能量传播的作用，外海涌浪不易传入海峡内，造成峡内波浪以风浪为主。

（二）海　南　岛

海南岛位于 18°20′～20°10′N，108°37′～111°2′E，是我国仅次于台湾省的第二大岛，全岛面积 33920km²，海岸线总长 1725km。海南岛平面上呈椭圆形，长轴沿着 NNE—SSW 方向展布。地形上具有中部高并向四周逐级降低的特点。中部山区位于琼中黎族苗族自治县，最高峰五指山海拔 1867m。海拔 500m 以上的山地占全岛面积的

25.4%，500～100m 高度的丘陵占 13.4%，100m 以下的台地、阶地和海岸平原约占 61.2%，呈同心圆状围绕中部山区组成环形层状地貌。北部火山地形发育，形成大片的熔岩流台地和火山锥地貌。

全岛水系成近似放射状，由五指山和黎母岭发源，向四周流出汇入南海。海南岛的河流多为独流入海河流，具有流程短、流量变率大、水力资源丰富、悬沙量小和推移质沙量较丰的特性。按全岛平均径流深 909mm 计，全岛河流径流量约 310×10⁸m³/a。全岛流域面积超过 3000km² 的有南渡江、昌化江和万泉河。南渡江为海南岛第一大河流，全长 311km，流域面积 7176km²，径流量 71×10⁸m³。南渡江在海南岛北部形成广阔的三角洲平原。

海南岛位于热带和亚热带边缘的东亚季风区，具有热带季风岛屿型气候特点。光热充足、雨量充沛、干湿季明显（5～10 月为雨季，11～4 月为干季）。常年风速较大，多热带风暴。由于五指山山地的阻隔作用，使海南岛东西、南北的气候有显著差异。五指山之北为北热带，特征为冬季气温较低，极端低温有时可降至 2℃，有的甚至出现轻霜，热带林木可能受寒害。五指山之南属中热带，冬季气温较高，无寒害。五指山之东，多雨湿润，年降水量超过 2000mm。五指山之西较干旱，年降水量为 1000mm 左右。

海南岛沿岸潮汐类型较为复杂，有非正规全日潮和正规全日潮以及非正规半日潮。全岛为弱潮海岸，平均潮差 0.7～2.0m，其中海口至莺歌海东半部海岸（占 2/3）平均潮差 0.68～1.10m，八所至花场港西的西北段海岸平均潮差 1.50～2.00m。全岛波浪以东岸最强，铜鼓角和乌场港年平均波高为 1.0m；西部海岸次之，八所港年平均波高为 0.8m；琼州海峡最小，海口港年平均波高为 0.4～0.5m。

二、地质基础、构造活动与海岸特征

（一）地 质 构 造

海南岛的形成历史与古生代地体增生、中生代花岗岩侵入和新生代玄武岩火山活动有关。中生代印支和燕山运动使古生代基底发生大规模断裂，伴随断裂运动有大量花岗岩岩体沿 NE—SW 和 EW 向断裂侵入。断裂作用形成乐东、白沙和定安等白垩纪红层断陷盆地。喜马拉雅运动使海南岛产生大规模的升降运动，一些中生代的红层盆地被抬升为高山，如鹦哥岭即由红色沉积物组成。海南岛中部是抬升运动的中心，大幅度的抬升加速了花岗岩的风化和剥蚀，使得花岗岩直接出露地表组成中部的陡峻山岭。五指山、黎母岭、尖峰岭和霸王岭均由粗粒花岗岩组成。抬升运动将沿岸浅海地区抬升为海岸阶地，使海南岛的面积不断扩大。

在中部发生大规模抬升运动的同时，北部雷琼地区出现大规模的陆间裂谷型拉张（丘元禧等，1986）。拉张活动始于古近纪，沿东西向主要断裂展开，形成大规模的玄武岩流，新近纪—第四纪，东西向断裂的拉张活动更趋强烈，南北向断裂带也开始重新活动，从而使琼北断陷带进一步发展，形成规模巨大的裂谷型断陷带，并伴有剧烈的玄武岩喷发，最终发展成为今日的琼州海峡。古近纪和新近纪—第四纪先后有 59 次陆相和海相基性火山熔岩喷溢，形成巨厚的玄武岩流。强烈的火山喷发在琼北地区形成丰富的火山地貌，如熔岩丘陵和熔岩台地，以及由火山活动和海洋作用共同形成的火山岩台地海岸。

海南岛构造主要受 EW、NE—SW 向和 NW—SE 方向的断裂控制，EW 向断裂具有多旋回和长期活动的性质，它们控制了海南岛地震、热泉和热田的分布。海南岛北部的王五—文教断裂是控制雷琼地堑发育的主要断裂。NW—SE 向断裂对于新生代沉积盆地的分布、火山活动和海湾、溺谷、三角洲体系的发育起了重要的控制作用。一些断裂迄今仍在活动，特别是北部的一些断裂。1860 年发生的琼北大地震即与 NW—SE 向的铺前—清澜断裂活动有关。这次大地震使琼东北的铺前湾陷于海平面之下，至今在水底仍然能够见到石臼、石棺和陶器等古代村落的遗迹。海南岛 NE 向和 NNE 向断裂也很发育，它们对岛内的沉积作用、岩浆活动和中新生代构造活动具有重要的控制作用。

（二）海岸带地貌

在上述地质地貌和动力背景的影响下，形成了海南岛不同的海岸地貌，即北部火山岩海岸，东部季风沙丘港湾海岸，南部基岩港湾与沙坝海岸，西部干旱的砂质平原海岸。海南岛 75% 为砂砾质海岸，25% 为基岩海岸，除海湾红树林沼泽外，几乎没有淤泥质海岸。

海南岛北岸西起澄迈湾东至铺前湾，属于玄武岩台地和南渡江三角洲平原海岸。更新世—全新世的玄武岩喷发在该地区形成 25~35m、45~55m、0~80m 和 100~150m 四级火山岩台地，火山颈、火山锥和火山口组成火山岩丘陵。南渡江三角洲在全新世海平面上升初期属于溺谷性质，全新世中期海平面上升速度减缓以后，南渡江河流泥沙不断向海洋进积以后方形成南渡江三角洲（王颖等，1998）。

海南岛东北部海岸以 NW—SE 向断裂和其他地区分割，海岸岬角多由燕山期花岗岩组成，岬角之间发育砂砾质海滩，岸后为风成沙丘。砂砾质海岸间发育溺谷型潮汐汉道港湾海岸（铺前湾）。海岸风成沙丘从铺前湾、木兰头至铜鼓岭，构成了长约100km、宽 3~5km 的海岸沙丘带。海岸沙丘的高度一般在 20~30m，形成于 3000aBP 以来，下伏钙质砂砾质沉积可能为晚更新世—全新世的海滩沉积（马蒂尼等，2004）。

海南岛东部海岸的特点是：多砂砾质堆积，沙滩、沙坝、沙丘和阶地发育，而且发育海滨砂矿。海岸带相间分布小型河口-三角洲-沙坝-潟湖体系，如琼海博鳌和万宁小海。东海岸的沉积特点，岸边为中细砂，向海渐变为细砂，湾口有泥沙自北向南和自海向陆的搬运，造成口门容易淤积（王颖等，1998）。

海南岛东南部和南部由花岗岩基岩组成岬角，岬角之间的宽阔海湾主要发育弧形的沙坝及潮汐汉道（王颖等，1998）。一般从海洋向陆方向，可见多列和海岸平行的沙坝-潟湖沉积地貌单元，显示出向海洋方向的进积特点。物质供应主要来自于中生代花岗岩的剥蚀产物以及晚更新世低海平面时的大陆架堆沙。海岸沙坝一般由细-中粒的长石-石英质沉积组成，沙坝后缘可发育潟湖，但有很多潟湖现已干涸成为干潟湖。

海南岛西部以河口三角洲平原、沙坝-潟湖、沙丘和火山岩海岸为特点。火山岩海岸主要发育在儋州市和临高县，绝大部分由熔岩流构成，少量由火山碎屑岩构成。在海浪作用下，海蚀地貌普遍发育，有熔岩岬角、海蚀柱、海蚀崖、海蚀穴和熔岩砾石滩等。

三、富饶的资源、文化、历史遗迹与南海开发战略基地

海南省位于中国大陆的南端，北靠粤港澳深珠形成的华南经济圈外缘要地，南临东南亚地区，其所属的海域与越南、印度尼西亚、菲律宾、马来西亚、新加坡、柬埔寨和泰国等七国接壤。海南省向东北穿过台湾海峡等直抵西太平洋环形经济区的北部，向东经巴士海峡等与太平洋沟通，东南经苏禄海峡等可达大洋洲，西南经马六甲海峡与印度洋相通。便利的海上交通使海南成为"外引内联"的理想结合点。作为祖国南大门的海南省，在维护国家主权和海洋权益方面具有特殊作用。

作为全国最大的经济特区，目前海南面临新一轮的发展机遇：中国—东盟自由贸易区的建立、东南亚区域经济一体化发展为海南经济发展提供了广阔的市场；"9+2"泛珠三角经济圈的提出为海南融入珠三角经济区提供新的契机；台湾和大陆政治局面的缓和，为海南与台湾开展生态热带农业的合作和产业转移提供了美好的前景；洋浦保税港区的建立，将极大地促进海南岛建立现代港口工业和发展港口物流业；博鳌亚洲论坛则为海南走向世界提供了一个展示平台。海南今后的发展目标是成为南海开发的战略基地，并朝自由贸易区方向发展。

（一）富饶的资源

海南岛的资源十分丰富，海洋资源和热带资源以及在很大程度上从属于上述两者或由它们而派生的旅游资源，在我国以至在较大的国际范围内具有特殊的优势。

1. 港口资源优势

海南岛海岸线长 1618km，海岸线系数为 0.0477；环本岛港湾 84 个，可开发的有 68 个；洋浦、海口、清澜、新村、三亚和八所等港湾面积较大、海水较深、腹地较广阔，适合建设港口。海南岛港口资源类型多样，主要有海口港、洋浦港、三亚港和八所港等。洋浦湾深槽深 10～23m、宽 500～800m，天然掩护好，巨大纳潮流维持深槽不淤，可发展为海南岛最大的深水港（王颖等，1998）。琼州海峡沿岸港湾还有为数众多的优良港址，水深条件好、波浪作用较弱，一些港湾如东水港还有可能辟为受掩护的深水泊位的条件。海南现有大小港口 24 个，万吨级泊位由 1987 年的 3 个增加到 2007 年的 31 个。

2. 矿产资源优势

海南矿产资源种类较多，已探明具有一定开发利用价值的矿产 57 种；探明有各级储量规模的矿床 126 个（含大型地下水源地 6 处）。在国内占有重要位置的优势矿产主要有石英砂、天然气、钛铁矿、锆英石、蓝宝石、水晶、三水型铝土、油页岩、化肥灰岩、沸石等 10 多种。其中，石碌铁矿探明储量 3×10^8 t，约占全国富铁矿储量的 70%，平均品位 51.2%，最高 69%，是国内优质大矿之一；钛矿储量 900×10^4 t，占全国的 70%；锆英石储量 176.8×10^4 t，占全国的 67%。

石油天然气储量大，先后圈定了北部湾、莺歌海、琼东南3个大型含油气盆地，总面积约 $18.5 \times 10^4 km^2$，其中，对油气勘探有利的远景面积约 $13.6 \times 10^4 km^2$。北部湾盆地探明石油储量 $1.14 \times 10^8 t$，莺-琼盆地探明天然气储量 $2645 \times 10^8 m^3$。目前这些盆地的石油、天然气探明率非常低，仍有很大的勘探前景。

海南岛盐业资源丰富，莺歌海、东方、榆亚为海南三大盐场。现有盐田面积约 $38.67 km^2$（2004年），主要盐产品有日晒优质盐和日晒细粉、粉洗精制盐等，产量为 $8.54 \times 10^4 t$，占全国海盐总产量3.7‰，制盐从业人员1592人，实现产值 2663×10^4 元。西部干旱少雨，晒盐条件好，海南第一、第二大盐场均分布在西海岸。

3. 生态资源优势

海南省现有天然林 $61.3 \times 10^4 hm^2$，全省森林覆盖率51.5%，是名副其实的绿岛。现有自然保护区72个，面积 $268.5 \times 10^4 hm^2$，其中有8个国家级自然保护区，霸王岭、尖峰岭、五指山和铜鼓岭国家级自然保护区内保留有完整的原始热带雨林、季雨（矮）林，热带物种种群资源极为丰富。为了保护海南岛的物种资源，已经建立了若干野生动物自然保护区和驯养场，其中包括昌江县霸王岭黑冠长臂猿保护区、东方市大田坡鹿保护区、万宁市大洲岛金丝燕保护区和陵水县南湾半岛猕猴保护区等。此外，海南省海洋面积大，海域内珊瑚礁、红树林、海草床等海洋生态系统发育完整。海南岛珊瑚礁岸线约200km，岸礁生长带宽达1500～2000m，三亚湾及亚龙湾周围 $8500 hm^2$ 区域划为国家级自然保护区。西、南、中沙群岛的岛礁绝大多数由珊瑚礁构成，珊瑚礁生物十分丰富。全岛现有红树植物16科32种，占我国红树种类的90%以上，其中有8种是海南独有的珍贵树种，红树林面积约 $42.74 km^2$。海南东北部东寨港现已划为红树林自然保护区。

4. 旅游资源优势

海洋旅游和热带旅游资源构成了海南岛的旅游资源优势。长达1000km余的沙质海岸，组成千姿百态多种类型的"三S黄金海岸"。热带气候、明媚阳光和优美的生态环境，使海南岛成为避寒和冬泳胜地。名山、幽谷、火山、河流、温泉、水库、潟湖、大海、岛礁及名目繁多的各类自然保护区、各种珍禽异兽，海上森林红树林和珊瑚礁，与特殊的民族风情习俗及名胜古迹，组合成众多的各具特色的多彩多姿的景点，并可串联组合成各类引人入胜的旅游线路，使全岛到处都是流连忘返的胜地。目前，海南岛有风景名胜资源241处，已开发为旅游点的123处，其中有83处分布在海岸带地区，占已开发景点总数的67%，发展热带滨海和海岛休闲度假旅游潜力巨大。2004年海南岛实现旅游收入 70×10^8 元，占全国旅游总收入的2%，旅游已成为海南的重要支柱产业。

5. 水产资源优势

海南岛水产资源包括海洋捕捞和养殖两个方面，有昌化、清澜、三亚、中沙、西沙和南沙六大渔场。可供捕捞的近海渔业资源600多种，其中经济价值较高的40多种。西、南、中沙海域有鱼类1000多种，其中具有较高经济价值的80多种。2004年海产

品总产量 115×10^4t，其中海洋捕捞量 99×10^4t，海水养殖面积 1.77×10^4hm²，海水养殖产量 16×10^4t。由于目前海洋捕捞和海洋养殖主要集中于近海海域，对近海海域的渔业资源和海洋环境构成了巨大的压力；而海南省所属南海海域面积达 200×10^4km²，海洋渔业资源潜力巨大，是海南岛未来海洋捕捞业发展的方向。

6. 土地与热带作物资源优势

海南岛是我国最大的"热带宝地"，占全国热带土地面积的 42.5%。土地总面积 353.54×10^4hm²，其中耕地 41.78×10^4hm²，人口 817.83×10^4（2004），平均每人 1.31 亩，比 1970 年的人均 1.57 亩有所减少，处于全国中等水平。80 年代以后海南省耕地面积逐年减少，20 多年来减少耕地 2.82×10^4hm²。

海南光、热、水条件优越，宜发展热带作物和做"大温室"，种植各种经济用材林、柴薪林和经济果林及药物、橡胶、繁殖种子、反季节瓜、豆、菜等。2004 年海南省橡胶种植面积 39.13×10^4hm²，产干胶片 32.98t，占全国总产量 57.4%；椰子收获面积 2.4×10^4hm²，共产椰子 2.42×10^8 个；腰果产量 616t；香料作物 544t。2004 年农业产值 170.9×10^8 元，其中蔬菜园艺产值 64.1×10^8 元，水果、坚果、饮料和香料作物产值 53.5×10^8 元。

（二）历史、文化

海南古称珠崖、琼州、琼崖。西汉时期已置珠崖郡和儋耳郡；唐末设置琼州、崖州、振州、儋州、万安州等 5 州 22 县；明初改元代建置琼州乾宁抚司为琼州府，下辖全岛 3 州 13 县；民国初年改为广东琼崖道，后废道划为特别行政区；1949 年 4 月成立海南特别长官公署，为副省级政府；1950 年 4 月 30 日全岛解放，5 月 1 日设海南行政公署，隶属广东省；1984 年 5 月成立海南行政区人民代表大会及人民政府，一级地方国家行政机关；1988 年 4 月成立海南省人民政府，同期建立中国最大的经济特区。

海南最早的居民为新石器时代早期从大陆移入岛内的黎族先民。此后从秦汉到明先后有大批的中原移民进入岛内，带去中原先进文化和技术，促进了海南岛的开发。但由于海南岛远离封建王朝的中心，在统治阶级眼里长期被视为蛮夷之地，成为众多仕途失意的封建文人和官吏的流放之地。而恰恰是这些流放的官吏、文人为海南带去中原的先进知识，促进了海南的进步。具有重要历史意义的古迹有五公祠、苏东坡居琼遗址、东坡书院、琼台书院、丘浚（明代名臣）之墓、海瑞（明代大清官）之墓、汉马伏波井，还有崖州古城、韦氏祠堂、文昌阁等。近代革命纪念地有琼崖纵队司令部旧址、嘉积镇红色娘子军纪念塑像、金牛岭烈士陵园、白沙起义纪念馆、宋氏祖居及宋庆龄陈列馆等。

海南是一个多民族的省份，除汉族外，世居海南岛的少数民族有黎族、苗族、回族。各少数民族至今保留着许多质朴敦厚的民风民俗和独特的生活习惯，使海南的社会风貌显得丰富多彩。海南是我国唯一的黎族聚居区，黎族特色的民族文化和风情具有独特的旅游观光价值。

（三）南海开发的战略基地、面向亚洲和台湾的自由贸易区

海南省从 1988 年开始兴办经济特区，经过 20 年的努力，特区建设取得一定的成绩。但是它的发展速度没有其他特区快，发展水平仍然属于全国欠发达地区。海南经济要实现重大跨越，对内应该利用海南独特的资源优势，"以海带陆、以海兴琼"，争取成为我国南海开发的战略基地；对外应从经济特区模式转向自由贸易区模式，主动面向亚洲和台湾地区，在中国—东盟自由贸易区中发挥积极作用。

南海开发对于解决我国能源出路、保护海上能源大动脉以及维护国家海洋领土权益具有重要的战略意义。海南距南海大部分区域最近，在行政上管辖南海约 2/3 的面积，区位优势独特，是开发南海资源的最好依托，应成为我国挺进南海进行油气综合开发的后方战略基地。通过后、中、前方三级基地的建设，缩短我国大陆与南沙的距离，推进南海开发的进程。海南要成为南海开发的战略基地，必须具备开发海洋资源的设备、技术及后勤服务供应系统，接纳、转运和开采加工海洋资源的系统，以及保护和管理海洋资源的机构和手段，因此海南必须大力发展以海洋石油加工为主的重化工业系统，以石油储备为主的国家战略储备系统，以海运为骨干的交通系统。

南海问题错综复杂，又极其敏感，既涉及经济问题，又涉及政治问题、军事问题和法理问题，未来南海形势不容乐观。因此还应将海南岛作为南海问题的研究基地，加强海洋国际法的研究，为推动南海开发和稳妥处理南海问题提供法理支持。

海南作为我国最大的经济特区，自成立以来积累了 20 多年的经验，海南有条件在实施自由贸易区上进行先行试点，为我国加入 WTO 之后进一步提高对外开放水平提供新经验。海南岛的发展模式，从经济特区到自由贸易区，既是一种合理演变，又是一次重大跨越。目前，海南自由贸易区应以洋浦保税港区建设作为起点，逐步扩大开放范围，推动区域开放。洋浦港作为华南唯一的保税港区，应主动配合南海开发和海南省自由贸易区战略，建设成为我国第一个以油气储备和加工为主的自由工业港区。洋浦保税港区的建设将对南海发展起到辐射带动作用，将极大改变海南改革开放的形象，促进海南经济的快速增长。同时，逐步实施更加开放的投资、贸易、购物政策，实现海南服务经济的全面开放。在此基础上，逐步在海南建立自由贸易区，为我国实施自由贸易区战略、加强双边多边经贸合作探索新经验。

海南地处国际航运主航道上，是我国面对东南亚的最前沿、中国—东盟自由贸易区的桥头堡，海南自由贸易区的一系列自由贸易政策、自由投资政策、自由旅游和购物政策，将为亚洲国家提供包括进出口零关税、免交企业所得税、信息化落地签证和免交消费税在内的多项优惠服务，吸引亚洲和台湾高科技产业向海南转移，同时为探索亚洲区域经济一体化做出贡献。

第四节　南海诸岛

南海诸岛指华南大陆架以南属于我国的岛屿、沙洲、暗礁和岸滩等。北起北纬 21°06′的北卫滩，南至北纬 3°58′的曾母暗沙；西起东经 109°36′的万安滩，东至东经 117°50′的海

马滩。可分成四群，即东沙群岛、西沙群岛、中沙群岛和南沙群岛。其中每一群岛又由岛、沙洲、暗礁、暗沙、暗滩、石（岩）及水道（门）等组成。据1983年中国地名委员会公布的《我国南海诸岛部分标准地名》，目前南海诸岛共定名群岛16座，岛屿35座（珊瑚岛34座，火山岛1座），沙洲13座，暗礁113座，暗沙60座，暗滩31座，石（岩）6座，水道（门）13座，总计共287座。

一、岛礁自然特征、分布与战略地位

（一）岛礁自然特征

南海诸岛除个别火山岛（如高尖石）外，都是珊瑚礁群岛，依高低深浅，珊瑚礁可分为五类。经常露出海面的是岛和沙洲（成陆不久，几乎没有天然植被）；涨潮淹没，退潮浮露的是暗礁；经常淹没水下的是暗沙和暗滩（淹没较深，表面呈宽广平坦的台状）。我国渔民分别称为峙（岛）、峙仔（沙洲）、线或沙（礁）、沙排（暗沙）和廊（暗滩）。南海诸岛没有岸礁和堡礁，大都是环礁，少数小环礁潟湖干涸而发育成台礁（桌礁），岛和沙洲发育在环礁边缘或台礁上。有些暗沙（如榆亚暗沙）和暗滩（如南薇滩）实际上是被淹没的大、中环礁。

岛和沙洲以小、低、平为特点，面积 $1.5\sim2.0\mathrm{km}^2$ 的只有3座：东沙岛、永兴岛和东岛。中建岛面积为 $0.85\mathrm{km}^2$。南沙群岛最大的太平岛，面积只有 $0.432\mathrm{km}^2$。岛、洲海拔一般为 $1\sim9\mathrm{m}$，最高是西沙群岛的石岛，不过 $15.9\mathrm{m}$。南沙群岛最高的鸿庥岛，海拔只有 $6\mathrm{m}$。岛、洲的总面积，整个南海诸岛约 $12\mathrm{km}^2$，其中西沙群岛约 $8\mathrm{km}^2$，东沙和南沙群岛各约 $2\mathrm{km}^2$，中沙群岛几乎都淹没在水下。

南海诸岛珊瑚礁绝大部分分布在大陆坡（如东沙群岛在东沙台阶上，中沙群岛的主体和西沙群岛在西沙—中沙台阶上，南沙群岛的主体在南沙台阶上），也有小部分分布在南部大陆架上（如南沙群岛南部的南屏礁和暗沙群，即北康暗沙、南康暗沙和曾母暗沙等），个别分布在植根于深海盆的海山上（如黄岩岛）。

岛和沙洲等陆地面积很小，只占南海诸岛海区面积的十几万分之一。

1. 东沙群岛

东沙群岛是南海诸岛中位置最北、范围最小、基座最浅的一组群岛，它位于南海东北部 $20°33'\sim21°35'\mathrm{N}$，$115°43'\sim117°7'\mathrm{E}$ 的范围内。北距汕头只有 $140\mathrm{nmile}$，西北距珠江口 $170\mathrm{nmile}$，是南海诸岛中最靠近大陆的群岛。东沙群岛是在大陆坡上形成的珊瑚岛礁。这里大陆坡呈水下高原地形，平面呈三角形，突出于大陆架前。大陆坡上有一组相互交汇的 NE—SW 向和 NW—SE 向的断裂，东沙正位于断裂交汇地。沿断裂产生的火山，成为东沙群岛发育的基础。东沙群岛由二滩一礁一岛组成。二滩是指南卫滩和北卫滩，一礁是指东沙环礁，一岛指东沙岛。此外，在东沙群岛附近海区还有不少暗沙和暗礁。

东沙岛（$20°42'20''\mathrm{N}$，$116°43'\mathrm{E}$）是南海诸岛中面积第二大的岛屿，仅次于西沙永兴岛，长约 $2.8\mathrm{km}$，宽 $0.8\mathrm{km}$，面积 $1.8\mathrm{km}^2$（包括1965年填平的潟湖面积）。1935年

正式公布为东沙岛，沿用至今。东沙岛自西北向东南延伸呈碟形，由珊瑚礁及碎屑物所构成。整个岛屿四周高中间低，四周为台风巨浪堆积的珊瑚等生物碎屑沙，呈沙堤环绕中部低地。中部低地积水成潟湖，湖深 1～1.5m。1965 年 7 月扩建东沙岛时，潟湖被填平，北面沙堤上修建了机场，使岛屿面积扩大。东沙岛目前由中国台湾守军驻守。

2. 中沙群岛

北起宪法暗沙（16°19′N，116°41′E）南至中南暗沙（13°57′N，115°24′E），东起黄岩岛（15°08′N，117°45′E），西至中沙环礁的排洪滩（15°38′N，113°43′E）。1935 年公布名称为中沙群岛，1947 年和 1983 年公布名称为 Macclesfield Bank。包括两个环礁，即中沙环礁和黄岩环礁，孤立的宪法暗沙和中南暗沙也划归此区域内。

中沙环礁耸立在中央深海盆西面的陆地台阶上，东临水深 4000m 的中央深海盆，西临水深 2500m 的中沙海槽。中沙环礁为一典型水下大陆坡环礁地形，全部礁体都在海面以下。黄岩环礁位于中央海盆中部东西海山带中，是我国唯一的大洋环礁，是在 3500m 海盆深处喷发的火山上形成的环礁。外形为三角形，周长 55km，腰长 15km，面积达 150km^2（包括潟湖面积）（曾昭璇等，1997）。

3. 西沙群岛

分布在 15°47′～17°08′N，111°10′～112°55′E 之间，长约 250km，宽约 150km。1935 年、1947 年和 1983 年公布名称均为 Paracel Islandsand Reefs。海底地形为南海北部大陆坡的西沙台阶，是一个水深 1500～2000m 的海底高原。以永兴岛为中心，主要集中为两群：东面的叫宣德群岛，主要由七个岛组成，所以又叫"东七岛"；西面的叫永乐群岛，主要由八个较大的岛组成，所以又叫"西八岛"。渔民称为"东七西八的西沙群岛"。西沙群岛在我国南海诸岛中拥有岛屿面积最大（永兴岛面积 1.8km^2），海拔最高（石岛 15.9m），且有唯一胶结成岩的岩石岛（石岛晚更新世沙丘岩）和唯一非生物成因岛屿（高尖石），且陆地面积最大 7.86km^2。

永兴岛是我国南海诸岛中面积最大的岛屿，位于 16°50′2″N，112°20′30″E。1935 年公布名称为茂林岛，1947 年公布为永兴岛，沿用至今。英文名为 Woody Island。又名"林岛"，因岛上林木深密得名。永兴岛得名于 1946 年 11 月 29 日我国接收西沙群岛的军舰的名字。永兴岛地势平坦，平均高约 5m。四周为沙堤包围，中间较低，是次成潟湖干涸后形成的洼地。永兴岛地形上一大特点为岛屿面积占礁盘面积很多，达 1/3。永兴岛为一未胶结沙岛，礁盘年龄为 1750±90 年（陈俊仁，1978）。岛中部的干涸潟湖有多口水井，水色黄褐，含硫酸镁，不可饮用，可做洗涤用。岛上野生植物有 148 种，占西沙群岛野生植物总数的 89%。鸟粪层估计有 10×10^{4}t（松散层与块状层）。

4. 南沙群岛

地理坐标为 3°58′～11°55′N，109°44′～117°50′E。南沙群岛东为海马滩（10°43′～10°51′N，117°44′～117°50′E），西为万安滩（7°28′N，109°44′E），南为曾母暗沙（3°58′N，112°17′E），北为雄南礁（11°55′N，116°47′E）。1937 年称南沙群岛为"团沙群岛"。1947 年正式命名为"南沙群岛"。1983 年中国政府又一次公布了包括南沙群岛

在内的南海诸岛、礁、沙、滩、洲的名称。南沙群岛东西长约 905km，南北宽约 887km，面积约为 82.3×10⁴km²。最高岛屿海拔 6.0m（鸿庥岛）。最大岛屿面积 0.432km²（太平岛）。

永暑礁是南沙群岛的重要岛屿，地处太平岛与南威岛中间（9°31′～9°42′N，112°52′～113°4′E）。1935 年公布为十字火礁或西北调查礁，1947 年公布为永暑礁。渔民习惯称为"上戊"，上涌之意。英文名为 Fiery Cross 或称 N. W. Investigator Reef。永暑环礁平面上呈长纺锤形，长轴呈 NE—SW 走向，长约 25.9km，宽约 7.75km，礁盘面积 108km²，潟湖在中部，水深 5～11m。1988 年联合国委托我国设立的海洋气象观察站建于此礁（曾昭璇等，1997）。

（二）岛礁的战略地位

岛礁事关国家主权，具有非常重要的战略地位。根据 1994 年生效的《联合国海洋法公约》规定，每一个小岛都拥有自己的 12nmile 领海、24nmile 毗连区，以及 200nmile 的专属经济区和大陆架。因而岛屿的作用显得尤其重要，即使是看上去没有实际利用价值的岛礁，也变得重要起来，致使岛屿的争夺白热化。公约对客观存在的"历史性水域"、"历史性权利"未能做出十分明确的规定，必然带来矛盾和冲突。另外，按现行国际法要求，领土主权的取得需要持续、有效的占领，南沙群岛特殊的地质状况（岛屿面积小、海拔低，高潮时几乎被淹没，少数几个岛屿有淡水），使任何一个声称拥有主权的国家难以对其维持持续、有效的占领，因而在实践和法律上极易给其他国家挑战南沙主权提供可能。20 世纪 70 年代以前，只有我国台湾不间断地占有面积最大、生存环境最好的太平岛，其他没有哪个国家连续的占有过南沙其他岛礁。只是在 70 年代以后，各国才纷纷强化对南沙岛礁的占领，南沙的许多岛礁处于开放和半开放状态。中国的海军力量鞭长莫及，周边国家经常到这些岛礁上去升旗立碑，挑战中国主权。

南海岛礁由于其特殊的地理位置和地缘环境，具有重要的战略地位。南沙群岛所处的南海位于太平洋和印度洋之间，是沟通中国与世界各地的一条重要通道，是太平洋通往印度洋的海上走廊，基本上所有通过南海的空中和海上航线都要通过南沙群岛。从理论上讲，占领了这些岛屿就等于直接或间接控制了从马六甲海峡到日本，从新加坡到香港，从广东到马尼拉，甚至从东亚到西亚、非洲和欧洲的大多数海上通道。南沙争端表面上是越南、菲律宾、马来西亚、文莱等国对中国南沙权益的侵犯，实际上重要原因之一是这些岛礁及其周围海域拥有的实际和潜在资源。除了丰富的渔业资源、珊瑚石灰、硅酸盐含量很高的沙石以及珊瑚和天然珍珠等以外，最重要的资源是极其丰富的海底石油。根据现在的估计，南沙海域可供开采的石油相当于全球的 12%。目前，越南、马来西亚、印度尼西亚、文莱、菲律宾等国家已在南海中南部的万安、曾母、北康、文莱-沙巴、西北巴拉望、礼乐等 6 个盆地发现油气田 238 个，其中我国传统海疆内 105 个，占 44%。共获可采储量 47×10⁸t 油当量，其中，我国传统海疆内 27×10⁸t，占 58%。已累计产出 8.9×10⁸t 油当量，其中，我国传统海疆内 3.6×10⁸t，占 40%。周边国家每年在南海南部油气年产量达 5000×10⁴t 油当量。所以，南沙争端在很大程度上是资源之争。

在引发南沙争端的诸多因素中，除了南海周边各国的因素以外，还包括地区外资本主义国家的殖民主义侵略和大国争霸。目前区域外势力特别是美、日等国插手南海争端的倾向越来越明显。南海争端牵涉到中国、越南、菲律宾、印度尼西亚、文莱、马来西亚及我国台湾等六国七方，美国、日本等地区外大国的介入，使南海争端成为世界上最复杂和涉及国家最多的争端之一，南海局势的发展正呈现复杂化的趋势。但是中国捍卫南海主权的决心没有变，中国有充分的历史和法理依据，证明中国对南沙群岛拥有领土主权，也有足够的理由采取任何行动以捍卫中国南海主权。中国政府出于睦邻友好、营造周边安全环境考虑，为消除地区紧张局势，致力于发展与周边各国的友好合作关系，主动提出"搁置争议，共同开发"的主张。目前，中国与东盟签署了《南海各方行为宣言》、《非传统安全领域合作宣言》以及《东南亚友好合作条约》。中国正在为和平解决南海争端采取建设性措施，中国以负责任的大国方式行事来求得和平、发展、共赢，通过搭建利益共享平台来缔造共同安全以实现可持续发展，在区域一体化和经济全球化时代为人类文明和世界和平做出贡献。

二、珊瑚礁生态系统

南海诸岛地处热带，具有热带海洋和陆地生态系统，大致由深海中、下层生态系统、深海上层生态系统、珊瑚礁区生态系统和珊瑚岛生态系统等组成。

（一）深海中、下层生态系统

海深300m以下的深海主要分布在西沙群岛、南沙群岛和中沙群岛一带，实测最深为4577m。深海中、下层相对低温（12～2.3℃），属高盐（34.4～34.7）、低氧（1.0～2.5ml/L）、高压和黑暗区。底栖生物和浮游生物不多，且自中层往下层减少。已采集到的鹦鹉螺（空壳）是深海底栖贝类，为深海远洋性的软体动物。它白天沉在水深400m以下的海底，晚上浮出海面觅食。还采集到一些深海浮游虾类和深海鱼类。

深海浮游生物的生态特点是透明（或红色）发光。已知深海鱼类有227种，52科14目。主要有：钻光鱼科、灯笼鱼科、珠目鱼科、孔头鲷科、褶胸鱼科、鲛鳒科、角鲛鳒科等种类。这里的鱼体小，大都圆长，颜色深，口大，眼或大或退化，鱼体有发光器，肉食，有的能吃比自己大的猎物。少数种类（如灯笼鱼）能浮到上层活动。常在上层捕到的大型深海鱼类是帆蜥鱼，体长一般为42～150cm，重2～4.5kg，最长可达3m，原生活在1500～3000m深水层。

（二）深海上层的生态系统

深海上层为南海表层水团和冷表层水团（亚热带下层水）。表层水（0～90m）高温（变化于22～30℃）、高氧（4.0～5.0ml/L）、低盐（32.5～34.5）。次表层（90～300m），温度（12～24℃）和溶解氧（3.2～4.0ml/L）相对较低，高盐（34.5～35.0），并出现盐度极大值，温跃层强。

阳光为浮游植物进行光合作用和制造叶绿素提供了必要的条件。据 1974～1975 年的调查，西沙、中沙海域已知有浮游植物 252 种，其中硅藻最多（54 属 161 种），甲藻次之（14 属 85 种），还有黄藻、蓝藻（郭玉洁，1978）。中沙群岛黄岩岛 0～30m 水层，6 月盐度小于 33.9，浮游植物数量较高，达 8×10^4 个/m³，但 10 月受高盐水影响，却成为浮游植物的疏区。30m 以深，盐度增高，光照转弱，浮游植物随之减少。

浮游生物是鱼类的饵料，浮游植物属海洋初级生产力，浮游动物属海洋次级生产力。南海中部浮游生物量少，浮游动物生物量为 20～60mg/m³，群落由桡足类（如长真哲水蚤、乳点水蚤、钳形波水蚤等）、毛颚类（如肥胖箭虫、太平洋箭虫等）、端足类、磷虾类等 10～12 种类组成。与东海、黄海主要由 2～3 种优势种组成的不同，且个体较小，数量季节变化也小，没有显著的峰期。不像南海北部的单峰，大、小月相差 2～5 倍；也没有东海、黄海的双峰，大小差 10～30 倍。这些，显示热带浮游生物群落的特征。

深海上层鱼类与中、下层鱼类迥然不同。它们是大洋洄游性鱼类，有旗鱼科、箭鱼科、鲭科（金枪鱼、鲣鱼、鲔鱼、鲅鱼）、真鲨科、皱唇鲨科、双髻鲨科和飞鱼科等种类，多数是凶猛肉食性的大型鱼类。如白枪鱼（白皮旗鱼，长 2～3m，重 50～200kg，最长可达 4m，重 560kg 以上），大青鲨（锯峰齿鲨）重 100～200kg，一般长 2～3m，最长可达 7m 以上，追捕吞食鱼类，如头足类和大型甲壳类动物，并常捕食受伤漂游的鱼类及其他动物，有"海洋清道夫"之称。大洋洄游性鱼类多呈纺锤形，有的很像炮弹，故渔民称鲔鱼和鲣鱼为"炮弹鱼"。由于鱼体呈流线型，游泳时阻力小，敏捷灵活。旗鱼和箭鱼游泳迅猛，每小时达几十海里，其头部有矛状突出，可以刺杀猎物，有时能刺穿木渔船的船板。

大型金枪鱼类主要有黄鳍金枪鱼（重 30～90kg）、强壮金枪鱼（重 50～150kg）。强壮金枪鱼一般洄游于 20～120m 水层，最深可达 250m 水层，是垂直分布最深的金枪鱼类。

少数上层鱼类能游至中层捕食深海鱼类。多数大洋洄游性鱼类游至珊瑚礁区或大陆架追逐鱼群。在深海上层游泳的动物还有头足类软体动物和爬行动物（海龟），偶见有海兽（鲸鱼、海豚）。

（三）珊瑚礁区生态系统

南海诸岛有大、中、小型环礁和台礁约 50 余座，暗沙和暗滩共 90 余座，它们彼此大都被深海隔开，环礁礁湖和礁盘斜坡都是海洋生物繁殖活动的场所，海洋生物均较丰富。在有岛屿的礁，浮游植物较密集，如东岛、永兴岛达 1×10^4～1×10^5 个/m³，没有岛屿的环礁较少，如北礁、华光礁和浪花礁为 2×10^3 个/m³（1974 年）。中沙群岛比微暗沙南坡由于上升流的影响，达 26×10^4 个/m³（1975 年 3～4 月，各站数值均较 1974 年高数十倍）。除浮硅藻、甲藻外，还有多种底栖海藻，常见的有绿藻门的蕨藻、网球藻、法囊藻、仙掌藻，褐藻门的马尾藻、喇叭藻、团扇藻，红藻门的粉枝藻、乳节藻、麒麟菜（盛产于西沙）和海人草（东沙特产）。浮游动物的生物量较深海上层为高，东岛附近为 87mg/m³，主要由桡足类和毛颚类等 10～12 个种类组成。在曾母暗沙海区则由 4～9 个优势种组成。

珊瑚礁鱼类在 500 种以上，典型的是隆头鱼科、雀鲷科、蝴蝶鱼科、鹦咀鱼科、海鳝科、刺尾鱼科、笛鲷科以及鳚腮科、虾虎鱼科、鳞鲀科、鲉科等种类。典型的底栖鱼类隐埋在泥沙中，极少活动，如深虾虎鱼、凹吻鲆、豹鲆、毒鲉、蓑鲉等。近底层鱼类游泳活泼，大都是体形侧扁、色彩鲜艳、花纹美丽的小型鱼类，如黑色的雀鲷、黑白相间的宅泥鱼、蓝的豆娘鱼和红色的双锯鱼等雀鲷科鱼类，有如"海中麻雀"，一遇敌害，便敏捷地钻入珊瑚缝隙中，难见踪迹。黄色、褐色、灰色、黄蓝相间的蝴蝶鱼，在珊瑚丛中翩翩起舞，有如陆上花丛中的蝴蝶。还有棘鞭鱼、海猪鱼、尖嘴鱼、锦鱼、镰鱼、刺尾鱼、盾尾鱼、鸥嘴鱼等活泼游动于珊瑚丛中。它们与花纹美丽、形态多样、种类繁多的底栖贝类和棘皮动物（海参、海胆、海星等），组成五彩缤纷，斑驳陆离的"海底公园"。

潜伏或隐居在礁洞、瓯穴和石块下的鱼类有：海鳝、裸胸鳝、鳂、锯鳞鱼、天竺鲷、孔棘鲈、石斑鱼、鳞鲀等凶残性肉食鱼类，在缝隙中还有龙虾、玳瑁以及一些贝类和棘皮动物。既有弱肉强食现象，也有共生现象，如双锯鱼与海葵共生，隐鱼（潜鱼）与海参共生。

珊瑚礁中上层有活动能力强的鱼类，如活动范围不超出礁盘的有条纹刺尾鱼、栅纹眶棘鲈、豆斑鱼的某些种类。以礁盘为基地，作短距离洄游的有梅鲷、笛鲷、石斑鱼、裸颊鲷、鹦嘴鱼、颚针鱼、鱵鱼、银汉鱼等。其中，金带梅鲷和条纹刺尾鱼一出现，常布满一大片海面。

（四）珊瑚岛生态系统

除高尖石火山岛外，南海诸岛都是生物礁。生物（珊瑚、贝类、鸟类、鱼类）在土壤的成土过程中起着决定性作用。成土母质主要是珊瑚贝壳砂，它们在海洋中富集了钙质，而富集磷质的鸟粪和鱼类遗骸参与了成土过程，形成磷质石灰土。这里没有富含铁、铝的热带红壤和砖红壤。

在热带季风气候的控制下，南海诸岛在磷质石灰土上发育了特有的珊瑚礁植被，植物种类不多。维管束植物共有 291 种，分属于 78 个科，198 个属（钟义，1989）。植物多有喜光、耐旱、抗风、耐盐、喜钙、嗜氮和相对浅根等特征。这里没有高大多层、深根的热带季雨林，不见板根、茎花和绞杀现象。因为潮间带缺乏黏土，故没有热带红树林。由于土壤缺乏某些微量元素，有些植物叶面出现失绿现象。

在岛屿成陆过程中，植物由无到有，由少到多，现大都有灌丛草地。少数礁湖边缘沼泽有盐生肉质的海马齿群丛。种类丰富的热带草本群落在各岛片断分布：海岸前沿有固沙保土的刍蕾草、盐地鼠尾粟、沟叶结缕草群丛，沙堤上有厚藤、海刀豆群丛，沙堤内侧有纤毛画眉草、羽芒菊、马齿苋群丛。它们是常绿灌木群落的先期植被。热带常绿灌木群落大都由中型或小型的肉质叶植物组成，极少具刺种类或落叶种类，以草海桐群丛（羊角树）为主，银毛树群丛、水芫花群丛、许树群丛、南蛇簕群丛、伞序臭黄荆丛次之。水芫花群丛是罕见的岩生灌木植被。具有乔木、灌木和草被三层的珊瑚岛常绿木是南海诸岛目前发展得最高级的植被。在岛上某一地段，曾出现单优势的群丛：①白避霜花（麻枫桐）群丛，成片分布于永兴岛和东岛，片断分布于金银岛、琛航岛。②海岸桐（黑皮树）群丛，分布于金银岛和甘泉岛的沙堤上。③橙花破布木群丛，分布于太平岛。

　　岛上植物具有抗旱的生态特征，以适应干湿交替的热带季风气候。有的长出肉质茎叶，以控制旱季失水，有的叶面长蜡质或绒毛，以减少蒸腾作用，有的树干里贮水薄壁细胞发达，具有显著的髓部，因而枝干脆弱易折。如白避露花、海岸桐和橙花破布木。

　　岛上的植被提供了鸟类栖息和繁殖的场所。南海诸岛曾被称为"鸟天下"。这里先后发现鸟类 70 多种，可分为留鸟、冬候鸟和夏候鸟三类群。留鸟有红脚鲣鸟、白腹褐色鲣鸟、军舰鸟、暗绿绣眼鸟、普通燕鸻、白胸苦恶鸟、普通夜鹰等。大多数海鸟以鱼、鱿鱼为食，在岛上留下鸟粪以及鱼类遗骸，它们和珊瑚贝壳砂及植物枯枝落叶参与成土过程，形成富含钙、磷、氨的磷质石灰土，其上覆盖着浅厚不一的鸟粪层，形成鸟类磷矿。在表土下 25cm 以深，出现一特殊的磷质硬盘层，起着巩固岛屿基础的作用。

　　热带珊瑚岛的土壤、植物、鸟类和海上鱼类等及其营养链构成珊瑚岛的生态系统，其中珊瑚和鸟类起着钙、磷等元素的富集和迁移作用。人类的活动对生态系统也有显著的影响。如我国渔民在一些岛上种植椰子、旱粮、蔬菜，并携来了牲畜，为灭鼠而饲养家猫（有的逃逸为野猫），先辈渔民运来的黄牛，在东岛逃逸为野牛。现东岛已辟为自然保护区，保护成片的白避霜花林和海岸桐林，数以千计的鲣鸟和近百头军舰鸟，以及数十头野牛，也保护上岸生蛋的海龟。但是，有些岛礁生态系统没有得到应有的保护，为保持珊瑚岛的生态平衡，有些专家学者提出如下意见：

　　（1）岛上鸟粪不要挖掘外运，要留岛自用，使岛上树木生长茂盛，以防风保土，保护海岛。有适当客土运自大陆和海南岛的红壤、砖红壤性土，逐步消除因岛上土壤缺乏某些微量元素而出现植物的失绿现象。

　　（2）保护珊瑚礁，不要炸珊瑚礁取珊瑚，大力捕捉啃吃珊瑚的鹦嘴鱼、鳞鲀、长棘冠海星，保护法螺（长棘冠海星的天敌）等。

　　（3）禁止炸鱼，要保护稚仔鱼、贝苗、参苗。

　　（4）禁拾鸟蛋、禁挖龟蛋，保护海鸟和海龟。

　　（5）保护岛礁上的森林植被，营造防护林以防风拒浪。

　　（6）选择适当岛礁，建立自然保护区。

三、岛礁历史沿革与海洋疆域

　　南海诸岛自古属中国，古代中国将整个南海称之为"涨海"。涨海这个名称，据《博物志》解释："茹而不吐，满而不溢，故涨之名归之"，将南海岛礁称为涨海崎头，这是自汉至隋唐时期的称呼。宋代由于航海技术的进步和对南海岛礁地貌的进一步了解，"涨海"中的"崎头"渐渐被改称为"石塘"或"长沙"更为贴切的名字。从宋到清，都用"石塘"或"长沙"来指称南海群岛。这里石塘又作千里石塘；长沙又作千里长沙、万里长沙、万里长堤等。上述这些都是中国最先发现并命名南海岛礁的历史明证（韩振华，1996；王英杰，1991）。同时，中国人民长期在南海诸岛航行、贸易、捕鱼，为了打击海盗、走私，保护中国海上商贸利益，早在唐朝时期，国家就将南海诸岛列入行政管辖范围，之后中国在南海地区的开发、经营、管理延续了上千年，从未有过任何争议，国际社会也都认同南海岛礁主权归属中国。但是到了近代，随着南海资源勘探和开发，尤其是石油资源的争夺，加剧了周边国家对南海地区的垂涎，甚至不顾一切武装占领中国固有海疆（潘石英，1996；吕一燃，1997；李金明，2003；吴士存，2005）。研究细数南海诸岛的历史沿革，其本身就是一部证明南海诸岛主权属于中国的历史卷宗。

（一）中国最早发现和命名南海诸岛

西汉武帝统一南越后，设九郡[①]直属中央管辖，使番禺、徐闻、合浦、日南成为南方沿海的主要港口，并开辟了中国大陆经南海至印度半岛的海上丝绸之路。东汉时期，海上丝绸之路进一步发展到阿拉伯地区的红海。

东汉（公元25～220年），杨孚《异物志》，描述当时航行西沙、南沙危险带时称："涨海崎头，水浅而多磁石"。"磁石"形容船只驶至由珊瑚礁组成的岛礁沙洲时极易搁浅，就好像被磁石吸住一般。以《异物志》为证据，可推断中国人最晚在公元1世纪以前就发现南沙群岛。中国边疆考古学者王恒杰1992年在太平岛上发现秦汉米字压印纹硬陶片、东汉五铢钱、宋代青瓷片、明末清初的团凤朵云残片等文物，是能与众多古籍记载相互印证的重要材料（潘石英，1996）。

（二）中国长期管理、开发和经营南海诸岛

南海岛礁自古以来就是中国渔民从事生产活动的重要地区。南海出产的贝壳在古代就被当做货币使用，南海的珊瑚成为汉代宫廷里的时髦摆设。一千多年前的晋代，中国渔民已在南海捕鱼。唐宋以后，南海成为中国对外交流的纽带，亚洲各国使团纷纷前往中国，中国与东南亚一些国家和地区建立了朝贡贸易关系，并在广州、泉州等沿海城市设立了专门管理航海贸易的政府机构市舶司，统一管理类似于近代的一些船舶管理、港务监督、海关税收、外侨管理等。

郑和下西洋（1405～1433年）进一步推动了中国对南海的开发和利用。郑和在航海途中，勘察地形，了解海况，编制海图。这其中流传至今的《郑和航海图》是极其珍贵的历史资料，对南海航行危险区的各群岛、暗礁进行了标绘，图上的石塘即今日西沙群岛，万生石塘屿即今日南沙群岛，石星石塘即今日中沙群岛。郑和还消灭了东南亚地区的海盗，保证了南海海上贸易和海防安全。

除了政府行为以外，明清两代中国渔民前往南沙群岛进行生产活动的人数也日益增加，活动范围不断扩大。明朝时，海南海口港、铺前港和清澜港等地的渔民每年都要前往西沙和南沙群岛进行渔业生产。在长期的航海生产实践中形成了比较固定的航行线路、航行生产作业时间、固定的生产组织形式，发展出适宜航行南沙的实用技术和一套定名系统，对南沙各主要岛礁有了深刻的了解和开发（吴士存，2005）。

民国时期，政府及民间出版了大量地图，都明确的标绘了南海诸岛。1934年12月，中国政府水陆地图审查委员会公布南沙各岛屿中英文岛名。1935年4月中国政府

---

① 九郡为南海（今广东佛山市南海区）、苍梧（今广西苍梧县）、郁林（今广西贵县）、合浦（今广西合浦县）、交趾（今越南北方）、九真（今越南清化）、日南（今越南义安）、珠崖（今海南海口市琼山区）、儋耳（今海南儋州市）

公开出版第一份官方性质的南海专题地图——《中国南海各岛屿图》，图中首次标绘我
国最南端为北纬 3°58′的曾母滩（曾母暗沙）。1947 年南海诸岛接收工作完结后又由内
政部绘制并出版南海诸岛位置图（图 11.12）、西沙群岛图、中沙群岛图、南沙群岛图、

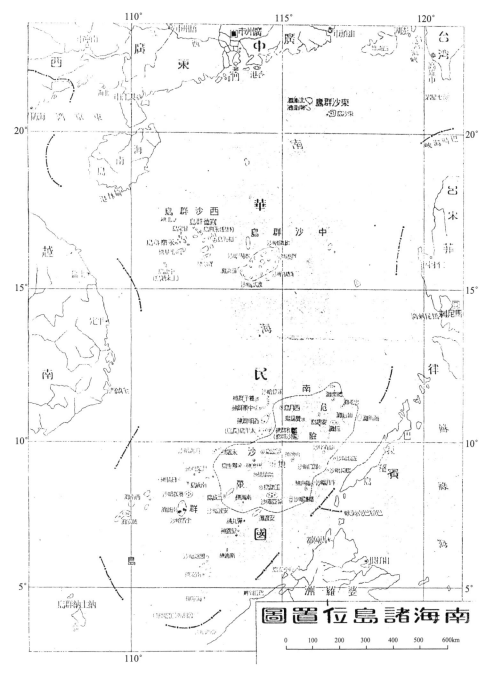

图 11.12　1947 年国民政府内政部制 1∶650 万《南海诸岛位置图》
据南京大学杨怀仁教授提供（杨当年工作于内政部方域司）

永兴岛、石岛图（实测）、太平岛图（实测）等地图，在所出版的《南海诸岛位置图》中标绘一条西起中越边界北仑河口，东至台湾东北共计 11 段线构成的断续线。同时公布南海诸岛新旧名称及中英文对照表，共登记岛屿 31 个，礁、滩、沙洲等 137 个。表中各岛屿、礁滩、沙洲不仅明确标示出汉名、英文对照名和曾用名，而且还说明了相关岛名与中国相关历史事件的关系。此次出版的南海海域地图和岛礁中英文名称对照表是近代史上中国对南海诸岛主权最具有法律性质的主张，此后官方和私人均按此次出版的断续线位置和审定的岛屿名称标绘南海诸岛地图，国际社会从未提出任何异议，并且许多国家出版的地图均据此标绘中国疆界（鞠海龙，2003）。

（三）中国在南海诸岛的主权得到国际承认

中国对南海诸岛的主权得到国际社会普遍承认，在有关国际条约、外交照会、外交声明、各国正式出版的地图、教科书及百科全书中都有明确的记载。中国政府早在 1934 年应国际气象组织要求在西南沙筹建气象观测台，1947 年中国政府公布西沙群岛、南沙群岛测绘图。

涉及南海主权的国际条约主要有《开罗宣言》、《波茨坦公告》和《日华条约》。《开罗宣言》——1943 年 12 月 1 日，中、美、英三国宣布，三大盟国此次战争的宗旨之一在于使日本所窃取于中国之领土，包括满洲、台湾、澎湖列岛等，归还中国。《波茨坦公告》——1945 年 7 月 26 日，中、美、英三国重申："开罗宣言之条件必须实施"。二战期间日本占领南沙、西沙群岛，将其命名为"新南群岛"，划归台湾高雄县管辖。中国政府正是根据《开罗宣言》、《波茨坦公告》的精神，同时，根据日本 1945 年的终战诏书第二条规定："在中华民国（东三省除外）台湾与越南北纬十六度以北地区内之日本全部陆海空军与辅助部队应向蒋委员长投降"，于 1946 年 9 月至 1947 年 3 月收复南海诸岛，完成一系列宣示主权的法律程序。《日华条约》——1952 年，日本与中国台湾当局签订和约，对《旧金山和约》文本不明确的条款，做出了明确的补充。其第二条规定："日本国业已放弃对于台湾及澎湖列岛以及南沙群岛及西沙群岛之权利。"当事国日本在双边条约中承认南海诸岛属于中国是十分明确的。同年由外务大臣冈崎博男亲笔签字推荐的《标准世界地图集》，明确标绘南海诸岛属于中国。此外，《旧金山和约》——1951 年 8 月 15 日，在美国操纵下部分国家与日本签订片面和约，中国未出席此次会议，对此次和约故意不提南海诸岛主权问题，中国外交部长周恩来发表声明："东沙、西沙、中沙和南沙群岛向为中国领土，中国对西沙、南沙群岛的主权，无论对日和约草案有无规定及如何规定，均不受任何影响。"

新中国成立后，中华人民共和国先后与越南当局举行多次外交照会，并发表外交申明：西沙群岛和南沙群岛属于中国领土。1956 年 6 月 15 日越南民主共和国外长雍文谦接见中国驻越大使临时代办李志民时表示："根据越南方面的资料，从历史上看，西沙群岛和南沙群岛应该属于中国领土。"1958 年 9 月 14 日，越南总理范文同照会中国总理周恩来，表示：越南民主共和国承认和赞同中华人民共和国 1958 年 9 月 4 日重申享有南沙和西沙领土主权的声明。

世界各国出版的大百科全书和教科书承认南海诸岛归中国所有，出版的地图集都标绘南海诸岛为中国领土。1952 年日本全国教育图书公司出版的《标准世界地图集》，其中第 15 图《东南亚图》明确表明西沙、东沙、中沙、南沙群岛全部标绘属于中国。1954 年苏联莫斯科《世界地图》，在东沙、西沙、中沙和南沙群岛地名上，都表明属中国。1960 年越南人民军总参部编绘《世界地图》，按中国名称标注西沙群岛和南沙群岛，并在名称后括注属中国。越南总理府测量和绘图局绘制的《世界地图集》，仍用中国名称标注西沙和南沙群岛。1962 年美国《哥伦比亚—利平科特世界地名辞典》载明东沙、西沙、中沙、南沙群岛都是"中国广东省的一部分"。1973 年日本学习研究社出版《现代大百科辞典》："中华人民共和国……北起北纬 53 度附近的黑龙江沿岸，南到赤道附近的南沙群岛约 5500 公里"。越南《地理》（1974）（越南教育出版社出版），提到"从南沙、西沙各岛到海南岛、台湾岛、澎湖列岛、舟山群岛，这些岛呈弓形状，构成了保卫中国大陆的一座'长城'"。

第五节　北部湾和广西海岸

一、北　部　湾

北部湾位于 17°～21°30′N，105°40′～109°50′E 之间，为南海西北部向南敞开的海湾（图 11.13），南部湾口一般以海南岛莺歌海至越南河静省的枚闰角为界，宽度约 350km，其东部有琼州海峡与南海北部相通，全湾面积 12.7×10⁴km²。湾底部地形平坦，自西北向东南平缓倾斜，湾内最大水深 20～50m，湾口最大水深可达 100m。

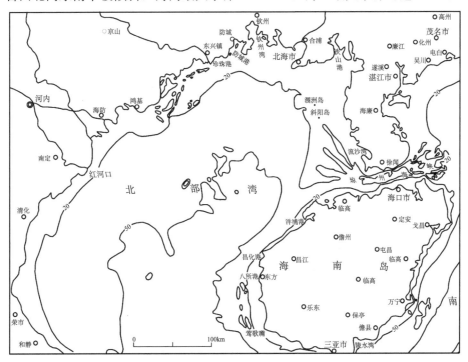

图 11.13　北部湾略图（等深线：m）

北部湾位于华南西部大陆架新生代陆内裂谷区，古近纪为断陷阶段，新近纪进入拗陷阶段，中新世后渐成现代规模。北部湾以粉砂沉积为主：北部沿岸表层沉积是细砂，向海依次递变为粉砂和淤泥，再向海又逐渐变粗，大约在水深 5m 处，即出现粗砂沉积。粗砂或砾砂围绕着北部湾沿岸陆地成带状分布，其外界水深为 10～25m，是古海滨沉积。粗砂带以外海底沉积是粉砂，在一些沉溺的谷地中有粉砂黏土沉积。北部湾西部与西南部皆为粉砂底质。东南侧水深较大，分布着粉砂质黏土，并呈 NE—SW 向的带状分布。

北部湾属北热带-南亚热带季风海洋性气候。5～8 月盛行西南风，10 月到翌年 3 月盛行东北风；夏季海面气温为 30℃，冬季约为 20℃，年降水量为 1200～2000mm；5～11 月常受热带气旋侵袭，平均每年 5 次、最大风速达 12 级。源于太平洋的台风多经海南岛和雷州半岛由东而西进入本湾，向北西方向移动；源于南海的台风多由南或东南进入本湾，向北和北西方向移动。

潮汐以全日潮为主，潮差由湾口向湾顶增大，平均潮差由湾口的 1m 至湾顶北海、防城等地为 2.20～2.40m，最大潮差超过 5m，为南海沿岸潮差最大的区域。潮流为往复流，流速一般小于 1.0m/s。海水透明度在湾口和中部较大，达 10～22m，沿岸小于10m。在不同季节盛行风的作用下，湾内环流随季节转换。冬半年，湾内呈气旋型环流，流速为 10～30cm/s；夏季呈反气旋型环流，流速为 10～20cm/s。

中部环流区和北部河口附近是高生物量海区，浮游动物的生物量以 6 月最高，达100mg/m^3；1 月最低，为 55mg/m^3，年平均 70mg/m^3。底栖生物年平均生物量为11.4g/m^2，冬季西北部可达 20g/m^2。北部湾为著名的优良渔场，年渔获量达 30×10^{4}t，鱼种达 500 种以上，其中经济鱼类 50 余种。

油气资源丰富，莺歌海盆地天然气远景资源量 22 800×10^{8}m^3，探明储量 1607×10^{8}m^3；北部湾盆地石油远景资源量 9.7×10^{8}t，探明储量 1.14×10^{8}t，天然气远景资源量 852×10^{8}m^3。沿岸砂矿资源丰富，石英砂储量大。如广西珍珠湾，即北海市滨海石英砂、钛铁矿（含锆石、金红石）具有远景开采价值，石英砂矿远景储量 10×10^{8}t 以上，钛铁矿储量超过 2500×10^{4}t。在河口往往有红树林分布，许多岸段发育了珊瑚礁。此外，沿岸有条件优越的盐场，还有广阔的滩涂土地资源。

二、广 西 海 岸

广西海岸位于北部湾北部，为溺谷湾海岸，其东部为第四纪早更新世和中更新世湛江组和北海组地层组成的台地溺谷海岸，西部为基岩组成的丘陵溺谷海岸。全区海岸具有西高东低的特点，海岸线弯曲，岸线长 1083km，弯曲系数达 6.0。沿海岛屿 619 个，总面积 45.81km^2，岛屿岸线长度 354.5km。

广西海岸发育受断裂和褶皱构造控制，岸线大的方向受 EW 向断裂控制，而 NE 和NW 向断裂组成的"X"形共轭断裂形成了海湾、半岛和岬角的基本轮廓。受 NE 向构造控制的有：北海半岛、白龙半岛、北海湾和防城港等；受 NW 向构造控制的有英罗港和钦州湾等；受"X"形构造控制的有铁山港等；河流入海方向亦受构造线控制，如南流江、钦江、大风江等呈 NE—SW 向，茅岭江呈 NW—SE 向等。

汇入广西沿岸的河流都较短小，总流域面积 16 655km²，总径流量 219.76×10⁸m³/a。最大的 5 条河流为南流江、防城河、钦江、大风江和茅岭江，总计平均径流量 102.9×10⁸m³/a，平均输沙量 205.32×10⁴t/a，估计推移质输沙量约 30×10⁴t/a，总计输沙量共 235×10⁴t/a，即约 167.9×10⁴m³/a。按此沙量计算，平均每千米长岸段有来沙量 0.16×10⁴m³/a。来沙量少难以形成大的堆积体。但较大的河流如南流江的输沙量较大，在廉州湾顶形成较大的堆积体。但总体而言，仅占全岸段很小的一部分。此外，由于湛江组和北海组主要为砂和砂砾层，易被波浪冲刷，被冲刷的泥沙成为沿岸砂质海岸泥沙的重要来源，广西砂质海岸主要分布于上述地层分布的范围。

广西沿岸为华南潮差最大的海岸，平均潮差一般＞2.0m，龙门港达 2.55m，最大潮差为 6.41m（铁山港）。北部湾沿岸波浪较弱，白龙尾站平均波高 0.5m，最大波高 3.6m；涠洲岛平均波高 0.5m，最大波高 5m；北海市站平均波高 0.3m，最大波高 2.0m。就港湾而言，较大的港湾动力以潮流作用占优势，潮汐通道潮流流速较大，深槽水深较大。口外拦门浅滩水较深，如钦州湾和铁山港口外浅滩为 5.0m 和 6.0m，开发深水航道条件较好。广西沿岸的港湾，是华南建港条件最好的港湾之一，如钦州湾、防城港、大风江口、铁山港、珍珠港等。

广西沿岸土地资源较丰富，潮间带滩涂 150×10⁴ 亩，浅滩（0～20m）面积 800×10⁴ 亩。当前沿岸开发水平不高，潮间带与浅滩土地和水域在农业、水产、房地产、工业等方面的开发具有很大的潜力。沿岸地表水和地下水资源较丰富，可利用的水资源为 60×10⁸～90×10⁸m³（其中地表水为 50×10⁸～77×10⁸m³，地下水约为 3×10⁸～10×10⁸m³）。北部湾生物资源种类繁多，有鱼类 500 多种，虾类 200 多种，头足类近 50 种，蟹类 20 多种，还有种类众多的贝类、藻类和其他海产动物。北部湾水产资源量 75×10⁴t，可捕量 38×10⁴～40×10⁴t。其中：中国鲎、文昌鱼、海马、海蛇、海牛（儒艮）、海星、沙蚕、方格星虫等属于珍稀或重要药用生物。自古闻名于世的合浦珍珠就产自这一海域。沿海滩涂分布有面积占全国 40％左右的红树林，涠洲岛周围浅海有我国成礁珊瑚分布边缘的珊瑚礁，作为重要的热带海洋生态系，具有极大的科研和生态价值。海岸带的矿产资源丰富，已探明矿产有 20 多种，其中大中型矿有 10 多处。广西沿岸是华南潮汐能源最丰富的地区，装机容量为 37.9×10⁴kW，年可发电 10.8×10⁸kWh，目前尚未开发。

三、港口与西南出海通道建设

广西沿海可开发的大小港口 21 个，其中可建 10×10⁴t 级码头的有钦州港和铁山港，可开发万吨以上泊位的有钦州港、铁山港、防城港、珍珠港、北海港等。此外，可供发展万吨级以上深水码头的岸段还有铁山港的石头埠岸段、北海的石步岭岸段、涠洲南湾、钦州湾的勒沟、防城的暗埠江口等，总共可建万吨级以上深水泊位 100 多个。而且沿海港湾水深、不冻、淤积少、掩护条件良好，开发利用潜力大，我国建设西南出海大通道的战略部署将进一步加快广西沿海的港口建设。

我国在 1992 年就做出了建设西南出海大通道的战略部署，旨在沟通西南物流，促进西南地区的开发。出海通道的建设包括铁路、公路、内河航运以及沿海港口。港口是出海通道的龙头，包括广西防城港、钦州港、北海港以及广东湛江港四大港口。

广西三大港口是西南大通道物资出运的主要通道。防城港建于 1968 年，1973 年即扩建万吨级深水泊位，1983 年国务院批准为对外开放口岸。防城港现在是广西最大的港口，现有泊位 36 个，其中万吨级泊位 22 个，年实际通过能力超过 3000×10^4 t，集装箱通过能力 25×10^4 TEU。港口货物吞吐量 2506×10^4 t（2006 年）；集装箱吞吐量 13.03×10^4 TEU（2006 年）。防城港已经被确定为全国沿海 24 个主要港口之一，13 个接卸进口铁矿石港口之一和 19 个集装箱支线港之一。钦州港是孙中山先生《建国方略》列出的中国"南方第二大港"，原有码头规模小，仅能停靠 $100 \sim 1000$ t 船舶，90 年代为了建设西南出海通道之需，1992 年开工建设两个万吨级散杂货通用泊位，1994 年建成，年通过能力 90×10^4 t。现已建成 10×10^4 t 级泊位 10 个，货物吞吐能力达到 1476×10^4 t。港口货物吞吐量 762×10^4 t，集装箱吞吐量 4.5×10^4 TEU（2006 年）。北海港现有生产性泊位 9 个，其中万吨级泊位 4 个，港口货物吞吐量 476×10^4 t，集装箱吞吐量 3.3×10^4 TEU（2006 年）。

目前，随着中国—东盟自由贸易区建设的推进，《中国—东盟自贸区服务贸易协议》的正式生效，广西北部湾经济区被正式纳入国家发展战略，广西与东盟已进入多领域、全方位开放、交流与合作的新阶段。大幅度改善西南地区的交通条件，完善西南地区的出海通道，对于促进北部湾区域经济合作、促进中国与东盟经济发展具有重要意义。新形势必将极大地促进广西沿岸港口建设的步伐。

参 考 文 献

陈广汉. 2005. 大珠江三角洲产业结构和发展格局的战略调整与新格局. 见：2005～2006 年中国区域经济发展报告. 北京：社会科学文献出版社

陈俊仁. 1978. 我国南部西沙群岛地区第四纪地质初步探讨. 地质科学，(1)：45～58

陈史坚. 1983. 南海气温、表层海温分布特点的初步分析. 海洋通报，2 (4)：9～17

高惠冰. 2001. 试论珠江文化的特色. 岭南文史，(1)：1～4

管东生，刘巧玲，吴慧英等. 2004. 快速城市化的珠江三角洲非污染生态影响初步分析. 中山大学学报（自然科学版），43 (2)：108～111

韩振华. 1996. 有关我国南海诸岛地名问题. 中国边疆史地研究，(1)：27～36

何斌源，范航清，王瑁等. 2007. 中国红树林湿地物种多样性及其形成. 生态学报，27 (11)：4859～4870

何丽娟，熊亮萍. 1998. 拉张盆地构造热演化模拟的影响因素. 地质科学，(02)：34～39

黄镇国，张伟强. 2004. 珠江河口近期演变与滩涂资源. 热带地理，24 (2)：97～102

鞠海龙. 2003. 论清末和民国时期我国相关史料在解决南中国海争端方面的价值. 史学集刊，(1)

兰竹虹. 2007. 南海地区红树林资源的利用现状及生态保育对策. 生态经济，1：341～343，347

李金明. 2003. 南海争端与国际海洋法. 北京：海洋出版社

李平日，乔彭年，郑洪汉. 1991. 珠江三角洲一万年来环境演变. 北京：海洋出版社

刘秦玉，杨海军，刘征宇. 2000. 南海 Sverdrup 环流的季节变化特征. 自然科学进展，10 (11)：1035～1039

刘昭蜀，赵焕庭等. 2002. 南海地质. 北京：科学出版社

龙云作. 1997. 珠江三角洲沉积地质学. 北京：地质出版社

陆大道等. 2003. 中国区域发展的理论与实践，北京：科学出版社

吕一燃. 1997. 近代中国政府和人民维护南海诸岛主权概论. 近代史研究，(3)：1～23

马蒂尼·彼得，朱大奎等. 2004. 海南岛海岸景观与土地利用. 南京：南京大学出版社

莫杰. 2004. 海洋地学前缘. 北京：海洋出版社

南海主要岛礁生物资源调查研究课题组. 2004. 南海主要岛礁生物资源调查研究，北京：海洋出版社

潘石英. 1996. 南沙群岛·石油政治·国际法. 香港：香港经济导报社

丘元禧，吴起俊，吉雄等. 1986. 中国东南陆缘带及其邻近海域晚中生代、新生代的裂陷作用. 热带海洋，5（2）：3～11

王丽娅. 2005. 泛珠三角区域发展的理论和制度依赖. 广东社会科学，（3）：45～50

王文介. 1999. 粤西海岸全新世中期以来海平面升降与海岸沙坝潟湖发育过程. 热带海洋，18（3）：32～37

王英杰. 1991. 古代中国对南海诸岛岛礁地理认识的发展. 见：南沙群岛历史地理研究专集. 广州：中山大学出版社

王颖. 1963. 红树林海岸. 地理，（3）：11～14

王颖等. 1998. 海南潮汐汊道港湾海岸. 北京：中国环境科学出版社

吴超羽，包芸，任杰等. 2006. 珠江三角洲及河网形成演变的数值模拟和地貌动力学分析：距今6000～2500a. 海洋学报，28（4）：64～80

吴士存. 2005. 纵论南沙争端. 海口：海南出版社

谢以萱. 1988. 南海地质构造与陆缘扩张. 北京：科学出版社

徐锡祯，邱章，陈惠昌. 1980. 南海水平环流概述. 见：中国海洋湖沼学会水文气象学会学术会议论文集. 北京：科学出版社

袁蔚文. 2000. 南海渔业资源评估. 见：海洋水产科学研究文集. 广州：广东科技出版社

曾昭璇，梁景芬，丘世钧. 1997. 中国珊瑚礁地貌研究. 广州：广东人民出版社

张乔民，隋淑珍. 2001. 中国红树林湿地资源及其保护. 自然资源学报，16（1）：28～35

中国港口杂志社. 2007. 二零零七年一月份中国沿海港口客货吞吐量统计. 中国港口，（2）：31

Liu Q，Jiang X，Xie S P，et al. 2004. A gap in the Indo—Pacific warm pool over the South China Sea in boreal winter: seasonal development and interannual variability J. Geophysical Research，109 C07012，doi：10.1029/2003JC002179

Xie S P，Xie Q，Wang D X，et al. 2003. Summer upwelling in the South China Sea and its role in regional climate variations. J. Geophys. Res. -Oceans，108：3261，doi：10.1029/2003JC001867

第十二章 台湾以东太平洋海域[*]

台湾以东太平洋海域（简称台湾以东海域）是正在活动的弧-陆碰撞型大陆边缘海。它西南与巴士海峡和吕宋岛弧相邻，东连太平洋，北侧与琉球群岛相接（图 12.1）。本

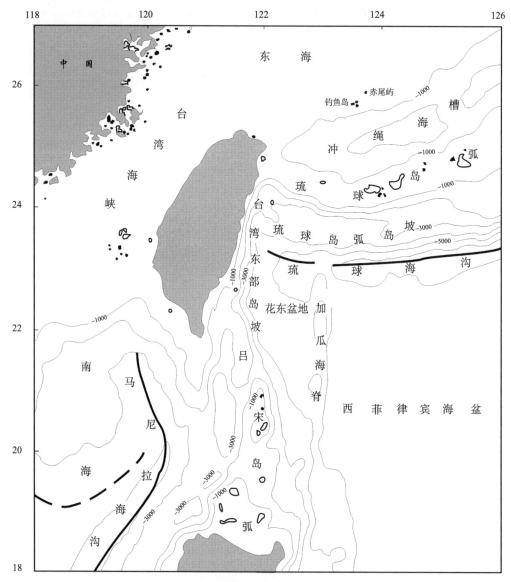

图 12.1 台湾以东海域的区域地质背景（改自刘保华等，2005）

海域海底地势自台湾东部沿岸向太平洋海盆呈现急剧倾斜的趋势。北段坡度较缓，大陆架也稍宽，从 7km 到 17km 均有分布，水深较浅，仅为 600～1000m；中段陆架最窄，宽度仅为 2～4km，但坡度很陡，水深超过 3000m；南段海底为东西并列的两条南北向的水下岛链，两列岛链之间为一海槽，深度可达 5000m 以上。

该区海底地形总体呈现"北陡南缓，西浅东深"特征，大部分水深大于 4000m，最大水深 7881m，位于琉球海沟。本区东部，琉球海沟的水深大于 6000m，向西延伸至 123°E 附近的加瓜海脊，水深突然变浅，相对落差超过 2000m。本区西部，台湾岛东部海岸十分陡峭，等深线靠近岸边平行排列，海底地形直接由岛坡向深海平原过渡，无海沟存在。总体而言，台湾以东太平洋海域的地形起伏大，地貌类型齐全，大陆及大洋地貌均发育。地质构造复杂，变形强烈，是多个构造带的交汇处。海底沉积以半深海、深海沉积为主，亦有部分浅海沉积，以细粒沉积为主，在岛屿附近有一些砾、砂沉积。

第一节　海底地质构造

台湾以东太平洋海域位于菲律宾海板块和欧亚板块交汇处，是琉球沟-弧-盆系、台湾岛-吕宋岛弧系和菲律宾海盆三大构造体系的交接带。作为中国乃至世界上独特的弧-陆碰撞型大陆边缘，台湾以东太平洋海域以独特的地质环境造就了众多形态复杂、成因各异的构造现象。海域北侧为 NE 和近 EW 走向的琉球沟-弧-盆系，西侧则为近 SN 走向的马尼拉海沟和吕宋岛弧。从构造部位上看，它北接琉球群岛，南连菲律宾沟-弧-盆系，因此是琉球岛弧构造带与吕宋岛构造带的交汇枢纽，是西太平洋活动大陆边缘的重要地区。

一、海底地质构造

台湾以东海域作为西太平洋边缘地区，发育一系列的岛弧构造带。根据板块性质，该区可分为东亚活动大陆边缘和菲律宾海板块两个一级构造单元，进而根据水深、重力、地磁、地层发育和断裂分布等地质、地球物理特征，可进一步分为琉球海沟-岛弧区、台湾东部碰撞区和西菲律宾海盆区三个二级构造单元（郑彦鹏等，2003）。

（一）琉球海沟-岛弧区

琉球海沟-岛弧区位于菲律宾海板块向欧亚板块之下俯冲的前锋地带，属于西太平洋典型的沟-弧-盆体系的一部分。菲律宾海板块向西北俯冲到欧亚板块之下，在俯冲带形成琉球海沟，在仰冲的欧亚板块前锋形成琉球岛弧，在琉球岛弧和东海陆架之间形成冲绳海槽（弧后盆地）。琉球海沟从日本九州南部延伸到台湾岛东侧，水深 5000～6000m，最深处达 7881m（刘保华等，2005）。海沟内侧为琉球岛弧，由内和外弧组成，并具有双变质带特征。内弧（火山弧）即串珠状的吐噶喇火山岛链，由更新世至现代火山组成。该链北宽南窄，呈楔状插入冲绳海槽与琉球岛弧之间，为 NNE 向断裂控制。外弧（非火山弧）为琉球前缘群岛，由古生代、中生代变质岩和新生代地层组成。琉球岛弧北段的内带为高温低压变质带，外带为中温中压变质带，属于双变质带。琉球岛弧的西侧为冲绳海槽，它是弧后扩张形成的边缘海盆地，北起日本九州西部的大隅诸岛，西南终止于台湾岛东北岸外的火山及宜兰平原，整体呈 NE 向延伸，全长 1200km，宽度为 100~150km，水深 600~2000m，最深处为 2719m（南段）（刘保华等，2005）。冲绳海槽的地壳较薄（平均为 18~24km，东海陆架及琉球群岛为 31km），从北往南，地壳厚度逐渐减薄，热流值也增高（黄镇国等，1995），反映出海槽中北部为裂陷而南部已达扩张的差异演化阶段。

本区内的琉球海沟-岛弧区位于台湾以东海域的中北部，呈 EW 向展布，面积约占海区的一半。南部以海沟外缘线为界，东部大致以 23°N 为界与西菲律宾海盆区分开，西部则以 23.3°N 为界与台湾东部碰撞带区分开。该区地壳厚度变化很大，琉球岛弧区地壳厚度为 31km，而海沟处仅为 10km（郑彦鹏等，2003）。根据重力和磁异常等地球物理特征，该区由北向南依次可分为琉球岛弧南段（八重山群岛、宫古群岛）、琉球岛弧弧前盆地、八重山海脊和琉球海沟等次级构造单元。弧前盆地总体呈 NWW 向左行雁行排列，水深在 3200~4400m，具有边缘坡度大、底部平坦的特征；由东向西排列为西表岛盆地、东南澳盆地、南澳盆地、和平盆地，各盆地之间由海脊分隔（刘保华等，2005）。八重山海脊位于琉球海沟和弧前盆地之间，它近东西向展布，水深 2200~3600m，其顶部发育一系列东西向的沟槽，推测可能为菲律宾海板块斜向俯冲形成的走滑断裂（刘保华等，2005），受加瓜海脊的向北挤入，在 123°E 附近，八重山海脊呈现倒 V 状构造。研究区的海沟属于琉球海沟的西南段，近东西向延伸，具有水深大、沟底平缓且地形坡度小等特征。在 123°E 以东，海沟沟底宽缓、地形平坦，水深大于 6000m；而 123°E 以西，水深变为 5000~5500m，海沟地形特征不显著。

（二）台湾东部碰撞带

台湾东部碰撞带位于海区西南部，呈南北向展布。从北往南，由台湾东部海岸山脉及绿岛、兰屿等火山岛、吕宋岛弧及菲律宾群岛一起构成台湾-吕宋-菲律宾岛弧系。该带为一条位于菲律宾海板块、欧亚板块和南海之间的活动构造带，宽 100~400km，东界为菲律宾海沟和东吕宋海沟，西界为马尼拉海沟、内格罗斯海沟和哥打巴都海沟（黄镇国等，1995）。该带构造格局和变形过程复杂：24°N 以北一带为菲律宾海板块沿琉球海沟向欧亚板块的 NNW 俯冲；台湾东部海岸山脉带（24°~22°N）为吕宋岛弧沿台东纵谷与台湾岛的主体碰撞区；20°~22°N 区，为南海洋壳沿马尼拉海沟向吕宋岛弧的 SEE 向俯冲。该带由性质不同、时代不一、大小各异的块体在中、新生代逐渐汇聚、碰撞和拼贴而成，乃火山弧、大陆碎块等组成的集合体。吕宋岛弧向北经马尼拉海沟、北吕宋海槽和北吕宋海脊过渡到台湾岛，向南逐渐过渡到菲律宾群岛。

研究区内加瓜海脊贯穿南北，水深变化复杂，峡谷纵横交错，断裂构造和地球物理特征分区显著，因故可分为海岸山脉带、加瓜海脊和花东盆地三个次级构造单元，分述如下。

1. 海岸山脉带

海岸山脉带是吕宋岛弧晚中新世或晚上新世与欧亚大陆边缘发生 NW 向斜向碰撞

的结果，它包括海岸山脉及其以东的绿岛、兰屿等火山岩带。海岸山脉带的空间重力异常表现为正异常，与台湾西部的重力负异常明显不同。其地层为新近纪火山弧，之上覆盖部分层状海相沉积，主要是碎屑岩或灰岩，总厚度为3000~4000m，反映了深海沉积环境。顶部为中、上更新统，厚度为500~3000m的砾岩（郑彦鹏等，2003）。其中，台东纵谷被认为是碰撞缝合带。该区等深线靠近岸边平行排列，梯度很大，地形复杂，海底水道和峡谷发育。

2. 花东盆地

花东盆地是位于加瓜海脊与海岸山脉带之间的菱形深水海盆，属于西菲律宾海盆的一部分。区内西南部水深相对较浅，约4500m，向东北逐渐变深，并形成倾斜的斜坡，在琉球海沟附近的水深超过5500m。盆内海底水道和峡谷非常发育，其中台东峡谷规模最大，切割海底较深（最深处相对海底近500m），自西向东然后向北贯穿于盆地的西南部和中部，长近160 km（刘保华等，2005）。此外，盆地北部靠近琉球海脊附近也发育一条NW—SE向的花莲峡谷。两条峡谷在加瓜海脊处汇合，并进一步延伸至琉球海沟，规模渐小并消失。总体而言，盆地北部为峡谷纵横的海底扇，南部为平坦的深海平原，偶有海山。

3. 加瓜海脊

加瓜海脊位于研究区中部，近123°E南北向展布，长约350km（研究区内约160km）、宽约30~40km，高出海底近4000m。由南向北，海脊顶部的水深逐渐增加，顶底相对高差渐小，海脊宽度和规模也随之减小，最后楔入琉球海脊之下（刘保华等，2005）。加瓜海脊的地壳厚度约为8km（Karp et al.，1997）。加瓜海脊的构造属性仍存争议，Sibuet和Hsu（1997）提出它为相邻板块相互作用期间形成的板缘转换断层，后因吕宋岛弧和欧亚板块之间的北西向碰撞和拼贴作用使之受挤压而隆升。然而，Karp等（1997）和郑彦鹏等（2005）认为，它是断层作用下而抬升的洋壳碎片，在加瓜海脊之下可能存在洋壳基底的上升或下降。

（三）西菲律宾海盆区

以帛琉—九州海脊为界，菲律宾海板块可分为东、西两个海盆。本区属于西菲律宾海盆区，向北与冲大东海脊相连，向西消失于菲律宾海沟，东侧的帛琉—九州海脊是一渐新世的残留火山弧。海盆内有一条NW走向的中央盆地脊，属不活动的海底扩张轴，其活动时代为始新世。海盆内沉积物较薄，为0.75~1.5m。古地磁表明，西菲律宾海盆最初形成于5°~10°S，靠近赤道，始新世以来向北移动了1000km，并伴有60°的顺时针旋转（黄镇国等，1995）

研究区的海盆位于加瓜海脊以东的西菲律宾海盆西部。它是俯冲板块外缘隆起区部位，海底地形崎岖，水深一般在5000~5500m之间，向琉球海沟方向加深到6500m以上，向南水深也有所增加（刘保华等，2005）。等深线大体呈NW—SE向分布，表现为NW向线状脊-槽相间排列，被NNE向转换断层错断，两侧地形地貌明显不同。除中部转换断层地形变化复杂，存在零星 NE 向海山、海丘外，其余地区地势较为平坦。海盆内可识别出多条转换断层，其中规模最大的一条位于该区中部，向东北延伸至琉球海沟，在海底地形上表现为一低缓、连续的山脊和伴生的凹槽，西陡东缓，两侧地形连贯性差（郑彦鹏等，2005）。

二、地球物理场特征与断裂构造

（一）重力场特征

图 12.2 是台湾以东海域的布格重力异常分布特征（Hsu et al.，1998）。整体而言，北部琉球岛弧系表现为近 EW 向的异常梯阶带；其中，琉球海沟为高值正布格异常，

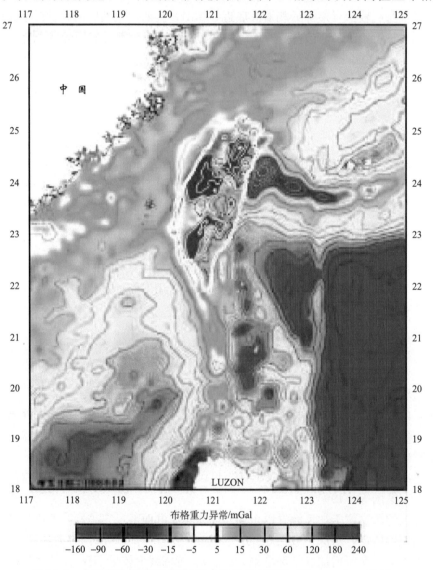

布格重力异常/mGal

-160 -90 -60 -30 -15 -5 5 15 30 60 120 180 240

图 12.2 台湾岛及邻区海域布格重力异常分布特征（Hsu et al.，1998）

而岛弧则为低正值或负值异常。如图 12.2 所示，异常值由 23°N 附近的 240mGal 向北逐渐降低至 20mGal，反映了从南往北，琉球海沟过渡到琉球岛弧。在 123°E 以西，该梯阶带走向由 NEE 转为 NWW，整体呈一向南突出的弧形，刻画了俯冲带及琉球海沟的走向。另外，在 24°N 附近的琉球岛弧南坡带存在一系列 NW—SE 向的低异常区，它们从东向西依次与西表岛、东南澳、南澳及和平前陆盆地一一对应。

台湾海岸山脉—吕宋碰撞带整体表现为低正值异常。其中，台东纵谷及恒春半岛为低值正异常，本岛其他地区为负异常，暗示了台湾东、西部具有不同的构造属性。吕宋岛弧表现出低值正异常特征，与海岸山脉带一致，说明两者有相似的构造属性。

海域南部的布格重力异常分布平缓，其值多在 200mGal 以上，为重力高值异常区，具有典型的洋盆特征。最大值位于海区东南角，向西、北逐渐降低。沿 123°10′E 有一 SN 向的低正值异常带，其值在 100mGal 左右，它对应着加瓜海脊。海脊东侧区域的重力异常表现为梯阶带，异常分布平缓，都在 200～240mGal 左右，是最高重力异常区，对应着西菲律宾海盆的西部。海脊西侧区域总体亦为高值区，其异常值在 180mGal 以上，但略低于东部区域，它对应花东盆地。

（二）磁力场特征

如图 12.3 所示，台湾以东海域的磁异常分布表现出明显的分块现象，每一区域的磁异常延伸方向和幅度大小也各不相同。本区异常可划分为琉球沟-弧异常区、台湾东部异常区和西菲律宾海盆异常区这三个区域。梁瑞才等（2003）详细讨论了该区的磁异常分布特征，本节据其相关成果，做简要归纳。

琉球沟-弧异常区位于本区北部，异常比较宽缓，变化幅度整体偏低，异常值一般在 −50nT～120nT 之间，延伸方向总体以 EW 向为主。琉球海沟磁异常较其北部的八重山海脊略低。八重山海脊的磁异常大多在 −50nT～−100nT 之间。最北端的南澳盆地内的磁异常延伸方向与八重山海脊不同，异常幅度略低，且两者之间有一 NW 向磁力梯度带。

台湾东部碰撞异常区内的加瓜海脊和花东盆地在磁异常上也存在差异。花东盆地海底地形平坦，异常呈明显的正负异常相间的磁条带特征，磁条带近 EW 向延伸。加瓜海脊在磁场上并无明显反映，为一条异常分界线，两侧异常走向不同。异常值在 −80nT～−150nT 之间，变化较弱，仅在测区南端有所升高。

西菲律宾海盆异常区有两组不同性质的磁异常组成，一组为 NW 向正负相间排列的线性异常，另一组为 NE 向，并错断 NW 向异常，具有转换断层性质。NW 向磁异常为线性条带状展布，并一直延伸到琉球海沟，它反映了海盆早期扩张的历史。该 NW 向磁异常从测区最东侧向西大约 100km 处被 NE 向的转换断层明显错断开。断层以西的线性磁条带不如东侧明显，异常幅度也较低，大多在 −80nT～−210nT 之间。整体而言，西菲律宾海盆的磁异常表现为典型的洋壳基底特征，磁场总体呈 NW 向线性分布，与其中央扩张脊延伸方向基本一致。

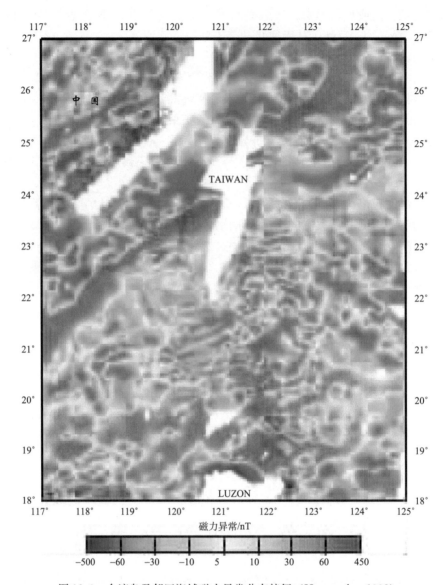

图 12.3　台湾岛及邻区海域磁力异常分布特征（Hsu et al.，1998）

（三）断裂构造

台湾以东太平洋海域由于受到板块碰撞影响，区内断裂发育。根据重力、航磁异常和地层等地质-地球物理资料，可识别的规模较大的断裂构造有如下五条（梁瑞才等，2003；郑彦鹏等，2005；刘忠臣等，2005）。

1. 西菲律宾海盆转换断层

位于西菲律宾海盆大致沿 22°00′N，123°30′E 至 23°00′N，124°13′E，NE—SW 向延

伸，将古扩张脊错断平移约 8km，它构成了西菲律宾海盆东、西两盆地边界线。

2. 加瓜海脊东侧断裂

沿加瓜海脊东侧断陷盆地向 NNE 向延伸，直达琉球岛弧，断裂两侧沉积厚度落差近 800m，其北段为西表岛盆地和南澳盆地边界线，南段为台湾东部碰撞带与西菲律宾海盆区分界线。具有左旋走滑性质。

3. 加瓜海脊断裂

沿加瓜海脊近 SN 向延伸至琉球岛弧，将西侧的琉球海沟向北平移了近 15km。北段构成了东南澳盆地与南澳盆地的界线。断裂具有右旋走滑性质。

4. 加瓜海脊西侧断裂

NNW 向延伸直达琉球岛弧并将其明显错断，断裂西侧比东侧洋壳向北位移了约 30km，断裂北段是和平盆地与南澳盆地的界线。为右旋走滑性质。

5. 台东峡谷断裂

在华东盆地内沿台东峡谷为一 NE 向磁异常变化带，北侧异常走向为近 EW 向，南侧为 WNW 向。根据磁异常被错断方向，推测该断裂仍属右旋走滑性质。

第二节　海底地貌与沉积

台湾以东海域的海底地貌特征是狭窄的岛缘陆架，陆架外侧是狭窄的大陆坡直接插入海沟或大洋底部，表现为狭窄的阶梯与海槽、海沟相伴分布的特点（图 12.4）。该区海底地貌的发育主要受控于太平洋板块与欧亚板块的碰撞作用影响。两大板块的相互碰撞，在海区内形成了三个大型的构造体系，即近 EW 向的琉球沟-弧-盆构造体系，近 SN 向的台湾-吕宋碰撞带构造体系和西菲律宾海盆构造体系。海底地貌的发育和分布格局，与这三个构造体系的构造发育紧密相关，且十分复杂。根据板块构造和地壳性质可将该区海底地貌分为琉球岛弧-海沟地貌、台湾岛-吕宋岛弧系地貌和菲律宾海大洋盆地三个一级构造地貌（傅命佐，2005）。一级地貌单元根据构造特征又可进一步划分二级地貌单元。琉球岛弧-海沟系可分为海岸带、岛架、岛坡和海沟等四种二级地貌类型；台湾岛-吕宋岛弧系可分为海岸带、岛架、岛坡等三种二级地貌类型；大洋地貌则包括深海盆地和海脊两种二级地貌类型。傅命佐（2005）在《中国近海及邻近海域地形地貌》中对台湾以东海域的海底地貌特征做了详细的描述和介绍，本节在这一成果的基础上做扼要归纳。

一、海底地貌特征

（一）海岸带地貌

台湾东岸海岸属于断层海岸，即在纵向上发育有大规模的顺岸断层，同时岸线表现

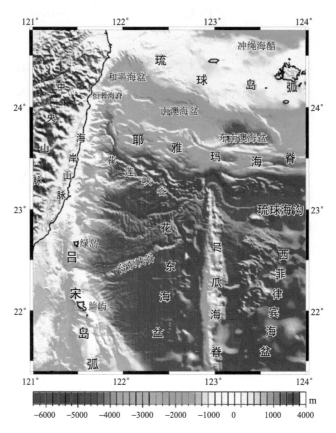

图 12.4 台湾以东海域海底地貌图

(http://duck2.oc.ntw.edu.tw/core/center.html)

为较平直、岸坡急陡。因此其海岸地貌的发育与别的海岸地貌相比，亦较为特别。主要地貌类型为海蚀平台和侵蚀水下岸坡。

海蚀平台主要分布在琉球岛弧的西表岛-石垣岛-黑岛群岛，波照间岛和与那国岛也有分布。海蚀平台主要由基岩组成，地形起伏不平，局部有海蚀崖上散落的石块分布。

侵蚀水下岸坡则分布在琉球群岛的岛屿周围，水深 25m 以内，物质组成以砾石为主，含砂，并见有岩礁分布。地形起伏不平，宽度不大，最大宽度为 2200m（西表岛东侧）。台湾岛东岸局部也有狭窄的水下岸坡分布。

（二）岛架地貌

岛架分布在琉球群岛和台湾岛东南部。主要地貌类型是岛架斜坡。又可分为砂砾质岛架斜坡和断阶式岛架斜坡。

砂砾质岛架斜坡主要分布在西表岛-石垣岛-黑岛群岛，水深在 25～50m 左右，由砂砾沉积组成，可能有珊瑚礁发育。

断阶式岛架斜坡分布在琉球群岛各岛屿周围和台湾岛东南部。坡底水深在 200m 左右。台湾岛东侧陆架斜坡坡度较大，平均为 13.31%，最大为 50.95%。台湾岛南侧岛架斜坡坡度为 4.22%～6.61%。西表岛-石垣岛周围岛架斜坡较宽，最大宽度超过20km。斜坡表层沉积物以砂和砂砾为主，局部基岩出露海底，构成岛架暗礁。

（三）岛坡地貌

岛坡地貌又可进一步分为岛坡海岭、岛坡断陷盆地、岛坡台地、断阶式岛坡斜坡及岛坡下部浊积斜坡等单元。

1. 岛坡海岭

岛坡海岭在琉球岛弧和台湾岛岛坡上均有分布。琉球岛弧上的海岭主要分布在岛弧顶部的琉球中弧火山带和岛坡中下部的八重山海脊。海岭的走向与构造线方向基本一致。琉球岛弧区的海岭的走向自西向东，为 NWW—SEE、近 EW 向和 NEE—SWW 向延伸。台湾岛东南岛坡的海岭走向为近 SN 向。岛坡海岭基本都是断块隆起脊，两侧由断层控制。琉球岛弧顶部海岭表层沉积物是砂、砂砾含大量火山物质，并有基岩出露。台湾岛坡海岭上表层沉积物则以黏土质粉砂为主，钙质含量高。

2. 岛坡断陷盆地

琉球岛弧和台湾碰撞带的岛坡上都有断陷盆地。琉球岛弧的岛坡断陷盆地主要分布在八重山海脊北侧的陆坡断陷带，盆地长轴走向与海脊构造线走向基本平行。该断陷带的盆地规模大、相对深度也大，是典型的陆坡断陷盆地。自东向西依次为西表岛盆地、东南澳盆地、南澳盆地和和平盆地。西表岛盆地位于东北部，与西侧东南澳盆地之间，为一琉球岛弧延伸出的海脊所隔，盆地水浅，呈 NEE—SWW 向。东南澳盆地位于沿 SN 向抬升海脊的东部，平均宽度为 22km，东西长 79km。南澳盆地位于该海脊的西部，南北宽约 30km，东西长约 50km，水深相对东南澳盆地较浅，最大水深约 3700m。和平盆地和南澳盆地的沉积物主要来自台湾造山带，通过兰阳河和花莲溪进入弧前盆地。

3. 岛坡台地

琉球岛弧的岛坡台地分布在先岛诸岛的南坡，海底地形呈浅水平台，边缘水深约 500m，台地上有海丘分布，台地西北侧有浅水盆地。仲神岛也位于台地之上。台地表层沉积物以砂为主，主要成分为火山岩碎屑。台湾碰撞带的岛坡台地分布在台湾岛鹅銮鼻的东南部岛坡中部，范围较小。台地上有海丘分布。

4. 断阶式岛坡斜坡

主要分布在琉球岛弧南坡和台湾岛东南部。琉球岛弧南坡的岛坡斜坡被弧前盆地和八重山海脊的海岭分割成上、下两段。上段水深 200～3500m，坡度在 6.12%～25.03% 不等。海底组成物主要为含火山碎屑的钙质生物黏土质粉砂，来源于上部的火山岛及岛架区。下段水深 3500～5900m，平均坡度为 10.02%～20.01%，最大坡度为 25.03%，表现为串珠状分布的低丘、低海岭及其北侧的浅洼地。表层沉积物是黏土质硅质软泥，说明现代海底沉积环境以静水沉积作用为主。

台湾岛东南部岛坡斜坡北段（火烧岛海岭以北）比较完整，南段则被海岭和断陷盆地分割为上、中、下三段。北段岛坡水深4500m以内，坡度大，平均为20.01%。海底沉积物近岸带为细砂，向外逐渐过渡为黏土质粉砂、粉砂质黏土、钙质黏土质粉砂等。岛坡上部沉积物来自台湾岛，下部为深海静水环境沉积。南段岛坡受北吕宋岛弧变形带和北吕宋海槽向北延伸的影响，地形复杂、起伏较大。

5. 岛坡下部浊积斜坡

台湾岛以东陆坡的下部（约4000～5000m之间）的地形坡度变小，平均坡度为2.01%～3.32%。这一缓坡带构造上属于花东盆地的西缘，可能是台湾碰撞带岛坡区浊流沉积物堆积区。位于花东盆地西侧深海平原上的柱状岩心揭示，该区沉积物为黏土硅质软泥。这与现在的沉积环境不相适应，可能是来自西部岛坡的陆源碎屑加入。因此，推测该区可能是深海浊积堆积区。

（四）海 沟 地 貌

琉球海沟地貌上表现为岛坡坡麓的深沟，成为沟-弧-盆系与大洋盆地的天然分界（图12.5）。区内琉球海沟呈近EW向展布，边缘水深约5900m，沟底最大水深为6700m。海沟底和边缘带有一些海山、海丘散布。这些海山顶部的水深不等。此外，沟底还有一些SN向的浅洼地，相对深度仅50m左右。124°E以西，海沟地形剖面呈"V"形，海沟中部有一条海底峡谷自东向西溯源延伸，与花莲海底峡谷和台东海底峡谷汇合后的峡谷相连。大致在123°E附近，因为加瓜海脊的俯冲，导致海沟变窄，并很快消失。加瓜海脊以西的俯冲带在地形上已无海沟特征，演变为海底峡谷。

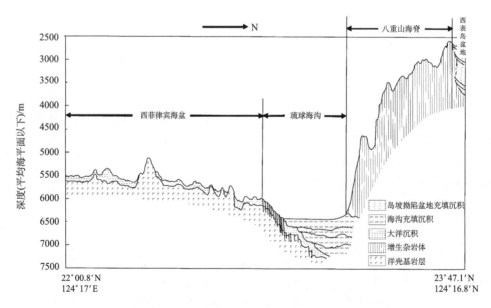

图12.5 台湾以东海域沿124°E的南北向剖面（傅命佐，2005）

（五）大　洋　地　貌

1. 深海海岭

加瓜海脊为区内一条巨大的深海海脊（图 12.6）。它沿 SN 向延伸，南北长达 188km，东西最大宽度为 35km，平均宽为 23.4km。最高峰顶的水深为 1625m，高出其东侧断陷盆地 3900m。加瓜海脊地形自南向北逐步降低，最终消失于琉球海沟之下，主要由玄武岩组成，可能是被抬升的洋壳碎片（Karp et al.，1997；郑彦鹏等，2003）。加瓜海脊与周缘的断陷盆地具有显著不同的地球物理场特征。

花东盆地的南部也有小型的海岭分布。菲律宾海盆西部是一列深海海岭，与加瓜海脊东侧的断陷盆地相邻。该海岭的北段（22°N 以北）西侧受南北向转换断层控制，东侧受 NNE 向转换断层控制，两侧都有断陷盆地发育。南段与 NNE 向大型转换断层西侧的海丘链合为一体，并与南部的深海海丘群相连。

2. 深海平原

台湾以东海域深海盆地有西菲律宾海盆和花东盆地。西菲律宾海盆地形起伏较大，多深海海岭、海丘群及孤立的海山、海丘、洼地，有些还是断陷盆地（图 12.5、图 12.6）。转换断层将西菲律宾海盆分成 5 个 NNE—NE 向延伸的区块，自西向东分别为深海海岭带、串珠状断陷洼地-海丘带、小型海丘-平缓深海平原带、中小型海丘-深海浅洼地带、大型海山海丘-大型断陷洼地带。花东盆地被 NEE 向断层及沿此断裂发育的台东峡谷分成不同区块。

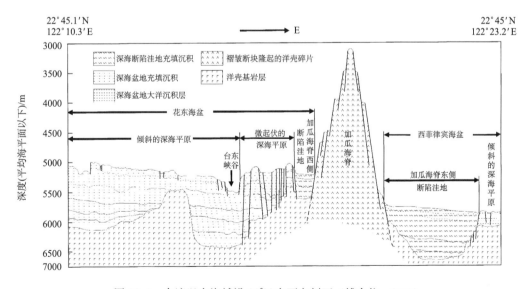

图 12.6　台湾以东海域沿 22°N 东西向剖面（傅命佐，2005）

二、海底底质与沉积

（一）海底底质类型及分布

台湾以东海域主要出现如下类型的底质（许东禹等，1997）：

（1）基岩。出现在台湾花莲和成功东北近岸及八重山列岛诸岛屿周围，呈岛状散布。

（2）砂质砾。出现在台湾东部静浦至台东之间的沿岸地带及兰屿周围，呈面积很小的零星岛状分布。

（3）砂。在台湾以东长滨至鹅銮鼻之间沿岸呈狭长带状分布，八重山列岛周围海域有大面积分布。

（4）细砂。在台湾以东静浦以北沿岸呈狭长带状分布，在兰屿附近砂质砾周围呈环状分布。

（5）黏土质砂。出现在台湾台东附近近岸海域。

（6）黏土质粉砂。台湾以东砂、细砂和黏土质砂外围近岸海域呈中间狭窄、两头较宽的带状分布，尤以 24°N 以北一直延伸到与八重山列岛的砂质区相连。在八重山列岛砂质区范围内有零星岛状分布。

（7）粉砂质黏土。台湾以东 22°50′～24°N 之间黏土质粉砂分布区以东，呈条带状分布。

（8）含钙质生物黏土质粉砂。在兰屿附近海区面积较大，22°30′～23°40′N 之间黏土质粉砂和粉砂质黏土分布区外以东，呈狭窄带状分布。

（9）含火山碎屑钙质生物黏土质粉砂。八重山列岛东南有较大面积分布。

（10）含钙质的黏土硅质软泥。仅在 23°55′N、122°16′E；23°28′N、124°26′E；22°00′N、123°00′E 附近呈面积很小的岛状分布。

（11）硅质粉砂质砂。仅在 23°33′N、124°58′E 周围有很小面积分布。

（12）黏土硅质软泥。为该海区主要的深海沉积物，面积约占 80%，分布在 3000m 以深的深海海域。

（二）沉积物分区

台湾以东海域的沉积具有如下分区特征（许东禹等，1997）：

（1）近岸浅海沉积区。水深小于 1000m，主要为砂、细砂，有部分面积很小的基岩、砂质砾、珊瑚礁和黏土质砂呈岛状分布。在台湾以东近岸呈狭长带状，在兰屿周围呈椭圆状，在八重山列岛附近面积较大。

（2）半深海沉积区。水深在 1000～4000m，主要为黏土质粉砂、粉砂质黏土、钙质生物黏土质粉砂、含火山碎屑钙质生物黏土质粉砂。在台湾以东呈 NNE 向带状，八重山列岛东南呈 EW 向带状展布。

（3）深海沉积区。水深一般大于 4000m，主要为黏土硅质软泥，SiO_2 含量平均为

52.5%，碳酸钙含量平均为3.4%，有四块面积很小的含钙质黏土硅质软泥呈岛状分布。

三、海底地貌成因分析

台湾以东海域位于欧亚大陆板块和菲律宾海板块的碰撞区，也是大陆板块向大洋板块过渡的地带，地貌复杂多变。板块构造位置及其活动特征控制了该区的地貌格局，形成了3个大型的构造体系：即近EW向的琉球沟-弧-盆体系、近SN向的台湾碰撞带构造体系和西菲律宾盆构造体系。此外，基底断裂及底层流等也进一步塑造了该区的地貌特征。

基底断裂对台湾以东海域的地貌发育也有重要影响。板块构造位置确定了海底地貌的总体格局，而基底大断裂的分布则直接影响了海底地貌的具体形态。由于基底走滑断裂活动，花东盆地沟槽区具有错综复杂的海底峡谷地貌特征。西菲律宾海盆区则表现为NW向线状脊-槽相间排列以及遭受NNE向转换断层切割后形成的典型大洋盆地断块构造地貌特征。加瓜海脊隆起区为断层作用下抬升的洋壳碎片，由于菲律宾海板块向西北方向的运动，沿加瓜海脊之下的NS向构造薄弱区发生东侧洋壳的俯冲和西侧洋壳的相对抬升，形成加瓜海脊隆起区。

底层流对台湾以东海域海底地貌的展布也有一定的影响。琉球海沟西段冲蚀沟槽、花东峡谷、台东峡谷等都是由于底层流作用形成的海底地貌。此外，台湾以东海域也是黑潮流经的重要地区之一，黑潮潮流的物质运移也与海底地貌特征存在密切关系。

总之，构造作用是台湾以东海域海底地貌发育的主导因素，板块相互作用及基底断裂的活动造就了该区的主要地貌单元和总体地貌框架。沉积作用、水动力条件等外因也对海底地貌进行了改造。海底浊流等外营力作用对台湾岛东南部岛坡断陷盆地和岛坡下部的浊积缓坡带、花东盆地、琉球海沟和琉球岛弧弧前盆地的地貌演化具有重要意义。

第三节　气象水文特征

郭炳火等（2004）、苏纪兰等（2005）和刘忠臣等（2005）先后就中国近海的气象水文特征做了详细介绍。这些成果中或多或少地涉及台湾以东海域，本节综合这些相关内容进行概要性阐述。

一、风和降水

1. 风

台湾以东海域的风速和风向具有明显的季节变化。冬季平均风速为9～11m/s，最大风速为26～29m/s，以东北风为主，其出现频率在50%以上，其次为北风。春季为风向转换期，风力减弱，平均风速为7m/s左右，最大风速为19～23m/s，其风向较乱，以26°N为界，其北侧以东北风占优，其南侧则以南向风为主。夏季的风速是一年中最小的，仅5～6m/s，以南至西南风为主。夏末以东北风和北风占优势，风速也增大，达 9m/s，最大可达 25m/s。秋季平均风速为 11～12m/s，风向则以北风和东北风为主，最大风速为 31m/s 左右。此外，四季中，秋季出现大风的频率最高，风力也最强，它们多由热带气旋造成。

2. 降水

该区年降水量一般大于 1000mm。尤其是琉球群岛附近的年降水量超过 2000mm。降水频率呈现明显的季节变化。冬季频率为 14％左右，但在 125°～128°E 的海域，存在一大于 20％的区域。春季在琉球群岛附近海域，高达 20％以上。夏季 125°E 以西的广大海域，一般都小于 10％。秋季增至 10％以上。

二、海 洋 水 文

本节主要阐述台湾以东海域的温度、盐度、潮汐和潮流、风浪和涌浪及水文气象特征。

（一）温度和盐度

1. 温度

终年受黑潮影响，冬季表层温度高，一般为 23～25℃，200m 为 18～21℃，400m 为 10～15℃；温度由南向北递减，但差异很小，暖水舌明显。春季表层为 27～28℃，200m 为 17～21℃。在基隆—苏澳一带 10～50m 层出现低于 25℃的冷涡。夏季表层为 26～28℃，400m 为 10～16℃。秋季表层较高，保持在 26℃左右，200m 为 15～21℃。整体而言，表层最高水温出现在 8 月（28.5℃），最低发生在 2 月下旬（23℃），表层水温年变幅在 5.5℃左右。

2. 盐度

台湾以东海域终年为高盐区，变化较小，年平均盐度约 34.5。冬季表层盐度为 34.5～34.7，200m 为 34.9～34.95，400m 为 34.0～34.6；等盐线分布几乎与台湾东海岸线平行。春季表层为 34.1～34.7，200m 为 34.7～34.9。夏季表层为 33.4～34.5，200m 层为 34.5～34.9，400m 为 34.5～34.8。秋季表层为 34.5～34.7，200m 层为 34.6～35.0。

（二）潮汐和潮流

台湾以东海域的潮振动式为太平洋潮波直接进入此海域而形成。半日分潮在该区占优。由于台湾本岛岸形的作用，M2 分潮在台湾东北侧近海形成一退化无潮系统。台湾以东海域潮汐性质属于不规则半日潮。最大潮差约为 2～3m，明显小于东海沿岸区。该海域潮流类型也属于不规则半日潮流，最大可能潮流为 50cm/s 左右。

（三）风浪和涌浪

1. 风浪

浪向：冬季以北东向风浪为主，频率在 52%～63%；其次为北向浪，频率为 15%～26%。春季则以偏南向浪为主，出现频率为 24%，其次为北东向风浪，频率为 19%。夏季，偏南向浪占优，频率为 25%，其次为北向风浪，频率为 18%。秋季以北东向浪为主，频率为 49%，其次为北向浪，频率为 35%。

浪高：平均浪高以冬季最大，为 1.7～2.3m。秋季次之，为 1.5～2.6m。夏季随后，为 1.0～2.3m。春季最小，为 1.0～1.6m。3～4 级浪出现的频率最高。夏、秋季最大浪高分别为 5.7～12.1m 和 7.0～17.1m，主要由热带风暴所致。

周期：以小于 5s 的风浪出现最多，四季中其出现频率在 40%～65%。大于 8s 的风浪，出现频率为 15% 左右。

2. 涌浪

浪向：冬季以东北向涌浪占优，频率约为 63%，其次为北向浪，频率在 23%～26%。春季涌浪方向比较分散，东向涌浪出现略占优势，频率为 20%。夏季以南向涌浪为主，频率为 17%～24%，其次为东向涌浪，频率为 20%。秋季则以东北向涌浪最多，频率为 30%～53%，其次为北向，频率为 20% 左右。

浪高：冬季浪高在 2.3～2.5m 左右。春季浪高约 1.3～2.1m。夏季浪高 2.3～2.5m。秋季浪高达 2.5～3.0m。从涌浪波级出现的频率看，3～4 级的涌浪占明显优势，各季出现的频率为 40%～55%。该区大浪（>2.8m）出现的频率一般大于 20%，秋季更是高达 27%～53%。

周期：夏、秋季平均周期为 5.4～5.5s 和 5.1～7.6s，冬季为 5.1～7.2s，春季为 5.0～6.7s。

三、台湾以东黑潮和海平面高度*

作为北太平洋副热带西边界流的黑潮在北太平洋经向热输送和全球气候变化中扮演着重要的角色。台湾以东黑潮是东海黑潮的源头，其流量和经向热输送的低频变异是北太平洋副热带环流和上层海洋热结构低频变异的"指标"。台湾以东黑潮流量和经向热输送的低频变异会直接影响北太平洋海表面温度（SST）的异常。另外，东海和黄、渤海的水文状况，也受台湾以东黑潮及其分支的制约。与黑潮变异同时发生的海洋温度锋、温跃层的变异又是影响渔场和声场的重要因素。

台湾以东海域的主要海流是黑潮。黑潮具有高温、高盐、透明度大和水色深蓝等特点，流速很强，携带巨大的热量和水量。其源地为吕宋岛以东海域，沿台湾岛东岸北上，

---

* 本节作者：刘秦玉

通过苏澳以东海脊进入东海，沿东海大陆架外缘向东北方向流动，流向稳定，并通过吐噶喇海峡返回太平洋，再流向日本以南海域，汇入北太平洋海流（苏纪兰等，2005）。

近来研究表明，台湾以东海域黑潮的流场和流速结构都比较复杂，根据目前的资料，大致有两种流态：一种是出现"东分支"现象，一种是不存在"东分支"现象（苏纪兰等，2005）。如1995年10月，该区域的黑潮存在东、西两支：西支（主干）紧贴台湾东岸北上进入东海；东支的流向为东北，沿琉球群岛外侧呈东北向流动，两者都属于强流带。此外，1996年5~6月期间也观察到了黑潮分支现象，但其路径与1995年10月有所不同。而1965年夏季和1965~1966年冬季，该区的黑潮并没有东分支现象出现，强流带流层深度达1000m左右，其核心流速在100~150cm/s之间，流速快，流幅窄，强流带东侧出现逆流。

总体而言，台湾以东的黑潮路径（指主干，不含东分支）并非平直，而是呈现出小的波动，且季节性摆动明显（苏纪兰等，2005）。多年平均而言，冬季时其路径偏西，距离台湾东岸较近；夏季时路径偏东，距台湾东岸较远。黑潮的流幅宽度在112~167km之间。流速结构以单核带状分布居多，少数为多核结构。流层深度为1000m左右。流速一般在2kn，最大达4kn。该海域出现各种尺度的涡旋，主要为两个水平尺度数百千米的椭圆形暖涡和一个水平范围超过100km的冷涡，涡的运动基本上是地转或准地转的，但涡旋的性质、数量、形状和排列等均随季节、年际有较大的变化（刘忠臣等，2005）。

目前，有关台湾以东黑潮流量的观测相对东海黑潮的观测还很少。以前海洋调查研究表明，台湾以东黑潮流量最小值是15sv，最大值大约50sv，平均在21~33sv（刘秦玉，2004）。在台湾的基隆和琉球群岛的石垣两个验潮站之间，世界大洋环流组织计划（WOCE）曾经在这里布放了测量温度盐度的浮标阵列，称为WOCE-PCM-1断面。通过对这一断面1994年9月到1996年5月间观测资料的分析，发现流过这一断面的黑潮流量具有100天左右的显著周期（Zhang et al.，2001），而且可以通过基隆和石垣的海平面高度差来估算经过PCM1断面的黑潮流量（Yang et al.，1999）。利用WOCE-PCM-1锚定浮标资料和T/P卫星遥感高度计资料发现，台湾以东黑潮流量的季节内变化（大约100天周期）是与来自西太平洋天气尺度的涡旋有密切的联系（Yang et al.，1999；Zhang et al.，2001）。

利用石垣和基隆两个验潮站的海平面高度记录（18年）计算了台湾以东的黑潮流量，发现台湾以东黑潮流量的峰值出现在1980~1981年、1982~1983年、1986年、1988年及1991年。低值出现在1984年、1990年、1993~1995年。小波分析结果显示，台湾以东黑潮流量具有2~5年的显著周期；在1980~1991年间，台湾以东黑潮流量偏大，与台湾以东太平洋区域风应力旋度间的关系较好；而在1991~1995年间，台湾以东黑潮流量偏低，与台湾以东太平洋区域风应力旋度间的关系较差（贾英来等，2004）。

在台湾以东太平洋这片广阔的副热带海域上，海平面高度的变化呈现出有别于北太平洋其他海域的独特特征。这片海域的海平面高度变化幅度在整个北太平洋中居于第二大的位置（仅次于黑潮延伸体区），它的变化以70~210天周期最为显著，强于年周期的变化（图12.7）。在台湾以东副热带海域上，存在着自西向东的副热带逆流（19°N~

27°N，170°E 以西）。在副热带逆流海域，70～210 天周期的海平面高度变化振幅自东向西逐渐增大。这一现象出现的原因不仅依赖于流的垂向切变，而且与海洋层结状况差异有关。在海洋 200～300m 深处出现的模态水使副热带逆流海域的层结状况更有利于斜压不稳定的出现，因此导致副热带逆流海域自东向西传播的 Rossby 波在西传过程中出现振幅增长的现象（刘秦玉、李丽娟，2007）

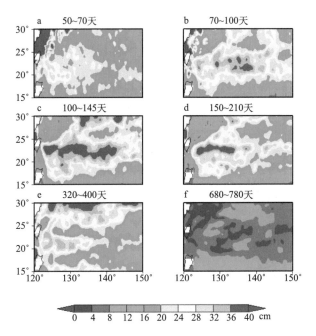

图 12.7　依据 1992 年 10 月～2001 年 8 月期间的 T/P-ERS 卫星观测海面高度异常资料，得到小波重构的海面高度异常在各不同频段振荡的振幅

台湾以东海域这种海平面高度的 70～210 天周期的变化，直接影响到了台湾以东黑潮的变化，这也解释了为什么 WOCE-PCM-1 锚定浮标资料得到黑潮流量 100 天周期的变化幅度远大于年周期变化的幅度。

依据同化后的海洋模式资料，发现了海洋上混合层低位涡水异常信号从中纬度日界线附近的温跃层"露头"区（28°～35°N、150°E～170°W）"潜沉"后，在海洋次表层内部被温跃层环流输送到台湾以东海域的路径，由于沿该路径低位涡水输运量有明显的年代际变化，因此台湾以东海洋层结也出现明显的年代际变化（Liu and Hu，2007）。

第四节　海　洋　灾　害

台湾以东太平洋海域的主要海洋灾害有海洋地震、海啸、热带气旋和海浪等。

一、地　震　灾　害

台湾岛所在地正是菲律宾海板块、太平洋板块和欧亚大陆板块相互作用的交汇区，并位于著名的环太平洋地震带之上，地震活动极为强烈。强震（＞Ms6.0）大多发生在本岛东部及以东海域中（图 12.8）。该区地震频度之高为中国各省份之首，6.0 级以上地震约占全国的 60％左右。据统计，本岛每年发生 5 级以上的地震有数百次，该海域每年平均发生 7 级左右地震约 2 次。1970 年 1 月至今，该区已发生 6 级以上强震多达 88 次。台湾东部地震带的震中一般在台东纵谷断层附近（龚士良，2002）。台湾东部的地震强度及灾害性地震的次数远大于台湾岛西部地震，但因东部主要为山区且人口密度与经济建设水平均小于西部地区，所以相对而言，其造成的危害要小于台湾岛西部。台湾岛的东部为陡峭的山脉，所以地震的发生往往会引发滑坡和泥石流，这也属于一种多发性和广域性的地质灾害，对人民居住安全和经济生产造成较大危害。另外，该海域若发生大地震，可能会诱发海啸，这对台湾地区的防震减灾极为重要。

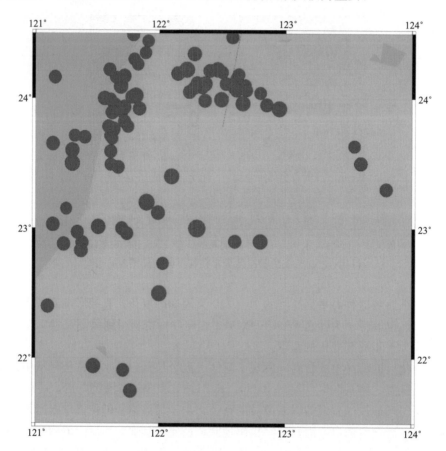

图 12.8　1970 年 1 月以来台湾及其东部海域 Ms6 级以上地震的分布（据国家地震台网数据）

　　1976 年以来，台湾以东地区发生过多次 6.0 以上地震，其中破坏力较大的地震主要有以下两个：①1999 年 9 月 21 日 1 时 47 分，在台湾省花莲西南（震中位于 23°42′N，121°06′E）发生了 7.6 级的强烈地震，也即著名的 921 集集大地震。这次大地震造成 2470 人死亡，11 305 人受伤，1000 多婴儿成为孤儿，10 万人无家可归，数万栋房屋倒塌变成废墟。此次地震波及福建省、广东省、浙江省和江西省的部分地区，造成不同程度的震感影响。其中，福建省福州、泉州、厦门、宁德等城市震感强烈，广东省广州至

汕头，浙江省温州，江西省南昌、九江等地均有不同程度震感。②2002 年 3 月 31 日 14
时 52 分，在台湾以东海中（24°24′N，122°06′E）发生 7.5 级大地震。震中距离位于台
湾岛东北的苏澳、南澳一带约 30km，距台北约 90km，距花莲约 70km。地震波及台
北、台中、台东，花莲、宜兰等地，出现灾情。地震造成了人口密度较大且经济较为发
达的台北市出现了严重的灾情，地铁停运两个半小时，公交车也停运，高架桥出现裂
痕，多幢楼房倒塌，多处楼房发生严重龟裂现象，电信部分中断。此次地震造成的破坏
较为严重。

二、海 啸 灾 害

海啸是由海底地震、火山喷发、泥石流、滑坡等海底地形突变所引发的具有超长波
长和周期的一种重力长波。当其接近近岸浅水区时，波速变小，振幅陡涨，有时可达
20～30m 以上，骤然形成"水墙"，瞬时入侵沿岸陆地，造成危害（陈颙、史培军，
2007）。大部分海啸产生于深海地震，发震时伴随海底发生激烈的上下方向的位移，从
而导致其上方海水巨大波动，海啸因故而发生。海啸引起海水从深海底部到海面的整体
波动，蕴含的能量极大，因此有强烈的危害性，是一种严重的海洋灾害，值得重视。

历史上台湾有过多次海啸的记录。最严重的一次是 1781 年的高雄。徐泓所编的
《清代台湾天然灾害史料汇编》中记载"乾隆四十六年四、五月间，时甚晴霁，忽海水
暴吼如雷，巨涌排空，水涨数十丈，近村人居被淹……不数刻，水暴退……"。较为典
型的海啸记载当为 1867 年台湾基隆北的海中发生 7 级地震引起了海啸，有数百人死亡
或受伤，资料记载此次海啸影响到了长江口的水位，江面先下降 135cm，尔后上升了
165cm（陈颙、史培军，2007）。需要指出的是，历史记录中虽有多次"海水溢"的现
象，但经常把海啸与风暴潮混在一起。历史记录中的"海水溢"现象，是风暴潮引起的
近海海面变化，而非海啸。李起彤和许明光（1999）对台湾及邻区历史上可能的 32 次
海啸记录进行了分析和甄选，认为只有 9 次是真正的海啸。

我国台湾位于环太平洋地震带，地震多发生在台湾东部海域，但台湾东部海底急速
陡降，不利于从东部传来的海啸波浪积累能量形成巨浪，因此即使远洋海啸也难以成
灾，台湾受远洋海啸影响不大。但台湾东部的堆积物形成不稳定的斜坡，一旦发生大规
模海底山崩，很有可能引发致灾的海啸。

三、热带气旋与海浪灾害

（一）热 带 气 旋

热带气旋按接近中心风力的大小可分为热带低压、热带风暴、强热带风暴和台风这
四类。热带风暴作为一种灾害性天气系统，所经之处产生狂风、巨浪、暴雨、风暴潮
等，威胁海上作业及沿海地区的经济和生命安全，但它同时也可以带来充沛的降水，可
缓解旱情。全球海域中，西北太平洋发生热带风暴最多，占 1/3 左右。台湾以东海域位
于西太平洋热带风暴主要源地的西北缘，因此，热带气旋活动是该区重要的海洋灾害。

李克让（1993）、阎俊岳等（1993）和苏纪兰等（2005）先后对中国近海气候进行过论述。根据这些相关成果，本节介绍台湾以东海域的热带气旋特征。

阎俊岳等（1993）根据1952～1982年热带气旋统计资料指出，登陆台湾的强热带气旋共计62个（不含热带低压），平均每年2个。最多年份（1961）达6个。其中，台风为43个，占热带气旋总数的70%。从登陆热带气旋的季节分布来看，5～11月都有出现。其中，5～6月和10～11月登陆数只占登陆总次数的11%，7～9月占89%。除了受上述登陆的热带气旋影响外，实际上还受到来自西进南海、东缘北上或转向东北的强热带气旋影响，平均每年接近8个热带气旋影响台湾岸带。这种影响通常始于4月，终于12月，以7～10月为主，其中8月最多。

热带气旋影响台湾岛时常出现大量降水。但因地形影响，即使在同一环流下，台湾各地降水也存在明显的差别。尤其在气流的迎风坡和背风坡更为悬殊。迎风坡大雨如注，背风坡雨小，甚至可能出现焚风效应。这除了与热带气旋的强度有关外，还与其登陆路径有关。

侵袭台湾的台风，皆发生于6～10月，以8月频率为最高。台风侵袭本岛大多从东南趋向西北，到达大陆东南沿海，然后再转向日本。其通过本岛的路径，以北部为最多，中南部次之，很少由东部沿海或台湾海峡北上的，因此本岛北部的水稻田受台风的灾害最大。出现于本岛的台风，风力强大，一般风速多在20m/s以上，最大纪录可达50m/s，足以拔树倒屋，毁坏田禾，甘蔗尤易被吹折。加以台风每挟暴雨而至，往往使河川泛滥，洪水成灾。

整体而言，台湾以东洋面，夏、秋季常受热带气旋（台风、热带风暴）的影响，其中以每年的7～9月最盛，平均每年有3.5次8级以上强热带风暴登陆台湾岛，对人民的日常生活、渔业生产和海水养殖均造成巨大的危害和损失。

（二）灾害性海浪

通常把浪高6m以上的海浪称为灾害性海浪。近代研究表明，海上自然破坏力的90%来自海浪，而10%的破坏力来自风。海浪是一种复杂的波动现象，它影响着海上活动，能掀翻船舶、摧毁海上工程和海岸工程，给航海、海上施工、海上军事活动、渔业捕捞等带来灾害。按产生灾害性海浪的大气扰动系统来分，可分为热带气旋（包括热带低气压、台风和强台风）、温带气旋和寒潮大风造成的海浪，分别简称台风浪、气旋浪和寒潮浪（许富祥、余宙文，1998）。

利用船舶报和海洋站及浮标的观测资料，许富祥和余宙文（1998）对1966～1993年期间台湾以东洋面及巴士海峡的海浪时空分布规律进行了研究。统计表明，这一期间，台湾以东洋面及巴士海峡出现台风浪155次，寒潮浪122次，气旋浪6次，总体而言，波高6m以上的狂浪在28年里出现283次，年均10.11次（其中寒潮浪为4.36次，台风浪为5.54次，气旋浪为0.12次）。这是因为台湾以东洋面与太平洋相通，水深浪大，具有大洋海浪特征，因此灾害性海浪频率也较高。必须指出，台湾以东洋面及巴士海峡的灾害性海浪场常会影响和扩展到东海、台湾海峡和南海，尤其是该海区的台风浪，更是预报台风西行或转向的依据，这是预报我国近海灾害性海浪的关键海区之一。

此外，灾害性海浪的发生呈明显的年际变化。其中，1980年最多，达37次；1973年、1992年最少，仅出现8次。虽然灾害性海浪每月都发生，但各月发生的次数差异较大，其中4、5月只出现6次和5次，而11、12月出现次数较多，分别达89次和71次。台风浪主要发生在7~10月，共出现159次，占全年总数的75.7%，其中仅8月便占全年总数的24.8%。寒潮浪主要发生在冬半年，10月~翌年3月的发生次数为全年总数的97%，其中12月份占总数的22%。气旋浪主要是在10月至翌年3月的冬半年，占全年总数的86.3%。1989~1998年期间，海上波高大于4m的巨浪的常年平均天数，巴士海峡平均为67天，最大浪高为12m。

第五节　海洋资源

受暖流影响，台湾以东太平洋广阔的海洋中蕴藏着丰富的渔业资源。台湾东部海岸由于山脉陡峭，又形成了独具特色的旅游资源。台湾的经济命脉——国际贸易与海运密切相关，所以台湾地区的海港经济也较为发达。台湾岛东部以山脉为主且岛架较陡，故海涂资源较为匮乏，且盐业经济也不如台湾西部的发达。

一、渔业资源

台湾以东太平洋地区属西太平洋地区热带水域，因此具有大洋的性质。同时这里也是黑潮流经的地方。黑潮是由太平洋北赤道流在菲律宾群岛以东向北流动的一个分支延续而来，其源地位于台湾岛东南和巴士海峡以东海域，台湾以东海域是黑潮变异最为强烈的区域之一（周慧等，2007）。受到黑潮的影响，台湾以东太平洋海域的水域具有高温高盐的性质，温度分布也较为均匀，温度变化的年较差较小，这也导致了本区终年都有暖流洄游的鱼群。但是大陆架比较狭窄，许多地方甚至没有发育，所以区域内的水深较大，海底存在较深的深海槽，这种地貌特征并不利于底栖鱼类的存在，只能成为浮游渔场。

台湾岛以东太平洋地区广泛分布着一系列岛屿，如兰屿、钓鱼岛等。这些岛屿是我国与太平洋地区联系的重要枢纽。由于本区广泛分布有大洋性海洋鱼类，因此它们也是我国发展深海及远洋渔业的重要渔业基地。同时，由于本区存在有一支流势较强的黑潮，许多热带性或暖流性鱼类顺流而上，因此上、中层洄游鱼类丰富。台湾附近海域的鱼类主要有鲷鱼、鲔鱼、鲨鱼、旗鱼、鲭鱼及鲣鱼等。调查发现，台湾以东海域中的软骨鱼类有157种，其中鲨类98种，鳐类59种。还有珊瑚、石花菜、牡蛎、红虾等近海水产。这些岛屿是钓渔业和远洋渔业的理想场所。基隆、高雄和苏澳是本区的三大渔业中心。

兰屿是台东县的一个离岛，为台湾省的第二大岛。兰屿上的土著居民是雅美族，飞鱼是雅美人最重要的食物，而捕捉飞鱼也是雅美族传统文化的一部分。每年春季，成群的飞鱼会游到兰屿附近的海域，这也成为雅美人重要的渔业生产活动（李渤生，2007）。

近年来，台湾海洋渔业在环境变迁与沿近海渔业资源减少的压力下，已转向开发较深层水中的渔业资源，主要包括台湾东部和东北部地区的深海渔业资源。台湾西南部沿海的樱虾资源已充分开发利用，而台湾东北部及东部的系群则未进入产业开发阶段。经过 2003 年四个航次勘探的结果发现，龟山岛周边 200～500m 深度范围内有正樱虾分布的海域约 150km^2，推算樱虾现存量约 333t。据估计，樱虾现存量产值可达新台币 1×10^8 元左右，为极具开发价值的渔业资源。

二、旅 游 资 源

海洋旅游成为发达产业是近 20 年来的事。目前，海洋旅游业已成为包括中国在内的许多海洋国家海洋经济的重要组成部分之一，在部分区域，海洋旅游业甚至成为其海洋经济的支柱产业（曾呈奎等，2003）。

台湾东部地区，海岸地貌类型多样。台湾东部海岸因中央山脉与海岸山脉的双重阻隔而避免了人为的开发，有"台湾最后一块净土"之称。这里有着著名的台湾八景，分别为清水断崖、八仙洞、石梯坪白色海岸、三仙台、小野柳和乌石鼻海岸等。

台湾东部海岸从苏澳到花莲一段的途中所经过的"清水断崖"，是举世罕见的海岸断崖奇观，早在清代，"清水断崖"就被誉为台湾八景之一。《花莲县志》对清水断崖有较为详细的记载。清水大断崖号称世界第二大断崖，是崇德、石硔、清水、和平等山临海悬崖连成的大面积石崖，前后绵亘达 21km，成 90°角度插入太平洋，凌霄独立，睥睨狂澜，气派雄伟；加之沿岸发育了在菲律宾板块上冲的软岩地层上的奇特海蚀地貌，形态多样，有海穹、海台、蜡烛石与磐礁、女王头、蘑菇石以及多姿的海蚀柱，景色迷人，是举世罕见的断崖海岸奇观。

龟山岛又名"龟山屿"，位于台湾东部宜兰县头城镇以东约 12km 的西太平洋中，为孤悬于海中的一个火山岛屿。整个岛屿形状似浮龟，故而得名，为"兰阳八景"之一。面积约 2.841km^2，东西长约 3.1km，南北宽约 1.6km，海岸线长 9km。龟山岛为台湾离岛的第二高山，岛上最高点海拔 398m。岛上有湖泊、冷泉、温泉、海蚀洞、硫气孔等，还有特殊的植物资源和丰富的海洋生态资源。1999 年 12 月 22 日，宜兰县政府重新将龟山岛半开放，至 2000 年 8 月 1 日正式对外开放观光，纳入了台湾东北角国家风景区，定位为海上生态公园。

三、港 口 资 源

台湾省除澎湖列岛外，主岛海岸线也分布有许多优良的港湾，并形成了部分主要港口，较大港口主要有高雄港、花莲港、台中港和基隆港等（曾呈奎等，2003）。其中花莲港位于台湾东部，而基隆港位于台湾岛的东北部，两者可以充分利用台湾以东太平洋地区这一优势资源，必将对整个台湾岛的渔业生产和经济发展产生重要的影响。

1. 花莲港

位于台湾岛东岸中部、花莲市东北约 3km 处。东邻琉球群岛南段，北距苏澳港 44n

mile，基隆港 90n mile，南至台东 80n mile，是台湾第四大国际商港，东部主要国际港。于 1931～1939 年建成 3 个泊位，吞吐能力可达每年 30×10^4 t。二战期间遭到破坏，战后经 10 年修复，于 1956 年完成。1959～1978 年又经历了三次扩建，泊位增到 16 个，吞吐能力达每年 290×10^4 t，并于 1963 年辟为国际贸易港。为了配合台湾东部经济的发展，1980 年末又继续扩建外港工程。据 1989 年统计，共有码头泊位 20 个，其中深水泊位 16 个，完成吞吐量 325.1×10^4 t。2002 年，花莲港进港船舶 2336 艘，进港总吨位 1555×10^4 t；出港船舶 2337 艘，出港吨位 1556×10^4 t，进出港总吨位 3111×10^4 t。货物吞吐量 2033×10^4 t，货物卸载量 1716×10^4 t。

该港以一般散货运输为主。出港货物主要为非金属矿产品及矿物制品、纸及纸制品与加工食品等；进港货物主要是林产品、能源、矿产等。1996 年，花莲港开始运输进出口集装箱，但运量不稳定，后停止这方面运输。

2. 基隆港

位于台北市东北基隆湾内，临东中国海。它是距离大陆最近的港口，西北距福州马尾 150n mile，北距温州港 196n mile，距宁波北仑港 310n mile，距上海吴淞 420n mile，西南至厦门港 220n mile，至香港 475n mile。历史上，基隆港于 1961～1971 年进行过三次扩建。1961 年建成小型商港苏澳港，并于 1969 年成为基隆港的辅助港。自 1974 年起历时 9 年开发成国际港口，1977 年还扩建八尺门为基隆港的辅助港。1989 年拥有码头泊位 58 个，其中深水泊位 37 个，完成港口吞吐量 2077.3×10^4 t。至 1995 年集装箱吞吐量达 216.5×10^4 TEU，在世界 20 大集装箱港口中居第 12 位。

3. 苏澳港

苏澳港位于台湾东北岸宜兰县东部，北距基隆港 50n mile，东临太平洋。港湾水域面积 4km²，是台湾东北的天然良港。

港区航道水深 24m，可容 8×10^4 t 船舶出入。商港区有深水码头 13 座，总长 2778m，干船坞 1 座。它是台湾东海岸最大的海军基地和主要后方基地，也是台湾第五大国际商港。海湾中部有岩礁，又分苏澳、南澳和北澳。北澳岸壁陡峭，陆域狭窄，用于渔港。苏澳湾原位商港港址，有 4000t 级泊位 2 个，3000t 级泊位 1 个，为基隆港的辅助港。70 年代末，由于台湾经济发展的需要，建设了散货港区、远洋港区、木材港区和沿海轮港区。2002 年，苏澳港进出港船舶 1354 艘，进出口船舶吨位 1150×10^4 t。货物吞吐量为 531×10^4 t。进口货物以煤炭、燃油、原木、石膏等散货为主，出口货物以散装水泥为大宗。

参 考 文 献

陈颙，史培军. 2007. 自然灾害. 北京：北京师范大学出版社.

傅命佐. 2005. 台湾以东太平洋海底地貌. 见：刘忠臣，刘保华，黄振宗等主编. 中国近海及邻近海域地形地貌. 北京：海洋出版社

龚士良. 2002. 台湾的地震灾害及其环境地质问题. 灾害学，17（4）：76～81

郭炳火，黄振宗，李培英等. 2004. 中国近海及邻近海域海洋环境. 北京：海洋出版社

黄镇国，张伟强，钟新基等. 1995. 台湾板块构造与环境演变. 北京：海洋出版社

贾英来，刘秦玉，刘伟等. 2004. 台湾以东黑潮流量的年际变化特征，海洋与湖沼，35（6）：507～512

李渤生. 2007. 中国五大"热带岛". 中国国家地理，（12）：38～57

李克让. 1993. 中国近海及西北太平洋气候. 北京：海洋出版社

李起彤，许明光. 1999. 台湾及其邻近地区的海啸. 国际地震动态，（1）：7～12

梁瑞才，高爱国，郑彦鹏等. 2003. 台湾以东海区磁异常及磁条带研究. 洋科学进展，21（3）：291～297

刘保华，郑彦鹏，吴金龙等. 2005. 台湾岛以东海域海底地形特征及其构造控制. 海洋学报，27（5）：82～91

刘秦玉. 2004. 北太平洋副热带海洋环流气候变化研究. 中国海洋大学学报，34（5）：689～696

刘秦玉，李丽娟. 2007. 北太平洋副热带向东逆流区 Rossby 波斜压稳定性. 地球物理学报，50（1）：83～91

刘忠臣，刘保华，黄振宗等. 2005. 中国近海及邻近海域地形地貌. 北京：海洋出版社

苏纪兰，袁业立. 2005. 中国近海水文. 北京：海洋出版社

许东禹，刘锡清，张训华等. 1997. 中国近海地质. 北京：地质出版社

许富祥，余宙文. 1998. 中国近海及邻近海域灾害性海浪监测与预报. 海洋预报，15（3）：63～68.

阎俊岳，陈乾金，张秀芝等. 1993. 中国近海气候，北京：科学出版社

曾呈奎等. 2003. 中国海洋志. 郑州：大象出版社

郑彦鹏，韩国忠，王勇等. 2003. 台湾岛及其邻域地层和构造特征. 海洋科学进展，21（3）：272～280

郑彦鹏，刘保华，吴金龙等. 2005. 台湾岛以东海域构造及其板块运动特征. 见：张洪涛，陈邦彦，张海启主编. 我国近海地质与矿产资源. 北京：海洋出版社

周慧，郭佩芳，许建平等. 2007. 台湾岛以东涡旋及东海黑潮的变化特征. 中国海洋大学学报，37（2）：181～190

Hsu S K，Liu C S，Shyu C T，et al. 1998. New gravity and magnetic anomaly maps in the Taiwan-Luzon region and their preliminary interpretation. TAO，9（3）：509～532

Karp BY，Kulinich R，Shyu CT，et al. 1997. Some features of the arc-continent collision zone in the Ryuku subduction system，Taiwan junction area. Island Arc，6：303～315

Liu Q，Hu H. 2007. A subsurface pathway for low potential vorticity transport from the central North Pacific toward Taiwan Island. Geophysical Research Letters，34，L12710，doi：10. 1029/2007GL029510

Sibuet J C，Hsu S K. 1997. Geodynamics of the Taiwan arc-arc collision. Tectonophysics，274：221～251

Yang Y，Liu C T，Hu J H，et al. 1999. Taiwan Current (Kuroshio) and impinging eddies. Journal of Oceanography，55：609～617

Zhang D，Lee T N，Johns W E，et al. 2001. The Kuroshio east of Taiwan：modes of variability and relationship to interior ocean mesoscale eddies. Journal of Physical Oceanography，31：1054～1074

第三篇　海洋经济与管理

第十三章　中国海洋经济——海洋产业

第一节　2006 年中国海洋产业状况[*]

国家统计局公布 2006 年我国海洋产值总额为 $18\,408\times10^8$ 元，其中前三位的有滨海旅游业、海洋渔业和海洋交通运输业，产值分别为 4706×10^8 元、4533×10^8 元、2585×10^8 元。其后依次为海洋船舶业、海洋电力、海洋油气工业、海洋建筑业、海洋化工及盐业、海洋生物医药业等（图 13.1）。

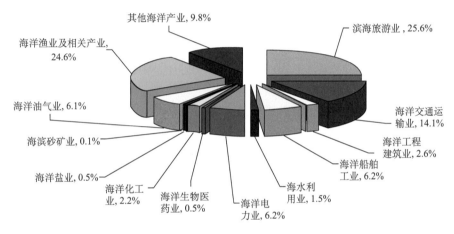

图 13.1　2006 年我国海洋产业总产值构成图
（引自国家海洋局 2006 年中国海洋经济统计公报）

滨海旅游业：2006 年，滨海旅游业保持平稳较快发展，旅游市场持续扩大，旅游消费稳步增长，服务水平进一步提升。全年滨海旅游收入 4706×10^8 元。

海洋渔业：2006 年，沿海地区继续加强对近海渔业资源的保护，积极发展远洋渔业和海洋水产品加工业，全年实现总产值 4533×10^8 元。

海洋交通运输业：海洋交通运输业快速发展，沿海港口吞吐量持续稳步上升。2006 年，海洋交通运输业营运收入达 2585×10^8 元。其中上海港货物吞吐量达 5.37×10^8 t，居世界第一。在世界排名前 20 位的国际港口中，我国沿海港已占近一半席位。

海洋船舶工业：海洋船舶工业继续保持强劲增长势头，全年实现工业总产值 1145×10^8 元。2007 年全国海洋船舶完工量 1800×10^4 载重吨，新接订单超过 7000×10^4 载重吨，居世界第一。

海洋电力业：2006 年，海洋电力业总产值 1150×10^8 元。海洋风电发展迅速，广

＊　本节作者：朱大奎

东、江苏、山东等省沿海，均在建大规模风电场。

海洋油气业：2006 年，我国海洋石油天然气开采能力不断增强，海洋油气业继续快速发展。海洋油气业总产值 1121×10^8 元。广东省和天津市两省市海洋油气业产值之和占全国海洋油气业产值的 83.5%。

海洋工程建筑业：2006 年，海洋工程建筑业总产值 477×10^8 元。浙江省海洋工程建筑业产值占全国海洋工程建筑业产值的 41.9%，居全国首位。

海洋化工业：海洋化工业继续保持良好发展态势，全年实现工业总产值 406×10^8 元。天津市海洋化工业产值占全国海洋化工业产值的 33.0%，居全国首位。

海水利用业：2006 年，我国海水利用业发展情况良好，沿海地区按照《海水利用专项规划》确定的目标，不断扩大海水淡化和综合利用的生产规模。全年海水利用业总产值 270×10^8 元。广东省海水利用业产值占全国海水利用业产值的 48.2%，居全国首位。

海洋生物医药业：我国海洋生物医药产业成长较快，2006 年海洋生物医药业总产值 94×10^8 元。浙江省海洋生物医药业产值占全国海洋生物医药业产值的 38.3%，居全国首位。

海洋盐业：2006 年，海洋盐业总产值 94×10^8 元。山东省海洋盐业产值占全国海洋盐业产值的 58.3%，继续高居全国首位。

海滨砂矿业：2006 年，海滨砂矿业总产值 21×10^8 元。

从公报可以看出，中国海洋产业正在发生着变化，除了传统的渔业得到发展外，现代化产业——旅游业、交通业、油气工业等发展迅速，逐步成为中国海洋产业的主导产业，海洋化工、海水淡化、海洋药物等新型产业正迅速崛起。2005 年，我国沿海各省份海洋产业总产值，以广东省为第一，为 4288.39×10^8 元，第二是山东省，2418.11×10^8 元，第三是浙江省，2298.75×10^8 元，第四是上海，2296.45×10^8 元，再后依次为福建省、天津市、辽宁省、江苏省、河北省、海南省及广西壮族自治区。

第二节　海洋旅游业[*]

从 20 世纪中叶开始，全球性人口、资源与环境问题日益突出，人类的生存空间日趋紧张，陆地旅游资源遭到破坏和污染，海洋以其清新的空气、明媚的阳光、洁净的海水、松软的沙滩受到越来越多的游客的青睐。作为海洋产业中的重要组成部分，海洋旅游业已成为沿海国家竞相发展的重点产业，与海洋石油、海洋工程并列为海洋经济的三大新兴产业（贾跃千、李平，2005）。目前，世界各国都在自己的领海以及广阔的公海、大洋领域开发旅游资源，建设旅游基地，开辟了许多海洋旅游项目，世界海洋旅游事业正向广度和深度迅速发展，海洋旅游业已成为人类旅游活动的主要形式之一。

按照人类海洋旅游活动所依托海洋空间环境的差异，海洋旅游活动可分为海岸带旅游、海岛旅游、远海旅游、深海旅游、海洋专题旅游等五类活动形式（表 13.1）（贾跃千、李平，2005）。

---

[*] 本节作者：傅光翮

表 13.1　海洋旅游主要类别及其内容（贾跃千、李平，2005）

海洋旅游类别	主要内容
海岸带旅游	海岸生态观光与考察；海底观光；海洋水体观光；海洋运动（海流、海浪、潮汐等）体验；海洋天象和气象（日月星辰、海市蜃楼等等）；海滨休闲和娱乐；海滨休疗养；水上体育活动；海洋历史文化体验；海洋经济、海洋工业、运输业或渔业等等体验和考察；海滨城市观光
海岛旅游	海岛度假休闲；海岛生态观光与考察；海岛探险；海岛文化考察；岛礁景观观光
远海和深海旅游	远洋科学考察；航海体育竞技；沉船探测打捞；海底探险；大洋环流运动考察；南极和北极考察探险
海洋主题旅游	海洋科普；海洋宗教体验；海洋节庆活动（旅游节、体育节、商贸节等活动）；海洋特色商品；海洋军事体验；海洋博物馆、水族馆参观；海洋美食体验；游艇巡游和环游

　　海岸带旅游是现今海洋旅游的主要形式，和海岛旅游一样所开展的海洋旅游活动都是以陆地为基础，从而体现出海陆相互作用的特点，也是目前海洋旅游最主要的依托地。远海旅游和深海旅游，需借助一定的设施和设备，不以陆地为依托而独立地在大洋中开展，受人类科技水平和经济发展的限制，远海旅游和深海旅游还不具备成为大众旅游主要形式的条件，所开展的活动也主要以一些远洋科学考察、航海体育竞技、沉船探测打捞等事件旅游活动形式为主。

一、中国的海洋旅游资源

　　我国是一个海洋大国，既有广袤的海域，又有众多的海湾、海滨沙滩和岛屿，具备发展海洋旅游的优越条件。海洋旅游资源分布广泛，类型丰富多彩，是发展中国海洋旅游的物质基础。

（一）自然风景旅游资源

　　我国濒临太平洋西岸，拥有 1.8×10^4 km 的大陆海岸线，既有基岩海岸、平原海岸，又有生物海岸；还有 1.4×10^4 km 的海岛岸线，岛屿 6500 多个。可管辖的海域南北延伸近 40 个纬度带，面积达 300×10^4 km^2 余，跨越温带、亚热带、热带，冬有避寒胜地，夏有消暑去处，拥有丰富多样的海洋自然旅游资源。包括海洋地貌旅游资源、海洋水体旅游资源、海洋生物旅游资源、海洋气候气象旅游资源（陈娟，2003）（表 13.2）。

（二）人文景观旅游资源

　　在我国 5000 年的文明史中，沿海是我国开发历史悠久、文化经济发达的地区之一。海岸带是历史上的"海上丝绸之路"和现代海上交通与世界各国联系的地带。海洋人文旅游资源分布较为集中，既有历史古迹、现代革命文物遗迹、古代和现代建筑工程、古代港口和近代港口，又有传统的文化艺术、民风习俗和海鲜佳肴等。古今结合，融为一体，吸引国内外大量旅游者旅游观赏。海洋人文景观旅游资源包括海洋古遗迹、古建筑

表 13.2　海洋自然风景旅游资源的分类（陈娟，2003）

海洋自然风景旅游资源			主要内容
海洋地貌旅游资源	基岩海岸		海滩，海湾与岬角，海蚀地貌（海蚀崖、海蚀穴、海蚀拱桥、海蚀柱和海蚀平台等），主要分布在辽东半岛、山东半岛以及浙、闽、粤、桂、琼和台等省区沿岸，可开展观光、海滨休闲娱乐、科学考察、探险等活动。
	平原海岸	砂质海岸	沙滩、潟湖、沙嘴。可开展观光、海水浴、科学考察等活动。主要分布在冀东海岸、三亚海岸
		潮滩海岸	潮滩、盐沼、潟湖。可开展观光、贝类采撷、海滨休闲娱乐、科学考察等活动。主要分布在渤海湾、苏北平原
	河口-三角洲岸		河口湿地。可开展观光、科学考察、休闲娱乐等活动。主要有鸭绿江、辽河、海河、黄河、长江、钱塘江、闽江、九龙江、珠江等
	生物海岸	红树林海岸	分布在福建福鼎以南直到海南岛的一些岸段，以海南岛的铺前港和清澜港以及广西北海市山口红树林较为典型
		珊瑚礁海岸	主要分布在热带的海南岛、雷州半岛和南海诸岛
	海岛		包括火山岛、大陆岛、堆积岛、人工岛、生物岛等类型
海洋水体旅游资源			波浪、潮流、涌潮。可开展观光、水上活动、潜水、体育竞技、科学考察等活动
海洋生物旅游资源			丰富的生物多样性，野生动物栖息地
海洋气候气象旅游资源			变幻多端的气候，云雾，海市蜃楼现象，避暑地、避寒地

旅游资源，海洋城市旅游资源，海洋宗教信仰旅游资源，海洋民风民俗旅游资源，海洋文学艺术旅游资源，海洋科学知识旅游资源等。海洋人文旅游资源以各种不同的自然海洋环境为背景，更增添了吸引游人的独特魅力，同时也彰显了其文化内涵。

二、中国海洋旅游产业[①]

（一）中国海洋旅游业发展现状

我国海洋旅游胜景很多，具有"滩、海、景、特"四大特点。进入 20 世纪 90 年代，我国海洋旅游业蓬勃兴起，沿海及海岛各地都把海洋旅游业作为经济发展的先导产业来抓。统计资料表明，沿海及海岛地区，近年来接待的游客人次以每年高达20%～30%的速度递增（董玉明等，2002）。2007 年滨海旅游产业增加值占主要海洋产业增加值的 30.82%，仅次于海洋交通运输业。滨海旅游业正快速发展（表 13.3，图 13.2）（国家海洋局，2009）。

表 13.3　2005～2007 沿海城市国际旅游外汇收入（$\times 10^4$ 美元）（国家海洋局，2009）

地区	2005 年	2006 年	2007 年
辽宁（大连、丹东、锦州、营口、盘锦、葫芦岛）	47 662	57 328	73 773
河北（唐山、秦皇岛、沧州）	10 373	11 829	14 962

---

① 本节统计资料未列入我国香港、澳门、台湾数据

地区	2005 年	2006 年	2007 年
天津	50 901	62 590	77 871
山东（青岛、东营、烟台、潍坊、威海、日照、滨州）	64 911	84 135	110 479
上海	355 588	390 399	467 297
江苏（连云港、盐城、南通）	20 257	26 285	35 487
浙江（杭州、宁波、温州、嘉兴、绍兴、舟山、台州）	143 098	176 051	217 604
福建（福州、厦门、莆田、泉州、漳州、宁德）	124 260	140 292	207 863
广东（广州、深圳、珠海、汕头、江门、湛江、茂名、惠州、汕尾、阳江、东莞、中山、潮州、揭阳）	591 036	698 188	800 274
广西（北海、防城港、钦州）	1 256	1 767	2 944
海南（海口、三亚）	11 474	21 177	28 534

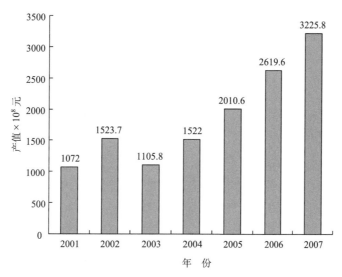

图 13.2　2001～2007 年滨海旅游业增加值（国家海洋局，2009）

在我国，旅游业较为成熟的省份大多分布于沿海地区，滨海旅游在旅游发展中扮演重要角色。从旅游收入的绝对数值上来讲，2005 年滨海旅游业收入占我国旅游业总收入的 65％，而滨海旅游国际旅游收入占到总国际旅游收入的一半以上。根据 2004 年统计资料，按照国际旅游接待能力进行排名，国际旅游收入方面，前十名的省份中有八个位于沿海地区，而接待国际旅游人次上排名也同样如此。可以看出，无论是从旅游收入还是从接待旅游人次上，滨海旅游都具有较强的竞争力，在我国整个旅游业中处于重要地位（张广海等，2007）。

（二）中国海洋旅游分区

根据地理区位特点可将中国海洋旅游分为四个区域：

1. 环渤海旅游区

环渤海旅游区包括辽宁、河北、天津、山东三省一市的海洋旅游区。海岸线北起鸭绿江口，南至山东与江苏两省交界处的绣针河口。大陆岸线长 5656km，区内有岛屿 660 个，岛屿岸线 1428km。

环渤海旅游区海洋旅游资源丰富。据统计，适宜于建设浴场的优良海滩达 30 余处，大连的三山岛、棒槌岛、蛇岛、小平岛，烟台的庙岛群岛、芝罘岛，威海的刘公岛、石岛等岛屿，都具有较高的旅游开发价值。丹东的大孤山古建筑群、大连老虎滩、秦皇岛的山海关、北戴河的滨海疗养地、昌黎的黄金海岸、蓬莱的蓬莱阁、青岛的滨海风光、崂山道教圣地等自然景观和人文景观均对游客有较大的吸引力（于庆东，1998）。2006 年环渤海旅游区国内旅游人数占全国沿海城市国内旅游人数的 32.4%，接待入境旅游者占全国沿海城市入境旅游者的 10.3%。国际旅游外汇收入占全国沿海城市旅游外汇收入的 12.9%。

目前，本区基本形成以天津、大连、秦皇岛、青岛、烟台为热点的环形旅游带，2006 年本区主要旅游城市天津、大连、秦皇岛、青岛、烟台国内旅游人数 12 100×10⁴ 人次，占本区国内旅游人数的 66.7%；接待入境旅游者 287.4×10⁴ 人次，占本区入境旅游者的 81.4%；国际旅游外汇收入 190 349×10⁴ 美元，占本区旅游外汇收入的 88.2%。

2. 长江三角洲旅游区

长江三角洲旅游区包括江苏、上海、浙江两省一市的海洋旅游区。海岸线北起山东与江苏两省交界处的绣针河口，南至浙江省与福建省交界的虎头。大陆岸线长 2966.2km，区内岛屿 1949 个，岛屿岸线 4637.9km。

本区具有丰富的自然旅游资源和人文旅游资源，区位优势明显，依托我国最大的经济中心城市——上海和经济发达的长三角地区，在我国的海洋旅游业中占有重要地位。2006 年本区国内旅游人数占全国沿海城市国内旅游人数的 41.9%，接待入境旅游者占全国沿海城市入境旅游者的 25%，国际旅游外汇收入占全国沿海城市旅游外汇收入的 35.5%。

上海市、浙江省国际旅游外汇收入分别列 11 个沿海省份的第二、第三位。上海是国际旅游者的进出门户、现代都市游览地；杭州、绍兴、宁波都是历史文化名城，杭州西湖十景、钱塘江观潮吸引了大批中外游客；舟山地区的海岛环境优美，朱家尖岛北面隔海就是闻名海内外的"海天佛国"——普陀山；江苏北部的连云港花果山、摩崖石刻等也具有较高的观赏旅游价值。

目前，本区形成以上海、杭州为中心，连云港、南通为左翼，宁波、嘉兴为右翼的旅游格局。2006 年上海、杭州、南通、宁波、嘉兴五市国内旅游人数 16 736×10⁴ 人次，占本区国内旅游人数的 71.3%；接待入境旅游者 771.7×10⁴ 人次，占本区接待入境旅游者总数的 89.5%；国际旅游外汇收入 548 546×10⁴ 美元，占本区旅游外汇总收入的 92.5%。

3. 闽粤桂旅游区

闽粤桂旅游区包括福建、广东、广西三省区的海洋旅游区。海岸线北起浙江省与福建省交界的虎头，南至中越交界的北仑河口。大陆岸线长 7874.6km，岛屿 2745 个。

本区具有丰富的自然和人文旅游资源，毗邻香港、澳门，与我国台湾省隔海相望，并与东南亚国家相邻，依托经济发达的珠江三角洲地区，发展海洋旅游具有独特的优势。福建省是著名的侨乡，吸引了大量侨胞来投资、观光；福州、泉州是历史文化名城，妈祖文化源远流长；厦门的鼓浪屿风景优美；深圳经济特区主题公园荟萃，会展业发达；广州有丰富的历史人文景观；北海白虎头海滩有"银滩"的美称，是我国著名的海滨浴场，其南面 37km 海上的涠洲岛是我国最大的火山岛。

2006 年本区国内旅游人数占全国沿海城市国内旅游人数的 24.4%，接待入境旅游者占全国沿海城市入境旅游者的 63.2%，国际旅游外汇收入占全国沿海城市旅游外汇收入的 50.3%，接待入境旅游人数和国际旅游外汇收入均列四个区的首位，其中广东省接待入境旅游人数和国际旅游外汇收入在全国 11 个沿海省份中均为第一位。由此可见，本区海洋旅游在全国入境海洋旅游产业中的重要地位。由于地缘关系，港澳台居民的出游在广东、福建的入境旅游市场中扮演了重要角色。

目前，广州、深圳、珠海、福州、厦门、泉州为本区旅游热点城市。2006 年广州、深圳、珠海、福州、厦门、泉州六市国内旅游人数 7974×10^4 人次，占本区国内旅游人数的 58.3%，接待入境旅游者人数 1719.6×10^4 人次，占本区入境旅游者的 79.2%；国际旅游外汇收入 $720\,863 \times 10^4$ 美元，占本区旅游外汇收入的 85.8%。

4. 海南岛旅游区

本区包括海南岛以及周围岛屿的海岛旅游业。本区在行政区划上属于海南省管辖，海南岛总面积 $33\,920km^2$，全岛海岸线长 1617.8km。

海南岛及其周围岛屿位于我国的热带气候区，具有我国其他地方少有的热带风光和独特的旅游资源。适宜的气候和优良的沙滩使这里遍布最理想的海水浴场和避寒胜地，洁白的沙滩、湛蓝的海水、清新的空气、灿烂的阳光，令人神往，如三亚市的鹿回头、亚龙湾、大东海、天涯海角，海口市的秀英海、铜鼓岭的红树林。

本区海洋旅游主要集中在海口、三亚两个城市。2006 年海口、三亚两市国内旅游人数 720×10^4 人，占全国沿海城市国内旅游人数的 1.3%；接待入境旅游者 519 923 人次，占全国沿海城市入境旅游者的 1.5%；国际旅游外汇收入 $21\,177 \times 10^4$ 美元，占全国沿海城市旅游外汇收入的 1.3%。2009 年海南省政府提出要建设海南"国际旅游岛"，这将是海南旅游业全面转型、提升档次的一个契机。

三、问题与展望

（一）我国海洋旅游业发展中存在的问题

我国海洋旅游业的发展方兴未艾，取得了长足的进步，但也存在一些不足。我国各地区的海洋亲水项目大同小异，地区间重复性建设严重，地方性、文化性不明显，没有形成有机的、形象鲜明的旅游形象和主题；海洋旅游产品中所蕴涵的海洋文化内涵不够丰富且挖掘的层次较浅，旅游开发的结构层次单一；简单地将海洋旅游等同于海洋生态旅游，将生态旅游的概念泛化；海洋旅游与陆地及其陆地上的水体旅游有所不同，但是在海洋旅游产品的开发过程中并没有完全体现"海"的特色，陆地与海洋旅游的整合欠佳；缺乏"产品个性化、设计科学化、品位现代化、市场国际化"的创新型海洋旅游产品，缺乏高科技含量和高文化品位的社会接口与国际接轨；旅游区布局分散，未形成整体优势，相近区域的海洋旅游资源有待于进一步整合；区域性联合开发的海洋旅游产品欠缺（周国忠、张春丽，2005）。海岸和海洋旅游开发粗放，旅游开发项目层次较低，环境问题时有出现，开发中破坏生态环境的事件时有发生，如一些地区已经出现对红树林、珊瑚礁的破坏和毁灭性开采，没有将海洋生态环境保护和海洋旅游资源开发相结合，这不仅影响我国海洋旅游知名度的提升和在国内外的整体促销，而且与 21 世纪以知识化为特征的智能型国际旅游者的动态需求不相适应。

管理混乱，区域分隔，整体效益低下。由于历史和行政的原因，我国海洋旅游政出多门，管理混乱，效率低下。由于行政区域的影响，海岸带旅游资源被人为分隔，没有很好的整体规划和利用，经济效益低。旅游开发主体层次多，从国家、地方政府、企业、村庄甚至个体均参与了旅游开发，使海洋旅游的资源开发与管理处于长期无序状态。

（二）发展展望

中国是一个海洋大国，海岸线漫长、地貌多样、岛屿众多、旅游资源丰富。近年来，随着我国国民经济的迅速发展，海洋经济的地位日益提高，海洋旅游业以前所未有的速度迅猛发展，已经成为我国海洋经济中的重要支柱产业。21 世纪随着海洋经济的进一步发展，现代旅游者对挑战性、探险性和彰显个性的旅游产品的追求，以及人们对海洋探讨的好奇心、求知欲，使得海洋旅游潜在的市场广阔，"海"特色旅游产业将成为我国休闲旅游的主题一大热点。21 世纪中国的海洋旅游业前景美好。同时，面对我国海洋旅游业存在的问题，应在现有的基础上，根据科学、效益、生态、持续、共赢的原则，从我国海洋全局出发，以海洋大区为单位，统筹兼顾，科学规划海洋旅游资源，整合地区之间的海洋旅游资源，积极建设国际通用的国家海洋公园模式，实现我国海洋旅游大产业。

第三节　海洋渔业*

一、中国海洋渔业经济概况

根据联合国粮农组织 2005 年世界渔业统计报告，1998 年到 2004 年世界渔业捕获

＊　本节作者：张振克

· 712 ·

量在 $0.87×10^8$ t 到 $0.96×10^8$ t 之间，其中海洋渔业捕获量占 90% 左右。同期，中国海洋捕捞量据统计在 $0.14×10^8$ t 到 $0.15×10^8$ t 之间，约占世界海洋渔业捕获量的 14%～18%。

中国海洋渔业在世界占据重要地位。我国大陆水产品总量已占全球渔业总产量的 40%，连续 15 年居世界首位，养殖水产品产量占世界养殖总产量的 70%。"十五"时期我国大陆外向型渔业快速增长，水产品出口贸易规模不断扩大，2005 年水产品出口额比"九五"末增加 $40.6×10^8$ 美元，增长 106.0%，年均增长率达 15.56%，连续四年居世界水产品出口贸易首位；中国公海大洋性渔业资源开发利用能力增强，2005 年大陆远洋渔业产量达到 $122×10^4$ t，产值 $89×10^8$ 元，分别比"九五"末增长 52.5% 和 46%。"十五"期间，我国大陆加快了渔业结构调整步伐，产业结构进一步优化。近海捕捞产量实现了"负增长"，2005 年全国国内海洋捕捞产量 $1309.49×10^4$ t，较"九五"末减少 $81.44×10^4$ t；养殖产品在水产品总产量中的比重从"九五"末的 60% 提高到"十五"末的 67%；渔业二、三产业产值占渔业经济总产值的比重由"九五"末的 31% 提高到"十五"末的 46%（Watson and Pauly，2001；国家海洋局，2004，2005，2006）。

二、中国海洋捕捞量变化和渔业现状

中国有 18 000km 的大陆海岸线，沿海岛屿众多，拥有广阔的陆架海域，并有长江、黄河、珠江等大江大河携带大量营养物质入海；西太平洋暖流经过我国东部近海，是我国海洋渔业资源丰富的自然基础，为海洋渔业发展奠定了优越的天然条件。我国近海渔场面积辽阔，主要分布在渤海、黄海、东海和南海海域，近海传统渔场面积大约 $81.8×10^4$ km^2，拥有水深 200m 以浅的大陆架面积 $43.1×10^4$ km^2。除此之外，南海海域和台湾以东太平洋海域还有面积广大的深海大洋渔业区。

（一）海洋渔业捕捞量的变化

根据联合国粮农组织（FAO）公布的渔业捕捞量统计数据，海洋捕捞量中包含植物海产品、甲壳类、贝类、杂鱼类和海鱼，已经建立了 1950 年以来的逐年渔业捕捞量统计数据。与 1950 年以来世界海洋捕捞总量上升趋势相比，过去半个多世纪，特别是 20 世纪 80 年代之后中国的海洋捕捞量的快速发展（图 13.3），联合国 FAO 和国际学术界对 20 世纪 80 年代到 90 年代中国异常快速的海洋渔业捕捞量的增加速度表示关注并产生疑虑。但毋庸置疑的是，中国改革开放进程中海洋渔业生产能力得到提高，优越的海洋渔场资源为海洋捕捞量在这一阶段的快速上升提供了客观基础。目前，中国大陆海洋捕捞量总量大约在 1400～$1500×10^4$ t/a 之间，海鱼产量在 $1000×10^4$ t 上下波动，海洋贝类和甲壳类产量分别在 $200×10^4$ t/a 和 $300×10^4$ t/a 以下，渔业捕捞量的上升趋势明显减缓。

中国海洋捕捞业快速发展过程中，产业的母体——近海生态系统的服务和产出发生了一些令人担忧的变化，明显影响到海洋产业的可持续发展，经济损失巨大。主要表现在：①基础生产力下降，如渤海 90 年代初的初级生产力比 80 年代初下降了 30%，并在系统中引起连锁反应；②生物多样性减少，如胶州湾潮间带底栖生物，60 年代有 120

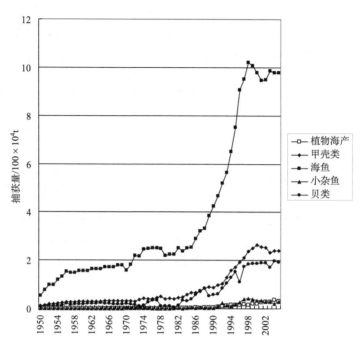

图 13.3　1950 年以来中国大陆海洋渔业捕获量变化

据 FAO 网站资料整理，未包括中国台湾、香港和澳门数据

种左右，目前仅剩 20 种；③多数传统优质鱼类资源量大幅度下降，已形不成渔汛，低值鱼类数量增加，种间交替明显，大、小黄鱼等优势种为鳀鱼等小型鱼类所替代；④渔获个体愈来愈小，资源质量明显下降，如 70 年代在黄海捕捞鱼种的平均长度在 20cm以上，而目前只有 10cm 左右；⑤近海富营养化程度加剧，养殖病害严重，赤潮发生频繁，直接影响资源再生产能力（唐启升、苏纪兰，2001；张耀光，1996）。

（二）海洋渔业管理与现状：捕捞-养殖并重格局

20 世纪 90 年代中期，我国近海海洋渔业资源衰竭趋势明显，主要与高速增长的捕捞能力和滥捕行为有关，海洋渔业资源管理出现前所未有的巨大压力。我国从 1994 年开始实施休渔期，严格管理，对保护近海海洋渔业资源起到积极的作用。与此同时，多年来沿海渔业部门在近岸海域流放鱼苗和虾贝，构建人工鱼礁，采取积极主动措施，大力保护和恢复近岸海域渔业资源。

我国海洋渔业发展中实施战略调整，针对海洋渔业资源萎缩与人民生活水平提高对海洋渔业产品的需求增加的矛盾，20 世纪 80 年代以来我国沿海积极发展海洋养殖业，发展迅速，在海洋渔业中异军突起，20 世纪 90 年代之后，我国沿海省区渔业呈捕捞与养殖并驾齐驱向前发展的格局（图 13.4），海洋养殖产量在渔业总产量构成中比重逐渐加大。

为适应中国海洋渔业发展战略调整和保护海洋渔业资源的需要，对沿海地区渔船的

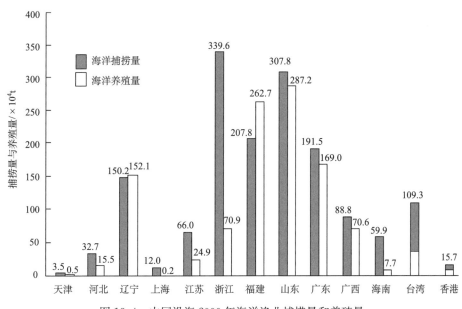

图 13.4　中国沿海 2000 年海洋渔业捕捞量和养殖量

其中：台湾和香港数据来自联合国粮农组织官方网站统计数据

管理不断加强，政府鼓励控制和压缩生产性渔船的数量。2005 年开始，中央政府和地方政府对沿海渔民拆除小型渔船给予数额不等的经济补偿，并对"失业"渔民进行培训，鼓励向水产养殖和水产品精细加工领域转化。2005 年与 2004 年相比，我国沿海小型机动生产渔船大幅度削减，从 26.4×10^4 艘减少到 17.7×10^4 艘，远洋渔船也从 1996 艘减少到 1213 艘。

2005 年我国大陆海洋水产品总产量达 2838.33×10^4 t，比上年增长 2.55%；海洋捕捞产量达 1453.55×10^4 t，较 2004 年的 1451.09×10^4 t 基本持平。海水养殖继续稳定发展，养殖面积 169.5×10^4 hm²，比 2004 年增加 7.8×10^4 hm²；海水养殖产量 1384.78×10^4 t，比 2004 年增加 68×10^4 t（表 13.4）。2005 年海洋渔业总产值 4577.5×10^8 元，增加值 1920.7×10^8 元，比上年增长 13.5%。就 2005 年海洋渔业产量分省的情况而言，大陆沿海省份海洋捕捞量排前五位的是浙江、山东、福建、广东、辽宁，养殖产量居于前五位的是山东、福建、广东、辽宁、广西（王诗成，2001；国家海洋局，2005）。

表 13.4　2004～2005 年中国大陆沿海地区海洋渔业生产情况

地区	捕捞产量/t		养殖产量/t		养殖面积/hm²	
	2004	2005	2004	2005	2004	2005
全国*	14 510 858	14 532 984	13 167 049	13 847 847	1 617 452	1 694 600
天津	37 975	38 038	10 631	10 915	5 361	4 800
河北	311 120	310 753	225 782	261 055	81 733	90 400
辽宁	1 491 192	1 520 371	1 970 379	2 121 253	407 356	449 300
上海	132 008	149 567	2 229	794	350	100
江苏	589 404	582 813	484 578	551 498	166 280	173 000
浙江	3 220 358	3 142 573	929 440	881 107	118 285	112 400

地区	捕捞产量/t		养殖产量/t		养殖面积/hm²	
	2004	2005	2004	2005	2004	2005
福建	2 233 279	2 221 438	2 999 467	3 097 371	147 494	152 700
山东	2 702 130	2 680 834	3 418 840	3 580 294	389 568	407 400
广东	1 710 884	1 720 459	2 106 986	2 259 057	221 247	224 400
广西	799 488	843 286	858 562	893 795	62 061	62 000
海南	990 365	1 079 799	160 155	190 762	17 717	18 100

* 全国捕捞产量还包括中农发集团数字

三、中国海洋渔业经济发展对策

第一，积极推进渔业和渔区经济结构的战略性调整，推动传统渔业向现代渔业转变，实现数量型渔业向质量型渔业转变。加快发展养殖业，养护和合理利用近海渔业资源，积极发展远洋渔业，发展水产品深加工及配套的服务产业，努力增加渔民收入，实现海洋渔业可持续发展。

第二，海洋捕捞业要逐步实施限额捕捞制度，控制和压缩近海捕捞渔船数量，引导渔民向海水养殖、水产品精深加工、休闲渔业和非渔产业转移。积极开展国际间双边和多边渔业合作，开辟新的作业海域和新的捕捞资源。发展远洋渔业，重点扶持一批远洋捕捞骨干企业。

第三，海水养殖业要合理布局，改变传统的养殖方式，提高集约化和现代化水平。因地制宜发展滩涂、浅海养殖，逐步向深水水域推进，形成一批大型名特优新养殖基地；开发健康养殖技术和生态型养殖方式，推广深水网箱，合理控制养殖密度；改善滩涂、浅海养殖环境，减少病害的发生。

第四，积极发展水产品精深加工业。对产业结构进行调整，以水产品保鲜、保活和低值水产品精深加工为重点，搞好水产品加工废弃物的综合利用。提高加工技术水平，搞好水产品加工的清洁生产。培植龙头企业，创立名牌产品，认真执行水产品绿色认证标准，努力开拓国内外市场。结合水产品海洋捕捞、养殖业区域布局，建设以重点渔港为主的集交易、仓储、配送、运输为一体的水产品物流中心。鼓励发展与渔业增长相适应的第三产业，拓展渔业空间，延伸产业链条，大力推进渔业产业化进程。

第五，重视海洋渔业资源增殖。采取放流、底播等养护措施，人工增殖资源。要把渔业资源增殖与休闲渔业结合起来，积极发展不同类型的休闲渔业。休闲渔业作为渔业经济的新兴产业，近年来在我国发展势头猛，效益好、潜力大，要以休闲渔业发展促进新渔村建设，带动沿海农村整体实现新的跨越式发展，缩小沿海地区城乡差别，提升沿海综合实力。

第四节　港口与海运*

港口是为船舶的安全进出、停泊和进行装卸作业的场所。它是由港口水域（航道、

---

* 本节作者：朱大奎

锚地、港池）、码头等水工建筑物（码头、防波堤、护岸）及陆域设施（仓库、堆场、道路、交通线等建筑设施）三部分组成。港口是交通运输的枢纽，是城市与区域经济发展的核心动力源。

一、港口的空间分布与海岸海洋环境

港口按其用途功能分为商港、军港、渔港、工业港、避风港等；按其地理环境可分为内河港，如长江的重庆港、汉口港、南京港；河口港，如上海港、广州黄埔港；海岸港，如大连港、秦皇岛港、青岛港等。港口的建设及其分布与海洋环境有密切的关系。

中国港口建设经历了河口港、港湾港、淤泥质海岸建港及潮汐水道建港四个阶段[①]，这也是与中国海岸海洋环境相适应的四种海港类型（图 13.5）。最早，19 世纪中叶以前，主要建港是选择建设河口港，利用天然河道为进港航道，不需人工开挖疏浚，不需建设防浪设施，且当时的船型小，吃水浅，如利用海河直至市区的天津港，进入长江口黄浦江沿岸的上海港，利用甬江直达市区的宁波港以及珠江口的黄埔港等。19 世纪末 20 世纪初期，中国现代经济开始发展，开始了在深水条件良好的港湾海岸建港，如

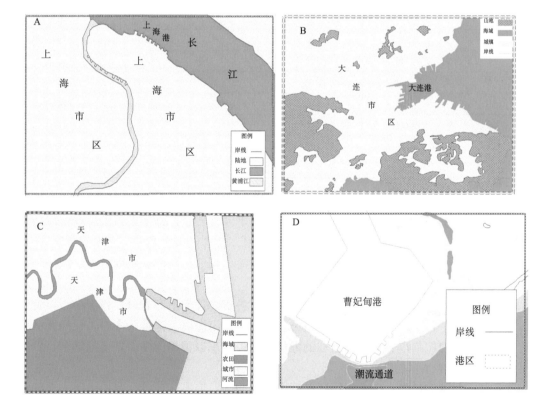

图 13.5 中国海港类型与海岸地貌关系示意图
A. 河口港——上海港；B. 港湾港——大连港；C. 淤泥质平原海岸——天津港；D. 潮汐水道建港——曹妃甸港

---

① 顾民权，1997，在南通市建设洋口港研讨会上的发言

秦皇岛港、大连港、青岛港等。1950年后，我国开始在淤泥质平原海岸建港，如天津新港，以后不断改进扩建成深水大港，20世纪80年代初建设的黄骅港等均属此类。在水浅、岸线平直、建港条件不甚具备的淤泥质海岸带建设海港，并发展建设成为深水大港，这是中国对世界海洋建港工程技术的巨大贡献。1990年以来，利用淤泥质海岸岸外潮汐水道的深水资源建港，例如河北唐山曹妃甸深水港，江苏南通的洋口深水港。这开创了我国建港史上的第四个阶段，是标志着我国建港新时代的里程碑，是建港科学技术的重大创新和突破，也是中国对世界人类建港科学技术的重大贡献。

随着中国经济持续快速发展，中国港口货物吞吐量自2003年来已经连续五年居世界第一位。中国已经有12个港口的吞吐量超过亿吨。2007年中国集装箱吞吐量已经超过1×10^8个标准箱（TEU）（表13.5）。

表13.5　2007年全球十大港口

排序	港口	货物吞吐量/$\times10^4$t	排序	港口	集装箱吞吐量/$\times10^4$标箱
1	上海	56 145	1	新加坡	2 793
2	新加坡	48 339	2	上海	2 615
3	宁波-舟山	47 337	3	香港	2 388
4	鹿特丹	40 620	4	深圳	2 110
5	广州	34 325	5	釜山	1 327
6	天津	30 962	6	鹿特丹	1 079
7	青岛	26 502	7	迪拜	1 070
8	秦皇岛	24 596	8	高雄	1 025
9	香港	24 543	9	汉堡	990
10	釜山	24 356	10	青岛	946

资料来源：www.chineseport.cn；www.portcontainer.com

中国沿海港口150余个（含南京港及南京以下港口）。近20年来，沿海港口规划建设遵循原则为：统筹规划、远近结合、深水深用、合理开发。目前，已经形成布局合理、层次分明、功能齐全的港口布局。形成环渤海、长江三角洲、东南沿海、珠江三角洲和西南沿海五大港口群。

环渤海港口群：服务于东北、华北以及北方各省，辽宁沿海有以大连为中心，及营口港、锦州港、丹东港等组成的港口组群；天津河北沿海以天津港为中心，包括秦皇岛港、京唐港、曹妃甸港、黄骅港组成的港口组群；山东以青岛为中心，包括烟台、日照组成的港口组群。

长江三角洲港口群：以上海国际航运中心港为主，南有宁波港、舟山港等大型深水码头为大宗散货中转，北翼有连云港及在建的洋口港，以补充长江三角洲北翼江苏大量货物的远洋运输。

东南沿海港口群：主要是厦门港、福州港，服务于福建省、江西省以及海峡两岸的运输。

珠江三角洲港口群：港口群依托香港国际航运中心，以深圳港、广州港为主，服务华南、中南、西南等地区。深圳港口发展迅速，其集装箱吞吐量近几年来一直紧紧靠近上海港的集装箱量。

西南沿海港口群：主要是环北部湾区域的湛江港、海口港、防城港以及北海港、钦州港和海南岛的洋浦港、三亚港等。

二、中国港口的货运量、货运结构与货运体系

随着中国经济的快速发展，国内贸易的快速增长，沿海港口的吞吐量亦随之快速增长。2007 年中国港口的货运量预计达到 50×10^8 t。其中全年港口集装箱吞吐量预计达到 1.16×10^8 TEU，增速约 25%，并呈现四大特点。首先是内支线、内贸线集装箱吞吐量增长速度继续高于国际线集装箱吞吐量。国际航线集装箱吞吐量可望继续保持略高于 20% 的增速。水路在干线港集装箱集疏运中的作用进一步提高，将使集装箱支线吞吐量增速加快，可达 30% 以上。国内贸易的发展和集装箱化率的提高，港口内贸集装箱吞吐量将继续保持快速增长。二是集装箱干线港继续保持快速增长，国际地位进一步提高。上海港依托洋山二期工程的投入形成的规模优势和长江三角洲地区贸易的快速增长以及"水水"转运比重的提高，集装箱吞吐量可望上新台阶。宁波港和广州港可望延续2006 年发展态势，增速继续在干线港中领先。三是在港口集装箱吞吐量快速增长的同时，2007 年不同港口集装箱吞吐量增速有较大差异，港口集装箱吞吐量分布趋于分散，分散化速度低于 2006 年。四是国际集装箱中转量继续保持高速增长。随着中国港口集装箱码头快速建设，能力适应性进一步提高，吞吐量、干线班轮密度规模优势的显现，中国加工贸易发展和港口功能的提升，港口集装箱国际中转量将快速上升至 600×10^4 TEU 以上。货物吞吐量和集装箱吞吐量都已经连续 5 年位列世界第一。中国港口至2007 年已有 13 个港口吞吐量超过 1×10^8 t，其中上海港吞吐量最大，2007 年货运量达 5.6×10^8 t，集装箱吞吐量达 2615×10^4 TEU[①]（表 13.6）。

表 13.6 2007 年中国沿海主要港口吞吐量

港口名称	货物吞吐量/$\times 10^8$ t	港口名称	集装箱吞吐量/$\times 10^4$ TEU
1. 上海港	5.6	1. 上海港	2615
2. 宁波-舟山港	4.7	2. 深圳港	2110
3. 广州	3.4	3. 青岛港	946
4. 天津港	3	4. 宁波-舟山港	936
5. 青岛港	2.6	5. 广州港	920
6. 秦皇岛港	2.45	6. 天津港	700
7. 大连港	2.2	7. 厦门港	462
8. 深圳港	1.9	8. 大连港	381
9. 苏州港	1.83	9. 连云港港	200
10. 南通港	1.3	10. 营口港	137

① 参考深圳市交通局"港航信息"，2008 年 1～12 期（总 59～70 期）

港口名称	货物吞吐量/×10⁸t	港口名称	集装箱吞吐量/×10⁴TEU
11. 烟台港	1.3	11. 南京港	100
12. 日照港	1.3	12. 南通港	38
13. 营口港	1.2	13. 秦皇岛港	30
14. 南京港	1.1	14. 日照港（与青岛港联营）	

资料来源：www.chineseport.cn

集装箱运输代表了当今物流业的主流，反映了中国制造业的发展速度，特别是中国制造业对世界市场的影响力的进展，集装箱货运的发展也是中国制造业外贸发展的一个缩影。

1990 年全国集装箱吞吐量仅 156×10^4 TEU，到 2000 年全国集装箱吞吐量为 2340×10^4 TEU，年递增 200×10^4 TEU，到 2002 年达到 3721×10^4 TEU，处于世界第一位，至 2006 年达 9361×10^4 TEU，2007 年预计达 1.16×10^8 TEU，比 2006 年递增 25%，这是全球都罕见的发展速度。

中国港口的货运主要有煤炭、石油、铁矿石、集装箱、粮食、滚装运输、旅客等。华北产煤，由秦皇岛港、京唐港、曹妃甸港、天津港、黄骅港、青岛港、日照港、连云港卸车上船，水运至华东、华南各港口，用于南方地区的发电和工业燃料。

石油运输系统主要由中东、印尼进口原油、液化天然气，由 $20 \times 10^4 \sim 30 \times 10^4$ t 级原油码头接卸，如大连、曹妃甸、天津港、江苏洋口港、宁波、广州、惠州、湛江等。

集装箱系统：主要出口为通向北美和欧洲航线的上海、深圳、青岛、宁波等港口。

三、中国港口与海运发展趋势

港口是连接内陆与外海的通道，港口促进了沿海经济与城市发展，港口经济即以港口为中心，港口城市为载体，以综合运输体系、深水港口产业与腹地相联系，促进整个区域经济发展（陈航等，1996）。当前中国港口与海运的发展特点主要有：

（1）航道深水化。20 世纪初，美国纽约港是国际最大的商港，航道水深−13.7m，1965 年；荷兰的鹿特丹港超过纽约港成为世界第一大商港，水深−17m；新加坡航道水深−19m，1995 年成为第一大商港。表 13.7 列出了世界主要商港和水深。当前，中国各港口均在寻求加大航道水深的措施。上海港为避开长江口内航道，而建 31km 跨海大桥，利用舟山群岛北段的大小洋山岛开辟深水港，取得了−15m 的水深；渤海曹妃甸港口利用岸外沙岛及岛前的深槽取得−20m 的天然水深，发展深水港及临港工业区；江苏南通洋口港利用南黄海辐射沙脊群之间的潮流通道，取得−17m 深的天然航道建设深水港。

航道深水发展主要源于船舶的大型化。1997 年后，集装箱船载箱量为 8000 标准箱，原油、铁矿石等均采用 $20 \sim 30 \times 10^4$ t 船舶运输。据首钢的一项调研，按 2006 年运价，从巴西运铁矿砂到华北，25×10^4 t 级的铁矿石船比 10×10^4 t 级船每吨减少费用 76 元[①]。由此可知深水港的巨大经济价值。

---

① 南京大学海岸海洋科学系，2007，曹妃甸首钢二期围海造地取沙工程咨询报告

表 13.7　世界著名海港的航道水深

港口	航道水深/m	港口	航道水深/m
上海港	8.5	新加坡	>20
香港	15.0	西雅图	20
高雄	16.0	洛杉矶	15.5
釜山	13.4	鹿特丹	18.3
上海洋山港	15.5	南通洋口港	17
宁波-舟山港	>20.0	唐山曹妃甸港	>20

引自：南京大学海洋研究中心，2003，舟山本岛及周边岛屿空间规划研究报告

（2）港口码头专业化。1980 年以来，计算机、通信、网络技术在港口海运中的广泛应用，促使集装箱运输量迅速增加。港口功能从货物集散中心发展为现代化物流集散中心、全程运输中心的贸易后勤基地，以及金融、信息、工业与商业中心。这要求港口码头作业区高度专业化，以实现长距离、大运量及临港储存与加工。主要由液体货运码头、原油码头、成品油码头、液化天然气码头、散货码头、木材码头、集装箱码头等组成。目前，国内专业化大型码头发展迅猛，几乎遍及各主要港口。

（3）突破行政区域界线，区域一体化建港。按自然环境与经济需求发展港口码头，打破以往省市行政分隔。如上海洋山港址属于浙江舟山，宁波市舟山市的深水港址同属于舟山群岛及其间的海峡深槽。以前舟山深水港仅用作石油、天然气等大宗货物的中转，而随着宁波经济的快速发展，深水港资源不足，现浙江省将宁波舟山深水资源统一规划建设，则舟山的金塘岛、舟子岛等深水资源均可得到合理开发。计划到 2010 年，宁波-舟山港口一体化发展，原油中转、储备基地、铁矿石转运基地等总的货运量将超过 7×10^8 t，集装箱吞吐量将超过 1300×10^4 TEU，至 2020 年，宁波-舟山港将成为长江沿线地区重要的物资转运枢纽，上海国际航运中心的重要组成部分，货运吞吐量超过 8×10^8 t，进入世界前三强；集装箱 2200×10^4 TEU。如今，宁波-舟山港口一体化各项工程的建设正在如火如荼地进行中：大衢鼠浪湖岛大型矿石中转码头项目已经启动；虾峙门 30×10^4 t 级航道整治工程也取得突破性进展；大榭岛深水泊位已启用。一个新的世界级大港已呼之欲出。突破省市行政界线，发展区域一体化港口将是我国港口建设中最值得重视的发展方向。

第五节　海洋船舶业[*]

一、中国船舶制造业的历史和特点

船舶是海洋运输的关键运输工具，造船业是生产制造船舶的产业部门，船舶工业是一个综合性工业。一艘现代化船舶是现代大工业的产物，是现代大工业的缩影，对钢铁、机械、化工、电子等工业部门有一系列的需求。

---

[*]　本节作者：于文金

从产业总体特征看，造船业仍属于劳动密集型行业，船舶产品的工艺特点决定了造船业尚难实现高度自动化和机械化。建造一艘现代化船舶，除了自动化和机械化部分外，还必须集中投入大量劳动力（包括脑力），通过手工操作，在较为艰苦的环境中劳动。船舶工业还具有技术密集型的特征。现代化船舶集中了人类众多的先进科学技术成果，是技术高度综合的产品。随着船舶产品的大型化、自动化、专用化以及用户多样化的要求，造船技术的难度随之大大增加。而卫星导航、遥控自控、计算机等现代技术在新一代船舶方面的应用，使现代舰船的建造日趋复杂。

我国历史上曾是一个船舶大国和强国，早在魏晋南北朝时（公元220～460年），我国大海船就经常载运货物、旅客往来于中国与波斯之间。明朝郑和曾于公元1405～1433年，在今南京市内的龙江地区设庞大的宝船厂，即造船厂，建造长44丈4尺[①]，宽18丈[②]，可载1000人的大海船，出使南洋、西非，充分展示了我国船舶制造业的水平。马尾造船厂建于1866年12月23日，是我国晚清洋务运动产生的第一家机器造船厂，时任总理船政大臣的沈葆桢，力排阻力，改革旧制，大胆引进欧洲先进的造船技术、设备和工程技术人员，聘请法国人日意格为船政正监督，任用洋人传授造船、造机技艺，1869年造出了我国第一艘千吨级轮船，1871年诞生了我国第一台蒸汽机，1882年制造了我国最大吨位铁肋木壳兵船，1889年制造出我国第一艘钢壳网甲军舰。从建厂至1907年，马尾船政经历了从跟洋人学造木壳蒸汽兵轮到自行设计建造舰船，实现了自主建造木壳—铁木合构—钢制舰船的质的转变，共制造出大小船40余艘，成为当时我国规模最大，造船最多的造船厂，也是当时远东地区规模最大的造船基地。上海江南造船厂在1918年至1919年接受美国订货，制造四艘同一类型的万吨货轮，都是全遮蔽甲板、蒸汽机型货船。分别命名为"官府号"（MANDARIN）、"天朝号"（CELESTIAL）、"东方号"（ORIENTAL）、"震旦号"（CATHEY）。船长135m，宽16.7m，排水量14 750t。但是，随着明清政府的闭关锁国，航海和船舶业迅速萧条，走向没落，一直到1949年，我国的船舶业年制造量已经远远落后于世界强国。新中国成立后，特别是改革开放以来，船舶业重新焕发了生机，取得了长足的进步。

二、中国船舶业的发展现状

2005年造船产量大幅度增长，全年造船完工量1907艘、1162.64×10^4综合吨，造船产量已连续数年居世界第三位；2005年中国承接新船订单首次超过日本，位居世界第二。同时，我国造船能力已大大提高，目前拥有5000t级以上船坞46座，其中9座30×10^4t级造船坞，船台53座，造船能力近500×10^4t。散货船建造吨位已发展到17.5×10^4t，油轮已发展到30×10^4t，并且能够建造国际主流的5400标箱和5600标箱第五代集装箱船。从船舶制造业的地区分布来看，修船业主要集中在浙江、江苏、山东、福建、上海；造船业2005年造船完工量在100×10^4t位以上的有上海、辽宁、浙

---

① 1尺=0.3m

② 1丈=3.3m

江、江苏。我国的造船业主要集中在长江三角洲地区、环渤海地区（含胶东半岛）和珠江三角洲地区，也是中国三个大型现代化造船基地。船舶出口持续增长。2006 年，我国新承接船舶订单实现跨越式增长，达 4251×10^4 载重吨，占世界市场份额 30％，再次超过日本，位居世界第二。手持船舶订单达 6872×10^4 载重吨，占世界市场份额的 24％。我国三大主流船型（油船、集装箱船、散货船）市场中，油船首次超过日本，集装箱船大幅超过日本，散货船仅次于日本，均位列世界第二。

三、中国船舶的发展条件及前景

当前，我国船舶业发展面临良好的历史机遇和条件。

首先，世界造船中心由大西洋转移到太平洋。造船业是人类最古老的产业之一。英国作为 19 世纪头号发达资本主义国家，早在 1900 年其钢船产量就达 100×10^4 t，是世界造船霸主。随着世界造船霸主地位的更替，世界造船中心也在发生转移。在 50 年代以前，无论从产量上，还是从技术上，世界造船中心无疑是在欧美（主要是西欧），除英、美外，德国、瑞典、挪威、芬兰等都是当时世界造船强国。日本造船业的迅速发展，使欧美造船中心的地位开始动摇。70 年代以后，韩国、中国大陆与中国台湾造船业发展尤为突出。与此同时，日本造船业素质和技术水平进一步提高。日本研究人员曾对 60 年代和 70 年代主要造船国家的人均国民生产总值与造船业态势进行定量分析，认为一个国家人均国民生产总值低于 1500 美元时，造船业处于成长发展期；介于 1500～3500 美元时，造船业进入成熟期；而超过 3500 美元时，造船业进入衰退期。我国劳动力资源丰富，工资水平较低，在船舶业这一劳动密集型产业中处于明显的竞争优势地位。

其次，加入世贸组织以后，给我国船舶业带来了一系列的发展"机遇"。首先，我国加入世界贸易组织后可以在 100 多个国家和地区享有最惠国待遇，这将有利于打破贸易壁垒，扩大进出口贸易额。据估计，随着我国的贸易增长，占外贸运输总量 70％的海运量将以每年 8％的幅度增加，这必将带动、牵引远洋船舶的需求增长，从而给我国造船业带来一个良好的发展机会。其次，我国加入世界贸易组织后，对于我国船舶行业企业技术进步和创新、解决国际船舶贸易争端等也带来有利机遇。

第三，高速发展的国民经济和海洋经济。经济高速发展，形成一定的经济实力和工业基础。我国经济连续 30 多年持续快速增长，进出口贸易和海运量急剧增加，国家愿意并有能力对造船业实行积极的扶植支持政策。我国造船业基本上具备了迅速发展的外部条件。加上我国漫长的海岸线和内河水资源，对于中国造船业来讲，具有地理上得天独厚的优势。而政府对船舶工业的发展一直持积极态度。

第四，良好的内部条件。改革开放以来，造船业面向国内外两个市场，通过技术引进、技术改造和新产品开发，全面推进技术进步，对市场的适应性与应变能力大大提高。在国际市场上已经确立了比较稳定的竞争地位。

可以说，目前我国造船业的发展面临着良好机遇，而且也基本具备了坚实的内外部条件。借助我国加入世界贸易组织和世界制造业中心转移的历史机遇，我国船舶工业完全有可能发展成为世界造船第一大国。

第六节 海洋油气工业[*]

一、中国海洋油气沉积盆地及勘探开发现状

中国近海 200m 水深以内的大陆架面积 $130 \times 10^4 km^2$，分布 10 个含油气盆地，自北往南为渤海、北黄海、南黄海、东海、台西、台西南、珠江口、琼东南、莺歌海、北部湾盆地。经过 20 世纪 60～70 年代自营探索，80～90 年代初大规模对外合作勘探开发，及以后的自营合作并举，目前已在渤海、珠江口、北部湾、莺歌海、琼东南、东海六个盆地发现和开发了大批油气田，形成渤海、东海、南海东部（珠江口）和南海西部（北部湾、莺-琼盆地）四个油田开发区（蔡乾忠，2005）。

中国海洋油气资源丰富，对中国近海 10 个沉积盆地的油气资源资源评价结果表明，石油资源量 $146.7 \times 10^8 t$，天然气资源量 $117\ 330 \times 10^8 m^3$。目前探明储量，石油为 $20 \times 10^8 t$，资源探明程度为 13.6%；天然气为 $4986 \times 10^8 m^3$，资源探明程度为 4.4%。资源探明程度远低于国际平均水平，天然气的探明率更低，我国海洋油气资源的勘探潜力仍然非常巨大。

我国海洋油气开发起自 1957 年，经过 50 年的艰苦创业，海洋油气产量有了快速的增长。80 年代我国海洋石油产量不足 $10 \times 10^4 t$，1990 年增加至 $145.5 \times 10^4 t$，至 1996 年首次突破千万吨达到 $1687.43 \times 10^4 t$，2000 年 $2082.36 \times 10^4 t$，2005 年 $3174.66 \times 10^4 t$（表 13.8）。同时天然气产量也在迅速增加，1996 年天然气产量为 $26.88 \times 10^8 m^3$，到 2005 年增加到 $62.69 \times 10^8 m^3$，产量增加 2.3 倍（李国玉等，2002；2005；莫杰，2004）。

表 13.8 中国海洋油气 1985～2007 年产量

年份	原油产量 /$\times 10^6 t$	海洋原油产量 /$\times 10^6 t$	所占比重 /%	天然气产量 /$\times 10^8 m^3$	海洋天然气产量 /$\times 10^8 m^3$	所占比重 /%
1985	12457	9.7	0.08	129.3		
1995	14906	927.5	6.22	179.5		
2000	16000	2082.36	13.01	272.0	46.01	16.92
2001	16380	2142.95	13.08		45.72	
2002	16880	2405.55	14.25		46.47	
2003	16980	2545.43	14.99		43.69	
2004	17400	2842.21	16.33		61.34	
2005	18084	3174.66	17.56	499.5	62.69	12.55
2006	18368			585.6		
2007	18666			693.1		

资料来源：据国家海洋局 1996～2005 年我国海洋经济发展综述，中国海洋年鉴（2000），世界含油气盆地图集（2005）等资料汇总

---

[*] 本节作者：殷勇

二、中国海洋油气田及其储量和产量

至今为止，我国近海海域已打钻探井 517 口，发现含油气构造 136 个，探明油气田 78 个，具有商业开采的油气田 40 个，探明石油地质储量近 $20 \times 10^8 t$，天然气地质储量 $4986 \times 10^8 m^3$。已有 25 个油气田投入生产，其中有超亿吨级大型油气田 8 个 (表 13.9)。

表 13.9　中国海洋油气勘探工作成果统计

油气盆地名称	钻探井/口	含油气构造/个	油气田/个	探明储量		年产量		累计产量	
				油/$\times 10^8 t$	气/$\times 10^8 m^3$	油/$\times 10^4 t$	气/$\times 10^8 m^3$	油/$\times 10^4 t$	气/$\times 10^8 m^3$
渤海湾	200	50	32	12.8	280	825.5	5	3820	42.1
南、北黄海盆地	8	—							
东海陆架盆地	55	14	10	0.35	1006	58.3	3.5	178	8
珠江口盆地	130	35	21	5.4	385	1164			
北部湾盆地	50	22	10	1.14	56	223	—	1173.5	—
莺歌海盆地	54	13	4		1607				
琼东南盆地	20	2	1		1038	—	34.6	—	166.66

资料来源：据李国玉等，2002；莫杰，2004；蔡乾忠，2005 以及新一轮全国油气资源评价资料（2005 年）汇总

（一）渤海油气区

渤海是中国目前海上最大的油田，也是中国最早发现海上油田的地区，位居中国前 6 位的海上油田均在渤海。钻探工作始于 1963 年，1967 年 6 月 14 日打出我国海上第一口工业油气井——"海" 1 井，1975 年建成我国第一个海上油田。到目前为止，共打各类探井 200 多口，发现含油气构造 50 多个，油气田 32 个，其中已有 10 个油气田投产，6 个油气田即将投产，有 16 个油气田已探明储量。渤海公司由于采用高分辨率地震勘探技术，近年来接连发现秦皇岛（QHD32-6）、南堡（NB35-2）和蓬莱（PL19-3）3 个地质储量超亿吨的大油田，再加上原先发现的绥中（SZ36-1）、埕岛大油田，渤海海区已拥有 5 个大油田，成为我国名副其实的北方重要能源基地。截至 2004 年底，渤海湾盆地（海域）探明油气储量 $12.81 \times 10^8 t$，天然气 $279.53 \times 10^8 m^3$。2005 年底油气产量 $1400 \times 10^4 t$ 油当量，预计 2010 年油气产量将达到 $2500 \times 10^4 t$。

绥中 SZ36-1 油田：位于辽东湾中部，是 1985 年自营勘探发现的大油田，离岸最近距离 46km，水深 32m。属于潜山油气藏类型，主要含油气层为古近系东营组，现探明地质储量 $2.88 \times 10^8 t$、天然气 $89.4 \times 10^8 m^3$，2001 年全年产量 $347 \times 10^4 t$。

蓬莱 PL19-3 油田：由中国海洋石油总公司与菲利普斯公司于 1999 年 5 月联合发现，油田中心距离蓬莱新港约 42n mile，面积 50km²，海域水深 20m，油藏埋深 900～1400m。目前，探明储量 $6.18 \times 10^8 t$，总储量仅次于大庆油田。油田一期开发已于 2002

年 12 月 31 日正式投产出油，日原油产量 3.54×10^4 桶，二期工程预计日产原油 $14 \sim 16 \times 10^4$ 桶。

南堡 35-2 油田：位于渤海中部曹妃甸地区，平均水深 12.2m。目前有 30 口井获工业油流，共发现 5 个含油构造，层位为古近系和新近系东营组、馆陶组、明化镇组及奥陶系。南堡油田地质储量当量已达 11.8×10^8 t。

（二）东海油气区

1979 年东海进入石油勘探的区域普查阶段，1980 年 12 月开始钻探第一口油气探井——龙井 1 井。勘探主要在西湖凹陷和瓯江凹陷，钻探主要在西湖凹陷。经过多年勘探，在西湖凹陷内共发现局部构造 135 个、地层圈闭 400 多个，探明油气藏近 50 个，28 口井钻获工业油气流。先后发现平湖、春晓等 10 个油气田，以及玉泉、龙二等 14 个含油气构造。提交石油探明储量 3515×10^4 t，天然气 1006×10^8 m^3。

东海平湖油气田 1998 年正式投产，1999 年 4 月 8 日向上海市供气。探明地质储量为油 597×10^8 t，凝析油 306×10^8 t，天然气 170.5×10^8 m^3，2001 年产气 3.5×10^8 m^3。春晓凝析气田 1995 年钻"春晓 1 井"，获日产原油 196.4t，气 161.6×10^4 m^3；"春晓 2 井"获日产原油 180.3t，气 15×10^4 m^3（莫杰，2004）。探明天然气地质储量 330×10^8 m^3，凝析油地质储量 282.8×10^4 t（李国玉等，2002）。天外天油气田控制储量为石油 26×10^4 t，天然气 80.88×10^8 m^3。"天外天 1 井"在龙井组底部获高产商业性气流，日产天然气 23.4×10^4 m^3，轻质原油 16.7t。宝云亭油气田日产原油 266t，天然气 46.5×10^4 m^3。残雪油气田累计日产轻质油 102.8t，天然气 74.2×10^4 m^3。

（三）南海东部油气区

共发现 35 个含油气构造，21 个油气田，1 个大油气田和 8 个中型油气田，其中有惠州 21-1 等 10 个油气田投入生产。流花 11-1 油田位于东沙隆起西南，1987 年发现，是我国海上发现的第一个大油田，也是最大的生物礁滩油田，其地质储量近 2.4×10^8 t。钻获 5 口油井，其中 LH11-1-1 获日产原油 $57 \sim 1367$ t，油柱高达 75m（图 13.6）。惠州 21-1 油气田位于惠州凹陷南部边缘，是珠江口盆地第一个发现有气藏的油气田。该油田有 3 个气藏，7 个油藏，地质储量油 1548×10^4 t，气 10×10^8 m^3，HZ21-1-1 井日产原油 2311.5t。

（四）南海西部油气区

北部湾盆地：1973 年开始油气普查，共发现 22 个含油气构造、10 个油气田，探明油气田 6 个，3 个投入生产。探明地质储量油 1.14×10^8 t，气 55.8×10^8 m^3。莺-琼盆地共发现含油气构造 15 个、油气田 5 个，其中崖 13-1、东方 1-1 是大气田，已分别投入生产。崖 13-1 大气田位于崖南凹陷西北角，1983 年发现，5 口井均获高产气流，日产气 120×10^4 m^3。含气面积 49.9km^2，地质储量气 1077×10^8 m^3，可采储量 850×10^8 m^3，

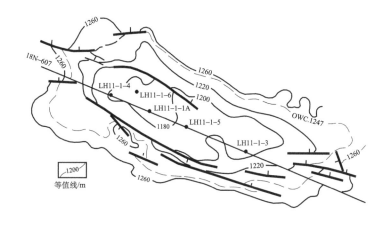

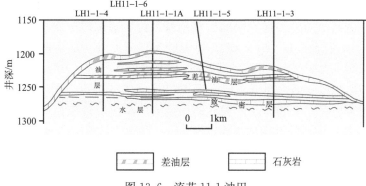

图 13.6　流花 11-1 油田

可年产天然气 $34×10^8 m^3$，稳产 20 年。崖 13-1 是我国海上已发现的最大气田，1996 年起已向海南和香港供气。

三、中国海洋油气业的远景评价

中国近海大陆架经过 50 多年的勘探，油气田规模和产量都有了快速的发展，已逐渐成为我国石油天然气工业的后备基地。渤海湾盆地是全国重要的产油基地，新一轮全国油气资源评价显示渤海湾盆地油气资源最丰富[①]，远景资源量油为 $71.4×10^8 t$，天然气为 $5015×10^8 m^3$。渤中、歧口、辽中为 3 个富生烃凹陷，被生烃凹陷包围的隆起或紧邻生烃凹陷的隆起是需要十分重视的首选目标区。渤海盆地探井密度为 0.0621 口/ km^2，油气资源探明率为 15.3%，勘探程度仍很低，有很大的勘探潜力。

北黄海盆地由于和朝鲜共大陆架，海域划界尚未确定，我国尚未钻探井。朝鲜于 20 世纪 70 年代将西朝鲜湾对外招标，已钻井 16 口，有 3 口探井在白垩系和侏罗系获得工业性油流（莫杰，2004）。北黄海盆地远景资源量油 $8.02×10^8 t$，北部凹陷和中部凹陷油气资源较丰富，其余凹陷带油气远景较差。南黄海盆地分南黄海北部盆地和南黄

---

① 新一轮全国油气资源评价，2005（内部资料）

海南部盆地，虽有多口钻探井，但仅见零星油气显示，始终没有获得工业价值油流，是我国唯一没有取得突破的近海油气盆地。南黄海盆地远景资源量油 $4.44 \times 10^8 t$，气 $4163 \times 10^8 m^3$。南黄海下一步油气勘探的重点应该放在中生界侏罗系、白垩系地层。

东海陆架盆地有较丰富的油气资源，远景资源量油 $16.6 \times 10^8 t$，天然气 $51028 \times 10^8 m^3$。西湖凹陷和基隆凹陷是东海陆架盆地前景最为看好的两个凹陷，其次是瓯江凹陷。目前的钻探工作主要集中在西湖凹陷，但是由于东海划界等问题和日本存在争议，影响到这两个凹陷的油气勘探开发。

珠江口盆地是我国近海 10 年来重要的产油区，远景资源量油 $28.9 \times 10^8 t$，天然气 $1098 \times 10^8 m^3$。珠一拗陷、珠三拗陷、东沙隆起和番禺低凸起油气资源潜力最好，珠二拗陷及潮汕拗陷次之（中国地调局和国家海洋局，2004）。珠江口盆地石油资源探明率仅为 4.6%，未来仍有很大潜力，在积极扩大储量的同时，应关注盆地南部陆坡深水区的天然气勘探。北部湾是中国近海重要的油气区，远景资源量油 $9.7 \times 10^8 t$，天然气 $852 \times 10^8 m^3$，涠西南凹陷和乌石凹陷油气前景最好，迈陈凹陷次之。北部湾盆地石油探明率仅为 5%，目前产量 $100 \times 10^4 t$，将会成为我国近海一定规模的油气区。莺-琼盆地是我国近海第一大产气区，天然气远景资源量可达 $35614 \times 10^8 m^3$。由于盆地地质条件复杂，目前勘探程度仍然很低，仅有崖 13-1 和东方 1-1 两个大气田投产。莺歌海盆地北部斜坡的生物礁、中部拗陷的泥底辟构造、琼东南盆地崖南凹陷、松涛凹陷和崖城-松涛凸起，是今后油气勘探的主要目标。

参 考 文 献

蔡乾忠. 2005. 中国海域油气地质学. 北京：海洋出版社

陈航，喻国华，罗章仁. 1996. 沿海的交通运输与港口. 见：王颖主编. 中国海洋地理. 北京：科学出版社

陈娟. 2003. 中国海洋旅游资源可持续发展研究. 海岸工程，22 (1)：103～108

董玉明等. 2002. 海洋旅游. 青岛：青岛海洋大学出版社

国家海洋局. 2004. 中国海洋统计年鉴 2003. 北京：海洋出版社

国家海洋局. 2005. 中国海洋统计年鉴 2004. 北京：海洋出版社

国家海洋局. 2006. 中国海洋统计年鉴 2005. 北京：海洋出版社

国家海洋局. 2007. 中国海洋统计年鉴 2006. 北京：海洋出版社

国家海洋局. 2008. 中国海洋统计年鉴 2007. 北京：海洋出版社

国家海洋局. 2009. 中国海洋统计年鉴 2008. 北京：海洋出版社

贾跃千，李平. 2005. 海洋旅游和海洋旅游资源的分类. 海洋开发与管理，22 (2)：77～81

李国玉，金之钧等. 2005. 世界含油气盆地图集. 北京：石油工业出版社

李国玉，吕鸣岗等. 2002. 中国含油气盆地图集. 北京：石油工业出版社

莫杰. 2004. 海洋地学前缘. 北京：海洋出版社

唐启升，苏纪兰. 2001. 海洋生态系统动力学研究与生物资源可持续利用. 地球科学进展，16 (1)：5～11

王诗成. 2001. 近海资源保护与可持续发展. 北京：海洋出版社

张广海，邢萍，刘洋印. 2007. 我国滨海旅游发展战略初探. 海洋开发与管理，24 (5)：101～105

张耀光. 1996. 海洋渔业. 见：王颖主编. 中国海洋地理. 北京：科学出版社

周国忠，张春丽. 2005. 我国海洋旅游发展的回顾与展望. 经济地理，25 (5)：724～727

Watson R，Pauly D. 2001. Systematic distortions in world fisheries catch trends. Nature，414：534～536

第十四章 中国海岸带经济发展[*]

第一节 海洋经济与大陆经济

一、什么是海洋经济

海洋经济，主要指海洋产业，包括海洋旅游、海洋渔业、水产、航运、造船、能源、化工、海洋制药等。最近30年来，世界逐步进入大规模开发利用海洋的新时期，全球海洋经济持续快速发展，世界海洋经济的总产值，1995年已超过 8000×10^8 美元，2008年为 $15\,000 \times 10^8$ 美元，预计2020年达到 $30\,000 \times 10^8$ 美元（韩增林、张耀光等，2004）。世界海洋经济产值大体每隔10年翻一番。在此，本章作者提出另一种海洋经济的概念，即以国家或地区的经济的区域属性，将世界各国分为大陆经济国家与海洋经济国家两类。大陆经济国家以相对封闭的内陆贸易与国内市场的开发为特征，而海洋经济国家则以对外贸易和海外市场的开拓为主，是以全球化、国际化经济为特点（朱大奎、张永战，2002）。

回顾历史，当今世界发达国家和地区的经济发展，大都经历了大陆经济向海洋经济的转变，海洋经济的发展促进了该国家经济的腾飞。18世纪中期英国工业革命，即开拓国外市场，开始了英国海洋经济的发展历程。经过了大约100年使英国成为世界贸易大国，英国借助于海洋，使其势力延伸至世界各地。美国实现工业化后，形成了其沿海工业化城市带，如波士顿—纽约—费城东海岸经济带、西雅图—旧金山—洛杉矶西海岸经济带，及沿五大湖区岸、墨西哥湾岸等，这是面向海洋、发展以海外贸易为主体的海洋经济，从而带动区域发展成功的典型。

20世纪50年代亚太经济的发展，也是从海洋经济开始。同英国和美国的经历一样，日本发展海岸工业，以海外贸易和海运事业为纽带，促进了日本经济的起飞，形成了东京、大阪、神户等深水港群与大城市群。日本平均每30km岸线就建有一深水港，海港城市兴起，海外贸易发达，利用国外的资源，在海岸带进行加工，发展"大进大出、两头在外"的临海工业，推动日本经济高速发展。日本将海洋经济作为整个国家经济发展的基础，海洋经济（产业）加上临海产值，占日本工业生产总值的一半。20世纪60～70年代亚洲四小龙兴起，20多年常兴不衰，仍在快速发展，也是借助于发展海洋经济。如台湾以高雄港的开发和高雄加工区的建立为模式，在整个台湾西海岸发展面向海外的外向型经济，促进了台湾经济快速发展（朱大奎、张永战，2002）。

我国在改革开放以前，一直是封闭的经济，属大陆经济，现在是处于大陆经济走向海洋经济的时代。

所以，什么是海洋经济？它是全球化的经济，外向型的经济，与世界相通的经济，通过海洋走向世界市场的全球化的经济。它是通过发展海港、海运事业，发展临港工业、临海工业，扩大海外贸易，促进地区经济整体高速的发展。

发展海洋经济，是促进沿海地区经济腾飞的必由之路。如英国、美国、日本等发达国家的历史，韩国、中国台湾、香港及新加坡等国家和地区的经历，以及我国 80 年代改革开放和沿海对外开放城市的快速发展的变化。这些历史经验，当前生动的榜样、实例，都清楚地表明一个国家、一个地区，特别是沿海地区，要使经济快速持久地发展，就要走海洋经济之路。发展海外贸易，要有强大的海军力量支持走向世界，使其经济纳入全球化。

二、美国、日本海洋经济发展的案例分析[*]

（一）美国的海洋经济

美国经济发展起始于海洋，目前"高技术发展"快速发展，但海洋经济仍在美国居重要地位和作用。美国沿海地区拥有丰富的自然资源、优越的自然环境，是经济最发达、生产最发展、居民生活质量最好的区域，聚集了许多商业经济活动，如就业机会、娱乐旅游、航运贸易、大型沿海工业等等，促使人口向沿海地区集中，沿海地区人口约占美国总人口的 60%，在美国城市人口前 10 位的城市中，有 7 个城市处于沿海地区（表 14.1）。2000 年，美国沿海各州创造的生产总值，占全国 75%，沿海各县的国土面积占美国面积的 25%，创造了 50% 的经济价值，海洋有关产业的就业人数 2830×10^4 人。海洋经济的贡献也逐年增大。美国沿海现有 190 个海港，1915 个海港商业码头，有游船码头 5000 个，每年的海洋游客 9400×10^4 人。美国海洋经济的增长，明显快于全国经济的增长（表 14.2）。

表 14.1　美国十大城市人口增长情况（人）

城市	1990 年	2002 年	人口增长率/%
纽约	7 322 564	8 008 278	9.4
洛杉矶	3 485 398	3 694 820	6.0
芝加哥	2 783 726	2 896 016	4.0
休斯敦	1 630 553	1 953 631	19.8
费城	1 585 557	1 517 550	−4.3
菲尼克斯	983 403	1 321 045	34.3
圣地亚哥	1 110 549	1 223 400	10.2
达拉斯	1 006 877	1 188 580	18.0
圣安东尼奥	935 933	1 144 646	22.3
底特律	1 027 974	951 270	−7.5

资料来源：U. S. Census Bureau. 2000. County and City Data Book

---

[*]　本节由于文金提供初稿，朱大奎摘编

表 14.2 2004 年美国涉海产业人数比重表

排序	涉海产业名称	就业人数占涉海总就业人数的比重/%
1	滨海旅游娱乐	74.6
2	海洋交通运输	12.9
3	船舶制造	7.0
4	海洋生物	2.8
5	海洋建筑	1.4
6	海洋能源	1.3

资料来源：中国海洋经济网，"可持续的美国沿海区域与资源"

（二）日本海洋经济

近些年来，日本海洋经济进入了新的发展期，2004 年日本海洋经济占全国 GDP 的 14.7%。海洋经济有计划地发展，具三个特点（杨书臣，2006）：

1. 海洋经济区域业已形成

2002 年日本经济产业省推出《产业集群计划》，文部科学省兴办"知识集群创办事业"。地区集群的形成，构筑起地区技术创新体制，形成多层次的海洋经济区域。目前，日本海洋经济区域的发展趋势：一是以大型港口城市为依托；二是以海洋技术进步、海洋高科技产业为先导；三是以拓宽经济腹地范围为基础。世纪之交，在长崎县北部、佐贺县西北地区实施"海洋开发区都市构想"，以海洋相关技术为先导，集中地方优势，形成适合本地特点的海洋开发。该区域内现已形成 7 个特色海洋开发区，如松浦开发区的特色为海洋与水产、能源，佐世保开发区则以海洋旅游业为特色等。

2. 海洋开发向纵深发展

近年日本的海洋开发正在向经济社会的各领域全方位推进，已形成近 20 种海洋产业，构筑起新型的海洋产业体系。如港口及海运业、沿海旅游业、海洋渔业、海洋油气业等四种海洋产业已占日本海洋经济总产值的 70% 左右，其余为海洋土木工程、船舶修造业、海底通讯电缆制造与铺设、海水淡化、海洋测量、矿产勘探、海洋食品、海洋生物制药、海洋信息等等。其中，以海洋土木工程为例，20 世纪日本从 1965～1985 年，历时 20 年开通当时世界最长的海底隧道——青森至函馆的青函海底隧道，全长 53.85km，海底部分 23.3km；隧道高 9m、宽 11m，切面呈马鞍形，可装进三层楼房，总耗资 6900×10^8 日元。新世纪，随着《都市再开发计划》的实施，2004 年东京品川车站附近一些新建大型建筑群广场，为解决都市"热岛"现象，已安装地下海水冷却设备，即从附近海底抽取海水，流经众多循环管道流回海中，从而带走地面热量，可使品川广场温度比普通广场低 5～10℃。

3. 海洋相关经济活动急剧扩大

近年，日本随着海洋产业的发展，海洋经济也在急剧扩大，并正在形成包括科技、教育、环保、公共服务等的海洋经济发展支撑体系。大力发展海洋观测技术是日本开展海洋科技开发的重要内容之一。近年日本海洋科技中心正在推进海洋观测技术的研究。文部科学省、国土交通省为快速监测和把握海洋状况，还从 2000 年起构筑海洋监测系统（ARGO 计划），加强震灾研究，积极提供公共服务。

日本随着海洋经济的发展，人口也随之向沿海集聚，沿海城市的发展速度也超过内陆城市，形成以东京、大阪、名古屋三大都市圈为中心的沿海人口密集区域。

东京、大阪、名古屋为占日本国土面积 27.66% 的太平洋沿岸大都市圈（一级都市圈），包括首都圈、中部圈、近畿圈 3 个二级都市圈，聚集着日本 62.37% 的人口，而其核心区域东京圈、名古屋圈、关西圈（三级都市圈），则以 10.33% 的面积聚集日本 46.73% 的人口，也就是说以 1/10 的国土面积容纳了近一半的国民。其中，又以首都圈的人口最为密集，人口密度达 1137 人/km^2，分别是中部圈和近畿圈的 2.75 倍和 1.48 倍。

第二节　中国沿海经济开放区域

自 1978 年起，我国实行改革开放政策，在东部沿海先后建立了深圳、珠海、汕头、厦门与海南等 5 个经济特区，尔后又发展 14 个首批沿海开放城市。30 年来经济特区的年平均经济增长速度达 20%。近年来，增长速度因基数在加大而有所下降，但仍高于全国平均增长水平。经济特区及沿海 14 个开放城市，构建了中国沿海经济高速发展地带。

一、沿海开放城市经济总量

2004 年 14 个首批沿海开放城市，实现的 GDP 为 29 244×10^8 元，占全国国内生产总值 136 515×10^8 元的 21.4%，而该区域人口仅占全国人口的 7.4%。

2004 年全国 GDP 总值比上年增长 9.5%，而首批沿海开放城市的 GDP 增长为 15%，乃是拉动全国经济的重要力量。14 个沿海开放城市中，北方城市 GDP 增长速度普遍较快，烟台（18%）、青岛、大连均超过 16%，天津、南通、宁波、广州 GDP 增长速度超过 15%。2004 年沿海 14 个开放城市的人均 GDP 约为全国的 3 倍，其中广州、上海人均超过 6000 美元。

二、开放经济继续领先

2004 年首批沿海开放城市，把握国际资本向中国转移的机遇，在吸纳国际产业资本、对外贸易上取得新进展，优势明显。

14 个开放城市协议使用外资 489×10^8 美元，比上一年增长 35.6%，实际使用外商投资 225×10^8 美元，比上年增长 36.9%，同期全国实际使用外商直接投资 606×10^8 美元，比上年增长 13.3%。14 个开放城市利用外资占全国的 42.0%，其中，排列前二位的上海 2004 年实际使用外商直接投资超过 60×10^8 美元，青岛超过 30×10^8 美元。

对外贸易亦同步快速增长，14 个开放城市 2004 年进出口外贸总额 3653×10^8 美元，占全国进出口总额的 31.6%，比上年增长 31.3%。同年，全国进出口总额为 $11\ 548 \times 10^8$ 美元，比上年增长 35.7%。其中，上海进出口总额 1600×10^8 美元，广州、天津均超过 400×10^8 美元。

三、人口向东部沿海聚集

沿海地区经济发展，促使人口的集聚。东部沿海人口最为集中的有珠江三角洲、长江三角洲及京津唐三个都市圈。沿海三个都市圈面积 $31 \times 10^4 \text{km}^2$ 余，占全国面积的 3.23%，容纳了全国人口 15.08%，即 $19\ 198 \times 10^4$ 人口，其人口密度为 616 人/km^2，是全国的 4.63 倍，提供了全国 41.49% 的经济产出（GDP）。其中珠江三角洲人口密度达 1123 人/km^2，比日本三大都市圈的人口密度还高。此人口统计是常住人口，而东部沿海城市吸引了大量民工、暂住人口，其总数一般占城市常住人口的一半或更多。由此，沿海城市人口集聚程度应更大。

人口从西部、山区、经济欠发达区域向东部沿海集中，是经济发展的需要，将促进整个东部及中国经济的发展增长，是中国社会发展的必然。同时，也有利我国生态环境的改善。人口向沿海地区聚集，城市化的发展将提高土地利用效率，提高生态环境的效率，为生态脆弱的西部地区，为宜生态保育的山区，提供恢复生态和环境容量的空间。本章作者认为，随着经济发展，应当鼓励、支持人口从西部向沿海迁移、集聚。

第三节　珠江三角洲经济区

一、珠江三角洲经济概况

珠江三角洲（简称珠三角）在自然地理上是个港湾充填三角洲，珠江水系，主要是西江、东江等注入多基岩岛屿的大港湾，泥沙淤积充填港湾为河网交织的三角洲平原，其面积约 8600km^2，其中平原占 80%，其余为丘陵、山地、台地。这里讲的珠江三角洲经济区，包括广州、深圳、珠海、佛山、江门、东莞、中山、惠州市区，以及惠东县、博罗县、肇庆市、高要市、四会市，面积 $4.17 \times 10^4 \text{km}^2$，约占广东全省面积的 23.2%，人口 4724.96×10^4 人（2000 年常住人口），占全省人口的 50.0%。

2008 年珠江三角洲经济区地区生产总值（GDP）$26\ 450.23 \times 10^8$ 元，比上年增长 15.7%。2007 年进出口贸易总值 6101.25×10^8 美元，其中出口 3540.9×10^8 美元，增长 22.6%，进口 2560.33×10^8 美元，增长 17.3%。珠江三角洲经济区也是外商投资最集中的区域，2007 年外商直接投资珠江三角洲地区，合同金额 299.41×10^8 美元，实际使用额 151.88×10^8 美元，分别比上年增长 42.3% 和 16%[①]。

---

① 数据来源于广东省人民政府网：http://www.guangdong.gov.cn/

二、珠江三角洲经济特征

1. 基础设施完善，高新产业发达

珠三角地区改革开放最早，交通、能源、工农业基础设施建设完善，在区域经济发展中起到决定性作用。至 2007 年，珠三角公路 4.2×10^4 km，高速公路 1940km。港口快速发展，吞吐量已达 6.3×10^8 t，集装箱 2915×10^4 TEU。广州、深圳、珠海三大机场，客货运量逐年快速增长，2007 年旅客吞吐量达 5262×10^4 人，货运 132×10^4 t。

珠三角的能源建设成就显著，发电总装机容量达 3997×10^4 kW，注重清洁能源的发展，12.5×10^4 kW 以上燃煤燃油火电机组，全部安装脱硫设施；在惠州、深圳建设大型液化天然气电厂、核电厂，保证了珠三角地区的电力需求及环境保护要求。

珠三角地区是高新技术产业的聚集地和扩散地，2007 年高技术产业的产值达 $14\,000 \times 10^8$ 元。有 65 个国家级 45 个省级高新技术产业开发区，有广州、珠海二处国家软件产业基地及深圳国家软件出口基地，有 8 家国家重点实验室，92 家省重点实验室，有中药现代化、海洋生物技术、移动通信等 6 家国家工程中心等等。高新技术与产业的发展为珠三角经济发展提供了强大支撑（陈史坚、郑天祥，1996）。

2. 紧临香港、澳门，区位条件优越

香港是国际金融、贸易、航运、信息中心，也是国际主要的制造业基地，旅游中心。香港具备国际经营管理人才。香港实行自由港政策，政府不干涉企业经济事务，实行低税、免税政策，使企业自由竞争，促使香港经济经久不衰，一直快速发展。

但香港经济有对外依赖性，与海外市场、国内市场关系密切，内地为香港提供低廉劳动力与技术人员，提供充足的土地及广阔的市场，而这些首先在珠三角地区实现。

深圳、东莞的快速发展，得益于紧临香港的优越区位。香港对广州及整个珠三角地区的发展起了重要作用。

澳门地区，由澳门半岛及氹仔、路环两岛组成，面积 17.42 km^2。原先澳门主要是在澳门半岛，面积 6.45 km^2。近些年来，由跨海大桥将氹仔、路环二岛与半岛相连，使整个澳门地区社会经济迅速发展。

澳门是珠三角通向世界的又一座桥梁。澳门与欧美、日本有传统的贸易伙伴关系，西方国家给予澳门许多贸易优惠。澳门与葡萄牙的特殊关系，使它同西欧共同市场、拉丁美洲、非洲、萄语地区的联系紧密。澳门完善的基础设施及资金、技术、人才、市场等优越条件，现已发展为以旅游博彩、制造业、建置业、金融业为四大经济支柱的国际性自由港，逐步向多元经济的国际大城市发展。

澳门促进了中国南方经济发展，特别近年经济发展迅速带动了珠三角西部经济的迅速发展。但由于先天条件不足，在多元化发展方面受到一定的局限。例如，澳门没有深水港，转运能力受到限制，不能成为珠江口西岸的转运中心，拖慢了澳门的货运物流及制造业的发展。

南京大学王颖教授在澳门考察[①]时，曾与政府相关部门会面，王颖指出：珠江三角洲是泥沙充填了海湾变成的平原，形成时间较长江三角洲更久远些，珠江三角洲的特点是受河流径流泥沙及潮流的影响，涨潮流由东边入，退潮流由西边出，于是形成东部水较深，西岸泥沙淤积较多，水深较浅。

澳门所处的环境、气候、文化氛围、地理区位等，都具备很好的发展条件。但澳门还需向前发展，创造条件以求更大的发展。使之与珠三角西部珠海、顺德、中山等工农业发达地区连成一片，成为珠三角西部及大西南通向海外的大门。

王颖指出：澳门在发展旅游博彩业的同时，亦需在转口及加工业方面发展，这对内地许多地区都会有带动作用。以澳门特殊的地位，理应成为内地，尤其是珠三角西部地区的货物转运中心。目前澳门港只能容纳 4×10^4 t 货轮，若要成为推动经济发展与世界主要港口相通的深水港，便需要容纳 $15\sim25\times10^4$ t 的深水港，便可将珠江三角洲西部，以及中国西南的货物吸引过来。澳门沿岸难以做到，只有利用澳门附近的海岛，如东澳岛，有合适的深水区域，可开辟为 $15\sim25\times10^4$ t 的深水航道，建成深水港。这样，珠江三角洲西部及粤西、云贵的货物可取道澳门运往世界各地，运费较香港转运为低，则澳门与内地相关省份亦可得益。澳门有资金人才，在中央政府协调下，于澳门附近海岛开发深水港将为澳门及内地共同快速发展。

第四节　长江三角洲经济区

长江三角洲（简称长三角）是河流在河口区域的堆积体。在 5000～6000 年前，长江河口在扬州、镇江一带，这是长江三角洲的顶点。北面以扬州—泰州—海安—台州为界，南面以江阴—太仓—松江为界，面积 22 800km²。通常将太湖平原连在一起，以海拔 5m 等高线作为三角洲平原的界线，这样，长江三角洲的范围包括了江苏的苏（州）、（无）锡、常（州）平原，和浙江的杭（州）、嘉（兴）、湖（州）平原，面积约 40 000km²。

长江三角洲经济区，包括上海市、江苏 8 个市（南京、镇江、扬州、泰州、苏州、无锡、常州、南通）、浙江 7 个市（杭州、嘉兴、宁波、绍兴、舟山、台州、湖州）。界线按行政区域论，其面积比自然地理学上的长江三角洲的面积大 1 倍多。在此区域内，不仅有海拔 5m 以下的低地平原，还有大面积的丘陵、山地以及海岛。

一、长江三角洲经济区特征

1. 地狭人稠，经济发达

2006 年，长三角 16 城市地区生产总值 39 525.72×10⁸ 元，比上年增长 16.7%，占全国 GDP 比重 18.9%。长三角的面积约占全国 1.1%，人口约占全国 6.3%，经济规模总量占全国总量 20%，人均约 4247 美元，财政收入占全国的 25%，外贸出口额占全国 33%，长三角地区正步入中等收入国家水平（表 14.3）。

---

① 郭婉文，专家：东澳岛建深水港促发展. 澳门日报，2006 年 10 月 3 日 A7 澳闻

表 14.3　2006 年长江三角洲 16 个城市经济概况

指标	上海市	杭州市	宁波市	嘉兴市	湖州市	绍兴市	舟山市	台州市
总人口/$\times 10^4$ 人	1 368.1	666.31	560.4	335.55	257.89	435.50	96.58	564.66
国内生产总值/$\times 10^8$ 元	10 296.97	3 440.99	2 864.5	1 343.1	760.89	1 678.19	333.2	1 467.48
财政总收入/$\times 10^8$ 元		624.49	561.2	165.11	91.77	184.73	37.12	
地方财政收入/$\times 10^8$ 元	1 600.37	301.39	257.4	81.55	49.79	94.55	24.26	
港口货物吞吐量/$\times 10^4$ t	53 700		31 000	2 248.12		13 320	11 418	
集装箱吞吐量/$\times 10^4$ TEU	2 171.9		706.8					
外贸进出口总额/$\times 10^8$ 美元	2 274.89	389.09	864.9	126.54	30.1	139.49	27.1	84.32
利用外资合同金额/$\times 10^8$ 美元	145.74	53.8	44.3	25.59	17.61	21.63	1.134	16
实际利用外资金额/$\times 10^8$ 美元	71.07	22.55	24.3	12.22	7.57	9.72	500×10^4	4.14

指标	南京市	无锡市	常州市	苏州市	南通市	扬州市	镇江市	泰州市
总人口/$\times 10^4$ 人	719.06	457.8	354.7	645.55	769.79	458.64	268.79	503.6
国内生产总值/$\times 10^8$ 元	2 774	3 300	1 560	4 820.26	1 758.34	1 100	1 025.31	1 002.5
财政总收入/$\times 10^8$ 元		517.35			217.56	158.03	151.26	155.41
地方财政收入/$\times 10^8$ 元								61.47
港口货物吞吐量/$\times 10^4$ t	10 060		5 667	15 100	10 386.2		6 700	4 899
集装箱吞吐量/$\times 10^4$ TEU			1.7	124.2				
外贸进出口总额/$\times 10^8$ 美元	315.35	391.84	104.4	1 742.64	100.62	32.81	47.74	
利用外资合同金额/$\times 10^8$ 美元	30.82		4.1	159.62	69.39	24.49	16.59	12.09
实际利用外资金额/$\times 10^8$ 美元	17.02		12.5	61.72	25.75	7.61	7.3	7.66

资料来源：上海年鉴 2007，www.jiangsu.gov.cn，www.zhejiang.gov.cn

上海成为全国首个生产总值超过 10 000$\times 10^8$ 元的城市，其次为苏州、杭州、无锡、宁波、南京。

长江三角洲是中国历史上经济发达地区，是历史上各朝代主要的赋税之地。1978 年中国改革开放以来，长江三角洲经济得到空前快速的发展。上海作为长江三角洲经济中心，浦东开发成为长江经济带的龙头，带动整个长江三角洲的高速发展。江苏的乡镇企业，浙江的民营经济，在上海、杭州、南京等大城市的辐射效应作用下迅速发展，经济结构发生前所未有的变化。长江三角洲本身的经济和税收对国家有巨大的贡献，同时还带动长江流域及中西部地区的经济发展。

2. 腹地辽阔，区位优越

长江三角洲处于长江干流与东部沿海对外经济开放带的 T 型交汇的接合部，沿江集川、渝、鄂、赣、皖、苏、浙、沪 6 省 2 市，是我国中部横贯东西、自然条件与经济基础较好的富饶之地，腹地辽阔。另有京沪、京九、京广等几条南北向主干铁路贯穿，区位条件优越。

长江流域面积只占全国面积的 18.8%，而人口与经济总量（GDP）均占全国的 40%。流域内土地与生物资源及多种矿产资源均具巨大的开发潜力，在经济上几为中国的半壁江山。

3. 水土资源优良，但污染问题突出

长江三角洲有耕地 300 多万亩，地处中、北亚热带，年平均日照时数 1800～2000 小时，平均气温 15～17℃，年积温 4500～5300℃，年降水量 1000～1600mm，农业生产条件优越；有滩涂 $29 \times 10^4 hm^2$，是宝贵的后备土地资源。但 1990 年以来本区人口平均每年增加约 34×10^4 人，土地减少 $3.6 \times 10^4 hm^2$，致使人均耕地仅 $0.045 hm^2$，比全国人均耕地少 $0.033 hm^2$，土地资源远低于联合国规定的警戒线（$0.053 hm^2$）。人均占有粮食 371.3kg（1995 年），与小康生活所需 460kg 尚有一定差距。长江三角洲人均土地面积 $0.135 hm^2$，仅为全国平均值的 1/6，城市用地更为不足。像上海市，人均城市用地仅 $40m^2$，远未达到建设部规定的 $60～120m^2$ 的要求，影响经济发展、城市功能的发挥及人民生活的改善。所以，长江三角洲土地虽然农业生产条件优越，但土地紧缺形势十分严峻。

长江三角洲水资源量较为丰富，当地水资源量为 $570 \times 10^8 m^3$，另有长江、钱塘江过境，其总量是充沛的。但目前地表水污染严重，地下水开采过度，可供饮用的水源几乎只剩下长江和钱塘江（据调查，长江、钱塘江因径流量大，河流的稀释自净能力强，所以干流水质较好，多为Ⅰ类、Ⅱ类水）。长江三角洲地区河网密度大，湖泊众多，而沿河沿湖人口、城镇密集，工业特别是乡镇企业未经处理的生活和生产污水排放进入河网湖泊，致使水质恶化。河流主要受 COD、氨氮有机物的污染，如大运河，污染的Ⅳ类、Ⅴ类水占 42%，劣于Ⅴ类的严重污染水占 42%。黄浦江全部为Ⅳ类、Ⅴ类水，苏州河Ⅴ类水占 25%，劣于Ⅴ类的严重污染水占 75%。太湖面积 $2388km^2$，Ⅲ、Ⅳ类水的面积占到 32%，蓝藻时有爆发，经多方大力治理，太湖水环境形势仍然严峻。湖泊水质污染主要是富营养化，长三角区域内湖泊几乎全部为中-富营养化水体。河湖水质污染，严重影响城市、乡镇生活用水，制约了经济的发展（朱大奎，1999）。

4. 城镇密集，体系结构尚待完善

长江三角洲城镇密集，非农业人口 2546×10^4 人（1995 年），占总人口的 34.5%，不少农民长期在城镇工作，加上外来人员，长江三角洲城镇人口约占 40%，是我国最大的城市带。目前长江三角洲区域内城市体系的纵向等级体系比较完善，在区域经济中发挥了重要作用。但城市横向联系受行政省市管理，互相联系较薄弱，未成网络，各市经济发展仍处在地区分割和自我循环状态，制约了本区城市和区域经济的发展。

二、长江三角洲经济发展的战略目标和任务

长江三角洲社会经济可持续发展，从环境资源和经济发展角度来看，当前的主要任务是：建设上海国际航运中心，注重水土资源的合理利用与保护，以及完善城镇体系，发挥大中城市的辐射功能和构建海洋经济，加强向腹地的联系辐射（朱大奎，1999）。

1. 建设上海国际航运中心

长江三角洲经济发展的关键之一是建设上海国际航运中心，将区域的海运纳入国际海运干线，与世界航运市场接轨。上海要建成国际经济中心、国际金融中心和国际贸易中心，首先必须要成为国际航运中心。纵观国际上各经济、金融、贸易中心大城市，如纽约、伦敦、东京、我国香港、新加坡等无不同时也是国际航运中心，缺少这一点，难以成为国际经济中心、国际金融中心、国际贸易中心。上海必须由国际集装箱枢纽港，成为国际集装箱运输航线上的干线港、转口港，根本改变长江三角洲沿江和沿海甚至更大范围内的中国港口的国际集装箱运输处于"喂给"的局面，从根本上解决长江集装箱境外转运问题。长江口深水航道工程的建设及岸外深水区洋山港的开港，使上海港具备了建设国际航运中心的基础条件。2008 年上海港集装箱吞吐量已达 2615×10^4 TEU，为世界第二，并仍在快速增长中。

国际航运中心需要有广阔的经济发达的腹地。纽约港作为美国东海岸的枢纽港，其腹地涉及美国东海岸北部、中部的 14 个州，是美国主要的工业带，其制造业产值约占全国的 3/4，强大的腹地经济支持纽约成为国际航运中心。香港除了本身强大的制造业外，它一直是东南亚的贸易中心，货物转口量很大，同时香港又是中国内地的进出口贸易中心，整个珠江三角洲是香港的直接腹地，经济高速发展的珠江三角洲及华南地区，为香港提供了充足的货源。

上海国际航运中心的建设，有着优越的腹地条件。以长江三角洲及长江流域为腹地，长江流域有大中城市 170 多个，占全国 1/3。腹地丰富的资源与经济总量，为上海国际航运中心提供强大的支撑。

2. 水土资源的合理利用与保护

长江三角洲是水网地区，河港密布，水资源丰沛，但目前地表的河湖水系大多已遭污染，不能饮用。太湖Ⅲ类水已占 70%，苏州、无锡城市用水多年取自太湖，要改取长江水。大运河是Ⅴ类水，阳澄湖、淀山湖等为Ⅲ、Ⅳ类水。黄浦江每年污浊时间超过300 天，苏州河为Ⅳ、Ⅴ类水。整个上海市范围没有Ⅰ、Ⅱ类地表水，Ⅲ类水也仅占13.11%，地表水污染转向地下，太湖平原已开采第二层承压水，使水位下降，城市地面下沉。因此，健全机制、采取措施，保护水资源已十分迫切。

保护水资源的措施主要有改善水质、节约用水、加强科学研究三条。

改善水质。对长江、钱塘江、太湖等主要水域实施有效的管理，对沿江各城市污水排放量及沿江引水口引水量实施总量控制，使其污染物的负载控制在水体自净能力范围之内。改善水质办法是合理规划、人工疏浚，按河网系统疏浚底泥，扩大河湖容量，增加其水流流速，使河网逐步接近自然状态，逐步恢复其天然自净能力。

节约用水，改变工农业用水方式。农业用水所占比例最大，节约用水中改变耕作制度，改变灌溉技术，有很大的节水潜力。工业用水，大部分废水返回原河湖水源，多数废水将造成水体污染，可以通过改进工业的制造工艺，提高用水再循环，从而节约用水量，同时，也可减少废水的排放量。

加强科学研究，改善水资源的调控管理。采用现代信息技术、GIS技术，对长江、钱塘江、太湖等水体进行信息化管理，掌握各水体的水量、水质及用水的分布变化规律，制定合理的用水管理方案、废水污染处理方案。

长江三角洲土地资源的主要状况是：①人多地少，土地后备资源缺乏。目前拥有滩涂、丘陵缓坡地和废弃土地的再垦总量，与区内人口相比，所占数量较小，今后较长时期内将难以改变土地紧缺的形势。②耕地占用现象严重，并有较大的浪费，随着城镇交通的发展，耕地减少较快。长江三角洲地区经济开发区占据了大量土地，如苏州市区老城面积仅 14.2km²，苏州新区面积 52km²；常州开发区相当于南京城区的 1.5 倍；而市县以至乡镇，众多的开发区土地占用量极为可观。开发区随意扩大用地规模或改变用地规划，如苏州市，有 11 个省级以上的开发区，批准的面积共为 98.2km²，而各开发区实际控制面积达 322.4km²。乡镇企业布局分散也增加了土地占用面积，降低了土地利用率。③土地退化也是三角洲地区土地资源利用中的严重问题。化肥农药不合理的使用使土地污染。三角洲地区普遍发现无机氮肥施用过量，而钾肥、有机氮肥不足，土壤肥力退化。另外，工矿企业三废及生活污水排放，加速了土壤污染。不合理的耕作方式，使许多地区造成水土流失，耕作层变浅，土壤物理性状变差，肥力下降。

解决长江三角洲土地利用问题的对策主要是：用地与养地结合；开发后备土地资源；集约城镇用地。

3. 完善城镇体系，发挥大中城市辐射功能

这里是我国经济最发达的区域之一。城市的发展带动了经济的发展，城市在区域经济发展中起到了关键的作用。目前城市以行政区划分，各城市间横向联系较弱，且尚停留在民间、民营阶段，各省市之间界限明显，经济上缺乏互补共识。各城市的辐射功能仅局限于其行政区划范围，严重妨碍了整个区域的经济发展，也制约了城市经济的发展，特别是影响大城市的发展。例如上海是国际著名大城市，但其经济实力与国际大城市相比，差距仍较大，其主要原因是上海受行政区划分割影响，在经济上没有能够起到长江流域、长江三角洲特大中心城市的作用。与香港相比较，香港已与珠江三角洲有密切的经济联系，带动整个珠江三角洲及华南的经济发展。香港甚至在长江流域的作用与影响也超过上海市，香港在长江流域各省的投资项目及金额均占第一位，在江西省占投资总额的 70.5%，在江苏省占 50.51%。同样，南京市的辐射主要在南京地区，其经济活动离开了南京市作用和效益均差。因此应加强长江三角洲内城市体系的建设，逐步减少行政分割的影响，使城镇体系纵向、横向均较完善，形成网络体系，发挥城市对区域经济发展的功能。同时，增强城市积聚和扩散机制，提高城市化水平，在加强中心城市经济实力的基础上，辐射扩散，影响区域经济；加强城市纵向和横向联系以发挥网络功能，带动整个长江三角洲地区社会经济的可持续发展。

第五节　环渤海经济区

环渤海经济区，主要是指渤海四周的滨海区域，包括辽东半岛、山东半岛及京津冀滨海区域。其经济区域上的联系与辐射，可至山西、内蒙古，其范围约占我国国土面积

的 12%，全国人口的 20%。2006 年环渤海五省市（北京、天津、辽宁、河北、山东）的地区生产总值 54 775.4×10⁸ 元，占全国国内生产总值 209 407×10⁸ 元的 26.16%，接近长三角和珠三角的总和。长三角和珠三角 2006 年 GDP 为 60 984×10⁸ 元，占全国 GDP 的 29.12%。预计，到 2010 年环渤海地区的 GDP，将提高到占全国 GDP 的 30%。成为我国沿海地区经济快速发展，高于全国增长速度的重要区域。

在环渤海经济区内，有三处海洋经济迅速发展的生长点地区，即天津渤海新区、唐山曹妃甸工业区及大连市沿海工业区。现以前两个区域作代表介绍之。

一、天津滨海新区

天津滨海新区位于渤海湾的中心，天津市的滨海地区，包括天津市的塘沽、汉沽与大港三个行政区和天津技术开发区、天津保税区、天津港区及东丽区、津南区的沿岸部分，面积 2270km²。2010 年常住人口 180×10⁴ 人以上，其中城镇人口 165×10⁴ 人。预计 2020 年，常住人口 300×10⁴ 以上，其中城镇人口 290 万人，城市化水平达 97%。

我国改革开放以来，特别重视沿海区域的经济发展。80 年代建立深圳等经济特区，90 年代起开发上海浦东新区，带动了珠三角、长三角的经济快速发展。21 世纪初天津滨海新区的规划、建设，将促进天津及整个环渤海地区的经济发展。

天津新区的功能定位是：依托京津冀，服务环渤海，辐射"三北"，面向东北亚，努力建设成为我国北方对外开放的门户，高水平的现代制造业和研发转化基地，北方国际航运中心和国际物流中心，逐步成为经济繁荣、社会和谐、环境优美的宜居生态型新城区。

天津滨海新区的发展目标：至 2010 年 GDP 达到 3500×10⁸ 元以上，年平均增长 17%，外贸出口总值超过 350×10⁸ 美元，口岸进出口总值 2000×10⁸ 美元。十一五期间实际利用外资 200×10⁸ 美元，内资 600×10⁸ 元。年财政收入 700×10⁸ 元，常住人口 180×10⁴ 人以上，流动人口 80×10⁴ 人[①]。

（一）天津滨海新区主要任务

天津滨海新区经济发展的主要任务是：建设现代制造业基地、研发转化基地、北方国际航运中心、物流中心、区域金融中心及生态型宜居城市。

1. 建设现代制造业基地，2010 年实现工业总产值 8500×10⁸ 元

（1）电子信息产业基地。
（2）石油化工基地和重要的海洋化工基地。发挥临海、临港和滩涂、荒地资源的集聚优势，依托大港、渤海两大油田，支持中石化、中石油、中海油、中化工集团项目建设，建设石油化工、海洋化工、一碳化工、新型制盐、能源综合利用等化工循环经济产

---

① 资料来源：http://www.tj.gov.cn

业链，延伸塑料、化纤、橡胶和精细化工等产品链。2010年，炼油能力达到3000×10^4t，乙烯生产能力120×10^4t；2020年炼油能力达到5000×10^4t、乙烯生产能力300×10^4t。石油开采和储备：争取建设国家战略石油储备基地，提高海上和陆地油气勘探水平，扩大开采规模，增强港口石油接卸能力。海洋化工：利用石油化工改造传统氯碱工业，发展聚氯乙烯、重质纯碱、环氧丙烷、环氧氯丙烷等产品，2010年聚氯乙烯生产能力达到160×10^4t；加快天津碱厂易地改造，形成80×10^4t纯碱、30×10^4t合成氨、50×10^4t甲醇等生产能力；扩大精细化工规模。

（3）汽车和装备制造业基地。

（4）石油钢管和优质钢材深加工基地。发展石油钢管和优质钢材深加工在全国的领先优势。加快钢管公司扩能改造、开发高等级产品，建成以石油套管为主，油管、钻杆等高附加值产品为辅的国内最大精品钢管生产基地。

（5）建设生物医药产业基地。推进基因芯片、生物药物等产业化进程，发展医药中间体、基因工程和生物工程制药、工业酶制剂、新型合成与半合成药物等生物制药领域，做强做大抗生素、维生素、激素、氨基酸等"三素一酸"产品。

（6）新型能源。重点发展小型及动力型镍氢电池、免维护蓄电池、燃料电池和太阳能电池，推动电池产业化。

（7）发展航空制造业。

2. 建设研发转化基地

将天津滨海新区建设成电子信息、生物制药、软件、集成电路、汽车电子、精细化工等产业的科技研发转化基地。组建工业技术研发院所，形成完备的科技服务体系。大力引进人才，到2010年研发人员达3×10^4人以上。

3. 建设北方国际航运中心

充分发挥海港、空港和保税区的优势，提升国际航运和国际贸易功能，为环渤海和我国北方地区的对外开放提供高效便捷的服务。

发展国际化深水大港。加快海港扩建，增加配套设施，拓展运输功能。将航道由-17.4m浚深到-19.5m，形成25×10^4t等级深水航道，具备接卸大型国际油轮和集装箱船的能力。开辟新的国际、国内班轮航线，以集装箱和大宗散货为重点，扩大远洋运输规模。

4. 建设国际物流中心

构建以港口为中心、海陆空相结合的现代物流体系。到2010年，物流业增加值达到650×10^8元，占服务业比重由48%提高到55%。

5. 发展金融业

建设北方经济中心及相应的金融服务体系。建设商贸、休闲、旅游、房地产业，为新区制造业、工商业及居民生活服务。

（二）发展循环经济

天津滨海新区发展循环经济，是以节水、节能、节地、节材和综合利用为基础，建设两个生态工业区及四条循环经济产业链。

1. 四条循环经济产业链

石油化工循环经济产业链，汽车整车、零部件生产和代谢循环经济产业链，石油钢管和优质钢材深加工循环经济产业链，电水盐等循环经济产业链。

2. 两个生态工业区

（1）开发区生态工业园区。以电子、生物制药、食品、机械为重点，到2010年，万元GDP用水量低于5.9t，工业用水重复利用率达到90%以上，万元GDP固体废物产生总量低于0.04t。

（2）大港生态化工园区。整合大港区的火电、海水淡化、石油化工、建材等行业，实现资源、能源的循环再利用。

3. 水源、能源和土地的节约利用

建立以水资源梯级利用、分质供水和循环利用相结合的调配体系；节约使用能源；集约利用土地。与全市总体规划和土地利用规划相衔接，合理配置土地资源，实行严格的土地保护政策，加快推进人口向城镇集中、企业向园区集中。搞好盐碱荒地的综合开发和有效利用。

4. 建设生态新区

加强与全市生态体系相衔接，保护和建设生态环境区，构建多条生态廊道，建成若干生态组团，形成生态区、廊道、组团有机连接、各具特色的新区生态构架，实现人与自然、经济社会与生态环境的和谐发展。

二、唐山曹妃甸新区

（一）环境与区位

曹妃甸新区是由曹妃甸深水港的开发而兴起的。它包括，曹妃甸工业区，南堡经济开发区，曹妃甸新城和唐海县，面积1932.72km²。其中核心部分为曹妃甸工业区（图14.1）。曹妃甸位于唐山市南部沿海，渤海湾中心地带，是一个NE—SW走向的沙岛，因岛上原有曹妃庙而得名。该沙岛原为古滦河入海的堆积体，在滦河的岸外沙坝，至今已有5500多年的历史。曹妃甸沙岛距离大陆岸线约20km，从岛头向前延伸500m，水深即达25m，岛前深槽水深36m，是渤海中最深的区域。由曹妃甸向渤海海峡延伸，有一条水深27m的天然水道，直通黄海，水道与曹妃甸深槽的天然结合，构成了曹妃甸

建设深水港口得天独厚的优势。这里30m水深的岸线长达6km，不淤不冻，是渤海可以不需要人工开挖航道即可建设$30×10^4$t级深水港的天然港址（王颖，2008）。

图14.1　曹妃甸及周边区域卫星影像

曹妃甸后方潮间带浅滩广阔，0m水深线面积$150km^2$，潮间带滩涂为临港工业和城市开发提供了足够的用地。

曹妃甸毗邻京津冀城市群，距唐山市80km，距北京220km，距天津120km，距秦皇岛170km，产业布局集中，经济腹地广阔。面对我国南北经济互补、经济融合走势，曹妃甸港区的开发建设，将构成新的区域优势，开辟新的产业空间，打造新的经济增长点。

曹妃甸后方交通网络发达，京山、京秦、大秦、通坨四条国铁干线横贯东西，唐遵、卑水、坨港地方铁路南北相连。京沈、唐津、唐港高速公路与环城（唐山）公路形成网络，为曹妃甸港构筑起最经济最便捷的后方交通体系，特别在"北煤南运"的大通道建设中，起重要作用。

（二）建设目标、方案与主要项目

曹妃甸的开发建设，对我国环渤海及河北经济影响深远，由此确定港口建设的基本性质与功能为：中国能源、矿石等大宗货物的集疏港，新型工业化基地，商业性能源储备基地，国家级循环经济示范区和商务、宜居的生态城市（图14.2）。

曹妃甸工业区建设方案：总的是立足国内、国外两种资源和两个市场，充分发挥腹地有产业、技术和资源配置等优势，以大港口、大钢铁、大石化、大电能四大主导产业为核心，配置相关下游产业，协调发展。

其主要工程产业项目为：

图 14.2 曹妃甸工业区规划模型

利用曹妃甸深水港资源，建设 4 个 25×10^4t 级矿石码头，形成 6000×10^4t 年运量。2 个 30×10^4t 级原油码头，年接卸能力 3800×10^4t。16 个 $5\sim10\times10^4$t 级煤码头，年下水能力超过 2×10^8t。一个 10×10^4t 级 LNG 码头，年接卸能力 600×10^4t。

依靠进口矿石码头，结合首钢整体搬迁，在曹妃甸建设新型钢铁企业，1500×10^4t 精品钢材生产基地，产品以汽车、家电、建筑、造船、压力容器等国家长期依赖进口的精品板材为主。

依托进口原油码头，建设 1500×10^4t 的华东原油储备基地，建设 2500×10^4t 煤油、150×10^4t 乙烯炼化一体化工程。

依托"北煤南运"和大秦线扩能分流工程，利用曹妃甸深槽海水冷却，建设 460×10^4kW 大型火电及 LNG 燃气电厂。

（三）循环经济示范区的建设

在曹妃甸工业区建设中要充分体现循环经济理念，坚持"减量化、再利用、资源化"原则，把资源高效利用、循环利用与生态环境保护贯彻到建设的全过程。

循环经济建设的目标是：建成结构合理的循环经济型产业体系和完整的再生资源回收利用体系，建成钢铁、石化、电力和装备制造等为特色的循环经济示范企业群，实现土地、水、能源等资源的高效综合利用，各项指标达到国家标准。

循环经济建设的重点：一是建立钢铁、石化、电力三个大型循环经济产业链与产业体系。在钢铁各产品生产过程中循环用水，将各种余热、余压、废水、废钢、合铁尘泥、轧钢铁皮、各种煤气全部回收利用，使资源循环利用，废弃物再资源化。在石化企业及与其他企业间形成化工原料、中间体产品、副产品及废弃物之间互产互供关系。在发电生产中，利用海水冷却技术，海水淡化，热能梯级利用，废渣综合利用，海水淡化后，开发溴素、钾肥、镁盐等。

上述曹妃甸工业区为曹妃甸新区的核心基础，同时包含南堡经济开发区，拥有亚洲最大的南堡盐场，及储量 10×10^8 t 以上的南堡油田；唐海县主要生产优质稻米（年 10×10^4 t），有海水养殖基地及大片海滨湿地；曹妃甸新城，为港口、工业区、开发区配套的城市，建设面积 $150 km^2$，人口规模 100×10^4 人。

参 考 文 献

陈史坚，郑天祥. 1996. 珠江三角洲及香港、澳门地区. 见：王颖主编. 中国海洋地理. 北京：科学出版社

广东省人民政府网：http://www.guangdong.gov.cn/

韩增林，张耀光等. 2004. 海洋经济地理学研究进展与展望. 地理学报，59（增刊）：185～190

河北省人民政府网：http://www.hebei.gov.cn

江苏省人民政府网：http://www.jiangsu.gov.cn

上海市人民政府网：http://www.shanghai.gov.cn

天津市人民政府网：http://www.tianjin.gov.cn

王颖. 2008. 曹妃甸深水港——从理想到现实.《纵横》专刊，18～22

杨书臣. 2006. 近年日本海洋经济发展浅析. 日本学刊. 2：75～84

张耀光. 1996. 沿海开放地带与开放地区. 见：王颖主编. 中国海洋地理. 北京：科学出版社

浙江省人民政府网：http://www.zhejiang.gov.cn

朱大奎. 1999. 长江三角洲的特征与经济发展. 见：严东生，任美锷主编. 论长江三角洲可持续发展战略. 合肥：安徽教育出版社

朱大奎，张永战. 2002. 海洋地理学的新进展与新任务. 科学，54（2）：18～21

第十五章　中国海洋一体化管理[*]

第一节　联合国海洋法与中国海洋

《联合国海洋法公约》（United Nations Convention on the Law of the Sea）是 1982 年 4 月通过的，我国是签字国，并于 1996 年 5 月 15 日经全国人民代表大会批准，加入该公约。

《联合国海洋法公约》的宗旨是：在妥为顾及所有国家主权的情况下，为海洋建立一种法律秩序，以便利国家交通和促进海洋的和平用途、海洋资源的公平与有效利用、海洋生物资源的养护，以及海洋环境的研究和保护。

其主要内容包括：领海和毗连区、大陆架、专属经济区、公海、国际海底、海洋环境保护、海洋科学研究、海洋技术的发展和转让、争端的解决等各项法律制度。其中规定：

- 沿海国有权划定 12n mile（海里）领海、24n mile 毗连区和 200n mile 专属经济区；
- 确定大陆架是沿海国陆地领土自然延伸的原则；
- 规定沿海国对专属经济区和大陆架内的自然资源拥有主权权利，并对污染防治和科研活动等享有管辖权；
- 国际海底及其资源是人类共同继承的财产原则等。

《联合国海洋法公约》的生效，代表新的国际海洋法律制度的建立，标志着人类和平利用海洋和全面管理海洋新时代的开始。

海洋法公约对中国海洋的影响主要有三方面：①扩大中国管辖海域。旧的海洋法律制度，沿海国只涉及领海范围，中国的领海面积约 $38 \times 10^4 \, \text{km}^2$。海洋法公约生效，可划归中国管辖的海域面积约为 $300 \times 10^4 \, \text{km}^2$。②海洋法公约明确规定了沿海国家在大陆架、专属经济区与领海的权利，使对这一海域的管理有了法律依据。我国可以据此制定相应的法律，确保我国的资源权益不受侵犯。③海洋法公约确立国际海底区域及其资源是人类共同的继承的财产，制定了海底区域勘探开发制度，中国有理由参与国际海底资源的勘探开采（杨文鹤，1998）。当然，海洋法公约的生效与实施，也给中国带来了与周边国家在划分管辖海域的一些新的矛盾。

海洋法公约一些海洋权益条文的基本概念（《联合国海洋法公约》（汉英），1996）如下：

1. 领海基线 （Territorial Sea Baseline）

每一国家有权确定其领海宽度，但不能超过 12n mile。测算领海宽度的正常基线

---

* 本章作者：朱大奎

(Normal Baseline)，是官方海图的沿岸低潮线。在曲折海岸、河口三角洲及岛屿区域，测算领海宽度的基线，可采用连接各适当点的直线基线法（Straight Baseline）。我国即采用直线基线法以确定中国的领海基线（表 15.1）。

表 15.1　我国政府公布的第一批领海基点

(1) 大陆领海的部分基线为下列各相邻基点之间的直线连线：		
1. 山东高角（1）	北纬 37°24.0′	东经 122°42.3′
2. 山东高角（2）	北纬 37°23.7′	东经 122°42.3′
3. 镆铘岛（1）	北纬 36°57.8′	东经 122°34.2′
4. 镆铘岛（2）	北纬 36°55.1′	东经 122°32.7′
5. 镆铘岛（3）	北纬 36°53.7′	东经 122°31.1′
6. 苏山岛	北纬 36°44.8′	东经 122°15.8′
7. 朝连岛	北纬 35°53.6′	东经 120°53.1′
8. 达山岛	北纬 35°00.2′	东经 120°53.1′
9. 麻菜珩	北纬 35°21.8′	东经 119°54.2′
10. 外磕脚	北纬 33°00.9′	东经 121°38.4′
11. 佘山岛	北纬 31°25.3′	东经 122°14.6′
12. 海礁	北纬 30°44.1′	东经 123°09.4′
13. 东南礁	北纬 30°43.5′	东经 123°09.7′
14. 两兄弟屿	北纬 30°10.1′	东经 122°56.7′
15. 渔山列岛	北纬 28°53.3′	东经 122°16.5′
16. 台州列岛（1）	北纬 28°23.9′	东经 121°55.0′
17. 台州列岛（2）	北纬 28°23.5′	东经 121°54.7′
18. 稻挑山	北纬 27°27.9′	东经 121°07.8′
19. 东引岛	北纬 26°22.6′	东经 120°30.4′
20. 东沙岛	北纬 26°09.4′	东经 120°24.3′
21. 牛山岛	北纬 25°25.8′	东经 119°56.3′
22. 岛丘屿	北纬 24°58.6′	东经 119°28.7′
23. 东碇岛	北纬 24°09.7′	东经 118°14.2′
24. 大柑山	北纬 23°31.9′	东经 117°41.3′
25. 南澎列岛（1）	北纬 23°12.9′	东经 117°14.9′
26. 南澎列岛（2）	北纬 23°12.3′	东经 117°13.9′
27. 石碑山角	北纬 22°56.1′	东经 116°29.7′
28. 针头岩	北纬 22°18.9′	东经 115°07.5′
29. 佳蓬列岛	北纬 21°48.5′	东经 113°58.0′
30. 围夹岛	北纬 21°34.1′	东经 112°47.9′
31. 大帆石	北纬 21°27.7′	东经 112°21.5′
32. 七洲列岛	北纬 19°58.5′	东经 111°16.4′
33. 双帆	北纬 19°53.0′	东经 111°12.8′
34. 大洲岛（1）	北纬 18°39.7′	东经 110°29.6′
35. 大洲岛（2）	北纬 18°39.4′	东经 110°29.1′
36. 双帆石	北纬 18°26.1′	东经 110°08.4′
37. 陵水角	北纬 18°23.0′	东经 110°03.0′
38. 东洲（1）	北纬 37°24.0′	东经 109°42.1′
39. 东洲（2）	北纬 18°11.0′	东经 109°41.8′

(1) 大陆领海的部分基线为下列各相邻基点之间的直线连线:		
40. 锦母角	北纬 18°09.5′	东经 109°34.4′
41. 深石礁	北纬 18°14.6′	东经 109°07.6′
42. 西鼓岛	北纬 18°19.3′	东经 108°57.1′
43. 莺歌嘴（1）	北纬 18°30.2′	东经 108°41.3′
44. 莺歌嘴（2）	北纬 18°30.4′	东经 108°41.1′
45. 莺歌嘴（3）	北纬 18°31.0′	东经 108°40.6′
46. 莺歌嘴（4）	北纬 18°31.1′	东经 108°40.5′
47. 感恩角	北纬 18°50.5′	东经 108°37.3′
48. 四更沙角	北纬 19°11.6′	东经 108°36.0′
49. 峻壁角	北纬 19°21.1′	东经 108°38.6′
(2) 西沙群岛领海基线为下列各相邻基点之间的直线连线:		
1. 东岛（1）	北纬 16°40.5′	东经 112°44.2′
2. 东岛（2）	北纬 16°40.1′	东经 112°44.5′
3. 东岛（3）	北纬 16°39.8′	东经 112°44.7′
4. 浪花礁（1）	北纬 16°04.4′	东经 112°35.8′
5. 浪花礁（2）	北纬 16°01.9′	东经 112°32.7′
6. 浪花礁（3）	北纬 16°01.5′	东经 112°31.8′
7. 浪花礁（4）	北纬 16°01.0′	东经 112°29.8′
8. 中建岛（1）	北纬 15°46.5′	东经 111°12.6′
9. 中建岛（2）	北纬 15°46.4′	东经 111°12.1′
10. 中建岛（3）	北纬 15°46.4′	东经 111°11.8′
11. 中建岛（4）	北纬 15°46.5′	东经 111°11.6′
12. 中建岛（5）	北纬 15°46.7′	东经 111°11.4′
13. 中建岛（6）	北纬 15°46.9′	东经 111°11.3′
14. 中建岛（7）	北纬 15°47.2′	东经 111°11.4′
15. 北礁（1）	北纬 17°04.9′	东经 111°26.9′
16. 北礁（2）	北纬 17°05.4′	东经 111°26.9′
17. 北礁（3）	北纬 17°05.7′	东经 111°27.2′
18. 北礁（4）	北纬 17°06.0′	东经 111°27.8′
19. 北礁（5）	北纬 17°06.5′	东经 111°29.2′
20. 北礁（6）	北纬 17°07.0′	东经 111°31.0′
21. 北礁（7）	北纬 17°07.1′	东经 111°31.6′
22. 北礁（8）	北纬 17°06.9′	东经 112°32.0′
23. 赵述岛（1）	北纬 16°59.9′	东经 112°14.7′
24. 赵述岛（2）	北纬 16°59.7′	东经 112°15.6′
25. 赵述岛（3）	北纬 16°59.4′	东经 112°16.6′
26. 北岛	北纬 16°58.4′	东经 112°18.3′
27. 中岛	北纬 16°57.6′	东经 112°19.6′
28. 南岛	北纬 16°56.9′	东经 112°20.5′

2. 内水 (Internal Waters)

领海基线向陆一面的水域，构成沿海国家的内水，沿海国在内水范围具有主权。有一种地形，在海洋法上叫"低潮高地"（Low-tide Elevations）。它是低潮时四面环水并高于水面，但高潮时浸入水中的自然形成的陆地。如果低潮高地距陆地（或岛屿）的距离不超过领海的宽度，该高地的低潮线可作为测算领海宽度的基线。在这低潮高地上构筑永久高出海平面的建筑物（灯塔、人工建筑物、平台等），则此高地可作为领海基线的基点。这就意味着，海岸外低潮时出露水面的海岸沙坝、潮流沙脊等"低潮高地"，在其上构建永久性人工建筑物，则可使领海基线向海外推。南黄海海岸岸外辐射沙脊群的外缘，有一名为"外磕脚"的低潮时出露的沙脊，1980年江苏海岸带调查时发现是位于距江苏海岸最远的沙脊，低潮时露出水面，离岸边直线距离65km。后来在其上建筑永久性建筑物——一个钢筋混凝土的高台，有如海洋水文站似的。由于外磕脚平台的建立，使我国南黄海领海的范围向海推进了许多千米。

3. 领海（Territorial Sea）

海洋法公约的条文是"沿海国的主权及于其陆地领土及其内水以外邻接的一带海域，在群岛的情况下则及于群岛水域以外邻接的一带海域，称为领海"。领海的宽度由各国自定，但最宽自基线量起不超过12n mile。沿海国家对领海上空及其海床的底土具有主权（图15.1）。

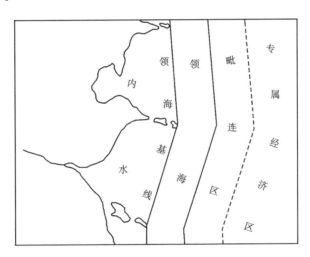

图15.1　领海、毗连区、专属经济区示意图

4. 毗连区（Contiguous Zone）

毗连区是与领海相毗连的海域，其宽度自领海基线向海不超过24n mile。沿海国在毗连区内行使的管辖权利为：①防止在其领土及领海内违犯其海关、财政、移民或卫生的法律和规章；②惩治在其领土或领海内违犯上述法律和规章的行为。

5. 专属经济区（Exclusive Economic Zone）

是领海以外，并连接领海的一个区域，其宽度从领海基线算起，不超过200n mile。沿海国在专属经济区内，具有主权权利为：①勘探和开发、养护和管理海底和海水中的自然资源，包括海底石油天然气等矿产资源，海水中各种渔业生物资源，以及利用海水、海流、风力等能源的开发利用。②沿海国可在专属经济区海域中建造人工岛、海洋平台等人工建筑物，从事科学研究、海洋环境保护等活动，以及进行相关的管辖。

其他国家，在专属经济区海域，享有航行与飞越的自由，铺设海底电缆、海底管道的自由，但应顾及沿海国的权利和义务，遵守沿海国有关法律规章。

6. 大陆架（Continental Shelf）

原本是海底地貌的一个名词。它是具有大陆地壳性质的沿海陆地向海的自然延伸，坡度平坦的浅海区域，其边缘是坡度突然变大的转折处。大陆架的宽度在平原海岸，有几百千米宽，在构造山系的岸外，大陆架宽度仅数千米，甚至缺失，直接为海底陡坡、至洋底。海洋法公约给予大陆架的定义为："沿海国的大陆架，包括其领海以外其陆地领土的全部自然延伸，扩展到大陆边缘的海底区域的海床和底土。如果从测算领海宽度的基线量起到大陆边缘的距离不到 200n mile，则扩展到 200n mile 的距离"。如果天然的大陆架宽度超过 200n mile，则按海洋法公约有些具体规定来划分海洋法的大陆架外部界线，但不应超过 350n mile。

沿海国对大陆架有勘探和开发自然资源的主权权利，自然资源是指海底的矿产资源、海底及海水中的生物资源等。沿海国以外的任何人未经沿海国的同意，均不能从事这些大陆架资源的开采活动。另外，沿海国也有"授权和管理一切目的在大陆架上进行钻探的专属权利"。

其他国家可在大陆架海域航行，上空飞越，在海底铺设电缆和管道，但其他国这些活动以及路线的划定须经沿海国同意。

7. 公海（High Seas）

按海洋法公约：沿海国所属内水领海专属经济区和群岛国所辖水域以外的所有水域，为公海。公海对所有国家开放，不论其为沿海国或内陆国。各国在公海享有航行自由；飞越自由；铺设海底电缆和管道的自由；建造国际海洋法所容许的人工岛等设施的自由；捕鱼自由；科学研究自由。公海应只用于和平目的。任何国家不得有效地声称将公海的任何部分，置于其主权之下。

海洋法公约规定的上述区域，内水和领海沿海国具有主权，如同陆地的领土一样。毗连区、专属经济区及大陆架，沿海国具有主权权利和管辖权利，可以说是"准国土"。因此可以把上述领海、毗连区、专属经济区及大陆架称之为沿海国的"海洋国土"。中国海洋管理将对不同区域，实施相应的开发与管理。

"海洋国土"这个名词，最早是 1984 年 11 月，由当时的国家海洋局局长罗钰如在《我国海洋开发战略研究报告》中明确表达的。他提出"根据新的国际海洋法制度，我国可以划定约 $300 \times 10^4 \, km^2$ 左右的管辖海域，构成我国的海洋国土。我们应当像开发陆地国土一样，开发利用好海洋国土"。自此以后，该名词广泛地被学术界、出版物和政府部门所用。

第二节 中国海洋管理——历史与现状

一、中国海洋管理的历史

中国最早从法律角度来认识海洋，是国际法律知识从西方国家传入开始的。1852年魏源编纂的《海国图志》第83卷，收录了瑞士人瓦尔特所著《国际法》一书中有关战争、封锁、扣船等章节的译文。1862年，清政府设立京师同文馆，聘任美国传教士丁韪良为总教司，将惠顿的《国际法》原理译成中文，以《万国公法》之名于1864年正式出版。这些书籍向国人介绍了包括海洋法在内的国际法知识，清政府的一些官员开始认识到国家对沿岸海域有一定的权利，而沿岸一定宽度的海域具有与陆地不同的法律地位（杨金森，1999）。

1899年12月14日即清光绪二十五年11月12日，中国和墨西哥的通商条约，是我国首次提到中国领海并对领海制度加以规定的双边条约。该条约十一款规定：彼此均以海岸去地三力克为水界（每力克约为10华里），以退潮为准，界内由本国将税关章程切实施行，并设法巡缉，以杜走私、漏税。按此规定，当时中国领海宽度约为9n mile。

在1930年海牙国际法编纂会议上，中国政府代表发表声明，赞成三海里领海宽度。

1931年4月经海军部提议，国民政府行政院发布法令，规定领海范围为三海里，自低潮线算起，并设立十二海里的缉私区。1934年6月19日颁布法令，宣布为了执行海关法，对沿海十二海里范围的海域实行管辖。至此，中国已经从法律上确立了对周边十二海里范围海域的管辖权。

在南海海域，有我国传统的疆界线——断续线，我国出版的各种版本的地图均标有此线，国际上对其认可已有近百年。南海断续线对中国海洋法、海洋管理以及海洋权益的维护极为重要，需要认真严肃对待。

二、南海疆界断续线

南海疆界断续线，国际上对它的认可已近一个世纪。1888年法国曾在南海的南沙和西沙群岛进行测量，广东省政府提出抗议，法国停止了作业。1911年辛亥革命后，国际组织多次要求中国政府在南海诸岛上建立气象站、灯塔等航海设施，以保航行安全，表明国际公认南沙、西沙等岛礁是中国领土。二战期间，南海诸岛被日本侵占，1945年波茨坦公告明确规定日本侵占中国的领土（含南海诸岛）必须归还中国；1946年中国政府收复西沙、南沙，在岛上升国旗、立主权碑，昭告世界，并派兵南沙群岛的太平岛，国际上对此皆予承认；1947年中国政府正式公布了《南海诸岛位置图》。

图上画有断续线形式的疆界线11段。以后出版的地图均遵照政府规定画有这些断续线（表15.2）。1951年英美等国对日签订和约，条约也规定日本放弃对台湾岛、澎湖列岛、西沙、南沙群岛的权利。1952年台湾国民党政府以中国名义和日本签订和约，和约第二条为："兹承认依照公历1951年9月8日在美利坚合众国旧金山市签订之对日和平条约第二条，日本国业已放弃对于台湾岛及澎湖列岛以及南沙群岛、西沙群岛之一切权利，权利名义与要求"。上述这些会议参与国、签字国已承认西沙、南沙群岛是中国领土，日本也已将这些地方交还中国政府。1953 年中国政府批准去掉北部 2 段断续线，改成 9 段，沿用至今，已历时半个多世纪（王颖、马劲松，2003）。

表 15.2　民国内政部制 1∶650 万《南海诸岛位置图》中的断续线位置*（1947 年）

断续线编号	位　置	端点位置（度）		长度，走向	起止范围（度）	
		起点	终点		东经	北纬
西 1	西沙群岛以西，平行于越南东岸，近土伦（顺化）	109.452 15.958	110.289 14.288	210.4km SSE	109.452 110.289	15.958 14.288
西 2	南沙群岛以西，平行于越南南岸，西北为金兰湾	110.232 10.528	109.399 9.080	185.2km SSW	110.232 109.399	10.528 9.080
南 1	南沙群岛西南，接近纳土纳群岛	108.895 6.053	109.686 4.585	186.5km SSE	108.895 109.686	6.053 4.585
南 2	曾母暗沙以南，平行婆罗洲（加里曼丹岛）北岸	111.134 3.725	113.007 4.232	230.8km E，NEE	111.134 113.007	3.613 4.232
南 3	平行于婆罗洲北岸，拉布安岛西北	114.201 5.280	115.005 6.214	137.0km NE	114.201 115.005	5.280 6.214
东 1	巴拉望岛西南，巴拉巴克海峡以西	116.076 7.447	116.906 8.414	141.2km NE	116.076 116.906	7.447 8.414
东 2	南沙群岛东北，菲律宾布桑加岛、龟良岛以西	118.427 11.314	118.866 12.596	152.1km NNE	118.427 118.866	11.314 12.596
东 3	黄岩岛东北，平行于吕宋岛西海岸	119.008 15.469	119.260 17.027	175.7km N	119.008 119.260	15.469 17.027
东北 1	巴时海峡（巴士海峡）内，台湾七星岩与吕宋岛之间	119.845 19.690	120.975 20.184	131.5km NEE	119.845 120.975	19.690 20.184

* 不包括北部湾中的两条断续线

三、1949 年以来中国海洋管理及方法

1956 年 5 月 29 日，中国外交部发表了南沙群岛主权的声明，申明南沙群岛自古以来就是中国领土不可分割的组成部分。1958 年 4 月中国政府又发表《中华人民共和国关于领海的声明》，声明初步建立起中国的领海制度，宣布中国领海宽度为 12n mile；领海基线采用直线基线，基线以内水域是中国的内海，基线以内岛屿是中国内海岛屿；一切外国飞机和军用船舶，未经许可不得进入中国领海和领空航行，必须遵守中国政府政法令。但是由于没有公布领海基点、基线，这一领海制度还是不够完备的。

1956 年以来，中国政府公布了一系列海洋管理的法规条例：海洋环境保护法、海上交通安全法、海洋倾废管理条例、领海及毗连区法、专属经济区与大陆架法等等。至此有关中国海洋管理的立法条例大体完备。

1949 年以来，中国组织了几次大规模的中国海洋调查、全国海岸带资源综合调查、全国海岛资源调查，为中国海洋、海岸、海岛资源开发与管理提供基础材料依据。同时，也由此而提出了一些全国的及地方的海洋管理规章条例。这里着重介绍二项。

表 15.3　中国海洋功能区

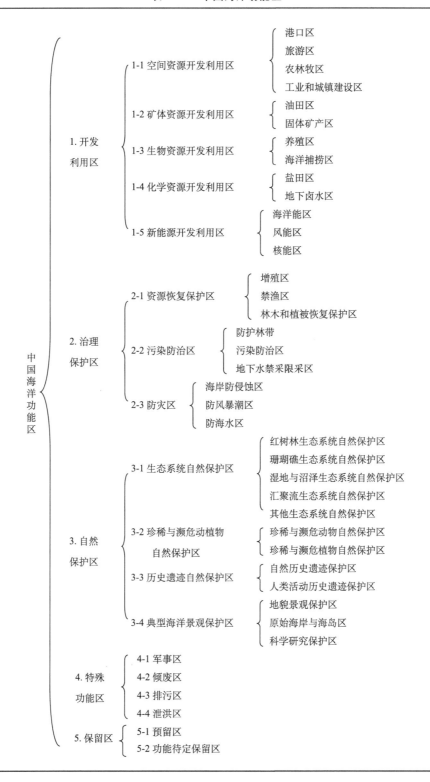

（1）《江苏省海岸带管理条例》。1985 年 11 月江苏省人民代表大会通过，正式批准颁布。这项工作起自 1980～1985 年，国家计委、科委、海洋局等组织领导"全国海岸带资源调查"，是汇集几千名海洋科技人员的重大项目。江苏省海岸带调查结束时，同时完成了江苏海岸带管理条例草案，报请省政府省人大备案与审核。这是中国第一份地方性海洋管理法规条例。该条例分析了江苏海岸带（包括沿海陆地及近岸海域）管理的主要工作目标、内容及需解决的主要问题。提出：①要制定江苏海岸带开发规划，根据各岸段海岸自然环境与资源，综合制定开发规划，给予各岸段发展的主导方向。②提出大中型海岸工程，要严格申请、论证和批准的管理手续。③要建立一个高规格有权威的领导机构，实施一体化管理（任美锷等，1986）。该条例在当时已正式颁布，但尚未得到很好实施，但条例中提出的一些目标、内容、办法，为中国后续的一些海洋管理法规条例，提供了有益的参考。

（2）中国海岸功能区划。1989～1993 年国家计委、科委、海洋局等组织领导全国海洋功能取得调研编制工作，动员全国及沿岸各省份成千的科技人员调查编制了海洋功能区划。该项研究的目标意义是："海洋功能区划是根据海域的地理位置、自然资源状况、自然环境条件和社会需求等因素而划分的不同海岸功能类型区，用来指导、约束海洋开发利用实践活动，保证海上开发的经济、资源、环境和社会效益。同时，海洋功能区划又是海洋管理的基础，只有按功能区划衡量、判断具体海区开发项目的合理性，才是科学的"（鹿守本，1993）。

功能区划报告，依据各段海洋自然环境、资源、社会经济状况，提出一整套区划原则、区划分类和指标体系（表 15.3）。

这样，按此分类全国共划分出各种海洋功能区 3642 个。其中开发利用区 2482 个，治理保护区 529 个，自然保护区 221 个，特殊功能区 330 个，保留区 80 个。编制了全国海洋功能区划图，标出各海岸海洋区域的功能主体。应该说，这样巨大的工程为中国海洋管理奠定了基础，使建设保护有据可循。然而，也存在不少缺陷，主要是编制工作中常缺乏发展观点、缺乏远见，不少区域的功能定位取决于当时生产状况。比如按当时调查，是传统的渔业水产养殖基地，定位于渔业开发区，而其海洋环境自然条件，或可发展海洋旅游，经济效益更好，更切合于其环境资源的利用；或可建设深水港，带动整个区域经济发展等。为此，作为全国海洋管理的政府指令性报告文件，可能需要定期修订更新。

四、当代海洋管理的纲领——联合国《21 世纪议程》与《中国海洋 21 世纪议程》

1992 年 6 月在巴西召开的联合国"环境与发展"大会，世界各国首脑聚会，共商"地球、环境资源与人类持续发展"，提出"人类要生存，地球要拯救，环境与发展必须协调"的纲领。制定《21 世纪议程》（21 Agenda）。议程中指出：海洋环境（包括大洋和各种海洋以及邻接的沿海区）是一个整体，是全球生命支持系统的基本组成部分，也是一种有助于实现可持续发展的宝贵财富。

《21 世纪议程》为当代海洋管理提供了基本框架，提出了沿海国进行海洋海岸管理的目标、内容及方法，这些也促进了中国海洋管理的进程。

《21世纪议程》中涉及海洋管理的主要有：

（1）沿海区，包括专属经济区的一体化管理和可持续发展。提供政策决策，促使使用上的兼容平衡；查明沿海区开发现状与会后计划；明确已界定的与海洋管理的问题；在项目规划、实施时先作评估与预测；应用各种方法，对海洋环境资源作损益分析，并鼓励团体与个人参与。

（2）海洋环境保护。主要有：制订方案预防环境退化；评估预测开发活动对环境的危害；将海洋环境保护纳入环境、社会、经济的总政策；用经济政策鼓励采用清洁技术，防止海洋环境退化；提高沿海人口生活水平（特别是提高发展中国家的），以利于减少海洋环境的退化。

（3）海洋生物资源的保护与可持续利用。保护海洋生物资源；制定合理的渔业政策；保护恢复濒临灭绝的海洋物种，以及保护脆弱的生态系和生态敏感区。

此外，《21世纪议程》，在海洋环境与气候变化，加强海洋的国际合作，以及海洋小岛屿海洋的可持续发展与管理。《21世纪议程》与国家海洋法公约是适应在海洋法公约基础上作出的一项海洋资源环境开发管理的纲要，是各国的共同目标。

《中国海洋21世纪议程》，1996年发布，是配合贯彻联合国《21世纪议程》在海洋领域的具体化和深化，是中国实施海洋可持续开发管理的政策指南（杨文鹤等，2003）。《中国海洋21世纪议程》共有11章，有战略和对策、海洋产业、海洋区域、海岛、海洋生物资源、海洋科技等方面的可持续发展，以及海洋管理、海洋环境、海洋防灾、海洋国防事务、公众参与等11个方面。

《中国海洋21世纪议程》的基本原则是，以发展海洋经济为中心，适度快速开发，海陆一体化开发，科技兴海和协调发展。其意义在于，通过实现对海洋的可持续开发利用，建立起良性循环的海洋生态系统，形成科学合理的海洋开发体系，达到促进海洋经济的可持续发展。

《中国海洋21世纪议程》的目的：①防止海洋环境退化，恢复和提高海洋环境质量，如减缓近岸海域污染的趋势，使部分污染严重的河口、海湾得到治理；防止新开发区域造成新的污染，努力减轻海洋环境灾害等。②建设良性循环的海洋生态体系，有效保护重要的生态系统、珍稀物种和海洋生物多样性，加强自然保护区建设，逐步形成符合可持续利用原则的生物利用方式，恢复沿海和近海的渔业资源，培养优良养殖品种，为海洋农牧化的大规模发展创造条件。③使海洋产业不断优化，海洋产业群不断扩大和增值，使海洋产业产值逐步提升。

第三节　中国海洋一体化管理

一、海洋一体化管理原理

1992年联合国环发大会制定了《21世纪议程》，其中心内容是善待地球，协调人地关系，保证人类社会的可持续发展。人类最后的、目前尚未被完全破坏且有待开发的丰富资源宝库与仅存的"避难所"——海洋，受到了前所未有的重视，提出了保护与恢复海岸带资源环境的一体化海岸带管理计划（Integrated Coastal Zone Management，IC-

ZM）。随着这一领域研究工作的不断展开与深入，人们的认识逐渐提高，形成了一体化海岸地区管理（Integrated Coastal Area Management，ICAM）和海岸与海洋一体化管理（Integrated Coastal and Ocean Management，ICOM）等新概念，形成世界性的热点（王颖，1994）。

海洋管理的特点：

（1）海洋管理是政府行为，由政府及有关官员执行。其目的是维护国家的海洋权益，合理开发利用海洋资源，保护海洋环境等。管理者不是直接去从事海洋生产与进行科研活动。

（2）海洋管理有很强的科学技术性，要建立在科学认识海洋的基础上，并适应全球变化。海岸带与近海各项工程建设与高密度的人类活动，极大地影响到海岸海洋环境变化，对此需进行海洋管理。因此，海洋管理需要众多科学技术工作的相互配合，管理中也需要现代技术手段的强有力支持。

（3）海洋管理是跨部门的，不是在一个行业内进行，而与众多部门相关。

（4）海洋管理具有一定的国际性。由于海洋是相通的，海洋将世界紧密地联系在一起，因此，海洋管理需要从全球（global）、区域（regional）、国家（national）与地区（local）等不同空间尺度上，围绕一定的海域协调进行。

海洋一体化管理（Coastal Ocean Integrated Management），应译为"一体化管理"，我国多数文件译为"综合管理"，与原义较有差异。概念的形成与提出，是人们对海洋调查研究、开发利用、立法管理等全过程与资源、环境、生态等各个方面，以及对社会经济与资源环境之间的相互关系等获得较为充分认识的结果，也是对海洋开发利用过程中的经验教训的总结。单纯的开发利用或单纯的环境保护，都不是海洋管理的目的，必须在充分兼顾各方面利益的基础上，求得资源环境与社会经济的协调发展。所谓一体化管理，是涉及不同海区、各海岸海洋段落的相关问题，包括海陆作用的相关，不同层次的政府之间的相关，国家之间的相关以及自然科学、社会科学和工程技术科学之间的相关等。海洋一体化的管理是在充分考虑海岸海洋与深海大洋的可持续开发利用和发展保育的基础上制定决策的一个连续的和动态的过程。最主要的是，海岸海洋一体化的管理过程需要克服海陆界面上不同层次，政府机构间的传统的与固有的分部门管理与立法执法权限分割的问题，确保管理过程中对各层次政府机构与各产业部门的决策同国家的海岸海洋政策相互协调一致。其中的关键部分是探索与设计一个制度化的过程，以使上述的协调化工作能够以政策允许的方式得以实现（Hotta and Dutton，1995；Biliana and Knecht，1998）。

二、海洋一体化管理的特点

海洋一体化管理是多目标、多方位的，它包括分析发展带来的各种相关影响（如相互冲突的开发利用招致的相互影响、自然过程与人类活动相互关系及其影响等），以及促进区域海洋与海洋各部门活动的和谐联系，强调社区群众必须参加确定研究和发展议程等。其总目标是减少海岸与海洋遭受自然灾害侵袭的脆弱性，使其维持基本的生态过程、生命支持系统与生物多样性，实现海岸与海洋的可持续发展。

一体化管理将海岸海洋与深海大洋作为相对独立的单元，分析不同利用间的冲突、开发带来的影响，以及人类活动与自然过程的相互关系等，通过最佳决策和合理开发，以提高与协调各种活动间的相互联系，谋求可持续发展。

典型的海洋一体化管理过程，包括项目认定与评估、计划准备、项目采纳与资助、项目执行、具体运作与评估等6个主要步骤（图15.2）。成功的海洋一体化管理项目具有的特点与标志包括：围绕明确而有限的主题，成功地参与制定和贯彻执行政策；形成并提供一个合理的、有效的决策制定过程，使项目被有效地、增值地执行；综合运用生态系功能领域可利用的最佳知识；并促进所有参与人员的互相学习与提高。

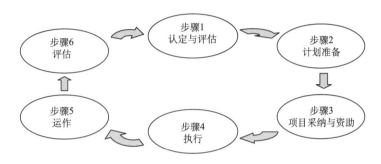

图 15.2　海洋一体化管理的步骤

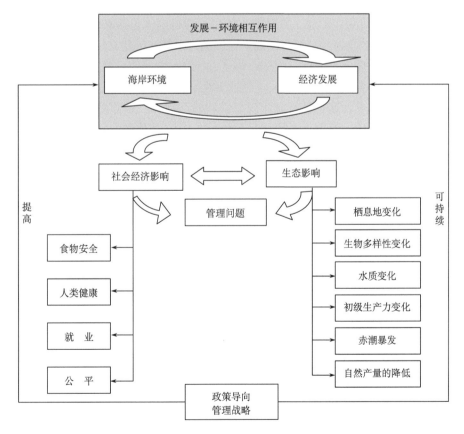

图 15.3　海岸一体化管理项目经济发展过程中的社会经济与生态影响评估框架

海洋一体化管理由政府行使管理，管理内容涉及海洋区域各产业部门，并具有高度的多学科交叉相关性。在计划与实施中要注意处理环境保护与经济发展之间的相互依赖关系（图15.3），注意一体化管理项目的策划与政治体系相适合，并注意适合当地人民的需要，为政府和人民双方的利益创造实现经济效益的机会。同时，需建立区域性一体化管理的数据库，并提高公众的海洋管理意识（朱大奎，2004）。

海洋一体化管理新概念在国际学术界提出后，各国海洋学者、地理学者纷纷投入开展国家的、区域的海洋一体化管理研究。我国亦在国际组织的支持下开展一体化管理的培训研讨及试点研究。厦门市海岸海洋一体化管理的试点研究，取得了很好的经验，为我国海岸带开发与管理做出了榜样。海洋一体化管理亦为地理学家、海洋学家提供了研究工作的空间与机遇，将是海洋地理学家在21世纪具有极大潜力的服务领域。

三、案 例 介 绍

（一）厦门海岸带一体化管理

这是全球环境基金会（GEF）、联合国开发计划署（UNDP）、国际海事组织（IMO）及国家海洋局、厦门市政府联合支持启动的"中国厦门海岸带综合管理示范计划"，历时5年（1994～1998）。其目标是：实施厦门市海岸带一体化管理，为减轻海洋污染为东亚各国提供示范。其要点为：①建立海岸带一体化管理机制（包括财政机制）；②构筑地方海岸带法律框架；③改善海洋环境；④建立监测监视系统；⑤建立信息与培训机制。

在厦门海岸带管理项目进行过程中，做了12个专题研究，完成120多万字的成果报告（《厦门海岸综合管理》，1998）。主要归纳为四部分：一是厦门海岸海洋自然环境资源与社会经济的调查，这是进行海洋规划管理的基础。二是环境污染的调查研究，废弃物、污染物排放管理，各重点岸段污染防治的方案，以及整个厦门海洋污染问题的管理。三是海岸带功能区划与开发规划，从整个厦门海岸带海洋环境资源的调查研究结合厦门社会经济发展需要，做出了厦门各岸区的功能区划及开发规划方案。四是建立了管理机构，健全了管理机制，规划了有关的监测体系，实施有效管理。

（二）数 字 南 海

"数字南海"（Digital South China Sea）是南京大学研究的南海区域的大型地理信息系统。是运用"数字地球"等高科技手段，建立在高速计算机系统上的空间信息系统，是把整个南海的自然、人文、经济，系统地研究以后，输入计算机中，为南海的经济外交服务。这亦是中国海洋管理信息系统的一个案例。"数字南海"是以多要素、多尺度、多时态的空间数据形式集成南海及周边区域的海洋环境资源、人文、经济等信息，结合数字地球三维空间可视化技术，将不同的空间信息及研究成果通过计算机综合地表现出来，并进行相应的空间分析，获得针对复杂南海问题的技术解决方案，为高层次的领导和政府决策部门提供分析和判断的全面正确的数据依据，辅助并支持决策者面对南海突发事件制定长期的战略目标，能实时快速地完成南海问题的决策过程，及时获得决策结果。

"数字南海"是由南京大学和中国南海研究院联合研究开发的，是由基层科技人员提出，逐步向上级申报，由外交部批准立项的研究任务。

"数字南海"的目标与要求，主要是科学、实用、稳定，是为外交管理服务，整个工作围绕这一目标。力求把国际上国内的先进理念、先进技术应用到这一研究中，使之在南海的海洋科学、人文经济历史的研究中，在 GIS 软件的设计中做到科学、实用，便于应用操作，做成一个供实际应用的系统。

该研究有两个要求：一是在海口建一实验基地，供专业人员使用。系统中有详细完整的南海地形、遥感资料，可显示、查询，可提取任一区域基础地形数据、图件；系统中储存经研究整编的各类环境、资源、人文、经济的资料、数据，可储存、显示、阅读、提取；系统中可瞬时提供南海海域任意区域的信息底图，给出该海区及周边的各种地理信息、坐标、面积、长度等数据，供领导及专业人员了解该海区实况及制作各类预案，作比较研究。该系统可添加、修改，具开放接口，可用以扩充新模块、新数据、项目的及时加入。二是将这些成果，系统进入有关领导的办公桌上，供瞬时查询，了解情况，研究决策。

"数字南海"主要成果包括 12 组数据源的信息系统及 11 本文字材料，为了便于领导及非专业人员方便使用，另设计编制了一网页系统，汇集全部数据资料，能快速便捷地查询阅读。

"数字南海"各组数据在系统中分三个层次。第一层是整个南海的显示，如 286 个岛、礁在南海的分布；南海区域有 835 个港口，其分布、坐标、名称；南海 13 个富含油气的沉积盆地的位置、分布等等。第二层是区域的或分国家、地区的状况，如岛礁可显示出各国实际控制状况，岛礁在区域上的分布——西沙群岛、南沙群岛；油气资源中 13 个沉积盆地的具体地质状况，沉积盆地中油气田的分布等。第三层是各具体详细档案，如每个岛、礁有一份文字及图表的具体材料；油田中有××油井，油井的地质资料，油气的贮藏量、开采量等等。系统中每一组数据源具有三个层次的信息，可按需查询、使用。

"数字南海"具备外事研究管理上所需的各种功能，可快速查询、阅读、显示，可瞬时量测面积、长度，在任一海区内，各类信息可叠置、覆盖、整合、提取……可在系统中作划界规划的预案，比较分析，系统中留有接口，可随时添加补充新材料数据。

参 考 文 献

联合国海洋法公约（汉英）. 1996. 北京：海洋出版社

鹿守本主编. 1993. 中国海洋功能区划报告. 国家海洋局

任美锷等. 1986. 江苏省海岸带与海涂资源综合调查. 北京：海洋出版社

王颖. 1994. 海洋地理学的当代发展. 地理学报，1994，49（增刊）：669～676

王颖，马劲松. 2003. 南海海底特征资源区位与疆界断续线. 南京大学学报（自然科学版），39（6）：797～805

杨金森. 1999. 海岸带管理指南. 北京：海洋出版社

杨文鹤. 1998. 蓝色的国土. 南宁：广西教育出版社

杨文鹤，陈伯镛，王辉. 2003. 二十世纪中国海洋要事. 北京：海洋出版社

朱大奎. 2004. 海洋权益、经济及一体化管理研究. 海洋地质动态，20（7）：1～7

Biliana C S, Knecht R W. 1998. Integrated Coastal and Ocean Management——Concepts and National Practices. Island Press, Washington DC, USA, 15～30

Hotta K, Dutton I M. 1995. Coastal Management in the Asia-pacific Region: Issues and Approaches. Japan International Marine Science and Technology Federation, Tokyo, Japan, 177～186

Smith H D. 1992. Theory of ocean management. In: Fabbri P ed. Ocean Management in Global Changes. Elsevier Applied Science, 19～38

State Oceanic Administration. 1996. China Ocean Agenda 21. Bejing: China Ocean Press

第四篇 海平面变化与环境效应、海洋灾害与海洋安全

第十六章　全球气候变化、人类活动影响与海平面变化、效应及对策*

第一节　问题的提出

全球气候变暖、冰川融化、海平面上升对人类社会之影响，已成为全球关注的热点。海平面升降主要与气候变化、天体运动和太阳黑子活动有关，人类活动招致温室气体增加，会加剧气候变化。大气层中的温室气体有二氧化碳、甲烷、氧化亚氮、全氟化碳、六氟化碳等。温室气体可使太阳能量通过短波辐射达到地球，而地球以长波辐射形式向外扩散的能量却无法透过温室气体层，因而产生"温室效应"现象。但因人类活动使温室气体（二氧化碳、甲烷）排放持续增多，造成全球气候变暖。2007 年 1 月，美国加州大学地质学家指出："至今，大气中的二氧化碳含量为 360ppm，是近 50×10^4 年里最高时期。"联合国政府间气候变化专门委员会（IPCC）第一工作组于 2007 年 2 月发表报告，确认："20 世纪中期以来，全球平均气温的升高，至少 90% 以上是由人类活动导致的。"据 IPCC 气候变化 2007 综合报告：气候系统变暖是显著的，目前从全球平均气温和海温升高、大范围积雪和冰融化、全球海平面上升的观测中，可得到明证（图 16.1）。

据全球地表温度自 1850 年以来的器测资料：在 1995～2006 年的 12 年中，有 11 年位列于最暖的 12 个年份之中。自 1906～2005 年，最近 100 年的温度线性趋势为 0.74℃（0.56～0.92℃），这一趋势大于 IPCC 第三次评估报告中给出的自 1901～2000 年为 0.6℃（0.4～0.8℃）的数据。全球温度普遍升高，在北半球高纬度地区温度升幅较大，陆地区域的变暖速率比海洋快。海平面的逐渐上升与变暖相一致。自 1961 年以来，全球海平面上升的平均速率为 1.8mm/a（测值自 1.3～2.3mm/a 不等），从 1993 年以来平均速率为 3.1mm/a（2.4～3.8mm/a）。海平面上升速率加快，是海水热膨胀、冰川、冰帽与极地冰盖融化，做出了贡献，即源于全球气温增暖。同时，也观测到变暖使积雪与海冰面积减少。从 1978 年以来的卫星资料显示，北极年平均海冰面积已经以每十年减少 2.7%（2.1%～3.3%）的速率退缩，夏季海冰退缩速率大，为每十年 7.4%（5.0%～9.8%）。南北半球的山地冰川和积雪的平均面积均呈现退缩现象。据我国沿海 16 个海洋台站的海温资料表明：自 1963 年至 2006 年的 43 年期间，沿海平均海温约上升 0.7℃，冬季增温的升幅达 1℃。我国沿海海温增高数值高于全球的平均增温值。

全球变暖有两个明显的特征：地球平均气温上升，地球的极端性气候事件，如台风（飓风）、风暴潮、暴雨洪涝、大旱性天气等灾害，频频加剧。已观察到气温上升使北冰洋冰川融解加速了 10～15 倍。据 IPCC2001 年评估报告，20 世纪全球海平面平均每年上升 1.0～2.0mm。据我国海洋局 2000 年发布的海平面公报："近 50 年来我国沿海海

---

* 本章作者：王颖，任美锷

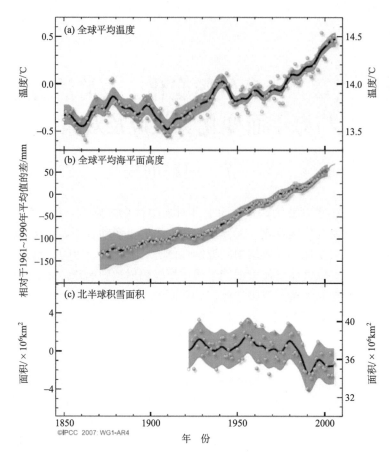

图 16.1　温度、海平面和北半球积雪变化（IPCC，2007）

平面呈持续上升趋势，平均上升速率为 1.0～3.0mm/a。近三年来，海平面上升速率加快，达 2.5mm/a。2000 年中国沿海海平面比平均海平面高 51mm。总体上，南部沿海升幅大，北部沿海升幅小"①。按国际惯例，是以 1975 年至 1986 年的平均海平面为"常年平均海平面"。据联合国公布的资料，由于发电厂、工厂、汽车等排放温室气体的影响，到 2100 年，全球气温可能比 19 世纪末上升 1.4～5.8℃；英国学者认为，全球气温将在 21 世纪末上升 3℃；IPCC2001 年评估认为，根据温室气体的不同排放情况预测，全球海平面在 1990～2100 年期间上升 9～88cm，但区域间差异明显。1990～2025年和 1990～2050 年期间，全球海平面将上升 3～14cm 和 5～32cm。实际上，预测是有客观条件发展变化限制的，难以准确。例如，据 IGBP2007 年综合报告，当 2100 年，若在化石燃料密集型、非化石燃料能源以及各种能源之间的平衡（A/B），或在经济结构向服务和信息经济方向更快地调整（B1）的水平下，预计到 2200 年全球平均气温仍将升高大约 0.5℃。到 2300 年仅热膨胀将导致海平面上升 0.3～0.8m（相对于 1980～1999 年），热量向深海输送有时间之延续，因此，海水热膨胀将持续多个世纪。气温上升会导致全球谷物减产，使 4×10^8 人口面临饥荒之灾；因气温增加，冰川融解招致海

---

① 据国家海洋局网站：http://www.soa.gov.cn/hyiww/hygb/zghpmgb/2001/04/1190/66475987142.htm

平面上升，会影响到约 $30×10^8$ 人生存之地被海水淹没。

全世界约 60%的人口聚居在距海 50km 的海岸地区，同时，也是人口超过百万的大城市主要分布带。海岸地区的平均人口密度均较内陆高出 10 倍。据荷兰学者估计，如 21 世纪海平面上升 1m，直接受影响的土地将有 $5×10^6 km^2$，人口约 $10×10^8$，耕地约占世界耕地的 1/3。海平面上升是陆地丧失的主要原因，其变化在过去的 $15×10^4$ 年间，曾自-130m 上升至+7m。世界潮位记录表明，近百年来，水动型的海平面上升为 12～15cm，并且在继续上升。三角洲陆地在下沉，如密西西比河路易斯安那地区，海面上升速度 10 倍于世界海面上升的平均速度。荷兰北海沿岸伊赛尔河口-须德海地区下沉严重，采用风力排水设施与建造大坝挡潮水浸淹。位于亚得里亚海的威尼斯，受海面上升威胁，一年数次被海水浸淹市区，连大教堂亦不能幸免，该市的水井均砌有围墙并有厚重的木质井盖防海水进入。全球变暖，海平面持续上升，对海岸带影响加重，世界各国政府、社会和科学界都十分注意海平面上升及其对海岸带影响的研究。1989 年美国科学院院长 F. Press 就指出："海岸带管理应考虑将来海平面上升"（Press，1989）。国际地圈-生物圈研究项目"海岸带的海陆交互作用（LOICZ）"，着眼于广义的海岸带——包括海岸与大陆架浅海，以研究人类活动、海平面上升及气候变化对海岸带生物和物理过程的影响及其在海岸带资源管理中的意义。

我国沿海地区是对外开放的前沿经济发达地区，其中黄河、长江和珠江三大河口三角洲及低地平原海岸，极易受到海平面持续上升的危害。海平面上升与影响效应应在沿海的建设与管理中，予以必要的重视。

第二节　全球海平面上升

全球海平面（global sea level）即理论海平面（eustatic sea level），指全球平均海平面，而不是指某一具体地点（如塘沽、吴淞）的海平面。

一、世纪性的海平面上升

海平面变化由不同的作用过程形成，具有长短周期的不同变化。

长周期海平面变化被概括为水动型（eustatic）与均衡型（isostatic）两类。全球规模的变化影响到海水的总量或海盆的体积，为水动型海平面变化，是由于构造运动、洋盆被沉积物充填、冰川作用或水体密度的变化所产生。均衡型变化表现为地方性的变化，由于陆地相对于静态海面的挠曲活动所形成，或伴随冰川后退由于均衡作用形成的区域上升，或地区沉陷而成。最重要的长周期海平面变化是构造水动型的（tectono-eustatic）。冰川水动型（glacio-eustatic）的变化，虽在地质历史时期发生较少，但在过去的 $300×10^4$ 年期间海平面变化与陆地上冰盖的生长与消融有关。形成于新近纪的南极冰盖是水动型海平面变化的最重要的因素，其生长消退导致第四纪海平面变化的迅速响应[①]。

---

① Scientific Committee on Ocean Research，Working Group 89：The Changing Level of the Sea and Models of Beach Responses. 1993

应用稳定同位素定年法，对采自陆架不同深处的泥炭层、潮间带有机体与化石、海滩岩及海成阶地的年代测定，已获得有关距今50 000～40 000年时期海平面变化的局部资料，了解到距今30 000～25 000年前的间冰期时，海平面与现代海面高度相当。由于最后一次冰期开始，冰川生长而海平面下降，下降的最大值估计为75～130m（多数人采用低于现代海面100m的数值），发生于18 000年前。全新世海侵约始于17 000～15 000年前，海平面上升迅速，速率可达8～10mm/a。此上升持续到7000年前，该时的海面约相当于现在海面的10m深处。距今5000年时，海面上升率剧减为1mm/a，此速率一直保持到近期的200年期间。对以海成阶地或沿岸堤保存下来的高海面，大多数观察者认为是地方性的构造抬升效应而非起源于水动型，并认为现代海平面是全新世海侵以来最高的位置。

海平面继续在变化，证据来自验潮站水位记录分析，展现出一个世界范围的海平面上升，源于冰川的进一步融化与海洋水体热膨胀。各国学者对海平面上升做过研究和计算，而发表了不同的数值。这里最重要的问题是原始资料的来源和取舍。过去100年全球海平面上升数值多根据全球海平面观测系统（GLOSS）和平均海平面永久服务处（PSMSL）的世界各地验潮站的实测记录，进行分析计算。但记录数据本身存在两个问题：第一是PSMSL验潮站地理分布很不平均，80年代欧洲占32%，北美占18%，日本占16%，共占世界验潮站总数66%，因此据此算得的海平面上升值并不能真正代表全球的平均海平面上升值。1985年后，全球海洋观测系统（GOOS）（IOC创建）的海平面观测站已增至300个，地理分布也较过去更为平均，21世纪的记录数据则具有代表性。第二，平均海平面（MSL）记录受到陆地垂直运动的强烈影响（Woodworth，1991）。

美国海洋大气局B. C. Douglas对世界验潮站记录进行过严格审查，剔除了受构造运动影响的站（如日本）、记录年代较短的站（世界验潮站有≥50年记录的不到100个站）及缺测时间较长的站，只选用了有代表性的21个站（记录年代平均长76年）的记录进行计算。结果得出，过去100年全球海平面平均上升率为1.8mm/a（Douglas，1991）。嗣后，世界一些比较有权威性的科学机构和个人所发表的报告和论文，提出过去100年世界海平面上升平均值亦与此相似。如联合国教科文组织为1.0～1.5mm/a，国际地圈生物圈计划为1～2mm/a（Stewart et al.，1990），平均海平面服务处Woodworth认为100年共上升约10～20cm（即1～2mm/a）。近200年的验潮资料（瑞典Brest站位记录始自1704年，荷兰Amsterdam站位始自1682年，以Brest站自1807年的记录最为标准），反映出海平面上升趋势与大气温度、海水表层温度变化趋势呈良好的相关性，并且自1930年以后，海平面上升速率增加。构造活动与人类影响使陆地水准发生变化，使海平面上升值形成明显的地区差异，如纽约验潮站代表美国东海岸状况。近百年海平面上升速率为3mm/a，是海平面上升与相当数量陆地下沉的综合效应。南部的得克萨斯站位资料表明，海平面上升速率的平均值达6mm/a，原因在于抽取地下水与原油而引起的地面沉降。美国西海岸俄勒冈站几乎未表示出相对的海平面上升，因为水动型的海平面上升与陆地抬升量相当。Aubrey与Emery的工作试图将新构造运动上升值与全球性的水动型上升区别开来。验潮站在南半球分布稀少，从全球范围的验潮记录进行相近比较与趋势性分析，在过去50年到100年间，水动型的海平面上升值变化为 1~2mm/a。尽管测算方法不同，但结果相近（表16.1）。

表 16.1 据验潮资料所确定的全球水动型海平面变化*

研究者	上升速率/(mm/a)
Gutenberg (1941)	1.1±0.8
Kuenen (1950)	1.2~1.4
Lisitzin (1958)	1.1±0.4
Wexier (1961)	1.2
Fairbridge and Krebe (1962)	1.2
Hicks (1978)	1.5±0.3
Emery (1980)	3.0
Gornitz et al. (1982)	1.2
Barnett (1982)	1.51±0.15
Barnett (1984)	2.3±0.2
Gornitz and Lebedeff (1987)	1.2±0.3
Braatz and Aubrey (1987)	1.1±0.1
Peltier and Tushingham (1989)	2.4±0.9
Douglas (1991)	1.8±0.1
谢志仁 (1992)	0.7~1.2

* 据国际海洋研究科学委员会（SCOR）第 89 工作组

　　短周期海平面变化是由于大气与海洋作用过程的变化，如海水温度的地区性变化、海岸水流强度的改变、气压和风作用力与方向的改变等所造成的海平面年度变化、季节变化或日变化等。最突出的短周期海平面变化与太平洋的厄尔尼诺（El Nino）的发生有关。在太平洋东岸赤道附近的岛屿验潮站重复记录到，在不到一年的时间内，海平面变化达到 40~50cm。在美国西海岸，由于厄尔尼诺形成的海平面变化高达 10~20cm。1982~1983 年间，俄勒冈州海岸由于厄尔尼诺与海平面季节变化造成海面在 12 个月内抬升达 60cm。风暴潮所形成的增减水在孟加拉湾形成年海平面差异达 100cm 的记录。人类活动的影响——过度抽取地下水或建筑物重载，使河口三角洲地区大面积沉降，加大了海平面上升值。如天津新港码头自 1966~1985 年下沉达 0.5m。从某种意义上讲，这类变化可归为短周期变化，通过人工措施可控制这类变化。短周期海平面变化对海岸带会形成灾害性破坏。对海岸潜在效应的研究工作，应致力于世纪性的全球范围的水动型海平面上升。这种世纪性的、全球性范围的变化促进了风暴潮与厄尔尼诺现象发生频率的增加。

二、21 世纪全球海平面上升值估计

　　近数十年来海面加速上升与地球的温室效应有关。人们预测，由于全球变暖使冰川融化与海水热膨胀，引起海平面持续上升。据联合国估计（2006），至 2100 年，全球气温可能比 19 世纪末上升 1.4~5.8℃。美国宇航中心卫星云图反映 2005~2006 年北冰洋冰川正以原来 10~15 倍速度消失，在大约 25 年时间内，北冰洋冰川

比原来减少 1.5 倍。

各家估计 21 世纪海平面上升值相差更大，其不确定性也更大：政府间气候变化专门委员会（IPCC—WGl，1990）估计至 2050 年海平面上升 30～50cm，至 2100 年海平面可能上升 1m；美国环境保护局预测到 2100 年海平面将上升 50～340cm，相当于 5～30mm/a 上升速率；全美研究委员会的二氧化碳评估组（The Committee of the National Research Council on Carbon Dioxide Assessment）提出，至 2100 年，海平面上升速率为 7mm/a；Van Der Veen（1988）估计，至 2085 年海平面上升率为 2.8～6.6mm/a。这些数据比过去 100 年来海平面 1～2mm/a 的上升速率高出 2～4 倍。国际上一般采用低值（Gloss，1992），即 50cm（IGBP）或 60cm（UNESCO）。IPCC 的海岸管理小组（CZMS）1991 年所拟的 2100 年海平面上升方案为 0.3m（最低）和 1.0m（最高）（IPCC，1992）。据 IPCC 2001 年评估报告：20 世纪全球海平面平均每年上升 1～2mm。根据温室气体不同排放情况预测，全球海平面高度在 1990～2100 期间将上升 9～88cm，但区域间差异明显；1990～2025 年和 1990～2050 年期间全球海平面将分别上升 3～14cm 和 5～32cm，此数据较前估计的低。同样的，IPCC-WG1 于 2007 年估计：由于各种气候过程和反馈相关的时间尺度各异，即使温室气体浓度实现稳定，人为变暖和海平面上升仍会持续若干世纪。某些估计："21 世纪后半叶，北极夏末海冰几乎完全消失；2200 年全球平均气温仍将上升 0.5℃"，"2300 年，仅热膨胀将导致海平面上升 0.3～0.8m（相对于 1980～1999 年）。"估计数据差异明显，因为对海洋与大气间碳交换的过程及数量尚缺乏精确了解，这样就使预测 21 世纪全球气候变化和海平面上升带有较大的不确定性。

上层海水变热膨胀引起海平面上升，是一个缓慢的过程。从大气中温室气体增加至海平面上升，可能有几十年的滞后时间（time lag），因此过去 100 年全球海平面上升幅度不大。这可能使我们低估了将来海平面上升问题的严重性。

估计 21 世纪全球海平面上升值，主要依据 21 世纪全球气候变暖值，而全球气候变暖一半以上是由于 CO_2 排放量的增加。而全球 CO_2 排放量多少，主要是由人类因素决定，如人口和经济增长、工业结构变化、能源价格、技术进步、化石燃料供给情况、核能及可再生能源的利用情况等等，均对 CO_2 排放量有重要影响。上述因素均难以预测，因而具有更大的不确定性，不同预测方案相差较大。

三、相对海平面变化[*]

世界某一地点的实际海平面变化是全球海平面上升值，加上当地陆地上升或下降值之和，这便是相对海平面。世界一些大三角洲，包括长江和老黄河三角洲的地面沉降率均在 10mm/a 以上，较目前理论海平面上升率约大 10 倍以上（Milliman et al.，1989）。因此，1990 年联合国教科文组织的海平面变化研究报告正确地指出："研究海平面必须包括海面和陆面的变化"。国际科学界十分重视相对海平面的研究，因为它在评估海平

---

[*] 本节作者：任美锷（《中国海洋地理》1996 年版作者，为纪念任美锷院士之工作，基本上保留其原作于此节，王颖注）

面上升对人类社会的影响方面比理论海平面更有实际意义（Titus，et al.，1991）。1991 年，美国 Gornitz 研究美国海岸的风险等级（risk class），海平面指标即采用相对海平面（Gornitz，1991）。以美国 Oregon 州立大学海洋学教授 Komar 为首的国际海洋研究委员会（SCOR）89 工作组，研究海滩对海平面变化的响应，亦称相对海平面上升（不是理论海平面上升）对一地海岸侵蚀有重要意义（SCOR WG89，1991）。1990 年出版的联合国教科文组织的海平面研究报告，其名称即为"相对海平面变化"。报告中明确指出："我们不研究绝对海平面（即理论海平面），而研究相对海平面"[①]。1988 年，国际科联环境问题科学委员会（SCOPE）在曼谷举行的国际学术讨论会，即名为"上升着的海平面与下沉中的三角洲"。国际地学生物圈计划 1992 年出版的全球变化文件，关于海平面项目的标题亦为"上升着的海洋，下沉中的陆地"。

我国在 20 世纪 90 年代初发表的有关海平面的论文很多，但对理论海平面与相对海平面的区分似较模糊。人们往往仍以全国平均海平面上升值来评估我国海岸地区在海平面上升时的风险和损失，这显然是不恰当的。据任美锷等对全国（包括港、澳、台）32 个验潮站记录分析的结果，有 20 个站相对海平面上升，12 个站相对海平面下降（Ren，1993a；任美锷、张忍顺，1993）。可见全国平均海平面上升值对评估我国海岸风险并无实际意义。

吴淞和塘沽两站是我国记录年代最长的站，各有近 90 年的记录，且分别代表上海地区（长江三角洲）和天津地区（老黄河三角洲），极为重要。但这两站公布的记录均已校正了地面沉降值，故所反映的是理论海平面，而不是相对海平面。由于过去上海市地面沉降较大，吴淞站记录的地面沉降修正值也很大，1923～1966 年共 1.11m，平均每年 25.2mm，约为理论海平面上升率的 20 倍。塘沽站 1959～1985 年平均每年地面沉降修正值更大（47.8mm/a）。因此，评估海平面上升对我国的影响尤须注意区分相对海平面与理论海平面，并采用前者作为评估的标准。

由于各种自然和人为原因，各处相对海平面变化差异很大。就在同一个三角洲内，各地的相对海平面上升率也很不相同。如美国密西西比河三角洲，根据 20 个验潮站 45～55 年记录的分析，现代三角洲地区相对海平面上升率较大，在 10mm/a 以上，最大达 17.7mm/a；老三角洲地区（如贝壳堤平原区），上升率较小，仅 3.5～6.0mm/a（Penland and Ramsay，1990）。我国沿海地面沉降主要由于过量抽用地下水，故沉降量各处也大不相同。如老黄河三角洲内的天津新港港区，据 1：15 000 的港区 1985 年 11 月至 1986 年 10 月的实测地面沉降图（据 50 个点实测值绘制），全港区约 80％地区的地面沉降值均在 20mm 左右，只有塘沽验潮站一处为 4mm。而老黄河三角洲海岸塘沽以北的汉沽与塘沽以南的大港，1986 年地面沉降量均在 100mm 左右。长江三角洲也是如此，1977～1985 年平均沉降率吴淞为 6.8mm，黄浦江沿岸不远处的高桥化工厂即为 10.0mm，提篮桥为 10.7mm。因此，根据某一验潮站记录来评估海平面上升对整个三角洲的影响，是不够全面和精确的。我们必须全面研究三角洲的环境及地面沉降情况，参考验潮站记录，来确定整个三角洲相对海平面上升的合理数值，这样做虽然看来不够科学，但却可以避免很大的片面性。

---

① 该报告的第一作者 R. W. Stewart 为 ICSU 的全球变化科学专员

潮位记录含有一些杂波，我国一些科学家十分注意用各种数学计算方法，滤去杂波，以求得更精确的海平面变化数值，这是好的。但计算表明，潮位资料用一元线性回归分析所得结果与用多种方法（19年滑动平均、方差分析、周期图、调和分析）计算所得结果，平均年海平面升降率相差极小，不到1/10mm，而地面升降率则每年为几毫米以至几十毫米[①]。故如不注意塘沽和吴淞记录已经地面沉降修正，不注意只用相对海平面升降值，则评估海平面上升对海岸影响时势必产生巨大错误。

上面已经提到，今后一个世纪（2100年）理论海平面上升值的估计有巨大的不确定性。对于相对海平面来说，其不确定性更大，因为相对海平面有巨大的地面沉降值。而我国地面沉降主要由人类活动引起，今后地面沉降趋势主要决定于一系列社会经济因素及地方政府政策，它们是不易预测的，更难用数学方法来计算。这样，就使估计天津地区和上海地区今后20年的相对海平面上升值有较大的不确定性，更不用说估计今后50年、100年的相对海平面上升值了。

由于今后100年海平面上升的估计值有很大不确定性，国外一些单位和学者多列出几个估计值以供选择，并据此用数字模型对某一地区或国家因海平面上升造成的损失进行估算。如1991年荷兰交通与公共工程部研究海平面上升对荷兰的影响，即列出今后100年海平面上升值分别为20cm，60cm，85cm，100cm。再加上风暴潮和河流洪峰流量增加所引起的海平面上升值各10%（Netherlands Ministry of Transport and Public Works et al.，1991）。相对海平面上升值是数学模型中最重要的参数，数学模型估算结果的可靠程度主要视这个参数是否比较正确而定。因此，在我国大三角洲和滨海平原，必须如上所述审慎、全面地拟定今后20年、50年和100年的相对海平面上升值。列出几个数值以供选择固然是科学的，但这不免会增加领导部门决策的实际困难，因此我们列出天津和上海两地区最可能的相对海平面上升值（表16.2）。

表16.2　老黄河三角洲和长江三角洲相对海平面上升值的估计（mm/a）

地区	理论海平面上升率	地面沉降率	相对海平面上升率
	1956～1985年		
老黄河三角洲	1.5	24*	25.5
长江三角洲	1.5	10	11.5
	今后20年		
老黄河三角洲	5.0	10	15
长江三角洲	5.0	3～5	8～10

＊据塘沽验潮站水准点1966～1985年每年与天津市宝坻基岩水准点联测结果，其标高共降低0.489m，即平均每年降低24.45mm。

表16.2中21世纪理论海平面上升率取最可能数值中的低值，即5mm/a。地面沉降率很难估计到今后50年或100年，故只能估计到今后10～20年。天津地区的估计值是考虑到下列因素：从长江调水工程完成后，天津地区供水情况虽将大为好转，但华北为严重缺水地区，滦河水尚需济唐（唐山），调津水量将趋减少，今后20年天津地区因

① 南京大学大地海洋系研究生沈晓东对吴淞和青岛潮位资料计算结果

人口增加，经济迅速发展，工农业和生活用水将有较大增加，可能需淡化海水，或在一定程度上抽用地下水。1989年天津市建委的目标曾定为在近期将地面沉降率减小到15mm/a。上海地区于20世纪60年代中期以前地面沉降率较大，后虽有减小，但1978~1987年平均仍有4.68mm/a。黄浦江沿岸的一些水准点（吴淞、张家浜、高桥化工厂、提篮桥）则沉降率较大，1977~1985年平均为6.8~11mm/a（任美锷、张忍顺，1993）。随着上海地区人口增加，经济发展，用水量将大为增加。但估计到将来上海自来水从长江引水量可能将有较大增加，依赖地下水的比例可能减少。表16.2中对今后20年地面沉降率的估计虽有主观成分，但目前还找不到有更好的估计方法，表中的估计数是最乐观的估计，可能也是一个最佳估计。

第三节　中国海域海平面变化与效应

一、古海岸变迁遗证[*]

1. 关于中国海岸升降问题的研究

关于中国海岸升降问题的研究中，曾有一些传统的误解，从现代海岸地貌学的观点看，值得商榷。但仍被一些书籍所采用，具有一定的影响。因此，有必要对一些问题开展讨论，以期得到较为符合实际的认识。

中国海岸的"南降北升"论，可能受D. W. 约翰逊海岸分类的影响，主要从海岸外形，提出以钱塘江、长江口为界。北方平坦的沙岸是由于"海退"而从海底生长出来，属上升海岸；而南方为下沉海岸，多溺谷港湾。

现代海岸地貌学的研究成果表明，有沙坝环绕的潟湖平原海岸正是"下沉"的海岸地段所特有的。三角洲平原海岸亦是发育于下沉区。地质资料充分说明，广大的平原海岸地区正处于下沉凹陷带，渤海湾西岸与苏北平原海岸，都是位于新生代的沉降凹陷带。而杭州湾以南基岩港湾岸，却位于浙闽隆起构造带，应属于构造上升的海岸地段。但是，冰后期的海面上升又使我国海岸线普遍具有海侵的影响。区域构造升降运动对现代海岸发育过程，是通过改变海岸的高差、坡度或物质结构状况而产生影响。这种影响通常较之活跃于海岸带的波浪、水流与泥沙运动过程的影响要缓慢、微小得多。因此，构造升降运动对现代海岸过程可以看做是间接因素。例如，松散沉积物组成的平原海岸，其岸线进退充分反映了波浪冲蚀与泥沙供给（主要是大河泥沙的供给）之间的动态平衡关系。如果泥沙补给量与波浪冲蚀量相当，则岸线表现为稳定的；若泥沙供应量小，甚至根本断绝了供应，则海岸受冲蚀而岸线迅速后退，如果泥沙供应量大，则海岸线不断淤积向海推进。例如现代黄河三角洲地区，虽然地处沉降凹陷与海面上升的背景上，但由于入海泥沙量大，岸线仍不断地向海淤进（Wang，1980），但由于中上游引水及建水库拦沙，黄河下游与三角洲地区，径流量与行沙量骤减，因而水下三角洲不仅增长停滞，而且在侵蚀后退。把河

＊　本节作者：王颖

口平坦的新出露的海岸认为是"上升的沙岸"是错误的。即使在杭州湾以南的基岩海岸，由于有丰富的细颗粒泥沙供应，以及潮流作用在我国中部海岸发育中具有重要的影响，因此，在基岩港湾海岸的岩滩上，发育了背叠式的淤泥质岸滩。

其次，位于不同构造背景下的海岸与邻接的大陆架，普遍发现有沉溺的古河谷（古辽河、古海河、古长江、古珠江等）、古三角洲（古六股河三角洲、古辽河三角洲、古黄河三角洲、古长江三角洲系、古闽江三角洲、古珠江三角洲等）以及古海岸带或海岸带平原，分布于水深 8m、25m±、50～60m、100m、120m 以及 150m± 等处（王颖等，1979；任美锷、曾成开，1980；赵焕庭，1981；冯文科等，1982）。各沉溺地貌分布的水深几乎可一一对应，而其中以 -25m 及 -50m 者为普遍，这种现象不是偶然的。位于现代海岸带的溺谷型河口湾，不仅分布于浙、闽、粤沿海，同时也是我国中部海岸的特征现象，如苏北的几条天然河口——灌河口、射阳河口、新洋河口、斗龙港口等皆表现为明显的喇叭形。位于北方海岸的蓟运河、大口河河口亦有类似的现象。而山东半岛某些段落表现为明显的"里亚式"海岸形式。这些地貌现象的分布遍及我国南北，表明由冰后期海面上升所引起的岸线相对下降，要比区域构造运动的影响更为直接与显著。

但是，各海域沉溺地貌分布的水深有差异，除了由于发展历史阶段不同外，可能是由于区域构造运动的差异所引起的。

因此，在研究海岸升降问题时，须注意确定那些真正反映岸线升降的标志或现象，确定其升降的时代——是过去升降的结果，还是反映现代的升降或者是今后升降的趋势。在研究岸线升降幅度时，须注意在海面普遍上升的背景下，其净效果如何。

2. 海岸升降标志

海岸是有升降变化的，海岸带的海蚀地貌、堆积地貌或人为地貌，出现于现代海岸动力作用范围之外的，可用来作为判别岸线变迁的标志。通常，用堆积地貌来判断岸线升降，其可靠程度较高。只有能长期保存的发育于基岩地区的显著海蚀地貌才是判断海岸升降难得的宝贵标志。例如，北美纽芬兰东北岸，圣约翰（St. Johns）附近是沉积变质岩组成的海岸，冰后期以来已抬升了数十米，但仍清晰地保存着原来海岸岬湾曲折的形态。该处海岸年龄较短，是大冰盖融化后，地壳弹性回升的地段。又如，加拿大悉尼（Sydney）沿岸，完整地保存着桑加蒙间冰期的海蚀阶地，阶地面覆盖着威斯康辛冰期的冰碛物。这些海岸形态为分析岸线升降提供了可靠的标志。在我国，由于地处温湿地带，风化剥蚀作用较强，加之我国海岸带开发历史悠久，古海岸遗迹常常遭受较多的改造破坏，当然仍有不少有价值的遗迹保存下来，关键在于正确地识别岸线升降的标志（王颖，1983）。

海蚀穴　发育于海蚀型的基岩海岸段落的高潮线附近，由于波浪的冲刷掏蚀、夹带砂砾的研磨以及海水的溶蚀与风化作用，因而沿高潮水位线附近的岩层构造较弱处常形成龛状凹穴。海蚀穴的形态多样，但主要特点有三：①沿岩层层面发育的海蚀穴，削切岩层层面。②在花岗岩类岩体上发育的海蚀穴，其"上颚"适应水流的冲刷反卷作用多呈现为卷浪形式，或者形似鸟喙；"下颚"部分由于遭受较为频繁的砂砾研磨作用而蚀退快，多形成低平的水漫坡。③海蚀穴的规模不一，有的可成为一列卷浪式的冲刷槽，有的仅是一龛穴。大的海蚀穴中还有次一级的水流掏蚀凹穴以及浪花引起风化造成的蜂窝状孔洞。

上述特征可帮助我们鉴定海蚀穴。其次，由于海蚀作用使海蚀不断扩大，进而使上部岩石崩塌而形成海蚀崖。海蚀崖的高度随岸线向陆地推进而加高。伴随着海蚀崖的后退而于崖前方发育了岩滩（或称海蚀平台）。岩滩的规模形态不一，取决于岩性与海蚀作用久暂，坚硬岩石形成崎岖不平的岩滩，其上部还有残留的海蚀柱。因此，各种海蚀地貌是成组分布的。如果位于现代海面以上较高的地方还保存着古海蚀穴，那么，附近还可能有海蚀崖或岩滩的遗迹相伴分布。由于海蚀柱或岩礁为坚岩组成，因此孤立的岩体上也能长期保留古海蚀遗迹。

在花岗岩、片麻岩或其他非均质岩石组成的海岸岩壁的不同高度上，发育着一些规模不大、密集成蜂窝状的孔洞，这是溅浪及饱含盐水和水汽的海风吹蚀崖面，使结晶岩类崖壁上产生差别风化与进一步吹蚀的结果（任美锷，1965）。在陡岸，溅浪常可达十数米高。在旅大、冀东、山东半岛、连云港地区、潮汕地区及海南岛等处陡峻岩岸带，皆可见到这种崖面浪花风化所形成的凹痕。虽然它们高出现代海面十数米高，但它们是现代海岸风化作用的产物，不是古海蚀穴。在古海蚀崖面上，亦可能有古浪花风化的遗迹，它可以作为岸线变化的辅助标志。其具体高程，不能作为高海面或地壳抬升的高度。

海湾由于淤积作用形成平原，原湾顶或湾侧的海蚀崖成为湾顶平原的死海蚀崖，其基部的海蚀穴可能仍出露。该处的标高，虽较目前海面略高，海水已不能到达，但这是正常的海岸堆积过程的结果，不一定反映海岸上升。

抬升的古海蚀穴确实是存在的，主要于海岛或临海的山地（可能是古海岛）人类开发活动稀少的地方保存完好。如厦门岛曾山，于海拔120m处保存着完好的卷浪型海蚀穴、岩滩和海蚀柱的组合。连云港地区北云台山保存着数级完好的古海蚀穴（表16.3）（朱大奎，1984），古海蚀岩滩和海蚀崖遗迹相伴分布，几为一岸线变迁遗证的天然博物馆。

表 16.3　江苏云台山古海蚀地貌分布状况

海拔	地点	地貌特征
600m	北云台山大桅尖	海蚀穴、岩滩、浪花风化穴
450m	北云台山上竹园后六场	海蚀穴、海蚀崖、岩滩、浪花风化穴
320m	北云台山上竹园	海蚀穴、岩滩（长300m，宽120m）、海蚀崖与浪花风化穴
200m	北云台山宿城南	海蚀穴、岩滩、海蚀崖、浪花风化穴
120m	北云台山牛屁股山	海蚀崖残迹与岩滩、浪花风化穴

在上述几级古海蚀穴中，又以120m与320m的保存较完整并分布较广。历史时期云台山尚系海岛（张传藻，1980），中云台山与南云台山之间以海峡相隔，正如今日连云港市与东西连岛之间隔以海峡相类似。公元1494年黄河全流夺淮入海，黄河泥沙大量汇入，云台山间海峡才最后淤积成陆。由于人类对该岛开发迟，因此古海蚀穴等尚保存完好，并成为高海蚀面的见证。

海岸阶地，有两类：海蚀形成的与堆积形成的。两类阶地常相伴分布。海蚀阶地发育于岬角地区，是昔日的岩滩抬升而成。因此，它是一崎岖的向海倾斜的基岩面（沿厚层风化壳发育的海蚀阶地是平坦的），其上保存着少量砾石与砂的松散堆积物，或者剥蚀殆尽而无堆积，阶地的后缘有一明显的坡折，即古海蚀崖的遗迹。分布于相邻海湾的海积阶地，系昔日的湾顶海滩，由具有一定分选的砂质沉积所组成，砂层具水平层理或小角度的斜层理，夹大量贝壳屑。经长期风化的老海积阶地，贝壳碎屑可能经风化而淋失。海积阶地的构成有三种类型：①背叠海滩型；②具双斜坡的自由海滩，其上有若干列沿岸堤（滩脊）；③沿岸沙坝与沙丘并陆而成。海积阶地与海蚀阶地的高度，即使是同一时期形成的，也是不一样的。正如现代的岬角岩滩上界位于高潮线附近，而邻近的海湾海滩，甚至袋状海滩的顶部可高出高潮水位 4m 之多。尚未固结成岩的松散堆积组成的古海积阶地，由于后日的侵蚀变化，其高度常低于相应时期的海蚀阶地。海积阶地保存的较少，多为后日海浪侵蚀掉，即使是抬升的岩滩，其上沉积物多被蚀掉，仅余基岩底座。较完整的海积阶地在北部湾有分布，如洋浦北部的神尖，是抬升的海湾沉积，因母鸡神-神尖火山爆发而抬升。母鸡神后侧有抬升至 15m 高的由沙坝组成的阶地，其上有古人类遗留的绳纹瓦当。

海岸阶地在我国分布普遍，并具有多种海岸地貌组合分布之特征。如：①秦皇岛港东侧有 5m 海蚀阶地，其背侧有死海蚀穴与海蚀崖，海蚀崖顶部为 15m 高的南山海蚀阶地。阶地由花岗岩组成，上覆厚度约 0.6m 的砂层，为均匀的石英、长石质中砂夹有少量 2~6cm 的扁平砾石。砾石包括花岗岩与火山岩类，系当地的海蚀产物。该海蚀阶地的东侧分布着一列 5m 高的堆积阶地，系由棕色均质中砂组成的老沿岸堤，向东延伸被沙河口的砂砾堤系列所覆盖呈不整合接触。这两组沿岸堤所形成的海积阶地是不同时期高海面的产物[①]。②辽东止锚湾 20m 高的黑山海蚀阶地，具有海蚀崖残迹与海成砂砾质堆积以及古文化遗迹。低于 20m 阶地的东西两侧死海蚀崖前方皆叠加着 5m 高的海积阶地。③广东汕头广沃湾一带古岛屿有 40~60m 高的海蚀阶地，其上散布着扁平状砾石。附近地区分布着一级 5m 高的红砂阶地，阶地主干部分是一连岛沙坝。北海半岛与海南岛南部有类似的情况。

山东半岛南部，沿岸有四级阶梯状地形，其高度依次为 5m、15~25m、40m 以及 60~80m。这几级阶地在岚山头一带及连云港地区的东西连岛等小岛亦很清楚。浙闽沿岸及一些岛屿上如大鹿山岛处亦有保存。古海蚀地貌遗迹在岛屿上保存完好不是偶然的，这些岛屿系屹立于海底的坚岩山地，四周环海而海蚀地貌发育，加之人迹稀少，后日的破坏影响少，保存较好。古海积阶地在舟山群岛等处亦有保存。而未胶结的砂砾质堆积易为风化剥蚀所破坏。其次，在海蚀作用强盛的岬角、岩礁与小岛上，海积地貌在类型与规模上远不及海蚀地貌广泛。旅大地区现代海蚀地貌远较海积地貌发育、广泛，可为一例证。成山头的 5m 阶地大浪时尚可作用到（陈国达，1950），但在连云港海峡一侧所分布的则非大浪阶地。而北云台山、锦屏山，灌云县的大伊山、芦伊山等已位于陆上，尚保存着 20m 与 40m 的海蚀阶地。北云台山还有前述的高阶地。由于这些阶地

① 据[14]C 定年资料。a. 沙河口砂砾堤时代距今 195 年±213 年（海洋局二所，HL83016）。b. 棕砂层老沿岸堤下部的海积平原中砂、泥样与贝壳时代为 7352 年±318 年（海洋局二所，HL83017）

背侧有死海蚀崖的坡折陡坎或海蚀遗迹，因此可以与海侵淹没的剥蚀面区别开来。目前的问题是这些阶地形成的时代与造成阶地抬升的原因，是由于陆地上升，还是由于海面下降，或者是两者兼有，尚难肯定。600m与300m的高海面遗迹在英国等处有报道，被认为是古近纪和新近纪的高海面，并提出如果是在稳定地区具有类似的效果，那么，可能是由于全球性构造——水动型的海面变化所引起。古近纪和新近纪时构造活动频繁，一些高山与构造海盆在那时形成，会影响到海面有较大的变化（杨怀仁、徐馨，1980）。连云港到岚山头一带在大构造单元上也属"稳定"地区，阶地上已发育了厚层红色风化壳，似乎形成的时代较老。但云台山一带在中生代末期亦有断块上升活动，红色风化壳在该区分布到较低的阶地面上。所以，老海面下降或古岸线抬升的原因尚需进一步研究。5m阶地可能与冰后期的高海面有关。15～20m阶地在北美系桑加蒙间冰期产物，我国的如何？这是个有趣、复杂而需进一步工作的问题。确定了古海岸阶地的分布后，需进一步确定其时代，研究岸线升降变化的原因，还要结合水下沉溺阶地与沉溺古风化壳等现象，分析升降变化的顺序以及现代海岸升降的动态（王颖等，1979）。这是几个不同的问题，需要分别地予以阐明。

沿岸堤：是由激浪流携带沉积物堆积在海滩上部的堆积体，它是沿着岸线分布的。根据物质来源与海岸动力条件不同，可以发育为砾石堤、砂砾堤与沙堤等。沙堤的上部还可叠加风力吹积的沙丘。贝壳堤也是沿岸堤的一种，发育于粉砂与淤泥质平原海岸，是潮间带泥滩遭受波浪冲刷改造时所发育的，代表当时的高潮岸线。

在沿岸堤的发育过程中，由于沉积物的粒径不同，泥沙补给量的多寡不一，岸坡的坡度与海岸暴露程度不同，入射波浪性质与强度不同等等，使得沿岸堤的高度、宽度与延伸的距离都会随之不同（Wang and Piper，1982）。例如秦皇岛附近的砂砾堤，荣成湾的砾石堤，三亚湾的沙堤等，各个堤之间以及同一条堤都会随着上述因素的不同而形态要素有变化。不仅沿岸堤，即使如大连附近小岛上的袋状海滩，由于海岸位置与朝向不同及暴风浪作用之结果，现代海滩发育成阶梯状，上部海滩高出临近海面的海滩4m。在河口地区由于海岸淤积发展较快，沿岸堤不断适应前进的岸线，而使同一列岸堤可在河口地区分叉，成一组复式沿岸堤。如渤海湾蓟运河口的贝壳堤（王颖，1965），潮汕平原的西溪河口分叉状沙堤等（朱大奎，1981）。又如海南岛三亚湾因海湾平原逐渐淤积展宽，来自山地的河流在穿越平原时，比降减小而降低了输沙能力，继而影响了现代岸堤，较老的岸堤规模小（王颖、陈万里，1982）。

海岸动力与泥沙供应条件的变化对岸堤规模的影响（包括高度的变化），远比地壳运动或者海面升降的影响更为显著，如渤海湾西岸的Ⅰ贝堤，受到黄河泥沙汇入的影响，海水变浑，岸坡变缓。因而贝壳种属改变（适合于细砂底质的贝类减少，适合于泥类的贝类增多），贝壳堤的成分与Ⅱ贝堤相比，发生了变化（粉砂与黏土含量增多），同时贝壳堤的规模（高度等）也相应发生变化（王颖，1964）。

沿岸堤是指示岸线位置的好标志。它的形态敏感地反映着当地海岸动力与泥沙组成条件。用它的高度来分析海面变化或岸线升降时，要区别原始的成因因素与日后的高程变化。

堆积地貌及沉积物标志，是确定岸线升降与环境变化的有力证据。缺点是暴露于地面上的标志易遭日后的破坏，次生变化较大。

海滩岩：多发育于热带海岸的砂砾质海滩带，尤其是珊瑚礁海岸的海滩上。由于涨落潮淹湿与露干蒸发的影响，富含钙质的海滩极易干结与重结晶，形成海滩砂砾岩，其中富含海滩贝壳与珊瑚礁枝、块。当海滩岩分布于陆上、海崖高处，或水下岸坡地带，是海平面升降的重要判断标志。

牡蛎礁：常见分布于砂质或粉砂质河口海岸带，基岩海岸亦有牡蛎及藤壶等贝类附聚繁殖。其分布位置可为海岸环境（底质、淡水汇入与否）及海平面变动之标志。在渤海湾与苏北沿岸发现聚集的牡蛎礁，牡蛎个体均大，而且有从北向南个体减小之特征。

珊瑚礁：是判断海岸环境与岸线升降变化的敏感标志。值得注意的是：①为什么变位的珊瑚礁存在于小岛上，这是否意味着它灵敏地反映了区域性的构造变动。②处于相同时代、相同地点、具有相同海面环境的珊瑚礁，与由珊瑚碎屑、砂砾胶结而成的海滩砂岩，它们分布高度是不同的。同一时期同一地区不同海岸段落的海滩砂岩，由于海岸朝向不同，受激浪作用的强度不同，其分布高度亦不同，激浪强、物质丰富岸段的海滩岩高，有的甚至贴于崖壁之凹处。因此，要注意区分珊瑚礁与海滩岩，要十分小心地根据海滩岩分布高度的差异来论证岸线升降变化。

盐沼湿地：多半发育于沉溺的冲积平原海岸，或河口湾内。国外曾根据湿地内侵来分析海面变化，这在高纬度曾受冰川强烈刨蚀，而现代河流泥沙量不大的地区，是一种较好的标志。在我国由于冲积平原不断向海淤进，而湿地效果不明显。在某些特定地段，如苏北废黄河口，淡水泥沙来源断绝又无人工堵口，湿地沼泽向内陆延伸变化，是研究海面变化的良好标志。在潮差较大的海区，盐沼湿地沉积层的高程变化可达 4～5m，大潮高潮位以上湿地多为半盐生植物群落，而平均高潮位为盐生植物群落。

潟湖接受来自海岸沙坝与周缘陆地的物质。沉积物中掺杂着砂、粉砂与黏土物质，而以富含贝壳、植物根系等有机质及呈灰黑色为特征。

在潮汕地区，沿达濠山地南侧现代潟湖平原上有一级抬升的潟湖阶地。向海侧分布着红色砂质的海成阶地。海南岛三亚地区亦有古潟湖沉积与红砂阶地伴生的现象。

沉积物是分析海平面与海岸线变化比较明确的标志。如海底发现风化壳与淡水泥炭层；山麓地区出现由潟湖沉积所组成的阶地；平原上出现老的海岸沙堤或沙坝等，可据其沉积层结构而判别。尤其是沉积层中所含的有孔虫、介形类及软体动物化石，可据其种属、组合与分布特征，做出古海平面与海洋环境之判断。沉积物的物理、化学及所含生物特征是最有力之证据。但是，难以分辨的是有些特征不明显的沉积层，如均匀砂层、无贝壳、无明显的层理结构、无植物残体等有机质，总之，缺乏足以进行判断分析的剖面。在这种情况下，可以根据它的分布特点以及附近相伴生的沉积与地貌作为分析依据。同时，研究沉积物本身，如砾石的形态量计、砂粒的分选程度与表面结构以及黏土质的含量与矿物组成等，亦有助于分析沉积物的成因、沉积环境与变化历史。同样，对整个沉积层的结构变化进行沉积相分析是很重要的。

总之，有关海岸升降的标志，对地貌、沉积与动力进行全面综合分析，则会找出有力的依据，从而作出较为客观的判断。

二、中国古海平面变化与古海岸变迁[*]

（一）古海平面变化

1. 前第四纪海面波动与气候变迁

我国海侵与气候变化、地壳运动之间的关系是复杂的，古近纪与新近纪时至少发生过5次海侵旋回和若干次亚旋回（表16.4）。根据古地理环境的分析，我国在始新世及上新世时均为高海面时期。当时气候温暖，多处发生海侵，特别是在上新世高海面时代，华北及华南均遭受海侵。华北地区侵入的海水曾沿断陷盆地及断陷地堑谷地上溯甚远。

表16.4 中国古近纪和新近纪海侵分期

海侵时代	代表层的地点与海相沉积地层
上新世海侵（N_2）	山东：明化镇组；华南沿海：望楼港组和佛罗组；东海：三潭组
中新世海侵（N_1）	新疆：安居安组；华南沿海：角尾组和下洋组；东海：玉泉组
渐新世海侵（E_3）	湖北：荆河镇组；山东：东营组、沙河街一段和沙河街三段
始新世海侵（E_2）	新疆：乌拉根组；华南：油柑窝组；东海：平湖组和欧江组
古新世海侵（E_1）	新疆：齐姆根组；东海：灵峰组

渐新世以前的海面变化主要是由地壳运动、海底扩张、洋脊增生以及地球转动速度的变化所致。从全球海面变化曲线上看，渐新世中期至晚期海面突然下降，可能与渐新世气候转冷和东南极冰盖的形成有关。

新近纪世界高海面时期均出现在气候温暖时期，而海面下降则出现在寒冷期。如中新世中期、上新世早期的海侵发生在气候湿热或温暖湿润期，而其间的中新世晚期的海面大幅度下降，则发生在造山运动强烈、气候转冷时期。由此看来，前第四纪海面变化，随着时间的推移，与气候变化之间的关系越来越密切。

2. 第四纪海面波动与气候变化

古近纪与新近纪后期，气候变化已成为海面升降的主导因素。第四纪时期，气候的冷暖变化决定着地球上冰体总量的增加和减少，而冰盖或冰川的消长直接影响着海面的变化，因而第四纪海面波动的次数与第四纪气候期（冰期、间冰期或称冷期、暖期）相对应。

深海岩芯氧同位素的研究，提供了极为精确的第四纪古气候旋回记录。沙克尔顿等（Shackleton and Opdyke，1973）指出，70×10^4 年以来有 23 次冰期与间冰期交替。并根据赤道太平洋 $V_{28 \sim 238}$ 柱状样的氧同位素分期，将岩芯上部 14m 分为 22 个氧同位素期，这 22 个期还不能代表整个第四纪。之后，范唐克提出 230×10^4 年以来有 42 次冰期与间冰期的交替。深海岩芯展示了精确的古气候旋回。

---

[*] 据《中国海洋地理》1996 年版原作者：李元芳、张青松、陈钢、李从先的文稿删减补充完成

我国对海洋古气候的研究也极为重视，为此分别在滨海平原地区及各海域进行了钻探（图 16.2），由秦蕴珊等（1985；1987）、刘敏厚等（1987）、郑光膺（1989）、冯文科等（1988）等对所钻取的岩芯进行了综合性的研究，并根据孢粉、微体古生物化石、古地磁、同位素测年等资料进行了气候期的划分。虽然他们对气候期的划分方式不同，但都以气候的冷、暖交替或冰期、间冰期交替为基本原则，划分气候带或气候期（表 16.5）。

　　从我国海域第四纪气候对比中发现，各海域第四纪气候波动的次数虽然存在差异，但大的变化趋势是相似的。

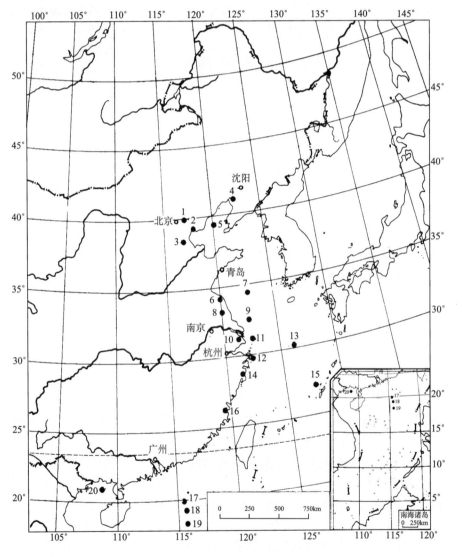

图 16.2　中国海及其沿岸主要钻孔位置图

1. 顺 5 孔；2. 军粮城孔；3. 沧州孔；4. Lp$_{25}$孔；5. Bc-1 孔；6. QC$_4$孔；7. QC$_2$孔；8. 盐城孔；9. QC$_1$孔；
10. 上海孔；11. Ch-1 孔；12. DC-2 孔；13. 龙井 1 孔；14. 温黄 29 孔；15. Z$_{14-6}$孔；16. 福州 Z$_{29}$孔；
17. V$_7$孔；18. V$_5$孔；19. V$_1$孔；20. 北部湾 A 孔

表 16.5　中国海第四纪气候期的划分及其对比（数字为年数）

地质时代	气候期	渤海 Q_c-1孔（海洋研究所，1985）	黄海（郑光膺，1989）	东海（秦蕴珊等，1987）	南海（王开发，1989）	西太平洋（星野通平，1961）	深海 V_{28-238}（Shackleton et al.，1973）
全新世·晚	冰后期：亚大西洋期	冰后期 12 350	冰后期：亚大西洋期	冰后期 10 000	冰后期 11 000	冰后期 12 000	氧同位素第1段 13 000
全新世·中	亚北方期		亚北方期				
全新世·中	大西洋期		大西洋期				
全新世·早	北方期前北方期		北方期前北方期				
晚更新世·晚（玉木冰期）	玉木冰期／晚玉木冰期（晚期主冰期／早期）	玉木冰期Ⅲ	晚冰期：晚冷带／亚间暖带／早冷带	主玉木冰期	亚冰期 32 000	亚冰期 30 000	氧同位素第2段 32 000
晚更新世·中（玉木冰期）	玉木亚间冰期	下亚间冰期	第四冰期 间暖期：晚间暖带／波动带／早间暖带	亚间冰期	大理冰期 亚间冰期 50 000	玉木冰期 亚间冰期 50 000	氧同位素第3~4段 75 000
晚更新世·中	早玉木冰期（晚期间暖期／早期）	玉木冰期Ⅱ 下亚间冰期	早冷期：晚冷带／亚间暖带／早冷带	早玉木冰期 70 000	亚冰期 75 000	亚冰期 75 000	
晚更新世·早	里斯-玉木间冰期	玉木-里斯间冰期 114 000	第三暖期 128 000	玉木-里斯间冰期 108 000	大理-庐山间冰期 125 000	里斯-玉木间冰期 125 000	氧同位素第5段 128 000
中更新世·晚（里斯冰期）	里斯冰期／晚里斯冰期／亚间冰期／早里斯冰期	里斯冰期 里斯亚间冰期 163 000	第三冷期：晚冷期／间暖期／早冷期	晚里斯冰期／亚间冰期／早里斯冰期	庐山冰期		氧同位素第6~19段
中更新世·中	里斯-明德间冰期		第二暖期：晚暖期／波动期／早暖期	里斯-明德间冰期	里斯-明德间冰期		
中更新世·早			第二冷期 730 000	明德冰期			729 000
早更新世·晚	群智-明德间冰期		第一暖期				

　　距今 $12\times10^4\sim7\times10^4$ 年间为温暖期，气温较今温暖，华北地区的年平均气温高达 $15\sim16℃$，其间还出现一次明显的波动。距今 $7\times10^4\sim1.2\times10^4$ 年，冷暖变幅大，距今 1.8×10^4 年时，气候最为严寒，华北年平均气温降至 4℃左右，黄海当时的气温比今日低 7.5℃（徐家声等，1981）。这一时段的古气候还可以借助于有孔虫组合的变化，来估算古温度，推测古气候的演变。如位于亚热带海域的南海 V_1 号和 V_6 号钻孔的有孔虫动物群与表层样中的有孔虫成分及其百分含量的对比，以及与汤普森（Thomson，1981）所研究的西北太平洋深海浅钻中有孔虫化石组合进行对比，发现 5 个岩芯段出现以胖圆辐虫 Globorotalia inflata 和厚壁方球虫 Globoquadrina pachyderma 为主的有孔虫群。该群与现代西北太平洋的北纬 30°左右的过渡带有孔虫类群相似，得出 13×10^4 年以来的冬季温度

变化曲线（图 16.3），温度变化幅度一般为 3～4℃左右，最大达 6℃左右。相对寒冷期分别在距今 12.8×10^4 年、9.5×10^4 年、7.5×10^4 年、5×10^4 年、3×10^4 年和 1.7×10^4 年。显示出南海北部晚第四纪表层水温变化具有周期性波动的特点。

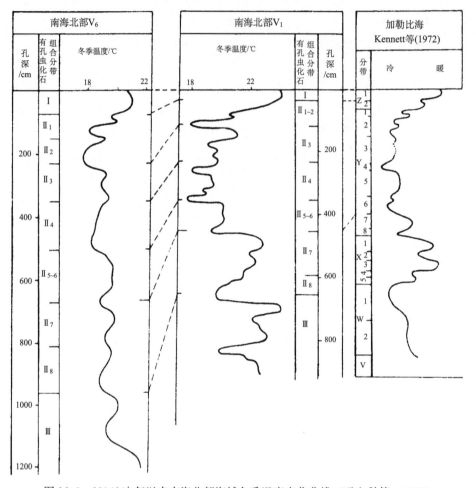

图 16.3　13×10^4 年以来南海北部海域冬季温度变化曲线（冯文科等，1988）

　　1.2×10^4 年以来气候转暖，进入冰后期。根据渤海、黄海、东海钻孔分析，表明早期气候温凉略干，中期温暖湿润，后期温湿。目前全世界都关注全新世气候，大量研究结果表明，全新世气候也曾发生多次强烈波动，出现过 4 次寒冷期（表 16.6），每次冷峰出现时，海面都曾下降，下降幅度约为 2～4m（徐家声等，1981）。

表 16.6　北半球全新世气候波动（杨怀仁、谢志仁，1985）

冰川前进时期	寒冷高峰	寒冷期持续时间
小冰期（新冰期第四期）	距今 200 年（公元 1750 年）	距今 450～30 年
新冰期第三期	距今 2800 年	距今 2400～3300 年
新冰期第二期	距今 5300 年	距今 4900～5800 年
新冰期第一期	距今 7800 年	距今 7000～8000 年

3. 第四纪以来的海面波动与海侵

根据大量反映海平面变化的标志和可靠的年代测量数据分析，第四纪中国海经受过数次较大的海面变动，相应地在地层中出现由海面上升所造成的海侵层（图16.4）。

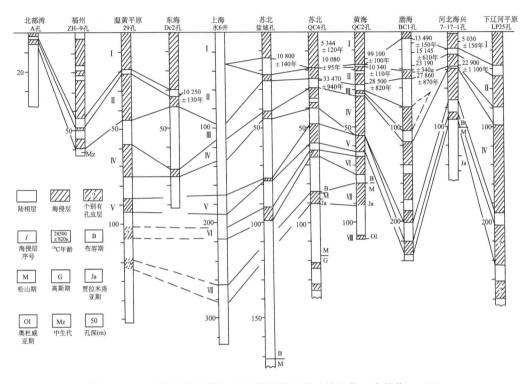

图16.4　中国沿海钻孔第四纪海侵层对比图（林和茂、朱雄华，1989）

但是，因各处构造运动性质和速度的变化，二次高海面之间经受侵蚀，故古地面起伏不同，研究程度也均有不同。

总体上看，我国第四纪可能发生过8～10次规模较大的海面升降运动，规模较小的海面波动更为频繁。不同时段，海面波动的幅度和频率不同，海侵、海退影响的程度和范围也有差异。

1）晚更新世以前的海面变化

根据太平洋深海沉积岩芯 $V_{28\sim238}$ 的系统古地磁测量和氧同位素分析，可以认为松山期的气温比布容期高，但松山期的温度变化较稳定，变化幅度不明显，说明早第四纪的全球气候变化幅度小。另一方面，早第四纪构造运动，特别是断裂构造活动十分活跃，当时我国东部的现代地貌形态尚未形成，古地理面貌与今迥然不同。在这种情况下，我国东部海侵与相对高海面没有必然的联系，即使有些地方发生海侵，海水也不可能大面积、大幅度的推进，而且在时间上往往难以对比。其中一个明显的例子是"北京海侵"，在北京地区8个钻孔岩芯埋深146m（顺6孔）至468m（夏2孔）的地层中，相继发现广海性有孔虫和钙质超微化石。这一生物群是典型的冷水型正常海相生物群，反映古海盆的水深至少近百米或更深，并且为正常大洋性盐度，所反映的古气候大致相当于库页岛至白令海峡一带现代气候。根据古地磁推算，海侵发生在 226×10^4 年前（王乃文、何希贤，1985），显然这不是间冰期海侵，含透明虫 *Hyalinea* 和抱球虫 *Globigerina* 组合的有孔虫群地层，分布高度相差数百米，说明构造运动影响之巨大。在黄海 QC2 孔的"第八海侵层"内含少量毕克转轮虫 *Ammonia beccarii* var，异地希望虫 *Elphidum advenum* 等有孔虫。从其属种、组合和保留状况分析，它代表一高能滨岸环境，此次海侵大约发生在 $180 \times 10^4 \sim 167 \times 10^4$ 年前。海侵的范围不明确，也未发现与此层可对比的地层。

90×10^4 年以来，气候变动幅度加大，变化的频率降低，相应地全球海洋水体和海面也进行着周期性的变化。但是由于早期区域构造运动强度的差异，不同海域甚至同一地区不同部位的同期海侵层埋藏深度相差很大。再因测年主要用古地磁方法，其年代的确切性较差，因此海侵层不易对比。早更新世晚期和中更新世间冰期或间冰段还有三次较大的海侵，海侵时间分别相当于群智-明德间冰期、里斯-明德间冰期和里斯亚间冰期。

群智-明德间冰期和里斯-明德间冰期海侵仅在我国沿海少数钻孔中发现。从生物群看，海侵层中除有海相门类的有孔虫、介形类外，还有与其共生的陆相介形类和陆相腹足类。这类生物群表明海水影响微弱，当时沿海平原地区多为受海水影响的湖沼洼地或河口环境。黄海 QC2 孔地区当时也为海相性弱的滨海环境。

中更新世晚期，里斯亚间冰期时的海面波动影响比前两次大，波及范围也较大，东海、黄海和渤海普遍受其影响，并形成海侵层。如渤海的"渤海海侵Ⅲ"、河北的"黄骅海侵"（杨子庚等，1979）、滦河三角洲的"第一海相层"（李元芳等，1982）、黄海的"第五海侵层"（郑光膺，1989）、上海的"宝山海侵"（裘松余、高晓光，1988）以及温州、黄岩平原的"第Ⅳ海侵层"（汪品先等，1982b）。从生物群的古生态所反映的古地理环境来看，黄海部分陆架已成为近岸浅海；从海侵层垂向分布来看，这次海侵后期，海水并未完全撤离黄海，表明黄海已发生持续时间较长的稳定海侵。而渤海及其沿岸平原地区处于滨海或滨岸环境，表明在渤海这一内海区，此时海侵程度远不如黄海。遭受海侵的时间，渤海 Bc-1 孔地区为距今 $1.63 \times 10^4 \sim 15 \times 10^4$ 年，盐城地区约距今 20×10^4 年。

2）晚更新世海面变化

（1）里斯-玉木间冰期海侵。这一海侵期为晚更新世包括里斯-玉木间冰期和玉木冰期，即约距今 $13 \times 10^4 \sim 1.2 \times 10^4$ 年之间的地质时期。在距今约 12×10^4 年左右，地球上冰流的范围减少，陆上冰量为相对最小时期。世界海洋水温比较温暖，估计世界各地普遍发生海侵。这次海侵终止于距今 7.5×10^4 年前后，即末次冰期来临之时，在海侵期间至少出现三次波动。这次海侵几乎影响我国整个陆架和沿岸地区。如渤海的"上沧州海侵"、"下沧州海侵"和"渤海海侵Ⅱ"（冯文科等，1988），渤海沿岸的"沧州海侵"（赵松龄等，1978）、"青县海侵"（杨子庚等，1979）、"第二海相层"（李元芳等，1982）、黄海及其沿岸的"第Ⅳ海侵层"（郑光膺，1989）、"海州湾海侵"（徐家声等，1981）、"灵山岛海侵"（刘敏厚等，1987），东海及其沿岸的"上海海侵"（裘松余、高晓光，1988）、"第Ⅲ海侵层"（汪品先等，1982b）和南海北部距今 12×10^4 年和距今

7.5×10⁴年的海侵。因各地的沉积速率和原始地形不同，故这次海侵对各地的影响程度不同，所形成的海侵层被埋藏在不同深度。在渤海，这次海侵有明显的波动，海水曾两度退出渤海，形成三期海侵层和与其相间的两个陆相地层。在后两个海侵层中见有喜暖的动物群，如萨伯利雪哈、蜚螺、斯罗特假车轮虫等。这意味着海水温度较今日高，相应地海面高度也较现代高，达现代海面以上5～7m（谢在团等，1986）。在黄海QC2孔，该期海侵层内却有较为典型的冷水种为主的生物群，表明水温较低。但从该层孢粉资料分析，当时仍为温暖气候期，因而推测，低水温并非是气温下降引起的。可能当时QC2孔位于冷水团分布范围之内，而古生物群演替所反映的环境自下而上为浅海-近岸浅海-滨海环境。由此看来，下部海进层序可能缺失，也可能是海侵过程急促造成的。在南海这次海侵出现两次波动，后期距今7.5×10⁴年。形成的海侵层仅见于水深77m的大陆架上。从所含的有孔虫化石看，这期海侵的规模和冰后期海侵比较接近，但是在珠江三角洲地区目前还没有发现这一期海侵的沉积层。

（2）玉木亚间冰期海侵。最后间冰期结束，世界气候进入玉木冰期，世界洋面急剧下降。就黄海资料看，距今16×10⁴年前后，海面至少在现在水深79～81m以下的位置（刘敏厚等，1987）。南海大陆架水深77m的部位当时也裸露为陆，估计这一时期南海的最低海面在水深77m以下。在洋面下降过程中．间隔有多次回升，几次回升的海面从未达到今日的高度。就资料分析，这一时期我国曾发生过两次亚间冰期海侵。

早亚间冰期时，海面略有回升，影响范围不大。在渤海地区，仅局限于现代渤海内，渤海湾沿岸仍处于陆相沉积环境。此次海侵在渤海Bc-1孔为"渤海海侵Ⅰ"，时代为距今6.5×10⁴～5.35×10⁴年。在黄海，海侵影响到水深50m左右的QC2孔和QC3孔的位置。从海侵层内生物群分析，当时这里为滨岸、滨海环境，海侵层形成的时段在距今7×10⁴～2.9×10⁴年之内。刘敏厚等认为，此次海侵波及黄海-50m至-60m的海域，大片区域仍暴露于海面之上（刘敏厚等，1987）。此次海侵还能波及长江口沉降区。如在上海钻孔（水₆井）中的"川沙海侵层"，当时这里为典型的潟湖相沉积环境（裴松余、高晓光，1988）。

早玉木冰期之后的亚间冰期时，气候转暖，海面再次回升。在距今3.9×10⁴～2.3×10⁴年之间，我国发生海侵，海水淹没整个陆架，影响到沿海广大地区。在渤海地区，海侵影响到河北献县等地，称为"献县海侵"、"沧西海进"等（杨子赓等，1979；赵松龄等，1978），海侵层中含较多的暖水种有孔虫和软体动物。在黄海及其沿岸均见此次海侵遗迹。海侵对北部影响较弱，当时为滨岸或河口环境；而南部H₈₀₋₈站处，该海侵层中的有孔虫以深水种结缘寺卷转虫为主，表明海水已达到一定深度。海水向西影响到微山湖、洪泽湖、太湖一线。东海沿岸的浙江北部、杭嘉湖一带和福州盆地，也有此次海侵的证据（谢在团等，1986）。这次海侵在距今3.8×10⁴年前后就影响到广东东部澄海，到距今2.8×10⁴年前后，对珠江三角洲地区发生直接的影响，淹没了三角洲地区的古树林，潮汐作用带推进到三水县以上的西江河谷。距今2.4×10⁴年前后出现此期海侵的相对高海面，古海面位置比现今海面约低12m。海侵进一步影响到三角洲边缘地区，形成南海县盐步镇罗村距今24 250±900年的含牡蛎的淤泥层（黄镇国等，1982）。

（3）玉木冰期鼎盛时期的海退。国内外学者普遍认为，距今1.8×10⁴年前后为玉木冰期的鼎盛时期，当时世界各地的冰盖和冰川扩展，北冰洋完全被冰雪覆盖，今日大陆架浅海大片出露成陆。关于当时海面下降幅度已多有论述。就东海而言，秦蕴珊等（1987）认为应在水深−130m，朱永其等（1979）认为距今 $1.5×10^4$ 年前后海面下降应达到−155～−160m。在南海，最低海面出现在距今 $1.38×10^4$ 年前后，当时古海岸线在−130m 等深线，水深 130m 以浅为古珠江三角洲，其上有珠江古河道（陈俊仁等，1990）。由此看来，在距今 $2×10^4$～$1.5×10^4$ 年期间，我国海面比今降低 130～150m 左右。根据上述估计，当时渤海、黄海已经消失，东海陆架一半以上的地区成为沼泽纵横的滨海平原，中国大陆向东延伸数百千米，台湾、海南岛与大陆连成一片，在这片新增的陆地上遗留下很多的低海面标志物。冰期的中国海与今大不相同，东海和南海均无陆架，它们的岸坡陡，水深大（汪品先，1990）。另外，在水温和海流等方面也有强烈变化，如据南海 $V_{36-06-3}$（V_3）孔岩芯样的古温度计算，在末次冰期最盛时的冬、夏表层发现古水温为 17.8℃和 26.6℃，较今（23.7℃和 28.8℃）分别低 5.9℃和 2.2℃。

3）全新世海面变化

距今 $1.7×10^4$～$1.8×10^4$ 年之后，全球的冰流不再增长。距今 $1.4×10^4$ 年，全球气候进入晚冰期，海面开始回升，之后的晚冰期是海面回升速度较大时期。距今 $1.2×10^4$～$1.1×10^4$ 年前后，玉木冰期结束，进入冰后期，全新世海侵开始。距今 7000 年左右全球除南极洲和格陵兰外，冰流已消融殆尽，嗣后，海面回升速度减缓，并仍有多次升降波动。近 $1×10^4$ 年来，我国海面有三个明显的上升期，分别在距今 8300 年前后，8000～7000 年之间和 6000～5500 年之间。总之，在距今 5500 年以前，尤其是 7000 年以前海面呈现快速波动上升的趋势，而 5500 年以来海面在波动中趋于稳定（图 16.5）。

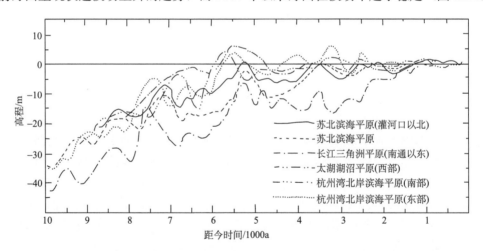

图 16.5　全新世海面相对变化曲线比较图（徐家声等，1981）

根据华北、华东地区孢粉资料推算，近 $2×10^4$ 年来我国东部的气温较明显地经历了 10 次波动，各次波动的温度升降幅度 2～3℃到 6～7℃不等。通过比较发现，气候波动与海面升降之间存在着对应关系（杨怀仁、谢志仁，1985）（图 16.6）。因此可以认为，我国海面绝对变化曲线所反映的各次海面波动应受全球气候的控制，高海面往往出现在温暖时期。

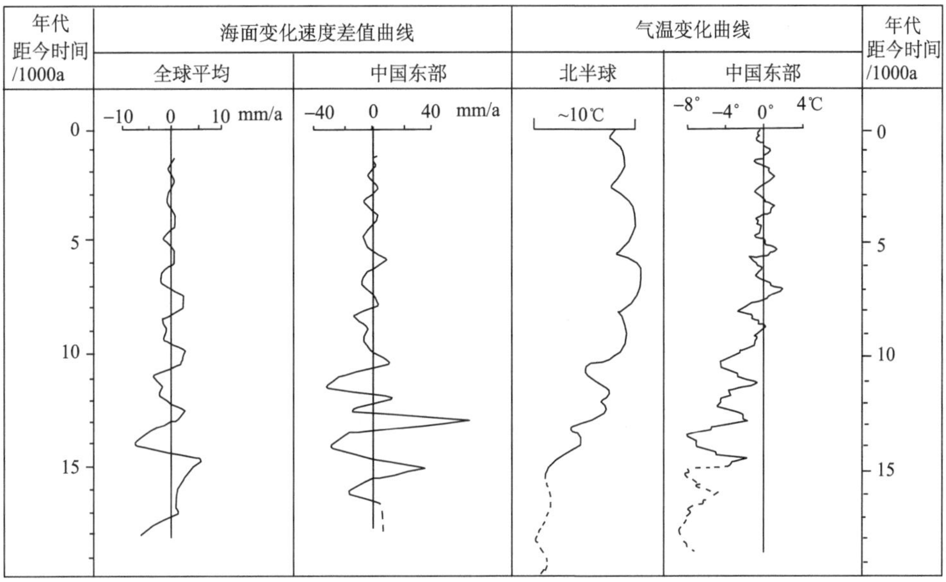

图 16.6　近 $2×10^4$ 年来气候波动与海面升降对比图（杨怀仁、谢志仁，1985）

根据古海岸线遗迹，海侵层的分布以及大量^{14}C测年资料分析，距今 $1.1×10^4$～$1×10^4$ 年前后，全新世海侵已影响到我国现今海域和部分沿岸平原，但海面仍低于现今海面 10～13m 左右。距今 8000 年左右开始，我国东部沿海平原冰后期最大海侵期，一直延续到距今 5000～4000 年前后。根据全新世海侵层和贝壳堤的^{14}C测年数据推测，浙江沿海地区的最大海侵期在距今 6000～5000 年间（王宗涛，1989）。全新世海侵到达台湾海峡两岸的时间，约距今 8800～7800 年。此后，急剧上升，距今 6000～5000 年为最高海面期（赵希涛，1984）。珠江三角洲的高海面期岸线年代大约在距今 7000～6000 年（黄少敏，1982）。渤海沿岸研究资料较多，海侵最盛期的时间在渤海两岸大约在距今 6000～5000 年前后（朱雄华、林和茂，1988）。全新世海侵的范围较广，在渤海北岸下辽河区可达盘山以北，称为"盘山海进"（汪品先、顾尚勇，1980），在西岸可达乐亭县马头营、武清，向南达任丘、献县一线，称为"沧东海进"和"献县海进"、"黄骅海进"等（杨子庚等，1979；赵松龄等，1978），在南岸可达黄河三角洲上的北镇。在黄海称"济州岛海侵"、"獐子岛海侵"（徐家声等，1981；秦蕴珊等，1987）。在其沿岸，海侵可达江苏赣榆县、沭阳和靖江，称"第一海侵层"（王绍鸿、韩有松，1980）。在东海此次海侵称"奉化海侵"（黄庆福等，1984），其沿岸可达杭州和太湖以西，称为"第Ⅰ海相（侵）层"、"溧阳海侵"等（汪品先等，1982b；裘松余、高晓光，1988）。在福建以南的河口和海湾盆地中也有此期海侵，如珠江三角洲地区海侵范围遍及整个三角洲地区。东达东莞、中堂，北至广州、江村，西至天河、江门，称为"桂洲海侵"等（马道修等，1989；龙云作等，1985）。

关于 6000 年以来海面波动和发展趋势存在着不同看法，主要有两种意见。一种意见以弗布里奇（Fairbridge，1961）为代表，认为大西洋的海面高于现今，5000 年来海面逐渐下降；另一种意见，以谢帕德（Shepard，1963）为代表，认为全新世海面上升是持续的，上升速度逐渐减小，并认为 3600 年以来，海面趋于稳定。目前来看，无论哪一种意见都有局限性，不能确切地代表全球性的海平面变化。在我国全新世海面变化研究中也存在上述两种不同的意见：一种认为距今 5500 年以来，海面在波动中趋于稳定（杨怀仁等，1985）；一种认为距今 6000～5000 年以来，随着气候变化，海面开始波动式下降，或说海水在回退过程中有明显的停顿（符文侠等，1989）。另外是否有高于现今海面的全新世高海面也仍有争议。

从我国所获得的资料看，距今 6000 年以来，特别是距今 5500 年以来，在海面回升之后趋于平稳，但这期间有 4～5 次明显的波动。其中较多资料证实的是距今 5400 年前后，发生过一次明显的低温事件。与此相应的海面下降，在华北沧州、天津、苏北平原、上海、杭嘉湖平原以及东海海域内均发现有遗迹。即在海相或海陆过渡相地层中，普遍含有泥炭夹层或陆相夹层。如在天津军粮城钻孔中，海侵层内出现海相性极弱的海陆过渡相夹层，夹层内含数枚破损的有孔虫化石和陆相介形类。该动物群代表滨海沼泽环境，由此推测，当时海水暂时撤离军粮城地区（李元芳等，1989）。

在我国沿海地带还发现数道全新世贝壳砂堤。通过渤海湾西岸和南岸、江苏以及世界各地贝壳堤形成时代对比分析，发现各地贝壳砂堤形成的具体时间不能一一对应，但都形成于距今 7000 年以后，这时快速海面上升转入稳定阶段。我国最靠内陆的贝壳堤形成于距今 7000～6000 年前后。反映海面变化对贝壳砂堤的形成具有控制作用，当然它们与河流的迁移、河流泥沙供应的数量，以及海滩坡度等因素也有关。我国数道贝壳堤从陆向海依次变新，反映了全新世中、晚期我国沿海平原节节向东淤进的过程中，经历过物质供应量减少、水动力作用加强、以潮流作用为主的淤泥平原海岸受蚀，而激浪作用重新活跃之结果。

（二）古海岸线变迁

大量研究资料表明，我国东部沿海平原及陆架浅海都是第四纪海面升降所引起的海岸线变迁范围。不同时期古海岸线的标志可以概括为侵蚀标志和沉积标志两大类，而最理想的情况则是将两者结合使用。在侵蚀标志方面，各种海蚀地貌通常被看作古海岸线的标志。在古代，当海蚀崖、海蚀洞和海蚀平台等海蚀地貌同时存在时，用它们来确定古海岸线一般是可靠的。然而，古海蚀地貌往往受到后期的改造和破坏而残缺不全；某些剥蚀或风化作用也可以造成类似于海蚀地貌的形态，以致古海蚀地貌常具多解性。因此，仅以某种个别的或孤立的地貌形态，而缺乏相关沉积物，确定古海岸线是困难的，对此必须持慎重态度。

在我国东部沿海地区，沉积标志主要是指海侵地层的最大分布范围，以及贝壳堤、砂砾堤、海滩岩等标志。在陆架浅海区，残留的滨海相沉积物或半咸水泥炭的分布地带也可大致指示古海岸线的位置。在这些沉积标志中又以海侵地层这一标志应用最广，尤为重要。但是在海侵地层的识别与划分上，长期以来存在种种争论和问题，它们直接关系到对第四纪古海岸线变迁的认识。

大量钻孔资料表明，中国东部沿海平原地区海侵地层的分布范围，可以从现代海岸向内陆延伸近百千米，甚至沿大河口上溯数百千米仍有海水内泛的遗迹。辨认海侵地层的标志包括岩性的、化学的和生物的标志，而且实践证明，生物化石群特别是微体生物化石群的特征是海侵地层的主要标志。早自 20 世纪 20 年代以来，中国东部新生代盆地就陆续发现了以弱海相性为特征的微体化石群（王乃文，1964）。例如，60 年代初在山西运城（王乃文，1964），70 年代在河北蔚县、怀来（汪品先，1975），80 年代在北京顺义（林景星，1981；汪品先等，1982a；王乃文，1983；汪品先、林景星，1974）、陕西长安、渭南（汪品先等，1982a），先后发现弱海相性第四纪有孔虫群。甚至某些内陆地区还发现古近纪有孔虫群（汪品先、林景星，1974；唐天福等，1980；郑元泰，1985；何炎，1987）。然而，这些发现也引起了许多争论和问题。问题的焦点在于：这些有孔虫群虽大多分布于沿海或近海地区，但有的却分布在距海岸达 700～800km 的内陆。它们的存在是否都意味着海水的入侵？有孔虫是否一定与海水有关？这些问题的研究和解决，对于古海岸线、古环境的恢复是极为重要的。

一般说来，海侵的范围是指海水到达的界线，在地层中常以是否存在海相微体化石群作为判断的依据。在滨海平原地区，海水到达的界线与海相微体化石群分布界线往往是一致的；但在潮汐河口地区，两者的分布界线却未必一致。海相微体化石侵入内陆的重要渠道是潮汐河道，其搬运动力是最佳条件下形成的涨潮流。以长江为例，大潮时的涨潮流溯河而上到达河口以上 230km 的扬中太平洲附近，海相微体化石分布的上限与潮流界基本吻合，而海水侵入河口的距离仅 100km，两者相差 130km（李从先等，1983），海水到达的界线远不及海相微体化石侵入内陆的距离。枯水季节，在特大高潮并有风暴潮叠加的情况下，潮流（或海相微体化石）上溯的距离会更远。此外，涨潮流侵入河口的距离还和潮差大小有关。长江口只是中等强度的潮汐河口，其平均潮差为 2.64m，若是在强潮河口，当枯水最甚、潮差最大、加之有风暴影响的时候，涨潮流及其所携带的海相微体化石上溯的距离可能比现代长江下游河段还要远。由于海面上升，当代（21 世纪初），潮流可顶托江水上溯，其影响距离已超过大通（距长江口 500km＋）向西，加之，微古壳体之辗转搬运，可沿河向内陆分布达千里之遥。因此，要分辨微体化石之丰度、整体埋藏还是壳体之再搬运。显然，在潮汐河口地区，海相微体化石分布的界线与海水真正入侵的界线并不一致，或者说有孔虫深入内陆的距离并不都能代表最大海侵的范围。

此外，对海岸风沙沉积的研究表明，海滨风成沙丘的物质主要来自附近的砂质海滩，沙丘中可以保存贝壳碎屑，并仍见受强烈磨损的有孔虫壳体。在滦河三角洲地区，现代海岸风沙分布于岸线以上宽达 2km 范围内（李从先等，1987），保存下来的古代海岸风沙范围可能距现代海岸更远。在这样的地层中如果发现海相有孔虫，同样不能视为最大海侵的范围。

最新的研究指出，内陆有孔虫的出现不一定仅仅与海水有关，只要有适宜的水化学条件也可以出现有孔虫。弱海相性有孔虫不仅存在于海岸沼泽、低盐潟湖或河口上段，还可能出现在似海相性的内陆盐湖及含盐沼泽等环境。河北蔚县、阳原盆地、山西运城及陕西长安、渭南等地的第四纪有孔虫群可能与海水无关。它们的沉积环境可能是与海水性质接近的内陆湖盆[①]。内陆有孔虫群的来源主要是残留和移植（包括风、鸟及人类活动）两个方面，其中后者仍有待于进一步研究和证实。

对中国第四纪古海岸线变迁的认识，主要是依据第四纪海侵地层的研究（钱方等，1983）。其中尤以晚更新世以来的海侵研究最详。

中国沿海平原地区上新统和全新统地层中一般可见 3～4 个海相层（汪品先等，1980；汪品先等，1982b；杨子庚等，1979；林景星，1977a，1977b，1986；赵松龄等，1978，1986；秦蕴珊等，1985；王绍鸿，1979；王绍鸿、韩有松，1980；王永吉、苟淑名，1983；郑光膺，1989），福建沿海、珠江三角洲和北部湾地区发现了两个海相层（林景星，1986；谢在团等，1986；兰东兆，1986；龙云作等，1985；李平日等，1989；汪品先等，1980；庄振业等，1983；中国科学院贵阳地球化学研究所，1977），山东及辽东半岛部分地区则仅见全新世海相层（庄振业等，1983；中国科学院贵阳地球化学研究所，1977）。在中国东部陆架浅海中则发现这一时期的 5～6 个海相层。上述各海相层大体上都可以相互对比（表 16.7）。中更新世时期的海侵目前大多发现一次。第四纪早期的海侵层仅在河北平原少数钻孔中有所发现。在南、黄海陆架，现已发现早、中更新世的各两个海相层。上述海侵地层的丰富资料表明，中国沿海地区的海侵存在着以下的特点：

（1）在强烈沉降的沿海平原地区海侵层因掩埋而保存较为齐全，而新构造隆起地区海侵层保存较少，甚至只有全新世海侵层。

（2）陆架浅海区受海侵影响的次数多于沿海平原地区。

（3）第四纪海侵的强度一般表现为在时间上的早弱晚强，空间上的南弱北强的现象。

中国沿海第四纪海侵的这些特点直接影响着第四纪古海岸线的变迁。

表 16.7   我国东部沿岸贝壳堤及其形成距今年代（赵希涛，1986）

渤海西岸	莱州湾西岸	苏北平原	长江三角洲南翼	
			吴淞江以北	吴淞江以南
		西岗 6500～5600 年	浅岗 6500 年	沙岗 6800～6000 年
Ⅲ 4700～4000 年	Ⅴ 5700 年		沙岗 5300 年	紫岗 5800 年
			外岗 4200～4000 年	竹岗 4200 年
Ⅲ 3800～3000 年		东岗 3800～3200 年		横泾岗 3200 年
Ⅱ 2500～1100 年		新岗 1150 年		
Ⅰ 700～100 年			奉城沙、东沙	西沙，750～580 年

1. 早更新世时期的古海岸线（图 16.7）

我国东部沿海下更新统的海相层迄今仅在渤海西岸少数地区有所发现。林景星（1981）在北京顺义、通县一带钻孔中发现了下更新统夏垫组底部存在海相层，其中含深水浮游有孔虫，认为古渤海为一开阔海湾，海侵可达北京平原附近。该海相层古地磁

———————————

① 吴乃琴，1989，中国东部新生代国海相性有孔虫群及其地质意义，同济大学博士学位论文

年龄约为距今 226×10^4 年（安芷生，1979）。苏、浙、闽沿岸早更新世最大海侵线在现今大陆海岸线之外，华南地区最大海侵淹没雷州半岛，及于现今粤、桂滨外海域。此外，环台湾岛有明显的海侵，西海岸发育有一套海相碳酸盐岩和砂泥沉积。早更新世时期的最低岸线约在 125°E 以西附近（陈华慧等，1985）。

2. 中更新世时期的古海岸线（图 16.7）

汪品先（1981）根据河北海兴钻孔古地磁对比指出：中国东部地区第四海侵层时代距今约为 30×10^4 年，属明德-里斯间冰期，并给出了这一时期最大海侵的影响范围。另

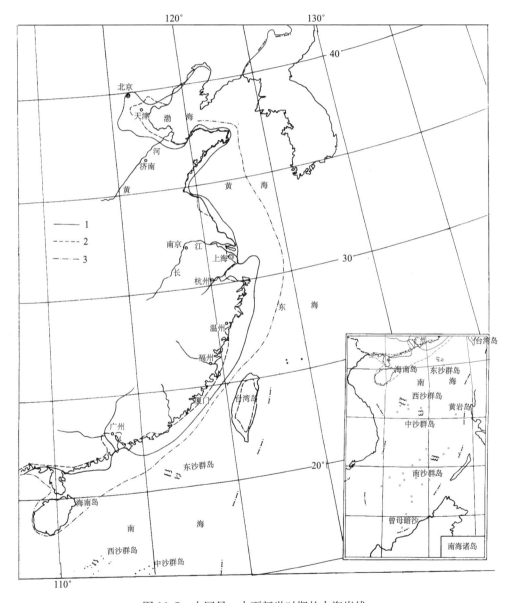

图 16.7 中国早、中更新世时期的古海岸线

（汪品先等，1981；冯文科，1985；王靖泰、汪品先，1980；秦蕴珊等，1987）

1. 早更新世最大海侵岸线；2. 早更新世最低岸线；3. 中更新世最大海侵岸线

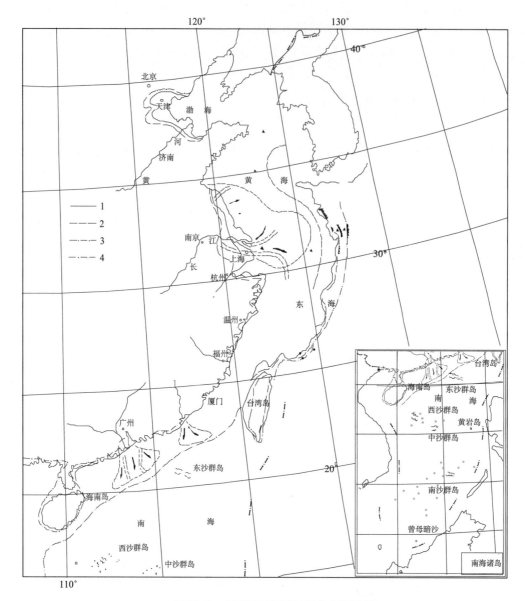

图 16.8　中国晚更新世时期的古海岸线

（刘敏厚等，1987；秦蕴珊等，1985，1987；陈华慧等，1985；王靖泰、汪品先，1980）

1. 距今 $10\sim7\times10^4$ 年（里斯-玉木间冰期）海侵时期的古岸线；2. 距今 $7\times10^4\sim4\times10^4$ 年海退时期的古岸线；

3. 距今 $4\times10^4\sim2.4\times10^4$ 年（玉木亚间冰期）海侵时期的古岸线；4. 末次冰期时的古海岸线

据赵松龄等（1986）研究，苏北盐城孔孔深 $92\sim99$m 的海相层由古地磁测量推算，其形成年代始于距今 30×10^4 年。中更新世时期的古海岸线在渤海沿岸约为南堡、宝坻、永清、坝县、盐山至无棣一线；南黄海至东海沿岸这一时期的海侵影响及于苏北盐城、上海、杭州等地区。华南沿海地区中更新世最大海侵仅波及浙江温黄平原、平阳、韩江三角洲、珠江三角洲等断陷盆地地区（黄镇国等，1982；李平日等，1987，1989）。资料表明，广州地区中更新世海侵范围曾达四会县的贺岗（李平日等，1989）。

3. 晚更新世时期的古海岸线（图 16.8）

晚更新世时期中国东部沿海普遍发生两次海侵，即距今 $10 \times 10^4 \sim 7 \times 10^4$ 年的里斯-玉木间冰期海侵和距今 $4 \times 10^4 \sim 2.4 \times 10^4$ 年间的玉木亚间冰期海侵，其间则是一次较大规模的海退时期。

1）距今 $10 \times 10^4 \sim 7 \times 10^4$ 年（里斯-玉木间冰期）海侵时期的古岸线

这一时期的海侵所保存的地貌标志极少，海岸线位置主要根据海相层分布范围。本期最大海侵时的古海岸线在渤海西岸分布于天津、文安、沧州、无棣、广饶一线（秦蕴珊等，1985）。这一海侵赵松龄称为"沧州海侵"，杨子庚，刘敏厚分别称为"青县海侵"和"灵山岛海侵"，汪品先则命名为"星轮虫海侵"。在世界其他一些地方。如日本、大西洋巴巴多斯、太平洋新几内亚均有这一海侵的遗迹（王靖泰、汪品先，1980）。

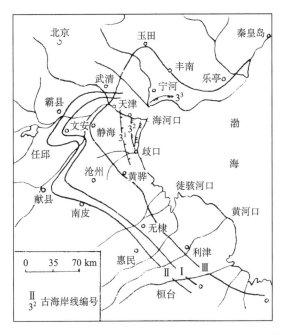

图 16.9　渤海湾西岸自晚更新世以来古岸线变迁图（秦蕴珊等，1985）

2）距今 $7 \times 10^4 \sim 4 \times 10^4$ 年海退时期的古岸线

距今 $7 \times 10^4 \sim 4 \times 10^4$ 年，中国东部地区普遍发生海退，海退历时约 2.3×10^4 年。大约在 4×10^4 年前古海岸线退到 -80m 至 -100m 等深线附近。海水完全退出渤海，黄海陆架亦基本裸露（郑光膺，1989）。

3）距今 $4 \times 10^4 \sim 2.4 \times 10^4$ 年（玉木亚间冰期）海侵时期的古岸线

玉木亚间冰期时中国东部沿海再次发生海侵，赵松龄、汪品先分别称谓"献县海侵"和"假轮虫海侵"。渤海西岸南排河孔 $40.5 \sim 41.5$m 处泥炭层（^{14}C$>32\,000$ 年）

上覆海相层，说明在距今 32 000 年左右海水已越过渤海西部现今的岸线，很快淹没了沧州地区。在长江下游地区，海水则到达宜兴、溧阳一带（汪品先等，1981）。在广州地区，这一时期的古海岸线位于广州以北的花县和广州以西的三水一带（李平日等，1989）。

4）末次冰期时的古海岸线

末次冰期的海退（图 16.9）是规模较大的全球性海退，在我国东部沿海陆架上留下了多种遗迹。在黄、渤海海底普遍发现淡水泥炭，东海陆架上保留贝壳堤和残留的海滨砂，许多地方打捞到哺乳动物化石（秦蕴珊等，1987）。在南海北部汕头沿海陆架发

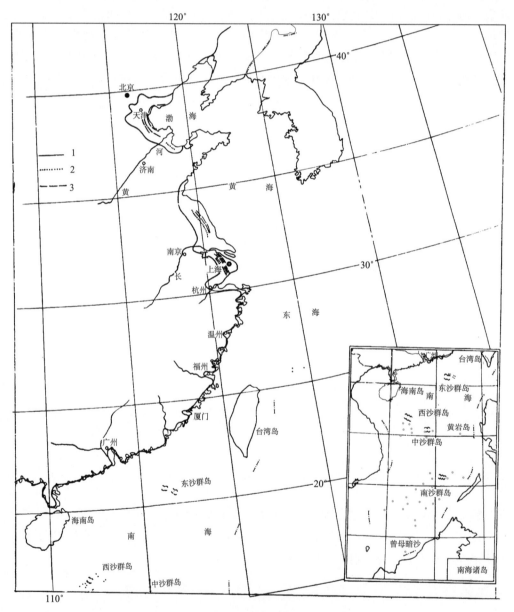

图 16.10　中国全新世时期的古海岸线

1. 全新世最大海侵岸线；2. 距今 7000～5000 年的贝壳沙堤；3. 距今 5000 年以来的贝壳沙堤

现沉溺的古海滩岩,其年龄为距今 15 000 年(李平日等,1987)。

末次冰期鼎盛时海平面下降幅度的估计,东海约比现今低 130～150m,南海约降低 100～120m。在海面下降过程中曾几度停顿,形成了东海外陆架的埋藏古贝壳堤。根据其埋藏深度和 ^{14}C 测年可知,在距今 23 000 年左右古岸线在水深－110m 附近,距今 20 000 年左右古海岸线退到－136m 处,距今 15 000 年左右古岸线位于东海陆架前缘约－155m 处,这是末次冰期海退时的最低岸线。

5)全新世的古海岸(图 16.10)

冰后期海侵大约始于距今 15 000 年。初期,海面上升速度很快,距今 12 000 年前海水已到达－110m 水深处。此时海面稍有停顿,形成贝壳层,其 ^{14}C 年龄为 12 400±

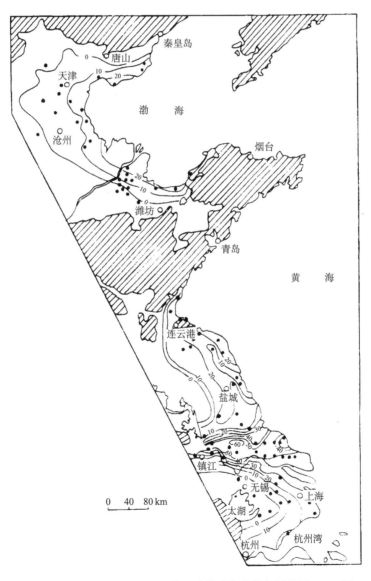

图 16.11 我国杭州湾以北沿岸沉降带全新统海相层等厚(m)图

500 年。距今 11 000 年时，海水到达－60m 水深处，形成一道古海滨砂堤，[14]C 年龄为 11 340±550 年。

冰后期最大海侵在黄、渤海及东海沿岸大部分地区均发生于距今 7000～6000 年（秦蕴珊等，1985，1987；李从先等，1980）。在渤海沿岸，冰后期海相层向北在静海、玉田、丰南、乐亭一线尖灭，向南在黄骅、海兴、利津、昌邑一带尖灭。在苏北及长江三角洲地区，该海相层约在沭阳、涟水、兴化、镇江、昆山、嘉兴一线尖灭。杭州湾以北的东部沿海全新统海相层等厚图，揭示了这一时期古海岸线（或最大海侵）的位置（图 16.11）。在浙江沿海，最大海侵发生于距今 5680±180 年前，海水的入侵使钱塘江、瓯江、椒江等河流下游成为溺谷，造成锯齿形岸线（冯怀珍、王宗涛，1986）。在福建沿海，全新世最大海侵发生的时间约在距今 4000～3000 年前（谢在团等，1986；陈刚、李从先，1988），海侵使福州盆地变为海湾，福清、莆田、泉州、固安、漳州、漳浦、诏安等均被海水淹没。在粤东韩江三角洲地区，冰后期最大海侵直达潮州，使潮州以南广大地区成为海湾（李平日等，1987）。在珠江三角洲地区，有人认为全新世海侵可达中堂、黄埔、广州、中山一线（龙云作等，1985）。最新的研究资料则认为这一海侵范围还要偏北，即古海岸线约在高要广利、花县赤坭、广州北部的新市、陈田一带。广东沿海全新世最大海侵发生时间约距今 5000 年左右。海南岛鹿回头的隆起珊瑚礁年龄为距今 5200～4900 年（赵希涛，1984），这和上述最大海侵时间亦相吻合。

冰后期最大海侵以后，由于海面的波动和下降以及河流泥沙的大量堆积，中国沿海进入全新世海退时期，直至岸线推进到现在的位置。岸线迁移过程中曾有短暂停顿，从而在渤海西岸、苏北平原分别形成数条贝壳砂堤，成为当时各阶段古海岸线的标志（参见表 16.7，图 16.9）。

（三）中国海的形成

调查研究表明，中国陆架浅海诸海盆是新生代的产物。从构造上说，东海是新华夏体系第一沉降带中的一个地向斜。其间，自西向东分别为福建-岭南隆起带、东海陆架拗陷、陆架边缘隆起带、冲绳海槽裂张带、琉球岛弧-海沟带等 5 个构造单元（秦蕴珊等，1987）。海相层的调查表明，中国东部古近纪海相层仅见于台湾岛。台湾西部始新世化石群由热带浅水种大有孔虫和较深水的小有孔虫组成。它们和日本西部发现的有孔虫群相同，说明在古近纪始新世—渐新世时期，福建-岭南隆起带以东地区已是海相盆地，即东海已经初步形成，当时渤海、黄海及南海北部还是一片陆地，只有一些大小不等的湖盆跨越今天的海陆之间。它们之中有的部分曾受到海水影响，其中发现弱海相有孔虫与陆相介形虫共生。此时南海南部深水区，根据其周边地区的化石群推测，当时也已经成为海盆。

新近纪时，东海继续是正常海盆，因为北起朝鲜海峡南至台湾澎湖都发现新近系海相化石群，朝鲜海峡海底曾找到新近纪海生软体动物化石。在南海北部湾盆地、莺歌海盆地及珠江口外盆地等浅海区，产有丰富的中新世至第四纪早期的海相化石群。北部湾以南地区更有较深水的中新世海相微体化石群出现。黄、渤海盆地，包括华北、苏北及浙江等平原地区，新近系主要是河湖相沉积。因此，新近纪时除东海以外，南海北部也已经成海，黄、渤海区则由原来彼此分割的盆地变为大片冲积平原。

更新世早期，东海与南海继续着古近纪和新近纪的海侵。第四纪初的构造运动使北部湾成为半封闭的海湾，但当时雷南琼北部分地区被海水淹没，北部湾轮廓与今不同（汪品先等，1980）。在渤海及黄海地区，由于在北京顺义地区钻孔的下更新统下部地层中发现有孔虫，说明海水在早更新世早期已经侵入渤海。然而，在黄、渤海陆架地区迄今尚未找到与"北京海侵"相当的海相层。因此，北京海侵时入侵渤海沿岸的通道仍需进一步证实。

此后，经过早更新世末期的海退，到中更新世时期渤海、黄海均已形成，在这些地区都找到了该时期的海相层。在北部湾地区，早更新世晚期的地壳抬升，使那里的中、上更新统均为陆相层。直到第四纪晚期整个北部湾地区才再度成为海湾。至此，中国海的面貌基本形成。

三、中国海域现代海平面变化与发展趋势[*]

全球气候持续变暖使海水膨胀，极地冰盖、冰帽、冰川加速减薄与融化造成全球海平面持续性上升。地面沉降、季风和海流等局部因素引起区域性海平面变化。我国津、沪、穗超大城市均位于平原海岸与河口三角洲，由于过量超采地下水及大型建筑群重压地面，平原松散沉积层压实而下沉，加强了海平面上升效应。所以，海平面升降的原因与幅度存在着地区性的差异。海陆交互作用带，尤其是沿海大城市带经济发达区是海平面上升直接影响的易招灾区。

国际上通常将 1975 年至 1986 年的平均海平面视为常年平均海平面。据我国海平面长期监测，自 1950~2000 年的 50 年期间，我国沿海海平面呈上升趋势，上升速率 1.0~3.0mm/a，其间 1998 年、1999 年及 2000 年上升至 2.5mm/a，略高于全球海平面上升速率（1.8mm/a）。各海区中，东海海平面平均上升达 3.1mm/a，黄海、南海和渤海分别为 2.6mm/a，2.3mm/a 和 2.1mm/a。长江三角洲和珠江三角洲沿海海平面平均上升速率分别为 3.1mm/a 和 1.7mm/a，与所在海区一致。沿海省份中，浙江、广西、上海、海南、辽宁沿海海平面平均上升速率皆超过 3.0mm/a；江苏、福建、天津、山东和广东沿海海平面平均上升速率为 2.0mm/a±，河北为 0.6mm/a。下面将分别阐述 2000 年、2001~2007 年海平面变化在各年度与各海区、各省份的具体情况。

2007 年 6 月，全球海平面观测系统（GLOSS）第 10 次会议在法国巴黎召开，会议在交流了 30 多个国家海平面工作与成绩的基础上，进一步商讨了海平面监测仪器、技术、监测网，加强潮位基准的核定，提高实时监测的精度和准确度等。为此，我国自 2008 年起依据全球海平面监测系统的约定，将 1975~1993 年的平均海平面定为常年平均海平面（简称常年）；该期间的月平均海平面定为常年月平均海平面。据约定，经海平面监测与分析的结果，近 30 年来，我国海平面呈波动上升的趋势，平均上升速率为 2.6mm/a，高于全球平均水平（图 16.12）。

　＊　本节作者：王颖。本节数据与图表的依据为国家海洋局，2000，2003，2006，2007，2008 年海平面公报

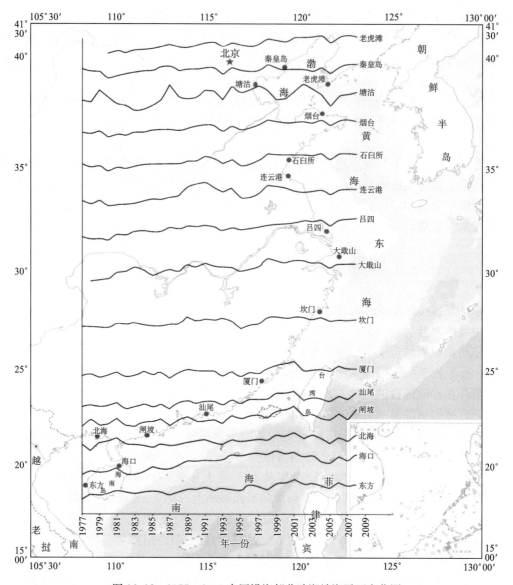

图 16.12　1977～2008 中国沿海部分验潮站海平面变化图

　　2008 年当年海平面变化将依次于 2007 年海平面变化情况之后叙述。根据约定的以 1975～1993 年平均海平面定为常年平均海平面后，相对于 2008 年海平面，预测我国全海域于未来 30 年海平面将持续上升。各海区与沿海各省份海平面上升值如表 16.8 与表 16.9 所示。

表 16.8　未来 30 年中国海域海平面上升预测

海区	渤海	黄海	东海	南海	中国全海域
常年平均海平面平均上升速率/(mm/a)	2.3	2.6	2.9	2.6	2.6
未来 30 年上升值/mm（与 2008 年相比）	68～120	89～130	87～140	73～130	80～130

表 16.9　沿海各省（自治区、直辖市）海平面变化及影响状况

沿海省份名称	未来 30 年海平面变化预测/mm
辽宁	78~120
河北	66~110
天津	76~150
山东	89~140
江苏	77~130
上海	98~150
浙江	96~140
福建	68~110
广东	78~150
广西	70~110
海南	80~130

（1）2000 年中国沿海海平面比常年平均海平面升高了 51mm。变化总体趋势：南部沿海海平面升幅较大，而北部沿海升幅较小；南海海平面上升达 92mm；台湾海峡为 68mm；黄海、东海、北部湾海平面升幅介于 40~60mm 之间；渤海常年持平（图 16.13）。沿海各省份中，海南沿海海平面较常年平均海平面高 110mm；江苏、上海、福建、广东、广西沿海海平面的上升幅度都超过 50mm；辽宁、河北上升幅度不大，天津基本持平（图 16.14）。至 2000 年，我国沿海海平面上升速率 2.5mm/a，与全球海平面上升趋势保持一致，但略高于全球海平面上升速率。其中开阔海域——黄海、东海、南海海平面上升速率较大，而渤海、台湾海峡和北部湾平均上升速率较小（图 16.15）。海平面升降主要与气候变化、天体运动和太阳黑子活动有关。1998 年和 1999 年，长江流域发生特大洪水，是造成该时期黄海、东海海平面显著升高的原因。而 2000 年北方大旱引起北方沿海海平面降低。

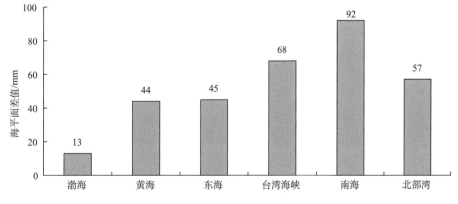

图 16.13　2000 年各海区海平面与常年海平面比较图

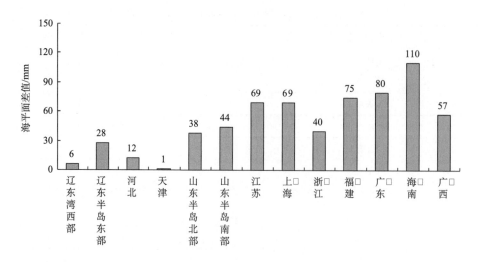

图 16.14　2000 年各省（自治区、直辖市）沿海海平面与常年海平面比较图

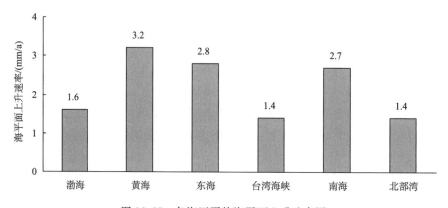

图 16.15　各海区平均海平面上升速率图

（2）2001 年中国沿海海平面较高。渤海、黄海、东海和南海平均海平面比 2000 年分别高出 14mm，9mm，8mm 和 19mm，2002 年渤海和黄海平均海平面比 2000 年平均海平面高，分别为 15mm 与 22mm；而东海与南海比 2000 年分别低 3mm 及 9mm。

（3）2003 年，我国沿海海平面比常年平均海平面高 60mm。各海区中，黄海海平面比常年平均海平面高 73mm，东海、南海和渤海分别高 66mm、63mm 和 27mm。

重点海域中，长江三角洲和珠江三角洲沿海海平面比常年平均海平面高 83mm 和 66mm。

沿海省份中，海南沿海比常年平均海平面高 89mm；上海、江苏、浙江、广东和山东沿海海平面都比常年平均海平面高 60mm 以上；天津沿海海平面比常年平均海平面高 4mm（图 16.16）。

2003 年平均海平面与 2000 年平均海平面比较：渤海、黄海和东海分别高出 7mm，16mm 和 2mm，而南海低 8mm；长江三角洲、珠江三角洲和天津沿海则呈波状上升，幅度分别为 5～12mm、1～11mm 及 20～30mm（表 16.10）。

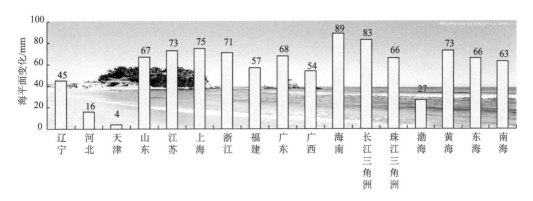

图 16.16　2003 年中国沿海海平面与常年平均海平面比较

表 16.10　2003 年中国沿海海平面与常年海平面比较 * （mm）

项目	渤海	黄海	东海	南海	台湾海峡	北部湾
2000 年：与常年平均海平面	+13	+44	+45	+92	+68	+57
2001 年：2000 年	+14	+9	+8	+19		
2002 年：2000 年	+15	+22	−3	−9		
2003 年：2000 年	+7	+7	+2	−8		

*据国家海洋局 2003 年中国海平面公报

（4）2006 年国家海洋局加大海平面工作力度，完善了海平面监测网，开展分析、预测及影响评价等系统工作。

全海域海平面监测表明：中国海平面继续呈总体上升趋势，平均上升速率为 2.5mm/a，高于全球 1.8mm/a 的平均值。海平面变化幅度和速率具有明显的区域特征。2006 年我国海平面比常年高 71mm，2003～2006 年全海域海平面呈起伏状上升趋势，大部分沿海海域海平面变化趋势一致，天津持续上升，上海和广西低于 2003 年，呈波状起伏。2004～2006 年海平面上升影响突出：浙、闽沿海风暴潮频率、强度加剧，损失为历年之最；鲁、苏、沪、琼海岸侵蚀加重，损害环境生态；引发上海、广东当地河口咸潮入侵，损害水资源与生态环境（图 16.17）。

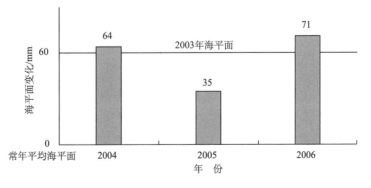

图 16.17　2004～2006 年中国全海域海平面变化

(5) 沿海各省（自治区、直辖市）海平面变化及影响状况①。

• 辽宁沿海海平面平均上升速率为 3.2mm/a。

2004～2006 年，辽宁沿海海平面都高于常年，其中 2006 年比常年高 53mm。与 2003 年相比，2004～2006 年辽宁沿海海平面变化呈起伏上升趋势（图 16.18）。

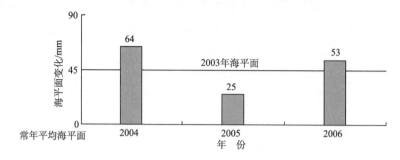

图 16.18　2004～2006 年辽宁沿海海平面变化

海平面上升加重了辽宁沿海地区的海水入侵灾害，锦州、葫芦岛、大连等地区的盐渍灾害尤其严重。

• 河北沿海海平面平均上升速率为 0.7mm/a。

2004～2006 年，河北沿海海平面都高于常年，其中 2006 年比常年高 22mm。与 2003 年相比，2004～2006 年河北沿海海平面变化呈起伏上升趋势（图 16.19）。

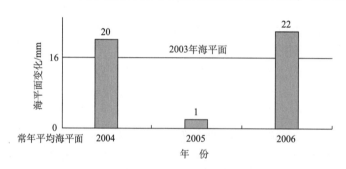

图 16.19　2004～2006 年河北沿海海平面变化

尽管该海域海平面上升速率不高，但仍然加剧了海水入侵灾害。其中，秦皇岛市海港区和抚宁县部分地段海水入侵长度已达 32km，入侵面积 300km² 余，造成了该地区地下水水质咸化、土地盐碱化。

• 天津沿海海平面平均上升速率为 2.2mm/a。

2004～2006 年，天津沿海海平面都高于常年，其中 2006 年比常年高 48mm。这三年，天津沿海海平面比 2003 年分别高 20mm、33mm 和 44mm，呈持续上升趋势（图 16.20）。2030 年天津沿海海平面上升 180～400mm。

---

① 国家海洋局 2006 年中国海平面公报，2007-07-05

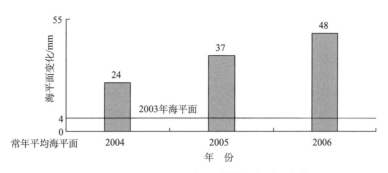

图 16.20   2004～2006 年天津沿海海平面变化

天津及沿海地区地面高程较低，海平面加速上升已加重了天津沿海风暴潮等灾害的威胁。2030 年当海平面上升 180～400mm 时，可能影响到的土地面积将达 10.8%，造成的 GDP 损失增加 11.2%，受灾人口将增加 10.4%。天津市提高了城市防护工程设计标准，加固了 139km 的海挡，还在尚未封闭的 16.2km 的海岸线上新建海挡，以保障该地区居民生命财产安全。但现有堤防尚不能完全应对未来海平面上升影响。

• 山东沿海海平面平均上升速率为 2.2mm/a。

2004～2006 年，山东沿海海平面都高于常年，其中 2006 年比常年高 78mm。与 2003 年相比，2004～2006 年山东沿海海平面变化呈起伏上升趋势（图 16.21）。

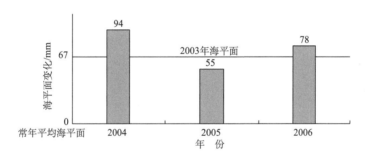

图 16.21   2004～2006 年山东沿海海平面变化

受海平面变化影响，山东沿海海水入侵、海岸侵蚀等海洋灾害有所加重。其中，烟台、青岛、威海、日照等地区海水入侵累计面积已达 649km²；龙口至烟台海岸侵蚀长度约 30km，累积最大侵蚀宽度达 57m，严重影响了当地水资源环境和生态环境。

• 江苏沿海海平面平均上升速率为 2.5mm/a。

2004～2006 年，江苏沿海海平面都高于常年，其中 2006 年比常年高 79mm。与 2003 年相比，2004～2006 年江苏沿海海平面变化呈起伏上升趋势（图 16.22）。

江苏沿海地区地面高程普遍较低，受海平面上升影响，海岸侵蚀灾害有所加重。2004～2006 年来，苏北沿岸受侵蚀破坏严重的岸线长度近 20km，年最大侵蚀宽度为 37.8m，对近岸盐田、养殖场以及滩涂资源的开发造成了严重影响。

• 上海沿海海平面平均上升速率为 3.2mm/a。

2004～2006 年，上海沿海海平面都高于常年，但均低于 2003 年，海平面变化呈波动起伏状态。其中，2006 年比常年高 67mm（图 16.23）。

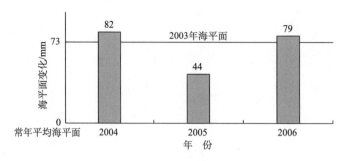

图 16.22　2004～2006 年江苏沿海海平面变化

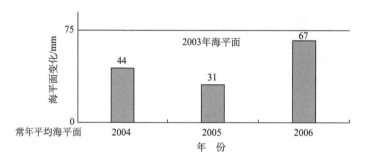

图 16.23　2004～2006 年上海沿海海平面变化

2004～2006 年，上海沿海地区的咸潮入侵和海岸侵蚀等海洋灾害都有所加重。其中，上海市崇明岛东岸侵蚀长度达 8.14km，最大侵蚀宽度 67m；另外，咸潮频繁入侵，对城市供水造成影响，地下水和土壤盐渍加重，严重危害了当地的水资源环境和生态环境。

• 浙江沿海海平面平均上升速率为 3.3mm/a。

2004～2006 年，浙江沿海海平面都高于常年，其中 2006 年比常年高 76mm。与 2003 年相比，2004～2006 年浙江沿海海平面变化呈起伏上升趋势（图 16.24）。

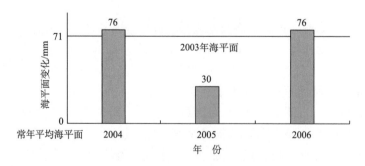

图 16.24　2004～2006 年浙江沿海海平面变化

浙江沿海是风暴潮重灾区之一，海平面上升使风暴潮灾害更加严重。2004～2006 年，有 5 次灾害性台风先后在浙江登陆，特别是 2006 年超强台风"桑美"登陆期间，适逢天文大潮期和季节性海平面最高期，沿岸多个站的潮位都超过当地历史最高潮位，造成了巨大损失。

• 福建沿海海平面平均上升速率为 2.2mm/a。

2004~2006 年，福建沿海海平面都高于常年，其中 2006 年比常年高 68mm。与 2003 年相比，2004~2006 年福建沿海海平面变化呈起伏上升趋势（图 16.25）。

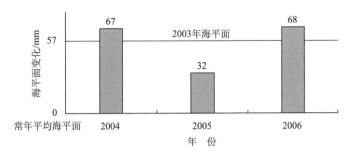

图 16.25　2004~2006 年福建沿海海平面变化

福建沿海也是我国风暴潮重灾区之一，海平面上升使风暴潮灾害更加严重。2004~2006 年，有 5 次灾害性台风先后在福建登陆，给当地造成 200 多亿元的直接经济损失，受灾人口超过 $1600×10^4$。

• 广东沿海海平面平均上升速率为 2.0mm/a。

2004~2006 年，广东沿海海平面都高于常年，其中 2006 年比常年高 76mm。与 2003 年相比，2004~2006 年广东沿海海平面变化呈起伏上升趋势（图 16.26）。

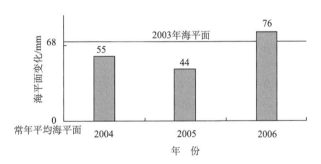

图 16.26　2004~2006 年广东沿海海平面变化

逐步完善的沿海海防设施，使广东沿海地区防御海洋灾害的能力大幅提高。但受天文大潮、季节性海平面升高和干旱等因素影响，咸潮入侵频度和程度不断加重。2004~2006 年间，珠江三角洲相继发生了多次严重的咸潮入侵，使当地经历了严重的供水考验，同时也造成了地下水和土壤中盐度升高，给该地区的农业生产造成了影响，危害了当地的植物生存。

• 广西沿海海平面平均上升速率为 3.3mm/a。

2004~2006 年，广西沿海海平面都高于常年，但均低于 2003 年，海平面变化呈波动起伏状态。其中，2006 年比常年高 48mm（图 16.27）。

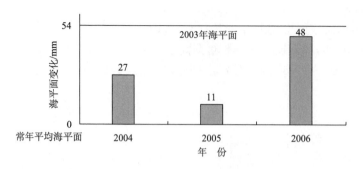

图 16.27　2004～2006 年广西沿海海平面变化

　　尽管近三年广西沿海海平面都低于 2003 年，但海平面上升的趋势没有改变。海平面上升致使广西海岸线后退、土地流失严重。到 2005 年，广西防城港市港口区光坡镇沙螺寮村被淹没的土地面积达 4.2km²，造成 100 多户村民迁移。

　　• 海南沿海海平面平均上升速率为 3.3mm/a。

　　2004～2006 年，海南沿海海平面都高于常年，其中 2006 年比常年高 107mm。与 2003 年相比，2004～2006 年海南沿海海平面变化呈波动上升趋势（图 16.28）。

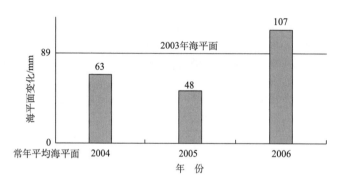

图 16.28　2004～2006 年海南沿海海平面变化

　　受海平面上升等因素影响，海南沿海部分岸段侵蚀严重，全省遭受侵蚀的海岸线长度已达 300km，三亚湾和亚龙湾最为严重，侵蚀速度为每年 1～2m（图 16.29）；海口市海甸岛和新埠岛长约 6km 的岸线因海岸侵蚀损失土地约 1.5km²；海岸工程设施和海滨旅游区受到威胁。

　　（6）据国家海洋局 2007 年中国海平面公报，仍将 1975～1986 年的平均状况视为常年，2007 年我国沿海海平面平均上升速率为 2.5mm/a，略高于全球平均水平（图 16.30）。中国沿海海平面比常年高 62mm，受海平面起伏上升规律的影响，上升趋缓。与 2006 年相比，渤海、黄海海域基本持平，东海与南海海域略有降低，降低幅度为 10～20mm。2007 年，沿海咸潮入侵次数增加，强度加重，海岸侵蚀加剧。渤黄海遭遇了近 40 年来最强的温带风暴潮袭击，沿海损失严重。

图 16.29　海南三亚海岸侵蚀导致的日本侵华时所修之海岸碉堡倒塌

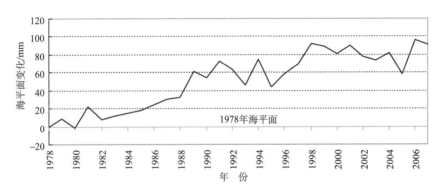

图 16.30　中国沿海历史海平面变化曲线（据国家海洋局，2007 年中国海平面公报）

　　2007 年 6 月，全球海平面观测系统（GLOSS）第 10 次会议在法国巴黎召开，来自中、法、美、德、英、日、澳等 30 多个国家的代表出席了会议。提议要进一步完善海平面监测网，加强潮位基准的核定，提高实时监测的精度与准确度，开展海平面上升影响评估研究与应用，积极应对气候变化与海平面上升给人类带来的危害。因此，自 2007 年以后，我国采用 1975～1993 年平均海平面为常年平均海平面（简称常年），该期间的月平均海平面定为常年月平均海平面。读者注意这一相对海平面基准之变化。

　　（7）2008 年，我国沿海海平面为近 10 年最高，比常年平均海平面高 60mm，比 2007 年总体升高 14mm。其中南海升高 37mm，其他海区总体持平（图 16.31）

　　2008 年各海区中：渤海海平面上升速率为 2.3mm/a，比常年高 54mm，与 2007 年持平。黄海海平面平均上升速率为 2.6mm/a，比常年高 64mm，与 2007 年持平，黄渤海海面在 4～6 月时偏高，平均上升 49mm/a 及 50mm/a。东海海平面，上升速率为 2.9mm/a，2008 年比常年高 47mm，与 2007 年持平，其中 3 月份为 91mm，而 5 月份为 90mm。南海平均上升速率为 2.6mm/a，比常年高 70mm，比 2007 年上升 37mm，其中 5 月份升幅比 2007 年高 145mm，3 月份比 2007 年同期低 85mm。

　　2008 年，中国沿海省、自治区、直辖市海平面比常年高 60mm，其中海南升幅超过 80mm；山东、江苏、广东和广西升幅介于 60～80mm 之间；辽宁、河北、天津、上

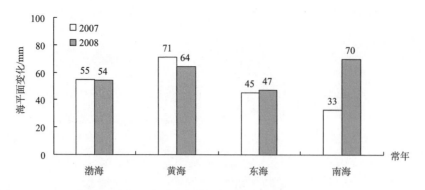

图 16.31　2008 年中国各海区海平面变化（据国家海洋局，2008 年中国海平面公报）

海、浙江和福建升幅均低于 60mm（图 16.32）。

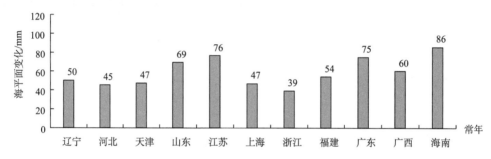

图 16.32　2008 年中国沿海各省（自治区、直辖市）海平面与常年比较

（据国家海洋局，2008 年中国海平面公报）

与 2007 年相比，沿海各省份海平面总体上升 14mm。广东升幅达 44mm，海南和广西升幅超过 30mm，天津和福建略有上升（图 16.33）。

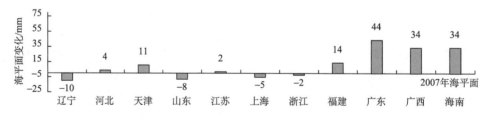

图 16.33　2008 年中国沿海各省（自治区、直辖市）海平面与 2007 年比较

（据国家海洋局，2008 年中国海平面公报）

　　海平面上升导致沿岸海水入侵和土壤盐渍化严重：秦皇岛、沧州和曹妃甸海水入侵距离 7～22km，土壤含盐量高达 2.69%。2008 年 8～9 月，河北沿海发生风暴潮和海浪灾害，海平面升高加大了致灾程度，海岸与海堤受损；海平面变化影响到山东沿海海岸侵蚀长度达 1200km，莱州湾沿岸海水入侵陆地约 30km，威海沿岸入侵约 5km；2008年 1 月，珠江枯水期间，海平面比常年同期高 91mm，造成珠江口强咸潮入侵；2008 年

8～10 月福建沿海遭受风暴潮侵袭，造成经济损失；2008 年 9 月，广西海平面偏高；广东海平面比常年高 200mm，强台风"黑格比"登陆广东，引起百年一遇高潮位，造成江水漫堤倒灌，堤防受损，数百万人受灾，直接经济损失超过百亿元；2008 年 10 月，海南沿海海平面异常偏高，热带风暴"海高斯"登陆，造成直接经济损失近亿元。

全球气候变暖是引起海平面上升的主要原因。30 年来，中国沿海气温、海温与海平面呈明显上升趋势。上升幅度气温为 1.1℃，海温为 0.9℃，海平面上升为 92mm。上升趋势的季节差异明显：冬季升幅最大，春秋季次之，夏季最小。据中国海平面公报报道：冬季时，气温和海温均为年最低，但长期升幅最大，分别为 1.8℃和 1.4℃，占总升温的 41％和 39％，暖冬趋势明显。海平面冬季长期升幅显著，达 135mm，占海面总升幅的 37％。夏季气温与海温均为年最高，但长期升幅最小，分别为 0.4℃和 0.3℃，仅占总升温的 9％和 8％，海平面升幅在夏季亦最小，为 38mm，占总升幅的 10％。

四、海平面上升对海岸带影响之例证及可能受害区分析

1. 影响例证

世纪性的海平面持续上升，加大了海岸水下斜坡深度，逐渐减小波浪对沉溺海岸斜坡的扰动作用，造成海底向岸的横向供沙减少，但却加强激浪对上部海滩的冲刷作用；逐渐上升的海平面，降低了河流坡降而减少了入海沙量，因而世界海滩普遍出现沙量补给匮乏。在我国由于大河中上游建坝，蓄水拦沙，更加大了入海泥沙量的减少与泥沙季节分配的显著不均；海平面上升伴随着厄尔尼诺现象以及风暴潮频率与强度增加，使海岸带水动力增强。入海泥沙量减少与海岸带水动力增强，两者综合效应，使海滩遭受冲刷侵蚀、后退，而沙坝向海坡冲刷，与越流扇（overwash fan）的形成过程，表现为沙坝向陆地方向迁移，其净效果是海岸向陆地蚀退。

Bruun P. 以图式表明了海平面上升与海滩变化效应（Bruun，1962，1988）。Bruun 定律的大意是：随着海平面上升，海滩与外滨浅水区的均衡剖面呈现向上部与向陆的移动，海滨线的后退速率（R）与海平面增高（S）有关，即

$$R = \frac{L}{B+h}S \qquad (16.1)$$

式中：h 是近滨沉积物堆积的水深；L 是海滩至水深 h 间的横向距离；B 代表滩肩的高度。

公式（16.1）亦可表示为

$$R = \frac{1}{\tan\theta}S \qquad (16.2)$$

其中，$\tan\theta \approx (B+h)/L$，$L$ 是指沿着横距 L 的近滨平均坡度。砂质与砂砾质海岸的坡度大部分为 1/100～1/200 间，即 $\tan\theta \approx 0.01\sim0.02$。因此据公式（16.2）可得到 $R=50S\sim100S$，表明微小的海平面上升可形成较大的海滨线后退。图 16.34 是对 Bruun 定律的图解。

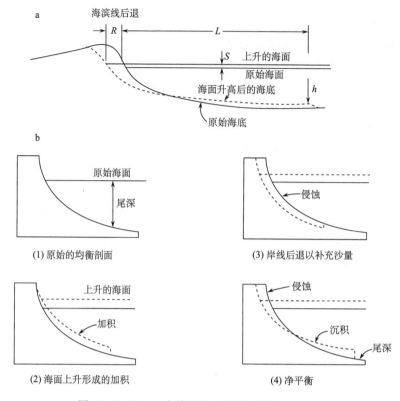

图 16.34　Bruun 定律图解（SCOR WG89，1991）

a. 由于海面上升引起海滩剖面的净变化，根据 Bruun 定律，海面上升（S），将引起外滨带堆积及海
滩上部侵蚀，总的侵蚀后退率（R）；b. 根据 Bruun 定律分析公式（16.1），由于海面上升（S），因
此海滩向陆侵蚀后退（R）

　　图 16.35 系秦皇岛海岸剖面重复测量记录（南京大学海洋科学研究中心，1988），
其中南山灯塔岸段系海蚀基岩岸。1973 年 8 月较 1964 年 7 月所测剖面，显示海蚀崖与
岩滩蚀退变低，仅岩滩外侧有砾石堆积，而石河口堆积海岸则显示上部海滩侵蚀与下部
堆积。说明 Bruun 图式具代表性。Bruun 图式表明达到均衡剖面的海岸在海平面上升过
程中海滩再造的情况，而不适宜于非堆积型的海岸与海蚀（如秦皇岛南山）或海积变化
剧烈的岸段。

　　砂质海滩的侵蚀在中国是普遍的。如据海岸剖面实测结果，1989 年 5 月至 1990 年
5 月辽东半岛盖县开敞砂质海滩侵蚀速率最大达 6.8m/a，1989 年至 1993 年 4 年平均侵
蚀后退速率约 2m/a。1989 年到 1993 年 4 年间辽西六股河一带海滩蚀退率约 1m/a[①]。
近 20 年来山东半岛砂质海滩蚀退速率约 1~2m/a，造成海滩沙亏损约 2×10^7 t/a（庄振
业等，1989）。海岸蚀退在河口段尤为严重，海浪冲毁了海滩防护林，威胁农田与建筑，
咸化了滨海地下水。海滩侵蚀后退与世纪性的全球海平面上升有关，也受到人为的影
响：河流中下游水库拦沙，减少了海滩沙之补给；人工采沙做建筑材料销售，使海滩沙

---

　　① 庄振业，常瑞芬，苗丰民等，鲁、辽砂质海岸蚀退研究．中国海平面变化和海岸侵蚀工作组 1994 会议

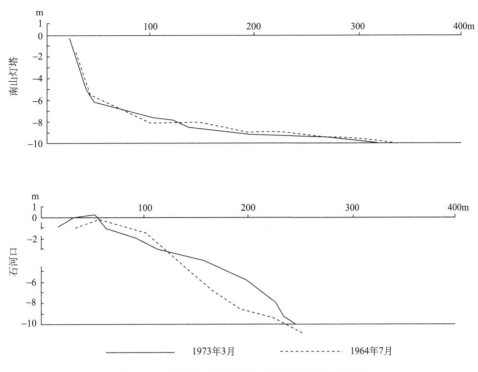

图 16.35　秦皇岛 1973 年与 1964 年水下剖面比较

益加亏损，失去海浪作用与泥沙补给之平衡，使海滩遭受侵蚀。如滦河自引滦输水工程后，上游泥沙主要淤积于潘家口水库与大黑汀水库内，多年平均入海水量由 $41.9 \times 10^8 \mathrm{m}^3$ 减为 $3.55 \times 10^8 \mathrm{m}^3$，而多年平均输沙量由工程前的 $2219 \times 10^4 \mathrm{t}$ 减至 $103 \times 10^4 \mathrm{t}$。海岸泥沙补给骤减，滦河三角洲砂质海岸由加积而转为蚀退，口门岸滩蚀退率达 300m/a，岸外沙坝蚀退率 25m/a，海岸蚀退速率较工程前约增加 6 倍，潟湖淤泥层普遍于沙坝外缘出露（钱春林，1994）。自 70 年代以来，浙闽沿岸砂质海滩或沙丘冲蚀后退约 1～4m/a，老岸堤组成的红砂台地蚀退速率高达 0.4～1m/a，而基岩岬角岸段蚀退速率约为 0.1m/a。海滩侵蚀主要发生于台风或寒潮大浪期间，尔后逐渐加积成平缓剖面，由于泥沙亏损与世纪性的海平面持续上升，净效果表现为海岸的后退。在构造上升的丘陵或岛屿海岸段，海平面上升的效果不甚明显。但是，由于人工采沙而导致海滩侵蚀使滩肩消失的现象却是普遍的。如江苏赣榆县九里沙滩，水下取沙做建材出售，海滩受蚀几尽，现已禁止采沙并修建水泥堤防冲，但沙滩风光已消失。海南岛三亚湾由于采沙加速海滩冲蚀，海滩剖面降低，木麻黄林亦遭受损坏。砂质海滩自低潮线向下至激浪带外缘，宽度大，脊槽起伏，粗细砂夹杂，激浪带外缘有陡坡坡折。低潮水边线附近为 1°～2° 平坦坡的细粒沙滩。高低潮间的海滩宽度不大，一般不超过 50m，相对高度小于 1m，海面间或有脊湾交错的滩尖嘴微地形。高潮线附近坡度增大至 4°～7°，砂粒增大并夹杂贝壳或海藻残体，部分陡滩坡度约 12°。特大高潮线以上多为长草的沙丘或沿岸沙堤，其向海坡可增大至 20°，沙堤高度 2～5m 不等，沙丘叠加处高度可达 10m 或更高。沿岸堤系全新世的海滩脊或晚更新世的古海滩，大部分已发展为海滩上部的沙丘带，不经常受到海浪冲刷，可视为一天然的海滨屏障。上述各带系海滩的整体结构，由于人工采沙或其他原因，破坏了海滩水下部分的动态平衡——海浪动力与泥沙供应间的平衡，会招致上部海滩遭受冲刷破坏。

海平面上升与海滩侵蚀是全球性现象，为此，海洋研究科学委员会（Scientific Committee on Ocean Research，SCOR）成立了专门工作组（SCOR Working Group 106：Sea Level and Muddy Coast of World）进行研究。作为工作组主席，王颖结合中国海岸实际介绍了 SCOR 的主要结论。中国科学院地球科学部提出：预估当 21 世纪海平面上升 50cm 时，中国主要海滨旅游海滩的变化。王颖、吴小根选择了大连、秦皇岛、青岛、北海、三亚等 5 处，据多年考察的实测剖面数据，进行了若干海滩分析计算（表 16.10）。海岸段近滨带外界水深，除北海为 −2m 外，其余均采用 −5m。再结合大比例尺地形图与海图，获得有关参数。经过对多处海岸剖面重复测量结果对比研究，作者认为 Bruun 公式基本上反映海滩变化的自然规律，结合对我国海滩研究的结果，对 Bruun 图示加以修正（图 16.36）（王颖、吴小根，1995）。

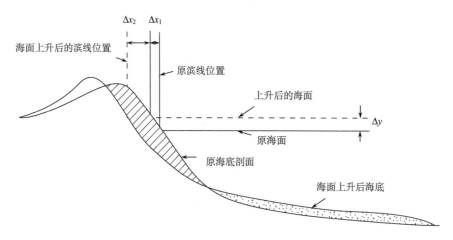

（△y 为海面上升幅度，△x_1，△x_2 分别为海滨线因海滩遭受淹没和
侵蚀而产生的后退量：假定海面上升前后的海滩剖面均已到达平衡）

图 16.36　海面上升使海滩遭受淹没与侵蚀（王颖、吴小根，1995）

图 16.36 中滨线采用低潮海滨线，Δy 为预定的海平面上升幅度；Δx_1 表示因海平面上升使部分海滩受淹没而产生的后退量；Δx_2 为海平面上升而产生的海滩侵蚀后退量，由于海平面上升而形成的海滩总后退量为 Δx_1 与 Δx_2 之和，计算的基本依据是海滩趋向于在海平面变动情况下形成新的均衡剖面。表 16.11 总结了各海滨沙滩在 21 世纪海平面上升 0.5m 后的淹没与冲蚀后退数值。各海滨沙滩面积损失的最小值为 12.7%（亚龙湾，因为该处海岸坡度较大），最大值达 66%（北戴河海滨）。上述海滩面积总损失量可达 $266 \times 10^4 \mathrm{m}^2$。实际损失值可能要大于上述预估数值，因为激浪与风暴潮作用将更加频繁，其影响的范围更大，大部分海滩均会遭受海水淹侵冲蚀。

表 16.11 海平面上升 0.5m 对我国重要海滨旅游区海滩的影响（王颖，吴小根，1995）

	海滨位置	现代海面之海滩				海平面上升 0.5m 之海滩响应预测								
						海滩淹没			海滩侵蚀			综合效应		
		长/m	平均宽/m	相对高/m	面积/m²	滨线后退/m	损失面积/m²	损失率/%	滨线后退/m	损失面积/m²	损失率/%	滨线后退/m	损失面积/m²	损失率/%
大连	星海公园	2 125	68.5	6.1	145 613	6.8	14 450	9.9	26.5	56 314	38.7	33.3	70 764	48.6
	东山宾馆	510	42.4	3.8	21 645	7.4	3 774	17.4	15.8	8 078	37.3	23.2	11 852	54.7
	大沙滩	756	56.3	3.8	42 560	7.9	5 972	14.0	24.7	18 674	43.9	32.6	24 646	57.9
	小计	3 391	61.9		209 818	6.8~7.9	24 196	11.5	15.8~26.5	83 066	39.6	23.2~33.3	107 262	51.1
秦皇岛	北戴河	7 850	87.1	5.9	683 456	8.7	68 295	10.0	48.8	383 080	56.1	57.5	451 375	66.1
	西向河寨	3 124	223.6	6.4	698 466	6.7	20 930	3.0	41.5	129 650	18.6	48.2	150 580	21.6
	山东堡	756	88.2	3.5	66 672	7.5	5 670	8.5	25.4	19 202	28.8	32.9	24 872	37.3
	小计	11 730	123.5		1 448 594	6.7~8.7	94 895	6.6	25.4~48.8	531 932	36.7	32.9~57.5	626 827	43.3
青岛	青岛湾	1 356	72.8	6.0	98 650	8.5	11 526	11.7	37.9	51 455	52.2	46.4	62 981	63.9
	汇泉湾	1 124	70.6	6.0	79 356	7.0	7 868	9.9	38.6	43 386	54.7	45.6	51 254	64.6
	浮山所口	1 625	193.1	5.4	313 857	8.9	14 462	4.6	26.4	42 932	13.7	35.3	57 394	18.3
	小计	4 105	119.8		491 863	7.0~8.9	33 856	6.9	26.4~38.6	137 773	28.0	35.3~46.4	171 625	34.9
北海	外沙	2 530	60.8	6.2	153 750	5.8~9.5	17 254	11.2	27.9	70 587	45.9	33.7~37.4	87 841	57.1
	大墩海至电白寨	5 516	258.4	5.0~9.2	1 425 588	5.4~9.8	41 926	2.9	48.1	265 335	18.6	53.5~57.9	307 261	21.5
	电白寨至白虎头	5 165	183.2	5.0~7.2	946 363	5.4~8.7	36 457	3.9	45.2	233 458	24.7	50.6~53.9	269 915	28.6
	小计	13 211	191.2		2 525 701	5.4~9.8	95 637	3.8	27.9~48.1	569 380	22.5	33.7~57.9	665 017	26.3
三亚	大东海	2 650	81.5	5.9	215 905	7.9	20 935	9.7	12.2	32 330	15.0	20.1	53 265	24.7
	亚龙湾	8 880	166.1	5.4~13.4	1 475 184	6.8~9.8	74 592	5.1	12.7	112 776	7.6	19.5~22.5	187 368	12.7
	三亚湾	16 360	296.2	3.3~11.6	4 846 024	5.6~10.2	137 654	2.8	43.6	713 296	14.7	49.2~53.8	850 950	17.5
	小计	27 890	234.4	3.3~13.4	6 537 113	5.6~10.2	233 181	3.6	12.2~43.6	858 402	13.1	20.1~53.8	1 091 583	16.7
	总计	60 327	185.9	3.3~13.4	11 213 089	5.4~10.2	481 765	4.3	12.2~48.8	2 180 553	19.4	20.1~57.9	2 662 314	23.7

注：表中海滩面积指低潮海滨线以上包括沿岸沙坝现在内的海滨沙滩面积

· 811 ·

2. 海滩侵蚀预测与对策

海滨旅游以阳光、沙滩与海鲜"3S"著称，供人们增进健康、陶冶心情、开展体育、研究与经营活动。自20世纪80年代以来，国际旅游业已超过石油工业与汽车制造业，成为国际最大的产业，发达国家的海滨旅游业产值约占旅游业总值的2/3。由海平面上升造成的海滨沙滩的冲蚀破坏，不仅丧失了旅游休憩之场所，而且还会危及滩后沙丘带、潟湖水域、沿岸建筑，蚕食岸陆土地与破坏陆地环境，所造成的经济损失与社会影响是不容忽视的。

日益发展的海滩侵蚀已引起各界人士的关注，并成为海岸工程研究的热点课题。防护海滩侵蚀最有效的措施是海滩喂养（beach nourishment），视海岸环境的特点辅以导堤促淤或外防波堤掩护，这种措施已为欧、美、日等国广泛应用。采用海滩沙人工补给法，必须对目标海岸段充分调查研究，包括海岸与海底地形、波浪折射、激浪带的横向与纵向泥沙运动、风力运沙与沙丘带活动状况、沉积物粒径与分布、海岸冲刷与堆积特点、海岸演变与地质过程，以及航片与海图的重复测量等。通过调查确定沙源、泥沙粒径、人工海滩形式、防浪掩护的方式以及人工海滩可维持的期限等，然后进行供设计与施工所需的数学模拟。例如，在有一定潮差的海岸段落人工补充的沙量（m^3/a）并需增加40%的耗损量，再求出按需要与经费条件所能达到的维持年限（5年、10年、12年），最后计算出应补充的总沙量。同时，计算确定人工海滩的长宽比、铺设部位、预定的高度、海滩坡度以及选用砂的粒径等。如选用的沙较原海滩沙细，则均衡剖面的坡度较平缓，可能招致较大的失沙量。现在多开采外滨古海岸砂补充现代海滩，该处水深已超过海岸泥沙活动带，有限量地采沙不会形成对现代海岸过程的破坏。人工堆沙部位以沙丘带坡麓与低潮水边线以下−1m水深处为宜，该处为海滩活跃地带，最需补充沙量。虽然铺沙后改变不了海滩过程性，仍会发生季节性变化，但是在相当长的期限内可为该海滨造就一条美丽的沙滩。若配以少量防波堤建筑则人工海滩可预期保持滩体的基本稳定。例如，由南京大学海岸与海岛开发国家试点实验室设计的三亚小东海人工海滩，其海滩长宽比为2∶1～4∶1，铺设范围介于−1.0m～2.5m，人工海滩填沙选用三亚市以西30km多处粒径为1～2mm的天然老沙坝沙。为尽可能减少今后人工海滩的维护性回填沙量，小东海人工海滩还设计了必要的丁坝及潜堤等起保滩作用的辅助工程[①]。

3. 海平面上升沿海受害地区分析

研究海平面上升对策，首先应划定易受危害的沿海地区，评定其危害程度，然后拟定防治措施。研究中国海岸地区易受危害的地区，可能首先是在大三角洲和沿海平原8个地区（表16.12）。这些地区易受危害的面积最大（35 000km²），人口最多，工农业产值最大。其余基岩、砂砾质海岸则海平面上升时只有重要港口城市和主要旅游海滩（沙质海滩）需要保护，它们的面积较小，在全国国民经济上的重要性现在和将来都不如大三角洲。

---

① 南京大学海岸与海岛开发国家试点实验室，海南鹿回头及小东海海滩改造利用可行性研究报告，1993

表 16.12 中国未来海平面上升可能受危害的海岸分区

编号	区域名称	评估的主要指标	海岸风险等级
1	老黄河三角洲	最近地面沉降率>10mm/a，风暴潮强，海堤标准低，且不连续	大
2	现代黄河三角洲	地面沉降率约 2mm/a，风暴潮中等，海堤不连续	中
3	莱州湾沿海平原	由于过量采取地下水和卤水，受海水侵入严重，风暴潮强，海堤不完整	大
4	废黄河三角洲	地面沉降率约 2mm/a，海岸侵蚀后退严重，风暴潮中等，海堤不完整，波浪强	大
5	苏北沿海平原	地面沉降率约 2mm/a，风暴潮中等，海堤标准不够	中
6	长江三角洲	地面沉降率 5～6mm/a，风暴潮强，海堤坚固，但黄浦江口无防护工程	中
7	台湾西部沿海平原	较大面积沉降率>20mm/a	大
8	珠江三角洲	地面沉降小，有些地方近期上升，但地面高程低，总面积的 80%海拔<1m，风暴潮中等，堤防标准低，但排、灌设施较好	中

　　根据海拔高度、相对海平面变化（地面沉降）、海岸侵蚀或加积、风暴潮频率和强度、潮差以及现在海岸防护工程情况等因素，进行综合分析，对上述 8 个易受危害区的海岸风险等级进行了评估。老黄河三角洲和台湾西部沿海平原主要因地面沉降率巨大，莱州湾沿海平原主要因海水侵入严重，废黄河三角洲主要因海岸侵蚀后退严重，均为风险大的地区。其他 4 区则为风险中等地区（表 16.12）（Ren，1993b）。由此可见，我国大三角洲和沿海平原将来海平面上升时可能受害的程度是很大的。

　　通过对上述 8 个地区大量实际资料的分析研究，确定各区可能受害的范围（面积）。例如，老黄河三角洲西汉末年一次特大风暴潮，海水曾淹到 4m 等高线，即现在天津市区的西郊，表明在最坏的情况下海水可能侵淹的范围。考虑到现在这里相对海平面上升率大，海岸风险等级高，故将 4m 等高线以下的地方均列为可能受害地区。珠江三角洲平原海拔高度不到 2m，绝大部分不到 1m，故全部平原约 7000km² 均为可能受害地区。全国可能受害地区的面积共计约 35 000km²（表 16.13）（Ren，1993b）。

表 16.13 中国未来海平面上升时可能受害面积估计

地区	估算指标（海拔）/m	面积/km²
老黄河三角洲	4	7000
现代黄河三角洲	3	3000
莱州湾沿海平原	4	3000
废黄河三角洲	2	2000
苏北沿海平原	2	3000
长江三角洲	2	8000
珠江三角洲	2	7000
台湾西部沿海平原	5mm/a（地面沉降率）	2000
总计		约 35 000

4. 未来海平面上升时对我国的影响

研究未来海平面上升的影响，重要的一项工作是估算沿海地区因海平面上升而产生的损失。过去的估算多限于受害的土地面积、人口数目、工农业产值等，最近则重点估算为防护这些地区不受损害所需的工程费用，反映人们对海平面上升的危害采取积极防御的对策。

1991年美国环境保护署 Titus 等给美国国会草拟的一个咨询报告，名称为"温室效应与海平面上升：防御海平面上升所需的费用。"作者等估算，如21世纪海平面上升1m，美国全国损失共约（2700～4750）×10^8 美元，其中海岸防护工程建设费用需（1430～3050）×10^8 美元。该报告是比较粗略的：①估算海岸防护费用仅以6个点作为依据，但6个点中纽约和新泽西州即有3个点，显然不能代表美国平均情况。②报告假定只有目前已开发的海岸需要防护，现在尚未开发的海岸不需防护，前者只占美国全国海岸低地的15％。③报告不考虑美国海岸1990年后10年、20年、50年的经济发展，土地价格及海岸工程建设费均以目前水平为准，因此所估计损失金额大大低于目前实际情况，更低于将来数值（Titus et al.，1991）。

荷兰交通与公共工程部最近对海平面上升对荷兰的影响，作过详细的全面研究，称为 ISOS 研究计划（Impact of sea level rise on society）。该计划用数学模型详细地算出在不同的海平面上升值条件下，荷兰为抗御海平面上升所需的各项工程费用，包括河流下游防护、低洼地抽水等。这对我国评估大三角洲和沿海平原的经济损失很有参考价值。而美国报告则重点在评估砂质海滩和沙坝岛（barrier islands）的损失。

从荷兰的研究报告还可以注意到下列几点。①荷兰抗御海平面上升 100cm 所需费用约等于抗御海平面上升 60cm 所需费用的 190％，因此相对海平面上升值是估算海平面上升损失模型的最重要参数之一，必须审慎拟定，并尽量减小其不确定性。②荷兰抗御风暴潮强度增加 10％所需的工程费用（159×10^8 荷币），比抗御海平面上升 60cm 所需的工程费用（116×10^8 荷币）大约 40％。因此风暴潮的频率和强度也是估算模型中的一个最重要参数。

我国在全球变化研究中，应对将来几十年以至100年我国沿海风暴潮频率和强度进行深入研究，并应做出比较可靠的预测。

根据上述，在研究我国海平面上升问题时，需注意下列几点：

（1）应严格区分理论海平面与相对海平面，评估将来海平面上升对我国沿海的影响，应以相对海平面变化为准。在地面沉降量大的地区，需应用当代大比例尺地形图高程为依据来计算海平面上升影响的面积及损失程度。

（2）估算海平面上升损失需对平原海岸及三角洲地区倍加注意。如上述的8个易受害地区。此外，还须包括沿海重要港口城市及主要旅游海滩（砂质海滩）。国务院批准建立的国家海滨旅游度假区中，大连、青岛、北海、三亚四处均主要依托海滨沙滩，其他如北戴河、普陀等沙滩也是著名的旅游区。这些海滩的防护可采用移沙补滩的"海滩喂养"（beach nourishment）工程，使宝贵的旅游海滩继续保持原状。在估算防护费用时，应充分注意到各地地面现代垂直构造运动的差异，按照各地具体的相对海平面变化，分别算出各地所需费用。如青岛和秦皇岛两市均位于现代地面上升区，故港口城市及附近旅游海滩的防护费用可比其他地方（如大连、厦门等）为小。

（3）评估未来海平面上升之影响、损失是一项超前性的工作，应着眼于今后50～100年。首先着眼于易受危害的脆弱地区，其面积、人口、未来社会经济发展趋势；其次要估算抗御海平面上升所需的工程费用。国际上采用的对策有：①退却，放弃沿海受影响区；②限制或停止在沿海受影响地区发展经济；③积极进行工程防护。我国沿海人口密集，前两项对策是不可取的，只能积极进行工程防护。防护三角洲河口地区和河口的港口城市，建造风暴潮坝（storm surge barrier）的费用，可能比建堤和不断加高、加固堤防为低。据荷兰 ISOS 计算，在鹿特丹水道建造风暴潮坝可比建堤至少节省工程费 20×10^8 荷币（1996年），荷兰东斯凯尔特河口的风暴潮坝可节省工程费 10×10^8 荷币。我国三角洲河口的港口城市（特别是上海），在研究抗御海平面上升的工程设施时，应研究风暴潮坝的比较方案。估算抗御海平面上升的工程费用应包括沿海低地的各项海岸工程、河口段河流防护低洼地抽水排水、防止盐水入侵及土壤盐碱化、控制地下水开采等费用。还包括主要港口城市防护、重要旅游海滩移沙补滩的费用等。

（4）今后100年全球理论海平面上升量约为50cm，相对海平面上升量我国沿海各地将有很大差异。大河三角洲与平原海岸城镇与经济开发区相对海平面上升量最大，这些地区的较大相对海平面上升率主要由超采地下水引起的地面沉降所造成。故在今后规划和管理中，要继续重视严格控制地下水开采量，开辟替代水源，制订合理的用水管理政策。

参 考 文 献

安芷生. 1979. 顺5孔的磁性地层学和早松山世的北京海侵. 地球化学，（4）：343～346

陈刚，李从先. 1988. 论福建沿岸的海平面变动和新构造运动的标志. 海洋学报，10（5）：635～645

陈国达. 1950. 中国岸线问题. 中国科学，1（3）

陈华慧，闵隆瑞等. 1985. 中国早更新世古地理图及说明书. 见：王鸿祯主编. 中国古地理图集，北京：地图出版社

陈俊仁，赵希涛等. 1990. 南海最低海面的时代与特征. 见施雅风，王明星. 中国气候与海面变化研究进展（一）. 北京：海洋出版社

冯怀珍，王宗涛. 1986. 全新世浙江的海岸变迁与海面变化. 杭州大学学报，13（1）：100～107

冯文科. 1985. 南海北部滨岸海成阶地与古海岸线遗迹. 见：中国第四纪研究委员会、中国海洋学会编. 中国第四纪海岸线学术讨论会论文集. 北京：海洋出版社

冯文科，鲍才旺，陈俊仁等. 1982. 南海北部海底地貌初步研究. 海洋学报，4（4）

冯文科，薛万俊等. 1988. 南海北部晚第四纪地质环境. 广州：广东科技出版社

符文侠，李光天，魏成凯等. 1989. 辽东半岛东部晚第四纪海面变迁. 海洋与湖沼，20（3）：251～262

何炎. 1987. 苏北早第三纪有孔虫. 古生物学报，26（6）：721～727

黄庆福，荀淑名，孙维敏等. 1984. 东海 DC-2 孔柱状岩心的地层划分. 海洋地质与第四纪地质，4（1）：11～25

黄少敏. 1982. 对珠江三角洲古海岸线的探讨. 见：第三届全国第四纪学术会议论文集. 北京：科学出版社

黄镇国，李平日等. 1982. 珠江三角洲形成发育演变. 广州：科学普及出版社广州分社

兰东兆. 1986. 福州盆地晚更新世海侵及全新世海面波动的初步研究. 海洋地质与第四纪地质，6（3）：103～111

李从先，陈刚，王秀强. 1987. 滦河以北海岸风沙沉积的初步研究. 中国沙漠，7（2）：12～21

李从先，李萍，成鑫荣. 1983. 海洋因素对镇江以下长江河段沉积的影响. 地理学报，38（2）：128～140

李从先，王靖泰，许世远等. 1980. 全新世长江三角洲地区的海进海退层序. 地质科学，（4）：322～330

李平日等. 1987. 韩江三角洲. 北京：海洋出版社

李平日等. 1989. 广州地区第四纪地质. 广州：华南理工大学出版社

李元芳, 高善明, 安凤桐. 1982. 滦河三角洲地区第四纪海相地层及其古地理意义的初步研究. 海洋与湖沼, 13 (5)：433~439

李元芳, 牛修俊, 李庆春. 1989. 海河河口地区全新世环境及其地层. 地理学报, 44 (3)：365~375

林和茂, 朱雄华. 1989. 南黄海及中国沿海第四纪海侵对比. 见：杨子赓, 林和茂主编. 中国近海及沿海地区第四纪进程与事件. 北京：海洋出版社

林景星. 1977a. 华北平原第四纪海进海退现象的初步认识. 地质学报, 51 (2)：109~116

林景星. 1977b. 福建沿海全新世海进的初步认识. 科学通报, (11)：517~520

林景星. 1981. 北京顺义县早更新世含有孔虫动物群、古生态、古气候及古地理的初步认识. 地质科学, (1)：55~59

林景星. 1986. 杭嘉湖平原晚更新世以来的海侵及其海平面变化. 见：中国海平面变化. 北京：海洋出版社

刘敏厚, 吴世迎等. 1987. 黄海晚第四纪沉积. 北京：海洋出版社

龙云作, 霍春兰, 司桂贤等. 1985. 对珠江三角洲沉积特征和沉积模式的一些认识. 海洋地质与第四纪地质, 5 (4)：49~58

马道修, 徐明广等. 1989. 珠江三角洲的形成与演变。见：杨子赓, 林和茂主编. 中国近海及沿海地区第四纪进程与事件. 北京：海洋出版社

南京大学海洋科学研究中心. 1988. 秦皇岛海岸研究. 南京：南京大学出版社

钱春林. 1994. 引滦工程对滦河三角洲的影响. 地理学报, 49 (2)：158~166

钱方, 马醒华, 吴锡浩. 1983. 中国第四纪磁性地层的初步研究. 海洋地质与第四纪地质, 3 (3)：17~30

秦蕴珊等. 1985. 渤海地质. 北京：科学出版社

秦蕴珊, 赵一阳等. 1987. 东海地质. 北京：科学出版社

裴松余, 高晓光. 1988. 上海地区水 6 井有孔虫复合分异度与古环境分析. 海洋地质与第四纪地质, 8 (2)：77~90

任美锷. 1965. 第四纪海面变化及其在海岸地貌上的反应. 海洋湖沼, 1 (3)

任美锷, 曾成开. 1980. 论现实主义原则在海洋地质学中的应用. 海洋学报, 2 (2)

任美锷, 张忍顺. 1993. 最近 80 年来中国相对海平面变化. 海洋学报, 15 (5)：87~97

唐天福, 薛耀松, 周仰康等. 1980. 广东省三水盆地下第三系布心群碳酸盐岩的特征及沉积环境分析. 地质学报, 54 (4)：249~258

汪品先. 1975. 我国东部新生代几个盆地半咸水有孔虫的发现及其意义. 见：地层古生物论文集, 第二辑, 北京：地质出版社

汪品先. 1990. 冰期时的中国海——研究现状与问题. 第四纪研究, (2)：111~124

汪品先, 顾尚勇. 1980. 下辽河平原的第四纪海进. 见：海洋微体古生物论文集. 北京：海洋出版社

汪品先, 林景星. 1974. 我国中部某盆地早第三纪半咸水有孔虫化石群的发现及其意义. 地质学报, 48 (2)：175~183

汪品先, 闵秋宝, 卞云华等. 1981. 我国东部第四纪海侵地层的初步研究. 地质学报, 55 (1)：1~11

汪品先, 王乃文, 鲍金松. 1982a. 汾渭盆地新生代有孔虫的发现及其意义. 地质论评, 28 (2)：93~100

汪品先, 闵秋宝, 卞云华. 1982b. 温州、黄岩平原第四纪海侵地层. 海洋通报, 1 (3)：29~36

汪品先等. 1980. 北部湾第四纪晚期的微体化石群与海面升降的初步探讨. 见：海洋微体古生物论文集. 北京：海洋出版社

王靖泰, 汪品先. 1980. 中国东部晚更新世以来海面升降与气候变化的关系. 地理学报, 35 (4)：299~312

王乃文. 1964. 山西外旋多口虫（有孔虫）的发现及其地层与古地理意义. 见：中国海洋湖沼学会 1963 年学术年会论文摘要汇编. 北京：科学出版社

王乃文. 1983. 北京平原第四纪海相微体化石的研究. 北京自然博物馆研究报告, (22)

王乃文, 何希贤. 1985. 北京地区早第四纪有孔虫研究. 见：地层古生物论文集, 第十二辑. 47~66

王绍鸿. 1979. 莱州湾西岸晚第四纪海相地层及其沉积环境的初步研究. 海洋与湖沼, 10 (l)：9~23

王绍鸿, 韩有松. 1980. 海州湾南岸第四纪海侵的研究. 海洋科学, (2)：19~23

王颖. 1964. 渤海湾西部贝壳堤与古海岸线问题. 南京大学学报（自然科学版）, 8 (3)：424~440

王颖. 1965. 渤海湾北部海岸动力地貌. 海洋文集, (3)：26~35

王颖. 1983. 关于海岸升降标志问题. 南京大学学报（自然科学版）, (4)：745~752

王颖, 陈万里. 1982. 三亚湾海岸地貌几个问题. 海洋通报, 1 (3): 37～45

王颖, 吴小根. 1995. 海平面上升与海滩侵蚀. 地理学报, 50 (2): 118～127

王颖, 朱大奎, 金翔龙. 1979. 中国海海底地质地貌. 见: 中国自然地理编辑委员会. 中国自然地理·海洋地理. 北京: 科学出版社

王永吉, 苟淑名. 1983. 江苏北部沿海第四纪海相地层中的孢粉分析. 海洋与湖沼, 14 (1): 35～43

王宗涛. 1989. 浙江晚第四纪的海侵及与其有关的几个问题. 见: 杨子赓, 林和茂主编. 中国近海及沿海地区第四纪进程与事件. 北京: 海洋出版社

谢在团, 邵合道等. 1986. 福建沿岸晚更新世以来的海侵. 见: 国际地质对比计划第200号项目中国工作组编. 中国海平面变化. 北京: 海洋出版社

徐家声, 高建西, 谢福缘. 1981. 最末一次冰期的黄海——黄海古地理若干新资料的获得及研究. 中国科学, (5): 605～613

杨怀仁, 谢志仁. 1985. 中国近20000年来的气候波动与海面升降运动. 见: 第四纪冰川与第四纪地质论文集, 第二集. 北京: 地质出版社

杨怀仁, 徐馨. 1980. 中国东部第四纪自然环境演变. 南京大学学报 (自然科学版), 1

杨怀仁, 赵英时等. 1985. 中国东部晚更新世以来的海面升降运动与气候变化. 见: 第四纪冰川与第四纪地质论文集 (二). 北京: 地质出版社

杨子赓, 李幼军等. 1979. 试论河北平原东部第四纪地质几个基本问题. 地质学报, 53 (4): 263～279

张传藻. 1980. 云台山的海陆变迁. 海洋科学, 2: 36～38

赵焕庭. 1981. 珠江河口湾伶仃洋的地形. 海洋学报, 3 (2): 255～274

赵松龄, 杨光复, 苍树溪等. 1978. 关于渤海湾西岸海相地层和海岸线问题. 海洋与湖沼, 9 (1): 15～25

赵松龄等. 1986. 中国东部沿海近三十万年来的海侵与海面变化. 见: 国际地质对比计划第200号项目中国工作组编. 中国海平面变化. 北京: 海洋出版社

赵希涛. 1984. 中国海岸演变研究. 福州: 福建科学技术出版社

赵希涛. 1986. 中国贝壳堤发育及其对海岸线变迁的反映. 地理科学, 6 (4): 293～304

郑光膺. 1989. 南黄海第四纪层型地层对比. 北京: 科学出版社

郑元泰. 1985. 江汉盆地上始新统潜江组有孔虫的发现及其意义. 见: 微体古生物论文集. 北京: 科学出版社

中国科学院贵阳地球化学研究所. 1977. 辽宁南部一万年来自然环境演变. 中国科学, (6): 603～614

朱大奎. 1981. 汕头湾海岸地貌与港口建设问题. 见: 中国地理学会地貌专业委员会编. 中国地理学会1977年地貌学术讨论会文集. 北京: 科学出版社

朱大奎. 1984. 江苏海岛的初步研究. 海洋通报, 3 (2): 36～46

朱雄华, 林和茂. 1988. 莱州湾东岸晚第四纪有孔虫、介形类及其古地理环境. 海洋地质与第四纪地质, 8 (增刊)

朱永其, 李承伊, 曾成开等. 1979. 关于东海大陆架晚更新世最低海面. 科学通报, 24 (7): 317～320

庄振业, 陈卫栋, 许卫东. 1989. 山东半岛若干平直砂岸近期强烈蚀退及其后果. 青岛海洋大学学报, 19 (1): 90～98

庄振业, 林振宏, 李从先等. 1983. 山东半岛西北部的全新世古海岸线. 山东海洋学院学报, 13 (3): 25～29

Bruun P. 1962. Sea level rise as a cause of shore erosion. Journal Waterways and Harbours Division, American Society Civil Engineers, 88 (WW1): 117～130

Bruun P. 1988. The Bruun rule of erosion by sea level rise: a discussion of large-scale two-and-three-dimensional usages. Journal of Coastal Research, 4: 627～648

Douglas B C. 1991. Global sea level rise. Journal of Geophysical Research, 96: 6981～6992

Fairbridge R W. 1961. Eustatic change in sea level. Physics and Chemistry of the Earth, 4: 99～185

Gloss E. 1992. Annual Report of 1991 of the Scientific Committee on Oceanic Research. Goteborg, Sweden

Gornitz V. 1991. Global coastal hazards from future sea level rise. Paleography, Paleoclimatology, Paleoecology (Global and Planetary Changes Section), 89: 379～398

IPCC. 1992. IPCC Supplement, Feb., 1992. Geneva, IMO, 69

IPCC. 2007. 气候变化2007: 综合报告. 政府间气候变化专门委员会第四次评估报告第一、第二和第三工作组的报告. IPCC, 瑞士, 日内瓦

Milliman J D, Broadus J M, Gable F. 1989. Environment and economic implications of rising sea level and subsiding deltas, The Nile and Bengal Examples. Ambio, 18 (6): 340~345

Netherlands Ministry of Transport and Public Works, Tidal Water Division. 1991. Rising waters: Impacts of the greenhouse effect for the Netherlands. The Hague, the Netherlands

Penland S, Ramsay K E. 1990. Relative sea level rise in Louisiana and the gulf of Mexico, 1908~1988. Journal of Coastal Research, 6 (2): 323~342

Press F. 1989. What I would advise a head of state about global change. Earth Quest, 3 (2): 1~2

Ren Mei-e. 1993a. Relative sea level changes in China over the last 80 years. Journal of Coastal Research, 9 (1): 229~241

Ren Mei-e. 1993b. Areas in China vulnerable to future sea level rise. Journal of Coastal Research, 9 (7)

SCOR Working Group 89. 1991. The response of beaches to sea level changes, a review of predictive models. Journal of Coastal Research, 7 (3): 895~921

Shackleton N J, Opdyke N D. 1973. Oxygen isotope and palaeomagnetic stratigraphy of Equatorial Pacific Core V28~238: Oxygen isotope temperature and ice volumes on a 105 year and 108 year scale. Quaternary Research, (3): 39~55

Shepard F P. 1963. Thirty-five Thousand Years of sea Level. In Essays in Marine Geology in Honor of K. O. Emery. University Southern California Press, Las Angels, 1~10

Stewart R W, Kjerfve B, Milliman J, et al. 1990. Relative sea level change: a critical evaluation. UNESCO report in marine science, UNESCO

Titus J G, Park R A, Leatherman S P, et al. 1991. Greenhouse effect and sea level rise: the cost of holding back the sea. Coastal Management, 19: 171~204

Van Der Veen C J. 1988. Projecting future sea level. Surveys in Geophysics, 9: 389~418

Wang Y. 1980. The coast of China. Geoscience Canada, 7 (3): 109~113

Wang Y, Piper D J W. 1982. Dynamic geomorphology of drumlin coast of Southeast Cape Breton Island. Maritime Sediments and Atlantic Geology, 18 (1): 1~27

Woodworth P L. 1991. The permanent service for mean sea level and the global sea level observing system. Journal of Coast Research, 7 (3): 699~710

第十七章 海洋灾害

减轻自然灾害是全人类共同的要求。1987 年第 42 届联合国大会通过了第 169 号决议,决定把 1990～2000 年间的十年定为"国际减轻自然灾害十年",并呼吁各国政府和科技团体积极行动起来,期望到 2000 年能够使人类受灾影响减少 50%。我国是世界上遭受多种自然灾害的国家,其中与海洋有关的自然灾害主要有:地震、海啸、热带风暴与入海气旋、风暴潮与海岸侵蚀、海冰灾害、海底滑坡、港口航道骤淤等。

第一节 海洋地震[*]

一、地震和海洋地震

地震是一种发生于地壳内或上地幔(统称岩石圈)的应力迅速释放现象。按地震的震源深度可分为浅源地震(也称浅震,震源深度<70km)、中源地震(70km<震源深度<300km)和深源地震(简称深震,震源深度>300km)。地震发生在从地表起数十千米的深度内最多,全球 90%的地震震源深度都小于 100km。在 100km 深度的地震,通常在地表不引起灾害,深震破坏性更小;我国西北的兴都-库什地区和东北吉林珲春附近地区常发生深震,与板块俯冲过程有关。由于浅源地震能够产生更大的地球表面的震动,因此,浅源地震的破坏性也最大。

表示地震大小通常有两种方法,其一是利用地震震级(Magnitude)表示,另一种是根据地震造成的地表破坏程度来确定,也称地震烈度(Intensity)。震级最初是地震学者李希特(Richter)提出的,后经古登堡(Gutenberg)加以改进,做了统一全世界震级的工作,称为李希特-古登堡震级。通过地震观测,发现震级(M)与地震的能量(E)有如下关系:

$$\lg E = 11.8 + 1.5M$$

式中能量的单位为尔格(erg)(1erg=10^{-7}J),震级 M 和 E 的关系见表 17.1。可见,震级每大一级,其能量就大 $10^{1.5}$(约 31)倍。目前已知的最大地震为 9.5 级,其能量相当于 $40×10^8$ tTNT 炸药。

观测表明,世界上的地震活动主要分布在三大地震带上:第一个是环太平洋地震带,是全球地震最多的地区,包括日本、中国台湾等著名地震活动区。这里有全球 70%的浅源地震,90%的中源地震和几乎全部的深源地震。第二个是从地中海到喜马拉雅的欧亚地震带。其上地震分布比较分散,不如环太平洋地震带那么集中,约占全球地震的 15%左右。除少量中、深源地震外,绝大多数是浅源地震。第三个地震带是沿各大

---

* 本节作者:刘绍文。主要根据 1996 年版《中国海洋地理》第 16 章第一节相关内容补充改写

表 17.1　震级和能量之间的关系

M	E/J	M	E/J
1	2.0×10^6	6	6.3×10^{13}
2	6.3×10^7	7	2.0×10^{15}
3	2.0×10^9	8	6.3×10^{16}
4	6.3×10^{10}	8.5	3.6×10^{17}
5	2.0×10^{12}	8.9	1.4×10^{18}

洋洋中脊分布的洋脊地震带，约占全球地震的 5% 左右，多以浅源地震为主，震级也较小。此外，约有 10% 的地震分布在大陆内部，所谓的板内地震，其机制仍不明了。我国华北地区和美国新马德里（New Madrid）地震带都属于典型的板内地震区。

在海底发生的地震称为海洋地震。中国大陆东临太平洋，而西太平洋地震带乃全球地震强度和频度最高的地带之一。大陆与太平洋之间的陆架海盆地十分宽阔，海岸线很长，资源丰富，而且沿海地区是我国经济发达和人口众多的地区。开展海洋地震研究，提高抵御海洋地震灾害的能力，是我国社会可持续发展的必要保障。

海洋地震灾害包括两方面：一是地震直接造成的破坏；二是地震引起的次生灾害，如诱发海底滑坡和海啸等灾害。前者如 1923 年日本关东 8.3 级地震，地震发生在距离东京 100km 多的相模湾，造成东京 10 万余人遇难。后者如 2004 年 12 月 26 印度尼西亚苏门答腊西海域 9.1 级地震引起的大海啸，造成 28 万余人死亡。海洋地震及其次生灾害对港口、人工岛、核电站、跨海桥、钻井平台、输油管道及海底电缆等都可能造成严重破坏，必须引起重视。

二、中国近海海域地震活动特征

中国近海位于欧亚板块与太平洋板块之间的洋-陆过渡带上，地震构造比较复杂，既有板缘地震带，又有板内地震带，是地震多发区。据不完全统计，历史上发生在我国近海及邻区的地震，5 级以上的就有 1079 次，6 级以上的 322 次，7 级以上的 45 次，8 级以上的 3 次。比如 1888 年 6 月 13 日的渤海 7.5 级地震、1605 年 7 月 13 日的琼州海峡 7.5 级地震、1934 年和 1948 年靠近菲律宾海的我国海域的 7.3 级和 7.6 级，以及 1920 年 6 月 5 日和 1972 年 1 月 25 日发生在台湾以东海域的 2 次 8 级地震。总体而言，我国近海海域地震带可以分为如下三条活动带（刘光鼎，1992）：

（1）西太平洋岛弧-海沟强震活动带。该带位于堪察加—日本—台湾—吕宋—爪哇—缅甸一线，主体属于西太平洋地震带，是太平洋、菲律宾海和欧亚大陆板块相互碰撞、俯冲边界，地震活动强烈。属于典型板缘地震带，包括浅、中、深源地震，最大震级超过 8 级。我国台湾地区位于该强地震活动带之上。

（2）陆缘海弧后盆地弱震活动带。该带主要分布在岛弧向大陆一侧的盆地，如日本海、冲绳海槽、南海盆地的南、中部等，多属于弧后盆地。该带地震活动相对较弱，呈零星分布。日本海与冲绳海槽最大震级可达 7 级左右，南海盆地最大震级达 6 级左右，包括浅源和深源地震。

（3）陆架和陆内海弱—中等地震活动带。该地震带包括渤海、黄海、东海、南海北部及台湾海峡等，主要是新生代陆壳拗陷或断陷盆地。该带以渤海、台湾海峡和南海北部等近海区地震活动较为强烈，最大震级可达 7～8 级。黄海、东海地震活动相对较弱，但南黄海西部和东海东部活动较强，最大震级可达 7 级左右。

结合自 1949 年以来出版的全国地震目录、区域性或分时段性目录、历史地震文献和现代仪器地震记录等相关地震数据和成果（汪素云等，1990；杨港生等，2000；彭艳菊等，2008），本节介绍了中国近海地区地震活动的时空分布特征及其主控因素。

总体而言，我国海域强震（Ms6.0 以上）多分布在东南沿海和近海地区及台湾—琉球一带（图 17.1）。后者乃菲律宾海板块向欧亚板块俯冲的边界，属于板缘地震活动带。根据相关地震记录和分析，下面分别对渤海、黄海、东海、南海和台湾海峡及台湾以东海域等 5 个海域的地震活动及分布特征进行说明。

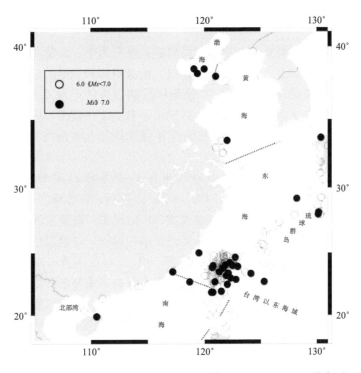

图 17.1　中国近海海域部分历史与现代强震（Ms＞6.0）分布图

1. 渤海

渤海是我国近海海域中地震活动最为强烈的地区。该区最早记载的破坏性地震为 1346 年莱州湾 5 级地震。近 500 年来，该区共记录到 5 级以上地震 23 次，其中 7 级以上 4 次（1548 年、1597 年、1888 年和 1969 年），最大震级为 1888 年 6 月 13 日的 7.5 级，有感范围北至内蒙古，西达山西，东至朝鲜，南达江苏。该区最近一次破坏性地震为 1969 年 7 月 18 日 13 时 24 分在渤海海域（38.2°N，119.4°E）发生 7.4 级大地震，震源深度为 25～35km。受灾地区包括天津、山东、河北、辽宁等，重灾区为黄河三角洲的山东惠民地区，其中垦利、利津、沾化等均为 7 度破坏，河北乐亭也为 7 度破坏；

6 度破坏包括塘沽、北戴河、旅顺、烟台等。这次地震造成 10 人死亡，353 人受伤，破坏房屋近 4 万间，地面变形，桥梁、水工建筑等都受到不同程度的危害，总经济损失约 5000×10^4 元以上。

渤海海域为新生代强烈沉降区，NNE 向的郯庐断裂带和 NWW 向的燕渤断裂带交汇于此，地震活动受断裂控制。断裂带将渤海海域的地震活动大致分为三段：北部辽东湾一带地震活动的强度和频度都较低，现代中小地震活动也较弱；中段为两大断裂交汇区，强震活动频繁，1888 年的 7.5 级和 1969 年渤海 7.4 级地震都位于这一带；南段莱州湾一带地震活动也较弱，但高于北段。此外，地震活动在时间上分布也不均，主要集中在 1548～1597 年和 1888 年至今这两个活跃期，总体呈现了大致 300 年左右的地震活动周期，与华北地震区的地震活动一致（彭艳菊等，2008）。

2. 黄海

根据地质、地球物理特征的差异，黄海可进一步分为南、北黄海，其分界线为山东半岛最东端的成山头与朝鲜半岛长山串的连线。南黄海海域最早的地震记录为 701 年的 6 级地震，但早期地震记录不全，仅 19 世纪中后期以来就记录了 8 次 6 级以上地震。彭艳菊等（2008）汇总了黄海地区历史地震记录，自 701 年以来，该区 6 级以上地震共有 19 次。总体而言，南黄海地震活动的频度和强度均比北黄海海域高，但比渤海低，其最大震级为 7 级。

近年来距离上海最近的破坏性地震为 1996 年 11 月 9 日 21 时 56 分长江口以东海域的 6.1 级地震，震中位置为 31°49′N，123°13′E。发震后，江苏阜宁和南京，安徽芜湖，浙江建德、金华和台州以东有感，其等震线成 NE 向展布。崇明东部江口乡、港东乡有轻微损坏。上海普遍有感，高层建筑震感强烈，书柜倾倒，花盆翻地，造成东方明珠电视塔顶有三根避雷针折断坠落。此外，1984 年 5 月 21 日的南黄海海域 6.2 级地震也在长三角地区引起了震动。这次地震的震感北至山东青岛，南至浙江温州，西达安徽合肥和江苏徐州等地。江苏沿海地区和上海市均普遍强烈有感。这次地震虽未造成明显破坏和直接人身伤亡，但由于在人口稠密和经济发达的地区强烈有感，引起群众极大惊慌，因拥挤和急不择道而跳楼造成的伤者达百人。

黄海的断裂构造以 NE 向断裂为主，它控制陆架盆地发育及新生代地层的分布，自北向南盆地基底逐渐变形，地震活动性也逐渐增强。南黄海地震带向西与内陆的扬州-铜陵地震带相接，往北则有一中等强度地震带直抵山东半岛，但南黄海的地震活动明显强于相邻两带（汪素云等，1990）。南区和北区的强震频度也相差较大，分布极不均匀。32°～34°N，121°～123°E 范围了集中分布了 16 次 6 级以上地震，并含 1 次 7 级地震。这些地震都分布在南部坳陷和勿南沙隆起的过渡带。而 34°N 以北的海域仅发生 4 次 6 级以上地震。从时间上来看，北黄海的地震活动周期与渤海海域较为一致，约为 300 年，而与南黄海不一致。南黄海自 1846 年以来到至今是一个地震活跃期，但期内可进一步划分出 3 个 30 年左右的活跃幕（彭艳菊等，2008）。

3. 东海

由于东海近海海域和台湾海峡的地震活动特征存在明显差异，因此分开来说明。本节只是介绍东海海域及琉球群岛一带，台湾海峡放在与台湾以东海域一起介绍。据现代及历史地震情况来看，东海海域地震活动较弱，尚未记录到 6 级以上强震（图 17.1）。历史上最早的地震记录为元泰定帝时期"泰定元年八月二十日夜，永嘉飓风大作，地震，海逸入城，至八字桥、陈天雷巷口街，四邑沿江乡村居民飘荡，乐清尤甚"（温州府志）（杨港生等，2000）。琉球群岛一带为太平洋板块向欧亚板块俯冲的构造边界部位，因此地震活动频繁（图 17.1），但它属于板缘地震带，其震源深度一般为大于 70km 的中、深源地震，震级多在 6 级以上。由于东海海域地震活动性弱，现有资料太少，从而没法体现其周期性。结合其相邻的下扬子地区资料，彭艳菊等（2008）认为该区的地震活动也存在 300 年左右的周期，且目前正处于 1700 年以来的活动周期的末期。琉球群岛一带因属于板缘地震活动区，其周期较短，一般为 20～30 年左右。

整体而言，东海陆架盆地的地震活动最弱，海域西部的大陆滨海地区次之，而东部的琉球群岛—冲绳海槽一带最强。东海海域的强震活动及其可能诱发的海啸是该区可能的海洋灾害。

4. 南海

南海海域地震活动也存在区域差异，其北部地震活动显著，南部较弱。历史上南海北部海域发生 6 级以上强震共 10 次，最大震级为 1605 年 7 月 13 日的琼山 7.5 级地震（彭艳菊等，2008）。这次强震发生在琼州海峡，据《琼山县志》记载"万历三十三年五月二十八日亥时大震，自东北起，声响如雷，公署民房倾倒殆尽，城中压死者数千，地裂水沙涌出，南湖水深三尺，田地陷没者不可胜记。调塘等郡田成海，计若千顷。二十九日午时复大震，以后不时雷响不止"。现场考察证实，琼州大震的烈度达 11 度，震级为 7.5 级。它造成海岸下沉 1～4m，最大达 10m，下沉面积近百余平方千米（杨港生等，2000）。这是整个华南地区毁坏性最严重的地震，也是中国地震史上唯一的一次导致陆地陷没成海的地震。特别是，同年 12 月 15 日，该地又发生一起 6 级地震，表明琼山乃南海近海地区的地震活跃带。

南海海域现今地震活动多分布在台湾南部和菲律宾一带，尤其是沿马尼拉海沟与吕宋海槽，也即沿马尼拉海沟断裂、吕宋海岛东、西缘断裂及民都乐断裂呈条带状排列，且呈锯齿状迁移特征。该带为太平洋板块向欧亚板块俯冲的俯冲带所在地，属于板缘地震带。据统计自 1900 年来，该带已发生 8 级以上地震 12 次、7 级以上 36 次、6 级以上 174 次，震源深度多在 30～60km，最深可达 240km（魏柏林等，2006）。由此可见，俯冲带的地震活动之强烈与频繁。

5. 台湾海峡及台湾岛以东海域

台湾海峡及台湾以东海域的地震活动非常显著，乃地震强烈活动带。该区东南沿海海域最早的历史地震为 1495 年 10 月莆田海域 4.75 级地震，而最大的地震为 1604 年泉州外海 8 级地震。其中，近 400 年来，台湾海峡内共记录到 6 级以上地震 16 次，最近一次为 1994 年 9 月 16 日的 7.3 级地震。1604 年泉州外海 8 级地震在《泉州府志》有记载："万历三十二年十月初八日地震，初九夜大震，自东北向西南，是夜连震十余次，山石海水皆东，地震数处，郡城尤甚……覆舟甚多"。台湾以东海域发生 6 级以上地震

53 次，其中 7 级以上达 39 次，最大震级为 1972 年 1 月 25 日花莲附近海域的 8 级地震，最近一次强震活动为 2009 年 7 月 14 日花莲以东海域发生的 6.7 级地震。

东南沿海的泉州、琼州和南澳等地地震活跃，历史强震多，构成了东南沿海地震带。该带的强震均发生在近海一侧陆地隆起带与海盆沉降带的交界处，乃 NE 或 NEE 向活动断裂与 NW 向活动断裂带的交汇部位。如 1604 年泉州 8 级地震正位于 NE 向的南澳-长乐断裂带和 NW 向皇岗溪断裂带交汇处，1605 年琼山 7.5 级地震位于海南岛东北部的东寨港地区，它是新生代强烈沉降区，该地震正位于 NEE 向琼山-铺前断裂带与 NNW 向铺前-清澜断裂带交汇处。从强震活跃的时间上看，东南沿海地震区的地震活动集中在 1600～1605 年和 1895 年至今的两个时段，周期约 400 年。

6. 小结

如上所述，中国近海多为陆缘海，海洋地震不强烈。整体而言，渤海、南黄海地区强震集中且频度高，东海地区地震强度和频度都低，而东南沿海地区的地震强度高但频度低。通过统计和分析海域强震的震级-时间序列关系，可看出中国近海强震的活动周期约为 300～400 年。

在板块构造区域挤压应力作用下，大陆深大断裂活动控制了我国近海海洋地震分布特征。震源机制解研究表明，渤、黄、东海的最大水平应力方向为 NE—NEE 向，南海为 NWW—NW 向，台湾岛一带为 NW—NNW 向，这一应力场乃是印度板块、太平洋板块和菲律宾海板块与欧亚板块之间相互作用的结果。我国东部近海海域现代构造运动是以水平构造应力场作用下的走滑运动为主要特征，近海强震多为不同断裂构造带的交汇处。渤海地震活动与 NNE 向的郯庐断裂带右旋走滑和 NWW 向的燕渤断裂带左旋走滑运动有关。黄海和东海地区的地震活动受 NE 向走滑断层和 NW 向左旋走滑的断层控制。东南沿海地震活动受 NEE 向和 NNW 向断裂构造带的交汇影响。

三、海洋地震的前兆与地震预报

地震前兆异常是指地震发生之前，在未来震中及邻区出现的，由地震的孕育和发生过程引起的地球物理和地球化学观测的异常变化。地震前兆包括微观前兆和宏观前兆两类。地震前兆多式多样且复杂，常见的地震前兆现象有：①地震活动异常；②地震波速度变化；③地壳变形；④地下水异常变化；⑤地下水中氡气含量或其他化学成分的变化；⑥地应力变化；⑦地电变化；⑧地磁变化；⑨重力异常；⑩动物异常；⑪地声；⑫地光；⑬地温异常等。

当然，上述这些异常变化都很复杂，往往并不一定是由地震引起的。如地下水位的升降与降雨、干旱、人为抽水和灌溉等有关。再如动物异常往往与天气变化、饲养条件的改变、生存条件的变化以及动物本身的生理状态变化等有关。这里主要讨论在沿海大地震发生时或地震前的一些海洋要素呈现的现象和异常。大地震前的异常，已经引起人们的重视，因为这对大地震的预报是很重要的。如能通过这些异常现象，提出有助于预测大地震的意见，使沿海发生大地震前进行预测并采取预防措施，从而能减轻人民生命财产的损失。

（一）震前海面异常

许多海洋大震震前震中附近的验潮站记录到震前几年海平面的短期异常变化。大地震前海水明显退落是由于当地的地面隆起，还是由于附近地面下沉，海水流向下沉处所致，现在尚未弄清楚，但这都有助于大地震预测。如在 1969 年 7 月 18 日渤海大地震前，营口、秦皇岛、塘沽、龙口和烟台等验潮站，测得 1967～1968 年的海平面在持续下降的基础上下降速率骤大，而到 1969 年突然转向，回升速率变快，然后发震。

长期验潮能连续记录海面的涨落，可以得到多年的海平面变化，在同一地区各站进行比较，可以从中发现某些站的异常，从而可能预报大地震的趋势。

（二）震前其他征兆

经调查发现，渤海大地震前，在地震发生的海域，一些海生动物和人在震前也有异常现象。如海鸥、鲨鱼、梭鱼和鲍鱼在震前 1～2 天至 10 天左右，均出现异常反应。另外，震前有不少人感到头痛、头晕。很值得提出的是天津市人民公园地震预报小组观察到东北虎、大熊猫和牦牛等动物在震前有烦躁、惊惶不安、活动反常、不进食等现象，有的表现萎靡不振，甚至条件反射暂时消失。1969 年 7 月 18 日天津市防震办公室了解到这些可能有地震发生的信息，两小时后，渤海就发生了大地震。

（三）潮汐与地震前兆

我国华北地区近 10 年来四次大地震的发震时刻与一些港口的高潮时刻很相近（表17.2），相差最多在一个小时左右。这说明引潮力对海水起作用，又对地震发生时刻有一定的影响。这些地震的地点都靠近海岸或离海岸不太远的地方。

表 17.2　地震发震与高潮的时间关系

序号	年	月	日	时分	农历	震级	地点	塘沽海潮高潮时刻（潮时表）	时间差
1	1966	3	8	5 时 29 分	十七	6.8	河北隆尧	04 时 20 分	+01 时 09 分
2	1966	3	22	16 时 20 分	初一	7.2	河北宁晋	16 时 10 分	+00 时 10 分
3	1967	3	27	16 时 58 分	十七	6.3	河北河间	16 时 07 分	+00 时 51 分
4	1976	7	28	3 时 43 分	初二	7.8	河北唐山	03 时 59 分	-00 时 16 分

朔望时的引潮力最大，而朔时的引潮力又比望时大一些。对北京附近和河北地区自 1068 年以来的 27 个 6 级以上地震进行统计，其中朔前后发震有 12 个（占 44.5%）、望前后发震的有 8 个（占 29.6%）、上弦前后有 2 个（占 7.4%）、下弦前后有 5 个（占18.5%）。朔望前后发生的地震占 74%，而上下弦期间占 26%。这说明北京附近和河北地区 6 级以上地震的发生与朔望潮关系密切。

在 1679 年后发生的 7 级以上的 6 个大震中，发生在朔前后的有 5 个，占 83％，这说明河北的大地震与朔的关系更密切。

（四）地震预报

地震的预测和预报是有差别的。预测（forecasting），一般指地震主管机构或科研人员对某一地区内地震活动的未来状态，包括发生时域、地域、强度等要素进行的估计和推测。而地震预报（prediction），因事关重大，关系到人民生命、财产安全和社会秩序稳定，一般由当地政府和主管部门发布。从地震预测到地震预报还需经历预测书面报告提交、地震震情会商形成地震预报意见、专家评审和报告、政府部门统一发布等阶段。地震预报的内容为：震级、地点和时间三要素。

具体来说，地震预报一般分为：长期预报（未来 10 年可能发生破坏性地震的地域）；中期预报（未来 1～2 年内可能发生破坏性地震的地域）；短期预报（3 个月内将要发生地震的时间、地点、震级）和临震预报（10 日内将要发生地震的时间、地点、震级）四种类型。地震中长期预报，特别是地震长期预报，主要目的是预测出可能发生地震的地区、时间范围和可能发生的最大地震烈度，并做出某一地区的地震趋势分析。短期预报，特别是临震预报，要求迅速、准确地确定发震的地点、时间和震级，以便在强烈地震到来之前，采取必要的坚决的预防措施。预报成功将可以避免或减少人员伤亡，减轻经济损失；但预报失误则可能给社会造成损失并造成正常社会生活秩序的混乱。

大地震是自然界破坏性很大的一种灾害，现在人类对地震的认识有了显著的进步，能够测到很小的地震，较为准确地测定地震的多种参数，对地震波传播方式和特性有了深入的研究；能够观测到地球中的各种因素的物理和化学现象。但目前尚不能准确地预报出大地震的发震时间、地点和震级。大地震预报是科学上的难题，现今世界上尚未解决。

1975 年 2 月 4 日辽宁海城 7.3 级大地震预测预报的成功，是世界上 7 级以上地震第一次预报成功的实例。现将其长期预报和临震预报情况简要介绍如下。国家地震局于 1974 年 6 月 7～9 日，召开了华北及渤海地区地震形势会商会议。会上对华北及渤海地区的地震形势进行了分析。多数人认为：京津一带、渤海北部，今明年内有可能发生 5～6 级地震。其主要根据是：

（1）京津之间近来小震频繁，地形形变测量、重力测量和水氡观测等都显出异常。

（2）渤海北部有四项较突出的异常。如金县的水准测量前几年变化很缓慢，年变化率仅 0.11mm，但 1973 年 9 月以来，累计变化多达 2.5mm。

（3）大连出现 $22 \times 10^{-9} T$（特斯拉）的地磁异常，小震活动也明显增加。

（4）渤海北部 6 个潮汐观测站，1973 年都测出海平面上升十几厘米的变化，为十多年来未有。

总结以上现象，认为渤海北部应注意大地震，且出示了异常图。国务院十分重视，将有关预测情况通告各有关部门。当时辽宁省地震局很重视应注意大地震要发生的意见。1975 年 2 月 4 日 7 时 50 分在营口县东发生 4.7 级地震，根据地震部门的预报和地震活动，当地政府对辽宁省营口和海城地区，立即采取了防震措施，并动员人离开房屋。1975 年 2 月 4 日 19 时 36 分发生海城 7.3 级大地震时减少了损失，这都是由于采取了防震措施的结果。当前大地震的预测工程是个很难和复杂的问题。除所述的长期趋势预报外，由于海城地震预测的成功，对中期地震趋势的研究、短期地震趋势的判断和临震预报都有很大贡献。

海城地震预报仍是目前世界地震预报史上最为成功的案例，但学术界普遍把这次预报当成一次经验，而非理论。因为后来的渤海地震、唐山地震，都没能预测到，之后也没有临震预报的成功记录了。海城地震预报成功只是概率很小的一次偶然事件，因此临震预报仍是世界难题。

地震预报的困难在于以下三方面：

(1) 地球内部的不可进入性。迄今最深的钻井是原苏联科拉半岛的超深钻井 (12km)，与地球平均半径 6370km 相比还是“皮毛”，仍解决不了直接对震源进行观测的问题。通过地球物理方法精确探测深部介质与结构，对预测地震发生的地点有着极为重要的意义。

(2) 大地震的非频发性。大地震的复发时间比人的寿命、比有现代仪器观测以来的时间长得多，从而限制了作为一门观测科学的地震学在对现象的观测和对经验规律认知上的进展。迄今对大地震之前的前兆现象的研究仍然处于对各个震例进行总结研究阶段，缺乏建立地震发生的理论所必需的切实可靠的经验规律，而经验规律的总结概括以及理论的建立验证都因大地震是一种稀少的非频发事件而受到限制。

(3) 地震物理过程的复杂性。地震是发生于极为复杂的地质环境中的一种自然现象，地震过程是高度非线性、极为复杂的物理过程。地震前兆出现的复杂性和多变性可能与地震震源区地质环境的复杂性以及地震过程的高度非线性、复杂性密切相关。

我国是开展地震预报较早的国家，也是实践地震预报最多的国家。我国在较大时间跨度的中期和长期地震预报上已有一定的可信度。就世界范围来说，地震预报仍处于经验性的探索阶段，总体水平不高，特别是短期和临震预测的水平与社会需求相距甚远。地震预测预报仍然是世界性的科学难题。随着对地震孕震机理、物理过程等基础研究的深入，及地震观测技术的进步和高新技术的发展运用，为地震预测研究带来了新的历史性机遇。因此，在科技进步、强化对地震前兆观测、开展地震预测科学试验、系统开展地球内部观测和研究的推动下，对地震预测的前景可以持审慎的乐观态度。

四、海　啸

海啸（tsunami）是一种巨大的海浪。它乃海底地震、火山喷发、海岸崩塌、滑坡等海底地形大规模突变所引发的具有超长波长和周期的一种重力长波。海啸在大洋中传播速度特别快（720～900km/h），但浪高不大，通常是几十厘米至 1m 左右，但当其接近近岸浅水区时，波速变小，振幅陡涨，有时可达 20～30m 以上，骤然形成“水墙”，瞬时入侵沿岸陆地，造成危害。统计表明，大部分海啸产生于深海地震（表 17.3），这类海啸称为地震海啸（earthquake-generated tsunami）。发震时伴随海底发生激烈的上下方向的位移，从而导致其上方海水的巨大波动，海啸因故而发生。海啸引起海水从深海底部到海面的整体波动，蕴含的能量极大，因此有强烈的危害性（表 17.3）。这是一种严重的海洋灾害，值得重视。

表 17.3　历史上破坏巨大的海啸

日期	发源地	浪高/m	产生原因	震级	死亡人数
1707 年 10 月 28 日	日本高知	26	地震	8.4	30 000
1771 年 4 月 4 日	日本冲绳	30	地震	7.4	13 486
1792 年 2 月	日本长崎	100	海底火山喷发	—	15 030
1755 年 11 月 1 日	里斯本	5～10	地震	9?	(6～10)×10⁴
1868 年 8 月 13 日	秘鲁-智利	>10	地震	8.5	2.56×10⁴
1883 年 8 月 27 日	印尼 Krakatau	40	海底火山喷发	—	3.6×10⁴
1896 年 6 月 15 日	日本本州	24	地震	7.6	2.6×10⁴
1908 年 12 月 28 日	意大利墨西拿	12	地震	7.5	10×10⁴
1933 年 3 月 2 日	日本本州	>20	地震	8.1	3 068
1946 年 4 月 1 日	阿留申群岛	>10	地震	7.8	159
1960 年 5 月 13 日	智利	>10	地震	9.5	6 000
1964 年 3 月 28 日	阿拉斯加	6	地震	8.5	119
1992 年 9 月 2 日	尼加拉瓜	10	地震	7.2	170
1992 年 12 月 2 日	印度尼西亚	26	地震	7.5	137
1993 年 7 月 12 日	日本北海道	11	地震	7.8	200
1998 年 7 月 17 日	巴布亚新几内亚	12	海底滑坡	—	3 000
2004 年 12 月 26 日	印度尼西亚	>10	地震	8.7	28.3×10⁴

注：本表引自陈颙和史培军，2007，有补充和修正。其中震级资料来自 Wikipedia

（一）海啸的形成条件、类型和特点

1. 海啸的形成条件

海啸作为一种特殊的海洋浅水波，其形成需要如下三个主要条件（陈颙、史培军，2007）：

（1）大震。震源较浅的大地震是先决条件。全球典型海啸统计分析表明，只有 Ms7.0 级以上的大地震才可能引起海啸，且震源较浅，一般小于 20～50km。值得指出的是，海洋中经常发生大地震，但并不是所有的深海大震都产生海啸，只有那些海底发生激烈的上下方向位移的地震才产生海啸，这类地震被称为海啸地震（tsunamigenic earthquake）。海啸的产生与海底地震的震级大小、震源机制、震源深度和破裂过程等地震物理机制有关（陈运泰等，2005）。一般地，以倾滑为主（上下错动）、破裂过程持续长且震源深度较浅的海底大地震能引发海啸。

（2）深海。海啸源区的水深较大，多孕育于深海。如果地震释放的能量要变成巨大水体的波动能量，那么地震必须发生在深海，因为深海才有巨大的水体。发生在浅海的地震产生不了海啸，往往形成海洋激浪。

（3）具有开阔并逐渐变浅的海岸条件。海啸要在陆地海岸带造成灾害，该海岸必须开阔，具备逐渐变浅的条件。因为海啸波在大洋中传播时，波高不到 1m，不会造成灾害；但进入浅海后，因海水深度急剧变浅，前面的海水波减慢，后面的高速海水不停地前涌，从而造成波高急剧增加，形成巨大的破坏力。

2. 海啸的类型

根据海底地震震中距的远近，可把海啸大致可以分为两类（陈颙、史培军，2007）：

（1）近海海啸，也称为本地海啸。海底地震发生在离海岸带几十千米到 $100\sim200km$ 内，海啸波到岸的时间很短，只有几分钟或几十分钟，这类海啸较难防御，灾害大。

（2）远洋海啸，是从远洋甚至是跨洋传播过来的海啸波。由于到岸的时间较长，有几小时或十几小时，早期海啸预警系统能有效减轻该类海啸的灾害。

此外，根据诱发海啸的原因来分，海啸还可以分为地震海啸、火山海啸和滑坡海啸，其中以地震海啸为主。

3. 海啸的特点

海啸与风暴潮和海浪一样，都属重力波，但历史上的风暴潮记录往往被误认为是海啸。相比风暴潮和海浪，海啸主要有如下特点（陈运泰等，2005；陈颙、史培军，2007）：

（1）波长非常长。研究表明，海啸的波长一般为几十到几百千米，比如 2004 年 12月 26 日发生的印度尼西亚海啸的波长为 500km。普通的海浪或风暴潮的波长一般为百米量级。

（2）传播速度快。前已述及，海啸波的速度与水深有关（图 17.2），每小时可达 $700\sim900km$，和波音飞机速度相当。海浪速度较慢，风暴潮要快一些，而最快的台风也只有 200km/h。

（3）能量极其大。由于深海海底地震发生时产生的上下方向的位移，从而造成其上水体产生巨大波动，于是形成海啸。研究表明，2004 年印度尼西亚海啸的能量大约相当 3 座 100×10^4kW 的发电厂一年发电的能量。

（4）成因机制和激发难易程度不一。普通海浪及风暴潮是海面刮风或风暴引起的，是海水表面的运动，且易激发。而海啸是海底大地震引起的海水整体运动，且只有少数大地震在极其特殊的条件下才能激发灾害性海啸。

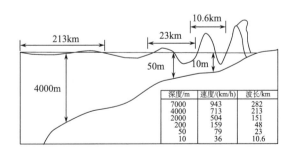

图 17.2　海啸传播速度、波长与海水深度的关系（陈颙等，2007）

（二）中国的海啸灾害

　　太平洋两岸的地震、火山活动频繁，因此，太平洋地区是容易发生海啸的地方。历史上危害最大的 10 次海啸全部都发生在这一地区，其中日本占了 6 次（表 17.3，图 17.3）。迄今为止，最近的一次也是最大的灾害性海啸为 2004 年印度尼西亚海啸，造成约 28×10^4 人的死亡，引起该海啸的地震为一次 Ms9.0 震级的特大地震，仅次于 1960 年的智利 9.5 级地震。中国地处太平洋的西部，有很长的海岸线，中国受海啸的影响及其严重程度是我们关心的问题。中国的近海，如渤海平均水深为 20m 左右，黄海平均深度为 40m，东海约为 340m，它们的深度都不大，只有南海平均深度为 1200m。因此，中国海域因地震产生本地（近海）海啸的可能性很小，只有南海和东海的个别地方发生特大地震时才有可能产生海啸（陈颙、史培军，2007）。

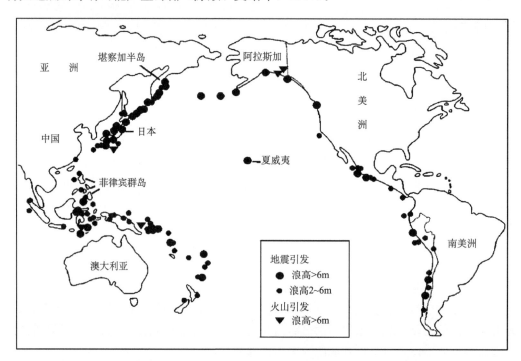

图 17.3　1900～1983 年期间，太平洋两岸发源的浪高超过 2.5m 的海啸事件（陈颙、史培军，2007）

　　中国大陆架宽广而平缓，对海啸传播的摩擦力强，且有从日本列岛到琉球群岛的岛屿和大陆架保护，远洋海啸进入中国沿海后能量衰减很快，不足以引起灾害。1960 年智利近海发生大震并引起海啸，在智利近岸海啸波高 20.4m，传到夏威夷 Hilo 时，波高还超过 11m，到达日本沿岸，波高还有 6.1m，而传到香港北角验潮站时，最大海啸波高只有 38cm，而上海附近的吴淞验潮站，其波高只有 15～20cm。2004 年印度尼西亚地震海啸，海南岛的三亚验潮站记录的海啸浪高只有 8cm。可见，远洋海啸对我国沿海的影响甚小。

　　中国历史上曾有过海啸的记录。1992 年 1 月 5 日，我国海南省西南部海域（18°N，

108°E）发生小震，一天内记录到 8 次地震，最大震级为 3.7 级。受其影响，榆林验潮站 5 日下午记录海啸波高 78cm，周期 17 分钟。三亚、东方、秀英及涠洲岛先后观测到振幅不等的海啸波动（叶琳等，1994）。1994 年 9 月 16 日，台湾海峡南部（23°N，118.5°E）发生 6.4 级地震，福建东山验潮站记录到 26cm 的波高，澎湖观测到 38cm 的海啸波高。我国历史文献记录多次提到"海水溢"现象，并有学者统计出从公元前 47 年到公元 1867 年，中国发生过 29 次海啸（杨华庭，1987）。但需要指出的是，这些"海水溢"现象，大部分乃风暴潮引起的近海海面变化而非海啸，且这些海啸的历史记录还需要进一步的考证。李起彤和许明光（1999）对台湾及邻区历史上可能的 32 次海啸记录进行了分析和甄选，认为只有 9 次是真正的海啸。最严重的一次是 1781 年 5 月 22 日的高雄地震海啸，有记载"乾隆四十六年四、五月间，时甚晴霁，忽海水暴吼如雷，巨涌排空，水涨数十丈，近村人居被淹，皆攀缘而上至树尾，自分必死，不数刻，水暴退"（王晓青等，2006）。较为典型的海啸记载当为 1867 年台湾基隆以北海域中发生 7 级地震引起了海啸，有数百人死亡或受伤。资料记载此次海啸影响到了长江口的水位，江面先下降 135cm，尔后上升 165cm（陈颙、史培军，2007）。

我国台湾位于环太平洋地震带，地震多发生在台湾东部海域，但台湾东部海底地形急速陡降，不利于从东部传来的海啸波浪积累能量形成巨浪，因此即使有远洋海啸也难以成灾，台湾受远洋海啸影响不大。但台湾东部的堆积物形成不稳定的斜坡，一旦发生大规律海底山崩，很有可能引发致灾的海啸。此外，菲律宾西侧的地震、巽他海峡的火山活动及南海的海底滑坡等事件，也均有可能诱发中国东南沿海的海啸（陈颙等，2007）。

虽然我国海岸受海啸的影响不大，但中国东部海岸地区地形较低，许多地区，特别是许多经济发达的沿海大城市只高出海平面几米，受海浪的浪高影响极大，也要做好防灾的工作。

第二节 热带风暴与风暴潮灾*

一、热带风暴与台风

发生在热带海面上的气旋通称热带气旋。世界气象组织规定，按其中心附近的风力大小分为 4 个等级，即热带低压、热带风暴、强热带风暴和台风。也就是说，热带风暴与台风都属于热带气旋的范畴，只不过中心强度的强弱程度不同而已。台风是比热带风暴更强的热带气旋。从 2006 年 6 月 15 日起，正式实施新的《热带气旋等级》国家标准，按其底层中心附近最大平均风力（速）的大小分为 6 级，除上面的 4 级外，又增加强台风和超强台风：前者指风力为 14～15 级，即 41.5～50.9m/s；后者指风力≥16级，即≥51.0m/s（中国气象局上海台风研究所，2006）。

热带气旋在世界许多地方皆有出现，依其发生的源地不同而有不同的称谓（《气象知识》编写组，1974）：出现在加勒比海、墨西哥湾和美洲西印度群岛一带的叫"飓

---

* 本节作者：孙湘平、许建平

风"；在阿拉伯海、印度、孟加拉湾的叫"热带风暴"；在西北太平洋和南海的叫"台风"（包澄澜，1991）。

台风的生命期一般为 3～8 天，最长达 24 天，最短的仅 1～2 天（中国人民解放军空军司令部，1975）。通常，夏、秋季节的台风生命期较长，而冬、春季的较短。在热带海面上，每年都有许许多多个热带扰动发生，但能发展成台风的不到 1/10。

在全球，西北太平洋生成的台风为最多，约占总数的 1/3（苏纪兰，2005）。而西北太平洋中又有三个台风相对集中的生成区：①菲律宾以东洋面；②关岛附近洋面；③南海中部（中国人民解放军空军司令部，1975）。

据 1949～1999 年统计，西北太平洋上的台风，其生成数的年平均值为 28 个，最多的为 40 个（出现在 1967 年），最少的为 16 个（出现在 1998 年），年际差异明显。台风不仅年年有发生，而且一年四季均有出现的可能。但有明显的季节性，7～10 月为台风的盛行季节，主要集中在 8 月、9 月，约占总数的 40%；尤以 8 月份最多，平均出现6.1 个。2 月最少，平均只有 0.4 个。

出现在西北太平洋的台风，并不都在我国沿海登陆。但应该说，我国是西北太平洋地区台风登陆最多国家，其次是菲律宾，日本居第三位，越南居第四位。四个国家的热带气旋年平均登陆数，分别为 7.8 个、5.4 个、4.3 个和 3.6 个（包澄澜，1991；苏纪兰，2005）。

台风在我国登陆的范围很广，南起海南、广东，北至辽宁，都有台风登陆的可能。从 1949～1999 年间统计看，在我国沿海登陆的台风个数，多年平均值为 7.8 个。但有明显的年际差异：最多的年为 12 个，出现在 1952 年、1961 年、1967 年、1971 年和1974 年；最少的年为 3 个，发生在 1950 年、1951 年和 1998 年。每年第一个登陆我国的台风，出现日期最早的是 5 月 3 日，最晚的是 8 月 4 日。每年最后一个登陆我国的台风，最早的日期为 8 月 30 日，最晚的是 12 月 2 日。就多年统计而言，1～4 月，一般无台风登陆；5～12 月，各月均有登陆的可能，尤以 7～9 月频率最高，约占 77.1%（包澄澜，1991；苏纪兰，2005）。

台风在我国登陆的范围虽然很广，但就全国范围而言，主要还是在南方的概率比较高。例如，在广东、海南登陆的台风，占总数的 51.7%；在台湾登陆的占 19.4%；在福建登陆的占 15.7%；在浙江、广西登陆的各占 3.7%；在江苏、上海登陆的占1.2%；在山东、辽宁登陆的分别占 2.7% 和 1.9%。从地区来讲，在汕头以南登陆的台风，占 35%；汕头至温州之间登陆的占 50%，温州以北登陆的占 15%（《气象知识》编写组，1974）。从时间上讲，5 月，台风在汕头以南登陆；6 月，登陆地点扩大到温州以南；7 月，在温州以北登陆的较多；到了 8 月，台风登陆的地点最广，南起广东、海南，北到辽宁均有登陆的可能；9 月以后，台风登陆的地点又转向南方。

二、中国东南沿海的台风灾害

从上面的台风结构可以看出，台风造成的灾害主要有四个方面：①大风；②暴雨；③大浪；④风暴潮。这里介绍前三种。台风造成的风暴潮，将在"风暴潮灾害"中记述。

大风：摧毁性的大风，是台风的主要特征之一。一个成熟的台风，最大风速常在 $50\sim60m/s$ 以上。在数百个于 $1949\sim1999$ 年间登陆我国的台风中，有 4 个台风的最大风速达 $60m/s$ 以上，它们是：1959 年 8 月 29 日在台湾台东登陆的台风，最大风速为 $70\sim75m/s$；1962 年 8 月 5 日在台湾花莲、宜兰登陆的台风，最大风速为 $65m/s$；1957 年 9 月 22 日在香港登陆的台风，最大风速为 $61.7m/s$；1956 年 8 月 1 日在浙江象山登陆的台风，最大风速为 $65m/s$（包澄澜，1991）。2006 年 8 月 10 日在浙江省苍南县马站镇登陆的超强台风，近中心最大风速 $60m/s$。在浙江苍南霞关附近中尺度自动站上实测最大风速达到了 $68.0m/s$（国家海洋局，2007）。

暴雨：台风来临，往往带来大暴雨和暴发性洪水，造成严重的水灾。图 17.4 为 1956 年 8 月初，5612 号台风在浙江象山登陆以后，移动过程降水量的分布。该图表明，在台风经过的两侧数百千米的范围内，普遍都降了大雨、暴雨和特大暴雨，有的降水量为 $200\sim300mm$。1911 年 8 月 31 日，台风登陆于我国台湾省，奋起湖这个地方，一天降水量达 1034mm（《气象知识》编写组，1974）。2004 年 8 月 12 日的 14 号台风在浙江温岭石塘登陆，乐清市砩头观测到的最大降雨量为 916.0mm，其中 12 小时降雨量 661.8mm，24 小时降雨量 874.7mm，均突破该省历史实测记录最高值（Huang，2006）。

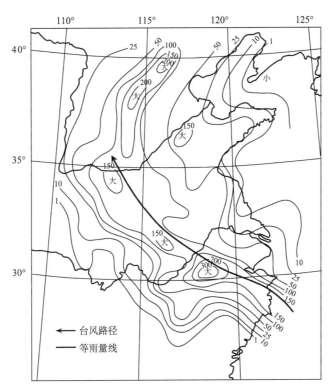

图 17.4　5612 号台风在浙江象山登陆后，移动过程的降水量（mm）分布

波浪：台风可使海面掀起巨大的波浪。1992 年 8 月受 9216 号台风的袭击，巨浪致使台湾以东洋面、台湾海峡、东海、黄海和渤海沉损渔船 5257 艘，死亡 280 人。另外，上海海运局货轮"林海一号"（6000t），在山东成山头以东 21n mile 处沉没。死亡失踪

8人（沈文周主编，2006）。2006年8月受0608号（"桑美"）台风的影响，台湾省以东洋面、东海和台湾海峡形成7～12m的台风浪。福建省沙埕港避风渔船遭到毁灭性的打击，沉没船只多达952艘，损坏1139艘（国家海洋局，2007）。

三、风暴潮灾害

风暴潮是指强烈的大气扰动（如热带气旋、温带气旋、强冷空气活动）所引起的海面异常升降现象，是沿海国家常见的一种海洋现象。它与天体运动无关，不是周期性的水位涨落，主要是气象因子作用产生的水位非周期性升降，在数小时到2～3天内水位急剧地变动。如果风暴潮正好遇上天文大潮，两者重合、叠加，就会造成水位暴涨，伴随狂风巨浪的袭击，使海水漫溢，海堤决口，酿成大灾，危及人民生命和财产安全。有时也会出现相反的情况，即当离岸风长时间吹刮，致使岸边水位急剧下降，裸露出大片海滩，对船舶安全、海水养殖、农田水利、盐田、码头等带来不同程度的破坏和损失。前者称"风暴增水"或风暴潮；后者称"风暴减水"或"负风暴潮"。从受灾程度和经济损失来看，风暴增水要远远大于风暴减水。

从诱发风暴潮的大气扰动天气系统来看，主要有两类：一类是由热带风暴（台风）引起的称热带风暴潮；另一类是由温带气旋和冷空气（寒潮）活动产生的称温带气旋风暴潮。台风风暴潮多见于夏、秋季节。其特点是：来势猛、速度快、强度强、破坏力大。我国东南沿海是台风风暴潮多发、频繁、严重区。温带气旋风暴潮则多发生于春、秋季节，但夏季也有发生。其特点是：增水过程比较平缓，增水高度低于台风风暴潮。我国北方沿海是温带气旋风暴潮多发、频繁、严重区。

（一）台风风暴潮灾害

据中国沿岸65个验潮站的台风最大增水值统计（表17.4），并进行仔细分析后，可获得以下几点认识（苏纪兰，2005）。

表17.4　中国沿岸一些主要验潮站最大台风增水值统计

站名	增水值/cm	时间（年.月.日）	台风编号	资料年限
三亚	111	1971.10.8	7126	1950～1997
海口	244	980.7.22	8007	1973～1997
湛江	497	1980.7.22	8007	1946～1997
黄埔	261	1964.9.5	6415	1954～1997
汕尾	169	1971.7.22	7114	1956～1997
厦门	179	1983.7.25	8304	1954～1997
温州	283	1952.7.20	5207	1950～1997
镇海	272	1956.8.2	5612	1951～1997
澉浦	502	1956.8.2	5612	1951～1997
吴淞	242	1956.8.2	5612	1914～1994
连云港	185	1951.8.21	5116	1951～1997

站名	增水值/cm	时间（年.月.日）	台风编号	资料年限
青岛	109	1997.8.20	9711	1950～1997
大连	116	1992.9.1	9216	1953～1992
黄骅	236	1997.8.20	9711	1997
秦皇岛	173	1972.7.27	7203	1950～1997
营口	143	1972.7.27	7203	1961～1985

（1）我国海岸线曲折漫长，南起海南、两广，北至河北、辽宁，都有台风增水值出现。也就是说，中国沿岸都可能有台风风暴潮发生。但台风增水值的地区差异很大，变化幅度在 109～594cm 之间，最高值和最低值相差 5 倍。其中，台风最大增水值较小的测站有三亚、青岛、大连、烟台等，其值在 130cm 以下。台风最大增水值较大的测站有湛江、海口、温州、镇海、吴淞、黄骅等，其值均在 230cm 以上。

（2）我国沿海台风增水值高的地区是：雷州半岛东岸、珠江口附近、韩江口的妈屿、温州湾、杭州湾湾顶附近，以及莱州湾湾顶。这些都与海湾、河口的形状、海底地形以及宽阔的外海海域有关。

（3）粤西的南渡站，最大台风增水值为 5.94m，为我国台风风暴潮最高纪录，曾名列世界第三位（第一是 1969 年登陆美国的 Camile 飓风，造成 7.5m 的风暴潮；其次是 1970 年 11 月，发生在孟加拉国的 7.2m 的风暴潮）。第二是杭州湾的澉浦站，最大台风增水值为 5.02m。第三是湛江站，其值为 4.97m。

（4）从海区来讲，台风风暴潮以南海沿岸出现最多、最大，其次是东海沿岸，第三是黄海沿岸，渤海沿岸的最小。

中国的严重风暴潮灾害，多数是由台风风暴潮所造成的。据统计，1949～2000 年间，造成中国沿岸的台风风暴潮灾计 132 次。其中：特大风暴潮灾害 18 次（一级潮灾），严重风暴潮灾害 49 次（二级潮灾），较大风暴潮灾害 52 次（三级潮灾）（沈文周，2006）。而且在近十年里，台风风暴潮灾害似有不断增强的趋势。

5612 号台风风暴潮灾害：该台风于 1956 年 8 月 1 日在浙江象山登陆时，最低气压 923hPa，最大风速 65m/s，6 级以上大风区直径达 1000km 多。杭州湾内澉浦最大风暴潮位 5.02m。最大增水 2m 以上有乍浦、金山嘴、海盐、尖山、镇海、吴淞、高桥、宁波、定海等。浙江省有 75 个县、市受到重大损失。尤以象山县灾情最重：纵深 10km 一片汪洋，海水淹没农田 11 万亩，受损 40 多万公顷，冲倒房屋 7 万余间，冲毁水利工程 2700 处，死亡人数 4629 人，受伤 2 万余人（杨华庭等，1993；沈文周，2006）。

9711 号台风风暴潮灾害：该台风于 1977 年 8 月 18 日在浙江台州附近登陆。登陆时中心最低气压 960hPa，最大风速 40m/s。该台风的袭击范围很广，灾情波及福建、浙江、安徽、上海、江苏、山东、天津、河北、辽宁等省、市，三沙、沙埕、鳌江、瑞安、温州、坎门、海门、健跳、定海、镇海、乍浦、高桥、吴淞、黄浦公园、燕尾、连云港、石臼所、青岛、塘沽等站的最高水位，都超过了当地的警戒水位。从福建北部沿海至渤海湾沿岸，风暴潮增水都在 1.0～2.0m 以上。受灾县（市）达 291 个，受灾面积为 482.9×10⁴hm²，房屋倒塌 48.99×10⁴ 间，沉损渔船 2213 艘，受灾人口 1326×

10^4 人，死亡、失踪人员 254 人，直接经济损失为 308×10^4 元（沈文周，2006）。

0216 号台风（"森拉克"）风暴潮灾害：该台风于 2002 年 9 月 7 日登陆浙江温州苍南县，登陆时近中心最大风速达 40m/s。受其影响，福建、浙江、上海沿海普遍出现了 100～300cm 的风暴潮增水。从福建东山到上海高桥沿海有近 20 个验潮站超过当地警戒水位，其中浙江南部的鳌江站最大增水达 321cm，最高潮位 690cm，超过该站有观测记录以来最高潮位，并超过当地警戒水位 130cm；上海地区潮位也普遍偏高，其中黄浦公园站最高潮位达 533cm，是该站有验潮记录以来的第三高潮位。这是近十年来发生的一次特大风暴潮灾害，造成福建、浙江、上海直接经济损失近 62.2×10^8 元，死亡 30 人，受伤 39 人（国家海洋局，2003）。

14 号台风（"云娜"）风暴潮灾害：该台风于 2004 年 8 月 12 日在浙江温岭县石塘镇登陆，台风登陆时中心气压 950hPa，过程最大风速达 58.7m/s。受其影响，浙江中部沿海普遍出现 100～300cm 的风暴潮，最大增水发生在浙江省海门站，达 350cm，超过当地警戒潮位 182cm，并出现历史第二高潮位（742cm）。健跳站最大增水 236cm，最高潮位达 630cm，超过当地警戒潮位 50cm。沿海其他各验潮站潮位一般在 60～200cm，最高潮位未超过当地警戒潮位。受风暴潮影响，上海市、浙江省和福建省共损失约 21.5×10^8 元，死亡 22 人，受伤 10 人。由于此次"云娜"台风强度大，影响范围广，给沿海地区造成了极大破坏，世界气象组织所属台风委员会于 2004 年 11 月 20 日正式作出决定，"云娜"之名退出国际台风命名序列，今后永不续用。"云娜"作为造成重大灾害的台风专名载入世界台风气象史（国家海洋局，2005；俞燎霓，2005）。

0608 号台风（"桑美"）风暴潮灾害：该台风于 2006 年 8 月 10 日在浙江苍南县马站镇登陆，登陆时中心气压 920hPa，近中心最大风速 60m/s，成为我国台风强度重新分级后登陆的最强台风。登陆时适逢天文大潮期，造成了浙江、福建沿海的特大风暴潮灾害，福建、浙江两省共损失 70.17×10^8 元，死亡 230 人，失踪 96 人（国家海洋局，2007）。

（二）温带气旋风暴潮灾害

早在 1895 年 4 月 28～29 日，渤海湾遭受一次强温带气旋风暴潮灾的袭击，毁掉了天津大沽口附近的几乎全部建筑物，整个地区成为一片"泽国"，海防各营死者 2000 余人（杨华庭等，1993）。

表 17.5 为我国沿岸 1960 年以来，严重温带气旋风暴潮灾的三个实例（杨华庭等，1993；沈文周，2006）。从中可看出，温带气旋风暴潮灾主要出现在渤海的渤海湾、莱州湾和黄海海州湾沿岸。温带气旋风暴潮多发生在秋末至初春时期。据 1950～1999 年统计，渤海湾、莱州湾出现最大增水 1m 以上的温带气旋风暴潮共 645 次，年平均为 12.4 次；其中最大增水 2m 以上的温带气旋风暴潮灾 67 次，年平均为 1.3 次。而 1949～2000 年间，我国沿岸共发生最大增水 1m 以上的台风风暴潮 289 次，年平均为 5.56 次；其中，最大增水 2m 以上的台风风暴潮 52 次，年平均为 1.0 次（沈文周，2006）。而近 10 年里出现的最强一次温带风暴潮，于 2003 年 10 月 11～12 日发生在渤海湾、莱州湾沿岸。受北方强冷空气影响，天津塘沽潮位站最大增水 160cm，最高潮位

达到了533cm，超过当地警戒水位43cm；河北黄骅港潮位站最大增水200cm以上，其最高潮位569cm，超过当地警戒水位39cm；山东羊角沟潮位站最大增水300cm，其最高潮位624cm（为历史第三高潮位），超过当地警戒水位74cm（国家海洋局，2004）。可见，温带气旋风暴潮出现次数比台风的多。但就风暴潮的危害程度来看，台风风暴潮灾要大于温带气旋风暴潮灾。

表 17.5 中国沿岸三个严重温带气旋风暴潮灾害实例

序号	时间 /年·月·日	测站	最高风暴潮 /cm	受灾范围	发生原因	灾情简况
1	1960.11.22	塘沽、羊角沟	>200	渤海湾、莱州湾	冷空气配合强气旋	从渤海湾到莱州湾沿岸，普遍有2m以上增水，羊角沟一带被淹
2	1980.4.5	羊角沟	318	莱州湾沿岸	冷空气配合温带气旋	公路、桥梁被毁，防潮土坝决口多处，淹没农田 6.9×10^4 亩，毁盐 8.5×10^4 t，毁坏渔船20多条
3	1987.11.27	夏营	246	莱州湾	强冷空气配合低压	东营市、胜利油田及寿光、昌邑县都受程度不同的潮灾，经济损失 4300×10^4 元

总的来看，我国沿岸的严重风暴潮岸段是：渤海西南沿岸——渤海湾、莱州湾；江苏小羊口至浙江海门沿岸，浙江温州、台州沿岸；福建沙埕至闽江口附近地段；广东汕头至雷州半岛东岸；海南东北沿岸。风暴潮比较严重的岸段是：辽东湾湾顶附近，大连至鸭绿江口沿岸；江苏海州湾沿岸；福建崇武至东山沿岸以及广西沿岸（包澄澜，1991）。

第三节　海岸侵蚀[*]

一、海岸侵蚀缘由

世纪性的海平面持续上升，加大了海岸水下斜坡深度，逐渐减小波浪对沉溺古海岸的扰动作用而致使海底的横向供沙减少，却加强了激浪对上部海滩的冲刷；逐渐上升的海平面，降低了河流坡降而减少了入海流量，世界海滩普遍出现沙量匮乏；中国主要入海河流，尤其是大河的中上游建坝，沿途引水拦沙，入海泥沙锐减（表17.6），如黄河年入海泥沙量已减至多年平均年输沙量的1/4+，长江入海泥沙亦减至1/3+，珠江年输沙量已减至1/5，招致水下三角洲与河口部分出现明显的泥补给量欠缺。加之，海平面上升伴随着厄尔尼诺现象与风暴潮频率增加，海岸带水动力加强，因此，海水入侵与海岸遭受冲刷及沙坝向陆移动十分普遍，尤其是在堆积型的平原海岸，海岸蚀退是值得严重关注的问题。平原海岸是由未固结的松散沉积组成，在海浪冲击下，极易溃散。海岸带的稳定取决于有大量泥沙补给，抵消了浪潮的冲蚀作用。泥沙补给主要来自陆地河

---

[*] 本节作者：王颖

流，其次为大陆架上古海岸沉积。当泥沙补给源源不断，"压倒"了潮浪冲蚀掉的泥沙，则海岸稳定或向海淤进；当泥沙量减少，尤其是补给量锐减，而海平面上升，对岸陆冲击力量加大情况下，平原海岸与堆积型海滩必然遭到侵蚀退消。平原海岸或由未胶结泥沙组成的海岸，海岸稳定程度取决于泥沙补给量与浪潮动力所形成冲刷量之对比。

表 17.6　中国主要大河年径流量与输沙量表

河名	多年平均值（至 2005 年）		2007 年记录		记录最大值	
	径流量 /($10^8 m^3/a$)	输沙量 /($10^8 t/a$)	径流量 /($10^8 m^3/a$)	输沙量 /($10^8 t/a$)	径流量 /($10^8 m^3/a$)	输沙量 /($10^8 t/a$)
黄河（利津站）	349.9	11.1	250.4	2.54		16.0
长江（大通站）	9034.0	4.14	7708.0	1.38		
珠江（高要站、石角站、博罗站三站总和）	2849.0	0.759	2258.0	0.151		

据国家海洋局统计[①]，我国海岸侵蚀长度为 3708km，其中砂质海岸侵蚀总长度为 2469km，占全部砂质海岸的 53%；淤泥质海岸侵蚀总长度为 1239km，占全部淤泥质海岸的 14%。

据近期研究，淤泥质平原海岸普遍遭受侵蚀后退（时连强、夏晓明，2008），其中以黄河三角洲海岸蚀积变化最为显著。据实测，由于黄河改道招致的海岸冲蚀，变化如下：①湾湾沟——钓口河口（1971～1992 年），废河口两侧的突出沙嘴，在河口废弃 50 年后仍被侵蚀，侵蚀已延展至 -15m 水深以浅的三角洲体（任于灿、周永青，1994）。②钓口河口附近埕岛海域（1959～1999 年）水深 15m 等深线以内冲刷，1999 年最大冲刷中心与 1976 年最大堆积中心吻合，最大冲蚀厚度达 8m（刘勇等，2002），至 2001 年，侵蚀减缓。③黄河口自 1990 年后，以侵蚀为主，速率约 2.4km/a（赵庚星等，1999）。④黄河口至黄河海港（1996～2000 年），现代黄河口及附近海域整体遭受侵蚀，浅于 10m 水深的近岸部分更为显著，并不断加强（仲德林、刘建立，2003）。⑤桃河口与黄河海港之间（1976～2001 年），海岸蚀退 5～7km，平均 0.2～0.3km/a（尹延鸿等，2004）。⑥飞雁滩油田以东，黄河海港以西（1985～2004 年），总体侵蚀，水深 15m 以内一直处于侵蚀状态，以水深 3～9m 范围内侵蚀强烈，1999 年后河床侵蚀渐低，侵蚀强度逐渐减缓（王忠岱，2005；孙永福等，2006）。黄河汇入渤海泥沙减少的同时，渤海沿岸河流由于气候变暖，干燥少雨与人工引水，入海径流量与泥沙量均显著减少，接踵而至的是自梁河口至黄河口遭受侵蚀后退，是一种自然与人工影响叠加的缓进型"灾害"。

由于三峡大坝滞留泥沙的滞后效应，长江三角洲海岸段侵蚀，目前主要是现代水下三角洲退蚀减低，"灾害"类型为：海平面上升，风暴潮加剧，盐水入侵频繁，河口段河槽冲蚀普遍，蚀积变化多样，长江河口段潮流界与潮区界向西延伸，长江水质渐次。可以预计，随着现代长江口外水下三角洲侵蚀的持续发展，风暴潮与盐水侵袭必然加

---

① 国家海洋局，2008 年中国海洋灾害公报，2009 年 1 月

· 838 ·

剧，海岸侵蚀将渐趋明显。苏北淤泥质平原海岸，原以废黄河口段侵蚀后退为甚，很多海岸村庄已位于海下，新堤建于老堤之西，向陆"转移"。而射阳河口以南至吕四岸段，因外侧有辐射沙脊群掩护而免于侵蚀，并且有泥沙不断自沙脊群外侧向陆补给，使岸滩淤长。近20年来变化表现为：沙脊群以北海岸人为变化大，赣榆海岸沙滩因海底挖沙而招致海岸侵蚀；连云港地区因海底浚深与取沙填筑码头，而经历着一系列变化；辐射沙脊群因海平面上升，海岸水深加大，外侧久经冲蚀，海底低降，因而泥沙补给量减少，内侧滩涂增长已减缓，东沙"岛"淤积减缓，并有降低趋势。淤泥质平原海岸的稳定性取决于海洋动力与泥沙补给量之对比，吕四以南至长江口北岸一带台风与温带气旋风暴潮期间，岸堤与潮间带浅滩普遍遭受冲刷侵蚀，但速率比废黄河三角洲低。

低地三角洲平原海岸风暴潮侵袭加剧，海岸土地受蚀，在华南海岸亦同样存在。基岩海岸受蚀虽不像平原海岸那么严重，但在一些红砂岩及风化强烈的岩岸段，海岸冲蚀仍明显，在基岩港湾岸间的海滩亦因海平面上升与人为取沙而遭受侵蚀。据估计，若2100年，海平面上升50cm时，中国主要的旅游海滨之沙滩，将损失现有面积的13％～66％（王颖、吴小根，1995）。

全球气候变暖对极地海洋的影响是促进了极地海冰的融解。据我国海冰专家李志军的亲临感受[①]，"1999年中国第一次北极科考时，'雪龙号'破冰船驶行至北纬70°附近时，遭遇坚冰南下；2003年第二次北极科考时，'雪龙号'航行至北纬80°建立了冰上观测站；至2008年8月"雪龙号"沿西经143°方向行至北纬84°26′，才找到了一块密集度较高、表面平坦的大面积海冰建立了冰上观测站，而向北1°～2°仍有融化的浮冰、雪水池及冰间湖"。上述表明冰盖在继续融化中，北极首次呈现为融冰水池包围的冰质"岛屿"。而北极的两条航道：加拿大沿岸的西北航道（东起戴维斯海峡和巴芬湾，向西穿过加拿大北极群岛水域到达美国阿拉斯加北面的波弗特海）与俄罗斯的东北航道（西起巴伦支海，向东经喀拉海、拉普捷夫海、东西伯利亚海和楚科奇海），是自 12.5×10^4 年以来，首次在同时融冰打通，成为在北方连接太平洋与大西洋的最短航线，是气候变暖造福于世人之一例。从长远看，北冰洋海冰融解加速，可能有利于欧亚大陆气候湿润，缓解干旱；但是，在海冰融解过程中，进一步促进海平面上升，使中低纬度低地海岸进一步遭受海侵灾害。因为，南、北极冰盖融解是造成全球性海平面上升的重要原因。

我国沿海仅北部黄渤海有季节性海冰。主要发生在冬季1月与2月。由于气候变暖，冬季初冰期多推后，而终冰期提前。如2007/2008年，渤海与黄海北部冰情偏轻，冰期天数缩短约1个月，1月下旬至2月上旬为该冬季冰情最严重时期。渤海辽东湾最大浮冰范围出现在2月初，为66n mile，冰厚5～15cm，最大厚度30cm。1月下旬，渤海湾最大浮冰范围为10n mile，冰厚5～10cm，最大厚度20cm；莱州湾浮冰范围6n mile，一般冰厚5～10cm，最大厚度为15cm。黄海北部最大浮冰范围出现在2月初，为20n mile，冰厚5～10cm，最大厚度30cm。海冰造成航道阻碍滞航，部分港口封港，直接损失为 200×10^4 元。葫芦岛港锚地因海冰挤压造成船舶断锚；营口港部分船舶冷

---

① 刘江萍，管清蕾，崔静．2008．全球变暖，北极首次成"岛屿"．原刊"环球"，扬子晚报，2008.11.27，B2版

却系统进水口为冰堵塞；辽东湾海上油气生产作业受影响。

海平面上升，风暴潮灾害加剧，海水侵淹陆地，毁坏农田、村落、沙滩及地下水质变劣……灾害是缓慢、持续而影响范围大，尤其是我国东部沿海及大河三角洲与平原海岸，既是人群集聚的高密度区，历史上农耕发达，古文明遗址累累，更是现代经济发达与对外交往的重要地带，所以，不能忽视海侵灾害的影响效应。应对海平面上升与海侵灾患，首先是引起人们的重视，研究了解其发生的机制与发展变化趋势，从区域海陆环境特点，有针对性地做出阶段性步骤减缓灾害，采取防患的措施；在港湾海岸对海滩的人工喂养措施，平原海岸建造水下潜坝以及沿海大堤的坚固工程等，这是现实可行的第一步。然后跟以调节入海河流的水、沙流量，规范人类的活动，尊重自然发展的内在规律，"因地制宜"的规划生产，是十分重要的措施！

需要说明，海岸侵蚀是一系列作用的综合结果，它既与波浪、潮流动力侵蚀加剧相联系，也与陆域泥沙向海岸补给匮乏有关。间接的缘由是由于海平面上升，风暴潮加剧使浪流侵蚀作用加强，入海河流因陆域建坝筑库拦截泥沙，减少入海的泥沙量。两种因素叠加，招致海岸带呈现趋势性后退，尤其以平原海岸为著。海岸侵蚀后退，不仅蚕食了农田土地，危及居民城镇，而且加剧海水入侵和咸潮侵蚀，进而损坏淡水水质、招致土壤盐渍化。这是一个系列性的、相互关联的变化，并且是延续性发展的。

二、海岸侵蚀现况

（1）据监测和分析结果：近30年来，我国沿海海平面呈波动上升趋势，平均上升速率为2.6mm/a，高于全球海平面平均上升速率。2008年沿海海平面上升为近10年之最高，比常年（1975~1993年平均状况为常年）高60mm。与2007年相比，沿海海平面升高14mm，4~6月偏高，南部沿海升幅高于北部沿海。海平面上升加剧了风暴潮、海岸侵蚀、海水入侵、土地盐渍化及咸潮等海洋灾害，并不同程度地影响了沿海地区的城市防洪排涝系统。

（2）2008年我国沿海共发生风暴潮过程25次，其中台风风暴潮11次，温带风暴潮14次。风暴潮发生始于4月，是1949年以来最早的风暴潮灾害；7月28日强台风"凤凰"造成风暴潮增水超过100cm，福建长乐达155cm，超过当地警戒水位19cm，农田受淹60 240hm²，海堤损坏39.36km，公路路基毁坏114.08km，因灾造成直接损失14.22×10⁸元；9月24日强台风"黑格比"于06:45在广东省电白县陈村镇附近登陆，最大增水270cm，阳江市北津站最高潮位超过警戒水位165cm，受灾人口737.05×10⁴人，死亡22人，广东省堤防毁坏长达680km，农田、村庄多处被淹，多处交通与电力中断，两广及海南直接经济损失132.74×10⁸元，海南省海口、文昌、定安、澄迈4市县受影响。

温带风暴潮过程曾于8月22日在渤海营口市鲅鱼圈站造成109cm增水，塘沽站增水101cm，超过当地警戒水位16cm，中海油码头被淹，曹妃甸海水养殖受损面积269.33hm²，直接经济损失0.20×10⁸元。

（3）海浪灾害，2008年近海海域共发生波高4m以上的海浪过程33次，其中台风浪13次，冷空气浪和气旋浪20次。其中4月15~20日的"浣熊"台风浪影响南海海域，16～18 日南海出现 4～8m 高的巨浪和狂浪，最大波高 10m。受台风浪影响，在西沙避风的大量渔船搁浅和损坏，3 艘沉没，17 名渔民死亡，直接经济损失 350×10⁴ 元。在珠海海域的 1 艘渔船毁损，损失 10 万元。11 月 6～14 日冷空气浪影响了我国大部分海域，辽宁省沿海出现 3～4m 的大浪和巨浪，造成 500 台浮筏、95 艘船只损毁，死亡 6 人，直接经济损失 1248×10⁴ 元。

（4）海岸侵蚀严重的地区主要发生在平原海岸。其中，砂质海岸侵蚀严重的地区主要有辽宁省、河北省、山东省、广西壮族自治区和海南省沿岸；淤泥质海岸侵蚀严重地区主要在河北省、天津市、山东省、江苏省和上海市。除了海平面上升自然因素外，海岸和海上采沙、修建不合理海岸工程、河流水利、水电工程拦截泥沙、沿岸开采地下水和采伐红树林等人为活动，是造成海岸侵蚀灾害的重要原因。2008 年，海岸侵蚀情况见表 17.7。

表 17.7　沿海各省（自治区、直辖市）海岸侵蚀情况（据国家海洋局 2008 年中国海洋灾害公报）

省（自治区、直辖市）	海岸侵蚀长度/km
辽宁省	142
河北省	280
天津市	34
山东省	1121
江苏省	225
上海市	75
浙江省	54
福建省	90
广东省	602
广西壮族自治区	168
海南省	827
合计	3708

（5）海平面上升与海岸侵蚀的另一严重效应，是海水入侵与土壤盐渍化，尤其是在构造沉降的平原海岸与三角洲地区。环渤海和黄海滨海平原区土壤盐渍化范围大、程度高。渤海沿岸海水入侵主要分布在辽宁省的营口市、盘锦市、锦州市和葫芦岛市，河北省秦皇岛市、唐山市、黄骅市，山东省滨州市及莱州湾沿岸，向陆地海水入侵可达 20～30km。黄海沿岸，海水入侵分布在辽宁省丹东市，山东省威海市，江苏省连云港市和盐城市滨海地区，海水侵入陆地约 10km。东海、南海沿岸海水入侵范围小，一般约在距岸 2km 以内。东海沿岸海水入侵区主要分布在浙江省温州市、台州市，福建省宁德市、长乐市、泉州市、漳州市。南海沿岸海水入侵主要分布在广东省潮州市、汕头市、江门市、茂名市、湛江市，广西壮族自治区的北海市，海南省的三亚市。

（6）伴随着海水入侵是在枯水季节海水咸潮沿河口入侵，向内陆延伸。如 2008 年长江口区域发生 8 次咸潮入侵：1 月 3 次，2 月和 3 月各 2 次，4 月 1 次，最后至 4 月 15 日结束。近年咸潮沿河上溯，潮流界已越过江阴，而潮水顶托影响超过大通。咸潮入侵过程可持续 6～10 天，影响沿河的城镇与工业用水。

（7）海啸灾害。我国海域除了台湾以东为开阔的太平洋海岸外，大部分海域为岛弧列岛内侧的太平洋的边缘海，发育于岛弧-海沟系的地震活动及其引起的海啸，对我国影响较少。2008年，我国接收到全球地震海啸信息112次，其中29次主要发生在太平洋西侧岛弧-海沟系，均未对我国产生影响。

上述事例，进一步说明，研究了解自然发展规律，海陆一体化的规范人类的活动，在减灾与防灾工作中是十分重要的。

第四节　赤　潮　灾　害[*]

一、赤潮灾害概述

赤潮（red tide）是海洋中的一些浮游生物在适宜条件下大量繁殖、聚集导致海水变色的生态异常现象。能够形成赤潮的生物主要是微藻，以及部分细菌和原生动物。一些有害赤潮生物能够通过多种途径（如产生毒素等生物活性物质，损伤鱼、贝类等海洋生物的鳃组织，消耗水体溶解氧，释放氨氮，改变水体黏稠度和透光率等），导致海洋生物死亡，或使贝类等生物体内累积大量毒素，从而危及自然生态、水产养殖和人类健康。因此，我国将赤潮视为一类海洋生态灾害进行监控和研究（国家海洋局，1989～2008）。由于"赤潮"作为科学术语不够严谨，学术界常用"有害藻华（harmful algal bloom）"来描述有害藻类大量增殖或聚集的现象（周名江、于仁成，2007）。为符合习惯，国内学术界也将"有害藻华"称作"有害赤潮"。

目前，全球范围内的赤潮爆发频率、规模呈现明显增加趋势，赤潮已经成为沿海各国密切关注的海洋生态问题（GEOHAB，2001）。针对赤潮成因和危害的研究也成为当今海洋科学跨学科研究的国际前沿领域。由于赤潮的多样性和复杂性，我们对于大部分赤潮的形成机理和危害机制还知之甚少，这直接影响了对有害赤潮的预测、防范和治理。对此，联合国政府间海委会（Intergovernmental Oceanographic Commission，IOC）和国际海洋研究科学委员会（Scientific Committee on Oceanic Research，SCOR）于1998年10月共同发起组织"全球有害赤潮的生态学和海洋学（Global Ecology and Oceanography of Harmful Algal Blooms，GEOHAB）"研究计划（GEOHAB，2001），以期通过对赤潮发生的生态学、海洋学机制研究，提高对赤潮的预测和防治能力，减轻赤潮带来的灾害效应。

在我国，赤潮已经成为最突出的海洋生态环境问题之一（苏纪兰，2001；周名江等，2001；邹景忠，2003；齐雨藻等，2003）。据统计，在分布于中国的149种赤潮生物中，有43种曾形成过赤潮（邹景忠，2003）。在渤海、黄海、东海和南海，都有赤潮发生的纪录。我国政府高度重视赤潮问题，针对赤潮开展了常规监控和一系列研究。目前在我国沿海重点海域已建立了33个赤潮监控区，针对赤潮发生情况进行常规监测。同时，自20世纪70年代末开始，在国家自然科学基金委、科技部、中科院、国家海洋局等相关单位的支持下，针对我国近海赤潮发生机制、赤潮生物分类学和生态生理特

　　＊ 本节作者：周名江、于仁成

征、赤潮与富营养化之间的关系、赤潮的危害效应、赤潮的监测、预测和防治技术等开展了长期、系统的研究（仲德林等，2003；齐雨藻等，2003；周名江、朱明远，2006），取得了一批重要成果，深化了对赤潮成因和危害的认识。但是，我国沿海当前的赤潮问题仍然非常突出，在渤海、东海、南海三个赤潮高发海域，赤潮发生的频率和规模都呈现上升趋势，而黄海海域的赤潮状况同样不容乐观。

二、中国近海海域的赤潮灾害

（一）渤海海域的赤潮灾害

对于渤海海域的赤潮发生情况，近年来已有较为系统的总结和分析（林凤翱等，2008）。赤潮是渤海海域主要的生态灾害类型。据不完全统计，从 20 世纪 50 年代至今，渤海海域共发生赤潮 118 次（林凤翱等，2008；国家海洋局，2000～2008）。渤海海域的赤潮主要集中在渤海湾、莱州湾和辽东湾三个海湾的近岸海域。其中，辽东湾记录的赤潮次数最多，其次是渤海湾，莱州湾和黄河口赤潮相对较少。但以累计面积计算，渤海湾记录的赤潮累计面积最大，辽东湾次之，莱州湾较少。面积在 1000km² 以上的大规模赤潮在三个海湾都曾发生过。除上述三个海湾之外，山东长岛海域也有赤潮发生的记录，但赤潮规模相对较小。

渤海的赤潮主要发生在夏季，每年的 6～9 月是赤潮高发期。根据渤海海域赤潮发生情况的历史记录，最早记录的赤潮是 1952 年 5～6 月在黄河口附近海域发生的夜光藻（Noctiluca scintillans）赤潮，影响面积达 1460km²（林凤翱等，2008）。此后直到 20 世纪 60 年代末没有赤潮发生的记录。70 年代，渤海海域仅记录到 1 次赤潮，即 1977 年发生在渤海湾海河口海域的微小原甲藻 Prorocentrum minimum 赤潮，这次赤潮规模也比较大，影响海域达 560km²，持续时间长达 50 多天。80 年代，渤海海域也只有 1 次赤潮记录，即于 1989 年 9～10 月在河北黄骅市、唐海县及天津塘沽沿岸海域发生的裸甲藻 Gymnodinium sp. 赤潮，这次赤潮规模很大，影响面积达 1300km²。90 年代以后，渤海赤潮发生频率明显增加，共记录赤潮 27 次。这期间，影响面积达 1000km² 以上的大规模赤潮在渤海多次发生。1998 年，渤海发生叉状角藻 Ceratium furca 和鳍藻 Dinophysis sp. 形成的赤潮，影响面积达 5000km²，持续时间长达 40 天。1999 年 7 月，辽东湾发生夜光藻赤潮，影响面积达 6300km²。自 2000 年至今，渤海发生赤潮的频率急剧上升，累计记录赤潮 88 次，仅 2001 年 1 年就有 24 次赤潮的记录。而且，一些渤海以往没有记录的赤潮藻种，如棕囊藻 Phaeocystis sp.、米氏凯伦藻 Karenia mikimotoi 等多次形成大规模赤潮。2004 年 6 月，在黄河口附近海域发生了面积超过 1850km² 的棕囊藻赤潮，同时，在天津沿海一带发生了面积约 3200km² 的米氏凯伦藻赤潮。2005 年，在渤海湾再次发生棕囊藻赤潮，面积约 3000km²。2006 年河北黄骅又发生了面积约 1600km² 的棕囊藻赤潮。但是，近两年赤潮发生次数似乎有所降低，2009 年仅有 1 次赤潮记录。

渤海海域常见的赤潮藻种包括甲藻纲中的夜光藻、米氏凯伦藻、倒卵形鳍藻 Dinophysis fortii、叉状角藻、裸甲藻、微小原甲藻、多甲藻 Protoperidinium sp. 等，硅藻纲中的中肋骨条藻 *Skeletonema costatum*、圆筛藻 *Coscinodicus* sp.、浮动弯角藻 *Eu-campia zoodiacus*、角毛藻 *Chaetoceras* sp. 等藻种，以及定鞭藻纲的棕囊藻，针胞藻纲的赤潮异弯藻 *Heterosigma akashiwo*、卡盾藻 *Chattonella* sp. 等，原生动物中的红色中缢虫 *Mesodinium rubrum* 也有形成赤潮的记录。在各种常见的赤潮藻类中，夜光藻是最主要的优势藻种，夜光藻赤潮的发生次数和累计发生面积在各种赤潮藻类中均为最高。但是，在渤海海域并没有出现一种或几种赤潮连年发生、长期占据优势的情形。值得密切关注的是，自 2000 年以来，渤海海域的赤潮生物种类明显增加，一些以往没有记录的赤潮藻种，如米氏凯伦藻和棕囊藻等，多次形成赤潮。

渤海的黄河口及其邻近海域是重要的对虾产卵场和育幼场，在近岸海域有许多重要的贝类和对虾养殖区，大规模赤潮的频频发生对海水养殖和海洋生态系统健康构成了巨大威胁。1977 年，渤海湾海河口的微小原甲藻赤潮对海洋渔业造成了严重危害，我国沿海的赤潮研究也从此开始受到高度重视。1989 年，河北黄骅市发生的裸甲藻赤潮，对河北沿岸一带的对虾养殖业造成了毁灭性打击，直接经济损失达 2.4×10^8 元。1998 年渤海的叉状角藻赤潮对辽宁、河北、山东和天津的水产养殖造成了巨大破坏，经济损失达 1.2×10^8 元。2004 年和 2005 年渤海湾发生的大规模棕囊藻赤潮和米氏凯伦藻赤潮，都属于鱼毒性赤潮。此外，渤海海域还多次记录到能够产生麻痹性贝毒和腹泻性贝毒的有毒藻赤潮。1998 年，有毒鳍藻与叉状角藻共同形成大规模赤潮，赤潮之后在贝类中检测到了腹泻性贝毒毒素成分（刘宁等，1999）；2006 年，在山东长岛海域首次记录到亚历山大藻 *Alexandriam* sp. 赤潮，导致大量网箱养殖鱼类死亡。但是，对于渤海有毒赤潮的生态效应目前了解得不是非常清楚。

总体来看，渤海海域的赤潮目前呈现出发生频率增加、影响面积扩大、赤潮藻类增多的发展态势。由于以往对渤海海域的赤潮研究不足，许多工作只是局限于对赤潮的跟踪调查，缺少针对性的生态学、海洋学过程研究，因此，对渤海海域赤潮的形成机理和演变趋势还没有形成科学的认识。渤海是一个半封闭内海，水体相对稳定、交换缓慢，营养盐易于积累，有利于赤潮的形成。一些调查资料和统计数据显示，渤海海域赤潮发生频率与海水中营养盐污染状况有密切关系。从 20 世纪 80 年代至今，伴随着环渤海地区经济发展和城市化进程，大量营养盐被输入渤海，加之近岸海域养殖业的快速发展，使得水体中营养盐浓度和结构发生了改变，溶解无机氮（DIN）浓度明显上升，而磷酸盐和硅酸盐浓度则明显下降，使得氮磷比和氮硅比显著上升（于志刚等，2000），水体富营养化明显加剧，这可能是导致渤海海域赤潮频率和规模不断增加的重要原因。但是，渤海赤潮的发生是否还受到赤潮藻种扩散以及全球变化等因素的影响，还不是非常清楚，有待于深入的研究。

（二）东海海域的赤潮灾害

东海是我国近海三大赤潮高发区之一（徐韧等，1994；龙华等，2008），也是我国近海赤潮发生次数最多的海域，绝大部分赤潮出现在长江口及其邻近海域。近年来，在东海海域爆发的大规模甲藻赤潮影响范围可以从长江口沿浙江沿海向南一直延伸到福建闽东海域。除了这一带的大规模赤潮之外，福建沿海的厦门、东山等地也有较多的赤潮记录。

东海海域的赤潮以春季发生最多，每年的 5～8 月份是东海赤潮的高发期。根据东海赤潮发生情况的历史记录，在东海海域最早记录的赤潮是 1933 年发生在浙江镇海、台州、石浦一带的夜光藻赤潮。此后，直到 20 世纪 60 年代，才在福建平潭岛再次记录到一次赤潮。70 年代，在浙江和福建沿海各有一次束毛藻 Trichodesmium sp. 赤潮记录。进入 80 年代以后，东海海域记录的赤潮次数明显增加，达 40 余次，但赤潮范围较小，影响也不明显。90 年代后，赤潮发生频率开始明显上升，有记录的赤潮达 70 余次，仅 1990 年一年记录的赤潮就有 20 多次，赤潮规模也在不断扩大，最大一次赤潮的影响面积近 1000km²。自 2000 年来，赤潮发生频率急剧上升，至 2008 年年底，累计记录赤潮 450 余次，其中，2003 年记录的赤潮次数达到 86 次，为历年最多。同时，大规模赤潮频繁爆发，影响范围波及整个浙江沿海和福建闽东海域，面积最大可达上万平方千米（国家海洋局，2000～2008；国家海洋局，1989～2008）。

在东海海域形成赤潮的藻种包括甲藻纲、硅藻纲、定鞭藻纲、针胞藻纲的藻类（龙华等，2008），以及蓝藻中的束毛藻和原生动物中的红色中缢虫等。常见的赤潮原因种包括东海原甲藻 Prorocentrccm donghaiense、米氏凯伦藻、链状亚历山大藻 Alexandriam. catenella、夜光藻、中肋骨条藻、束毛藻等。在长江口及其邻近海域形成赤潮的藻类中，赤潮优势种的演变是一个非常突出的特征。除异养性的夜光藻之外，在 20 世纪 90 年代以前，长江口邻近海域的赤潮主要以中肋骨条藻等硅藻形成的赤潮为主，在长江口和象山港等海域均有形成赤潮的记录。但是，自 20 世纪 90 年代中后期以来，以东海原甲藻、米氏凯伦藻和链状亚历山大藻为优势种的大规模甲藻赤潮开始出现。中肋骨条藻等硅藻赤潮尽管也有发生，但其规模明显不如甲藻赤潮。可以看出，在长江口及其邻近海域，赤潮优势种已经呈现出从硅藻向甲藻的演变趋势。但是，在东海南部沿海海域，如厦门近海海域，赤潮优势种仍然是以硅藻为主，没有表现出明显的演变特征。

赤潮的频繁发生给东海沿海地区带来了严重的经济损失。20 世纪 90 年代至 20 世纪末，浙江海域由于赤潮造成直接经济损失达数十亿元。1997 年发生在台州海域的一次局部赤潮，造成的直接经济损失就达 4000 多万元（龙华等，2008）。2005 年发生在长江口邻近海域的米氏凯伦藻赤潮，给南麂岛附近网箱养殖的鱼类造成了毁灭性的打击，直接经济损失达 3×10^7 元。

针对东海长江口及其邻近海域连年爆发的大规模甲藻赤潮，科技部于 2001 年立项支持了国家重大基础研究规划项目（973）"我国近海有害赤潮发生的生态学、海洋学机制及预测防治"，围绕东海长江口及其邻近海域大规模甲藻赤潮的生态学、海洋学机制，从赤潮生物关键生物学特征与生态策略、富营养化过程对赤潮的诱发和调控作用、关键物理过程的赤潮生态作用、有害赤潮的生态效应与生态调控等不同角度，对东海大规模甲藻赤潮的形成机制、危害机理和预测防治开展了深入的研究（周名江、朱明远，2006）。从 2002 年春季起，经过连续 5 年、15 个航次的多学科综合调查和科学研究，基本阐明了长江口邻近海域大规模甲藻赤潮形成的生态学、海洋学机制，为大规模甲藻赤潮的监测、预测及赤潮灾害的防范提供了重要的科学依据。

研究发现，长江口及其邻近海域的大规模甲藻赤潮分布具有明显的规律，基本分布在27°～31°N，沿水深30～50m等深线的海底地形陡变区海域。对于东海原甲藻赤潮来说，每年的4～5月份，在大规模赤潮爆发之前，东海原甲藻在水体中层经过近一个月的"孕育"，藻细胞密度逐渐上升；到5月份，大量的东海原甲藻上升到表层，开始快速增长，并形成肉眼可见的赤潮，大规模的东海原甲藻赤潮可以维持1～2个月的时间；到6月末，东海原甲藻赤潮开始进入衰退期，大量的东海原甲藻细胞向下沉降，进入水体底层，有可能成为来年大规模赤潮的种源。

长江口邻近海域的大规模甲藻赤潮与该海域复杂的物理海洋学特征密切相关。调查发现，东海原甲藻赤潮主要分布在长江冲淡水与外海海水锋面的内侧，其水平分布特征受到锋面（或其控制下的营养盐水平分布特征）的制约。另外，大规模赤潮区与文献所述长江口邻近海域上升流区的分布位置基本一致，后者大致位于28°～31°N，124°E以西海域，水深为20～70m的范围。上升流可能给赤潮区赤潮藻细胞的输运提供了动力，同时，也给藻细胞的生长带来了磷酸盐等营养盐的重要补充。春季的赤潮现场调查中发现，在调查海域的东南方外侧存在明显的台湾暖流入侵现象，由于4月上中旬该海域海水表层的温度还较低，不适合赤潮甲藻的生长，但暖水的入侵使得水体中层的水温变得有利于赤潮甲藻细胞生长，赤潮藻在此逐渐"孕育"、增长，细胞数量逐渐上升，为大规模甲藻赤潮的形成提供了重要的环境条件。此外，现场观测还发现，大规模甲藻赤潮的形成与该海域水体的层化密切相关。随着春季表层水温的逐渐上升，长江口邻近海域逐渐形成了稳定的水体层化结构，大量甲藻细胞出现在温、盐跃层的上方，表明相对稳定的层化水体为甲藻细胞的生长或聚集提供了良好的条件。

大量现场调查和模拟实验的结果表明，长江口及其邻近海域的富营养化特征是东海大规模甲藻赤潮形成的重要原因。东海大规模赤潮区除赤潮爆发期外终年都处于富营养化状态，丰富的营养盐输入为本海区赤潮的大规模爆发提供了重要的物质基础。应当指出的是，在长江口及其邻近海域，由于长江径流携带入海的大量DIN营养盐，使得该海域海水中氮磷比、氮硅比逐渐升高，氮的"过剩"问题非常突出。每年春季，在长江口邻近海域可以看到由硅藻赤潮向甲藻赤潮演替的现象，其重要的原因就在于快速生长的硅藻受到了磷酸盐或硅酸盐的限制，而大量"剩余"的氮能够被甲藻所利用，从而导致了大规模的甲藻赤潮（Zhou et al.，2008）。现场调查和模拟实验的结果表明，氮营养盐高值区的范围及其浓度的高低与甲藻赤潮的规模大小以及赤潮消散时间有一定的关系。甲藻的生长并不需要硅酸盐，但甲藻如何在低磷酸盐的水体环境中生长是一个重要的问题。研究发现，甲藻能够利用磷酸酶的表达，将有机态磷营养物质转化成磷酸盐加以利用。此外，甲藻的游动能力、垂直迁移、兼性营养（特别是吞噬营养）等特征对于其在低磷酸盐环境中形成大规模的赤潮至关重要。营养盐不仅影响赤潮的生消过程，而且还影响大规模甲藻赤潮的水平分布特征。现场调查和数值模拟的结果表明，外海海水中低水平的营养盐是限制大规模赤潮向外海扩散的重要因素。而赤潮在近岸一线的分布主要受到近岸海水浊度的制约，这在一定程度上决定了大规模甲藻赤潮在浙江沿海的条带状分布特征。

通过现场调查和研究，针对东海春季大规模甲藻赤潮的机理提出了一个初步的假设。在这一假设中，针对大规模甲藻赤潮生消过程中"起始"、"增殖"、"爆发"和"消散"四个阶段,分析了各阶段中关键环境因子的作用。在"起始"阶段,随着台湾暖流和上升流的加强,赤潮藻细胞开始由位置偏外、水深偏深而水温相对较高处向赤潮区输运,但此时赤潮区的环境条件尚不适合赤潮藻的生长;在"增殖"阶段,赤潮藻在水体中层"孕育"、增长,此时水体表层水温仍然过低,不适合赤潮藻生长,但水体次表层的条件已适合赤潮藻的生长,经过30天左右的"增殖"阶段,足以使藻细胞密度达到赤潮密度值,虽然此时从海水表面看不到赤潮,但这一阶段往往决定了随后发生的赤潮爆发时间和规模。"爆发"阶段时,表层水体升温后水体的层化使得赤潮区表层条件适合赤潮藻的生长,赤潮藻"上浮"到表层并在此迅速增殖,赤潮"爆发"。在"消散"阶段,随着硝酸盐等营养盐的大量消耗、光照和水温的过强过高,以及可能的高摄食压力,藻细胞密度不断降低,直至赤潮区水体中只留下"可观测到"的少量细胞,部分藻细胞则可能迁移到赤潮区外侧深水处"休眠",以待下一个春季。这一机理假设基本解释了长江口及其邻近海域大规模甲藻赤潮的形成机制,在此基础上所构建的赤潮数值模型可以再现赤潮的发生过程,并对关键环境因素的作用进行诊断分析。

东海海域连续爆发的大规模甲藻赤潮对水产养殖、人类健康和自然生态构成了巨大威胁。现场调查和模拟实验结果表明,高密度的东海原甲藻等无毒赤潮对浮游动物、贝类幼体和鱼类的存活、生长和繁殖也具有明显的抑制作用。此外,从2002年起,在东海赤潮高发区发生大规模有毒亚历山大藻赤潮。赤潮呈斑块状分布,单个斑块的最大面积可达400km^2,赤潮藻种为链状亚历山大藻 Alexandriam catenella,赤潮区细胞密度可达$10^4 \sim 10^5$细胞/L。对采集的有毒藻进行小鼠毒性测试分析和高效液相色谱分析,结果表明亚历山大藻能够产生麻痹性贝毒毒素,以低毒性的C毒素为主。另外,对东海赤潮高发区赤潮藻孢囊所作调查表明,该海域存在大量有毒亚历山大藻孢囊,有可能成为亚历山大藻赤潮连年发生的种床。另外,2005年春季,在该海域爆发了上万平方千米的特大规模米氏凯伦藻赤潮,细胞密度可达$10^6 \sim 10^7$细胞/L。该藻具有鱼毒性,造成了海水养殖区养殖鱼类大量死亡。这说明大规模有毒赤潮已开始在东海海域出现,对其可能给海洋水产和人类健康带来的重大影响应予以充分重视。

(三)南海海域的赤潮灾害

南海海域是我国沿海赤潮高发区之一(钱宏林等,2000),赤潮发生次数仅次于东海海域。在2000年之前,南海海域所记录的赤潮发生次数全国最高。据不完全统计,南海海域到目前为止累计记录赤潮发生250余次(钱宏林等,2000;国家海洋局,2000~2008;国家海洋局,1989~2008)。南海海域的赤潮主要集中在广东沿海的大鹏湾、大亚湾、深圳湾等海湾,以及珠江河口一带。近年来,南海赤潮的影响海域有明显扩展趋势,粤东、粤西海域也越来越多地受到赤潮的影响。此外,南海其他海域,如广西北海和北部湾、海南的文昌和三亚等地,也有赤潮发生的记录。

南海海域赤潮的季节分布特征并不明显,每个月份都有赤潮发生的记录,但以春季发生的赤潮次数较多,每年4~6月是赤潮的多发期。根据南海海域赤潮发生情况的历史记录,20世纪80年代总计发生34次赤潮,但赤潮规模相对较小。90年代以后,广东沿海记录的赤潮次数出现明显上升趋势,南海海域记录的赤潮达到80余次。这一时期，大规模赤潮开始出现：1997年11～12月，广东饶平柘林湾发生大规模棕囊藻赤潮；1998年3～4月，南海海域再次爆发大规模赤潮，由米氏凯伦藻形成的赤潮波及广东、香港海域；1999年，饶平海域再次发生棕囊藻赤潮，面积达3000km²。进入21世纪后，南海海域记录的赤潮次数呈现继续攀升的态势，总计记录赤潮130余次。但是，这一时期南海海域没有大规模赤潮发生的记录。

在我国沿海的三大赤潮高发区里，南海海域赤潮原因种的种类最多。据统计，南海海域具有赤潮生物139种（钱宏林等，2000）。其中，甲藻、硅藻、针胞藻、定鞭藻、蓝藻、金藻，以及原生动物中的红色中缢虫，都有形成赤潮的记录。在南海沿岸各省份，广东沿海记录到的赤潮生物种类最多；而在广西沿海，赤潮生物主要是蓝藻中的束毛藻；在海南，棕囊藻和束毛藻是常见的赤潮藻种。针对广东沿海赤潮藻种的分析发现，从90年代后期以来，由针胞藻、定鞭藻和纤毛虫类引发的赤潮次数有所增加。

广东沿海一带网箱养殖业发展很快，赤潮的频繁发生对沿海鱼类养殖造成了巨大的破坏。1997年，广东饶平拓林湾附近海域的棕囊藻赤潮导致大量网箱养殖鱼类死亡，造成了7×10^7元的经济损失（国家海洋局，1989～2008（之1997））。1998年，广东、香港海域发生的米氏凯伦藻赤潮，造成粤、港两地大量网箱养殖鱼类死亡，经济损失3.5×10^8元余（钱宏林等，2000）。而且，近年来鱼毒性赤潮（如棕囊藻赤潮和米氏凯伦藻赤潮，能够导致大量网箱养殖鱼类的死亡）的发生次数呈现出显著增加的趋势。在广东沿海，20世纪80年代记录的鱼毒性赤潮有10次，90年代有18次，而2000年以后记录的鱼毒性赤潮达44次，这对鱼类养殖业的发展构成了潜在的威胁。此外，在广东沿海还多次记录到能够产生麻痹性贝毒、腹泻性贝毒的有毒赤潮。在广东沿海的贝类中也多次发现存在麻痹性贝毒和腹泻性贝毒的污染情况（聂利华等，2005；吴施卫等，2005）。

对于南海海域赤潮的成因，许多学者进行了综合调查和分析（钱宏林等，2000；齐雨藻等，2003）。南海海域地处亚热带地区，赤潮生物种类繁多，温度适宜，为赤潮的形成提供了丰富的种源选择。此外，南海海域，特别是在广东沿海，海水富营养化问题也很突出。这一方面是由于珠三角地区经济发展所产生大量陆源污染物，另一方面，广东沿海鱼类网箱养殖规模和密度的增加，也进一步加剧了水体的富营养化程度，为赤潮发生提供了重要的营养物质基础。此外，南海海域与开阔的大洋相连，与其他海域相比更易受到全球变化等因素的影响。有学者认为，广东沿海1997年柘林湾和1998年珠江口的大规模赤潮与1997～1998年的厄尔尼诺事件密切相关。对于南海海域赤潮的形成机制，还有待于更加深入的研究。

（四）黄海海域的赤潮灾害

与渤海、东海、南海相比，黄海海域记录的赤潮较少。所记录的赤潮主要分布在黄海沿岸的各个海湾，如山东青岛的胶州湾、烟台的四十里湾、江苏连云港的海州湾，以及辽宁的大连湾等。

黄海海域的赤潮主要出现在夏季，每年的7～9月是赤潮的多发季节。根据黄海海域赤潮发生的历史纪录，1978年在胶州湾发现的赤潮可能是黄海海域最早的赤潮记录。

20 世纪 80 年代后期，苏北沿海有骨条藻和夜光藻形成赤潮的记录。90 年代以后，在青岛近海、烟台海域记录了近 20 次赤潮。自 2000 年以来，黄海海域赤潮发生频率显著增加，至 2008 年年底，已记录赤潮 62 次。与其他海域相比，黄海海域发生的赤潮规模很小，只有 2005 年连云港海州湾发生的中肋骨条藻赤潮面积超过 1000km²。

黄海海域形成赤潮的生物种类相对较少，主要是中肋骨条藻、丹麦细柱藻 *Leptocylindrus danicus*、诺氏海链藻 *Thalassiosira nordenskioeldii*、浮动弯角藻等硅藻，夜光藻、红色哈卡藻 *Hakashiwo sanguineum＝Gymnodinium sanguinium*、米氏凯伦藻、裸甲藻、亚历山大藻等甲藻，以及针胞藻纲的赤潮异弯藻等，原生动物中的红色中缢虫在青岛近海也有多次赤潮记录。此外，1994 年还在虾塘中记录到一次隐藻赤潮。在黄海沿岸的各个海湾中，胶州湾内的赤潮多以硅藻赤潮为主；在烟台四十里湾，红色哈卡藻是主要的赤潮生物；在连云港海州湾海域，近年来多次出现甲藻赤潮，如 2005 年和 2006 年的裸甲藻赤潮，2008 年虾塘沟渠中的微小亚历山大藻赤潮，以及 2009 年发生的米氏凯伦藻赤潮等。

黄海海域的赤潮规模不大，因而造成的危害相对较低，只有 2005 年的中肋骨条藻赤潮造成了约 5×10⁶ 元的经济损失（国家海洋局，1989～2008（之 2005））。但是，黄海海域近期多次发现有毒赤潮，其危害效应值得密切关注。2008 年，在连云港发生了一起食用杂色蛤导致的中毒事件，1 人死亡，6 人中毒。跟踪调查发现，虾塘的沟渠中有高密度的微小亚历山大藻，应用高效液相色谱在藻类和贝类中检出了高浓度的麻痹性贝毒毒素。此外，在北黄海的养殖扇贝中也有麻痹性贝毒检出。对于黄海海域的有毒赤潮及其潜在的危害效应应给以密切关注。

对于黄海海域赤潮形成机制的认识非常有限。但是，根据黄海海域标准断面的长期调查（Lin et al.，2005），黄海海域营养盐的浓度和结构也有明显变化，突出表现在硝酸盐浓度的提高和氮磷比、氮硅比的上升，在浮游植物群落中，甲藻相对于硅藻的优势也越来越突出。因此，黄海近岸海域甲藻赤潮及其危害效应值得密切关注。

三、中国沿海赤潮灾害的演变趋势与应对策略

纵观我国沿海的赤潮问题可以看出，我国近海的赤潮正呈现出发生频率上升、规模扩大、赤潮生物种类增多、赤潮危害加剧等显著的特点。近 30 年来，我国近海赤潮爆发次数以每十年增加 3 倍的速率上升（图 17.5）；赤潮的规模也在不断扩大，20 世纪 80 年代以前，藻华灾害影响范围一般不超过几百平方千米，从 90 年代末开始，藻华灾害影响范围动辄达几千甚至上万平方千米；同时，赤潮生物种类也在不断增多，20 世纪的赤潮生物多以骨条藻等无毒硅藻为主，而近期亚历山大藻、米氏凯伦藻、裸甲藻、东海原甲藻等有毒有害甲藻不断出现。米氏凯伦藻已经在我国沿海四个海域都形成过赤潮，棕囊藻也在渤海、东海和南海形成过赤潮。特别值得强调的是，在我国以往较少出现的大型藻藻华近期也屡屡出现，在山东半岛、海南三亚、广西北海等地形成藻华。2008 年，黄海海域发生了特大规模浒苔藻华灾害，影响海域面积近 3×10⁴km²，是文献报道中全球规模最大的一次绿潮灾害事件。同时，赤潮的危害效应也在不断加剧，有毒有害赤潮所占的比例越来越高，对于人类健康、水产养殖和自然生态构成了巨大的威胁。

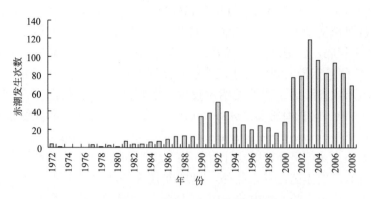

图 17.5　20 世纪 70 年代至今中国沿海赤潮发生情况
（根据梁松等（2000）和中国海洋灾害公报资料绘制）

　　在全球范围内，近海赤潮的变化趋势与我国非常相似，这与近海富营养化不断加剧、全球变化效应逐渐显现以及赤潮藻类的全球散播存在密切的关系。对于我国近海赤潮灾害的演变趋势、过程及其危害效应，我们的认识还非常肤浅，亟待通过生态学和海洋学多学科的交叉综合研究，对不同赤潮藻类的适应策略、赤潮灾害形成与演变的机制、富营养化的驱动机制，以及赤潮对生态系统的危害机理等开展系统研究，才有可能作出科学回答，并提出合理可行的防范对策和措施。

参 考 文 献

包澄澜. 1991. 海洋灾害及预报. 北京：海洋出版社

陈颙，陈棋福，张尉. 2007. 中国的海啸灾害. 自然灾害学报，16（2）：1～6

陈颙，史培军. 2007. 自然灾害. 北京：北京师范大学出版社

陈运泰，杨智娴，许力生. 2005. 海啸、地震海啸与海啸地震. 物理，34（12）：864～872

国家海洋局. 1989～2008. 中国海洋灾害公报

国家海洋局. 2000～2008. 中国海洋环境质量公报

李起彤，许明光. 1999. 台湾及邻近地区的海啸. 国际地震动态，1：7～11

梁松，钱宏林，齐雨藻. 2000. 中国沿海的赤潮问题. 生态科学，19（4）：44～50

林凤翱，卢兴旺，洛昊等. 2008. 渤海赤潮的历史、现状及其特点. 海洋环境科学，27（supp. 2）：增 1～增 5

刘光鼎. 1992. 中国海区及邻域地质地球物理特征. 北京：地质出版社

刘宁，潘国伟，李春盛等. 1999. 辽东湾赤潮污染海区贝类软海绵酸的染毒情况调查分析. 中国公共卫生，15（3）：209～210

刘勇，李广雪，邓声贵等. 2002. 黄河废弃三角洲海底冲淤变化规律研究. 海洋地质与第四纪地质，22（3）：27～34

龙华，周燕，余骏等. 2008. 2001～2007 年浙江海域赤潮分析. 海洋环境科学. 27（增刊 1）：增 1～增 4

聂利华，江天久，杨维东等. 2005. 麻痹性贝毒在广州市售经济贝类中污染状况分析. 卫生研究，34（1）：92～94

彭艳菊，孟小红，吕悦军等. 2008. 我国近海地震活动特征及其与地球物理场的关系. 地球物理学进展，23（5）：1377～1388

齐雨藻等. 2003. 中国沿海赤潮. 北京：科学出版社

《气象知识》编写组. 1974. 气象知识. 上海：上海人民出版社

钱宏林，梁松，齐雨藻. 2000. 广东沿海赤潮的特点及成因研究. 生态科学，19（3）：8～16

任于灿，周永青. 1994. 废弃的黄河三角洲的地貌特征及演化. 海洋地质与第四纪地质，14（2）：19～28

沈文周. 2006. 中国近海空间地理. 北京：海洋出版社

时连强，夏小明.2008.我国淤泥质海岸侵蚀现状与展望.海洋学研究，26（4）：72～78

苏纪兰.2001.中国的赤潮研究.中国科学院院刊，16（5）：339～342

苏纪兰，袁业立.2005.中国近海水文.北京：海洋出版社

孙永福，段淼，吴桑云等.2006.黄河三角洲北部岸滩的侵蚀演变.海洋地质动态，22（8）：7～11

汪素云，时振梁，环文林.1990.中国近海地震活动特征.海洋学报，12（2）：194～199

王晓青，吕金霞，丁香.2006.我国地震海啸危险性初步探讨.华南地震，26（1）：76～80

王颖，吴小根.1995.海平面上升与海滩侵蚀.地理学报，50（2）：120～127

王忠岱.2005.黄河三角洲北部海岸侵蚀研究.青岛海洋研究所博士论文

魏柏林，康英，陈玉桃等.2006.南海地震与海啸.华南地震，26（1）：47～60

吴施卫，卢楚谦，朱小山等，2005.广东沿海麻痹性贝毒素的地理分布特征.海洋环境科学，24（3）：40～43

徐韧，洪君超，王桂兰等.1994.长江口及其邻近海域的赤潮现象.海洋通报，13（5）：25～29

杨港生，赵根模，邱虎.2000.中国海洋地震灾害研究进展.海洋通报，19（4）：74～85

杨华庭.1987.海啸及太平洋海啸警报系统.海洋预报，S1：68～76

杨华庭，田素珍，叶琳等主编.1993.中国海洋灾害四十年资料汇编（1949～1990）.北京：海洋出版社

叶琳，王喜年，包澄澜.1994.中国的地震海啸及其预警服务.自然灾害学报，3（1）：100～103

尹延鸿，周永清，丁东.2004.现代黄河三角洲海岸演化研究.海洋通报，23（2）：32～40

于志刚，米铁柱，谢宝东等.2000.二十年来渤海生态环境参数的演化和相互关系.海洋环境科学，19（1）：15～19

俞燎霓.2005.云娜台风登陆前移向移速变化分析.浙江气象，2：1～4

赵庚星，张万清，李玉环等.1999.GIS支持下的黄河口近期淤蚀动态研究.地理科学，19（5）：442～445

中国气象局上海台风研究所.2006.中国热带气旋气候图集.北京：科学出版社

中国人民解放军空军司令部.1975.天气学教程（第二分册）.北京：解放军空司出版发行

仲德林，刘建立.2003.黄河改道后河口至黄洋海港海岸冲蚀变化研究.海洋测绘，23（1）：49～52

周名江，于仁成.2007.有害赤潮的形成机制、危害效应与防治对策.自然杂志，29（2）：72～77

周名江，朱明远，张经.2001.中国赤潮的发生趋势和研究进展.生命科学，13（2）：55～59

周名江，朱明远.2006.我国近海有害赤潮发生的生态学、海洋学机制及预测防治研究进展.地球科学进展，21（7）：673～679

邹景忠.2003.赤潮灾害.见：曾呈奎，徐鸿儒，王春林主编.中国海洋志.河南：大象出版社

GEOHAB.2001.Global Ecology and Oceanography of Harmful Algal Blooms，Science Plan.Glibert and Pitcher eds.SCOR and IOC，Baltimore and Paris

Huang K H.2006.Analysis of heavy rain at the rear of Typhoon rananim.Meteorological，2：98～103

Lin C，Ning X，Su J，et al.2005.Environmental changes and the responses of the ecosystems of the Yellow Sea during 1976～2000.Journal of Marine Systems，55（3～4）：223～234

Zhou M J，Shen Z L，Yu R C.2008.Responses of a coastal phytoplankton community to increased nutrient input from the Changjiang（Yangtze）River.Continental and Shelf Research，28：1483～1489

第十八章　海洋污染与海洋环境保护[*]

　　海洋是一个巨大的生态系统。由于人类活动的影响，海洋也成了各类污染物的汇聚地。营养盐、重金属、有机污染物等通过各种途径进入海洋。进入海洋环境的这些污染物有些可以通过海洋的自净作用分解或者降解，但是当污染物超过海洋的自净能力时，就会严重影响海洋水体的质量，进而威胁海洋生态系统的结构和功能。另外，污染物的生物放大与生物富集作用，可以使其沿着食物链进行传递，最终会影响处于食物链顶端的人类。

　　海洋污染已成为全世界瞩目的环境议题。海洋污染的特点是：污染源多，持续性强，扩散范围广，难以控制。本·哈朋 2008 年在 "Science" 杂志上发布的《人类对海洋影响的全球地图》（Halpern et al.，2008）中指出，捕鱼、化学垃圾排放、污染、海运等人类活动，使 1/3 的海洋受到严重影响，而未受到人类活动侵害的海洋不足 4%。目前，海洋污染有石油污染、赤潮、有毒物质累积、塑料污染和核污染等几个方面。

　　中国沿海经济发展和人类海上活动频繁，浅海、滩涂水产养殖膨胀，港口、码头海运活跃，海上石油开发力度加大，沿海城市化速度加快，大量工业废水和生活污水排放入海，使部分海域遭到不同程度的污染，对海洋生物和生态系统、沿海居民生活环境都产生了不可忽视的影响。因此，对我国海区污染与环境状况的系统了解与分析，有助于加强我国海域环境的保护和防治。

第一节　中国沿海污染源[①]

　　2008 年，我国实施监测的入海排污口共 525 个，其中，渤海沿岸 96 个、黄海沿岸 185 个、东海沿岸 112 个、南海沿岸 132 个。上述排污口中，工业和市政排污口占 64.8%，排污河和其他排污口占 35.2%。

一、中国沿海工业污染源

　　中国沿海 11 个省（区、市）共有工矿企业 6 万多家。2008 年的入海排污口污水排海总量（含部分入海排污河径流）约 373×10^8 t。全国重点陆源入海排污口以混合排污口与工业排污口为主，工业排污口主要集中在东南沿海经济发达地区（图 18.1）。排入渤海、黄海、东海和南海的分别占总量的 23.1%、36.6%、19.4% 和 20.9%。

---

　　[*]　本章作者：王新红。在原《中国海洋地理》第二十三章的基础上修改、补充
　　[①]　本节资料源于中国海洋环境质量公报（2000～2008）

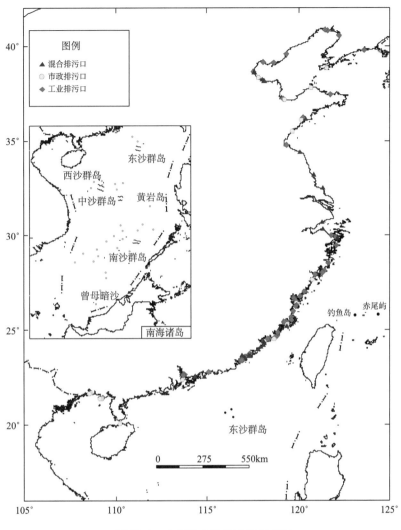

图 18.1　全国重点陆源入海排污口

入海排污口排海的主要污染物总量约 $836×10^4$ t，排海污染物中，约 26.0% 进入渤海，47.4% 进入黄海，11.5% 进入东海，15.1% 进入南海（2008 年）。

（一）中国沿海工矿企业分布及污水排放量[①]

1. 渤海

2006 年渤海沿岸有各类主要工矿企业 1724 家，污水排放量达 $5.67×10^8$ t。2004～2006 年沿渤海各类主要工矿企业数量、入海陆源工业废水排放量及处理情况见表 18.1。与 20 世纪 80 年代相比，沿海企业数和工业废水排放量变化不大，但由于废水治理设施

---

①　本小节资料源于中国环境保护部环境统计年报（2004～2006）

数量的增加和完善，废水达标排放量有所增加。

表 18.1　渤海入海陆源工业废水排放量及处理情况（2004～2006 年）

年份	企业数/个	工业废水排放量 /×10⁴ t	直接入海量 /×10⁴ t	废水排放达标量 /×10⁴ t	废水治理设施数 /套
2004	861	39 123	6 953	37 448	801
2005	997	69 825	6 122	67 321	1 153
2006	1 724	56 774	3 970	54 926	1 307

2. 黄海

2004～2006 年沿黄海的各类主要工矿企业数量、入海陆源工业废水排放量及处理情况见表 18.2。与 20 世纪 80 年代相比，沿海企业数增了 3 倍，80 年代企业只有 685 家，2006 年企业则有 2186 家；工业废水排放量也有所增大，但由于废水治理设施的增加和完善，废水排放达标量有所增加。

表 18.2　黄海入海陆源工业废水排放量及处理情况（2004～2006 年）

年份	企业数/个	工业废水排放量 /×10⁴ t	直接入海量 /×10⁴ t	废水排放达标量 /×10⁴ t	废水治理设施数 /套
2004	1 315	25 392	2 722	24 920	905
2005	2 360	68 510	42 356	67 617	1 748
2006	2 186	70 167	38 644	69 199	1 641

3. 东海

2004～2006 年东海沿岸各类工矿企业和污水排放量见表 18.3。与 20 世纪 80 年代相比，2006 年主要工矿企业 5408 家比 1986 年的 10 871 家有所减少，2006 年排放工业污水 20.16×10^8 t，比 80 年代的 13.98×10^8 t 明显增加，但废水排放达标量也有所增加。

表 18.3　东海入海陆源工业废水排放量及处理情况（2004～2006 年）

年份	企业数/个	工业废水排放量 /×10⁴ t	直接入海量 /×10⁴ t	废水排放达标量 /×10⁴ t	废水治理设施数 /套
2004	2 836	138 458	70 325	134 999	3 281
2005	4 410	177 164	78 910	172 697	4 689
2006	5 408	201 617	79 034	187 039	6 929

4. 南海

2004～2006 年南海沿岸各类工矿企业和污水排放量见表 18.4。2006 年主要工矿企业 4662 家比 1986 年的 6215 家有所减少，2006 年排放工业污水 10.2×10^8 t，比 20 世纪 80 年代的 9.01×10^8 t 略高，但由于废水治理设施的增加和完善，废水排放达标量增加。

表 18.4　南海入海陆源工业废水排放量及处理情况（2004～2006 年）

年份	企业数/个	工业废水排放量/$\times 10^4$ t	直接入海量/$\times 10^4$ t	废水排放达标量/$\times 10^4$ t	废水治理设施数/套
2004	3 857	74 116	4 518	64 352	4 207
2005	4 070	87 214	7 086	78 675	4 042
2006	4 662	102 019	6 295	93 010	4 530

（二）中国沿海工矿企业污染物入海通量

2006 年，入海排污口排海的主要污染物（含以化学需氧量 COD、生化需氧量 BOD 等水质指标为代表）总量约 1298×10^4 t。其中，COD_{Cr} 638×10^4 t，占 49.2%；悬浮物 598×10^4 t，占 46%；氨氮 18×10^4 t，磷酸盐 4×10^4 t，BOD_5 17×10^4 t，油类 10×10^4 t，重金属 4.6×10^4 t，挥发酚、氰化物、苯胺、硝基苯、铬、硫化物等 8.4×10^4 t。上述污染物约有 37.8% 被排入海水增养殖区，42.6% 排入港口航运区，4.4% 排入旅游区（度假和风景旅游区）和海洋自然保护区，2.6% 排入其他功能区，12.6% 排入排污区和污染治理区。四大海域的直排海污染物排放情况见表 18.5。

表 18.5　四大海域的直排海污染物排放情况

海区	废水/$\times 10^8$ t	COD_{Cr}/（$\times 10^4$ t/a）	氨氮/（$\times 10^4$ t/a）	总磷/（t/a）	石油类/（t/a）
渤海	9.3	9.2	1.05	910	598
黄海	1.9	2.6	0.19	270	64
东海	12.1	19.1	2.15	8 637	7 940
南海	12.5	17.8	1.27	2 177	1 114
合计	35.8	48.7	4.66	11 994	9 716

（1）渤海沿岸工矿企业污染物入海量（2004～2006 年）中，COD 与氨氮所占比例较大，与 20 世纪 80 年代相比，重金属的入海输入量有所减少（表 18.6）。

表 18.6　渤海 2004～2006 年沿海工业排放的污染物入海通量（t）

年份	汞	镉	铅	砷	六价铬	挥发酚	氰化物	COD	石油	氨氮
2004	0.002	0	0	0.148	3.120	5.554	2.0	139 065.6	517.1	6 789.0
2005	0.060	1.870	3.50	0.998	0.133	11.194	2.6	242 673.9	904.8	15 519.9
2006	0	0	0	0.017	0.086	8.9	1.5	199 077.5	727.9	10 361.4

（2）黄海沿岸工矿企业污染物入海量（2004～2006 年）以 COD 的排放为最多，达 8.08×10^4 t（表 18.7），其次氨氮的排入量也较高，达 8636t。重金属、挥发酚等的输

入较 20 世纪 80 年代降低较多。

表 18.7　黄海 2004~006 年沿海工业排放的污染物入海通量（t）

年份	汞	镉	铅	砷	六价铬	挥发酚	氰化物	COD	石油	氨氮
2004	0	0.01	0.136	0.678	1.434	4.234	0.7	42 348.3	34.4	2 002.1
2005	0	0.01	0.60	1.723	2.158	21.54	3.4	80 800.9	463.8	8 636.3
2006	0	0.028	0.087	0.142	1.178	21.6	3.2	71 312.9	365.0	6 727.9

（3）东海沿岸工矿企业污染物（2004~2006 年），几乎全部通过河流入海，其中长江分担率最高，见表 18.8。COD 的排放最高，达 20.45×10^4 t，其次氨氮的排放量也高达 1.89×10^4 t。同样，重金属、挥发酚、氰化物等的输入较上世纪 80 年代降低很多。

表 18.8　东海 2004~2006 年沿海工业排放的污染物入海通量（t）

年份	汞	镉	铅	砷	六价铬	挥发酚	氰化物	COD	石油	氨氮
2004	0.021	0.003	0.046	0.090	5.391	9.7	9.3	119 549.7	927.4	9 887.7
2005	0.028	0	0.220	0.549	5.391	8.0	13.1	175 869.1	794.1	12 188.6
2006	0.050	0.004	0.470	0.678	17.818	14.9	19.5	204 541.3	447.5	18 976.3

（4）南海沿岸工矿企业污染物入海量（2004~2006 年）中，通过河流入海的占绝大部分（表 18.9），主要污染物依然为 COD 和氨氮，其余污染物均有所减少。

表 18.9　南海 2004~2006 年沿海工业排放的污染物入海通量（t）

年份	汞	镉	铅	砷	六价铬	挥发酚	氰化物	COD	石油	氨氮
2004	0.012	0.144	2.488	0.513	5.537	8.4	9.1	133 029.9	96.4	6 770.1
2005	0.011	0.316	3.820	1.117	7.235	6.0	10.4	134 446.3	165.1	8 755.5
2006	0.011	1.014	3.507	0.167	6.536	3.3	6.6	139 722.4	183.3	5 793.6

二、中国沿海城镇生活污染源

中国沿海有各类型城镇千余个，其中大中城市有上海、天津、广州、大连、青岛和烟台等 20 多个。它们是经济发达地区，从特定意义上来说，也是严重的污染源。据统计（表 18.10，表 18.11），2004 年广东省城镇生活污水排放量居全国各城镇之冠，2005 年上海市生活水排放量居全国各城镇之冠。2004 年中国沿海城镇生活排污总量为 $321\ 375 \times 10^4$ t，2005 年为 $2\ 458\ 269 \times 10^4$ t。污染物以有机质占绝对优势，其中包含不少天然有机物质，如蛋白质、纤维素、淀粉和脂肪等，以及大量粪便和洗涤剂等。COD 和氨氮占污染物总量 90% 以上。2004 年污水处理厂数总计为 65 座，2005 年增加至 702 座，污水处理量从 $83\ 703 \times 10^4$ t/a 增加到 $860\ 942 \times 10^4$ t/a，国家的城镇生活污水治理能力有很大的提高。

表 18.10　全国城镇生活排污量统计（2004 年）

省份	污水处理厂数 /座	生活污水排放量 /×10⁴t	处理量 /×10⁴t	COD 排放量 /t	氨氮排放量 /t
辽宁	1	3 840	1 295	18 933	2 923
河北	0	2 513	0	10 242	1 127
天津	1	2 675	863	17 425	1 634
山东	8	7 615	3 112	23 472	2 546
江苏	3	22 381	1 431	78 122	8 446
上海	9	31 822	5 463	64 469	6 033
浙江	8	25 764	4 175	98 284	5 519
福建	1	19 629	59	93 059	10 864
广东	24	173 972	61 040	311 366	40 100
广西	1	8 716	994	28 886	2 297

表 18.11　全国城镇生活排污量统计（2005 年）

省份	污水处理厂数 /座	生活污水排放量 /×10⁴t	处理量 /(×10⁴t)	COD 排放量 /t	氨氮排放量 /t
辽宁	9	93 286	39 667	305 950.9	43 357.3
河北	36	79 707	31 305	251 084.0	30 929.4
天津	9	30 280	5 656	136 013.9	13 067.4
山东	14	16 514	6 376	60 337.2	6 753.1
江苏	41	16 514	6 376	60 337.2	6 753.1
上海	39	114 055	53 997	13 269.3	22 198.1
浙江	18	15 220	8 393	42 171.4	4 421.0
安徽	6	36 309	11 885	108 440.5	13 972.6
河南	18	77 793	27 612	204 488.8	29 314.3
山西	5	21 860	7 441	77 949.3	9 078.3

三、中国沿海农业污染源

中国沿海农业耕作中，1985 年以前主要施用有机氯农药，1985 年后，有机磷、有机氯、菊酯类等农药占据了主导地位，包括甲胺磷、乐果和敌敌畏等有机磷杀虫剂。虽然有机氯农药已经停用多年，但是由于其高毒性、高残留性，以及能长距离传输等特点，使得它成为海洋环境中的重要污染物。表 18.12 列出 2000 年沿海各主要省份农药单位面积施用量。从表中可以看出福建省的施用量最大。但目前未见最新统计数据。

表 18.12　2000 年沿海各省农药单位面积施用量（kg/hm²）

省份	福建	浙江	广东	江苏	山东
单位面积农药施用量	36.09	30.71	25.89	18.07	18.25

四、中国沿海港口和船舶污染源

我国大陆海岸线由北到南长达 18 000km 多，沿海港湾众多，大小港口星罗棋布，来往船舶数以万计。由于海上运输频繁，船舶增加迅速，船舶成为沿岸的主要流动污染源，大量含油污水排出，含油量高达 2000t/a（表 18.13）。

表 18.13　中国沿海油田与海上平台的排污水、排油量统计

油田与平台	排污水量/(×10⁴t/a)	排油量/(t/a)	排入海湾
辽河	113	394	辽东湾
大港	1216	569	渤海湾
胜利	617	2116.3	莱州湾、渤海湾
海上平台（2002）	6769	1608	
海上平台（2001）	5094	1445	
海上平台（2000）	4648	1358	

五、中国沿海油田污染

目前中国沿海已开采的油田有 3 个：辽河、大港和胜利油田。此外，渤海、东海和南海尚有若干海上采油平台，它们共同构成油田污染源。

至 2008 年（表 18.14），全国共有海上石油平台 136 个，含油污水年排海量约 11 675×10⁴t，钻井泥浆年排海量约 55 925t，钻屑年排海量约 39 224t。其中油气田以黄渤海最多，但含油污水年排海量和钻井泥浆年排海量以南海为最高。

表 18.14　2008 年各海区海上油（气）田分布及排污状况统计

海区	石油平台数量/个	生产污水排放量/×10⁴m³	钻井泥浆排放量/m³	钻屑排放量/m³
渤黄海	99	850.55	16 025.46	28 833.35
东海	5	204.00	857.00	270.60
南海	32	10 621.30	39 033.40	10 120.40
合计	136	11 675.85	55 925.86	39 224.35

资料来源：2008 年中国海洋环境质量公报（注：表中数据为 2007 年 12 月至 2008 年 11 月统计结果）

第二节　中国近海海域污染现状[*]

一、中国近海海域污染

根据 2008 年《中国海洋环境质量公报》显示，我国四大海区全海域未达到清洁海

---

[*]　本节资料源于中国海洋环境质量公报（2000～2008）及中国近岸海域环境质量公报（2001～2007 年）

域水质标准的面积约为 $13.7 \times 10^4 \mathrm{km}^2$，其中较清洁海域面积约 $6.5 \times 10^4 \mathrm{km}^2$，污染海域面积约 $7.2 \times 10^4 \mathrm{km}^2$。污染海域主要分布在辽东湾、渤海湾、莱州湾、长江口、杭州湾、珠江口和部分大中城市近岸局部水域。海水中的主要污染物依然是无机氮、活性磷酸盐和石油类。

对陆源入海排污口的监测显示，2007 年实施监测的 573 个入海排污口中，约 87.6％的排污口超标排放污染物，污水排海总量（含部分入海排污河径流）约 $359 \times 10^8 \mathrm{t}$，所含的主要污染物总量约 $1219 \times 10^4 \mathrm{t}$。四大海区中，渤海沿岸超标排放的排污口比例依然最高，达 91％。在监测的 18 个生态监控区中，约 78％的生态系统处于亚健康或不健康状态。

（一）石 油 污 染

监测资料表明，油类是中国近海的主要污染物。海上石油污染主要发生在河口、港湾及近海水域、海上运油线和海底油田周围。据统计，我国每年通过各种渠道泄入海洋的石油和石油产品约占全世界石油总产量的 0.5％，倾注到海洋的石油量达 $200 \sim 1000 \times 10^4 \mathrm{t}$，由于航运而排入海洋的石油污染物达 $160 \sim 200 \times 10^4 \mathrm{t}$，其中 1/3 左右是油轮在海上发生事故导致石油泄漏造成的。

2005 年我国原油消费量为 $3 \times 10^8 \mathrm{t}$ 左右，已成为仅次于美国的世界第二大石油消费国。由于石油产地与消费地分布很不均匀，我国进口的石油 90％以上是通过海上船舶运输来完成的。即使中哈、中俄输油管建成后，仍将有 80％的石油需从海上运输。随着我国石油战略储备计划的实施，以及未来对石油需求的增加，石油海上运输量还将继续攀升，使原本就十分繁忙的海运环境更趋复杂，从而使海洋石油污染风险继续走高。

据 2006 年 7 月上海国际海事论坛的一份报告显示，1973 年至 2003 年，我国沿海共发生船舶溢油事故 2353 次，平均 3.5 天发生一起；溢油量在 50t 以上的重大溢油事故 62 起，总溢油量达 34 189t。近年来，重大海洋石油污染事故屡屡发生。2004 年 12 月 7 日，二艘外籍船在珠江口海域发生碰撞，导致 1200t 余的燃油泄漏；2005 年 4 月 3 日，载运 119 574t 原油的葡萄牙籍"阿堤哥"油轮在大连海域触礁，造成附近海域污染。

2001～2006 年中国近海海域石油污染的统计结果表明，全国近岸海域海水中石油类平均浓度和样品超标率均有下降趋势。但其中浙南、营口、盘锦、杭州湾、三亚、福州、海口、北海、沧州、深圳等海域都出现过较高浓度的污染，超标现象严重（中国近岸海域环境质量公报 2001～2007 年）。

（二）以水质指标反映的有机污染

1. 溶解氧 DO 和化学需氧量 COD

根据 1978～1988 年资料表明，中国近海水体的充氧状况良好，DO 的平均值变化不大。然而 20 世纪 90 年代后，中国海岸逐渐出现低氧问题。北端的锦州湾、辽河口、莱州湾，中部的长江口，南端的厦门湾、汕头海域、珠江口和香港周边海域等地，都有低氧区的报道（中国海湾志编纂委员会，1997；韩舞鹰，1998；Li et al.，2002；Yin et al.，2004；王继龙，2004；孟春霞等，2005；Dai et al.，2006）。1999 年 8 月在长江口 123°E 附近水域发现存在 $\rho DO < 1mg/L$ 的贫氧现象，8 月份分布范围最大，11 月份消失。2002 年秋季海域 DO 含量整体处于不饱和状态，其不饱和程度自西向东、由表至底逐渐加剧，大部分断面在水深 20m 左右存在明显 DO 跃层，在 50m 等深线（123°E 附近）底层仍然存在较大面积 DO 低值区，但其溶解氧含量较夏季已有所上升，面积也有所减小（宁修仁等，2004；朱建荣，2004）。

2001～2007 年的统计结果表明，全国近岸海域海水 COD 平均浓度和样品超标率均有所下降。近年来，COD 的平均浓度和样品超标率的变化趋势不大。2001～2007 年间，四大海域中，渤海、黄海和东海的 COD 均有不同程度的上升或下降，但南海保持下降趋势。其中营口、舟山、福州、嘉兴海域的 COD 污染相对较严重。

2. 营养盐类

20 世纪 80 年代以来，影响我国近岸海域水质的主要污染因子是无机氮和活性磷酸盐。1985～1988 年资料表明，中国近海水体中营养盐类超标严重，且无机氮较活性磷酸盐污染更为严重。四个海区中以东海为甚，无机氮和磷酸盐平均值分别高达 0.48mg/L 和 0.017mg/L，超标率分别为 84.93% 和 66.8%，其中无机氮监测数据中有近 90% 超过三类海水水质标准（0.40mg/L），最大值高达 10mg/L 以上。2001～2007 年统计资料显示（表 18.15），全国近岸海域海水无机氮和活性磷酸盐仍有超标，但其平均浓度和超标率均有显著的下降趋势。四大海域中东海无机氮浓度均值和样品超标率均最高，其余依次为渤海、黄海和南海，无机氮浓度均值和样品超标率水平相当；东海活性磷酸盐浓度均值和样品超标率均最高，渤海、黄海和南海活性磷酸盐浓度均值和样品超标率水平相当。

表 18.15　中国近海海域水体中营养盐平均浓度

年份	无机氮		活性磷酸盐	
	浓度/(mg/L)	超标率/%	浓度/(mg/L)	超标率/%
2001	0.002～3.66	67.9	nd～0.374	59.9
2002	0.009～3.010	49.0	nd～0.988	49.2
2003	0.003～3.400	37.5	nd～0.275	23.6
2004	0.003～2.76	31.8	nd～0.173	23.5
2005	0.003～2.43	30.5	nd～0.245	20.3
2006	0.002～2.43	31.4	nd～0.328	14.4
2007	0.004～3.69	34.1	nd～0.239	13.4

注：nd 表示未检出，下同。海水超标率计算统一采用《海水水质标准》（GB3097～1997）中的二类海水标准作为评价标准

（三）重金属污染

20 世纪 80 年代，中国近海海域水体中重金属有不同程度的检出，但超标率不高。2001～2007 年调查发现，水体中汞、镉、铅和铜的污染存在超标现象（表 18.16）。其中

部分海域铅污染较为严重，超标率相对较高，2001 年铅的超标率达到 63%，个别海域铜、汞、镉有超标现象。四大海域中，渤海铅的平均浓度最高。在锦州近岸、营口、天津、连云港、福州、厦门和深圳海域，出现过较高浓度铅的污染。在盘锦、盐城、汕头、泉州、锦州海域，出现过相对较高浓度铜的污染。在锦州、盘锦、福州、泉州海域，都出现过浓度相对较高的汞污染。在营口、连云港、珠海海域，出现过浓度相对较高的镉污染。

表 18.16　中国近海海域水体中重金属平均浓度

年份	汞		镉		铅		铜	
	浓度 (μg/L)	超标率 /%	浓度 (μg/L)	超标率 /%	浓度 (μg/L)	超标率 /%	浓度 (μg/L)	超标率 /%
2001	nd~0.980	6.6	nd~9.00	2.0	nd~50.0	62.9	nd~100.0	25.9
2002	nd~0.450	7.9	nd~1.70	2.5	nd~24.0	48.6	nd~49.9	22.2
2003	nd~0.600	0.8	nd~3.62	未超标	nd~31.0	3.4	nd~18.7	5.1
2004	nd~0.67	3.4	nd~4.98	未超标	nd~28.2	6.4	nd~170	8.0
2005	nd~0.19	未超标	nd~6.0	0.1	nd~27.3	2.5	nd~41.0	0.7
2006	nd~0.400	0.2	nd~10.0	0.1	nd~9.87	2.2	nd~25.0	0.8
2007	nd~0.190	未超标	nd~4.90	未超标	nd~16.3	4.0	nd~22.6	1.4

注：海水超标率计算统一采用《海水水质标准》（GB3097~1997）中的二类海水标准作为评价标准

（四）有机氯农药污染

据 1997~2007 年资料（表 18.17），中国近海海域水体中六六六类农药（HCHs）的含量不高，除南海大亚湾外，均低于一类海水水质标准中规定的浓度限值（<1μg/L）。其中大连湾和海南岛的东寨港和小海湾的含量较低，约 3ng/L（刘华峰等，2007）。中国近海海域水体中滴滴涕类农药 DDTs（DDE+DDD）的含量不高，除大亚湾的部分海域外，均低于我国一类海水水质标准中规定的浓度限值（<0.05μg/L）。大亚湾水体中有机氯农药和多氯联苯（PCBs）的含量，水体中 HCHs 介于 35.5~1228.6ng/L 之间，DDTs 为 26.8~975.9ng/L，PCBs 为 91.1~1355.3ng/L（丘耀文等，2002）。珠江干流河口洪季、枯季水体中有机氯农药总量（颗粒相和溶解相）分别是 9.7~26.3ng/L、41.7~122.5ng/L，洪季、枯季 HCHs 总量分别为 5.8~20.6ng/L、13.8~99.7ng/L，DDTs 总量分别是 0.52~1.13ng/L、5.85~9.53ng/L，珠江干流河口水体的 DDTs 比值向口门方向有逐渐递增趋势，表明沿程（特别是东江网河区）不断有浓度相对较高的 DDT 输入，或仍有新使用的 DDTs 农药进入珠江干流水体（杨清书等，2005）。

表 18.17　中国各海域水体中 HCHs，DDTs 和 PCBs 的浓度（ng/L）

海区	20 世纪 80 年代		20 世纪 90 年代		21 世纪初	
	HCHs	DDTs	HCHs	DDTs	HCHs	DDTs
渤海	160~203	10~50			50~750	
黄海	9~235		0.96~3.34	0.65~2.02		
东海	3~690	160~1200	0.58~515	0.16~234		
南海	1~104	nd	35.5~1228.6	26.8~975.9	1.31~1230	0.27~975.9

二、中国近海海域沉积物污染[①]

沉积物中污染物的含量远比海水中高，甚至高出几个数量级。一般由河口、潮间带向浅海污染物浓度逐渐减少，其浓度等值线常与海岸线平行。污染物在表层的含量高于底层，表层含量变化反映污染源和环境条件的变化影响。2008年近岸海域沉积物质量状况显示，沉积物污染的潜在生态风险尚低（图18.2）。部分海域沉积物受到铜、镉、石油类和PCBs污染，个别站位石油类污染严重。近海和外海沉积物质量总体良好，综合潜在生态风险低，但渤海中部局部海域沉积物已受到DDTs的污染，南海外海沉积物已受到PCBs的污染。

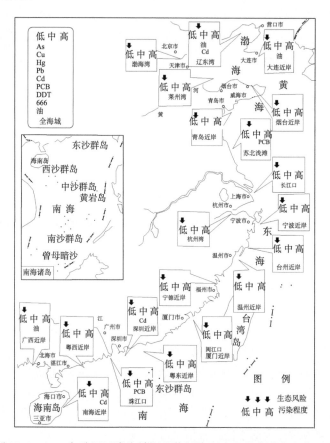

图18.2 2008年我国近岸海域沉积物污染程度和综合潜在生态风险
(2008年中国海洋环境质量公报)

1998年8～10月，徐恒振等（2000）进行了一个航次的全国海域（黄海、渤海、东海和南海四大海区以及近岸35个重点海区）沉积物污染基线调查。主要调查了有机质、硫化物、油类、总氮、总磷、汞、镉、铅、砷以及难降解有机污染物（DDTs、

---

① 本节中底质污染物单位为：g/g

PCBs、多环芳烃（PAHs）、酞酸酯类）等。其中，总氮和总磷是营养要素，其指标可反映海区沉积环境的富营养化程度；有机质、硫化物、油类等可综合反映海区沉积环境的有机污染情况；汞、镉、铅、砷等可反映海区沉积环境重金属的污染情况；难降解有机污染物 DDTs、PCBs、PAHs、酞酸酯尽管在海洋环境中含量低，但毒性大，对海洋生物有致畸、致突变和致癌作用，因此受到关注。

（一）重金属污染

1. 汞

中国沿海底质汞的含量水平为 $0.019\times10^{-6}\sim2.166\times10^{-6}$，超标率为 5.5%，最大超标倍数为 10.8。与 80 年代 $0.07\times10^{-6}\sim0.14\times10^{-6}$ 相比，汞的含量总体上升。

渤海海区汞的含量水平为 $0.020\times10^{-6}\sim2.166\times10^{-6}$，超标率为 15.2%，最大超标倍数为 10.8。黄海海区的含量水平为 $0.039\times10^{-6}\sim0.470\times10^{-6}$，最大超标数为 2.3%。东海海区的含量水平为 $0.046\times10^{-6}\sim0.103\times10^{-6}$，均未超标。南海海区的含量水平为 $0.019\times10^{-6}\sim0.32\times10^{-6}$，最大超标倍数为 1.6。35 个重点海区中沉积物汞重污染海区有 3 个：锦州湾（超标率 100%，最大超标倍数 10.83）、大窑湾—大连湾（超标率 12.0%，最大超标倍数 2.15）、烟台—威海（超标率 14.0%，最大超标倍数 2.35）。污染海区有珠江口（超标率 14.0%，最大超标倍数 1.60）。其余海区未污染。

2. 镉

中国沿海海域底质镉的含量水平为 $0.02\times10^{-6}\sim7.02\times10^{-6}$，超标率为 8.4%，最大超标倍数为 7.02。与 20 世纪 80 年代的 $0.18\times10^{-6}\sim0.5\times10^{-6}$ 相比，镉的含量也是总体上升。

渤海海区镉的含量水平为 $0.12\times10^{-6}\sim7.02\times10^{-6}$，超标率为 33.3%，最大超标倍数为 7.0。黄海海区的含量水平为 $0.09\times10^{-6}\sim1.4\times10^{-6}$，最大超标倍数为 1.4。东海海区的含量水平为 $0.04\times10^{-6}\sim0.24\times10^{-6}$，均未超标。南海海区的含量水平为 $0.11\times10^{-6}\sim0.69\times10^{-6}$，均未超标。沉积物镉重污染海区在辽河口-双台河口（超标率 100%，最大超标倍数 2.40）和锦州湾（超标率 100%，最大超标倍数 4.97）。

3. 铅

中国沿海海域底质铅的含量水平为 $10.0\times10^{-6}\sim59.5\times10^{-6}$。与 20 世纪 80 年代的 $21\times10^{-6}\sim23\times10^{-6}$ 相比，铅的含量在一些海区下降，在某些海区上升。

渤海海区铅的含量水平为 $10.1\times10^{-6}\sim32.5\times10^{-6}$。黄海海区的含量水平为 $10.0\times10^{-6}\sim29.1\times10^{-6}$。东海海区的含量水平为 $13.5\times10^{-6}\sim29.7\times10^{-6}$。南海海区的含量水平为 $12.7\times10^{-6}\sim59.5\times10^{-6}$。北海市近岸沉积物铅污染海区超标率 25%，最大超标倍数 1.19。

4. 砷

中国沿海底质砷的含量水平为 $1.95\times10^{-6}\sim33.5\times10^{-6}$，超标率为 5.5%，最大超

标倍数为 1.7。渤海海区的含量水平为 $8.8 \times 10^{-6} \sim 20.2 \times 10^{-6}$。黄海海区的含量水平为 $4.56 \times 10^{-6} \sim 29.2 \times 10^{-6}$。东海海区的含量水平为 $3.08 \times 10^{-6} \sim 5.04 \times 10^{-6}$，均未超标。南海海区的含量水平为 $8.00 \times 10^{-6} \sim 33.5 \times 10^{-6}$，超标率为 15.2%。其中珠江口（超标率 86%，最大超标倍数 1.68）是重污染区；黄河口（超标率 25%，最大超标倍数 1.10），威海市（超标率 14%，最大超标倍数 1.46），北海市近岸（超标率 25%，最大超标倍数 1.31）是污染区。

（二）有机质污染

有机质是底质的重要环境指标，一般认为正常值为 $1.0 \times 10^{-2} \sim 1.5 \times 10^{-2}$，如超过 3.4×10^{-2} 时，表明底质已受污染。

中国沿海底质有机质的含量水平为 $0.09 \times 10^{-2} \sim 5.97 \times 10^{-2}$，超标率为 3.95%，最大超标倍数为 2.0。渤海海区的含量水平为 $0.12 \times 10^{-2} \sim 5.97 \times 10^{-2}$，超标率为 3.95%，最大超标倍数为 2.0。黄海海区的含量水平为 $0.11 \times 10^{-2} \sim 4.85 \times 10^{-2}$，超标率为 8.33%，最大超标倍数为 1.6。东海海区的含量水平为 $0.09 \times 10^{-2} \sim 3.83 \times 10^{-2}$，超标率为 1.32%，最大超标倍数为 1.3。南海海区有机质的含量水平为 $0.09 \times 10^{-2} \sim 2.62 \times 10^{-2}$，均未超标。四个海区污染程度的排序为：黄海＞渤海＞东海＞南海，具有由北向南下降的趋势。

（三）硫化物污染

硫化物也是底质质量的重要环境指标，一般认为底质硫化物含量大于 300×10^{-6}，表示底质已受污染。若大于 1000×10^{-6}，则生物无法生存。中国近海海域底质硫化物的含量水平为 $0.115 \times 10^{-6} \sim 7105 \times 10^{-6}$，超标率为 12.4%，最大超标倍数为 23.7。渤海海区的含量水平为 $0.115 \times 10^{-6} \sim 602 \times 10^{-6}$，超标率为 5.88%，最大超标倍数为 2.0。黄海海区的含量水平为 $0.115 \times 10^{-6} \sim 1298 \times 10^{-6}$，超标率为 8.33%，最大超标倍数为 4.3。东海海区的含量水平为 $2.0 \times 10^{-6} \sim 7105 \times 10^{-6}$，超标率为 18.42%，最大超标倍数为 23.7。南海海区的含量水平为 $6.11 \times 10^{-6} \sim 1084 \times 10^{-6}$，超标率为 9.3%，最大超标倍数为 3.6。四个海区污染程度的排序为：东海＞南海＞黄海＞渤海。

（四）石油类污染

中国沿海海域底质的油含量水平为 $0.9 \times 10^{-6} \sim 135 \times 10^{-6}$，远未超过规定的标准（$1000 \times 10^{-6}$）。渤海海区的含量水平为 $1.0 \times 10^{-6} \sim 135 \times 10^{-6}$。黄海海区的含量水平为 $1.0 \times 10^{-6} \sim 46.6 \times 10^{-6}$。东海海区的含量水平为 $2.5 \times 10^{-6} \sim 28.0 \times 10^{-6}$。南海海区的含量水平为 $2.1 \times 10^{-6} \sim 60.7 \times 10^{-6}$。全部海区沉积物的油类均未超标。

（五）有机氯农药污染

中国沿海海域底质中有机氯农药含量不高（表 18.18），HCHs、DDTs 和 PCBs 均低于我国一类海洋沉积物规定的标准，且沉积物中 HCHs 和 DDTs 的含量都呈逐年下降趋势。在 20 世纪 80 年代，锦州湾有机氯农药含量较高（李洪，1998），最高值超标 11.7 倍，污染面积为 18.4km²。南海的 DDTs 普遍超标（4.7%～100%），其中粤东岸段浅海区超标率达 64.1%。北部湾 DDTs 超标率为 7.53%～11.6%，HCHs 超标率为 6.98%。刘现明等（2001）测定了大连湾沉积物中的有机氯农药和 PCBs，结果表明，沉积物中 HCHs 的浓度范围为 $0.027×10^{-9}$～$5.782×10^{-9}$，平均值为 $0.246×10^{-9}$；沉积物中 DDTs 的浓度范围为 $0.727×10^{-9}$～$5.723×10^{-9}$，平均值为 $2.208×10^{-9}$；沉积物中 PCBs 的浓度范围为 $0.040×10^{-9}$～$3.230×10^{-9}$，平均值为 $2.141×10^{-9}$，其浓度与 1996 年调查数据相比呈降低趋势。丘耀文等（2002）测定了大亚湾沉积物中有机氯农药和 PCBs 的含量，沉积物中 HCHs 为 $0.32×10^{-9}$～$4.16×10^{-9}$，DDTs 为 $0.14×10^{-9}$～$20.27×10^{-9}$，PCBs 为 $0.85×10^{-9}$～$27.37×10^{-9}$。陈伟琪等（2004）测定了珠江口表层沉积物中有机氯和 PCBs 的浓度，发现 HCHs、PCBs 和 DDTs 的浓度范围分别为 $0.28×10^{-9}$～$1.23×10^{-9}$、$0.18×10^{-9}$～$1.82×10^{-9}$ 和 $1.36×10^{-9}$～$8.99×10^{-9}$（干重）。张元标等（2004）研究了厦门海域表层沉积物中 DDTs、HCHs 和 PCBs 的含量及其分布。调查结果表明，厦门海域 HCHs 和 PCBs 含量较低，远低于国家海洋沉积物质量标准第一类底质标准的阈值，说明其污染已受到有效控制；但厦门海域表层沉积物中 DDTs 含量较高，部分海区已经超出或者接近国家海洋沉积物质量标准第一类底质标准的阈值。另外将厦门西港 HCHs 含量 $0.175×10^{-9}$～$0.603×10^{-9}$（干重），均值 $0.263×10^{-9}$（干重），与陈淑美等（1986）年检测的结果 $1.5×10^{-9}$～$27×10^{-9}$（干重），均值 $11×10^{-9}$（干重）和张珞平等（1996）年检测结果 $0.14×10^{-9}$～$1.12×10^{-9}$（干重），均值 $0.45×10^{-9}$（干重）相比较，厦门西港 HCHs 含量呈明显的下降趋势。

表 18.18　中国各海域沉积物中 HCHs，DDTs 和 PCBs 的浓度（$×10^{-9}$，干重）

海区	20 世纪 90 年代		21 世纪初	
	HCHs	DDTs	HCHs	DDTs
渤海	5.771～323.070	0.974～154.870		
黄海	7.535～92.302	2.118～72.299	0.027～5.782	0.727～5.723
东海		6.17～73.70	0.138～0.945	1.91～23.0
南海	0.28～4.16	0.14～20.27	0.16～1.49	0.03～76.13

三、中国近海海域生物污染

（一）生物体内残毒量

我国在近岸海域实施了贻贝监测计划，通过监测海洋贝类体内污染物的残留水平，评价我国近岸海域的污染程度和变化趋势。监测的主要贝类品种有菲律宾蛤仔、文蛤、四角蛤蜊、紫贻贝、翡翠贻贝、毛蚶、缢蛏和僧帽牡蛎等。2008 年的监测结果显示，我国近岸海域铅、镉、砷、石油烃和 DDTs 在部分贝类体内的残留水平超过海洋生物质量一类标准，其中个别站位贝类体内的石油烃、镉和砷的残留水平较高，超海洋生物质量三类标准。该结果表明，我国近岸海域局部环境受到了铅、镉和 DDTs 的轻微污染，个别站位石油烃、镉和砷的污染较为严重。

从表 18.19 看出，1997～2008 年，珠江口近岸贝类体内的 HCHs 有上升趋势，粤东近岸贝类体内的 HCHs 有下降趋势；辽东湾近岸贝类体内的 PCBs 有上升趋势；粤东、深圳、粤西、广西近岸贝类体内的 DDTs 显著下降；辽东湾近岸贝类体内的 PCBs 有上升趋势，闽江口至厦门、粤东、深圳近岸贝类体内的 PCBs 显著下降；其他海域 HCHs，DDTs 和 PCBs 都基本保持不变。

表 18.19 1997～2008 年近岸海域贝类体内污染物残留水平的变化趋势

海域	石油烃	总汞	镉	铅	砷	HCHs	DDTs	PCBs
大连近岸	—	—	—	—	—	—	—	—
辽东湾	—	—	—	—	—	—	—	↑
渤海湾	—	—	—	—	—	—	—	—
莱州湾	—	↓	—	—	—	—	—	—
烟台和威海近岸	—	⇑	—	—	—	—	—	—
青岛近岸	—	↓	—	—	—	—	—	—
苏北浅滩	—	—	—	—	—	•	—	—
南通近岸	—	—	⇓	↓	—	—	—	—
杭州湾和宁波近岸	—	—	—	—	—	—	—	—
三门湾和温州近岸	—	—	—	—	—	—	—	—
宁德近岸	—	—	—	↓	—	•	—	—
闽江口至厦门近岸	—	—	⇓	↓	—	•	—	⇓
粤东近岸	—	—	—	↓	—	↓	⇓	⇓
深圳近岸	—	↑	—	↓	—	—	⇓	⇓
珠江口	—	—	—	↓	—	↑	—	—
粤西近岸	—	—	⇓	↓	—	—	⇓	—
广西近岸	—	—	—	—	—	—	—	—
海南近岸	—	—	—	—	—	—	⇓	—
图例说明：	⇑显著升高　　↑升高			⇓显著降低　　↓降低		•数据年限不够　　—基本不变		

资料来源：2008 年中国海洋环境质量公报

薛秀玲等（2001）对福建省 15 个缢蛏和牡蛎样品中的有机氯农药（HCHs、DDTs）、PCBs 以及有机磷农药残留进行了检测，并对其污染来源进行了探讨。结果发现，有机磷农药敌敌畏、甲胺磷和有机氯农药 DDTs 的检出率较高，敌敌畏和甲胺磷的平均含量分别为 0.80ng/g 和 2.58ng/g（湿重），DDTs 平均含量为 8.84ng/g（湿重）。HCHs 和 PCBs 未检出。福建省内的闽江口和泉州湾的污染程度相对较高，但贝类体内污染物的含量均在食用卫生标准的控制下。方展强等（2001）测定了珠江河口区翡翠贻贝体内有机氯农药和 PCBs 的含量，结果显示，HCHs 为 nd～1.1ng/g（脂重），DDTs 为 9.5～191ng/g（脂重），PCBs 为 82.8～615.1ng/g（脂重）。贻贝选择性地积累含 5～6 个氯原子数的 PCB 异构体。王益鸣等（2005）测定比较了浙江沿岸海产品中有机氯农药的残留水平。结果表明，1998 年与 2003 年，浙江沿岸生物体内 HCHs 均值分别为 6ng/g（湿重）和 5ng/g（湿重），总体呈下降趋势；而 DDTs 均值由 1998 年的 28ng/g（湿重）上升到 2003 年的 58ng/g（湿重），增加了 107%，其中软体动物和甲壳动物中 2003 年的 DDTs 超标率为 97.1%，比 1998 年的 61.5%也有明显上升。

（二）污染物对生态环境的影响

1. 水域富营养化，赤潮频繁发生

由于大量工业废水、生活污水及农业灌溉排水，通过各种途径最后流入海洋，沿岸河口区和海湾营养盐不断增多，因而造成某些海域富营养化加剧，导致赤潮频发。

调查资料表明，赤潮已经发展成为我国近海最突出的环境问题，严重影响海产品的生产和海洋环境质量。渤海、黄海、东海和南海都有赤潮发生，且出现频率逐年增多，其中以东海为甚。2000～2008 年的统计结果表明（表 18.20），赤潮高发区集中在东海海域，大面积赤潮集中在渤海湾、长江口外和浙江中南部海域。赤潮多发期集中在 5～6 月，其中渤海集中在 5～7 月，黄海集中在 8～10 月，东海的集中在 5～6 月，南海则全年均有赤潮发生。

引发我国海域赤潮的优势生物种类主要为无毒的中肋骨条藻、具齿原甲藻（东海原甲藻）、夜光藻、角毛藻和具有毒害作用的米氏凯伦藻、棕囊藻、链状裸甲藻、亚历山大藻、血红哈卡藻、卡盾藻等。黄渤海区主要赤潮生物为夜光藻、中肋骨条藻和红色中缢虫，其中，中肋骨条藻为江苏沿海的主要赤潮生物种类，棕囊藻与米氏凯伦藻多次在渤海引发赤潮；东海区典型赤潮生物为具齿原甲藻和中肋骨条藻，但米氏凯伦藻近两年也成为主要赤潮优势种；南海海域主要赤潮生物为中肋骨条藻、棕囊藻和束毛藻等，其中红海束毛藻多次在广西沿海引发赤潮。

表 18.20 我国主要海域历年赤潮面积及发生次数（2000～2008 年）

海区	累计发生面积 km²/次数								
	2000	2001	2002	2003	2004	2005	2006	2007	2008
渤海	2 461/8	2 083/20	310/3	410/5	6 520/12	5 320/9	2 980/11	672/7	30/1
黄海	850/4	5 000/8	300/14	460/12	820/13	1 780/13	420/2	655/5	1 578/12
东海	12 446/11	6 458/34	9 000/51	12 990/86	17 880/53	19 270/51	15 170/63	9 787/60	12 070/47
南海	60/6	208/15	540/11	690/16	1 410/18	700/9	1 270/17	496/10	60/8
合计	15 817/29	13 749/77	10 150/79	14 550/119	26 630/96	27 070/82	19 840/93	11 610/82	13 738/68

资料来源：中国海洋环境质量公报（2000～2008 年）

2. 生物生长发育和栖息环境受到破坏

由于污染，江河、河口和海湾的生态环境遭到破坏，使生物无法生存。如黄浦江从吴淞口至米市渡的水面约 506.7km²，目前 26.8km² 已不能养鱼，241.2km² 受污染减产，每年损失约 70×10⁴ 元。1980～1981 年天津市先后在驴驹河、北塘口、南排污河出现毛蚶和鱼类死亡，其中驴驹河发生了宽 500m、长 5km 的死蚶带。在大量鱼虾死亡

的地区，DO 为零，有机污染严重。

2001～2008 年各海区严重受污染海域（劣于国家海水水质标准中四类海水水质的海域）（表 18.21）中，东海污染严重海域的面积最大，其次是黄海、渤海、南海。其中渤海湾的天津、营口、丹东近岸海域，黄海的连云港近岸海域，东海的长江口、杭州湾、宁波、温州近岸海域以及南海的珠江口，都有大面积的严重污染。这些海域的严重污染，已经使海洋生物生长发育和栖息环境受到不容忽视的污染和破坏。

表 18.21　2001～2008 年各海区严重受污染海域的面积（km^2）

年份	海区				合计
	渤海	黄海	东海	南海	
2001	3 380	3 010	64 010	3 550	3 550
2002	3 610	—	52 170	7 230	7 230
2003	6 090	12 220	31 160	11 930	11 930
2004	10 750	32 290	46 410	13 920	13 920
2005	10 900	21 060	44 170	5 350	5 350
2006	11 890	26 130	46 150	13 780	13 780
2007	17 040	19 140	48 250	9 560	9 560
2008	13 810	12 030	32 470	13 210	13 210

资料来源：中国海洋环境质量公报（2001～2008 年）

生物和环境是统一整体，环境条件变化必然会影响生物的生长和发育。海洋污染首先引起海洋生物的某些种类减少或消失，或伴随某些耐污染种数量增多，群落结构和生物种类组成逐渐发生变化，最后导致正常群落瓦解，甚至消失。

四、中国近海海域主要河口及海湾污染

（一）大连湾海域的污染

大连湾是一个半封闭的天然海湾。随着城市建设速度的加快，排入湾内的污水呈上升的趋势，导致大连湾部分水域生态环境恶化，底栖生物面临绝迹（杨新梅等，2001）。据 1975～2005 年的资料，虽然大连湾的镉、汞、铅、锌、铜污染度变化的时间段略有差异（表 18.22），但总趋势是从无污染或轻度污染发展到中度污染（杨君德等，2007）。将各金属元素在大连湾沉积物表层的含量与近百年来的最低值进行对比，其中镉的增幅最大。

表 18.22　大连湾沉积物中镉、汞、铅、锌、铜的年际变化（$\times 10^{-6}$）

重金属	均值		评价标准	背景值
镉	1975 年之前	0.073	0.5	0.068
	80 年代	0.64		
	1997 年	3.42		
	2005 年	0.17		

重金属	均值		评价标准	背景值
汞	1975 年之前	0.158	0.2	0.093
	1997 年	0.82		
	2005 年	0.24		
铅	1933 年之前	35	25	—
	1974 年之前	50		
	90 年代末	192.5		
	2005 年	44.2		
锌	1974 年之前	68.97	80	70
	80 年代	142.23		
	1997 年	376		
铜	1974 年之前	22.46	30	23.32
	80 年代	32.34		
	1997 年	56.40		

（二）锦州湾海域的污染

锦州湾也是我国严重污染的海湾之一。湾周围有数十家工矿企业，因工业迅速发展，海湾环境污染日趋严重（张玉凤等，2008）。尤其是湾西南端处五里河载入的污染物与五里河河口附近锌厂直接排海的污染物相汇合，在五里河河口末端形成锦州湾最大点污染源，引入了锦州湾的重金属污染，造成某些区域锌、镉、铅等金属严重超标，生态系统受到严重影响（范文宏等，2006）。

1. 石油

油污染对鱼虾生长、代谢和繁殖均有着十分重要的影响，能影响种群资源延续，造成资源补充量降低，对整个生态系造成损害。宛立等（2007）于 2001～2004 年间的研究结果表明，锦州海水样中石油的含量为 0.002～0.283mg/L，平均值为 0.069mg/L；而 20 世纪 70～80 年代时，锦州湾海域水体中石油含量高达 0.01～2.58mg/L，表明近年来锦州湾海域石油污染显著下降。从区域变化趋势看，大凌河口海域污染指数最高，污染最为严重，其次是双台子河口下游海域、辽河口海域与小凌河口海域。辽河口超标率最大，污染面最广；而锦州湾与小凌河口海域水质状况较好，石油类均未超过一类国家海水水质标准。

2. 重金属

锦州湾的部分地区沉积物重金属污染严重，生物毒性风险很高。范文宏等（2006）对锦州湾沉积物样品中镉、铬、锌、铜、铅和镍的总含量进行了测定（表18.23），发现在湾西南角五里河河口葫芦岛锌厂附近采集的沉积物样品中的重金属含量相当高，离锌厂最近的 1、2 样点处重金属含量极高，镉、锌、铜和铅 4 种重金属含量分别高达 488×10^{-6}、10446×10^{-6}、619×10^{-6} 和 1650×10^{-6}，说明该区域污染严重。随着与工厂距离的增加，沉积物样品中的镉、锌、铜和铅的含量逐步减少。各采样点样品中铬和镍含量的变化范围不大。该区域镉、锌、铜和铅的潜在生物毒性很大，6 种金属毒性大小依次为镉＞锌＞铅＞铜＞镍＞铬。从样点区域分布来看，连山河和五里河入海区以及葫芦岛锌厂附近海域的潜在生物毒性风险最重，沿西南方向至东北方向风险逐渐递减。张玉凤等（2008）还研究了锦州湾表层沉积物中锌、砷、铜和铅等的含量，与范文宏等（2006）研究的结果一致，发现该区域重金属已经达到极高的污染水平，部分区域长期处于高生态风险等级。

表 18.23　锦州湾 2001 年沉积物中重金属的含量（$\times10^{-6}$）

项目	镉	铅	锌	铜	铬	镍
均值	149.54	3893.06	3893.06	228.1	66.4	30.3
背景值	0.29	12.5	56	17	50	20

资料来源：锦州湾沉积物中重金属污染的潜在生物毒性风险评价（范文宏等，2006）

（三）渤海湾海域的污染

排入渤海湾的污染物成分复杂。渤海近岸海域污染主要是由陆源污染物引起的，陆源污染物约占入海污染物总量的 87%，而陆源污染物中由入海河口排入的约占 95%。污染物进入水体后，将会在水沙之间发生迁移，或随入海泥沙进入近岸海域，从而对渤海湾近岸海域造成污染（刘成等，2003）。已有研究表明，人类生活和生产活动已造成渤海沉积物中重金属含量的增加，其在沉积物中的沉积、分布变化主要受陆上排污及海湾和河口水动力条件的影响和控制。在某种程度上，渤海沉积物中重金属的时空变化体现了该海区生态环境地质演化的趋势（秦延文等，2007）。

1. 有机污染

随着黄河、海河、滦河、辽河流域社会经济高速发展和人口急剧增加，四大河流水系接纳的各种工业废水、城市生活污水、农业污水等逐年增加，导致河水水质逐渐恶化，有些入海河流的水质相当于地表水五类，甚至是劣五类（水利部黄河水利委员会，1999～2004）。王修林等（2006）总结了自 20 世纪 80 年代至 21 世纪初渤海湾各入海河流入海口的主要化学污染物（可溶性无机氮 DIN、总溶解性磷 TDP、COD）浓度，见表 18.24。

从表 18.24 可知，海河的 DIN 和 TDP 浓度均为最高。四大河流 COD 相差不大，海河略高。

根据农业统计年鉴，按 15% 的流失量估算，环渤海三省一市的氮流失量可达 8.5×10^4 t/a，磷流失量达 1.7×10^4 t/a。化肥使用不当，是造成渤海氮磷污染的主要面源之一。另外，环渤海三省一市每年流失泥沙大约 1.6107×10^8 t，可造成 1.5×10^4 t/a 氮和 1.1×10^4 t/a 磷流失。因此，自然土壤流失也是造成渤海氮磷污染的主要面源之一（表 18.25，表 18.26）。

表 18.24   自 20 世纪 80 年代至 21 世纪初，黄河、海河、滦河和

辽河入海口中主要化学污染物浓度（mg/L）

河流	DIN	TDP	COD
变化范围			
黄河	0.15～1.97	0.01～0.28	1.22～18.02
海河	0.03～9.82	0.01～1.82	1.00～33.20
辽河	0.09～3.12	0.002～0.11	3.73～107.6
滦河	0.13～1.89	0.002～0.26	0.75～114.4
平均值±SD			
黄河	0.7±0.9	0.09±0.16	8.3±7.6
海河	3.3±7.9	0.7±0.6	15.8±10.3
辽河	0.9±1.2	0.02±0.06	9.0±10.2
滦河	0.8±0.4	0.1±0.2	11.9±12.7
平均值	1.4±1.2	0.2±0.3	11.2±3.4

资料来源：渤海主要化学污染物海洋环境容量（王修林等，2006）

表 18.25   长江入海口 COD 和营养盐的流失量（t）

年份	COD	营养盐	合计
2008	5 668 246	100 803	5 769 049
2007	4 912 731	1 426 835	6 339 566
2006	5 047 978	1 215 409	6 263 387
2005	5 126 446	133 709	5 260 155
2004	7 803 303	64 386	7 867 689
2003	2 719 470	100 320	2 819 790
2002	2 479 438	1 826 349	4 305 787

资料来源：中国海洋环境质量公报（2002～2008）

表 18.26   黄河入海口 COD 和营养盐的流失量（t）

年份	COD	营养盐	合计
2008	336 899	24 200	361 099
2007	626 765	56 950	683 715
2006	670 315	57 371	727 686
2005	579 349	75 726	655 075
2004	630 105	104 200	734 305
2003	872 140	18 630	890 770

资料来源：中国海洋环境质量公报（2003～2008）

2. 石油污染

陆源含油污水排放是造成渤海海域石油烃污染的主要原因，其中局部海域石油烃污染较为严重。石油污染的不断加剧，致使海洋生态系统结构失衡，生物多样性指数减小，生物生产能力下降。王修林等（2004）分析了渤海海域石油烃污染状况，结果表明，调查海域石油烃平均浓度为 $25.7 \pm 13.6 \times 10^{-3}$ mg/L，变化范围为 4.4×10^{-3} mg/L～64.8×10^{-3} mg/L，其中渤海湾石油烃平均浓度为 19.4×10^{-3} mg/L～

36.6×10^{-3} mg/L，平均值为 26.8×10^{-3} mg/L。对于渤海海域而言，莱州湾、渤海湾近岸污染较严重，其他海域水质较好，全海域整体上石油含量达标。

3. 重金属污染

渤海湾污染地区主要集中在辽宁海区（张小林，2001），水体中铅的检出均值较高（表18.27，表18.28）。1999年以来，渤海海水中汞和铅略有升高，镉呈逐年下降趋势。渤海海域和近岸海水沉积物中均检出了铅、镉、汞和砷，含量分别为 18.3×10^{-6}、0.273×10^{-6}、0.057×10^{-6}、10.6×10^{-6}，已受到铅、镉、汞和砷的污染（表18.28）。在污染区域上，辽宁和天津近岸海域沉积物中已明显受到重金属污染。监测结果表明，近年来海域水质中汞、镉、铅浓度无显著变化，沉积物对水中铅、砷、汞具有富集作用。

表 18.27 渤海海域水体中汞、铅、镉的含量分布（1979～1998年）（mg/L）

污染物	项目	1979	1980	1981	1995	1996	1997	1998
汞	算数均值	0.011	0.27	0.22	0.034	0.105	0.40	0.039
	极小值	nd	nd	nd	nd	nd	nd	nd
	极大值	0.313	1.213	0.499	0.22	2.71	0.240	0.60
	超标率/%	2.7	7.8	4.1	0	0.7	1.8	1.8
铅	算数均值	3.15	3.18	2.86	3.35	4.60	4.40	4.32
	极小值	nd	0.54	nd	nd	nd	nd	nd
	极大值	24.60	18.06	7.99	19.0	30.0	32.6	34.4
	超标率/%	0.07	0	0.03	0	0	0	23.7
镉	算数均值	nd	0.106	0.121	0.742	1.004	0.926	0.409
	极小值	nd	nd	nd	nd	nd	nd	nd
	极大值	0.507	0.752	0.815	14.0	16.2	16.10	3.80
	超标率/%	0	0	0	1.5	2.0	0.6	0

注：海水标准采用中华人民共和国《海水水质标准》（GB3097-82）二级标准

资料来源：渤海海域海水、沉积物中铅、镉、汞、砷污染调查（张小林，2001）

表 18.28 渤海湾海域水、沿岸水、沉积物中铅、镉、汞的含量

污染物	海域水/(mg/L)		沿岸水/(mg/L)		沉积物/$\times10^{-6}$	
	均值	检出范围	均值	检出范围	均值	检出范围
铅	3.19	<0.07～32.63	5.57	<0.07～32.6	18.3	<15～29.5
镉	0.534	0.018～16.1	0.829	0.018～16.1	0.273	0.028～2.28
汞	0.027	<0.002～0.133	0.026	<0.08～0.100	0.057	0.007～0.320
砷	3.0	<1.3～12.4	0.889	0.18～16.1	10.6	7.80～15.6

资料来源：渤海海域海水、沉积物中铅、镉、汞、砷污染调查（张小林，2001）

渤海湾作为北方地区的重要海湾，其陆域边界为经济发达的京、津、唐地区，电子信息、石油化工、金属冶炼、汽车工业、生物技术与现代医药产业、制碱、食品、纺

织、建材等工业发达，是该区域的主要支柱产业；该海域同时也是我国重要的海产品基地。渤海湾的重金属污染主要来源于上述产业的生产废水。此外，该区域近海养殖业的发展也加剧了水质恶化（中国国家海洋局，2000～2008（之2004～2007年））。彭士涛等（2009）于2001年、2003年、2005年三年内，分别在每年的枯、丰、平水期，对渤海湾天津海域表层沉积物中的5种重金属即铜、锌、铅、镉、汞进行监测。结果显示，锌、汞的含量逐年有一定程度的下降，而铜、镉、铅的含量却略有增加，但均没有明显的变化趋势。对各采样监测点进行对比得出，重金属污染程度顺序为：内、外湾海水交汇处＞河流入口＞内湾＞外湾，说明河流的输入是重金属污染的重要来源，内、外湾海水的交汇加快了重金属沉积。生态危害评价显示：本海湾有轻微生态危害。镉的污染危害程度最大，锌的污染危害程度最小。5种重金属危害系数顺序为：镉＞汞＞铅＞铜＞锌。

（四）胶州湾海域的污染

近年来研究表明，胶州湾重金属含量都没有超过海洋沉积物质量标准中一类沉积物的质量标准（表18.29），但变化幅度较大，其中铬含量相差达到71.45×10⁻⁶。与表中采用的背景值相比，砷、镉、铬、铜的均值低于背景值，汞最大值小于背景值，铅、锌的均值大于该区的背景值。同胶州湾外海相比，胶州湾西部的重金属元素的均值（除

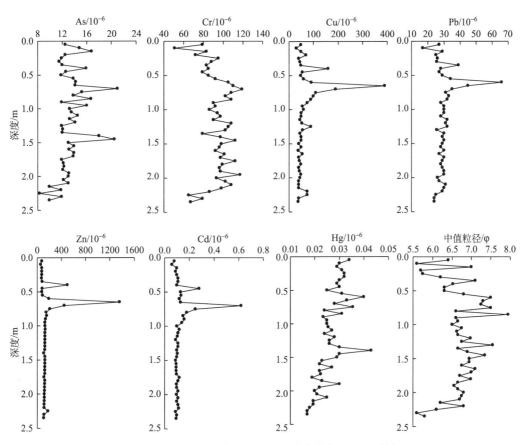

图18.3 2002年胶州湾东部重金属垂向分布特征（王红晋等，2007）

铅、锌外）小于胶州湾外海的均值。可见该区重金属元素浓度总体较低，沉积物环境质量较好（表 18.29）。重金属元素的垂向变化特征表明，沉积物环境质量总体上随时间变化不大，仅汞元素有逐渐富集现象（图 18.3）。重金属元素高值区主要分布在三角洲侧缘、水下三角洲平原潮滩和前三角洲泥质发育区，而低值区主要在分流河道、河口沙坝发育区。

表 18.29　胶州湾西北部沉积物重金属含量（2003 年）（$\times 10^{-6}$）

元素	最小值	最大值	均值/$n=60$	极差	标准差	国标	背景值	胶州湾外海均值/$n=163$
砷	3.07	12	5.98	8.93	1.79	20	6.28	8.44
镉	0	0.164	0.038	0.164	0.032	0.5	0.049	0.09
铬	1.95	73.4	30.04	71.45	15.31	80	66.63	48.58
铜	6.51	31.1	15.85	24.59	5.75	35	19.25	17.57
汞	0.007	0.181	0.036	0.174	0.024	0.2	0.23	0.04
铅	12.3	42.9	29.5	30.6	6.97	60	19.49	25.25
锌	21	93.2	53.1	72.2	18.5	150	39.98	47.51

资料来源：胶州湾西北部沉积物中重金属元素分布特征及评价（董贺平等，2007）

（五）长江口海域的污染

长江流域是我国经济最发达、人口最密集、工业最集中的地区。随着长江流域经济、社会的快速发展，人类活动对长江流域的扰动日益加剧，作为我国长江流域尤其是上海、江苏等地的纳污水体，长江口正日益受到工业排污、农田径流、城市生活废水污染、船舶航运产生的油污染等点源、面源和流动源污染。长江口及邻近海域营养盐、污染物含量显著增加，该地区已成为我国沿海水质恶化范围最大、富营养化严重乃至赤潮多发的区域。同时长江口河段属于中等强度的感潮河段，因此区域内水质污染复杂，污染来源十分复杂，污染途径多种多样，但人为污染是主要原因之一。到目前为止长江是输入东海陆源污染物最大的来源。长江流域吸纳了中国总工业废水的 45.2% 和生活污水的 35.7%。沿长江干流 21 个城市年平均污水排放量约为 $63\times 10^8 t$，年增长 3.3%。其中 70% 的城市没有遵守国家排放标准，这些污水最终通过长江口进入了东海。

1. 营养盐

长江是我国第一大河，也是注入西太平洋最大的河流，其多年平均径流量高达 $9.24\times 10^{11} m^3$，占全国入海总径流量的 51% 以上，年均输沙流量为 $4.68\times 10^8 t$，占全国入海输沙量的 23%。巨量的长江径流携带大量的营养盐入海，导致长江口及其邻近海域富营养化不断加剧，已成为我国有害赤潮发生最为严重的海区。

硅酸盐主要从长江、杭州湾各径流和沉积物输入；磷酸盐和硝氮主要从长江、杭州湾输入，向沉积物转移输出；氨氮从长江、杭州湾径流和大气湿沉降输入，沉积物输出；硝亚氮主要从长江、杭州湾输入。

长江口磷酸盐的平面分布，其表层由外海向长江口门呈明显的舌状形递增；南北向则呈中间向两端扩散状分布。长江口硝酸盐的平面分布，表层长江口内向外逐渐递减，即沿岸高外海低，由北向南逐渐递增，其中江苏启东沿岸海区明显偏高。

2. 重金属

长江口区重金属元素主要来源于长江径流带来的大量陆源物质，其分布主要受长江口的水动力条件和沉积作用的控制。表层沉积物中重金属元素的平面分布趋势显示，铜、铬、铅、锌等的高值区均位于 $30.5° \sim 31.5°N$、$122° \sim 122.92°E$ 的范围，即高值区主要分布在南支口外的长江水下三角洲地区。表层沉积物中重金属元素的分布，在东西纵向上表现为从口内到口外含量增加，达到一高值后又呈下降趋势，且下降幅度较大。南北横向的变化趋势与东西纵向的有些相似，即从南向北重金属元素的含量呈先低后高、再降低的变化趋势。因此，重金属元素的含量分布总体上在东西纵向上呈两侧低、中间高，而南北横向上则显示南高北低的格局。长江口底质环境评价结果表明，本区底质环境皆受到不同程度的污染，尤以南支口外相对较为严重。

3. 石油烃

长江口水域油含量分布范围为 $0.011 \sim 0.38mg/L$，平均含量为 $0.089mg/L$。其中春季平均含量为 $0.090mg/L$，夏季为 $0.079mg/L$；春季含量的标准偏差平均值（0.03）小于夏季的平均值（0.06），表明夏季各站的含量变化更为显著。2000～2001年，各水域间的含量较为接近，而2002年调查水域油含量普遍升高，其中以长江口水域的上升速度最快，2003年则略有回落。各水域中以长江河口水域的年际变化幅度最大，舟山渔场西侧水域的变化幅度最小。同一区域中，春季平均含量和单项指数值均略高于夏季，且春季超标率平均为夏季的1.8倍。

春季整个海区的单项指数值均超过1，大部分水域的单项指数值在1～2之间，占整个调查海域面积的80%左右；高值区（P>2）位于长江口内，约占整个调查区域面积的15%；在舟山东北部存在一个相对较低（约占总调查面积的5%）的高值区。春季长江口及其邻近海域主要受江浙沿岸水的影响，随着长江冲淡水向外扩展，油含量由口内逐步向外降低；舟山东北部高值区的大小则主要受在该区域生产作业船只数量的影响。

夏季调查海域油类分布不均匀，呈斑块分布，未超标区域面积约占整个调查区域面积的4%；整个区域单项指数值主要在0～1之间（约占总调查面积的64%）；高值区（P>2）的面积有所扩大，由春季的20%上升至32%。高值区位于舟山及其周围海域，受台湾暖流的影响，污染区域逐步向西北方向扩散；春季出现在长江河口水域的高值区已随着长江冲淡水的进一步加强而消失。

4. 有机污染物

刘征涛等（2006）对2002～2003年采集于长江河口区域的水样进行了检测分析，共鉴定出有机污染物9类234种，包括VOCs（挥发性有机化合物 volatile organic compounds）23 种、SVOCs（半挥发性有机化合物 semi-volatile organic compounds）211 种。其中属美国列出的 129 种优先控制污染物的有 49 种，属我国列出的 58 种优先控制污染物的有 24 种，属 GB3838-2002 控制的有 19 种。其中 PAHs、酯类、单环芳香族类、卤代烃类、酚类和醚类为该区域的主要有机污染物，这与长江沿岸城市及上海炼油、焦化、航运、化工、印染和有机合成等行业排放的有机污染物有直接关系。

卤代烃类中，三氯甲烷、四氯化碳和四氯乙烯的质量浓度相对较高，为 $0.271 \sim 1.254 \mu g/L$，且三者都为国际限用或禁用化学品。单环芳香族类中，苯、氯苯、1，2-二氯苯、1，4-二氯苯、1，2，4-三氯苯和 1，2，3-三氯苯的质量浓度相对较高，为 $0.150 \sim 0.242 \mu g/L$，且都具有生物积累性，其中苯为国际限用或禁用化学品。

在 SVOCs 中，PAHs、酯类、单环芳类的污染程度相对较高，污染程度排序为：PAHs＞酯类＞单环芳香族类。由于 PAHs 在环境中具有特殊的化学性质，可通过食物链的传递经生物积累而不断富集和放大，进而对海岸环境中的生物种群和群落、人体的健康造成严重威胁，并导致海岸生态系统最终发生衰变和退化。所以，PAHs 长期以来一直成为海岸环境优先监测和控制的污染物类别。苯并（a）芘的超标反映出 PAHs 对长江河口水体的潜在危害。

在长江河口区域，由于河、海水之间的掺混稀释作用，每年约有 $4.8 \times 10^8 t$ 入海泥沙的稀释沉降作用以及运移过程中生化反应的降解转化作用，故长江河口及其邻近海域对入海有机污染物有巨大的环境自净容量。因此，尽管在长江沿岸及其河口区域，由于工农业生产和人类活动每年有相当数量的有机污染物经河口入海，但水质状况基本符合相关标准。

（六）杭州湾海域的污染

连续近 3 年的监测结果表明，杭州湾生态系统处于不健康状态，但生态系统健康指数变化不大。水体呈严重富营养化状态，营养盐失衡，无机氮含量持续增高，但活性磷酸盐含量和超标面积呈下降趋势；石油类含量超一类海水水质标准的面积继续扩大；沉积物中 PCBs 含量呈增加趋势。近 5 年来杭州湾湿地面积每年减少 5％以上。生物群落结构状况依然较差，浮游植物密度继续呈上升趋势；浮游动物和底栖生物栖息密度仍然偏低；鱼卵、仔鱼种类少，密度低。陆源排污、滩涂围垦以及长江输水量减少等是导致杭州湾生态系统不健康的主要因素。

1. 水质指标 DO 和营养盐

对杭州湾海域的水质监测表明，该海域水体的 pH 值、DO 等因子尚能符合该海域环境功能需求。无机氮、活性磷酸盐是该海域的主要污染因子，COD 和石油类物质也是重要的污染因子。

DO 值历年均符合二类水质标（表 18.30），1997 年 DO 值最高达到 11.38mg/L，而 2002 年 DO 值却只有 5.43mg/L。COD_{Mn} 则仅 1997 年达到水质标准，1993 年和 2002 年均超出二类水质标准。无机氮和磷酸盐历年均超过了二类水质标准，1997 年无机氮超标倍数达 3.1～4.7 倍，2002 年磷酸盐超标倍数为 2～4.9 倍。石油类均符合二类海水标准。

表 18.30　杭州湾几种水质指标数据（mg/L）

年份	项目	最高值	最低值	平均值
1993	DO	0.51	0.44	0.474
	COD$_{Mn}$	1.26	0.74	0.92
1997	DO	0.49	1.13	0.71
	COD$_{Mn}$	0.91	0.46	0.60
	无机氮	5.73	4.1	4.83
	磷酸盐	1.4	1.17	1.27
	石油类	0.3	0.03	0.032
2002	DO	0.86	0.72	0.79
	COD$_{Mn}$	1.11	1.03	1.09
	无机氮	1.55	1.03	1.29
	磷酸盐	5.9	3.03	4.47
	石油类	0.43	0.27	0.35

　　杭州湾海域水体中 COD 的含量在湾顶段为最高，从湾顶段向湾口区含量逐渐降低，其来源主要为长江、钱塘江径流和沿岸排污的输入。湾顶段水体中的 COD 含量超过二类海水水质标准，湾中部和湾口门段水体中的 COD 含量均超过一类海水水质标准。COD 是杭州湾海域重要的污染因子之一。

　　杭州湾及相关海域水体中无机氮、活性磷酸盐的污染超标率由高至低依次为杭州湾、长江口、宁波及舟山海区，常年高值区主要出现在大、小河口段和排污口附近。水体中的无机氮含量全部超过四类海水水质标准，活性磷酸盐在杭州湾的湾顶和湾中段水体中的含量超过四类海水水质标准，在湾口段水体中的含量超过三类海水水质标准。

　　杭州湾海域水质受陆源影响显著，目前海域水体处于严重富营养化状态，是浙江沿海高营养盐海区之一。氮磷污染物主要来源于工农业废水排放和海水养殖。COD 在水体中的含量从湾顶至湾口逐渐降低，主要来自于长江、钱塘江径流的输入及沿岸排污的输入。石油类污染物含量在湾北部表层水体的超标率高于在湾南部表层水体的超标率，呈现湾中段低、湾顶段和湾口段高的分布态势，表明石油类污染物含量除了受陆源排污的影响外，还与各类船舶及大型石化企业长期的排污有密切关系。

2. 重金属

　　从各岸段表层沉积物重金属的平均含量（图 18.4）来看，长江口南岸明显高于杭州湾北岸、崇明东旺沙、九段中沙等岸段，一般高出 50%～180%，这与几大排污口均位于长江口南岸密切相关，表明重金属易于在排污口附近滩地形成累积。

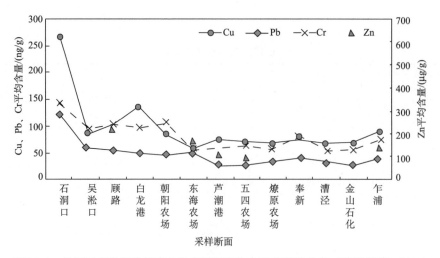

图 18.4　长江口南岸和杭州湾北岸表层沉积物中重金属的分布（陈振楼等，2000）

3. PAHs

陈卓敏等（2006）对杭州湾潮滩表层沉积物样品中的 PAHs 进行了定量分析。结果表明，沉积物中 PAHs 总含量范围为 45.78～849.93ng/g。PAHs 的空间分布总体顺序呈现钱塘江杭州河段＞杭州湾南岸＞杭州湾北岸。PAHs 的燃烧来源所占的比重较大，仅在金山石油化工区和镇海石油化工区附近等站点呈现明显的石油污染。

（七）珠江口海域的污染

珠江口自 2001 年以来一直是广东污染最严重的海域，污染上升趋势较为明显，富营养化十分严重。近 6 年的监测表明，珠江八大入海口污染物年入海总量都保持在 200×10^4 t 以上，致使珠江口近岸海域严重污染。广州市、东莞市、中山市近岸海域几乎全部被严重污染，深圳市西部海域、珠海市部分近岸海域也被严重污染。

由于持续污染，珠江口的生态系统已处于不健康状态。珠江口海域水体连续 5 年呈现严重富营养化状态，90％以上的水域无机氮含量超过《海水水质标准》四类标准，部分生物体内铅、镉、砷、总汞和石油烃含量偏高，生物群落结构异常。珠江口各重金属元素检出率均为 100％（表 18.31），深圳湾和淇澳岛西部水域表层含量最高，珠江口超标的重金属为铅、六价铬，其中铅超标幅度最大。该海域重金属指标均未能达到一类海水水质，个别区域仅为三类。各重金属污染所占比例见图 18.5。

珠江口表层沉积物重金属平均含量由高到低分别为锌、铬、铅、铜、镉、砷及汞（表 18.32），铅与铜的富集程度最高。将研究区重金属实测结果与背景值进行比较，砷、镉、汞、铜、铅、铬、锌的背景值分别为 10×10^{-6}、0.12×10^{-6}、0.15×10^{-9}、45×10^{-6}、55×10^{-6}、80×10^{-6}、105×10^{-6}。生物毒性很强的两种重金属汞和镉超过其背景值的站位比例较高，分别为 85.7％和 71.4％。在局部地区两者相对于背景值的倍数分别达 3.0～3.8，3.2～6.1。

表 18.31　珠江口海水重金属含量

项目	层次	深圳大鹏湾/(μg/L)	平均值/(μg/L)	检出率/%	珠江口/(μg/L)	平均值/(μg/L)	检出率/%
铜	表层	0.55～8.79	4.16	100	1.4～3.2	2.34	100
	底层	1.1～18.30	5.83	100	1.5～3	2.3	100
汞	表层	0.01～0.19	0.05	17	0.013～0.02	0.015	100
	底层	0.01～0.13	0.01	64	0.012～0.023	0.016	100
铅	表层	0.1～1.11	0.34	57	1～5.2	3.03	100
	底层	0.30～2.07	1.14	100	1～4	2.45	100
锌	表层	6.1～14.63	9.03	100	10.6～27.2	15.45	100
	底层	7.14～25.78	9.85	100	12.1～27.4	17.2	100
镉	表层	0.021～0.102	0.075	100	0.25～0.37	0.296	100
	底层	0.01～0.117	0.076	80	0.24～0.37	0.303	100
六价铬	表层	4～11	6.00	100	1.3～12.9	4.23	100
	底层	4～12	6.50	91	1.3～8	3.8	100

资料来源：深圳大鹏湾、珠江口海水有害重金属分布特征（黄向青等，2005）

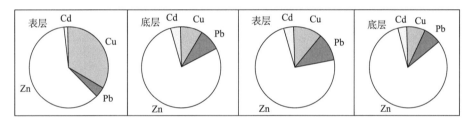

图 18.5　珠江口海水重金属元素比例（黄向青等，2005）

表 18.32　珠江口 2004 年沉积物中的重金属含量（×10⁻⁶）

项目	砷	镉	汞	铜	铅	铬	锌
最大值	35.6	0.7	0.4	66.5	116.0	120.0	237.0
最小值	5.5	0.04	0.01	15.4	30.9	53.7	64.3
偏态	0.2	2.1	0.6	−0.1	2.4	0.1	0.8
平均	21.1	0.2	0.2	39.4	53.3	86.3	130.4
峰值	−0.2	5.7	0.5	−0.9	8.3	−0.9	1.0
中数	19.5	0.2	0.2	40.4	53.4	83.7	123.5
众数	—	0.1	0.1	—	—	116.0	152.0
标准差	7.2	0.1	0.1	14.0	16.1	19.6	38.6

资料来源：珠江口表层沉积物有害重金属分布及评价（黄向青等，2006）

第三节　中国近海海域环境质量变化趋势及其防治对策

一、近年来环境质量变化

20 世纪我国海域环境质量公报表明，三氮、活性磷酸盐等营养盐类仍是我国近海的主要污染物。近年来，在一些海域有加重的趋势，富营养化突出，赤潮频频发生。其中长江口及其附近海域、珠江口海域、杭州湾、渤海湾西部、胶州湾、辽东湾北部等海域的营养盐含量高。

油类也是中国近海海域的重要污染物。由于沿海经济的快速发展，污染范围有所扩大，海区含油量有所增加，水质超标率较高。其中胶州湾、辽东湾北部、渤海湾西部油类含量高，污染严重。杭州湾、长江口、珠江口、舟山群岛、大连湾、秦皇岛等海域油类含量也较高，有一定的污染。

以黄海为例，2002～2006 年主要污染物是无机氮和磷酸盐。Lin 等（2005）总结了1976～2000 年黄海污染变化情况（图 18.6），发现黄海 DO、无机磷、硅等在 1976～2000 年间的黄海水体中的变化呈曲折下降趋势，无机磷的下降可能与含磷洗衣粉的减少，以及农田磷流失减少有关。硅含量的下降与水土流失保护的成效呈正相关。

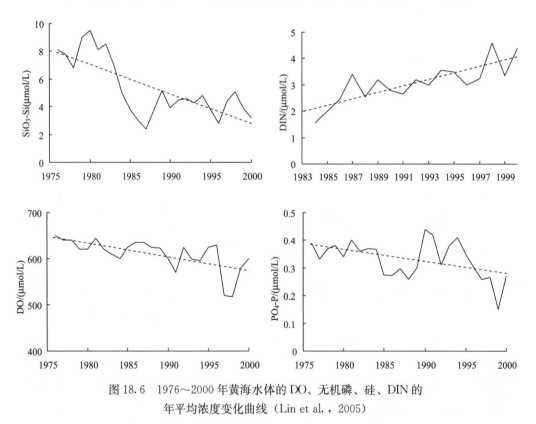

图 18.6　1976～2000 年黄海水体的 DO、无机磷、硅、DIN 的
年平均浓度变化曲线（Lin et al.，2005）

表 18.33 总结出 2001～2008 年中国海洋环境质量公报中各海区较清洁和污染海域

的面积。从表中可以看出，全海域内较清洁海域面积有较明显的逐年减少趋势，轻度、中度污染海域面积变化趋势不明显，处于波动上升阶段，而严重污染海域面积有一定下降趋势。总体而言，近年来污染海域面积有所下降。2004 年污染海域面积达最大值，为 103 370km²。四大海域中，东海污染海域面积最大，其次是黄海、南海、渤海。对于渤海海域，较清洁海域面积有明显的下降趋势，而轻度、中度、严重污染海域面积则都有不同程度上升的趋势，2008 年污染海域面积较 2001 年增加近 4 倍，达13 810km²。对于黄海海域，较清洁海域面积有一定的下降趋势，而轻度、中度、严重污染海域则波动上升，2004 年污染海域面积达最大值，为 32 290km²。对于东海海域，较清洁海域面积下降趋势显著，而污染海域面积近年趋于稳定。对于南海海域，较清洁海域面积变化幅度不大，但轻度、中度、严重污染海域面积都有一定程度的上升趋势。

表 18.33　2001～2008 年各海区较清洁和污染海域面积（km²）

海区	年度	较清洁海域	污染海域			
			轻度污染	中度污染	严重污染	合计
渤海	2001	15 610	1 300	710	1 370	3 380
	2002	28 220	2 140	460	1 010	3 610
	2003	15 250	3 770	850	1 470	6 090
	2004	15 900	5 410	3 030	2 310	10 750
	2005	8 990	6 240	2 910	1 750	10 900
	2006	8 190	7 370	1 750	2 770	11 890
	2007	7 260	5 540	5 380	6 120	17 040
	2008	7 560	5 600	5 140	3 070	13 810
黄海	2001	28 110	1 160	590	1 260	3 010
	2002	27 110	550	—	—	550
	2003	14 440	5 700	3 520	3 200	12 220
	2004	15 600	12 900	11 310	8 080	32 290
	2005	21 880	13 870	4 040	3 150	21 060
	2006	17 300	12 060	4 840	9 230	26 130
	2007	9 150	12 380	3 790	2 970	19 140
	2008	11 630	6 720	2 760	2 550	12 030
东海	2001	48 750	22 840	13 790	27 380	64 010
	2002	38 160	15 370	15 190	21 610	52 170
	2003	32 370	5 440	8 550	17 170	31 160
	2004	21 550	13 620	12 110	20 680	46 410
	2005	21 080	10 490	10 730	22 950	44 170
	2006	20 860	23 110	8 380	14 660	46 150
	2007	22 430	25 780	5 500	16 970	48 250
	2008	34 140	9 630	6 930	15 910	32 470

海区	年度	较清洁海域	污染海域			
			轻度污染	中度污染	严重污染	合计
南海	2001	6 970	410	560	2 580	3 550
	2002	17 530	1 800	2 130	3 100	7 230
	2003	18 420	7 100	1 990	2 840	11 930
	2004	12 580	8 570	4 360	990	13 920
	2005	5 850	3 460	470	1 420	5 350
	2006	4 670	9 600	2 470	1 710	13 780
	2007	12 450	3 810	2 090	3 660	9 560
	2008	12 150	6 890	2 590	3 730	13 210
合计	2001	99 440	25 710	15 650	32 590	73 950
	2002	111 020	19 870	17 780	25 720	63 370
	2003	80 480	22 010	14 910	24 680	61 600
	2004	65 630	40 500	30 810	32 060	103 370
	2005	57 800	34 060	18 150	29 270	81 480
	2006	51 020	52 140	17 440	28 370	97 950
	2007	51 290	47 510	16 760	29 720	93 990
	2008	65 480	28 840	17 420	25 260	71 520

注：清洁海域，指符合国家海水水质标准中一类海水水质的海域，适用于海洋渔业水域、海上自然保护区和珍稀濒危海洋生物保护区；较清洁海域，指符合国家海水水质标准中二类海水水质的海域，适用于水产养殖区、海水浴场、人体直接接触海水的海上运动或娱乐区，以及与人类食用直接有关的工业用水区；轻度污染海域，指符合国家海水水质标准中三类海水水质的海域，适用于一般工业用水区；中度污染海域，指符合国家海水水质标准中四类海水水质的海域，仅适用于海洋港口水域和海洋开发作业区；严重污染海域，指劣于国家海水水质标准中四类海水水质的海域

二、海洋环境保护对策

环境保护是我国的基本国策。"到 20 世纪末力争全国环境污染基本得到改善，自然生态基本恢复良性循环，城乡生产生活环境清洁、优美、安静，全国环境状况基本上能够同国民经济的发展和人民物质文化生活的提高相适应"。这是我国环境保护的奋斗目标。

我国环境保护和污染综合防治的主要内容为：①海洋环境调查评价；②近岸海域环境功能区划；③海域环境保护战略目标及总量控制目标；④海洋污染防治对策；⑤海洋生态环境保护对策。

1. 我国近岸海域环境功能区划简况

按照海水用途，海水水质要求分为 3 类：第一类适用于海洋生物资源保护和人类的安全利用（包括盐场、食品加工、海水淡化、渔业和海洋养殖等用水），以及海洋自然

保护区，在环境功能区划中这是重点（或特别）保护区；第二类适用于海水浴场及风景游览区；第三类适用于一般工业水、港口水域和海洋开发作业区。

有关部门在对全国近岸海域的环境质量基本概况进行大量调查评价的基础上，进行了环境预测，并充分考虑到近岸海域的使用现状及其历史过程，按照统一的原则和方法，汇总编制出全国近岸海域环境功能区划方案。该方案将中国近岸海域四大海区，划分为 792 个环境功能区，其中渤海海区 80 个，黄海海区 192 个，东海海区 107 个，南海海区 413 个。

2. 海洋环境污染总量控制

"九五"期间全国主要污染物排放总量控制计划确定控制 8 种废水污染物：COD、石油类、氰化物、砷、汞、铅、镉、六价铬。但不同的海域控制的重点不同。《国家环境保护"九五"计划和 2010 年远景目标》中确定，渤海重点控制石油类和营养盐类（氮、磷）；黄海重点控制石油类和有机物（COD）的污染；东海重点控制营养盐类入海量，减轻航道、港口油污染；南海重点控制石油污染，减少珠江口营养盐类入海量。

3. 海洋环境污染防治对策

我国海洋环境污染防治对策主要有：①合理调整产业结构及工业结构；②改善工业布局，优化排污口分布；③按海洋环境功能区划进行污染总量控制；④采取有力措施防止事故性油污染及面源污染。

4. 海洋生态环境保护对策

海洋生态环境保护的对策主要有：保护海洋生物多样性，强化海洋生物资源管理，防止海洋生态环境退化，改善生态环境，维护海洋生态平衡，保证海洋资源永续利用，实现海洋资源可持续发展。

2000 年《中华人民共和国海洋环境保护法》颁布实施，连同十几项条例和具体规章，初步形成了保护海洋环境的法规体系，执法工作逐步加强，以法治海取得了许多经验和成绩。

目前比较可行的能够解决主要问题的应当是抓紧修改与《海洋环境保护法》配套的《中华人民共和国防止船舶污染海域管理条例》、《中华人民共和国海洋石油勘探开发环境保护条例》、《中华人民共和国海洋倾倒废弃物管理条例》、《中华人民共和国防治陆源污染物污染损害海洋环境管理条例》、《中华人民共和国防治海岸工程建设项目污染损害海洋环境管理条例》和《防止拆船污染环境管理条例》。

我国在《中国海洋 21 世纪议程》中也提出了中国海洋事业的可持续发展战略，基本思路是：有效维护国家海洋权益，合理开发利用海洋资源，切实保护海洋生态环境，实现海洋资源的可持续利用和海洋事业的协调发展。我国 2001 年颁布的《海域使用管理法》规定了海域有偿使用制度，为我国海域的有偿使用提供了法律依据。

参 考 文 献

陈淑美，林志峰，林敏基. 1986. 厦门港湾表层沉积物 BHC 和 DDT 含量的分布. 台湾海峡，5（1）：32～37

陈伟琪，洪华生，张珞平等. 2004. 珠江口表层沉积物和悬浮颗粒物中的持久性有机氯污染物. 厦门大学学报（自然科学版），43（增刊）：230～235

陈振楼，许世远，柳林等. 2000. 上海滨岸潮滩沉积物重金属元素的空间分布与累积. 地理学报，55（6）：641～651

陈卓敏，高效江，宋祖光等. 2006. 杭州湾潮滩表层沉积物中多环芳烃的分布及来源. 中国环境科学，26（2）：233～237

董贺平，邹建军，李广雪等. 2007. 胶州湾西北部沉积物中重金属元素分布特征及评价. 海洋地质动态，23（8）：4～9

范文宏，张博，陈静生等. 2006. 锦州湾沉积物中重金属污染的潜在生物毒性风险评价. 环境科学学报，26（6）：1000～1005

方展强，张润兴，黄铭洪. 2001. 珠江河口区翡翠贻贝中有机氯农药和多氯联苯含量及分布. 环境科学学报，21（1）：113～116

韩舞鹰. 1998. 南海海洋化学. 北京：科学出版社

黄向青，梁开，刘雄. 2006. 珠江口表层沉积物有害重金属分布及评价. 海洋湖沼通报，3：27～36

黄向青，张顺枝，霍振海. 2005. 深圳大鹏湾、珠江口海水有害重金属分布特征. 海洋湖沼通报，4：39～44

李洪，付宇众，周传光等. 1998. 大连湾和锦州湾表层沉积物中有机氯农药和多氯联苯的分布特征. 海洋环境科学，17（2）：73～76

刘成，王兆印，何耘等. 2003. 环渤海湾诸河口底质现状的调查研究. 环境科学学报，23（1）：58～63

刘华峰，祁士华等. 2007. 海南岛东寨港区域水体中有机氯农药组成与时空分布. 环境科学研究，20（4）：70～74

刘现明，徐学仁，张笑天等. 2001. 大连湾沉积物中的有机氯农药和多氯联苯. 海洋环境科学，20（4）：40～44

刘征涛，姜福欣，王婉华. 2006. 长江河口区域有机污染物的特征分析. 环境科学研究，19（2）：1～5

孟春霞，邓春梅，姚鹏等. 2005，小清河口及邻近海域的溶解氧. 海洋环境科学，24（3）：25～28

孟翊，刘苍字，程江等. 2003. 长江口沉积物重金属元素地球化学特征及其底质环境评价. 海洋地质与第四纪地质，23（3）：37～43

宁修仁，史君贤，蔡显明等. 2004. 长江口和杭州湾海域生物生产力锋面及其生态学效应. 海洋学报，26（6）：96～106

彭士涛，胡焱弟，白志鹏. 2009. 渤海湾底质重金属污染及其潜在生态风险评价. 水道港口，30（1）：57～60

秦延文，苏一兵，郑丙辉等. 2007. 渤海湾表层沉积物重金属与污染评价. 海洋科学，31（12）：28～33

丘耀文，周俊良，Maskaoui K等. 2002. 大亚湾海域多氯联苯及有机氯农药研究. 海洋环境科学，21（1）：46～51

宛立，田继辉，马志强等. 2007. 辽东湾北部海域表层水体夏季油类的污染状况. 水产科学，26（9）：515～517

王红晋，叶思源，杜远生等. 2007. 胶州湾东部和青岛前海表层沉积物重金属分布特征及其对比研究. 海洋湖沼通报，4：80～86

王继龙. 2004. 辽河口水质调查及低氧区形成机理研究. 北京：北京化工大学出版社

王修林，邓宁宁，李克强等. 2004. 渤海海域夏季石油烃污染状况及其环境容量估算. 海洋环境科学，23（4）：14～18

王修林，李克强. 2006. 渤海主要化学污染物海洋环境容量. 北京：科学出版社

王益鸣，王晓华，胡颢琰等. 2005. 浙江沿岸海产品中有机氯农药的残留水平. 东海海洋，23（1）：54～64

徐恒振，周传光，马永安. 2000. 中国近海近岸海域沉积物环境质量. 交通环保，21（3）：16～18

薛秀玲，袁东星，吴翠琴等. 2004. 福建沿海养殖贝类中农药残留的含量及来源分析. 海洋环境科学，23（2）：40～42

杨君德，吕景才，周玮等. 2007. 大连市海域环境污染状况及治理建议. 海洋环境科学，36（3）：268～270

杨清书，麦碧娴，傅家谟等. 2005. 珠江干流河口水体有机氯农药的研究. 中国环境科学，25（Suppl）：47～51

杨新梅，陈志宏，焦亦平等. 2001. 大连湾海水环境质量状况分析. 海洋环境科学，20（4）：18～20

张珞平，陈伟琪，林良牧等. 1996. 厦门西港表层沉积物中DDTs，HCHs和PCBs的含量与分布. 热带海洋，15（1）：91～95

张小林. 2001. 渤海海域海水、沉积物中铅、镉、汞、砷污染调查. 黑龙江环境通报，25（3）：87～90

张玉凤，王立军，霍传林等. 2008. 锦州湾表层沉积物重金属污染状况评价. 海洋环境科学，27（3）：258～260

张元标，林辉. 2004. 厦门海域表层沉积物中DDTs、HCHs和PCBs的含量及其分布. 台湾海峡，23（4）：423～428

中国国家海洋局. 2000～2008. 中国海洋环境质量公报. 2000年，2001年，2002年，2003年，2004年，2005年，2006年，2007年，2008年

中国海湾志编纂委员会. 1997. 中国海湾志. 北京：海洋出版社

中国环境保护部. 2001～2008. 中国近岸海域环境质量公报. 2001年，2002年，2003年，2004年，2005年，2006年，

2007 年，2008 年

中国环境保护部. 2004~2006. 中国环境保护部环境统计年报. 2004 年，2005 年，2006 年

朱建荣. 2004. 长江口外海区叶绿素 a 浓度分布及其动力成因分析. 中国科学 D 地球科学，34（8）：757~762

Dai M H，Guo X H，Zhai W D，et al. 2006. Oxygen depletion in the upper reach of the Pearl River estuary during a winter drought. Marine Chemistry，102：159~169

Halpern B，Walbridge S，Selkoe K，et al. 2008. A global map of human impact on marine ecosystems. Science，319：948

Li D J，Zhang J，Huang D J，et al. 2002. Oxygen depletion off the Changjiang（Yangtze River）Estuary. Science in China，Series D—Earth Sciences，45（12）：1137~1146

Lin C，Ning X，Su J，et al. 2005. Environmental changes and the responses of the ecosystems of the Yellow Sea during 1976~2000. Journal of Marine Systems，55：223~234

Yin K D，Lin Z F，Ke Z Y. 2004. Temporal and spatial distribution of dissolved oxygen in the Pearl River Estuary and adjacent coastal waters. Continental Shelf Research，24：1935~1948

第十九章　海洋与国防安全[*]

第一节　概　　述

一、国防与海防（宋时伦，肖克等，1997）

国防是国家为防备和抵抗侵略、制止颠覆，保卫国家主权、领土完整和安全，而进行的军事活动以及与军事有关的政治、经济、外交、科技、教育等方面的活动，包括国防建设与国防斗争。国防是国家的重要职能之一，伴随着国家的产生而产生，有边防、海防、空防等。国防的巩固和强大是防备外来武装侵略和颠覆，维护国家稳定与安全的保证。

海防是国家在沿海地区和近海海域采取的防卫措施，是国防的重要组成部分。海防的主要任务是：抵御外国武装力量从海上方向的入侵和挑衅活动，保卫国家领海和海岛主权不受侵犯；维护国家对毗连区、大陆架和专属经济区的海洋专属权益；对国家规定的海峡、航道和海上禁区等实施管制；打击海上走私、贩毒、内潜外逃等非法活动。各国根据本国国情，确立海上防卫体制，建设相应的海上防卫力量及各种设施，组织海上防卫行动。

近代帝国主义入侵中国，大部分是从海上来的。新中国成立以后，海上安全形势仍很严峻。没有巩固的海防就难有巩固的国防。维护海防安全就是维护国防安全，海洋与国防安全密切相关。

二、海防的地域和空间

（一）有关名词的说明（高之国等，2006）

1. 《联合国海洋法公约》

《联合国海洋法公约》（以下简称公约）是在联合国主持下，各有关国家、地区和国际组织，经过长期的艰苦谈判而形成的一部国际法律文件，1994 年 11 月 16 日正式生效，已成为现代海洋法的权威文件。中国已于 1996 年 5 月 15 日批准了该公约，1996年 7 月，公约对我国正式生效。

公约规定了领海及毗连区、海峡和群岛国领海、专属经济区和大陆架、公海以及国际海底区域等。

---

* 本章作者：潘剑翔，钱曙华，徐建。经杨金森审阅

2. 领海及毗连区

公约规定，每个沿海国家都有权确定其领海的宽度，宽度为从领海基线量起不超过 12n mile。领海基线以内的水域，如江、河、湖泊、海湾等构成该国的内水。内水如同陆地领土一样，是沿海国领土的组成部分，沿海国对其拥有完全的排他的主权。领海基线是领海宽度的起算线。公约规定了三种划定领海基线的方法：正常基线、直线基线和混合基线。正常基线也称自然基线，即海水落潮时的低潮线。直线基线也称折线基线，即将相邻的两个基点相连，形成一条沿着海岸的折线，作为测算领海的基线。直线基线通常在海岸极为曲折且岛屿、礁滩、岩石众多，不能采用正常基线的情况下采用。混合基线是为适应不同情况，交替使用自然基线和直线基线的规定划定基线。中国实行的是直线基线。公约规定，领海及其上空、海床和底土受沿海国主权的支配。公约规定的毗连区，是从测算领海宽度的基线量起，不得超过 24n mile 的毗连沿海国领海一带的区域。我国划定的毗连区为 24n mile。

3. 海峡和群岛国领海

海峡可分为内海海峡、领海海峡、和非领海海峡三类。在领海基线以内的为内海海峡；海峡宽度在两岸领海宽度以内的为领海海峡；海峡宽度大于两岸领海宽度，在该海峡中存有超出两岸领海部分的海峡水域，这种海峡为非领海海峡。

群岛国领海，群岛国可以直线连接群岛最外缘各岛的最外缘各点，划定群岛基线。群岛基线相当于其他沿海国的领海基线，但群岛基线以内并不全都是群岛国的内水。只有按正常基线和直线基线法划定的基线以内的水域才是内水，其他部分被称为群岛水域，其地位相当于领海。

4. 专属经济区和大陆架

专属经济区是领海以外并邻接领海的一个具有特定法律制度的区域，其宽度自领海基线量起不超过 200n mile。

公约第 76 条规定："沿海国的大陆架包括其领海以外依其陆地领土的全部自然延伸，扩展到大陆边外缘的海床和底土"。"如果从测算领海宽度的基线起到大陆边外缘的距离不到 200n mile，则扩展到 200n mile 的距离"。

5. 公海

根据公约，公海是沿海国领海、专属经济区等管辖海域以外的海域。公约规定，"公海对所有国家开放，不论其为沿海国或内陆国"。

6. 国际海底区域

国际海底区域是指各国大陆架以外的深海海底，也即各国管辖范围以外的海床、洋底及底土。

（二）海防地域和空间观念的更新（王传友，2007）

沿海国家历史上的国防前线，是陆地的边界线和海岸线。中国明朝开创了中国历史上筹办海防的先河。在洪武皇帝朱元璋登基之时，正是中华民族面临倭患之际。因此，为奠定大明基业，朱元璋以极大的精力投入海防建设。他派出得力武将、开国功臣汤和、周德兴、张赫、徐辉祖等人，在沿海军事要地设置卫所，屯兵驻守，建立了初具规模的海防体系。清朝继承了明朝的海防思想和体制，"舍去外海、专于陆守"，把重点放在沿海口岸的炮台上。鸦片战争中，清朝以严守沿海口岸为作战方略，企图借助炮台之力，将敌堵于口岸之外。这种舍弃外海、死守炮台的消极战略指导，使清军遭受了重大损失。

随着领海的出现，就将领海的外侧线定为国防在海洋方向的前线。英国在 18 世纪成为海洋强国后，以其强大的海上实力，公开主张把海洋划分为属沿海国家主权范围的"领海"，以及不属于任何国家主权、各国均可自由航运的"公海"。"领海和公海"的概念提出以后，被国际社会普遍接受。1702 年，荷兰法学家宾克舒克在《论海上主权》中，首先提出陆上权力终止在武器力量终止之处的领海界线的理论，主张以当时大炮射程来确定国家领海宽度。由于领海宽度以海岸火炮的最大射程为限，因此，海洋方向的国防工事与兵力仍然主要部署在海岸线一带，海上防卫的主要区域是领海。从国家主权完整和安全需要出发，平时的国防前线在海洋方向应该是领海的外侧线。

随着《联合国海洋法公约》生效并各国逐渐付诸实施，产生了新的海洋国土观。公约确认的国家主权和海洋权益，包括领陆、领海、领空以及海底、底土及专属经济区、大陆架上的一切资源。因此，为保卫我国的主权和权益，今后海防的地域和空间概念也应该大大扩展。过去"领海外即公海"，"领海线即海防线"，以 12n mile 领海作为中国内地的"护城河"，以领海和海岸为主要地域组织防卫的传统海防观念已经过时，应将海上防卫范围扩大到整个国家管辖海域，即专属经济区和大陆架的外缘。

海防的战略边疆已由原来的 12n mile 领海基线延伸到数百海里，因此国防前线亦应同步延伸。否则无法守卫海洋国土，国家的海洋权益将是一句空话。一个沿海国家的现代国防，其海洋方向的前线不是在海岸线，也不是在领海外侧线，而是在大陆海岸和岛屿海岸的领海基线以外数百海里的广阔空间的外沿上，这里才是国家防卫的新前线。

三、海洋与国防安全
（曹文振等，2006；王传友，2007；杨金森，2007）

海洋与国防安全密切相关。大量的历史事实证明，没有强大的国防，不重视海洋方向的安全，就会付出沉重的代价。

（一）历 史 教 训

在明朝中叶以前，中国一直拥有强大的海上船队和最先进的航海技术，是名副其实的海洋大国。当时，中国的造船技术、航海技术和海上贸易，遥遥领先于世界各国。遍及沿海各地的造船工场，上千种的船舶，闻名世界的港口，络绎不绝的海上贸易，中国作为海洋大国享誉世界。明朝中叶以后，正当中国的统治者沉湎于已拓展的 $2200 \times 10^4 km^2$ 陆上疆域、与世隔绝、实行闭关锁国政策的时候，欧洲殖民主义国家却把扩展的方向移向蓝色的海洋，凭借着在蓝水大洋上巡弋的坚船利炮的舰队，从海上向东扩张。明、清的帝王们都企图通过禁海政策来谋求海上安全、实现太平盛世。但是，适得其反，禁海政策却似一副沉重的镣铐，严重阻碍了中国造船工业和航海事业的发展，使曾经十分强大的中华民族渐渐落后于世界。

自 1840～1940 年的 100 年间，是中国蒙受屈辱、历尽劫难的悲惨岁月。新老帝国主义列强接二连三的从海上入侵中国，割裂了中国的国土，耗损了中国的元气。据统计，在这 100 年间，帝国主义列强从海上入侵中国达 479 次，较大规模的有 84 次，入侵舰船达 1860 多艘，入侵兵力达 47 万余人，迫使当权政府签订不平等条约 50 多个。

第一次鸦片战争（1840 年）是西方列强对中国发动的第一次大规模侵略战争，历时两年有余。英国海军从海上入侵，利用精良的铁船火炮打败了只有木船土炮的清军，迫使清政府签订了丧权辱国的《南京条约》。第二次鸦片战争（1856 年）是英、法在俄、美支持下联合发动的侵华战争，是第一次鸦片战争的继续与扩大，历时四年。侵略军从广州一直打到北京，烧毁了圆明园。清政府被迫签订了丧权辱国的《天津条约》、《北京条约》以及《通商章程善后条约：海关税则》。

1894 年的中日甲午战争，战火遍及辽东半岛、山东半岛、黄海、澎湖列岛和台湾，历时一年。战争结果，迫使清政府与日本签订了《马关条约》，北洋海军全军覆没，台湾省被日本割占。

1900 年，日、英、俄、法、德、美、意、奥八国联军从海上和陆上进攻北京，迫使清政府彻底屈服，被迫签订了丧权辱国的《辛丑条约》。

1931 年，日本霸占中国东北，建立伪满洲国。

1932 年，日本发动"一·二八"事变，进入东海，占领淞沪地区。

1937 年 7 月，日本发动侵华战争，进入渤海、黄海、东海、南海，侵占大沽口、北塘河口、青岛、连云港、淞沪、杭州湾、舟山、广州、大亚湾、海南岛、雷州半岛等沿海地区。

经过如此众多的失败教训，当时的统治者认识到海防建设和建立海上力量的重要性。那个曾用海军纹银大兴土木修建颐和园的慈禧太后，在甲午战败后也不得不叹息：中国的衰弱受欺，在于无强大水师。但是，由于官员腐败，国库空虚，内战不断，人心向背，终无回天之力，只能任人欺凌和宰割。

中日甲午战争之后，清政府提出了一个七年海军恢复计划。但是，这个计划还没有来得及实行，清王朝就灭亡了。

"中华民国"成立之初，孙中山先生在就任临时大总统后，发出了"兴船政以扩海军，使民国海军与列强齐驱并驾，在世界称一等强国"的宏伟誓言，提出通过建造舰械、训练人才、建筑军港要塞、发展国防工业等措施，以期尽快改变海军落后的现状。然而，由于他在很短的时间内就离开了临时大总统的位置，其宏伟志向没有得到实现。

袁世凯就任大总统后，也制定了雄心勃勃的置舰计划，力争通过十年的建设，达到攻守兼营。然而，北洋政府忙于军阀混战，计划未能实现。

1928 年 4 月，蒋介石组成了南京国民政府。南京国民政府虽然提出了庞大的振兴海军计划，但由于蒋介石忙于内战，制定的计划被束之高阁，无法实行。

1935 年华北事变后，国民政府的海军部队，共有巡洋舰、炮艇、鱼雷艇 40 余艘，总吨位不超过 3×10^4 t，加在一起也不如一艘日本的战列舰。至抗日战争爆发前，共有舰艇约 100 余艘，总吨位约 6.8×10^4 t，也赶不上日本的一艘航空母舰。此时的中国，已是"有海无防"、"有海难防"。"七·七"事变之后，中国又进入了八年抗战，使海权的伸张成了泡影，日本几乎没遇什么抵抗，就占领了中国的沿海。自此，中国海防全面崩溃。

（二）当前和未来影响国防安全的主要因素

近代中国由于有海无防，饱受了大大小小的帝国主义的侵略。新中国成立后，帝国主义者仍对中国实施海上封锁和战略包围。冷战以后，霸权主义国家妄图遏制中国和平崛起，进一步从海洋方向实行战略围堵。因此，当前和未来很长一段时期里，我国海上安全形势仍然十分严峻。

我国大陆海岸线长度约为 18 000 km，拥有面积在 500 m² 以上的岛屿有 6536 个，其中有人居住的岛屿 433 个，500 m² 以下的岩礁有上万个，海岛岸线长度为 14 000 多千米。根据《联合国海洋法公约》的规定和我国《专属经济区和大陆界法》的主张，可属我国管辖海域的面积约为 300×10^4 km²，列世界第九位，相当于陆地国土面积的 1/3 左右。其中，领海和内海面积约为 37×10^4 km²，相当于北京、天津、河北、山东 4 省市陆域面积的总和。在上述所说的 300×10^4 km² 的蓝色国土中，有 150×10^4 km² 的海域划界重叠区，与八个海上邻国存在划分海上边界的矛盾。岛屿、岩礁主权的归属，海域的管辖，海洋资源的保护等全都牵涉到我国海洋权益的维护，与周边国家间的海上边界争端可能引发冲突，危及国防安全。

当前，台海紧张局势虽然有所缓和，但是，造成台海局势紧张的根源依然存在，"台独"分裂势力的分裂活动一直没有停止过，而且正在加快步伐。国际上的一些反华势力竭力插手台湾问题，妄图阻止中国的统一，遏制中国的发展。这些因素严重危害海峡两岸关系和平发展，也严重威胁着中国的国防安全。

中国的政治、经济和安全利益，受制于海上通道的制约。通航海峡都是重要的海上通道，在军事上和经济上都有重要战略意义。美国在世界上选择了 16 个通航海峡，作为控制大洋航道的咽喉点。中国的海区处于半封闭状态，出入世界大洋要经过许多海峡，其中马六甲海峡是战略石油通道，是我国的"海上生命线"，而该海峡控制在别国手中，马六甲海峡也是美国在全球控制的 16 个海上咽喉水道之一。因此海上通道的安全直接威胁到我国的国防安全。

海洋气象水文环境对国防建设和军事行动有重要影响。随着科学技术的发展和信息技术在军事上的广泛运用，使武器装备由热兵器和热核兵器阶段进入信息化武器系统阶段，信息成为现代军队战斗力的基本构成要素，信息化战争成为现代高技术战争的主要作战样式，战场空间也从传统的陆地、海洋和空中延伸至太空和海底。海洋气象水文环境信息作为海战场环境的重要信息，不仅是战略战役决策、战术应用和武器装备系统作战使用的重要依据，而且有的信息还须嵌入高技术武器系统平台，直接为精确打击和电子战服务。确保军事活动和军事设施的安全对确保国防安全有重要意义。因此，准确掌握海洋气象水文环境信息对于我国国防安全具有重要意义。

综上所述，影响中国国防安全的因素主要有：①海岛、海域和海洋资源的争端；②"台独"分裂势力的分裂活动；③海上通道的控制与反控制斗争；④海洋气象水文环境。

第二节　维护中国海洋权益的斗争

从一般意义上讲，海洋权益就是指国家在其管辖海域内的权利和利益。权利就是在国家所管辖海域范围内的主权和管辖权，利益就是主权国能在其中得到的好处和恩惠。具体来说，海洋权益包括国家在海洋上享有的领土主权、司法管辖权、资源开发权、空间利用权、海洋科学研究管辖权以及人工岛屿、设施、构造物的建造、使用管辖权和海洋环境保护和保全管辖权等一系列的权利和利益。广义的海洋权益还应该包括在公海和国际海底区域的权利和利益。以下介绍的是一般意义上的国家海洋权益。中国管辖海域范围内的主要海洋权益见表 19.1。

表 19.1　中国管辖海域范围内的主要海洋权益（杨金森，2006）

分类	黄海	东海	南海
海洋政治权益	拥有领海、专属经济区、大陆架区域	拥有领海、专属经济区、大陆架区域	拥有领海、专属经济区、大陆架区域
海洋经济权益	渔业生产、油气开发、其他利用	渔业生产、油气开发、其他利用	渔业生产、油气开发、其他利用
海洋交通权益	航行权；出海通道安全	航行权；出海通道安全	航行权；出海通道安全
海洋安全权益	防止海上入侵、避免海上冲突、防止各种威胁	防止海上入侵、避免海上冲突、防止各种威胁	防止海上入侵、避免海上冲突、防止各种威胁
海洋科研权益	海洋科研管辖权；特有的海洋学问题	海洋科研管辖权；特有的海洋学问题	海洋科研管辖权；特有的海洋学问题

维护国家海洋权益的斗争对于巩固国防、确保中国国防安全具有重要意义。影响国防安全的主要海洋权益争端有岛屿归属、海域划界争议和海洋资源争端等。应处理好，并确保我国的国防安全。

一、岛屿（杨金森，2006；曹文振等，2006）

海洋中的岛屿，是四周被海水包围，高潮时高出水面的自然形成的陆地。按照公约规定："一般的岛屿与大陆领土一样，拥有自己的领海、毗连区、专属经济区和大陆架"。拥有岛屿的国家对领海直接行使主权，对专属经济区的"勘探、开发、养护、管理，海床和底土及上覆水域的自然资源，从事利用海水、海流、风力活动，及其他活动拥有主权权利，对人工岛屿、设施和构造物的建筑和使用、海洋科学研究、海洋地理环境的保护和保全等事项拥有管辖权"。岛屿既是国家领土的重要组成部分，又是领海及其他管辖海域的重要标志。在广阔的海洋中，如果失去一个具备人类居住条件的小岛，就会失去其 200n mile 专属经济区和大陆架，相当于 $43×10^4 km^2$ 的管辖海域以及渔业、矿产等资源。因此，争夺岛屿是为了争夺海域，争夺海域是为了获得其中的资源，岛礁关系着国家的主权尊严和巨大财富。

中国是世界上海洋岛屿最多的国家之一，面积在 $500m^2$ 以上的岛屿有 6536 个，总面积约为 $8×10^4 km^2$，占全国陆地总面积的 0.8%。渤海、黄海有岛屿 913 个，东海有岛屿 3792 个，南海有岛屿 1831 个。其中无人居住的岛屿 6100 多个，占全部岛屿的 90% 以上。

中国东海的岛屿数量占全国的 58%，在东海应归我管辖的约 $56×10^4 km^2$ 的海域中，与日本重叠海域面积约 $21×10^4 km^2$。

中国的南海海域约占中国全部海域的一半，是中国最大的海域。南沙群岛是南海四大群岛之一，面积最大，位置最南。南海诸岛自古以来就是中国领土，我国对南海诸岛及其附近岛域拥有无可争辩的主权。

（一）钓鱼岛列岛

钓鱼岛列岛在地质结构上附属于台湾的大陆性岛屿，由钓鱼岛、黄尾屿、赤尾屿、南小岛、北小岛、大南小岛、大北小岛等组成，总面积 $6.3km^2$。其中钓鱼岛最大，面积 $4.3km^2$，东西长约 3.2km，南北宽约 1.6km，岛上有九个山峰，主峰海拔 362m。东南侧山岩陡峭，呈鱼叉状，东侧岩礁颇似尖塔。

钓鱼岛列岛位于中国台湾基隆东北约 92n mile，距琉球那霸 217n mile。钓鱼岛列岛位于"台湾海盆"地带，处于中国东海海床边缘，即位于中国福建、浙江两省东海地区的大陆礁层边缘，是中国大陆及台湾岛向海内的自然延伸，全部海床地区水深在 200~300m 之间。而钓鱼岛列岛与琉球之间，却因琉球海沟相隔，形成完全不同的构造。琉球海沟水深在 1000m 以上，最深处达 2719m，使钓鱼岛列岛与琉球截然断开，毫无连属关系。

1. 钓鱼岛列岛是中国的固有领土

中国最先发现钓鱼岛并早已编入中国地图。中国关于钓鱼岛的记载最早可追溯到千年前的隋朝，当时钓鱼岛被命名为"高华屿"。宋代以后，福建、浙江沿海居民到高华屿一带捕鱼，由于高华屿周围盛产的鲣鱼最易用垂钓之法得手，故习用俗名"钓鱼屿"。明永乐年间（公元 1403 年）出版的《顺风相送》中对钓鱼岛已经有了准确的文字记录。1555 年郑舜功所撰《桴海图经》中对钓鱼岛也曾有这样的记载："自梅花渡澎湖之小东……至琉球到日本，……钓鱼屿，小东小屿也。"这里的"小东"就是指台湾，"澎湖之小东"，即指澎湖所属的台湾，"钓鱼屿，小东小屿也"，指钓鱼岛是台湾所辖的小岛。到清朝时期，一位册封使汪辑在 1683 年出使琉球的记录中更明确地写道，赤尾屿与古米山之间有一条深海沟（即冲绳海沟），此乃"中外之界"。从存世的多幅疆海图中也可清楚地看到，钓鱼岛是中国的一部分。就连日本自己在 1783 年和 1785 年出版的标有琉球王国疆界的地图上，钓鱼岛列岛也是属于中国的领土。直到19世纪末中日甲午战争爆发前，日本从未对中国拥有对钓鱼岛及其附属岛屿的主权提出过异议。

1946年1月29日《联合国最高司令部训令第667号》明确规定了日本版图所包括的范围是"日本的四个主要岛屿（北海道、本州、四国、九州）及包括对马诸岛、北纬30度以南的琉球诸岛的约1000个临近小岛"，其中根本不包括钓鱼岛列岛。但1951年9月8日，日美私下签订了《旧金山和约》，将钓鱼岛列岛连同冲绳交由美国托管。1953年12月25日美国发布的关于"琉球列岛地理界线"的布告却移花接木，将当时美国政府和琉球政府管辖的区域指定为包括24°N、122°E区域内的各岛、小岛、环形礁、岩礁及领海。这是美国对钓鱼岛列岛的非法侵占。1971年6月17日，日美签订了"归还冲绳协定"，将上述这些岛屿也划入了"归还区域"，客观上将钓鱼岛列岛切给了日本的冲绳县。日本政府据此主张钓鱼岛列岛属于冲绳县的一部分。这是美国、日本私下勾结，移花接木，严重侵犯了中国对钓鱼岛列岛的主权。

2. 钓鱼岛列岛的重要战略价值

钓鱼岛列岛虽然是一些无人居住的小岛，总面积不过6.3km²，但位居东海大陆架边缘，具有重要的经济价值与战略地位。

钓鱼岛列岛及其附近海域，蕴藏有大量的石油资源与渔业资源。1968年联合国亚洲及远东经济委员会经过对包括钓鱼岛列岛在内的中国东部海底资源的勘察，得出结论：东海大陆架可能是世界上最丰富的油田之一。据我国有关科学家1982年估计，钓鱼岛列岛周围海域的石油储量约$30 \times 10^8 \sim 70 \times 10^8$ t。长期以来，我国渔民经常到钓鱼岛列岛附近海域从事捕捞活动，年可捕量高达15×10^4 t。

钓鱼岛列岛所在位置在海洋划界中至关重要，它不仅是在沿岸国大陆架自然延伸地带，而且，主权国家可以拥有200n mile以内海域的专属经济区。钓鱼岛列岛历属我国，大陆与台湾诸岛渔民长期在该海域捕捞与停居，其主权归属、不容动摇。

从地理位置上看，钓鱼岛列岛位于我国台湾和冲绳之间，处于西太平洋第一岛链一线，是中国海军舰艇通向太平洋纵深地区的必经之地，其对中国的军事防御和国防安全具有重要意义。

（二）南 海 诸 岛

南海诸岛分布在我国海南岛以南和以东的南中国海上，是南海中大大小小的岛屿、沙洲、礁、暗沙和浅滩的总称。它们分布范围广，北起海岸附近的北卫滩，西起万安滩，南至曾母暗沙，东止黄岩岛。自北至南，分为四大群岛，即东沙群岛、中沙群岛、西沙群岛和南沙群岛。据中国地名委员会1983年4月25日发布的公告，南海诸岛的岛、洲、暗礁、暗沙和滩共252个，其中被称为岛的有25个，礁、滩占了绝大部分。

1. 南海诸岛主权归属争议

中国与某些东南亚国家在南海诸岛主权归属上存在的争议，即所谓"南海问题"，是指南海周边各国在南海诸岛的归属与海域划分上存在的分歧与争端，其焦点是南沙群岛的主权归属。

20 世纪 70 年代以后，"南海问题"逐渐凸现出来。其主要原因之一是：南海蕴藏着丰富的油气资源。越南、菲律宾、马来西亚、印度尼西亚和文莱等国纷纷对南海诸岛（主要是南沙群岛）及其附近海域提出了主权要求，有的还派兵强占了某些岛屿，掠夺那里的资源。

越南提出对南沙群岛拥有全部主权，也是南沙争端最大的既得利益者。越南自 1975 年 4 月 14 日出兵侵占南沙群岛的几个岛礁后，至今已陆续占据了 29 座岛礁，同时还非法将属于我国的南沙海域划入自己的版图。

菲律宾是最早对中国南沙群岛提出"主权"要求的国家。1970 年起，菲律宾开始派兵占领南沙群岛部分岛礁。1978 年 6 月 11 日，菲律宾公布了 1596 号总统法令，在其领海外划了一块所谓"卡拉延群岛区域"，主张区域内的领土主权，其中包括了南海大部分岛礁。1997 年 4 月，菲律宾宣布对黄岩岛拥有主权，从而使黄岩岛主权问题出现所谓的争议（我国总理温家宝于 2012 年 11 月 20 日在第七届东亚峰会上重申：黄岩岛是中国固有领土，不存在主权争议）。迄今为止，菲律宾先后占领了马汉岛、费信岛、中业岛、南钥岛、北子岛、西月岛、双黄沙洲、司令礁、仁爱礁九个岛礁，并在占领岛礁上派有驻军，建立各种军事设施。

马来西亚于 1979 年 12 月 21 日首次对南沙群岛提出领土要求，在公布其领海和大陆架疆界的新地图时，把南沙群岛东南端的 12 个岛礁和附近的 $27 \times 10^4 \text{km}^2$ 的海域包括了进去。

文莱声称对南沙群岛岛链西南端的路易莎，即我南通岛及其附近 3000km² 的南沙海域拥有"主权"。文莱是唯一一个对我南沙部分岛礁提出主权要求而没有派兵进占的国家。

印度尼西亚虽然没有侵占南沙岛礁，但从 1966 年以来，侵入海上部分"协议开发区"的南沙海域约 $5 \times 10^4 \text{km}^2$。

中国现在南沙群岛拥有 8 个岛礁：渚碧礁、南熏礁、东门礁、赤瓜礁、永暑礁、华阳礁、美济礁以及台湾目前占据着的太平岛。这些岛礁大部分属沙嘴或暗礁，在高潮位时有部分或全部淹在水下，故岛上建筑有些是以打在礁上的高跷桩为基础。在永暑礁设有受联合国教科文组织委托建立的海洋观测站，在美济礁设有渔船避风港等等。太平岛是南沙群岛最大的岛，该岛东西长 1365m、南北宽 360m，标高 3.8m。

中国对南沙群岛及其附近海域拥有无可争辩的主权。我国最早发现并命名南沙群岛，最早并持续对南沙群岛行使主权管辖。对此我们有充分的历史和法理依据，而且得到国际社会的承认。

2. 南海诸岛的重要战略价值

海岛在维护我国海洋权益中具有十分重要的地位，维护海岛安全就是维护我国国土安全。

东沙群岛、西沙群岛、中沙群岛和南沙群岛是南海的四大群岛，地理位置十分重要。东沙群岛是中国南海诸岛中位置最北、离大陆最近、岛礁最少的一个群岛，主要由东沙岛、东沙礁、南卫滩、北卫滩所组成。东沙岛是东沙群岛中唯一的一个岛屿，东西长约 2.8km，南北宽约 0.7km，面积 1.8km²，平均高出水面约 6m。西沙群岛位于海南岛东南 330km 的大陆架边缘，由 35 个岛屿和滩礁组成。西沙群岛地处南海中部，距三亚、榆林港只有 182n mile，扼守着南中国海的门户，是中国内地和海南岛的屏障，战略地位十分重要。中沙群岛位于西沙群岛东南约 100km，是穿越南海航道的必经之地，除黄岩岛外，由一群大部分尚未露出水面的珊瑚礁组成。南沙群岛是南海诸岛中最南、岛礁最多、散布最广的群岛，总面积约 72×10⁴km²。南沙群岛战略地位十分重要，地处越南金兰湾和菲律宾苏比克湾两大海军基地之间，扼西太平洋至印度洋海上交通要冲，为东亚通往南亚、中东、非洲、欧洲必经的重要国际航道，世界一半以上的大型油轮及货轮都要经过该水域。

南海诸岛及其附近水域，平时是国际贸易和交通的重要枢纽，战时又可作为舰艇、飞机的前进基地，在岛上可建立各类军事设施，如情报站、雷达站、海洋气象监测站等。在第二次世界大战期间，日本就是以南沙群岛的某些岛屿作为侵略东南亚的军事跳板。

二、海域划界和海洋资源开发（杨金森，2006）

（一）海域划界

中国濒临渤海、黄海、东海和南海四个海区，除渤海外，其他三个海区与海上邻国间都有划界的问题。海区划界涉及国家的重要利益，斗争尖锐复杂，是潜在的安全威胁。

黄海海域是中、朝、韩三方的划界。中国主张按照海岸线长度比例划定海区。但朝鲜提出按"海洋半分线"原则划界，韩国提出按"中间线"原则划界，存在（2~3）×10⁴km² 的争议区。中、朝、韩三方在黄海海域划界问题上的分歧与矛盾，有可能通过协商谈判和平解决。

东海海域是中、日、韩三方划界。中国主张按照大陆架自然延伸原则划分大陆架界限。日本则主张按"中间线"原则划界，双方重叠面积约 21×10⁴km²。韩国主张按照"大陆架自然延伸"原则或"中间线"原则划界，与中国和日本都有矛盾。中韩东海划界分歧较小，中日分歧大，划界谈判将十分困难，且有可能引发政治和军事冲突，存在潜在的安全威胁。

南海面积 350×10⁴km²，在中国断续疆界线范围内的海域面积约为 200×10⁴km²。南海问题是中国与有关国家间的问题，中国政府一贯主张通过双边友好协商解决与有关国家之间的分歧。但是，南海划界十分复杂，很难形成妥协。近些年来，一些国家出兵强占南海一些无人岛礁，摧毁中国在无人岛礁所设主权标志，抓扣或以武力驱赶我在南海作业的渔民。因此，南海划界也有可能引发政治和军事冲突，影响我国国防安全。

（二）海洋资源开发

在我国管辖的 300km² 多的"蓝色国土"内，有丰富的海洋资源。例如，在中国所辖的专属经济区和大陆架所在海域中，最具捕捞价值的海洋鱼类约 2500 余种，头足类 84 种，对虾类 90 种，蟹类 685 种；南海的油气量高达 200×10^8 t 以上，被称为第二个波斯湾；东海和南海海域还富含天然气水合物等重要矿物；钓鱼岛列岛及其附近海域，不仅蕴藏有大量石油资源，而且其周围海域的渔业资源也十分丰富。

中国与周边国家存在海洋资源的争端。2003 年，南海周边国家在我国断续疆界线内海域开采油气资源 4600×10^4 t 余；朝鲜、韩国、日本不断加强对在有争议的黄海、东海海域的矿产资源进行勘探开发活动。我管辖海域的渔业资源不断遭到一些周边国家的掠捕。海上突发性侵权事件不断增加，涉外渔业纠纷日益频繁，周边国家袭击、抓扣我国渔民、撞沉我国渔船事件时有发生。据不完全统计，新中国成立以来，我国海洋权益受损的重大事件已超过 340 起。这一类海洋争端，也有可能引发政治和军事冲突，威胁我国防安全。

（三）海域划界和海洋资源开发的争议对国家间关系和地区稳定的影响

海域划界和海洋资源开发的争议容易引起国家间的矛盾和冲突，甚至发生战争。海域划界和海洋资源开发的争议对国家间关系和地区稳定的影响主要表现在以下三个方面：

1. 对双边和地区国际关系产生影响

无论是陆地还是海洋、岛屿还是本土，都同领土完整和国家主权有关，因此海域划界和海洋资源开发争议问题的存在，本身就是国家发展的隐患。对争议海域和海洋资源开发问题，如果处理得当，有利于国家关系的发展。例如，2002 年中国同东盟就南沙争议海域问题签署了《南海各方行为宣言》，不仅缓解了由于海域争议导致的紧张关系，而且促进了中国同东盟国家的经济贸易关系。相反，如果对这一问题处理不当，就会使国家间关系脱离正常的良性轨道。典型的例子就是韩日之间的"独岛之争"。"独岛之争"使韩日之间的军事合作关系受到影响。

2. 对国家和地区安全构成威胁

海域划界和海洋资源开发的争议有可能进一步加剧争议方的军事对抗甚至发展成武装冲突。20 世纪 90 年代末期，马来西亚曾在其非法占领的我国南沙岛礁上修筑设施时，遭到菲律宾质疑，两国由口头争论发展到双方空军飞机在争议地区上空发生对峙，险些酿成空战。菲律宾侦察机曾飞到越南非法控制的我国南沙岛礁上空侦察时，遭到越南开炮驱赶。1999 年和 2002 年，朝鲜和韩国先后在黄海北方限制线附近因捕捞蓝蟹海洋资源，而发生军事冲突，造成人员伤亡，美国为此还派出航空母舰"星座号"进入韩国，酿成"黄海危机"。上述事件，不仅影响国家间的关系，也给地区稳定带来威胁。

第三节　台湾岛的重要战略价值

台湾是中国的第一大岛，位于东海大陆架的东南缘。台湾本岛南北长 394km，东西宽 144km，距大陆岸线最近的距离约 130km。台湾列岛由台湾本岛和周围属岛以及澎湖列岛及钓鱼岛等 80 余个岛屿组成，陆地面积约为 $3.6 \times 10^4 \text{km}^2$。

一、台湾是中国不可分割的领土

自古以来，台湾就是中国的神圣领土。中国人最早发现并开发了台湾，在台湾的早期居民中，大部分是从内地直接或间接移居而来的。

在历史上，由于外国入侵，台湾曾与祖国大陆分离过。17 世纪初期起，荷兰、西班牙等西方殖民主义者先后入侵台湾。1662 年 2 月，郑成功率兵收复被荷兰殖民者侵占 38 年的台湾。1894 年，日本发动侵略中国的甲午战争，强迫清朝政府签订了丧权辱国的《马关条约》，台湾被割让给了日本。1945 年 8 月 15 日，中国人民取得了抗日战争的伟大胜利，台湾、澎湖重归于中国主权管辖之下，重新回到了祖国的怀抱。1949 年，中华人民共和国成立后，由于众所周知的原因，台湾和祖国大陆处于暂时的分离状态，但这并未改变台湾是中国不可分割的领土的事实。

二、台湾岛的重要战略地位（王伟友，2007；曹文振等，2006）

台湾西靠亚洲大陆，东向浩瀚的太平洋，台湾海峡最窄处仅为 130km。台湾岛位于西太平洋，南起印度尼西亚和菲律宾、北到日本和俄罗斯的堪察加半岛一大串岛屿的中心地带，台湾海峡更是西太平洋的海上交通枢纽。台湾岛独特的地理位置对于中国国防安全具有重要的战略意义。

（一）台湾岛的特殊地理位置具有重要的战略价值

台湾及其周边地区是中国的军事要地。从军事地理角度看，台湾岛与海南岛相望，形成"双目"，北与舟山群岛呼应，形成"犄角"。以台湾为中心，连接海南岛和舟山群岛南北两要塞构成品字形战略海防线，形成掩护我国东南沿海的战略纵深。

中国有着漫长的海岸线，海洋方向被西太平洋第一岛链所包围，处于半封闭状态。黄海、东海外侧有日本本土四岛和琉球群岛阻隔，南海海域则被东南亚各国所封闭，只有台湾附近海域是我国能够直接进入太平洋的唯一出海口，是中国走向太平洋的重要战略通道。因此，台湾岛的特殊地理位置具有重要的战略价值。

（二）台湾是中国的海防前哨

台湾面向太平洋一侧的海岸均为悬崖峭壁，具有极为有利的自然防御条件，而面向大陆一侧则地势平坦，整个海峡均可通航，极易得到大陆的支援，形成稳固的海防前线。台湾港湾众多，能满足舰队的驻屯、补给、修理、隐蔽、演习、训练的需要。

台湾驻华盛顿的"台北经济和文化代表处"顾问黄介正博士分析了台湾所处的战略地位。他认为：①台湾是中国海防的关键。台湾距中国东南沿海约有 100n mile。如果台湾在中国控制之下，台湾可作为中国的预警设施，作为第一层防卫，使中国的防御纵深大为延长。②台湾是通向大海的门户。台湾位于美、日、韩安全联盟的南端，以南海为内湖的东盟的北端，是中国跨越"第一岛链"的战略突破点。控制台湾，解放军海军就能"舒服地"进入浩瀚的太平洋。③台湾是亚太海运的闸门。在战略上，台湾处于亚太航运要道的中点，连接上海与香港、琉球与马尼拉、横须贺与金兰湾，以及鄂霍次克海与马六甲海峡之间的航道。亚洲太平洋地区海上重要的商业或战略运输都在台湾监控范围之内。

美国五星上将麦克阿瑟曾把台湾比作为一艘"永不沉没的航空母舰"，日本有人把台湾称作为"东方的直布罗陀"，这充分反映了台湾的战略地位和战略价值。

第四节　海上通道安全对国民经济和国防建设至关重要

一、对中国国民经济和国防建设有重要影响的海上通道
（曹文振等，2006）

我国海域周边有许多海峡。海峡是两个陆地或两个海之间的狭窄水道。通航海峡都是重要的海上通道，在军事上和经济上都有重要的战略意义。我国的海区处于半封闭状态，出入世界大洋要经过很多海峡，如朝鲜海峡、津轻海峡、宗谷海峡、大隅海峡、吐噶喇海峡、宫古海峡、古垣海峡、巴士海峡、望加锡海峡、卡里马塔海峡、龙目海峡、巽他海峡、马六甲海峡等。这些海峡对于我国国防安全和经济发展都具有非常重要的意义（图19.1）。

图19.1　中国周边主要海上通道

巽他海峡位于印度尼西亚爪哇岛和苏门答腊岛之间，连接爪哇海和印度洋，长约73n mile，西南口宽约64n mile，东北口宽约16n mile，水深200～1700m。巽他海峡是南海和爪哇海、印度洋之间的重要通道。

龙目海峡位于印度尼西亚的龙目岛和巴厘岛之间，长约43n mile，最窄处19.5n mile，水深122～715m。海峡水深，可通过$20×10^4$t以上的船舶。龙目海峡是西太平洋连接印度洋的重要通道。

卡里马塔海峡位于印度尼西亚加里曼丹岛与勿里洞岛之间，海峡宽约115n mile，水深18～37m。卡里马塔海峡是南海通往爪哇海和印度洋的重要通道，也是中南半岛至澳大利亚的常用通道，在军事上和经济上都有重要价值。

望加锡海峡位于印度尼西亚加里曼丹岛与苏拉威西岛之间，海峡长约400n mile，宽约140n mile，东北口宽约77n mile，西南口宽约260n mile，水深在2000m以上。望加锡海峡是连接印度洋和太平洋的重要通道。海峡可通过大型舰艇，也适合潜艇航行。

朝鲜海峡位于朝鲜半岛与日本九州岛北岸、本州岛西岸之间，长约 160n mile，宽 110~150n mile。北连日本海，西南与东海相通，经济州海峡通黄海，东南方向可经濑户内海进入太平洋，是东北亚海上交通要道。

津轻海峡位于日本北海道与本州岛之间，东连太平洋，西濒日本海，往北可通鄂霍次克海及阿留申群岛，南下可到夏威夷群岛，是日本海到太平洋的主要通道之一，交通与战略地位十分重要。

宗谷海峡位于日本北海道和俄罗斯的萨哈林岛之间，扼日本海和鄂霍次克海的要冲。

琉球诸水道位于日本九州至台湾之间的海岛间长约 600n mile 的水域内，有琉球群岛散布其间，群岛中间海峡、水道 20 多处，是东海和太平洋之间的直接通道（琉球诸水道位于东海与太平洋之间），是大连、青岛、上海、宁波等港口东出太平洋的必经之路。其中，大隅海峡和宫古海峡在军事上具有重要战略意义。大隅海峡东离横须贺海军基地约 500n mile，北离佐世保军港 170n mile，是美国第七舰队的常用航道。宫古海峡靠近冲绳岛，是美国第七舰队经常航行的海域。

吕宋海峡位于台湾岛南端与菲律宾之间，南北宽约 210n mile，是连接南海与菲律宾海的重要通道。海峡中有巴坦群岛、巴林塘群岛、巴布延群岛。这些岛屿把海峡分割成巴士海峡、巴林塘海峡、巴布延海峡。这些海峡位于西太平洋国际航道上，也是东南亚和东北亚往来的要道。吕宋海峡是美国太平洋舰队调动的重要水道。

马六甲海峡位于马来半岛与苏门答腊岛之间，东连南海，西接安达曼海，是连接印度洋和太平洋的重要通道。该海峡是东亚与非洲、欧洲海上交通捷径，连接印度洋和太平洋的战略走廊。我国与欧洲、非洲、南亚各国的海上贸易都要经过马六甲海峡。

上述海峡扼守海上交通要道，对我国海上航行影响很大。我国的国际航线分为东行航线、西行航线、南行航线和北行航线。东行航线包括中国—日本、中国—北美、中国—中美洲、中国—南美洲等航线；西行航线是一条十分重要的航线，由我国沿海各港口穿过马六甲海峡进入印度洋、红海，过苏伊士运河，入地中海，进入大西洋，其中包括中国—孟加拉、中国—印度、中国—阿拉伯、中国—非洲、中国—欧洲等航线；南行航线包括中国—新加坡、中国—印度尼西亚、中国—菲律宾、中国—澳大利亚和新西兰、中国—西南太平洋岛国等航线；北行航线包括中国—朝鲜、中国—韩国、中国—俄罗斯远东地区等航线。

这些海峡是海洋运输的必经通道，一旦被封锁，我国的经济发展将会受到严重影响。

二、西方发达国家加强对重点海域和海峡通道的控制
（杨金森，2006；曹文振等，2006）

中国的政治、经济和国防安全，受制于海上通道。如上所述，我国海域周边有许多海峡。通航海峡都是重要的海上通道，在军事上和经济上都有重要战略意义。美国、俄罗斯、英国、日本等国，都很重视通航海峡的控制和争夺。美国在世界上选择了 16 个通航海峡，作为控制大洋航道的咽喉点，它们是：阿拉斯加湾、朝鲜海峡、望加锡海峡、巽他海峡、马六甲海峡、红海南部的曼德海峡、北部的苏伊士运河、直布罗陀海

峡、斯卡格拉克海峡、卡特加特海峡、格陵兰-冰岛-联合王国海峡、非洲以南和北美航道、波斯湾和印度洋之间的霍尔木兹海峡、巴拿马运河、佛罗里达海峡。这些海峡实际上是所有从事海洋运输的国家都要使用的通道。这些海峡被封锁，世界上绝大多数国家的经济发展都要受影响。

中国出入世界大洋要经过很多海峡，如第一岛链的各个海峡、马六甲海峡、望加锡海峡、巽他海峡等。这些海峡对于国防安全、经济发展，都具有非常重要的意义。其中，马六甲海峡是战略石油通道。每天通过马六甲海峡的船只平均约137艘，其中60％是驶往中国的，马六甲海峡已经成为我国的"海上生命线"。马六甲海峡位于马来半岛和苏门答腊之间，连接安达曼海和南海，全长1000km，水深25～27m，是沟通印度洋和太平洋的咽喉要道，也是欧、亚、非、大洋洲国家往来的重要海上通道。为新加坡、马来西亚、印度尼西亚三国共管，容易被外来势力所控制和封锁。马六甲海峡是美国在全球控制的16个海上咽喉水道之一，美国海军在印度洋航道建有迪戈加西亚基地，取得了新加坡海、空军基地部分使用权，并在继续扩建马六甲沿岸军事设施，其控制马六甲海峡的战略意图非常明显：第一，美国在马六甲海峡立足，迫使俄罗斯海军打消重返越南金兰湾基地的想法；第二，马六甲海峡毗邻中国，是中国的南大门和重要的能源供应线，马六甲海峡又与台湾海峡、南中国海相距较近，而只要这两个问题不解决，就将永远成为中国崛起的"绊脚石"；第三，美军进驻马六甲海峡，将使印度海军难以向太平洋一侧发展；第四，美军在马六甲海峡屯兵，还将迫使日本不得不继续屈从于美国。而印度在加强海空军发展，加快安达曼-尼科巴群岛基地建设，在岛上成立了第四海军司令部，在马六甲海峡西北入口处建立一个前进基地，目的是扼守马六甲海峡西口，达到控制印度洋的目的。这些国家已经把手放在我国的战略石油通道上，成为我国的"海峡困局"。对中国而言，谁控制了马六甲海峡和印度洋，谁就把手插到了中国的战略石油通道上，谁就能随时威胁中国的能源安全，相当于遏制住了中国的能源通道。

第五节　海洋气象水文环境对国防安全的影响

军队是保卫我国国防安全的主要力量。随着科学技术的发展和信息技术在军事上的广泛运用，武器装备由热兵器和热核兵器阶段进入信息化武器系统阶段，信息成为现代军队战斗力的基本构成要素。海洋气象水文环境信息作为海战场环境的重要信息，不仅是战略战役决策、战术应用和武器装备系统作战使用的重要依据，而且有的信息还须嵌入高技术武器系统平台，直接为精确打击和电子战服务。

一、影响军事行动和武器装备效能发挥的
主要海洋气象水文环境要素

海军的行动和武器装备的使用环境复杂多变，从热带到寒带，从水上到水下，从春季到冬季，海洋气象水文环境要素对海军的作战行动和武器装备性能的发挥有重要的影响。例如，海面风、海浪、海流、海冰、海雾等对舰船航行安全有重大影响；云、雨、雷电等对飞机飞行安全影响很大；海水温度、盐度、密度跃层对潜艇活动有重大影响；

蒸发波导和大气波导效应、电离层变化等影响雷达探测、无线电传播特性和传输品质；海杂波、雨、雾影响雷达探测和导弹精确制导；大气透明度和雨雾等对光电设备的使用和性能有很大影响；海洋的温、盐、密、流对声呐探测、水声通信、水雷控制、鱼雷声制导都有很大影响；低空风影响炮弹和导弹的弹道，等等。

对军事行动和武器装备有影响的海洋气象水文环境要素见表 19.2 至表 19.8。

表 19.2 海上不同作战任务相关的环境参数

环境参数	两栖作战 特种作战	反潜战 水下战	水雷战 反水雷战	战略威慑大规模 杀伤武器使用	进攻作战	多任务作战
气溶胶，薄雾，烟	√	√	√	√	√	√
空气湍流	√	√	√	√	√	√
大气压力	√			√	√	√
云顶高度	√	√	√	√	√	√
云覆盖、类型	√	√	√	√	√	√
噪声（Clutter）强度	√	√	√	√		√
会聚区	√	√	√	√		√
海底流速	√	√	√	√		√
海面流速	√	√	√	√		√
水体流速	√	√	√	√		√
露点	√	√	√	√	√	√
大气波导	√	√	√	√	√	√
海雾	√	√	√	√		√
湿度	√	√	√	√	√	√
冰缘	√	√	√	√		√
冰山		√	√			√
飞机结冰	√	√	√	√	√	√
海面结冰	√					√
逆温层发生率	√			√	√	√
电离层闪烁	√				√	√
闪电	√	√	√	√		√
湿度剖面	√	√	√	√	√	√
降水噪声	√	√	√	√		√
海冰噪声	√	√	√	√		√
航船噪声	√	√	√	√		√
波浪噪声	√	√	√	√		√
降水（类型、降水率、总量）	√	√	√	√	√	√
折射率（光学和声学）	√	√	√	√		√
混响效应	√	√	√	√		√
盐度	√	√	√	√		√

环境参数	两栖作战 特种作战	反潜战 水下战	水雷战 反水雷战	战略威慑大规模 杀伤武器使用	进攻作战	多任务作战
海冰		√	√			√
海水飞沫	√	√	√		√	√
声速剖面	√	√	√	√		√
海面风（风向和风速）	√	√	√	√	√	√
温度（大气、海洋、陆地）	√	√	√	√		√
温度（水平变化）	√	√	√	√		√
温度（垂直剖面）	√	√	√	√	√	√
温度（温-深剖面）	√	√	√	√		√
潮汐（相位、潮高、 潮时、流速）	√	√	√			√
海水透明度（浊度）	√	√	√	√		√
海深	√	√	√			√
波高、周期、波向	√	√	√	√	√	√
高空风（风向和风速）	√	√	√	√	√	√
切变风（垂直风剖面）	√	√	√	√	√	√

注：表中打有"√"符号的表示有影响的环境参数

表 19.3　特种作战需要的环境参数

项目	环境参数
海洋环境因素	海温，涌流，潮，海风，海浪/海况（周期，高度，波长，方向，陡度，组群），盐分，海水光学特性，近岸声学，海深
空中环境因素	风、空中风（速度、方向），大气波导（影响雷达传输/探测和通信），温度，湿度，温度和湿度剖面，云覆盖，能见度，气溶胶（类型和数量），大气的边界层动力学
陆地（水陆两栖）环境因素	海面风，海浪/海况（周期，高度，波长，方向，陡度，组群），海深，蒸发波导，能见度斜距，气溶胶，温度，湿度，降水

资料来源：美国国家研究协会（1997）

表 19.4　压制敌防空作战需要的环境参数

武器系统	环境的信息需要
巡航导弹	数字地形模型，沿航线和飞行时段的完全预测，空中风，目标区风，气溶胶，能见度斜距，云覆盖，降水率，精确的目标确认和位置，空间天气（如果直接依赖 GPS），垂直风切变，大气扰动
瞄准武器	大气波导，空中风，目标区风，垂直风切变，大气扰动，降水率，大气折射率指数，能见度，气溶胶，能见度斜距，云覆盖
火炮	空中风，目标区风，垂直的风切变，大气扰动，降水率，空间天气（如果直接依赖 GPS）
近空战支持	空中风，目标区风，垂直的风切变，大气扰动，降水率，空间天气（如果直接依赖 GPS），能见度斜距，剧烈的天气系统，云覆盖，云层高度

资料来源：美国国家研究协会（1996b）

表 19.5　影响时间敏感目标打击的主要环境参数

战术/时间敏感打击/作战系统	环境的信息需要
战斗机，导弹，高空无人飞机	大气波导，风，目标区风，垂直风切变，大气扰动，气溶胶，湿度，降水率，能见度斜距，云覆盖，云层高度，降水率，锋面，恶劣天气，高空结冰条件，空间天气（如果直接依赖 GPS 通信），大气折射效应，大气闪烁

资料来源：美国国家研究协会（1996b）

表 19.6　影响水陆两栖战环境参数

潮汐，海风，海浪/海况（周期，高度，波长，方向，陡度）云覆盖，云幕高度，雾，气溶胶，水平能见度，射频传播，大气折射，大气波导，降水率

表 19.7　影响舰船自主防御环境参数

海风，海浪/海况（周期，高度，波长，方向，陡度），云覆盖，云层高度，雾，气溶胶，水平能见度，无线电电波传播，大气折射，大气波导，降水率

表 19.8　影响潜艇战和反潜战的环境参数

海风，波/海况（周期，高度，波长，方向，陡度，组群），海表粗糙度，生物发光，海洋锋，陆架流，陆架深度，海底声学性质，盐分变化，海温变化（水平和垂直），水体泡沫，大洋声道，滨海地域气候学，海底类型，声传输损失，次海底地声学

译自 "Environmental Information for Naval Warfare"，The National Academies Press Washington，D. C. www. nap. edu

二、海洋气象水文环境要素对军事行动和武器装备效能发挥的主要影响

（一）海洋气象水文环境要素对舰船水面航行的影响

海上作战行动和武器装备使用受制于海洋气象水文环境要素，对舰船水面航行影响较大的海洋气象水文环境要素有风、浪、雾、海流和海冰。

大风对舰船海上航行安全构成重大威胁，特别是对于吨位较小的舰船威胁更大。舰船在遇到大风时，轻则船上设备遭到破坏，重则发生翻船事故，造成重大人员伤亡。大风还影响海军航空兵和水上飞机的起飞、降落，会使飞机偏离预定航线。

海浪是海上航行的克星，自有海难记录以来的 200 年间，全球已有百万艘大中型船舶遭受狂风巨浪袭击而沉没。海浪大多是从侧面将船舶掀翻的，但也发生过多次巨浪将船体拦腰截断的悲剧。1952 年 12 月 16 日，1 艘美国万吨商船在意大利西部遭受巨浪袭击时，恰好船的首尾分别位于两个相邻的波峰上，船体中心部位悬于波谷，船被巨浪截为前后两段沉没。

海雾使海上能见度大大降低，给船舶航行带来巨大困难，往往使舰船发生严重的相撞事故。我国的"向阳红 16"号考察船就是因为海雾而导致沉没事故的。

海冰也能对舰船在海上航行造成重大危害。我国 1969 年渤海特大冰封期间，流冰

摧毁了全钢结构的"海二井"石油平台。当时该平台由 15 根直径 0.85m、长 41m 钢缆系留在打入海底 28m 深的空心圆筒桩柱上。可见海冰的破坏力对船舶、海洋工程建筑物带来的灾害是多么严重。

（二）海洋水文环境对潜艇水下航行的影响

海水密度跃层、海洋环流对潜艇水下航行有重大影响。当潜艇遇到海水密度跃层形成的"海底断崖"时，会突然下沉，危及潜艇安全。当潜艇遇到海洋涡旋时，会产生严重的振动和颠簸，变得难以操纵和控制。

海洋内波对潜艇水下航行性能影响较大。在海洋内波中航行的潜艇会受到航行方向的阻力，影响潜艇的航行速度。海洋内波是一种贯穿全深度的波动现象，在各波节处产生上升和下降流系，在各波峰和波谷处产生水平流系。当潜艇在此背景下悬停、定深航行和变深航行会受到上升力、下拽和力矩的作用，使艇体发生升沉、侧倾和纵倾运动，严重影响潜艇的航行操纵性。

（三）海洋大气环境对雷达探测与无线电传输的影响

海杂波、云雨杂波对雷达探测会产生较大的干扰，形成假目标和虚警，直接影响雷达探测和导弹精确制导。对于主动超视距雷达，海洋环境中的气象参数（如气压、温度、湿度等）会影响大气波导，从而影响雷达的探测性能。

无线传输与电磁波在海空介质中的传播特性和品质相关，空中电离层随季节、地球区域、昼夜时间的变化而变化，会对无线通信产生干扰和多径效应，影响通信效果。

（四）海洋环境对水声探测与传输的影响

声呐传感器在水下工作，其性能受海洋环境的影响非常之大。

（1）声速会受到海水温度、深度、盐度的影响。声信号的传播会受到季节、水域、海洋内波、潮汐、海面波浪等因素和海底沉积层及其结构等方面的影响。如我国中沙群岛和南沙群岛之间水深 4km 以上的海域存在稳定的深水声道，在声传播试验中可清晰地收到 600km 以外的爆炸信号；而在南沙群岛复杂海底地形区，同样的爆炸声源的接收距离仅为 1~2km。

（2）海洋中的生物群、水团、暗礁、海底山丘、泥沙等对声呐设备准确探测和识别目标带来很大困难。最典型的困难当属对被泥沙掩埋水雷的探测和识别。

（3）海洋环境噪声对声呐探测信号的提取也有着十分重要的影响。海洋环境噪声是水声信道中的一种干扰背景场，大致可以分为：①由风浪造成的湍流噪声、雨噪声、气泡噪声等；②生物噪声、地震噪声、冰噪声、热噪声等。

上述海洋环境条件都会对声呐的探测距离、目标识别等造成重大影响。同样对于用声呐导航的潜艇航行的安全性、声自导鱼雷攻击的准确性等都将产生重大影响。

（五）海洋环境对鱼雷水下导航定位的影响

根据鱼雷类型的不同，海洋环境对鱼雷水下导航定位的影响也不同。对线导鱼雷，主要是海流对其位置坐标的影响。鱼雷位置是利用雷速、航向、深度等参数综合解算获得，这些参数直接影响到坐标的精度。若流速较高，则对位置坐标有较大影响，从而影响综合导引。对利用敌我坐标解算射击航向的 UUV（无人水下航行器），尽管航向准确，但若位置偏离，仍能影响 UUV 程序弹道的执行。对海空鱼雷而言，主要是海风、海浪对其入水姿态控制产生影响。

（六）海洋环境对水雷的影响

对水雷有重要影响的海洋环境因素有：海底地形、风、浪、流、海洋噪声、海洋生物、海水压力等。风、浪、流影响水雷布放位置的准确度、水中姿态及攻击稳定性、水雷的声和磁及水压引信对信号的接收灵敏度；海洋噪声的总声级有时会达到 $100\sim110dB$ 以上，能够淹没舰船声特征信号；海洋生物吸附于水雷换能器表面，会降低换能器接收信号；海水压力对水雷的耐压壳体直接产生影响。

（七）海洋环境对导弹空中飞行的影响

在海洋环境下，导弹出水姿态、空中飞行弹道与姿态参数的高精度测量非常重要，特别是在近水面数百米范围内的弹道测量更是关键环节。由于在海洋大气的边界层内，气温、气压、湿度、大气透明度等海洋环境条件变化剧烈，给光学测量精度带来严重影响。恶劣的海洋环境对于舰船和潜艇发射导弹后的初始弹道干扰较大，影响到导弹的飞行控制。对于反舰巡航导弹，其巡航高度的设定需视海洋环境参数而定，以尽可能提高飞行的隐蔽性和突防能力。潜艇水下发射导弹，海洋环境对导弹的出水姿态和潜艇发射前后的稳定性影响较大。

（八）海洋环境对红外、激光等光电设备的影响

海上雨、雾、大气湿度等参数对舰船上红外、激光等光电探测设备的使用和性能影响非常大。晴天，大气透明度很高，大气对红外线、激光的吸收很少，红外、激光等光电探测设备处于最佳使用状态；而当雨、雾出现或大气湿度很高的天气条件下，红外线、激光在大气中的衰减很快，使设备的性能明显下降，甚至无法正常使用。海洋环境对激光探潜最大的影响在于海水对光的衰减。一方面，为了使传输损失降低到最小，激光器工作的频谱必须与海水的谱特征一致。对于深海传输，仅在光谱的蓝—绿部分有一个很窄的透过窗。对于沿海区域，这个透过窗向更长波长端移动。这就限定了激光器的工作波长，而在这个波长范围内的激光器很难做到大功率。另一方面，海水不是全透性的，其中包含有散射杂质，这导致对光有较强的吸收，甚至在光谱的蓝—绿部分也会

这样。

激光在海洋大气环境中传输时，受到大气分子和气溶胶的吸收与散射，并有可能产生热晕现象，影响激光对目标的破坏作用。同时，海洋环境中的温度、湿度、盐雾、大气湍流等因素，也会对舰用激光武器产生影响，使高功率反导反卫星的激光武器上舰带来很大难度。美国研制的"鹦鹉镙"大功率激光武器在陆地成功完成反导反卫星试验，但上舰装备还有待时日。

三、海洋环境影响军事行动和武器装备事例

（于德湘，张国杰，1999；中国船舶重工集团公司，2007；总参气象局，1974）

（一）美国海军第三舰队两次在太平洋遇台风袭击

1944 年 12 月 15 日，美国海军第三舰队占领了菲律宾的明都洛后，在回撤加燃料途中，遭到强风暴袭击，当时风暴中心附近最大风速为 60m/s，浪高达 18m，有 3 艘驱逐舰在狂风恶浪中沉没，146 架飞机被摧毁，20 多艘舰艇受到严重破坏，800 余人丧生，损失仅次于"珍珠港事件"。

1945 年 7 月，美国海军第三舰队行至冲绳与菲律宾之间时，又一次遭遇强风暴袭击，使许多舰船受到严重损失。

（二）德军偷袭英"皇家橡树"号战列舰

1939 年 10 月，德国海军企图进攻英国海军基地斯卡区·佛洛港，那里停泊着英国海军第二混合舰队旗舰"皇家橡树"号战列舰。当时，德国海军分析了英国海军基地情况，认为，用水面舰艇很难接近该旗舰，冒险行动不但不能达到目的，自己还有可能遭到毁灭性还击，于是决定用潜艇接近实施攻击。

那么，如何避开对方的水下搜索，达到突袭的目的呢？德军详细研究了英国海军基地斯卡区·佛洛港的地形、水文、气象等情况，认为海面的风浪能够给潜艇作战创造良机，它不仅能够使水面舰艇产生颠簸，而且也能极大地降低海水透明度，从而给对方的水下搜索带来很大困难。因此，只有耐心等待大风浪天气的出现。

机会终于来了，10 月 14 日这一天，风吼浪涌，海水极度浑浊，真是天赐良机。德国潜艇"U-47"悄悄地潜入了英军基地，对方竟毫无察觉。德军神不知鬼不觉地击沉了英国海军"皇家橡树"号后，顺利地脱离了斯卡区·佛洛港。

（三）日本偷袭珍珠港

1941 年 12 月 8 日（星期日）早晨，日本军队对美国太平洋舰队主要基地珍珠港进行了突然袭击，太平洋战争爆发。

日军为了达到突然、隐蔽的目的，事先对气象条件进行了充分的分析和考虑。当时，日军内部对要不要偷袭珍珠港曾发生了很大的争论。偷袭珍珠港的作战意图是1941年初由日联合舰队司令山本提出的。计划提出后，就受到日军总司令部及联合舰队的部分高级军官的反对。据说反对意见主要围绕两个问题，一是保密问题，二是天气问题。日军总司令部对于北太平洋上冬季风暴有很大的顾虑，日舰航程短，必须中途加油，而恶劣天气使海上加油十分困难，因此认为完全有可能突击不成，反而遭到对方袭击，蒙受重大挫折，对战局不利。而山本竭力主张偷袭，认为只要限制少数人知道作战计划，消息是可以封锁住的。他提出，北太平洋海区每月至少有7天的天气是比较好的，可以利用这7天的时间进行海上燃料补给。

为了解决在恶劣天气条件下的海上加油问题，担任这次任务的日海军舰队在8月末就开始秘密地进行训练，还专门进行了各种天气条件下的加油加煤演习。

珍珠港位于21°N，158°E，从日本进袭珍珠港有北路、中路和南路三条航线可取。中路和南路距目的地近，所经海域天气和海况条件较好，但需经威克岛、中途岛和约翰斯顿岛附近海域，易被美巡逻机提前发现；北路航线（40°N以北）从阿留申群岛与中途岛之间通过，中间是宽阔的海域（约有20个纬距），天气多变，风浪甚大，海上加油加煤困难，但海上无商船往来，空中也无飞机活动，因此被美海军航空兵远程侦察机发现的可能性相对减少，可以达到突然袭击的目的。日联合舰队司令部最后选定了距目标远、天气恶劣的北路航线。

1941年10月9日，日军总司令部同意了山本的作战计划，并于10月下旬，派出少校2人、中尉1人，化装乘客和船员，随商船经北路分赴旧金山和火奴鲁鲁，侦察沿途海洋气象水文情况和其他情况，于11月中旬返回。此次侦察，查明了该航线情况，沿途天气虽然恶劣，但仍可通行。

11月26日，日军一支由33艘舰船和350架舰载机组成的庞大的联合舰队从单冠湾按预定航线出发。在海上航行12天，于当地时间12月7日4时30分（东京时间为12月8日0时30分）顺利到达瓦胡岛以北200n mile处的攻击出发点，在极短时间内完成了战前的进攻准备。为了尽量扩大偷袭效果，要求攻击机群自航空母舰起飞的时间力求接近黎明。于当地时间早晨6时，日军攻击机群起飞，在飞行中完成编队，在云层上空隐蔽地飞向珍珠港。飞抵珍珠港上空时，天空晴朗无云，美国战舰等目标看得非常清楚。日机出动两批，仅仅经过95分钟的连续突击，以损失飞机29架、鱼雷50枚、炸弹144t和潜艇6艘的代价，击毁美机260架，炸沉美战列舰5艘、巡洋舰1艘、驱逐舰2艘，炸伤战列舰3艘、巡洋舰3艘、驱逐舰1艘、辅助舰只5艘、毙伤美军4575名。致使美太平洋舰队在以后的6个月内躲在近海不能作战。

（四）英阿马岛战争

1982年4月2日至6月14日，在南大西洋海域，发生了历时74天的大海战——英阿马岛海战。马岛是马尔维纳斯群岛的简称，又称福克兰群岛，它位于南美洲的麦哲伦海峡以东，距阿根廷东海岸约有550km。19世纪，英国依仗其海上优势占领了该群岛。

1. 八级海风，迫使阿军推迟登陆

1982年1月3日是英国占领马岛的150周年纪念日。此时，阿根廷方面明确提出收复马岛主权的要求，英方拒绝，双方谈判濒临破裂。同年3月，发生了南乔治亚岛事件（阿根廷工人登上南岛，拆除英国的鲸鱼加工厂，升起阿根廷国旗），英阿矛盾逐步激化。阿根廷总统先发制人，于3月下旬，命阿海军出航，以武力收复马岛。3月28日，阿海军的舰艇先后集结于乌斯怀亚港口，初步完成了战役准备，计划绕经马岛南面，从东南方接近马岛，定于3月30日实施登陆。不料，29日中午，海面刮起了8级大风，波涛汹涌，破冰船"伊里莎海军上将"号在大风浪中激烈摇晃，固定在甲板上的一架美洲豹直升机，由于防护绳索崩断而撞毁，舰队被迫改航并推迟到4月2日再次实施登陆。

幸运的是，4月1日这一天天气晴朗，阿根廷舰队开始实施"蓝色行动"作战计划。深夜，由蛙人组成的海军小分队，涂黑了脸，借着皎洁的月色，悄悄登上了马岛南部小港，建立了桥头堡，准备接应大部队。4月2日凌晨3时45分，900名别动队员乘"圣安东尼奥上士"号登陆舰到达该港。然后迅速向马岛首府斯坦利港的英军兵营进发，经过3个多小时的交战，阿军轻而易举地占领了斯坦利港。4月3日，阿军收复了马岛及其附属的小岛。

2. 狂涛伴大雨，英军乘机再夺马岛

马岛被阿根廷收复之后，英国政府大为震惊。4月3日正好是周末，英国首相撒切尔夫人不顾休息，召开紧急内阁会议，讨论对策。会议决定出兵南大西洋。

马岛距英国本土有13 000km之遥，英国海军特混舰队将要通过几个不同的气候带，5～7月，正是南半球的冬季，南大西洋气候和海况险恶，马岛海域的气温已降至摄氏零下，浪花打在甲板上立即结成冰凌。舰队自4月5日出发后，经过10多天的艰难旅程于4月17日到达英国海军的停泊点——阿松森岛，休整两天后，继续向马岛进发。

4月23日，英国海军特混舰队的先头部队已抵达南乔治亚海域，25日英军占领南乔治亚岛。5月1日起，马岛战争全面爆发。

5月2日下午，英国核动力潜艇"征服者"号乘阿海军第二大战舰"贝尔格拉诺将军"号巡洋舰驶离封锁区、注意力集中在应付狂风恶浪之际，发射两枚"虎鱼"式电动制导鱼雷，准确击中"贝尔格拉诺将军"号巡洋舰，海水马上大量涌入舰体，同时起火、下沉。英国核动力潜艇"征服者"号航行在大洋中，海流和深海海底环境条件对其先进的声呐探测性能几乎无影响。另外，攻击阿巡洋舰的作战区域处在洋流的非边缘地带，对声传播不能构成障碍，这种环境正是英国先进声呐发挥优势的极好时机，加之阿巡洋舰已非常陈旧，噪声很大，极易被声呐探测、跟踪并攻击。

阿军为报一箭之仇，于5月4日，出动"超级军旗"式战斗轰炸机，袭击英军的现代化驱逐舰"谢菲尔德"号。当阿军飞行员发现"谢菲尔德"号后，立即降低飞行高度，以1200km/h的速度作超低空飞行。当时天气十分复杂，飞机以雨雾区和地球曲率作掩护，钻入英军雷达盲区，逼近目标后，发射两枚"飞鱼"导弹，其中一枚击中英

舰，英舰顿时起火、沉没。

6月8日，马岛浓雾重重，英军利用大雾在阿格拉达布莱湾登陆，完成对阿军的南北夹击和海陆合围之势，14日拂晓，英军分三路向马岛首府所在地——斯坦利港发起总攻，经过激战，当晚9时，阿军撤出阵地。6月15日，阿军宣布投降。从此，马岛又落在英国的控制下。

（五）俄罗斯飞机低空突防美航母战斗群

2000年10月和11月，当美国航空母舰"小鹰"号在日本海域举行军事演习时，俄罗斯多架苏—24MR侦察机和苏—27战斗机先后数次突破航母战斗群的防空系统，出其不意地掠过"小鹰"号上空。军事分析家们认为，这不仅打破了美国人自诩的航母战斗群防御体系"滴水不漏，不可战胜"的神话，而且如果俄罗斯战斗机执行的是攻击任务的话，"小鹰"号航空母舰就有被击沉的危险。航母战斗群的兵力配置，可以分外、中、内三层，外层为远距离防御层，对空警戒主要由舰载E—2C预警机和4部负责区域防空任务的舰载雷达来完成；中层为区域防御层，在距航母50～185km范围内，仍由E—2C预警机和舰载雷达提供预警，以AN/SPY-1多功能相控阵雷达和垂直发射的"标准—2"对空导弹为主的舰载宙斯盾系统负责航母战斗群的区域防御；内层为点防御层，其范围为距航母50km以内，以自卫防御和反潜为主。

从这三个防御层看，对空防御作战是其最基本也是最主要的作战任务。而航母战斗群的对空防御效果，无论是外层、中层还是内层，首先依赖于战斗群的对空预警探测能力。航母战斗群要想真正实现"滴水不漏，不可战胜"，前提是雷达系统能及时发现来袭飞机。AN/SPY-1多功能相控阵雷达虽然它们的工作频率和技术体制比较有利于对低空目标的探测，但性能还是十分有限的。原因是受天线重量的制约和舰艇平台稳性的需要，雷达天线不可能架设很高，一般距海平面20m以内，在地球曲率的影响下，雷达对低空目标的探测距离最远只能达到视距，而且，在海浪杂波干扰和海面多路径效应的影响下，雷达对低空目标的探测距离要远小于视距。这就造成舰载防空雷达系统对低空飞行器的预警时间是十分短暂的。天线架高20m的舰载雷达对飞行高度为30m的低空飞行飞机的发现视距仅为40km左右，在海浪杂波干扰和海面多路径效应的影响下，雷达实际的平均预警距离只有20～30km，假定飞机以1Ma的速度、掠海导弹以1.5Ma的速度进行突防，20～30km距离内留给指挥员的反应时间分别只有1～1.5min和0.67～1min。

俄罗斯飞机这次低空突防成功，当然还有航母战斗群其他方面的原因。但是，飞机利用地球曲率、海面杂波以及海面反射多路径效应等，从低空或超低空进行突防并取得成功也是重要原因。

第六节　小　　结

21世纪是海洋的世纪。在经济全球化迅猛发展、国家改革开放和新时期军事变革不断深入的背景下，海洋与国防安全更加紧密地联系在一起。中华民族要实现伟大复兴，就必须要从陆地走向海洋。海洋是人类资源的宝库，海洋中蕴藏着极为丰富的生物资源、矿产资源、能源资源。资源是一个国家的经济命脉，也是军事争夺的焦点。随着海洋科学和海洋工程技术的发展，各国开发利用海洋资源的规模日益扩大，给各国带来了显著的经济效益，迅速地改变了一些国家的地位和实力。正因为如此，各沿海国家在海洋资源的争夺上也日趋激烈。从某种意义上讲，海洋资源开发与利用的先后和质量，决定了一个民族在新世纪中的战略主动权。中国是一个海洋大国，但还不是一个海洋强国，与世界其他海洋大国相比，中国海洋资源人均占有量和可利用率都相当低。中国要从一个海洋大国发展成海洋强国，面临许多新情况、新问题，面临非常严峻的海洋安全威胁。首先是台海局势，这是影响中国和平发展的首要问题；其次是钓鱼岛、南沙群岛等岛礁的主权争端以及海洋划界、海洋资源的争端，有可能引发政治和军事冲突，影响中国的发展；再次是海上主要交通要道如果被别国封锁，将会严重影响中国的对外贸易和能源供应。最近在印度洋索马里海域，海盗的猖獗活动严重影响了海上的交通运输，包括中国在内的许多国家都派出了海军舰艇对过往商船进行护航。这再一次说明，海上交通安全对一个国家的经济发展是何等重要。

今天的中国，经过 30 年的改革开放，国家的综合实力大大提高，经济的高速增长已使中国经济发展所必需的能源供应越来越多地依赖进口。因此，无论是海上通道、对外贸易、海外市场，还是海洋产业，中国都必须有强有力的海上安全力量来保障。沉痛的历史教训给人们许多深刻的启示，有了强大的海上力量，海洋就是陆地的屏障，富饶的海洋才能成为造福民族的宝库。反之，海洋不仅不能造福人民，还可能成为帝国主义侵略扩张的海上通道与门户。如果一个濒临海洋的大国，没有足够的力量捍卫它的海洋权益，也就无法长期保持其大国、强国的地位。海上力量的核心是建设一支强大的海军。中国在西太平洋处于相对不利的态势：从自然地理环境来看，处在岛链的包围之中，几乎所有通向大洋的通道都受制于人；从海军力量对比来看，中国又处在强手的包围之中，除美、日等海洋强国外，韩国、东盟、印度以及中国台湾海军力量都在快速发展。历史上的沉痛教训和面对的严峻现实，都十分紧迫地要求我们，应当拥有一支与我国国际地位和国家利益相称的强大的海军力量。

参 考 文 献

曹文振等. 2006. 经济全球化时代的海洋政治. 青岛：中国海洋大学出版社

高之国等. 2006. 国际海洋法的理论与实践. 北京：海洋出版社

宋时伦，肖克等. 1997. 中国军事百科全书. 北京：军事科学出版社

王传友. 2007. 海防安全论. 北京：海洋出版社

杨金森. 2006. 中国海洋战略研究文集. 北京：海洋出版社

杨金森. 2007. 海洋强国兴衰史略. 北京：海洋出版社

于德湘，张国杰. 1999. 天助与天惩——气象影响战争事例选编. 北京：科学出版社

中国船舶重工集团公司. 2007. 海军武器装备与海洋战场环境概论. 北京：海洋出版社

总参气象局. 1974. 气象与军事. 北京：解放军战士出版社